2024 中国建筑学会学术年会论文集

2024 Proceedings of ASC Annual Conference

中国建筑学会　主编

中国建筑工业出版社

图书在版编目（CIP）数据

2024中国建筑学会学术年会论文集 = 2024 Proceedings of ASC Annual Conference / 中国建筑学会主编. -- 北京 ：中国建筑工业出版社，2024. 9.
ISBN 978-7-112-30342-7

Ⅰ. TU-53

中国国家版本馆CIP数据核字第2024GV2660号

责任编辑：唐　旭
文字编辑：孙　硕
责任校对：张　颖

2024 中国建筑学会学术年会论文集
2024 Proceedings of ASC Annual Conference
中国建筑学会　主编
*
中国建筑工业出版社出版、发行（北京海淀三里河路 9 号）
各地新华书店、建筑书店经销
北京鸿文瀚海文化传媒有限公司制版
北京中科印刷有限公司印刷
*
开本：880 毫米×1230 毫米　1/16　印张：32½　字数：1003 千字
2024 年 9 月第一版　2024 年 9 月第一次印刷
定价：**158.00** 元
ISBN 978-7-112-30342-7
（43705）

《2024 中国建筑学会学术年会论文集》编委会

前　言

主题为“可持续的未来”的2024中国建筑学会学术年会，定于2024年10月10日至13日在浙江省绍兴市召开。会议将深入贯彻党的二十大精神，以习近平新时代中国特色社会主义思想为指导，贯彻“创新、协调、绿色、开放、共享”的发展理念，围绕城乡建设高质量发展，就宜居城市、建筑设计、生态低碳、城市更新、数字技术等内容进行学术交流研讨；推进城乡融合和区域协调发展，深入实施新型城镇化战略。以丰硕的会议成果庆祝中华人民共和国成立75周年。

自2024年4月发布2024中国建筑学会学术年会论文征集第一号通知以后，得到了全国广大建筑科技人员和高校师生的积极响应和踊跃投稿，截至2024年5月15日共收到论文200余篇，投稿地区覆盖了全国大部分省区市，论文作者来自广大建筑院校、相关企业和科研机构等。经过全文审查、学术不端文献检测等阶段，论文集编委会最终遴选73篇论文收录于《2024中国建筑学会学术年会论文集》。论文内容涵盖建筑理论与建筑文化、建筑设计与城市设计、乡村营建与城市更新、低碳建筑与生态环境、绿色建筑与宜居城市、施工建造与工程管理等方面，代表了新时代我国建筑领域所取得的一系列研究成果。

本届学术年会论文征集受理和组稿等相关工作由南京工业大学建筑学院负责完成。在本书出版之际，中国建筑学会谨向为论文集组稿辛勤付出的南京工业大学建筑学院，为论文集出版给予大力支持的中国建筑工业出版社表示诚挚感谢。

由于出版时间紧、周期短，疏漏之处在所难免，还望读者谅解。

中国建筑学会

2024年7月

目 录

专题一　建筑理论与建筑文化

专题二　建筑设计与城市设计

专题三 乡村营建与城市更新

专题四 低碳建筑与生态环境

专题五 绿色建筑与宜居城市

专题六 施工建造与工程管理

专题一　建筑理论与建筑文化

莫高窟空间光景解析

黄海静[1, 2] 程静茹[1] 张缤月[1] 梁曦[1] 王晗[1] 毛思异[1]

作者单位
1. 重庆大学建筑与城规学院
2. 山地城镇建设与新技术教育部重点实验室

摘要： 敦煌莫高窟作为世界上现存最大的佛教艺术圣地，也是石窟空间这一传统建造体系的典型代表，人在石窟空间中受到内部的明暗对比和光影关系影响，其视觉感知也会相应产生着变化。本文基于现代光景学理论，以光景要素及构景关系为切入点，对莫高窟内外整体空间到局部空间展开光景梳理，并在此基础上对光景的构成要素及特征进行提炼，总结出莫高窟的空间光景层次与光景构成手法，为莫高窟空间光文化研究提供一种新的视角。
关键词： 莫高窟；光景学；构景；佛教

Abstract: Mogao Grottoes in Dunhuang, as the world's largest existing Buddhist art shrine, is also a typical representative of the traditional construction system of grotto space. People are affected by the internal contrast of light and shade and the relationship between light and shadow in the grotto space, and their visual perception will also change accordingly. In the past research, there is a lack of relevant research on the influence and characteristics of light and shadow inside the grotto on people's visual perception. This paper takes the scene of the grottoes in Mogao Grottoes as the object, and combs the scene from the overall space inside and outside to the local space. On this basis, it refines the elements and characteristics of the scene, and summarizes five types of construction techniques combining light and landscape, providing a new perspective for interpreting the traditional architectural light culture expression.

Keywords: Mogao Grottoes; Science of Scenery; Light Environment; Buddhism

作为世界文化遗产，敦煌莫高窟是我国绵延最久、内涵丰富、艺术精湛、保存良好、影响最大的石窟群。[1]对于莫高窟的研究，也逐渐往多学科和多研究手段的方向发展，而从建筑学视角出发，研究石窟空间中的礼仪功能和宗教含义为莫高窟的研究拓展了方向。2017年吴硕贤院士提出光景（Lightspace）的概念[2]，基于光源、光影及其变化构成的光景观分析空间给予人的视觉印象、感受和认知，空间环境通过光线作用于与人感官和心理的做法在传统建筑营造中不乏有丰富的记载，而莫高窟作为传统的宗教类建筑，从光景学的角度分析莫高窟的空间艺术特征，对扩展文化遗产建筑光文化认知和保护有特殊意义。

针对莫高窟，已有研究主要在美学、艺术和历史等方面，对石窟光环境则侧重于对其光物理量（如照度、采光系数等）的实测与性能分析[3]~[5]，缺少观者视觉感知的融入。“光景学”着眼于人的主观感知，强调“光”“环境空间”与“人”的互相联系及作用，并以此三者构成光景的有机整体。莫高窟作为中印佛教交会的重要关口，是佛教艺术和石窟建筑互相吸收和融合所形成的综合性艺术整体[6]。莫高窟内部石窟主室的形制、窟檐、开龛形式和外部环境的崖面、栈道、绿化植被等都是影响石窟空间光景效果的主要因素[7]，其特定的光景构成不仅影响观者的视觉感知和情绪心理，还对莫高窟的艺术表现、人文内涵的传递具有重要作用。基于此，本文在对文献系统整理的基础上，通过历史沿革梳理，以及对诗词图文的分析，从而解析莫高窟光景和特征，为理解文化遗产建筑的光景文化提供新的视角。

1 莫高窟空间光景要素

敦煌地属中国甘肃省酒泉市，位于河西走廊的最西端，属于我国的第Ⅱ光气候区，全年日照强度较高。莫高窟位于敦煌东南方向约16.7千米处，东面有著名的三危山，南面靠近鸣沙山，西面是沙漠，与罗布泊相连，北面则是戈壁地带，与天山余脉相接，古时崖前有宕泉河经过，是天然的佛教清净修炼场所。莫高窟的开凿从十六国时期至元代共经历了约1000年的历史，目前的莫高窟有南北两区总计735个洞窟，2000多身壁画、4.5万平方米彩塑和500多件文物。莫高窟早期沿袭古印度时期石窟建筑的特点，将光线设计作为对彼岸世界的追求和向往，一类是通过开凿明窗洞口的形式将天然光引入石窟内部，与石窟内部空间形态与壁画雕塑相呼应，突出宗教氛围，这类石窟主要为中心塔柱窟；另一类是通过狭窄的空间营造和石窟南北两侧独立设置禅室的形式隔绝光线，为信徒参悟打坐之用的禅窟；之后随着时代的变迁，莫高窟经历了漫长的中国化时期，逐渐将光与中国传统建筑思想和文化结合，形成了较为固定的石窟形制，包含有：覆斗顶殿堂窟、大佛窟和背屏窟。

莫高窟内的光景构成要素包含人、光、空间环境几方面（图1）。其中，人是光景感知的主体，在空间中会依据其自身的比例和感知，产生特定的空间体验和主观感受；光是在石窟内部通过聚集、折射和反射所产生的光影效果，根据朝向和时间的不同，太阳随着高度角和方位角的变化，影响着建筑水平构件和垂直构件阴影的深度，光影大小和形状也会随之发生变化；石窟空间中，光源的位置、数量和阴影等能塑造空间中的深度感和立体感，结合光景效果表现空间结构，会给人产生不同的空间感受；空间环境包含内部空间和外部空间：内部空间由石窟空间、壁画和塑像三部分组成，外部空间则由山石、草木、外部栈道等组成（图2）。三维的佛像、二维的壁画产生互动联系，观者位于石窟空间中，依据空间的组合、排布的不同，会对佛像和壁画产生不同的视觉认知和心理感受。

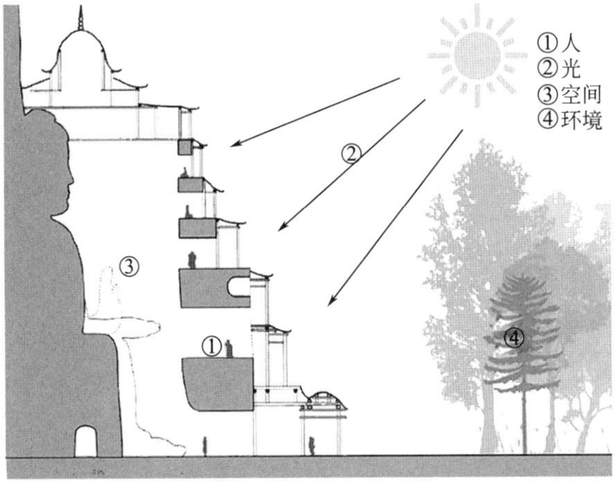

图1 石窟光景特征

图2 石窟光景空间环境组成

2 莫高窟空间光景层次

2.1 砂石遥山——自然之景

根据游者的视线进入莫高窟，第一层空间便是石窟外的自然之景，在晚唐156窟前室北壁上的《莫高窟记》中写道："秦建元之世，有沙门乐僔仗锡西游至此，巡礼其山，见金光如千佛之状，遂架空镌岩，大造龛像。"光线照射在三危山的岩石和砂砾上，反射入人眼，穿透空气，将五彩缤纷的万道霞光洒射在鸣沙山上，呈现出"佛光万丈"的宗教意向，而以山体崖面为画布，草木水流作为点缀的石窟坐落其中，成为极佳的远离尘世的宗教修炼之地。

通过对诗词碑文中文学物象的总结，可以看出自然之景中，"左右形胜，前后显敞。川原丽，物色新""只见沙岭不见形""其山积沙为之，峰峦危峭，逾于石山，四周皆为沙垄"等等，山岭呈现出广阔，悠远的大漠之景；水景中又是"澄泉""涧澄河，泛涟涚而流演"等描述，形容波光澄澈的宕泉河水；而"上青苹合，洲前翠柳垂""珍木嘉卉生其谷，绚花叶而千光"中，对于草木鲜花、清平翠柳的叙述更加显现出边岸"万株林薮，茂叶繁空"之景。而远山近水，树木阴影交汇的对比关系，与人在不同空间的站位关系的影响，自然地就产生远观高远辽阔、近看物色鲜明的审美体验。

2.2 百窟飞檐——窟景

在靠近石窟前，视觉的转折点便是石窟建筑营造的独特光景，从高峰险峻的山崖和绿树波光的自然景象转向人为营建的石窟建筑，从曲折的栈道和飞檐，到视觉的重心——96窟，莫高窟崖面被垂直划分为多层空间，星罗棋布的窟檐又被诸如103窟、96窟这样的垂直特殊石窟打破，形成大小、主次之分。层叠栈道所形成的光影在岩壁上起到划分视觉重心、空间领域的作用，同时也将不同尺度、不同年代、不同形制的窟面互相串联起来，形成丰富的空间层次。在这里，游人在不同的历史时期将见证全然不同的崖面变化，文化与自然不断融合演化，以光为通道，虚实错叠，明暗交互。

穿过栈道，来到石窟内部，空间尺度变得局促，天然光经由窟前檐口、前室的过滤已由明转暗，自然之景消失，跟随投入主室的部分光线，由建筑、雕塑、壁画三者共同存在的画卷在游人眼前徐徐展开。根据莫高窟231窟《游千佛洞》中的记载："贝叶双林展，维摩一塌（榻）眠。威尊龙象伏，慧焰宝珠悬。大地形容盛，灵光绘画宣。庄挥四壁，妙善写重巅。"可见从诸佛说法、变法，到佛国圣地的灵光与人间大地之盛荣，无不一一于窟内四壁中所绘。昏暗、幽寂的环境下，只明窗与窟门进入的主光源印在佛像、中心柱之上，引导人们在窟内或静立，聚焦视线于彩绘泥塑佛像之上；或依礼仪绕柱而行，感受明暗序列与宗教氛围（图3）。

2.3 画塑佛境——画意与塑愿

当视线移至佛窟四壁、窟顶的壁画时，人的视线便在昏暗模糊的光线下由三维的建筑空间转移至二维

图3 莫高窟外景

壁画空间中，在各类说法图、经变画、瑞像图、神话传说和装饰画中，随着烛光摇曳、香火萦绕，观者仿佛置身于蔚为壮观的佛国世界，矿物颜料的色彩化作五色佛光，亭台楼阁层峦叠嶂，佛陀、菩萨、罗汉等神灵现身于流云与山水之中，与阴翳、神秘的石窟空间光景形成强烈对比，使人产生脱离现实，误入佛陀圣境之感。

这一类光景往往位于低照度且漫射照明的窟壁、窟顶之上，当位于石窟内暗度较低的环境中，人的瞳孔会增加进光量，在心理上会增加对物体亮度的期待值，因此，借由微光看到色彩明亮、丰富的壁画作品以叙事或中心构图的形式表达时，会更加强化人的主观氛围感受（图4、图5）。

图4 石窟内部空间
（来源：数字敦煌）

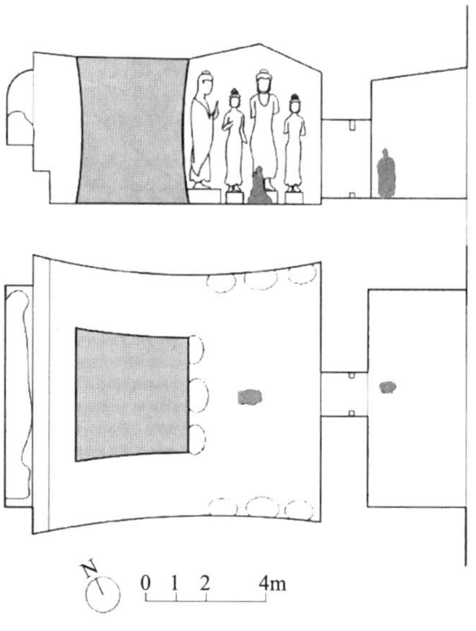

图5 莫高窟332窟中人与塑像的尺度
（来源：《空间的敦煌》）

3　莫高窟空间光景构成

针对莫高窟建筑光环境及其视觉表达要求，从光的基本属性出发，对莫高窟石窟空间光影及视觉效果的表达方式进行梳理，将光景构成方式总结为落影、遮光、聚光、扩散光、反衬五类。

3.1　落影

落影是指入射光经过门窗洞口、树木、缝隙后映照在界面上的光线。石窟空间中的落影一般指的是从建筑门窗、窟前绿荫树木间隙中穿透的光线，这些光线根据所穿透物体和空间的差异，能够达到活化空间界面，与自然环境互为联系的视觉效果（图6、图7）。

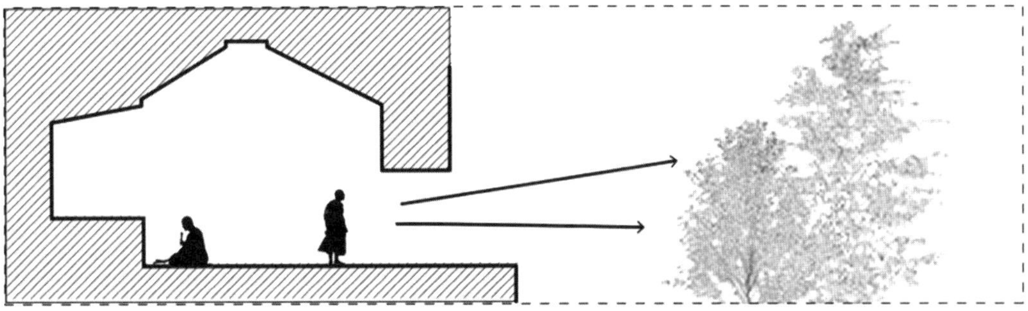

图6　落影示意图

图7　窟外树木落影在崖壁

莫高窟地处西北，日照充足，四季分明，通过落影的营造手法可以使得石窟崖面和窟内地面上呈现出丰富的阴影效果。根据文献典籍中所述，彼时的莫高窟中“万株林薮”“茂叶芬空”。坐西朝东的地理位置将随着日出日落，把窟前树木的倒影打在崖面之上，同时数百座木构窟檐错叠分布，形成《张淮深碑》“檐飞五彩，动户迎风，碧涧横流，森林道数”中灵动、飘逸之景，将自然环境与佛教圣地互为融合，互相渗透，起到了营造禅修之景、丰富空间层次的作用。

3.2　遮光

遮光是指通过不透光的介质切断光线传播的现象。莫高窟采用建筑构件或者特殊空间处理，控制进光量，形成亮暗部分的视觉对比，从而表导致空间、雕塑的阴影感增强，起到分隔空间界限的作用，同时也会减少石窟内部空间的眩光问题，形成退晕一般的光线环境，从而渲染出特定的宗教氛围（图8、图9）。

石窟窟檐是印度佛教建筑中国化的重要元素，和传统建筑深远出檐的设计思路类似，石窟前室外木构窟檐的作用不仅是增加美观，丰富层次，更是起到调节室内外光线强度和温度的重要存在。首先窟檐过滤第一层进入窟内的直射光线，之后前室内壁会过滤第二层光线，最后通过甬道过滤第三层光线，最终进入幽寂的主室之中，完成空间氛围的营造。此外，在整个崖面之上，木构栈道也通过遮光的手法形成明暗分明的“线”，将坐落于崖面上的各个窟门的“点”联系起来，起到界定整体空间关系的作用，形成如《崔家碑》中所述的壮丽景色：“瞪道遐联，云楼架迥。峥嵘翠阁，张鹰翅而腾飞。栏槛雕楹，接重轩而

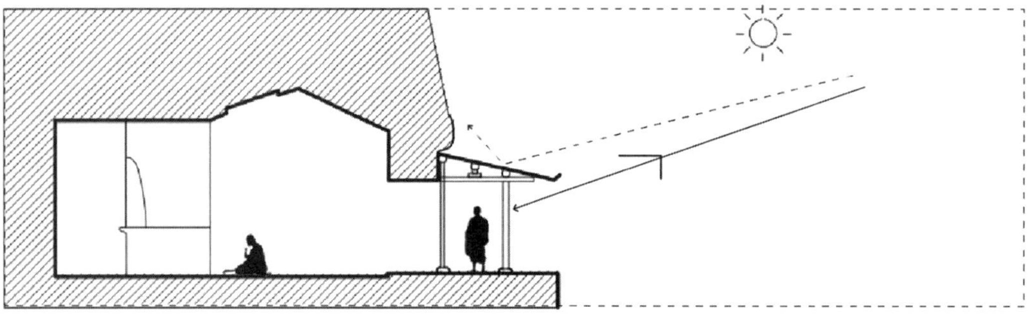

图 8 遮光示意图

图 9 窟檐遮光

璨烂，组窗晓露，分星月之明。阶阙戴春，朝度彩云之色。”

3.3 聚光

聚光为通过设计狭窄的入光口，将光线集聚于局部的现象。如在237窟中，外窟东侧两个较高的明窗洞口的平面投影与外窟中两侧的塑像位置基本平齐，以此控制光线聚集在塑像头部的亮度，使佛像凸显于幽暗的背景中，形成强烈的明暗对比。此外，在莫高窟130窟中，唐朝时以三层的木构楼阁盖在26米的巨佛之上，每层均开以明窗，引入自然光照亮佛像头、胸、脚的位置，且大佛制作的过程中，在比例上需要营造出上身大下身小的透视效果，人随着不同高度的攀登，视线随佛像不断上移，光线照亮的垂直空间和巨大的佛像，与观者自身移动相对受限的水平空间形成对比，形成自身渺小与崇敬之感（图10、图11）。

图 10 130 窟实景（来源：《敦煌莫高窟》）

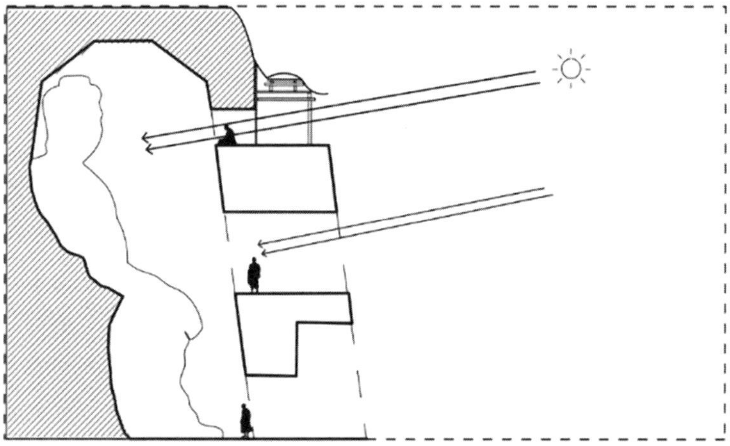

图 11 聚光示意图

3.4　扩散光

直射光线通过介质或界面进行折射、反射、衍射后，光的方向轨迹发生偏移而扩散的光线为“扩散光”，折射的光线会将远近高低不同的景物通过水体界面分解形成如“幻境”般的视觉效果。可以想象，当僧人位于崖面石窟进行禅修时，向外望去，宕泉河面上倒映着河边成片绿荫高木，形成“溪聚道树，遍金地而森林；涧澄河口，泛涟混而流演”的景象。衍射和反射一方面体现在大气现象中，由“光源—观者—云雾”三者通过“衍射—反射”成像原理形成“佛光”“宝光”之景；另一方面是在石窟空间中，进入主室的光线通过外窟地面的反射形成漫射光，给石窟空间内营造出稳定、均匀的光环境，使禅修、祭拜之人有“信坚者之神居，息心之妙所矣”的感怀（图12、图13）。

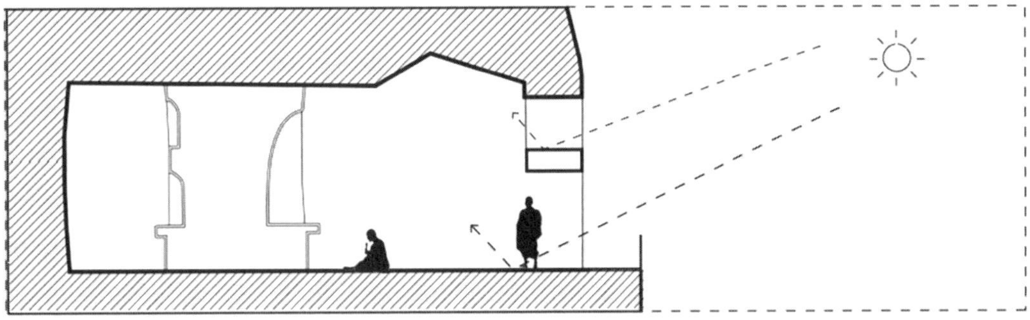

图 12　扩散光示意图

图 13　莫高窟北区及窟前河床

3.5　反衬

反衬的营造手法实质上是利用窟内稳定、幽寂、昏暗的宁静氛围来衬托出空间内声、触、嗅等感受的营景手法。敦煌莫高窟嵌于大漠之中，位于中国第Ⅱ光气候区，存在日照时间长、昼夜温差大、气候干燥、风沙活动频繁等特点，如果遇到正午阳光普照，室外温度升高，又遇风沙迷眼的特殊气候时，从室外进入石窟环境，拂去一身风沙，空间变得安静、神秘、清凉。抬眼便见佛像伫立，香火烛光萦绕照亮四壁佛国净土，窟顶平棋环绕飞天莲花，耳边隐约充斥他人习禅诵经之咏，是以“清凉圣境，僧宝住持”，使人有“悠游净土，常与佛会”之感。

4　结语

本文基于经卷、壁画、绢画、雕塑、建筑等文献史料，以光为线索，对莫高窟的传统光景进行分类及特征总结，并对光景图文组合内容进行空间重构，这样的由多种场景要素组合起来的动态石窟环境，结合落影、遮光、聚光、反衬的光景结合手法之中，形成了三重层层递进的空间感知层次。这样的解析方式关注到了莫高窟传统的光环境特征，为莫高窟的史学和空间研究补充了光景的理论视角。莫高窟是集多学科发展于一身的艺术宝库。如今的莫高窟，窟前栈道已被多次的水泥加固工程掩盖，石窟也经过历朝历代的重修、重绘、重建，石窟内的壁画，由于长年日光与风沙侵蚀逐渐变色褪色，已被严格保护在特定的光环境条件下。在这样的背景之下，对光景的梳理和解析为传统石窟文化的传承与延续提供新的契机。

参考文献

[1] 樊锦诗. 基于世界文化遗产价值的世界文化遗产地的管理与监测——以敦煌莫高窟为例[J]. 敦煌研究，2008（6）：1-5，114.

[2] 吴硕贤. 光景学发凡[J]. 南方建筑，2017，179（3）：4-6.

[3] 林婧怡，李广龙. 敦煌莫高窟237窟光环境研究[J]. 照明工程学报，2010.

[4] 史光超. 敦煌莫高窟洞窟光环境研究[D]. 西安：西安建筑科技大学，2016.

[5] 闫增峰，等. 敦煌莫高窟遗址保护物理环境探索性研究[M]. 北京：科学出版社，2019.

[6] 马世长. 中国佛教石窟的类型和形制特征：以龟兹和敦煌为中心[J]. 敦煌研究，2006（6）：43-53.

[7] 孙毅华. 敦煌石窟全集：石窟建筑卷[M]. 香港：商务印书馆，2003.

中国 20 世纪建筑遗产时空分布探究

刘思睿　刘建军

作者单位
山东建筑大学建筑城规学院

摘要： 借助 ArcGIS 工具和统计学方法对中国 20 世纪建筑遗产时空分布进行探究，其地域分布呈现出“总体东多西少”“省域一极多核、多级分化”“市域间断崖式分布”的特征；类型分布主要呈现出 5 个聚集区和 2 条聚集带。将自然地理环境、社会经济环境、历史文化环境等因素叠加，从宏观视角分析不同影响因素与空间分布之间的关系，旨在揭示 20 世纪建筑遗产的留存现状与分布规律，据此提出宏观保护建议。

关键词： 中国 20 世纪建筑遗产；时空分布；影响因素；宏观保护建议

Abstract: With the help of ArcGIS tools and statistical methods to explore the spatial and temporal distribution of China's 20th century architectural heritage, its geographical distribution shows the characteristics of “more in the east and less in the west”, “one pole and many nuclei in the provincial area, multi-level differentiation” and “cliff distribution among municipalities”; the type distribution mainly shows five clustering areas and two clustering belts. Its geographical distribution is characterized by “generally more in the east and less in the west”, “one pole and many nuclei in the provincial area, multi-level differentiation”, and “cliff distribution among municipalities”; the distribution of types mainly shows five aggregation areas and two aggregation belts. By superimposing the factors of natural geographic environment, socio-economic environment and historical and cultural environment, and analyzing the relationship between different influencing factors and spatial distribution from a macro perspective, we aim to reveal the current situation of the 20th century architectural heritage and its distribution pattern, and put forward macro protection suggestions accordingly.

Keywords: China's 20th Century Architectural Heritage; Spatial and Temporal Distribution; Influencing Factors; Macro-Protection Suggestions

近20年来，《世界遗产名录》中“遗产”的观念不断更新，不再单纯以时间作为衡量的标准，且越来越关注与当代人们生活密切相关的20世纪遗产项目。在已公布的900多项世界文化遗产中，有近100项为20世纪遗产，这也引起了中国建筑文博机构的关注。2008年召开了以20世纪遗产保护为主题的中国文化遗产保护无锡论坛，通过了《20世纪遗产保护无锡宣言》；同年，国家文物局印发《关于加强20世纪建筑遗产保护工作的通知》。2014年4月，中国20世纪建筑遗产委员会在故宫博物院成立；同年8月，委员会制定了《中国20世纪建筑遗产认定标准》（以下简称《标准》）；2021年8月，又在此基础上加以修订，使得标准与时代更加契合，与国际遗产宪章接轨更加紧密[1]。

在《标准》的指导下，自2016年9月至2024年4月，委员会陆续公布了9批20世纪建筑遗产名单，共计900项。此前国内建筑遗产主要由文物建筑和历史建筑构成，将三者比较后发现：①20世纪建筑遗产建成年限更短，包括大量建国至今不同时期的各类精品建筑，极大地增强了遗产种类的丰富度和均衡性，有利于增强建筑遗产的连贯性和可持续发展。②20世纪建筑遗产等级为国家级，且有统一的认定标准；而文物建筑有国家、省、市、县级，无统一标准，历史建筑有省、市两级，仅在一定区域内有统一标准[2][3]。《标准》的提出，不仅能够提高建筑遗产保护工作的统一性与效率，还有利于加强区域间的文化交流。因此，中国文物学会会长、故宫博物院前院长单霁翔认为20世纪建筑遗产是一种新的遗产类型，其提出其认定具有深远意义，需引起全社会的重视。

1 20 世纪建筑遗产时空分布特征

1.1 时间分布特征

依据中国近现代史和城市发展史，将20世纪建筑遗产划分为四个时期：清末（1911年以前）、民国（1912～1949年）、新中国至改革开放前（1949～1978年）、改革开放后（1979年至今）。

1. 清末（1911年以前）

自19世纪40年代，西方列强接连发动了两次鸦片战争、甲午战争、八国联军侵华战争等战争，强迫清政府开放通商口岸并将思想文化、科学技术传入中国。此时期的20世纪遗产共有142处，主要分布在环渤海和东南沿海地区，其中北京（13处）最多，江苏（12处）、辽宁（10处）、广东（9处）较多。从类型看，类别并不齐全，教育建筑最多且首次出现教会大学建筑，主要分布在北京、江苏、浙江等地。纪念建筑、工业建筑、复合建筑群较多且数量相仿，其中纪念建筑多为旧时的党政办公机构和军部旧址，主要分布在广东、江苏、湖北等地；工业建筑种类丰富，主要分布在山东、江苏、湖北等地；复合建筑群主要包括商业和居住两种类型，分布范围较广，广西数量最多；而宗教建筑平均建成时间最早且以天主教堂为主，住宅建筑中既有庄园府邸也有乡土民居，其中广东开平碉楼于2007年被列为世界文化遗产。

2. 民国时期（1912～1949年）

1912～1949年，主要历经北洋政府与国民政府两个时期[4]，在国民政府时期爆发了抗日战争与解放战争，国家政治、经济、文化重心屡经变迁。此时期的20世纪遗产共有321处，主要分布在东部沿海，同时沿长江向内陆延展；沿海地区上海（41处）、江苏（37处）最多，内陆地区重庆（23处）、湖北（20处）最多，新疆、吉林、海南首次出现20世纪遗产。从类型看，纪念建筑和教育建筑最多，纪念建筑中出现战争遗址、烈士陵园等新类型，主要分布在湖北、江苏、重庆等地；教育建筑中多为国立、私立大学，主要分布在北京、江苏等地；办公建筑数量较多，主要分布在重庆、天津等地，其中重庆建筑多建于抗战后，而天津建筑多建于抗战前。公园建筑、科研建筑、体育建筑和通信建筑首次出现，商业建筑占比显著增加，主要分布在上海、天津等地且多建于抗战前。

3. 新中国成立至改革开放前（1949～1978年）

新中国成立后，政府着手修建各类民用建筑和基础设施建筑，并大力发展文化、教育和工业。此时期的20世纪遗产共有296处，主要分布在环渤海和东南沿海地区，其中北京（69处）最多，广东（24处）、湖北（20处）较多，内蒙古显著增加，西藏首次出现20世纪遗产。从类型看，文化建筑最多且种类丰富，主要分布在北京、广东、上海、陕西等地；教育建筑较多且理工类院校占比显著增加，主要分布在北京、陕西、湖北、黑龙江等地；工业建筑较多且重工业占比显著增加，主要分布在陕西、湖北、黑龙江、北京等地；办公建筑属性由之前商务办公变为行政办公，主要集中在北京；旅馆建筑首次出现且主要分布在广东、北京等地；住宅建筑、体育建筑、医疗建筑和基础设施建筑大量兴建，其中居住建筑以小区、公寓为主，分布在北京、广东、湖北、上海和天津，体育馆首次出现在体育建筑中，疗养院在医疗建筑中的占比显著增加，基础设施类建筑大量兴建，推动了中国工程史进程，如第一座长江上的大桥——武汉长江大桥在此时期建成。

4. 改革开放后（1979年至今）

改革开放后，社会经济快速发展，国民生活水平和消费能力不断提高，精神文化需求愈加迫切。此时期的20世纪遗产共有141处，主要集中在京津冀、长三角和珠三角地区，其中北京（34处）最多，广东（26处）、上海（13处）较多，宁夏首次出现20世纪建筑遗产。从类型看，文化建筑最多，以博物馆、图书馆和美术馆为主，主要分布在广东、北京、上海等地；纪念建筑较多，以各类纪念馆、纪念碑为主，分布范围扩大到新疆、宁夏、海南等省份；交通建筑和餐饮建筑占比显著增加，其中交通建筑主要为机场和新客站，分布较为零散，其中上海最多；餐饮建筑更加注重与地域环境、内部景观的关系，主要分布在北京、浙江、江苏、广东等地；园林建筑有3处，分布在湖北、江西、上海，均为古建筑复建或改扩建。

1.2 空间分布特征

1. 地域空间分布特征

地域空间分布表现出显著的不均衡性：①呈现出“总体东多西少”的特点，其中华北、华东地区与西北、西南地区的遗产数量比高达3：1。②呈现出“省域一极多核、多级分化”的特点，北京（135处）数量最多，宁夏（2处）、青海（2处）数量最少，各省份按遗产数量可分为4个等级：极丰富区、高丰富区、中丰富区、低丰富区。4个等级的省份数量分别为1、5、12、13、1，其中，极丰富区仅有北京，占比为15%，远高于其他省份。高丰富区广东（75处）、江苏（73处）最多，中丰富区浙江（46处）最多，低丰富区江西（14处）最多。③呈现出“市域间断崖式分布”的特点，20世纪遗产分布在139个市（州），其中9个超大城市共有407处遗产，具体为北京（135处）最多，成都（9处）最少；13个特大城市共有170处遗产，具体为南京（40处）最多，佛山（1处）最少（图12）；54个大城市共有140处遗产，其中宁波（11处）最多；63个中小城市共有81处遗产，其中红河哈尼族彝族自治州最多（7处）。

2. 类型空间分布特征

从类型数量看，在大类别中，文体卫教类建筑最多，高达318处，而公园及园林类建筑最少，仅有14处。在小类别中，纪念建筑、文化建筑和教育建筑最多，分别为149、142、136，而科研建筑、通信建筑、公园建筑较少，分别为4、5、5。

从类型分布看，宗教及纪念类建筑数量较多且分布范围广泛，在京津、苏浙沪、鄂渝、广东形成了聚集区；文体卫教类建筑、商业服务类建筑、基础设施类建筑和居住建筑的整体分布特征相似，均有京津、苏浙沪和广东3个聚集区，但文体卫教类建筑数量最多且在京津地区高度集聚；办公类建筑则有唯一的聚集区——京津地区。

工业建筑大致形成了贯穿黑吉辽—京津冀—晋豫陕渝这10个省份的聚集带，连接了东北、华北、华中、西北和西南地区，同时也在鄂赣皖苏浙沪这6个省份产生了一定的聚集区。而复合建筑群主要在沿渤海、黄海、东海和南海地区形成了连续的聚集带，跨越了辽京津冀—鲁苏浙沪—闽粤桂这11个省份，同时，在陕豫鄂也形成了一定的聚集区。综上来看，20世纪建筑遗产形成了京津、苏浙沪、广东、鄂赣皖、陕豫鄂渝5个聚集区，以及黑吉辽—京津冀—晋豫陕渝、辽京津冀—鲁苏浙沪—闽粤桂2条聚集带（图1）。

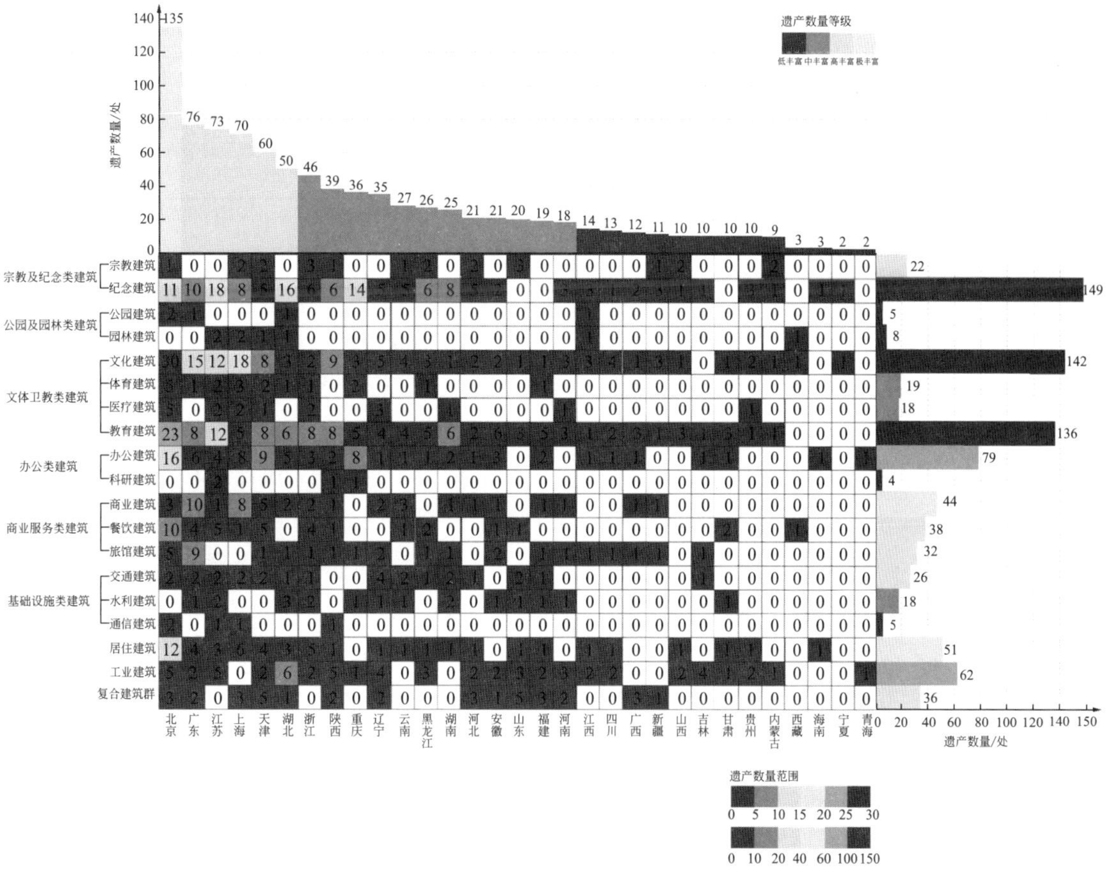

图1　各类型数量及地域分布

2 不同因素影响下的空间分布探析

参考已有研究[5]~[8]，20世纪建筑遗产的空间分布与自然地理环境（地形地势、温度带、河流、土地利用类型）、人均GDP、人口密度、交通区位、人口受教育水平和城市等级等因素有关。将上述要素与20世纪建筑遗产进行叠加，发现所有因素均与遗产的空间分布呈正相关，即20世纪遗产多分布于自然基础条件优越、社会经济水平与交通区位发达、人口密度及受教育水平较高的超大城市和特大城市。

此外，遗产的数量、类型分布情况与当时的历史背景和国家政策紧密相关。研究选取了对于20世纪的国内社会面貌、城市布局和人民生产生活方式产生深远影响的部分历史背景和国家政策，并探究与同时期建筑遗产地域分布和类型分布间的关系，发现相关历史背景和国家政策直接影响了当时的遗产空间分布特征，因此聚集区和聚集带的形成也可认为是各时期内历史事件影响叠加的结果（表1）。

部分历史背景和国家政策的影响 表1

历史背景/国家政策	时间/时期	影响结果
西方列强入侵，清政府被迫开放通商口岸	清末	大量复合建筑群在沿海沿江的商埠城市兴建
一战爆发后，西方疲于应战，中国民族资本主义工商业迎来“短暂的春天”	1912~1919年	天津、上海等沿海城市产生了一批商业服务类建筑以及以轻工业为主的工业建筑
民国政府定都南京并开展“首都计划”	1927年	大量文体卫教类建筑、宗教及纪念类建筑和办公类建筑出现在南京
抗日战争爆发，国家战略重心向西南迁移	1937~1945年	重庆、湖北、云南等地出现了许多以战争为主题的纪念建筑，同时办公建筑和教育建筑的数量显著增加
新中国定都北京，政府着手修建各类民用建筑和基础设施建筑	新中国初期	北京成为最密集的遗产聚集区，且遗产种类十分完善
“一边倒”外交政策	20世纪60年代以前	大量反映社会主义建设内容的文体卫教类建筑在北京集聚
“一五计划”“二五计划”	1953~1962年	原本具有一定工业基础的东北和华北地区成为此时期工业建筑的主要聚集地
“三线建设”	20世纪60~70年代	工业重心向西北、西南地区转移，重庆、四川等地工业建筑数量增多
“改革开放”	1978年至今	上海、广州、深圳等城市利用区位优势迅速成为国家对外的窗口和重要的经济、金融和贸易中心，大批商业建筑、餐饮建筑和旅馆建筑为此兴建

3 宏观保护建议

3.1 构建叙事性遗产区系和廊道

突破现行区划，建构以20世纪不同时期为背景、历史事件为线索的叙事性遗产文化区系和廊道。例如构建清末殖民时期的沿海复合建筑群区系、抗日战争时期西南地区纪念建筑区系、新中国成立初期北京社会主义主题文体卫教类建筑区系、新中国至改革开放前工业建筑廊道以及改革开放后苏浙沪粤商业服务类建筑区系，并将其按时间脉络整合成全国范围的叙事性文旅游览路线。

3.2 建立不同设计师的遗产谱系

追溯20世纪建筑遗产设计师，并以此为依据，形成多元化的建筑遗产谱系。例如，对吕彦直、杨廷宝、梁思成等设计的中山纪念堂、中央体育场旧址、吉林大学教学楼旧址等建筑遗产进行整合，建立“民国建筑大师遗产谱系”；对亨利·墨菲、拉洛斯·邬达克等设计的北京大学红楼、上海国际饭店等建筑遗产进行整合，建立“外国建筑师遗产谱系”；对张开济、彭一刚、齐康等设计的北京天文馆、甲午海战馆、侵华日军南京大屠杀遇难同胞纪念馆（一期）等建筑遗产进行整合，建立“新中国建筑大师遗产谱系”。

3.3 构建不同等级的遗产保护区

根据20世纪建筑遗产的数量丰富度和类型丰富度建立多个不同等级的遗产保护区，并实施多元化的管理措施。例如，对于处在无遗产区的宁夏和遗产数量较少的西藏、新疆、海南等省份，应以扩充遗产数量为主；对于四川、山东、河南等具备一定数量规模的省份，应以丰富遗产类别为主；对于北京、广东、上海等遗产数量和类型均十分丰富的省份，应更多地关注对活化利用策略的优化，总结出因地制宜的更新模式与经验，以为其他地域的保护工作提供借鉴。

3.4　培植面向全社会的保护观念意识

政府及相关部门应加大文化遗产保护宣传力度，从建筑文化的普及入手，结合城市更新保护与既有建筑改造，增强面向公众的遗产保护观念和保护意识。同时，设计单位、高校及研究机构的学者也要利用20世纪建筑遗产项目推介发布会、各种学会活动扩大在社会的影响，让这些建筑遗产“火起来”“活起来”，建立起服务社区、贴近市民生活的文化遗产保护氛围。

4　结语

与那些历经千百年风雨且早已被剥离实际使用价值、仅作为游览和研究的传统建筑遗产相比，20世纪建筑遗产在我国文化遗产大家庭中最为年轻，是极具生命力的“活着的遗产”。尽管20世纪特别是新中国成立后的建筑遗产目前占比很小，但对当今社会的影响却极为深远，是见证中国从一个传统农业大国向现代工业大国跨域式发展、社会面貌沧桑巨变最真实的写照，其蕴含的社会政治、历史人文、科学技术、艺术美学等价值不可估量，对我国培植国家意识、建设文化强国、实现民族伟大复兴具有十分重要的作用。从宏观视角出发，对20世纪建筑遗产的时空分布进行研究，希望开启一个审视20世纪中国社会发展新的视角，为我国的文化遗产保护与利用提供有益参考。

参考文献

[1] 单霁翔. 20世纪遗产保护[M]. 天津：天津大学出版社，2015.

[2] 常青，Jiang Tianyi，Chen Chenand，等. 对建筑遗产基本问题的认知[J]. 建筑遗产，2016，（1）：44-61.

[3] 张松. 20世纪遗产与晚近建筑的保护[J]. 建筑学报，2008，（12）：6-9.

[4] 章开沅. 中国近现代史[M]. 开封：河南大学出版社，2009.

[5] 曾灿，刘沛林，李伯华，等. 国家工业遗产时空分布特征及影响因素[J]. 热带地理，2022：1-11.

[6] 陈君子，周勇，刘大均，等. 中国宗教建筑遗产空间分布特征及影响因素研究[J]. 干旱区资源与环境，2018，32（5）：7.

[7] 胡梦凡，董璁. 天津近代园林时空分布特征及其影响因素研究[J]. 现代城市研究，2022（7）：037.

[8] 陈君子，周勇，刘大均. 中国古建筑遗产时空分布特征及成因分析[J]. 干旱区资源与环境，2018，32（2）：7. 69.

“盐泉流金”① 之情：宁厂古镇衡家涧建筑群符号学解析

刘灿 陈李波 徐宇甦

作者单位
武汉理工大学

摘要： 宁厂古镇拥有 4000 多年的制盐历史，有“一泉流白玉，万里走黄金”的美誉。衡家涧建筑群位于宁厂古镇中段，随盐业发展成为整个宁厂镇的行政商贸、文化和教育中心。1992 年盐业全面停产后，商业凋敝、人口外迁，虽然衡家涧随着宁厂古镇的衰败而没落，但蕴藏在其背后的情结却以符号的形式尽数保留了下来。为深度探究宁厂古镇衡家涧建筑群中各符号形式与其承载情结的关联，本文将宁厂古镇衡家涧建筑群的符号分为以自然事物为物源、以人工器物为物源，以及纯符号三类；运用符号学理论中“能指”与“所指”概念进行解析；并提出一定的修辞手法对符号加以运用，以期为宁厂古镇衡家涧建筑群的保护与更新提供更为开阔的思路。

关键词： 符号学；宁厂古镇；衡家涧；情结

Abstract: Ningchang town has a history of more than 4000 years of salt production, and has the reputation of “one spring of white jade, ten thousand miles of gold”. Hengjiajian architectural complex is located in the middle of Ningchang town, and with the development of salt industry, it has become the administrative, commercial, cultural and educational center of the whole Ningchang town. After the salt industry ceased production in 1992, the business withered and the population moved out. Although Hengjiajian declined with the decline of Ningchang Town, the complex behind it has been preserved in the form of symbols. In order to deeply explore the relationship between the symbol forms and the bearing complex of Hengjiajian architectural complex in Ningchang town, this paper divides the symbols of Hengjiajian architectural complex into three categories: natural things as source, artificial artifacts as source and pure symbols. The concept of “signifier” and “signified” in semiotic theory is analyze. In order to provide more open ideas for the protection and renewal of Hengjiajian architectural complex in Ningchang town, some rhetorical devices are put forward to use the symbols.

Keywords: Semiotics; Ningchang Town; Hengjiajian Architectural Complex; Complex

符号是人类用来认识外在客观世界的重要方式，1894年瑞士语言学家索绪尔（Ferdinand de Saussure）提出符号学（Semiotics）概念至今，已渗透到众多学科领域并发挥重要指导作用。建筑作为人类文明符号化的最佳范例[1]，具有实际使用和情感感知的双重作用：“能指”代表建筑的空间、形式和表面等物理实体；“所指”则代表设计思想及概念等抽象信息[3]。中国符号学学者赵毅衡将符号的“物源”分为三种[4]：自然物、人工制造物和纯符号。本文从这三个方面对宁厂古镇衡家涧建筑群的符号进行归纳梳理，解读其向人们传递的空间感受、审美含义与情感含义，同时从文学修辞的角度探索符号的运用手法。

1 宁厂古镇衡家涧建筑群概况

位于重庆市巫溪县的宁厂古镇，作为我国巫巴文化的孕育地，也是我国早期重要产盐地之一，素有“白鹿引泉”②“七里半边街”以及“上古盐都”的历史美誉。由于古镇处于峡谷地带，建筑群形成多个以山体冲沟为组织架构的组团空间布局（图1），如四道桥、沙湾、张家涧、王家滩、衡家涧、麻柳树

① 盐泉流金：来源于清代诗人宋永孚《题盐泉》中的诗句“一泉流白玉，万里走黄金”，描写当时盐业带来的巨大利润，使得巫溪一地十分富足，因盐业催生的巫盐古道也变成了金黄色，充满象征意味。

② 白鹿引泉：《舆地纪胜》中记载：宝山盐泉，其地初属袁氏，一日出猎，见白鹿往来于上下，猎者逐之，鹿入洞不复见，因酌泉知味，意白鹿者，山灵发祥以示人也。

等；自然地理环境和盐场、厂房位置不同，赋予各组团功能属性的差异。

衡家涧建筑群因位于宁厂古镇中段地势开阔地带，沿江立面景观丰富，街道东西通达，作为官盐要冲，自古以来便人流熙攘，络绎不绝，并曾记录在清光绪年间大宁盐场图之中（图2）；而到民国时期，衡家涧还驻有税警队总部、第五战区办事处评议公所；新中国成立后宁厂区公所、派出所、税务所、供销社、银行等单位也驻于此地，可见衡家涧地理区位的重要所在（图3）。然而现今随着盐厂废弃与居民外迁，衡家涧已不复往日繁华，曾经的公共建筑也闲置废弃，任其荒芜。

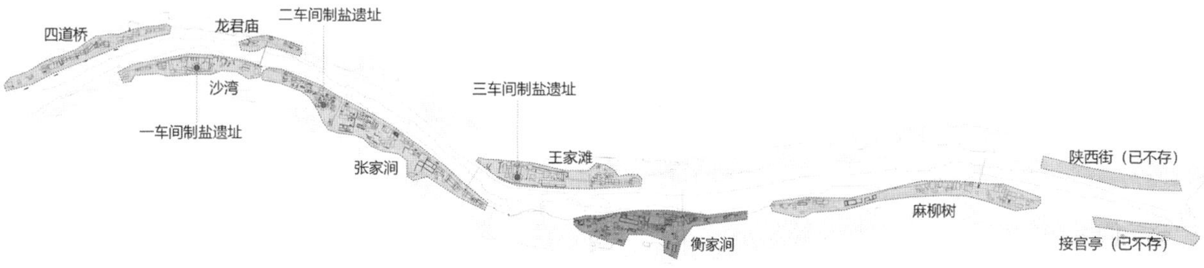

图1　衡家涧在宁厂古镇的区位示意

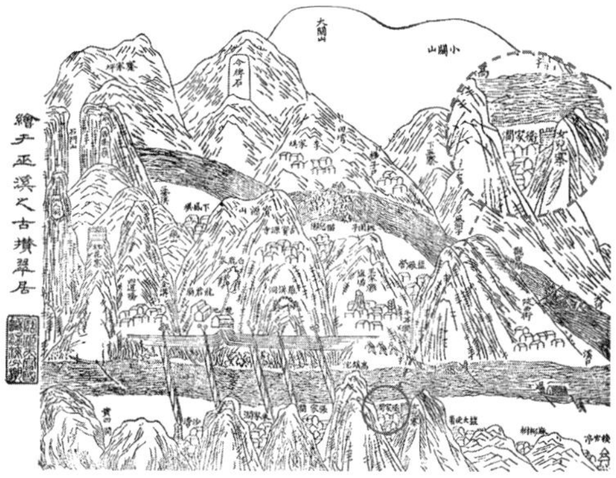
图2　光绪年间大宁盐场图
（来源：巫溪县民间文艺与民俗协会提供）

从发展脉络来看，作为整个宁厂镇的行政商贸、文化和教育中心，衡家涧建筑群文化脉络较为丰富；而从片区遗产类型上看，近现代与社会主义革命与建设时期建筑遗存众多，类型包含公共建筑、民居建筑、驳岸码头等，而对岸的王家滩，便是三车间制盐工业遗址（第八批全国重点文物保护单位）（图4）的所在地。从现今城镇建设需求与最新保护规划编制需求来看，衡家涧建筑群将作为人民公社体验区①呈现特定经济时期文化特色。然而随着片区保护规划实施与部分建筑修缮进程，预期目标达成有限，鉴于此，本文尝试以符号学视角着手，通过能指与所指，在归纳梳理衡家涧建筑群建筑与景观构成要素的基础上，深入剖析衡家涧建筑群中蕴含的历史、艺术与文化价值，进而为未来宁厂古镇的保护与更新提供理论参考与实践启示。

2　符号的提取：衡家涧建筑群的“物源”解读

2.1　以“自然事物”为物源

“自然事物”的本身并不携带意义，人类意识的赋予及符号化解读让它们成为携带特定意义的符号[4]。宝源山为宁厂古镇人们的生存与发展提供了丰足的资源，据《大明一统志·大宁县》记载：

“宝源山在县北三十里，旧名宝山，气象盘蔚，大宁诸山，此独雄峻，上有牡丹、芍药、兰蕙，半山有穴，出泉如瀑，即咸泉也。”

自然的恩赐让过去的人们过上“不绩不经，服也；不稼不穑，食也”②的生活，而今仍凭借清澈见底的后溪河水成为人们纳凉戏水的避暑胜地。崇尚自

① 来源于巫溪县文化和旅游发展委员会公布的《重庆市巫溪县宁厂历史文化名镇保护规划》中“两心、三带、四区、多点”的空间结构，其中衡家涧建筑群定位为人民公社体验区——结合计划经济时期建筑，策划社区住宿、公社商业、活动中心等功能，展现计划经济时期文化特色。
② “不绩不经，服也；不稼不穑，食也”：出自《山海经·大荒南经》，译为“不纺线也不织布，不过总有衣服穿；不播种也不收割庄稼，却自有粮食可以吃”，说明人们因盐业的兴旺而过上了衣食无忧的日子。

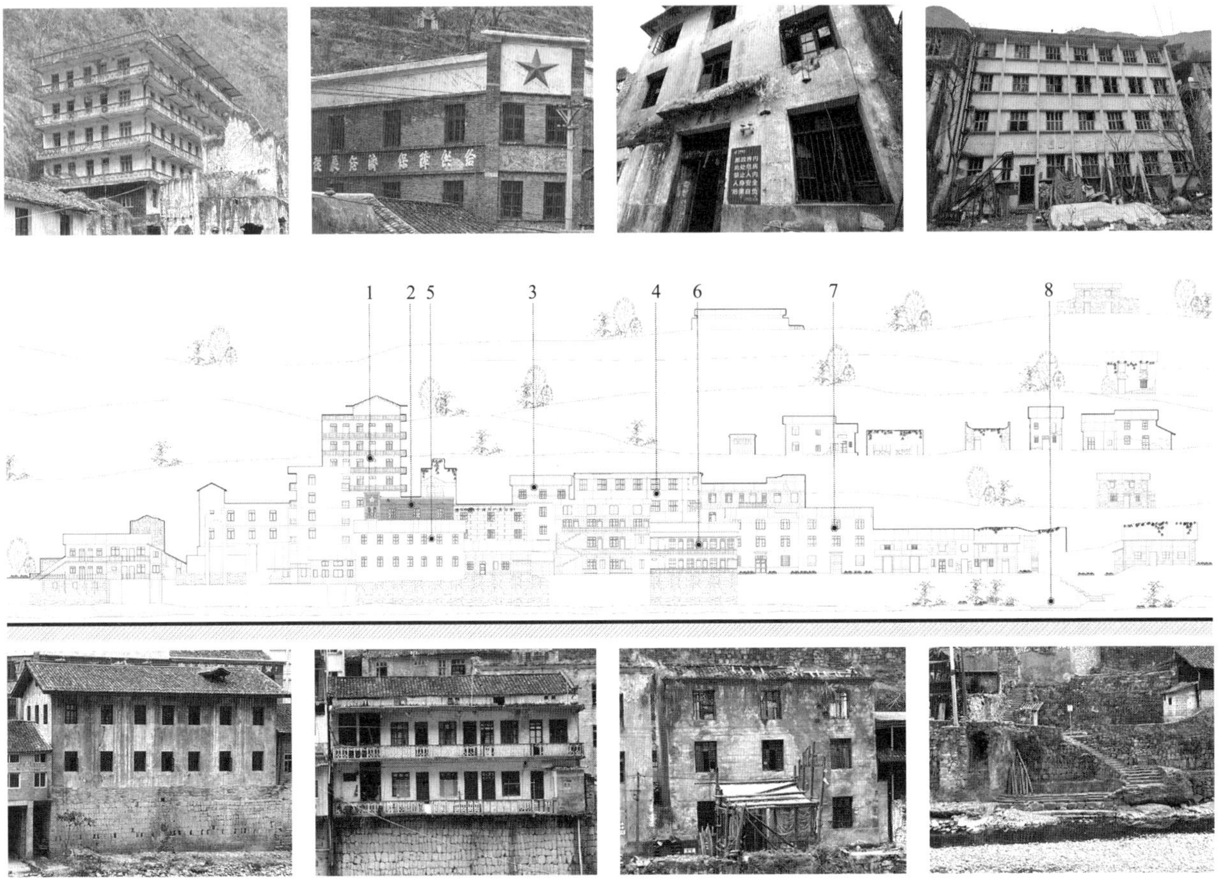

图3　宁厂古镇衡家涧建筑群概况
（从左至右为：1区公所；2宁厂镇供销社；3邮局；4育才小学；5税务所；6医疗点；7派出所；8桥头溪码头）

图4　盐业兴盛时期大宁盐场三车间全景
（来源：巫溪县博物馆提供）

然精神与向往山水意境的情结让宝源山、后溪河成为具有特殊符号含义的载体。

2.2　以“人工制物”为物源

“人工制造的物品”最初作为实用工具存在，而非象征意义的载体，当人们开始认为它们具有象征意义时，这些物品则变成符号[4]。在宁厂古镇衡家涧建筑群中，以“人工制造物”为物源的符号可认为是建筑物与其形成的空间，分为“点”状、“线”状和“面”状空间符号三类（表1）。

1.“点”状空间符号

（1）公共建筑。作为曾经整个宁厂镇的行政商贸、文化和教育中心，衡家涧有许多公共建筑，外观简洁大方，没有繁杂的造型装饰；功能完善适用，没有混乱的空间流线；造价经济实惠，没有奢侈的建筑材料[5]。如兴建于20世纪70年代初的“宁厂镇供销社”，因房屋进深大，采用纵横相交的两面坡人字形瓦屋顶；底层原为供销社商场，二、三层为办公和住宿用房，庄重别致，造型美观、建造工艺精良。

（2）民居建筑。清代王尚彬曾用“岩疆断积四五里，甃石筑屋居人稠”描述大宁盐场附近房屋众多、人丁兴旺的一幕；宁厂镇的居民大多与盐业相关，制盐工、运盐工、伐薪工……，也有因盐业兴旺迁入宁厂古镇的居民[6]，民居建筑则成为他们发扬故土文化的契机和媒介[7]，派生出具有创造色彩的空间形态。如建于20世纪中叶的民居“吊脚楼”，向外悬出2.78米，由斜向木柱架在4.7米高的河坎屋基上；两开两进式布局，悬山瓦屋顶。

（3）断壁残垣。随着支柱产业（制盐业）的缺失，宁厂古镇陷入衰败，基础设施的欠缺、建筑修缮的缺乏、交通联系的不完善等因素导致众多建筑垮塌；随着时间的流逝，这些断壁残垣上布满杂草，却仍诉说着过去的辉煌，如“官仓遗址”，建于民国时期或以前，专门收纳各盐灶生产食盐的官方仓库；系穿斗式木结构建筑，高大的架由上等木材建造，现仅余部分墙体。

2.“线”状空间符号

因山势就水形，宁厂古镇衡家涧街景轮廓丰富多样，建筑与街巷空间的衔接形式灵活变化。沿河一侧形成“开敞石板路—双面街—内单面街—外单面街—双面街—三面街—开敞石板路”的空间格局，在封闭、半封闭、开敞中不断交替；靠山一带则是“石阶—山径—坡路—门前空地—山径”的漫游体验，在上升与平缓、狭窄与开阔之间不断变换。街巷空间在表达宁厂古镇衡家涧空间的复杂性和多维性的同时，也在盐业贸易和社会沟通中发挥着重要作用。

3.“面”状空间符号

由于宁厂古镇衡家涧地形狭窄逼仄，“寸土寸金”的场地内少有面状空间的存在，但随古镇自然生长至今，部分房屋倒塌后形成的断壁残垣被当地居民放大为“面”状空间的同时，赋予一定的符号意义。或直接闲置、杂草丛生，以生命顽强的野性之感诉说待开发的潜力；或置换为休闲空间，三五老人休闲娱乐，以时光沉淀的怀旧之感反映古镇生活的真实写照；或改造为种植空间，种植土豆、萝卜等蔬菜，以朴实无华的生活气息描述居民对传统生活的传承。

以“人工制物”为物源的建筑符号　　表1

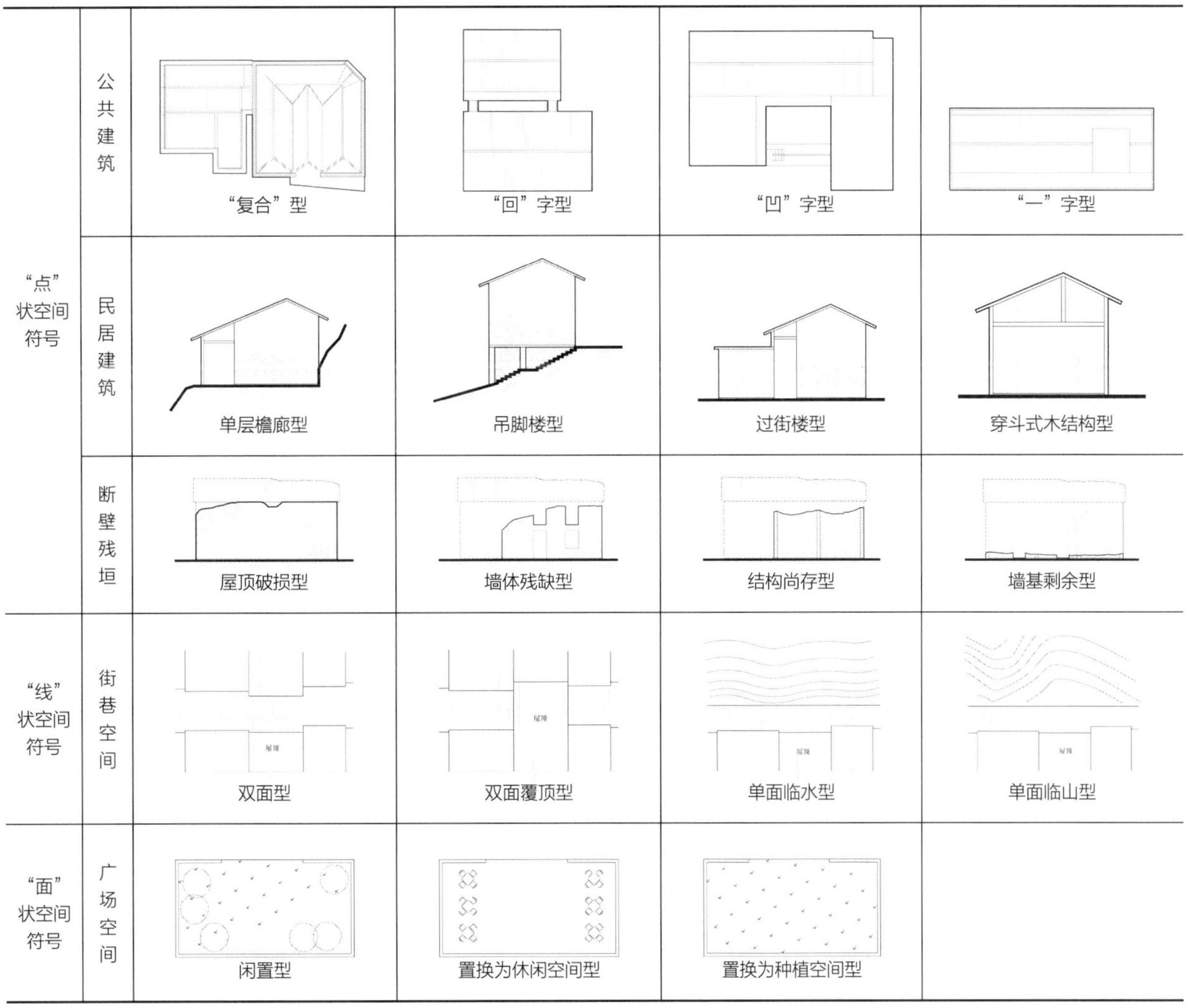

“点”状空间符号
公共建筑
“复合”型
“回”字型
“凹”字型
“一”字型
民居建筑
单层檐廊型
吊脚楼型
过街楼型
穿斗式木结构型
断壁残垣
屋顶破损型
墙体残缺型
结构尚存型
墙基剩余型
“线”状空间符号
街巷空间
双面型
双面覆顶型
单面临水型
单面临山型
“面”状空间符号
广场空间
闲置型
置换为休闲空间型
置换为种植空间型

2.3 以“纯粹符号”为物源

“纯粹符号”作为传递特定信息或情感的媒介，包括语言、艺术作品、文字、图案等，所传递的含义或具有实际应用价值，或仅满足艺术和审美的表达而忽略实际功能[4]。作为“计划经济体制下”的产物，宁厂古镇衡家涧建筑群的建筑装饰简单大方，审美意象贴近民众情感，这些苏式风情和东方神韵相结合的建筑装饰如同一个个符号，具有浓厚地域文化特色（表2）。其中，窗户多为木质平开，拥有丰富多样的装饰图案；栏杆多用于二层挑台及楼梯处，结构耐用、线条简约，与建筑形式的质朴相辅相成。此外，装饰、标语也属于一种纯粹符号：“发展经济 保障供给”“要想宁厂富 下定决心修公路”等标识承载着计划经济时代的社会制度与意识形态，成为那段历史时期的文化符号和记忆标志。

以“纯粹符号”为物源的装饰符号　　表2

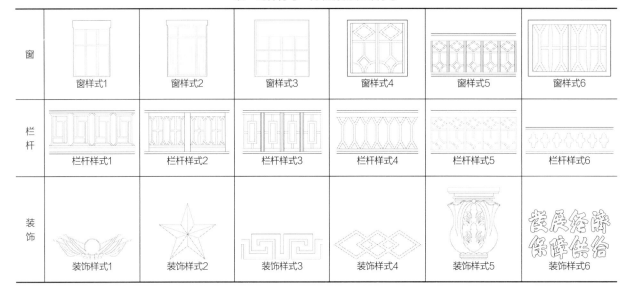

窗	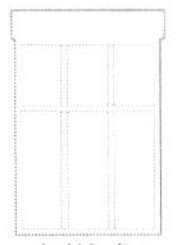 窗样式1	 窗样式2	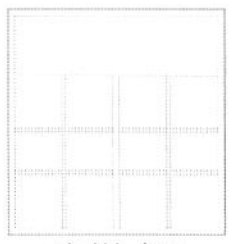 窗样式3	 窗样式4	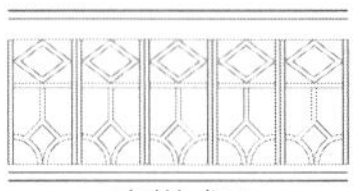 窗样式5	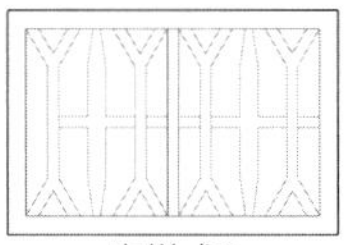 窗样式6
栏杆	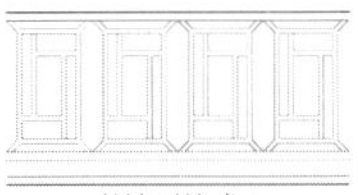 栏杆样式1	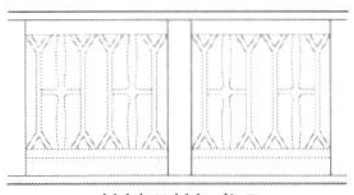 栏杆样式2	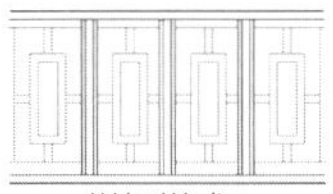 栏杆样式3	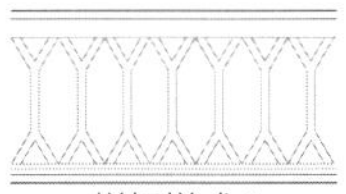 栏杆样式4	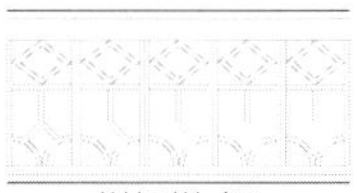 栏杆样式5	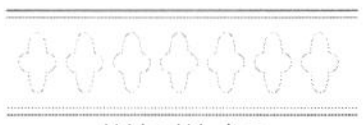 栏杆样式6
装饰	 装饰样式1	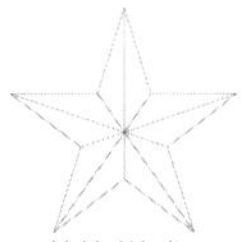 装饰样式2	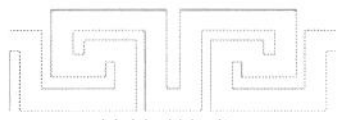 装饰样式3	 装饰样式4	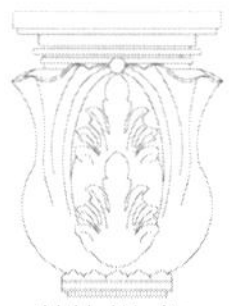 装饰样式5	 装饰样式6

3 符号的解码：衡家涧建筑群的“情结”承载

灿烂悠久的历史文化、绚丽多彩的民俗文化、神秘莫测的宗教文化、波澜壮阔的移民文化、壮志豪情的军事文化、气势磅礴的商业文化、蕴蓄精深的诗词歌赋文化及秀丽奇特的山水文化[8]……通过各类符号产生不同的情结纽带，实现个体对宁厂古镇的认同和依恋。

如恋地情结：段义孚在《恋地情结》中论述：“我们必须牢记，情感与其对象紧密相连”[9]，在宁厂古镇衡家涧建筑群中，尽管现在的居住环境条件不再适宜，但对过去场景残留的回忆、对将来图景怀有的憧憬[10]——这份爱恨交加、难以割舍的恋地情结，正是宁厂古镇衡家涧的魅力所在（图5）。

又如信仰情结：不论是宗教、民间、社会或是个人层面的信仰，在引导人类精神生活和心灵走向方面均扮演着重要角色[11]。宁厂古镇衡家涧体现出的人民公社文化是历史的选择、血脉的传承，是计划经济时代产生的信仰情结（图6）。

再如盐道情结：盐乃“食爻之将”“百味之首”[12]，盐灶工人在制盐车间里辛勤劳作、挥洒汗水；“盐背子”①在盐运码头上辛勤劳作、装卸盐包；盐商在商铺客栈内刻苦经营、谋求发展[13]……让宁厂古镇衡家涧建筑群这个盐道精神和盐道文化的物质载体，随着时间的流逝沉淀出具有鲜明特色的盐道情结（图7）。

情结与个人经历、文化背景密切相关，它们共同构成了一个人对特定事物的情感反应和心理倾向。建筑符号作为这种情感和文化背景的载体，不仅承载着历史和记忆，也传递着深层的文化价值和个人情结（表3）。

① “盐背子”：流行于重庆、湖北、陕西等地的古盐道上；用于称呼在山区和交通不便的地区，以人力背挑盐为生的劳动者。

图5　恋地情结
（来源：巫溪县民间文艺与民俗协会提供）

图6　信仰情结
（来源：巫溪县民间文艺与民俗协会提供）

图7　盐道情结
（来源：巫溪县民间文艺与民俗协会提供）

衡家涧建筑群中“物源”承载的“情结”分析　　表3

	自然事物	人工制物			纯粹符号
		“点”状空间符号	“线”状空间符号	“面”状空间符号	
“物源”的实体	宝源山体； 后溪河水； 树木花草； 动物	三至四层、流线清晰的公共建筑； 独栋、形式多样的传统民居建筑； 遍布杂草的断壁残垣； 满足交通的构筑物	青石板路面； 街巷与房屋、山、水的空间关系	房屋荒废后围合成的空间	木制门窗； 柱头装饰； 栏杆纹样； 红色图案； 经济标语
“物源”的外延	山间缓缓升起的云雾； 受山地影响的建筑天际线	生产生活用具：石碾/石磨；洗衣池/独木舟/老式家具； 对建筑原本功能的追忆	紧密相连的屋顶/几乎相接的屋檐； 街巷两侧建筑风貌的演变； 追溯曾经盐道上熙熙攘攘的盛况	居民对于空废空间的个性化利用	传统形式美的诠释：门窗等装饰的符号化； 岁月的痕迹：褪色的对联/几经更换门牌号
“物源”的承载	对自然的崇拜/对土地的眷恋（恋地情结）	对效率与实用的追求（信仰情结）； 沧桑的历史气息（恋地情结）； 盐业与建筑的相互塑造（盐道情结）	居民日常社交活动（恋地情结）； 沧桑的历史气息（盐道情结）	体现生活气息与个性风采（恋地情结）	对效率与实用的追求（信仰情结）； 沧桑的历史气息（恋地情结）

4　符号的实践：衡家涧建筑群的“修辞”运用

历经4000多年沉淀的宁厂古镇积累了丰富的符号，为避免具有盐业特色的宁厂古镇走向持续衰落，抑或是走向千篇一律的道路，现今的我们不应再创造新的符号，而应考虑如何有效选择和重组现有的符号[14]，运用修辞方法，让各种符号超越时间、空间进行渗透组合[15]，回溯曾经那“利分秦楚域，泽沛汉唐年”①的盛况；找寻记忆中“盐井平分万灶烟，引从白鹿记当年”②的情结。下面以借代、排比、引用这三种方式进行说明。

4.1　“自然事物”的借代

通过“具体代抽象”的方式对现有符号进行加工提炼，重现那些已不复存在的符号，找回曾经那超越现实的氛围。如运用宁厂古镇衡家涧建筑群的自然

① “利分秦楚域，泽沛汉唐年”：来自王步瀛（清代大宁知监）的《盐泉寄题》一诗，通过对盐泉景观的描绘和对历史文化的赞美，表达了诗人的深厚感情。

② “盐井平分万灶烟，引从白鹿记当年”：来自陈镇（清代）的《白鹿盐泉》一诗。

符号（图8），通过山间云雾缭绕之感代指盐场曾经那“万灶盐烟”的景象，回想起盐工辛勤劳作之景（图9）；通过“云烟”代指“炊烟”“香烟①”，联想到宁厂古镇过去那充满诗意的盐业古镇生活图景。

图8 云雾缭绕的衡家涧建筑群
（来源：巫溪县博物馆提供）

图9 盐工劳作复原场景
（来源：巫溪县博物馆提供）

4.2 “人工制物”的排比

利用符号的规律性和模式性，通过符号的重复与并列可以增强语言的表现力；在建筑领域，亦可通过建筑符号的重复使用增强其传达情结与美学价值的能力。据早年间宁厂古镇衡家涧建筑群实况拍摄绘制作品（图10），以及众多古文献中记载可窥见宁厂古镇衡家涧建筑群曾经的空间样貌：

《蜀中广记》：时“五方杂处，华屋相比，繁华万分……”

《夔行纪程》（陈明早）：“自溪口至灶所，沿河山坡俱居民铺户连六七里未断……”

《大宁县志》（光绪）：“居屋完美，街市井井，夏屋如云……华屋甚多。”

如今却垮塌严重，大部分成为断壁残垣且仅剩一栋吊脚楼，符号指引的缺失让建筑的美学与功能性变得模糊不清，传达其应有情感与故事的能力也大打折扣。对缺失的民居特别是吊脚楼进行修缮或复建，恢复至曾经鳞次栉比的盛况，可让失去的符号通过与其相似的符号获得“起死回生”的魅力。此外，对于部分连续性、具有代表性的断壁残垣应予以保留，它们不仅是历史的见证，更是一连串强有力的符号，以特有的形态与数量让人们在今昔对比中产生深刻思考。

图10 宁厂古镇衡家涧实况
（来源：季富政．三峡古典场镇[M]. 成都：西南交通大学出版社，2007：444.）

4.3 “纯粹符号”的引用

在建筑中，通过引用将一个语境中的符号嵌入另一个相关语境中，可深化它们的理解和情感联系。将巫盐古道②上那些因盐而生的聚落中的建筑符号进行

---

① 香烟：代指庙会祭祀活动，据实地走访得知宁厂古镇衡家涧建筑群内曾有城隍庙、帝主宫、莼南宫这些寺庙；现今除帝主宫（湖北黄州籍商户修建并兼作其会馆）改造为育才小学外，其余均不复存在。

② 巫盐古道：从巫溪县宁厂古镇出发的运盐道路，连接湖北、陕南及渝东北诸县市，不仅是商道，更是文化交融与移民之道[2]，对沿线聚落布局、建筑特色等产生深远影响。

抽象和引用，如距宁厂古镇2千米的谭家墩①至今仍保留着供销社、综合社及渡口遗址；又如距宁厂古镇15千米的檀木坪②，也有综合社、运输社大楼等历史遗迹。将各种符号进行堆叠、整合并运用在宁厂古镇衡家涧建筑群中，可形成有规律的场所感及强烈的符号情结感。

5　结语

经过数千年的风雨，宁厂古镇的功能和价值几经转移，从过去的“上古盐都”转变为现在“被遗忘”的古镇，积累了大量的符号，不同时空的人们对其有着不同的情愫，本文归纳的建筑符号体系正是对这种抽象信息的具象反映[16]。宁厂古镇衡家涧建筑群的保护迫在眉睫，我们应当尽可能完整地解读与运用这些符号，展现出其特有盐业文化、人民公社文化的同时，对因物是人非、今昔对比间产生的怀旧、恋地等情结加以保留与利用；表达其多样化的价值取向，不仅让其物质实体，更让其所承载的历史信息代代相传。

参考文献

[1] 陈李波. 城市美学四题[M]. 北京：中国电力出版社，2009：184.

[2] 佘平. 巫盐古道[A]//中国盐文化（第11辑）. 2018：14.

[3] 仲树声. 建筑符号学在公共空间设计中的应用[J]. 流行色，2020，（7）：187-188.

[4] 赵毅衡. 符号学原理与推演[M]. 南京：南京大学出版社，2011：426.

[5] 魏瑞，等. 宁厂古镇中心街区建筑解读及再生[J]. 建筑，2014，（8）：59-60.

[6] 赵万民. 宁厂古镇[M]. 南京：东南大学出版社，2009：175.

[7] 季富政. 三峡古典场镇[M]. 成都：西南交通大学出版社，2007：444.

[8] 李剑东. 巫溪传统手工制盐技艺[M]. 北京：团结出版社，2018.

[9] 段义孚. 恋地情结[M]. 流苏，译. 北京：商务印书馆，2019：422.

[10] 陈李波. 论地域住宅中的情结空间——以汉口里分为例[J]. 新建筑，2008，（6）：128-131.

[11] 李奇. 基于信仰情结的红色旅游地优化设计研究[D]. 青岛：青岛理工大学，2022.

[12] 侯红艳. 盐道文化与盐道精神的文学建构——论李春平的长篇小说《盐道》[J]. 安康学院学报，2018，30（2）：7-10.

[13] 佘平. 巫盐史话[A]//盐文化研究论丛（第七辑）. 2014：17.

[14] 刘晓光. 景观美学[M]. 北京：中国林业出版社，2012：244.

[15] 郑嫣然，刘雷，斯震. 景观意象下的诗化符号——基于符号学背景下的地域文化特色探究[J]. 中国园林，2018，34（8）：74-77.

[16] 李鹏鋆，严国泰. 城市历史遗产保护中的景观语言符号探究——以临海古城墙整治为例[J]. 西部人居环境学刊，2016，31（1）：106-109.

① 谭家墩：自宁厂出发北进的水陆盐道上第一个重要的关津和驿市，现渡口遗址尚在，盐道从最低一层的主街南北贯通，宽2～4米不等，两旁商铺、餐馆、客栈林立。

② 檀木坪：巫盐古道上重要的驿站，自清朝发现煤矿以来，成为宁厂古镇煎盐不可或缺的燃料供应地。

粤西与琼地区冼夫人建筑文化的特征分析 ①

刘楠 罗翔凌 刘明洋 陈兰娥

作者单位
广州城市理工学院

摘要： 冼夫人文化主要分布在粤西与琼地区，内容包括文化艺术与建筑文化两部分。两部分内容在一千五百年中产生各自的发展轨迹，并呈现不同特征。本文以文化艺术为对照对象，从建筑时间空间、外化内化特征，得出建筑文化壁垒明显、建筑具有原真性与艺术性双重价值属性、形式类型发展不足、教化性作用鲜明统一的特征。为冼夫人建筑的研究提供依据，填补研究的空白。

关键词： 冼夫人；建筑文化；文化艺术；特征

Abstract: The culture associated with Madam Xian is predominantly found in the western regions of Guangdong and Hainan (Qiong). It encompasses a rich tapestry of cultural arts and architectural heritage. Over the span of 1500 years, these two domains have followed independent paths of development, each acquiring unique attributes. This paper uses cultural arts as a reference point and analyzes architectural history and spatial characteristics, both external and internal, to identify clear distinctions within architectural culture. It finds that buildings offer a dual value, being both authentic and artistic. Additionally, the study notes a lack of diversity in architectural forms and types, alongside a pronounced and cohesive educational function. These insights establish a foundation for further research into Madam Xian's architectural legacy, addressing a gap in the existing scholarship.

Keywords: Madam Xian; Architectural Culture; Cultural Arts; Characteristics

冼夫人生于梁天监年间，终于隋仁寿年间，维持岭南、琼和平统一，一生活动的范围主要在高凉即今粤西，目前其文化主要分布在粤西与琼两地。冼夫人文化随后世子孙的迁徙而传播到桂东，以及马来西亚、新加坡、越南、泰国等地。目前全球建有约2500座冼夫人建筑，多数分布于粤西。冼夫人文化大致可分为两大部分：建筑文化与文化艺术。在鲜明的文化特征及足够的建筑样本条件下，该类建筑却未得到研究总结，使之成为冼夫人文化组成中的短板。通过文化艺术的多维度关联来印证建筑文化的特征是重要且必要的途径。

建筑群体特征通常可从时间价值、空间分布、外化形式与内化思想四方面来剖析。科研团队以现存具有代表性的粤西、琼地区的冼夫人建筑为研究对象，从这四个维度进行调研研究，总结出冼夫人建筑的如下特征：空间上建筑文化壁垒明显、时间上建筑具备原真性与艺术化并存价值属性、外化形式上建筑类型发展不足、内化思想上教化作用统一鲜明，并对其成因进行探析。

1 空间上建筑文化壁垒明显

在民间文化活动上，2012年茂名年例批准为广东省第四批省级非物质文化遗产名录，关于年例的纪录片有央视播出的《茂名年例》《年例》。冼夫人即年例的祭祀对象之一。琼山市军坡节现已升级为国家

① 基金项目：2019年广东省普通高校青年创新人才类项目（自然科学类）（2019KQNCX210）：粤西与琼地区冼太“初心”文化精神与建筑文化互动机制研究；2021年广东省社会政策研究会课题研究项目（61Z2100006）：海上丝路对广府建筑文化的形成与发展研究。

级①。在研究领域，研究成果呈逐年上升趋势，经统计，学术研究团队与组织也主要集中在这两个区域，如广东省冼夫人文化研究基地、广东省非物质文化遗产研究基地、海南省冼夫人研究会、海口市冼夫人文化学会、阳江市高凉文化研究会、茂名市冼夫人研究会、高州市冼夫人研究会等。但冼夫人纪念活动仅限于粤西与琼两地，研究团队也呈现了区域聚集。在冼夫人建筑分布上，广东省有2000余座，其中茂名市380余座、高州市370余座；海南省有470余座，其中海口200余座②，本研究团队调研并绘制了部分建筑分布图③，得出广东的茂名市、海南的海口市琼山市呈现中心聚集性的地理分布特征。

建筑文化壁垒的形成与维系有两方面因素。首先是稳定的受益群体铭记行为。冼夫人功绩具有普惠性，受益者重，这种表现是集体价值观认同向社会生产生活格局潜移的结果，将感恩铭记与受惠降福建立因果逻辑关联，作为受益者自觉约束行为并代际传递，使受益者群体呈现稳定性，亦为先贤上升为“神”打下基础，进而建设纪念建筑以契合活动行为需求。其次是宗族追祖行为。冼夫人的拜祭者，常自称“子孙”“赤子”，称呼冼夫人为“婆祖”。这种“以神为祖”的现象，体现出了神灵祭祀中“亲属化”意识的延伸[1]。从族谱及其后裔分布分析上亦可见冼夫人信众分布与家族后裔之间有密切关联[2]。祖庙宗祠为传统的祭祖空间，在受益群体的活动影响下，宗族将祖与神概念合一，建筑的功能定位模糊，最终达成了两地建筑意义的一致。

传播是文化传承与发展的基础保障，更是文化遗产存续的重要机制[3]，以受益者、宗族为代系传播路径，在对象的身份优越感持续暗示强化下，进而产生文化排他性。这阻断了文化向外围传播的途径，且隋末唐初，岭南多瘴气，蛮夷居之，固定居住人数仍少，因此地方文化缺少足够的继承者与传播者。且冼夫人文化带有俚人文化特征，与“华夏文化”信仰有天然代沟，向外的冼夫人文化信仰空间被其他信仰挤压[4][5]，其影响范围难以拓展。呈现的结果则是在粤西与琼文化圈内传播稳定持续，文化圈外信仰壁垒难以打破。

2　时间上建筑原真性与艺术化并存

原真性是理解文化遗产价值的基础，是对遗产进行保护利用的基础。冼夫人建筑群在时间上呈现远者原真性、近者艺术化的两极背离并存的特征。

原真性体现在史料记载上，关于冼夫人的记录最早的史料见于《隋书》[6]，记载众望所归之声誉。其次是《北史》[7]与《隋书》相互印证了冼夫人平定叛乱、百越俯首的史实。《新唐书》[8]《资治通鉴》[9]记载了冼夫人后人治理地方的情形。时空连续、内容多向的史料记载使冼夫人形象更加真实立体。原真性体现在遗址遗迹上，以史料为线索发掘了部分冼夫人相关遗迹遗物。如茂名电白霞洞镇晏宫庙冼夫人第六代孙夫妇合葬墓，霞洞镇狮子岭南坡冼夫人第五代孙媳许夫人墓、电白县冼夫人墓址等。海南儋州宁济庙内现存“太婆井”“群黎归附石雕”等唐代遗物。

冼夫人维持地区和平功勋卓著，受到历代君王敕封，地位尊崇，使得其上有史书记载下有民间吊唁，留下诸多历史痕迹，其原真性也因此被反复强调。当下政府及社会各阶层做出了多方努力，从文献记载到建筑遗迹挖掘，整理成较为完整的证据链，力求再现冼夫人的生活痕迹，增强其原真性的价值属性。

相较于各阶层对冼夫人原真性的探索，民间对冼夫人形象进行了艺术化迁移。高州市长坡镇冼太庙的冼夫人与冯宝塑像被称为“愿乞先锋双脚急，替侬捉回负心郎”的“和合神”。历史上的戏曲、话本创作如“帅堂斩将”“冼太与大谢王比武”“霞洞晏公庙”“驱鬼烧窑”“阿太保姆”等将冼夫人描绘成既能与大榭王斗法、调动天兵，又能照顾孩童、求子求

---

① 2002年3月14日，海南省旅游局琼旅函〔2002〕30号《关于同意将琼山市新坡镇军坡纪念冼夫人活动纳入2002年中国民间艺术游海南总体活动内容的批复》载：“同意将琼山市新坡镇军坡纪念冼夫人活动纳入2002年中国民间艺术游海南系列活动内容，活动名称为‘2002年中国民间艺术游海南冼夫人文化节’”，由琼山市旅游局和新坡镇人民政府联合主办，即首届海南冼夫人文化节。如此，“军坡节”定位为“冼夫人文化节”，并升格为“海南省”级。2006年，第五届文化节上升为“国家”级，称“中国（海口）冼夫人文化节”。

② 冼夫人建筑的规模不一，有大者占地几公顷的景区，亦有小者占地不足1m^2的田间土地庙，且建筑的别称众多，近年陆续有新建亦有拆毁，所以数据动态变化，难以精确。

③ 建筑选择标准：主祀冼夫人，有独立建筑与室外活动场地，建筑质量较好，目前仍在使用，有文献记载或当地有一定知名度。

福的力能通神的形象，无不促进了这种人格神化的艺术化行为。

这种人格神化行为触发的建筑可视化艺术创作表现为对联牌匾的文字寄祈、塑像置物的拜神格局、建筑格局的多重功用、建造活动的唯心仪式。冼夫人建筑常以“庙”为称，电白娘娘庙内冼夫人塑像上方幔帐缀有“感谢神恩”“神光普照”，将其功德与神明降福等同。作为茂名年例中祭祀的对象之一，冼夫人塑像被“敬神、游神”，海南的“闹军坡”亦有“游神”环节，建筑格局与当地宗祠、土地庙无甚差别，如电白娘娘庙、高凉山冼太庙、高坡冼太庙、新安柔惠庙等，规模大者为合院布局，院中有敬亭，主厅为供奉祭拜场所；规模小者独立建筑无围墙，建筑内中设台供奉塑像，祭拜活动在建筑外部展开；除祭拜功能，村落议会、学习教育也常在此空间展开。以上内容将祭祀先贤与祭神祈福融合，纪念性建筑与祭拜性场所合而为一，高度艺术化。

各级政府及学者挖掘遗迹、新建纪念馆，致力于恢复建筑及文化的历史原真性，是自上而下的，而民间则自下而上将其不断艺术化。“非遗不存在原真性”[10]，文化艺术在传播中具有复杂性、不确定性、活态性，并且冼夫人事迹丰富，为创作提供了广阔的发挥空间，多重复杂情绪附加在文学艺术创作及其建筑上。反观建筑，为反馈与承载情感需求，逐渐偏离原真性的建设意图转向艺术化，历时与共时的冲突调试后，呈现远者原真性、近者艺术化的两极背离并存的价值属性特征。

3 外化形式上建筑类型发展不足

历史上关于冼夫人建筑的记录，均以记录庙宇、归葬地的地址形式存在，仅（光绪）《高州府志》记载了霞洞堡诚敬夫人庙的大概形制[11]。王宏诲撰《新建谯国诚敬夫人庙碑》中提及“惟谯国夫人之庙，海南北在在有之。而其规制盈缩，大率视所在人心而为之”[12]。“本朝洪武初封为高凉郡夫人，岁以仲冬二十四日祭之”[13]，明代颁布“推恩令”后，冼夫人写入国家祀典，庶人建庙的情况普遍起来，冼夫人建筑也开始修建，化州中垌冼太庙、那务冼太庙、下郭冼太庙、石阁冼太庙、南盛冼太庙均为万历年间始建，使得现存建筑除墓址外遗迹可考年代仅能追溯至明清时期，仅存的少量建筑又几经翻新，已与原貌相去甚远，加之缺乏文献史料对形制的详细记载，建筑形式特征的总结对象只能选择千禧年后冼夫人建筑潮所建建筑。对冼夫人建筑从形制格局、技艺用材、装饰语汇三方面进行原型提炼分析，得出一定的规律，即冼夫人建筑可分为两类：附生简朴型与独建多元型。

附生简朴型建筑通常依赖村落活动需求而建，并有一定的建设年限。该类建筑形制格局通常是一进院落，使用凹门斗或倒座，正厅多为三开间，常用硬山，正厅供奉塑像，正厅外常无檐柱，院中设敬亭，东西两厢有的为封闭无柱房间，也有面向院落全开敞，常作为文化展览或村委会集会空间。技术用材为四周砖墙承重，屋顶为简化的木构抬梁式，个别位置加一踩至两踩斗栱，多数位置榫卯相接，厅中落柱用木柱身石础。装饰语汇通常为悬挂的对联牌匾，少有雕刻绘画，正脊偶有鸱吻或双龙的传统灰塑或预制成品进行简单装饰。如茂名电白娘娘庙、海口丁村冼太夫人纪念馆、儋州宁济庙。这一类建筑受用地、投资等客观条件限制大，尽量遵从建筑传统，表现简朴，尚能扎根本地，但该特征与周边民居无甚明显区别。

独建多元型建筑通常用地宽裕，不与四周毗邻，一至四进院落皆有，正厅五至七开间，材料做法同前者，正厅有庑殿顶或歇山顶，更有用重檐者，正脊灰塑高耸，入口左右檐柱常作盘龙凤雕石柱，彩画及雕刻用几乎均是龙凤或双凤题材，偶有喜鹊、宝瓶、铜钱题材，敬亭琉璃瓦屋面下承多踩木质斗栱；但装饰雕刻构件常为市场预制构件、做工粗糙刻板，有木质、石质或水泥成品，题材程式化，形制依古制常有僭越，建筑语汇堆砌但无自成一体之特色。如海口三江懿美夫人庙、增建冯公祠前的高州市冼夫人纪念馆、海南新坡冼太夫人纪念馆（表1）。这一类建筑是当代高频信息交互下多元杂糅的创造，定位笼统，缺乏地域技艺运用，缺乏建筑内涵挖掘，受强烈的建造者个人审美影响。在冼夫人文化研究专家陈雄的访谈中，陈雄表示冼夫人建筑并未自成一体，其论文中“建筑的地方特色”是指岭南建筑特色[14]，与本人观点一致。

建筑“原型”不仅是可见的形式，也是生活形式和历史事件的凝聚与沉淀，建筑本身只是表层结构，

附生简朴型与独建多元型建筑举例及特征分析　　表1

<table>
<tr><th>类型</th><th>建筑名称</th><th>照片</th><th>建筑模型（依据测绘数据建模）</th><th>类型原型</th></tr>
<tr><td rowspan="2">附生简朴型</td><td rowspan="2">茂名电白
娘娘庙</td><td></td><td>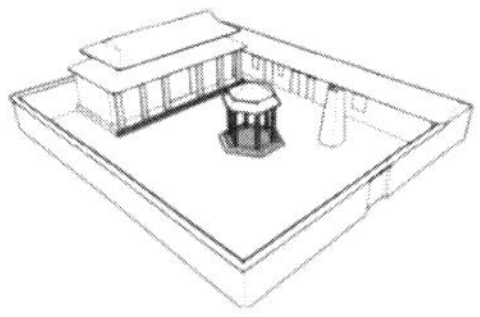</td><td>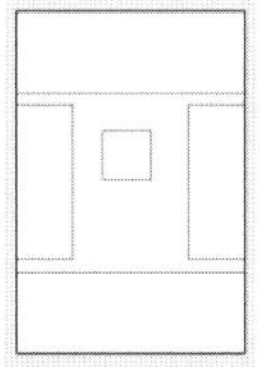</td></tr>
<tr><td colspan="3">村落南、紧邻墓址，三间两廊格局，一进院，正厅三开间，砖墙身木屋架覆灰瓦，院中设敬亭，凹门斗，装饰简朴。2004年翻修</td></tr>
<tr><td rowspan="2">附生简朴型</td><td rowspan="2">海口丁村
冼太夫人纪念馆</td><td></td><td>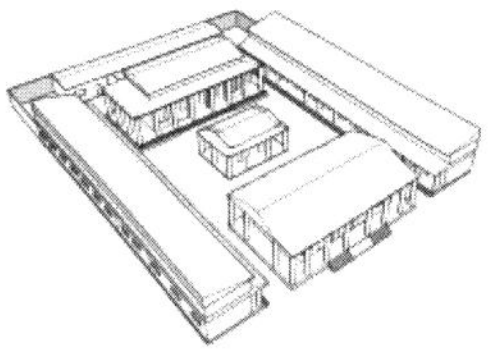</td><td>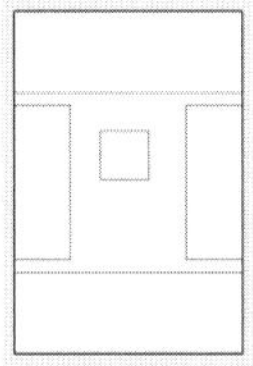</td></tr>
<tr><td colspan="3">村落中央，一进院，正厅三开间，砖墙身木屋架、覆瓦漆黄，院中设敬亭，两厢敞开，凹门斗，装饰简朴。新建</td></tr>
<tr><td rowspan="2">附生简朴型</td><td rowspan="2">儋州宁济庙</td><td></td><td>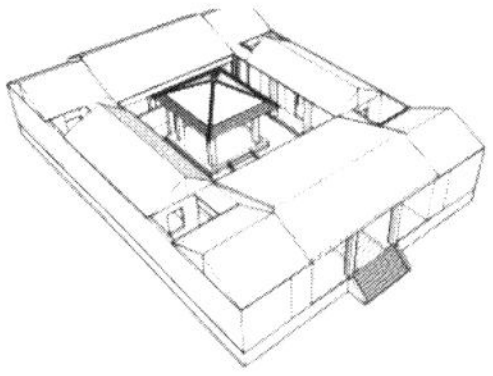</td><td>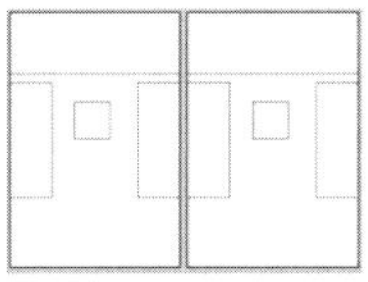</td></tr>
<tr><td colspan="3">原为村落边，两跨院，砖墙身木屋架覆绿琉璃筒瓦，正厅各三开间，两侧设檐廊，装饰简朴</td></tr>
<tr><td rowspan="2">独建多元型</td><td rowspan="2">海南三江
懿美夫人庙</td><td></td><td>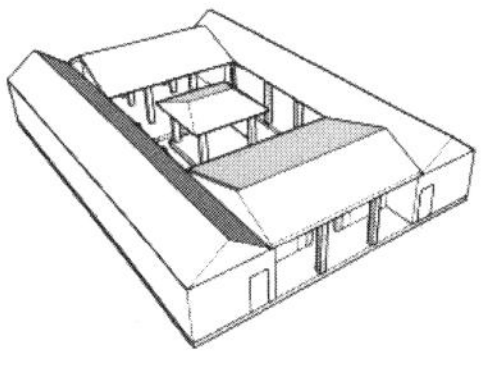</td><td>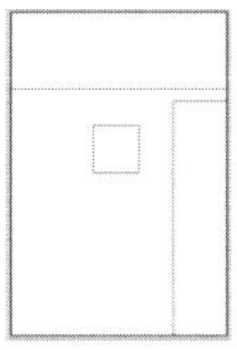</td></tr>
<tr><td colspan="3">村落外围，院落宽阔，混凝土墙身木屋架、覆琉璃瓦，正厅五开间，重檐歇山顶，内有木构藻井，入口外双盘龙石柱，木雕红或绿底色漆金，龙凤、花鸟题材，仅设东厢房，院中设敬亭、塔。新建</td></tr>
<tr><td rowspan="2">独建多元型</td><td rowspan="2">高州市
冼夫人纪念馆</td><td></td><td>—</td><td>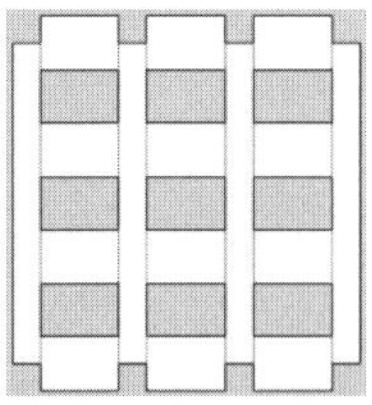</td></tr>
<tr><td colspan="3">城市间，临城市干道，四进三路，混凝土墙身木屋顶覆琉璃瓦，正殿为三开间、重檐、前设抱厦四盘龙石柱、脊饰双龙戏珠，装饰华丽、色彩艳丽、有岭南风格。1992年重修，2000年扩建</td></tr>
<tr><td rowspan="2">独建多元型</td><td rowspan="2">海南新坡
冼太夫人纪念馆</td><td></td><td>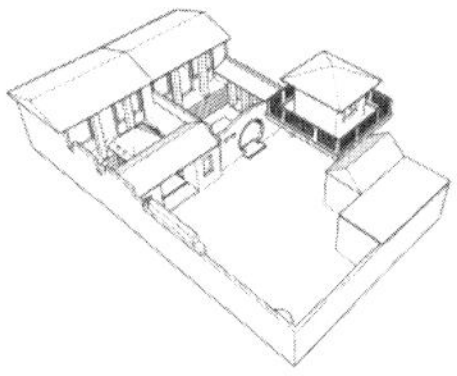</td><td>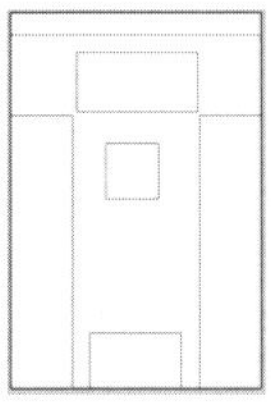</td></tr>
<tr><td colspan="3">村镇边，临干道，前后两厅中夹敬亭，由两厢与围墙三面围合，混凝土墙身木屋项覆琉璃瓦，正厅、敬厅及两厢为重檐，正厅五开间、副阶周匝，前厅入口设御路石、上雕双龙戏珠施粉彩，雕刻及彩画以龙凤为主，主题丰富色彩艳丽，室内挂牌匾无数。重修</td></tr>
</table>

而类型才是深层结构[15]。将抽象元素从建筑实体抽离后，建筑的三方面原型并未呈现区别于岭南建筑、海南建筑的符号指向，缺少建立建筑类型的深层结构，不能将其与其他建筑区别开来。曾令明在论文中提出对海南信仰调查的辨别依据为庙名、庙联、封号甚至塑像陪神[16]，亦表达了建筑缺乏辨识度的观点。庙名、对联、牌匾这些辨别依据，是介于建筑装饰与文化艺术之间的可视化语汇，但该层面的表达嫌浅显，建筑需向触及文化内涵的深层结构挖掘。

文化遗产概念最早在1972 年联合国《保护世界文化和自然遗产公约》中被提出，是历史上存在人物或发生事件的遗存，经过历代价值体系筛选的产物，可通过文物、遗址、文艺、民俗和节庆等形式表现[17]。冼夫人文化具备以上全部表现形式。但经对冼夫人研究成果统计可见（图1），研究团队也将视野几乎全投向文化艺术层面，且研究集中出现在2000年以后。建筑作为文化外化的表现，其成果相较于文化艺术，明显地存在量的滞后与类的单一。

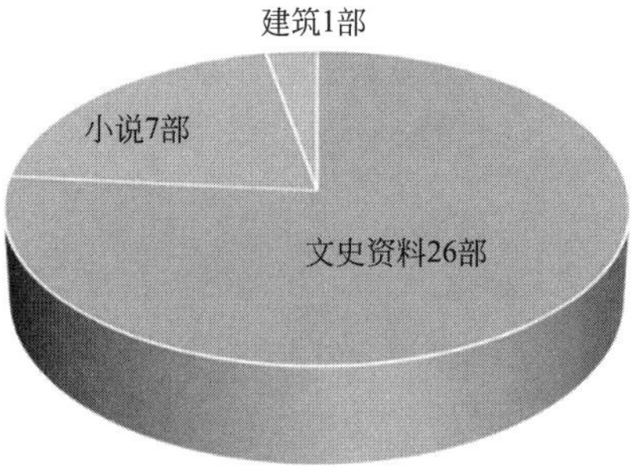

图1 当代冼夫人书籍作品数量统计

冼夫人文化艺术在民间具有稳定的吸纳与继承团体，创作类别丰富，艺术形象饱满，特色鲜明。这是由于冼夫人历史事迹生动、记载翔实、形象鲜明，易于文化艺术的拓展衍生。而与文化并生的冼夫人建筑则具有明显的创新惰性，加之当代成熟的预制建造体系提供了便捷可靠的建造路径，高频的泛普信息模糊了地方与通用建筑文化的界限，建筑丧失了创新的外源契机及内原动力。得到的结果是冼夫人建筑类型单一、缺乏特色，发展不充分。

4 内化思想上教化作用统一鲜明

文化向建筑内向发展，可干预建筑的创作思维，甚至成为建筑活动成立的前提。而冼夫人文化内化呈现出的特征则是实现教化性。文化内化的过程可理解为“对象崇拜—形象完善—建设建筑—寄托诉求—统一意旨”的过程，对象崇拜起源于“唯用一好心”[6]爱国思想，最终建筑也将回归到爱国思想的统一意旨表达上，而该思想的教化意义具有稳定性、普适性和时代性。这种建筑内化表达的载体是对联、牌匾。教化性可从教化基础、教化核心、教化结构来审视冼夫人文化所起的作用。

教化的基础来源于“唯用一好心”，是冼夫人精神的自我总结表述，也形成了史书载录及文化创作的思想核心。《隋书》里塑造的冼夫人是忠于王朝维护地方安定团结、智勇双全的岭南部族首领形象，明代《广东省志》《高州府志》以及（正德）《琼台志》中的冼夫人形象也几近于此[18]。冼夫人被史书、地方志归属为“先贤”，是从儒家礼法的标准去看待冼夫人[19]。民间感怀恩德、维序乡里的需求对思想同样做出回应。苏轼作诗“三世更险易，一心无磷缁”，明代吴国伦作诗“木兰代父戍，功成仅完躯。夫人代夫将，戮力扶皇舆”，是民间肯定的表现。该思想具有时代性，符合当代社会主义核心价值观，亦受到肯定与褒扬。

教化的核心是价值观的传递。民间在上述史书记载、历代敕封、文学作品之下，展开建筑上的文学创作。对联用词丰富，内涵指向鲜明，在目光所及之处，有大量对联牌匾的直接信息传达，配以声、光、物的多感官接触，达到量感上的累积，形成特定的文化场域，实现劝善明理的教化目标。如广东高州长坡石骨冼太庙“三朝诰封伟绩丰功昭史册，八州拱载保境安民显神威”等，内容可总结为感怀功绩、践行精神。冼夫人精神提供了地域的适应价值，形成群体的内聚力，促进了群体内部的合作，这在《海南冼庙大观》的描述中可体现[20]。从可视到感怀再到践行，最终到群体行为规劝，建筑实现了价值观传递的教化作用。

教化的结果上，对联牌匾发展成为最鲜明的、区别于其他建筑的可视化载体。冼夫人形象在民间发展成为“先贤”与“神明”的集合体以便于铭记宗源、满足诉求。而达到以上教化规诫、抒发情感目的最直观、精准、快速的方式无外乎寄予文字，在文化普及低下的时代，对联、牌匾成为最优选的媒介。

5 结语

历经十五世纪，冼夫人文化的“唯用一好心”核心内涵不断被强调，而其外延则发展向不同维度，涵盖了文化地域性格、聚落社会组织格局、审美思维逻辑、地方建造技艺等，但建筑内容所占比例偏少。从空间分布上，冼夫人文化主要聚集在粤西与琼地区，受其传播路径的限制，且各地的地域审美理想需求存在差异较大，于是形成了文化壁垒。从时间发展出的价值属性上，建筑的原真性与艺术化两极并存，这是由于自上而下的主动还原与自下而上自发创造经历时间冲突调试的结果。建筑外化形式上，将文化艺术从建筑本体抽离后，以类型学视角分析建筑构成元素，与地方建筑一致，未呈现能够比肩文化的特异的建筑语汇，可以认为是冼夫人建筑在强大的地域建筑体系包容及当代建筑技术浸染下，产生了创新惰性。内化的建筑文化映射在建筑上则是建筑的文字装饰艺术呈现鲜明的教化性。

文化是历史的诠释、地域认同的来源、地域发展的资源、地方维稳的工具、国民教育的手段。冼夫人文化在物质层面提供建筑活动场所、锚固建筑文化、建立乡际文化标识，在精神层面寄托审美理想、维系生产生活秩序、提供教化路径，与弘扬社会主义核心价值观及挖掘地方文化特色有极高的适配度，因此当代的需求加强。但基于建筑文化特征，建筑需要打破文化壁垒、进行文化特征重塑，做好建筑文化的可视化下沉与教化作用的价值感上升，以更好地实现当代情感价值与传统文化的时空联结，实现文化的当代积极意义。

参考文献

[1] 郑苏文. 祀典“先贤”与民间“圣母”——官民互动背景下冼夫人信仰衍变与其形象建构[J]. 广西民族研究，2022（5）：123-131.

[2] 贺喜. 亦神亦祖——粤西南信仰构建的社会史［M］. 北京：生活 · 读书 · 新知三联书店，2011：167.

[3] 中共中央办公厅国务院办公厅印发《关于进一步加强非物质文化遗产保护工作的意见》[J]. 中华人民共和国国务院公报，2021（24）：37-39.

[4] 唐艺凡，林小标，陆玉麒. 中国四大宗教空间格局与扩散模式研究——兼论宗教在不同类型城市中的发展[J]. 地理研究，2023（7）：1-22.

[5] 彭维斌. 妈祖信仰史迹的时空分布与传播特征[J]. 闽台文化研究，2022（4）：51-63.

[6] 魏征. 隋书 · 谯国夫人传[M]. 北京：中华书局，1997.

[7] （唐）李大师，李延寿. 北史 · 列传 · 卷七十九：列女[M].

[8] 宋祁，欧阳修，范镇，等. 新唐书 · 列传三十五 · 冯盎传［M］.

[9] 司马光. 资治通鉴 · 唐纪八 · 卷一百九十二[M].

[10] 联合国教科文组织. 保护非物质文化遗产伦理原则[R]. 2015.

[11] 高州府志：卷二：坛庙[M].

[12] 王弘诲. 天池草（上册）［M］. 海口：海南出版社，2004：241.

[13] 李贤. 大明一统志：卷八十一［M］. 西安：三秦出版社，1990：1247.

[14] 刘楠. 冼夫人建筑的审美文化机制研究——以电白娘娘庙为例[J]. 建筑与文化，2022（11）：192-194.

[15] 姚迪，刘泽蔚，陈琛. 建筑类型学辩证思维下的历史文化街区红色建筑设计思考[J]. 南方建筑，2022（12）：37-43.

[16] 曾令明. 女性神灵 · 海洋信仰 · 融合互动——对海南岛的冼夫人、妈祖、水尾圣娘的实证分析[J]. 边疆经济与文化，2021（1）：79-92.

[17] PORIA Y，BUTLER R，AIREY D. The core of heritage tourism[J]. Annals of tourismresearch，2003，30（1）：238-254.

[18] 罗道福. 明代广东方志中冼夫人的历史书写与形象建构[J]. 历史教学，2022（4）：44-51.

[19] 郑苏文. 祀典“先贤”与民间“圣母”冼夫人信仰衍变与其形象建构[J]. 广西民族研究，2022（5）：123-131.

[20] 李金云. 海南冼庙大观［M］. 海口：南方出版社，2015. 23.

浅议建筑遗产的场所精神复原及强化策略

顾一笑[①]

作者单位
西安建筑科技大学

摘要：场所精神理论很大程度上可以指导建筑设计、空间生成及改造过程，场所精神是建筑空间设计中所追求的重要空间品质，建筑师们试图创造能带给人充沛情感共鸣的精神场所，对于建筑遗产保护而言，遗产本身具有浓厚的历史文化氛围，遗产的存在即可以让人体会到场所精神，因此借助场所精神理论，在建筑遗产保护更新中继承并强化场所精神，唤起人们心中对于建筑遗产的情感知觉体验，从而帮助扩大建筑遗产的影响力散播，是当代建筑遗产保护与更新的可取方式。
关键词：建筑遗产；场所精神；复原及强化策略

Abstract: The theory of place spirit can guide the process of architectural design, space generation and transformation to a large extent. Place spirit is an important spatial quality pursued in architectural space design. Architects try to create spiritual places that can bring people abundant emotional resonance.Therefore, with the help of the theory of place spirit, inheriting and strengthening the place spirit in the protection and renewal of architectural heritage, arousing people's emotional perceptual experience of architectural heritage, and thus helping to expand the influence and spread of architectural heritage, is a desirable way to protect and renew contemporary architectural heritage.

Keywords: Architectural Heritage ; Place Spirit ; Recovery and Strengthening Strategies

1 场所精神理论与建筑遗产保护的关联性

1.1 场所精神理论及含义概述

场所精神[②]的提出源于场所理论的研究。诺伯舒兹的《场所精神——迈向建筑现象学》一书中提到只有当人深刻体会到场所和环境的意义时，才能“定居”下来[1]。这里的“定居”也就是在一定场所内的“存在”，人存在于环境空间中可获得立足点，具有辨别方向的能力，由此产生属于特定场所的“方向感”；而方向感背后蕴含着由于光线、声音、气味之类的知觉感受给人带来的安全感，在这一场所内，人通过对自我以及周围环境价值的评估又会感知到场所处的文化，产生“认同感”和友好亲密的体验，认同感的背后蕴含的安全感则是心理与精神层面的安全。在以上的“方向感”和“认同感”的共同作用下，处于场所中的人们获得了“归属感”。

在不同的场所环境中会产生不同的场所感受，场所之间的差异性及场所本身的特性由此建立，而不同的人体验场所也会有不同感受和反应，在场所给予的直接感受上融入自己的认知产生自己的场所记忆。

综上，建筑环境的材质、肌理、色彩以及在空间内的行为活动过程中产生的场所记忆、场所情境等种种要素综合所带给人的特定意象的影响，即“场所精神”。场所精神不能脱离其物质载体，空间所创造的场所精神本质上是客观的，在场所空间内的所有事物共同作用下营造氛围，让不同的感受者通过身体的感受与认知去体会价值意义及情感连接，产生专属的场景记忆。

1.2 建筑遗产保护意义

建筑遗产[③]的价值包括历史价值、文化价值、艺术价值、岁月价值、科技价值、社会价值等多层级、多方面的价值叠加。建筑遗产的保护是毋庸置疑的，

---

① 西安建筑科技大学建筑学院，邮编：710000，邮箱：857883916@qq.com。
② 场所精神，由诺伯舒兹（Christian Norberg - Schulz）于1979年提出。
③ 本文所述建筑遗产的范畴为现存各类具有历史价值的建筑单体或建筑群、历史街区、历史文化名城等。

但私以为建筑遗产在当今时代最本质的作用是厚重的历史人文背景和精神文明的载体，通过遗产本体将其与现实社会产生连接，让更多的人更真切地感受到建筑遗产背后的文化历史所在，激发出民族文化的自豪感。

1.3　建筑遗产与场所精神关联性与契合度的思考

建筑遗产是自古留存的生活、文化、历史的遗迹，其本质可分解为实体和精神遗存，对于相同文化背景的空间使用者而言，人在遗产空间内被精神遗存所影响而产生感悟，“认同感”和“归属感”自然产生。空间与人的这一连接过程符合场所精神理论，在当代建筑遗产的空间价值远超其物质属性，与场所精神相对应的社会属性才是遗产的本质价值。

场所精神理论将人与空间、场所贯穿在一起。人是建筑、空间、场所环境等的创造中心，以人的感受为出发点进行空间营造活动，所塑造的场所精神具有“情境、归属和文化”三重要素；情境代表了过去的生活，归属代表了社会的共识，而文化代表了集体的历史[2]。在历史的沉淀之下建筑由最初可塑造情境氛围到可提供归属感，当可定义为建筑遗产之后还将兼有文化属性。此外，隈研吾的《场所原论》还强调了建筑与场所环境之间的密不可分，强调场所精神的重点为地域性的体现，探索如何给在地建筑赋予场所精神[3]。而历史中幸存的建筑自然继承了当地的地域文化，免受现代性的侵蚀而通过建筑材料、形式和风格充分均可展现其地域性。

由此可知，场所精神的本质内涵与建筑遗产精神属性相符合，也可与建筑遗产保护领域中的修旧如旧保护理念、原真性原则、文化情感价值保护达成共识。在实体遗存的基础上将建筑遗产场所进行再现是强化历史建筑精神和影响力的重要手段。因此在建筑遗产的保护与更新中引入场所精神理论，能够让人们更加关注到建筑遗产的情境与背景，维护和修复建筑环境的整体形象，从建筑遗产本身的保护上升到文化情境和传统氛围的保护，实现建筑遗产的重生，“而不仅仅是保留的一处由构筑物围合的空间”[4]。

2　建筑遗产之中的场所精神强化方式——从场所的复原到自我体验的建立

2.1　场所结构的复原

场所精神特点之一为既可以在原地上进行展示和营造，也可以易地进行复制，甚至是把消失的场所精神复原再现。而该特点发挥作用的基础就是明确特征的空间结构和具体形象的产生场所。在场所精神理论中，诺伯舒兹认为人与环境发生互动的步骤为三个：①精确空间结构，获得人存在的立足点；②对既有情景加以补充；③人对于环境理解被象征化[1]。简言之就是需要完善场所结构、强化场所的象征意义来加强人的直觉感受。

其中场所结构以“空间”和“特性”两个概念组成[1]。空间是构成场所的元素，特性指的是一个空间独有的品质、气氛等各个方面的集合，也是其区别于别的空间的关键。只有各种历史、文化、社会、人群活动元等特性素融入空间中时，与周边环境建立起一个独特的整体时，它才成为有意义的空间——即为场所[5]。这就如同“住宅”与“家”之间的区别。

而在建筑遗产之中的场所结构则要考虑遗产本身空间的完整性以及涉及周边环境的场所氛围塑造。而建筑遗产的场所环境则是当代建筑遗产保护中可操作之处，需遵循真实性、最小干预原则以尽量还原场所的物理结构（图1）。

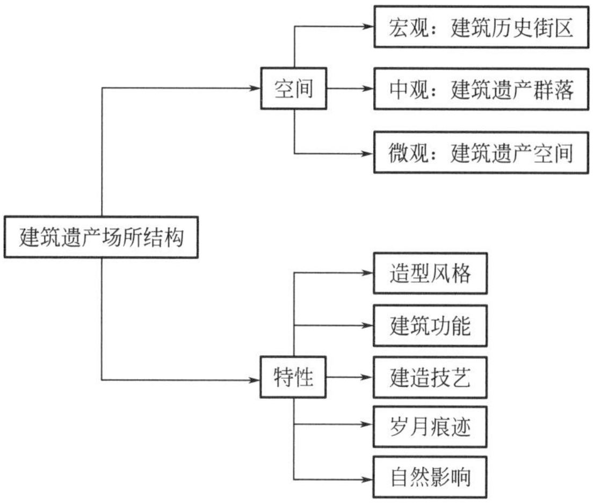

图1　建筑遗产场所结构关系图

1. 建筑遗产中的场所空间要素复原

“空间”作为建筑的本质，也是历史建筑场所的主要构成要素。从宏观层面来看，城市视角下，建筑遗产在区位上会辐射影响到周边环境，带来了地域性和遗产本身的功能属性，该环境的保护也相当重要，人们从城市到靠近历史建筑，可以感受到建筑散播的历史氛围，为方向感的产生做铺垫。如今许多历史建筑周边的历史街区建设保护就是可行之法。

中观层面上，考虑的即为建筑遗产空间群落的完善。由于中国传统建筑通常以平面铺陈，以组群的形态存在，因此这里的完善不仅仅是目前留存下的建筑实体的良好保护和修复，还需要从历史、文化、人文、情感等多方面去进行适当的重建，例如为残存的主殿修建偏殿或是佛塔，为帝王庙修建已损毁的祭器库，都是为了还原建筑遗产空间的本体，强化建筑群的整体感、序列感及氛围感。

微观层面上，建筑遗产空间本身的保护是遗产传承的基础。其空间的形成涉及背后的人文历史文化，在历史沿革的过程中，人们的生产生活活动催生出了对于建筑空间或尺度具有一定标准的需求，形成特有的生活习性、使用习惯，保护建筑遗产空间也就是对历史推进进程的根本保护。

2. 建筑遗产中的场所特性要素复原

“特性”是建筑空间产生区别的关键，随着历史的变迁。场所的特性不断被继承而又发生变化[6]。在建筑遗产中的空间特性可从造型风格、建筑功能、建造技艺、岁月痕迹、自然影响等方面进行保护与还原。

造型风格为建筑遗产传递给人的首要印象，在视觉上先入为主从而引发后续的一系列情感反馈，而在建筑遗产保护中需按建筑年代背景，尊重其本身建筑风格，将这种风格的影响扩大至建筑遗产所处的环境之中，也就是建筑遗产片区风貌的统一。

建筑遗产功能的延续或是再现，都是由于功能是建筑遗产存在的本质原因，空间尺度、排布、组合方式都是为了功能而服务，因此在建筑遗产更新过程中将其内部空间进行彻底的功能改造，例如在宗教建筑中设置商店、把园林宅院空间改造成餐厅咖啡店，都会让参观者感受到空间属性的不匹配和不平衡，削弱场所精神。

建造技艺的维护就更聚焦于空间细节，细节的环绕和累加也是塑造空间特性的关键。而细节技艺主要为建筑材料、色彩、肌理、质感、结构工艺。这也涉及建筑背后的文化历史因素，同时也是可以代表建筑遗产的标志性元素，修复中注重对细节的还原，也是对真实历史的尊重。

此外，岁月痕迹和自然影响是建筑遗产历史感的重要来源。不同建筑会由于建造年代不同，以及使用目的、使用频率不同而产生不同的岁月痕迹，对其的保护更能凸显出建筑遗产本身的建筑性格，甚至例如四行仓库上坑坑洼洼的弹孔，正因为有了战争的历史因素介入，由弹孔表现出痕迹，四行仓库的价值才能上升至民族精神的高度进而体现。而自然影响则要考虑建筑遗产本身的地域气候、当地的自然植被，传统建筑空间的形成和材料的演进很大程度上依赖于历史上人们与自然环境之间追求平衡的过程，在建筑遗产场所营造过程中考虑到自然因素是使场所更富有遗产本土特征、地域气息的重要方式。

2.2 场所精神的体验及建立——从剥离到内化

在以上场所的物质要素共同作用已达成稳定的场所氛围后，场所精神的最终目的就是人的使用和体验感受。而该过程可以释义为从剥离现代生活元素，到体验建筑遗产场所，再到场所精神的内化。

为了强化建筑遗产的影响力，需要先存有可剥离人们身上现代认知要素的过渡区域作为铺垫。而上文所提到的建筑遗产周边环境、植物等自然要素，以及周边建筑风格的统一化都可以起到作用。

其后是建筑遗产场所的体验，人们的体验首先为建筑遗产空间及特性为感官带来的体验，场所的高还原度又会促使人们开始对建筑遗产展开更深层次的思考，过去的场景被展现在眼前，参观者心中对于建筑的环境、文化甚至是民族的历史与文明开始有了具象化、实体化的认知。

这种认知会从理性转向感性，激发起人们亢奋情绪和内心的感动，最终给人们留下深刻的烙印，也就达成了场所精神要求的“方向感”“认同感”“归属感”，实现了场所精神的内化，而某一特定建筑遗产的实体场所就是打开内化的情绪和心灵印象的钥匙。

3　以强调场所精神为主旨的建筑遗产保护策略及案例分析

3.1　以场所扩大和意象重复为手段的保护策略——西塘古镇的保护与更新

西塘古镇是江南六大古镇之一，唐代开始西塘就形成了规模化的聚落，至明清时期该地已成为手工业和商业重镇，沿河而居、依水而市，逐渐形成保存至今的大规模水乡建筑群落。如今所划分的西塘古镇景区内保留有完好的古镇建筑风貌，并且还在不断拓展古镇的新开发区，扩大场所范围也就是在不断扩大场所影响力（图2）。

此外西塘还有一个极具标志性的建筑空间——千里廊棚，本质上是建筑与临水之街之间的灰空间[7]。廊棚的出现是由于古时水路商贸，江南多雨，临水商铺在门前搭放篷子，可以使商贸活动更不受气候的影响，也拓展了店面，更易于招揽生意。廊棚之长随着水系蔓延，为当地独特的风景线。而随着古镇的保护与开发，廊棚这一标志意象被延长重复，逐渐形成了遍布商业河街的千里廊棚，一方面符合如今不断扩大的古镇商业模式，另一方面也组织起了江南水边建筑空间，木构黑瓦的构筑物层叠给人带来了更强烈的视觉冲击和水乡氛围，场所精神的传达方式明确清晰（图3）。

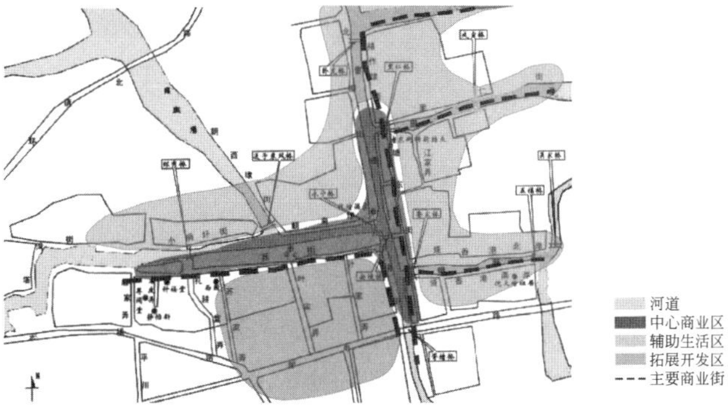

图 2　西塘古镇规划分区
（来源：改绘）

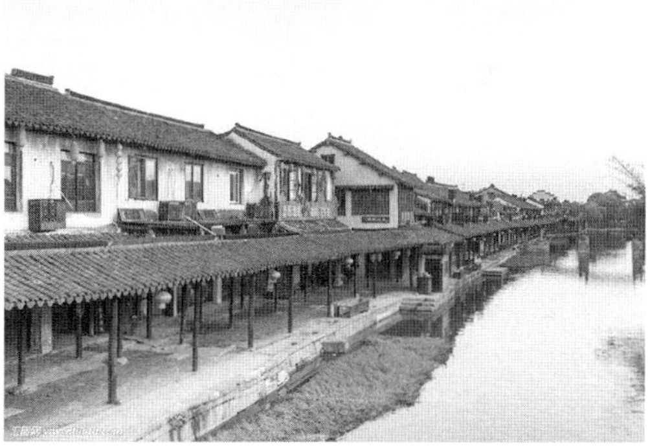

图 3　千里廊棚实景
（来源：网络）

3.2　以社区参与为路径的遗产地保护策略——日本妻笼宿的社区营造

日本妻笼宿位于日本长野县南木曾町的一个历史古镇，是曾经的重要古道中山道的69个驿站之一，由于时代和城市规划的发展，1955年后妻笼宿逐渐失去原有的行政中心地位，呈现衰落状态，人口流失，经济萎靡。而在政府部门和当地居民的全民探索下，妻笼宿城镇化保护与发展逐步展开，保存完好的江户时代传统建筑和街景使其成为受欢迎的旅游目的地。

妻笼宿的保存缘起于当地村民的提议。1964年，在部分村民代表的带动下，当地社区开始收集妻笼宿的历史档案资料并于1965年成立“妻笼宿资料保存协会”，1969年全体村民共同组织了“爱妻笼协会”，施行对当地保护管理协调，1971年政府部门又颁布了《妻笼宿居民宪章》强调“不卖、不租、不拆的”保护优先原则。1973年妻笼宿制定《妻笼宿整体保护条例》，分区划定保护区域[8]。通过爱妻笼会，当地社区居民实现了对于遗产地保护的有效参与，最初的保护范围仅限旧有驿站区，而周围居民担心限定区域的保护会导致与周边环境的脱离，故而扩大保护范围，融入村落与自然环境保护。在后续的旅游开发中，当地村民积极参与各类旅游服务、传统节庆和特色工艺展示，传统文化教育和导览活动，吸引游客同时也提升场所的认同感。因此在当地居民的高度参与下，妻笼宿不仅成功地保护了其历史文化遗产，还创造了一个充满活力和凝聚力的社区，当地人通过日常生活的实践不断重塑和丰富场所精神，使之具有鲜明的地方特色，在不同条件遗产保护更新中，当地人作为场所精神的继承者不仅是保护目标，也是遗产地场所精神延续的最大助益。

4 结语

自第二次世界大战之后，密斯·凡德罗将建筑建造与机械生产的逻辑相结合，建筑成为可批量复制的功能性产品，世界建筑风格也趋于大同。尽管随着建筑思潮的不断更迭，建筑设计越来越侧重于环境的平衡与人的体验，但是除了特殊的公共建筑，在大多数人日常生活环境中的现代建筑只是在发挥其基本的使用功能，建筑空间对于人的良性改造趋向于无。

而如今留存的许许多多的历史建筑遗产，于现代社会而言，相较于它们自身建造之初的功能属性，更重要的是经历历史沉淀后所叠加的多种建筑遗产价值。它们作为载体紧密联系着历史和无数人在此的活动，建筑遗产本身就连接着过去、现在、无数的人、更迭的文化环境等关键点。它们不需要建筑设计中任何的手段附会就能提供给人“方向感”“认同感”“归属感”等精神共鸣，遗产本身蕴含的文化价值甚至能带给人精神教化，也就是建筑中一直试图营造的场所精神以及上文提到的“建筑空间对于人的良性改造”。

因此在建筑遗产的保护中对于遗产所呈现的场所氛围和场所精神应当是保护和开发的重点，用建筑遗产场所场景的回归将历史、文明、人文、自然、情感与建筑遗产、体验认知一一连接，传递给人真实的建筑遗产背后的故事。

参考文献

[1] 诺伯舒兹. “场所精神”——迈向建筑现象学[M]. 施植明，译. 武汉：华中科技大学出版社，2010.

[2] 周坤，颜珂，王进. 场所精神重解：兼论建筑遗产的保护与再利用[J]. 四川师范大学学报（社会科学版），2015，42（3）：67-72.

[3] 隈研吾. 场所原论：建筑如何与场所契合[M]. 李晋琦，译. 刘智，校. 武汉：华中科技大学出版社，2014.

[4] 赵晓雪. 场所精神的传承与重塑[D]. 西安：西安建筑科技大学，2020.

[5] 王栋，许圣奇. 基于场所精神的徐州市回龙窝历史街区塑造研究[J]. 工业建筑，2017，47（12）：47-50.

[6] 周雪锋，黄艳雁. 基于场所精神重建的历史建筑保护与更新初探——以武汉巴公房子为例[J]. 城市建筑，2021，18（11）：95-97.

[7] 徐境，任文玲. 西塘古镇滨水空间解读[J]. 规划师，2012，28（S2）：69-72.

[8] 张松，赵明. 2010. 历史保护过程中的绅士化现象及其对策探讨[J]. 中国名城，9：4-10.

[9] 薛威. 城镇建成遗产的文化叙事策略研究[D]. 重庆：重庆大学，2017.

新理性主义类型学视角下昂格尔斯建筑生成策略研究

赵媛媛

作者单位
重庆大学建筑城规学院

摘要：奥斯瓦德·马蒂亚斯·昂格尔斯（Oswald Mathias Ungers，1926—2007），是新理性主义德国的代表人物，擅长使用类型学方法和理性的思维进行设计。目前国内学者对昂格尔斯的城市设计策略关注较多，对建筑设计策略关注较少，并且对其理性思想的研究多为类型学研究。本文从类型学视角对其典型新理性主义实践作品（荷兰恩斯赫德市学生公寓、纽约罗斯福岛住区、德国马尔堡住宅）进行分析，并且将其与同时期新理性主义建筑师阿尔多·罗西、卡尔多·艾莫尼诺等对比，总结出昂格尔斯的建筑生成策略：通过类型学分析从历史同类建筑中提炼出原型，将原型转换为几何形式，用于自己的设计与环境的历史文脉产生联系；通过引入网格或轴线、控制变量等理性方法对原型转换过程进行控制。本文通过研究昂格尔斯的建筑生成策略，可以补充完善国内对新理性主义和类型学的研究，为我国当代建筑设计从“量”到“质”的转变提供参考思路。

关键词：奥斯瓦德·马蒂亚斯·昂格尔斯；新理性主义；类型学；建筑生成策略

Abstract: Oswald Mathias Ungers (Oswald Mathias Ungers, 1926-2007), a representative of neo-rationalist Germany, was good at using typological methods and rational thinking to design. Existing researches have paid more attention to Ungers's urban design strategy and rationale than to architectural design strategy and typology nowadays. This paper analyzes its typical neo-rationalist practice works from the perspective of typology (Student accommodation at the University of Twente, Roosevelt Island Housing, Residence in Marburg), and compares them with the contemporary neo-rationalist architect Aldo Rossi, Kaldor Amonino, etc. Then summarizes Ungers' architectural design strategy: 1) Extracted prototypes from similar historical buildings through typology, converted the prototypes into geometric forms, and used them in his design to connect with the historical context of the environment; 2) Controlled the prototype conversion process by introducing rational methods such as grid or axis, control variables, etc. By studying Ungers' architectural design strategy, this paper can supplement and improve the domestic research on neo-rationalism and typology, and provide reference ideas for the transformation of contemporary architectural design in my country from “quantity” to “quality”.

Keywords: Oswald Mathias Ungers; Neo-Rationalism; Typology; Architectural Design Strategy

1　昂格尔斯与新理性主义类型学

1.1　昂格尔斯的设计思想

奥斯瓦德·马蒂亚斯·昂格尔斯（Oswald Mathias Ungers，1926—2007）是一名德国建筑师和建筑理论家，是第二次世界大战后最重要的建筑师之一，也是新理性主义的代表人物。他主张使用没有装饰符号的简单几何图形，通过理性原则下的各种组合变化来实现建筑多样的形式。

昂格尔斯于1947年至1950在卡尔斯鲁厄理工学院学习建筑学，师从艾冈·埃尔曼（Egon Eiermann，1904—1970）。随着“二战”后西方经济的复苏、物质生活水平的提高，功能至上的现代主义不能再满足人们的需求，建筑师开始了对现代主义的批判。昂格尔斯的设计思想即从对功能主义的反叛开始。在职业生涯初期（1950—1963），昂格尔斯认为应该从多方面对建筑进行评价，而不只是从功能角度审视建筑。他支持维特鲁威的“坚固、实用、美观”三原则，并将其转译并重新排序为“形式（Form）、空间（Space）、结构（Construction）”。他认为形式是相对重要、处于统治地位的要素。

1963年至1975年是昂格尔斯的新理性主义类型学设计理论形成的重要时期，在此期间，他致力于建筑和城市规划的理论研究与教学活动，开始关注建筑形式“本源”和城市的文脉。他使用类型学方法对特定地区的历史文脉进行分析，抽取出该地区建筑形式原型，再通过理性的设计方法将原型表达。此外，他开始关注到城市空间，对城市类型学的兴起、城市及城市设计的图形与形式解读（即城市形态学）产生兴趣，由此产生了诸多研究课题，如“The Urban Block”（城市区块）、“The Urban Villa”（城市别墅）、“The Urban Garden”（城市花园），他还将理性的类型学设计方法延续到城市设计。

20世纪80年代后，昂格尔斯的设计思想趋于成熟，设计出德意志建筑博物馆、法兰克福展览中心、汉堡当代美术馆等建筑作品。同时他将设计理论整理完善，出版了《建筑主题化》《建筑十章》《辩证城市》等著作。

1.2 新理性主义类型学

建筑理论家维勒（Anthony Vidler）将西方类型学划分为三个阶段，分别是 “原型类型学”“范型类型学”“第三种类型学”（即新理性主义类型学）。20世纪60年代，新理性主义运动在意大利兴起，对欧洲建筑界产生了深远影响并诞生了“第三种类型学”。广义的新理性主义代表人物有德国建筑师昂格尔斯，卢森堡建筑师罗伯特·克里尔、里昂·克里尔，意大利建筑师阿尔多·罗西、乔治·格拉西、卡尔多·艾莫尼诺等。

新理性主义者强调设计与其具体历史环境的关联，通过研究传统建筑，形成对存在的类型的认识，并从中进行萃取、提炼进而获得的纯粹形式，既可以承载历史痕迹，又可以连接现实与未来。

沈克宁在《建筑类型学与城市形态学》中写道：“新理性主义建筑作品和实践在形式和风格上虽然不同，在理论思想上却有着内在联系。联系的纽带便是建筑类型学，这些建筑师通过建筑自身的理性来理解和形成建筑概念。”类型学作为建筑设计的理论工具，在其理论研究上较为严谨，但设计方法并不固定，更多是依靠建筑师本人的直觉和对历史和地域的认知，因此类型学思想在不同的建筑师作品上反映出来的具体手法又有所不同。

1.3 昂格尔斯与新理性主义类型学

昂格尔斯曾在《建筑思想》中写道：“建筑意味着发现而不是发明，一次又一次地重新解释熟悉的概念。……在这个过程中，类型学思维既是前提条件，也是方法。……建筑的形式语言是一种理性的、知识性的语言。”昂格尔斯认为传统的东西经历变化并以其他形式继续发展时，新的东西才会出现，而这一过程的前提是连贯的思考。

国内学者汪丽君研究了昂格尔斯的建筑作品，认为1976年的马尔堡城市住宅方案是昂格尔斯使用类型学思想较成功的早期作品（汪丽君等，2006）。张子岩研究了昂格尔斯的思想发展过程，认为1975年设计的罗斯福岛竞赛方案充分体现了昂格尔斯将类型学与理性主义相结合的设计思想（张子岩，2009）。英国学者山姆·雅各布对昂格尔斯设计的辩证原则进行研究，通过分析其作品荷兰恩沙德特温特技术学院学生公寓、科隆新城规划，发现昂格尔斯的早期作品综合了阿尔多·罗西对类型学的理解和卡尔多·艾莫尼诺使用类型学分析城市功能的方法（Sam Jacoby，2018）。

2 基于新理性主义类型学的昂格尔斯建筑生成策略

2.1 荷兰恩斯赫德市学生公寓（竞赛1964年）

昂格尔斯1964年为荷兰恩斯赫德（Enschede）的特文特大学（University of Twente）学生公寓提交的竞赛作品中运用了三种基本形式——圆形、方形、三角形（图1），然后基于类型转换的基本手段，对其进行打碎、分裂、复制、镜像等变换，完成群体组合和造型。国外学者（Francesco Sorrentino，2017）认为昂格尔斯的荷兰学生公寓方案与哈德良别墅（Villa Adriana）（图2）存在相似性，后者有可能是此方案的历史原型。

昂格尔斯的手稿记录了他对原型分析转换的思考过程（图3、图4）——确定元素是15个学生公寓单元和公共空间，然后确定了三种类型的形式：圆、方、三角。接着研究三种类型的形态转换，再引入网格、考虑房间秩序、运动秩序（即变得狭窄或宽阔），将三种类型和基本元素整合到一个系统中。

如图5所示，在这个建筑群中，在平面的三个顶端用圆、正方形和三角形限定出整个设计范围。并且轴测图显而易见地是方形主题和圆形主题的两条轴线，两条轴线由广场延续到最边缘的建筑，基本形从

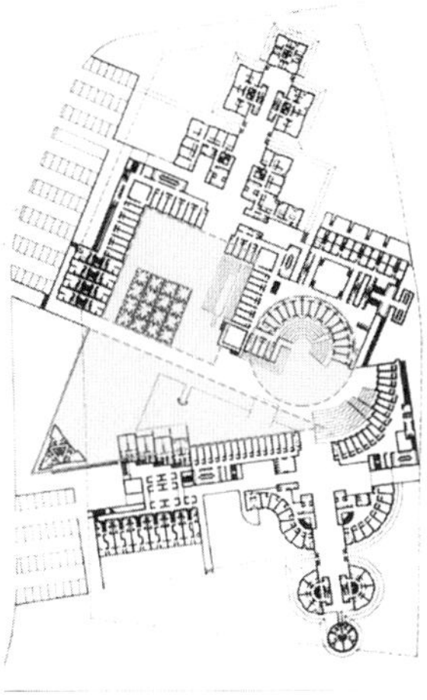

图1　荷兰学生公寓平面
（来源：网络+批注）

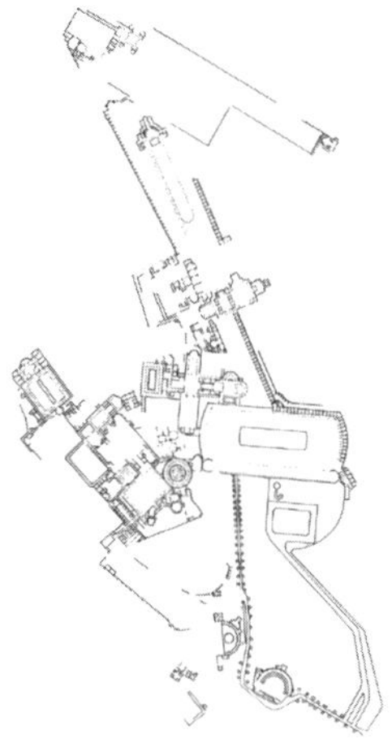

图2　哈德良别墅平面
（来源：网络）

空心到实心，从不对称到对称，从非完型到完型，空间状态从开放到私密，两条轴线除了基本形不同，其他形式逻辑几乎完全一致。最后用三角形的大广场连接两条轴线，整个布局充满理性和秩序感。

2.2　纽约罗斯福岛住房（竞赛1975年）

罗斯福岛位于曼哈顿和长岛之间，该竞赛旨在规划一个社区。群体布局阶段，昂格尔斯对曼哈顿地区的城市特征进行分析，提炼出三种元素——方形地块、十字道路、中央公园。随后根据基地中存在的一座历史建筑的尺度，用十字形的道路将场地划分为28个方形地块，并在基地中间围合出公共绿化系统。该方案像缩小简化的曼哈顿，城市别墅和塔楼系

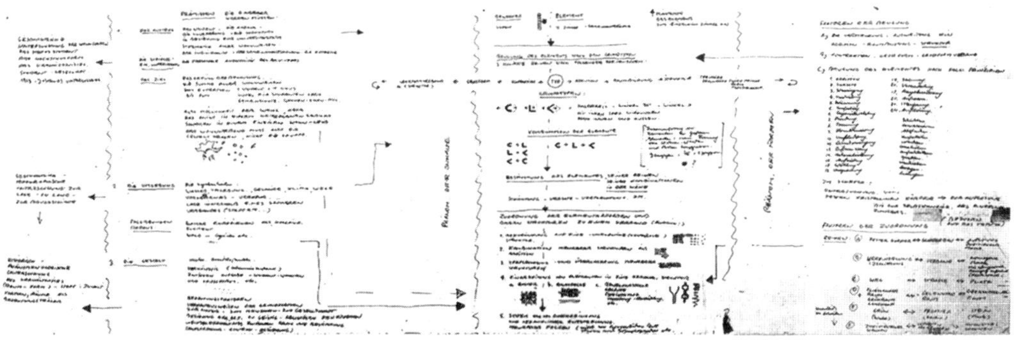

图3　昂格尔斯荷兰学生公寓竞赛方案草图
（来源：Ungers Archiv fur Architektur wissenschaft）

统分布在规则的网格上，曼哈顿的街道对应社区人行道，中央公园对应社区公共绿地和游泳池。

建筑设计阶段，昂格尔斯对纽约市的建筑分析研究，概括出的三种建筑类型——阁楼式（Loft Type）、标准式（Standard Type）、豪华式（Palazzo Type）。阁楼式拥有开放的接地层平面，采用钢或混凝土框架结构，平面分割灵活；标准式拥有固定的平面，采用砖块或混凝土砌块，墙承重；豪华式拥有特殊的平面，为传统建筑形式，混合结构。基于以上三种类型，以立方体为基本形，对基本类型进行增加、删减、重叠、错位、组合等类型转换操作，由此生成各地块丰富多样的建筑形态（图6）。

2.3　德国马尔堡住宅（竞赛1976年）

1976年马尔堡住宅（Residence in Marburg）位于具有一定历史价值的地段，并且与一座历史建筑相邻。要在满足居住的功能需求的同时解决好与城市历史对话的问题。昂格尔斯对大量形态各异的类型进行形态研究，最后确立使用“L”形布局，将地块划分为9部分，L形占其中5个地块，建筑分5个单体，每个单体对应一个地块，占地6.5m×6.5m（图7）。

确定布局后，昂格尔斯转而研究单体形式。马尔堡有大量形态各异的德国中世纪住宅，昂格尔斯参考了这些住宅的“类型”，引入网格，在网格中推敲各种变体，由此生成多个单体建筑形态（图8），再将其组合为多种方案（图9）。每个单体平面都为正方形，五层高（二楼为厨房和餐厅，三楼为生活空间，四楼为卧室）。不变的原型是立方体的形式，对其进行删减、增加等操作，部分采用坡顶、嵌入圆柱体，

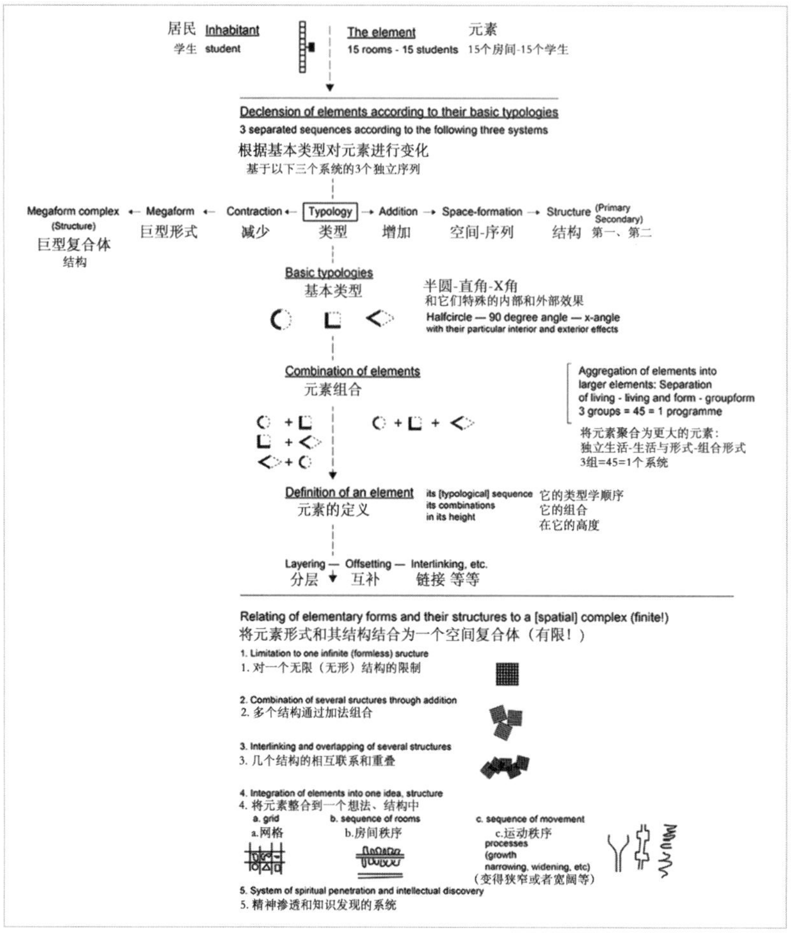

图 4　重新绘制并翻译的昂格尔斯荷兰学生公寓竞赛的草图
（来源：Sam Jacoby 绘制，笔者翻译）

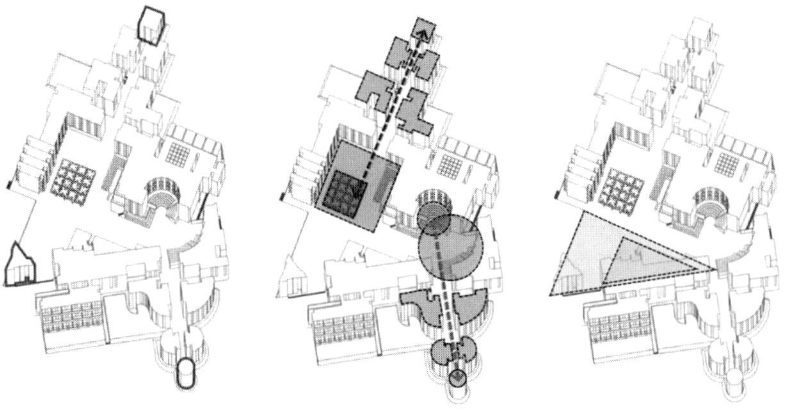

图 5　荷兰恩斯赫德市学生公寓轴测图分析

虽形式多样但都与马尔堡当地建筑风格保持统一。

2.4 策略总结

根据上文对昂格尔斯实践案例的分析，总结其建筑生成策略：

（1）通过理性的逻辑控制原型的转换。他对原型进行转换时，往往会使用理性严谨的思考方式去罗列多种可能性。首先，他较多地引入十字网格对设计进行控制，在罗斯福岛和马尔堡住宅均有体现。即便在早期没有十字网格，在荷兰学生公寓项目中他也引

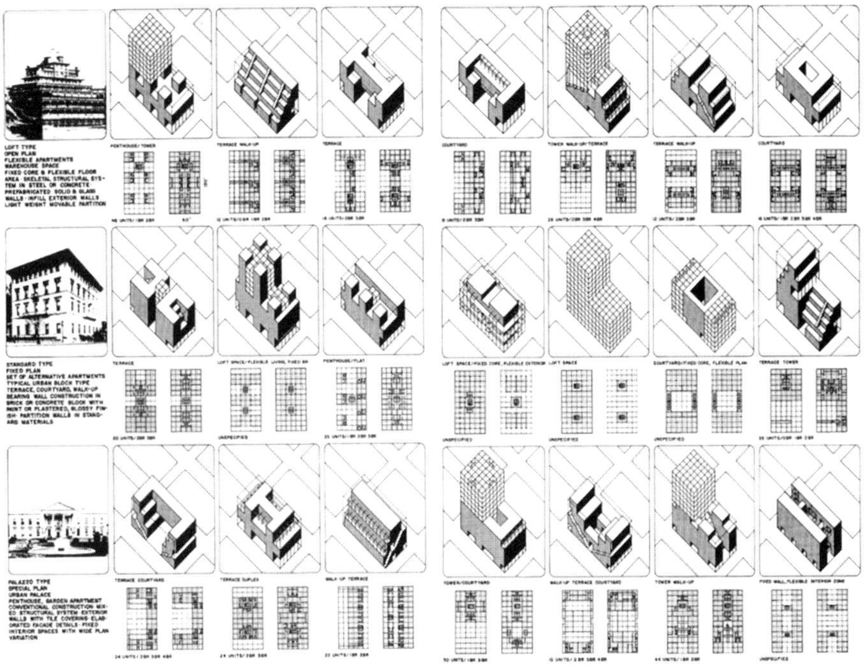

图 6　昂格尔斯罗斯福岛竞赛建筑方案
（来源：Ungers Archiv fur Architektur wissenschaft ）

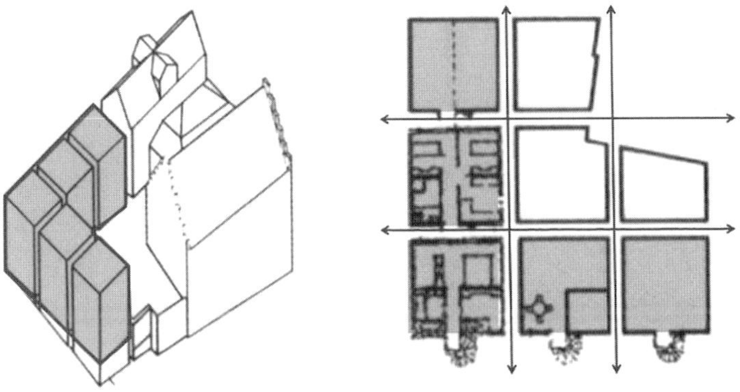

图 7　马尔堡住宅地块轴测图与平面图
（来源：网络 + 自绘）

入了轴线控制设计。其次，他擅长在类型变换时对变量进行控制，探索多种可能性。如罗斯福岛的建筑设计阶段，他通过控制结构、平面等变量限制出三种条件，在三种条件限制下进行建筑多样的变化。同样，在马尔堡住宅的单体设计阶段，他控制了坡屋顶与平屋顶两种条件，并在此基础上罗列了十几种单体建筑的可能性。最后，昂格尔斯倾向使用基本几何图形，尤其是正方形，他摒弃了繁琐的装饰，只使用几何元素通过多样的变化完成建筑的装饰，这在他上述三个项目以及其他项目中均有体现。

（2）通过类型学方法与环境历史文脉对话。通常类型学设计可以分为两个步骤：类型选择的多样性和类型转换法则，概括起来这两步可以说是从抽象到具象的过程。第一步，昂格尔斯在对历史上同类建筑进行分析、分类、总结后抽象出核心要素，而这个要素则是在建筑持续发展中保持不变的形式，即原型。昂格尔斯原型没有固定的形式，但基本有统一的路径，即根据项目所处环境或者性质去寻找对应的原型。并且，昂格尔斯习惯于将原型转换为基本的几何形式。昂格尔斯寻找原型的过程在群体布局和单体

图 8 马尔堡住宅单体建筑
（来源：网络）

图 9 单体组合
（来源：网络）

设计两个方面均有体现，在罗斯福岛项目中体现最充分。而后昂格尔斯将原型用于自己的设计，完成与环境历史文脉的对话。

3 与同时期新理性主义建筑师的对比

3.1 阿尔多 · 罗西（Aldo Rossi，1931—1997）

阿尔多 · 罗西是意大利新理性主义运动的主要代表人物，在其著作《城市建筑学》中探讨了历史的要素和类型学。罗西认为城市里的建筑可以简化为几个基本类型，建筑的形式语言可以简化为在传统城市和建筑中提炼的最典型的几何元素。昂格尔斯的类型学思考是解释城市发展中连续的基本形式，根据周围环境、历史文脉的不同，在保持类似性连贯性中发展形态的多样性，与罗西展开的思考具有相似性。两者都从历史环境寻找原型，将其抽象简化为几何形式，再摒弃复杂的装饰，仅使用几何图形在设计中转换表达。

3.2 卡尔多 · 艾莫尼诺（Carlo Aymonino，1926—2010）

卡尔多 · 艾莫尼诺是意大利新理性主义代表人物之一，也是威尼斯学派的代表人物。威尼斯学派的主要目标是要构成一种探索城市形态学和建筑类型学关系的科学方法论。上文提到，昂格尔斯的思想、设计策略与罗西较为相似，而艾莫尼诺对类型学的主张与罗西不同。罗西将类型学视为城市形式分析的工具，而艾莫尼诺更关注其功能组成。艾莫尼诺的类型学也可以被称为独立类型学，作为一种分类方法来区分形式上的差异，作为一种手段来理解城市变化中特定类型的持久性。

3.3 乔治 · 格拉西（Giorgio Grassi，1935—）

乔治 · 格拉西是另一位意大利新理性主义代表人物。一方面，他同昂格尔斯一样追求原型的表现，也同样把历史还原为基本形式。另一方面，格拉西拒绝经验主义，赞成研究决定形式的各种客观因素。他认为研究建筑的基本原理和传统比一味追求创新更重要，虽然设计基于原型，但必须超越原型，他追求创造新的东西。这与昂格尔斯认为“建筑意味着发现而不是发明”的主张不同。

4 总结与思考

美国著名建筑理论家肯尼斯 · 弗兰姆普敦在其《现代建筑一部批判的历史》《二十世纪建筑学的演变一个概要陈述》等著作中对昂格尔斯进行过评价，

概述了昂格尔斯的类型转换手法和建筑主题理论在建筑设计、城市设计和建筑教学多个领域的重要意义。他写道："这种把建筑学建立在类型转换的辩证法基础上的观念对卢森堡建筑师罗伯特·克里尔有重大影响。"昂格尔斯虽然没有像罗西的《城市建筑学》那样为人熟知的论著，但他通过实践表达自己的思想，将理性的类型学设计方法用于城市与建筑，并注重操作手段的可行性。他的实践为建筑类型学提供了理性的可操作性强的方法论，这对于我们当代的建筑设计和城市设计具有借鉴意义。现如今我国城市建设已经进入追求质的阶段，设计师如何在保持城市多样性、地域性和历史延续性的基础上建立新的空间秩序，设计出被大众接受的、与环境和谐相处的建筑，昂格尔斯等一众新理性主义前辈的理论和设计策略值得我们研究和学习。

参考文献

[1] 张子岩. 德国建筑师Oswald Mathias Ungers思想历程浅析[J]. 山西建筑，2009，35（14）：15-16.

[2] 汪丽君，舒平. 理性之美——德国建筑师昂格尔斯的建筑创作研究[J]. 建筑师，2006（2）：52-55.

[3] 沈克宁. 设计中的类型学[J]. 世界建筑，1991（2）：65-69.

[4] BERLINGIERI F. The fields of analogy. Rethinking heteronomous processes in architectural research[J]. TECHNE-Journal of Technology for Architecture and Environment，2021：213-221.

[5] JACOBY S. Oswald Mathias Ungers：dialectical principles of design[J]. The Journal of Architecture，2018，23（7-8）：1230-1258.

[6] BIDEAU A. OM Ungers and Frankfurt：A Career Renewed and Architecture Repositioned[J]. Architectural Theory Review，2014，19（1）：22-37.

[7] SORRENTINO F. I territori dell' analogia. A cominciare da Oswald Mathias Ungers[J]. FAMagazine. Ricerche e progetti sull' architettura e la città，2017（39）：57-65.

[8] 沈克宁. 建筑类型学与城市形态学[M]. 北京：中国建筑工业出版社，2010.

[9] 汪丽君. 类型学建筑 = Typology architecture[M]. 天津：天津大学出版社，2004.

[10] SOLLGRUBER E. Grossform and the Idea of the European City：A Typological Research[C]//CA2RE Conference for Artistic and Architectural（Doctoral）Research，2018.

[11] 赵昕诺. 奥斯瓦尔德·玛蒂亚斯·翁格尔斯作品及其创作思想研究[D]. 西安：西安建筑科技大学，2008.

[12] 汪丽君. 广义建筑类型学研究[D]. 天津：天津大学，2003.

[13] 于璐. 中国当代建筑创作中的类型学实践研究[D]. 天津：天津大学，2019.

[14] 裘知. 阿尔多·罗西的思想体系研究[D]. 哈尔滨：哈尔滨工业大学，2007.

文艺复兴学者对于法诺巴西利卡的复原和重构研究探索

曹昊 李晓琼 游琪

作者单位
合肥工业大学

摘要：法诺城的巴西利卡是古罗马建筑师维特鲁威最著名的建筑作品，由于该建筑已经毁坏殆尽，文艺复兴时期的学者对其进行了复原猜想和重构，通过研究和梳理这些并非完全忠于原作的复原作品，可知古代学者们企图利用古罗马的建筑学知识构建文艺复兴时期的建筑体系的努力，以此了解文艺复兴建筑哲学的成因、演化和内在逻辑。

关键词：巴西利卡；复原；文艺复兴；维特鲁威；佩罗

Abstract: The Basilica in the city of Fano is the most famous architectural work of the ancient Roman architect Vitruvius. As the building has been completely destroyed, scholars of the Renaissance have speculated and reconstructed it. By studying and sorting out these restoration works that are not entirely faithful to the original, it can be seen that ancient scholars attempted to use the knowledge of ancient Roman architecture to construct the architectural system of the Renaissance, to understand the causes, evolution, and internal logic of Renaissance architectural philosophy.

Keyword: Basilica; Restoration; Renaissance; Vitruvius; Perrault

1 法诺的巴西利卡

“巴西利卡”（Basilica，词源希腊语，意为“王者之厅”）是古代意大利最具影响力的一种大型公共建筑，或称“会堂”，它主要的用途是商业。巴西利卡是坐落在城市广场上的长方形殿堂，一般有两层，在建筑内布满了商铺，面向广场的立面由宽敞的券柱廊围绕，在建筑的两个短边设有半圆形耳堂，耳堂内有半圆形听众席，这是法官开庭听审的地方，据说元老们有时也在这开会，这体现了古代罗马社会的平等和包容性，和建造意图的复杂性。巴西利卡在历史中不断演化蜕变，并产生了许多变体，但拥有阔大的空间，正面三开间的分割手法作为巴西利卡的本质内容始终未变，并最终演变成基督教的教堂而获得更大的影响力。

法诺的巴西利卡是古罗马建筑师维特鲁威能够说出的，唯一确凿出于其名下的作品，法诺（Fano）是意大利亚得里亚海边的一座渔港。维特鲁威可能担任过此城的营造师，并修建了市中心广场上的巴西利卡。这座巴西利卡规模宏大，位置显要，正对着尊荣的朱庇特神殿。在《建筑十书》中这位建筑师倾其笔墨描述这幢建筑，虽然考古挖掘至今无法证实其存在，在文艺复兴时期，学者们纷纷展开关于这座建筑的复原研究，但结果纷乱复杂，彼此之间大相径庭。这一方面是缘于认知的不足和考古资料的缺乏，而更深层次的原因恐怕是这些学者的研究从一开始就并不是完全忠于原著的，他们更希望将新时代的认知糅杂其中，以此为自己的设计和创作提供理论依据。

2 乔贡多修士的研究：神庙一样的会堂

维特鲁威在《建筑十书》的第五书“公共建筑”的第一章中，详细地描写了法诺的巴西利卡的模样：“巴西利卡的布局可以达到端庄优雅的最高境界。我本人曾在法诺设计过这类建筑物，并监管了它的施工建造。这座建筑的比例和均衡是按照以下方式构成的：介于圆柱间的中央大殿，一百二十足长，六十足宽。环绕着中央大殿的柱廊，圆柱与墙壁之间的距离为二十足宽。圆柱的高度统一，包括柱头在内高五十足，直径五足。圆柱后面的壁柱高二十足，宽二又二分之一足，厚一又二分之一足，它们支撑着横梁，而横梁则支撑着柱廊的上部结构。在这些构件之上有第二套壁柱，十八足高，二足宽，一足厚。这些壁柱也支撑着横梁，承载着椽子和柱廊顶棚，最上面是主屋顶。横梁跨过圆柱和壁柱，横梁之间的区域，即沿柱距的区域，留给了窗户。沿着中央大殿的宽边排列的圆柱，包括左右角柱，是四根；沿长边靠市场最近的圆柱，也包括角柱，为八根；对面包括角柱是六根，因为中央两根圆柱没有安装，它们会挡住奥古斯都神坛前廊的视线，而这神坛就置于巴西利卡墙壁中央，面朝市场和朱庇特神庙。这神坛中的法官席形状为半圆形，弦长为四十六足，向内弯曲十五足，这样法官前面的人便不会干扰在巴西利卡中做生意的人。在圆柱之上，架设横梁环绕整座建筑。横梁由三根固定在一起的两足厚的原木构成，从每边第三根圆柱折向内部，延伸至突出于神坛前廊的墙壁端部，而壁端则与触及左右两边的半圆形相接。在横梁之上，用三足高的墩柱作为支撑构件，与圆柱的柱头相垂直，每边边长均为四足。上面再架设向外倾斜的横梁，这横梁即为两根两足厚的原木。在上面是带有脊柱的系梁，安装得与圆柱柱身、壁端柱以及前门廊墙壁相对应，形成巴西利卡室内上方的屋脊，以及这神龛前廊中央上方的第二个屋脊。”①

根据文中的描述，可知维特鲁威创造的乃是巴西利卡的初代形式。所谓初代样式，其显著特征就是由石柱和砖墙构建建筑的骨骼，在石柱上搭建木质的棚屋顶，而到了帝国的中晚期，砖砌拱券加水泥灰浆的技术就取代了大部分的木结构，石柱也成为结构的一部分而非主要承重结构。虽然书中描述得似乎精确，但要将之描绘出来仍然是对建筑师水平的极大考验。

如果想还原法诺巴西利卡的真相，得求助于那些文艺复兴时期的学者。维罗纳的乔贡多修士（Fra Giovanni Giocondo）是第一个将《建筑十书》翻译成拉丁文全本的学者，乔贡多本的独特之处在于他制作了136幅精美的木刻插图，这其中包括法诺巴西利卡的复原图，这幅图极为简略，只有平面图，没有立面图和透视图。但它向我们揭示了惊人的事实：在15世纪中叶，当时最博学的学者尚不知道他们祖先创造的巴西利卡是什么样子。乔贡多版本的巴西利卡实际上是个柱廊围合实墙的古代神殿，除了正对朱庇特神庙的正门，还在建筑的短边上开了一个偏门，以便和法官听审的半圆厅连成轴线，这是第一个错误，因为我们现在都知道巴西利卡的短边一般是没有门的。神殿内部右侧有一半圆结构，那是法官听审的地方，这个半圆结构被描绘为内接建筑的墙体而非凸出的，这是又一处错误，因为这个半圆厅大多数情况下是凸出于方形墙体的。但这个错误并非离谱，意大利北部的建筑师对罗马的古代遗迹所知甚少，后来的帕拉第奥在描绘巴西利卡的模样时犯了同样的错误。在巴西利卡的对面有一座朱庇特神庙，在平面上呈90度角放置。至于维特鲁威着重提到的奥古斯都神坛，乔贡多竟然无视书中的描述，没有去描绘它（图1、图2）。

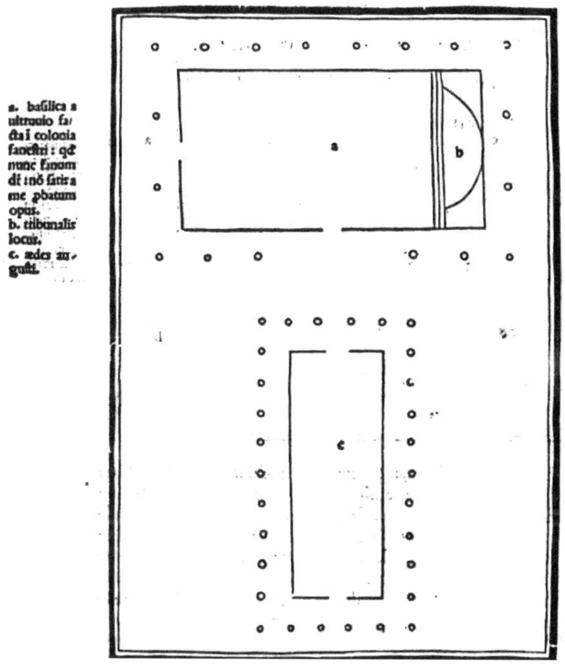

图1　法诺巴西利卡和朱庇特神庙的平面（《建筑十书》乔贡多版本）
（来源：柏恩德 · 艾弗森《建筑理论——从文艺复兴至今》）

乔贡多版本最大的谬误在于将巴西利卡画成一座围柱式神庙。但短边四根柱子，长边八根的设置并不符合希腊神庙的柱式规制。古希腊神庙正面一般是六根柱子，长边是六根的两倍加一，也就是十三根。维特鲁威所述的四根乘以八根的设置明显是放置在空间较小的内部，而外部当以有壁柱的实墙围合。但也

① 维特鲁威.建筑十书[M]. 陈平，译.北京：北京大学出版社，2012.

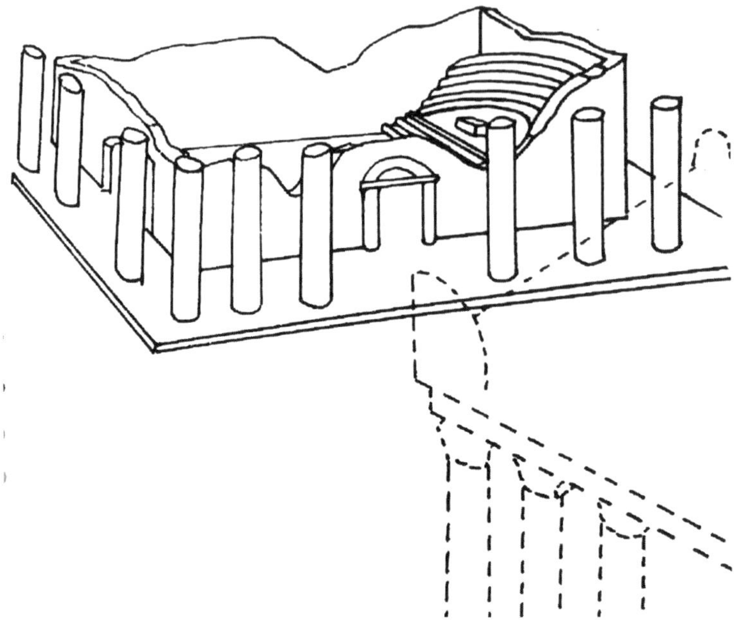

图2 乔贡多复原法诺巴西利卡和朱庇特神庙透视图

有学者认为文艺复兴时期建筑师的理念中柱廊就应在室外，室内不应有妨碍视线的柱廊，他复原时持这种观点，难免出错。有意思的是，作为一个花费半生研究维特鲁威的学者，乔贡多并没有对其研究对象五体投地，相反，他甚至对这件作品是否为维特鲁威亲做都持怀疑态度。“这件作品我真的无法表示肯定”，他简要地评论道，这也就解释了他的图纸如此简略的原因。

3 巴尔巴罗的研究：实墙围合柱廊

目前所知帝国早期巴西利卡早已崩毁，唯一可以看到的就是帝国晚期的君士坦丁巴西利卡，但那座建筑和法诺巴西利卡差别太大无法作为参照。所以乔贡多修士的复原虽然令人震惊，但却也在情理之中。虽如此，他的后辈，第三个翻译此书的著名学者巴尔巴罗（Daniele Barbaro），很快地在《建筑十书》的新版本中改正了这个错误。

巴尔巴罗明确地指出：首先，巴西利卡不是柱廊包围实墙，而是实墙包围柱廊；其次，奥古斯都神坛是附属于巴西利卡内部的一个小结构。但他在入口处加了对跑的楼梯，显然这是更具文艺复兴风味的做法，也暗示巴西利卡是立在基座上的，人们为了进入建筑还得拾级而上不符合其作为开放的商业建筑的特性，从现存的巴西利卡看来，几乎都是没有入口楼梯的。另外，外部墙壁的复原工作相当没有想象力，按照存世的古罗马遗迹，实墙上是应该有壁柱和拱券组合的盲拱饰带的。最有争议处在于奥古斯都神坛的设置，巴尔巴罗似乎夸大了这神坛的重要性，仍然将之绘成一座神殿。神坛的样式参照了复仇者战神广场里的奥古斯都神殿。横插进来的奥古斯都“神坛”几乎肢解了巴西利卡作为一个建筑的整体性，显得很不和谐。同时他并未深刻理解书中的话：这神坛中的法官席形状为半圆形，这样法官前面的人便不会干扰在巴西利卡中做生意的人。这暗示神坛可能是个进深很浅的壁龛，甚至还未达到耳堂的标准。它虽然位置显要，但面积很小，它附着在巴西利卡内部，而不是和它分庭抗礼。

巴尔巴罗将其建筑外部画成白墙，他知道维特鲁威不会建造一个没有表现力的外立面，但他更不会将自己的猜测加诸大师的头上，他把建筑外观的问题留待后人解决。《建筑十书》里描述大殿里的柱高五十足（约十三公尺），直径五足，柱高是底径的十倍，这样的比例是科林斯柱式的规制，所以现存的复原图都是科林斯柱式，这一点学者们达成共识，但在奥古斯都神坛前的科林斯柱难免让人疑惑——自古以来神庙都是在室外的，如今置入室内，房中建房，颇显累赘（图3、图4）。

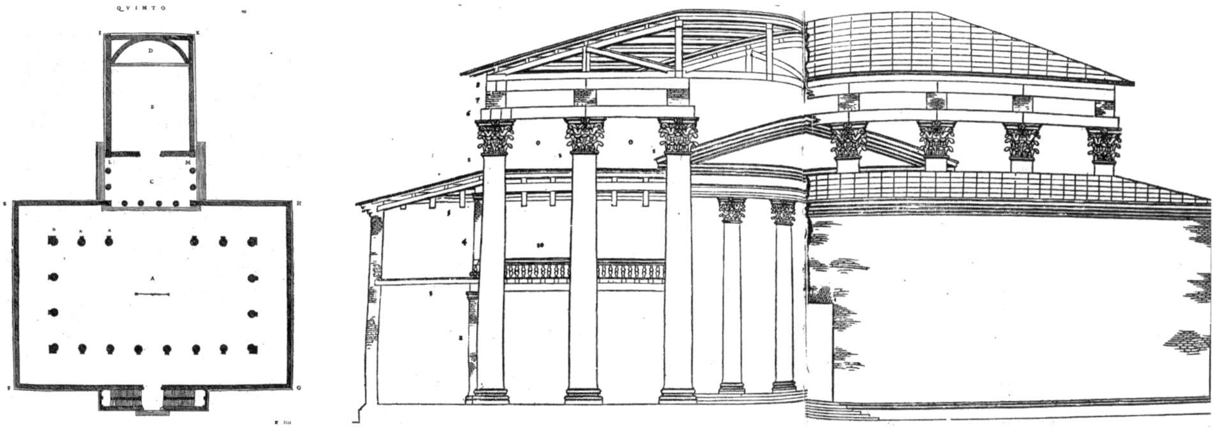

平面　　　　正立面

图 3　法诺巴西利卡复原图（《建筑十书》巴尔巴罗版本）
（来源：柏恩德 · 艾弗森《建筑理论——从文艺复兴至今》）

图 4　巴尔巴罗复原法诺巴西利卡透视图

4　切萨里亚诺的复原：典雅的文艺复兴外观

从乔贡多到巴尔巴罗活跃的时间之间，亦有一位建筑师兼学者西泽尔.切萨里亚诺（Cesare Cesariano）把乔贡多的拉丁文本翻译成意大利文本，这本《建筑十书》对巴西利卡的外立面做出了大胆的推测：这是一幢立于浅浅基座上的高约三层的大厦，底层几乎是建筑总高度的一半，正面由厚实的墙体围合，墙体间立有八颗巨大的科林斯柱，值得注意的是，他和乔贡多修士一样认为维特鲁威所说“正面八根，侧面四根”指的是外面的柱子。但他知道巴西利卡绝不是神庙，因此他在柱间又做较小的券柱廊，这就是所谓的 “帕拉第奥母题”的原始版本，是意大利北部文艺复兴的建筑立面常用样式。虽然他挪用了时兴的样式来填补其想象力的不足，但并不意味着这就离真相更远。

在大厦的内部，横轴上有两排共计十二根立柱，虽然维特鲁威未有如此描述，但巴西利卡内有柱廊环绕是得到现代学者的认同的，是巴西利卡最为重要的特征之一。细心的切萨里亚诺甚至展示了在柱间如何安排商铺，虽然未必正确，但他复原图的确是周到细致，且最易释读的。在建筑的后部正中，大名鼎鼎的奥古斯都神坛简化为一个半圆结构，这是和现在考古挖掘结果吻合的（图5、图6）。

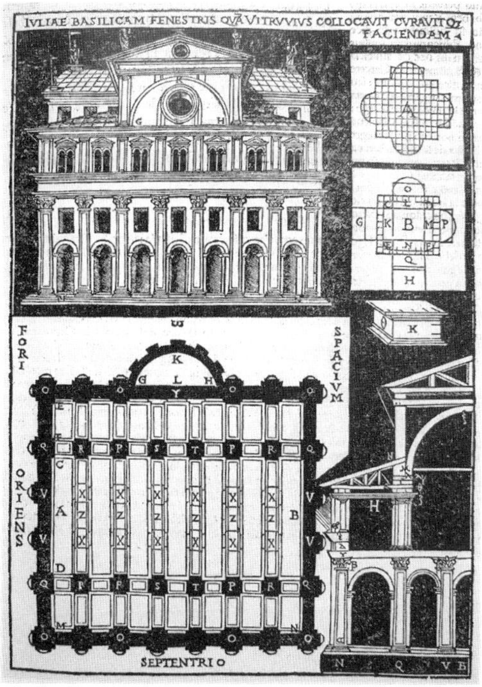

图 5　法诺巴西利卡复原平面及立面（《建筑十书》切萨里亚诺版本）
（来源：柏恩德 · 艾弗森《建筑理论——从文艺复兴至今》）

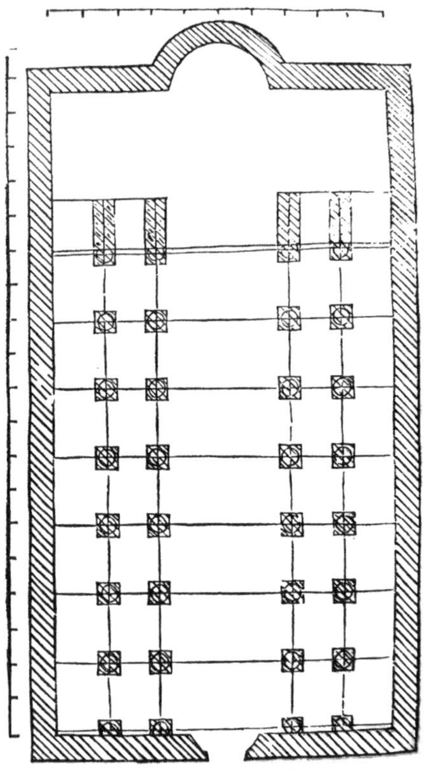

图6 带耳堂的巴西利卡（阿尔伯蒂《论建筑》内页）
（来源：安德烈亚·帕拉第奥《建筑四书》）

切萨里亚诺版本的精华在于外立面的设计，他展示了通高两层的方壁柱如何有力地分割正面的开间，在壁柱柱间安放优雅的券柱廊，在建筑的第三层是被半圆的拱券包围的圆窗，犹如巨眼般提升了建筑的精神，这种几何分割的立面处理具有文艺复兴的特点。在建筑的剖面他展示了一层立柱和二层立柱的递减关系，三层的拱似乎是木质拱架，这个木质拱架可能启发了后来的法国建筑师佩罗的复原设计，这一点后文会详细论述。

对于切萨里亚诺的法诺巴西利卡，如果对照阿尔贝蒂的研究可能会得到更深的认知，他在著作《论建筑》中详细介绍了巴西利卡的规制：巴西利卡可以被描述为一种宽阔的，相当开放的通道，被覆盖了屋顶，并用向内开敞的柱廊来围绕。对于任何没有柱廊的建筑，我们都认为它不像巴西利卡……除了柱廊之外，还另外有一个耳堂。[①]阿尔贝蒂的书也没有画插图，但是出版方还是给他配了插图，看这些插图会发现它和切萨里亚诺的观点相似。在巴西利卡的尽端有一个耳堂，但是阿尔伯蒂（或是绘制插图的人）仍然搞错了一个问题，即建筑的入口不是像教堂一样开在短边，而是在长边的中间，也就是说，巴西利卡是一个横向放置的建筑，而非纵向放置。在半圆形壁龛前面没有柱廊，而是用四根墩柱划定了一个阔大的空间，是法官听审的区域，和柱廊划分的商业空间区分开来。阿尔伯蒂的平面布局设计是纯正的文艺复兴建筑理念的体现，清晰理性，似乎要将世间种种复杂因素打包装入简单精巧的框架，这和现代主义的理念相合。而古罗马人的构思要相对复杂，他们往往会将不同规格的柱式或空间形态糅合在一块，很少去建造简洁而均质的空间。

5 佩罗的复原：糅合时代精神的复原设计

佩罗（Claude Perrault）是法国17世纪声名赫赫的宫廷建筑师，他也是除了意大利之外，对于《建筑十书》倾注最多心血的研究者，和前述诸学者一样，他也为法诺巴西利卡绘制了复原图。在这幅复原图中科林斯巨柱上放上了横梁，在横梁上起拱，为整个室内安上一个大筒形拱顶。这种筒形拱不但维特鲁威没有提到，且不符合拱券的建造规则，拱券一般是在厚实的墩柱上起拱，为了显示其轻盈灵巧，会在墩柱前部设置石柱，让人感到拱券是落在石柱上（图7）。

佩罗绘制法诺巴西利卡时一定参考过巴尔巴罗的立面复原，通高二层的科林斯柱顶着木质的横梁体系是正确的营造方式，但这种低矮的屋顶似乎不合佩罗的胃口，他的筒形拱使内部空间大大地扩充了，从复原图底部的人可以看出，他也拔高了科林斯柱的高度，维特鲁威那五十足高的柱子显然不够气派，在佩罗的笔下被放大成巴洛克巨柱。佩罗可能看过君士坦丁巴西利卡的内部空间（图8），比如拱券和窗户的做法，又结合了维特鲁威的文字描述，最后拼凑了当时法国建筑的木质拱券的某些做法，将之混合而成。复原图展示的是建筑的纵深剖面，这个角度和后来的教堂的剖面非常相似，而基督教的教堂正是由巴西利

① 阿尔贝蒂.建筑论——阿尔贝蒂建筑十书[M]. 王贵祥，译.北京：中国建筑工业出版社，2011.

卡演变过来的。也许佩罗想用这个角度研究一下巴西利卡和教堂的关系，但更有可能的是他避重就轻，因为从正面展示，就面临着此巴西利卡的重要设置——奥古斯都神坛的形态问题。

图7 法诺巴西利卡剖面，从建筑的短轴望向大厅（《建筑十书》佩罗版本）
（来源：克洛德·佩罗《古典建筑的柱式规制》）

图8 君士坦丁巴西利卡复原
（来源：柏恩德·艾弗森《建筑理论——从文艺复兴至今》）

研究佩罗的复原可知法国学者更为关注的是《建筑十书》的当代性而不是建筑考古学的准确性，法诺巴西利卡只是佩罗借题发挥的载体：科林斯巨柱跨越两层楼体，支撑起上方轻盈的拱顶，如果这个拱顶是木头做的就完全成立。科林斯巨柱正是佩罗时代（17世纪）流行的巴洛克样式，佩罗设计的卢浮宫东廊就有这样的巨柱，在柱子的体量感上，佩罗觉得自己和古人已经达成了一致。至于奥古斯都神坛到底为何物，佩罗对此没有兴趣，他甚至可能觉得此附加的设置破坏了巴西利卡的和谐美感，故而避开了去表现它，这个聪明的法国人就这样把他的意大利同行最头疼的问题绕过去了。

6 结语

佩罗的思路在更早的意大利建筑师帕拉第奥（Andrea Palladio）的维琴察的“巴西利卡”中就有所展现，和坐落在帝国中心的融政治和商业功能于一体的巴西利卡不大一样，维琴察巴西利卡是纯粹的商业大厦，没有左右端部的耳堂，更没有神坛一类的设置。帕拉第奥的再设计主要体现在立面改造，他使用一对小的双柱分割大券柱，将券柱廊每个开间都分为三个部分，使立面空间显得更为宽敞并富节奏感，这种手法虽然之前就有，但似乎只有帕拉第奥将其优美之处淋漓尽致地展现，后人将之称为“帕拉第奥母题”。

初看我们很难将维琴察巴西利卡生动优美的立面和巴尔巴罗版本的立面为素白墙面的法诺巴西利卡复原图（参见图3，因为巴尔巴罗不擅绘画，有学者猜测这幅复原乃是帕拉第奥所绘）联系起来，由此可见在文艺复兴时期，包括后来的巴洛克时代，对于建筑艺术史的研究、复原和具体的建筑实践并不是遵循着同样的准则，它们基本上是两条分开进行的线，但有时会产生交叉。维特鲁威以及他的著作虽然声名赫赫，但在实际的建造中所起的指导作用可能并没有我们想象的那么大，因为文艺复兴时期的建造技术和理念的成熟已经先于《建筑十书》文本的发现。对于建筑师来说，研究维特鲁威的著作更多的是他们渴望提升其专业素质，这是文化自觉的一种体现，或者说建筑师开始意识到其工作在社会体系中的重要性，在以往是被严重低估的。至于《建筑十书》里描写的法诺巴西利卡，已经成为一种建筑师为之神往的灵感源泉，恰恰因其描述的模糊性，它渐渐成为一个可以容纳诸种建筑哲学的容器。

参考文献

[1] 柯蒂斯. 20世纪世界建筑史[M]. 本书编委会，译. 北京：中国建筑工业出版社，2011.

[2] 艾弗森. 建筑理论-从文艺复兴至今[M]. 唐韵，译. 北京：北京美术摄影出版社，2018.

[3] 佩罗. 古典建筑的柱式规制[M]. 包志禹，译. 王贵祥，校. 北京：中国建筑工业出版社，2010.

[4] 维特鲁威. 建筑十书[M]. 陈平，译. 北京：北京大学出版社，2012.

[5] 帕拉第奥. 建筑四书[M]. 毛坚韧，译. 北京：北京大学出版社，2017.

[6] 阿尔贝蒂. 建筑论——阿尔贝蒂建筑十书[M]. 王贵祥，译. 北京：中国建筑工业出版社，2011.

[7] 沃特金. 西方建筑史[M]. 傅景川，译. 长春：吉林人民出版社，2004.

[8] 罗达兹. 鸟瞰古文明——大希律王治下犹太王国建筑[M]. 郭烨，张弓，译. 北京：光明日报出版社，2022.

[9] 安德烈亚. 帕拉第奥[M]. 刁训刚，张金伟，译. 北京：中国电力出版社，2008.

[10] 贡布里希. 艺术的故事[M]. 范景中，译. 南宁：广西美术出版社，2010.

[11] 柯布西耶. 走向新建筑[M]. 杨至德，译. 南京：江苏凤凰科学技术出版社，2020.

从启蒙思潮到现代建筑教育的转型探索

张睿　黄勇　张梦茹

作者单位
沈阳建筑大学建筑与规划学院

摘要：建筑启蒙思潮在 18 世纪为建筑教育奠定了理论基础，现阶段回归建筑教育本源，注重执业研究和实践设计的结合。随着现代建筑智能化和数字化的挑战，建筑学教育呈现出跨学科、参数化、虚拟的趋势。本文通过对当前建筑教学的现状进行分析，讨论教育改革探索信息化和概念化相融的教学模式，结合国家倡导新工科计划，探索建筑教育转型，提出培养适应未来建筑行业需求的专业人才以应对未来挑战。

关键词：建筑思潮启蒙；建筑教学现状；教育改革与创新

Abstract: Architectural Enlightenment thought laid the theoretical foundation for architectural education in the 18th century, and the current stage returns to the origin of architectural education, focusing on the combination of practicing research and practical design. With the challenges of modern building intelligence and digitization, architecture education shows a trend of interdisciplinary, parametric and virtual. This paper analyzes the current situation of architecture teaching, discusses the educational reform to explore the teaching mode that integrates informationization and conceptualization, explores the transformation of architecture education in conjunction with the national advocacy of the new engineering program, and proposes to cultivate professionals who can adapt to the future needs of the construction industry to meet the challenges of the future.

Keywords: Architectural Enlightenment; Current Situation of Architectural Teaching; Educational Reform and Innovation

从现代视角来看，现代建筑正面临着从设计到施工向智能化、数字化转变的新挑战。与此相对应，建筑学教育的空间结构也出现了由线性向非线性、由规则向不规则、由现实向虚拟的复杂发展趋势。面对新时代的机遇与挑战，当今建筑学科已然步入全新的阶段，人工智能、数字化建筑迎面而来，未来的建筑教学将更具多元性与创新性，对于专业基础知识以及实践能力的掌握有了更严格的要求，以满足培养未来建筑师的基本需求。

1　建筑思潮与启蒙

建筑思潮相对于其他纯精神表现领域的文学、绘画、哲学、美学思潮等表现出一定独特的发展轨迹[1]。

建筑思潮包含现代主义、科学主义、人本主义思潮结构主义，从20世纪50年代的战后初期建筑思潮变化到60年代实验性建筑思潮，再到70年代建筑思潮的多元化；八九十年代建筑思潮的发展，后现代主义的兴起，成为建筑思潮的主要方向，80年代末结构主义的异军突起又使得建筑思潮进入新的高度，90年代中期由于对建筑已有体系的否定和瓦解，解构主义发生转变，思想的冲击促使新理性主义的产生。

建筑思潮的发展总是在不断更新，文艺复兴后，又经历了巴洛克、洛可可以及后来的各种复古思潮，才走到90年代现代主义这样的思潮高点。不同于西方的思想和形式，引领中方建筑的新方向，后现代在中国曾风靡一时，并且人们期待着现代化蓝图的实现[2]。通过使用传统建筑元素表现中国文化或西方文化的潮流[3]。

1.1　建筑的启蒙

启蒙=理性=教育工具？在汉宝德先生《给青年建筑师的信》一书中，涉及对于建筑的空间思考，以及通识建筑观的培养，并提出“大乘的建筑观”和“雅俗共赏的建筑观”，建议青年人采取人文主义兼顾雅俗的美学态度，以入世的精神从事建筑，“设计的通识观，核心是创意”[4]。而通学教育培养的学生，在过程中通过基本知识和技能的传授，培养身心全面发展的理想人格，但却少了实际的实践训练。而建筑教育，既包括历史、文学、艺术知识，也包括科技、材料、建造等，其核心的内涵，更是培养学生的建筑观，具有创新独立思考以及分辨能力，在通识的基础上培养亲自动手、艰苦实践的韧性，比如哥伦比亚大学的本科学习就设立了大学后期专门化的教育选择，以弥补通识教育的不足。

建筑观的培养，要通过多途径、多方式、多渠道来完成，甚至是以一种潜移默化的影响来实现。它可以是城市文化，也可以是教育氛围；它可以是大学精神，也可以是教学环境；它可以是课程设置，也可以是选择性的活动等，诸如此类[5]。

1.2　回归建筑教育本源

回归但并不是“布扎”体系的复兴，碎片化时代如何理性地思考，创新地思考建筑教育的本源？建筑教育在其发展过程中与历史背景有着密切的联系，建筑教育体系的形成，也伴随着建筑空间和行业的发展，形成一种行业内的动力循环。巴黎美院、包豪斯、德州骑警、学院教育、工作室的教育形式揭示了这一体系的发展过程，从中也更加紧密联系建筑系馆的空间演变及现代教育理念转变下建筑体系的发展（图1）。

皇家建筑学院于1671年成立，标志着规制建筑学教育的开端，但在1789年法国大革命时被迫停办。巴黎美术学院的原型来自于意大利文艺复兴时期的美术学院，最早追溯到1648年成立的法国皇家绘画和雕塑学院。1795年，专门培养工程技术人员的工学院成立。同年国立科学和艺术学院成立，下设建筑专科学校，1819年正式采用“École des Beaux-Arts”这个称谓，即美术学校，或美术学院，将建筑、绘画和雕塑三所学校合并，即为人熟知的“布扎”体系发源地。而“精英教育”的美院模式教学方法强调“师徒制”，将建筑学作为艺术学的一个门类，把绘画训练置于核心位置。当时在某种程度上建筑师和画家之间可以画等号。但成立初期学院在学制上学时数较少，导师与课程的选择也相对自由，主要有建筑教学、绘画和雕塑等内容。当前的教育形式该如何结合教育本源的教学方法进行创新，应从授课形式、教学途径、师生联动等方面进行下一步的思考。

(a) 美术学院　　(b) 绘图过程

图1　巴黎美术学院 Ecole des Beaux-Arts

（来源：永远在爱与痛的边缘——关于建筑教育的前生今世的一串泡泡图）

建筑教育本源，在我国建筑教育被定位为高等职业教育，传统的师徒传承主要是建造的技能，以形式设计为核心的课程，在满足功能的基础上不断强化。久而久之建筑的建造概念在退化，学子们对建造的知识了解少之又少，且对建筑构造不感兴趣[6]。如何重新回溯建筑教育的基础结合当前社会对教育的现状，将现代化建筑教育的需求和建筑教育的本质相结合，从本质的教学方式出发，结合学校教学特色，探索高校教学模式下，以实践为目标的现代化建筑教育该如何实现。

2　建筑教学现状

所谓建筑教育特色，应是一种有迹可循的底蕴，自发且独特的“腔调”。国内建筑“老八校”为何能各具特色，而后来的各高校又为何展现出趋同的倾向，都与学校自身历史背景、背景定位以及师承有关。卢济威先生认为，“文革”前几所建筑院校特点十分鲜明，反而是现在各个学校都差不多[7]。

国内和国际通行的建筑师并不相同，差别在于高效科学的管理分工设计，国外详细的分工合作与国内“全能型选手”不同，可以从容地应对各自相对细致的工作，建筑师的创造力是在相对宽松的环境下才会产生的，当前国内的教学现状逐渐重视专业间的分工和跨学科交流，但仍存在挑战，面对国内建筑行业的变化，教育也在努力调整，将创造力的培养与实践相结合，以培养学生应对复杂情况的能力。

2.1　建筑人才培养

长期以来，我们的教育一直是通过测试考核的方式进行的，与美国和日本等国家的教育相比，我们在这方面的探索还处于初级阶段。直至“开放教育思想”的教育观的引入，对教育的性质进行了反思，我们旧的教育观才逐步得到了更新。国内教育理念的更新，其实并不是简单的观念引入，而是结合中国传统文化建筑，思考和选择其内容，让学生在信息快速发展的时代，懂得民族文化、地域特色、传统城乡空间环境是当下我们设计教学的积极内容。通过建筑教育积极回应如何建设中心性、体验性、互动性的场所。结合现代教育理念开放多元、学科交叉、个性化培养等思想，在建设事业迅速发展的同时，伴随着建筑教学的不断深入与发展，有关建设建筑空间方面的理论与实践也在不断地涌现[8]。

在人才培养过程中，教学实践是非常关键的一个步骤，它是大学教育中不可或缺的一部分，同时也是学生进行实践的一种最基本的方式，因此，建立一套科学的实践性教学体系，对于提升人才培养的质量具有非常重要的作用。在实际操作中，建筑学专业更注重对学生空间思维和实际操作的训练（图2）。

图2　实体搭建（来源：黄勇 摄）

2.2　建筑教育特色

建筑作为古典的行业，其教育特色是什么？如何培养其综合素养和创新能力？怎样回归执业研究，与实践设计与理论能力的结合？进入新时代的我国教育现代化，中国教育发展也在进一步更新，结合创新型国家和经济发展的需求，增强经济创新力和竞争力，需大力培养创新型人才。新世纪快速发展的信息时代、大数据、万物互联的普及，建筑师在设计过程中应考虑更多的因素。日益加剧的城市化和生态环境恶化，也同样影响着建筑的设计。由此在培养新一代建筑师的进程中，该从何种角度构建完整的教育体系？建筑师是一个古老的职业，2000年前就已经存在，现代建筑教育也有两百年的历史，AI时代的来临不会导致行业的消失，但其关键问题是在行业中的位置，对于建筑教育来讲，应尽早地理解其特点、关注其发展，在学习中树立正确的建筑观，培养审美，并且不断地付诸实践，用心去热爱生活[9]。

重新思考建筑教育与建筑师之间的关系，伦敦大学学院巴特莱特学院提出意在培养更具洞察力、具有分析识别能力及批判意识的建筑师；东南大学建筑学院王建国院士也提出了这样一个观点，即：建筑学的教学，既要满足社会对建筑学专业人才的需要，又要兼顾对多元化的认可，以及对学生个人人格发展的认可。“博雅”所强调的，不仅是“学以致用”的“I”，还是一种“多才多艺”的“T”，更是一种“π”，在面临不确定的情况下，应同时具备工具理性和价值理性，拥有1+N的综合能力[10]。

沈阳建筑大学建筑教育以实践教育为基础，主要以一、二年级的同学为主，巩固设计基础，增加通识教育；一年级课程以设计抄绘、测绘校内建筑为主，并且举办搭建设计竞赛，通过实体搭建加强学生动手能力和创造力，在搭建过程中营造结构设计实践搭建。从一年级到二年级则会增加社会观察和探索的部分，三年级则更加偏向于社会分析与社会实践，在教学过程中更加注重与社会现实问题的连接和搭建。

3 改革与创新

建筑原不是专业，只是艺术和工程——应对后形成的工学院和美院，地域特色结合建筑专业、文化传承与教育紧密结合。

在19世纪后期和20世纪初期，中国经历了巨大的社会变革，传统社会的师承和工艺做法不再适应，这一阶段我国引入了“工科大学”的教育模式，最早一批建筑人才由此被培养。国内首批土木工程类院校成立，比如哈尔滨中俄工业学校就是哈工大前身，建于1906年，新艺术类建筑风格的建筑现作为哈工大博物馆，而后于1953年建成的“土木楼”也同样作为早期的建筑系馆，留存下历经百年“土木工科”的深厚底蕴。在20世纪20年代后期，由于美术学院的引进，国立第四中山大学建筑系（也就是东南大学的前身）成立，建筑学大学教育模式随即开启，于1929年建立的中大院（最初名生物馆），中国建筑界的许多前辈先驱，如杨廷宝、童寯、刘敦桢，都在这里云集，并培养了新一代建筑教育者，客观上延续了美院导向的教学模式。清华大学建筑系院长高亦兰曾经说，中大院是国内最具人文气息的建筑，也是东南大学培养优秀建筑师的摇篮（图3）。中大院是一所历史悠久的建筑学院，尽管在历史上曾有过多次的加固、扩建和改建，但它的形象和功能始终无法适应它作为一所历史悠久的大学的身份。

(a) 封闭会议模式

(b) 全部装置集成于天花

图3 清华大学建筑馆机动教室改造（来源：DONG 建筑影像）

3.1 教育改革探索

在信息化快速发展的背景下，以创新教学模式及建筑教育理念的发展为基础，实现了虚拟和真实教学环境的有机结合。将信息化和概念化的内容应用到建筑教学中，能够将传统的理论教学转化为实践教学，提高学生的主动探索能力，从而达到实现信息化教学的目的。通过师生创新教学实践，培养学生自主学习、独立思考的能力，最大限度地提高灵活性并鼓励合作。学习范围并不局限于对专业的单项培养，目前，随着本科与硕士生结合、通识教育的初步实施，建筑学专业的本科与专科结合，正在进行更深层次的教学改革。清华大学、天津大学、华南理工大学等多所高校在新形势下，根据新需求，以新形势下的教育教学改革为主要目标，不断地进行着相应的改革。

建筑教育空间，其中清华大学认为建筑学院系馆作为教学和设计研究的载体，是设计改革和工艺技术的试炼场，而赋予空间多功能状态，将软件驱动的自动化空间、机器人与机械硬件相结合的建筑应用，是未来建筑学可以探索发展的方向之一，在系馆中可用于日常教学、展览、会议和评图等[11]。并且在三年级课程中加设开放式教学交叉探索内容，教学背景将机器人技术、人工智能的发展与居住建筑相结合，重新塑造新的居住环境和生活方式，构建“建筑学+机器人+人工智能”的交叉学科视角，为创造更加智能灵活的居住环境提供理论基础和实践指导，学生结合居住所需的真实感受将空间内模块智能化，结合创新技术搭建更加自由的多功能居住空间。这样的教学尝试，更加证实建筑教学应该不断地创新与探索，从而激发学生的想象力和学习能力，并且在人工智能和自主学习的范式下，建筑学的架构属性具有良好的与其他学科交叉和泛化的能力。

3.2　国家倡导政策

随着“四代科学技术革命”的到来，新的经济和新的技术发展，我们面临着高技术应用型人才和高技术应用型人才不足的问题。为应对新时代的机遇与挑战，国家于2017年2月发布《关于开展新工科研究与实践的通知》，“新工科”计划正式开始，然而，该计划的执行仍面临许多问题。“新工科”以新技术与传统技术的有机融合为特征，突出了应用、交叉和综合的特点。传统学科只有主动地与科技发展和社会的需要相适应，要想培养出一批能在科技与行业中发挥主导作用的实用人才，就必须要有创新意识。

建筑业在我国的建设和社会经济发展中，具有非常关键的支撑作用。建筑学是建筑业的一个龙头专业，是一门具有较强综合性的传统学科，其学科涵盖了自然科学、人文、艺术、社会等多个学科，具有多学科的交叉性和综合性，具有良好的教学与改革条件。我国的建筑工程已进入信息化、工业化时代，但与科技进步、时代发展相比，还存在一定的差距。在新科技环境下，应思考如何培育与行业需要相适应的建筑学专业技术人员，以及怎样构建有利于人才成长的教学环境。

4　建筑学未来的不确定性

近年来为促进各学科知识交流，增强学生们对于空间尺度等专业知识的把握，锻炼学生动手能力，在平时的教学过程中，学校还会鼓励老师们在参与比赛、创新实践等方面，自觉地对学生们的创造性思维进行培养。进行跨学科综合学习，注重对于结构课程空间氛围和设计概念的培养。对建筑的使用功能、人体尺度、空间形态和建筑的物理和技术的基本需求进行了分析，由创造性思维向实际工作转变，加强大学生之间的学术交流和感情交流。

当前国外各高校对于教育理念的追求也有所不同，如麻省理工学院的教育面向现实问题，注重理论前沿和实效性；苏黎世联邦理工学院注重设计方法与建构逻辑，以理性分析获得设计推论与灵感；伦敦大学学院的教育模式则更多面向不确定性的未来，颇具试验性；代尔夫特的建筑学科研究领域相对更加多元，难以用固化的单一模式归类；哈佛设计研究生院的学习氛围更加自主，采用“以学生为导向”的教学思路。这种活跃民主、融合共通的教学理念显然也影响着各高校建筑教学未来的发展。

建筑学专业以培养学生具有一定的综合素质和创新能力为目的。在设计方法上以掌握各类现代设计技术为目标，重点培养学生的创新能力，而不仅仅是对传统方法的继承和延续。所以要想让建筑学专业学生在未来可以拥有更好的发展，首先需要改变建筑学专业教学模式和方法。在可持续发展和未来信息技术的背景下，结合国内外教学前沿研究内容，改变教学模式，将人才教育作为应变的核心，结合自身教育发展找到属于自己的发展目标。

参考文献

[1] 彭怒. 多元化的总体趋势与新的主体文化的可能——战后西方建筑思潮的演变 [J]. 时代建筑，1999，（4）：28-33.

[2] 魏筱丽. 从风格到后现代主义——中国建筑史的史学研究发端与影响 [J]. 建筑师，2018，（2）：108-112.

[3] 曾昭奋. 后现代主义来到中国 [J]. 世界建筑，1987，（2）：59-65.

[4] 汉宝德. 给青年建筑师的信［M］. 北京：生活·读书·新知 三联书店，2009.

[5] 张伶伶. 综论：建筑教育体系的整体性 [J]. 中国建筑教育，2014，（2）：5-6.

[6] 丁沃沃. 回归建筑本源：反思中国的建筑教育 [J]. 建筑师，2009，（4）：85-92+4.

[7] 顾大庆. 美院、工学院和大学——从建筑学的渊源谈建筑教育的特色[J]. 城市建筑，2015（16）：15-19.

[8] 汪丽君. 基于设计思维创新对未来建筑教育的思考[J]. 当代建筑，2020，（5）：128-130.

[9] 顾大庆，黄一如，仲德崑，等. “建筑教育的特色”主题沙龙 [J]. 城市建筑，2015，（16）：6-14.

[10] 王建国，张晓春. 对当代中国建筑教育走向与问题的思考：王建国院士访谈[J]. 时代建筑，2017（3）：6-9.

[11] XING DESIGN 行之建筑设计事务所. 清华大学建筑系馆机动教室改造[EB/OL]. 2024-05-08. https：//www. gooood. cn/motorized-classroom-in-tsinghua-university-by-xing-design. htm.

专题二　建筑设计与城市设计

高校教学空间弹性设计定量研究初探

倪阳 潘璇

作者单位
华南理工大学建筑学院
亚热带建筑与城市科学全国重点实验室

摘要： 随着高校教育理念和社会环境的不断演进，高校教学空间的空间使用模式和空间资源需求也发生了显著变化，对其设计灵活性提出了更高的要求。为应对这一挑战，弹性设计成为提升教学空间灵活性的关键方向。本文分析了高校教学空间的弹性设计需求及要点，通过 K-Means 聚类算法对多种功能空间进行聚类分析，探究功能模块的分类及其取值建议，并尝试推导常规柱网尺寸下功能模块的组织模式，旨在为高校教学空间的弹性设计提供更为科学、精确的取值参考，促进其可持续发展。

关键词： 教学空间；弹性设计；聚类分析；空间模块

Abstract: As educational philosophies and societal contexts evolve, the spatial usage patterns and resource demands of university teaching spaces have significantly changed, imposing higher requirements on design flexibility. To address this challenge, flexible design has emerged as a critical approach to enhancing the adaptability of teaching spaces. This paper analyzes the demands and key points of flexible design in university teaching spaces. Utilizing the K-Means clustering algorithm, the study conducts a cluster analysis of various functional spaces, exploring the classification and value recommendations of functional modules. Furthermore, it attempts to derive organizational patterns of functional modules under standard column grid dimensions. The aim is to provide more scientific and precise value references for the flexible design of university teaching spaces, thereby promoting their sustainable development.

Keywords: Educational Space; Flexible Design; Cluster Analysis; Spatial Modules

1 引言

近年来，我国高校的教育理念和环境发生了根本性的变化，跨学科交叉、普职分流以及人口动态变化等因素将持续对高校教学空间的规模、结构和使用方式产生深远影响。过去几十年高速发展阶段建成的高校教学建筑，虽在短期内为高等教育的普及提供了重要支撑，但如今逐渐呈现出缺乏动态规划、空间灵活性低、同质化现象显著等问题，难以适应未来的变化与发展。面对有限的建筑空间资源和多变的使用需求，如何有效提升高校教学空间在较长时间周期内的灵活性与适应性，是当前亟待解决的重要问题。

既有研究对弹性设计议题展开了多元探讨，近年来在医疗建筑、会展建筑、校园建筑等方面均积累了一定成果。在高校校园规划层面，江立敏[1]、邓巧明[2]、杨超[3]、林誉婷[4]等人针对高校弹性规划进行了深入探讨，为后续研究的开展提供了有益参考。在单体设计层面，教学空间的弹性设计存在两种倾向：第一，提倡运用超大空间以实现较强的空间流动性[5][6]，这一方法在实际管理中存在较大难度，容易造成空间浪费；第二，提倡标准空间单元的组合和变化以实现多功能的适应性[7]~[9]，但目前大多依赖于案例比较研究和设计者的主观经验，对多种功能空间进行数据分析与整合的研究相对较少。总体而言，高校教学空间的弹性设计已达成较为统一的共识，但仍缺乏更为理性、定量、精细化的研究。基于此，本文通过剖析当前高校教学空间的弹性设计需求及其设计要点，利用K-Means聚类算法对多种功能空间进行整合与简化，提出功能模块的分类及其取值建议，并探索性地推导其在常规柱网模数下的组织模式，以期为高校教学建筑的弹性设计提供参考。

2　高校教学空间的弹性设计需求及要点

2.1　弹性设计的定义

“弹性”最初是一个力学概念，用于描述物体在外力作用下的变形程度与恢复程度的关系。在建筑设计的语境中，弹性设计所涉及的内容较为广泛，不同建筑发展时期、不同建筑流派的表述亦有差异，勒·柯布西耶的多米诺体系、路易斯·康的“服务空间”与“被服务空间”、哈布瑞肯的“支撑-填充”体系和SAR理论、日本的“新陈代谢”理论均是这一理念下的典型代表[10]。总体而言，弹性设计描述的是建筑物在受到外部影响或需求变化时，能够以灵活、适应性强的方式作出响应和调整的能力。

2.2　高校教学空间的弹性设计需求

随着我国高校教育理念和环境发生变化，高校教学空间面临着较大的弹性设计需求。从短期视角看，高校教学模式已逐渐由传统的授课功能转变为倡导自主学习和团队合作，并趋向于打破学科界限，促进不同学科的交叉与融合。同时，高校越来越注重与企业的联系和合作，建立产学研联动机制促进科研成果的转化[11]。以往同质化与静态化特征显著、空间单元联系较弱的传统空间模式已难以满足当代多元化、互动性强的教学需求；反之，空间联系度高、功能适宜性强的弹性设计是应对高校教学模式变化的有效途径。

从长期视角看，教学空间的设计需应对人口动态变化和产业结构转型的挑战。根据第七次人口普查数据，教育学界对高等教育学龄人口变化、毛入学率等内容进行预测——随着生育政策、普职分流以及城镇化进程的推进，高校学生人口规模和结构可能会发生较大波动[12]，进而对教学空间资源需求产生深远影响。与此同时，产业结构的调整必然引起就业结构的变化，从而影响高等教育层次结构和空间资源需求。因此，高校教学空间未来的教育模式和空间资源配置将面临较大的不确定性，亟待寻求更具灵活性与适应性的弹性设计方法（图1、图2）。

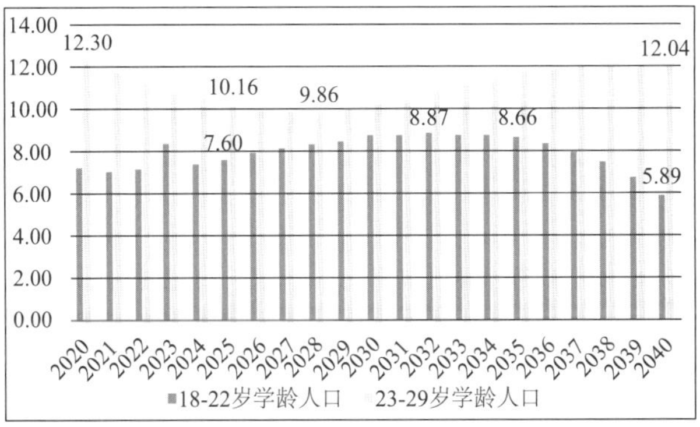

图1　2025～2035年我国高等教育学龄人口变化（单位：千万人）（来源：《高等教育如何应对未来之变——基于第七次人口普查数据的分析》[12]）

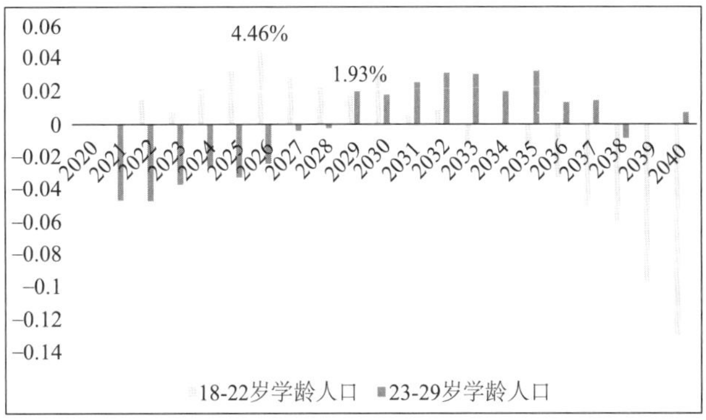

图2　2025～2035年我国高等教育学龄人口变化率（来源：《高等教育如何应对未来之变——基于第七次人口普查数据的分析》[12]）

2.3　高校教学空间的弹性设计要点

高校教学空间是一个动态的实体，其弹性设计是一项复杂的系统工程，需综合考虑两个方面：首先，高校建筑弹性设计应聚焦于“教育-创新-就业”整合思路下的培养内涵，为学生提供灵活多样的科研和实践场所；其次，高校建筑弹性设计需注重时间、地域、人文关联维度下的物质空间要素，将高校教学空间视为一个与师生相互作用中不断更新变化的“过程”，重视其在特定地域、特定时间跨度的持续互动和演变，而非设计和建造的最终结果。

由此，高校教学空间需应对多种功能类型及其变化组合，既要满足当下使用者的需求，又要把握好近期和远期的关系，具备一定的前瞻性思考。

3　高校教学空间弹性设计定量研究

3.1　既有研究概述

近年来，与高校教学空间弹性设计相关的研究方法可分为两类：第一，基于案例比较研究梳理相应的设计策略[2][13]；第二，结合具体的项目实践总结设计方法[3][14]。二者虽在不同程度上强调多种功能空间的复合使用问题，但大多依赖于对既有案例的分析及设计者的主观经验，鲜有涉及数据导向下的分析与整合，容易导致准确性有限、通用性不足、空间转化适应性较低等问题，有待进行更为理性、精细化的研究。

在定量研究方面，高校教学建筑的教室、实验室等功能空间重复率较高，适合进行通用设计，关于这类单一空间的取值问题已积累了丰富的成果，在此无意赘述，只将其作为研究的起点（表1）。值得注意的是，在教学方式日渐多元、空间资源需求波动的背景下，教学空间极有可能发生局部或整体的功能转换（如科研、会议、办公、社交等），仅针对某类单一空间类型进行取值分析难以满足未来发展的需求，需对多种功能空间的取值问题进行协调与整合。

3.2　空间模块的聚类分析

1. 研究样本与研究方法

为适应高校教学空间的复杂功能需求，本文结合实例测量和建筑设计资料集进行数据采集，针对教学、科研、会议、办公等功能提取了20个代表性空间的尺寸信息（表1），采用K-Means聚类算法，探究空间之间的关联。聚类算法是一种常用的无监督学习算法，在经济学、管理学等领域已得到诸多应用，在医疗建筑、超高层建筑的设计取值问题方面亦提供了有效支持[15]~[17]。该算法的原理是将数据点划分为k个不同的簇，找到每个簇的中心，并且最小化函数：

$$\arg\min_{S}\sum_{i=1}^{k}\sum_{x_j\in S_i}\left\|x_j-u_i\right\|^2$$

其中，u_i是第i个簇的中心，算法将要求每个数据点与其所属簇的中心尽量接近。经过初始化聚类中心、分配样本、更新聚类中心和重复迭代等步骤，最终使得每个样本点都被分配到最近的聚类中心所在的簇中，从而有效地反映数值之间的聚类关系。由于K-Means聚类算法需要预先指定聚类数k才能进行质心初始化和后续的迭代优化，因此研究的前置问题是确定合理的聚类数k。目前确定聚类数k的主流方法有SSE分析法（又称“肘部法”）和轮廓分析法，本文采用SSE分析法，通过计算簇内误差平方和（SSE）并绘制其随簇数k的变化曲线，根据曲线趋于平滑的拐点确定最优的k值。这一方法能在数据聚类过程中更科学地选择合适的簇数量，提升分析结果的准确性和实用性。

2. 初始聚类分析结果

基于SSE分析法，当k=4时，SSE的下降趋势显著减缓，形成了明显的“肘部”，由此确定k=4为聚类数（图3），并在此基础上采用K-Means聚类算法对各类功能空间的尺寸信息进行聚类分析，得到4类空间模块的聚类结果及聚类中心（表1、表2）。A类空间模块的特征为：面向小规模的研讨和办公，开间、进深和层高的均值分别为3.98米、5.33米、3.75米，整体尺寸较小，是灵活性较强的模块；B类空间模块的特征为：面向围绕科研、教学设备展开的中等规模教学活动，开间、进深和层高的均值分别为10.70米、8.08米、4.10米，该类空间模块主要包括各类标准实验室、中小型教室和大型会议室；C类空间模块的特征为：基本以大型教学活动为主，开间、进深和层高的均值分别为13.95米、12.15米、4.35米，该类空间模块主要包括100～200人的大型教室或阶梯教室；D类空间模块的特征为：面向超大型教学活动，开间、进深和层高的均值分别为20.50米、14.35米、5.10米，该类空间模块主要为200人以上的阶梯教室。

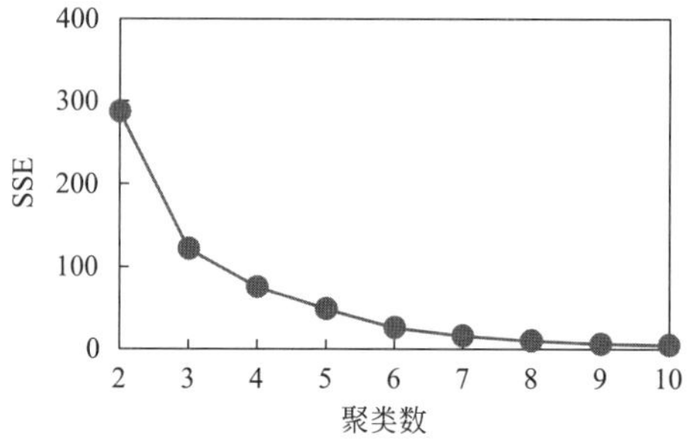

图3　聚类数-SSE 变化曲线

代表性空间案例及聚类结果　　表1

编号	空间名称	开间（米）	进深（米）	层高（米）	聚类	编号	空间名称	开间（米）	进深（米）	层高（米）	聚类
1	标准实验室（化学、生物）	12.6	8.4	4.2	B	11	80~90人中教室	13.2	8.4	3.9	B
2	标准实验室（物理）	12	8.4	4.2	B	12	100~120人中教室	12.6	12	4.2	C
3	标准实验室（计算机）	12	8.4	4.2	B	13	150~180人阶梯教室	15.3	12.3	4.5	C
4	标准实验室（语音）	12	8.4	4.2	B	14	240~250人阶梯教室	21	13.7	4.8	D
5	普通实验室（桌子可活动）	12.6	8.4	4.2	B	15	300~360人阶梯教室	20	15	5.4	D
6	实验辅助用房（小）	4.2	8.1	4.2	A	16	小型研究室（2~4人）	3.6	4.2	3.6	A
7	实验辅助用房（大）	7.5	10.2	4.2	B	17	中型研究室（6~8人）	4.8	4.2	3.6	A
8	典型科学研究室	7.5	10.2	4.2	B	18	大型研究室（16人）	8.4	4.8	4.2	B
9	30~40人小教室	9.6	6.5	3.6	B	19	超大型会议室（30人）	10.2	7.2	4.2	B
10	50~60人小教室	10.8	7.8	3.9	B	20	教师办公室	3.3	4.8	3.6	A

聚类中心　　表2

	聚类中心			
	A	B	C	D
开间	3.98	10.70	13.95	20.50
进深	5.33	8.08	12.15	14.35
净高	3.75	4.10	4.35	5.10

3. 空间模块取值优化

由于聚类分析的取值为数学计算所得，与实际工程经验存在差异，因此需结合常用的柱网尺寸对空间模块的取值进行优化（表3）。目前国内教学建筑较为常见的柱网尺寸一般为6~9米，通常为矩形平面以提高空间利用率。本研究以7.8米×7.8米、8.4米×8.4米、9米×9米三类常用的柱网尺寸为例，探讨空间模块的取值优化问题。在7.8米×7.8米柱网尺寸下，A、B、C类空间模块优化后的取值与初始计算结果适配程度较高，但D类模块的进深稍显局促，建议将其进深取值优化为15.6米（即2个柱跨）作为尽端空间，以提升平面空间利用率和使用舒适性。在8.4米×8.4米柱网尺寸下，各类空间模块兼容性均较好，整体取值相对均衡。其中，A类空间模块的开间取值建议优化为4.2米（即1/2个柱跨），以利于模数协调；B类模块的进深取值建议优化为8.4米，以营造平齐统一的内部界面。在9米×9米柱网尺寸下，B、C、D类空间模块兼容性较好，A类模块优化后的开间取值为4.5米，与初始计算结果存在一定差异，但该模块自身的使用灵活性得以提高，且与其他空间模块能较好地进行模数协调，空间组织具备更大的自由度。由此，20个功能空间得以整合为4类空间模块，并提供了常规柱网尺寸下空间模块的取值参考（表3）。这一整合有利于协调具备相似尺度的功能空间，使其无需改变物理结构便可容纳相应的功能变化，提升高校教学空间的弹性适应能力。

3.3　空间模块的组织模式

由于高校教学空间对通风、采光的要求较高，以廊道串联各个功能空间是最为基础的空间组织模式，常见的U型、L型、一字型等平面均是基于这一模式的变体。在空间模块的基础上，结合高校教学空间常用的7.8米×7.8米、8.4米×8.4米、9米×9米三组柱网尺寸，分别得到6种较为典型的组织模式（表4）。各类模块并不指向某一明确的功能空间，而是包含这一模块所能容纳的所有功能类型，以满足不同功能、人数、时段的使用需求。n*A的组织模式，面

不同柱网尺寸下的空间模块建议取值（单位：米） 表3

	建议模块取值1（7.8米×7.8米柱网）				建议模块取值2（8.4米×8.4米柱网）				建议模块取值3（9米×9米柱网）			
	A	B	C	D	A	B	C	D	A	B	C	D
开间	3.90	10.40	13.65	21.00	4.20	10.50	13.65	21.00	4.50	10.50	13.50	21.00
进深	5.40	8.10	12.00	15.60	5.40	8.40	12.00	14.40	5.40	9.00	12.00	14.40
层高	3.90	4.20	4.35	5.10	3.90	4.20	4.35	5.10	3.90	4.20	4.35	5.10

不同柱网尺寸下空间模块的组织模式 表4

7.8米×7.8米柱网

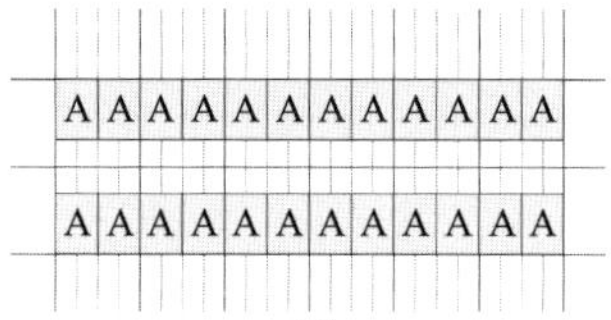
n*A

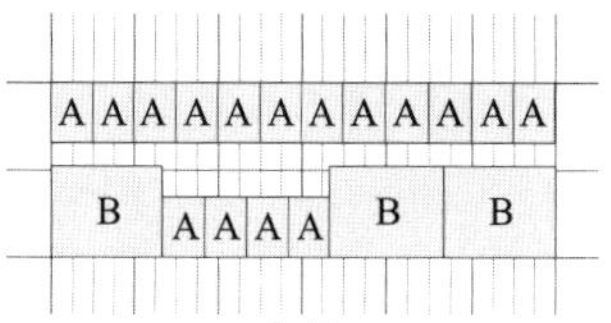
A+B

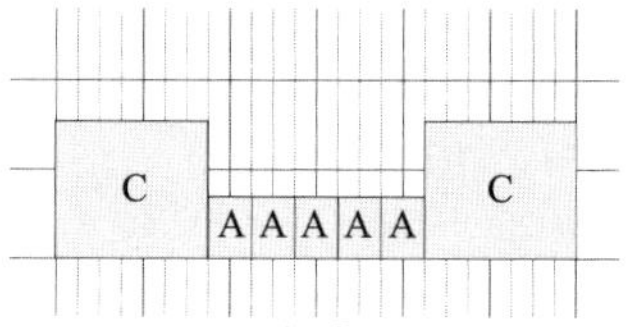
A+C

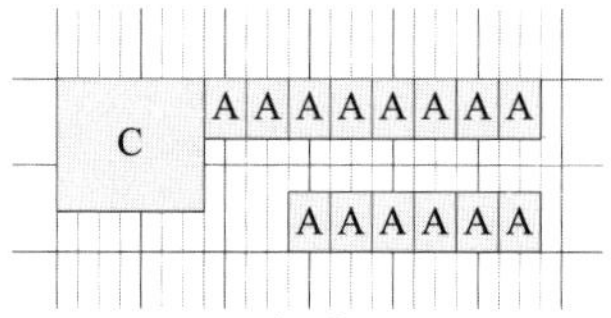
A+C

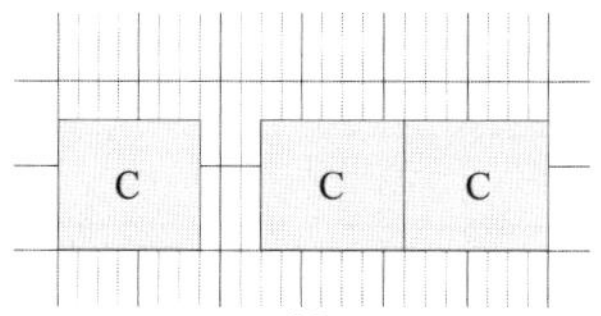
n*C

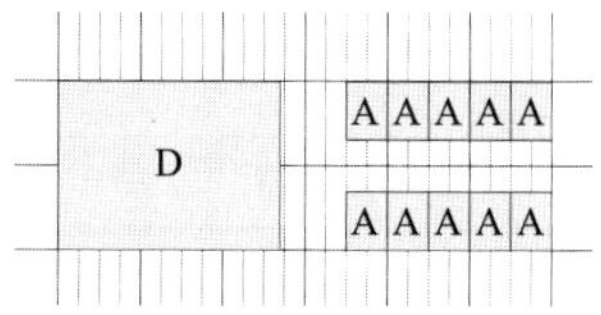
A+D

8.4米×8.4米柱网

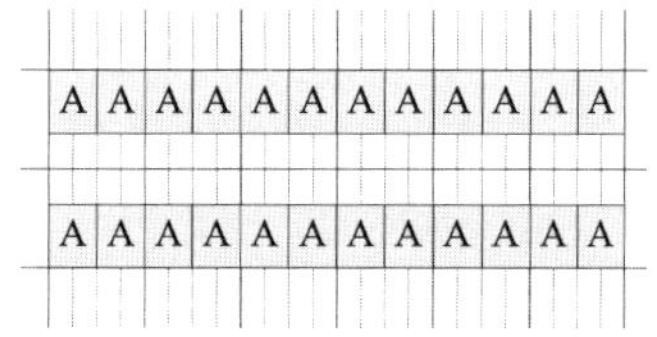
n*A

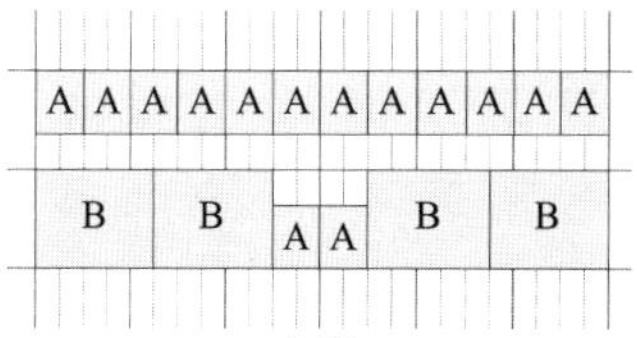
A+B

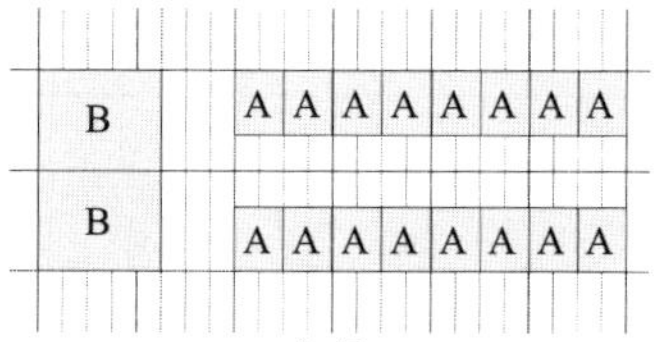
A+B

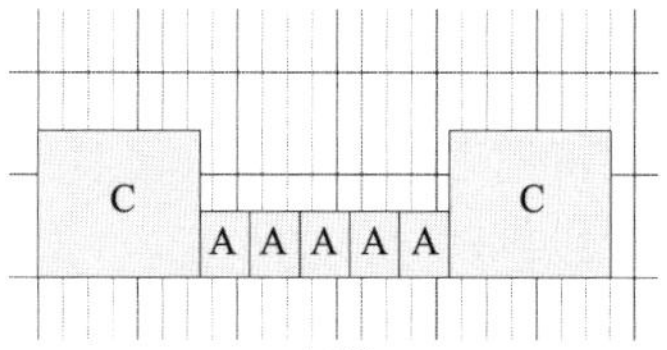
A+C

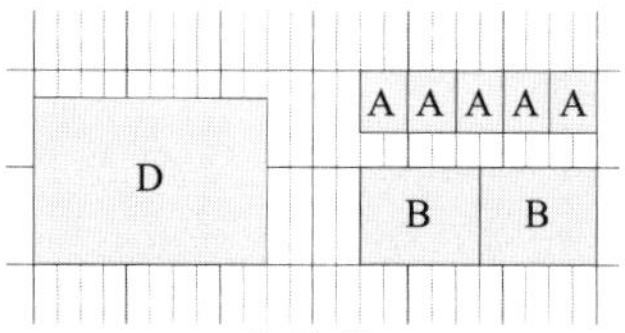
A+B+D

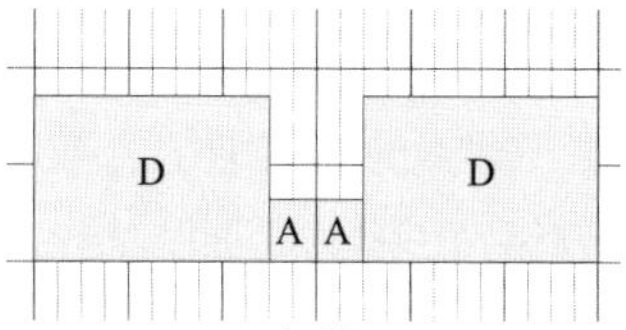
A+D

9米×9米柱网

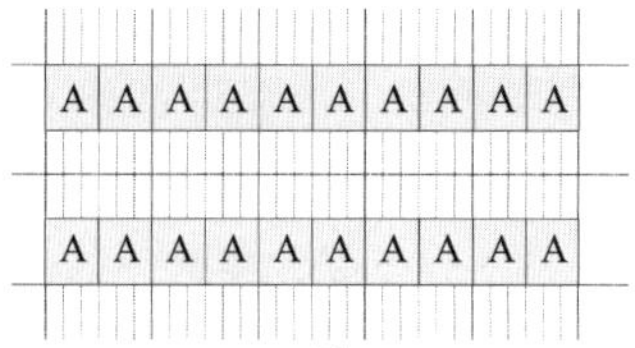
n*A

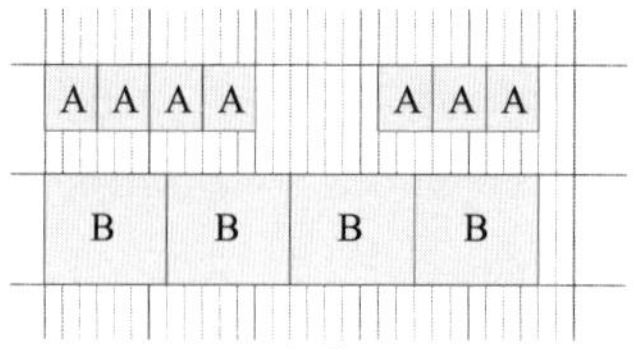
A+B

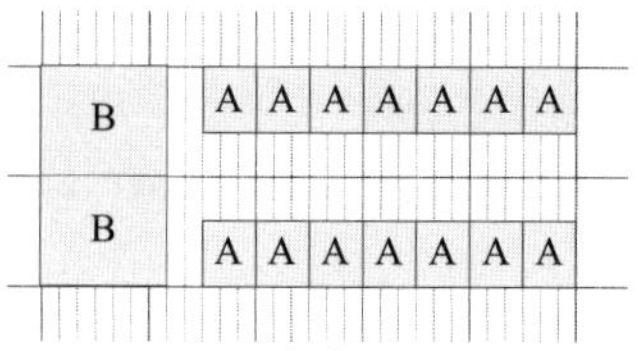
A+B

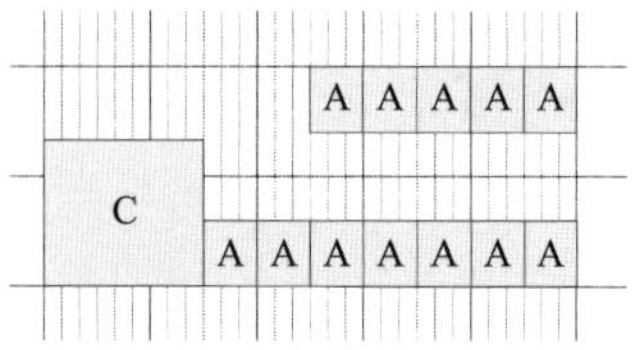
A+C

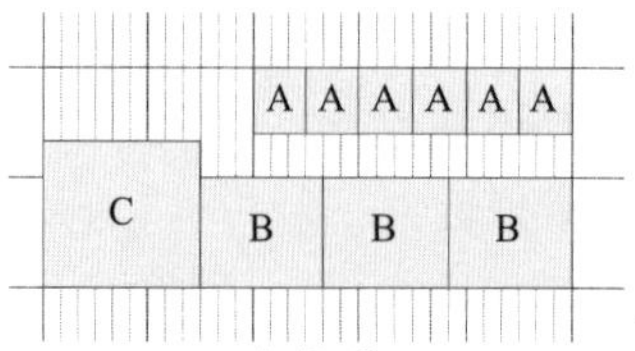
A+B+C

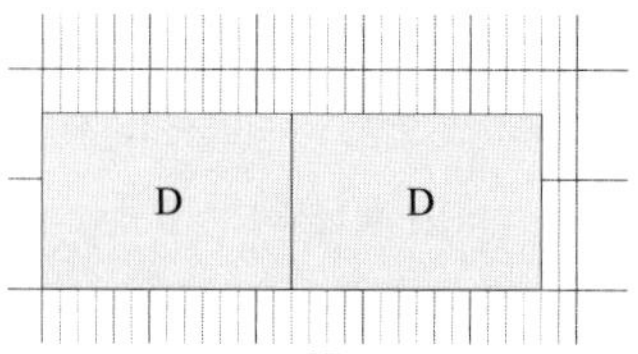
n*D

向集中设置的小规模研讨和办公；n*C和n*D的组织模式，面向集中设置的大型、超大型教学、科研与会议。A+B、A+C、A+D、A+B+D和A+B+C的组织模式，将中大型规模的教学科研与小规模的研讨办公穿插组合，为跨学科合作、产学研交流提供了丰富的场所，有利于适应日渐多元的教学模式。

必须承认的是，柱网尺寸仍具有较多排列组合的可能性，本文仅探讨相对基础的形式以供参考。基于这些空间组织模式，又可进一步通过易移动和折叠的内部隔板与便捷装置，对空间模块进行划分或连接，以满足弹性的减容或扩容需求。

4 结语

本研究强调弹性设计理念在高校教学空间设计中的必要性，并运用K-Means聚类算法对多种功能空间进行聚类分析，探讨功能模块的分类及其取值建议，并尝试推导出常规柱网尺寸下功能模块的组织模式，旨在为高校教学空间的弹性设计提供更科学、精确的取值参考，以应对高校未来变化的不确定性，提升其长效适应能力。

弹性设计理念超越了简单的系统思维，是将时间、地域、人文多维度统筹的复杂系统范式，这一理念不仅仅是对教学空间的布局与设计，更是对高校使命与价值的深刻理解和表达。高校教学空间全生命周期的弹性设计是一个综合且长期的任务，本文所探讨的基本方法仍处于探索阶段，有待在实践中不断积累经验、接受检验和修正。

参考文献

[1] 江立敏，潘朝辉，王涤非. 何为世界一流大学——基于校园规划与设计视角的思考[J]. 当代建筑，2020（7）：14-18.

[2] 邓巧明，赵思，刘宇波. 跨越百年的麻省理工学院科研建筑空间灵活性设计经验[J]. 当代建筑，2022（7）：53-59.

[3] 杨超. 大学校园的弹性规划体系与空间模式探索——以华中农业大学为例[J]. 世界建筑，2023（1）：60-66.

[4] 林誉婷. 日本国立大学弹性适应的校园总体规划设计体系研究[D]. 广州：华南理工大学，2021.

[5] 李雪坤. 基于弹性设计的高校教学楼闲置空间再利用研究[D]. 重庆：重庆大学，2018.

[6] 王志强，葛文俊. 正在发生的历史 OMA设计的康奈尔大学建筑学院米尔斯坦因馆[J]. 时代建筑，2013，（3）：50-61.

[7] 马晓姝. 基于模数化理念的高校校园规划及建筑设计研究[D]. 青岛：青岛理工大学，2020.

[8] 赵喆骅. 开放建筑理论指导下的高校通用实验建筑设计研究[D]. 济南：山东建筑大学，2018.

[9] 蒋璐. 多元化学习模式下高校教学建筑的空间适应性设计策略研究[D]. 广州：华南理工大学，2022.

[10] 刘檑，张颀. 弹性设计的理论与实践初探[J]. 新建筑，2005（4）：52-54.

[11] 董丹申，范须壮，陈瑜，等. 多主体共建、多人群共生的新型研究型大学——西湖大学（一期）的人性化设计实践[J]. 世界建筑，2023（8）：34-39.

[12] 杨怡，沈敬轩，乔锦忠. 高等教育如何应对未来之变——基于第七次人口普查数据的分析[J]. 复旦教育论坛，2023，21（5）：5-18.

[13] 江立敏，杨一秀，孙天元. 激发交流合作的沉浸式学习空间——澳大利亚大学校园创新型教学空间研究[J]. 建筑技艺，2019（5）：53-57.

[14] 刘玉龙，王彦. 大学科研建筑的平台集成模式研究[J]. 当代建筑，2022（1）：31-34.

[15] 郭昊栩，易长文，邓孟仁. 结合区带和聚类技术的医院空间模块取值方法分析[J]. 南方建筑，2018（4）：52-56.

[16] 邓孟仁. 岭南超高层建筑生态设计策略研究[D]. 广州：华南理工大学，2017.

[17] 李庆姿，易长文. 基于聚类分析的超高层建筑空间取值研究[J]. 中外建筑，2020，（5）：42-45.

高校综合体育馆建筑内部空间集约化设计研究

贾一丁 马英

作者单位
北京建筑大学

摘要： 近年来，我国高校综合体育馆的设计存在用地面积紧缺、运动种类不足、建设标准过高等问题。本文通过对现状问题进行研究，基于集约化设计理念提出高校综合体育馆建筑内部空间的设计思想。同时结合国内外优秀案例，从建筑内部空间布局形式、主体空间、辅助空间三个层面提出具体的设计策略，以期为我国高校综合体育馆的建设提供参考。

关键词： 高校综合体育馆；内部空间；集约化设计

Abstract: In recent years，there are some problems in the design of integrated sports stadium，such as land area shortage，sports type shortage and high construction standard. Based on the research of the current situation，this paper puts forward the design idea of the interior space of the university comprehensive gymnasium building based on the concept of intensive design. At the same time，combining with excellent cases at home and abroad，concrete design strategies are proposed from the three aspects of the spatial layout form，main space and auxiliary space，in order to provide references for the construction of university gymnasium.

Keywords: University Gymnasium; Interior Space; Intensive Design

1 引言

近年来，随着我国经济的发展，城镇化速度跨越式地发展，很多高校的老校区面临着校园体育用地面积紧缺的问题。同时，高校体育教学的内容和方式开始呈现多样化的特点。如何在有限的用地空间内满足大量需要的室内运动场地面积，缓和供求紧张的矛盾，并建设高品质、多功能的体育场馆，是目前我国高校体育馆面临的重要问题。本文希望用集约化设计的理念解决上述矛盾，为今后我国高校综合体育馆的设计提供参考。

2 高校综合体育馆设计现状问题研究

2.1 我国高校体育馆建设情况

根据国家体育总局统计，我国高等院校体育场地数量从2003年的2.87万个增加至2013年的4.97万个[①]。但随着我国在校大学生人数的逐年增长，每万人拥有的体育场地数量却不增反降，从2003年的25.9个下降到了2013年的20.1个，高校体育场地的总量明显不足[②]（图1）。而在很多高校的老校区，由于用地紧张，体育场地不足的问题就更加凸显。在这样的情况下，高校体育馆的复合利用，逐渐成为现阶段高校体育设施的使用主流模式。不仅需要承担学校多样化的体育教育教学任务、一定等级的比赛，还需要满足学校集会、观演等多种需求[③]。

① 尚力沛.我国第六次与第五次体育场地普查结果的比较分析[J].吉林体育学院学报，2015，31（5）：45-49
② 苗什.基于高效利用理念的日本高校体育馆建筑设计研究[D].哈尔滨：哈尔滨工业大学，2018.
③ 侯丛思.德国高校体育馆的复合利用与设计研究[D].西安：西安建筑科技大学，2013.

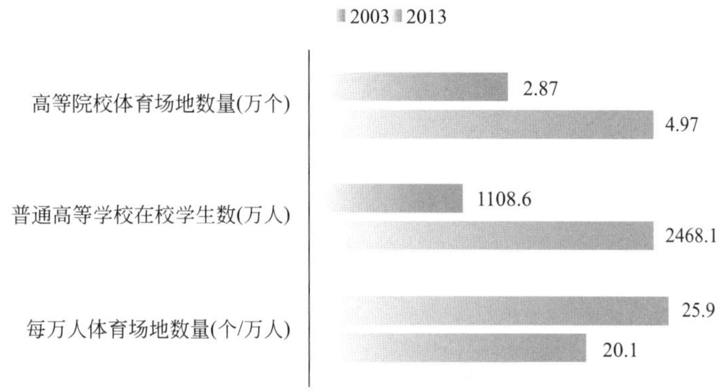

图1　2003年和2013年高校体育场地与人数变化

2.2　高校综合体育馆概念界定

高校体育馆主要分为三种类型：第一类是多功能型场馆，该场馆具有空间弹性大、功能空间复合与多元的特点，可满足多种体育比赛和文娱观演、会议招聘等不同活动的使用需求；第二类是竞技型场馆，该场馆主要以体育专业比赛的需求出发，进行平赛转换的建筑设计，既可举办专业运动比赛，赛后亦可供师生日常教学、训练使用；第三类是训练型场馆，该场馆为专业运动员提供训练场地，可实现各球类场馆并存使用的特点①。本文重点讨论的对象为服务对象主要是学生的多功能型场馆，即高校综合体育馆。

2.3　现状问题

1. 运动场地不足

由于城市化进程的加速、学生人数的增加、校园设施的老化等原因，高校用地面积紧张的问题普遍存在。许多高校的体育馆面临着运动场地不足的问题，现有的体育设施难以满足学生人数的增长，严重影响了学生运动的体验和积极性。

2. 运动种类单一

许多高校的体育馆由于资金、空间或设计时的考虑，只提供了有限的运动设施。一些学校只配备了篮球场、羽毛球场、乒乓球场和基本的健身器材，缺乏如瑜伽、武术、台球等项目的多功能体育用房。随着学生兴趣的多样化发展，传统的体育运动种类无法满足要求，一些新兴项目（如攀岩、壁球）可能得不到支持。

3. 建设标准过高

部分高校的综合体育馆盲目按照赛时标准建设，尤其是布置大量的观众席空间和采用过高的层高。这与高校体育综合馆日常主要使用场景为学生上课、训练和健身的使用情况相违背，导致日常使用时场馆内空间利用率低。此外，大量的高科技设施和大型的空调系统也会增加运营维护的成本。

3　集约化多元化的设计理念

在校园用地紧缩、人均运动面积不足的情况下，高校综合体育馆需要在有限的用地面积下，承载更多的功能。而随着时代的发展，经济水平的提高，高校师生所期望体育馆的功能也不局限于传统运动，需求存在动态变化。以上两点原因促使高校综合体育馆必须朝着集约化的趋势发展。从建筑学的角度来说，集约化设计是指通过紧凑、合理、高效、有序的空间组织形式来促进人与人、人与场所之间的高效交流，从而达到功能和空间的集约，实现资源的高效利用②。

在高校综合体育馆的设计中，内部空间组成通常分为主体空间和辅助空间两大部分（图2）。主体空间主要包括核心比赛场地和观众席，是高校师生进行体育比赛和观赏的主要场所，其往往具有较大的体量和复杂的功能流线，是设计的重点、难点。辅助空间

① 王雪.基于共享理念的高校综合体育馆设计研究[D]. 西安：西安建筑科技大学，2021.
② 陈文东，张灯.集约视角下的城市中学体育场馆规划布局设计策略探讨[J].建筑与文化，2020，（1）：186-187.

包括次要运动空间和服务空间。次要运动空间对主体空间的功能进行了补充和拓展，如健身房、健美操和台球等。服务空间如更衣室、卫生间、器材室和商店等，为运动人员提供便利，确保活动的顺利进行。

高校综合体育馆的使用功能多元、人群复杂、场景多变，这就要求设计师要以动态的视角去综合考虑室内空间的使用模式，从空间和时间等多个维度协调好体育馆内多个功能的使用及转换。以下将结合集约化的设计理念，针对高校综合体育馆内的主体空间和辅助空间具体提出设计思想。

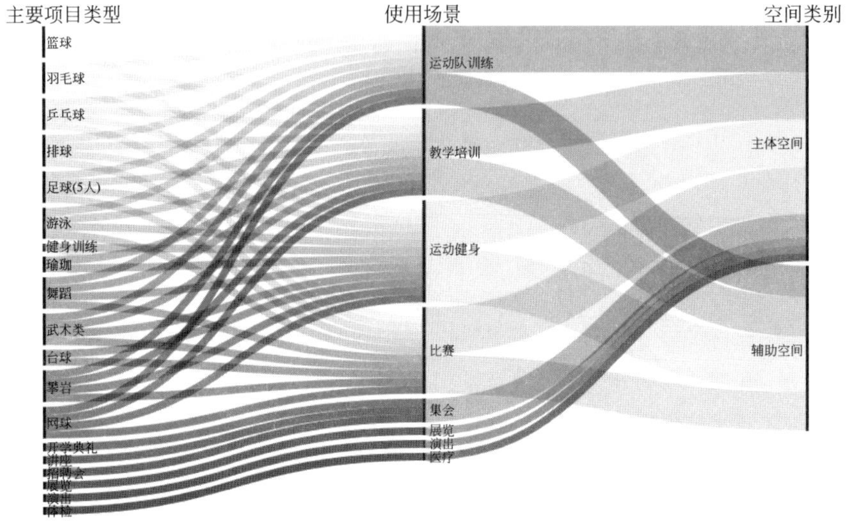

图 2　空间类别 - 使用场景 - 项目类型

3.1　主体空间多场景使用

主体空间的使用场景可以划分为体育运动类型和非体育运动类型。对于体育运动场景，主要包含体育课程教学、运动健身、运动队训练以及体育比赛四类运动场景[①]。对于非体育运动类型，主要包含大型集会、文艺演出、展览、招聘等功能。此外，在特殊情况下高校体育馆的主体空间也需承担医疗服务、应急避难等功能。

这就要求主体空间的设计要具有很强的适应性。首先，在设计之初应当充分调研高校体育馆的使用人群和使用需求，进行合理的策划，并且在设计时有针对性的在功能比例分配、使用便捷度、配套设施方面对高频使用功能有所侧重[②]；其次，不同的使用场景、不同的体育项目对于空间尺寸的要求不同，这就要求设计师要选择合适的核心比赛场地尺寸以及适宜的观众席大小和朝向；最后，还需考虑各个使用场景模式下的转换问题，不仅要考虑到场景转换后功能使用的合理性，还要厘清人员流线避免交叉。

3.2　辅助空间灵活多元

辅助空间相较于主体空间来说，专业性相对较弱，但其所承载的功能更加复杂多样，在设计时要同样重视。随着高校综合体育馆的社会化发展，次要运动空间在高校综合体育馆面积中所占的比例逐渐增加。并且在高校综合体育馆的日常使用中，次要运动空间的使用效率要远远高于主体空间，更适合于高校体育课程的分项教学[③]。在设计辅助空间时，对于大部分次要运动空间，要满足空间功能的多样性，要使一个空间可以在不同时间用于不同活动，以提高空间的使用效率。此外，辅助空间的设计也应考虑到空间弹性，对于楼梯间、厕所、设备用房这类固定空间应

① 马宝裕.高校体育馆复合利用适应性设计研究[D].广东：华南理工大学，2022.
② 唐智弘.平时使用需求导向下的高校体育馆设计策略研究[D].广东：华南理工大学，2022.
③ 王艳文.高校体育馆整合设计策略研究[D].哈尔滨：哈尔滨工业大学，2007.

集中布置，并适当压缩规模，从而为次要运动空间和服务空间提供更多使用场景的可能性。

4　高校综合体育馆建筑内部空间集约化设计策略

4.1　建筑内部空间布局形式

在过去几十年间，由于我国城镇化速度的跨越式发展，很多老校区面临着校园体育设施老旧，人均体育场地面积不足的情况。由于老校区通常位于城市核心区域，周围的城市开发密度较高，无法为学校提供新的建设用地。因此，学校只能选择在现有土地上进行竖向扩展，这使得高校综合体育馆内部空间竖向叠加式的布局形式成为一种必然的趋势。

竖向叠加的布局形式还有诸多优势。例如，竖向发展有利于减少土地占用和绿地消减，降低土地成本的同时也可以共享基础设施如楼梯、电梯、供水和供电系统，从而降低建设和维护成本。此外，竖向的布局方便学生在较小的区域内参与多种活动，促进了学生之间的社交互动，也增强了体育设施的使用率和便利性。通过竖向叠加的设计，高校综合体育馆不仅能够满足运动功能，还能提供更多的社会和文化价值，成为校园生活的活跃中心。

不同运动项目对于空间大小的需求差异很大，如何有效将需求迥异的运动空间整合，并控制整体建筑高度，是空间竖向设计的重点①。如果以空间类型划分，可将单个空间占用较大、承载功能更多的主体空间定义为大空间，将单个空间占用较小、功能较为固定的辅助空间定义为小空间。大空间与小空间的叠置模式主要有以下三种（表１）：

大空间、小空间叠置模式　　表1

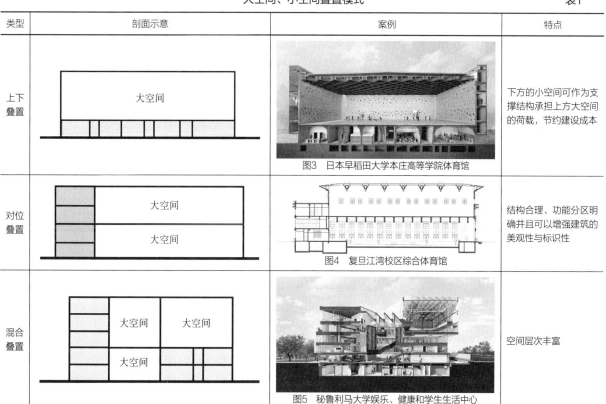

类型	剖面示意	案例	特点
上下叠置		 图3　日本早稻田大学本庄高等学院体育馆	下方的小空间可作为支撑结构承担上方大空间的荷载，节约建设成本
对位叠置		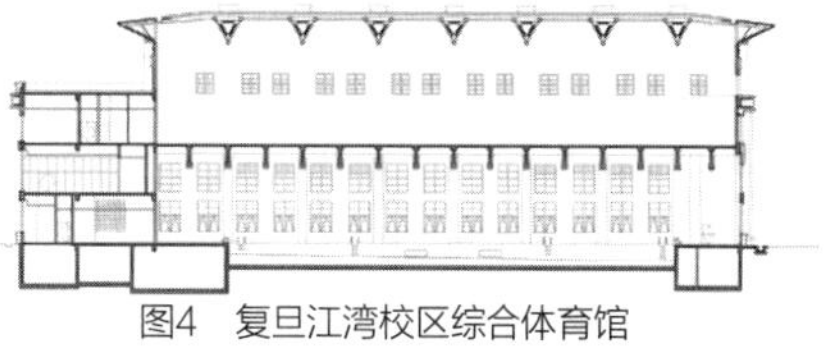 图4　复旦江湾校区综合体育馆	结构合理、功能分区明确并且可以增强建筑的美观性与标识性
混合叠置	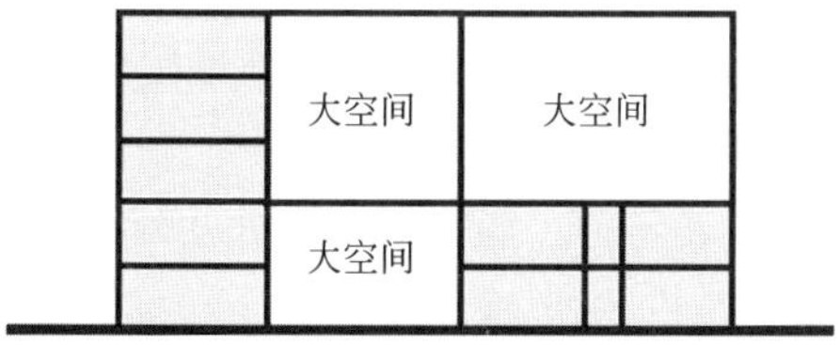	 图5　秘鲁利马大学娱乐、健康和学生生活中心	空间层次丰富

（来源：图3　来自混凝土晒光盒子，早稻田大学本庄高等学院体育馆/日建设计[OL].（2022-06-07）[2024-05-10].https：//www.archdaily.cn/cn/982359/zao-dao-tian-da-xue-ben-zhuang-gao-deng-xue-yuan-ti-yu-guan-ri-jian-she-ji.
图4　来自复旦江湾校区新建综合体育馆，上海 / 同济大学建筑设计研究院[OL].（2020-05-13）[2024-05-10].https：//www.gooood.cn/new-comprehensive-gymnasium-in-fudan-jiangwan-campus-tjad.htm.
图5　来自Universidad de Lima Recreation，Wellness，and Student Life Center [OL]. [2024-05-10].https：//www.sasaki.com/zh/projects/universidad-de-lima-recreation-wellness-and-student-life-center/.）

① 陆诗亮，苗什，范兆祥.集约于外 · 复合于内——日本高校体育馆建筑设计研究[J].建筑与文化，2019，3：222-224.

第一种是大空间在上，小空间在下的模式，例如日本早稻田大学本庄高等学院体育馆（图3），其优点在于下方的小空间可作为支撑结构承担上方大空间的荷载，节约建设成本；第二种是更为普遍的大空间、小空间分别叠置，其优点在于结构合理、功能分区明确并且可以增强建筑的美观性与标识性。例如复旦江湾校区综合体育馆（图4）；第三种是大空间和小空间混合叠置，其优点在于空间层次丰富。例如秘鲁利马大学娱乐、健康和学生生活中心（图5）。

根据实际用地情况不同还有许多项目的叠置模式是这三种叠置模式的衍生、变形，在功能上也不局限于体育运动功能。例如深圳简上体育综合体（图6）将大空间的体量在各层进行了平移错位的处理，消减了建筑的体量感以减少对周边环境的压迫；并且在错综产生出的平台上留出屋顶花园空间，与室内场馆配合使用，提升了空间品质；中国农业大学体艺中心为缝合校园空间，创造交流场所，把体育、艺术、农业功能融合统一，采用下沉式的设计模式，并在竖向空间上将室外的屋顶种植区与地下室内的体育活动空间进行叠加整合，营造出了校园立体的空间层次；北京建筑大学西城校区多功能体育馆是加建在学校餐厅之上，拓展出来的羽毛球、乒乓球、台球场地为校内外师生体育活动提供了方便。

在日常使用中，为确保场馆功能的高效利用，应根据使用频率、空间需求等多种因素采用合适的布局形式。

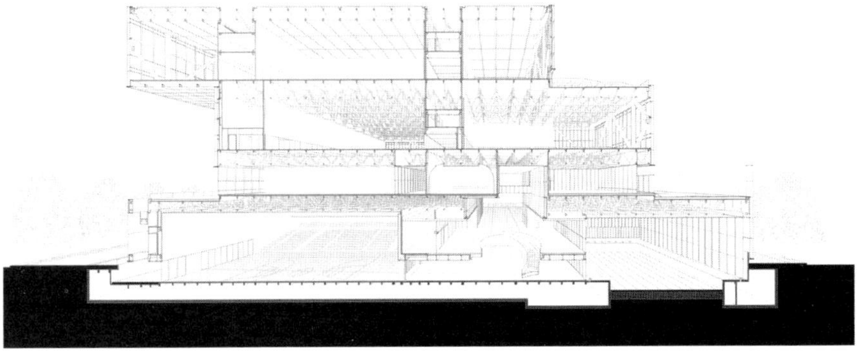

图6 深圳简上体育综合体
（来源：深圳简上体育综合体 / 悉地国际 [OL].（2022-11-15）[2024-05-10].https：//www.archdaily.cn/cn/992165/shen-zhen-jian-shang-ti-yu-zong-he-ti-xi-di-guo-ji.）

4.2 主体空间

主体空间是整个高校综合体育馆的核心，在日常使用过程中往往复合了多种使用场景，设计时应当根据各个场景使用频率的高低和对场地要求的高低来综合确定主体空间的尺度。功能需求是决定场地规模的关键因素，在设计中，合理规划核心比赛场地和优化场地尺寸，是确保高校综合体育馆使用质量和提高效益的重要策略。

1．核心比赛场地空间

核心比赛场地空间是主体空间中最重要的部分，也是体育馆内复合功能最多、使用频率最高的空间。在设计时，首先要把控好核心比赛场地空间的尺度，确定好核心比赛场地空间的尺寸才方便进行其他功能空间的设计。核心比赛场地空间的设计应当从日常需求出发，综合考虑各个使用场景的使用频率、运动场地尺寸要求、空间利用率等多个影响因素从而得出相对合理的核心比赛场地空间尺寸。

《体育场地与设施（一）》[①]中将各个类别体育项目的使用场地分为三类，分别为比赛场地、训练场地和休闲健身场地，相较于《体育建筑设计规范》[②]增加了休闲健身场地这一项。在全民健身时代，大多数高校的综合体育馆的主要功能是为满足学生日常的健身训练，很多学校的体育馆也会向社会开放。相对来说，体育馆

① 中华人民共和国住房和城乡建设部.08J933-1 体育场地与设施（一）[S].北京：中国计划出版社，2010.
② 中华人民共和国建设部.JGJ 31-2003，体育建筑设计规范[S].北京：中国建筑工业出版社，2003.

对于比赛的需求频率就没有那么高了。基于以上原因，笔者以训练场地利用率作为衡量高校体育综合馆核心比赛场地空间尺寸是否合理的一项标准。

《建筑设计资料集》[①]中把核心比赛场地尺寸分为多功能Ⅰ型、功能Ⅱ型、功能Ⅲ型，场地尺寸分别为（44米～48米）×（32米～38米）、（53米～55米）×（32米～38米）、（70米～72米）×（40米～42米）。笔者以训练场地利用率为主要标准，综合考虑场景使用频率、空间弹性等因素，并参考《体育场地与设施（一）》中压缩缓冲空间后训练场地的图示，可将《建筑设计资料集》中三种多功能场地尺寸分别调整为44米×36米、55米×38米、72米×38米（表2）。需要注意的是，上述优化过的尺寸仅为核心比赛场地尺寸，通常情况下靠场地周边还需根据情况预留出一些走道和休息座椅的区域。

在实际使用过程中，同一片场地在同时间段内往往会进行不止一种体育活动，多种运动共同进行，主要针对篮球、羽毛球、排球这三种球类运动而言，而例如乒乓球、瑜伽、健美操等运动一般都有独立的运动房间。对于以训练场地利用率为主要标准优化过的多功能场地，多种运动使用时可如表3布置。当场地面积不足以布置整个运动场地时，也可以采用布置篮球半场、单打羽毛球场的形式，使运动场地的面积得到充分利用。

核心比赛场地布置图 表2

类型	场地尺寸（米）		篮球	羽毛球	排球	网球
多功能Ⅰ型	（44×36）	赛时	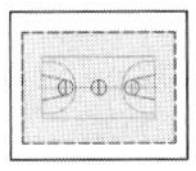	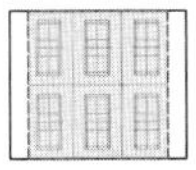	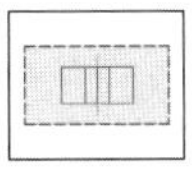	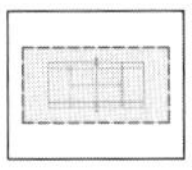
		训练	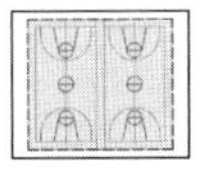	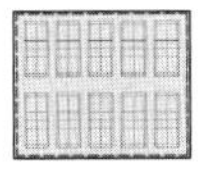	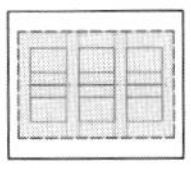	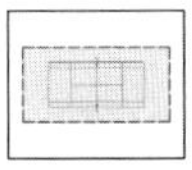
		休闲健身	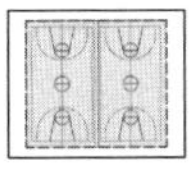	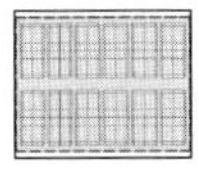	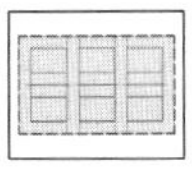	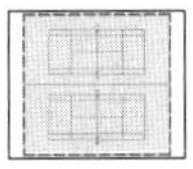
多功能Ⅱ型	（55×38）	赛时	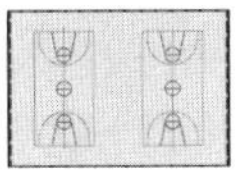	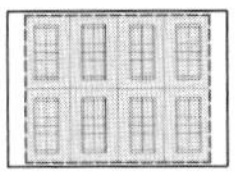	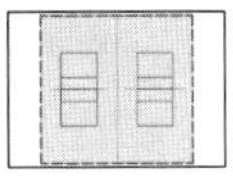	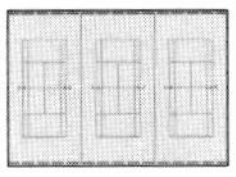
		训练	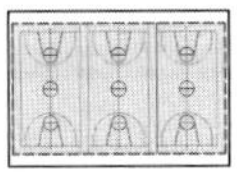	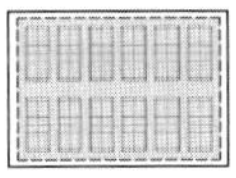	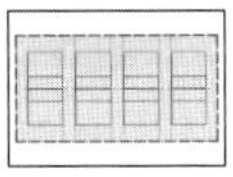	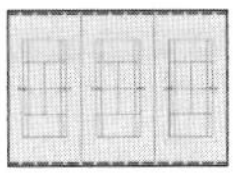
		休闲健身	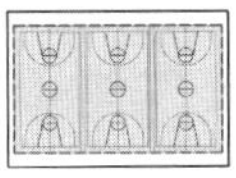	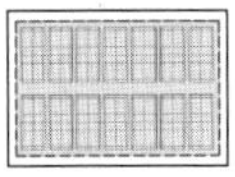	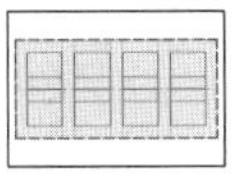	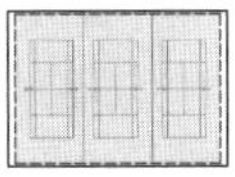
多功能Ⅲ型	（72×38）	赛时	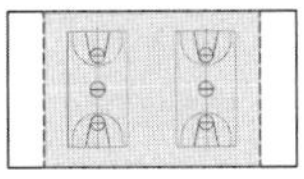	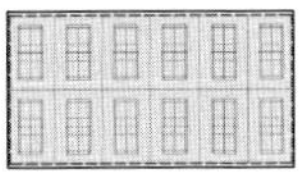	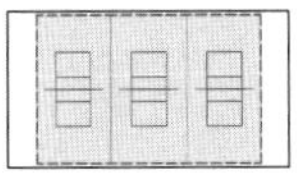	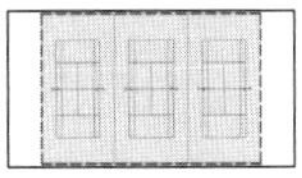
		训练	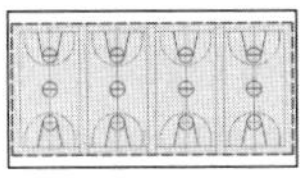	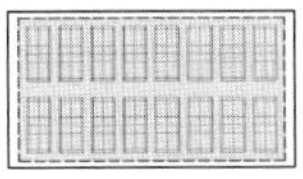	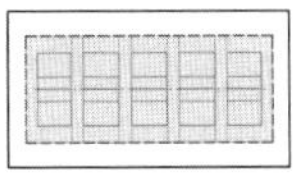	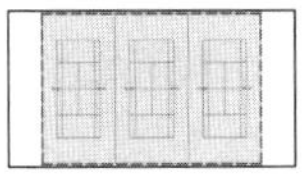
		休闲健身	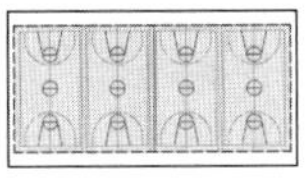	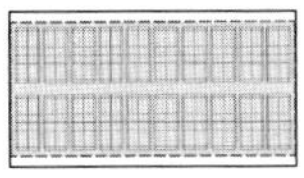	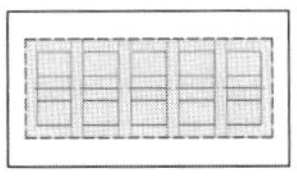	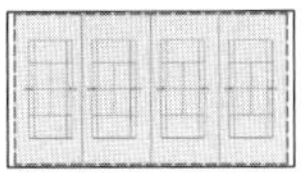

① 中国建筑工业出版社.建筑设计资料集（第三版）第6分册[Z].北京：中国建筑工业出版社，2017.

核心比赛场地布置图　表3

类型	场地尺寸（米）	篮球+羽毛球	篮球+排球	排球+羽毛球
多功能Ⅰ型	（44×36）	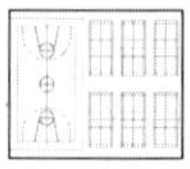	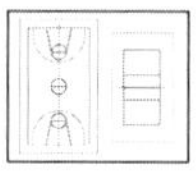	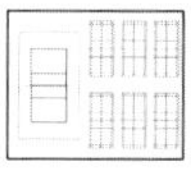
多功能Ⅱ型	（55×38）	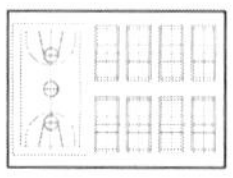	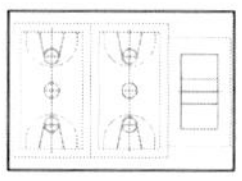	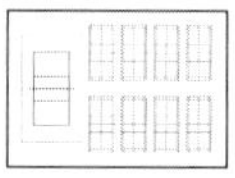
多功能Ⅲ型	（72×38）	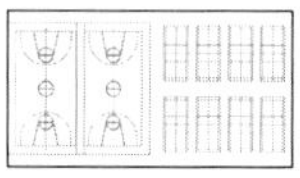	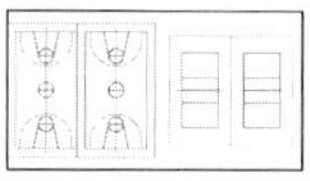	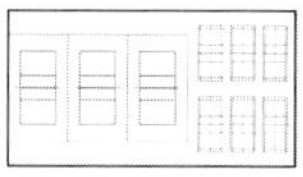

2. 看台空间

过多的座席数量，会占用馆内空间，降低体育馆的使用效率，增加能耗，提高运营维护成本。对于不需要兼顾大型赛事功能的高校综合体育馆来说，看台空间应该重点控制规模，根据实际需求设置座席数量。

我国高校体育馆的座席数量从几百到几千不等，相比之下，很多国外高校的体育馆基本不设置座席或设置少量座席。这些不设置座席和仅设置少量座席的场馆一般只需要满足校内比赛使用即可，对观赛需求不高。在校园用地紧张、体育馆对观赛要求不高的情况下，酌情减少看台空间的座席数量是提升建筑内部空间品质的有效做法。

在设计时，可按照实际需要采用不同的看台布置形式。根据看台座席数量的多少和布置方位可分为单面看台、双面看台、三面看台和四面看台，其中双面看台适合竞技比赛，三面看台适合校园集会演出，四面看台向心性最强适用于规格较高的大型场馆。

在确定看台规模后，通过使用活动座席可以很大程度地节约空间。此外，设置空中环形跑道也可以兼顾看台的功能，比赛时环形跑道可作为“站席”使用，从而节约看台空间面积。

4.3 辅助空间

1. 次要运动空间

在高校综合体育馆中次要运动空间的重要性仅次于主体空间，其包含的体育运动功能种类要比主体空间更加丰富。常见的次要空间功能包括乒乓球、台球、武术、瑜伽舞蹈室、健身房等。

随着经济发展和高校体育运动水平的提高，越来越多的新兴高科技体育项目用房出现在高校体育馆中，例如虚拟现实训练室，使用虚拟现实技术模拟不同的运动环境和场景，如滑雪、赛车、高尔夫等，为运动者提供沉浸式体验。还有运动生物力学实验室，装备高级传感器和分析软件，用于分析运动员的运动生物力学，提供技术改进和建议。由于新兴体育项目用房的出现，所以要增加次要空间在整个高校综合体育馆内部空间的占比，要尽可能多的设置和预留次要运动空间。

同时，针对次要运动空间应该尽可能增加其空间的弹性，一方面要保证空间界面的规整；另一方面要保证空间的连通性，使得次要空间可以根据使用需求方便调整为不同尺寸的房间。为此，可以考虑采用活动隔断来对次要活动用房进行有效地划分。

此外，次要运动空间应当加强与主体空间的连通性。例如美国中康涅狄克州立大学娱乐中心（图7），在健身房与篮球场上空的环形跑道之间不设置隔墙，仅用座椅作简单分格。这样的做法使得篮球场、跑道、健身房三个空间相互贯通，既可以使集约布置的房间变得开敞明亮，又能够加强不同运动人群之间的互动。

2. 公共空间

公共空间也是高校综合体育馆重要的组成部分，如门厅、中庭、走廊等区域，是场馆内重要的交通功能空间。在实际使用过程中，这部分空间除了承担人员疏散功能以外，也可以承担起运动、社交、休息、展示等功能以提升场馆内空间的利用率与活力。

（1）复合运动功能

高校综合体育馆内的空间有限，许多运动项目因为其所占用的空间高度或长度特殊，不适合与其他项目布置到一起。而公共空间的尺度相对较大且独立，

图 7 美国中康涅狄克州立大学娱乐中心
（来源：Central Connecticut State University C.J. Huang Recreation Center [OL]. [2024-05-10].https：//www.sasaki.com/projects/central-connecticut-state-university-c-j-huang-recreation-center/.）

图 9 美国马里兰大学的活动中心
（来源：UMBC Retriever Activities Center Renewal [OL]. [2024-05-10].https：//www.sasaki.com/zh/projects/umbc-retriever-activities-center-renewal/.）

为复合这些运动功能提供了可能。例如美国宾夕法尼亚州约克学院的格仑巴彻体育及健身中心（图8），利用中庭空间设置了攀岩墙，这种布置形式拉近了人们视线交流的距离，活跃了公共空间氛围，同时攀岩墙也可作为装饰点缀中庭空间；美国马里兰大学的活动中心（图9），二层的环形走廊可作为室内跑道，也可作为平时比赛的观众席使用。

（2）复合社交、服务、展示等功能

高校综合体育馆是校园中最具活力的空间，其公共空间应该是社交的核心区域。结合门厅、中庭等区域可多设置一些自动贩卖机、商店和桌椅，为高校师生休憩、交流提供便利。此外，在门厅附近设置展墙或展厅也可以在展示学校师生运动风采的同时提升空间利用率。

3．附属用房

对于卫生间、更衣室、淋浴间、器材室等附属用房，应当依靠主体空间集中布置。当同一平面内有多个运动空间时，附属用房应集中布置于运动空间之间，使附属用房得到最大化的利用。例如巴塞罗那社区体育中心（图10），附属用房整齐地布置于体育馆中间位置，方便两侧的篮球馆和室内足球场人员便捷使用。另外，在主体空间有固定看台的情况下，应充分利用看台下方空间布置附属用房。

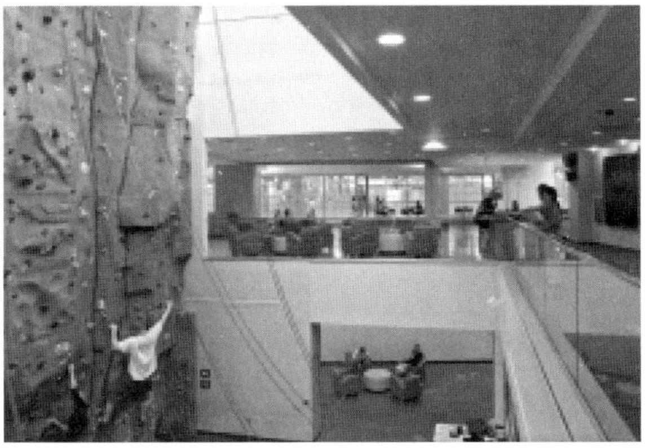

图 8 美国宾夕法尼亚州约克学院的格仑巴彻体育及健身中心
（来源：约克学院格仑巴彻体育及健身中心 [OL]. [2024-05-10].https：//www.sasaki.com/zh/projects/york-college-grumbacher-sport-and-fitness-center/.）

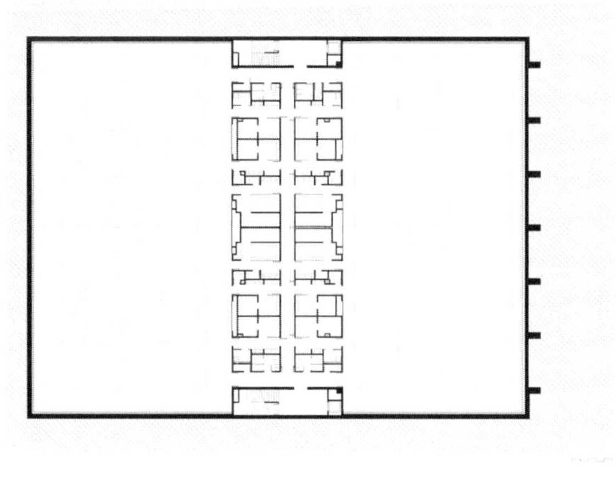

图 10 巴塞罗那社区体育中心
（来源：巴塞罗那社区体育中心 [OL].（2021-03-09）[2024-05-10].https：//www.archdaily.cn/cn/957976/ba-sai-luo-na-she-qu-ti-yu-zhong-xin-camp-del-ferro-aia-plus-barcelo-balanzo-arquitectes-plus-gustau-gili-galfetti）

5 结语与展望

高校综合体育馆的集约化设计不仅仅关注在有限空间内整合多种功能，更重要的是通过高效合理的空间布局提升使用者体验。这种设计旨在为高校师生打造一个明亮、舒适且充满活力的运动环境，以促进身心健康和增强校园生活的活力。本文通过梳理高校综合体育馆内部空间的集约化设计方法，希望为今后我国的高校体育建筑创作提供思路与启发。

参考文献

[1] 尚力沛. 我国第六次与第五次体育场地普查结果的比较分析[J]. 吉林体育学院学报，2015，31（5）：45-49

[2] 苗什. 基于高效利用理念的日本高校体育馆建筑设计研究[D]. 哈尔滨：哈尔滨工业大学，2018.

[3] 侯丛思. 德国高校体育馆的复合利用与设计研究[D]. 西安：西安建筑科技大学，2013.

[4] 王雪. 基于共享理念的高校综合体育馆设计研究[D]. 西安：西安建筑科技大学，2021.

[5] 陈文东，张灯. 集约视角下的城市中学体育场馆规划布局设计策略探讨[J]. 建筑与文化，2020，（1）：186-187.

[6] 马宝裕. 高校体育馆复合利用适应性设计研究[D]. 广东：华南理工大学，2022.

[7] 唐智弘. 平时使用需求导向下的高校体育馆设计策略研究[D]. 广东：华南理工大学，2022.

[8] 王艳文. 高校体育馆整合设计策略研究[D]. 哈尔滨：哈尔滨工业大学，2007.

[9] 陆诗亮，苗什，范兆祥. 集约于外 · 复合于内——日本高校体育馆建筑设计研究[J]. 建筑与文化，2019，03：222-224.

[10] 中华人民共和国住房和城乡建设部. 08J933-1 体育场地与设施（一）[S]. 北京：中国计划出版社，2010.

[11] 中华人民共和国建设部. JGJ 31-2003，体育建筑设计规范[S]. 北京：中国建筑工业出版社，2003.

[12] 中国建筑工业出版社. 建筑设计资料集（第三版）第6分册[Z]. 北京：中国建筑工业出版社，2017.

现代木结构景观建筑在高校校园中的应用评析
——以南京工业大学江浦校区和北京林业大学为例

王君宜　胡振宇　罗靖　张海燕

工作单位
南京工业大学建筑学院

摘要： 近年来，在我国高校校园中，现代木结构景观建筑以低碳、生态和亲生物的特质为师生提供了良好的休憩与学习空间。笔者以其为研究对象，通过对南京工业大学和北京林业大学的木结构景观建筑的实地调研，提出了相应的设计原则，结合四个案例，从环境、功能、结构、形态等方面进行了多层次评析，进而从活动区域的舒适度、活动空间的多样性与结构选型的合理性等角度提出了优化策略，以便为师生构建环境友好、交流互融的场所和景观。

关键词： 现代木结构景观建筑；高校校园；环境行为；低碳；亲生物

Abstract: In past few years，modern wooden building in China's college campuses provides students and teachers with good leisure and learning space with low-carbon ecological and biophilic qualities.The paper puts forward the corresponding design principles through the field research on the wooden buildings of Nanjing Tech University and Beijing Forestry University，combines the four cases，and carries out a multi-level evaluation from the aspects of environment，function，structure，and morphology.From the perspectives of the comfort of the activity area，the diversity of the activity space and the reasonableness of the structural form，the paper proposes optimization strategies in order to build environment-friendly and harmonious places and landscapes for the college students and teachers.

Keywords: Modern Wooden Landscape Building; College Campus; Environmental Behavior Low Carbon; Biophilia

1　引言

近年来，国内的现代木结构建筑发展态势良好，其在材料结构、空间形态、景观环境和节能减排等方面都显示了独有优势和突出特点。高校校园作为师生学习、活动、生活的多功能载体，为师生提供了必要的物质与精神环境。沈悦（2015）研究天津大学新校区景观环境设计时，提出以学生为中心的观念来进行景观设计，分析学生的行为心理需求，在满足大尺度规划需要的同时，营造宜人尺度的景观空间，方便学生的学习与生活①；黄珈钰（2021）在研究重庆高校校园中心景观更新中阐述，随着社会经济的发展和高校办学规模的扩大，高校对校园环境的建设也提出了新的要求，校园景观更新建设成为必然②；王路等（2023）研究南京工业大学求索亭设计时指出，胶合木结构建造全过程对周围环境的影响小、施工快、形态美③。本文以校园木结构景观建筑为研究对象，运用环境行为学的理论分析学生需求及其相对应的空间属性，评析校园木结构景观建筑设计特点，提出从使用者的角度出发去实施更加适宜的设计策略。

2　研究对象与研究方法

2.1　研究对象

选取南京工业大学江浦校区与北京林业大学本部

① 沈悦.以学生为中心的大学校园景观环境设计研究[D].天津：天津大学，2014.
② 黄珈钰.重庆高校校园中心景观更新后使用评价研究[D].重庆：西南大学，2021.
③ 王路，张海燕，张浩，等.胶合木结构在景观建筑中的应用——以求索亭为例[J].林产工业，2023，60（11）：78-81，92.

校区作为研究对象。

南京工业大学办学历史悠久，其前身是1902年创办的三江师范学堂，后于2001年由化工部南京化工大学与建设部南京建筑工程学院合并组建而成，是首批国家“高等学校创新能力提升计划”（2011计划）牵头高校、江苏高水平大学建设高峰计划A类建设高校。南京工业大学江浦校区位于南京市江北新区自贸区内，是学校的主校区。东起胡桥路，南临江北大道快速路，西至浦口大道，北隔沿山大道与国家级森林公园——老山森林公园相望，总占地面积约240公顷。校园内山水相间，环境优美，是教育教学、科研开发的理想之地（图1，其中①、②为案例研究对象）。

图1 南京工业大学江浦校区总图（来源：Bigemap GIS 软件生成）

北京林业大学办学历史可追溯至1902年的京师大学堂农业科林学目，2000年由原国家林业局划归教育部直属管理，是国家“双一流”建设高校。校区东起静淑苑路，南临清华东路，西至双清路，北至林业大学北路，校本部总占地面积46.4公顷。校园历史底蕴深厚，木结构建筑多样，生态景观丰富，环境静谧优美（图2，其中③、④为案例研究对象）。

图2 北京林业大学校园总图（来源：Bigemap GIS 软件生成）

2.2 研究方法

（1）问卷法。为了获得更全面的数据，本文中进行设计的问卷主要围绕师生在木构景观建筑中，对周边环境的感受与看法；以五分制矩阵量表的方式对校园各个木构景观建筑的环境满意度、功能满意度以及环境对使用者行为影响这三个主要层面进行评价。

（2）实地调研法。景观建筑属于公共空间，可达性高，案例资料都比较开放易获得。笔者选取具有代表性的高校木结构景观建筑案例进行实地调研走访，了解其景观组织方式和空间的设计手法，对比不同案例之间的区别，结合理论进行深入思考，对存在的问题进行合理地分析。

（3）访谈法。在实地调研时，对所调研学校年龄、性别各不相同的师生、管理者等多类人群进行访谈式交流，了解各类人群的校园内景观需求，为研究提供一定的方向与指导，也在客观的理论研究之外进行了补充和验证，为以后的木结构景观建筑改造设计提供依据（表1）。

3 校园木结构建筑设计

3.1 绿色低碳的木结构

目前，我国的“双碳”战略正如火如荼地开展。建筑业是我国最大的碳排放部门之一，据统计，我国建筑业碳排放比例高达40%，降低建筑业碳排放是实现“双碳”战略的重要一环[①]。

① 魏同正，王志毅，杨银琛，等.基于全生命周期评价某木结构建筑碳排放及减碳效果[J].水利规划与设设计，2024，（4）：128-132.

研究方法与主要内容　　表1

主要内容 研究方法	人在环境中的行为	建筑与周边环境的关系	建筑类型与功能	建筑本体特点	绿色低碳与校园文化	对建筑与环境的评价
问卷法	√	√	√	√	√	√
实地调研法	√	√	√	√	√	
访谈法	√	√	√		√	√

木材降碳性能良好，相对于水泥、钢铁等其他建筑木材来说，在生长时可以吸收二氧化碳，而生产只需烘干、锯切等工序，过程消耗的能源少。同时作为一种绿色建材，具备甲醛等挥发性有机物污染释放量小、保温隔音、抗震耐久、防虫防潮、外观美雅、健康舒适等环保优势。国外学者如Macinnis等[①]对新西兰南方针叶混交林持续的碳吸收量研究也证明了上述观点。因此，在高校校园中建造现代木结构景观建筑具有可行性和应用推广前途。

3.2 校园木结构建筑设计原则

1. 亲生物设计原则

“亲生物性”（biophilia）的概念是由美籍德裔心理学家埃里克·弗洛姆（Erich Fromm）在1964年提出的[②]。耶鲁大学的史蒂芬·科勒特（Stephen R. Kellert）教授将亲生物性设计定义为：“通过对自然的重现、利用、模拟和提取等手段，创造能够支持和复兴人类亲生物天性的人工环境。”[③]将亲自然设计手法融入校园木结构建筑的设计阶段，能够有效增加绿色空间，打开建筑与自然的边界；同时，木材本身具有亲生物属性，能够为师生提供视野佳、空气佳、心情佳的活动场地。

2. 因地制宜原则

在进行木结构建筑设计时，设计人员要针对不同的功能、地形和校园文化，选择合适的侧重点，借助特色景观，顺应天、地、人、自然，相互协调发展，创造良好的人文环境。尽量选择当地材料，以降低维护难度，在建筑全生命周期中减少碳排放，确保绿色低碳理念紧跟时代发展的步伐。

3. 多样性原则

多样性原则是指在满足低碳发展的同时，为使用者提供更多样的功能选择。除了基本的功能外，使用者还可以主动赋予其不同的功能空间形式，高效利用空间，从而有效降低木结构建筑的碳排放。如北京林业大学的“森林之廊”（图3），每个木桌都是一个独立的学习空间，同时也可以将整个公共空间视为一个“森林教室”，供师生自由选择、组合，灵活使用。

图3 北京林业大学“森林之廊”

① Macinnis-Ng C，Wyse S V，Webb T，etal. Sustained carbon uptake in a mixed age southern conifer forest [J].Trees，2017（31）：967-980.

② BEATLEY T.Handbook of Biophilic City Planning and Design[M].Washington：Island Press，2016.

③ KELLERT S R，HEERWAGEN J H，MADOR M L.Biophilic Design：The Theory，Science and Practice of Bringing Buildings to Life[[M].New York：John Wiley&Sons，2008.

4 校园木结构建筑设计案例评析与优化对策

4.1 校园木结构建筑设计案例评析

1.“求索亭”

“求索亭”位于南京工业大学江浦校区逸夫图书馆报告厅西北方的一块小型坡地上（图4），其建设目的是为了保护与展示一段明清时期通往江南贡院的古道遗迹（长5.20米，宽3.20米，厚0.68～0.74米），同时承担着保护展示古道遗迹与爱国主义教育的功能。基地背靠校内的中央森林公园，用地面积约1061平方米①。“求索亭”采用胶合木结构，保留木材原有的美学特性，同时发挥较高的力学性能，并且能够降低对环境的干扰程度，采用装配式建造方式，施工过程更加快速、便捷。“求索亭”建成后，与周边山体、树林融为一体，较好地体现了亲自然设计的原则。

图4 南京工业大学“求索亭”

2.“建学亭”

“建学亭”位于南京工业大学江浦校区逸夫图书馆北侧山坡（图5），是建筑学院通过评选学生设计方案并加以修改、优化后，在学校后勤集团和加拿大木业的支持下，由师生自行施工建成的。笔者于2023年5月参加了该亭子的实地建造，获得了宝贵的实践经验。“建学亭”由2个单坡顶木结构建筑组合而成，距“求索亭”仅有百步之遥。周边树林茂密，环境静谧，方便学生尤其是在图书馆学习的学生就近使用，或休息小憩，或沉思远眺。

“求索亭”与“建学亭”都靠近江浦校区逸夫图书馆，方便学生在学余之际休憩使用。笔者对学生使用两个亭子的感受进行了共100份的问卷调查，学生的反馈结果较好。

图5 南京工业大学“建学亭”

3.“学子情”

“学子情”位于北京林业大学正门内东侧（图6），是为庆祝建校50周年而建的现代竹木结构景观建筑。考虑到竹子的自然特性，该建筑采用竹材结合拼接的编织竹篾，延伸感强，赋予其自由随性“生

图6 北京林业大学“学子情”

① 王路，张海燕，张浩，等. 胶合木结构在景观建筑中的应用——以求索亭为例[J].林产工业，2023，60（11）：78-81，92.

长”的生命力。“学子情”屋面与大地相接并部分起翘，保留2个出入口。装置整体使用较为密集的竹片进行拉压杆固定，形成稳定的网架筒体结构，外层利用竹篾进行表皮纹理的交错编织，覆盖轻薄木片，塑造整体轻盈感，光影变化十分丰富。

4．“树洞转亭”

“树洞转亭”位于北京林业大学树洞花园内（图7），是安静的休息和私语空间。树洞某种意义上是依赖与安全感的象征，并融合了场地的圆形元素。每个转亭朝向不同，内设坐凳；坐凳圈成的圆形空间，由于切入了绿地的不同深度，从而形成尺度不一的开口，构成了不同的空间隐私度。三个尺度、封闭度不同的广场，引导着不同的聚会和交流模式。“树洞转亭”将尺度控制在不侵犯人又可以拉近人距离的恰当范围，达到尺度、人群心理与场地边界三者之间的平衡。

图7　北京林业大学“树洞转亭”

4.2　校园木结构景观建筑设计优化对策

师生，特别是学生，是木结构景观建筑的使用主体，除了正常生理需求与安全需求外，建筑空间本身的功能性能否满足社交需求与自我实现需求也成为学生的关注重点。因此，本文将对木结构建筑活动区域的舒适度、活动空间的多样性与结构选型的合理性提出设计优化对策。

1．活动区域的舒适度

木材本身的低碳性和亲自然性能够增加活动区域的舒适度，故在木结构景观建筑的空间塑造上，要求设计人员选择合适的活动空间尺度。空间面积较大的木结构景观建筑应当重点关注公共社交空间的创造，适当增加建筑层高与出檐空间，合理设置退台空间，满足学生社交需求的同时也能保留较为独立的个人观景空间，达到动与静的平衡。

2．活动空间的多样性

校园木结构景观建筑在设计初期应当充分考虑活动空间的多样性。现代木结构建筑与装配式结合，不仅可以有效减少施工时间，保证施工安全，还能提升建筑空间的使用率。装配式搭建可以延伸至使用者对空间的创造性使用，即将部分木结构构造设置为可活动构造，供学生根据他们的需求自主选择合适的空间，达成多样性目的。

3．结构选型的合理性

高校校园中的木结构景观建筑一般承担休憩和课余交流功能。因此，其结构选型应考虑结构的安全性、合理性、可靠性以及空间的开放性与连贯性。在建筑设计阶段，应先确定结构选型，再选取合适的节点连接类型；根据结构选型与节点连接方式，选择整体装配式或部分装配式来建造，以达到结构、空间与造型三者之间的平衡与协调。

5　结语

文章分析了现代木结构的优势，探讨了现代木结构景观建筑在高校校园中的应用，总结如下：

（1）梳理高校校园木结构景观建筑相关文献，结合对南京工业大学江浦校区与北京林业大学校园的木结构景观建筑的实地调研，为现代木结构在高校校园中的应用增加案例研究。

（2）现代木结构景观建筑结构选型多样、木材美学特质突出、建造灵活便捷，其本身能成为校园优美景观的一部分。本文针对校园环境、功能空间、结构选型、形态表达等要求，提出了相应的设计策略，为师生学习和生活提供环境友好、交流互融的场所，为“双碳”目标引导下的木结构建筑设计提供更多的借鉴。

参考文献

[1] 沈悦. 以学生为中心的大学校园景观环境设计研究[D]. 天津：天津大学，2014.

[2] 黄珈钰. 重庆高校校园中心景观更新后使用评价研究[D]. 重庆：西南大学，2021.

[3] 王路，张海燕，张浩，等. 胶合木结构在景观建筑中的应用——以求索亭为例[J]. 林产工业，2023，60（11）：78-81，92.

[4] 魏同正，王志毅，杨银琛，等. 基于全生命周期评价某木结构建筑碳排放及减碳效果[J]. 水利规划与设设计，2024，（4）：128-132.

[5] MACINNIS-NG C，WYSE S V，WEBB T，et al. Sustained carbon uptake in a mixed age southern conifer forest [J]. Trees，2017（31）：967-980.

[6] BEATLEY T. Handbook of Biophilic City Planning and Design[M]. Washington：Island Press，2016.

[7] KELLERT S R，HEERWAGEN J H，MADOR M L. Biophilic Design：The Theory，Science and Practice of Bringing Buildings to Life[[M]. New York：John Wiley&Sons，2008.

[8] 李存东，刘亦师，夏楠，等. 栉风沐雨 春华秋实：中国建筑学会七十载史略[J]. 建筑学报，2023，（10）：5-13.

[9] 徐洪澎，吴健梅. 现代木结构建筑设计基础[M]. 北京：中国建筑工业出版社，2019.

[10] 海诺 · 恩格尔，结构体系与建筑造型[M]. 林昌明，等，译. 天津：天津大学出版社，2001.

高校建成环境对学生健康体力活动的影响研究
——以武汉理工三校区为例

叶人源　李传成

作者单位
武汉理工大学土木工程与建筑学院

摘要： 为响应健康中国战略和健康校园提升需求，建成环境与体力活动关联性的相关领域日益成为多学科研究的热点。本文以武汉理工大学三个校区为研究对象，通过问卷调查法获取高校学生对校园建成环境的评价、学生体力活动量及校园体力活动的空间定位信息，采用 spss 探索影响学生体力活动水平的环境感知要素，结合 GIS 核密度分析法形成校园人群活力密度分布图，以识别提升体力活动的校园建成环境特征，为优化健康校园设计提供理论支持和实践指导。

关键词： 体力活动；高校建成环境；健康环境；活力提升

Abstract: Based on the strategic needs of Healthy China and the strategic improvement of Healthy Campus,the related fields of healthy built environment and physical activity have gradually become a new topic of multidisciplinary comprehensive research. Promoting healthy physical activity through excellent environmental design has been internationally recognized. This paper takes the three campuses of Wuhan University of Technology as the research object, and obtains the evaluation of the campus built environment, the amount of students ‘ physical activity and the spatial positioning information of students ‘ physical activity in the transition period through the questionnaire survey method. Then quantitatively analyze the environmental impact factors that affect the level of students ‘ physical activity. According to the distribution of physical activity on campus, combined with visual analysis, in order to explore the characteristics of campus built environment to improve students ‘ physical activity, so as to provide theoretical support and practical guidance for optimizing healthy campus design.

Keywords: Physical Activity;University Built Environment;Healthy Environment ;Vitality Enhancing

1　引言

随着自动化设备的持续发展和交通方式的多样化变迁，城市建设环境正不断更新，人们的生活方式也愈加便利。然而，便捷的生活方式使人们的体力活动逐渐减少，从而引发了一系列健康问题，如消化系统、血液系统以及内分泌系统失常所带来的慢性病。不少研究人员发现，致使上述慢性疾病增加的重要原因是人们体力活动的缺少[1][2]。越来越多的研究已证明，减少慢性病风险、增强人群健康的关键方式是增加有效的体力活动[3][4]。

不少国家通过普及健康饮食重要性、强化广告宣传相关健康知识的方式来预防慢性疾病。然而，这些举措的实施并未达到预期的效果。城市建设的进步与环境的优化能够为人们提供更健康、更积极的生活方式，它具有长效性、预防性、普遍性等诸多优点。而医疗技术则主要是针对已经出现的健康问题进行干预和被动的治疗。良好的建成环境可持续地提高人们的健康水平，而非亡羊补牢[5][6]。政府规划机构的目标是建设有利于提高体力活动的城市建成环境来保障居民的身体健康。研究城市建成环境与健康体力活动之间的关联已成为不同学科交叉研究的焦点。

作为社会群体中的重要组成部分，普通高校学生承载着国家未来建设的希望，也是评估国民体质水平的重要指标。我国日益重视全民健康，学校健康促进工作也受到持续关注和支持，相关政策措施不断涌现，为提升学生健康水平创造了有利条件。然而，只通过丰富大学校内体育课程来提升学生身体活动量、强化大学生体质的效果有限。学生日常生活中的休闲及交通活动也是除校内体育课程之外增加身体体力活动量的重要途径。

高校校园环境既不属于微观范围，也不属于宏观范围，而是介于宏观和微观空间之间的环境。

作为一个独立且功能完善的城市单元，它可以被视作城市空间的缩影。为了促进健康校园事业的发展及满足大学生日益增长的体力活动需求，有必要探索提升环境感知评价的有利要素，识别有利于提升高校校园内体力活动的建成环境特征，旨在为实现健康校园空间的合理规划提供指导。

2 研究方法与数据来源

研究基于问卷调查获取高校学生校园建成环境评价数据及体力活动主观数据，将问卷数据导入spss进行相关性分析，以主观感知角度出发探索不同感知要素对高校学生体力活动的影响。同时，通过Arc GIS空间核密度分析，利用收集到的空间定位数据，根据人群活力密度图对活动地点进行可视化分析，以此来识别影响体力活动的校园建成环境特征。

2.1 研究区域概况

本研究选取武汉理工大学东苑校区、西苑校区、南湖校区为研究区域（图1～图3）。每个校区都设有教学科研区、文体活动区及生活服务区。校内学生活动类型较为丰富，且三个校区的宿舍单元不具有校外宿舍性质，对学生交通性体力活动未产生影响。因此东苑校区、西苑校区、南湖校区最终被选定为本研究的研究区域。

图1 东苑校区

图2 武汉理工大学西苑校区

图3 武汉理工大学南湖校区

2.2 数据来源

本研究选取了2023年4月1日至2023年5月5日、2023年11月1日至2023年11月20日这两个时间段进行数据收集，该段时间处于过渡季节，平均气温约为10～22摄氏度。本时段由于天气舒适良好，是从事体力活动的高峰阶段。研究仅针对在校学生进行问卷调查，研究人员随机选择每个周末的10：00至21：00及工作日的18：00至21：00，在三个校区内随机发放问卷。

本研究通过主观问卷调查的方法收集在校学生对校园建成环境的感知评价和体力活动情况。问卷分为校园建成环境评价、体力活动调查及校园内活动空间定位3个板块。

（1）因变量：《国际体力活动问卷》

通过《国际体力活动问卷》（IPAQ）获得的学生体力活动水平为本研究中的因变量，IPAQ是目前被广泛认可的身体活动测量工具[7][8]，该问卷被分为四个部分（表1），涵盖工作、交通、家务园艺以及休闲性的相关身体活动。鉴于高校学生参与工作和家务园艺的情况较少，本研究仅专注于调查高校学生在交通和休闲方面的体力活动情况。屈宁宁等人对高校学生群体使用IPAQ，并进行了信度和效度检验，研究中根据各种活动的代谢当量（MET）计算身体活动能量。其中，步行、中等强度活动、高强度活动的MET值分别为3.3、4.0和8.0（表1），最终得出交通性与休闲性身体体力活动水平的计算公式[9][10]（表2）。

IPAQ中各项身体活动属性及其MET赋值　表1

体力活动类型	体力活动项目	体力活动强度	MET赋值
工作相关身体活动	步行	步行	3.3
	中强度	中等	4.0
	高强度	高	8.0
交通性相关身体活动	步行	步行	3.3
	骑车	中等	6.0
家务园艺相关身体活动	中等强度户内家务	中等	3.0
	中等强度户内家务	中等	4.0
	高强度户内家务	中等	5.5
休闲相关身体活动	步行	步行	3.3
	中强度	中等	4.0
	高强度	高	8.0

交通性与休闲性身体体力活动水平的计算公式　表2

活动类型	MET计算公式
交通性身体活动	交通性MET（min/w）=（乘车天数×每天乘车时间×1.5）+（骑车天数×每天骑车时间×4）+（步行天数×每天步行时间×3.3）
休闲性身体活动	休闲性MET（min/w）=（步行天数×每天步行时间×3.3）+（中等强度身体活动的天数×每天中等强度身体活动时间×4）+（高强度身体活动的天数×每天高强度身体活动时间×8）

（2）自变量：《校园建成环境评价表》

本研究中的自变量为主观环境感知评价。影响高校内学生体力活动的要素涉及多方面，本文从学生主观感知评价角度出发探索不同感知要素对高校学生体力活动的影响。考虑到问卷调查过程中可能由于问卷问题繁琐而导致的数据样本不足及被调查人员配合意愿不强的情况，问卷中选取易于理解且通用性强的维度指标，参考《建成环境主观评价方法研究》编制的问卷[11]，问卷总共被分为四个维度，分别是“总体环境质量”“建筑品质”“绿化与人文景观”“校园交通系统”及每个维度下的19个子项自变量（表3）。采用李克特量表，并将其分为五个等级：很好、较好、一般、较差、很差。为了便于计算，这五个主观评价的语义识别分别被赋分为5、4、3、2、1。

交通性与休闲性身体体力活动水平的计算公式　表3

评价指标	子项目
总体环境质量	校园环境氛围、校园总体布局与分区、校园环境吸引力、校园环境噪声
建筑品质	教学建筑的适用性、教学建筑的美观程度、食堂环境、宿舍的适用性、图书馆的整体印象
绿化与人文景观	人文景观总体印象、景观丰富度、绿化总体印象和环境标志物印象
校园交通系	包括步行到常用食堂的时间、步行到教室的时间、步行到图书馆的时间、步行到习惯性运动场所的时间、步行到校门外出的时间、校园交通联系

3 结果与分析

3.1 环境评价结果

最终共收集问卷263份，其中问卷数据缺失有51份，因此最后共获得符合标准的《国际体力活动问卷》和《校园建成环境评价表》的有效问卷212份。三个校区的问卷数量分别为东苑70份，西苑63份，南湖79份。通过对各校区学生进行问卷调查，获取了他们对校园建成环境的评价结果（表4）。

调查结果显示，东苑校区学生对教学建筑美观度、步行到常用餐食堂花的时间、步行到图书馆的时间评价较低；西苑校区学生对校园建成环境整体评价不高。除校园的总体布局和分区、教学建筑适用性、食堂环境、宿舍的适用性、景观丰富度、环境标志物的印象之外，其他子项评价得分均低于3分；在南湖校区的学生对景观丰富度、绿化的总体印象、步行到校门外出的时间等校园内的交通体系方面评价也较低。

从东苑校区和西苑校区学生对校园建成环境的评价结果中可以看出，两个校区存在显著差异（P＜0.05）。这种差异主要体现在校园环境氛围、校园环境吸引力、校园环境噪声、景观丰富度、步行到教室所需时间、步行到运动场所所需时间以及步行到校门外出的时间等七个指标上。东苑校区学生和南湖校区学生在校园建成环境评价的14个指标上存在显著差异（P＜0.05），这些指标包括校园总体布局和分区、校园环境吸引力、噪声水平、教学建筑适用性和美观度、食堂环境、宿舍适用性、图书馆印象、人文

三校区学生对校园建成环境指标评价对比表 表4

校园建成环境评价指标	东苑		西苑		南湖	
	N	$\bar{x}\pm sd$	N	$\bar{x}\pm sd$	N	$\bar{x}\pm sd$
校园环境的气氛	70	3.42±0.52*	63	2.75±0.45$^{\triangle}$	79	3.58±0.52
校园的总体布局和分区	70	3.33±0.49	63	3.17±0.49$^{\triangle}$	79	4.17±0.39$^{\#}$
校园环境的吸引力	70	3.17±0.39*	63	2.67±0.49$^{\triangle}$	79	3.75±0.45$^{\#}$
校园环境的噪声	70	3.58±0.52*	63	2.58±0.51$^{\triangle}$	79	4.42±0.52$^{\#}$
教学建筑适用性	70	3.58±0.52	63	3.58±0. 51$^{\triangle}$	79	4.42±0.52$^{\#}$
教学建筑美观度	70	2.92±0.67	63	2.92±0.29$^{\triangle}$	79	4.75±0.45$^{\#}$
食堂环境	70	3.17±0.39	63	3.17±0.39$^{\triangle}$	79	4.25±0.62$^{\#}$
宿舍的适用性	70	3.00±0.43	63	3.00±0.42$^{\triangle}$	79	4.42±0.52$^{\#}$
图书馆的总体印象	70	3.17±0.58	63	2.92±0.29$^{\triangle}$	79	4.75±0.45$^{\#}$
人文景观总体印象	70	3.00±0.60	63	2.75±0.45$^{\triangle}$	79	3.58±0.52$^{\#}$
景观的丰富度	70	3.50±0.67*	63	3.08±0.29	79	2.75±0.65$^{\#}$
绿化的总体印象	70	3.08±0.29	63	2.67±0. 49	79	2.67±0.65$^{\#}$
环境标志物的印象	70	3.17±0.39	63	3.33±0. 49	79	3.58±0.52$^{\#}$
步行到常用餐食堂花的时间	70	2.58±0.52	63	2.50±0.52	79	2.83±0.39
步行到教室花的时间	70	3.00±0.43*	63	2.58±0.52	79	2.92±0.29
步行到图书馆的时间	70	2.67±0.65	63	2.50±0.52	79	2.75±0.45
步行到习惯的运动场所的时间	70	3.08±0.52*	63	2.50±0.52$^{\triangle}$	79	3.67±0.49$^{\#}$
步行到校门口外出的时间	70	3.00±0.43*	63	2.00±1.0	79	2.25±0.45$^{\#}$
对校园内交通联系总评价	70	3.33±0.49*	63	2.58±0.79$^{\triangle}$	79	3.58±0.52

注：*表示东苑校区与西苑校区比较，P＜0.05；#表示东苑校区与南湖校区比较，P＜0.05；△表示西苑校区与南湖校区比较，P＜0.05。

景观印象、景观丰富度、绿化总体印象、环境标志物印象以及到达运动场所和校门口外所需的步行时间。南湖校区学生和西苑校区学生在12个指标上对校园建成环境的评价存在显著差异（$P<0.05$），这些指标为校园环境气氛、总体布局和分区、环境吸引力、教学建筑适用性和美观度、食堂环境、宿舍适用性、图书馆印象、人文景观印象以及到达运动场所所需的步行时间等。

将三个校区学生对校园建成环境的19个指标评价进行均值处理，以得到每个维度的平均得分（见表5）。结果显示，在总体环境品质维度上，三个校区之间存在显著差异（$P<0.05$）。其中，南湖校区的评分最高，而西苑校区的评分最低。在绿化和人文景观维度上，三校区无显著性差异。在建筑品质上，东苑校区与南湖校区，西苑校区与南湖校区均存在显著性差异（$P<0.05$）。东苑校区与西苑校区，西苑校区与南湖校区在校内的交通体系上存在显著性差异（$P<0.05$）。

三校区学生对校园建成环境维度评价对比表　表5

校园建成环境评价维度	东苑		西苑		南湖	
	N	$\bar{x}\pm sd$	N	$\bar{x}\pm sd$	N	$\bar{x}\pm sd$
总体环境品质	70	3.22±0. 42*	63	2.83±0.38$^{\triangle}$	79	3.98±0.56$^{\#}$
建筑品质	70	3.17±0.56	63	3. 11±0.45$^{\triangle}$	79	4.52±0.54$^{\#}$
绿化和人文景观	70	3. 19±0.53	63	2.96±0. 50	79	3.15+0.71
校园内的交通体系	70	2.94±0. 55*	63	2.44±0.69$^{\triangle}$	79	3.00±0.65

注：*表示东苑校区与西苑校区比较，$P<0.05$；#表示东苑校区与南湖校区比较，$P<0.05$；△表示西苑校区与南湖校区比较，$P<0.05$

3.2　校区建成环境的感知特征对大学生体力活动的影响

使用SPSS软件进行学生交通性及休闲性身体活动量与高校建成环境评价的4个维度、19子项指标评分的相关性分析（表6）。在校园建成环境评价结果对休闲性身体活动量的影响中可以看出，“校园环境的气氛”这一子项相关系数最强，与学生休闲性身体活动量存在0.01级别上显著相关。此外，“校园环境的吸引力”“景观的丰富度”“绿化的总体印象”这3项建成环境要素与高校学生休闲性体力活动水平都存在0.05级别的显著正相关关系。而在校园内的交通体系这一维度下的“步行到习惯的运动场所的时间”这一子项为显著负相关关系。

根据校园建成环境评价结果对交通性身体活动量的影响分析可知，评价结果与“步行到常用餐食堂所需时间”“步行到教室所需时间”以及“步行到校门外的时间”这三个子项的相关性在0.01级别上呈现出显著关联。在绿化和人文景观维度下的“环境标志物的印象”与高校学生交通性体力活动水平为显著正相关。

校园建成环境评价与身体活动量的相关性　表6

维度	指标	相关系数	
		休闲性身体活动量	交通性身体活动量
总体环境品质	校园环境的气氛	0.569**	-0.080
	校园的总体布局和分区	0.031	-0.031
	校园环境的吸引力	0.387*	-0.137
	校园环境的噪声	-0.281	-0.281
建筑品质	教学建筑适用性	0.154	0.154
	教学建筑美观度	0.144	0.144
	食堂环境	0.035	-0.035
	宿舍的适用性	0.058	0.058
	图书馆的总体印象	0.088	0.088
绿化和人文景观	人文景观总体印象	0.294	-0.294
	景观的丰富度	0.354*	-0.232
	绿化的总体印象	0.329*	-0.088
	环境标志物的印象	0.058	0.329*
校园内的交通体系	步行到常用餐食堂花的时间	0.271	-0.499**
	步行到教室花的时间	-0.151	-0.444**
	步行到图书馆的时间	0.134	0.015
	步行到习惯的运动场所的时间	-0.385*	-0.033
	步行到校门口外出的时间	-0.321	-0.464**
	对校园内交通联系总评价	0.199	-0.088

3.3 校园空间环境特征对体力活动的影响

通过将三个校区的学生宿舍区、体育活动区、商业娱乐区以及景观绿化的分布图与校园活力核密度图重叠，以辨识有利于提高高校学生体力活动的校园空间环境特征（图4～图7）。三个校区的学生宿舍区主要呈现分散的多组团结构，紧邻校园内活力密度值较高的区域（图4）。位于学生宿舍区域周围的绿地园林、运动球场和操场等区域的活力密度值普遍较高，而离学生宿舍区域较远的景观绿化区和体育活动区的活力密度值则相对较低；宿舍区域通常是学生社交的中心，与有组织的室外活动相比，学生更容易自发的在宿舍周围进行体育锻炼，宿舍附近的景观绿化也更容易被学生利用。因此，高校学生的体力活动与校园内学生宿舍的布局关联性较大。在高校校园规划设计初期，应将可供学生活动的场地布置在宿舍周边地块。

三校区的体育活动区多集中分布于校园西南侧，三个校区内的体育活动区域的活力密度值皆偏高，西苑校区的体育空间则与体力活动空间高度重合（图5）。根据此次问卷及访谈结果分析，三校区校园内主要体育活动依据人群活动选择热度主要分为三类：大众型体育活动，热门体育活动、小众专技型体育活动（表7）。研究发现，操场活力密度值最高，篮球场、羽毛球场的活力密度值适中，游泳馆及网球场活力密度适中偏低。与不同体育活动类型选择热度变化趋势类似，体育空间的活力密度越高，其周围路网密度越高。因此，体育活动区域周边的路网密度对体力活动影响显著，在进行校园内的体育场所规划时，需考虑用地周边的路网密度，优先选择交通便捷的区域，以提高学生校内运动活力。

三校区内商业娱乐区都靠近学生宿舍，且都位于与活力密度最高值区域（图6）。靠近商业娱乐区域的体育活动、景观绿化区域的活力密度值较高，而距离商业娱乐区域较远绿地及体育区域活力密度较低。智苑食堂、恬苑食堂、东苑超市等商娱空间附近的篮球场、操场、桂竹园人群活力密度皆偏高。而远离商娱空间的东苑操场、网球场教育超市附近的操场、南湖校区服务楼附近的景观绿地、神龙园人群活力密度均偏低。因此，校园里的体力活动区域的分布与商娱设施密切相关。三校区校园内的景观园林大部分布置于校园的北侧，小部分分布于校园的南侧（图7）。

三校区主要活动类型　　表7

主要体育活动类型	活动内容	活动场所
大众型体育活动	跑步、散步、跳绳、跳操	操场
热门体育活动	打篮球、打羽毛球	篮球场、羽毛球馆
小众专技型体育活动	游泳、打网球	游泳馆、网球场

三校区校园内景观绿地的总体人群活动密度值偏低。然而，带有人工湖水系的东苑桂竹林及南湖博学教学楼群后的绿化区，二者的人群活密度值高于西苑景绿化区。可以看出，蓝绿空间为主的景观绿化区相较于纯绿地区，吸引力更强。值得强调的是，距离商娱区域较远的景观绿化体力活力密度值较低，而与商娱区域接近的绿化区域的活力密度值较高。总的来说，以纯绿地为主的景观绿化区域对高校学生的体力

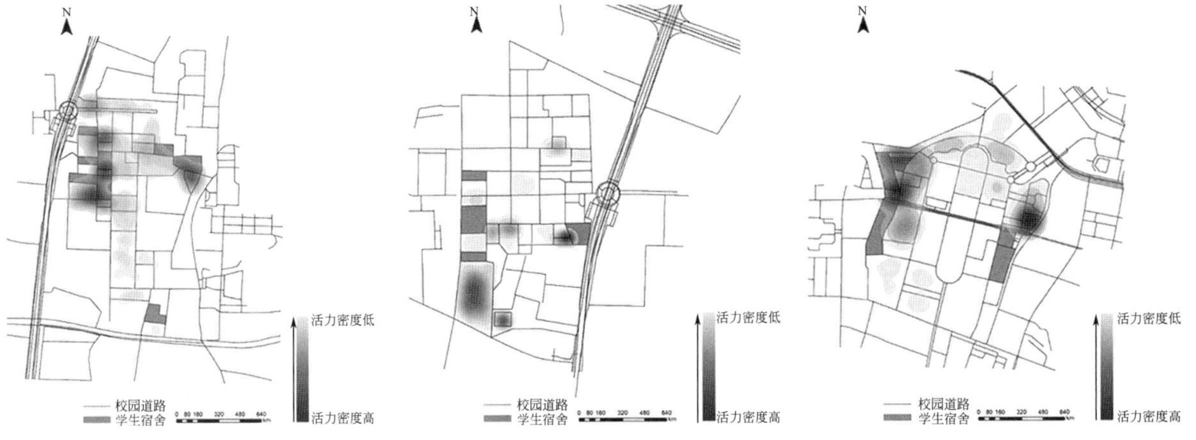

图4　三个校区学生宿舍区分布图

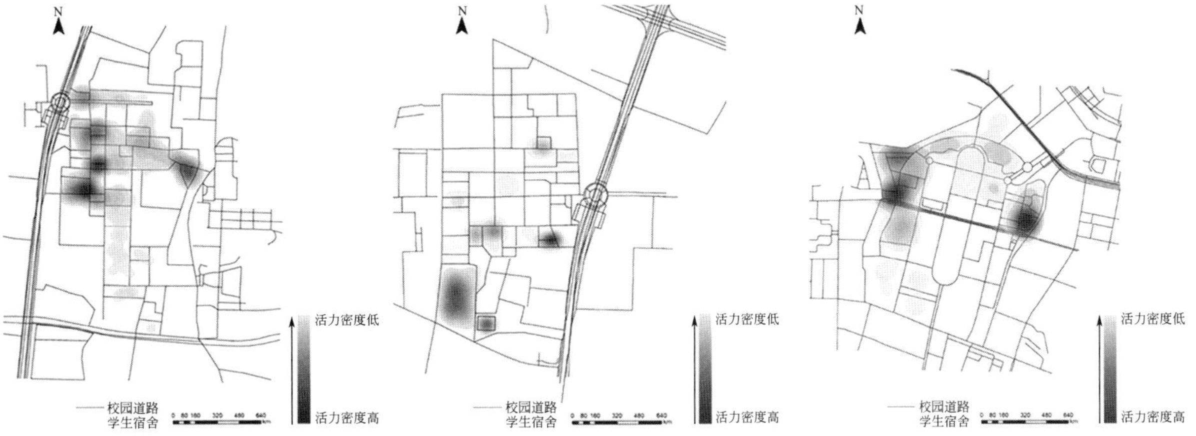

图 5　三个校区体育活动区分布与活力密度分布图

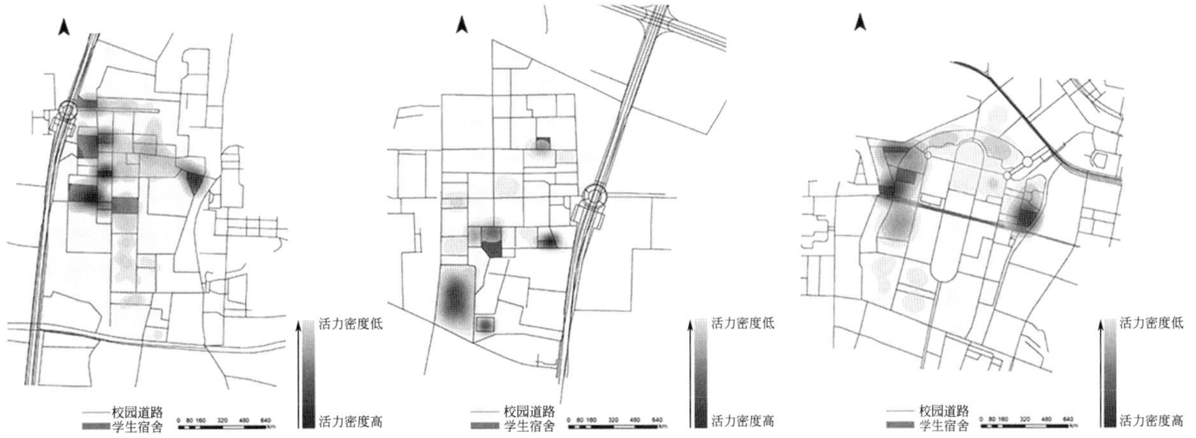

图 6　三个校区商业娱乐区分布与活力密度分布图

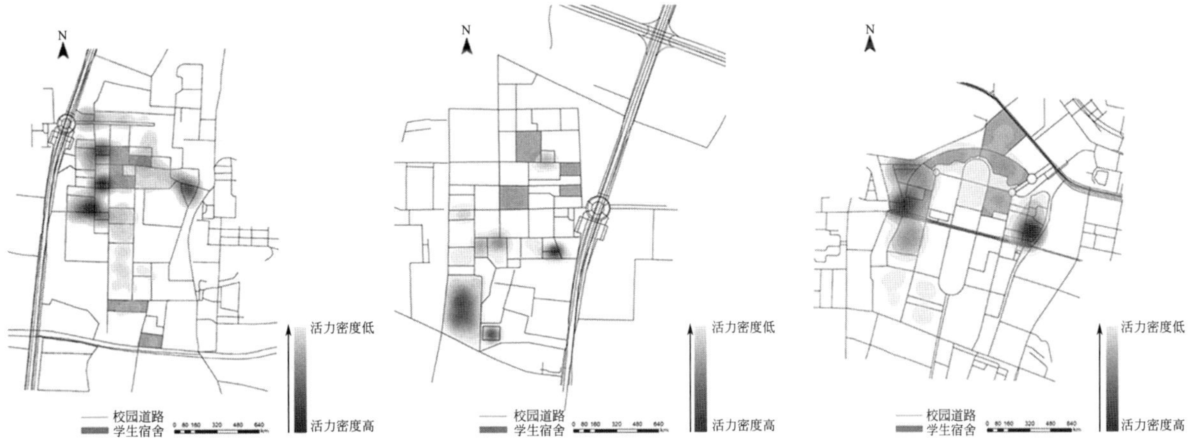

图 7　三个校区景观绿地区分布与活力密度分布图

活动影响甚微；而靠近商娱的蓝绿空间能够促进体力活动发生。综上，在进行校园绿地规划时，首先考虑临近商业娱乐的场地，并在绿地设计中，考虑增设小型商业设施和富有吸引力的特色水系及设施，以促进学生参与绿色活动。

4 结语

本研究以高校学生为调查对象，采用问卷调查方式对武汉理工大学三个校区的学生的体力活动量进行了实证分析研究，并尝试探索适宜高校提升交通性和休闲性身体活动量的校园建成环境感知要素。同时使用问卷定位调查的方式收集高校校园内过渡季节的学生体力活动地点定位数据，了解高校校园内学生人群的活动空间分布，从校园建成环境感知评价和校园空间环境特征两个角度探索有利于提升高校学生体力活动活力的因素并得出以下结论：

（1）通过 SPSS 软件进行校园感知环境要素与体力活动水平的相关性分析，发现在高校建成环境中对“步行到教室时间”“步行到校门口时间”和“环境标志物印象”进行设计干预，能有效促进交通体力活动的发生；在校园规划中对“校园环境的气氛”“景观的丰富度” “步行到校门口时间”进行设计的干预是促进休闲体力活动的发生的捷径。

（2）校园建筑环境特征中：宿舍区的布局与体力活动存在密切关系；校区体育活动区的体力活动密度值普遍较高，但不同类型的体育活动区域在校园内的选择热度存在差异，操场是最受欢迎的，而游泳馆和网球场的活动密度相对较低。此外，体育活动密度越高的域，其周围的路网密度越大，呈正相关，表明交通便捷的区域更容易促进学生进行体育活动；商业娱乐区的分布与体力活动密度最高区域高度重合，且商娱设施周边的体育活动空间和景观绿化区域的体力活动密度普遍较高，更容易吸引学生进行相关活动；蓝绿空间为主的景观绿化区相较于纯绿化区更具吸引力，与商娱区域接近的绿化区域的体力活动密度较高。

参考文献

[1] Alfonzo M，Boarnet M G，Day K，et al.. The Relationship of Neighbourhood Built Environment Features and Adult Parents’ Walking[J]. Journal of Urban Design，2008，13（1）：29-51.

[2] 谭少华，郭剑锋，江毅. 人居环境对健康的主动式干预：城市规划学科新趋势[J]. 城市规划学刊，2010（4）：5.

[3] 代畅. 慢性病高危人群体力活动现况及影响因素分析[J]. 中国妇幼健康研究，2017（S3）：1.

[4] 陈杨，杨永芳，肖义泽. 云南省15～69岁居民体力活动模式及影响因素分析[J]. 中国卫生统计，2010（2）：3.

[5] 于一凡，胡玉婷. 社区建成环境健康影响的国际研究进展——基于体力活动研究视角的文献综述和思考[J]. 建筑学报，2017（2）：6.

[6] 鲁斐栋，谭少华. 建成环境对体力活动的影响研究：进展与思考[J]. 国际城市规划，2015（2）：9.

[7] 王忆茹. 国际体力活动量表（长短卷）效度研究的系统性回顾[C]//传播康复新技术，推广治疗新理念——中国康复医学会第九届全国康复治疗学术年会. [2024-08-08].

[8] 秦波，张悦. 城市建成环境对居民体力活动强度的影响——基于北京社区问卷的研究[J]. 城市发展研究，2019，26（3）：7.

[9] 屈宁宁，李可基. 国际体力活动问卷中文版的信度和效度研究[J]. 中华流行病学杂志，2004，25（3）：4.

[10] 孔逸枫. 南京高校建成环境对学生体力活动的影响研究[D]. 南京：南京理工大学，2020.

[11] 朱小雷，吴硕贤. 建成环境主观评价方法理论研究导论（英文）[J]. 华南理工大学学报（自然科学版），2007，（S1）：195-198.

新型研究型大学校园设计初探
——以电子科技大学（深圳）高等研究院设计方案为例

倪阳　赖坤锐

作者单位
华南理工大学建筑学院
亚热带建筑与城市科学全国重点实验室

摘要：在知识经济时代下，知识创新成为社会发展的重要驱动力。面对西方国家的技术封锁等诸多原因，我国的新型研究型大学应时而生，但目前建成数量较少且尚未有成熟的建设体系。本文通过文献研究和案例分析，概括新型研究型大学的内涵特征并结合部分国内案例总结其校园空间设计特点，最后将其应用到电子科技大学（深圳）高等研究院的投标方案中。通过理论与实践结合，旨在为新型大学校园的探索总结经验，为日后相关设计实践提供新思路。

关键词：新型研究型大学；校园设计；集约；创新；教学综合体

Abstract: In the era of knowledge economy，knowledge innovation has become an important driving force for social development. Faced with many reasons such as the technological blockade of Western countries，my country's new research universities emerged in response to the times. However，there are currently few completed projects and there is no mature construction system. Through literature research and case analysis，this article summarizes the connotative characteristics of the new research university and combines some domestic cases to summarize its campus space design characteristics. Finally，it is applied to the bidding plan of the Institute of Advanced Studies of the University of Electronic Science and Technology of China （Shenzhen）. Through the combination of theory and practice，it aims to summarize experiences for the exploration of new university campuses and provide new ideas for related design practices in the future.

Keywords: New Research University; Campus Design; Intensive; Innovate; Teaching Synthesis

1　引言

随着我国进入人口负增长时代，以及西方国家对中国科技领域的进一步封锁，我国未来的高等教育发展即将面临新挑战，培养高层次创新型研究人才将成为高校建设的新目标。2020年9月，习总书记在科学家会谈上指出：“要加强高校基础研究，布局建设前沿科学中心，发展新型研究型大学”[①]。传统研究型大学存在的弊端难以应对当今社会的挑战，发展新型研究型大学在这样的时代语境下被提出。

自2020年新型研究型大学开始被广泛提及后，国内众多学者围绕新型研究型大学的创生原因、内涵特征、实践逻辑、办学模式、学科架构等方面进行理论研究。陈洪捷认为新型研究型大学本质是知识生产模式转变催生新的高等教育形式[②]。沈红认为新型研究型大学是研究型大学的一种自我迭代，是从研究型大学的已有基因上生长出来的大学模式，并且提出了其具备的内涵特征[③]。李志峰从本质论、认识论和方法论分析新型研究型大学的核心问题，提出新型研究型大学是基于人类文明和进步的共同价值，适应新时代重大变革的需求，依托超学科组织模式，培养拔尖创新人才的大学[④]。

当下的传统校园设计研究已无法适配新型研究型大学的要求，因此需要在该领域进行更多探索。然

① 新华社.习近平总书记在科学家座谈会上的讲话[EB/OL].[2023-05-01].https：//www.go v.cn/xinwen/2020-09/11/content_5542851.
② 沈红，熊庆年，陈洪捷等.新型研究型大学的“新”与“生”[J].复旦教育论坛，2021，19（6）：9-11.
③ 沈红.研究型大学的自我迭代：新型研究型大学的诞生与发展[J].教育研究，2022，43（9）：22-32.
④ 李志峰，程瑶.新型研究型大学的理想类型与实践逻辑[J].高等教育评论，2022，10（2）：190-201.

而新型研究型大学在校园设计方面的研究成果相对较少，尚未有成熟的建设体系及系统理论研究。有学者针对新型研究型大学的概念和特点，分析其在当下面临的新任务及校园空间规划面临的新要求，并结合案例提出新型研究型大学在学科交叉、创新空间、产学研合作、智能化、绿色化等方面的发展趋势①。总的来说，新型研究型大学在建筑学科的研究尚处于起步阶段，本文对新型研究型大学的校园设计进行研究，希望对该方向的研究进行扩展，为后续设计实践提供借鉴。

2 新型研究型大学基础研究

新型研究型大学概念出现的时间较短，学界关于“新型”尚未形成明确的定义。但研究型大学是有明确定义的，谈及新型研究型大学，它首先是研究型大学，其次它具有新型的内涵特征。

2.1 研究型大学的定义

研究型大学的定义最早出现在卡内基基金会于1973年建立的高等教育机构分类体系中，一些具有研究功能的大学被定义为研究型大学。研究型大学须满足以下两个条件：一是培养和造就出高层次的研究型人才；二是产生出高水平的学术研究成果并拥有卓越的师资队伍②。

国内关于研究型大学的概念，主要源自于“211工程”及“985工程”的重点大学，即原来所指的“重点建设高校”和“高水平大学”，“研究”和“创新”是其主要的职能和使命③。

2.2 新型研究型大学的定义

新型研究型大学是立足于中国创新发展的内在需求，基于本土实践所提出的创新概念④。发展新型研究型大学将成为突破西方国家对我国科技领域封锁的重要决策。本文以学界主流理论研究为基础，借鉴已有学者的研究将新型研究型大学定义为：一种采用新的办学模式的全新建立的研究型大学。新型是相对传统而言的，办学模式上的创新是它与一般意义上的研究型大学之间最根本的区别，具体表现在办学定位更高、办学体制更灵活、学科结构更融合和人才培养更注重创新能力⑤。

2.3 新型研究型大学与传统研究型大学以及普通教学型大学的对比

传统研究型大学与普通教学型的大学相比，在办学规模、活动特征、产学关系、学科构成、教学模式等方面会存在明显差异。新型研究型大学继承了传统研究型大学的特点并且进行创新，扎根中国本土情境，能适应现代社会挑战，两者既有相似又有不同（表1）。

新型研究型大学与传统研究型大学及普通教学型大学的对比 表1

	新型研究型大学	传统研究型大学	普通教学型大学
办学规模	小而精，高起点，研究生为主	大而全，研究生和本科生比例接近或超过1：1	规模不大，基础教学设施居多，本科生为主
活动特征	创新科研和学术研究，重视正式与非正式交流	弱化授课，强调研究与创新	课堂授课为主
产学关系	产学研深度融合，与企业紧密联系	注重校外联系、产业协作	与市场和社会保持距离
学科构成	注重基础研究和学科交叉，发展有限学科，常不设系	综合性强，学科构成复杂，院系分明	学科构成简单，院系分明
教学模式	注重原创研究，多学科交流，激发学生自主学习，培养复合型人才	教学和科研并重，团队科研	灌输式通识教育，个体科研

① 莫修权. 新型研究型大学校园空间创新发展趋势[J]. 城市设计，2023，（3）：20-29.
② 史静寰，赵可，夏华.卡内基高等教育机构分类与美国的研究型大学[J].北京大学教育评论，2007，（2）：107-119，190-191.
③ 丘建发. 研究型大学的协同创新空间设计策略研究[D]. 广州：华南理工大学，2014.
④ 陈杰，蔡三发，郑高明，等. 新型研究型大学高质量教育体系的组织创新与保障策略[J].中国高教研究，2023，（4）：1-7.
⑤ 陈艳. 我国新型研究型大学建设现状及路径优化研究[D]. 重庆：西南大学，2023.

3　新型研究型大学校园空间设计特点分析

新型研究型大学所具备的新型特征会给校园规划、公共空间体系、校城关系、功能布局、教学实验单元等方面的设计带来新的启示（图1）。本文结合国内部分案例总结出现阶段新型研究型大学校园空间的设计特点。

3.1　高效便捷的校园规划布局

新型研究型大学提倡“小而精”的办学理念，校园规模通常要比传统大学小。在面对土地资源越发紧张的情况下，新建校园可以因地制宜采取集约化布局，营造高效便捷的校园空间，加强不同学科、人群的交流互动，同时为校园预留弹性发展用地。例如西湖大学采用以教学科研区为中心，以生态水环为过渡，校前区、生活区与运动区环环相扣的空间构架（图2）。环形布局便于生活区与教学科研区的双向联系，实现服务范围最小化。教学科研区通过采取集约化布局整合所有教学科研空间，从而增加院系之间的融合交流，促进教学资源共享①。

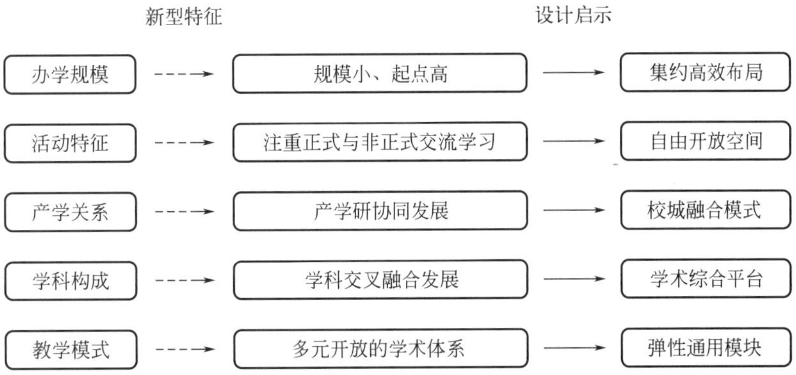

图1　新型研究型大学的新型特征给校园设计的启示

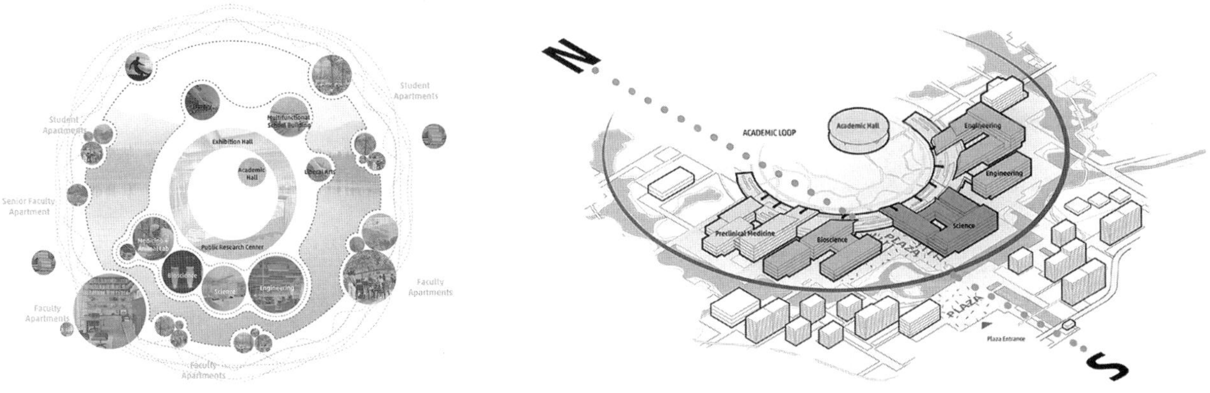

图2　西湖大学环形空间布局（来源：网络）

3.2　以人为本的公共开放空间

校园具有多人群特征，学生及教师是校园的主要群体，校园的师生行为活动围绕科研教学及日常生活展开。新型研究型大学的科研学术活动不应该像传统大学那样封闭独立，人才的培养需要外部公共空间

① 董丹申，范须壮，陈瑜等.多主体共建、多人群共生的新型研究型大学——西湖大学（一期）的人性化设计实践[J].世界建筑，2023，（8）：34-39.

提供休闲活动及情感交流的场所①。新型研究型大学应以环境育人为目标，校园绿地景观、休闲活动场所可作为不同功能组团之间相互衔接的空间，形成多样化、多层级的非正式交流空间。例如香港科技大学广州校区围绕中央枢纽形成大片公共活动空间，蜿蜒的河道贯穿校园南北。多层级的自然景观与尺度宜人的屋顶花园为师生提供充满灵感的生活、工作、科研和学习环境（图3）。

图3　香港科技大学（广州）核心区公共空间
（来源：网络）

3.3　校城融合的产学协同模式

新型研究型大学的研究问题与“模式Ⅱ”②的特征相符合，其聚焦现实问题以及与产业的合作，因此产学关系是新型研究型大学在校园空间设计中的一个重要议题。产学协同的校城关系有以下两个要点：一是校园选址注重与产业集群协同合作；二是校园规划主动打破校园边界，设置科创空间与城市共享。例如落户东莞的大湾区大学则希望能依托松山湖产业园世界级产业集群的巨大优势，加速科研创新及人才培养（图4）。校园在东侧形成完整的产学研组团展示界面，产业研发轴向东串联科学城TOD核心，加强与城市的产学互动（图5）。

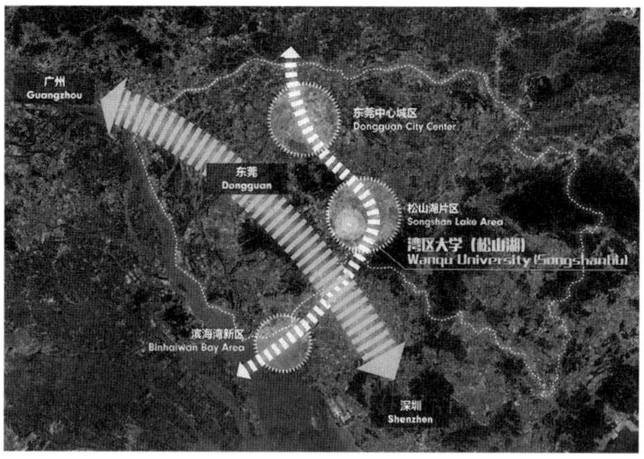

图4　大湾区大学区位分析
（来源：网络）

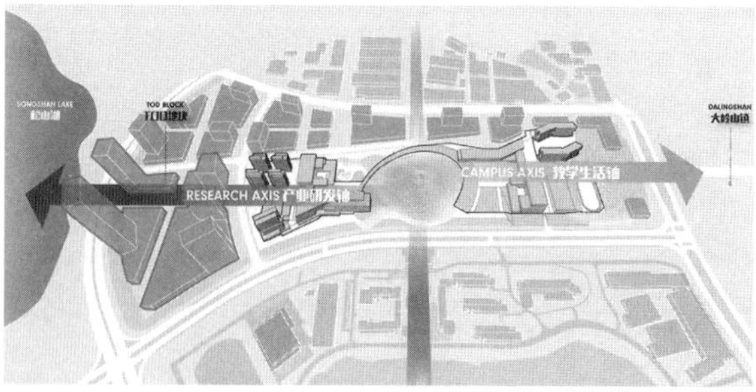

图5　大湾区大学城市关系
（来源：网络）

① 潘峰.大学校园公共空间人性化设计研究[D].武汉：武汉大学.2005.

② 20世纪90年代英国学者吉本斯提出了“模式Ⅱ”理论，他认为在该模式下知识生产是在特定的应用场景中进行的，与“模式Ⅰ”中纯学术、学科导向的知识完全不同。

③ 菲利普·阿特巴赫等.从初创到一流：新兴研究型大学崛起之路[M].上海：上海交通大学出版社，2021.

3.4　交融共享的学科综合平台

与传统大学校园相比，新型研究型大学的重要特点之一是打破传统学术壁垒，促进学科交叉融合发展[3]。教学综合体建筑是通过复合化的手段提供学科交叉融合的场所，以复合的学科群落形态取代传统分割化的独立院系。因此可以看到近年来出现的一些新型研究型大学的规划方案中，出现了如西湖大学的“学术环”、大湾区大学的“人才湾”、康复大学的“创新核”、中法航空大学的“科研中枢”等教学综合体（表2）。教学综合体新模式一方面顺应了集约化的校园建设布局，另一方面也有助于构建跨学科的科研综合平台。

新型研究型大学教学综合体案例　　表2

西湖大学“学术环”	大湾区大学“人才湾”	康复大学“创新核”	中法航空大学“科研中枢”

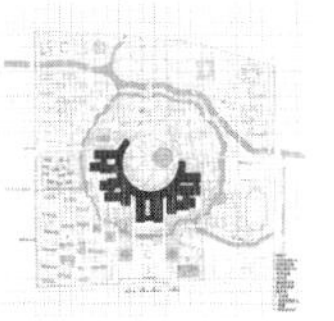	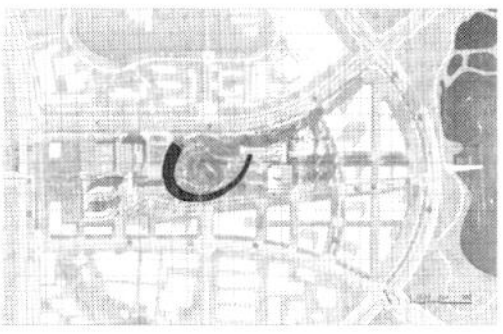	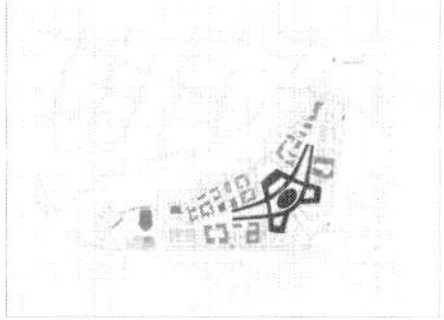	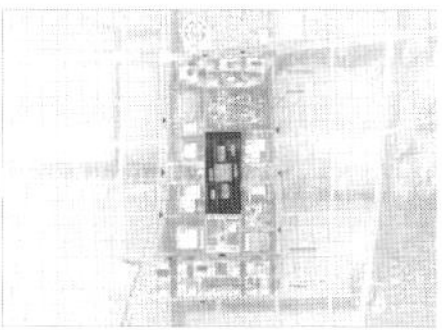

3.5　弹性通用的科研学术单元

信息技术的快速更新迭代促使未来学科朝着更为多元且不确定的方向发展，这对于教学与科研空间的要求也更加复杂化和多样化。当今的校园设计中有越来越多的建筑师尝试引入弹性设计理念，采用合适的柱网及模数化的空间尺寸构建弹性、通用、可变的科研学术单元，让校园在整个发展周期能够适应不同的教学要求[1]。例如西湖大学考虑到实验室未来不断改变的灵活性和通用性的需求，实验室平面采取模数化设计，采用10.8米×9.6米的大开间柱网，底层7.2米、二～四层5.2米的建筑层高，兼容了实验室和科研办公的各种房间面积和层高要求。

4　电子科技大学（深圳）高等研究院设计实践

4.1　项目概况

本项目为电子科技大学（深圳）高等研究院建设工程项目一期（以下简称“高等研究院”），项目用地面积约9.17万平方米，工程总建筑规模约28.45万平方米。本项目拟计划引入人员共4670人，其中包括研究生共计3000人（其中博士研究生300人），基本教育人员与科研人员1670人。高等研究院将发挥在电子信息领域的综合优势，聚焦新兴与交叉领域，致力于打造集人才培养、科学研究、成果转换为一体的国际一流电子信息高等研究院，积极探索校园+科研+产业转化的创新模式。

项目选址位于深圳市龙华区西部，周边交通规划成熟，交通完善便利。项目用地西侧以旧工业区、城中村为主，形成高密度形态的城市景观；其余三面均为自然景观面，北侧与九龙山相望，南侧为大浪市民公园，东侧临近茜坑水库，景观资源丰富（图6）。场地内部地形呈东西向不规则多边形，东西方向最宽处约为420米，南北方向最宽处约为370米，整体由两块相对平整的台地组成，地势西高东低，高差达十余米（图7）。

4.2　项目设计策略

结合场地条件及项目定位，本项目存在以下几点设计挑战：①项目用地相对局促，如何处理建设规模

① 刘玉龙.大学校园规划的新动向[J].当代建筑，2022，（7）：5+4.

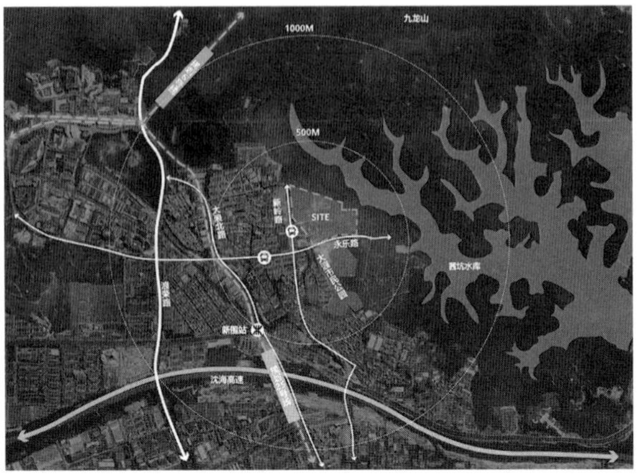

图6　项目区位分析
（来源：项目文本）

与用地限制的矛盾；②如何延续传承原有校区的校园文脉，实现在地性与人文性的有机融合；③选址位于城市空间与自然环境的过渡地带，如何协调校园与城市、自然的关系；④如何发挥研究院的学科优势，实现多元学科的融合交流，推动多维校园建筑的协同运转；⑤建设规模有限的校园建筑如何提高空间使用效率，在学校的全生命周期应对不同的使用需求。

基于上述设计挑战，方案试图将前面总结的新型研究型大学的设计特点应用到本项目实践中。本方案提出了“超级核心，自然互联”的设计理念，分别从总体布局、人文景观、校城融合、综合平台、模块设计五方面展开设计（表3）。

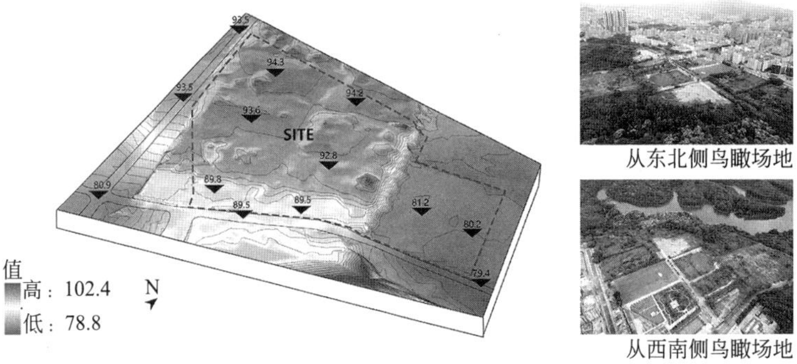

图7　项目场地地形分析
（来源：项目文本）

电子科技大学（深圳）高等研究院校园设计策略　　表3

<table>
<tr><td colspan="2">1. 紧凑布局，高效集约</td><td>2. 人文传承，景观渗透</td></tr>
<tr><td colspan="2">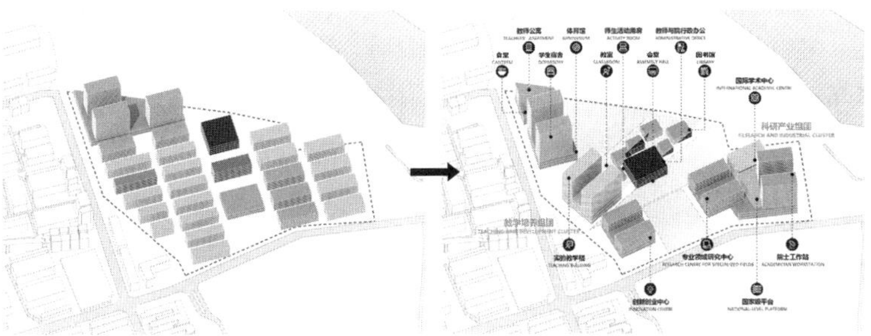</td><td>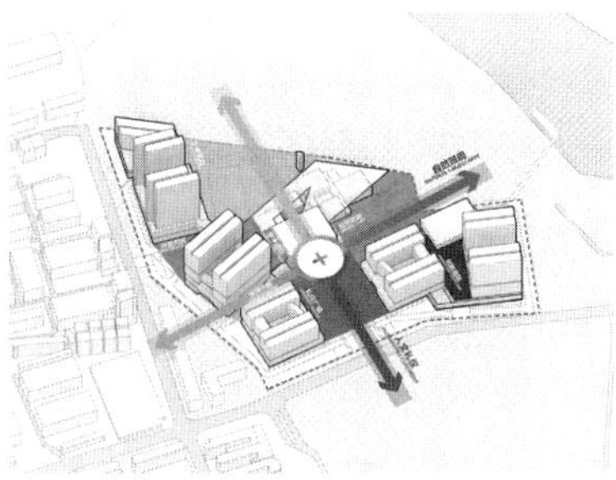</td></tr>
<tr><td>3. 校城融合，产学协同</td><td>4. 综合平台，核心驱动</td><td>5. 几何模块，弹性通用</td></tr>
<tr><td>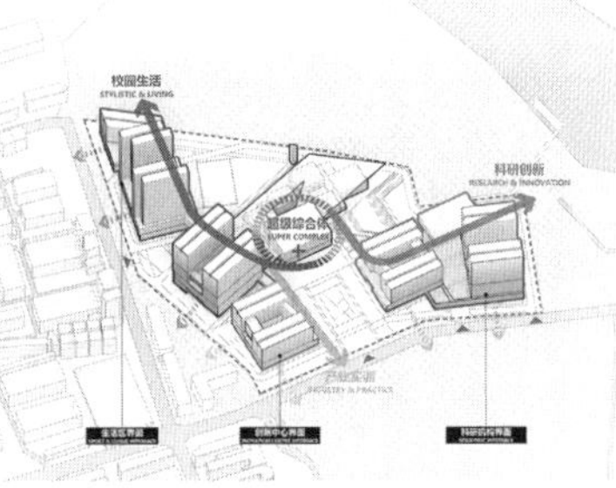</td><td>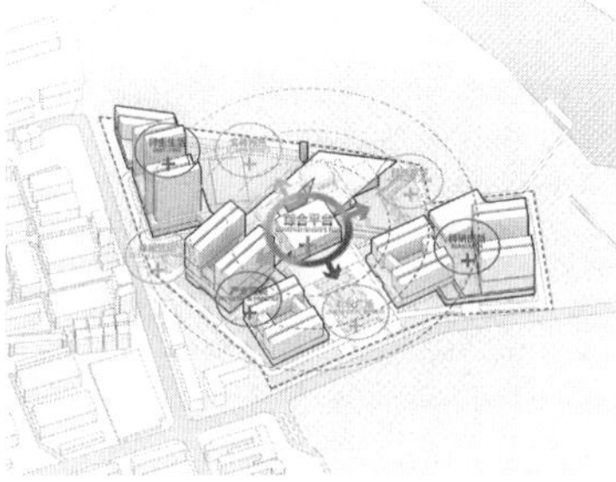</td><td>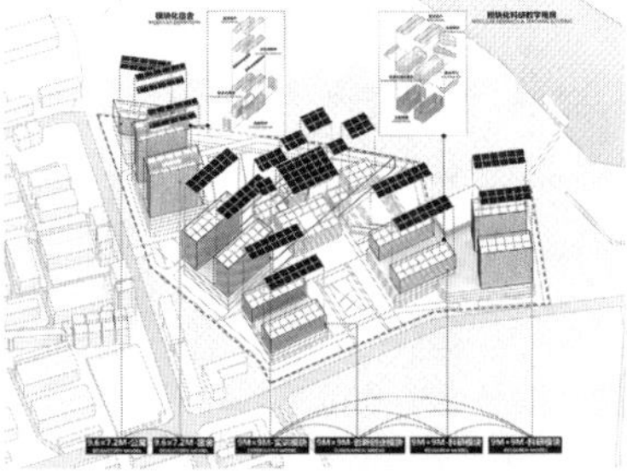</td></tr>
</table>

1. 紧凑布局，高效集约

面对有限的规划用地，方案采用适度高密度、集约化的校园布局。局部建设高层体量，既可形成开阔通透的自然景观视线和疏朗有致的校园公共空间，又能实现土地集约利用，为学校未来建设预留扩容用地。

2. 人文传承，景观渗透

传承本部校园标志性的广场格局，方案在主入口处设置礼仪广场，人文轴线贯穿南北，以此将礼仪广场、综合平台、运动活力广场串联起来。东西方向则以景观轴线串联多维度的庭院空间，使山水自然与校园空间、城市格局相互渗透。有开有合的空间规划，为师生营造抬头望山、俯身看水、伸手触绿的公共活动空间，在科研活动之余提供了自由开放的情感交流场所。新校区以“人文轴+景观轴”清晰有序的规划结构体现务实、高效的“新工科”院校气质。

3. 校城融合，产学协同

在校园与城市的边界处，通过集中设置科研机构、创新中心、运动场馆等可达性较高的建筑，形成连续完整的公共界面，与城市共享。位于南侧的科研产业组团设有独立出入口，直接对城市开放，便于加强高校与社会的联系。校园与社会的联系既可互通共融又可适度独立，方案基于功能与需求适度聚合，积极探索产、学、研集合的类校园式创新区新模式。

4. 综合平台，核心驱动

人文轴线与景观轴线交汇之处，以多功能集合形成超级教学综合体，向其余校园建筑实现功能辐射，构建多维度创新网络。综合体集合实验室、图书馆、会堂、师生活动与教室用房、行政与教师办公，以通透舒展的水平聚落创造多义空间，形成绿荫如盖的公共活动系统。综合体作为研究院的核心枢纽，促进多学科融合交流，实现多功能协同运转。

5. 几何模块，弹性通用

在模块化设计方面，主要科研教学用房均基于9米×9米的模数体系进行设计，既提高空间使用效率，又赋予弹性化扩容的功能置换可能性。宿舍用房采用9.6米×7.2米的模数体系，可拆分为3.2米和4.8米的不同单间，适应教师公寓和学生宿舍的功能置换需求。科研教学用房、宿舍用房两种主要模块分别采用相同的空间布局逻辑，每种模块又由模数统一的标准化结构体系、双层屋架体系、立面格栅体系、主要空间模块、交通空间模块、绿化平台模块构成，均可进行预制模块化装配式建造（图8、图9）。

图8 校园整体效果图
（来源：项目文本）

图9 “超级核心”教学综合体效果图
（来源：项目文本）

5 结语

为实现突破技术封锁、培养高层次创新型研究人才的目标，新时代的高校应该打破传统学科壁垒以促进学科的融合发展。文章尝试以新型研究型校园设计去探讨新时代语境下的高校该如何建设，并以电子科技大学（深圳）高等研究院设计方案为例初步介绍相关设计策略，希望对未来新型研究型校园建设产生一定探索作用。随着我国社会经济进入高质量发展阶段，高校建设将面临新机遇和新挑战，新型研究型大学毫无疑问将成为我国高等教育发展的一条创新之路。

参考文献

[1] 新华社. 习近平总书记在科学家座谈会上的讲话[EB/OL]. [2023-05-01]. https: //www. go v. cn/xinwen/2020-09/11/content_5542851.

[2] 沈红，熊庆年，陈洪捷等. 新型研究型大学的“新”与“生”[J]. 复旦教育论坛，2021，19（6）：9-11.

[3] 沈红. 研究型大学的自我迭代：新型研究型大学的诞生与发展[J]. 教育研究，2022，43（9）：22-32.

[4] 李志峰，程瑶. 新型研究型大学的理想类型与实践逻辑[J]. 高等教育评论，2022，10（2）：190-201.

[5] 莫修权. 新型研究型大学校园空间创新发展趋势[J]. 城市设计，2023，（3）：20-29.

[6] 史静寰，赵可，夏华. 卡内基高等教育机构分类与美国的研究型大学[J]. 北京大学教育评论，2007，（2）：107-119，190-191.

[7] 丘建发. 研究型大学的协同创新空间设计策略研究[D]. 广州：华南理工大学，2014.

[8] 陈杰，蔡三发，郑高明，等. 新型研究型大学高质量教育体系的组织创新与保障策略[J]. 中国高教研究，2023，（4）：1-7.

[9] 陈艳. 我国新型研究型大学建设现状及路径优化研究[D]. 重庆：西南大学，2023.

[10] 沈红. 研究型大学的自我迭代：新型研究型大学的诞生与发展[J]. 教育研究，2022，43（9）：22-32.

[11] 董丹申，范须壮，陈瑜等. 多主体共建、多人群共生的新型研究型大学——西湖大学（一期）的人性化设计实践[J]. 世界建筑，2023，（8）：34-39.

[12] 潘峰. 大学校园公共空间人性化设计研究[D]. 武汉：武汉大学. 2005.

[13] 菲利普 · 阿特巴赫等. 从初创到一流：新兴研究型大学崛起之路[M]. 上海：上海交通大学出版社2021.

[14] 刘玉龙. 大学校园规划的新动向[J]. 当代建筑，2022，（7）：5，4.

高校教学楼非正式学习空间使用情况探析及感知量化研究——以 ZX 教学楼为例

张献泽　刘滢

作者单位
哈尔滨工业大学建筑与设计学院
寒地城乡人居环境科学与技术工业和信息化部重点实验室

摘要： 以某高校内的本科生教学楼——ZX 教学楼为例，通过问卷调查和实地调研梳理该教学楼中非正式学习空间的使用情况。使用语义分析法和因子分析对 ZX 教学楼中的代表性非正式学习空间进行感知量化分析。以期为高校教学楼内的非正式学习空间品质提升提供科学依据。

关键词： 高校教学楼；非正式学习空间；空间使用情况；感知量化

Abstract: Taking an undergraduate teaching building--ZX teaching building as an example, the use of informal learning space in the teaching building is sorted out through questionnaire survey and field investigation. This paper uses semantic analysis and factor analysis to analyze the perceptual quantification of the representative informal learning space in ZX teaching building. In order to provide scientific basis for improving the quality of informal learning space in teaching buildings.

Keywords: University Teaching Building; Informal Learning Space; Space Usage; Perceptual Quantization

1　研究背景

1.1　提升非正式学习空间品质的时代需求

在教育飞速变革的时代背景下，学习行为日渐终身化，教学模式也由传统的学校组织授课向个性化学习、合作学习和跨学科学习转变[1]。当前“非正式学习”成了一种被普遍接受的学习模式，其重要性在学生的学习过程中逐渐凸显。所谓非正式学习，是一种具有无组织性和独立自主性，由学习者自我发起、自我调控、自我负责的学习[2]。为这类学习模式营造高品质的“非正式学习空间”成了当前研究者和设计师们的聚焦方向。

1.2　高校教学楼内的非正式学习空间

目前普遍接受的非正式学习空间的定义为“除具有特定使用功能要求和明确使用计划的正式学习空间外，能够激发学生自主学习、自组织学习行为的空间环境”[3]。虽然非正式学习空间并不局限在某一建筑类型中，但是研究高校教学楼内的非正式学习空间具有重要意义：一方面，教学楼内的非正式学习空间与教室、研讨室等“正式学习空间”在空间距离上最为接近，便于进行学习模式的无缝衔接和随时转换；另一方面，教学活动是高校学生的日常行为，除了饮食、休息、娱乐外，高校学生的大部分时间都要在教学楼内度过，这为教学楼内的非正式学习空间带来了较高的学习时长和使用频率。

2　调研设计

2.1　调研样本——ZX 教学楼

ZX教学楼（图1）由某北方高校修建于2006年。该教学楼位于校园中心，毗邻学校体育馆、休闲广场和学生食堂，高度为9～11层。ZX教学楼是该高校的本科生“教育教学综合体”，能够服务于学校内19个学院进行教学授课。在功能配置上，ZX教学楼配置了公共教室、专用教室、自习室等“正式学习空间”及羽毛球场、健身房、小卖部等生活服务空间，以及大量分布于楼内各个角落的“非正式学习空间”。

图1 ZX 教学楼实景

2.2 问卷调研

为切实获得学子们对ZX教学楼内非正式学习空间的使用感受，从“空间使用”和“空间评价”的维度设计ZX教学楼非正式学习空间调查问卷，并向教学楼内的学生随机发放，发放时间为每天的8：00~16：00，历时一周共收集有效问卷212份。

在空间使用上（图2），72.6%的学生每周至少会花费1小时在ZX教学楼内的非正式学习空间中进行学习活动，说明ZX教学楼内的非正式学习空间有较高的使用率，已成为学生们不可缺少的学习空间。42.9%的学生每周学习时间为1~5小时，多数学生并不会在此进行长时间的学习活动，体现出ZX教学楼非正式学习空间“短时间”“高频次”“碎片化”的使用特点。在空间评价上（图3），“交通便利，容易到达（15.6%）”“空间资源充足，无需等位或预约（13.7%）”“学习氛围轻松愉悦（12.3%）”成了学生选择ZX教学楼非正式学习空间学习的主要原因，说明“使用便利”“不受拘束”“随时转换”是ZX教学楼非正式学习空间的显著优势，与其他学习空间取长补短，共同营造高品质的学习环境。

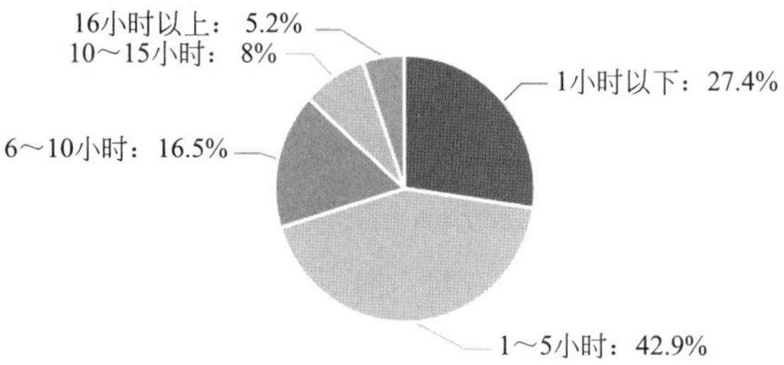

图2 ZX 教学楼非正式学习空间使用情况

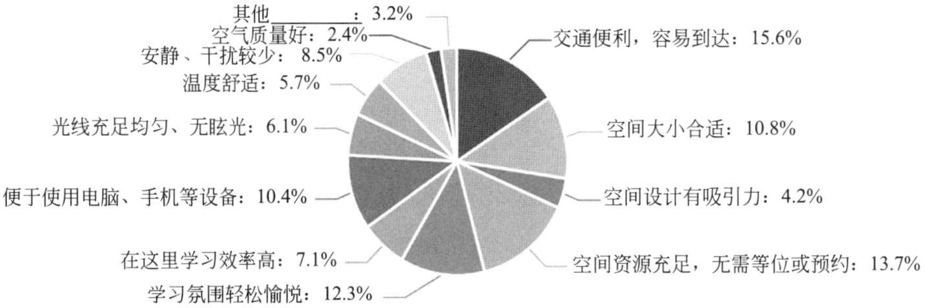

图3 ZX 教学楼非正式学习空间评价

此外，学生们对非正式学习空间的作用普遍持积极态度，认为在非正式学习空间内学习有更好的学习感受，能够提升自己的学习效率。82.5%的学生也表达了需要增设非正式学习空间的需求。

2.3 实地调研

为进一步掌握ZX教学楼内非正式学习空间的使用情况，采取为期1周的体验式观察走访方法进行实地调研：对ZX教学楼内的非正式学习空间分布进行摸底，观察学生使用非正式学习空间的行为特征。

观察分析发现，在ZX教学楼内发生的学习活动主要可分为以下5类：使用纸质资料学习；使用笔记本电脑、平板等移动设备学习；纸质资料和移动设备混合使用学习；线上会议语音讨论；学习小组合作讨论。手机、平板、笔记本等移动设备已充分介入到学生在非正式学习空间发生的学习活动中，也为ZX教学楼内的非正式学习空间带来了新的需求和问题：部分学习空间由于缺少存放设备的空间，导致出现设备占座和随意堆放的现象；具备或临近电源的座位会比缺少电源的座位更受欢迎，也导致了这类非正式学习空间长时间被使用的情况。

3 感知量化分析

3.1 样本选择

为提升ZX教学楼内非正式学习空间的设计质量、营造更好的学习环境，需从实际问题出发，充分考虑学生的学习需求和空间使用感受。通过对既有研究的总结，可以发现“分析使用者的空间感知状况，并从提升空间感知的角度提出优化策略”成为提升非正式学习空间品质的有效切入点[4]~[6]。因此选择ZX教学楼内最有代表性的一处非正式学习空间——“ZX教学楼二楼学习角”（图4），进行空间感知量化分析。经实地调研发现，该空间能够同时发生5类不同的学习活动，并具有极高的空间使用率。同时也存在喧哗、占座、乱接线等问题，体现出一定的典型性。

3.2 语义分析法

语义分析法（SD法）可获得被调查对象的感受，构造定量化数据，并从中获取关联和规律。

图4 ZX 教学楼二楼学习角

本研究确定了15组形容词对作为非正式学习空间使用感知评价指标，每组评价指标包含1对相反语义的词组，评定尺度依据“二级性”（Bi-polar）原理，使用5级李克特量表，得分设置为“-2、-1、0、1、2”。为确保所获数据真实有效、能够切实反映出学生们的空间感知情况，分别向正在ZX二楼学习角中进行学习活动的学生发放调研问卷。共收集40份有效问卷，整理数据后获得SD折线图（图5）。

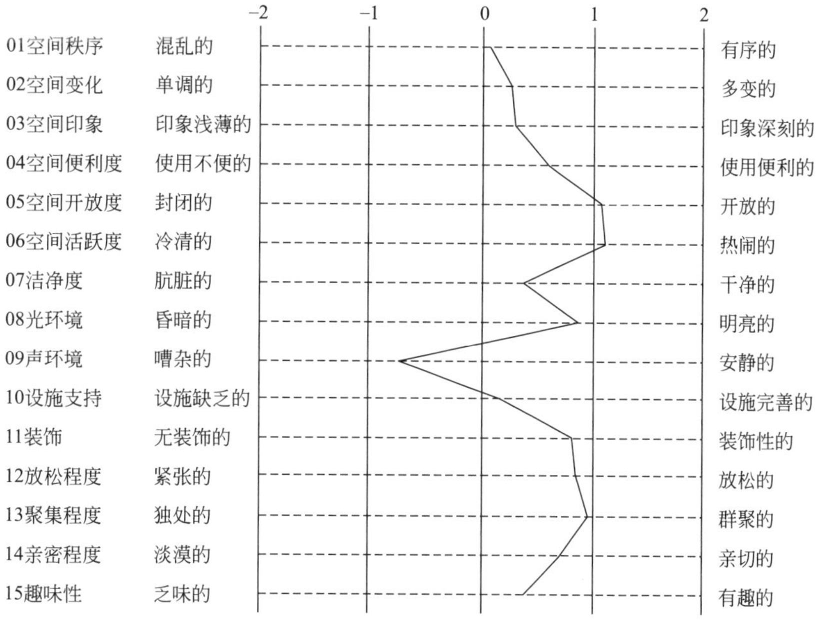

图5 ZX 教学楼二楼学习角 SD 折线图

通过观察折线图发现学生们对ZX楼二楼学习角的整体评价比较积极，但是普遍认为该空间较为嘈杂。其原因主要有两个方面：一是线上会议、小组讨论的学生会干扰到其他在学习的学生；二是由于该空间紧邻走廊，缺少一定的隔声设施，导致学生易受走动声、交谈声等干扰，在该空间学习的学生多数有学习时佩戴耳机听音乐的习惯。此外，学生们对“空间秩序”的评价趋近于0。为探究这一现象，又随机抽取了数名学生进行访谈。发现虽然学生在学习时沉浸于知识中，并不特别介意周围的环境，但是书本和设备的随意摆放和占座现象会让学生们普遍觉得“混乱、缺乏秩序”。

通过该调查可以对ZX楼二楼学习角提出2个优化建议：一是更换更高且有开闭门的储物柜，能够在存放书本和设备的同时阻御走廊的噪声，也减少了随意堆放带来的杂乱感；二是尽可能通过干预手段减少占座现象，确保空间的合理利用。

3.3 因子分析

SD法的一大局限在于虽然进行了感知量化，但却只能根据数据定性分析结论，无法从形容词对中分析出影响非正式学习空间设计的共同作用因素，得出具有普遍意义的设计解释，因此进一步对数据进行因子分析（表1）。

使用IBM SPSS Statistics 27进行因子分析，以KMO取样适切性量数和Bartlett球形度检验验证因子分析的可行性，KMO值为0.758（大于0.7），显著性小于0.001，表明数据比较适合进行因子分析。对数据进行降维操作，选用主成分分析法进行因子提取，以特征根大于1作为因子提取标准，提取出4个因子。因子的累积方差解释率为65.899%（大于60%），说明因子对原数据具有一定的解释能力。选用最大方差法进行因子旋转，剔除小于0.400的载荷系数，得到旋转因子荷载矩阵。

根据矩阵结果，可发现数据中的成分1与“空间变化、空间印象、空间活跃度、装饰、放松程度、聚集程度、亲密程度、趣味性”高度相关，成分2与“洁净度、空间秩序、空间开放度”高度相关，成分3与“空间便利度、设施支持”高度相关，成分4与“声环境、光环境”高度相关。

因子分析结果　　表1

名称	ZX楼二楼学习角			
KMO 取样适切性量数	0.758			
显著性	<0.001			
累积方差解释率	65.899%			
成分	1	2	3	4
空间秩序		0.778		
空间变化	0.462			
空间印象	0.745			
空间便利度			0.659	
空间开放度		0.749		
空间活跃度	0.663			
洁净度		0.656		
光环境		0.495		0.664
声环境				0.816
设施支持	0.419		0.689	
装饰	0.790			
放松程度	0.824			
聚集程度	0.471			
亲密程度	0.814			
趣味性	0.723		0.464	

对成分1～4进行归纳与解读，其中成分1中除“装饰”外均为使用者的主观感受，而空间内装饰的质量则与这些主观感受积极与否高度相关，由于这些主观感受都可用“氛围”这一概念来进行解释，因此将成分1归纳为“空间氛围因子”；成分2中秩序、洁净度、开放度均涉及管理层面，将其归纳为“空间管理因子”；成分3中“空间便利度”在一定程度上受设施支持影响，有设施支持的学习空间使用起来更加便利，因此将其归纳为“设施支持因子”；成分4中声、光为物理环境指标，因此将其归纳为“物理环境因子”。

4 结论

通过以上的调查和分析，可以得出如下结论：

（1）使用手机、平板、笔记本等移动设备学习已成为高校教学楼非正式学习空间中的最主要学习行为。其初衷与使用非正式学习空间学习不谋而合，都是为了追求高效率、易转换的学习模式，获得更好的学习效果。伴随着移动智能设备逐渐进入课堂，设计师在设计教学建筑中的非正式学习空间时，应尽可能地考虑学生使用这些设备的学习场景和学习模式，并在设计手法和设施配置上给予相应的支持。

（2）“空间氛围”“空间管理”“设施支持”“物理环境”可成为考量高校教学楼非正式学习空间设计的出发点。设计师在设计教学楼内的非正式学习空间时可着重进行空间氛围的营造和物理环境的调适，并对设施支持和空间管理提出合理设想。

（3）高校教学楼非正式学习空间呈现出空间使用情况动态变化的特点，设计师应对这些特点进行充分掌握，并尝试以当下最新的智能技术作出有效回应。

参考文献

[1] 蔡迎春，周琼，严丹，等. 面向教育4. 0的未来学习中心场景化构建[J]. 图书馆杂志，2023，42（9）：12-22.

[2] 余胜泉，毛芳. 非正式学习——e-Learning研究与实践的新领域[J]. 电化教育研究，2005（10）：19-24.

[3] 闫建璋，孙姗姗. 论大学非正式学习空间的创设[J]. 高等教育研究，2019，40（01）：81-85.

[4] 贺慧，林小武，余艳薇. 基于SD法的绿道骑行环境感知评价研究——以武汉市东湖绿道一期为例[J]. 新建筑，2019（4）：33-37.

[5] 陈宇祯. 基于视觉感知分析的高校非正式学习空间及其优化设计策略[D]. 南京：东南大学，2022.

[6] 任中龙，侯帅. 基于SD法的寒地建筑气候模糊空间感知评价研究——以内蒙古工业大学建筑馆入口空间为例[J]. 内蒙古工业大学学报（自然科学版），2023，42（5）：467-473.

可持续发展目标下的中学校园使用后评估研究
——以西安市五所中学为例

屈张[1] 王雪纯[1] 王琦[2] 李宛蓉[3]

作者单位
1. 同济大学建筑与城市规划学院
2. 中国建筑西北设计研究院有限公司
3. 天津大学建筑学院

摘要：可持续发展是21世纪全世界共同坚持的发展战略，也是在有限资源环境下，合理优化整合建筑资源的重要目标，在建筑策划与评估工作中有着重要意义。本论文针对中国国内中学校园的专项使用后评估研究，选取西安市五所中学校园为研究对象，分析可持续发展目标（SDGs）在校园中的应用情况。通过对在校学生、教职工、学生家长以及建筑师、施工方、基建处人员等多元主体的参与调查，研究旨在评估校园可持续性实践的有效性，并提出完善设计项目反馈与建设标准前馈的建议。研究结果显示，本文总结了具体的成功经验和面临的挑战，为进一步优化校园可持续发展提供科学依据。

关键词：可持续发展目标；中学校园；校园更新；使用后评估

1 引言

1.1 中学校园后评估研究的意义

在我国，中学建筑设计与校园规划一直受到严格的规范，以保护中学生的身心健康为首要目标。良好的校园环境不仅有助于提升学生的学习积极性和创造力，而且直接关系到学生的行为习惯和价值观，对培养学生的社会责任感和环保意识至关重要。然而，在城市化进程的浪潮下，城市发展以高密度建设为时代特征，中学校园规划也走向了高密度的功能复合，集约化的校园建设导致部分公共空间与生活空间的缺失，形成了一大部分压抑、缺乏人性化设计的校园环境。随着人们对中学教学环境品质要求的逐步提升，绿色建筑、生态校园等具有可持续发展品质的校园环境得到了人们的关注。因此，加强对中小学校园环境的规划和设计，注重绿色、生态、人性化的建设，对于提升学生的学习体验和促进可持续发展具有重要意义。

使用后评估研究对于应对当今中学校园建设面临的发展困境至关重要。建筑评估是指在建筑投入使用后对它的性能进行评估，即使用后评估（Post occupancy evaluation，简称POE）。自20世纪60年代起，欧美开始初步建立使用后评估理论，主要针对建筑的建成环境提出了一套带有评价方法和标准的体系，旨在为建筑行业的良性发展提供反馈监督。1988年美国的普莱策（W.Preiser）对使用后评估进行了定义，认为使用后评估是对建筑建造过程中或已建成建筑，进行系统地严格评价过程[1]。我国的建筑后评估研究始于20世纪80年代初，经过30多年的发展，已扩展至各个建筑环节。然而，目前的研究对象主要集中在面向社会人群的公共建筑方面。

在中学校园的使用后评估方面，缺乏科学的取样方法和广泛的样本数据对使用者的感受进行分析，并提出相应改造优化设计策略的研究，包括主观感受、建筑性能、绿色技术等内容改进策略，能快速高效确定校园品质优化提升的方向。因此，加强对中学校园环境的使用后评估研究，注重使用者的感受和需求，将有助于提升校园环境的品质和可持续发展水平。

1.2 可持续发展目标（SDGs）的缘起

当前全球范围内正在践行可持续发展理念及实践，其中以联合国在2015年通过的17项全球性可持续发展目标（Sustainable Development Goals，简称SDGs）为代表。这些目标旨在为全球社会提供一个共同的发展愿景和行动框架，到2030年实现全球范围内的可持续发展。SDGs涵盖了消除贫困、保护地球、促进和平与公正等多个方面，强调了经济、社会和环境的协调发展，这同样对校园更新和校园发展有着深远的意义，帮助我们重新审视校园建设发展中对资源利用的状况和问题[2]。

SDGs在中学校园的后评估中不仅提供了一个全面的框架来衡量和推动中学校园的设计质量和发展状况，还能帮助学校识别和改进在可持续发展和教育质量上的不足。这样，不仅提升了学校的整体教育质量，也培养了学生的可持续发展意识和全球视野。

既有SDGs框架下的研究，已证明其对大学校园教育质量、人才培养、环境提升等方面的重要作用[3]，然而中学校园与大学校园不同，其空间更加集约、注重教学功能、有严格的室外活动场地标准、有接驳空间需求，同时，将可持续发展理念融入基础教育阶段的校园建设，有利于培养学生的可持续意识、助力“双碳”目标的实施。

因此，本研究以中学校园作为研究对象，探讨在可持续发展目标下中学校园使用后评估路径与方法，以明确中学校园的设计使用中的不足，促进中学校园在绿色、低碳、和谐、平等等方面的发展和提升。通过这一研究，可以为中学校园的可持续发展提供具体的指导和支持，推动校园环境的改善和提升。

2　基于 SDGs 的中学校园评估标准框架构建

参照《公共建筑使用后评估（征求意见稿）》中对校园等公共建筑使用后评估内容的界定，并结合校园建设理念的相关文献综述，确定中学校园的策划与评估体系与指标。该体系由“功能层面、形态层面、结构机电、校社融合、环境舒适”5个一级指标和“功能复合性、交往空间、可达性、接驳交通、标识”等22个二级指标构成，涵盖了中学校园在物质空间层面和文明建设层面的设计要素。

SDGs作为指标搭建的重要依据，具有全球共识和指导原则，为中学校园的可持续发展提供了重要的指导。SDGs的综合性和系统性有助于指导中学校园在教育质量、环境可持续性、社区融合等方面的发展，推动校园朝着更加可持续的方向迈进。

举例来说，在提升教育质量方面，SDG4（quality education）强调“确保包容和公平的优质教育，让全民终身享有学习机会”，这对校园发展提出了明确要求，即提供高质量的教育设施和资源，改善教室和实验室的硬件设施、推动数字化教育、培训教师等。在促进校园环境的可持续性方面，SDG7（affordable and clean energy）、SDG10（reduced inequalities）、SDG 11（sustainable cities and communities）强调使用经济适用的清洁能源，减少不平等，建设包容、安全、有抵御灾害能力和可持续的城市和人类住区，这包括校园在内的建设要求。校园更新可以通过绿色建筑、绿色空间、废物管理等方向来实现可持续发展。此外，SDGs还强调支持科研和创新（SDG9）、促进健康和福祉（SDG3），以及加强合作与伙伴关系（SDG17）。这些方面的要求都对校园更新和发展具有深远意义，有助于提升教育质量、塑造健康安全的校园环境，推动校园创新和合作。

本研究通过对SDGs中目标任务的整合分析，确定了评估指标的5个一级指标，具体包括：

（1）功能层面：SDG4（quality education）和SDG9（industry，innovation and infrastructure）确定了功能复合性，交往空间和集约化三个二级指标，强调校园功能的合理配置和交往空间的充足性，以及校园功能布局的紧凑性[5]。

（2）形态层面：SDG3（good health and wellbeing）、SDG7（affordable and clean energy）、SDG11（sustainable cities and communities）确定了绿色生态校园、公共空间设计、步行可达性、无障碍与标识、建筑特征等五个二级指标，强调校园设计方案绿化景观优美、公共空间设计合理、使用者的步行可达性与障碍设施设计，也注重设计美观和学校气质[6]。

（3）环境舒适：SDG7和SDG11确定了光环境、声环境、热舒适、节能和消防安全设施等五个二级指标，强调室内环境的舒适性，以及对节能减排和消防安全设施的充分考虑[7]。

（4）校社融合：SDG4、SDG9、SDG11和SDG17（partnerships for the goals）确定了建筑风貌与城市融合、共享资源、弹性建设、运营使用和校园文化等五个二级指标，强调校园与周边环境的融合、对社会资源共享，也应注重校园改扩建发展的可能性以及学校后期的运营方式，需要符合学校的精神风貌[8]。

（5）结构机电：SDG11确定了结构设计和机电设备两个二级指标，强调建设包容、安全、有抵御灾害能力和可持续的校园。

这些一级和二级指标的确定，有助于全面评估中学校园的设计和建设，同时与SDGs的具体目标任务相互对应，为校园的可持续发展提供了明确的指导和要求（图1）。

图1 联合国可持续发展17个目标
（来源：参考文献[4]）

3 调研与数据获取

本研究后评估选取了创新港西安交通大学附属中学、铁一中滨河中学、西安国际港务区铁一中陆港学校、陕西师范大学大学城附属中学（高中）、西安经开第一学校（初中）五所中学，且后评估时间都在建成后1~2年内完成，针对建成设计本身进行研究，减少了一些自然灾害等不可抗力因素的影响。

创新港西安交通大学附属中学（A中学）是2021年建成的公办中学，占地150.4亩，满足3600名学生使用；铁一中滨河中学（B中学）是陕西省示范高中，新校园于2020年建成，占地180余亩，在校学生7000多名；西安国际港务区铁一中陆港学校（C中学）是一所公办中学，2021年建成，占地约183亩，可提供学位6000个；陕西师范大学大学城附属中学（高中）（D中学）是一所公办中学，建成于2021年，占地110亩，在读学生约4300人；西安经开第一学校（初中）（E中学）是一所公办中学，占地面积96亩，在读近5000名学生。五个项目均经历了较为完善的前期策划和项目建设过程（图2）。

后评估调研在流程上由计划、实施和应用三个部分组成。在计划阶段，确定了评估内容，通过评估内容将中学校园策划评估体系的各项指标转译为易于理解的语言，设计了调查问卷，并采用信息原则、责任原则和影响力原则来界定参与后评估的主体，确定在校学生、教职工、学生家长和参与项目的建筑师、施工方、基建处人员共四类评估主体。为保障差距分析的可行性，由于公众对结构机电的指标认知不足，故结构设计和机电设备两项指标在后评估中仍由建筑师、施工方、基建处主体评价。在实施阶段，针对目标主体组织了问卷调查和访谈。在应用阶段，分析处理评估获取的数据，得出使用后评估结论。

图2　五所中学基本情况
（来源：中国建筑西北设计研究院有限公司科研课题）

本研究采用诊断式评估方式，在后评估阶段通过问卷调查和半结构化访谈方式获取定性和定量的评估结论。调研在项目投入使用约1年后，通过网络问卷形式对主体的使用情况进行了调查，时间跨度为2022年3月至9月。在数据整理过程中，排除掉作答时长超过20分钟和小于1分钟的答卷，同时筛除了回答陷阱问题错误的答卷，最终整理获得了A中学384份、B中学453份、C中学130份、D中学74份、E中学222份问卷数据。

在后评估满意度方面，为了兼顾受访公众对研究内容的判断力，每个评价中均采用1至7的整数作为李克特量表的评分标准，1分—在使用后对该项内容极不满意，2分—评价非常低，3分—评价较低，4分—评价适中，5分—评价较高，6分—评价非常高，7分—满意度极高。

4　基于后评估的结论与设计优化建议

将五所学校的问卷评价结果整理之后，得到各级指标的单项评分平均数和一级指标评分的平均数，综合每所学校的指标评分平均数得到各所学校的总评价，结果如表1所示。

问卷调查数据结果　表1

校园名称		创新港西安交通大学附属中学		铁一中滨河学校		西安国际港务区铁一中陆港学校		陕西师范大学大学城附属中学（高中）		西安经开第一学校（初中）	
问卷份数		384份		453份		130份		74份		222份	
一级指标	二级指标	单项评分	一级指标评分	单项评分	一级指标评分	单项评分	一级指标评分	单项评分	一级指标评分	单项评分	一级指标评分
功能层面	A1功能复合性	6.70	6.62	6.62	6.54	6.78	6.77	6.43	6.43	6.31	6.39
	A2交往空间	6.58		6.51		6.78		6.46		6.30	
	A3可达性	6.61		6.57		6.76		6.39		6.25	
	A4接驳交通	6.47		6.47		6.81		6.43		6.50	
	A5无障碍设施	6.72		6.55		6.76		6.50		6.48	
	A6标识	6.63		6.49		6.75		6.39		6.47	
形态层面	B1生态校园	6.55	6.65	6.59	6.62	6.71	6.75	6.38	6.46	6.48	6.50
	B2公共空间设计	6.65		6.58		6.73		6.38		6.51	
	B3步行友好	6.72		6.67		6.76		6.51		6.46	
	B4建筑特征	6.67		6.63		6.80		6.58		6.53	
环境舒适	C1光环境	6.72	6.66	6.61	6.53	6.80	6.78	6.53	6.52	6.45	6.43
	C2声环境	6.65		6.37		6.78		6.55		6.19	
	C3热舒适	6.61		6.5		6.75		6.50		6.48	
	C4绿色节能	6.64		6.51		6.78		6.50		6.46	
	C5消防安全设施	6.68		6.67		6.78		6.51		6.56	

续表

校园名称		创新港西安交通大学附属中学		铁一中滨河学校		西安国际港务区铁一中陆港学校		陕西师范大学大学城附属中学（高中）		西安经开第一学校（初中）	
问卷份数		384份		453份		130份		74份		222份	
一级指标	二级指标	单项评分	一级指标评分	单项评分	一级指标评分	单项评分	一级指标评分	单项评分	一级指标评分	单项评分	一级指标评分
校社融合	D1建筑风貌与城市融合	6.71	6.59	6.65	6.55	6.78	6.76	6.49	6.40	6.59	6.51
	D2共享资源	6.18		6.24		6.68		6.00		6.36	
	D3弹性建设	6.67		6.57		6.78		6.45		6.46	
	D4运营使用	6.66		6.63		6.77		6.49		6.56	
	D5校园文化	6.73		6.65		6.80		6.55		6.58	
结构机电	E1结构设计	6.34	6.39	6.20	6.28	6.52	6.48	6.83	6.83	6.77	6.73
	E2机电设备	6.43		6.36		6.44		6.83		6.69	
总评价		6.61		6.53		6.74		6.49		6.47	

4.1 五所中学的使用后评估分析

横向对比五所中学的使用后评估，在一级指标雷达图中，C中学所占雷达图面积最大，在各方面都有着明显优势，总评价有6.74，这得益于该中学较大的校区、崭新的教学设施和先进的教学理念，其中该学校环境舒适层面的评分最高，达到6.78。其次是A中学，在总评价中有6.61，仅次于C中学。A中学、B中学和C中学都在结构机电方面比其他指标评价较低，表面在结构设计、机电设备存在较大问题，校方针对具体问题进一步解决。而D中学和E中学建成时间晚，在结构机电方面有着明显的优势，评分分别为6.83和6.73，但两所中学在其他方面又略显不足，其中D中学在校社融合方面的共享资源评价最低，而E中学在功能层面的可达性上有所不足。

在二级指标雷达图中，综合来看，五所中学都在共享资源（D2）的评分中普遍最低，其次是接驳交通（A4）上评分较低，表明了五所中学使用者普遍存在着对校园与社会的联系有着较高的期待值，需要重视校园的便利性和社会功能，与SDGs中的SDG9创新与基础设施的目标和SDG11的可持续城市与社区的目标不谋而合（图3）。

4.2 评估主体的评价结论与设计优化建议

在多元主体参与的情况下，各学校被调查者的评价结果具有优化校园更新的参考价值，以创新港西安交通大学附属中学使用后评估的统计分析结果为例，可以得出以下结论。

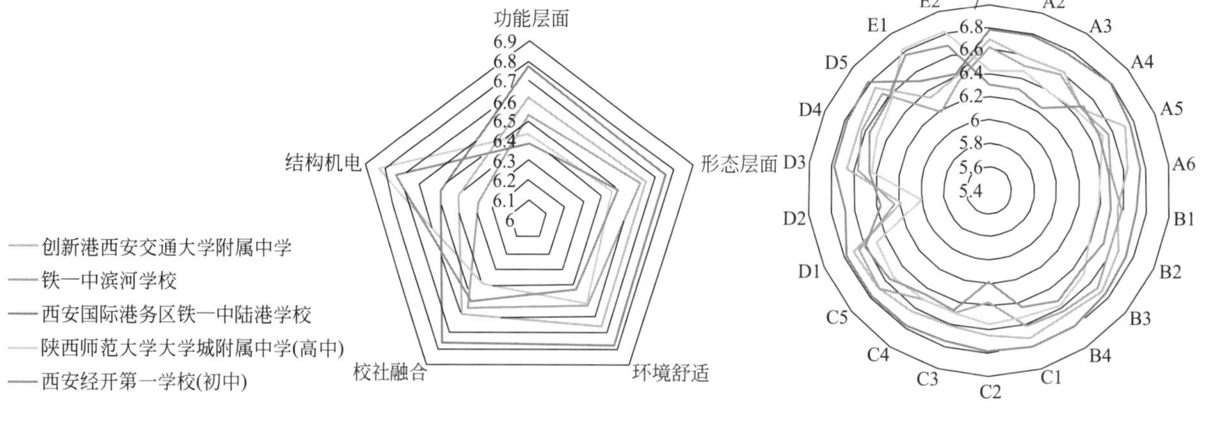

图3 五所中学一级与二级指标雷达图

第一，参与调查的多为学生家长，占比53.65%，对于问题的理解度高，他们更多从社会层面考虑校园评价，表现在对功能层面的接驳交通（A4）和校社融合的共享资源（D2）评价度较低，对形态层面的步行友好（B3）评价度高。这表明学生家长更注重校园的社会功能和便利性，而对于校园的外部交通接驳和共享资源的融合性存在较多的不满意。第二，占调查人数的18.75%的校内学生对学校评价普遍较高，尤其是在形态层面（B），评分都在6.8以上，对无障碍设施（A5）、标识（A6）、光环境（C1）也有着较高评价，但对接驳交通（A4）和共享资源（D2）存在一定的不满意。第三，占调查人数的18.49%的教职工对无障碍设施（A5）、步行友好（B3）有着较高的评价，对可达性（A3）、建筑特征（B4）评价较低。第四，参与设计的建筑师、施工方和校方占调查人数的9.11%，对学校评价普遍低于其他参与人群，尤其是在生态校园（B1）、共享资源（D2）、结构机电（E）方面，这可能意味着设计方和校方对于校园整体的规划和资源利用有着较高的要求（图4）。

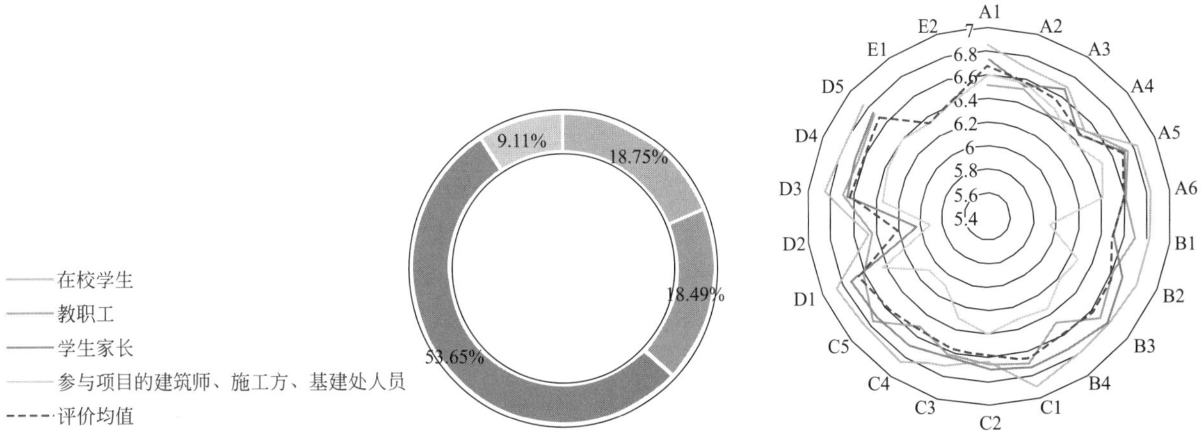

图4 创新港西安交通大学附属中学评估主体分布

从SDGs来看，学生家长对SDG11的可持续城市与社区目标更为重视，家长希望学校能更好地满足社会功能和便利性的需求，以实现更具包容性、安全、有利健康和可持续发展的城市与社区；校内学生更为在意SDG4的质量教育目标和SDG3的健康与福祉目标，学生希望学校提供更好的教育环境和更舒适的校园生活，以实现包容和公平的质量教育，促进健康和福祉；教职工会更关注SDG8的体面工作和经济增长的目标，希望学校提供更好的工作环境和更宜居的城市发展，以促进经济增长和体面工作。设计方和校方对学校关注于SDG7的可持续能源供应目标，希望学校能更好地实现可持续能源供应。因此，针对不同的使用人群的评价倾向，需要提出不同层面的建议。

针对学生家长的评价结果，建议加强校园接驳交通组织和校社融合的共享资源，以提高校园的便利性和社会功能，满足家长对校园功能层面的需求。例如，可以增加接驳空间和对交通指引，提倡便捷快速的交通工具，鼓励多学生一起乘车接送。同时，应该维护和改进步行友好环境。

对于校内学生的评价结果，可以考虑在共享资源利用方面进行改进，例如搭建资源共享平台，组织更多共享交流的活动。同时，应该继续保持对校园内部环境和设施的维护和改进，以保持学生对校园形态层面的高评价。

针对教职工的评价结果，建议加强校园的可达性，例如改善校园内部的交通便利性，提升办公等内部设施。同时，应该继续保持对无障碍设施和步行友好环境的维护和改进，以保持教职工对这些方面的高评价。

最后，对于建筑师、施工方和校方的评价结果，需要认真分析不满意的原因，针对生态校园、共享资源和结构机电方面的问题，提出具体的改进方案，例如加强校园的生态环境建设、优化共享资源的利用方式，以提高这些主体对校园的整体评价。

综上所述，提高校园的整体质量，需要各方共同努力，应加强各方沟通和合作，共同推动校园的改进和发展。

5 结语

在全球可持续发展背景下，本研究针对中国中学校园的使用后评估提供了全面而深入的分析。通过对五所中学校园的实地调研和多方参与主体的问卷调查，研究揭示了中学校园在功能配置、环境设计、资源利用等方面的现状和挑战，明确了各方对校园可持续发展的期待和需求。

限于篇幅，本文重点探讨将可持续发展目标（SDGs）应用于中学校园建设和评估，这不仅能有助于提升教育质量和校园环境的宜居性，还能有助于培养学生的可持续发展意识和全球视野。通过构建科学的评估标准体系，研究为中学校园在功能复合性、绿色生态设计、环境舒适度、校社融合和结构机电等方面提出了具体的改进建议。

在研究过程中，发现中学校园在接驳交通、共享资源和生态校园建设方面仍存在不足。为此，提出了加强校园与社会的连接、提升校园内部交通便利性、改进生态环境等针对性措施。这些建议旨在提升校园的综合质量和可持续发展水平，确保中学生在一个健康、安全、绿色的环境中成长和学习。

总之，本研究为中学校园的可持续发展提供了重要的理论和实践指导。希望通过各方共同努力，能够实现校园环境的不断优化，推动教育质量和生态文明建设的全面提升，最终为实现全球可持续发展目标贡献力量。

参考文献

[1] Wolfgang. F. E. Preiser，et al.. Post-occupancy Evaluation[M]. Van Nostrand Reinhold Company，1995：3.

[2] YONEHARA，AKI，SAITO，et al.. The role of evaluation in achieving the SDGs[J]. Sustainability Science，2017，12（6），969 - 973.

[3] Koçulu，A，Topçu，M. S. Development and Implementation of a Sustainable Development Goals（SDGs）Unit：Exploration of Middle School Students' SDG Knowledge[J]. Sustainability，2024（16）.

[4] 中国建筑学会. 公共建筑后评估标准（征求意见稿）[EB/OL].（2021-05-12）[2024-07-01]. https：//chinaasc. org. cn/news/128025. html

[5] 联合国经济和社会发展事务部. 联合国可持续发展目标[EB/OL].（2015-09-25）[2024-07-01]. https：//sdgs. un. org/goals.

[6] 何镜堂，郭卫宏，吴中平.现代教育理念与校园空间形态[J].建筑师，2004（1）：38-45.

[7] 李宛蓉，屈张. 基于城市营销理论的建筑策划预评价研究——以历史环境新建项目为例[J]. 建筑与文化，2022，（2）： 23-25.

[8] 郑一帆. 西安市航天城第一中学公共活动空间使用后评估研究[D]. 西安：西安建筑科技大学，2022.

[9] 黄也桐，庄惟敏，米凯利 · 博尼诺. 城市更新中的建筑策划应对实践——以都灵费米中学改造项目为例[J]. 世界建筑，2022，（2）：84-91.

室内环境因素对学习效率影响研究方法分析[①]

杨文健　陈俊　刘欣蕊　王佳婧　王岩[②]

作者单位
天津城建大学国际工程学院

摘要： 目的：掌握室内环境因素对学习效率影响的研究方法动态及发展趋势，为构建良好学习环境、驱动新质生产力的发展提供参考依据。方法：采用质性研究方法，逐篇阅读所选文献后比较分析实证研究中的材料呈现、被试筛选及实验方法。结果：环境因素选取涉及声光热等多方面，部分指标受重点关注。学习效率评价主要由主观、客观、生理三方面组成。结论：本领域我国研究发展较为成熟，但被试者多为学生群体，未来需要注重被试者多样性。
关键词： 室内环境；学习效率；研究方法

Abstract: Purpose: To grasp the dynamics and development trend of research methods on the influence of indoor environmental factors on learning efficiency, so as to provide a reference basis for building a good learning environment and driving the development of new quality productivity. Methods: Using qualitative research methods, we read the selected literature one by one and then compared and analyzed the presentation of materials, screening of subjects and experimental methods in the empirical research. RESULTS: The selection of environmental factors involves sound, light, heat and other aspects, and some of the indicators are subject to focused attention. Learning efficiency evaluation mainly consists of subjective, objective and physiological aspects. CONCLUSION: The research in this field started early in China and has developed rapidly in the last decade, and the subjects are mostly students, so it is necessary to focus on the diversity of subjects.

Keywords: Indoor environment; Learning efficiency; Research methodology

1　引言

良好的学习环境能够激发创新思维，促进新知识的产生和新技术的应用，进而驱动新质生产力的发展。已有研究致力于探究建筑环境因素对提高使用者学习效率的作用机理，并取得较多的研究成果，成为我国制定教育类建筑以及内部环境质量专门性标准的重要依据。这些研究通过多维度的分析，揭示了建筑环境与学生学习效率之间的内在联系，为优化教育环境提供了科学依据。研究内容涉及建筑热环境[1]、声学环境[2]、照明条件[3]、室内空气质量[4]以及空间布局等方面，以全面理解这些因素如何综合作用于学生的学习过程。

当前国内还没有关于建筑室内环境对学习效率的作用机制的综述性分析研究。而国际研究界已有相关成果。Yesica[5]等学者针对2021年下半年之前发表的英文和西班牙文学术期刊文献进行了广泛而深入的文献回顾，并据此发展了一套系统化的分类体系。本研究在继承并采纳了该分类体系的基础上进一步纳入了中文学术期刊的相关文献，并对英文文献进行了必要的更新与扩充。本研究将为理解环境因素如何影响学习效率提供更为全面和深入的视角。

2　室内环境与学习效率的基本理论

建筑室内环境的研究涵盖了从热环境、声环境、光环境、空气质量与空间布局等多个方面，其研究目的均是提高室内环境的舒适度。室内热环境研究以室内温度、湿度、热舒适性等为主要指标，声环境与光环境研究聚焦于室内的声学特性，如噪声控制、回声

① 天津城建大学教育教学改革与研究项目（JG-ZD-22002），新工科背景下建筑学专业技术课程教学模式优化路径研究。
② 通讯作者。

和隔音等，以及室内光照条件，包括自然光和人工照明的设计。空气质量研究主要内容为室内空气中污染物的类型、浓度及其对人体健康的影响，当前建筑室内环境研究强调了跨学科合作的重要性，涉及教育学、心理学、建筑学、环境科学等多个领域，以期通过综合性的研究视角，为教育环境的改善提供更为深入的见解和建议。

学习效率是指在单位时间内学习并掌握新知识、技能或信息的能力且与认知过程相关，包括注意力集中、信息处理、记忆和理解等方面。其主要用于描述个体获取新知识、技能的速度和深度，以及如何更有效地吸收和理解信息的能力。

学习效率的评价依赖于个人对知识的掌握应用，其量化过程相对复杂，且难以通过单一的量化标准来全面衡量。早期的研究者们在试图通过量化的方法来衡量学习效率的过程中，借鉴了工作效率研究的方法论[6]，试图以客观工作量作为衡量学习效率的指标。尽管二者在某些方面具有相似性，但学习效率侧重于知识和技能的获取，而工作效率侧重于任务的完成和目标的实现，二者存在的显著差异导致了早期研究过程中的局限性。

3 室内环境因素对学习效率影响机制相关文献分析方法

3.1 文献检索策略

本研究的数据来源是中国知网（CNKI）和Web of Science数据库检索有关环境质量对使用者学习效率影响的文献。本文中文期刊的搜集仅考虑期刊文章且不限制发表时间，不包括会议论文、硕博论文和书籍。数据采集时间是2024年4月。首先在中国知网上以“学习效率 + 环境”为关键词进行搜索，对所得的期刊文献逐一阅读文献标题与摘要进行筛选，剔除有关计算机深度学习、外国语言文学、教学方法研究等方面论文。而后对所得论文全文进行阅读，进一步剔除未详细阐述研究过程或研究对象为网络虚拟环境的文献，最终所得期刊文献52篇，组成本研究的中文有效文献库。

相关研究在国内开展起步时间较早，文献[12]是在国内最早取得的研究成果，但本领域相关研究未进行后续深入。直到近十年来逐渐受到学界重视，研究成果增多，发文量上升，研究水平已与国际接轨，部分研究者的成果已经在国际高水平期刊上发表。

为了维持研究过程的一致性和连贯性，本研究在英文文献检索策略上与Yesica[5]等人的研究保持一致，但对文献的出版时间进行了更新，限定为2021年6月及之后发表的英文文献。其检索词为（“students” or “school” or “learning” or “attention”）AND（“comfort” or “environment”）。这一策略的目的是为了确保所检索到的文献既不会与Yesica等人的研究产生重复，同时也能够保证所收集的文献资料是当前最新的研究成果。

3.2 研究策略

本研究主要采用质性研究的方法来归纳总结国内外有关建筑环境对学习效率的影响。质性研究是一种广泛应用于人文社会科学领域的研究方法，其核心在于通过详尽地收集相关资料，并逐篇进行内容归纳，以实现对某一现象的全面性探究与深入理解。在对有效文献库中的文献全文阅读的基础上，本文拟解决以下问题：

A：研究者认为哪些客观环境因素影响了使用者学习效率?

B：研究者通过哪些指标来评价学习效率?

C：研究者通过哪些方法或工具对B类中的指标进行测量?

4 室内环境因素对学习效率影响机制的研究方法

4.1 环境变量及其控制手段

现有研究表明，环境因素对学习效率的影响是通过一系列中介机制发挥作用[2][12][15]。环境变化会触发个体的心理、生理反应进而增加或减轻认知负担，从而影响了学习效率。室内环境相关研究主要有实验室研究法和现场调查研究法。国内当前研究中，主要采用实验室研究法，以便更好控制环境变量。环境影响因素与控制方法如表1所示。

可以发现声光热等不同方面的环境因素均被作为

环境影响因素与控制方法　表1

	实验变量	环境参数设定范围	控制方法\设备	实验地区	研究对象	文献编号
热环境	温度	12～25摄氏度	分体式空调	山东青岛	大学生	[7]
		10～20摄氏度	分体式空调	陕西渭南	小学生	[1]
		17～27摄氏度	中央空调	—	大学生	[8]
	风速	0～1.2米/每秒	变频式风扇	河南洛阳	中学生	[9][10]
光环境	照度	125～1000勒克斯	智能LED灯	重庆	大学生	[3]
		500～3000勒克斯	LED灯	—	大学生	[11]
		25～95勒克斯	白炽灯	—	中学生	[12]
	色温	4000～6500开尔文	LED灯	—	大学生	[11]
		2700～6500开尔文	教室荧光灯	—	大学生	[13]
	环境色	绿色	屋内粘贴绿色卡纸	—	大学生	[14]
声环境	声强	60～80分贝	希玛工业分贝仪AS824	海南	建筑工人	[2]
室内空气质量	二氧化碳浓度	600～4500ppm	CO_2分析仪 EZY-1S、钢瓶连接带转子流量计的减压阀	陕西渭南	小学生	[4]

实验变量进行探究验证，且某些特定的环境指标因其与学习效率的高度相关性而受到研究者的青睐。被试对象大多为学生，但其他群体的学习效率应当重视，与国外研究相比，国内尚缺少对甲醛等室内空气污染物的影响的研究。

4.2　学习效率评价方法

学习效率的评价方法可以分为主观评价、客观评价和生理指标。由于学习过程本身的独特性，无法直接将工作效率的研究方法直接应用于学习效率的量化研究。例如有学者提出，学习成绩是一个长期累积的过程，它受到多种因素的影响，并且这些因素在中长期内逐渐显现其效果[16]。而短期内的环境变动对于学习成绩的影响相对有限，所以采用类似工作效率测试的方法，即通过一次性的试题测试来评估学习效率会存在一定的局限性。因此在后续的研究中，研究者们开始重视学习过程的内在特性，并据此发展出更为贴切的量化方法和评价标准。

4.3　学习效率评价方法

主观评价是被试者的自我评价，通常通过定性研究方法进行，如个人访谈和调查问卷。个人访谈允许研究者深入了解被试者的个人体验和观点，而调查问卷则可以高效地收集较大样本的标准化数据，便于进行量化分析。当前对学习效率主观评价主要采用问卷调查自评。个人访谈因所需的时间成本更高而在当前进行的研究中较少采用，但特定的情境下仍有进行访谈的必要性，一是问卷调查作为数据收集工具的可行性受限于被试者的认知发展水平。例如文献[17]中，研究对象为小学生，其认知和理解能力尚未成熟到足以独立完成结构化的问卷，此时研究者不得不依赖访谈作为主要或补充的数据收集方法。二是当采用其他评价方法时所获数据异常的情况下，为深入研究解释结果，研究者会选择对这些被试者进行补充性的访谈[2]。

1. 客观评价

客观评价过程主要涉及对测试参与者进行标准化试题的测试，通过量化测试者的答题正确率以及完成整个测试所需的时间，来综合评估其学习效率。

客观测试的内容由研究者根据研究目的和需求自行选择，其选择过程具有一定的随机性。测试内容总体上可被划分为两大类别：第一类是基于心理学原理构建的专门试题，种类较多，有学者[18]将其测试的能力归纳为四类：逻辑推理、理解记忆、专注力、感知记忆。第二类则是与测试者专业技能或职业需求密切相关的定制化技能考试内容。例如针对建筑工人的测试中，曹新颖[2]等人选择在《全国装配式建筑职业技能竞赛考试题库》中抽取试题；而对于大学生群体[7]，则可能会使用历年国家公务员考试等相关职业能力的评估测试。国外有学者[19]采用针对自然语言的计算机文本数据分析，这一方法在国内的研究中涉及较少。

对于收集到的数据，研究者采取适当的统计方法以确保研究结果的科学性和可比性，通常会对数据实施标准化处理以消除不同类型和难度的测试对成绩影响的偏差，从而使得不同工况下获得的数据可以进行有效比较。学习效率指标是通过对正确率和反应时间的加权得到，当前国内外研究中大多使二者权重相当。但这大多是依据经验做出的权重赋值，针对不同类型或目的的测试项目，应当给予差异化的权重。在统计正确率指标时，有学者[20]预先筛选了难度接近的试题并直接以被试者的得分作为正确率指标。还有学者[9]对采用数据标准化方法，以个体成绩与整体平均成绩的比值作为指标。以此消除难度对学习效率整体评估的影响。

2. 生理指标监测

随着研究的深入，研究者们逐渐认识到，在特定环境条件下，记忆重构、情感状态的变化等因素会导致个体在经历某一事件时的即时体验与事后对该事件的回忆之间存在不一致性。访谈和调查问卷等传统的研究方法往往在事件发生后进行，因此存在时间延迟。这可能导致研究结果受到个体主观因素的影响而产生偏差。为了突破这一研究局限，一些研究者提倡使用实时的生理指标监测方法，包括脑电特征（EEG）、皮肤电反应、眼动追踪等以提供更为准确和可靠的数据。生理指标监测的局限性主要在于其与心理体验之间的关系不能直接转化。

脑电图（EEG）作为一种非侵入性记录大脑活动的技术，已被广泛应用于认知心理学领域，是当前国内研究中最常采用的生理指标。大多数涉及脑电测量的研究仍只在实验室环境中进行。原因在于一是实验室环境提供了高度受控的条件，研究者可精确地控制温度、风速等环境变量；二是尽管当前便携式脑电图（EEG）设备的技术已经取得了显著进步，但脑电测量设备仍然需要与较大的设备或系统相连接。

脑电测量的原理是监测大脑工作中的特定频率的电信号并计算相关比值，这一指标被认为与认知能力有关，进而影响学习效率。但当前脑电图设备供应商提供的内置分析软件在算法实现和输出指标上存在差异，而部分研究成果又未能详尽地阐述所使用的脑电图分析指标的计算方法，其限制了当前脑电测量结果的可比性、可复制性。

5 总结与展望

环境心理学发展至今，环境的意义已经不止于美观，更重要的是满足使用者的个性化需求。室内环境对学习效率的影响研究专注于探究解析室内物理环境如何影响个体的认知过程和学习成果。

当前室内环境对学习效率的研究对象大部分为不同年龄段的学生群体，这与社会普遍认同学生群体在知识获取和技能发展方面的中心地位有关。而随着终身学习理念的推广和成人教育的兴起，其他职业群体的学习行为也应受到重视，包括技术工人、服务行业工作者等群体的学习行为不仅有助于个人职业发展，也对推动社会整体的知识更新和技能提升具有重要意义，后续研究中应当注重被试者群体的多样性。

参考文献

[1] 蒋婧，王登甲，刘艳峰，等. 冬季中小学生学习效率与室内温度关系实验研究[J]. 暖通空调，2019，49（5）：99-105，85.

[2] 曹新颖，郑德城，秦培成，等. 建筑工业噪声对工人学习效率的影响——基于脑电的研究[J]. 清华大学学报（自然科学版），2024，64（2）：189-197.

[3] 梁树英，杨易，王文轩，等. 不同LED照度水平对设计类教室学习效率和舒适度的影响研究[J]. 西部人居环境学刊，2023，38（6）：54-59.

[4] 蒋婧，王登甲，刘艳峰，等. 室内二氧化碳浓度对学习效率影响实验研究[J]. 建筑科学，2020，36（6）：81-87.

[5] VILLARREAL A Y P，PEÑABAENA-NIEBLES R，BERDUGO C C. Influence of environmental conditions on students’ learning processes：A systematic review[J]. Building and Environment，2023，231：110051.

[6] 蒋婧. 热舒适与学习效率综合作用的西北乡域教室冬季热环境研究[D]. 西安：西安建筑科技大学，2018.

[7] 李珊珊，高伟俊，李岩学. 基于脑电波测量的室内热环境变化对学生学习效率的影响研究[J]. 建筑节能（中英文），2022，50（8）：142-149.

[8] 毛鹏，卑圣丹，李婕，等. 高校教室室内温度对学习效率的影响[J]. 东南大学学报（医学版），2019，38（1）：168-173.

[9] 蒋婧，秦石磊，云旭鑫，等. 夏季室内风速对中学生学习效率的影响研究[J]. 西安建筑科技大学学报（自然科学版），2023，55（5）：766-773.

[10] 蒋婧，孙已明，秦石磊，等. 夏季室内风速对学生学习效率的影响研究[J]. 制冷与空调（四川），2024，38（1）：47-53，76.

[11] 杨春宇，汪统岳，向奕妍，等. 秋冬季节不同LED照明环境下的学习效率变化[J]. 照明工程学报，2017，28（6）：60-65.

[12] 胡瑞荣. 不同照度对学习效率及视觉功能的影响（在两节自修课中实验的初步观察）[J]. 心理学报，1966（2）：94-102.

[13] 严永红，晏宁，关杨，等. 光源色温对脑波节律及学习效率的影响[J]. 土木建筑与环境工程，2012，34（1）：76-79，90.

[14] 彭金歌，郭滨，白雪梅，等. 绿色LED光环境对大脑集中力影响的研究[J]. 长春理工大学学报（自然科学版），2018，41（3）：80-84.

[15] 雷萍艳. 学习效率与室内温度关系的一个实证研究——以广东湛江师范学院图书馆为例[J]. 农业图书情报学刊，2010，22（8）：147-149，152.

[16] MISHRA A K，RAMGOPAL M. A comparison of student performance between conditioned and naturally ventilated classrooms[J]. Building and Environment，2015，84：181-188.

[17] 蒋婧，王登甲，刘艳峰，等. 冬季中小学生学习效率与室内温度关系实验研究[J]. 暖通空调，2019，49（5）：99-105+85.

[18] 兰丽. 室内环境对人员工作效率影响机理与评价研究[D]. 上海：上海交通大学，2010.

[19] MARIGO M，CARNIELETTO L，MORO C，et al. Thermal comfort and productivity in a workplace：An alternative approach evaluating productivity management inside a test room using textual analysis[J]. Building and Environment，2023，245：110836.

[20] 严永红，关杨，刘想德，等. 教室荧光灯色温对学生学习效率和生理节律的影响[J]. 土木建筑与环境工程，2010，32（4）：85-89.

隐藏的资源：垂向空间设计对建筑综合效益影响初探 ①

孙宇璇　龙灏 ②

作者单位
重庆大学建筑城规学院

摘要：本文探讨垂向空间设计对建筑综合效益的影响。垂向空间设计以建筑层高、净高、面积等几何参数为核心，综合效益以经济效益、社会效益、环境效益三方面为主，基于文献梳理，阐述以上参数全生命周期对建筑综合效益影响机制。综合量化分析表明，垂向空间的高效集约化设计对提升建筑综合效益潜力巨大。本文从建筑学、工程管理、能耗技术等交叉学科视角出发，将垂向空间视为一种隐藏的空间资源，展示出高度上的集约设计所释放的潜力。

关键词：空间效率；成本 - 收益；能耗；影响机制

Abstract: This article explores the impacts of vertical space design on the comprehensive benefits of buildings. With the geometric parameters of building height, floor-to-ceiling height, and area at its core, vertical space design considers economic benefits, social benefits, and environmental benefits as the main aspects of comprehensive benefits. Based on literature study, this article elaborates on the influence mechanism of above parameters on the comprehensive benefits of buildings during the life cycle. The results show that the efficient and intensive design of vertical space has great potential to improve the comprehensive benefits of buildings. Starting from the interdisciplinary perspectives of architecture, construction management, and building technology, this article regards vertical space as a hidden resource and demonstrates the potential released by refined design of vertical space.

Keywords: Space Efficiency; Cost-benefit; Energy Consumption; Impact Mechanism

1　引言：如何估算空间资源的潜在价值?

当前，随着我国人口城镇化率普及，建筑行业由增量时代进入存量时代，设计朝向更加精细化的方向发展。同时，随着技术的进步，建筑智能化程度愈发提升。2021年，国家“十四五”规划纲要政策将物联网感知、通信系统等设施纳入新建及改造项目，楼宇设施中的设备系统日益复杂（图1）。以垂向空间中的吊顶上部夹层为例，新纳入的设备设施使这部分空间持续增加，室内净高被迫压缩，现有的层高取值不断升高。然而，因缺乏整体性的空间规划，导致垂向空间资源浪费趋势愈发明显。

以吊顶上部空间为例，已有众多学者和建筑师关注这部分空间的集约利用情况。例如，SOM建筑师夏凯星提倡控制吊顶上部设备管线占比，最大化利用垂向空间[1]；库哈斯和杨经文指出设备空间在高层建筑占比有明显增加的趋势[2][3]；课题组对106间高层住院楼的评估量化了这一趋势，评估结果表明垂向空间产出效率均随时间推移而降低，每十年降低约1%[4]。那么，在没有主动设计干涉或对现有趋势反思的情况下，越发浪费的垂向空间资源对项目意味着什么？微小设计参数的变化又将如何通过滚雪球一般影响着建筑综合效益？这些不同层面的影响应如何被量化计算与比较？如果提升效率又将推演出怎样的情景？以上问题构成了本研究的基本出发点和落脚点。

然而，基本设计参数的变化通过一系列连锁反应影响项目综合效益，中间涉及多个关键指标，彼此相互依赖，甚至相互矛盾。因此，本文聚焦垂向空间设计中最基本且普遍存在的几何参数（层高、净高、层数、体积、总高度等），而并不关注竖向贯通的空

① 本文受国家自然科学基金青年基金项目（52308005）支持。
② 通讯作者。

间，如电梯间、管线间等，因为基本几何参数往往是设计决策的关键，从建筑学、工程管理、节能技术等交叉学科视角出发，系统性地基于经济效益、社会效益、环境效益三个方面回顾文献[5]，但受制于篇幅所限，仅筛选典型指标，描述影响机制，并对其量化模拟，旨在为精细化设计提供理论分析与决策依据。

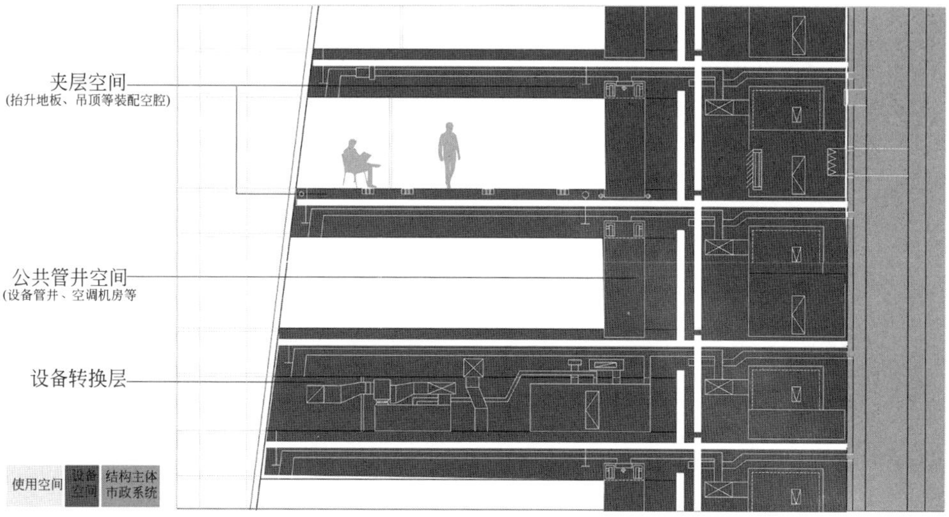

图1　高层建筑中占据了大量垂向空间的设备系统空间分布示意图
（来源：根据 Cook+Fox Architect 项目 One Bryant Park 改绘）

2　影响机制：理论解析

2.1　边界限定：垂向空间设计中的几何参数

“垂向空间设计”在本研究中主要限定在几何参数取值，以层高和净高关系为核心，以集约紧凑为导向，具体体现在以下方面：第一，在相同净高条件下，集约紧凑的垂向空间设计意味着层高较低，逐步累加起来可显著降低高层建筑总高度；在相同层高条件下，集约设计还意味着更多的净高，提升室内环境品质。第二，在相同总高度条件下，集约化利用垂向空间意味着增加额外层数，从而增加建筑可用面积。第三，在面积与高度的叠合作用下，层数相同时，集约化利用能有效控制建筑体积。由此可见，高度（包含总高度、净高、层高）、层数、体积这三个基本几何参数是垂向空间设计主要决策内容，而后续的影响类别都将基于此展开。

2.2　影响类别：基于全生命周期视角

确定几何参数对建筑综合效益的影响极具难度，一方面，参数本身关联的设计与结构要素复杂众多，彼此之间相互影响；另一方面，一些影响相对容易衡量，而一些影响则难以衡量[6]。基于文献调查发现学者按照时间过程考察对项目各阶段的影响，包含划分为施工、运营、更新等几个阶段[7]，这为分析垂向空间设计对综合效益的影响提供基本思路。本研究对影响的考察也将遵循以上时间顺序，且仅限定在高度、面积、体积三个基本几何参数内，同其他设计要素的复杂关系暂不讨论，选取相应的视角分析影响机制。

1. 高度对施工建造成本的影响

建筑高度与建造成本呈正向关联被认为是一种常识，也有大量的研究试图量化描述这种关联。例如，弗拉纳根等早在20世纪70年代的研究使用U形曲线来描述成本随着高度增加而先下降后上升的关系（图2a）[8]。但随后对香港 24 座高层建筑的研究表明，直到100米成本才会上升，而在此之前的建造成本有下降趋势（图2b）[9]。更为精细的测算来自结构成本模型，其中结构高度是同成本正向关联的重要方面[10]。增加高度对建造成本的影响主要来自几个方面：竖向交通运输的设计和成本增加；关联支模量、材料用量、管线布置等设备与材料用量增加；下部结

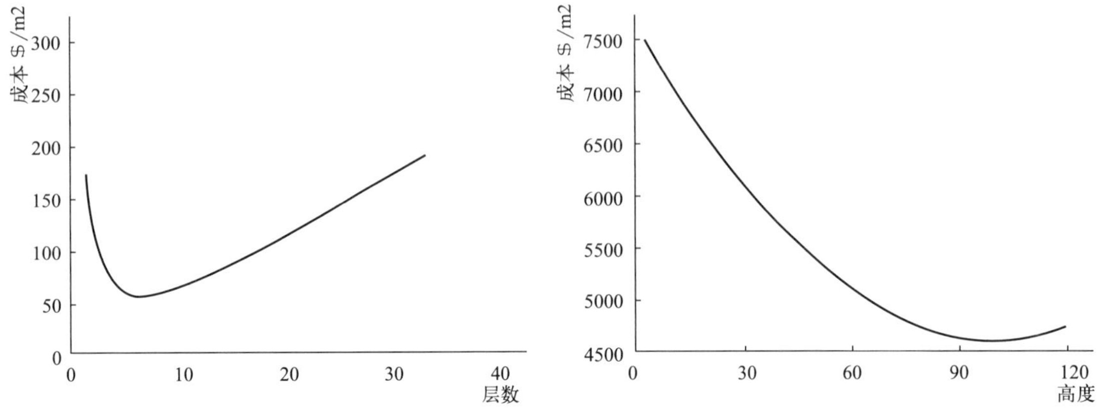

(a) 早期对建筑成本和层数的研究　　(b) 以香港高层为例的建筑成本和高度

图 2　总建筑面积的建筑成本与楼层数和高度的关系

构与基础需要承担更多来自上部结构的重量导致结构成本增加。此外，由于建造活动具有很强的在地性，建造成本的计算还和当地建筑条例、劳工市场价格、构件工艺价格等因地制宜的市场因素有关，需从工程的用量与当地的价格两方面考虑[11]。图3整理了上述两个方面的相关因素。

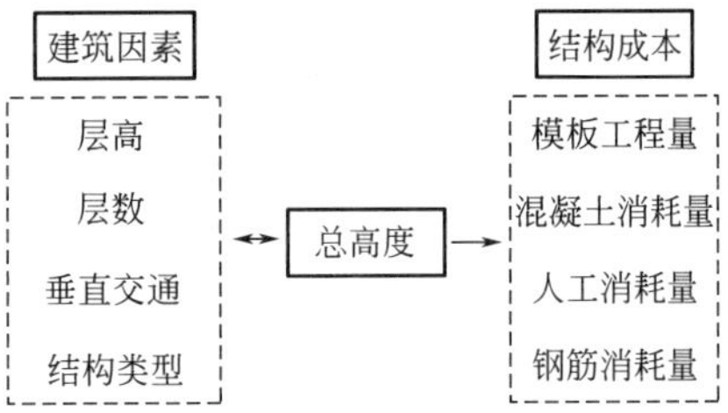

图 3　高度设计考虑因素及对结构成本影响示意简图

2．建筑层数对投资回报的影响

如果说结构高度对建造成本的影响仍以考虑建筑自身设计参数为主要，那么，建筑高度对房地产经济回报的计算则将空间资本化、社会化，属于城市经济学的宏观范畴。早期研究可追溯至1930年，克拉克等从经济回报角度探索了纽约摩天大楼建筑层数与投资回报之间的关系。综合考虑包括土地价值、建筑成本、维持费用、租赁收入在内的因素后，研究证实63层可在“退台”（Setback）分区规定下获得最大经济回报[12]。随后，研究者利用一般均衡模型等更复杂的数学手段来确定垂向空间需求与成本的相互作用如何影响土地开发模式[13]，成本与回报呈现非线性的关联模式。除此之外，对于摩天楼而言，增加面积合理利用空间，容纳更多生产劳动活动所带来的劳动力与产业聚集效应（Agglomeration Effect），将有利于提升区域价值与生产效率，并成为城市名片而吸引更多投资，以上因素难以用具体指标量化描述，需要借助专业统计模型。

3．建筑体积对运行能耗的影响

如果说投资回报视角多体现在高层建筑上，那么，能源调控因素的介入则关乎所有建筑类型。通常而言，面积与体积都反映建筑规模大小，但能耗的本质是需要调节建筑内部空气量，因此可以推断以体积计算更为准确。相关研究也佐证了上述推断，例如在以医院为例的能耗测算中，使用等价值法和等效电法计算得出建筑体积与建筑能耗的相关度强于建筑面积与能耗的相关度，可以认为单位建筑体积能耗评价指标比单位建筑面积能耗评价指标更具科学合理性[14]。研究表明，建筑运行阶段的能耗占生命周期总能耗的90%以上。因此，改善垂向空间效率而合理控制建筑体积对减少运行阶段碳排放量有重要贡献。

4．室内净高对更新改造的影响

净高关乎室内空间品质，以及潜在存量更新时的空间灵活性需求。例如，鲍姆认为室内规格构成高层建筑折旧的决定性因素，高品质的设计可有效规避市值大幅缩水。对于用于出售的办公楼而言，充足的净高保证了使用功能上的潜力与变化，有助于提升租金、减少房屋空置率，成为投资者在存量时代愈发重视的遴选因素。沿这一思路对项目进行改造，将收获更多租金而在较短的时间内实现收益平衡，避免资金流紧张，从而在长远角度实现运营收益。可见，基于对项目全生命周期资金流考察发现，尽管更高的净高空间在一定程度上提升了初次建设的成本，却可通过维持空间品质而实现全生命周期更高的经济价值。表1总结了以上要素的影响机制。

垂向空间设计参数影响机制简要总结　表1

垂向空间设计几何参数	全生命周期影响类别	机制阐释	量化难易
建筑总高度	工程造价	以结构成本为主，也涉及管线、电梯等垂直运输成本	易量化
净高	更新改造、室内使用	改造其他功能的弹性，使用者满意度	不易量化
层数	城市经济投资回报	面积反映土地开发模式、强度	较不易量化
体积	运行阶段能源消耗	体积决定调节空气耗量	较易量化

3　影响量化：计算方法

受制于篇幅所限，本文筛选出易于模拟测量的部分，提出计算方式。类型上，以高层住院楼这一特定建筑类型为例，一方面与评估研究中的评估对象保持一致，使结果更具说服力；另一方面，医疗建筑建设量持续增加，且单位建筑面积能耗约为其他公共建筑的1.6～2倍，住院楼内部空气的调节需求24小时不间断，属于典型的高能耗公共建筑类型，具有代表性。

3.1　视角与数据说明

基于2.2中对影响机制的理论分析，选取三个具体方面量化，并通过控制变量法简化模型。首先，从结构成本角度，本文选择由深圳市建设工程造价管理站（以下简称“深圳造价站”）提供的高层建筑结构成本模型模拟分析。如上文所述，建造因素受当地建筑环境影响较大，而该模型基于对136个深圳高层建筑成本分析推导得出，具有一定可靠性。其次，从社会效益角度模拟高度变化带来的运行效率，从而改善医护人员与患者的通行效率，抑或节约电梯成本。最后，对因体积变化的能源消耗简要模拟，同样选取深圳气候参数来评估运行阶段的能耗成本。以上视角中的变量分别为高度与体积，且三个模拟从不同维度呈现垂向空间效率变化对综合效益的影响，但局限性仍然不可避免，例如，因室内净高提升所产生的经济回报较难衡量，这里并不讨论，最终结果都转化为实际价值以便交叉比较。

3.2　计算模型

1．经济效益：建筑结构成本

建筑结构成本的主要消耗来自于人工费和材料费，约占成本的85%[11]，其余部分来自于设备费、企业管理费、税金等方面。根据深圳造价站提供的高层建筑结构成本及要素模型，在5个成本目标中，建筑高度对建筑结构成本、混凝土消耗量、模板消耗量的影响位于所有要素首位，而对人工消耗量和钢筋消耗量的影响均位列所有要素中的第四位，而这两个因素同总体层数正向相关（表2）。可见，总结构高度对建筑施工成本的影响最为广泛性和深远性。就广泛性而言，结构高度影响了多个成本要素。就深远度而言，结构高度对建筑结构总成本、模板消耗、混凝土消耗的影响最大。

以最核心的建筑结构成本预测模型中的方程式为例在等式中：

$$Y1=a+2.46X+\sum_{i=1}^{n} b_i X_i$$

式中，$Y1$为结构建造成本；2.46为结构总高度系数；a 是常数；b_i 为设计参数系数；X_i 表示不同的设计参数。

2．社会效益：交通传输效益

在有限的高度内，集约设计的垂向空间意味着每层建筑高度合理，从而在垂直向的交通运输问题上也带来诸多益处，一方面，如果层高经济合理，那么同等速度运行的电梯会更快的到达各层，减少医护人员与患者通行时间，通行效率的改善能够自然为治疗和抢救赢得宝贵时间；另一方面，如果同等时间下，紧凑高度设计的建筑可使用更经济的电梯。以普通电梯的传输速度2米/秒为例。计算出节省高度所节省的时间：

$$B=(H_1-H_2)/2$$

式中，B为节省，H表示高度。

针对住院楼等电梯时间过长等问题，垂向空间的精细化设计也同样有重要意义。

成本预测模型中不同设计参数的影响系数示意 表2

	结构成本	人工耗量	模板消量	钢筋消量	混凝土消量
结构总高度x	2.46x	-0.33x	0.63x	-0.014x	0.07x
影响排序	首位	第四位	首位	第四位	首位
结构总层数x	不适用	4.29x	不适用	0.113x	不适用
影响排序	—	首位	—	首位	—

3. 环境效益：能源消耗

前面两部分内容计算分析了几何参数中建筑总高度与面积因垂向空间效率改变所带来的影响，如果参数的维度进一步扩展至体积，那么，最直接且最重要的影响是建筑内部空气调控量，也即对能耗的影响。在保证室内高度的前提下，建筑高度的降低会减少建筑体积。因此，更少的空气被加热或冷却，通过这种方式节省能源消耗。例如，热负荷是根据建筑体积计算的：

$$Qn=c*V*\rho*(t_1-t_2)$$

式中，Qn表示热能；c表示空气比热容；V表示空气体积；ρ 表示密度；t 表示温度。

根据《民用建筑供暖通风与空气调节设计规范》中规定的供冷室内温度设计参数，结合夏热冬暖地区气象数据，选定25℃作为供冷设计室内温度，以5~10月平均气温计算温差，根据公式可计算全年可节省电费。为简化计算，上述数值仅展示了改变体积而节约暖通空调能耗部分的初步计算方法，而实际运行情况将会更加复杂。

4 结语与建议

本文旨在揭示微小的设计参数变化带来的持续影响，并将空间视为一种综合资源。建筑的基本几何参数就如同人的基因，位于细胞核中压缩编码，却决定细胞未来的分化特性，如神经灵敏度、肌肉表现等。类似的，建筑物应该被视为一个整体，在基本参数层面上的小改动会产生明显的连锁反应，类似“蝴蝶效应”。垂向空间设计就是包含诸多看似简单的设计参数，却对建筑全生命周期的综合效益有深远影响。廓清上述认知有助于建筑师在学科逐步分化的时代，精细化把控设计参数，明确垂向空间参数取值对综合效益不同方面的影响，从而在相应设计环节上做出响应。

本文对垂向空间设计对综合效益影响机制的分析与量化，证明相关几何设计参数在全生命周期综合效益上有巨大潜力，并对未来设计指引与政策制定带来如下启示：①体积关联指标纳入评价体系，强化垂向空间整体设计意识。目前，仅少部分国家，或特定类型建筑使用单位体积价格指标对项目成本估算调控，而我国的设计实践中多以面积指标为准，存在一定局限性。②树立行业标杆，建立相应共享机制。为使设计实践从业人员与决策者对现实情况有清醒的认知，以跳出固有模式而寻求设计品质的提升，建立优秀标杆案例平台。例如，瑞士建筑杂志Werk每期报道典型案例并公布相关经济技术指标，同时附有线上数据库。通过分享标杆案例的基本设计参数，并对数据库定期维护更新，使设计决策在初始阶段具备参照。

参考文献

[1] 马克·夏凯星. 高层建筑设计：以结构为建筑[M]. 北京：中国建筑工业出版社，2019.

[2] Koolhaas R. Fundamentals：14th International Architecture Exhibition [M]. Venice：Marsilio，2014.

[3] Yeang K. The Skyscraper Bioclimatically Considered：A Design Primer[M]. London：Academy Editions，1996.

[4] 孙宇璇，陈力然，龙灏. 效率与感知：垂向空间综合效益评价探索——以高层住院楼为例[J]. 建筑学报，2023（2）：58-63.

[5] 刘云月，余剑英. 建筑经济[M]. 北京：中国建筑工业出版社，2018.

[6] Robinson，H.，Symonds，B，Gilbertson，B and Ilozor，B（ed.）. Design Economics for the Built Environment：Impact of Sustainability on Project

Evaluation[M]. Oxford Wiley，2015.

[7] Li - Yin Shen，Jian Li Hao，Vivian Wing - Yan Tam & Hong Yao. A checklist for assessing sustainability performance of construction projects[J]. Journal of Civil Engineering and Management，2007（13）：273-281.

[8] Flanagan，R.，Norman，G. The relationship between construction price and height[J]. Chartered Surveyor Building and Quantity Surveying Quarterly，1978（4）：68 - 71.

[9] Picken，D.，Ilozor，B. D. Height and construction costs of buildings in Hong Kong[J]. Construction Management and Economics，2003（21）：107 - 111.

[10] 张红标. 建筑结构设计成本优化研究——以深圳高层钢筋混凝土建筑结构为例[D]. 杭州：浙江大学，2011.

[11] 张红标. 基于多元回归分析的方案设计阶段建筑结构成本要素分析预测研究[J]. 工程造价管理，2015，No. 142（02）：49-52.

[12] Clark W C，Kingston J L，Construction AIOS. The Skyscraper：A study in the Economic Height of modern Office Buildings[M]. American Institute of Steel Construction，1930.

[13] Gabriel M. Ahlfeldt，Jason Barr. The economics of skyscrapers：A synthesis[J]. Journal of Urban Economics，2022（129）：103419.

[14] 薛俐. 医院建筑能耗拆分与基准能耗修正研究[D]. 武汉：华中科技大学，2019.

超高层办公建筑地下装卸货区平面空间优化

李光雨　刘一潼　马杰　马云龙

作者单位
北京海路达工程设计有限公司

摘要： 超高层办公建筑地下空间资源有限，在满足货车行驶平面空间需求的前提下，为尽量节约装卸货区面积，将其分为静态、动态两部分空间分别进行优化。在进行定量化测算时，除采用了传统的公式计算方法外，还尝试采用了基于计算机仿真的微分模拟方法。经过对测算结果的讨论，得到了卸货区静态、动态空间的推荐设计形式及尺寸需求；验证了微分模拟方法的适用性；明确了卸货区面积与主要设计参数之间的相关关系。

关键词： 超高层办公建筑；装卸货区平面设计；微分模拟方法；AutoTURN

Abstract: Ultra-high-rise office building underground space resources are limited. On the premise of satisfying the plane space requirements of truck driving，in order to save the space of loading and unloading area as much as possible，the area is divided into two parts： static and dynamic，which are optimized respectively. For the quantitative measurements，in addition to the traditional formulaic calculations，a differential modelling method based on computer simulation was attempted. After discussion of the measurement results： ① the recommended design forms and size requirements for the dynamic and static spaces of the unloading area were obtained; ② the applicability of the differential simulation method was verified; and ③ the correlation between the area of the unloading area and the main design parameters was clarified.

Keywords: Ultra-high-rise Office Building; Loading and Unloading Area Plan Design; Differential Simulation Method; AutoTURN

1　引言

在货运交通飞速发展的今天，对于人员较密集的超高层办公建筑而言，货车装卸货区域是建筑物内部货运动线的起点和终点，是保障内部货运交通顺利运行的重要基础。为了尽量避免货运动线对于人行动线的干扰，超高层办公建筑通常会将装卸货区设置于地下室。由于地下空间开发的成本较高，故在地下室精细化设计工作中，经常需要面对货车装卸货区的空间优化问题：一方面应满足货车顺利驶入驶出的行车空间需求，另一方面应尽量减少装卸货区占地面积。

装卸货区域可细分为静态空间和动态空间两部分，静态空间是指货车处于静止状态时所需要占用的空间，包括货车停车位、卸货平台等；动态空间主要是指当货车驶入驶出停车位时所需要的进出腾挪空间。其中，静态空间的尺寸需求主要与停车位尺寸、停车位数量、卸货平台尺寸等有关，其需求基本固定、可优化的余地不大；动态空间主要是与货车行驶时的扫掠轨迹有关，在不同的设计方案（不同的车辆行驶路径方案）之间区别较大、可优化的余地较大。本文拟着重研究装卸货区动态空间的尺寸需求问题。

2　静态空间尺寸需求

1. 设计车辆选择

由于地下车库的净高有限、行驶空间相对地面而言较为窄小，并且大型货车卸货频次低，故大型货车通常会采用在地面临时停靠的方式装卸货；而小型货车通常可以借用常规的小型客车停车位临时装卸货；因此地下车库卸货区主要服务的货车类型为轻型货车。故本文拟采用轻型货车作为本次装卸货区尺寸分析的设计车辆[1]。

2. 停车位尺寸

根据《车库建筑设计规范》JGJ100-2015第4.1.1条，轻型货车的外廓尺寸（长×宽×高）可采用7000 mm×2250 mm×2750mm。在装卸货区中为了便于货物的装卸，通常采用垂直式后退停车位。一个常规的轻型货车垂直式后退停车位的长度可采用7500～8000mm、宽度可采用3050～4000mm[①②]。下文拟按照设计停车位长度8000mm、宽度4000mm进行后续分析。

3. 停车位数量

我国各大城市均对公共建筑的装卸货车辆停车位做出了规定，参照北京市地方标准[③]，办公类建筑配置装卸货停车位应按照每1万平方米建筑面积1个设置，最高3个；不足1万平方米的建筑应设置1个。本文拟以3个装卸车位为例，进行后续的装卸货区动、静态空间需求分析。

4. 卸货平台尺寸

装卸货区域内宜设置装卸货平台。服务大型货车的卸货平台一般高度为1200～1400mm[④]，服务轻型货车的卸货平台一般高度为700～1000mm。卸货平台应有足够的空间供手推车回转，其宽度一般宜不小于2500mm。卸货平台宜配置手推车坡道，其宽度宜不小于1500mm、坡度宜不大于1/8、临空面应设防护栏杆。卸货平台应与建筑物内部货运通道顺接[⑤]。

5. 尺寸需求

综上可知，装卸货区静态空间的尺寸需求，主要与装卸货停车位数量有关。以设置3个停车位为例，静态空间横向尺寸需求最小约为4000×3+1500=13500mm（考虑到与墙毗邻停车位的宽度已经能够满足所停放车辆开启车门需要的空间，因此不再另外增加安全余量），纵向尺寸需求最小约为8000+2500=10500mm，面积约为141.75m^2，如图1所示。

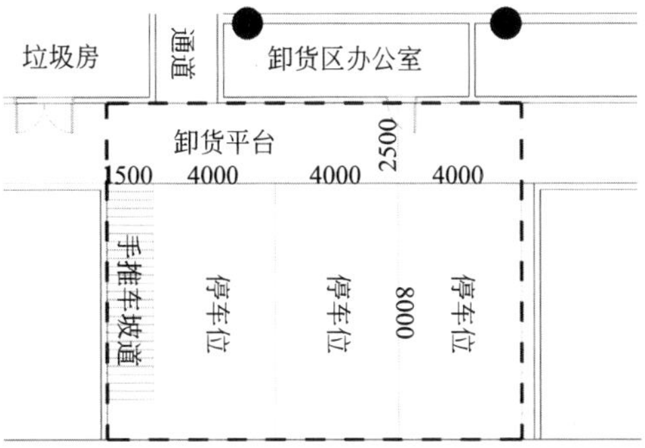

图1　静态空间尺寸需求示意图（单位：mm）

3　动态空间尺寸需求

下文分为“分析方法”“测算结果”“结果讨论”三个部分，基于我司为某超高层办公楼提供交通设计咨询的实际案例，对地下卸货区域的动态空间尺寸需求进行分析研究。

3.1　分析方法

1. 动态空间分类

按照货车在驶入驶出停车位时是否会占用车库的公共车行通道，大致可以将动态空间分为两类：A类空间允许货车占用公共车行通道进行车辆腾挪，B类空间则不允许占用（图2、图3）。

从占地面积角度考虑，A类空间明显优于B类空间。但是货车在驶入驶出A类空间时会临时占用公共车行通道、阻断双向车流，因此仅对于公共车行通道车流量较小的特殊场景，可采用A类空间。而超高层办公建筑公共车行通道的车流量通常较大，因此一般应采用B类空间[⑥]。

对于B类空间，还可以再进一步按照车辆腾挪空间与停车位的相对位置关系，再细分为B1类平行式动态空间和B2类垂直式动态空间两大类（图4、图5）。

① 上海市道路运输管理局. 建筑工程交通设计及停车库（场）设置标准DG/TJ 08-7-2021 [S].上海：同济大学出版社，2021.
② 住房城乡建设部. 车库建筑设计规范JGJ 100-2015 [S].北京：中国建筑工业出版社，2015.
③ 北京市城市规划设计研究院. 公共建筑机动车停车配建指标DB11/T 1813-2020 [S]. https：//ghzrzyw.beijing.gov.cn/biaozhunguanli/bz/cxgh/202103/t20210303_2297920.html，2020-12-22.
④ 刘娟.浅谈物流配送中心的建筑设计[C]//中冶建筑研究总院有限公司.土木工程新材料、新技术及其工程应用交流会论文集（下册）.北京：工业建筑杂志社，2019：4.
⑤ 赢商网.购物中心装卸货区动线设计9个案例+2大技巧！[EB/OL].http：//down.winshang.com/ghshow-1201.html，2015-07-03.
⑥ 上海市道路运输管理局.建筑工程交通设计及停车库（场）设置标准DG/TJ 08-7-2021 [S].上海：同济大学出版社，2021.

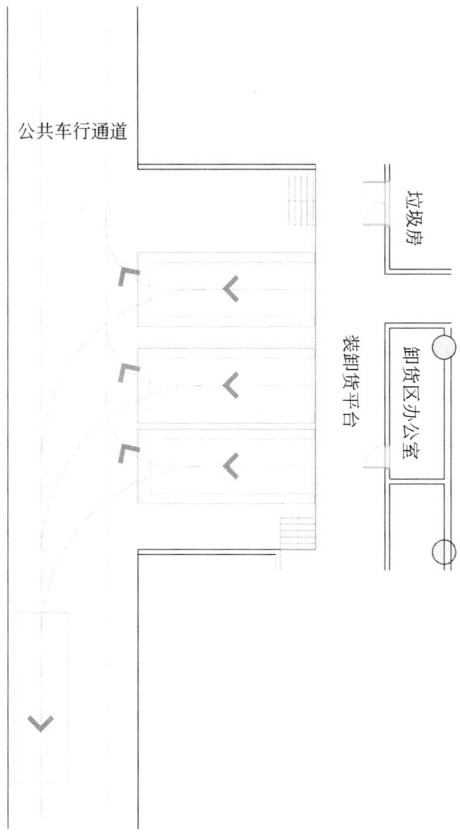

图 2 A 类空间示意图

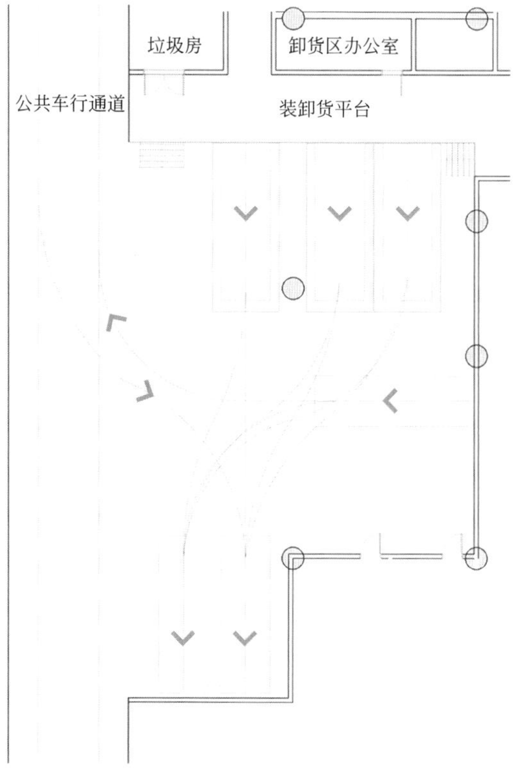

图 3 B 类空间示意图

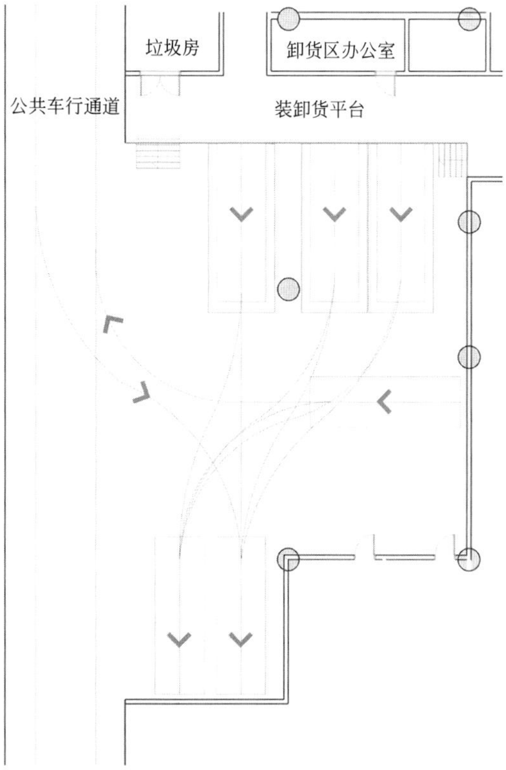

图 4 B1 类空间示意图

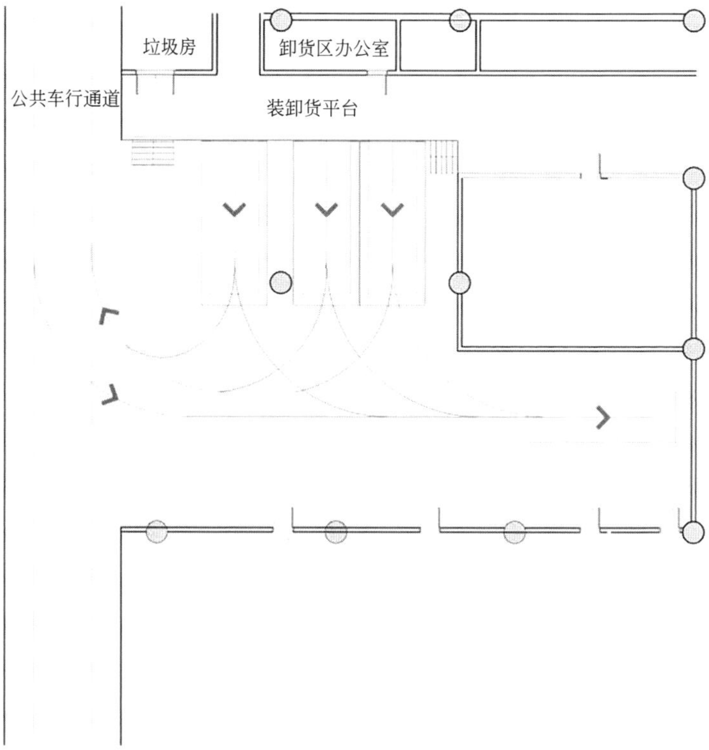

图 5 B2 类空间示意图

以下主要针对B1及B2类动态空间的尺寸需求进行测算。

2. 公式计算方法

在车库设计中通常采用的方法是基于车辆尺寸参数的转弯半径公式计算方法。在2015年由住房城乡建设部颁布的行业标准《车库建筑设计规范》（以下简称规范）中，对此方法给出了详细而明确的规定。传统上，此类方法已被广泛地使用于车库设计工作中，例如谭玉阶（2008）、屈睿（2012）、刘哲夫（2014）、杨杰和杨鸿玮（2020）等。

根据规范第4.3.4条条文说明①，经修正后可知，后退式停车位所需要的停车道最小宽度（W_d）应按照下列公式确定（图6）：

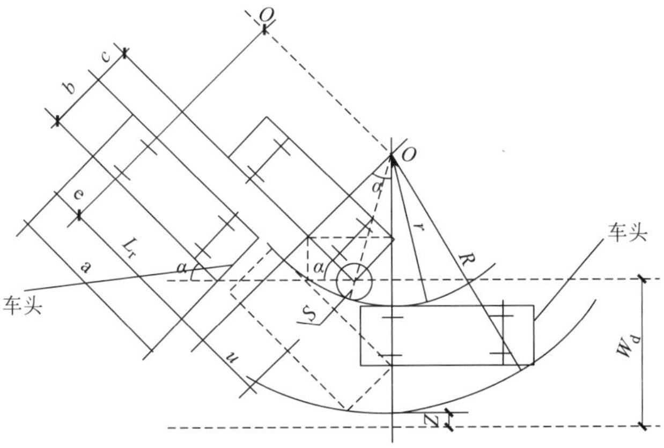

图6　后退式停车平面示意图

$$W_d=R+Z-\cos\alpha\{(r+b)-\tan\alpha[L_r-(a-e)]\} \quad (1)$$

$$L_r=(a-e)-\sqrt{(r-S)^2-(r-c)^2}+(c+b)\cot\alpha \quad (2)$$

式中：R—车辆环行外半径；r—车辆环行内半径；W_d—停车道宽度；S—车辆进出停车位时与相邻车辆的最小安全距离，宜≥300mm；Z—车辆行驶时与相邻的车或墙之间的安全距离，宜为500~1000mm；L_r—车辆的后轮回转中心在车辆回转完毕（对正停车位）后、车辆直线倒入停车位过程中的偏移距离；a—车辆长度；b—车辆宽度；c—处于停放状态的两车之间距离；e—车辆后悬尺寸；α—停车角。

此公式假设机动车以固定的最小转弯半径r_1倒车行驶一段圆曲线后，直线倒入与邻车距离为c的停车位。

将公式1代入公式2，经简化后可以得到公式3：

$$W_d=R+Z-\cos\alpha(r-c)-\sin\alpha\sqrt{(r-S)^2-(r-c)^2} \quad (3)$$

当停车角α为90度（垂直式后退停车位）时，公式还可简化为以下形式：

$$W_d=R+Z-\sqrt{(r-S)^2-(r-c)^2} \quad (4)$$

可知，在车辆自身尺寸参数（R、r）及安全距离（S、Z）不变的情况下，适当地增大c（处于停放状态的两车之间距离），即增大停车位宽度W_c（$W_c=b+c$），可以使停车所需的停车道最小宽度W_d适当减小（后文将对此进行量化分析，详见3.3中3.参数调整对结果的影响）。

3. 微分模拟方法

随着计算机应用水平的不断提高，许多基于微分方法的车辆转弯扫掠轨迹分析软件已被开发并被广泛用于实际设计工作中，例如Transoft Solutions公司开发的AutoTURN软件、Autodesk的Vehicle Tracking、CGS Labs的Autopath、Invarion的RapidPath等。

以AutoTURN为例，该软件可基于CAD平台生成车辆转弯的扫掠轨迹，尤其适用于模拟车辆以较低速度前进或倒车（转弯时不发生侧向滑动）的场景。在国际上该软件已被广泛用于环岛、交叉路口、公交场站、停车场、装卸货区等的设计优化工作中②。在我国，近年来对该软件的研究和应用也逐渐增多，郑利等（2012）将该软件应用于公路及城市道路设计中，刘洪启（2016）、辛玉华等（2016）将该软件应用于公路设计中，任腊春等（2019）、李洪亮等（2021）将该软件应用于风电叶片特种运输车辆的运输方案设计中，钱鼎鼎等（2021）将该软件应用于交通环岛的平面及纵向交通冲突分析中。到目前为止，采用该类软件对地下车库装卸货区域进行优化设计的研究尚不多见，故本文拟尝试使用AutoTURN软件对动态空间的尺寸需求进行测算。

① 住房城乡建设部.车库建筑设计规范JGJ 100-2015 [S].北京：中国建筑工业出版社，2015.

② Transoft Solutions.AutoTURN宣传资料及使用手册[EB/OL].https：//www.transoftsolutions.com/，2023-06-01.

4. 动态空间测试场地

为研究动态空间尺寸需求，基于实际案例，假定装卸货区域位于建筑物的地下一层，静态空间设有3个轻型货车停车位。当货车自地面层驶入后，需经过公共车行通道、动态空间，倒车进入停车位。当驶出时，货车自停车位，经过动态空间、公共车行通道，自地面层驶离。公共车行通道双向行驶、宽度为7000mm①②，静态空间尺寸按照“2 静态空间尺寸需求”所得之结论设置，测试场地如图7所示。

5. 测试车辆尺寸

根据规范第4.1.1条，轻型车外廓尺寸（长×宽×高）可采用7000mm×2250mm×2750mm；根据第4.1.3条，轻型车最小转弯半径应采用6000~7200mm①。通过从网络收集并比对实际中的轻型货车的轴距、前悬、前轮距等关键尺寸数据，本文拟采用以下设计车辆尺寸（表1），该尺寸规格能够涵盖住绝大多数轻型货车的车身尺寸规格。

6. 安全余量取值

在后续测算中，设计车辆进出停车位时与相邻车辆的最小安全距离S拟取值300mm；车辆行驶时与相邻的车或墙之间的安全距离Z取500mm；处于停放状态的两车之间距离c取1750mm（即停车位宽度W_c取4000mm）①②。

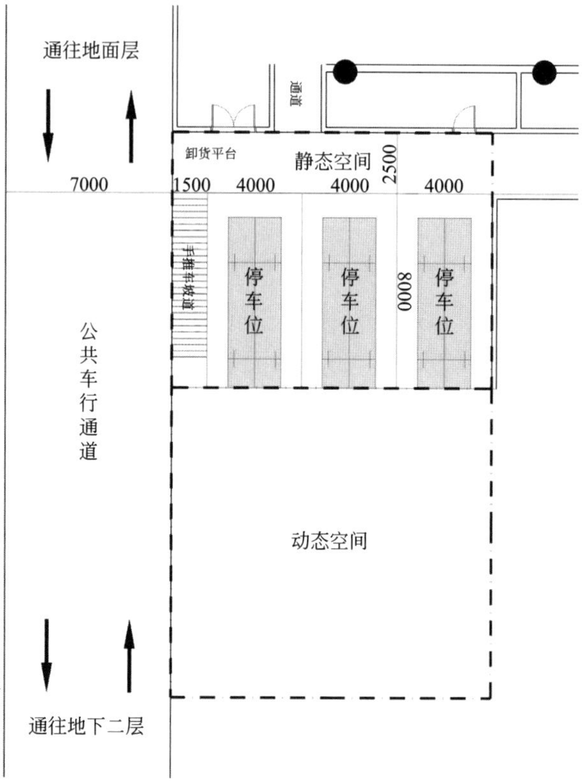

图7 测试场地示意图（单位：mm）

设计车辆尺寸规格（单位：mm） 表1

长度	宽度	高度	前悬	后悬	轴距	前轮距	后轮距	转弯半径
7000	2250	2750	1185	1865	3950	1750	1690	7200

3.2 测算结果

1. 公式法结果

利用公式法与作图法相结合的方式，可得B1类空间的尺寸需求约为125.62m^2，B2类空间的尺寸需求约为154.21m^2（图8、图9）。由于在测算中发现，货车驶入时所需空间尺寸的瓶颈场景出现在驶入最右侧停车位时、驶出时的瓶颈场景出现在驶出最左侧停车位时，故在结果图中展示了相应瓶颈场景的测算结果。

2. 模拟法结果

使用AutoTURN软件在CAD平台中绘制设计车辆驶入驶出停车位的扫掠轨迹，经人工测量可得B1类空间的尺寸需求约为123.33m^2，B2类空间的尺寸需求约为151.29m^2（图10、图11）。

3.3 结果讨论

1. 动态空间设计方案推荐

综上，B1、B2类空间的尺寸需求分别约为126m^2、154m^2，B1类空间占地面积更小。而货车驶入及驶出B1、B2类空间停车位所需的操作次数基本相同。故在同等条件下，推荐优先考虑采用B1类平行式动态空间设计方案。

① 住房城乡建设部.车库建筑设计规范JGJ 100-2015 [S].北京：中国建筑工业出版社，2015.
② 上海市道路运输管理局.建筑工程交通设计及停车库（场）设置标准DG/TJ 08-7-2021 [S].上海：同济大学出版社，2021.

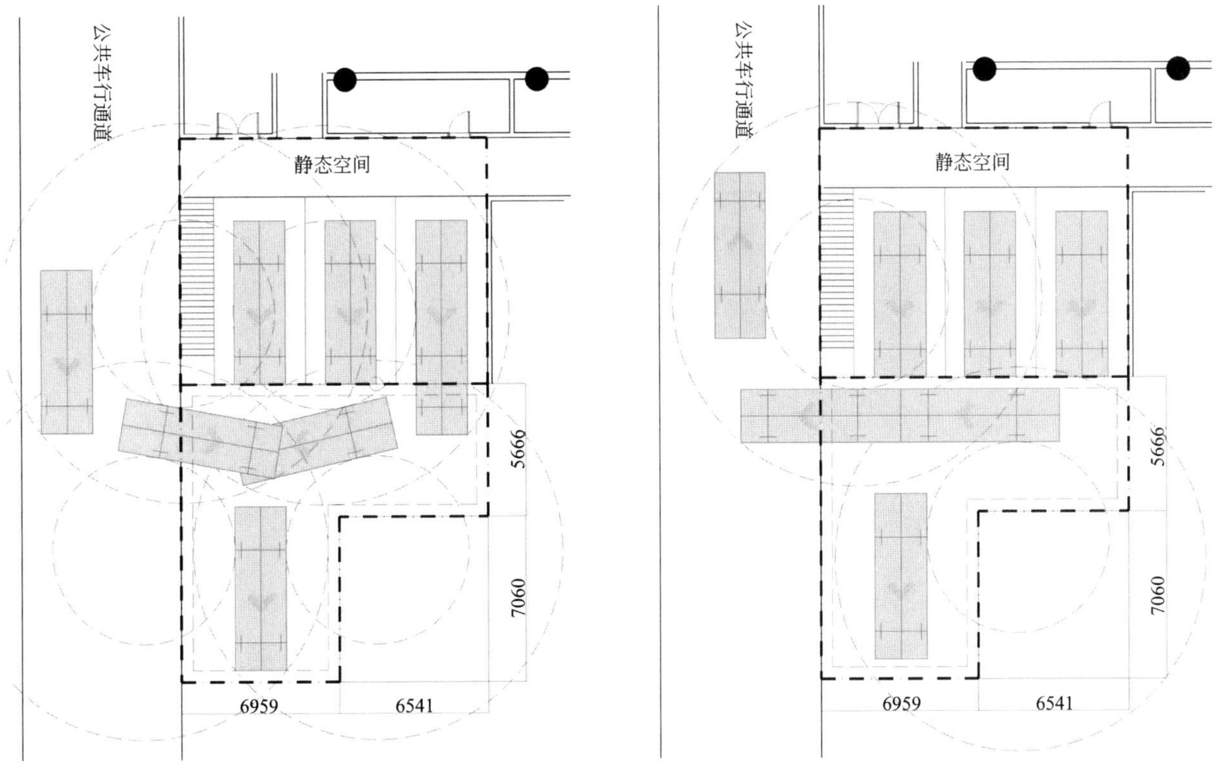

(a) 驶入最右侧车位　　(b) 驶出最左侧车位

图 8　B1 类空间公式法结果（单位：mm）

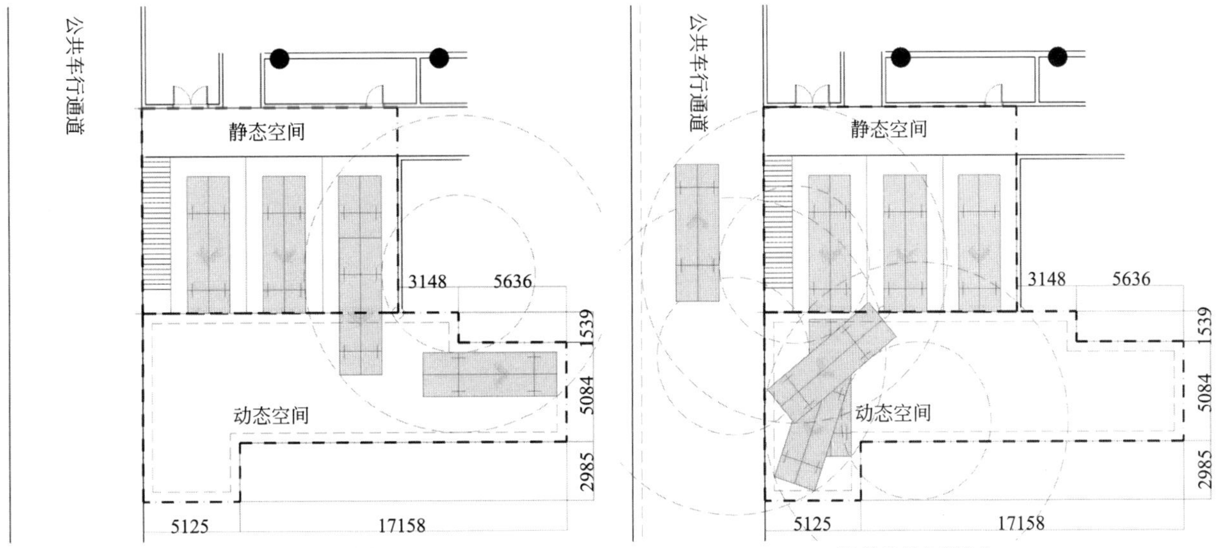

(a) 驶入最右侧车位　　(b) 驶出最左侧车位

图 9　B2 类空间公式法结果（单位：mm）

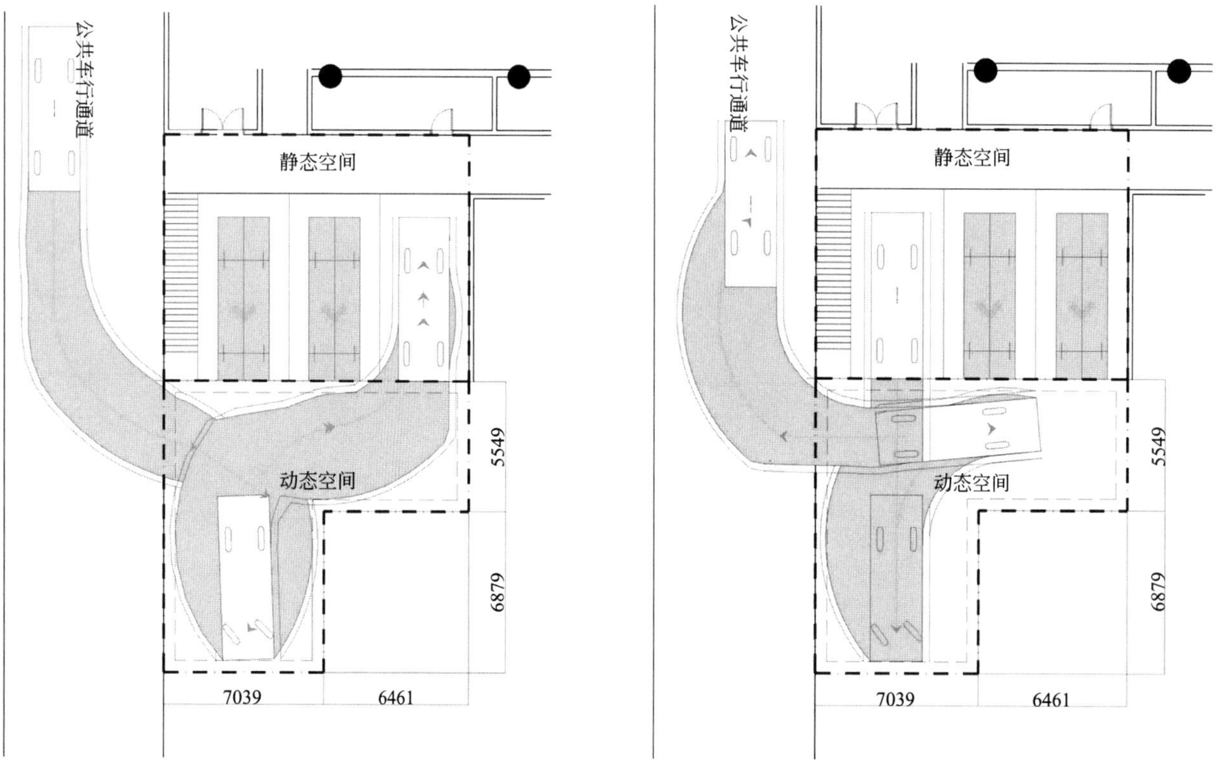

(a) 驶入最右侧车位

(b) 驶出最左侧车位

图 10　B1 类空间模拟法结果（单位：mm）

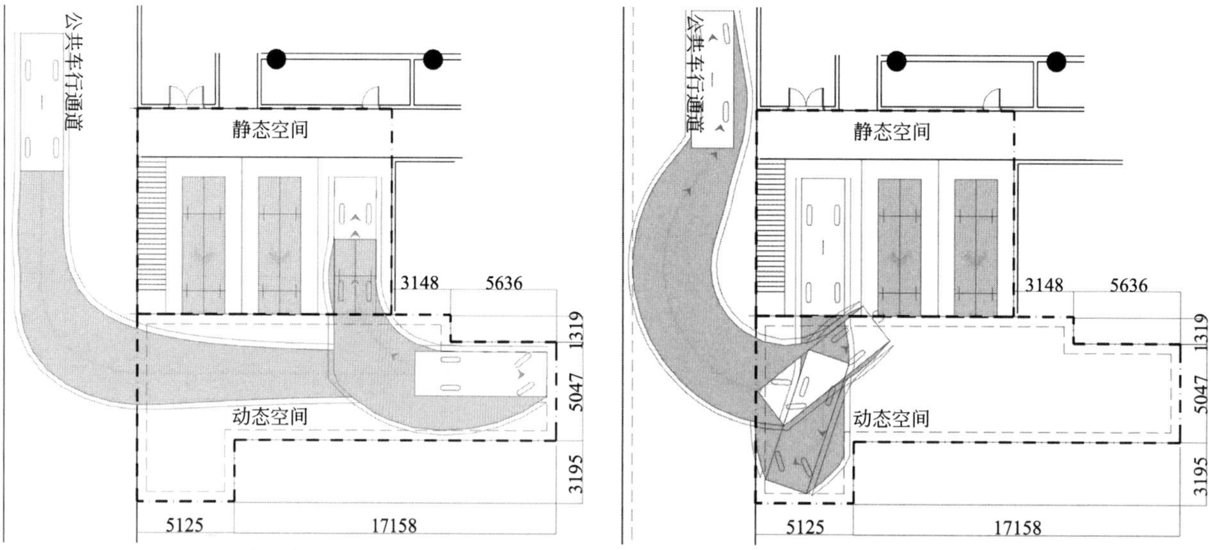

(a) 驶入最右侧车位

(b) 驶出最左侧车位

图 11　B2 类空间模拟法结果（单位：mm）

2．模拟法的适用性评估

将模拟法的结果与公式法进行对比（以公式法结果为基准，计算模拟法结果与公式法结果的百分比数值，作为“对比值”），如表2所示：

模拟法与公式法结果对比　　表2

项目	装卸货区动态空间尺寸	
	B1类（m^2）	B2类（m^2）
公式法	125.62	154.21
模拟法	123.33	151.29
对比值	98%	98%

可见，模拟法结果与公式法差异较小；其差异可能与人工操作软件绘制扫掠轨迹时对于车辆行驶途径点的选取等主观因素有关。可以认为模拟法与公式法所得的结果基本一致；模拟法基本上能够适用于本次的装卸货区动态空间尺寸分析工作。

与公式法相比，模拟法具有结果更直观、操作更灵活等特点，可以实时调节车辆行驶参数（如起点、途经点、终点、最低行驶速度、是否允许在车辆静止时转向等），从而更容易适应和模拟复杂多变的驾驶场景。而公式法则对于周边空间约束条件的逻辑分析更清晰，结果更为稳定，更容易获得明确的驾驶路径策略及空间需求特征。

3．参数调整对结果的影响

基于公式法可知（参见公式4），在车辆自身尺寸参数及安全距离不变的情况下，当停车位宽度W_c增大时（即停放车辆之间的间距c增大时），会导致所需要的停车道最小宽度W_d减小。通过数值计算，表3列出了一组不同停车位宽度W_c（及车辆间距c）所对应的最小停车道宽度W_d。

不同停车位宽度所需的最小停车道宽度　表3

W_c：停车位宽度（mm）	c：车与车间距（mm）	W_d：停车道宽度（mm）	$W_c \times W_d$（mm^2）
3600	1350	6014	2.17E+07
3800	1550	5823	2.21E+07
4000	1750	5657	2.26E+07
4200	1950	5513	2.32E+07
4400	2150	5389	2.37E+07

（注：基于设计车辆长度7000mm、宽度2250mm、高度2750mm、前悬1185mm、后悬1865mm、轴距3950mm、前轮距1750mm、后轮距1690mm、转弯半径7200mm。）

可知当W_c增大时，虽然W_d会随之减小，但$W_c \times W_d$整体上会随之增大，因此装卸货区域动态及静态空间的整体面积将会随之增大。因此为了获得尽可能小的装卸货区面积，停车位宽度W_c取值应尽可能小（本文按照W_c=4000mm取值，为上海市工程建设规范推荐值①）。

同样地，通过数值计算可知，增大车辆的长度、宽度、轴距（相应减小后悬以保持车长不变）、前悬（相应减小后悬以保持车长不变）、最小转弯半径，以及安全余量S、Z，均会导致卸货区面积增加。但当增大车辆的前轮距时，在其他参数取值不变的情况下，卸货区面积将会有所减少。

4　结论

本文将地下装卸货区细分为静态空间和动态空间两部分，并对两部分（尤其是动态空间部分）所需的空间尺寸进行了分析研究，得到以下结论：

静态空间所需面积约142m^2，动态空间（推荐优先考虑采用B1类平行式）所需面积约126m^2，合计约268m^2，详细尺寸需求如图12所示；

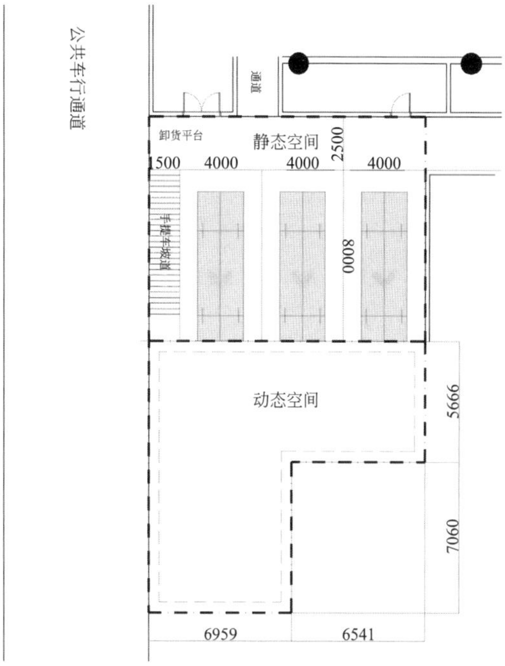

图12　地下装卸货区尺寸需求示意图（单位：mm）

① 上海市道路运输管理局.建筑工程交通设计及停车库（场）设置标准DG/TJ 08-7-2021 [S].上海：同济大学出版社，2021.

微分模拟方法具有结果直观、操作灵活等特点，能够适用于本次装卸货区平面设计工作；

装卸货区面积与停车位宽度（车辆间距）、车辆长度、宽度、轴距、前悬、最小转弯半径、行驶安全余量正相关，与车辆前轮距负相关。

本文在进行地下装卸货区尺寸需求分析时，暂未考虑柱网等地下结构方面的影响，在实际设计中应予考虑、且应将柱网等尽量布置于货车行驶轨迹范围以外。

参考文献

[1] 辛玉华，孙小端. 基于AutoTURN的公路设计车辆最小转弯路径研究[J]. 黑龙江交通科技，2016，12：1-2.

[2] 李洪亮，王钰明，范菲阳，等. 基于AutoTURN的风电设备运输方案设计优化[J]. 南通大学学报（自然科学版），2021，20（1）：40-46.

[3] 刘洪启. 低等级公路与等外公路平面交叉右转线形设计研究[J]. 中外公路，2016，36（5）：319-322.

[4] 刘哲夫. 地下停车库优化设计浅析[J]. 中外建筑，2014，160（8）：129-131.

[5] 钱鼎鼎，赵超，王正. 扫掠路径下交通环岛的冲突分析[J]. 交通与运输，2021，37（5）：29-33.

[6] 屈睿. 地下停车库的设计探讨[J]. 铁道勘测与设计，2012，（3）：44-46.

[7] 任腊春，许海楠，柴亮. AutoTURN在西南山地风电场道路设计中的应用[J]. 水电站设计，2019，35（4）：23-25.

[8] 谭玉阶. 地下汽车库的交通设计[J]. 深圳土木与建筑，2008，5（1）：18-26.

[9] 杨杰，杨鸿玮. 地下停车库优化设计研究[J]. 安徽建筑，2020，27（7）：33-34.

[10] 郑利，白子建，赵巍. AutoTURN在工程中的应用[J]. 科技资讯，2012，20：64.

数字孪生技术应用于建筑领域的国际实践及其启示[①]

华乃斯　张宇

作者单位
哈尔滨工业大学建筑与设计学院
寒地城乡人居环境科学与技术工业和信息化部重点实验室

摘要：聚焦数字孪生技术，分析其在建筑领域的积极作用。通过系统梳理相关技术的缘起及发展，探讨数字孪生技术在建筑的多元应用层次。以新加坡的实践为例，结合国际经验论述其多维应用体系，进而对数字孪生技术在我国建筑领域的应用前景进行展望。

关键词：数字孪生；建筑；CIM；BIM

Abstract: Focused on digital twin, this article analyzes its positive effects in the field of architecture. By summarized the origins and development of digital twin, explores the multiple application levels in architecture. Taking Singapore's practice as an example, the paper discusses its multi-dimensional application system. Then, the application prospect of digital twin in China's architectural field is demonstrated and analyzed.

Keywords: Digital Twin; Architecture; CIM; BIM

1　研究背景及缘起

突破性信息技术的快速发展引发工业4.0革命，相应地，也对建筑领域带来前所未有的变革。2020年，住房和城乡建设部联合多部门提出加快推进基于信息化、数字化、智能化的新型城市基础设施建设[②]，提出全面推进城市信息模型平台建设的主线任务。城市信息的数字化是实现其智能化的先决条件，因此整合各类要素的数字化模型建构成为必然趋势。

近年来，数字孪生技术逐渐脱离原本工业设计应用的边界，正在成为城市数字化平台建设的有力工具。我国也陆续出现城市级别数字孪生模型的建构实践。然而目前大多只是停留在通过GIS、无人机扫描等技术完成城市现状的数字化转译阶段，缺乏向城市信息模型平台耦合的模式指导，也缺乏在建筑领域各个层级的复合应用。这一背景下，数字孪生技术成为破局的关键手段。数字孪生（Digital Twin）是以数字化方式创建物理实体的虚拟模型，借助数据模拟物理实体在现实环境中的行为，通过虚实交互反馈、数据融合分析、决策迭代优化等手段，为物理实体增加或扩展新的能力[③]。应用于建筑领域，能够有效打通各层级系统间的壁垒，深化数字化转型。本文通过对数字孪生关键技术进行解析，分析其在国外城市规划、城市设计、建筑设计各个建筑领域的应用实践，提出相应的应用体系，并为我国后续数字孪生技术的应用提供指导。

2　数字孪生技术在建筑领域的多元功能层次

数字孪生的特征在于其反应性及预测性，当其向建筑领域耦合，能够产生自下而上的多元功能层次，每个层次都成为下个层次的基础，并基于建筑学科特

① 本文章由哈尔滨工业大学研究生教学改革项目研究生“点子”专题项目蜘蛛.课题编号：23Z-DZ035。
② 王蒙徽.住房和城乡事业发展成就显著[N].人民日报，2020-10-23（9）.
③ TAO Fei，CHENG Jiangfeng，QI Qinglin，et al.. Digital twin-driven product design，manufacturing and service with big data[J]. The International Journal of Advanced Manufacturing Technology，2017.

征将预测性向决策指导延展（图1）。

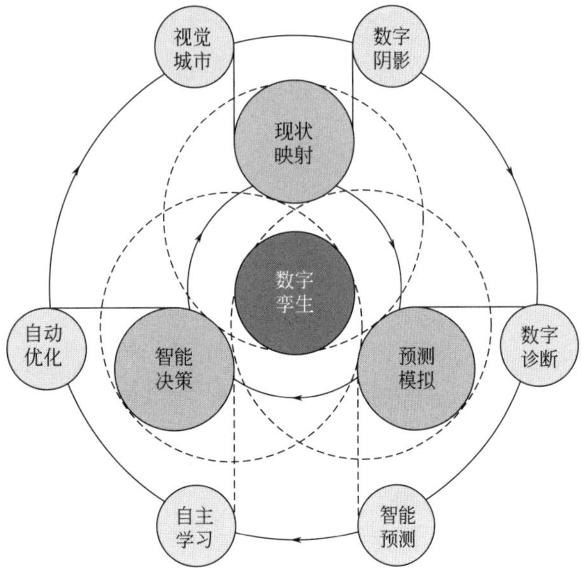

图1　数字孪生多元功能层次

2.1　现状映射

现状映射是数字孪生的最基本功能，也是后续技术成立的基础。通过对城市、建筑现状进行数据采集，并整合为3D模型，耦合街道网络模型、交通信息、物理环境信息、自愿性地理信息（VGI）[①]等，获得对城市、建筑现状的完整历史存档，便于后日快速获得某一时间点的精准信息。另外，数字孪生能够通过在实体建筑设置传感器，形成实体空间和虚拟空间之间的交互式连接，获得城市、建筑现状情况的即时信息，建立“数字孪生反应模型”，使动态监测成为可能，形成实体建筑信息的多维度映射。为应对人口增长带来的土地密集化使用问题，苏黎世政府开展了数字孪生项目“数字空间图像”作为智慧城市建设的重要组成部分之一。数字孪生模型基于政府的开放数据建构，并与苏黎世市25个服务部门共同管理。各部门定期上传更新数据，并由供应商保障数据准确性。经过数年发展，数字孪生模型中耦合的环境信息类型日益增加，目前以涵盖环境（噪声、空气污染、手机辐射、建筑引起的气候变化等）、能源（太阳能等）、城市规划（可见性、建筑阴影、天际线等）[②]等多维度的实时信息监测（图2），为后续研究开展和政策制定提供连续且翔实的数据基础。

2.2　预测模拟

基于建成的数字孪生模型，进行模拟仿真，通过运用深度学习、神经网络等算法预测建筑施工、使用过程潜在的风险，建立“数字孪生预测模型”，在设计阶段规避可能发生的风险。由于数字孪生耦合了不

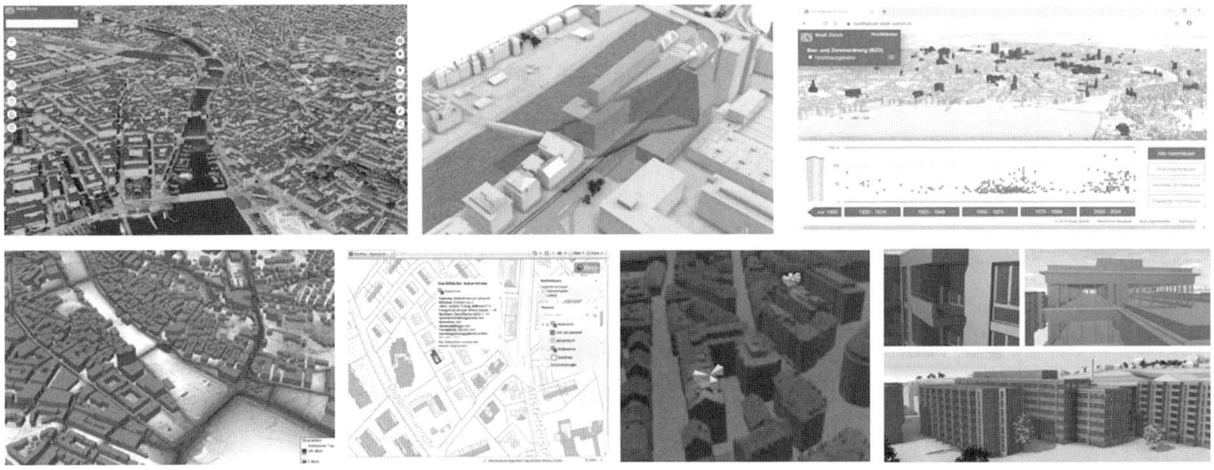

图2　苏黎世基于数字孪生模型的实时状态检测
（来源：Stadt Zürich.City of Zurich[EB/OL].https：//www.stadt-zuerich.ch/portal/en/index.html，2021-07-05.）

① Dembski，F.，Wössner，etc.Urban digital twins for smart cities and citizens：The case study of Herrenberg，Germany[J]. Sustainability，2020，12（6）：2307.

② Schrotter G，Hürzeler C. The digital twin of the city of Zurich for urban planning[J]. PFG - Journal of Photogrammetry，Remote Sensing and Geoinformation Science，2020，88（1）：99-112.

同维度的模型信息，进而能够提供基于建筑信息限定的更为精准的建筑性能模拟，打破传统能耗模拟中极度概括导致模拟结果自成“孤岛”的桎梏，进而为连续且精确的能耗管理提供数据基础。

扎哈·哈迪德建筑事务所设计的大兴国际机场基于数字孪生模型建立工程建设数字化管理系统（图3），实现对复杂工程项目的过程可视化信息管理，有效减少60%的返工，缩短10%工期，降低成本5%~10%。

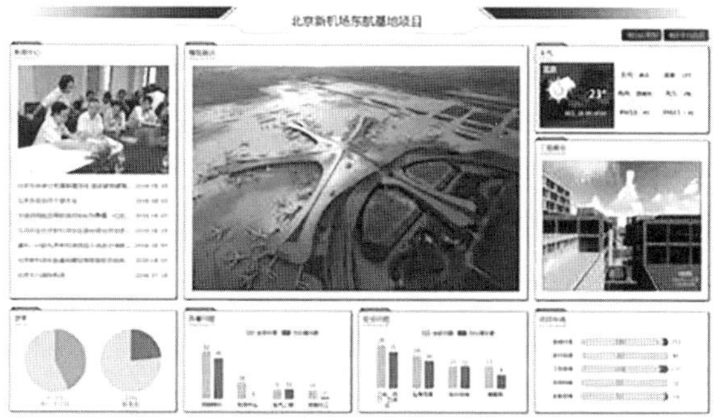

图3　大兴国际机场基于数字孪生的数字化管理系统
（来源：知士建工学院.北京大兴国际机场东航基地项目BIM技术维修机库钢网架施工应用[EB/OL].https：//kknews.cc/zh-cn/news/bg9nag9.html，2018-10-19.）

2.3　智能决策

基于预测模拟获得的优化方案，数字孪生模型能够实现向传感器的逆向反馈，基于虚拟映射获得的优化策略完成向实体空间的指导，实现动态决策、快速响应和智能操控。

印度阿玛拉瓦蒂（Amaravati）是首个基于数字孪生诞生的城市。城市基于完整的数字孪生模型建立（图4），城市内发生的所有事项都经过了预先模拟并优化最佳结果，并即时提供调整方案以满足随时间变化的需求，政策制定者和设计师能够针对预测结果制定决策。阿玛拉瓦蒂的城市建设围绕“公民幸福”这一愿景，为每个公民提供可以参与提议的数字孪生ID，使城市的每个利益相关者都能加入数字孪生的系统，极大程度提升公民的参与度，以共同决策推动集体设计，促进城市建设。共享办公空间供应商WeWork在其全球范围内250个联合办公空间设置传感器①，如设置在会议室的有无检测传感器、设置在办公桌上的动作探测传感器等，从而获得使用者的空间使用偏好，以此为基础优化空间，并在数字孪生平台应用神经网络算法等智能算法对优化后的可能结果进行模拟，提供决策指导（图5）。

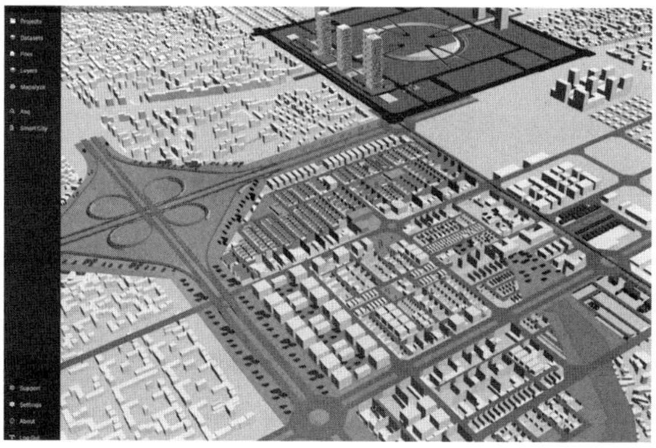

图4　阿玛拉瓦蒂数字孪生模拟设计平台
（来源：Rajaraman，S.How AI is shaping how we Think About Space[EB/OL].https：//www.youtube.com/watch?v=IBRayL2BmSs&list=PLMU7XLs-Lrl_24VKMCR-DM4FRYIAHsooc&index=30&ab_channel=CogX，2018-06-14.）

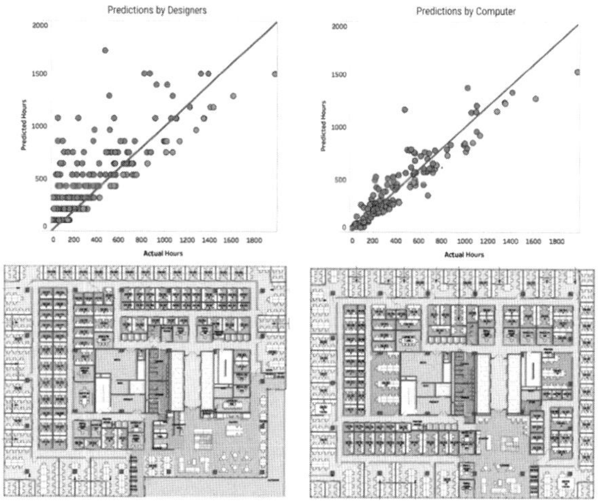

图5　WeWork根据神经网络分析优化平面布局
（来源：RESEARCH REPORT.WeWork’s $47 Billion Dream：The Lavishly Funded Startup That Could Disrupt Commercial Real Estate[EB/OL].https：//www.cbinsights.com/research/report/wework-strategy-teardown/，2019-01-31.）

① RESEARCH REPORT. WeWork’s $47 Billion Dream：The Lavishly Funded Startup That Could Disrupt Commercial Real Estate[EB/OL].https：//www.cbinsights.com/research/report/wework-strategy-teardown/，2019-01-31.

3 数字孪生技术在建筑领域的多维应用体系

基于智能决策特征的数字孪生决策建模为优化方案、提供公平决策献策。种种应用体系层层递进，形成从信息输入到策略输出的完整循环（图6）。新加坡被“智能城市指数”调查（Smart City Index）评价为“全球最智能的城市/国家”，也是全球最早且目前唯一建立完整数字孪生模型的国家。其数字孪生发展基于早年的智慧城市建设，经历了数阶段的自我完善（图7），使数字孪生的各个应用层次与其城市层级充分耦合，实现了覆盖新加坡全域的研究实践。在城市层面上，地上开展虚拟新加坡（Virtual Singapore）项目，覆盖718平方千米国土面积、16万建筑物、5500千米街道；地下开展数字地下项目（The Digital Underground Project），汇集新加坡所有地下公共设施数据，提供广域的协作决策。在建筑层面上，以大学、办公楼为首的智能建筑以BIM、IoT等智慧技术为基础，向数字孪生层面推进，形成丰富的应用实践，提供精准的验证指导。

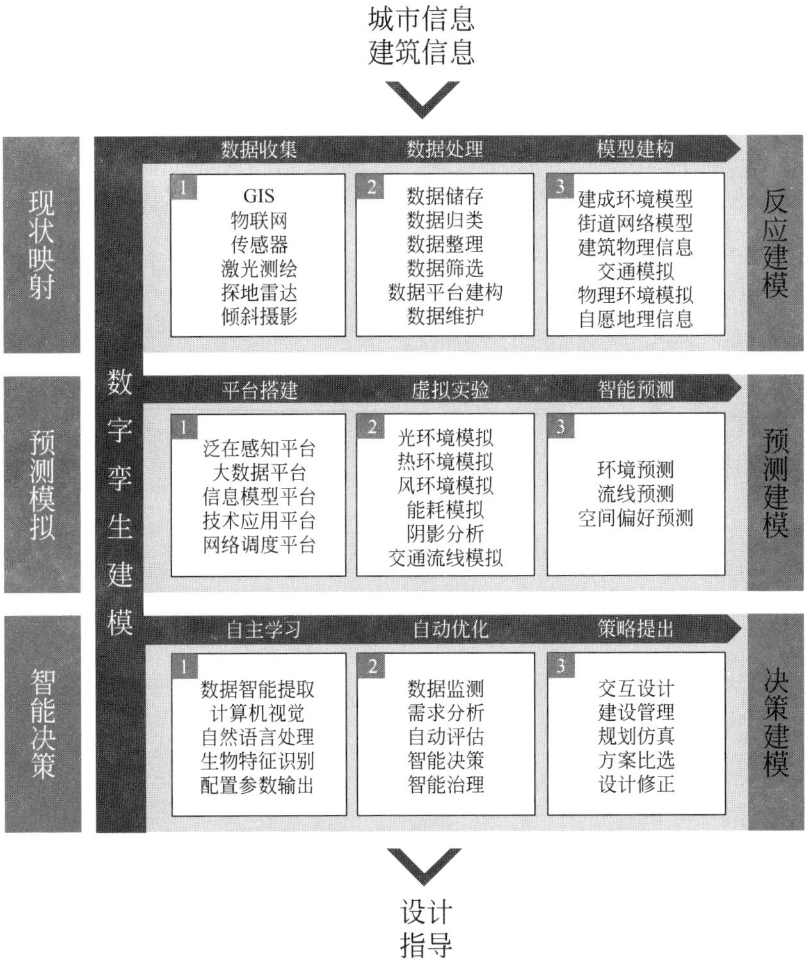

图6 数字孪生技术在建筑领域的多维应用流程框架

3.1 基于数字孪生反应建模的现状问题挖掘

新加坡的数字孪生反应模型基于各个公共机构协同提供的几何、图像数据，整合不同数据源，形成权威且实时的城市信息描述。语义三维反应模型囊括城市、建筑的各层级信息，地形反应建模表征地形属性，如水体、植被、地上及地下公共设施、交通基础设施、历史文化遗产等；建筑物反应模型反映建筑物几何结构和建筑构件、材料，这些反应建模与城市基础数据，使基于数字孪生的现状观察、问题检测有的放矢。

总的来说，数字孪生经由以下方面为现状问题

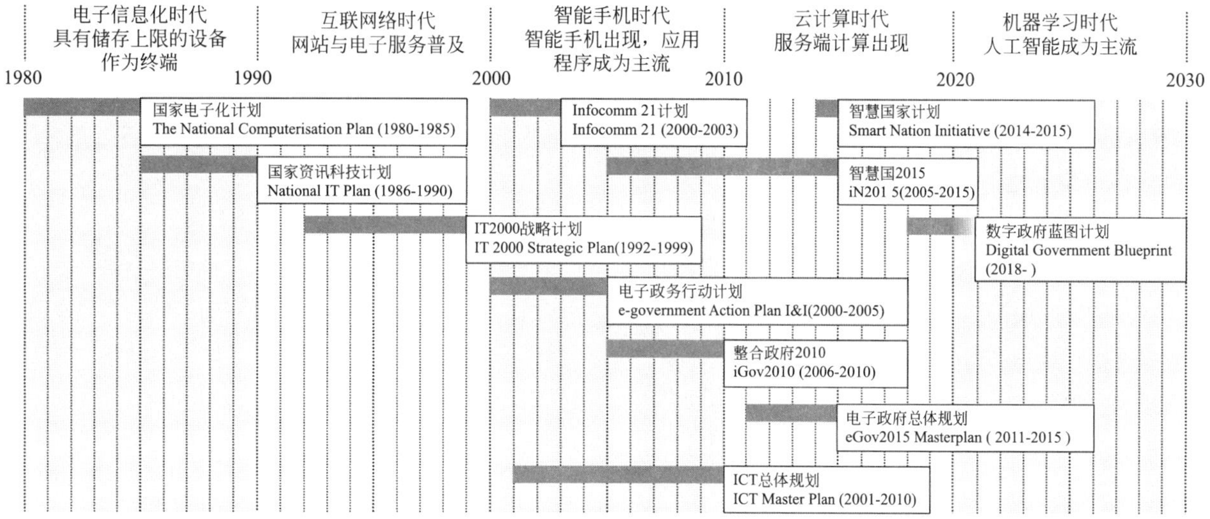

图 7 新加坡智慧城市建设路径

挖掘提供更为广阔的视野：①基于动态更新的信息管理。反应建模汇聚的各类数据基于传感器和信息源的数据回传实现信息的同步更新，保障数据的时效性，为从多元视角审视现状条件提供更为全面的视野。②基于实时监测的问题反馈。数字孪生信息即时更新的特点可以基于预先设定的程式以固定时间周期运算并排查经由改变而带来的问题，使主动优化成为可能。虚拟新加坡能够实时识别并显示无障碍路线，使残疾人、老年人不受即时空间变化的被动影响，能够自主选择活动流线。③基于信息整合的机构协作。数字孪生模型包含来自政府机构的数据、3D模型、来自互联网的信息以及来自物联网设备的实时动态数据等来自不同数据源的信息，为其在统一平台整合提供条件。以平台为基础，使不同专业背景、领域机构人员在同一平台共同合作解决问题成为可能。④基于公共平台的公众参与。数字孪生反应建模为公众提供全新的公众参与路径，使使用者能更为宏观地了解建筑与城市的变化，并及时提供运维反馈。

3.2 基于数字孪生预测建模的空间需求解析

以完备的数字孪生反应模型为基底，数字孪生预测建模能够针对不同设计目标挖掘相应的空间使用状况，解析空间需求。新加坡的数字孪生预测建模能够模拟多元信息，如光照、噪声、人流量、温度，通过在反应建模上叠加相应分析模型，预测不同状况下对空间的影响。同时，提供相应的开发平台，允许设计者根据使用需要开发相应的预测功能，丰富用以解析空间需求的要素。

新加坡的数字孪生预测建模主要从以下方面支持空间需求的探索：①环境预测。数字孪生预测建模能够预测某一时间段的物理环境状态，通过对建筑物体量进行调整，能即时预测这一改变对周边环境的温度、通风、采光等要素的影响，为建构物理环境更为舒适的空间提供依据。②流线预测。预测建模同样可以实现交通流线模拟，结合交通流量数据对行人、车辆的移动模式进行模拟，提示交通流线设计、同时模拟人群疏散路径，挖掘流线优化所需的空间需求。③空间偏好预测。基于获取的空间布局、空间使用现状等信息，数字孪生预测建模可以分时段预测使用者对于尚未完成建设或布局的空间偏好。以此为参照，探寻区域内对于不同空间类型的需求层次，完善设计方案。

3.3 基于数字孪生决策建模的设计优化指导

以虚拟实验的预测结果为设计提供参照，以此为依据，建立数字孪生决策建模，引入智能决策功能，实现和预测环节的动态反馈，推进设计优化。

通过导入数字孪生决策模型，新加坡的设计实践在以下方面得到优化：①选址优化。基于数字孪生模型，设计者可以使用虚拟新加坡快速筛选满足基地面积、区位、限制条件等预设参数的地块，同时基于设计目标对周边业态的类型、辐射半径等限制条件进行评定，从而论证选址的可行性，实现智能选址决策。②方案优化。决策模型支持不同方案之间相互比对，设计策略得以根据预测结果进行调整，不同专业能够有机协作深化对问题的理解，并通过多专业协同加以解决。③运维优化。数字孪生决策建模使运维治理更为精细化，无论是设计过程中还是后续使用反馈阶段，所有决策都可以在正式实施前进行测试，并根据测试得到的实时反馈结果，对运维决策进行进一步优化，使运维过程有据可循。如虚拟新加坡项目便能将改造项目与现状进行对比，基于优化结果，制定全新的交通路径，降低运维过程对使用者的干扰。④流程优化。现状设计流程存在需求不明确、专业知识理解存在困难、设计成果与预期存在偏差等问题，数字孪生决策建模为每个阶段的决策提供可供溯源的依据，依托数字孪生反应建模直观即时、预测建模丰富精准的特点，保障每个决策环节的有效性，对建筑从策划到设计施工到运维优化过程统一管理，优化流程。

4 中国建筑领域数字孪生技术应用展望

近年来，随着数字孪生技术在建筑领域的应用日益成熟，我国也出现了相应的实践探索。但我国的数字孪生应用仍处于相对早期阶段，仍需要广泛借鉴国外的应用实践，结合我国国情，提出适合我国发展的应用模式。

4.1 连接 CIM 与 BIM 的数据整合体系

城市化的进一步推进将使更多人口向城市转移。研究显示，至2050年，全球城市化率预测达到68%①，这将为城市如何以空间满足需求提出更多挑战。智慧城市建设作为城市化发展“新基建”的关键节点，在我国已经历数个阶段的试点探索，逐渐形成了由政府部门牵头领导、由头部企业统领全局、由行业共同参与的发展模式。相应的，我国特有的智慧城市运维模式也需要更为协同的解决路径以应对城市化的需要。2020年，住建部等九部门联合印发《关于加快新型建筑工业化发展的若干意见》，提出推进BIM技术与城市信息模型（CIM）平台的融通联动，提高信息化监管能力，提高建筑行业全产业链资源配置效率②。数字孪生作为在建筑领域实现了BIM与交互式3D融合的全新数据体系框架，以此为基础，通过耦合更为广泛的城市信息，能够化解传统数据平台数据采集接口难以对应的问题，实现BIM与CIM的有效连接，提供衔接建筑与城市的数据整合体系，便于从城市层面进行宏观、整体的调控建立城市各个层级的公共地图。

4.2 顺应自下而上的泛在信息网络

广泛布设的传感器是数字孪生实时数据得以稳定更新的基础。以微软的新加坡总部Frasers Tower办公楼为例，为了实现对这栋38层建筑的动态观测，共设置了79个蓝牙信标和900个用于照明、空气质量和温度的传感器③。相较于国外，我国的移动智能终端普及率高，拥有极大的终端基数。截止2023年12月，中国手机网民规模已达10.91亿人④，对移动电话用户的渗透率为78.2%。这预示着泛在互联在我国已有充分的开展基础，基于个人移动终端的泛在信息获取有助于以立足我国国情的全新方式推进数字孪生的高效运行。而近年逐渐普及的5G确定性网络普及的支持更成为自下而上的信息网络建构的有力支撑。

4.3 拓宽应用体系的建筑全生命周期指导

在数字孪生技术被提出指出，它仅被用作工业生产的过程管理。经历在不同领域的发展，起应用体系也在日渐拓宽，所能服务的功能需要日益丰富。虽然在建筑领域的应用目前多集中在对施工、运维的管理，但其技术的先天特征和城市、建筑智慧化发展的时代背景依旧促使并推动着这一技术的应用范围向着从策划、规划、设计、施工、验收到运维管理的建筑全生命周期拓展。为使数字孪生能向更为广阔

---

① 付敏杰. 全球视角的高质量城市化及中国的公共政策取向 [J]. 社会科学战线，2021，（8）：47-58.

② 文林峰. 加快推进新型建筑工业化推动城乡建设绿色高质量发展——《关于加快新型建筑工业化发展的若干意见》解读 [J]. 建筑监督检测与造价，2020，13（6）：68-70.

③ Microsoft Stories Asia.Bentley Systems，Microsoft and Schneider Electric re-imagine future workplaces with sensors，sustainability，IoT and AI[EB/OL].https：//news.microsoft.com/apac/2020/03/12/bentley-systems-microsoft-and-schneider-electric-re-imagine-future-workplaces-with-sensors-sustainability-iot-and-ai/，2020-03-12.

④ 中国互联网络信息中心. 中国互联网络发展状况统计报告[R]. 北京：中国互联网络信息中心，2023.

的应用范畴普及，仍需社会各个层面的协同支持，尤其是在立法层面，仍需相关法律界定数字孪生的介入范围。例如，新加坡出台相应的数据开放标准以突破互联网公司第一方数据互不互通的“围墙花园（walled gardens）”①，欧洲出台《地理信息法（GeoIG）》作为数字孪生的政策支持，明确界定技术的利用边界。我国以雄安新区的数字化建设为契机，制定出台了16项标准，其中包括《智慧城市数字孪生系统安全机制》《智慧社区安全机制》等国际标准。但想在全国实现分布广泛且深入的数字孪生应用，仍需要进一步推进制定相关法律。

在后疫情时代，数字化的重要性日益凸显，“十四五”规划纲要中也提到，“以数字化助推城乡发展和治理模式创新，探索建设数字孪生城市②”，再次确立了数字孪生之于我国建筑领域的充分潜力。在我国大力发展城市建设，推进数字经济的新时代，数字孪生将在建筑领域继续发展，发挥更为关键的作用。

参考文献

[1] TAO Fei，CHENG Jiangfeng，QI Qinglin，et al.. Digital twin-driven product design，manufacturing and service with big data[J]. The International Journal of Advanced Manufacturing Technology，2017.

[2] Dembski，F. ，Wössner，etc. Urban digital twins for smart cities and citizens：The case study of Herrenberg，Germany[J]. Sustainability，2020，12（6）：2307.

[3] Schrotter G，Hürzeler C. The digital twin of the city of Zurich for urban planning[J]. PFG - Journal of Photogrammetry，Remote Sensing and Geoinformation Science，2020，88（1）：99-112.

[4] 付敏杰. 全球视角的高质量城市化及中国的公共政策取向 [J]. 社会科学战线，2021，（8）：47-58.

[5] 文林峰. 加快推进新型建筑工业化推动城乡建设绿色高质量发展——《关于加快新型建筑工业化发展的若干意见》解读 [J]. 建筑监督检测与造价，2020，13（6）：68-70.

[6] 蔡润芳. “围墙花园”之困：论平台媒介的“二重性”及其范式演进[J]. 新闻大学，2021，（7）：76-89.

[7] 十三届全国人大四次会议. 中华人民共和国国民经济和社会发展第十四个五年规划和2035年远景目标纲要[M]. 北京：人民出版社，2021.

[8] 中国互联网络信息中心. 中国互联网络发展状况统计报告[R]. 北京：中国互联网络信息中心，2023.

[9] RESEARCH REPORT. WeWork’s $47 Billion Dream：The Lavishly Funded Startup That Could Disrupt Commercial Real Estate[EB/OL]. https：//www. cbinsights. com/research/report/wework-strategy-teardown/，2019-01-31.

[10] Microsoft Stories Asia. Bentley Systems，Microsoft and Schneider Electric re-imagine future workplaces with sensors，sustainability，IoT and AI[EB/OL]. https：//news. microsoft. com/apac/2020/03/12/bentley-systems-microsoft-and-schneider-electric-re-imagine-future-workplaces-with-sensors-sustainability-iot-and-ai/，2020-03-12.

[11] 王蒙徽. 住房和城乡事业发展成就显著[Z]. 人民日报，2020-10-23（9）.

① 蔡润芳. “围墙花园”之困：论平台媒介的“二重性”及其范式演进 [J]. 新闻大学，2021，（7）：76-89+122.

② 十三届全国人大四次会议.中华人民共和国国民经济和社会发展第十四个五年规划和2035年远景目标纲要[M]. 北京：人民出版社，2021.

日本木结构住宅对我国住宅建设的启示
——以日本轴组工法木结构住宅为例

倪赛博 张海燕 王菡纭 王佳文

作者单位
南京工业大学建筑学院

摘要： 根据《“十四五”建筑节能与绿色建筑发展规划》要求，政府投资工程率先采用绿色建材，显著提高城镇新建建筑中绿色建材应用比例，推广新型功能环保建材产品与配套应用技术。木材是天然环保建材，值得得到大力推广。日本与我国国情部分相似，同时传统木结构住宅技术轴组工法延续至今仍在使用，因此本文希望通过对他国木结构住宅的分析研究，对国内的研究者设计符合我国国情的木结构建筑提供些许帮助。

关键词： 日本住宅；木结构；轴组工法

Abstract: According to the requirements of the “14th Five-Year Plan” for the development of building energy conservation and green buildings, the government has taken the lead in using green building materials in investment projects, significantly increasing the proportion of green building materials in new urban buildings, and promoting new functional and environmentally friendly building materials products and supporting application technologies. Wood is a natural and environmentally friendly building material that deserves to be promoted. Japan is partially similar to China’s national conditions, and the traditional wood frame housing technology shaft group construction method is still in use today, so this paper hopes to provide some help for domestic researchers to design wood frame buildings in line with China’s national conditions through the analysis and research of wood frame houses in other countries.

Keywords: Japanese Residence; Timberwork; Timber Fiamework Construction House

1 国内现代木结构住宅发展及现状

1.1 萌芽

我国传统住宅建筑大部分为木结构建筑，1949年新中国成立后，木结构建筑因其取材容易、加工便捷的特点，数量上一度与砖石建筑平分秋色，20世纪80年代，我国结构用材的树木已经开发殆尽，国家并无足够的经济预算购买进口木材，同时绿色环保的理念深入人心，木结构停止在建筑中使用，各大建筑院校取消木结构课程和研究生培养，随着后期木材进口政策的提出，木结构住宅零星出现于部分发达地区。

20世纪90年代中后期，改革开放初期的上海缺乏招待国家领导人和国外来宾的高档居所，上海市政府引入了数栋独立木结构别墅，此后建设了上海碧云木结构别墅社区，该社区称为当时外籍人士首选租赁物业，此时的现代木结构住宅已经不仅仅包括于居住的普通属性，得益于双边贸易的加深，木结构建筑有了初步发展的平台，北美由北美和中国专家组成的木结构规范组成立，重新修订《木结构设计规范》。

1.2 发展

2000年后，国内外木材的交易稳步提升，加拿大木材出口局与我国相关单位进一步合作，成立了诸如“加拿大—中国房地产商交流协会”等组织机构。

1999年开始相关单位开始编写《木结构设计规范手册》，同时在政府的支持下，于北京通州区科技创业园设立了木结构房屋示范区，建设木结构房屋80套，每套单体面积不超过500平方米，高度不超过3层，总工程在2004年12月完成并投入使用。

2004年后，大量木结构建筑相关规范出台，越来越多的国内外企业进入中国木结构建筑市场，以上海为代表的发达地区出现越来越多的木结构建筑，包括不限于住宅别墅，小型桥梁的木结构作品如雨后春笋搬出现。

最终国家建设部在2005年11月颁布了《木结构设计规范》，并在2006年3月正式实施，这标志着木结构在我国复兴。

1.3 现状

近年来，木结构建筑的发展越发火热，国内出现了不同类型、不同功能的木结构建筑，不断刷新国内木结构建筑的高度与大跨长度，出现了如扬州园艺博览会主展馆等优秀的建筑作品，然而国内对于木结构在住宅方面的应用依旧处于探索的阶段，国外木结构住宅已经十分成熟，既有北美成熟的轻型木结构别墅独立住宅，也有层数达到18层的Brock Commons学生公寓，在大型建筑市场萎缩的现状下，将木结构拓宽到居住建筑赛道是十分有必要的。

2 日本木结构建筑发展

2.1 自然灾害及战争引发的木造禁令

虽然日本建造木结构建筑的历史悠久，但是木结构建筑在日本的发展也并非一帆风顺。20世纪20年代开始，受自然灾害和战争的影响，木结构建筑的发展遭到重大打击，1950年颁布的《建筑基本法》，规定除寺庙建筑外，木结构只允许在建筑面积日本小于1000平方米，楼层小于2层的建筑中使用。接着在1959年，日本建筑界发布《关于建筑防灾的决议》，除住宅之外的建筑禁止使用木结构[1]。

2.2 木结构的复兴与发展

尽管木结构在大型建筑的使用受到限制，但受战争、经济影响，木材是普通群众建造房屋最易获得的建筑材料，并且日本在战后颁布了《造林临时措施法》，推进树木种植，经过多年生长，树木处于急需消耗的状态，因此木结构在住宅方向的研究并未大步倒退。

1980年左右，日本政府开始重新推进木结构研究，东京大学在文化厅的支持下成立建筑学专业构法研究室，力求将木结构技术合理化、工业化。1987年，日本再次修改了《建筑基本法》，允许建造3层木结构建筑和大型木结构建，得益于此，传统木结构住宅在建造过程中用上了新的技术手段和材料。

2000年后，日本政府积极推动木结构在高层建筑和中大型建筑中使用，木结构材料的性能得到提高，住宅的高度得到提升。

3 轴组工法木结构住宅

日本的木结构住宅大致可以分为两大类，继承传统的轴组工法结构住宅和北美传入木造框组壁构法（2×4工法）。根据日本国土交通省所提供的数据统计，2013年至2022年每年新建的木结构房屋数量总体处于下降状态，但木结构住宅的占比一直保持在50%以上，2022年新建木结构住宅数量占总新建筑住宅数量的54. 95%，而轴组工法木结构住宅占新建木结构住宅的78. 37%。

3.1 轴组工法的定义

轴组工法又被称为“在来工法”，其中“轴组”是指构成建筑物骨架的木制构件，是起源于江户时代，用于解决人口快速增长与住宅供应不足的矛盾的木结构建筑建造方式。

该工法先在基础上搭建为固定柱子而横置的木质基础梁（土台），接着铺设木质地板横梁（根太），然后在房屋的四角竖起贯通两层的通柱，同时在墙壁上增加斜木（筋交）以加固结构，屋顶则与我国传统木结构住宅类似，在屋架短柱和正脊（栋木）的支撑下铺设椽条（垂木），最后在椽条上铺设屋面材料。区别于以面板为支撑结构的2×4工法，轴组工法是以柱组成主要结构部分，是一种线形的施工方式（图1）。

3.2 轴组工法得以延续发展的原因

1. 落实制度与政策

1977年，由日本政府主导的“促进传统轴组工法房屋建造方法合理化项目”启动，同年成立了实施该项目的组织——日本住房和技术中心。项目主要目标是：结构方法的合理化；构件组件化；隔热和设备工作的合理化；提升防火性能；施工标准化；提高建

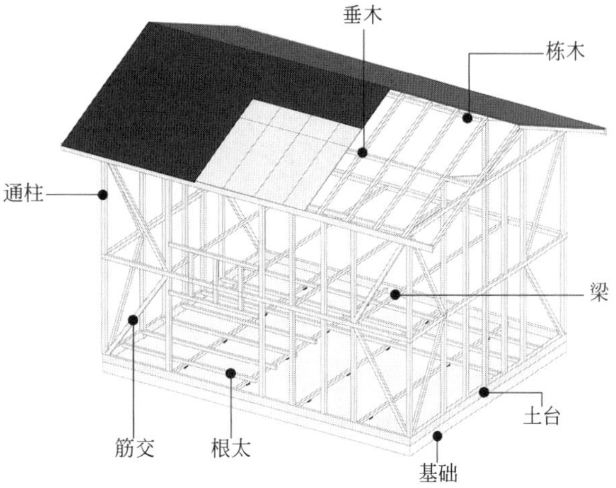

图1 传统轴组工法住宅轴测图

筑耐久性。

企业层面上，当时的建筑行业对木制房屋的未来也有心存担忧，因此，全国中小型建筑承包商协会联合会游说国会议员振兴这一行业，并于1979年成立了促进木制房屋议员政策小组。在该联合会的支持下，逐步推广木制房屋。同年，隶属于建设省住宅局的住房生产促进基金会，开始在全国范围内开展了住宅展览空间业务，组织住宅制造商和建筑公司与住宅用地供应商合作，并协调城市景观开发。日本木制住宅产业协会开发了轴组工法的生产技术，实现了管理的现代化和合理化，为轴组工法的发展做出了贡献[3]。

同时为了保护住房消费者的权益。政府在1980年设立了住房性能保证制度，1982年成立了保证住房登记组织作为运作机构。该制度旨在保护消费者，提高住房性能，并通过长期保证住房性能和促进缺陷维修来促进建筑商的健康发展。

2. 改善生产模式，提升人员技术

1983年日本的《建筑师法》首次颁布了“木制建筑师制度”。设立该制度的原因是建筑专业院校没有专门的技术技能课程，这在未来人才培养上有可能成为一个严重问题，但也有人指出，笔试不适合设计和建造普通住宅的技术工人（木匠），因此当时参与考试的工人很少。

到1988年，木结构建筑工程师的教育和培训作为一个新的项目被纳入“促进木结构房屋生产和现代化计划”。引导木匠们使用并精通在大型房屋建筑商早已熟悉的CAD画图等基于计算机的设计流程，这也是木匠和传统住宅建筑行业现代化的真正尝试。

3. 住宅项目向小型私人工务店转移

1983年建设省的提出低成本住宅开发企划——“造家85计划”，共有有175个团体报名参加设计竞赛，该竞赛的最重要的一点就是必须采用传统轴组工法进行住宅建造，为此，政府举办了面向木匠和建筑工人讲习班，以提高他们的技术水平，该企划得到了民营企业的积极响应，设计竞赛中获胜的茨城木制住房中心，在1984~1986年期间建造了两栋样板房，并进行了方案开发，以该方案为基准，在1986年签订了80栋住房的合同，极大推动了私人工务店对轴组工法住宅建设的兴趣。

4. 推广本地木材使用

1980年日本政府决定实施增加森林资源积累的长期计划，逐步提高木材供应能力。然而，随着木材供应能力提高，木材需求却在降低，舶来的预制房屋与2×4工法房屋的市场份额不断增加，进一步加剧了传统木结构住宅企业的危机感。

1987年，政府为了根据地域特性建设木造住宅示范园区，创设了“woodtown企划”。该项目强调使用本地木材，称要“促进木材的利用”，“实现由树木孕育的丰富生活”。顺应相关政策，1989年成立了地区木材住房供应促进企划，目的是通过综合和系统化现有的木制住房措施，促进以社区为基础的住房发展，振兴当地与住房相关的产业，促进木材的使用。同时，为了推广使用当地生产的木材，在各都道府县实施了“当地家庭发展认证制度”，并采取优惠措施推广使用当地生产的木材。这使得木匠和建筑商重新发现了当地生产的木材和木制房屋的吸引力，并推广了传统的轴组工法[4]。

总结上文所述我们可以看出，轴组工法能够传承发展，是自然资源、政府政策、地方企业共同作用的结果。

3.3 轴组工法木结构建筑的特点

1. 标准构件

现代的轴组工法已经是一套标准化的结构。梁柱等条状构件材料以实木和胶合木为主；板材多用胶合板和OSB板。日本住宅的小空间特征决定了轴组工法的尺寸也是局限的，传统住宅空间由榻榻米分割，常见榻榻米的尺寸为1800毫米×900毫米，因此，板材的尺寸以该数值为基础进行变化，梁柱等尺寸依照传统规格，长通常为3000毫米、4000毫米、6000毫米，宽取90毫米、105毫米、120毫米，高度则以15毫米和30毫米的模数增加，市场上流通的材料大多是该标准尺寸，增加了替换材料的便捷性（表1）。

2．定型节点

现代轴组工法中结构构件的连接方式通常采用榫卯和金属连接件连接。然而，榫卯需要在构件的中部或端部开较大的槽口，木构件本身的强度受到破坏，因此专门为轴组工法开发的SE构法在实际工程中的应用越来越广泛，SE构法在构件上开损伤较小的线槽和螺栓扣，通过钢构件相互连接，在现场进行安装，结构稳定，力学性能优秀，在现代的轴组工法建筑中使用占比持续上升（图2）。

流通材料标准尺寸　　表1

区分	规格材类型	长（毫米）	宽（毫米）	深（毫米）
结构材	木地槛梁	3000、4000	105	105
			120	120
	地板托梁	3000、4000	90	90
			105	105
			120	120
	梁，桁	3000、4000	105	105，120～450（依次增加30）
			120	120～450（依次增加30）
		5000、6000（胶合材）	105	105，120～450（依次增加30）
			120	120～450（依次增加30）
	木地板搁栅	3000、4000	45	45、60、75、90、105
板材	地面板材	910	1820	24、28
		1000	2000	
	屋面板材	910	1820	12
	墙壁板材	910	1820、2430、2730、3030	12
		1000	2000、2430、2730、3030	9

（来源：根据《现代木结构设计基础》改绘）

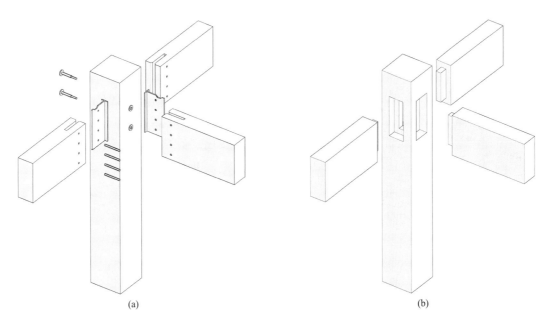

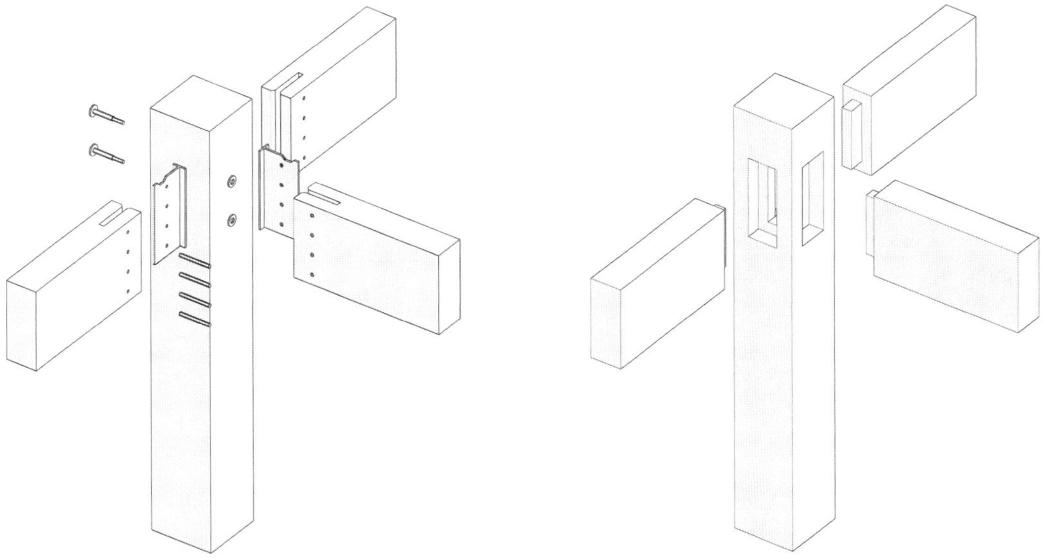

(a)　(b)

图2　细部节点图

3.4 轴组工法的优势与局限

1. 优势

与其他结构相比，轴组工法的主要优势：①通过预切割节省现场加工的劳动力，日本已经形成成熟的产业链，工厂可以预制绝大部分部件，现场直接组装，无需长时间等待，节省大量时间成本和劳动力。②轻质构件可以通过手工安装，不需要中大型器械的辅助。③单一工种可以完成多项任务，熟练工人可以完成多种不同工作，工人单人收入增加，雇主总体资费下降。

2. 局限

20世纪90年代日本泡沫经济的破灭，直接导致了民众对于个人住宅费用投入数额的减少，而少子化和老龄化带来劳动力减少，熟练工匠数量减少，传统建造技艺传承困难的问题，乡村地方对轴组工法改良的主要期望是减少劳动的投入，与之相反，在东京等各大都会中，人口密集，建造时间紧迫，他们的主要期望是加快建造进程，并且，由于人口增长缓慢，住宅市场趋于饱和，开发商期望将轴组工法的用途拓展到其他类型的建筑中，轴组工法的改良呈现出多方向发展的趋势[5]。并且由于普通家庭住宅设计不会雇佣建筑师进行设计，绝大部分设计由工务店人员处理，且采用预制成品，因此，部分住宅大同小异，缺少特点（图3）。

图 3 住宅外立面图
（来源：https：//www.taikeisha.net/）

4 结语

我国现阶段主要推行的木结构住宅大部分是北美预制的轻型木结构住宅，部分新中式住宅也是借用传统建筑的造型，缺乏对我国本土建筑内涵的开发与运用，同为东亚国家，日本与我国有部分的相似国情，在吸取北美木结构住宅的优势时，也保留本国的特色，通过对比学习，我们也可以从以下几点提升我国木结构住宅品质。

（1）培养复合人才

学生、学校、企业相互联动，在校园中掌握相关理论知识，在企业中学会实际技术。对于有经验的工作人员，尤其是乡村工匠，开设集体培训，将木结构的建造规范化，提高工作安全意识。

（2）优化建筑技术

城市中人口集中，用地面积狭小，生活节奏快，木结构住宅的施工因提高效率，尽量降低对周边居民的影响，而在乡村中，人口老龄化严重，木结构住宅的施工应在保证质量的前提下，减少人工的参与。

（3）规范尺寸结构

现今工厂预制结构用材已经有一定的基础，各工厂之间在共同的结构用材上应协商一致，保证不同品牌的用材尺寸的可替换性。

（4）地域特色

我国幅员辽阔，气候各异，再次创建木结构住宅时，需结合当地特色，制作符合当地气候与审美的新型木结构住宅。

（5）存量更新

当前我国已经处于城市更新的状态，即便是在北上广深等一线城市，城中村也是非常常见的存在，过去建造的住宅保留有大量作为承重结构的原木木材，如今可以通过回收再利用的形式节约资源，减少建造的费用，降低民众的经济压力。

参考文献

[1] 范悦，张玲，陈珊，等. 日本中大型木结构建筑的技术迭代与设计演进[J]. 建筑学报，2023（9）：24-31.

[2] 高颖，杨越，伊松林，等. 日本预制装配式框板胶合木结构的技术特点及研究现状[J]. 木材工业，2013，27（4）：20-24+49.

[3] 手塚 慎一，稲山 正弘，青木 謙治，蟹澤 宏剛，手塚 純一，木造軸組工法をベースとした中大規模木造建築物の生産システムの研究，日本建築学会技術報告集，2019，25 巻，60 号，p. 929-934.

[4] 永野 義紀，片野 博，在来木造住宅に係わる振興政策の変遷に関する研究：在来木造住宅振興政策の開始から振興政策の統合（住宅マスタープラン）まで，日本建築学会計画系論文集，2005，70 巻，587 号，p. 149-154，公開日 2017/02/11，Online ISSN 1881-8161，Print ISSN 1340-4210.

[5] 櫻川 廉，権藤 智之，1960，70年代の木造住宅構法開発に関する研究，日本建築学会計画系論文集，2023，88 巻，803 号，p. 124-131，公開日 2023/01/01，Online ISSN 1881-8161，Print ISSN 1340-4210.

南京市进香河集贸市场平台的设计成因研究

王惠

作者单位
清华大学建筑学院

摘要： 南京市进香河路严家桥小区是在集贸市场屋顶平台的上盖居住区，这在当代设计中并不常见。以对进香河集贸市场及其上盖住宅的实地踏勘调研为基础，分析平台对住户和其他市民生活的影响，研究平台出现的原因和空间效用。研究表明，此类设计是社会现实、历史背景和设计思潮等共同作用的结果。通过将两个空间需求相悖的功能的竖向叠加，平台的置入在提升城市空间利用效率的同时，为儿童和老人提供了安全和可达的社区活动空间。这或可为土地资源有限地区的住宅设计提供参考。

关键词： 进香河集贸市场；竖向空间；平台；住宅

Abstract: The Yanjiaqiao neighborhood on Jinxianghe Road in Nanjing is a neighborhood on top of the roof platform of a marketplace, which is not common in contemporary design. Based on the field survey of the Jinxianghe Market and the neighborhood over it, it analyzed the impact of the platform on the lives of the residents and other citizens and studied the reasons for the emergence of the platform and its spatial utility. It shows that the emergence of the platform is the result of a combination of social reality, historical background, and design trends. By vertically combining two functions with conflicting spatial needs, the placement of the platform enhances the efficiency of urban space utilization while providing a safe and accessible community activity space for children and the elderly. This may provide a reference for residential design in areas with limited land resources.

Keywords: Jinxianghe Market; Vertical Space; Platform; Residences

1 叠压在集贸市场屋顶平台之上的住宅小区

将住宅楼叠压在集贸市场的屋顶平台之上，这一做法在当代住宅设计中并不常见。尽管商住楼因为用地性质的缘故会被叠加在商业综合体之上，但住宅却并非如此，且商业综合体与集贸市场之间在业态定位上也有不同。

1.1 集贸市场与住宅在空间需求上的冲突

集贸市场是供周边居民进行农副产品、日用消费品等现货商品交易的场所，常熙攘喧闹，曾经更是“脏乱差”的代名词。而住宅则是居民居住和生活之所在，对空间私密性和卫生清洁度等要求较高。因此，对市民生活而言，二者虽都是城市中不可或缺的功能空间，但在空间需求上却是相互冲突的。在城市空间中，更为常见的做法是在住宅小区之外另辟空间建设集贸市场。二者之间不仅是背对背的、各自独立，且无论是露天市场还是架设顶棚的市场，都与周边住宅之间留出一定的间隔。

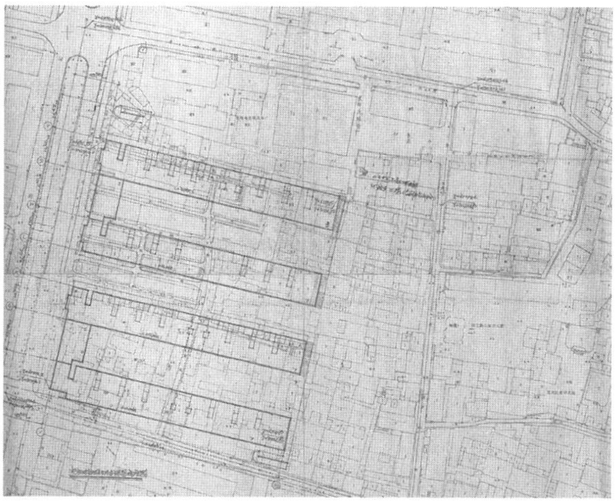

图1 进香河 10 ~ 16 号总平面图（来源：南京市城建档案馆）

图 2　进入平台的坡道

图 4　二层住户窗前的狭长通廊

图 3　平台

1.2　进香河集贸市场与上盖住宅的耦合

南京市玄武区进香河集贸市场与严家桥小区的设计却与上述常规做法不同。严家桥小区位于进香河路10~16号，由四栋南北向板式住宅组成，每两栋为一组，建于一个大平台之上，有坡道或楼梯与地面相接，两组之间再由架空走廊连接（图1~图3）。而这个平台就是底层商业建筑的屋顶，其中北侧平台之下就是进香河集贸市场。自地面沿窄坡道上行，住户首先抵达的便是开阔的大平台。对居住于第4栋和第6栋住宅的住户而言，他们经平台便可直接入户。而由于小区统一的北向入户设计，第3栋和第5栋住宅的住户则需要在穿过各自平台内的通道后，再由东西向的狭长通廊入户（图4）。

这里，连接地面与平台的窄坡道、楼梯以及二层住户窗前的狭长通廊都是对私人领域的提示。而到达集贸市场平台之上后突然开阔的空间，却令人恍然又回到了公共性的城市尺度上。尽管仅就进入平台的手段而言，坡道与通廊的处理都略显粗糙和生硬，但平台上下的空间转换依旧提示了城市空间与居住空间在这里的交叉与碰撞。

1.3　进香河集贸市场平台存在的问题

仅从平台之上的空间来看，小区人口众多，但户型配置却偏小。作为回迁安置房，严家桥小区属于非营利性的安居工程。设计标准不高，为建筑层高2.8米的六层住宅，每栋单元平面为一梯三户的板式布局，以35平方米和55平方米的小户型为主，只有少数75平方米的户型（图5）。而在1990年代初期，全国户均面积已经达到了74.75平方米。[1]居住空间

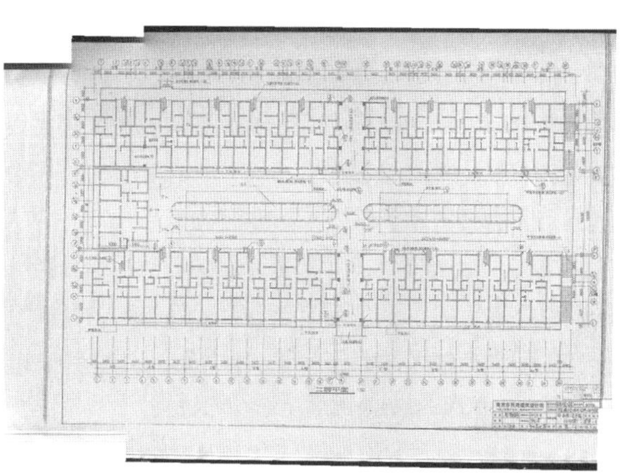

图 5　严家桥小区 03、04 号楼 6 米标高平面图（来源：南京市城建档案馆）

不足导致住户私搭乱建现象较为严重，这又进一步侵占了本就不足的公共空间。因此，设计原本预留的较为宽敞、可供人逗留休憩的平台空间几乎变成了条带状交通空间（图6、图7）。

图6 平台上住户自建的停车棚

图7 几乎变成通道的平台

从平台上下的联系来看，住户与城市和市民之间的交流因为平台的存在而受到了阻碍。由于居民只能通过不宽的楼梯及陡坡道步行到达6米标高的平台上，小区的进出多有不便。因此，如无必要，住户的日常交谈、休闲等生活性活动大都在平台之上发生，他们也就不太愿意到地面层活动了。同时，访谈中发现，住户之外的城市居民也因这种空间私密性的暗示而鲜少到达平台之上，因而与住户之间缺少了互动。住户似乎成了被隔绝在城市生活之外的群体，其日常生活与城市的关联性被打断了。如此，平台虽有城市空间的公共尺度，却因为不够具有面向公众的开放性，城市活力难以有效渗透到平台之上的住区中，并未承担城市公共活动发生器的职能。

进香河集贸市场与上盖住宅之间的上述关系引发了对与平台相关问题的思考：住宅为何叠压在集贸市场的屋顶平台之上？这仅仅是个例，还是在当时国内普遍存在的做法？这种集贸市场与居住功能复合的模式是否有值得借鉴之处？为探究上述问题，研究以平台为切入点，通过对相关图纸、文献的解读，从社会现实、历史背景和设计思想来源等层面追溯住宅垂直叠压在集贸市场屋顶平台之上的设计成因，进而就其空间效用问题展开分析。

2 进香河集贸市场作为严家桥小区首层的原因分析

事实上，严家桥小区并非住宅类建筑中建于集贸市场上的个例。类似这种在集贸市场的屋顶平台之上叠压居住建筑的模式，不仅在当时的南京有许多实例，在国内其他地区亦有出现。例如，上海阳普靖宇菜市场、上海阳普同济菜市场、上海三角地菜场运光路分场，以及福州庆城农贸市场等。[2]那么，为何在这一时期有这么同类型设计？建于进香河集贸市场之上的严家桥小区又有何特殊之处？

2.1 20世纪80年代我国住宅小区中架空平台的出现

严家桥小区筹建于1987～1992年，处于我国有计划的商品经济体制下的住宅制度的末期。这一时期，随着城市经济的发展带来的产业结构的调整以及城市人口的剧增，日趋复杂的城市功能与日益紧张的土地资源的矛盾在城市更新的进程中愈加突出。由此，在财政紧张且城市建设投资负担进一步加重的状况下，房地产行业开始发展。但由于此时的住房企业福利分配制度未能从根本上进行变革，住房的商品化进程尚未得到有效推进。因此，自20世纪80年代中期起，国家展开了城市住宅小区建设试点工作，用平台连接各栋住宅的做法相继开始出现。例如，在全国第一批试点小区天津川府新村中，部分组团就是由架空的室外平台将独立式住宅连成一体而形成的。而在深圳滨河住宅区中，平台除被用作步行道联通二层之上各栋住宅之外，其下还设置了商业服务设施，并兼具自行车与汽车的停放功能。[1]住宅与商业建筑垂直叠加的模式在此已经初具雏形。此外，在常州红梅西村、青岛四方小区、成都棕北小区等中亦有平台出现。

由此可知，在当时的住宅小区中，架空平台最初或许只是为了连通各栋独立住宅以形成安全的步行空间、实现人车分流。但在实际使用的过程中，平台在作为步行专用通道的同时，不但其上较宽敞处能布置小品和绿化，以作为住户休憩和游戏的场所；其在架空后形成的下部开放空间更是为住户自行车和汽车的停放以及未来可能的商业功能的置入提供了条件。由此，在当时中国城市新的人群结构以及人群社会状态背景下，社区公建配套设施便经适当整合后被置入了平台之下，以实现土地集约式开发的需求。这或许是严家桥小区被建在集贸市场屋顶平台之上的原因之一。

2.2　严家桥一带的历史背景

尽管在当时的试点小区中已经出现了平台这一元素，但平台大都是架空的，其下的功能还仍以储物为主，即使是商业空间也多是沿街商铺，这与集贸市场对空间的要求并不相当。因为若将住宅叠压在集贸市场平台之上，不但会使设备管道变得复杂，还要设结构转换层，这在结构上是非常规的。事实上也是如此。尽管严家桥小区的住宅楼是从6米标高处开始建设的，但进香河集贸市场的层高却只有4.2米。中间相差的1.8米的层高就是结构转换层（图8）。此外，将小空间置于大空间之上也是不经济的。那么，就建成于20世纪90年代初的严家桥小区而言，这种特殊设计的考量究竟是什么？

历史上，严家桥一带曾为流民聚集之所。其中的住宅多是由流民自己搭建而成的简易砖瓦房，故建筑质量相对较差。新中国成立以后，因进香河改道为城市暗河，横跨其上的严家桥逐渐获得了交通上的区位优势。因此，居住于此的流民开始收购蔬菜等于自家门口贩卖，相对集中的露天集贸市场由此形成。[3]但这一时期，他们的居住条件并未得到显著改善。空间升级的契机是珠江路沿线的拆迁改造。1983年，国务院批准了《南京市城市总体规划（1981—2000）》。规划不但明确了鼓楼-新街口一带为城市核心区，还将珠江路沿线作为区级商业服务中心之一。同时，规划还要求住宅要坚持成街成坊分片配套建设，平均层数为5层，沿干道需以6层及6层以上为主，并严格控制4层以下住宅的建设。[3]此后，在珠江路沿线的拆迁改造中，位于四牌楼街区南部的将军巷-老虎桥一带成了主要的拆迁安置片区，而进香河路10～16号就在此列。因此，安置大量回迁户与流民便是筹建中的严家桥小区需要承担的任务之一。同时，紧张的城市用地、建制性集贸市场的规划要求以及既有露天集贸市场的存在，又使得在此处规划集贸市场成为最佳选择。由此看来，为了在有限的城市空间内同时解决回迁安置与集贸市场两个问题，将住宅建于集贸市场之上或许是严家桥小区设计者的无奈选择。

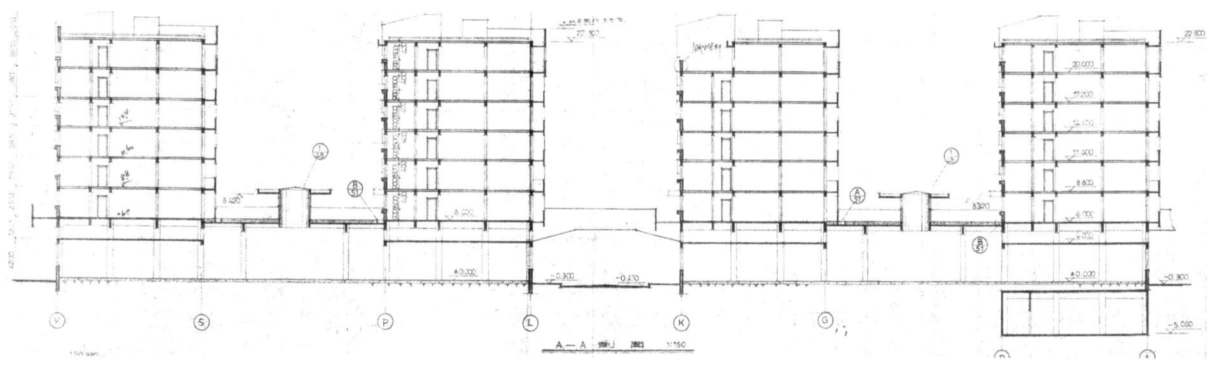

图8　严家桥小区03～06栋楼剖面图（来源：南京市城建档案馆）

2.3　同一时期的立体主义城市与巨构建筑思潮

从严家桥小区住宅楼立面所使用的半圆拱券来看，这一设计似乎受到了后现代主义建筑思潮的影响（图9）。毕竟，后现代主义传入中国的时间正是在20世纪80年代左右。尽管事实如何仍需作进一步考察，但这仍然提出了对集贸市场与住宅何以会垂直叠

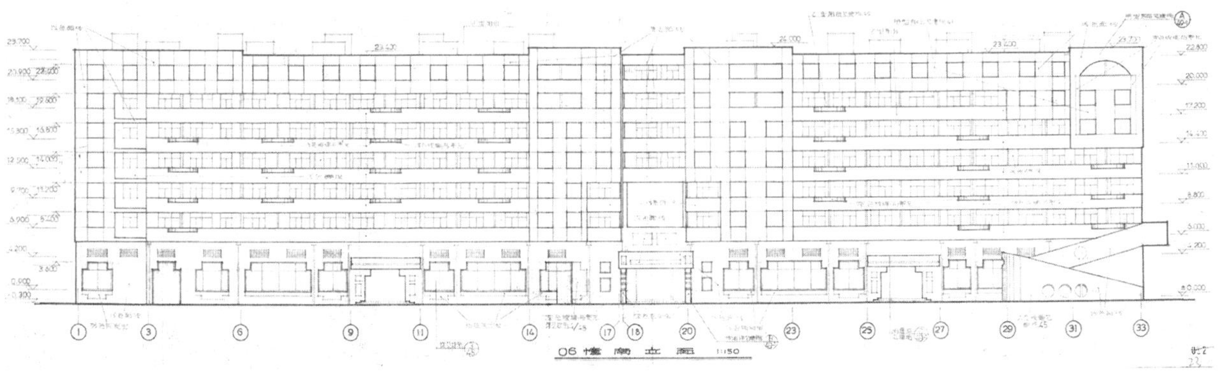

图 9 严家桥小区 06 号楼南立面图（来源：南京市城建档案馆）

压问题的再思考。事实上，将集贸市场与住宅在水平方向上分隔开，正是早期现代主义功能分区的典型思想。但在其被提出并实践之后的几十年间，相关质疑和反思并未停止。立体主义城市与巨构建筑的出现正是对这一思想的批判。

1．立体主义城市

尽管柯布西耶（Le Corbusier）在20世纪30年代提出的光辉城市并没有因其立体主义城市的概念而更具活力，这一点在巴西利亚和昌迪加尔的城市规划中已被证明，但他所提出的通过底层架空以解放城市用地的思想却对此后立体主义城市的发展起到了深远的影响。1958年，法国建筑师尤纳·弗雷德曼（Yona Friedman）提出了“空间城市”（Ville Spatiale）的理念，使巨构建筑漂浮于城市之上，人的生活由此从地面脱离，而地面层则供行人、交通和绿化之用，这或可看作对柯布思想的继承（图10）。而至20世纪60年代，相关探索进一步增多。如英国建筑电讯派（Archigram）彼得·库克（Peter Cook）的“插座城市”（Plug-in City）和“行走城市”（Walking City）、日本新陈代谢派丹下健三（Kenzō Tange）的东京湾规划以及矶崎新（Arata Isozaki）的“空中城市”（City in the Air）等均可视作对立体主义城市概念的发展。而这些思想形成的背景之一便是城市可利用空间不足。这与严家桥小区所面临的处境是相似的。通过抬高住宅至集贸市场的屋顶平台之上，城市地面层空间的确获得了一定程度上的解放。因此，在城市土地资源紧张的情况下，空间向上发展便是一种有利的选择。

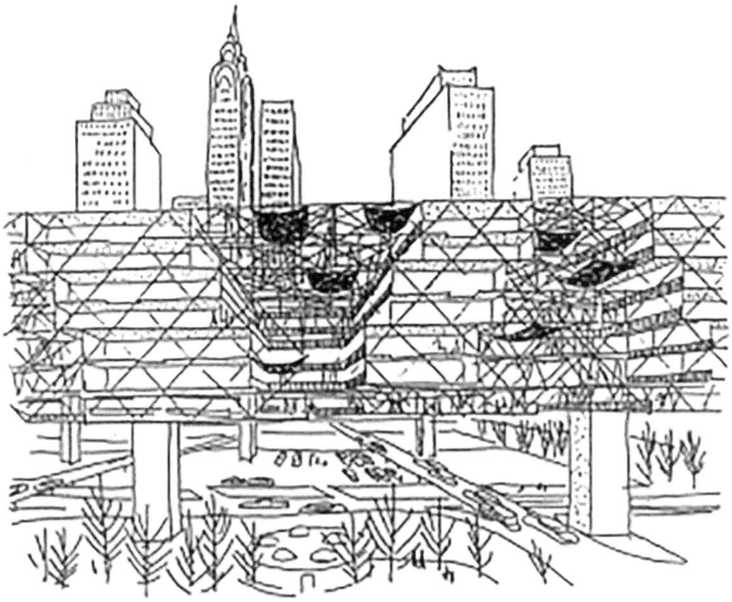

图 10 Ville Spatiale, Yona Friedman, 1964（来源：网络）

2．巨构建筑

如果说立体主义城市思想更多的是从城市整体的视角展开的思考，与严家桥小区是不同尺度层面的问题。那么，巨构建筑思想所讨论的则与严家桥小区更为相似的尺度。早在19世纪，傅立叶就已经构想出了可容纳1500人的巨构建筑“法伦斯泰尔”（Phalanstère），这或可被视作现代集合住宅的雏形。而柯布西耶的马赛公寓（Unité d’Habitation de Marseilles）和雷纳·班汉姆（Reyner Banham）所探讨的巨构（Megastructure）都可被视为对法伦斯泰尔的回应。及至战后，住房短缺成为欧洲许多国家共同面临的问题，关于巨构建筑的实践愈加增多。以西班牙建筑师里卡多·波菲尔（Ricardo Bofill）为例。1968年，他在塔拉戈纳（Tarragona）的郊区为移民工人设计了一座经济适用公寓——高迪住宅（Gaudi District）（图11）。这里，波菲尔的设计是将商店、酒吧、休闲设施、超市和大型公共空间等尽可能多地纳入整个建筑，而非将之水平地排布在住宅周边。[5]而后，他进一步建立了复杂的联系系统，使人可以通过楼梯、踏步和桥等步行至不同标高平面。这些平台俨然成为了工人生活的一部分，而进香河集贸市场屋顶平台上的严家桥小区居民的生活状态与此非常相似。且波菲尔设计的集合住宅造价相对不高，这意味着垂直叠加不同功能或许有助于降低预算节约成本，这也与严家桥小区的定位相符。

此外，在始建于1970年的瓦尔登7号住宅（WALDEN-7）中，波菲尔还实践了其“空中城市”（de ciudad en el espacio）的思想。与高迪住宅相似，他不但将不同功能的公共空间安排在了巨构建筑的首层，还在不同的标高平台上设置了七个可相互联系的庭院。[5]值得指出的是，除了对平台这一要素的运用，他还在通过对体量的消减使整个集合体上出现了巨大的洞口，由此在住宅的私密尺度与城市公共尺度之间建立了联系（图12）。而有趣的是，这一城市尺度的巨大洞口也出现在了严家桥小区中（图13）。这表明，在几乎同一时期，面对城市人口

图11　高迪住宅（Gaudi District）（来源：网络）

图12　瓦尔登7号（WALDEN-7）（来源：网络）

图13　严家桥小区的巨大门洞

稠密地区的住房短缺问题，将住宅置于底层公共空间的屋顶平台之上的做法并不鲜见。而严家桥小区正是在这样的背景之下建成的。

3 进香河集贸市场屋顶平台的效用

城市用地紧张、规划设计要求等社会背景以及立体建筑、巨构建筑等设计思潮共同促成了进香河集贸市场的上盖住宅设计。尽管喧嚣与宁静的不同需求使得二者的耦合更多是一种设计上的妥协，但由此形成的平台却在提升空间利用效率、保护居住空间安全性等方面起到了重要作用。

3.1 平台作为提升城市空间利用率的建筑手段

从平台与城市的关系来看，进香河集贸市场的屋顶平台是在用建筑手段解决社会居住问题，从而实现对空间的集约化利用。通过将住宅置于平台之上，设计在解决回迁住户及流民总计约600户人家的安置问题的同时，不但保留了服务于周边片区的最大规模的集贸市场，还满足了城市交通的需求，土地利用率得到了较大的提升。这里，平台上方居民生活空间的私密性并未受到干扰，与市场在功能上保持了各自的独立性。也就是说，平台部分地消解了住宅所需要的私密宜人与集贸市场所需要的公共便捷之间的矛盾。同时，由于南北两个平台通过天桥连接，城市道路仍可在天桥之下穿越，城市交通并未因小区的建设而被阻断（图14）。此外，平台还能为小区住户提供与传统社区相异的空间模式和生活方式，成为了激发小区内居民社区认同感的物质手段，正如波菲尔的集合住宅一样。这进一步使得平台从普遍意义上的交通性空间变成有内向归属感的空间，规划性城市与生活性城市便可在此处完成交接。

3.2 平台能提升居住空间的安全性和可达性

从平台与住户生活的关系来看，平台为其提供了安全的生活性空间和便利的可达性场所，这对儿童和老人而言尤其有益。首先，考虑到二者的活动都具有一定的随机性、对外界感知应变能力较弱以及更易受到伤害等特点，安全性是对社区中一老一小户外活动空间最基本也是最重要的要求。而平台不但能阻断了外界机动车等因素的干扰，还因为平整的地面和通透的视觉而成为了成人视线可及的场所，这在安全性上为他们提供了必要的保障。其次，便利的可达性也增强了儿童和老人活动的意愿。只有降低到达社区活动空间的阻隔程度，人们的活动参与度才能越高，空间活力才能越强。作为住户而言下楼即可抵达的活动场地，平台上有儿童跑跳嬉闹，有老人在冬日里晒太阳、织毛衣、打扑克、下棋，还有住户在闲聚交谈，这都有赖于其便利的可达性（图15）。加之近年来严家桥小区已经得到了更新和维护，空间变得整洁了，平台之上活动的住户也逐渐增多起来。由此，平台一方面能在无形中作为社区的“电子眼”，监护着儿童和老人的安全；另一方面也能够促进住户之间交流，增强其对场所的认同感，这的确能为住户的生活带来益处。

图14 天桥之下的城市道路

图15 织毛衣、闲谈的老人

4 结语

南京市进香河集贸市场屋顶平台及其上住宅小区的形成有其既有的社会、历史和思想因素。平台是提升城市空间利用率、在有限的土地资源上实现功能高效复合的一种建筑手段。虽然平台在某一发展阶段中出现了人口拥挤与空间利用不佳等现实问题，集贸市场与住宅的耦合也一度成为城市脏乱差的典型，但平台始终为住户提供了安全的生活性空间和便利的可达性场所。总的来说，本案中竖向叠合的操作手段既为土地资源有限地区的住宅设计提供了启示，也为创造一老一小友好型社区提供了参考。但平台对住户与城市及市民之间联系的削弱确是值得反思之处，未来仍需进一步研究。

参考文献

[1] 吕俊华，邵磊. 有计划的商品经济体制下的 住宅建设（1985—1991）[M]//吕俊华，彼得 · 罗，张杰. 中国现代城市住宅：1840-2000. 北京：清华大学出版社，2003：219-246.

[2] 王方戟，张斌，水雁飞. 小菜场上的家 [M]. 上海：同济大学出版社，2014.

[3] 郝凌佳. 城市非正规性视角下南京四牌楼街区更新策略研究 [D]. 南京：东南大学，2016.

[4] FRIEDMAN Y，CENTRO ANDALUZ DE ARTE C N. Pro Domo [M]. Barcelona：Actar Barcelona，2006.

[5] CRUELLS B. Ricardo Bofill：Works and Projekts [M]. Thomson G，trans. Barcelona：Gustavo Gili，1992.

石河子西工业区混凝土薄壳建筑设计思想及其技术历史研究（1958 ~ 1960 年）①

刘佩[1, 3] 吕忠正[1] 缪远[2] 丁志康[1]

作者单位
1. 福建理工大学建筑与城乡规划学院；
2. 福建理工大学设计学院；
3. 福建省高校人文社会科学研究基地设计创新研究中心

摘要： 省三材时期石河子西部工业区建设囿于资源紧缺，为了节约造价，遂引介国外前沿薄壳技术的同时，挖掘本土技艺之利。通过对 1958 ~ 1960 年石河子西工业区“混凝土筒形薄壳”建筑和“混凝土无筋双曲面扁壳”建筑的设计思想以及技术历史分析发现：其薄壳建筑不仅表达出了在当时特定语境下“繁即是简”的设计思想，也呈现出了混凝土薄壳的创新性。继而，推动西部边疆军垦地区工业建筑现代化发展。

关键词： 混凝土薄壳；工业遗产；石河子；西工业区

Abstract: The construction of the west industrial zone of Shihezi in the period of three materials of the province was confined to the scarcity of resources, and in order to save the cost of construction, it introduced the cutting-edge thin-shell technology from abroad, and at the same time, tapped into the benefits of local skills. By analysing the design ideas and technical history of “concrete cylindrical thin shell” and “concrete unreinforced hyperbolic flat shell” buildings in 1958 ~ 1960 in Shihezi West Industrial Zone, it is found that the thin shell buildings not only express the design idea of “complexity is simplicity” in the specific context at that time, but also show the innovative nature of concrete thin shell. The analysis of the design ideas and technical history of the “concrete cylindrical thin shell” and “concrete unreinforced hyperbolic flat shell” buildings in Shihezi West Industrial Zone shows that the thin shell buildings not only expressed the design idea of “complexity is simplicity” in the specific context at that time, but also presented the innovative nature of the concrete thin shell. Following this, it promotes the modernisation of industrial buildings in the western frontier military reclamation areas.

keywords: Concrete Shell; Industrial Heritage;Shihezi;West Industrial Zone

20世纪50 ~ 70年代“匮乏经济”中的乏时代，任何超过基本需求或说必要性的东西都是一种多余。在这一背景下提出了“三材节约”，出现了很多精简至极致的混凝土与砖构建筑[1]。在这期间建筑界提出双反，即反浪费和反保守的号召，开展了以“快速设计”和“快速施工”为中心的“双革”（技术革新、技术革命）运动[2]。在这个大的社会背景下，石河子西工业区的筹建期间，尽管面临基础建设资源和人才紧缺，但仍然致力于探索前沿技术打破苏联和西方技术的框架，实现技术革新。工业区内的“装配式预应力钢筋混凝土薄壳建筑”案例是石河子兵团技术革新和创新的重要成果。其建筑融入了兵团建设的独特设计思想，这种创新型薄壳不同于西方传入的技术范式，在结构和形制层面倾向于本土化。并且，石河子混凝土薄壳不同于Z-D薄壳体系范式，创新型设计蕴涵着地方营造思想，两种设计思想的交流，映射出跨文化设计特征。

1 石河子西工业区混凝土薄壳建筑概述

首先，石河子，以军垦著称，它是由军人选址和建设的城市，素有“军垦第一城”美誉，亦是兵团发

① 项目基金：福建省高校人文社会科学研究基地设计创新研究中心2024年度开放课题“闽江流域历史建筑保护与更新设计研究”（KF-20-24107）。

展的“缩影”和“屯垦戍边”的典范。2022年，习近平总书记在新疆生产建设兵团八师石河子市考察时充分肯定了“兵团建设精神”。同时，强调继续发扬艰苦奋斗、勇于创新、脚踏实地等精神，这在石河子西部工业园区的经济建设中得到了充分体现。

其次，厂区的大部分非生产性建筑由地方建筑院承担，如新疆工一师设计院和石河子市建筑规划院。生产性建筑由省外建筑设计院承担，如“中华人民共和国纺织工业部基建设计院”（图1）。因此，工业区内的建筑营造思想不仅具有地方创新性，还融合了当时国内前沿的设计思维，这一特点在薄壳建筑上尤为明显。

通过对1958～1960年园区档案与遗存建筑的普查发现2座装配式预应力钢筋混凝土薄壳建筑，糖厂2座、毛纺厂1座（图2）。“创新型薄壳”毛纺厂的锭精纺车间和糖厂的动力车间为代表。其原因在于，锭精纺车间的扁壳拱峰净厚度仅为0.03米，在整个园区中是首例，而动力车间的创新型筒状薄壳次之，但其标准化构件的经济性和跨度的可塑性远优于现浇钢筋混凝土屋面。所以，上述两类薄壳建筑成为研究早期西部边疆地区工业建筑的绝佳样本，突显了技术创新性。

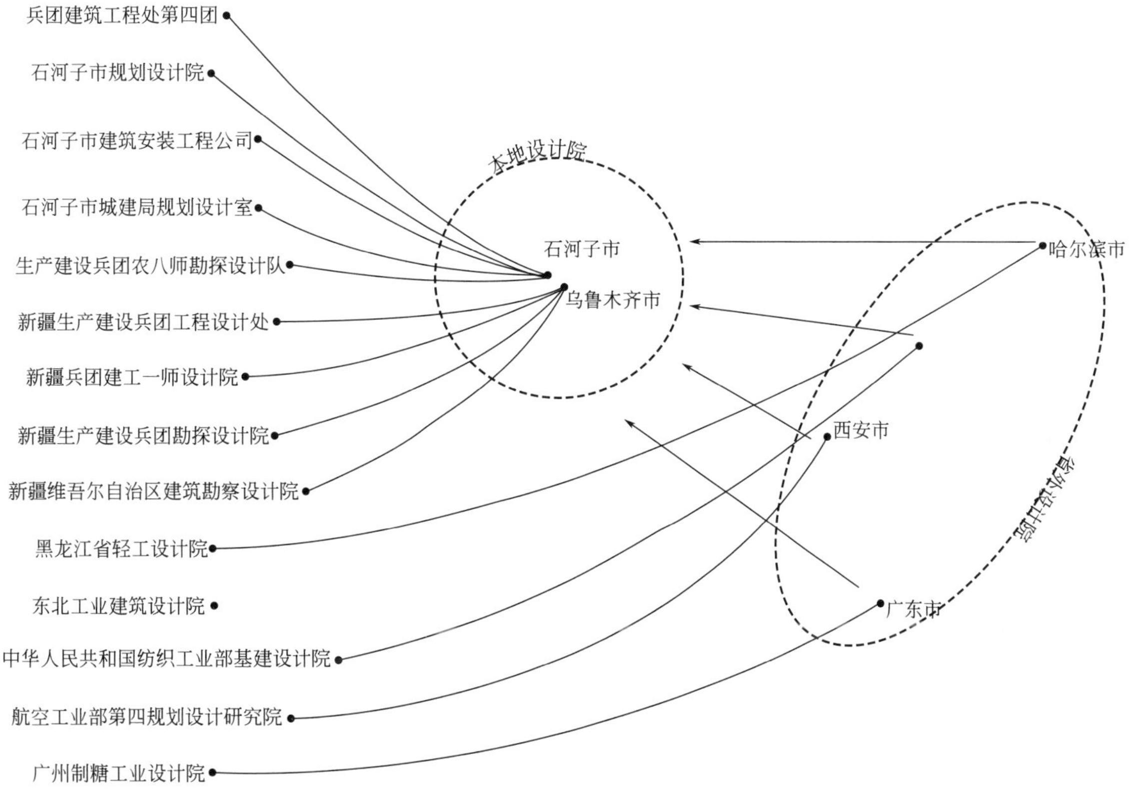

图1　参与石河子市西部工业园区建设的全国各大设计院分布图

2　预制钢筋混凝土筒状薄壳技术史

装配式预制筒状钢筋混凝土薄壳，亦称圆柱形薄壳。Z-D薄壳体系提供参考的桁架范式，拉杆件基本是垂直于下弦，而国内的筒状薄壳则采用拱形三角桁架。在苏联专家的帮助下，太原的444厂内有生产此种预制筒状薄壳。

北京第一机械工业部第一设计分局，依据当时国内工业厂房尺度规定，将原苏联冶金与化学工业建造部工业设计院合作设计的27米跨度的桁架，改制成两种24米拱形桁架，即三件组合和两件组合（图3）。其中两件组合安装的拱形桁架组装较为简单，常用于搭建工业厂房。糖厂动力车间亦是此种组合但又有变化构件更繁复且独立，倾向于弦式屋架形制和原理。

一、桁架形制，预制钢筋混凝土拱形屋架类似于弦式屋架设计，两个屋架之间的构件功能相似，仅是材料不同。如弦式屋架的元宝木安置在下弦上，用来连接

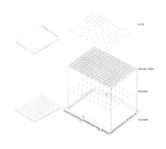

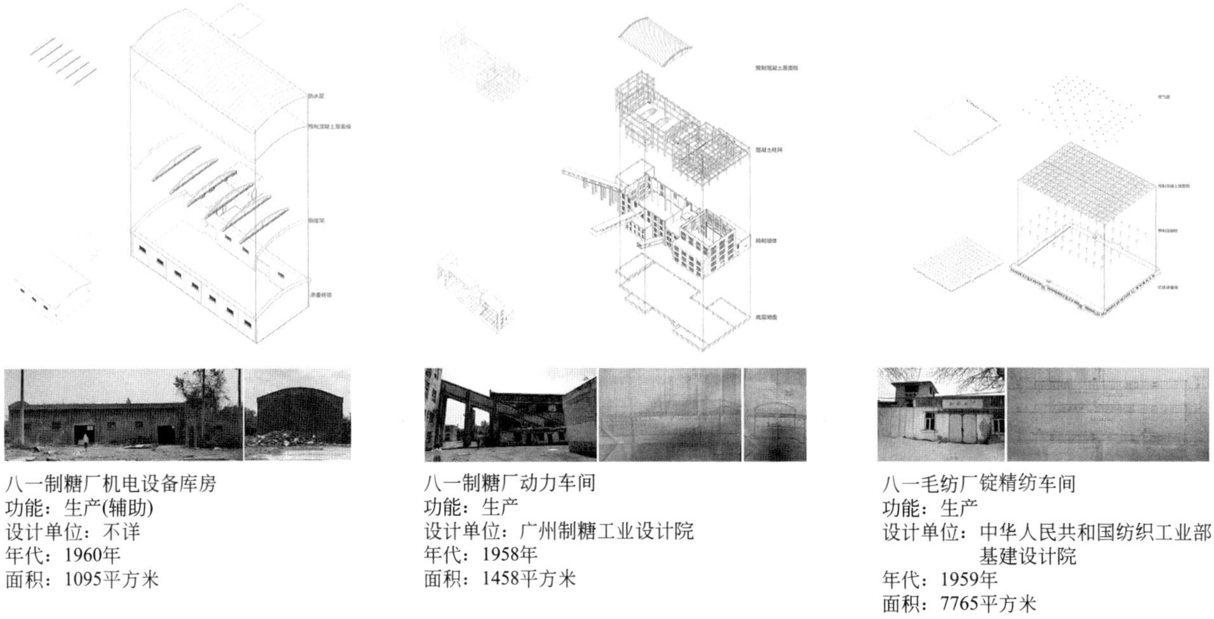

八一制糖厂机电设备库房
功能：生产(辅助)
设计单位：不详
年代：1960年
面积：1095平方米
八一制糖厂动力车间
功能：生产
设计单位：广州制糖工业设计院
年代：1958年
面积：1458平方米
八一毛纺厂锭精纺车间
功能：生产
设计单位：中华人民共和国纺织工业部基建设计院
年代：1959年
面积：7765平方米

图 2　1958 ~ 1960 年西工业区遗存的钢筋混凝土薄壳

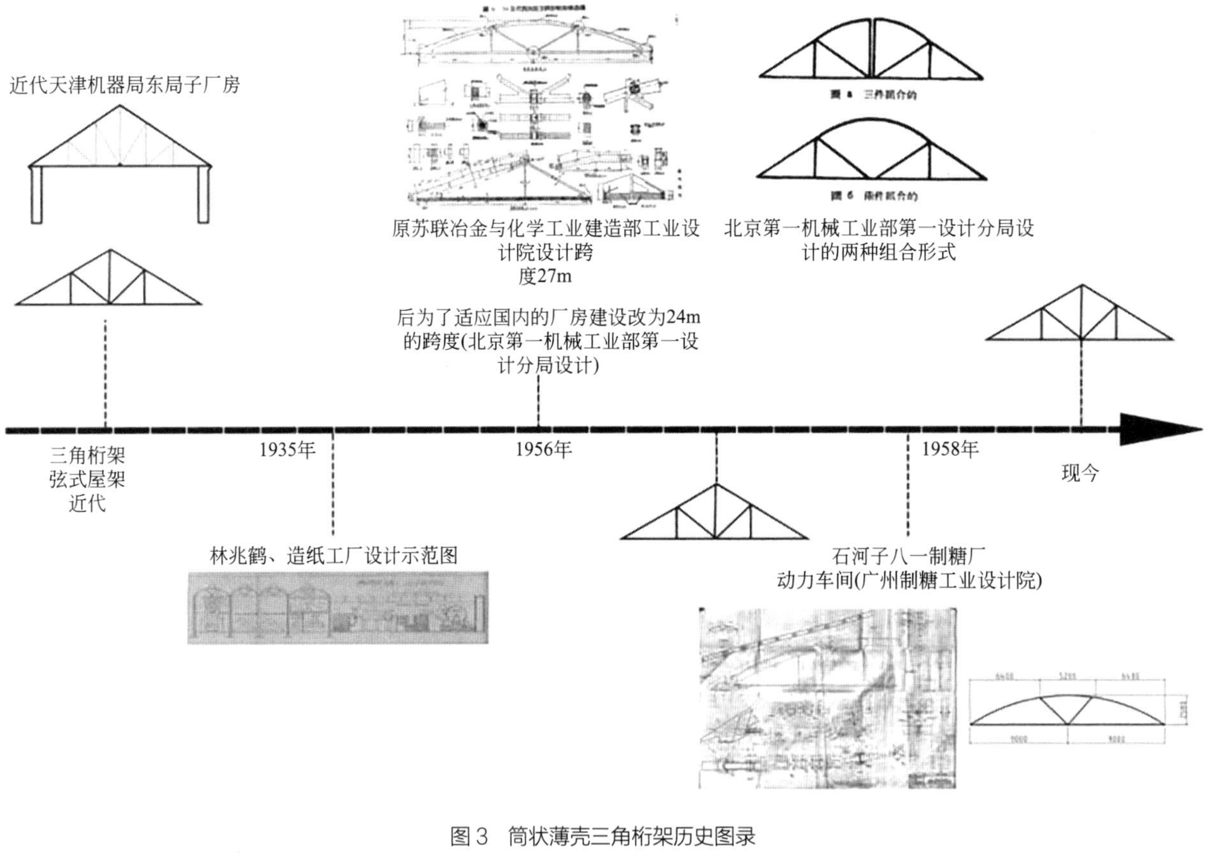

图 3　筒状薄壳三角桁架历史图录

拉杆和两个斜撑，而筒状薄壳屋架的下弦杆中的角铁、螺栓和金属托架组合起到的功能与元宝木相同。

二、构造原理，这两者之间也存在共通性。弦式屋架的最主要受力件是两根上弦杆，采用金属拉杆将下弦拉结在一起。拱形屋架也是如此，由四根拱形的钢筋混凝土上弦杆构成持力件（图4）。

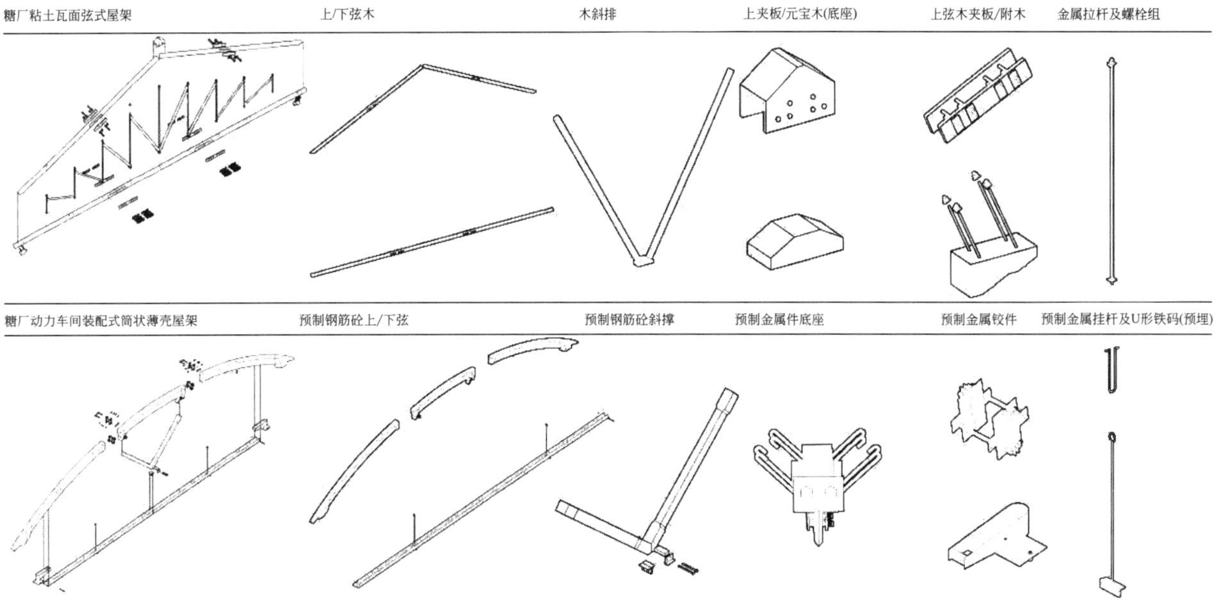

图4　拱形屋架与弦式屋架构造图

由此可见，预制混凝土拱形桁架与弦式屋架的设计思想相通。通过梳理历史脉络发现，从近代就有的弦式屋架和类似拱形三角桁架的设计[3]。因此，国内较早就有研制此种结构形制，为后来的建筑人员提供了参考对象。得益于此，国内研制的装配式预制钢筋混凝土拱形桁架，既汲取了西式筒状薄壳技术特点，又融入了本土营造的思想。

2.1　西工业区装配式钢筋混凝土筒状薄壳设计思想解析

动力车间的预制钢筋混凝土筒状薄壳波宽18米矢高2.58米（图5），主要由7个部分构件组成（表1）。为了提高建筑的经济性，所有模块化构件皆是在工厂内完成预制件制作后再运输到场地内安装，与1956年研制的拱形桁架相比更为成熟。在设计上突显化简为繁的建造思想，以繁复的构件组装，简化了桁架的制作技术和运输问题。

首先，两种预制钢筋混凝土的拱形桁架，在整体的形制上相同。太原工厂跨度24米的桁架只分成了4部分构件，其构件内部还是倾向于整体浇铸难度高，且每个部分的体积较大不便于运输，适合在现场制作拼装。然而，为降低制作技术难度和提高桁架的经济性，石河子动力车间的拱架构件分解至单独的支撑件，用金属铰件安装，更类似于弦式屋架独立的木方构件（图6）。

其次，在材料使用上，以前的拱形桁架依靠高强度的钢丝束才能制作下弦杆，对于材料要求较高，不太经济。相较于此，石河子厂区用角钢代替，材料更容易采办，当然还有一部分因素是动力车间的屋架跨度较小。

总之，这时期的预制拱形桁架在安装和制作上，已然发展十分完善。虽然从安装角度考虑似乎更为烦琐了，但是从工厂批量制作一场地施工，流程上更节约经济成本。且构件由原来的组合件拆分至单个标准件的制作，技术误差更小。这种“繁即是简”的设计理念赋予了筒状薄壳极佳的普适性，进一步推广了此技术的传播。

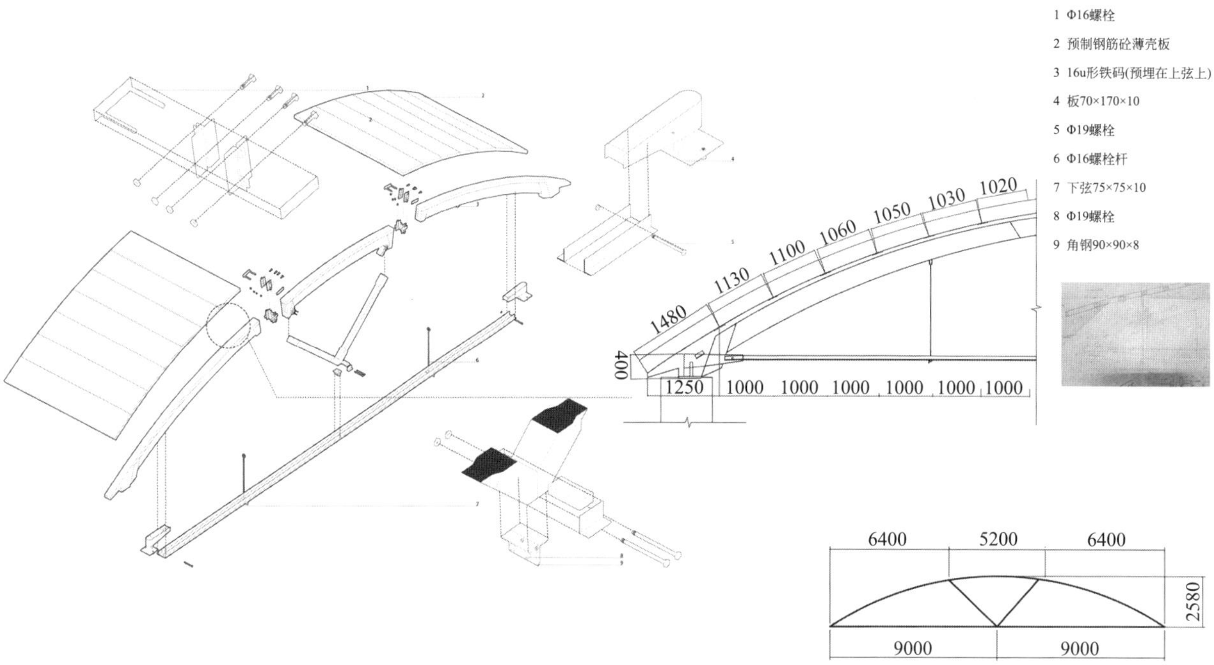

图 5 筒状薄壳分析图

单个预制钢筋混凝土筒状薄壳构件 **表1**

构件名称	构件数量	外轮廓（单位：米）		
		长	宽	材料
屋面板	19块	/	1.48～1	钢筋混凝土
上拱形弦	3个	20.75	/	钢筋混凝土
下弦杆	2根	8.5	/	角钢
金属拉杆	2根	1.95	/	钢
斜撑杆	2根	3.08	0.2	钢筋混凝土
上弦金属铰件	2个	0.3	0.28	钢
下弦中心金属铰件	1个（黑铁管、螺栓若干）	0.1	0.2	钢

3 无筋双曲面扁壳技术史

匈牙利 J · Pelikan教授于1957年提出新的薄膜结构（Membrane structure）又称无筋双曲面扁壳可以达到不需要配置受力钢筋，最大程度节约材料。之后，世界各国意识到此技术的革新性纷纷引入其理念，如G.S.勒马斯沃姆①（Ramsswamy.G.S，1923—2002）在鲁尔基中央建筑研究所实验了一个7.53米×15米扁壳的水泥仓库。为了节省“三材”，并提出了“麻布薄膜”的技术。此技术虽操作简便，壳体的曲面坐标系不需要计算，但是面对大跨度的建筑实际施工很困难，同时小壳体的浇筑也不稳定。因此，国内学者袁啸楚在《无筋扁壳理论及其应用上》强调用木模板或地胎模来制作扁壳，并补充了圆形底边和扇形底边两种新无筋扁壳的曲面方程式[4]。

1960年后湖南等地在袁啸楚理论基础上，对这

① G.S.勒马斯沃姆1956 年加入鲁尔基中央建筑研究所，担任结构部主任，并创立了结构工程研究中心（SERC），他的许多创新薄壳技术被印度和国外数千座建筑物的建设所采用。

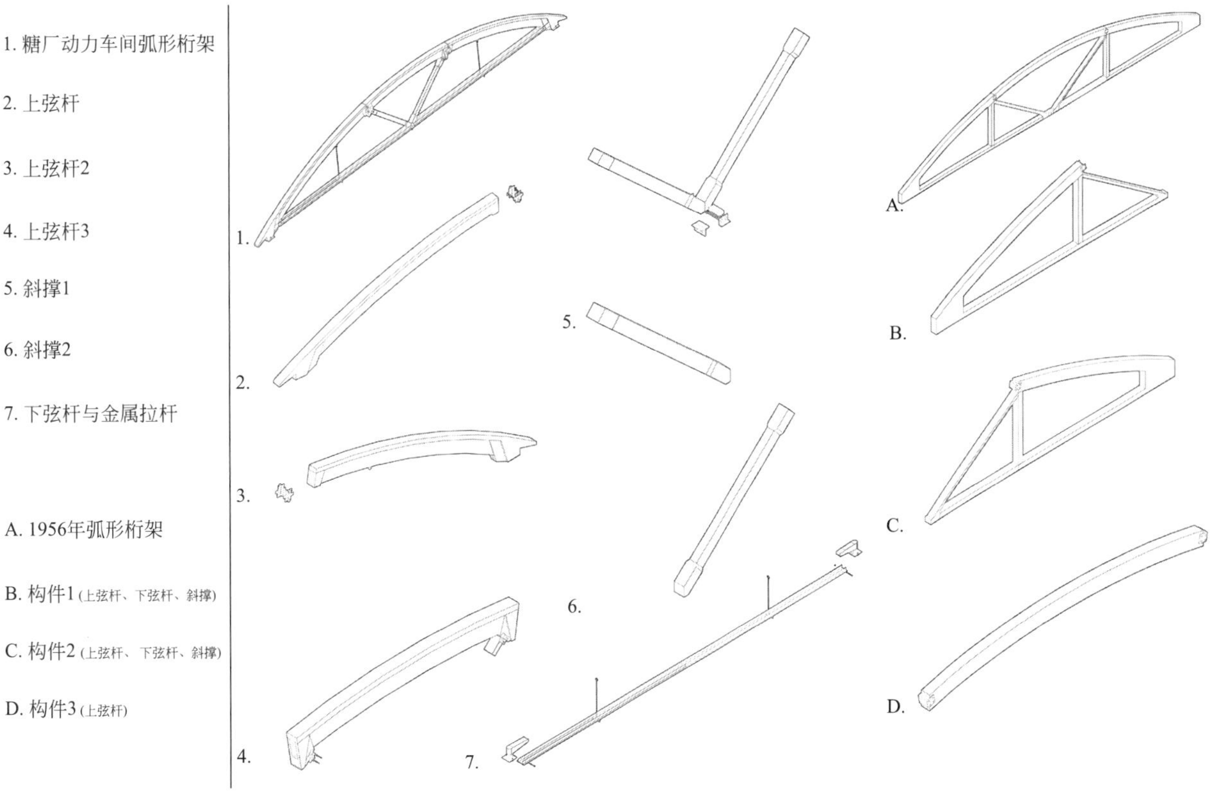

图 6　预制钢筋混凝土拱形屋架构件拆分图

种新型的扁壳技术展开实验研究，先后设计了多座无筋双曲面扁壳建筑，内置一层钢丝网又称钢丝砂浆薄壳，要比普通的混凝土薄壳更节约钢材[5]（图7）。

值得思考的是毛纺厂“锭精纺车间”建于1959年1月，且面积为7765平方米。建设时间上要早于国内最新的研究和实验成果，则其扁壳的曲面坐标系的计算很有可能是参考了，G.S.勒马斯沃姆的矩形扁壳的计算方法。但从整个厂房扁壳数量和规模来论，麻布薄膜技术基本控制不了在极小的误差内建造156个同形制的无筋双曲面扁壳，因此，在模具的选取基本是木模架，可以重复使用，并且制作数量较大的预制扁壳时更节约造价。

总之，锭精纺车间是国内最早一批“无筋双曲面扁壳”的首要代表，有两个原因：一是当国外一些地区，对于此技术的研究还停留在实验阶段时，石河子军垦地区自主研制的大跨度锭精纺车间突破了国外技术的壁垒；二是扁壳形制并没有简单延续国外的设计范式，从壳顶的排气洞的设计，再到构件的单元复加，巧妙地解决了单个无筋双曲面扁壳跨度较小无法覆盖大跨度厂房问题。

锭精纺车间的研制成功，得益于“繁即是简”的理念贯穿整个建造过程，以及国内对Z-D薄壳体系建造积累了经验。当国外新薄壳技术出现时，国内能较快地实现技术的移植并结合园区的营造思想造就新建筑。

3.1　西工业区无筋双曲面扁壳建筑设计思想解析

锭精纺车间简化的单个无筋双曲面扁壳构件，矢高为0.6米，跨度6.1米，比国内外实验的无筋双曲面扁壳都要小，主要由4个部分的构件组成（表2）。

单个预制钢筋混凝土双曲面扁壳组构件　　表2

构件名称	构件数量	外轮廓（单位：米）		
		长	宽	材料
预制扁壳	1个	6.1	5.99	钢筋混凝土
排气塔	1个	/	/	钢筋混凝土
预制天沟	2根	/	/	钢筋混凝土
凹型支撑牛腿柱	2根	/	/	钢筋混凝土

壳峰用圈梁加固并预留圆形气窗，便于后期安装排气塔，同时，扁壳四周也用边梁来加固壳底座，

整个扁壳呈现两端厚、中间薄的形状。内置一层0.4米×0.4米的钢丝网，最薄处为0.03米（图8），这充分展现了薄壳利用少量钢筋混凝土，发挥其高强度性能，凸显了此结构的经济优势。其次，为了降低运

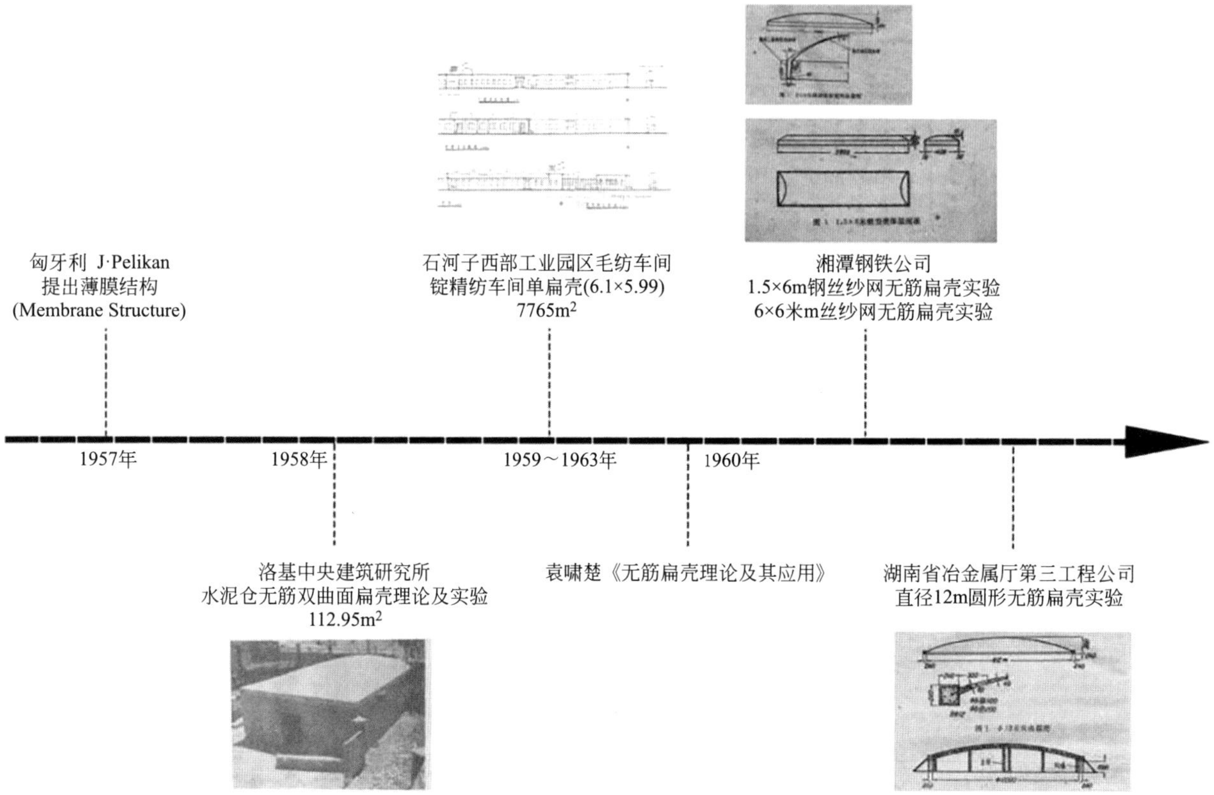

图7 无筋双曲面扁壳历史源流

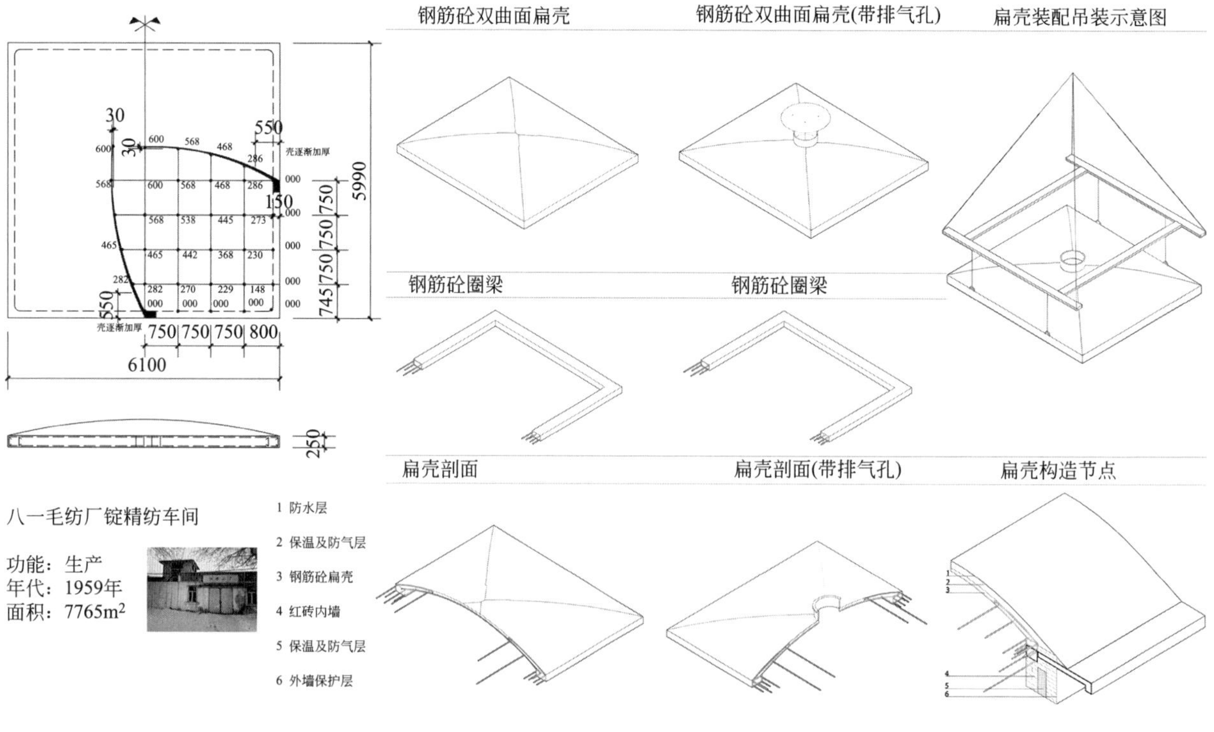

图8 锭精纺车间双曲扁壳构造示意图

输成本，壳体的预制构件事先在工厂内实验达到了预应力要求后，再由新疆兵团工建设计院在现场施工浇铸，只有壳体强度达到设计强度的70%以上才能脱模吊装。从大院设计再到地方院营造的流程来看，此项技术在国内的发展已经相对完善。

单个扁壳无法覆盖占地面积约7765平方米的锭精纺车间，但通过预制天沟和预制钢筋混凝土承重柱，可以实现将单个小型扁壳集结在一起，构成“无筋双曲面扁壳”单元化。天沟与扁壳支撑在吊装的预制凹形混凝土柱上，预制天沟腹部中空，形成支气道，有助于室内外空气流通。为了降低造价，保温层材料选用了容重不超过1400千克/立方米的炉渣混凝土（35#）。在厂房的建造流程中，除了墙体和地基，单元化构件都是通过吊装的方式安装，简化施工难度缩短了工期，并且极大地节约了总的建造费用（图9）。

因此，在繁即是简的设计理念下造就的多波拱建筑，回应了伍重的单元复加原则，从结构层面突显了创新型“无筋双曲面扁壳”技术特征。其单元化构件在保证屋盖的刚度同时，也隐藏通风管道，形式与功能相统一。此外，天沟与扁壳的高低差，解决了屋面排水问题，这样的设计创新也是在国内外的无筋双曲面扁壳实验中不曾出现。

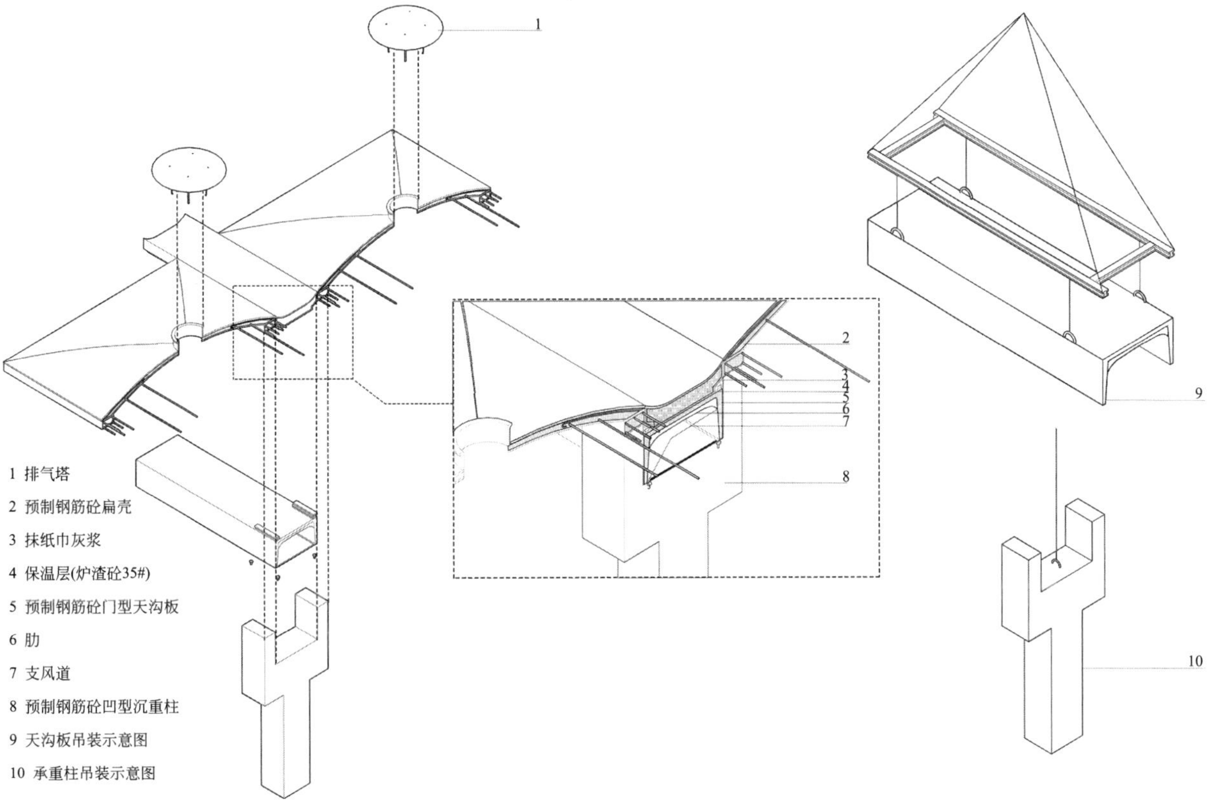

图9　锭精纺车间预制钢筋混凝土构件及吊装施工示意图

4　讨论：西工业区繁即是简的设计思想

筒状薄壳和双曲面扁壳皆属于Z-D薄壳体系，此体系最初是由“德国学派”①建立，一战后苏联与德国技术和文化交流密切，延续和推广了Z-D薄壳体系[6]。在苏联的研究下简化了相关薄壳理论，并将其薄壳体系编制成更为直观的图示语言，规范行业标准，降低了实际施工过程中的误差性，推动了技术革新。这也是发扬了德国学派将理论与实践相统一的建筑思想。

① 德国工程学派以迪辛格、鲍尔斯菲德为代表，1923建立了钢筋混凝土薄壳体系，强调理论与实践统一。

中国在学习苏联先进的技术时，同样也汲取了这种思想的优点。金祖怡[①]设计室与中央纺织工业部建筑设计院合作设计了“无筋双曲面扁壳”建筑，当其他西方国家还停留在实验阶段时，国内就已经付诸实践。通过分析锭精纺车间的设计蓝图可知，不论是从形制，还是设计理念上与当时的Z-D薄壳体系均有区别。最为直观的是薄壳构件种类，国内的薄壳构件小而多，倾向于多波拱建筑，与西方多波拱不同的是，其扁壳单元超过了数百座，较为繁复（图10）。但并不是简单地复制，而是在单元复增的逻辑下显露出一定规律排列，满足厂房的功能需求。

其次，园区内的2种薄壳模块化程度很高，构件的“基本模块”小至单个金属铰件。筒状薄壳的功能构件类似于弦式屋架，从历史沿革来看与西式薄壳有很大的区别，具有地域创新性特征（图11）。从构件的形制上，侧面映射出石河子西部工业园区薄壳建筑“跨文化”生长。

这种现象有两方面原因：一是，国内开展技术

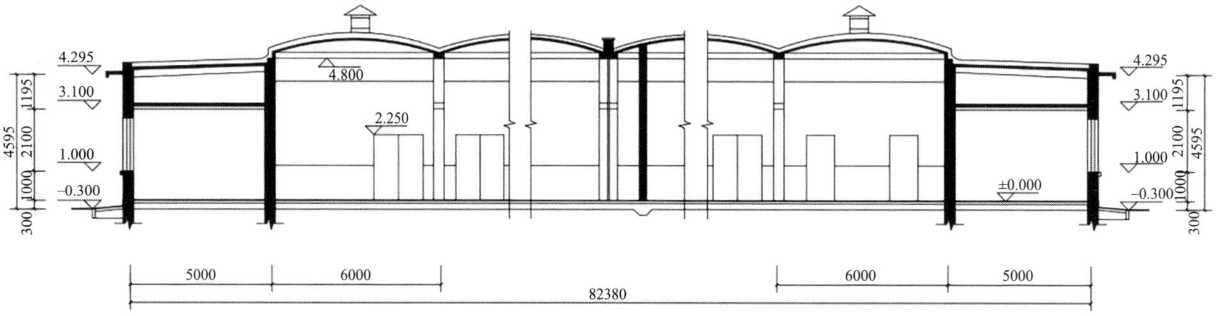

图10 繁复的无筋双曲面扁壳

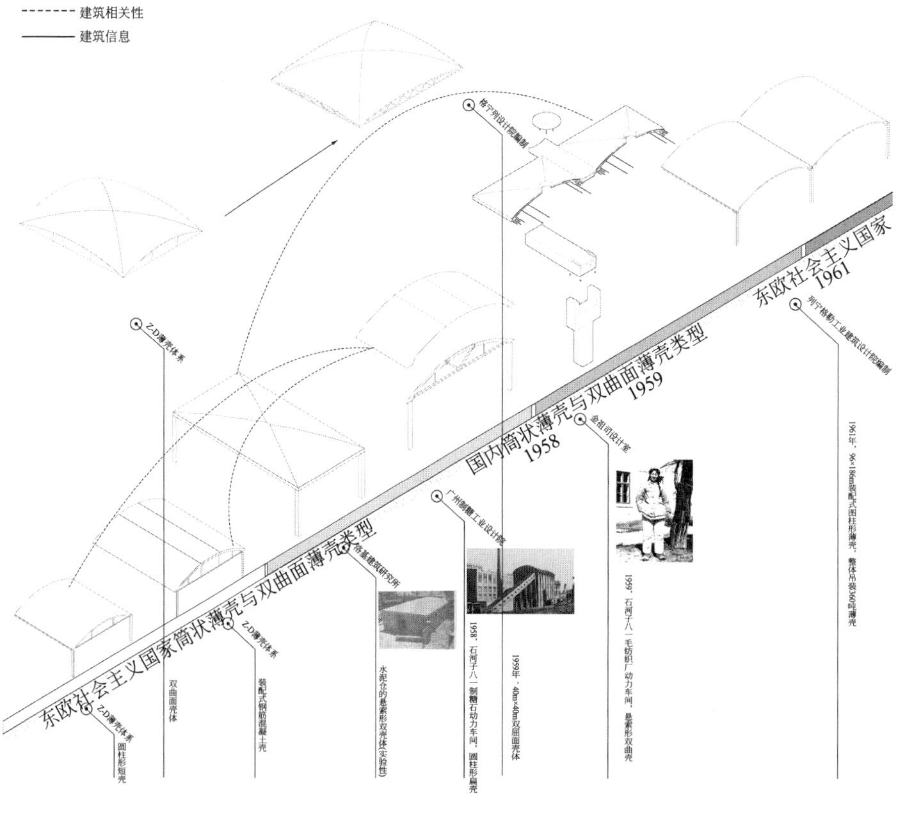

图11 薄壳历史图录

① 金祖怡1949年毕业于重庆大学，受王震司令员邀请前往新疆从事建筑设计工作，主要负责和苏联专家对接，学习苏联先进技术。其参与设计的建筑不仅具有苏联风格，也具有传统地域文化特征，如新疆人民剧场是中国20世纪建筑遗产，新疆唯一入选的建筑。

革新和技术革命运动期间，学习了大量国外先进的技术理念。但是国内的生产建设水平较低，尤其在省“三材”期间西部地区物质资料稀缺。国内用于建筑行业的大型吊装的相关机械设备不足，如1957年德国专家设计的石家庄玻璃厂，由于当时空间塔吊有待进口，整体吊装薄壳数量较少且体积较大，采用25～40吨塔式起重机费用较高，不够经济造成了建设上的困难[7]。

二是，大跨度薄壳不仅材料要求高，技术难度也较大，石河子西工业区无论是技术人员还是资源均不足，但是工业厂房的跨度难题需要解决，因此，只能降低技术难度研制小跨度薄壳及其构件，再通过多次拼装的设计思维来建设厂房。

总之，将单个复杂的技术难题转换为量化问题，以构件的复增，极大地简化了建设难度，以另一种角度解读了西方薄壳技术的特点。

5　结语

边疆军垦地区的管制特殊性，导致大量早期工业建筑实例被拆除，其中隐藏的技术智慧和设计思想逐渐边缘化。文章以装配式预应力钢筋混凝土筒状薄壳和装配式预应力无筋双曲面扁壳设计思想为切入点。从中窥见了50年代晚期石河子军垦地区工业建筑的历史价值，同时也为国内学界补充了一份，关于新中国早期西部边疆军垦地区装配式薄壳的建造史。

石河子遗存的钢筋混凝土预应力薄壳在借鉴国外先进的工程技术理论与案例的同时，结合本土营造技艺。因地制宜地设计出适合西部军垦地区建设条件的薄壳结构，不仅极大地节省了经济成本，还推动了中国工业建筑现代化发展。

参考文献

[1] 史永高. 建筑理论与设计：建构[M]. 北京：中国建筑工业出版社，2021.

[2] 龚德顺，邹德侬，窦以德. 中国现代建筑历史（1949—1984）的分期及其它[J]. 建筑学报，1985（10）：5-9，83.

[3] 林兆鹤. 造纸工厂设计示范[J]. 工学季刊（北平），1935第2卷（2）：145-168.

[4] 袁啸楚. 无筋扁壳理论及其应用（上）[J]. 土木工程学报，1960（1）：8-16+23.

[5] 冶金工业部基本建设司. 薄壳结构[M]. 北京：中国工业出版社，1961.

[6] 刘亦师. 平屋顶VS薄壳屋顶——20世纪初钢筋混凝土结构发展的两条路径与现代主义建筑运动之反思[J]. 世界建筑，2023（6）：4-10.

[7] 建筑工程部张掖总公司. 柱形长薄壳施工[M]. 北京：建筑工程出版社，1958年.

大空间公共建筑应灾改造设计技术标准探析
——基于方舱庇护医院标准的对比性研究 ①

王昊 [1] 罗鹏 [1] 武艺萌 [2]

作者单位
1. 哈尔滨工业大学建筑与设计学院
工业和信息化部寒地城乡人居环境科学与技术重点实验室
2. 同济大学建筑与城市规划学院

摘要： 灾时以体育馆为代表的大空间公共建筑可短时间内补充各类型救援空间，有助于提升城市应灾保障的韧性能力。由大空间公共建筑改造而来的方舱庇护医院是我国疫情防控关键时期的创新性举措，其设计技术标准对未来灾时大空间公共建筑应灾改造设计具有指导意义。基于我国16省市方舱庇护医院设计技术标准条款的深入分析，总结现行标准的相似性、差异性和不足，对大空间公共建筑应灾改造设计技术标准提出建议，以期为其非常规状态下的系统性助战应用提供参考。

关键词： 大空间公共建筑；方舱医院；技术标准；设计导则；对比优化

Abstract: Large space public buildings, represented by sports arenas, can quickly supplement various types of rescue spaces during disasters, which helps to improve urban disaster response security. The Fangcang shelter hospital, which was transformed from a large space public building, is an innovative measure during the epidemic prevention and control period in China. Its design technical standards have guiding significance for the disaster response design of large space public buildings during disasters. Based on an in-depth analysis of the design technical standards for Fangcang shelter hospitals in 16 provinces and cities in China, this paper summarizes their similarities, differences, and shortcomings, and proposes suggestions for the design technical standards for disaster response renovation of large space public buildings, in order to provide reference for their systematic application in unconventional states.

Keywords: Large Space Public Building; Fangcang Shelter Hospital; Technical Standard; Design Guideline; Comparative Optimization

1 引言

以体育馆为代表的大空间公共建筑在灾害救援中扮演着至关重要的角色，可以发挥提供避难场所、疏散与转移、医疗救助、应急指挥中心、后勤保障等作用，并在众多的救灾实践过程中得到实践应用与检验。但其应灾改造设计缺乏统一的技术标准。COVID-19疫情期间，我国提出的方舱庇护医院（以下称方舱医院）概念被成功应用[1]~[3]，并被诸多国家采纳为重要抗疫举措之一[4]~[8]。同时，我国在方舱医院的设计建设标准制定方面发挥了重要作用，特别是2020年《方舱庇护医院建设运营手册》[10]发布后，被各国志愿者翻译成20多种语言版本，为多国抗疫工作提供了重要参考。此后，我国国家及各省、市、自治区也先后出台了指导方舱医院设计和建设的技术标准、导则、指南等相关文件，为方舱医院的设计建设提供支持。

现阶段，虽方舱医院技术标准的发布更新已停止，但对大空间公共建筑的应灾设计具有潜在价值，本研究通过对我国方舱医院技术标准进行对比分析，总结其相似性和差异性，提炼关键技术不足，提出大空间公共建筑应灾改造设计的发展建议，以增强相关技术标准的完整性和实用性。

① 国家自然科学基金面上项目（52078156）。

2　方舱医院技术标准概述

方舱医院的最初是由体育馆等大空间公共建筑改造完成[11]。其中，公共建筑为空间供给方，配套的医疗方舱主要提供基础保障服务[12]。本文涉及的相关技术标准特指利用既有建筑改造而成的方舱医院的技术标准，共收集到各省市有关技术标准16份，涵盖多个气候区，颁布时间从2020年2月到2022年10月。

综合来看，相关技术标准普遍是以导则、指南等试行的形式下发运行，也有形成了工程建设的地方标准；相关技术标准多基于防疫指导性文件及建筑、医疗等领域现行规范，结合实践经验编写，且前期省市标准的制定对后期相关技术标准的制定起到了重要的指导作用，使得后期标准在内容深度和体系建设上都有了显著提升；从技术标准的文本内容挖掘分析来看，方舱医院的设计建设是以满足患者隔离收治、基本医疗服务的清洁区与污染区的去和感染控制为其核心，重点围绕各区域内使用功能、通排风要求、消防安全等展开（图１）。

从技术标准的制定背景和应用目标来看，所有技术标准的制定首先强调的是在保障安全性基础上，快速实现对收治目标人群的应收尽收，但随着时间推移及更多实践经验的反馈，后续发布的标准在条款内容方面逐渐增加了经济性、舒适性及便捷性等内容。国家、海南等省份发布的标准版本在保障环境、生物、防疫、结构、消防等安全性基础上，明确增加了需保障患者与医护人员心理与生理需求的使用要求，强调了要注重场地环境、材料、室内色彩等的设计和选择，以求为方舱医院内的收治人员提供安全、实用的治疗、康复环境，为医护工作人员提供安全、便捷的工作条件，但整体来看依然缺乏明确性量化指标进行落实支撑。

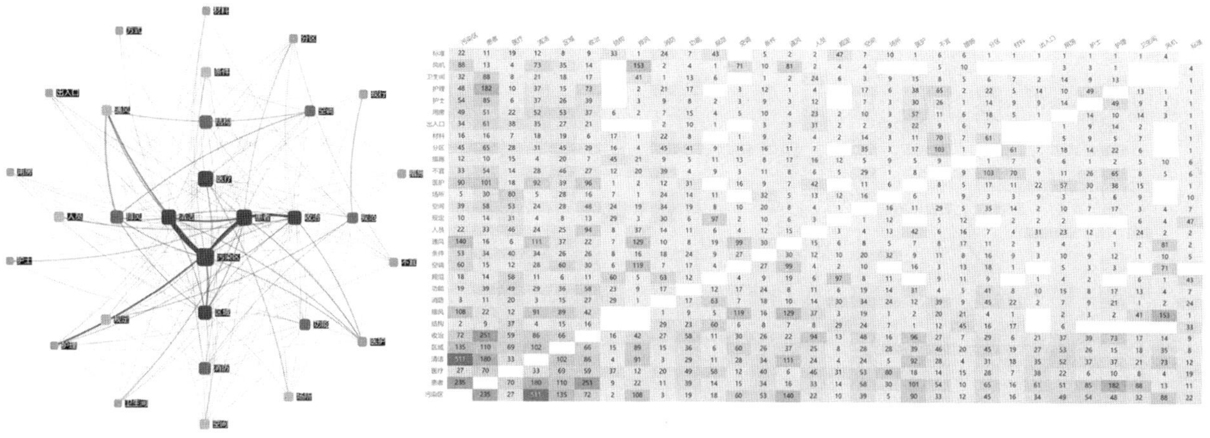

图１　方舱医院技术标准分词网络关系

从技术标准的章节内容构成来看，各版本核心内容类似，包含选址、建筑、结构、给水排水、采暖通风与空气调节、电气及智能化与消防方面。此外，有关施工建设、设计示例、医用气体、废弃物处置、气候适应等特殊内容要求也通过被整合到核心内容项目进行综合说明或单独描述而被提及。例如，海南、浙江等地标准中针对方舱医院的施工建设特征专门设置了施工要求内容；山东、江苏等地标准中增加了参考案例的详细技术图纸以提高标准可读性和可参考性；国家、河北等地标准针对医疗气体提出专项要求；陕西、四川等地为防止带有病原体的废弃物引发二次污染，针对污废的处理设置具体章节；吉林、广东等地针对方舱医院内外使用功能需求提出标识要求；黑龙江则针对严寒地区的气候特征，增加了关于气候适应性的设计策略；江苏针对方舱医院的经济性方面提出设计概算；山东针对当下智能化系统、无接触式设备等新技术的出现，设置了创新技术应用要求。

3　方舱医院技术标准对比与讨论

依据收集到的方舱医院技术标准，其核心内容普遍包含6项核心关键项目，其中据内容所占权重，选址与建筑设计占比最高，其次为电气及智能化、采暖通风与空气调节、给水排水，结构与消防相对其他关键项目占比最小（图2）。

3.1 选址与建筑设计

1. 选址要求

寻找合适的既有建筑进行改造，是开展方舱建设并保障其安全性的基本前提。通过比较标准发现，该类要求虽存在差异，但基本包含避免对周边产生影响、周边配套设施与交通状况、场地及建筑条件等内容（图3）。其中，针对避免对周边产生影响，较多涉及与周边建筑的间隔距离，其次是避开人群密集活动区域、与周边的风向关系及远离污染源和易燃易爆区域，也有少数标准要求远离噪声、震动和强电磁场区域、远离食品和饲料加工生产区域以及远离水源保护区等。上述因素中，与周边建筑的间隔距离占比最高，其要求标准可划分为四类（表1），大部分省市采用C类标准。

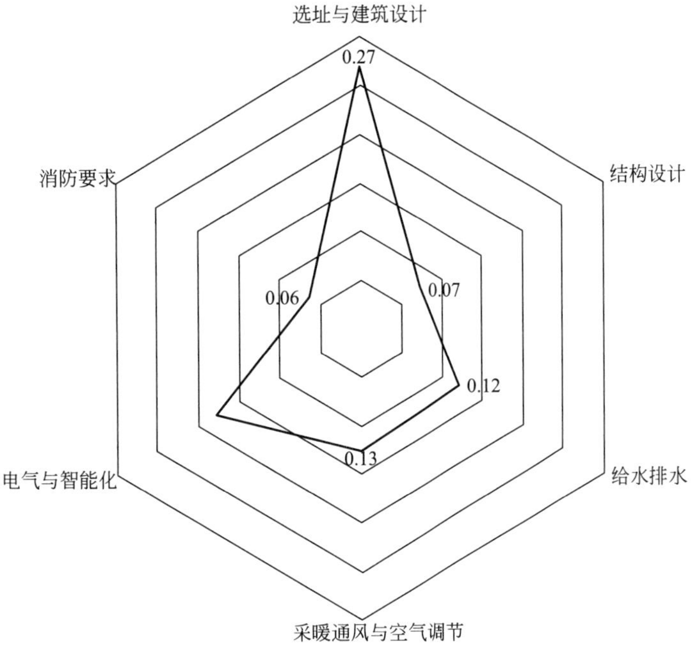

图2 方舱医院技术标准主要内容权重

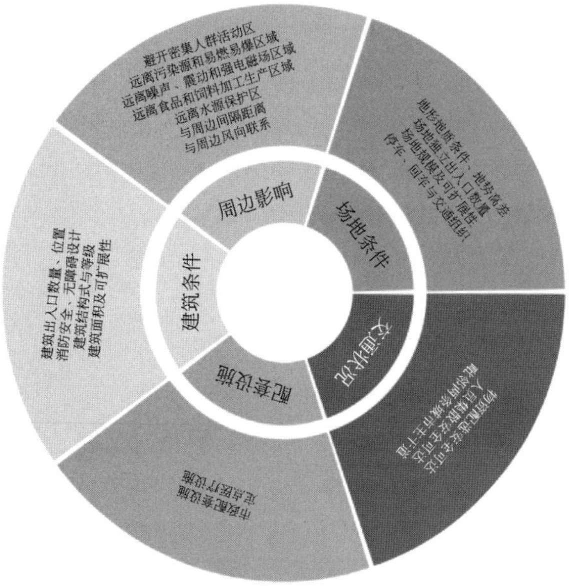

图3 方舱医院选址决策影响因素

方舱医院与周边建筑的间隔距离要求分类 表1

类别	方舱医院与周边建筑的间隔距离要求
A类	污染区与院外周边建筑之间应保证有不小于30米的水平间距
B类	与周边建筑物之间应有不小于20米 的绿化隔离间距；当不具备绿化隔离卫生条件时，其与周边建筑物之间的卫生隔离间距不应小于30米
C类	与周边建筑之间应有不小于20米的隔离间距
D类	场地宜与周边公共建筑保持一定距离的间隔

针对备选设施的场地条件，标准多要求选址场地应具有一定的场地规模及可扩展性、满足停车、回车与交通组织的需求，且对场地独立出入口数量做了明确要求，其中吉林、海南、上海等地要求不少于2个，河北、四川要求不宜少于3个，广东、辽宁等地虽未明确数量规定，但也要求依使用功能或分区单独设置出入口，而江苏、浙江、湖北等则对此未作明确要求。备选设施的建筑条件则可概括为建筑面积及可扩展性、建筑结构形式与等级、消防安全三方面，此外少部分省市如吉林、辽宁等标准还对建筑出入口数量及位置、无障碍设计提出要求。最后，针对周边配套设施与交通状况，相关标准普遍要求选址周边的市政热网、给排水、供配电等市政配套设施完善，而针对交通状况则大部分仅要求交通便利，只有河北、

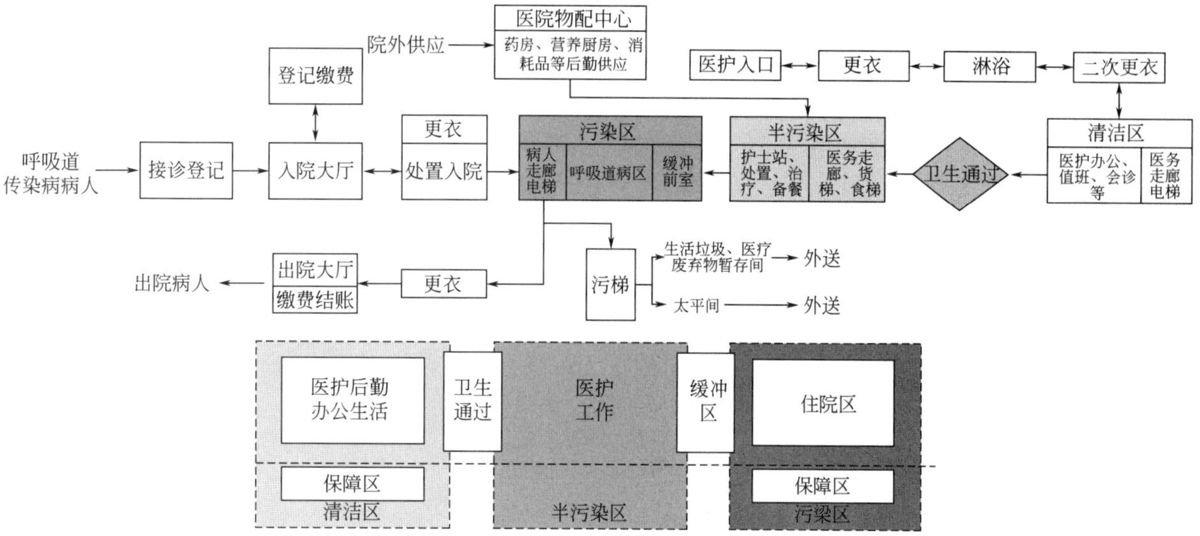

图4 传染病医院呼吸道传染病住院部流程与功能分区划分

海南等少部分省份提出“宜面临2条城市道路”的要求。

2. 建筑设计

方舱医院内功能分区的划分至关重要，是防控关键技术组成之一。传统的传染病医院划分为清洁区、半污染区和污染区（图4），其中清洁区和半污染区间需设置由一系列小型功能室组成的卫生通过，并在污染区前设置缓冲前室，确保分区之间的压差需求，保障空气从清洁区域流向污染区域。现阶段关键问题为方舱医院的相关技术标准未能就其功能分区的划分及功能用房组成达成共识，在认识和实践上仍存在差异。在方舱医院技术标准中，其功能分区形式可划分为3类（表2），不同标准对各功能分区内的用房规定存在差异。其中，一类是湖北、黑龙江、江苏等地标准依照传染病医院设计规范，将空间划分为清洁区、半污染区和污染区，且功能用房也参照传染病医院形式设置；其次是河北、上海等地标准虽也提出了类似三区的空间划分方式，但其半污染区实际为卫生通过功能；浙江、陕西等地提出的污染区与清洁区两区划分方式，并在两区之间设置卫生通过。此外，由于后两类划分方式与传染病医院设计规范并不完全一致，因此部分省市也将清洁区、污染区更改为限制区、安全区等替代性名称，并将半污染区内的功能用房剔除或整合到其余分区功能之内。

在卫生通过功能上，相关标准依据医护人员进入更衣与退出脱衣流程的细化程度可分别划分为三大类，即进入通道的一更一缓式布局，两更一缓式布局和三更一缓式布局，退出通道的一脱式布局、两脱式

方舱医院功能分区的划分方式 表2

类型	特点	功能分区划分图示
A类	依照传染病医院设计规范，具有更高的安全性保障	清洁区 → 卫生通过 → 半污染区 → 缓冲间 → 污染区
B类	依实际情况进行功能分区的划分调整，将卫生通过作为半污染区	清洁区 → 半污染区（卫生通过） → 污染区
C类	依实际情况，删除半污染区的设置	清洁区 → 卫生通过 → 污染区

布局和三脱式布局（表3）。此外，卫生通过缓冲间的布局上，进入通道缓冲间均设置位于污染区一侧，而在退出通道上则可划分为4种布置形式，即无缓冲间布置形式、缓冲间靠近污染区一侧布置形式、缓冲区靠近清洁区一侧布置形式以及在相邻功能房间之间设置缓冲间的布置形式。此外，除吉林省对卫生通过内的房间面积、物品配置做出详细指标要求外，其余相关技术标准普遍缺乏关于卫生通过内各房间和缓冲室最小面积以及配套淋浴间和卫生间最小数量的定量要求，并且针对退出通道淋浴间的设置，除山东省强制要求进行淋浴外，其余省市未作硬性要求。

患者收治区是方舱医院内占据面积最大的使用分区，大部分技术标准对此要求较为详尽（图5）。其中患者的床位布局形式是影响患者及医护使用的重要因素，相关标准均对患者床位进行了分区、分单元的划分，但在具体的床位数量设置、床间距以及隔断高度上存在差异。特别是在隔断高度的设置上存在两大类别，一类是保障医护的巡查视线不被遮挡，此时隔断高度一般不会高于1.5米；一类以保障安全性出发，此时的隔断高度要求普遍高于1.8米。此外，为满足患者的日常使用需求，相关标准对患者卫生间的数量都做出了明确的指标要求，其中大部分标准都对

方舱医院卫生通过功能布局划分　　表3

卫生通过	类型	功能布局划分图示
进入通道	一更一缓式	更衣 → 缓冲间
	两更一缓式	一更（换工作服等） → 二更（戴护目镜、穿防护服等） → 缓冲间
	三更一缓式	一更（穿分体工作服等） → 二更（戴口罩、帽子等） → 三更（戴护目镜、外层手套等） → 缓冲间
退出通道	一脱式	脱隔离衣等 → 缓冲间 → 淋浴卫生间
	两脱式	缓冲间 → 一脱 → 缓冲间 → 二脱 → 缓冲间 → 淋浴卫生间
	三脱式	缓冲间 → 脱隔离衣等 → 脱防护服等 → 脱内口罩等 → 淋浴卫生间 → 缓冲间

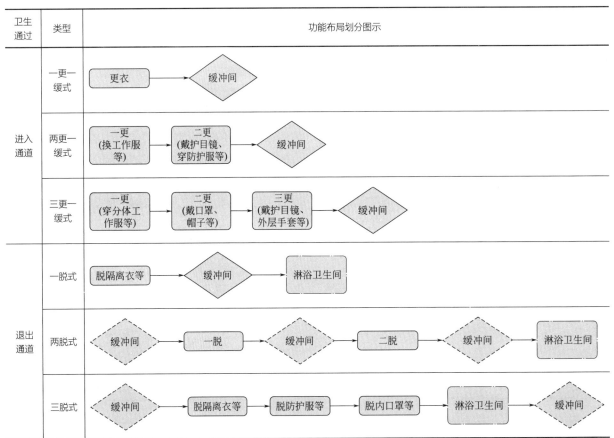

男女厕位数量进行了单独要求，但也有近一半的标准未作区分，而针对盥洗与淋浴的设置，大部分省市未作明确数量要求。

3.2 电气及智能化

相关技术标准中河北、吉林、广东等7省市将电力系统与智能系统的技术规定分别作为一个独立专项，内容划分相对更为明确。但整体来看，现有技术标准普遍包含了供配电系统、照明、线路选型及敷设等内容，并就大部分技术指标，诸如线缆敷设要求、剩余电流保护器设置、备用电源设置、室内网络要求、卫生间紧急呼叫按钮设置、紫外线杀菌灯高度等达成了一致。各别技术指标的要求存在细微差别，例如在每个普通床位的插座数量上，存在不少于3个、2~3个、不少于2个及1~2个不同的要求。此外，部分技术标准还存在章节内容交叉问题，例如，绝大部

	国家	河北	吉林	江苏	上海	黑龙江	浙江	山东	江西	湖北	海南	北京	四川	广东	辽宁	陕西
单病床单元床位数	20床	16～24床	—	—	—	—	16～22床	16～22床	20床	—	20床	20床	—	50床	20床	20床
护理单元床位数	—	—	不大于100床	不大于42床	不大于42床	不大于42床	—	—	不大于100床	不大于42床	—	—	32～42床	不大于100床	—	200～300床
平行两床间距	—	不小于1.2米	不小于1.0米	1.2～1.5米	不小于1.2米	不小于1.2米	不小于1.2米	不小于1.2米	不小于1.0米	不小于1.2米	—	—	不小于1.2米	不小于1.2米	—	不小于1.1米
床与对面墙体距离	—	—	不小于1.1米	不小于1.1米	不小于1.1米	不小于1.1米	—	—	不小于1.1米	不小于1.1米	—	—	—	不小于1.4米	—	不小于1.4米
双排床位床端距离	—	—	不小于1.4米	不小于1.4米	不小于1.4米	不小于1.4米	—	—	不小于1.4米	不小于1.4米	—	—	—	—	—	—
隔断高度	不小于1.3米	2.5米	不小于1.2米	不小于1.8米	不小于1.8米	不小于1.8米	2.5米	2.5米	不小于1.8米	不小于1.8米	1.3米	—	2.5米	1.8～2.1米	—	1.8～1.5米
卫生间数量(百床)	10～15厕位	男厕5厕位与5小便池女侧10厕位	男厕5厕位女侧10厕位	男厕5厕位与5小便池女侧10厕位	5～10厕位	男厕5厕位女侧10厕位	男厕5厕位女侧10厕位	男厕5厕位女侧10厕位	5～10厕位	男厕5厕位女侧10厕位	10～15厕位	5～10厕位	男厕5厕位女侧10厕位	男厕12.5厕位12.5小便池女侧37.5厕位	5～10厕位	10～15厕位
盥洗龙头数量(百床)	10～15个	10个	10个	—	—	—	—	—	—	—	10～15个	—	—	20个	5～10个	—
淋浴间数量(百床)	—	—	30～50人/个	—	—	—	—	—	—	—	—	—	—	20个	—	—

(注：—表示相关标准中没有相关要求。)

图5　患者收治区床位及配套设施要求统计

分省市将应急照明纳入到消防设计中，而江苏、上海等省市则将其纳入电力系统设计；山东省在创新技术章节提到的远程会诊、无接触式设备等也被其他省市纳入到了智能系统设计的范围之内。综合而言，相关技术标准在电气及智能化系统章节的要求并无本质区别，具体关键性技术指标基本能够达成一致。

3.3　采暖通风与空气调节

通风与空气调节是院感防控的关键性技术之一，相关技术标准普遍都为室内新风交换、空气流向、消毒与过滤等提供了明确的设计规范（图6），核心要求可总结为如下两点：

1. 空气交换频率

控制室内新鲜空气的交换频率，稀释室内病毒浓度。针对污染区，大部分标准对患者收治区与卫生间的排风量做出明确要求，且相关技术指标较统一。针对清洁区与半污染区，大部分标准均未对此做出要求，仅有半污染区的新风量标准较统一，但清洁区的新风量标准存在差异，其中四川省的数值指标明显高于其他省市标准要求。针对卫生通过区域，相关标准普遍对不同污染等级的第一个相邻房间做出了通风量要求，即进入通道的第一个更衣间和退出通道的第一个脱衣间（或缓冲间），具体指标多为30次/h，部分标准要求较低为20次/h或15次/h。

2. 室内气流组织

首先是控制室内空气流向，确保空气从清洁区域流向污染区域。针对此项，绝大部分标准虽有提及，但并未做出明确的压差数值要求，仅江苏、浙江等小部分省市明确要求相邻相通的不同污染等级房间压差不小于5帕。其次，相关标准要求空调系统的气流组织形式采用上送下回式。

除此之外，针对空调系统的形式及运行也做出了明确要求，例如应采用直流式送、排风系统；建议空调系统全天保持运行，以确保最大限度地吸入新鲜空气；管道冷水需集中收集处理；加装消毒杀菌装置来控制室内空气的清洁度等。最后，还有两点需要注意的是，首先，小部分标准如湖北省提出可以采用自然通风，并提出了自然通风时通风量的数值要求；其次，相关技术标准中很少涉及火灾烟气控制和排烟要求，提及的有关标准也仅作简单说明，缺乏详细规定。

3.4　给水排水

针对给水与排水章节，相关技术标准主要包含给水、排水、热水与饮用水供给以及污废水处理等，同时参照现行国家标准要求，具体指标如水封高度、化粪池后二级消毒池水力停留时间等具有指标数值统一性。对比分析，陕西、江苏、河北等地依据章节内容

	国家	河北	吉林	江苏	上海	黑龙江	浙江	山东	江西	湖北	海南	北京	四川	广东	辽宁	陕西
室内温度	冬季 18-22℃ 夏季 26-28℃	冬季 18-22℃ 夏季 26-27℃	冬季 18-20℃ 夏季 26-28℃	18-28℃	—	冬季 18℃ 以上	—	—	—	—	冬季 18-22℃ 夏季 26-28℃	冬季 不低于18℃ 夏季 不高于28℃	—	18-28℃	冬季 18-20℃ 夏季 26-28℃	冬季 16-20℃ 夏季 26-28℃
清洁区新风量	不小于 2次/h	不小于 3次/h	—	—	—	—	—	—	—	—	不小于 2次/h	—	不小于 6次/h	不小于 3次/h	—	—
收治区排风量	不小于 150m^3/h ·床	不小于 40m^3/h ·床	不小于 150m^3/h ·床	不小于 12次/h	150m^3/h ·床	—	不小于 150m^3/h ·床	—	不小于 150m^3/h ·床	不小于 150m^3/h ·床	不小于 150m^3/h ·床	不小于 150m^3/h ·床	不小于 60L/s ·床	不小于 12次/h	不小于 150m^3/h ·床	不小于 150m^3/h ·床
收治区卫生间排风量	不小于 12次/h	—	不小于 12次/h	不小于 15次/h	不小于 15次/h	—	不小于 12次/h	—	不小于 12次/h	不小于 12次/h	不小于 12次/h	不小于 12次/h	—	不小于 15次/h	不小于 15次/h	不小于 12次/h
卫生通过通风量	一脱间 不小于 20次/h	—	一脱间 一更间 不小于 30次/h	一脱间 一更间 不小于 30次/h	更衣间 20次/h 一脱间 30次/h	—	一脱间 一更间 不小于 30次/h	更衣间 30次/h	一更间 缓冲间 不小于 30次/h	一脱间 一更间 不小于 30次/h	一更间 30次/h 一脱间 20次/h	一脱间 30次/h	一脱间 30次/h 一脱间 20次/h	一脱间 一更间 不小于 30次/h	一脱间 不小于 20次/h 二脱间 不小于 15次/h	一脱间 更衣间 不小于 30次/h
半污染区新风量	—	不小于 6次/h	—	不小于 6次/h	—	—	—	—	—	—	—	—	不小于 6次/h	不小于 6次/h	—	—
排风口与新风口水平距离	不小于 20米	—	不小于 20米	不小于 20米	不小于 20米	—	不小于 20米	不小于 20米	不小于 20米	不小于 20米	不小于 20米	不小于 20米	不小于 20米	不小于 20米	不小于 20米	不小于 20米
相邻不同污染等级房间压差	—	—	√	不小于 5Pa	—	不小于 5Pa	不小于 5Pa	√	√	√	√	—	√	不小于 5Pa	√	—
冷凝水处理	√	√	√	—	√	√	√	√	√	√	√	√	√	√	√	—
空气过滤消毒装置	√	√	√	√	√	√	√	√	√	√	√	√	√	√	√	√
空调系统形式与运行	√	√	√	√	√	√	√	√	√	√	√	√	√	√	√	√

(注：√表示相关标准存在相关要求，—表示相关标准中没有相关要求。)

图6 采暖通风与空气调节要求统计

做出了明确分类，具有更高的可读性。此外，大部分标准主要关注的是排水系统与污废水的处理要求，甚至于个别省份在给排水章节之外，针对污水处理进行了单独章节的设置，可见其重视程度。针对热水与饮用水供给方面，大部分标准未作明确要求，仅吉林、上海等小部分省市针对每人的用水定额也做出了明确的数值规定。

3.5 结构与消防安全

所有技术标准均从宏观层面针对结构设计提出通用性要求，以强调结构设计的安全性和可靠性，符合现行结构设计规范。部分标准对方舱医院加建部分的材料选择、结构方式、连接方式及未来恢复等做出要求。针对消防安全要求，大部分标准将其分散到建筑设计、给排水设计等章节，未作单独描述，但也有近一半省市对其进行独立要求，如一致包含出入口数量、疏散照明水平照度、疏散通道宽度等具体量化指标。据此，相关技术标准对结构与消防安全的要求具有统一性，无本质差异。

4 大空间公共建筑应灾改造设计技术标准

4.1 方舱医院技术标准特征总结

本文通过对我国改建类方舱医院现行的16份技术标准中的详细规定进行深入分析和比较，总结并强调了彼此间的相似性和差异性。其具体表现在：

1. 宏观目标

现有技术标准都是以满足基本医疗使用需求为主，并未考虑多样化、高层级的使用情况。面对灾害的多样性，要在现有标准基础上探索如何指导满足其他救援需求的能力，例如像英国NHS南丁格尔医院[13]~[15]、美国替代护理设施[16][17]等多样化的应灾场景。

2. 横向对比

标准的组织架构仍需优化，具体设置内容、如何增加标准的实用性与可参考均是潜在问题。其本质在于相关技术标准的制定是一个自下而上，从实践经验到理论总结、从出现问题就解决问题的一个过程，缺乏系统性完整统一纲领。而在标准内容要求上，虽大部分要求能够保持一致，但具体细节的定性要求及定量指标存在差异。

3. 纵向发展

后期标准基于大量先前省市标准，增加补充性内容，旨在解决建设成本、使用质量、疫后恢复等系列问题。此外，后期标准普遍要求为医护工作人员提供安全、便捷的工作条件、保障患者与医护人员心理与生理需求，但并未对其进行定量要求。

4.2 大空间公共建筑应灾改造设计技术标准

大空间公共建筑的灾时适应性改造设计标准可充分借鉴方舱医院的技术标准经验，在现行标准基础上，进一步提高成熟度和系统性，并落实强化具体指标的科学性。对此，本文对现有技术标准的发展优化提出以下建议：

1. 划分建设等级，明确建设要求

面对大空间公共建筑巨大的应灾潜能，需在借鉴他国及我们自身现阶段经验的基础上，开展一定程度的预研究，划分建设等级，明确不同情况下的建设要求。这一过程不仅是探讨突发公共卫生事件下轻、重症患者的隔离、收治，而应包含了在突发公共事件下对物、对人的各种使用场景。

2. 加强组织合作，整合经验建议

针对标准的组织架构要求上，现阶段的技术标准普遍是在住建部门主导下编制完成。大空间公共建筑应灾改造设计技术标准制定需要广泛参考不同地区的设计建设使用经验，进一步倾听涉及的不同主体意见建议，加强部门间、跨行业和跨学科的合作，进行系统性的统一整合，要保障由多部门联合发布的技术标准能尽可能充分保障各方利益。

3. 深化技术指标，开展定量研究

针对现有技术标准中部分指标的要求不够明确及存在分歧的问题，其根源在于现有标准多依实践经验编写，虽在基础性功能上具有很强的可操作性，但对细致性要求很难提出科学明确的数值。因此大空间公共建筑应灾改造设计技术标准需进一步强化标准具体指标的科学性，特别是针对不同人员使用需求、灾后恢复等方面，开展定量研究，提升技术标准的层级，补足现有标准的缺陷。

5 研究展望

我国大空间公共建筑作为方舱医院的改造设计技术标准已初步形成，对其未来多样化的应灾改造设计具备潜在参考价值。现阶段相关技术标准的适灾范围、具体构成及指标方面仍有欠缺。面对不同灾害潜在影响以及大空间公共建筑在重大突发事件中的应用价值，未来相关技术标准不应仅停留在防疫层级，而应进一步拓展标准应用范围、提高标准水平、完善标准内容及要求。

参考文献

[1] WANG K W，GAO J，et al.. Fangcang Shelter Hospitals are A One Health Approach for Responding to the COVID-19 Outbreak in Wuhan，China[J]. One Health，2020，10：100167.

[2] LI J，YUAN P，et al.. Fangcang Shelter Hospitals During the COVID-19 Epidemic，Wuhan，China[J]. Bulletin of the World Health Organization，2020，98（12）：830-841D.

[3] SHANG L，XU J，CAO B. Fangcang Shelter Hospitals in COVID-19 Pandemic：The Practice and Its Significance[J]. Clinical Microbiology and Infection，2020，26（8）：976-978

[4] 尚晋. 英国国家卫生署南丁格尔医院，英国[J]. 世界建筑，2020（12）：8-15.

[5] 王单单. 呼吸系统疾病整合病房，都灵，意大利[J]. 世界建筑，2020（12）：32-37.

[6] 王单单. 柏林勃兰登堡机场新冠肺炎医院，柏林，德国[J]. 世界建筑，2020（12）：50-53.

[7] 潘奕. 应对新冠疫情的德尔马医院改造，巴塞罗那，西班牙[J]. 世界建筑，2020（12）：54-57.

[8] 王单单. 洛杉矶会展中心过载管理案例，加利福尼亚，美国[J]. 世界建筑，2020（12）：67-69.

[9] 阎志. 方舱庇护医院建设运营手册[M]. 北京：中国协和医科大学出版社. 2020. 6

[10] 中华人民共和国住房和城乡建设部. 传染病医院建筑设计规范GB50849-2014[S]. 北京：中国计划出版社，2015.

[11] CHEN S，ZHANG Z，YANG J，et al.. Fangcang

Shelter Hospitals: A Novel Concept for Responding to Public Health Emergencies[J]. The Lancet，2020，395（10232）：1305-1314.

[12] 王昊，罗鹏，武艺萌，曾献麒. 平战结合理念下体育场馆作为临时应急医疗设施应用研究[J]. 建筑学报，2023（S2）：32-37.

[13] JOHNSON E L，SMITH J，ARWEL C F，Pancholi R. The Tooth about Nightingale: A Reflection on Redeployment to Nightingale Hospital London[J]. Dental Update，2020，47（7）：565-568.

[14] BUSHELL V，THOMAS L，COMBES J. Inside the O2: The NHS Nightingale Hospital London Education Center[J]. Journal of Interprofessional Care，2020，34（5）：698- 701.

[15] WALDHORN R. What Role Can Alternative Care Facilities Play in an Influenza Pandemic?[J]. Biosecurity and Bioterrorism: Biodefense Strategy，Practice，and Science，2008，6（4）：357-359.

[16] BUSHELL V，THOMAS L，COMBES J. Inside the O2: The NHS Nightingale Hospital London Education Center[J]. Journal of Interprofessional Care，2020，34（5）：698- 701.

[17] LAM C，WALDHORN R，TONER E，et al.. The Prospect of Using Alternative Medical Care Facilities in an Influenza Pandemic[J]. Biosecurity and Bioterrorism: Biodefense Strategy，Practice，and Science，2006，4（4）：384-390.

空间基因导控下的建筑设计路径探究
——以大理祥云方志馆设计为例

李霖 [1①] 李其伦 [2②] 张军 [1, 2③]

作者单位
1. 云南大学建筑与规划学院
2. 云大设计研究院

摘要: 随着人类社会的进步发展，城市更迭在不断加快，建筑作为城市的基本组成单位，其设计思维与方式路径极具探讨价值。为了使建筑在适应当前城市发展的同时更好地反映出城市的历史与文化，延续和保留城市的地方记忆，文章以大理祥云方志馆设计为例，从不同层面、不同角度准确全面提取空间基因，并在空间基因导控之下引入空间叙事的空间塑造手法，构建具有普适性的建筑设计方法路径，为之后城市更新过程中的建筑设计提供一定思路与参考。

关键词: 空间基因；建筑设计；城市更新；空间叙事

Abstract: With the progress and development of human society, urban renewal is constantly accelerating. As the basic unit of a city, architecture's design thinking and path are of great exploration value. In order to better reflect the history and culture of the city while adapting to the current urban development, and to continue and preserve the local memory of the city, this article takes the design of the Dali Xiangyun Local Chronicle Museum as an example, accurately and comprehensively extracts spatial genes from different levels and perspectives, and introduces spatial narrative techniques under the guidance of spatial genes to construct a universal architectural design method path, providing certain ideas and references for architectural design in the process of urban renewal in the future.

Keywords: Spatial Genes; Architectural Design;Urban Renewal ;Spatial Narrative

1 引言

人类的生活生产因社会的发展进步而不断更新变化，城市也因此发生更迭。随着人类发展脚步的加快，城市中的基础设施、空间布局以及建筑形制等渐渐不能满足人类社会的需求，在降低人们生活水平的同时也极大地影响了城市的整体风貌。因此，城市更新逐渐成为当下城市发展的主要方向。但尽管大部分老旧城市已经不能满足人们的物质需求，其独有或极具特点的城市布局空间和建筑却保留了当地人大量的回忆，若在城市更新过程中乱拆乱建，不考虑人文因素，不仅会让城市特色消失，更有可能因当地人归属感的降低而造成城市人口的流失，不利于城市的发展。在此背景下，“有机更新”[1]“持续更新”[2]“微更新”[3]等城市更新模式理论相继被提出，对于城市的科学更新有很大的指导价值。但总体来看，这些更新理论更多的是针对城市的总体空间塑造层面，对于城市局部空间改造或城市建筑设计的指导价值较少。

基于上述情况，为了更好地驻留城市建筑或局部空间中所存在的地方记忆与人文情怀，本文引入2019年段进院士提出的“空间基因”[4]新理论，以大理祥云方志馆设计的两个方案为例，解析其空间基因的提取方式，结合空间叙事的空间营造方法，探索一套以彰显城市文脉与地方记忆在城市更新中的表达为目的的建筑设计普适性方法，为之后的城市建筑空间设计与塑造提供一定参考和借鉴。

① 李霖，云南大学建筑与规划学院硕士在读。
② 李其伦，云大设计研究院助理工程师。
③ 张军，云南大学建筑与规划学院教授、云大设计研究院院长、云南民族与地域建筑研究中心主任，邮箱：3345135057@qq.com。

图 1　项目基地区位图（来源：大理祥云方志馆设计）

2　空间基因的解析与提取

空间基因是指城市空间与自然环境、历史文化的互动中，形成的一些独特的、相对稳定的空间组合模式[5]。大理祥云方志馆设计项目地处祥云县主城区东南部（图1），因汉朝“彩云南现”的典故命名祥云。近年来，祥云县在推进城镇化进程中突出“一老一新”，坚持旧城保护与新区开发并重。在旧城改造中有效保护了老城格局、文物古迹和历史文化遗产，延续了历史文脉。祥云作为云南重镇，具有丰富的历史文化资源，其独特的自然环境与城市特色让祥云城市建筑空间具有较强的可塑性，空间基因的引入不仅能让祥云方志馆呼应其本身“历史文化展览”的主题功能，还可以让祥云的历史人文与现代的城市环境形成对话，既在空间上体现了老城-新城的过渡，也在人们的感知中形成了新与旧、历史与现代、人文与自然的相互融合。

2.1　空间基因提取对象确定

城市更新中建筑设计可操作的地块类型大致分为三种：空地、类似城市旧厂改造用地等部分建构筑物保留用地，以及城市中历史文化遗产保护地如历史文化街区等大部分或全部建构筑物保留用地。三种用地因其各自属性与所含内容的差异导致各自的空间基因提前对象不尽相同。

本次项目地位于祥云县的局部空旷地块，对于这个地块本身空间基因提取除场地周边环境区位之外没有过多价值，因此本次项目空间基因的提取将主要通过对于祥云县城整体文化或空间要素的解析与梳理，总结概括成为祥云县的空间基因，而项目地不仅作为祥云的一部分，更是承载着分享与展示祥云历史人文精神与内涵的功能，应延续祥云古城的空间要素与文化要素，与祥云县的空间特色相契合，在方志馆的设计中沿用祥云县的空间基因即可。在此基础上，构建空间基因导控下建筑设计路径，为之后的设计与研究奠定基础（图2）。

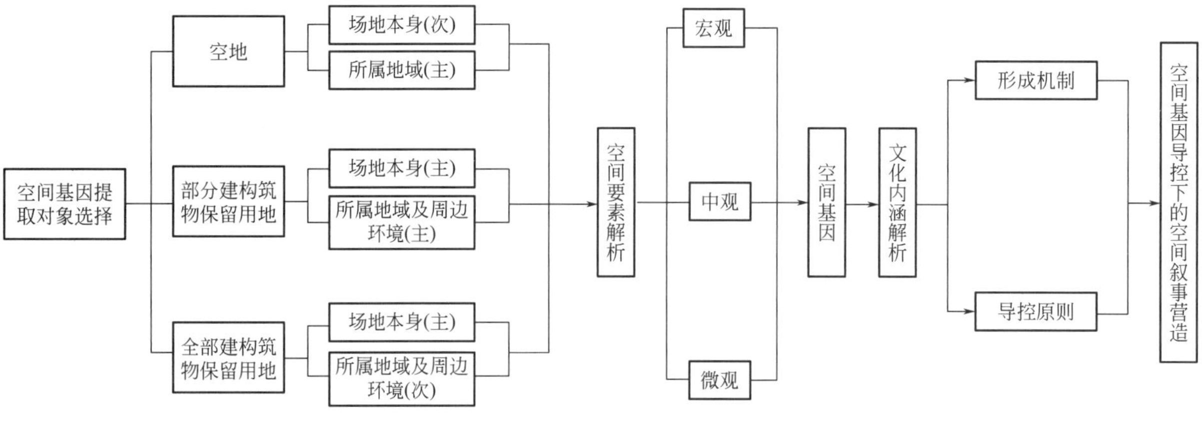

图 2　空间基因导控下建筑设计路径图

2.2 空间基因解析提取

以罗西为代表的类型学理论是以欧洲悠久的城市文化为基础的，尽管因过于强调提取“原型”而限制了建筑本身的多样性，但类型学理论中“城市中的建筑设计需要从历史和传统中寻找依据的”这一基本观点在城市更新方面仍具有极强的借鉴意义[6]。在建筑设计中，不仅要考虑建筑的共时性，即满足当代城市发展需求，更要考虑建筑的历时性[7]，从历时与传统的角度出发，做到建筑的“新旧相容”，使之具有时代的多重意义。因此，本文在确定空间基因提前对象的基础上，从历史空间和现代空间两个角度出发，准确全面地对大理祥云方志馆地块的空间基因进行解析与提取。

1. 空间基因一：洱海卫城云南驿

茶马古道滇藏线是世界上地势最高、地理形态最为复杂的茶马古道[8]，其道路崎岖狭长，错落蜿蜒，路况极差，有的地方只能一个人通行，通达性较差，有的地方更是地处天险，危险性极高；祥云作为茶马古道滇藏线的必经之地，其“狭长山谷与蜿蜒道路”的空间要素在祥云依然存在，而在这种狭长危险的路况下，人们依旧在滇藏线上摸索与前进，这种道长路险、坚韧求知的品格也在祥云精神上得以体现（图3）。

本体基因	空间要素	特征场景	文化要素	形成机制	导控原则
洱海卫城云南驿	狭长的山谷 蜿蜒的道路		政治、经济、文化交流“天路”	路经祥云的茶马古道是世界上地势最高、地理形态最为复杂的茶马古道，其道路狭长，崎岖蜿蜒	延续茶马古道幽静深邃道路意象，塑造设计立体叠进蜿蜒曲折之美
	集散枢纽 交流交往空间		海纳百川 多元共举	祥云又称云南驿，作为古代茶马古道的重要节点，汇聚大量人流，是古时众多文化交流的核心节点空间	保留延续祥云.交流交往开放空间内涵，打造开放共享多元共融的公共文化空间
	卧龙捧印 四方围合	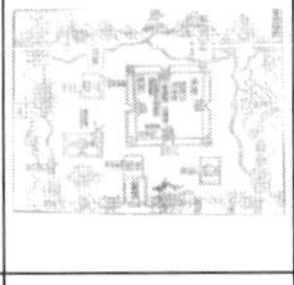	天圆地方 礼乐和合	整城格局为象征权利的正方大印形状，四面由山体围合，正中置钟鼓楼为印柄，与西面卧龙岗相呼应	保留祥云古城四方围合的总体空间特征，构造方正有序的空间结构
	一颗印建筑 汉式民居		虚实相生	祥云县城内近百年的木结构一颗印式传统建筑，古城四角还有角楼建筑	展现典雅大气中正灵动的建筑院落空间特色

图3 空间基因一解析图

祥云作为云南茶马古道重镇，有“云南驿”的别称[9]，是古代茶马古道交往集散的重要节点，这也使祥云在那时汇聚了来自各个地区的大量人流，形成了一个多元文化交流融合的核心节点城镇。在这种人口集聚、经济繁荣、多元文化相互碰撞的城镇中，大多城市空间都留存着一种“海纳百川、多元共举”的空间文化内涵，这些空间往往是值得挖掘、研究并且延续保留的，因此祥云的第二个空间要素为“集散枢纽，交流交往空间”。

空间格局是一个城市最直观的空间要素，能很好地反映一个城市的特色甚至人文情怀。祥云整体城市格局大致为一个象征权利的正方大印形状，四面由山体围合，正中位置有钟鼓楼为印柄，与西面卧龙岗相呼应，这种依托城市周边自然环境打造的封闭围合式城镇空间，体现着中国古代“天圆地方、封建礼制”的营城思想，整体概括为“卧龙捧印，四方围合”。

城市空间要素的微观层面主要表现为城市建筑的风貌、形制、特色等。祥云县城历史文化街区内保留有一些一至两层的石木结构传统汉族民居建筑，更有部分云南特色“一颗印”式建筑[10]，这些传统特色建筑有一两百年历史，历史文化信息丰富，地方记忆浓厚，特色鲜明，是汉式民居与云南特色风情的融合与发展，整体展现了一种“中庸和谐、情高意雅”的建筑风格；祥云最初为明朝“卫城”，其地处大理，距洱海较近，又称“洱海卫城”，因此在古城的四个角还分别存在古时用于防御的角楼建筑，为祥云古城另增了一些风采与内涵。

在所属地域层面，从历史空间的角度出发，解析祥云县在历史长河中所形成的多种空间要素，将之整合梳理，结合祥云县总体特色，将空间基因概括为“洱海卫城云南驿”。

2. 空间基因二：水映清荷 · 玉带揽腰

项目位于祥云县主城区东南部，北临玉湖湿地公园，西临财富大道，东侧及南侧紧邻阳关城首府。因其与城市公园玉波湿地公园相连，具有较强公共属性的同时，环境空间也得到了极大的提升，湿地公园中水映清荷，为项目的设计提供了良好的生态景观，形成了一种城市与自然相依相望之感（图4）。

本体基因	空间要素	特征场景	文化要素	形成机制	导控原则
水映清荷 玉带揽腰	面水临园 城水相依间		天人合一 自然共生	西北面与城市公园玉波湖公园相连，具有较强公共属性，形成城市与自然相依相望之景	打造自然共生型生态公共文化空间

图 4　空间基因二解析图

在地块本身层面，从现代空间的角度出发，解析项目基地及其周边的环境空间要素，将第二个空间基因总结为：水映清荷，玉带揽腰。

3　空间基因导控下的空间叙事表达

昔日的洱海卫城，巍峨璀璨，镇守四方。如今的祥云古城，从历史中走来，一半古韵，一半现代。一老一新两座城池，分别对应祥云县古与今的更迭，分别诉说着新与旧的城与墙，城与人，人与人的关系。设计从“双城”层面思考，顺应由古到今的变化，通过对空间基因的两种不同程度的表达，结合空间叙事的空间塑造手法[11]，分别引入两种空间叙事思路，诉说了“公园山丘”与“打开的城门”两个不同的故事（图5）。

图 5　祥云新城 - 老城空间关系图

3.1　打开的城门

以空间基因中“洱海卫城”“四方围合”“汉式民居”等要素为主要表现要素，其他空间要素为次要要素，结合祥云彩云飘逸、重峦叠嶂等特征，为突出方志馆开放、共享的特征，同时与“洱海卫城”要素相接，表达出一种共享开放交流交往文教空间的设计意图，引入“打开的城门”作为意象要素，与祥云古代“海纳百川，多元共举”的空间文化内涵相呼应的同时又展现了方志馆“兼收并蓄”的开放理念，共同塑造出了一个整体方正、屋顶飘逸灵动、四面环水、室内典雅、共享包容的文教开放建筑空间（图6）。

图 6　方案一鸟瞰效果图（来源：大理祥云方志馆设计）

“打开的城门”方案整体延续了中国传统的四方围合院落的思想观念，结合汉式民居布局，整体典雅中庸，是“洱海卫城”基因的传承与发展，加之“打开的城门”作为意象要素，兼收并蓄，有容乃大，形成了一个看似封闭却十分开放，文教功能丰富，历史氛围浓厚，与社会共享的开放城池文教空间；建筑外墙模仿因城市发展而逐渐开放的城墙，将建筑原本封闭的四周墙体逐渐开放化，使建筑内部获得开阔的视野空间，同时营造出一种共享交流的文教场馆意象效果；外部空间处理拾取了古城的平面肌理，四方以围合带状护城河环绕塑造水体景观，使建筑环境更加生动有趣的同时又让建筑与城市产生了边界感，形成一种独立于城市之外的建筑空间，北侧与玉波公园相望，与自然共生，这种“取古意生水，依自然成景”的环境塑造手法使建筑氛围更加和谐灵动，为空间的叙事增添了些许生机；又以起起伏伏、云雾缭绕、前后层叠、左右交错的山岚和细柔飘逸的彩云为原型，塑造出了一片似山似云、软硬相生、虚实共存的屋顶形象，整体取云之形，存云之态，喻云之意，既宛如意境中的水墨画，令人遐迩，又灵动飘逸，呼应了“彩云南现”的典故。最终整体以空间的形式讲述了一个城门向自然、社会打开的共享文教城池与文化、历史、自然的故事（图7～图11）。

“打开的城门”方案主体由四边方正的展示空间

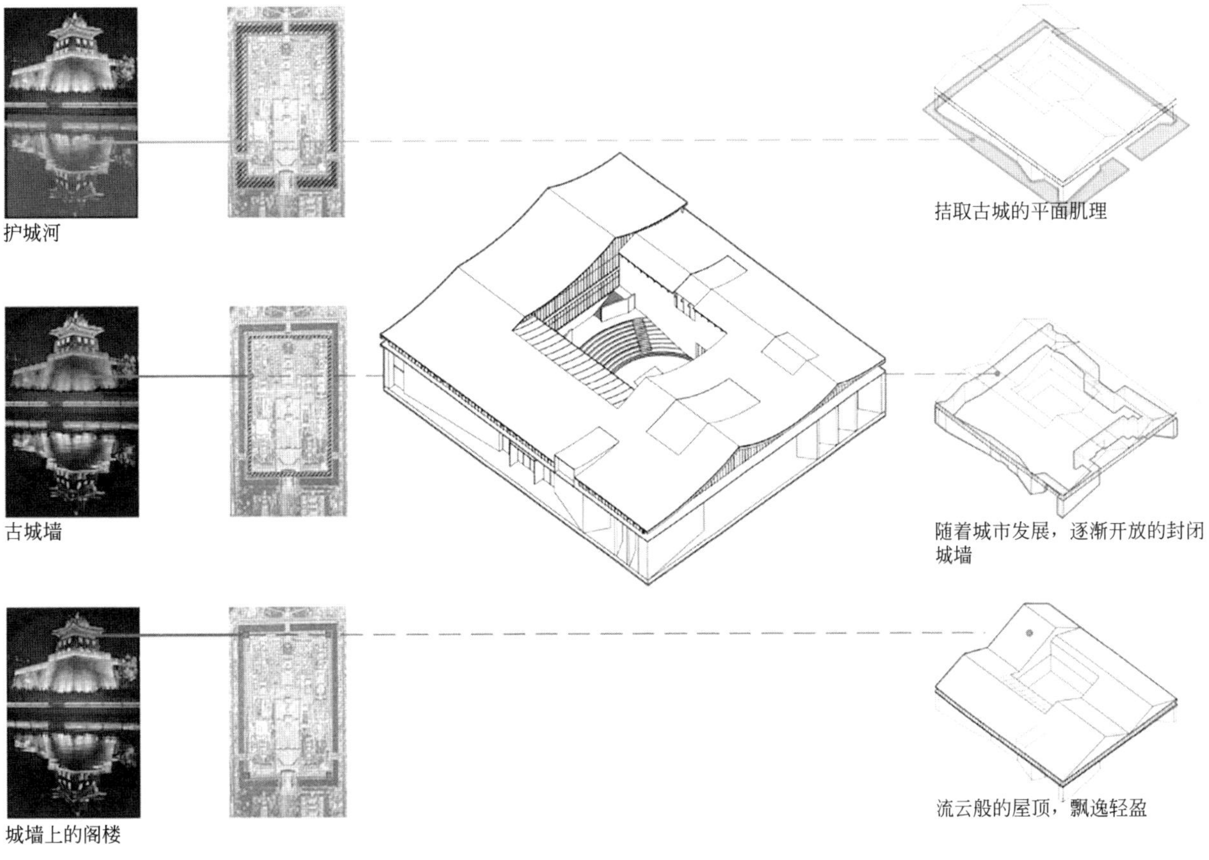

图7 方案一外部空间分析图（来源：大理祥云方志馆设计）

以及中心庭院组成。展示空间主要分为三层，具备展示、教研、游览、休憩、办公等多种功能，其空间流线清晰明确，工作流线与游览流线有交叉而不重合，游览与办公相分离，具有较好的空间体验感。中心庭院的设计在外部整体空间环境塑造的基础上，结合四边方正的展示空间，依据“天圆地方、封建礼制”的要素内涵，引入“名堂辟雍”的意象概念[12]，在庭院中心塑造一个方正讲演展示空间，周围由圆环水体围合，庭院四周空间放置座台，在空间上与建筑外围环状水体及整体方正展示空间相协调，在内涵上与祥云整体营城理念“天圆地方”相呼应，在功能上与方志馆文教、展览、学习、参观等相契合，丰富了建筑室内环境空间设计的同时又充实了“打开的城门”的空间叙事表达，是本方案的画龙点睛之笔（图12～图17）。

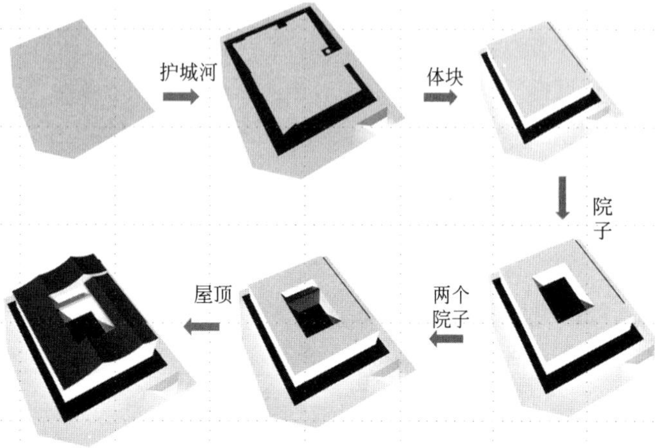

图8 方案一体块生成图（来源：大理祥云方志馆设计）

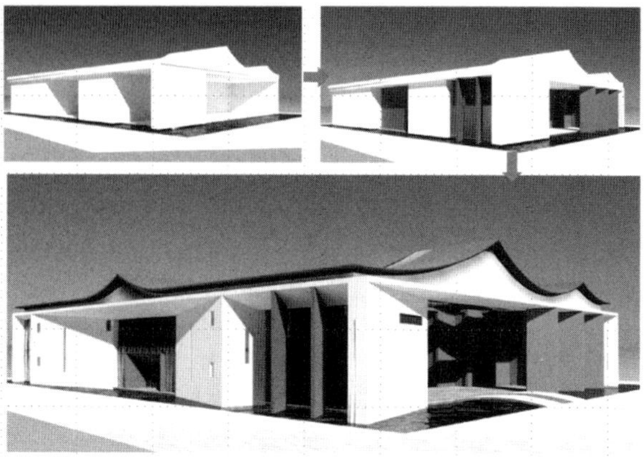

图9 方案一空间塑造分析图（来源：大理祥云方志馆设计）

图10 方案一总平面图（来源：大理祥云方志馆设计）

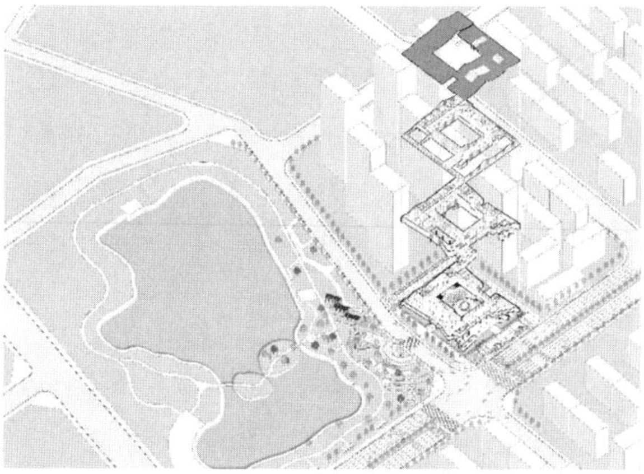

图11 方案一轴侧分析图（来源：大理祥云方志馆设计）

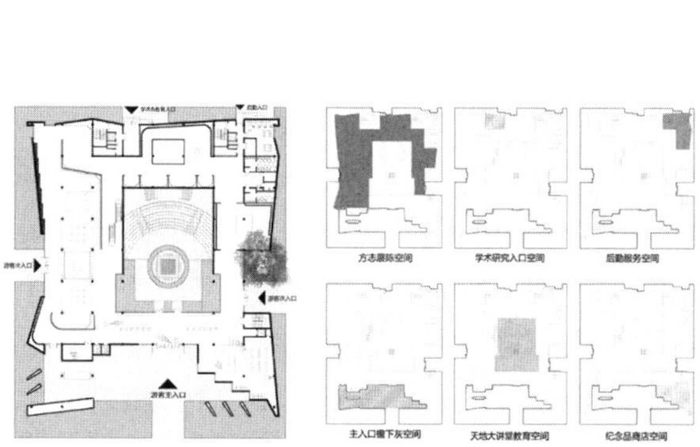

图12 一层功能空间分析图（来源：大理祥云方志馆设计）

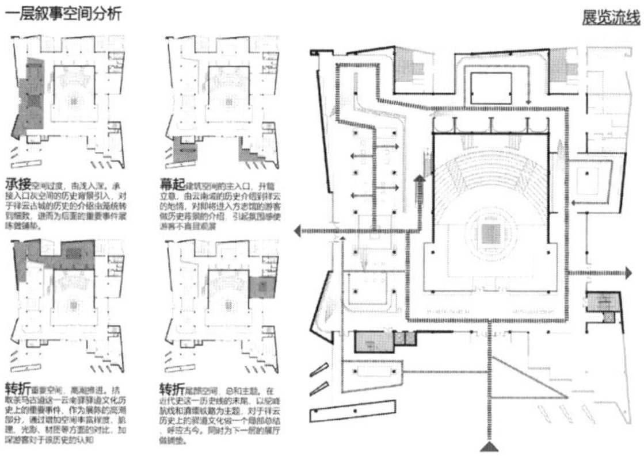

图13 一层叙事空间分析图（来源：大理祥云方志馆设计）

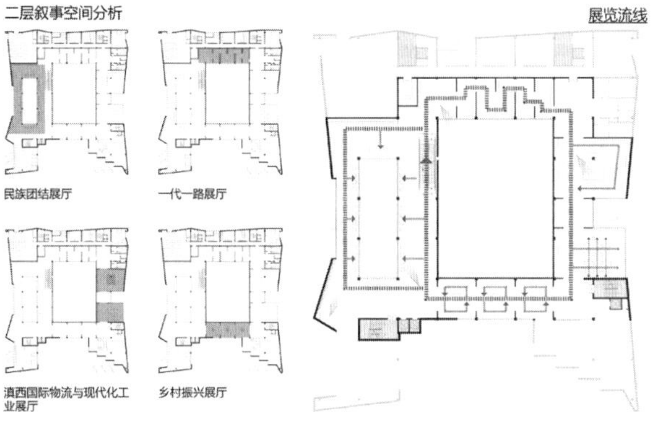

图14　二层叙事空间分析图（来源：大理祥云方志馆设计）

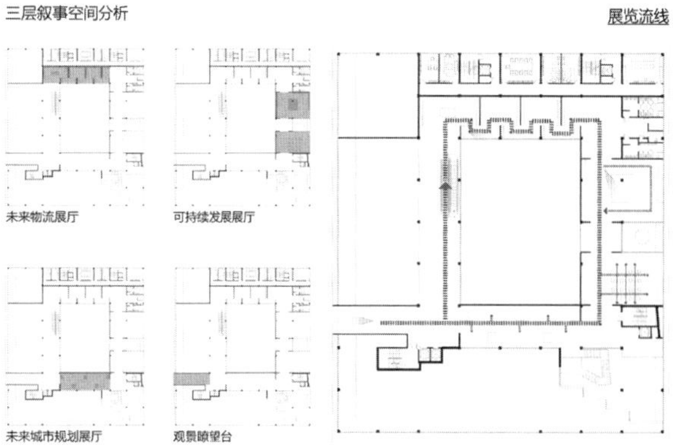

图15　三层叙事空间分析图（来源：大理祥云方志馆设计）

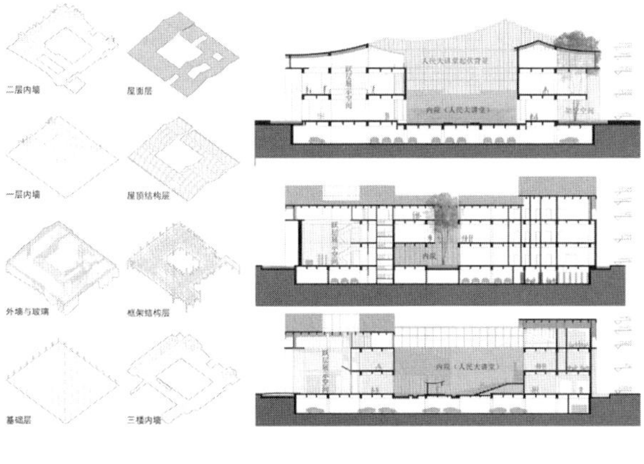

图16　垂直空间功能分析图（来源：大理祥云方志馆设计）

3.2　公园山丘

以空间基因中“集散枢纽”“狭长山谷”“云南驿站”“面水临园”等要素为主要表现要素，其他空间要素为次要要素，结合祥云山、水、城、人等元素，有效利用场地北侧湿地公园的景观优势，在祥云茶马古道历史文化元素的基础上，引入“公园山丘”作为意象要素，使建筑公园绿色空间与崎岖山路完美结合的同时又展现出了茶马古道的风情特色，是中华古时高尚思想“天人合一”的完美展现，既有自然公

明堂辟雍-人民大讲堂是现代学术交流的空间　　古代明堂辟雍

图17　中心庭院分析图（来源：大理祥云方志馆设计）

园的“美”，又有驿道山丘的“趣”，生态与人文的碰撞共同塑造出了一个整体方正、内存蜿蜒曲折文化长廊、公共开放、具有国际化风貌的文化山地公园型建筑（图18）。

“公园山丘”方案首先依据洱海卫城及一颗印式建筑中方正端庄的总体印象，将建筑整体设计为一个四角类似角楼的方正形态，是中国古代营城思想和祥云古城“角楼”要素的保留与发展；之后延续祥云茶马古道的历史文化内涵，引入“驿道峡谷”的空间要素，在建筑方正形态的基础上打造一条蜿蜒起伏，时上时下的室外公共廊道，此廊道将建筑整体分为了“L”型和方形两个展示空间，其中方形展示空间利用高差打造露天剧场，在屋顶形成空中花园，这条廊道没有设置阻隔设施，即全天向城市与市民开放，同时廊道北侧入口正对玉波湿地公园，将城市、建筑、湿地公园连接为一体的同时，又引景入馆，整个建筑被看作是湿地公园中的一个山丘，让人感悟着当地“藏、息、修、游”等中国传统建筑所赋予的艺术精

图18 公园山丘方案总体效果图（来源：大理祥云方志馆设计）

神。置身展示空间之中，回望历史，感受着祥云岁月更替之景；漫步于廊道之上，砥砺前行，倾听着祥云茶马古道之事。廊道的设计，将展示空间中的历史、湿地公园中的自然、城市街区中的人文串联在了一起，具有良好公共属性的同时又成为了空间叙事的主线，将整个历史人文自然的故事讲述的生动有趣、行云流水（图19、图20）。

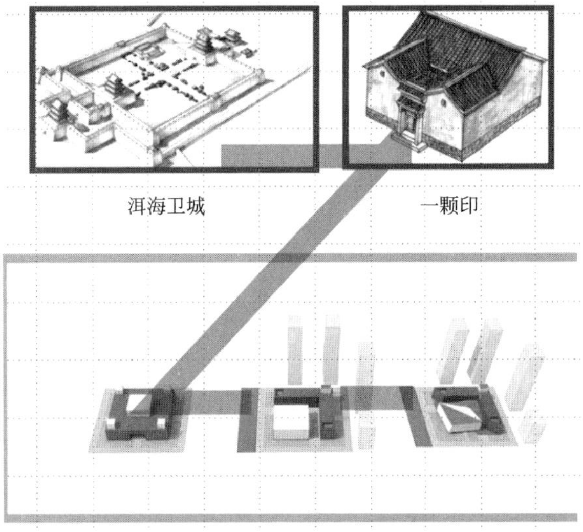

图19 建筑体块生成示意图

此方案对于建筑细部的处理也别具匠心。首先将建筑四角下部切空，打破固有空间的同时又呼应了“角楼”这一空间要素，同时在四角顶部分别放置四种植物，植物的类型根据四季交替而选择，以营造出一种岁月更迭，四季更替之感，契合方志馆“历史”这一要素。其次对于建筑外墙造型的塑造呼应了古城墙的建筑外表皮，自上而下由密而疏，体现了一种由封闭到开放的设计思想。最后，对于廊道两侧入口阶梯空间的塑

图20 茶马公共廊道示意图

造，以茶马古道崎岖幽静的小路为原型，巧妙结合露天广场地形高差，打造出了一个生动有趣错落的阶梯空间，丰富了空间叙事的内容（图21～图23）。

图21 四角切空效果图（来源：大理祥云方志馆设计）

图22 “角楼”四季植物示意图（来源：大理祥云方志馆设计）

图 23　茶马意象踏步空间（来源：大理祥云方志馆设计）

4　小结

本文通过不同地块层面的分析总结，从历史空间和现代空间两个角度出发全面准确地提取出了祥云方志馆设计的空间基因，从而解析其中蕴含的文化内涵，通过空间基因的解析对建筑设计形成导控作用，再结合空间叙事的空间塑造手法，构建了一套具有普适性的建筑设计方法路径。两个方案根据空间基因的不同程度表达植入不同的叙事结构，分别讲述“打开的城门”和“公园山丘”两个故事，形成了两个不同的设计方案，一个注重建筑的开放共享与空间体验，一个强调历史人文生态的相互联系与整合，两个方案虽大相径庭，各有特色，但总体都是通过空间基因和空间叙事相结合的手法，高效利用场地各种空间文化要素，再赋予设计师部分主观思想而形成的优秀方案，设计方式既不脱离场地本身条件优势，又不限制设计师的思维发散，是一种统一设计师思想和场地本身的设计方式。两个方案都体现了历史元素与现代元素的结合，是老城到新城的过渡，也是新与旧的融合统一，对于之后的城市更新中城市局部空间或建筑的设计都具有一定借鉴意义。

参考文献

[1] 张旭璐，吴亮芳. 历史文化街区有机更新实践与策略研究——以某街区有机更新为例[J]. 建筑经济，2023，44（S2）：588-591.

[2] 刘丛红，刘定伟，夏青. 历史街区的有机更新与持续发展——天津市解放北路原法租界大清邮政津局街区概念性设计研究[J]. 建筑学报，2006（12）：34-36.

[3] 邓东，杨亮，李晨然. 新时期历史城区城市更新方法探索——以若干城市为例[J]. 城市规划，2022，46（S2）：118-127.

[4] 段进，邵润青，兰文龙等. 空间基因[J]. 城市规划，2019，43（2）：14-21.

[5] 段进，姜莹，李伊格等. 空间基因的内涵与作用机制[J]. 城市规划，2022，46（3）：7-14，80.

[6] 罗西. 城市建筑学[M]. 北京：中国建筑工业出版社，2006.

[7] 赵斌. 我国城市更新背景下建筑类型学的重新解读[J]. 现代城市研究，2012，27（1）：59-63.

[8] 薛春霖，施维琳. 茶马古道的历史物证——马店[J]. 云南民族大学学报（哲学社会科学版），2006（2）：77-80，161.

[9] 王黎锐. 云南驿：行走在路上的历史[J]. 中国文化遗产，2008（6）：88-94.

[10] 任洁. 祥云县城历史文化街区特色分析及保护研究[J]. 小城镇建设，2007（5）：61-65.

[11] 张楠，刘乃芳，石国栋. 叙事空间设计解读[J]. 城市发展研究，2009，16（9）：136-137.

[12] 刘畅. 紫禁城里的明堂?——乾隆皇帝建筑设计参与管窥[J]. 建筑遗产，2016（2）：12-24.

基于城市再生目标的山地城市设计研究 ①

卢峰[1] 陈维予[2] 罗炜[2]

作者单位
1. 重庆大学建筑城规学院
2. 重庆大学建筑规划设计研究总院有限公司

摘要： 当前，山地城市中心区面临人地矛盾日益突出、城市空间失序、产业与社区衰退、城市特色不足等重大挑战，同时，山地城市既存环境形态的复杂性和多维特征，也使以控制性详细规划为基础的城市设计面临研究和实施的难题。本文以城市再生为核心理念，以城市既存环境为研究对象，从城市整体空间格局、混合街区模式、街道空间与立体步行体系、建筑与城市空间一体化设计等方面，提出了以微更新为主导的城市设计策略与方法。

关键词： 城市再生；城市设计；山地城市；街区；城市微更新

Abstract: At present, the central areas of mountain cities are faced with major challenges such as the increasingly prominent contradiction between people and land, urban spatial disorder, industry and community decline, and lack of urban characteristics. Meanwhile, the complexity and multi-dimensional characteristics of the existing environmental forms of mountain cities also make urban design based on controlled detailed planning face difficulties in research and implementation. With urban regeneration as the core concept and the existing urban environment as the research object, this paper proposes the strategy and method of urban design led by micro-renewal from the aspects of the overall urban spatial pattern, mixed block pattern, street space and three-dimensional walking system, and the integrated design of architecture and urban space.

Keyword: Urban Regeneration；Urban Design；Mountain Cities；Block；Urban Micro-renemal

近年来，随着我国城镇化发展模式的重大转变，城市规划由增量向存量转型已成为必然趋势，并对现行的规划编制与管理制度体系提出了新的挑战[1]；2015年中央城市工作会议和2017年住建部颁布《城市设计管理办法》，进一步明确了城市设计在我国城市规划编制与管理体系中的作用。基于对存量规划时代空间资源优化配置以及“城市双修”的客观需求，以实现对城市形态的精细化管理为核心目标，探索我国现有城市规划管理体制下城市设计的内涵、作用机制和实施途经，是当前我国城市规划、城市设计、城市治理、城市更新等领域的研究与探索重点。

近年来，在快速城市化背景下，重庆主城区发展正面临人地矛盾日益突出、产业与社区衰退、城市空间失序、城市特色不足等重大挑战。2005年以来，受城市山水格局制约和城市经济产业转型的多重影响，重庆主城区逐步转向集约化、紧凑式发展模式[2]，并呈现出新城拓展与内涵集约化发展并置的特点。由于城市设计具有“基于预期利益分配的愿景式大空间描绘”的独特作用[3]，成为整合山地城市土地与空间资源和引导山地城市形态集约发展的重要手段。

1 问题与思考

现有的山地城市设计编制与导控体系，经过近20年的研究与实践，虽然取得了不少成果，但普遍存在城市特色彰显不足、可实施性差、可控性差等问题。

---

① 基金支持：山地城市既存环境城市形态研究与多层次城市设计体系构建——以重庆为例，国家自然科学基金面上项目（52078069）；基于低碳城市目标的生态山地城市设计理论与方法研究，重庆市自然科学基金面上项目（cstc2021jcyj-msxmX0768）。

1.1　对山地城市形态的特殊性针对性不强

以控制性详细规划为基础的城市设计体系，造成实质上的“控规先行、城市设计被动跟进”的窘态，导致城市规划、城市设计、建筑设计三个环节相互脱节；且大部分城市设计工作主要面向新区开发[4]，偏重于城市整体形象的视觉效果或标志性；即使是旧城更新项目，也主要关注城市宏观尺度的功能与用地结构调整，对于在高差变化复杂、不规则的城市用地上如何构建与整体城市空间格局相匹配的街区构架、建筑组群模式及其适应机制，仍缺乏必要的研究，城市设计对长期存在的城市公共空间体系混乱、空间质量衰退等问题干预不足。

1.2　缺乏中、微观尺度上针对既存城市环境改善的有效策略与方法

近几年城市规划编制与管理普遍重视交通拥堵、环境污染等问题，并从土地利用的宏观角度提出了改善交通拥堵的城市规划策略[5]，但在旧城环境改造的人性化建设与历史文化资源的保护重视等方面，缺乏中、微观尺度上针对既存城市环境的有效策略与方法。目前，许多山地城市中心区均建立了整体的城市三维数字模型，但大部分情况下仅作为对新建设项目与原有城市环境协调（如天际轮廓线、建筑体量与颜色）进行定性分析的背景，缺少针对未来城市微更新需求的综合分析工具和整合城市三维空间资源的设计手段，故难以将二维的平面规划成果转化为三维的空间形态控制要素，从而为后续的建筑与城市精细化设计提供指导。

综上，在山地城市中心区，受建成环境的制约，已不可能进行大规模的改造或再开发建设，以城市存量资源的再开发利用为主要目标、以街区为主要尺度的局部性、渐进式更新模式将成为未来发展常态。在此背景下，为适应动态、复杂的山地城市中心区发展变化，客观上要求城市设计在拓展现有设计理论和方法的同时，也要创新城市空间发展引导机制。

2　基于城市存量资源的城市再生理论研究与实践

1950年代以来，西方城市开发概念的五次重大变革，促成了城市再生（Urban Regeneration）理论的形成，即1950年代的城市重建（Urban Reconstruction）、1960年代的城市振兴（Urban Revitalization）、1970年代的城市更新（Urban Renewal）、1980年代的城市再开发和1990年代的城市再生[6]。城市再生，是指在面对变化的地区，为解决城市问题和寻求该地区经济、物质、社会和环境条件的持续改善而制定的综合而整体的城市开发计划及举措。从国内外发展状况来看，城市再生概念是在总结城市更新经验教训的基础上发展起来的，与城市更新概念相比较，城市再生概念特别强调了对城市原有物质环境的再利用、原有经济功能的再提升和原有社区的再发展，而不是通过空间扩张、城市物质结构拆除和重建、原有居民的迁移等“置换”措施来消除城市的衰败空间。因此，城市再生是一种“零用地增长”的内涵式发展模式，即在维持城市现有物质空间的基础上，实现城市经济社会职能的改善和生活质量的提高，同时更注重对城市文化历史遗产的保护与再利用[7]。

近年来，在城市再生理念的指导下，国内外城市在城市空间资源整合、存量资源利用等方面进行了多方面的实践探索；如深圳市中心区在紧约束条件下的资源配置策略研究[8]、欧美以社区为中心的渐进式更新再生与复兴等[9]；这些成功案例表明，为了应对城市旧城区的空心化、老龄化等挑战，城市再生作为一个更为广泛和整体的综合性概念，它不仅涵盖了城市更新的几种方法，也将经济人文、市政建设、社会关系等因素纳入考量[10]；其中，城市棕地再开发、旧建筑再利用、历史街区保护、衰退社区整治等作为城市再生的主要抓手，成为国内建筑学、城乡规划、城市社会学等多个领域的关注焦点[11]~[13]。城市再生理论为厘清山地城市中心区发展模式、明确重点更新目标和对象、构建以恢复城市活力为核心的城市设计策略和方法提供了理论支撑。

另一方面，城市形态学（Urban Morphology）作为一个发展百余年的跨学科研究领域，其与城市规划、城市设计的密切关系已得到广泛认识[14]。由于城市形态学在“城市空间物质形态、城市形态形成过程、城市物质形态与非物质形态的关联性”三个层次上的研究成果，可以全面揭示城市空间发展的具体状态、历史演变和人文因素，因此对具有长期历史发展

历程的城市既存环境的城市设计，具有非常广泛的研究与应用价值[15]。城市形态学的相关研究方法，为基于城市再生目标、面向城市存量资源的山地城市设计研究提供了有效的分析和研究工具。

3 基于城市再生目标的山地城市设计研究与实践

凸显城市公共空间地域特色、控制引导碎片化的城市开发行为、提升城市整体活力，是山地城市中心区城市再生的主要目标和工作重点；为此，需在前期城市形态研究的基础上，为城市可持续发展构建针对性的、修补式城市设计理论与方法体系。

3.1 山地城市中心区整体城市空间格局保护与优化

山地城市肌理包括自然肌理与人工肌理两个部分，是体现其地域文化特色和历史演替的主要物质载体；为消除无序的再开发项目对长期演变形成的城市整体空间格局与景观的消极影响，城市设计需要完成以下工作：

1. 基于现状分析提出城市设计总体目标

借助城市现状地形图，在对城市存量资源进行综合分析与评估的基础上，梳理使用效率低下的城市空间资源与建筑资源；在减量增绿的总体目标指导下，明确居住、商业、办公、服务、公共基础设施等的比例构成与总体规模，逐步解决山地城市中心区长期粗放发展带来的基础设施和公共空间不足等结构性问题，并为今后引入新的发展功能构建必要的空间和形态控制引导体系。

2. 梳理现有街道网络，提出总体优化策略

根据前期分析和现场调研成果，明确城市街道密度、街道走向与机动交通、轨道交通等不同类型的交通网络组织模式；为强化历史建筑的文化地标作用和街巷空间的社会功能，运用城市设计连接理论和图底分析方法，将历史建筑保护、既存建筑的改造再利用与传统街区公共空间体系建设相结合，构建以城市生活为核心的城市公共空间体系和相应的优化、引导机制。

3. 构建具有多重价值的山地城市形态三维数字平台

将山地城市空间的三维数字模型作为建筑群体组合、新旧建筑协调、街道肌理与景观分析、开发强度分析、建筑群采光、日照与通风模拟分析等方面的直观研究平台，以及城市设计成果的验证和管理平台；同时利用剖面视域控制分析方法，对山地城市建成区建筑群体发展的高度分布、密度分区进行量化分析，并提出相应的控制要求。

4. 为城市局部微更新构建城市设计阶段目标和实施机制

山地城市中心区往往具有长期的历史文化积淀和特色城市空间，是增强城市归属感、认同感和文化特色的重要资源；为此，以存量社会文化资源调查评估、城市肌理的历史演替研究、公共空间日常使用数据等为依据，确定城市街区层面的整治要点和替换、增设的功能类型等；通过既存建筑改造再利用、口袋公园体系建设等途径改善社区环境、完善社区基础服务设施，通过构建多阶段的公众参与机制，将社区城市公共空间的渐进式微更新过程变成一个增强社区参与、创造地方性知识的开放过程。城市滨水空间的复兴，也需要从城市整体的视野，对其未来的功能与空间布局、设施配置和交通网络等提出总体策略。

3.2 适应复杂地形条件的山地城市立体混合街区模式研究

小规模混合街区是适应复杂用地条件、体现山地城市活力的主要城市单元之一；而目前以小规模、私营投资为主的局部建设开发模式，也需要以小规模街区为单元来构建清晰而持续的城市形态控制体系与实施导则。

1. 构建针对不同城市形态单元的城市设计优化策略与方法

根据前期调研成果和分析评价，明确城市形态单元的改造目标和相关要素及指标（包括街区构成模式、功能混合比例等），明确中心区不同城市形态单元之间的空间边界处理与协调原则，特别针对滨水地区建筑形态失控、城市整体形象不佳、与城市腹地的景观连接性差、可达性等关键问题提出解决策略。

2. 立体街区模式的探索与实践

通过对不同地形条件下的各种类型混合街区的建筑形态、开发强度、功能混合度进行量化分析比较，以不同的地形条件作为主要分类标准，总结归纳具有典型意义的山地城市混合街区功能组合模式和建筑群

体组合模式，并推演出不同规模、不同开发模式下混合街区的密度、容积率等量化指标，作为高密度旧城区街区更新城市设计工作的重要依据，在此基础上，探索住、产、商混合的复合功能街区模式，为拓展就业机会、孵化新的服务产业提供新的平台。

3.3　山地城市中心区街道空间体系与立体步行体系共构研究

在高密度的山地城市中心区，提高不同标高、不同类型公共空间之间的连接性，是提升城市公共空间质量的有效途径，其中，由平行等高线的山地城市街道空间和垂直等高线的梯道空间共同构成的立体步行体系，是山地城市设计的主要研究对象。为此，可采用空间句法对街道网络的可达性与使用强度进行量化分析，并结合基于GIS空间差值的叠合分析提高分析精度，通过深入的现场调研进一步优化分析数据。在此基础上，提出城市中心区宏观层面上的街道形态特征优化指标（街道密度、步行街区尺度等），构建连接城市滨水区域、城市核心区和城市山顶开放空间的立体步行体系；在中观层面，利用自动扶梯、电梯、缆车等机动交通与步行梯道相结合的方式，解决高差较大的城市街道之间的连接问题，提高垂直方向步行体系的机动化、便捷性和无障碍能力；在微观层面，利用局部地形高差，将城市步行体系与过街天桥、下沉式广场、口袋公园、大型城市综合体临街层公共空间、建筑内部中庭空间、公交转换节点等一系列开放空间连接起来，形成与城市地面水平机动交通体系相对分离、多层次、连续的立体步行系统。

3.4　建筑与城市空间一体化设计

既关注城市形态与山地环境的相互关系，也关注特定建筑形态、地形与城市空间的结合模式，是山地城市设计体现地域特色的一个重要研究方向；当前，轨道交通建设和局部微更新为山地城市中心区振兴发展带来了新的契机，也使建筑与城市空间一体化设计成为城市设计的关注重点。

1. 三维公共空间设计

为提升轨道交通站点与周边城市步行体系和地面公共交通的无缝连接，需将城市地下、地面和空中三个层面的建筑内外公共空间和城市交通体系作为一个整体进行一体化设计，并对建筑内外空间、城市交通空间的多层次连接位置和界面提出控制要求；面对复杂地形条件，需将城市街区内各地块城市形态的整体剖面设计作为提升不同层次空间连接性的直观研究与设计手段。

2. 建筑与城市空间的图底分析

围绕轨道交通站点建设推进城市中心区既有环境的改造升级，特别是对轨道站点400米范围内的城市公共空间、既存建筑功能和形态、不同用地之间的消极空间等提出详细的城市设计改造方案，以提升城市公共空间的整体质量和规模。为此，在微观层面上，需在平面设计中引入诺利地图的研究和设计方法，将轨道交通站点周边建筑的首层平面图（在山地城市中，由于地形高差的变化，许多建筑往往具有多个标高的接地层和出入口）均详细描述出来，进而构建更加开放、内外交融的公共空间体系。

3. 存量建筑更新再利用导则

基于城市重要公共节点的局部微更新项目，需要针对其周边的既存建筑提出改进导则，包括优化沿街界面（特别是底层沿街空间的开放性）、强化地块内部公共空间与外部公共空间的连接性、保证局部新建项目的整体形态维持甚至优化既有的城市重要公共空间节点等。滨水空间复兴也需要将旧建筑再利用、立体步行体系构建、滨水岸线生态化修补等未来城市再生的主要工作内容，一并纳入城市设计的研究和资源整合范畴。

3.5　基于精细化导控的城市设计导则研究

城市设计导则是落实城市设计成果的主要依据，针对山地城市中心区既存环境的复杂性，为了达到精细化导控的目标，城市设计导则分为两个层次：

第一层次是依托城市形态单元构建的城市设计导则分图体系，主要对街道网络、步行体系、再开发项目的建筑体量组合等提出导控建议，为此，在平面图四线控制（绿线/紫线/蓝线/黄线）的基础上，增加街道立面开放度与可识别性、街廓长度、新植入的建筑的主体与裙房轮廓线和尺度、新旧建筑协调原则等指导性内容，并根据山地城市空间的三维建设特点，增加剖面的控制引导内容，强化设计导则对地面、地下、空中城市空间连接的引导作用。

第二层次是针对城市形态单元中的街区和重要城市节点而制定的下一级分图图则，按照城市与建筑一体化设计的原则，对导则分区内不同类型的既存建筑改造、口袋公园建设、社区服务设施更新等提出具体的改造建议，同时对重要城市空间节点周边新建与既有建筑改造，提出基于公共开放性的引导和奖励策略。

4 结语

根据山地城市再生发展的实际需求，按照城市形态要素的分层特征，可将山地城市中心区的城市设计研究目标分为宏观、中观和微观三个层面，并将之作为城市形态研究以及城市设计体系构建的总体框架。

（1）在宏观层面上，为保持和延续山地城市中心区长期发展形成的整体空间格局特色与历史演替信息，以城市肌理和城市街道体系为主要研究对象，针对旧城复杂状态，构建定量与定性相结合的城市形态与存量资源调研与分析方法，为城市再生发展定位、容量控制、城市特色延续、公共空间体系优化等提供有效的城市设计依据与实施验证工具。

（2）在中观与中微观层面上，结合TOD再开发等城市发展新需求，以城市街区为主要研究对象，以提升城市公共空间活力为目标，着重解决高密度城市中心区碎片化建设所带来的城市空间共享性差、缺少识别性与人性化等问题，为城市街区内的局部再开发、城市街道界面优化、土地资源集约利用等提供整体性的控制与引导导则。

（3）在微观层面上，以存量资源为主要研究对象，将新旧建筑协调、旧建筑改造再利用与城市消极空间改造等城市再生工作结合起来，探索城市与建筑空间一体化的设计策略与方法，构建以城市微更新为主导的修补性城市设计理论与方法。

参考文献

[1] 邹兵. 增量规划向存量规划转型：理论解析与实践应对[J]. 城市规划学刊，2015（5）：12-19.

[2] 张治清，贾敦新，邓仕虎，金贤锋. 城市空间形态与特征的定量分析——以重庆主城区为例[J]. 地理信息科学学报，2013（2）：297-306.

[3] 杨震. 城市设计与城市更新：英国经验及其对中国的镜鉴[J]. 城市规划学刊，2016（1）：88-98.

[4] 康彤曦，马希旻，蒋笛，董海峰. 重庆区县重点地区城市设计实施评估总结及改进策略[J]. 规划师，2019（6）：27-31.

[5] 彭瑶玲. 土地利用视角下的交通拥堵问题与改善对策——以重庆主城为例[J]. 城市规划，2014（9）：85-89.

[6] 张平宇. 城市再生：我国新型城市化的理论与实践问题[J]. 城市规划，2004（4）：25-30.

[7] 佘高红，朱晨. 欧美城市再生理论与实践的演变及启示[J]. 建筑师，2009（8）：5-8.

[8] 罗彦，朱荣远，蒋丕彦. 城市再生：紧约束条件下城市空间资源配置的策略研究——以深圳市福田区为例[J]. 规划师，2010（3）：42-45+49.

[9] 曲凌燕. 更新再生与复兴——英国1960年代以来城市政策方向变迁[J]. 国际城市规划，2011（1）：59-65.

[10] 刘少瑜，章倩宁，王雅萱，刘昇阳. 从基础到更新——城市再生新策略[J]. 城市设计，2016（6）：16-29.

[11] 薄宏涛. 面向存量时代的动态更新——北京首钢的城市更新实践[J]. 城乡建设，2020（2）：6-11.

[12] 吕斌，王春. 历史街区可持续再生城市设计绩效的社会评估——北京南锣鼓巷地区开放式城市设计实践[J]. 城市规划，2013（3）：31-38.

[13] 董丽晶，张平宇. 城市再生视野下的棚户区改造实践问题[J]. 地域研究与开发，2008（3）：44-47，52.

[14] 谷凯. 城市形态的理论与方法——探索全面与理性的研究框架[J]. 城市规划，2001（12）：36-41.

[15] 段进，邱国潮. 国外城市形态学研究的兴起与发展[J]. 城市规划学刊，2008（5）：34-42.

亚热带高密度城市住区室外空间安全感知研究
——以深圳市为例

刘诺　袁琦

作者单位
深圳大学建筑与城市规划学院

摘要：住区室外空间承载城市居民日常出行活动。而机动交通主导等因素带来多种安全隐患，难以满足户外活动需求。既有住区安全研究已取得一定成果，但综合比较多安全问题影响下，针对亚热带高密度城市住区室外空间安全感知的研究相对较少。本文以深圳市典型住区为例，通过问卷调查，采集居民主观安全感知，分析不同人群、住区间差异，并提出针对性策略，以期为亚热带高密度城市住区室外空间安全性的精细化提升和活力重塑提供理论依据。

关键词：住区；室外空间；安全感知；亚热带气候；高密度城市

Abstract: The outdoor space of residential areas carries the daily traveling activities of urban residents. However, factors such as motorized traffic dominance bring about a variety of safety hazards, making it difficult to meet the demand for outdoor activities. Existing residential area safety research has achieved certain results, but relatively few studies have been conducted on the safety perception of outdoor space in subtropical high-density urban settlements under the influence of a comprehensive comparison of multiple safety issues. This paper takes four typical residential areas in Shenzhen as examples, collects residents' subjective safety perception through a questionnaire survey, analyses the differences between different populations and residential areas, and puts forward a targeted strategy, to provide a theoretical basis for the fine-tuning of the outdoor space safety enhancement and vitality remodeling in subtropical high-density urban settlements.

Keywords: Residential Areas; Outdoor Space; Perception Of Safety; Subtropical Climate; High-density Cities

1　引言

住区室外空间是承载城市居民日常出行活动的主要场所，然而，机动交通主导的道路设计、过大的住区尺度、物业封闭式管理等因素造成社区网络割裂，使得住区室外空间存在不同类型的安全隐患，难以满足居民户外活动需求，加剧社区活力减退。已有研究发现，居民主观安全感知的增加能有效提升其户外活动参与度[①]。随着城市设计向精细化转型，在相对微观的住区室外空间中，基于居民主观安全感知的研究至关重要[②]。

当前人本主观感知视角下的住区安全性研究领域中，多聚焦于防卫安全和步行安全。其中，防卫安全主要基于“街道眼”概念、CPTED理论以及可防卫空间设计理论，从公共安全视角[③]，探讨邻里空间的物质、社会环境对犯罪恐惧感的影响[④]。步行安全方面多以生活街道为研究对象，关注街道的交通属性，探索街道建成环境、设施配置等对步行安全感的影响。在主观安全感知测度方面，已有研究通过问卷调研、访谈观测获取居民主观评价，通过语义分析（SD法）、李克特量表等进行量化。近年来，多源数据与新技术的引入也从资源模拟、感知测度方面为定量研究带来了新的途径，如徐磊青等利用城市街景图片收集居民基于视觉感知的街道安全评价，朱萌等

① 冷红，邹纯玉，袁青.主观感知的寒地城市住区冬季环境对老年人身心健康的影响——以体力活动为中介变量的实证检验[J].上海城市规划，2022，（1）：148-155.
② 蔡凯臻，王建国.基于公共安全的城市设计——安全城市设计刍议[J].建筑学报，2008，（5）：38-42.
③ 陆明，张岩，刘晓霞，等.社区公共空间安全视角下城市居民安全心理感知研究[J].现代城市研究，2019，（8）：125-130.
④ 胡乃彦，王国斌.城市住区街道空间犯罪防控的规划设计策略——基于CPTED理论和空间句法的思考[J].规划师，2015，31（1）：117-122.

以可穿戴传感器收集的皮肤电反应（GSR）为测度基础，得出被试安全感因变量。

国内部分学者基于相关理论总结了影响安全感知的空间特征，方智果等将影响街道安全感知的指标分为街物理特征、界面特征、城市功能三大维度。蔡凯臻等归纳出空间的私密度、控制度、领域感、归属感、高品质和可识别性六个安全感知指标。而国外研究在深度和广度上都有突破，在识别建成环境对安全感知影响因子和机制的基础上，研究不同人群的安全感知，分析差异化需求①；又进一步研究安全感与居民出行意愿、体力活动间的关系②。

研究发现，宏观层面下的功能密度、混合度以及分布情况③，中观层面下步行网络的形态、尺度，人车流量、停车情况等④，微观层面下的街道家具、安全设施设置，近人尺度的街道界面要素⑤、底商密度以及街道氛围和社交互动⑥情况均会影响个体的住区室外空间安全感知。而车行流量、地方文化、环境整洁性和不文明行为⑦相比于街道空间本身的复杂性而言，对行人安全感知的影响水平较小。

然而当前研究多从环境交通、防卫安全等单一安全品质展开，综合比较多安全问题影响下的研究较少，缺乏对住区室外空间交通、社交等多属性活动安全的差异化讨论。此外，基于亚热带高密度城市住区室外空间这一视角的研究相对较少。

鉴于此，本文聚焦于亚热带高密度城市住区室外空间，通过问卷调查和沉浸式观察的方式，采集居民主观安全感知，通过探索性分析的方法对比不同社会属性、不同行为习惯人群间的安全感知差异，并针对性地提出安全品质提升策略，以期为亚热带高密度城市住区室外空间安全性的精细化设计和活力重塑提供理论依据。

2 研究方法

2.1 住区选择

以深圳市南山、福田区的四个典型住区为调研对象，具体包括：①1987年建成，低层大型半开放住区—华侨城东部组团。②1989年建成，高层板式封闭住区—长城花园。③1994年建成，高层商品房小区—荟芳园。④2014年建成，地铁上盖高层公租房—龙海家园。案例大致可以分为商品房小区、老旧住区和公租房三种类型，因不同的周边功能业态、交通规划管理，室外空间形态、环境老化情况以及社区邻里氛围，存在不同的安全风险，有较好的差异性研究价值（图1）。

2.2 问卷设计

1. 安全感知评估

住区室外空间安全感知指住区外围生活街道、街角广场、绿地空间等能为居民综合建构一个有安全保障的物质环境，使其各类行为活动发生时感到不易遭受危害。本文以既有文献为基础，结合实地观测发现的问题，将住区室外空间中的安全感知分为交通、活动和社会安全三个维度下，十四个具体的专项安全感知因子，构建有序的评价结构体系，从而进行综合比较研究。

通过问卷和访谈的方式，采集居民的主观安全感知。其中，整体环境的安全满意度分为总体满意度评分和环境问题识别，总体满意度使用李克特五级量表计分，意在了解居民对住区安全现状的态度；环境问题识别通过让居民勾选认为存在安全隐患的空间，采集其对具体环境安全性的认知；专项因子评价采集居民对各安全问题的关注度，指标关注度越高，表示改善急迫性越强。

---

① AJC，LNB，FJS，et al.. Sociodemographic moderators of relations of neighborhood safety to physical activity. [J]. Medicine and science in sports and exercise，2014，46（8）：1554-63.

② GGB，HLM，YKW，et al.. Safe to walk? Neighborhood safety and physical activity among public housing residents. [J]. PLoS medicine，2007，4（10）：1599-606; discussion 1607.

③ 方智果，王冉冉，刘聪，等.基于多源数据的街道环境对个体安全感的影响研究[J].上海城市规划，2023，2（2）：109-115.

④ 崔志华，罗启敏，杨舒婉.城市生活性街道步行安全评价——以南京市部分街区为例[J].中国名城，2023，37（12）：72-78.

⑤ 李琳，叶宇，陈泳.融合数据支持与具身循证技术的街道步行安全感知研究——以上海市生活性街道为例[J].住宅科技，2024，44（4）：47-56.

⑥ 陆明，张岩，刘晓霞，等.社区公共空间安全视角下城市居民安全心理感知研究[J].现代城市研究，2019，（8）：125-130.

⑦ Yunmi P，Max G. Pedestrian safety perception and urban street settings [J]. International Journal of Sustainable Transportation，2020，14（11）：860-871.

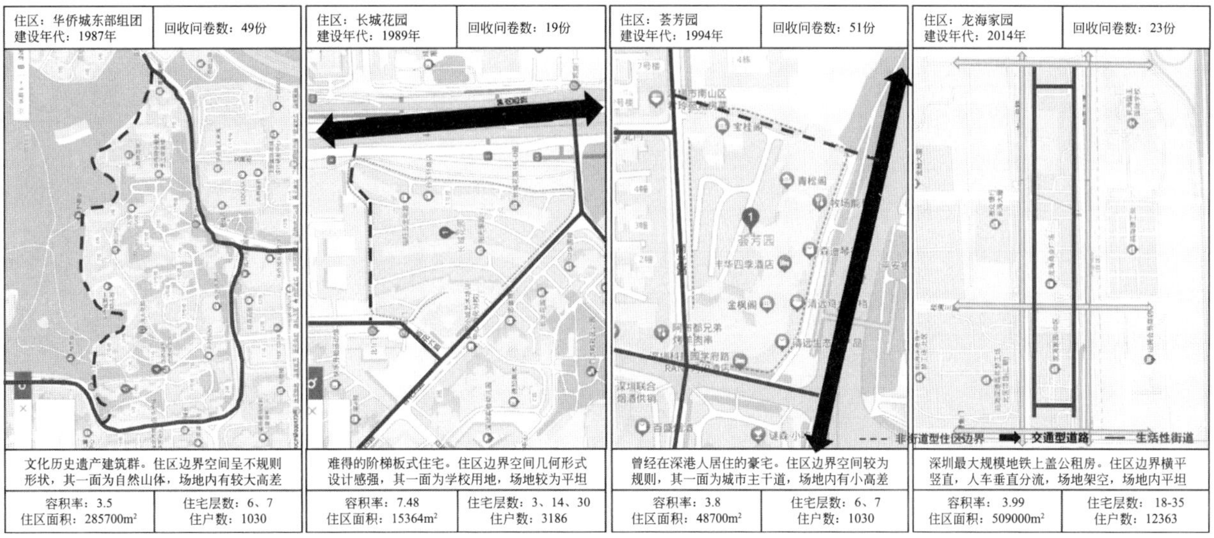

图1　案例住区选择
（来源：百度地图＋作者自绘）

2. 自变量选择

研究选取的自变量包含个人基本社会属性信息、日常行为活动习惯两个维度。个人基本社会属性信息部分设置了年龄、性别、教育程度、居住时长和家庭收入情况五问；日常行为活动习惯部分对活动目的、地点、时长、频率做基本调查。从而研究不同住区、不同人群、不同活动特征如何对居民的安全感知产生差异化影响（表1）。

调研内容　　　　表1

变量类别	变量名称	变量类别	变量名称
1住区情况	住区氛围	3行为活动特征	活动目的
	管理模式		活动场所
2个体属性	性别		活动时段
	年龄		活动时长
	教育程度	4主观安全感知	总体安全满意度
	居住时长		单项环境问题识别
	家庭月收入		专项安全问题关注度
单项环境问题识别	建筑本体	中阶层1～1.7米	
	建筑老化	空间拥挤	
	设施陈旧	休息设施不足	
	开放空间	下垫面0米	
	顶界面1.7米以上	无障碍坡道	
	光照不足	活动场地不平整	
专项安全问题关注度	步行安全（A）	防灾防害（D）	

续表

变量类别	变量名称	变量类别	变量名称
专项安全问题关注度	a_1跌倒绊倒	d_1火灾疏散	
	a_2机动车碰撞	d_2被偷被抢	
	导视系统（B）	d_3高空落物	
	b_1寻路困难	脆弱人群（E）	
	b_2寻路走失	e_1儿童活动安全	
	环境健康（C）	e_2老年活动安全	
	C_1户外太热		
	C_2极端天气		
	C_3传染疾病		

3　结果与初步分析

3.1　样本情况

研究团队于2023年11～12月深入四个住区进行随机问卷调查，共回收142份有效问卷。被试人群均为社区居民，男女性别比例平均；以30～59岁中年群体为主，仅长城花园中儿童占比较高；本科及以上学历者居多；月收入情况最常见区间为1～3万元，3万以上较少；3年以内短期住户多（表2）。

被试社会属性分布 表2

属性	分类	人数/人	比例/%
性别	男	72	50.7
	女	70	49.3
年龄	18岁以下	18	12.68
	19～29	26	18.31
	30～59	63	44.37
	60岁以上	35	24.65
教育程度	小学及以下	26	18.31
	初高中	41	28.87
	本科及以上	75	52.82
家庭月收入/元	≤1万	46	32.39
	1万～3万	71	50
	3万以上	25	17.61
居住时长	1年以内	19	13.38
	3年以内	59	41.55
	4～9年	46	32.4
	10年以上	37	26.06

3.2 居民出行活动特征

1. 出行活动目的

居民日常外出活动目的社交型活动为主，性别差异明显，女性群体选择“与邻居聊天”者（37.1%）多于男性（18.1%），访谈发现女性参与活动类型多样，而男性专注于体育锻炼型活动。不同年龄，儿童（44.4%）和老人（77.8%）更多选择休闲社交型活动，偏爱结伴活动。除长城花园外（8.3%），其余社区居民的休闲社交型活动参与度均在40%以上。

2. 出行活动场所

居民日常以住区外活动为主。其中女性（23.6%）和青年（42.3%）偏好街道，老年群体由于步行能力下降，安全隐患上升，街道活动占比变低（15.5%），倾向选择绿地空间（53.2%）。41.2%的侨城东居民偏好街道活动，而龙海家园居民在街道的活动较少（13.3%），这可能是由于侨城东住区外部街道有更高的功能混合度和商业密度。

3. 出行活动时间

居民日常外出活动平均时长为1～2小时，随着年龄增长，活动时间减少。夜间活力最高，包括下午5点至7点（29.6%）和7点后（37.3%），午间的活动发生频率低，可能是出于气候原因。女性下午5点至7点出行多（38.5%），7点后比率回落6%，而男性7点后出行比率为全天最高（41.7%）。儿童和老年群体晨间出行多，中年群体集中在下班后活动（51.7%）。不同住区中，长城花园晨间活跃度最高（33.3%），龙海家园最低（13.3%），荟芳园和侨城东居民在夜间活跃度较高。

3.3 居民主观安全感知

居民对住区室外空间安全感知的总体满意度评分水平一般（3.75），表示“很满意”的居民较少（17%），44%的居民表示“满意”，35%的居民选择“一般”，3.5%的居民选择“不满意”。在具体环境问题识别上，中阶层安全感知情况较差，居民普遍认为由于道路、车位规划不善导致的停车占道已经成为长久难以解决的疑难杂症，存在空间拥挤问题（31%），同时休息设施不足（27.5%），缺乏固定的空间，导致行人在忙碌的道路随机进行临时休憩存在安全隐患；下垫面感知情况表现一般，21.8%的居民认为地面不平整，15.5%的居民提出缺乏无障碍坡道；而顶界面感知数据较少，光照不足（2.8%）不足以对居民的安全感知产生负面作用。

在安全感知专项因子关注度方面，机动车碰撞（45.8%）和高空抛物（40.85%）都是直接危及居民生命安全的问题，近年来的相关案件发生频率高，是居民最关心的因子；其次是脆弱人群的安全问题，包括老年活动（25.4%），儿童活动（23.9%），以及在老年群体中高发的跌倒绊倒问题（19.7%）；在防灾防害问题上，火灾疏散（19%）的关注度最高，被偷被抢（4.9%）的关注度较低；在环境健康上，气候问题包括户外太热（13.4%）、极端天气（9.86%）的关注度中等，传染疾病（4.9%）的关注度较低；在空间识别问题上，9.2%的居民认为有寻路困难，对寻路走失问题的关注度仅3.5%（图2）。

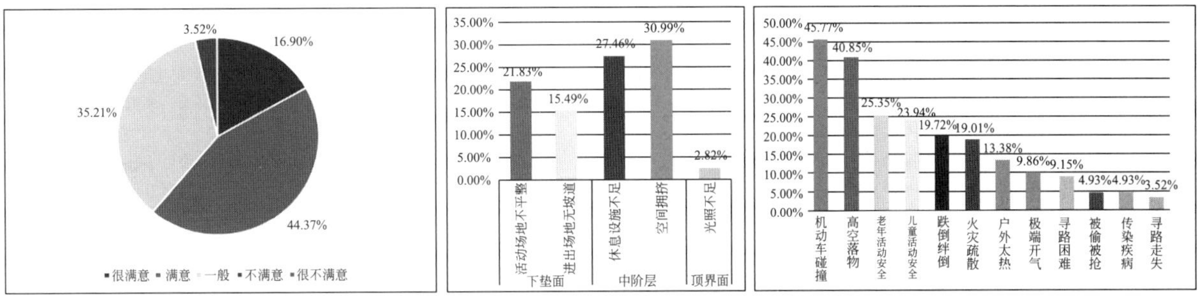

图 2　居民总体主观安全感知情况

4　安全感知影响因素

4.1　不同社会属性差异影响

女性总体安全感满意度（3.81）高于男性（3.68），中年、青年群体（3.69、3.7）低于儿童和老年群体（3.94、3.89），初高中学历者满意度最高（4.03），收入方面随着家庭月收入增多，满意度变高。在具体环境问题识别方面，仅儿童群体对下垫面部分的活动场地平整度要求高（33.3%），除此以外主要差异表现为中阶层的设施配置需求，37.1%的老年群体和32.9%的女性认为“休息设施不足”，男性和其他年龄段群体该数据都在30%以下。

在专项安全问题关注度方面，性别影响主要体现在女性比男性更加关注“机动车碰撞”（51.4%＞40.3%）以及“被偷被抢”（7.1%＞2.8%）问题；年龄差异主要体现在老幼活动安全方面，脆弱人群自身以及肩负照护任务的中年群体贡献了该方面的主要数据，而青年群体该部分数据在20%以下，此外，儿童群体存在特殊性，其对“被偷被抢”（16.7%）、“寻路走失”（11.1%）和“户外太热”（22.2%）问题有高关注度，对“火灾疏散”（11.1%）较为忽视（图3～图5）。

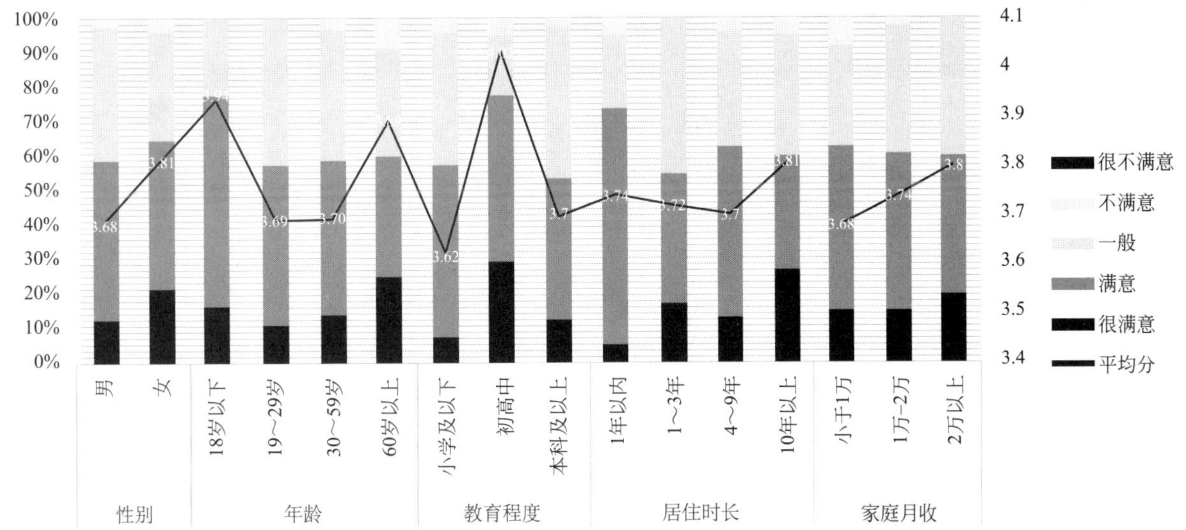

图 3　不同社会属性人群的安全感满意度

4.2　不同出行习惯差异影响

不同场所活动人群总体安全感满意情况表现为：广场（3.95）＞街道（3.79）＞公园（3.6）；午间（3.72）和夜间（3.7）的满意度低于平均分；短时间活动人群满意度较高（4.0）；进行社交活动的居民满意度高（3.82）。在环境问题识别方面，具体差异体现在对设施、场地的需求，其中32.6%的街道活

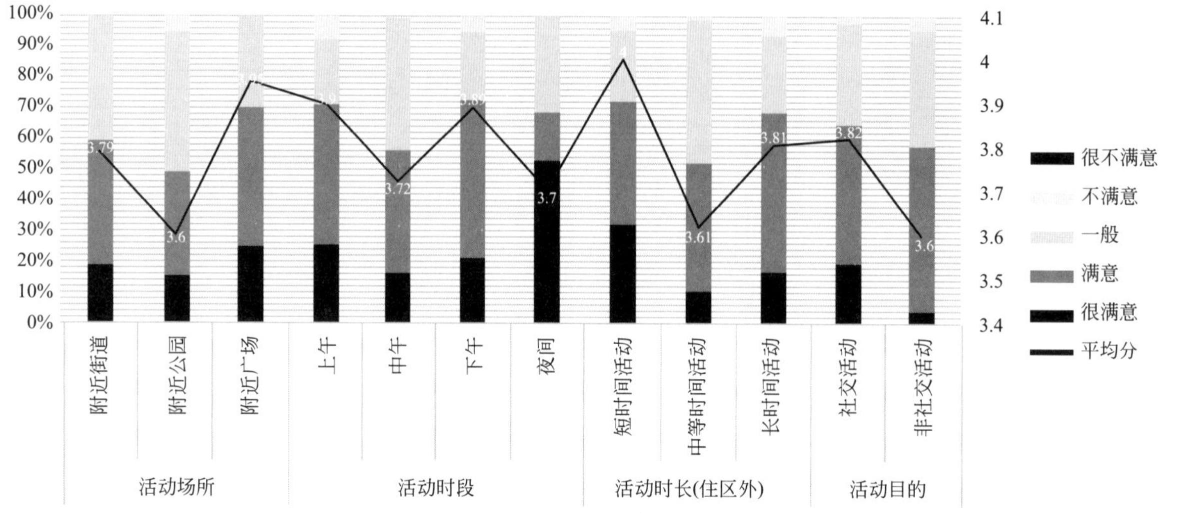

图 4 不同出行习惯人群的安全感满意度

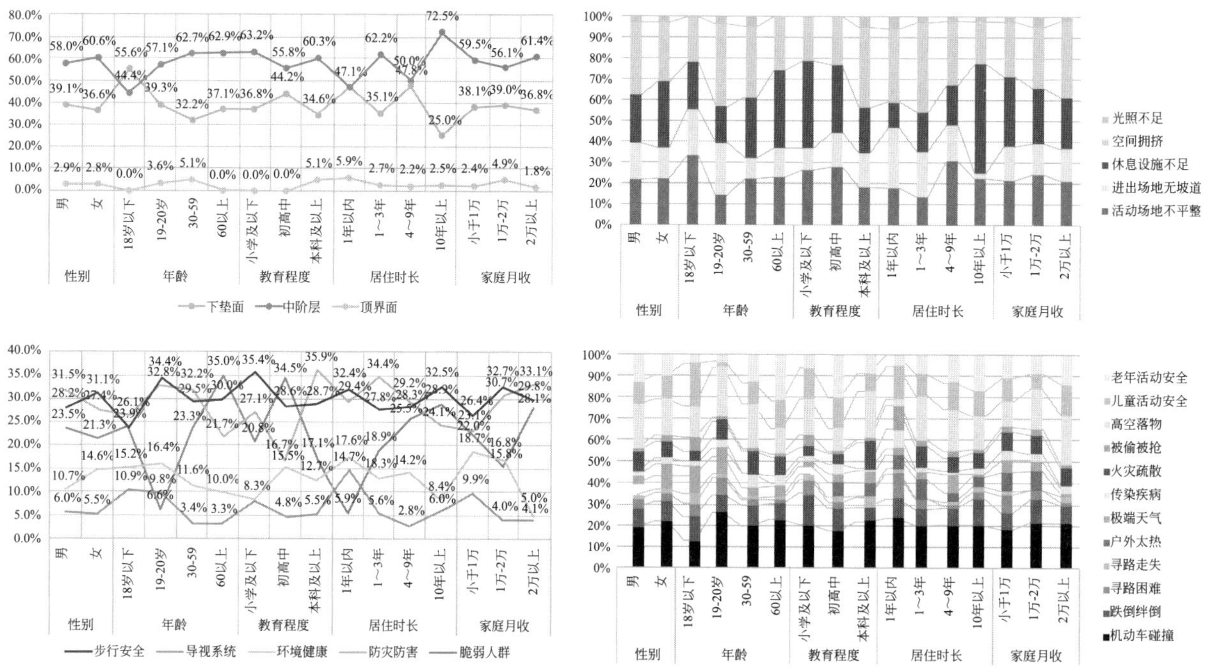

图 5 不同社会属性人群的环境问题认知和安全问题关注度

动居民和39.3%的午间活动居民认为“休息设施不足”，需求大于其他活动场所和时段，23.5%的夜间活动群体认为“活动场地不平整”。

在专项安全问题关注度方面，夜间活动人群更加关注步行安全问题，30.2%的人担心“跌倒绊倒”，崎岖路段的环境亮度对安全感知产生影响，其他差异表现在脆弱人群、防灾防害和环境健康的关注度方面，晨间活动和参与社交活动的群体更关注“老年人活动安全”（18.1%＞9.7%），而非社交活动群体更关注环境健康（15.7%＞11.1%），气候适宜度会影响居民的日常出行（图6）。

4.3 不同住区差异影响

高层商品房小区总体安全感满意度得分最高（4.28），半开放老旧住区（3.68）和封闭式老旧住区（3.67）的满意度评分相近，公租房的满意度最低（3.53）。在环境问题识别方面，侨城东下垫面部分问题较为凸显（76.47%），包括活动场地不平整（52.9%）、没有坡道（23.5%）；长城花园居民关注中阶层要素问题（83.34%），认为“休息设施不足”“空间拥挤”；荟芳园、龙海家园下垫面与设施配置情况良好，较大矛盾点在于停车位不足导致的占道现象。

在专项安全问题关注度方面，侨城东居民更关注步行安全（91%），长城花园居民更关注脆弱人群安全问题（83.3%），且首要关注“儿童活动安全”（58.3%），荟芳园（61.12%）和龙海家园（66.67%）居民更加关注防灾防害问题。此外，侨城东居民对导视系统的关注度高于其他住区（26.47%），长城花园对“户外太热”（25%）和“火灾疏散”（33%）的关注度高于其他住区（图7）。

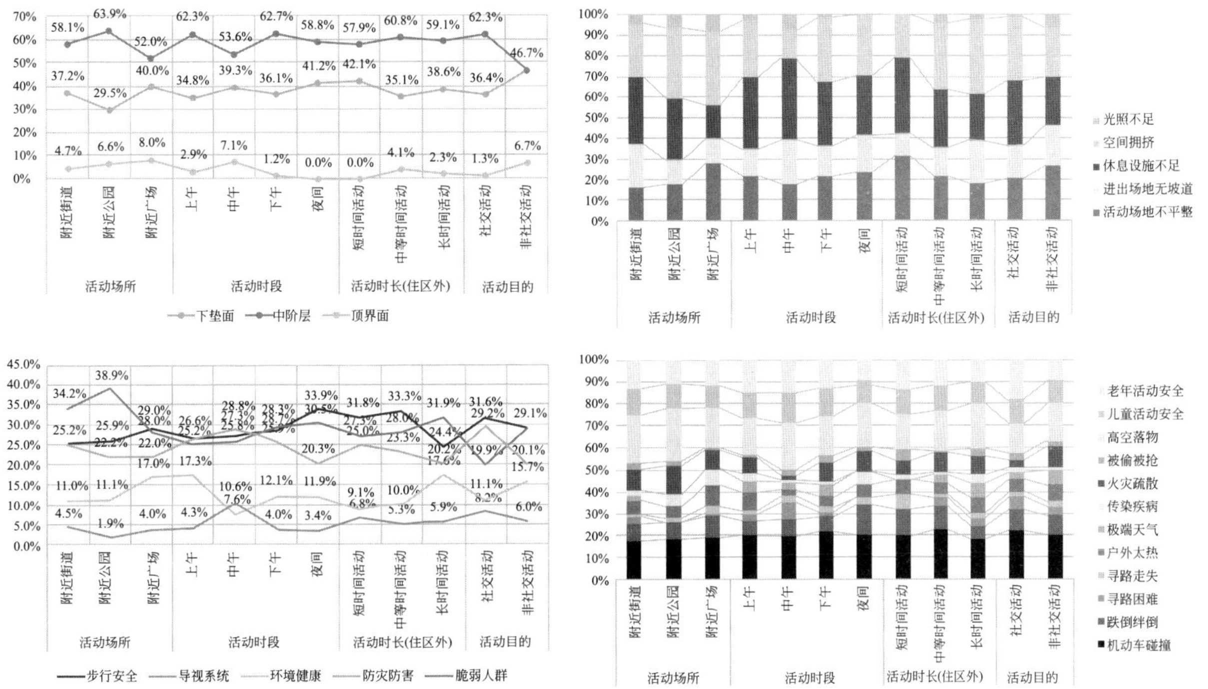

图6　不同出行习惯人群的环境问题认知和安全问题关注度

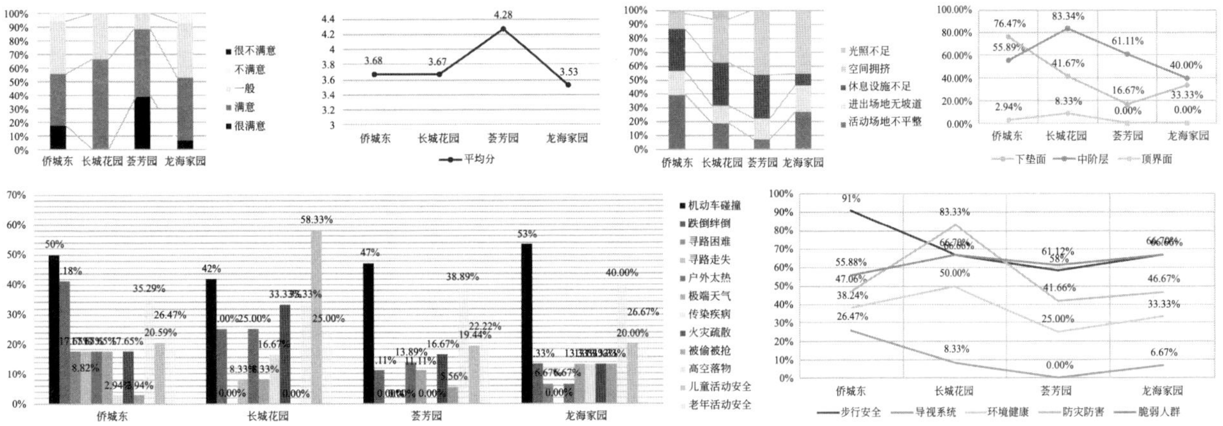

图7　不同住区间安全感知差异对比

5 安全问题与优化策略

5.1 安全问题总结

1. 交通安全感知

在交通安全方面，交通事故风险、停车乱象、路面不平和无障碍设施缺失是影响居民在生活性街道中交通安全感知的主要因素；机动车碰撞、路面崎岖不平，住区内无障碍坡道不完备，各类交通安全标识、导视标识的缺乏，导致老人儿童在住区中出行困难，缺乏安全的住区步行环境和活动场地，增加事故件发生的概率；停车位的规划不足致使空间被机动车侵占，更增加了住区内道路的复杂性，安全问题凸显。

2. 活动安全感知

在活动安全方面，高空落物是居民在固定场所中的主要风险因子。社会属性、出行行为习惯的差异在活动安全方面对感知的影响较为显著，主要体现在安全问题关注情况以及对设施配置的需求方面。基于体力差异和照护需求，女性和老年群体对休闲设施、老幼活动安全以及夜间安全感需求较高。夜间出行人群对小区内道路感到不安，认为地面不平和照明缺失容易引发跌倒绊倒，安全监控、照明设施不足带来的危险性，也会影响到多数居民在夜间的出行。

3. 社会安全感知

在社会安全感知方面、住区的区位、规模与管理模式、人口的流动性以及邻里关系的质量会影响居民的安全感知。高层商品房居民安全感满意度最高，老旧住区次之，地铁上盖公租房最低。不同住区的区位、规模与管理模式，老旧居住建筑与设施的维护，机动交通的情况以及异质人口的流动性、社区内部的邻里关系是影响居民行为活动和身心安全感知的物质、精神因素，是需要分别重点关注的问题。

5.2 优化策略

基于分析结果，研究提出四条提升住区户外空间安全感知的路径。

1. 交通安全改善

改善住区步行环境安全是居民的共性需求。住区室外空间应明晰人车分行路径，可以通过隔离设施或地面画线、区分铺地材质等方式，尽可能解决动态人车矛盾；加强机动车停放规划管理，设置机动车禁停区，避免其挤占人行空间，解决静态交通占道问题；重视地面维护整修，减少跌倒绊倒风险，改善照明和交通标识，提高空间可识别性，确保夜间行走安全。

2. 活动设施更新

关注多元差异需求，改善配套设施是住区室外空间品质提升的关键。不同性别间，女性更易感知到多方不安全因素，影响其行为活动，需要设计者在住区设计时考虑安全设施、监控、照明设施的增加。不同年龄段人群中，儿童易迷路，应改善儿童友好的导视系统，避免空间混乱给儿童带来不安心理；老年人户外活动需求大，街道、广场、绿地空间普遍需要增加休息设施和无障碍设施，提高其安全利用率；此外，应加强建设代际安全空间，通过住区安全性的优化为照护人群减负。

3. 社区氛围营造

研究结果显示居住时长越长，对住区的熟悉度越高，越有助于安全感的提升，因此社区氛围营造意在增加居民对社区的掌控感。优化住区管理，定期进行环境清洁和绿化围护，防止久而久之产生的空间死角引发安全隐患；增加服务功能丰富度和可达性，形成“街道眼”自然监控效应；通过举办邻里社区活动，促进邻里交往；鼓励公众参与社区决策，对不同性质的住区施以不同的改造方式，增强社区归属感与安全满意度。

4. 气候适应设计

最后，本文提出对住区室外空间进行要素层级划分，分别从三个层级提出设计意见，循序渐进地实施改造计划：0米的下垫面关注地面铺装和绿化配置问题，1~1.7米的中阶层关注设施配置和空间氛围问题，1.7米以上的顶界面关注绿荫、遮阳和照明系统问题；其次，在亚热带城市湿热气候的背景下，关注顶界面的复合性，提出活动场地、活动设施、休息座椅等停留性空间的设置应与上部起遮阳避雨作用的顶界面同步出现，才能更好地回应深圳的城市气候特征，提高公共空间舒适度和利用率。

6 结语

在精细化城市设计和活力住区建设的背景下，本文以提高住区室外空间安全感知为出发点，以深圳市典型住区为例，通过问卷调查和沉浸式观察的方式，采集居民整体环境安全感知评价，进一步通过探索性分析，对比不同社会经济指标、出行行为习惯与居民安全感知之间的关系。结果表明，三个维度中交通安全问题紧迫性最高，社会属性和行为习惯对活动安全问题的影响作用较显著，社会安全问题也是不可忽视的非物质空间因素。最后提出针对性的安全品质提升设计策略，以期为高密度城市住区室外空间安全性的精细化建设和活力重塑提供理论依据。

参考文献

[1] 蔡凯臻，王建国.基于公共安全的城市设计——安全城市设计刍议[J].建筑学报，2008，（5）：38-42.

[2] 宋聚生，姜雪. 基于防灾、犯罪预防及心理安全角度的国内外安全城市设计研究综述[J]. 城市发展研究，2016，23（4）：39-44，60.

[3] 陆明，张岩，刘晓霞，等. 社区公共空间安全视角下城市居民安全心理感知研究[J]. 现代城市研究，2019，（8）：125-130.

[4] 张延吉，秦波，唐杰. 城市建成环境对居住安全感的影响——基于全国278个城市社区的实证分析[J]. 地理科学，2017，37（9）：1318-1325.

[5] 李琳，叶宇，陈泳. 融合数据支持与具身循证技术的街道步行安全感知研究——以上海市生活性街道为例[J]. 住宅科技，2024，44（4）：47-56.

[6] 徐磊青，江文津，陈筝. 公共空间安全感研究：以上海城市街景感知为例[J]. 风景园林，2018，25（7）：23-29.

[7] 方智果，王冉冉，刘聪，等. 基于多源数据的街道环境对个体安全感的影响研究[J]. 上海城市规划，2023，2（2）：109-115.

[8] 王若冰，梁思思. 基于使用后评估的城市生活性街道安全调查——以北京市新街口社区为例[J]. 住区，2018，（6）：81-87.

[9] 崔志华，罗启敏，杨舒婉. 城市生活性街道步行安全评价——以南京市部分街区为例[J]. 中国名城，2023，37（12）：72-78.

[10] 户钰洁，吕飞，魏晓芳. 基于女性安全审计工具的住区公共空间安全感实证研究[J]. 西部人居环境学刊，2023，38（6）：98-104

[11] 胡乃彦，王国斌. 城市住区街道空间犯罪防控的规划设计策略——基于CPTED理论和空间句法的思考[J]. 规划师，2015，31（1）：117-122.

[12] 王科奇，王嘉仪，孙小正. 减弱封闭住区被害恐惧感的设计策略研究[J]. 建筑与文化，2021，（12）：158-160.

[13] 苟爱萍，王江波. 基于SD法的街道空间活力评价研究[J]. 规划师，2011，27（10）：102-106.

[14] 李裕萱，何成. 空间感知视角下老旧社区街道空间更新探索——以长沙市广厦新村社区为例[J]. 住宅科技，2022，42（10）：7-12.

[15] 周扬，钱才云，魏子雄. 居住街区街道空间友好性评价研究——基于居民主观测度视角[J]. 南方建筑，2022，（4）：69-77.

[16] 陆伟，王思源，顾宗超. 需求与行为导向下的住区生活性街道研究[J]. 新建筑，2019，（4）：18-22.

[17] 冷红，邹纯玉，袁青. 主观感知的寒地城市住区冬季环境对老年人身心健康的影响——以体力活动为中介变量的实证检验[J]. 上海城市规划，2022，（1）：148-155.

[18] 周扬，钱才云. 友好边界：住区边界空间设计策略[J]. 规划师，2012，28（9）：40-43.

[19] G G B，H L M，Y K W，et al.. Safe to walk? Neighborhood safety and physical activity among public housing residents. [J]. PLoS medicine，2007，4（10）：1599-606; discussion 1607.

[20] slam S M，Serhiyenko V，Ivan N J，et al. Explaining Pedestrian Safety Experience at Urban and Suburban Street Crossings Considering Observed Conflicts and Pedestrian Counts [J]. Journal of Transportation Safety & Security，2014，6（4）：335-355.

[21] A J C，L N B，F J S，et al.. Sociodemographic moderators of relations of neighborhood safety to physical activity. [J]. Medicine and science in sports and exercise，2014，46（8）：1554-63.

[22] Irene E，A J C，L T C，et al.. Parental and Adolescent Perceptions of Neighborhood Safety Related to Adolescents' Physical Activity in Their Neighborhood [J]. Research quarterly for exercise and sport，2016，87（2）：191-9.

[23] Yunmi P，Max G . Pedestrian safety perception and urban street settings [J]. International Journal of Sustainable Transportation，2020，14（11）：860-871.

[24] Ryosuke S，F J S，L T C，et al.. Age differences in the relation of perceived neighborhood environment to walking. [J]. Medicine and science in sports and exercise，2009，41（2）：314-21.

[25] 曾尔力. 住区建成环境对居住安全感的影响研究[D]. 哈尔滨：哈尔滨工业大学，2022.

[26] 刘畅. 儿童安全视角下老旧小区户外空间改造策略研究[D]. 深圳：深圳大学，2021.

基于差异性需求的深圳长者服务点功能配置研究

藺佳 王墨晗 李晋琦 马航

作者单位
哈尔滨工业大学（深圳）

摘要： 长者服务点是深圳市社区养老设施的重要组成部分，日间可为社区中的老年人就近提供生活、保健康复、娱乐等服务。大部分长者服务点由社区旧的养老设施升级而来，由于建设规范不全面，导致目前升级改造过程中部分空间闲置。本文从老年人的差异性需求出发，比较深圳市商品房、城中村社区老年人对长者服务点功能配置的差异性需求，以需求为导向，对两类社区中的长者服务点的功能配置进行优化，为深圳市相关规范的完善提供参考，对深圳商品房社区和城中村社区的长者服务点建设或改造具有一定的实践意义。

关键词： 社区；长者服务点；差异性需求；功能配置

Abstract: Elderly service points are an important component of community elderly care facilities in Shenzhen. During the day, they can provide nearby services such as living, health and rehabilitation, and entertainment for the elderly in the community. Most elderly service points have been upgraded from old elderly care facilities in the community. Due to incomplete construction standards, some spaces are currently idle during the upgrading and renovation process. Starting from the differential needs of the elderly, this article compares the differential needs of elderly people in Shenzhen's commercial housing and urban village communities for the functional configuration of elderly service points. Guided by demand, the functional configuration of elderly service points in these two communities is optimized, providing reference for the improvement of relevant regulations in Shenzhen. It has certain practical significance for the construction or renovation of elderly service points in Shenzhen's commercial housing and urban village communities.

Keywords: Community;Elderly Service Point;Differentiated Need;Functional Configuration

1 引言

长者服务点是深圳市嵌入式养老服务网络中规模最小的设施，分布最广（图1），大部分长者服务点由社区旧的养老设施升级而来，由于建设规范不全面，导致目前升级改造过程中部分空间闲置。老年人在年龄、学历、健康状况、居住状态、经济条件、居住环境等方面存在差异，不同类型的老年群体会聚集在不同类型的社区中居住生活，进而导致两类社区中老年群体的养老服务需求存在差异性。城中村社区与商品房社区是深圳住房市场的重要组成部分，两类社区中长者服务点的功能配置无法满足老年人的实际养老需求。

国内外围绕老年人群的性别、年龄、学历、居住状况、健康状况、经济状况等因素或综合以上多种因素展开社区养老需求差异性研究。其中多种因素研究方面，国内外相关研究多为性别、年龄、健康状况、经济状况、国外关注城乡差异导致老年人需求差异，国内相关研究对老年人居住环境进行细化，关注到商品房社区、保障房社区等居住环境中老年群体的差异性需求。但目前研究多关注差异性与养老需求间的影响关系，缺乏将老年人差异性需求分析结果应用于养老设施功能配置优化层面的研究。

本文从老年人的差异性需求出发，比较深圳市商品房、城中村社区老年人对长者服务点功能配置的差异性需求，从功能组成、面积配比两方面进行深圳市商品房社区和城中村社区长者服务点功能配置研究，以需求为导向，对两类社区中的长者服务点的功能配置进行优化，为深圳市相关规范的完善提供参考，对深圳商品房社区和城中村社区的长者服务点建设或改造具有一定的实践意义（图1）。

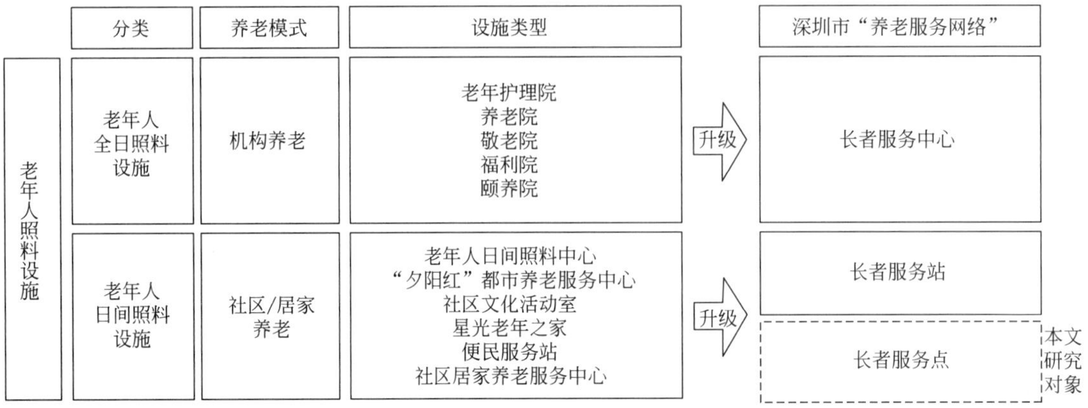

图1 深圳市养老服务设施类型
（来源：根据《深圳市养老设施专项规划（2011-2020）》改绘）

2 两类社区长者服务点功能配置现状分析

2.1 两类社区长者服务点空间使用情况

1. 研究对象选取

本文选取的6所长者服务点均由深圳市宝安区新安街道和航城街道的原有社区养老设施升级改造而来，建筑规模均在300平方米～500平方米之间，经营状态良好便于调研，运营时间在一年以上，每日有一定数量的老年人使用设施（表1）。研究对象选取原因：宝安区的商品房社区和城中村社区数量多且差异性特征明显，宝安区两类社区配置的长者服务点数量多、种类全、有代表性，新安街道和航城街道的老年人口数量急剧上升，养老需求迫切（图2）。

研究对象基本情况表　　表1

名称	所在辖区	建筑面积（平方米）	设施层数	建设方式	运营方式	所在社区类型
文汇长者服务点	宝安区新安街道	300	一层	与住宅邻建	公建民营	商品房社区
灵芝园长者服务点	宝安区新安街道	420	二层	与社区康复中心、住宅邻建	公建民营	商品房社区
洪浪长者服务点	宝安区新安街道	330	一层	与住宅邻建	民办	商品房社区
鹤洲新村长者服务点	宝安区航城街道	320	一层	与企业、公安局邻建	公建民营	城中村社区
黄麻布长者服务点	宝安区航城街道	320	一层	与社区康复中心邻建	公建民营	城中村社区
黄田长者服务点	宝安区航城街道	300	一层	与老年大学、妈祖庙合建	民办	城中村社区

2. 空间使用情况分析

笔者统计每个设施中老年人用房的空间使用情况，发现深圳市这6所长者服务点高频使用空间都包含多功能活动室/区、厕所，部分设施的休闲区使用频率也较高，另外棋牌室/区是城中村社区长者服务点的高频使用空间。对于此类空间，要适当调整其面积配比。

2.2 两类社区长者服务点功能配置现状分析

3所城中村社区长者服务点与3所商品房社区长者服务点提供的服务内容比较相似，都兼顾了生活、保健康复和娱乐服务，鹤洲新村长者服务点的功能用房种类相对齐全，其余的长者服务点功能用房配置种类较少（表2）。

(a) 文汇长者服务点　(b) 灵芝园长者服务点　(c) 洪浪长者服务点

(d) 鹤洲新村服务点入口　(e) 黄麻布长者服务点　(f) 黄田长者服务点

图 2　长者服务点现状图

6所长者服务点功能用房对比表　　表2

功能组成	设施名称	商品房社区			城中村社区		
		文汇长者服务点	灵芝园长者服务点	洪浪长者服务点	鹤洲新村长者服务点	黄麻布长者服务点	黄田长者服务点
生活用房	休息室（床位）✦ ✧	√	√	√	√		
	休闲区（座椅）	√	√	√	√	√	√
	餐厅 ✦ ✧			√	√		√
	厕所 ✧	√	√	√	√	√	√
	淋浴间 ✧		√	√			
	理发室 ✧						
保健康复用房	医疗保健室 ✧	√		√	√	√	√
	康复训练室 ✧		√				
	心理疏导室 ✧					√	
娱乐用房	多功能活动室 ✦ ✧	√	√	√	√	√	√
	阅览室 ✦ ✧		√	√	√	√	√
	书画室 ✧		√	√	√		
	手工室	√					
	网络室 ✧						
	演奏室/ktv室			√	√	√	
	棋牌室				√	√	
合计（种）		6	8	10	10	8	6

（注：✦ 代表深圳相关政策建议长者服务点应该配置的功能、✧代表国家相关政策建议日间照料中心应该配置的功能、√代表设施有该房间。）

2.3 长者服务点面积配比现状分析

本文调研的6所长者服务点中，有2所商品房社区文汇、洪浪社区长者服务点和2所城中村社区鹤洲新村、黄麻布长者服务点的面积配比均为：娱乐用房大于生活用房大于保健康复用房，商品房社区灵芝园长者服务点生活用房面积占比偏多。城中村社区黄田长者服务点生活用房面积偏多（图3）。

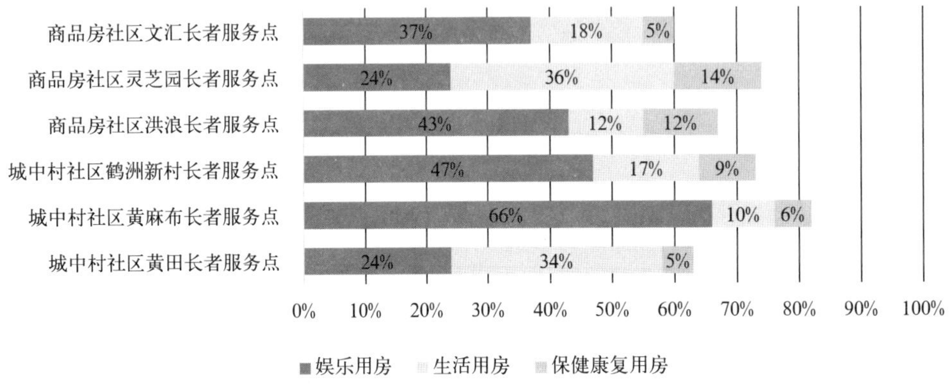

图 3 两类社区长者服务点面积配比情况

3 两类社区长者服务点功能配置需求分析

3.1 问卷发放与回收

调研分为测试问卷和正式调查两部分，测试问卷发放于工作日2023年4月20日，地点位于商品房社区文汇社区长者服务点和城中村社区鹤洲新村长者服务点，商品房社区有效问卷 34 份、城中村社区有效问卷 33 份，问卷有效率共计 92 %。正式调查的问卷分为六次发放，累计发放问卷 444 份，其中商品房社区有效问卷 195 份，问卷有效率为 91 %；城中村社区有效问卷 210 份，问卷有效率为 92 %。

3.2 功能组成需求问卷设计

功能组成需求问卷包含生活需求、保健康复需求、娱乐需求三部分。具体功能总结自国家《社区老年人日间照料中心服务基本要求》《深圳社区养老服务质量评价规范》以及深圳市长者服务点功能组成现状（图4）。首先，将《社区老年人日间照料中心服务基本要求》《深圳社区养老服务质量评价规范》中相似的服务内容进行合并，整理后可形成生活需求、保健康复需求、娱乐需求三大类。其中生活需求方面包含日间卧床休息、日间坐着休息、助餐、助浴、理发、上门照护、法律咨询、衣物洗涤共8项；在保健康复需求方面包含医疗保健、康复训练、健康检测、医疗协助、心理疏导共5项；在娱乐需求方面包含文化类、手工类、网络类、演奏类、运动类、棋牌类、课程类共7项。其次，经实地走访调研发现，深圳市长者服务点均不提供衣物洗涤服务，常开展亲子照料、节日庆祝活动，因此在功能组成需求问卷框架中删除生活需求中的衣物洗涤需求，在娱乐需求中补充亲子照料和节日庆祝需求（图4）。

3.3 两类社区长者服务点功能组成需求分析

商品房社区老年人对功能组成的需求程度由高至低为娱乐服务需求、保健康复服务需求、生活服务需求。城中村社区老年人对功能组成的需求程度由高至低为娱乐服务需求、保健康复服务需求、生活服务需求。

1. 基于社区类型的分组T检验

为进一步探究不同类型社区老年人对长者服务点功能组成需求的共性与差异性，将社区类型设为自变量，将生活服务需求、保健康复服务需求、娱乐服务需求中的日间卧床休息等21项需求设为因变量，通过统计分析软件 SPSS 分析其自变量和因变量的共性及差异性，讨论影响功能组成的需求因素。

对于功能组成的需求分析采用独立样本 T 检验分析，用于比较两组别之间的平均值差异，提供平均值差异的显著性检验结果。对于分析结果首先观察自变量和因变量之间是否存在显著差异（p值小于0.05

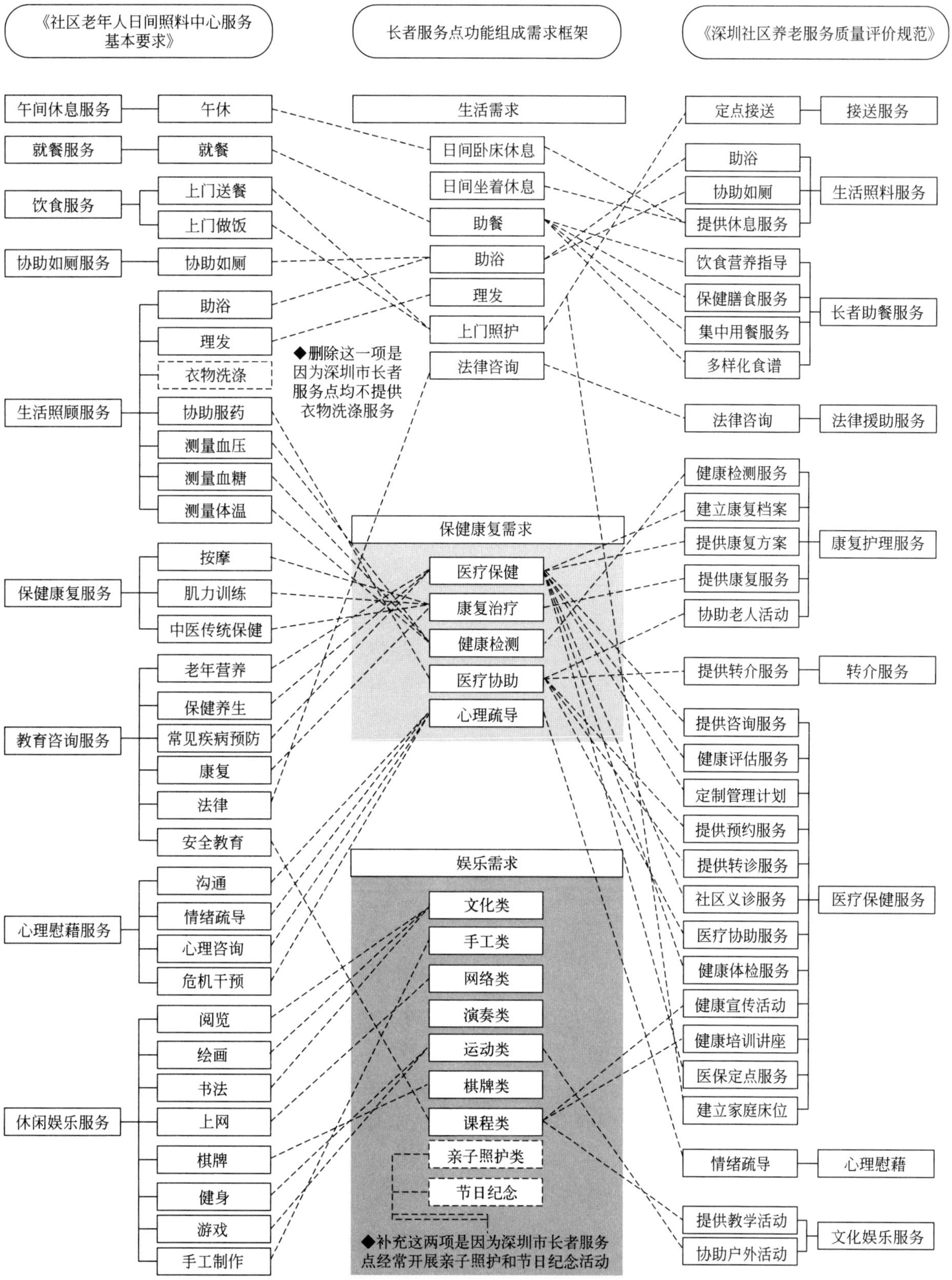

图4　功能组成需求调查框架

（来源：根据《社区老年人日间照料中心服务基本要求》《深圳社区养老服务质量评价规范》改绘）

或0.01）；其次，如果存在显著差异，可以通过比较平均值和t值来描述具体的差异。

（1）独立样本 T 检验计算方法

独立样本 T检验的数学计算公式如1和2所示。

$$t=\frac{\bar{x}_1-\bar{x}_2}{s_p\sqrt{\frac{1}{n_1}+\frac{1}{n_2}}} \quad (1)$$

式中 $\bar{x}_1$，$\bar{x}_2$——分别表示两个样本的均值

s_1，s_2——分别表示两个样本的标准差

n_1，n_2——分别表示两个样本个数

s_p——合并标准差

$$s_p=\sqrt{\frac{(n_1-1)s_1^2+(n_2-1)s_2^2}{n_1+n_2-2}} \quad (2)$$

（2）独立样本T检验计算结果

根据上式将自变量即社区类型和因变量即21项功能组成的需求之间的独立样本T检验结果整合至表3。社区类型的差异在日间卧床休息、助餐服务、助浴服务等9项呈现出显著性差异；日间坐着休息、理发服务、上门照护等12项不会表现出显著性差异。

商品房社区老年人对日间卧床休息、助餐服务、法律咨询、文化类、演奏类、运动类、亲子照护共7项的需求明显高于城中村社区老年人；而城中村老年人对助浴服务、棋牌类服务的需求明显高于商品房社区老年人。

2. 基于性别差异的分组T检验

通过统计分析软件 SPSS 分析商品房和城中村社区老年人的性别与功能组成需求之间的关系。依据

社区类型样本T检验整合表 表3

需求类别		社区（平均值±标准差）		*t*值	*p*值
		1（*n*=195）	2（*n*=210）		
生活服务	日间卧床休息	1.62±0.96	1.43±0.75	2.174	0.030*
	日间坐着休息	3.97±1.17	4.06±1.10	−0.782	0.435
	助餐服务	2.97±1.60	2.39±1.58	3.685	0.000**
	助浴服务	2.37±1.63	2.73±1.59	−2.248	0.025*
	理发服务	2.97±1.48	3.21±1.64	−1.579	0.115
	上门照护	2.29±1.49	2.14±1.15	1.123	0.262
	法律咨询	2.95±1.53	2.50±1.32	3.205	0.001**
保健康复服务	医疗保健服务	3.11±1.47	2.86±1.48	1.706	0.089
	康复训练服务	2.54±1.50	2.46±1.36	0.569	0.57
	健康检测	3.40±1.51	3.33±1.47	0.481	0.631
	医疗协助	2.25±1.32	2.43±1.30	−1.404	0.161
	心理疏导服务	2.46±1.40	2.53±1.31	−0.499	0.618
娱乐服务	文化类	3.58±1.35	2.99±1.36	4.443	0.000**
	手工类	3.63±1.40	3.44±1.32	1.39	0.165
	网络类	1.55±1.01	1.44±0.77	1.236	0.217
	演奏类	3.37±1.42	2.53±1.40	5.978	0.000**
	运动类	3.62±1.35	2.79±1.49	5.893	0.000**
	棋牌类	2.68±1.57	3.00±1.47	−2.132	0.034*
	课程类	2.83±1.46	2.66±1.30	1.262	0.208
	亲子照护	2.55±1.51	2.01±1.25	3.895	0.000**
	节日庆祝	3.74±1.37	3.93±1.18	−1.495	0.136

（注：*p<0.05 **p<0.01；1代表商品房社区，2代表城中村社区；需求等级为1～5，1代表非常不需要，5代表非常需要。）

老年人的性别可分为两组，因此使用独立样本T检验用于比较两组别之间的平均值差异。

将商品房社区老年人性别样本T检验结果整合至表4，老年人性别的差异对心理疏导服务、文化类、手工类、运动类、亲子照护类活动的需求程度产生了影响。其中，商品房社区中男性老人对于文化类、运动类活动的需求程度明显高于女性；商品房社区中女性老人对于心理疏导类、手工类、亲子照护类活动的需求程度明显高于男性。

将城中村社区老年人性别样本T检验结果整合至表5，城中村社区中老年人性别差异对健康检测、手工类、运动类、棋牌类、亲子照护类活动的需求程度产生了影响。其中，城中村社区中男性老年人对于运动类活动的需求程度明显高于女性；城中村社区中女性老年人对于健康检测、手工类、棋牌类、亲子照护类活动的需求程度明显高于男性。

商品房社区性别样本T检验结果整合表　　表4

需求类别		性别（平均值±标准差）		t值	p值
		1（n=66）	2（n=129）		
生活服务	日间卧床休息	1.82±1.20	1.51±0.79	1.875	0.064
	日间坐着休息	3.95±1.16	3.98±1.18	−0.125	0.9
	助餐服务	2.91±1.66	3.00±1.58	−0.374	0.709
	助浴服务	2.36±1.59	2.37±1.65	−0.034	0.973
	理发服务	3.09±1.45	2.91±1.50	0.82	0.413
	上门照护	2.32±1.50	2.28±1.49	0.173	0.863
	法律咨询	3.05±1.47	2.91±1.56	0.598	0.55
保健康复服务	医疗保健服务	3.00±1.58	3.16±1.42	−0.73	0.467
	康复训练服务	2.45±1.51	2.58±1.50	−0.557	0.578
	健康检测	3.23±1.45	3.49±1.54	−1.143	0.255
	医疗协助	2.59±1.48	2.26±1.32	1.611	0.109
	心理疏导服务	2.21±1.31	2.95±1.44	−3.635	0.000**
娱乐服务	文化类	4.05±1.03	3.35±1.43	3.894	0.000**
	手工类	3.28±1.37	4.32±1.19	−5.464	0.000**
	网络类	1.55±1.08	1.56±0.98	−0.083	0.934
	演奏类	3.59±1.35	3.26±1.45	1.561	0.12
	运动类	4.32±1.07	3.26±1.34	6.018	0.000**
	棋牌类	2.55±1.51	2.74±1.61	−0.834	0.406
	课程类	2.95±1.53	2.77±1.42	0.848	0.397
	亲子照护	1.95±1.27	2.84±1.62	−4.172	0.000**
	节日庆祝	3.77±1.55	3.72±1.27	0.235	0.815

（注：$*p<0.05$ $**p<0.01$；1代表男性，2代表女性；需求等级为1～5，1代表非常不需要，5代表非常需要。）

城中村社区性别样本T检验结果整合表 **表5**

需求类别		性别（平均值±标准差）		t值	p值
		1（n=75）	2（n=135）		
生活服务	日间卧床休息	1.44±0.70	1.47±0.81	-0.24	0.811
	日间坐着休息	4.16±1.01	4.09±1.05	0.475	0.635
	助餐服务	2.68±1.53	2.31±1.64	1.603	0.111
	助浴服务	2.80±1.56	2.69±1.61	0.485	0.628
	理发服务	3.24±1.69	3.20±1.62	0.169	0.866
	上门照护	2.08±1.24	2.27±1.17	-1.087	0.278
	法律咨询	2.64±1.50	2.51±1.25	0.632	0.529
保健康复服务	医疗保健服务	2.92±1.71	2.91±1.35	0.039	0.969
	康复训练服务	2.76±1.51	2.53±1.33	1.125	0.262
	健康检测	2.89±1.36	3.96±1.55	-5.208	0.000**
	医疗协助	2.48±1.64	2.42±1.11	0.273	0.786
	心理疏导服务	2.36±1.36	2.64±1.31	-1.489	0.138
娱乐服务	文化类	3.08±1.39	2.91±1.35	0.858	0.392
	手工类	2.84±1.33	3.80±1.11	-5.591	0.000**
	网络类	1.52±0.91	1.40±0.68	1	0.319
	演奏类	2.68±1.30	2.47±1.44	1.063	0.289
	运动类	3.72±1.29	2.31±1.40	7.181	0.000**
	棋牌类	2.44±1.59	3.31±1.30	-4.055	0.000**
	课程类	2.52±1.56	2.82±1.15	-1.47	0.144
	亲子照护	1.68±1.09	2.29±1.44	-3.437	0.001**
	节日庆祝	4.12±1.11	3.91±1.14	1.285	0.2

（注：$^*p<0.05$ $^{**}p<0.01$；1代表男性，2代表女性；需求等级为1～5，1代表非常不需要，5代表非常需要。）

两类社区中男性老年人均对运动服务需求大于女性，而女性对手工类、亲子照护活动的需求均大于男性。商品房社区男性老年人对文化类活动的需求大于女性，女性对于心理疏导需求大于男性。商品房社区中老年人更易于接受理解文化服务，女性更侧重形而上情感的交流与沟通，男性更多于个体性活动。城中村社区中女性老年人对于健康检测、棋牌类需求大于男性。

3.4 两类社区长者服务点面积配比需求分析

1. 商品房社区长者服务点面积配比需求分析

商品房社区设施的部分功能用房的面积配比与老年人实际需求不符，导致一些空间面积供不应求，一些空间闲置、使用率较低，经调查发现商品房社区老年人对长者服务点面积配比现状的需求和设施空间闲置情况如表6所示：

商品房社区面积配比需求及空间闲置情况　表6

设施	需求结果统计	空间闲置情况
文汇长者服务点	多功能活动室在跳舞时面积小	手工室、休息室闲置
灵芝园长者服务点	多功能活动室在舞蹈时面积小、多功能活动室面积小、多功能活动室在演奏时面积小	休息室闲置
洪浪长者服务点	多功能活动室在跳舞时面积小、书画室面积小	KTV室闲置；阅览室、书画室、理疗室使用率低

3个社区的老年人普遍认为在开展部分活动时，如舞蹈、演奏等，多功能活动室的面积不够。3所设施多功能活动室的面积配比分别为31.3%、16.6%、33.1%，其中灵芝园长者服务点多功能活动室的面积占比最少，洪浪长者服务点的书画室面积占比为2.6%，有老年人觉得面积偏小。

2.城中村社区长者服务点面积配比需求分析

城中村社区的设施中也存在功能用房的面积配比与老年人实际需求不符的情况，情况如表7所示：

城中村社区面积配比需求及空间闲置情况　表7

设施	需求结果统计	空间闲置情况
鹤洲新村长者服务点	多功能活动室在跳舞时面积小	餐厅、KTV室闲置；书画室使用率低
黄麻布长者服务点	多功能活动室在书画活动时面积小、棋牌室大	理疗室闲置
黄田长者服务点	医疗保健区面积小	餐厅闲置

鹤洲新村和黄麻布长者服务点在开展舞蹈、书画等活动时，多功能活动室的面积不够用，2 所设施多功能活动室的面积配比分别为33.4%、55%，其中黄麻布长者服务点多功能活动室的面积占比虽大，但室内家具位置固定，导致书画活动时桌椅摆放空间不足。另外黄麻布长者服务点棋牌室的面积为35平方米，老年人认为面积偏大。黄田社区长者服务点的老年人认为医疗保健区面积较小。

4　深圳市两类社区长者服务点功能配置的优化策略

4.1　共性问题

1.功能组成共性问题

通过对深圳市宝安区社区6所长者服务点的调研发现，两类社区老年人的需求与功能组成均存在不匹配的现象，本文调研的两类社区长者服务点均由旧设施升级改造而来，两类社区老年人对长者服务点功能的需求排序：娱乐服务、保健康复服务、生活服务。

2. 面积配比共性问题

6所长者服务点中不同规模不同类型的功能空间存在明显的使用效率差异。其中一部分空间使用效率不合理是与空间设计相关，例如两类社区长者服务点常开展特约活动，由于活动人数较多，因此常在多功能活动室中开展，就会导致过度饱和的现象，目前两类社区长者服务点多功能活动室的面积大小难以满足运动、跳舞、演奏、手工等活动的空间需求。医疗保健类用房由于缺少专业人员及设备或需要收费使用，较少有人使用。

4.2　差异性问题

1. 功能组成差异性问题

商品房社区老年人普遍具有自理能力，对于生活照料的需求并不强烈，但是商品房社区长者服务点中生活、保健康复、娱乐用房及服务的配置相对均衡，未充分考虑老年人对娱乐功能的强烈需求，尤其是对节日庆祝类、运动类、手工类、文化类、演奏类活动的需求。城中村社区老年人对于养老服务需求低于商品房社区，对娱乐服务的需求最大，但是城中村社区长者服务点中生活、保健康复、娱乐用房及服务的配置较差，尤其对休闲、休息、棋牌、健康检测等需求考虑不足。

2. 面积配比差异性问题

商品房社区长者服务点阅览区、书画区、手工室、休息室、康复训练室、理疗室等空间使用频率不高甚至闲置。城中村社区长者服务点休闲区和棋牌室使用频率较高，阅览区、书画区、KTV室休息室、康复训练室、理疗室、餐厅等空间使用频率不高甚至闲置。

4.3　灵芝园长者服务点功能配置优化策略

以商品房社区灵芝园长者服务点为例，从功能组成、面积配比、空间布局等方面提出长者服务点功能配置优化策略。

1. 功能组成优化策略

基于以上老年人需求分析，结合灵芝园长者服务点功能组成现状，参考国家《社区老年人日间照料中心建设标准》中对功能组成的配置建议，本文提出以下优化策略：在生活服务用房方面维持设施现状；在保健康复用房方面，增设心理疏导室、理疗室、医疗保健室；在娱乐用房方面，增设多功能活动室。其中休息室可与理疗室合并设置、医疗保健室可与心理疏导室合并设置、康复训练室与运动室合并设置（表8）。

灵芝园长者服务点功能用房更新建议　表8

类型	功能用房现状	国标建议	老年人需求	功能用房更新建议
生活用房	1.休息室 2.休闲区 3.厕所（沐浴间）	1.休息室 2.餐厅（含厨房） 3.厕所 4.淋浴间（含理发室）	1.休闲	维持现状
保健康复用房	1.康复训练室	1.康复训练室 2.医疗保健室（含评估室） 3.心理疏导室	1.康复训练 2.医疗保健 3.心理疏导	增设： 1.心理疏导室 2.理疗室 3.医疗保健室
娱乐用房	1.书画区 2.阅览区 3.多功能活动区	1.多功能活动室 2.阅览室 3.书画室 4.网络室 5.棋牌室 6.健身室	1.合唱 2.演奏 3.舞蹈	增设： 1.多功能活动室

2. 面积配比优化策略

在对灵芝园社区老年人的需求进行调研时，老年人普遍反映娱乐休闲场所不足，而且功能太过单一，多功能活动区面积不足，导致老年人难以开展跳舞、演奏等活动。本文建议灵芝园长者服务点减少休息室面积、增加娱乐用房面积，尤其是增加多功能活动区的面积。

大部分老年人居住在长者服务点附近，在长者服务点中卧床休息的需求较小。在保健康复用房方面，灵芝园长者服务点与社区康复中心的距离较近，社区康复中心在医疗服务上具有更强的专业性，可以提供更多样化的医疗服务，所以在服务点无需配置过多保健康复用房，可增设心理疏导室。对于娱乐用房而言，娱乐用房面积占比不足25%，可增加面积，尤其是多功能活动空间，以满足老年人多样的娱乐活动需求（表9）。

深圳市两类社区长者服务点面积配比调整建议　表9

现状				面积优化建议
功能组成	功能用房	面积（平方米）	占比（%）	
生活用房	休息室（床位）	126.63	30.2	减少
	休闲区（座椅）	32	7.6	增加
	厕所	18.02	4.3	不变
	淋浴间	4.66	1.1	不变
保健康复用房	医疗保健室	—	—	增加
	康复训练室	58.65	14.0	减少
	心理疏导室	—	—	增加
娱乐用房	多功能活动室	69.88	16.6	增加
	阅览室	32	7.6	增加
	书画室	与休闲区合并设置		增加
	运动室	—	—	增加
辅助用房	办公、储藏、交通空间等	110.16	26.2	不变
	合计	420	100	

5 结论

针对深圳市商品房社区和城中村社区长者服务点功能配置的建设无法与两类社区老年人群差异化养老需求相适应的突出矛盾，以及设施建设政策法规研究滞后于老龄人口发展的现实困境。本文的研究重点从深圳市两类社区老年人差异性需求视角出发，在对政策法规和文献总结的基础上，从长者服务点功能组成、面积配比两个层面剖析现状问题，结合实际案例提出深圳市两类社区长者服务点的优化策略。

参考文献

[1] 赵函. 国务院办公厅印发《“十三五”国家老龄事业发展和养老体系建设规划》[J]. 中国民政，2017（21）：35.

[2] 民政部印发《关于进一步扩大养老服务供给 促进养老服务消费的实施意见》_部门政务_中国政府网[EB/OL]. [2022-09-18]. http：//www. gov. cn/xinwen/2019-09/23/content_5432456. htm.

[3] 中国民政编辑部. “十四五”养老新图景如何落笔——《“十四五”国家老龄事业发展和养老服务体系规划》印发[J]. 中国民政，2022（5）：28.

[4] JAUMOT N，MONTEAGUDO M J，KLEIBER D A，et al.. Gender Differences in Meaningful Leisure Following Major Later Life Events[J]. Journal of Leisure Research，2016，48（1）：83-103.

[5] 李向锋，李晓明. 性别差异下的老年宜居环境营造：学理基础、研究现状与展望[J]. 建筑学报，2021（2）：28-34.

[6] BATEMAN H，WU S，THORP S，et al.. Flexible insurance for informal long-term care：A study of stated preferences[J]. SSRN Electronic Journal，2021：2-6.

[7] 郝晓宁，马骋宇，张山，等. 基于年龄差异的智慧健康养老服务需求与认知现状研究[J]. 中国农村卫生事业管理，2023，43（7）：468-473.

[8] VLACHANTONI A. Unmet need for social care among older people[J]. Ageing and Society，2019，39（4）：657-684.

[9] 李斌，王依明，李雪，等. 城市社区养老服务需求及其影响因素[J]. 建筑学报，2016（S1）：90-94.

[10] FOSTER L，TOMLINSON M，Walker A. Older people and Social Quality - what difference does income make?[J]. Ageing and Society，2019，39（11）：2351-2376.

[11] 周怡，符娟林，赵春容. 社区日间照料服务需求及其影响因素研究[J]. 现代城市研究，2022（6）：127-132.

[12] LEE J. Urban-rural differences in intention to age in place while receiving home care services：Findings from the National Survey of Older Koreans[J]. Archives of Gerontology and Geriatrics，2022，101：104690.

[13] 梁琼月，袁妙彧. 分层视角下老年人对养老机构医疗条件的需求——基于武汉市12个城市社区调查[J]. 湖北经济学院学报，2018，16（5）：82-88.

[14] 朱小雷. 保障房社区养老生活需求影响因素及其分层特征：以广州为例[J]. 建筑学报，2017（S2）：118-123.

[15] 深圳市养老设施专项规划（2011-2020）专项规划[EB/OL]. [2022-09-22]. http：//www. sz. gov. cn/cn/xxgk/zfxxgj/ghjh/csgh/zxgh/content/post_1317084. html.

环境行为学视角下重庆住区底层架空空间研究
——以金都香榭为例

张轩慈

作者单位
重庆大学

摘要：在城市集约型发展、住区高密度建设的背景下，底层架空空间成为现代居住建筑的重要组成部分，它可以承载居民的各类行为，满足居民的心理需求。然而现在的底层架空空间却出现了空间利用率低等一系列问题。本研究基于环境行为学理论，选取重庆金都香榭小区作为研究场所，采用行为地图等方法对底层架空空间进行分析，并针对其使用问题，遵循“以人为本”的原则，提出优化底层架空空间的策略与建议，以期为底层架空的设计提供参考。

关键词：住区；架空空间；底层架空；环境行为学

Abstract: In the context of intensive urban development and high-density construction of residential areas, the overhead space on the ground floor has become an important part of modern residential buildings, which can carry various behaviors of residents and meet their psychological needs. However, there are a series of problems such as low space utilization in the overhead space on the ground floor. Based on the theory of environmental behavior, this study selected Chongqing Jindu Champs Community as the research site, used behavior map and other methods to analyze the overhead space on the ground floor, and put forward strategies and suggestions for optimizing the overhead space on the ground floor according to the principle of “people-oriented” for its use, in order to provide reference for the design of the overhead space on the ground floor.

Keywords: Settlements; Overhead Space; The Bottom Overhead; Environmental Behavior

1 研究概述

改革开放以来我国的城市倾向于集约性建设，建设需求大、城市土地资源紧缺。为追求经济利益最大化，高层住宅在这样的社会环境下大量建设，虽然有效解决了一定的居住需求，但随之而来的是居住质量有所降低。近年来，国家高度重视人居环境的改善，要求提高居住区的空间品质。为提高住宅的品质，各开发商着力于提升打造居住区的室外公共空间，增加其吸引力及宜居性，满足居民的精神需求。底层架空形式的引入为提升居住品质以及丰富居住环境做出了突出贡献。

底层架空的形式在古今中外的住宅中都有迹可循，现代主义建筑大师柯布西耶在《走向新建筑》中提出“新建筑五点”，其中一点便是“底层架空”，萨伏伊别墅、马赛公寓都是这一理论的经典作品。柯布西耶在《明日的城市》中提出的高层住宅也都是将建筑底层全部架空，用来解决交通与停车的问题。

从中国建筑的发展史来看，底层架空也不是新设计手法，早在旧石器时代就出现了巢居建筑，这可以说是我国架空层的原型，后逐渐在我国南部地区发展，在不同地区的传统民居中普遍运用，且架空形式根据各地不同的地形地貌和气候发展出相应的调整，比如竹楼、吊脚楼、高脚楼等，较好地适应了当地环境。

20世纪70年代，我国现代住宅还未见底层架空的形式；80年代还是极少量的出现，而到了90年代，城镇化建设的迅速发展催生了大量住宅，底层架空的形式也逐渐受到重视；到了21世纪初，人们对生活品质的进一步追求，这时的住宅不再一味追求建筑高度，而是开始注重居住环境和公共空间，住宅中的架空层便开始常见起来；住宅发展至今，底层架空的设计已经较为成熟，功能丰富、环境怡人，并逐步与城市设计结合起来，为人的活动营造了宜人舒适的公共城市环境。

2　环境行为学与住宅底层架空

2.1　环境行为学理论

环境行为学理论讨论的重点在于人的心理、行为活动、物质空间环境三者之间的影响关系。人-行为-物质空间环境三者之间相互作用，相互影响促进。因此，环境行为关系理论可以应用于对人群行为特征与空间关系的研究中，通过研究人在城市、建筑或环境中的行为活动及反应，应用心理学的观点研究环境空间对人的影响，将环境行为学理论应用于城市建筑或空间设计中来改善人们的生活环境，进而促进人的户外交往、满足人的心理需求。

2.2　住宅底层架空的发展

重庆位于中国内陆西南部，被长江、嘉陵江两江环抱，是典型的山地地貌，同时具有复杂的地形条件和湿热的气候条件，吊脚楼的建筑形式是重庆的建筑所独有的语言符号，这种底层架空的布局方式一直发展延续至今，然而，虽然有传统吊脚楼的文化基础，但是随着不断加快的城市化进程，短时间内大规模的建设的现代化住宅因追求高密度、高容积率，而忽视了对使用者心理需求的关注。已建成的住宅中底层架空的设计较为粗糙，空间品质不高，并且底层架空的设计没有很好的平衡西方的设计理念和重庆本地的传统特征。近年来，建筑师越来越关注对底层架空空间的设计，高品质的公共空间提升了住宅的品质，丰富了城市环境，传统民居逐渐与现代住宅建筑建设相融合形成了一种更适宜重庆本地的底层架空空间。

2.3　环境行为学在底层架空设计中的应用

本文将基于环境行为学，探讨居民行为与底层架空空间的内在联系。选取适宜的研究场所，对居民的使用问题进行归类分析，并针对问题提供对策。缓解架空空间功能单一、景观设计差、空间界面单调、空间利用率低、空间尺度不合适、后期维修保护缺失等一系列架空空间设计不足所带来的问题。为改善架空层使用环境，促进形成开放共享的社区公共空间提供设计参考。

3　案例调研

3.1　社区简介

金都香榭社区位于重庆市九龙坡区杨家坪街道，东临天宝路，北临直港大道。小区建于2002年，占地区域 32000平方米。建筑区域 100000平方米，容积率 3.18。小区共有楼栋数7栋，均为高层，其中五栋板楼，两栋塔楼。小区绿化较好，绿化率达40%。

3.2　底层架空现状

1. 位置布局

1#1单元、1#2单元、2#1单元和2#2单元是局部架空，4#2单元、5#和6#是全架空，5#和6#形成了小中庭。

2. 空间形态

底层架空空间形态如图1所示。

楼栋			4#
住宅建筑形态			独栋板式
架空层选址			小区西南角
架空层设计要素	空间设计要素	结构形式	框架一剪力墙
		架空形式	全架空，三面开敞
		层高	约5m
	界面设计要素	顶界面	白色水泥抹灰
		底界面	抛光大理石贴面
		侧界面	砖贴面
		其他	通风较好，采光较差
架空层内部空间环境	景观		无绿化引入
	小品设施		设置集中垃圾桶、乒乓球桌
架空层外部空间环境	植被		两侧有绿化
	中庭		无中庭
	可达性		仅有一个主入口，直接衔接小区主要道路
	铺装		与小区主要铺地不同
架空层使用情况	休闲休憩		闲坐聊天
	健身活动		锻炼(乒乓球、跳绳)
	公共交往		儿童玩耍

楼栋			1#、2#
住宅建筑形态			联排板式
架空层选址			小区四周
架空层设计要素	空间设计要素	结构形式	框架一剪力墙
		架空形式	全架空，三面开敞
		层高	约5m
	界面设计要素	顶界面	白色水泥抹灰
		底界面	硬质水泥板
		侧界面	文化石贴面
		其他	通风较好，采光较好
架空层内部空间环境	景观		无绿化引入
	小品设施		设置集中垃圾桶、座椅、吊灯
架空层外部空间环境	植被		两侧有绿化
	中庭		无中庭
	可达性		每栋楼仅有一个主入口，直接衔接小区主要道路
	铺装		与小区主要道路铺装相同
架空层使用情况	休闲休憩		闲坐聊天
	健身活动		锻炼(跳绳)
	公共交往		儿童玩耍

楼栋			5#、6#
住宅建筑形态			独栋塔式
架空层选址			小区中心
架空层设计要素	空间设计要素	结构形式	框架一剪力墙
		架空形式	全架空，四面开敞
		层高	约5m
	界面设计要素	顶界面	白色水泥抹灰
		底界面	硬质水泥板、抛光大理石贴面，通过材质的区分进行空间的限定和引导。
		侧界面	文化石贴面.
		其他	通风较好，采光较差
架空层内部空间环境	景观		天井有绿化引入、周边和外部植被紧密连接
	小品设施		设置集中垃圾桶、应椅、吊灯、健身设施、棋牌桌、球桌等
架空层外部空间环境	植被		沿塔楼一圈有绿化
	中庭		5#和6#之间有一个过渡平台共同形成中庭
	可达性		每栋楼有两个主入口直接衔接小区主要道路，一个次入口与景观衔接。
	铺装		过渡空间使用砖铺地
架空层使用情况	休闲休憩		闲坐聊天、带小孩、等人、取快递
	健身活动		锻炼(羽毛球、乒乓球、跳绳、器材、跳舞)
	公共交往		玩耍、棋牌

图1　底层架空空间形态

3. 总结

使用人群总结：在性别比例上，男性略多于女性；在年龄分布上，最多的是老人，其次是儿童，再次是中年人，最次是年轻人。

人群活动总结：从内容分类上来说，人群进行公共交流活动的频率最大，例如下棋、打牌和闲聊；选择健身活动的次之，例如打乒乓球、打羽毛球、跳绳、使用健身器械；进行儿童亲子活动的最少，例如带孩子玩耍、追逐打闹等。从活动时间上来说，人流量最高的是晚上19：00～22：00，其次是早上7：00～9：00，再次是下午13：00～16：00，最后是其余时间。

4 环境行为学视角下底层架空使用问题分析

环境心理学把人对空间环境的意象称为“认知地图”。认知要素越强烈，居民更容易生成认知地图。认知地图主要用于研究行为与空间的关系，通过对空间中人的行为或特定类型的活动进行编码并展示在空间地图上展现人的行为变化。本研究根据实地采集到的具体的居民行为，对活动方式做进一步切分，采用认知地图法借助平面规划图对底层中居民行为进行系统地观察、统计。以此分析空间特性与居民行为的关联性。

考虑到5#、6#建筑位于小区中部，人流量较大且形成一个共有的公共活动区（图2）。本文选取其底层架空空间作为主要分析研究的对象。

4.1 针对居民行为类型的观察

丹麦建筑师扬·盖尔在其经典著作《交往与空间》中将人在公共空间内的活动划分为三种：一是必要性活动、二是自发性活动、三则是社会性活动。根据杨盖尔的行为类型理论，将居民行为类型进行划分：必要行为——穿行、坐着、站着、取快递；自发行为——使用健身器材、跳绳、带孩子；社会行为——聊天、羽毛球、乒乓球、下棋、打牌、追逐。

使用该架空空间的人，必要行为量占总行动量的最多，社会行为量次之，自发行为量则最少；其中，动态活动占比较高，静态活动占比较低；社会行为活动较高，个人行为活动较低。

结合金都香榭行为类型统计表与行为地图分析，当电梯厅位于架空层中相对内部空间时，电梯厅前的架空空间成为回家动线上的缓冲空间，所以，时常可以观察到返回家中的居民以及正在站立或静坐等人的居民。观察金都香榭架空层空间条件的发现，架空空间开敞，利于人群聚集，但提供居民社会交往活动的空间功能性较弱，因此居民常自备桌椅或利用搬家多余丢弃的桌椅进行社会交往活动。同时，由于空间相对开放，穿行人群较多，户外儿童集体活动经常进入架空层中。

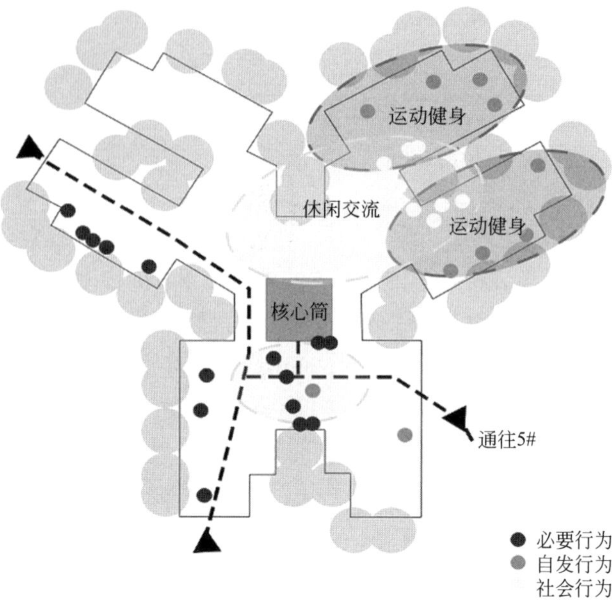

图2 6#底层架空空间行为地图

4.2 架空空间使用存在问题

在环境行为学理论中，行为模式是可观察到的现象，是有动机、有目标、有特点的日常活动结构、内容以及有规律的行为系列。例如：最短寻路原则、私密性、个人空间与领域、趋光性、依靠性、避热畏寒倾向等。行为模式表现了人们的行动特点和行为逻辑，有助于理解人和周围环境是如何互动的。

本研究针对观察到的居民在架空空间中具体行为活动，结合认知地图分析结果，对使用空间时产生的问题进行归类分析。

1. 必要行为相关使用问题

① 穿行

穿行回家可以说是居民最基础性的要求，但是架空层有一些不合理的高差设计，对居民行为造成了安全隐患；虽然架空层较为通透，但是进入架空层的出入口设置有不合理，还有部分路径规划不合理，增加绕行带来了交通不便，居民在通行过程中会下意识寻求最短路径，例如在6#架空层可穿行性较强的情况下，依据“抄近路原则”从大门回家的居民想要经过最短路径回到5#，必须要经过6#的架空层。

② 停留

当居民需要等待同伴、老年人需要休息、家长需要看护儿童时，就会站立或坐下的驻留在空间中。观察表明，当居民处于暂时停留的状态时，符合依靠性的行为模式，居民的行为区域有边缘化、靠近绿植、靠近立柱等倾向。

2. 必要行为相关使用问题

① 居民行为相互干扰

根据领域性、私密性与个人空间对行为干扰的理论，架空空间在设计时没有考虑多人使用的场景，因此居民在使用架空空间中的某一个部分时会产生私密性、领域性需求，当有其他人闯入时会使居民产生心理上的不适。例儿童追逐活动常常范围较大，会和回家或在进行棋牌、锻炼的居民相冲突。

② 对采光需求考虑不足

人的行为活动是具有“趋光性”的，对光的需求既有对自然光源的需求，也有对人工光源的需求。底层架空周围有很多景观植物，因此架空层的采光环境对人工光源有一定程度的依赖。光源是否充足对居民的活动意愿也有重要影响，光线是否充足也可能会对行为的触发产生影响。在没有人工照明的区域，白天自然采光充足时足够明亮，会有棋牌类活动发生，而夜晚无自然采光则无人踏足；在有人工照明的区域，在自然采光充足的情况下比无人工照明的区域稍显昏暗，活动的人较少，而在晚上没有自然采光时，有人工照明的区域则是主要的活动空间。

③ 对气候需求考虑不足

人的避热畏寒行为会对空间耐候性产生影响。因为底层架空空间是全架空，所以气候变化对居民活动影响较大。阴天、雨天居民的活动频率低于晴天；夏季、冬季居民的活动频率低于春秋季；夏季居民的活动时间通常会选择较为凉爽的早晚，而冬季居民活动的时间则会选择气温较高的下午。

④ 居民对空间的异用

吉布森把“环境中存在的、所有潜在的功用可能性”称为环境的“提供”。当人发现一些空间或设施的“功用可能性”，在某种需求需要满足时，就可能在这一空间触发某种行为。居民在使用架空层所的过程中，时常出现对空间设施使用方式与设计目的不相符合的情况。例如运动健身时居民会在一旁的休息座椅上放置衣物、随身物品等。儿童玩耍时则往往会占用健身器械当做玩具进行攀爬。

3. 社会行为相关使用问题

不同年龄段的人进行社会交往活动需要不同的场景，现在的架空层活动场景较为单一。空间尺度不大且有较多分隔，不利于多人的集体活动。

5　基于环境行为学的底层架空设计策略

应用环境行为学的研究方法对居住建筑底层架空空间中居民的行为进行观察分析并总结，结合居民主观感受与真实需求，包括使用功能需求和心理需求，强化公共意向，提出相应的评价体系和原则，而后反馈到居住建筑底层架空空间的设计改造中去，使居民的公共活动与社会交往更加活跃。

5.1　设计改造原则

基于环境行为学理论，设计需遵循当地架空空间的规划管理条例及相关设计规范；坚持“以人为本”的核心理念，注重人性化设计；因地制宜，结合利用场地的自然地理条件；追求空间功能的复合多样性，强调活动的包容性、灵活性和随机性。

5.2　改造策略

1. 空间总体布局

方案布局意在为居民提供复合多样、内容丰富、美观实用的架空空间。居民对于该底层架空空间的使用需求主要以休闲交流、儿童活动和运动健身为主，所以空间功能区主要从这三个方面进行考虑。但考虑到健身区和儿童活动区为公共活动区域，容易影响人们的聊天和棋牌，所以利用入户缓冲区进行功能区分隔，一“静”一“动”互不干扰，从而达到空间的整体协调性（图3a）。

2. 划分结构功能

人在架空空间的活动类别多，时间多，人群多，活动特点也各不相同，融合不同的空间功能的设计，可以促进人们的使用。细化活动场景，用虚实结合的手法来强化空间边界，通过座椅、空间高差、雕塑、小品，甚至是闲坐或穿行的人群，为开放空间提供一种围合感以及同交通相分离的领域感。例如，回家是主要的交通动线，则不应被两侧的功能空间打扰。还可以提前界定好空间的使用场景，过于零碎或者过于开敞的空间不利于使用，尺度适宜使空间可以吸引容纳更多使用者（图3b）。

3. 优化界面装修设计

根据“格式塔”心理学，运用好界面构图中的相似性原则、连续性原则、完形原则等形成适宜的韵律与节奏与虚实变化给空间带来奇妙的光影变化。底层架空空间的顶面适当美化有管线的位置应尽量隐蔽管线；侧界面增加围合形式变化，不仅要用灌木、花坛围合，还可引入一些栏杆、溪流等，内部立柱、片墙也可以用图案进行装饰；底界面不仅可以通过高差对空间内区域的划分、还可以结合底面铺地材质变化，铺装还承载着引导作用，通过对铺装形式的变化提示人们空间的不同，但是铺装变化不宜过繁复，不然会使人觉得杂乱而分不清方向。例如可以在儿童活动区和健身区增设弹性铺地。冷暖色调也可以对空间进行暗示，尽量避免对居民产生消极的心理暗示（图3c）。

4. 光环境改善

考虑居民行为具有趋光性，照明优化应从自然光源和人工光源两方面入手。架空空间设计在条件允许的情况下优先采用自然光源进行照明设计，天井处种植减少树冠较大，枝干较高的植物以减少对自然光的遮挡。人工光源应增强现有照明亮度，增加其他区域照明（图3d）。

5. 完善配套设施及小品

良好的空间设施布置是引发交往行为的催化剂。空间中的坐憩设施、卫生设施、照明设施、活动设施、无障碍设施都应充分考虑场地情况合理配置。小品设施的品质要做到材料合理，功能完善，结合空间周围环境的位置、组合形式、朝向等因素的考虑，注重使用者的实际体验，例如居民选择木质桌椅或自带坐垫的概率远大于石桌椅，因此在更换桌椅时可优先考虑复合木材。健身器械应设置不易损坏的固定器械，避免居民私自挪动。最后还要尽可能做好防滑处理，做好无障碍设计和安全扶手等设施（图3e）。

6. 景观

底层架空内部可适当减少绿化植物种植，在内部种植的景观绿化在后期管理时比较不便，给后期物业管理带来麻烦，夏季时，低矮灌木的种植，会招致许多蚊虫，降低空间品质。因此在架空空间周边种植景观绿植即可，还应尽量避免种植大型的乔木，对架空空间内部通风采光造成干扰（图3f）。

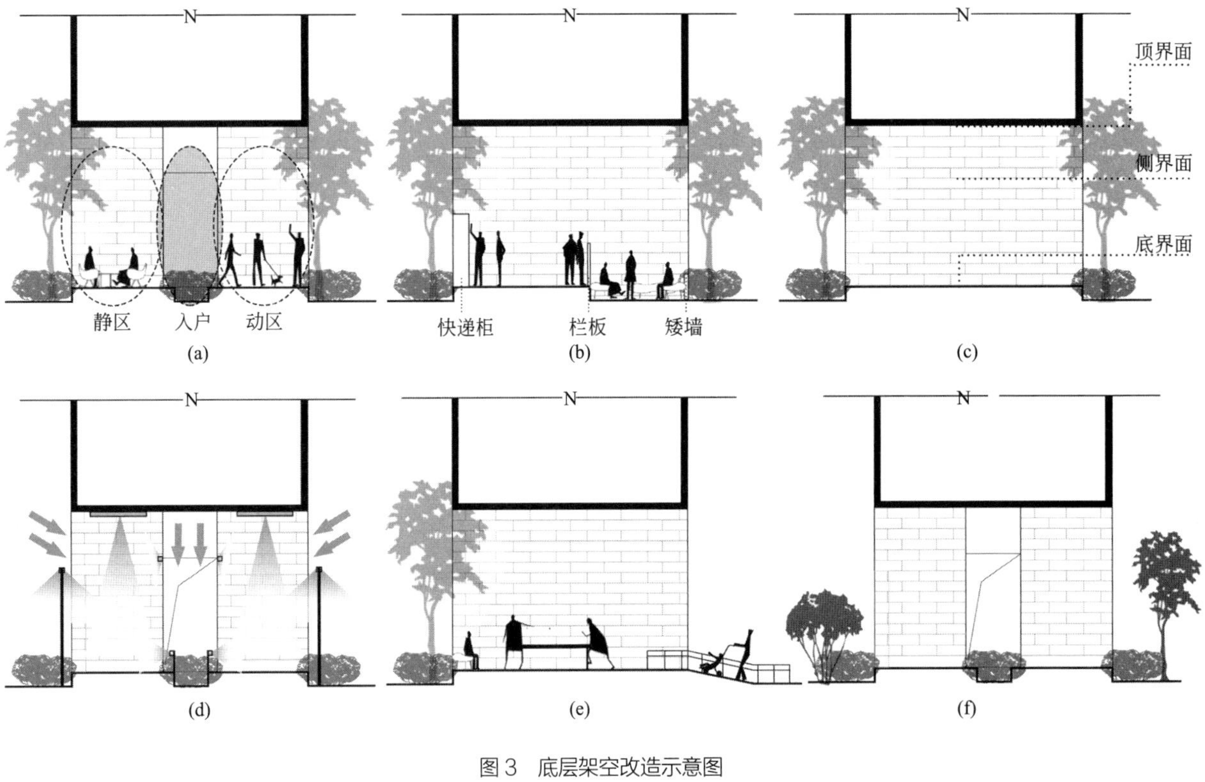

图3 底层架空改造示意图

7. 维护管理

物业的后期管理维护对架空空间的营造也至关重要，住区物业应该定期对架空空间的器械设施进行维修与打扫，加强对架空空间占用的管理，定期打扫场地，定期征求小区居民意见，完善架空空间，为居民创造舒适的公共环境。

6 总结

底层架空空间是城市高密度发展背景下，住区公共空间中的一种重要形式，底层架空拥有改善城市底层微气候、丰富城市景观、延伸绿化、丰富建筑空间造型等一系列作用。随着城市建设和人居环境的提高，居民对架空空间的需求也更加重视。居民需要一个既能满足使用功能，又能满足心理需求的住宅底层架空空间。

环境行为学关注人对于环境的认识和感受能力，以及环境对人的心理影响，环境行为学强调人与环境的互动与联系。基于环境行为学的理论，本文以金都香榭为例进行研究，探讨空间和居民的内在联系。本文调研了居民在使用底层架空空的使用现状，发现其存在功能彼此干扰、采光较差影响活动、空间利用单一等问题。针对这一系列环境问题，结合对居民行为模式的考虑，调整空间总体布局、划分结构功能、优化界面装修设计、改善光环境、完善配套设施小品、加强维护管理和景观设计，最终达到改善金都香榭底层架空空间使用环境，促成开放共享的社区公共空间的目的，为其他住区底层架空空间的设计提供经验与参考。

参考文献

[1] 翁季，蒋林晓，向姮玲. 高层住宅底层架空空间夏季热环境研究——以重庆市为例[J]. 住区，2022，（3）：127-133.

[2] 陈莹. 基于住宅区架空层的空间改造设计研究[J]. 居业，2022，（6）：77-79.

[3] 胡海峰. 居住建筑架空空间规划建设管理研究——以重庆市永川区为例[J]. 住宅与房地产，2022，（12）：62-66.

[4] 杨颖. 住宅建筑架空层空间再利用设计研究[J]. 城市建筑空间，2022，29（4）：199-201.

[5] 金乃玲，万昜辰. 高层住宅底层架空层空间设计研究[J]. 城市建筑空间，2022，29（3）：221-223.

[6] 易欢，邓鹏，吴茵. 高层住宅底层架空空间环境优化探究——基于老年人社区活动类型[J]. 南方建筑，2020，（4）：60-65.

[7] 李维卓，凌峰. 基于邻里交往的住宅底层架空休憩空间界面设计策略研究——以合肥市为例[J]. 城市建筑，2020，17（18）：79-81.

[8] 王丹. 居住区住宅底层架空空间设计研究——以郑州21世纪社区为例[J]. 冶金与材料，2020，40（1）：69-70+72.

[9] 徐晓燕，沈雅雅. 高层住区底层架空空间布局与实际使用效果的实证研究[J]. 华中建筑，2019，37（1）：49-53.

[10] 曾旭东，金昊. 生态系统动态平衡下的重庆坡地公共建筑底层架空设计初探[J]. 西部人居环境学刊，2013，（5）：39-43.

[11] 胡艳妮. 基于邻里关系的高层住宅底部架空层空间设计策略研究[D]. 武汉：武汉大学，2018.

浅谈现代木结构住宅的结构类型和发展前景

王菡纭 张海燕 倪赛博 姚珊

作者单位
南京工业大学建筑学院

摘要： 本文总结了国内外现代新型木结构住宅建造的理论结构体系，从现代轻型建筑木结构、胶合型木结构、普通型木结构建筑三部分方面系统地论述探讨了中国轻型现代木结构住宅建筑发展的新特点和总体发展与现状，指出我国木结构住宅建造的发展特点趋势和总体发展潜力空间，旨在促进中国木结构住宅建设，发挥一定的积极作用。

关键词： 木结构；住宅建筑；结构体系

Abstract: This article summarizes the theoretical structural system of modern new wooden structure residential construction both domestically and internationally. It systematically discusses the new characteristics, overall development, and current situation of China's light modern wooden structure residential construction from three aspects: modern light building wooden structure, glued wooden structure, and ordinary wooden structure building. It points out the development characteristics, trends, and potential space of China's wooden structure residential construction, aiming to promote the construction of China's wooden structure residential construction, play a certain positive role.

Keyword: Wood Structure，Residential Building，Structural System

在近年来在国家“双碳政策”的推动支持下，营造绿色生态住宅体系的呼声日益高涨，传统住宅模式如今正面临前所未有的现实挑战，越来越多的城市人正呼吁倡导建造一种绿色生态住宅。木结构住宅建筑是一种更加高效的生态绿色环保建筑，它们将充分利用各种环境优势和各类自然资源，旨在积极促进社会生态、健康文明和减排节能。这些健康住宅可确保居住生态系统之间的长期良性循环，使长期居住者都在一个身体机能和文化精神水平上逐步达到了良好发展状态，实现了建筑与自然的完美融合。因此对现代木结构建筑尤其是木结构住宅这种新型的生态建筑结构体系的研究，可以为中国的生态保护和建筑发展开拓新的渠道。

1 现代木结构住宅的分类

根据我国木结构规范体系《木结构设计规范》GB 50005—2003[1]，按照住宅的结构类型进行划分，可分为轻型木结构体系和梁柱结构体系。按具体的建筑类型划分，可分为普通木结构、木结构与混凝土结构结合、木结构与钢结构结合等混合结构。按住宅建造所用木材种类进行划分，可分为轻型木结构、普通木结构和胶合木结构。其中普通木结构住宅分为梁柱式和井干式，轻型木结构住宅分为平台框架式和连续框架式，胶合木结构住宅以胶合梁和胶合柱形成的框架体系为主。根据木结构住宅的风格类型，又可将木结构住宅分为传统风格、现代风格、过渡风格、独创风格等。

2 现代木结构住宅结构类型

2.1 普通木结构体系

普通木结构体系即传统的梁柱式和井干式结构，常见于中国传统住宅的搭建形式。梁柱式木构架的特点是柱上搁置梁头，梁头上搁置檩条，采用较大横截面的木构件，以梁柱作为主要承重构建，采用传统的榫卯结构连接各部件，暴露在外的木构架形成特色的中式风格住宅。井干式木构架是用原木或方木层层叠堆，在平行向上的方向上拼凑整齐，在木材的端头位置相互交错吻合，不设梁和柱，大大增加了室内空间，并运用木销或钢销增强房屋外立面的抗荷载能力。以普通木结构体系搭建的住宅，施工方式以现场手工操作为主，难度较低便于取材和运输，但缺陷也较多，逐渐被工业化和模数化的结构形式所代替。

2.2　轻型木结构体系

轻型木结构房屋的组成主要包括木构架墙体、木楼盖和木屋盖构成的结构体系，能够承担和传递各种荷载至结构体上。这些木制品主要由规格材（实心木）或工程木材（再造木）用于构建结构框架，同时也包括用作覆面板的板材，如胶合板或定向刨花板。该体系采用面积较小的主要结构构件和次要结构构件进行布置和连接，具有经济、安全和结构布置灵活的特点，因此在住宅建筑中得到广泛应用。根据建筑内部结构的不同特点，轻型木结构可分为连续式框架结构和平台式框架结构[2]。

1.连续式框架结构

连续式框架结构又名“墙骨柱贯通式结构”。该结构选用38毫米厚的木材作为建筑材料，包括地板梁、墙骨、天花梁、屋顶椽等构件，构成木质骨架，连接方式为长钉衔接，亦通过长钉固定连接。材料简单，施工便捷，短时间内就能完成建造工作，具有高度安全、舒适、耐用、周期间隔短等技术特点，成为19世纪末和20世纪初民用住宅所用的主要技术形式。在建造住房时，该木房屋主要选用事先预制成型的上等高规格板材，能够快速在短时间范围内迅速完成整体房屋设计建造，因此已成为在当时工业建造木房屋采用的一个首选工艺模式（图1）。

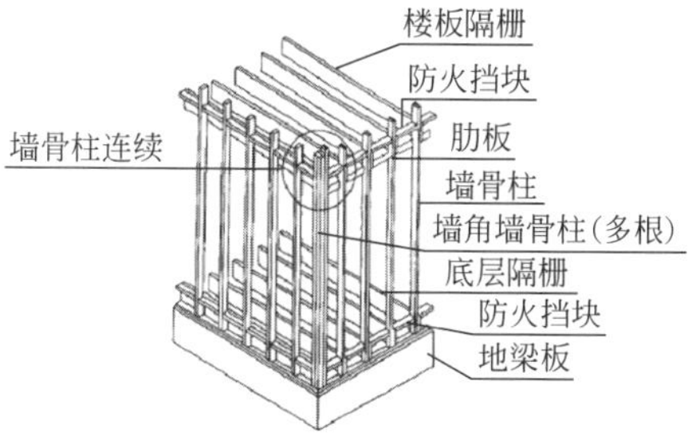

图1　连续式框架结构
（来源：谈现代木结构住宅的结构体系与发展前景）

2.平台式框架结构

根据我国的木结构规范体系《木结构设计规范》GB 50005—2003，轻型木结构又称为“平台框架式结构”，但更准确的表述是指采用小尺寸规格材料，较小中心间距（通常为410～610毫米）密集排列形成的一种轻型木结构形式。该结构形式通常使用混凝土基础，由木材和楼面板制成的楼板锚固于基础上，为墙体框架建造提供工作平台，墙体框架也由木材和墙面板组成[3]。平台板为主要承重构件，通常采用木质楼板或木质隔板组成。柱子则为次要承重构件，承担平台板的垂直荷载。柱子采用预制木构件，可以灵活地调整户型，支持设计变更。结构重量轻，减少基础承载需求。

木结构框架是房屋的主要构造形式，采用规格材料搭建并用钉连接构件。墙面板和屋面板固定在规格材上，楼面板则使用螺钉或钉子进行固定，通常结合结构胶加固。木结构通过螺栓牢固地固定在混凝土基础上。房屋框架中不同构件之间常用各类规格金属连接板和钉子相互连接。典型的平台式框架轻型木结构构造示例如图2和图3所示，其中详细展示了各构件名称。该框架主要包括屋面结构、墙体结构和楼面结构。

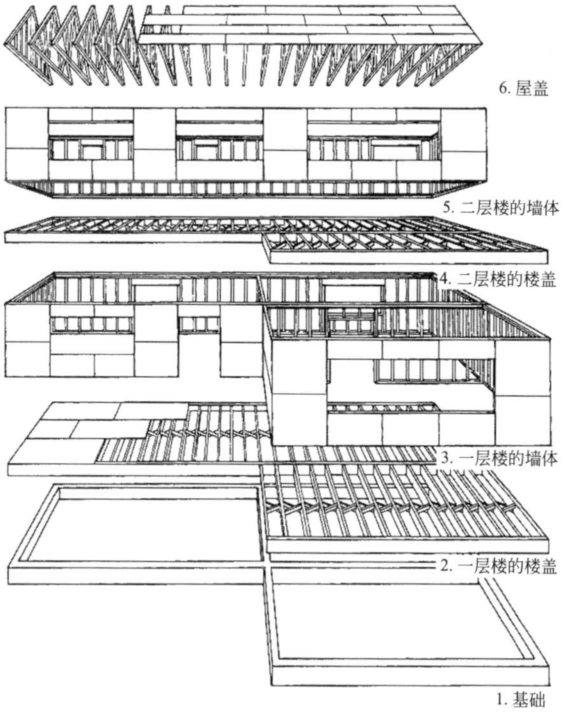

图2　平台框架式木结构的构件和组件
（来源：轻型木结构施工技术指导手册）

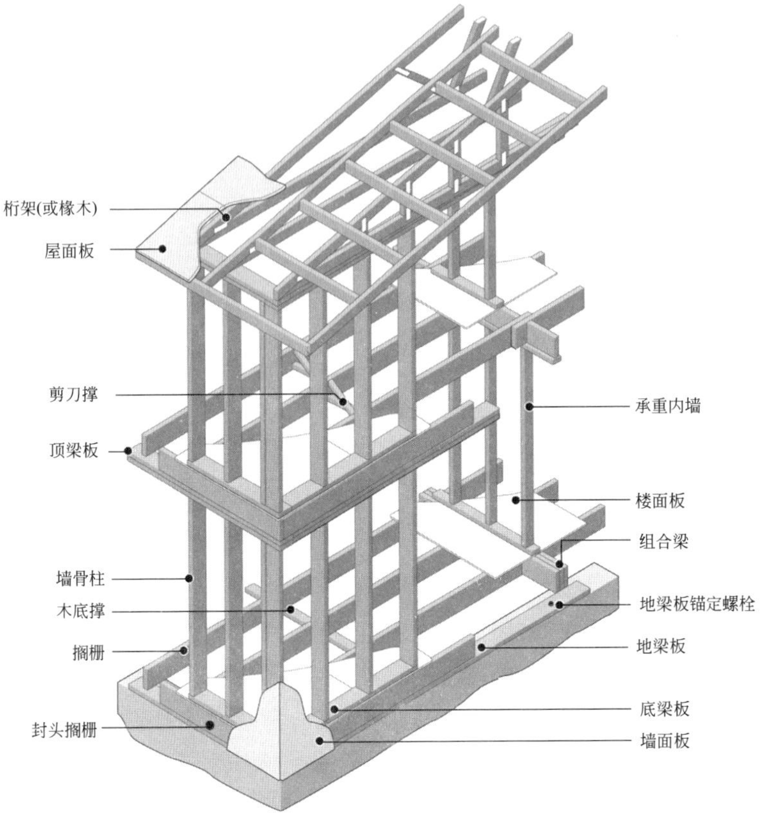

图3　主要结构构件
（来源：轻型木结构施工技术指导手册）

连续式框架结构和平台式框架结构的区别在于，连续式框架结构的墙骨是连续的，从楼板一直延伸到屋顶框架顶部，而平台框架式结构的墙骨在部分连接地方是不连续的，可以根据一层墙体配置二层楼板，在一层的基础上搭建二层结构，更加利于现场的施工安装，做到模块化的预制，因此现在连续式框架结构的轻型木结构住宅已经逐渐被平台式框架结构住宅所代替。

2.3　胶合木结构体系

胶合木是一种通过胶粘剂将组坯层板胶合在一起的工程木产品，胶合木结构分为胶合板结构和层板胶合结构[2]。胶合木结构通常采用铰接梁柱式结构与钢框架结构这两种结构形式。在结构体系划分上，胶合木结构和集成材木结构属于重型木结构体系。梁柱式结构连接方式通常采用金属连接件将梁柱构件铰接连接。梁柱间采用斜撑以增加结构的侧向刚度和抵抗水平力。当不宜采用斜撑时，结构构件间采用“刚性”抗弯连接件连接以抵抗水平荷载的作用。钢框架结构一般用于单层结构，也可用于二层或三层结构。连接方式采用刚性连接，有多种形式，如用钉、螺丝、螺栓、销钉或者胶粘剂连接的金属板，用螺栓、销钉或螺丝连接的插入式钢板，或者用植筋连接。

现代胶合木材既保留了天然木材的纹理和质感，又尽可能地避免了天然木材对建筑结构的影响，有效地避免房屋变形，具有较好的尺寸稳定性，还具有良好的保温隔热性能、便于工业化预制、快速施工、自重较轻以及耐火和耐久等许多优点。胶合木结构无疑是一种更加绿色、生态以及低碳的住宅建设选择（图4）。

3　现代木结构住宅的发展前景和促进措施

3.1　发展前景

在国外现代木结构住宅已经实现了取材、设计、生产、施工一体化的进程，其结构形式广泛用于中低密度住宅房屋中，虽然我国现代木结构住宅起步较晚，但仍有很大的发展空间，具体体现在以下几个

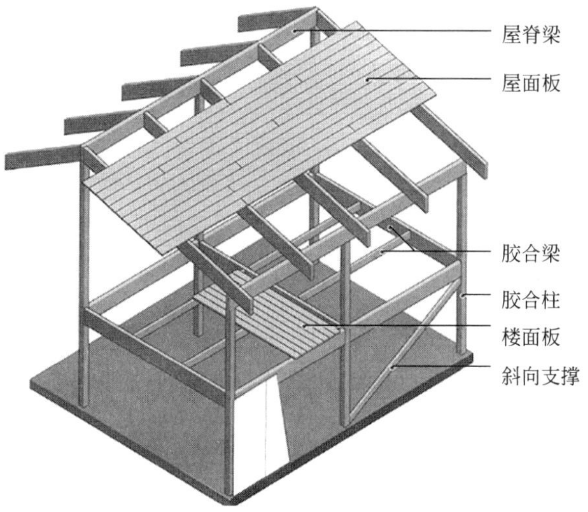

图 4　胶合木结构住宅基本结构形式
（来源：胶合木结构住宅发展现状）

方面：

1. 节能环保，符合国家发展的低碳政策

建设材料采用节能、环保、低碳的环保木材，属于绿色建筑。现代木结构住宅具有预制性强、工厂化高等特点，在现场施工时采用干作业方式，湿作业量很少，因此不仅是建筑垃圾最少的建筑类型，而且对周围环境的破坏做到最小，是符合国家要求的真正环保型住宅。

2. 施工迅速，设计灵活，造价具有竞争力

轻型木结构房屋具有良好的结构完整性，轻型木结构房屋可在工厂预制或现场直接建造。同时现代木结构住宅有很好的隔热性能，从而可显著地降低采暖和制冷的能源消耗。它们在地震中表现出色，其简单的施工工艺使得轻型木结构房屋具有施工周期短，成本低的优势。

3. 满足不同人群、不同地域的使用需求及市场需求

轻型木结构房屋能提供舒适方便的居住空间，较小面积的木结构住宅可以满足城市郊区中等偏上收入人群的需求，同时也是农村或较小城镇中收入较高人群的选择。它们可满足各种不同生活方式和性能要求，并易于翻修和改进。

3.2 促进措施

1. 完善标准体系，加大政策激励

应该建立全面的木结构住宅设计国家标准，涵盖结构设计、建筑设计、防火要求等多个方面，为木结构住宅建设提供明确的技术指引。完善相关法规和规范，增强木结构住宅设计的强制性要求，确保设计标准能够得到有效执行。政府应通过财税、金融等政策手段，如提供税收优惠、贷款支持等，降低企业投资成本，增强木结构住宅建设的经济可行性。同时，政府还可以在住宅建设指标中设置木结构住宅占比要求，引导市场需求，促进木结构住宅在住宅建设中的应用。

2. 促进国际交流，加快技术研发

鼓励国内企业和科研机构积极参与国际标准制定，提高中国在木结构住宅设计、施工等方面的话语权。另一方面，也应主动学习国外先进经验，引进高端技术人才，吸收最新研究成果，不断提升我国木结构住宅的设计水平和建造技术。

3. 加强宣传推广，强化部门建设

政府和行业协会应通过多种渠道，如媒体报道、行业论坛、专题讲座等，向公众广泛宣传木结构住宅的优势，培养公众对木结构住宅的认知和接受度；另一方面，相关部门要进一步强化木结构住宅建设管理体系，健全监管机制，确保行业发展的规范性。通过宣传推广和部门建设并重，加快木结构住宅行业的健康成长。

4. 培养专业人才，制定工作机制

相关院校应当加强对木结构建筑设计、施工等专业的师资队伍建设，引进业内高端人才，同时，鼓励高校与企业开展校企合作，组织学生参与实践培训，增强其实操能力。行业内还应制定完善的人才培养机制。一方面，企业要建立健全的员工培训体系，定期组织专业技能培训，提升现有从业人员的专业水平；另一方面，相关部门要出台相应政策，为木结构住宅行业人才引进、培养、激励等提供制度保障，确保行业内拥有一支高素质的专业人才队伍。

4 结论

随着经济发展和人口城市化，人们对于住宅建筑的要求越来越高，怎样才能提供既能满足居住者和社会对经济性的要求，又具有一系列良好性能的房屋，成为当下住宅建设所面临的挑战。虽然现在木结构住宅在我国的发展不够全面，但是中国地域辽阔，不同

区域气候差异很大，并存在潜在的地震危害，木结构建筑在各个方面均能应对挑战，满足要求。只要通过不断的汲取国外的先进技术和经验，大力培育可再生森林资源，以完善的施工方式和设计理论，朝着建设更加环保和节能的住宅方向迈进，以更好地满足人们对居住环境的需求，并为可持续发展做出贡献。所以木结构住宅在我国有着广阔的发展前景。

参考文献

[1] 中华人民共和国建设部，木结构设计规范GB 50005—2003［S］. 北京：中国建筑工业出版社，2004.

[2] 刘广哲. 现代木结构住宅的设计与施工研究［D］. 哈尔滨：东北林业大学，2012.

[3] 乔伟，轻型木结构住宅的楼板隔声保温性能及施工研究［D］. 合肥：安徽农业大学，2020.

[4] 刘广哲，郭倩倩. 谈现代木结构住宅的结构体系与发展前景[J]. 山西建筑，2016，42（7）.

[5] 王智恒，杨小军. 我国现代木结构建筑的现状与发展综述[J]. 木工机床，2011（2）：5-8.

[6] 刘利清. 胶合木结构住宅发展现状[J]. 中国建材科技，2008（1）：63-66.

[7] 杨玉梅. 木结构住宅的优点以及在我国的发展[J]. 林产工业，2007（5）：12-13.

[8] 何敏娟，Frank Lam. 北美“轻型木结构”住宅建筑的特点[J]. 结构工程师，2004（1）：1-5.

[9] 张海燕. 轻型钢结构和轻型木结构住宅体系对比分析[J]. 建设科技，2003（Z1）：91-93.

[10] 费本华，王戈，任海青，余雁. 我国发展木结构房屋的前景分析[J]. 木材工业，2002（5）：6-9.

开放空间视角下青少年亚文化场所规划的经验与启示
——以昆明公园 1903 为例

苏欣怡[1]　张凯莉[1]　雷振洋[2]　孟城玉[1]

作者单位
1. 北京林业大学园林学院
2. 云南财经大学信息学院

摘要： 本文通过文献综述与参与式观察，梳理青少年亚文化价值观及其文化空间内涵特征，并以昆明公园 1903 为案例，分析归纳青少年亚文化场所的规划策略。研究目的在于定性评估中国城市公共开放空间与亚文化青少年群体之间的现行互动模式。该研究结论有助于进一步探讨当前国内主流文化与亚文化之间的可持续共存方向，为城市公共开放空间的优化建设提供新思路。

关键词： 开放空间；青少年亚文化；昆明公园 1903

Abstract: This article uses literature review and participatory observation to sort out youth subculture values and the connotation characteristics of cultural space, and uses Kunming Park 1903 as a case to analyze and summarize the planning strategies of youth subculture venues. The purpose of the study is to qualitatively assess the current interaction patterns between subcultural youth groups and public open spaces in cities of China. The research helps further explore the direction of sustainable coexistence between mainstream culture and subculture, and provides new paradigm for constructing the urban open spaces in optimal ways.

Keywords: Open Space; Youth Subculture; Kunming Park 1903

1　引言

城市开放空间，特别是自发性城市公共开放空间的存在，对维护城市社会的生机活力和促进城市文化的繁荣兴盛至关重要[1][2]。然而，这一类型区域的产生也反应出一些当下未被满足的群众需求。例如，在高速城市化背景下，青少年群体的文化与精神需求得不到满足的现状问题等[3]。位于云南省昆明市的城市公园1903是当下云南省亚文化青少年群体的重要聚集地之一。作为城市公共开放空间，其现行的主要人群构成、建构模式以及运营机制与昆明的其他传统城市公园形成了鲜明对比，兼具自发性开放空间与传统商业性开放空间的双重特征，是一个典型的青少年亚文化场所。

目前，国内学者已从心理学角度和宏观文化角度对青少年亚文化这一专题做出了丰富的研究[4]~[6]。但这些研究多数依赖于国外的学术经验。这些学术经验与我国的基本特征是不可能完全匹配的，这将导致基于他们所得出的研究结论与我国的基本国情不符。此外，国内研究从空间角度对青少年亚文化的探索还较为缺乏。由于青少年亚文化场所是一种一直伴生于城市边缘文化的空间业态，且在最近几年有明显的发展壮大趋势[7]。不仅如此，这一类场所与亚文化理论和空间理论存在着密切耦合关系，对于人居环境科学存在着不可忽视的影响能力[8]。因此，“城市开放空间”与“青少年亚文化”的结合兼具理论价值和现实意义。

因此，笔者通过文献综述与参与式观察等手段，对青少年亚文化价值观及其文化空间内涵特征进行剖析。同时，鉴于前文信息，本文以昆明公园1903作为案例，分析归纳青少年亚文化场所的规划策略，以定性评估中国城市公共开放空间与亚文化青少年年群体之间的现行互动模式。本文的研究目的旨在挖掘青少年亚文化的“隐性”研究价值，进而拓宽城市文化空间管理问题的知识领域，从而为当下国土空间规提供新的方法论视角。同时，本文的科学问题也体现了跨学科利用不同专业优势进行互补性研究的优越性所在，为促进文化与城市的可持续融合发展做出理论贡献。此外，本文从实践角度为上位管理人员在整体把控全局的多维视角方面提供战略建议，为城市规划从业者在现实具体问题中提供思路方向，具有一定的实践意义。

2 青少年亚文化价值观

青少年亚文化是亚文化的一个重要组成部分。本文通过文献综述发现，虽然目前对于“亚文化”的确切定义没有统一定论，但整体都在强调其“背离于主流”的气场。以Popenoe为代表的国外学者群体认为，广义的亚文化指代一种十分宽泛的文化亚群体。该群体不仅具有其所追求的亚文化创新思维，而且所执行的交往模式具有其他主流文化人群不具备的文化要素[9]。以黄瑞玲为代表的国内学者群体认为，亚文化中的“亚”，是相对于那些被大众遵循已久的传统主流的“主”而言的，其具有对于当下人民群众未被满足的精神文化需求的极高洞察力[10]。在我国目前的大环境中，青少年亚文化的产生动机早已不是诸如因对于现实物质生活不满而奋起反抗等离经叛道的刻板印象，而是在一定程度上代表了新兴文化的价值观取向，且与当下主流文化与精英文化均有交织关系[11]。主流文化与青少年亚文化的关系理应是可以实现相辅相成，共同发展的。

2.1 主流漠然感

虽然主流社会中也存在着许多不同的思潮冲击，但这些争鸣百家最后的交锋成败主要取决于其背后资本与政治的势力集权。相对的，青少年群体是一个以个人志趣为主要行动自驱力，相对看重彼此真实才学的热忱直白的群体。当主流社会麻木僵硬之时，青少年群体显得冲闯激进；当主流社会混沌剧变的时候，青少年群体又显得相对冷静[12]。青少年亚文化总是与主流文化保持距离的。

然而，这种主流漠然感的特征属性并不代表青少年亚文化价值观与当今社会主流价值观背道而驰。亚文化青少年群体的行为动机主要在于寻找与自己志趣相投的“同好（拥有相同亚文化爱好的个体或群体）”进行“扩列（亚文化圈内的社交行为）”，以满足个人文化需求与精神创作欲望，进而缓解无法从主流文化群体中得到消除的精神层面空虚感[13]。这一类型的动机并不会对社会主流文化造成威胁。相反，这些亚文化青少年群体的艺术文学作品，是中国当代青少年文化的重要组成部分，于保持社会文化的繁荣活力与可持续发展潜力有益。

2.2 群体认同感

区别于依据政治诉求而产生的文化团体，青少年亚文化群体诞生的动机本质在于个人彼此之间兴趣的共鸣。这样的共鸣可能随着个人爱好的变化消失或新生。个人可能依据自己当下的兴趣爱好转移自己所在的亚文化圈，每个人的文化群体可能并不固定。因此，青少年亚文化群体的群体认同感整体偏低。

但是，当下的中国亚文化青少年群体是具有一些共性特征的，这一群体仍然存在一定宏观层面的群体特质认同感[14]。虽然个人所属的文化分化领域不同，但群体中的大部分都生长于共同的时代背景与家庭环境，都对人文艺术与社会科学相关领域具有一定的专业技能或追求热情。加之个人精神需求与文化创作欲望难以在主流社会中得到满足，进而产生了进入全新内部群体的需求。从而，或是偶然闯入，或是同好邀约，青少年亚文化自发性空间就此开始肆意生长，作为承载亚文化青少年群体特质认同感的物质场所载体开始走入大众视野。

3 青少年亚文化空间

文化空间是一种只出现于定期或随机举行的某种特定活动时段和区域范围内的非固定场所[15]。文化空间的影响覆盖半径取决于该活动存在的时空范围，对于城市公共开放空间的活力激发与维持具有潜在巨大影响力。区别于一般的城市文化空间，青少年亚文化空间借助其独有的亚文化符号语言，将城市开放空间元素与青少年亚文化风格进行互通交融，富于各种饱含真情实感的创新性空间表现形式，为规划行业从业者的未来设计方向提供了基于群众需求的启发思路。目前国内常见的两种青少年亚文化空间包括自发性城市公共空间和商业性城市公共空间。

3.1　自发性城市公共空间

自发性公共空间具有群众自发创立营建，以满足自身文化精神需求为主要目标，不以营利创收为主要目的等等性质[16]。对于青少年亚文化空间而言，当其作为一种自发性公共场所而存在时，空间内部的创造活力与文化生机将达到峰值。因为此时的公共空间可供“同好”们一起自由地“为爱发电（单纯因为兴趣爱好而努力付出且不求回报的行为）”。虽然在其创办运营的过程中，空间主理人多会设置部分盈利项目，但创收本身并不作为场所存在的主要目的。

然而，鉴于大多数主理人自身的知识背景与专业技能限制，自发性的青少年亚文化空间多会在较短时间内因资金短缺问题陷入运营困难的窘境，最终被主流社会文化重新以商业收编的方式接管回收，暂不具备明显的可持续发展潜力。

3.2　商业性城市公共空间

在中国当前的大环境背景下，商业性城市公共空间和自发性城市公共空间对待主流文化和青少年亚文化的取向是相对不同的。商业性空间，例如咖啡馆、游戏厅以及大型动漫展览等，其开设运营的主要目的在于营业创收。基于此类目的导向，该部分青少年亚文化空间在发展过程中势必需要大量地与主流社会文化及相关管理部门社交洽谈。虽然目前随着国内执政理念与服务流程的优化，青少年亚文化的发展已得到了许多政策扶持与经济援助，但亚文化空间本身仍无法避免为了与社会主流价值相符而抹除自身个性这一情况，从而丧失其作为“青少年亚文化空间”的吸引力与竞争力。因此，这种模式同样存在一些阻碍其可持续发展的缺陷。

由此可知，为了使更多青少年亚文化空间实现可持续发展，公共空间自身与空间主理人需要思考如何平衡自身作为“自发性城市公共空间”和“商业性城市公共空间”的优势与劣势，即如何平衡商业资金的介入与亚文化精神的独立。此外，政府管理者与规划从业者也应当思考如何进行更加符合群众需求差异导向的精细化管理与设计，使“主”与“亚”实现互利共赢，成就彼此。

4　昆明公园 1903 项目案例分析

笔者以二次元文化爱好者以及COSER（二次元文化形象扮演者）的亚文化青少年身份，分别于2023年11月11日至2023年11月12日以及2024年2月24日，两次前往昆明公园1903进行参与式观察。基于观察记录结果，本文从建构模式、运营机制以及行为策略三个角度，尝试以昆明公园1903作为典型案例，归纳青少年亚文化场所的规划策略，定性评估中国城市公共空间与亚文化青少年群体之间的现行互动模式（图1）。

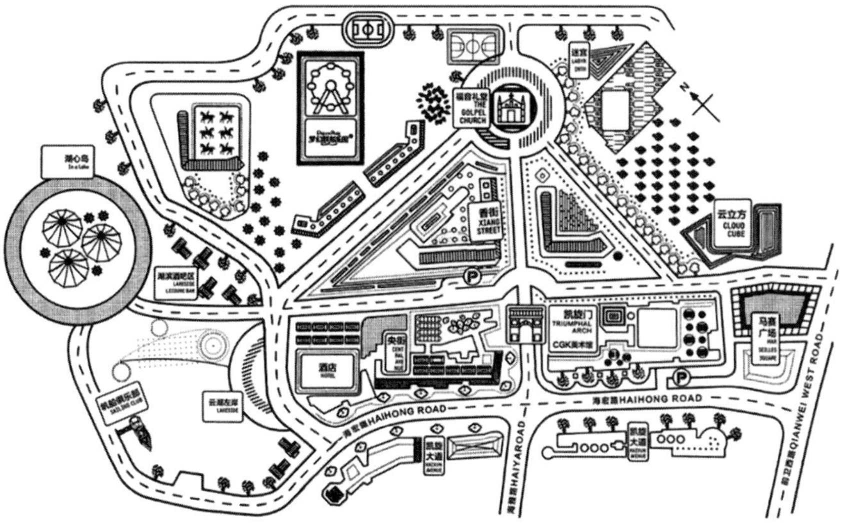

图 1　昆明公园 1903 方案设计平面图
（来源：改绘自《云南省休闲旅游街区申报方案》）

4.1 公园 1903 建构模式

空间的整体秩序往往能反应其建构者的行为模式与价值取向，是人与景观相互适应结果的表征性载体。公园1903的整体风格为法国新古典主义与现代艺术风格的大胆结合，体现了规划设计从业者对于城市主流文化与青少年亚文化结合路径的思考尝试。在建构模式层面，我国城市公共空间与亚文化青年群体之间的适应性较好，但整体还有可提升的发展空间。

该项目设计的主要出发点是基于昆明的中法交流历史，打造以法国文化为主题的多元文化城市公共空间[17]。同时，作为昆明青少年群体的亚文化活动首选场所之一，公园1903的优势在于，其规划设计者为此类亚文化活动在场地中预留了丰富的潜在开放活动空间，并设计了相关配套设施与基础造景。公园内功能分区整体清晰且灵活，可以在有需求的时候进行破界重组。因此，每一个来到这里的文化个体都能在物理和心理层面上找到自己的一席之地。但是，笔者在参与式观察的过程中注意到，由于场地内缺少固定存放物品的区域，导致亚文化活动的参与者们常需要时刻携带所有服装道具四处走动，非常不方便（图2）。

4.2 公园 1903 运营机制

公园1903的项目资方为云南某房地产公司，项目开发目标在于打造集购物娱乐、餐饮文创、教育办公等功能为一体，高度复合的商业性城市公共空间。同时，作为一个兼具自发性青少年亚文化空间属性的场所，公园1903内还有许多由亚文化“同好”们设立运营的小型活动场所。这样的“嵌套式”运营机制体现了我国管理决策者对于城市主流文化与青少年亚文化和谐共生路径的勇敢探索，但该机制还不具备足够的可持续发展潜力（图3）。

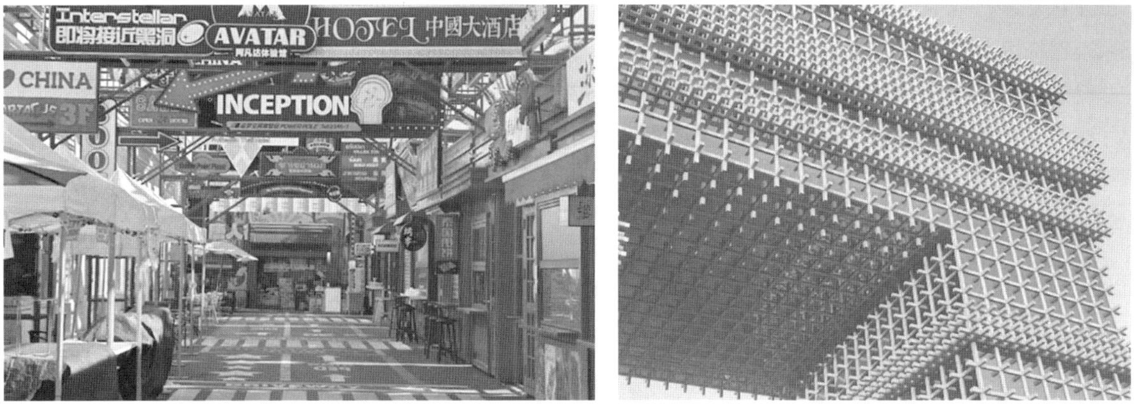

图 2 昆明公园 1903 建构模式示意

图 3 昆明公园 1903 运营机制示意

笔者在参与式观察中留意到，虽然两次调研的间隔时间不长，但许多在第一次调研中存在的自发性亚文化公共空间，在第二次调研时都已结束运营或是转型成为普通的主流文化空间。这反映出公园1903的运营机制本质并未完成主流资本与精神文化的平衡关系建设。艺术创作随性并不等于空间经营随意，如何兼顾“商业性”与“自发性”的经营模式还有待探索。

4.3　青少年亚文化行为策略

根据笔者本人作为COSER以及二次元文化爱好者的参与式观察结果，基于亚文化青少年群体与主流文化群体的交往互动，以及他们在城市开放空间中的行为模式，笔者认为该群体并不符合部分主流社会所认知的怪异、偏激或是颓丧的刻板印象。相反，该群体同样拥有大量各行各业的人才栋梁且友好正直。“同好”之间会通过“集邮（与对方一起拍照或是为对方拍照）”的方式表达对于对方的大力肯定与友好夸赞。不仅如此，他们对人文艺术与空间造型的创造力，深藏着对于现代规划的需求指示以及创意启发（图4）。

图4　昆明公园1903青少年亚文化行为策略示意

5　结论与启示

作为一个蕴含巨大可持续发展潜力的文化开放空间，青少年亚文化场所提供了一个可供所谓“新老气质交流”“主亚文化相融”的对话场所。本文通过分析当今中国青少年亚文化的群体类型、产生动机、文化诉求和运营模式等，归纳青少年亚文化价值观及其文化空间属性，尝试探索主流文化与青少年亚文化之间的可持续发展方向。结论对于推动后工业城市发展和社会主义先进文化建设具有重要意义，并有助于了解当前亚文化青少年群体的文化心态与价值认知。

同时，本文的目的在于激发城市规划从业者对于青少年人群作为城市空间规划的文化属性创新“预备役”的重要性的思考，促进他们进一步理解自发性城市开放公共空间对于维护巩固社会、经济与文化的稳定和文化的可持续发展活力重要作用的理解，从而更好地引导自发性城市公共空间和亚文化青少年群体的可持续发展。

参考文献

[1] 李佳欣，杨帆. 城市公共开放空间的多元文化包容——以澳门为例[J]. 住宅科技，2024，44（6）：29-39.

[2] 蔡凌豪. 大学校园记忆的开放空间建构浅论[J]. 风景园林，2018，25（3）：15-24.

[3] 丁凡潇. 青年亚文化视角下的城市公共空间[D]. 武汉：武汉大学，2023.

[4] 高丙中. 主文化、亚文化、反文化与中国文化的变迁[J]. 社会学研究，1997（1）：115-119.

[5] D. D A，LOUISE Y J. Intergenerational Gaps in Adolescent Subcultures[J]. Journal of the American Academy of Child & Adolescent Psychiatry，2023，62（10S）.

[6] 高玉烛，王曦影. 趣缘乌托邦：青少年亚文化装扮行动的质性研究[J]. 中国青年社会科学，2024，43（3）：47-56.

[7] 钟准健. 城市亚文化空间的建构、生产与互构——以Live

House为例[J]. 社会科学动态，2022（11）：24-33.

[8] 董皓平. 亚文化消费空间场所依赖研究[D]. 大连：辽宁师范大学，2023.

[9] POPENOE D. Sociology[M]. Prentice Hall，1995.

[10] 黄瑞玲. 亚文化：概念及其变迁[J]. 国外理论动态，2013（3）：44-49.

[11] 湛城. 后亚文化视域下主流媒体与青年亚文化的融合研究[D]. 杭州：浙江传媒学院，2024.

[12] 高丙中. 主文化、亚文化、反文化与中国文化的变迁[J]. 社会学研究，1997（1）：115-119.

[13] 蒋建国，陈小雨. 中国网络亚文化的生成、演化与社会意涵[J]. 新闻与写作，2024（5）：94-104.

[14] 郭君宽. 青年亚文化视角下虚拟偶像群体的“抽象话”现象研究[D]. 石家庄：河北经贸大学，2024.

[15] 赵婉彤. 城市文化空间理性内涵与优化路径[D]. 西安：西安电子科技大学，2021.

[16] 丁凡潇. 青年亚文化视角下的城市公共空间[D]. 武汉：武汉大学，2023.

[17] 杨光伟. 城市休闲购物目的地设计实践——记昆明公园1903项目建筑设计[J]. 建筑知识，2017，37（15）：104.

专题三　乡村营建与城市更新

基础设施建筑学视野下自发性的乡土营建空间语汇研究①

孙瑜② 吕品晶③

作者单位
中央美术学院建筑学院

摘要：中国的乡村作为一类独特的场域，承载着丰厚的在地文化和民族信仰，且具有丰富的乡土资源类型。文章基于“基础设施建筑学”的视角，将“基础设施建筑学”的概念引申至“乡土营建”，以贵州黔东南地区为例，通过梳理乡土人居环境中的基础设施类型，以技术向度为原则，辨析基础设施作为一种自发性的空间语汇如何对传统乡土建筑的空间营建形成影响。这一类自发性的空间语汇，具有日常性、结构性、可逆性和可持续的特点。基础设施建筑学视角考量下的自发性空间语汇，为当下乡土人居环境的营建提供了一种线索，与乡土“现代性”互为补充，重构出一种新的乡土营建秩序。

关键词：基础设施建筑学；乡土营建；自发性；空间语汇

Abstract: The rural areas of China serve as a unique domain, carrying rich local cultures and ethnic beliefs, along with diverse types of rural resources. This article, from the perspective of “infrastructure architecture”, extends the concept to “rural construction”. Taking the Qiandongnan region of Guizhou Province as an example, it examines how different types of infrastructure in rural living environments, guided by technical principles, influence the spatial construction of traditional rural architecture. This spontaneous spatial vocabulary, characterized by daily, structural, reversible, and sustainable features, is analyzed within the framework of infrastructure architecture. This perspective provides a clue for the construction of contemporary rural living environments, complementing rural “modernity” and reconstructing a new order of rural construction.

Keywords: Infrastructural Architecture; Vernacular Construction; Spontaneity; Spatial Vocabulary

1 中国乡土营建的现代性

1.1 现代性对乡村的影响

近年来中国乡村的现代性特征逐渐突显，在产业结构转型、乡村基建建设、信息技术应用、教育文化发展、生态环境保护等层面均有不同程度的显现。这些现代性特征的出现，促进了中国乡村地区的现代化发展。乡村地区不再仅被视为传统的农耕生产区，而是具备了更多的经济、社会和文化活力，为传统乡土社会的发展带来了新的转向。在乡土人居环境的营造中，也受到了现代性的影响，这种影响既涉及观念层面，也涉及物质层面。

现代性对乡土人居环境的影响是双面的：一方面，现代乡土人居环境的建设改善了农村村民的生活条件和居住环境，助于促进乡村地区的经济发展和社会进步，并促进了乡村的生态可持续发展；另一方面，现代乡土人居环境的建设会带来一定的文化传承和社区凝聚力减弱的问题，现代化的设计模式和材料不同程度上忽略了传统乡土文化的保护和传承，导致乡村地域特色的丧失，由于资源分配和政策支持的不均衡，会导致城乡差距的进一步拉大，加剧了城市与乡村之间的发展失衡[1]。

1.2 多学科交叉与介入

鉴于分析和解决乡村发展的各种层面问题的综合

---

① 基金项目：2022年度国家社会科学基金艺术学重大项目“新发展理念下乡村振兴艺术设计战略研究”，项目编号：2022ZD16。
② 孙瑜，中央美术学院建筑学院在读博士，研究方向为文化乡建、聚落研究等，邮箱：11220900069@cafa.edu.cn。
③ 吕品晶，通讯作者，中央美术学院教授，研究方向为文化乡建、聚落研究等。

考量,乡土人居环境的发展涉及多个学科领域的交叉和介入。在乡土人居环境的营造中，建筑与规划学科为乡土人居环境的设计和规划提供可行性方案和美学价值；农业与环境学科主要研究农村地区的农业生产和环境保护，为乡土人居环境的可持续性提供科学依据和技术支持；社会学与人类学关注社会关系、社区参与、乡村文化、传统知识等问题，帮助理解乡土人居环境中的社会和文化现象；经济学与管理学研究经济系统和组织管理，他们关注农村经济发展、农业产业链管理、农村金融、乡村旅游等问题；其他工程技术学科涉及能源供应、水资源管理等方面，为乡村提供现代化的基础设施和技术支持。

乡土人居环境的发展和改善面临多个层面的挑战，包括乡村基建建设、生态环境保护、社会文化传承等，不同学科领域的知识和理论可以为乡土人居环境的营造提供支持和指导。通过学科交叉，可以提供综合且实用的解决方案，为政策的制定和实施提供科学依据。通过不同学科领域之间的合作与协同，可以促进创新观念的产生，各学科间的相互借鉴和交流可以带来新思路、新方法和新技术，推动乡土人居环境的现代化进程。这些学科领域的交叉和介入，能够形成一个综合的、多维度的视角，有助于理解和解决乡土人居环境的复杂性问题，推动乡村地区的可持续发展和现代化进程（图1）。

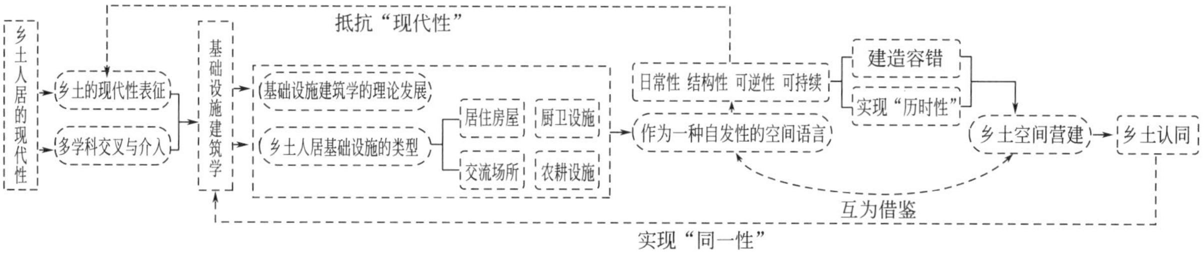

图1　自发性的乡土人居基础设施

2　基础设施建筑学的视野

2.1　基础设施建筑学的概念

本文所论述的基础设施，并非是工程学领域讨论的基础设施，而是在建筑学语境中具有空间属性的功能物及其所构成的场域环境[2]。基础设施之于建筑学，最初是在城市建设的过程中被提出并逐渐被重视，现代化的进程打破了建筑学和基础设施的边界，基础设施不可避免地成为城市建筑的一部分[3]。由此，“基础设施建筑学”的组合应运而生，旨在基础设施建设之初，使用建筑学的语汇进行设计，抑或是在建筑设计的过程中，借鉴基础设施的技术逻辑系统，二者相辅相成，有机融合。

基础设施建筑学作为一个综合的研究领域，涉及了对基础设施建设与建筑规划方面的知识和理论。一方面，它为社会提供必要的基础设施，如交通、市政、环卫等城市要素，以支持社会经济的正常运行和人们的生活诉求；另一方面，根据城乡发展规划和社会经济发展需求，合理规划基础设施的布局、容量和发展方向，并思考基础设施的维护和运营管理方法，以确保基础设施的可靠运行并延长使用寿命[4]。

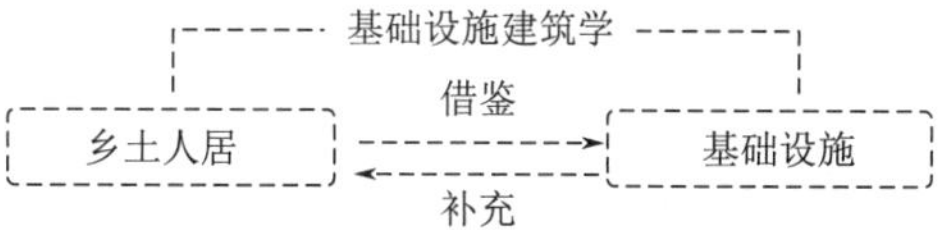

图2　乡土人居基础设施

回到乡土语境，与城市不同的是，乡土建筑语境中的基础设施往往具备自发性的特征，并无事先规划，共同构成乡土人居环境的组成部分（图2）。这种自发性的建构逻辑，通常是基于乡村社区的需求和资源情况，由村民自组织建设，以满足基本的生活和生产要求，是一种没有建筑师的空间设计规划。尽管乡村自发性的基础设施建设存在一定的局限性和不足，但它反映了乡村村民的自主性，能够促进乡村地区的主动式发展，值得借鉴。

2.2 乡土人居基础设施的类型——以贵州黔东南地区为例

基础设施建筑学的视野下，乡土人居基础设施主要存在附属空间、厨卫设施、交流场所、农耕设施四类，这些“基础设施”在乡村地区起着至关重要的作用，为在地村民提供了必要的生产生活条件。这些乡土人居基础设施需要考虑地方文化、气候条件和社区参与等多方面因素，具有自发性的显著特征（图3）。

1. 附属空间

村民根据实际需求和经济条件，自发建造住宅，这些居住房屋通常使用本地材料和传统的建造技术，例如土木结构、竹木搭建等，以适应乡村地区的气候和环境条件。由于家庭需求或者生产需求等，一种会在民居格局的演变中逐渐完善并形成一些附属用房，另一种是村民在原有的民居格局中，自发地加建或者改扩建一些附属用房。附属空间的主要用途包括储藏室、家畜舍等，这些附属房屋通常被用来存放农具、养殖家畜或提供额外的居住空间。

在黔东南地区的村落中，主要以干栏式吊脚楼的建筑形式为主，通常底架空或者顶层镂空，用以养殖和晾晒，这种附属空间具备“基础设施”的特征，是一种“刚需”，反映了当地的民俗、生活方式和农耕传统（表1）。由于具备自发性的特点，这些空间具有较高的灵活性，可以根据村民的变化需求进行调整和实时建造。乡村自发性的居住房屋体现了村民对居住环境的主动参与和自主权，有助于促进乡村地区的可持续发展和社区共同体的维护，同时也展现了乡村地区丰富的文化传统和社区生活的独特能量。

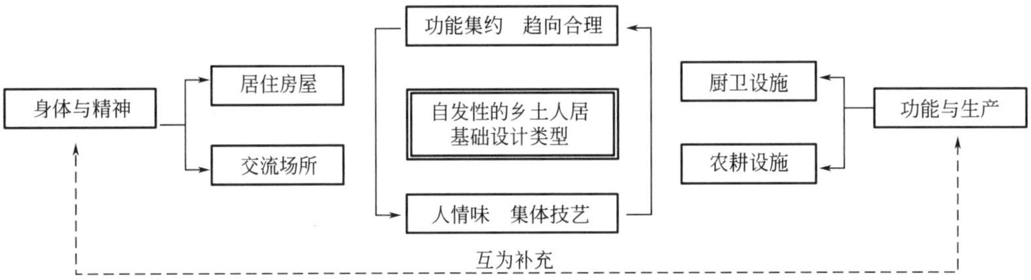

图3 乡土人居基础设施的类型

黔东南地区人居基础设施附属空间示例 表1

类型	养殖空间	晾晒空间	储存空间	其他空间
图片				
地点	邕沙村	黄岗村	黄岗村	乌冬村

2. 厨卫设施

乡村自发性的厨卫空间常采用简易的搭建方式，村民使用易获得的建造材料，自主参与搭建厨房和卫生间。这种类型的厨卫空间往往与村民自身的生活经验相关，虽无现代建筑冗杂的分区，但注重实用性与使用效率，功能集约且基本趋于合理。

在黔东南地区的村落中，特别是苗族和侗族村寨，传统厨房可能是一个独立的房屋，通常位于主居室附近。这些厨房通常使用木材、竹子和泥土等当地材料建造，有一个位于中央的炉灶，用于烹饪食物，炉灶通常使用柴火或木柴作为燃料。此外，这种自发性的厨卫空间常根据当地的气候和环境特点进行在地处理，具有优异的通风条件和采光条件，反映了村民对于舒适、健康和便利生活的追求，也在一定程度上促进了乡村社区卫生条件的改善。

3. 交流场所

乡村自发性的交流场所是指村民自主创建和使用的公共空间，用于进行社区内村民之间的交流互动和社交活动。乡村自发性的交流场所通常具有多种功能，除了作为社交聚集地，它们还可以用于举办集会、临时市场、传统节庆活动、文化演出等多种社区活动。这些场所通常会充分利用乡村地区的环境资源，如利用胡同、村口等具备先天优势的空间节点。这些场所的设立往往是由村民自发组织的，村民会自发地参与选址、建造和维护工作，它们为村民提供了一个共享的公共空间，同时这种共享性也传达了一种社区凝聚力和互助精神[5]。

黔东南地区的村落中，其交流场所空间形式种多样，反映了当地丰富的在地民俗和社交生活，也成为外来人群了解乡土文化和风俗习惯的媒介。在侗族村寨中，村民的主要交流场所围绕鼓楼展开，代表一种家族信仰；苗族村寨中，村民的交流活动多围绕风雨桥展开，蕴含着一种乡土凝聚力。

4. 农耕设施

中国乡村是一种以农耕文明为核心的乡土社会，农耕活动在乡土社会中占据重要地位，不仅是村民的主要经济来源，也是他们的生活方式的重要组成部分。农耕生产具有深厚的历史和文化根基，农耕生产也对乡村社会的组织结构和社会关系产生影响。在这种生产生活背景下，承载着中国农村的发展演变，并建设了大量的农耕设施。

黔东南地区的农耕基础设施通常包括一系列用于支持农业生产的设施和资源，在改善农业生产发挥了重要作用。最典型的农耕设施有晾架、禾仓和晾仓，这些农耕设施通常高出地面或者位于溪水中，晾架是一个简单的支撑结构附加屋面覆盖，用以晾晒粮食，禾仓是一个四面围护结构加屋面覆盖的房屋，用以储藏粮食，晾仓则是二者的结合版（表2）。这些农耕设施，利用本地材料和简易的技术进行建造，其建设和使用对农业生产效率的提高、农民生活条件的改善具有重要意义。

3　乡土人居基础设施作为空间语言的自发性特征

通过对乡土人居基础设施类型的梳理，可以发现这些基础设施普遍具备反映地域特色、适应社区需求、传承乡土文化、灵活可持续和社区参与共享的特点，展现了乡村地区自发性的智慧和创造力。这些基础设施是乡土人居环境中的重要组成部分，不仅满足了村民的生产生活需求，还承载着乡土文化的传承和延续（图4）。

黔东南地区人居基础设施附属空间示例　　表2

类型	晾架	禾仓	晾仓	碾坊
图片				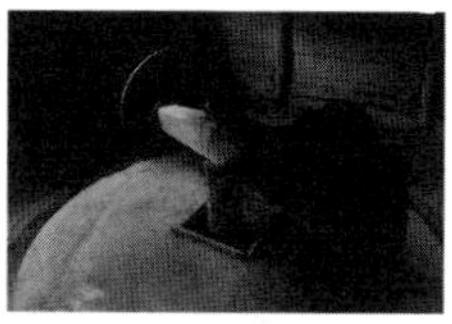
地点	占理村	银潭村	大利村	乌冬村

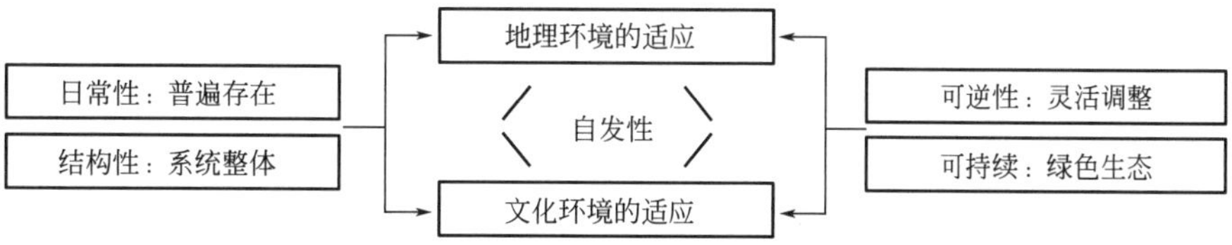

图4　乡土人居基础设施的自发性特征

3.1 日常性

乡土人居基础设施在日常生活中普遍存在，并持续发挥其功能属性，村民通过例行的互动，形成了一种约定俗成的生活生产关系，这些基础设施由此具备了日常性的特点。通过研究日常生活，有助于理解社会文化和社会结构如何塑造人们的日常实践，以及个体如何通过日常生活来表达和构建自己的身份和意义。这些乡土人居基础设施承载着村民的生活经验、文化记忆和社交关系，构建了一个共同的生活空间，在这个空间中，村民之间相互支持、交流和共享资源，形成了一种紧密的社区联系和互动[6]。

通过深入理解乡土人居基础设施的日常性，可以更好地认识到乡村社区的价值和意义。这些基础设施不仅满足了基本的生活需求，还提供了社交和文化交流的平台，促进了社区凝聚力和文化传承。通过日常的使用和保护，村民共同塑造了独特的空间语境，体现了他们对自己社区的认同和归属感[7]。通过深入研究和理解乡土人居基础设施的日常性，可以更好地认识乡村社区的特点和价值，对乡土空间营建具有指导意义。

3.2 结构性

乡土人居基础设施具有显著的结构性特征，乡土人居基础设施的各个组成部分相互关联，共同构成一个功能完整的系统。结构主义强调社会系统中各个组成部分之间的相互关系和相互作用，以及这些关系和作用对社会现象的塑造和影响[8]。居住房屋、厨卫设施、交流场所、农耕设施等彼此依存，相互支持，为乡村社区提供全面的生产生活前提。乡土人居基础设施的结构主义特征也体现在受某种规定的约束性上，这种规定一般都是具有共同情感价值的乡风民约，并具有强烈的地域符号属性。

此外，乡土人居基础设施的结构性强调在与社区村民之间的交互之中，社区村民的需求和行为会对基础设施的结构产生一定的影响，而基础设施的变化又反过来影响社区的生活生产状态，这种互动和演化过程使得基础设施与社会环境保持动态的关系。结构主义的观点有助于理解基础设施与社会系统之间的紧密联系，以及这种联系对于社区的发展和社会秩序维持的重要性，进而对乡土空间营建进行系统性思考。

3.3 可逆性

乡土人居基础设施的可逆性是指在设计、建造和使用过程中具有可调整、可修改和可适应的特征，这一概念强调了基础设施在面对变化时进行调整的灵活性[9]。乡土人居基础设施的可逆性要求在设计阶段充分考虑到未来的变化和需求，能够根据不同情况进行修正和改变，以适应不同居住诉求和家庭结构的变化。

乡土人居基础设施的可逆性还要求在建造过程中能够进行实时转化，这意味着基础设施的营建应该考虑到多种建造模式，以适应突发状况和特殊需求。此外，在后期使用中也需灵活适应不同的活动功能，这意味着乡土空间的平面布局应具有一定的可调整性，例如，交流场所可以用于举办不同类型的活动。通过强调乡土人居基础设施的可逆性，可以更好地应对社会、经济和环境变化带来的挑战，可逆性使得乡土空间能够持续适应不断变化的需求，减少资源的浪费。

3.4 可持续

乡土人居基础设施的可持续性要求其在设计和建造过程中考虑到环境影响和生态平衡，主要体现在“低技高效”的层面，指在设计和实施过程中采用简单、实用的技术和方法，同时最大限度地减少资源的消耗和环境的负荷。通过采用本地材料和传统建筑技术，可以降低建设成本，提高项目的可行性，并减少对有限资源的依赖[10]。例如，利用当地石材、木材和夯土等材料以及运用传统的建造工艺进行建造，能够在满足使用需求的同时，降低对外部资源的需求。

通过合理规划和设计，采用合理的建造模式和营建技术，能够降低能源消耗和碳排放，实现能源的高效利用。这种方式有助于提高乡村社区的可持续性，降低对外部资源的依赖，实现资源的高效利用和环境的保护。总而言之，低技高效是乡土人居基础设施可持续发展的重要方式，通过采用本地资源和传统技术，节约能源减少碳排放，以及实现功能的最大化和多样化，能够建设出更加绿色和适应乡村发展需求的乡土空间。

4　对乡土空间营建的启示

乡土人居基础设施是乡村社区发展的重要组成部分，它既满足了村民的生活需求，又反映了当地文化和社会传统。通过分析乡土人居基础设施的自发性特征以及多学科交叉和介入等方面，了解到乡土人居基础设施在提供实用功能的同时，如何通过简单、实用的设计和建造方式实现了可持续性的目标。由此，在乡土空间的营建中应保持对基础设施的尊重并向其合理借鉴，以期实现乡村社区的可持续发展和乡土文化传承（图5）。

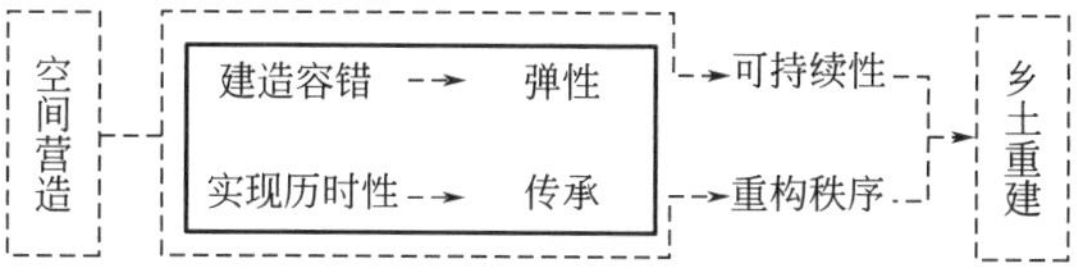

图 5　自发性乡土空间营建策略

4.1　容错建造

乡土人居基础设施的自发性意味着其设计和建造过程中存在一定的灵活性和适应性，这其实是一种“容错建造”。乡土空间营建可以从这一过程中借鉴经验，通过设计灵活、可调整的结构和布局，以适应未来可能出现的变化和需求。容错建造应关注降低成本，利用当地材料和技术，以实现可持续性。同时，应鼓励社区村民的积极参与，通过共同决策和合作，共享责任和利益。这种参与模式可以提高基础设施的适应性，并增强社区凝聚力和归属感。“容错建造”通过持续的改进与修正，及时弥补可能出现的问题。通过不断的学习和反馈，可以提高乡土空间的完成品质和性能，确保其长期可持续发展。

乡土人居基础设施的自发性特征为容错建造提供了有益的启示，在容错建造中，应借鉴乡土人居基础设施的自发性特征，通过灵活的设计、低成本的建造、社区参与和共享，以及持续的改进和修复，构建更加适应未来需求和可持续发展的乡土空间。乡土建筑应满足使用者在未来能够对建筑进行实时的、自发性的改造，这就要求乡土重建处于一种“未完成”状态，这种“未完成”是一种动态的“高完成”。

4.2　实现“历时性”

人居基础设施的历时性演化是对社会、经济、环境和文化等多种因素的回应，并适应不断变化的需求和挑战。新的建筑材料、工程技术和管理方法的引入，使得乡土空间更具耐久性、可靠性和可持续性。随着环境问题的加剧和生态保护的迫切性，乡土人居基础设施的设计和建造也越来越注重节能减排、资源循环利用的考虑。

乡土空间营建的历时性演化也包括对乡土文化的保护和传承，乡村地区通常拥有独特的社会形态、文化形态和经济形态，其中包括传统建筑风格、风俗习惯、在地产业、民族工艺等。此外，在对乡土空间营建过程中，也应注重保护和修复具有历史和文化价值的乡土空间景观，并保持其特有的地域性和人文性[11]。乡土人居的历时性演化可以更好地适应乡村的变化，促进乡村的可持续发展和增进村民的福祉。

5　结语

乡土人居基础设施是乡村地区发展的重要组成部分，它承载着村民的日常生活需求和社区的发展目标。本文从基础设施建筑学的视角，通过探讨乡土人居基础设施的自发性特征及其现代性、多学科交叉和介入等表征，展示了乡土人居基础设施对乡土空间营建的启示和影响。乡土人居基础设施的自发性特征也使得基础设施与乡土空间的融合更加紧密，体现了当下乡土生产生活方式和社区文化的传承。此外，乡土人居基础设施的历时性演化展现了乡村地区在不同时期对人居环境的不断追求和改进，在技术创新、环境保护、社区参与和文化保护等方面的努力，乡土人居基础设施逐渐适应了社会变革和发展需求。

参考文献

[1] 李亮.传统村落文化空间的现代性重构研究[J]. 新疆社会科学，2021（6）：142-152，171.

[2] 胡兴，汪原. 日常基础设施：作为身体外延的技术系统[J]. 建筑学报， 2022（10）： 1-7.

[3] 胡兴，汪原. 基础设施建筑学：技术塑造下的时空场域

[J]. 建筑学报，2022（12）：92-97.

[4] 褚冬竹，阳蕊. 城市基础设施文化性及其实现：建筑学视域下的讨论 [J]. 世界建筑导报，2023，38（2）：23-29.

[5] 陈龙. 建筑师参与下的传统村落公共空间自发性建造体系研究 [D]. 北京：中央美术学院，2017.

[6] 贺勇，刘伟琦，浦欣成.日常生活与文化遗产视角下浙江省里蛟河村聚落水系空间解析[J].华中建筑，2022，40（9）：68-73.

[7] 王韬. 村民主体认知视角下乡村聚落营建的策略与方法研究[D]. 杭州：浙江大学，2014.

[8] 丁沃沃. 结构主义思维与形态学认知[J]. 建筑学报，2023（3）：18-24.

[9] 卢健松，姜敏.自发性建造的内涵与特征：自组织理论视野下当代民居研究范畴再界定[J].建筑师，2012（5）：23-27.

[10] 谭刚毅. 形式追随经济——乡村建设低技可逆性建造[C]//在路上：乡村复兴论坛文集（八）· 松阳卷：北京：中国建材工业出版社，2021：54-61.

[11] 刘海芊.新农村建设中的民居建筑保护与更新[J]. 建筑与文化，2016（10）：98-99.

基于中国式城镇化的智慧乡村营建机制①

刘志宏②

作者单位
苏州大学中国特色城镇化研究中心
苏州大学建筑学院

摘要： 随着中国式城镇化的深入，智慧乡村营建成为城乡融合的关键。本研究提出将生态智慧与大数据技术相结合，以促进乡村生态环境与经济社会的协调发展。通过分析智慧乡村营建机制与生态环境治理的关联，本研究旨在提炼出关键治理要素，为构建适应中国城镇化的智慧乡村提供策略与方法，推动其可持续发展。

关键词： 中国式城镇化；生态文明；智慧乡村；生态环境；营建机制

Abstract: As Chinese-style urbanization progresses, the construction of smart villages has become a key to the integration of urban and rural areas. This study proposes the integration of ecological wisdom with big data technology to foster the coordinated development of rural ecological environments and socio-economic systems. By analyzing the correlation between the mechanisms of smart village construction and ecological environment governance, this research aims to distill key governance elements, providing strategies and methods for building smart villages that are adapted to China's urbanization, thereby promoting their sustainable development.

Keywords: Chinese Style Urbanization;Ecological Civilization; Smart Villages; Ecological Environment; Development Mechanism

随着信息化时代的到来，中国式城镇化的不断发展，利用信息技术促进乡村建设，为乡村振兴战略规划的最终实现提供技术支持[1]。大数据逐渐成为人们日常生活的一部分，科学应用数据也成为当前人居环境建设实践的主要挑战与机遇，大数据驱动人居环境提升[2]。智慧乡村汇集了社会和乡村等方面的大数据，实现了信息与数据融合、资源共享。有利于实现城乡信息互通；有利于加快乡村发展步伐；有利于撮合乡村资源整合[3]。本文以党的二十大、“国家信息化发展战略纲要”“十三五”全国农业农村信息化发展规划(2016-2020)和“十四五”发展规划等文件精神为契机与突破点，强调信息化在未来乡村建设与发展中起到的重要作用。通过乡村振兴战略规划的指引，推动了智慧乡村和生态环境协同发展的创新[4]，解决了智慧乡村营建的关键技术开发，人与自然和谐共存的问题。因此，基于生态文明视域下智慧乡村营建机制研究就尤为重要，体现出中国特有的与山水高度融合的乡村人居环境[5]。

1　智慧乡村营建的现状

1.1　智慧乡村研究趋势

国外的特色乡村建设案例也为我国乡村振兴战略的实施提供了参考借鉴(海若，2018)[6]。特别是韩国和日本的乡村发展经验对我国的乡村振兴战略规划具有很大的启发，强调构建乡村振兴投入长效机制，坚持走乡村智能化建设之路，才能为乡村振兴战略真正落地夯实基础(邱春林，2019)[7]。[韩]朴汝贤等(2018)[8]通过智能城市的数据平台技术，提出了

① 基金项目：国家社会科学基金项目（22BSH086）；2022年度江苏高校哲学社会科学研究一般项目（2022SJYB1437）；中国特色城镇化研究中心、新型城镇化与社会治理协同创新中心招标课题（22CZHC012）研究成果之一。
② 刘志宏（1978—），男，广西桂林人，建筑学博士，副教授，硕士研究生导师，研究方向为建筑设计及其理论、生态环境与乡村营建、传统村落，邮箱：261607194@qq.com。

韩国乡村智能化发展模式的构建方法；[韩]崔俊英等(2020)[9]提出了居民参与相关的智慧安全城市的空间大数据战略规划实施方案。以上这些研究对智慧乡村发展策略的方法研究具有重要的理论基础与科学性参考价值。

我国关于智慧乡村方面的研究主要体现在以下几点：首先，提出智慧乡村的规划构想(王甜，2014)[10]。其次，基于生态文明视域下乡村发展模式的建立，需构建现代化的乡村绿色产业体系，完善乡村绿色发展体系(薛苏鹏，2018)[11]；提出具有针对性的协同生态转型规划策略(罗萍嘉等，2017)[12]。最后，提出了乡村大数据平台的建设效能实现乡村规划与农业发展智能化、网络化和精准的战略性转变(周慧，2019)[13]，从生态文明视角出发，提出建设美丽乡村的方法与解决问题(李进等，2019)[14]；提出了“向乡村学习—在地设计—触媒激活”乡村智慧建设新模式，建立了生态智慧乡村的技术模型(张文英，2020)[15]；在疫情背景下乡村治理模式的转型思考，探讨健康安全、生态宜居和乡村可持续的人居环境的实现路径(张鸿辉等，2020)[16]。因此，立足生态智慧的实践,乡村振兴下新时代乡村建设路径研究，对实现我国美丽乡村可持续发展具有借鉴意义(王云才等，2019；王俊，2019；金荷仙等，2019)[17]~[19]。

1.2 智慧乡村营建的现状及存在的问题

智慧乡村发展的三个阶段(图1)分别是萌芽阶段（2000—2009）、探索阶段(2010-2016)和全面推进阶段(2017至今)[1]。党的十九大报告提出实施乡村振兴战略，在乡村可持续发展上应建立新的发展模式(耿小烬，2019)[20]，以绿色发展为导向，树立绿色发展理念，采取振兴模式创新(张宇等，2019)[21]，建立了智慧乡村智能化文化、产业价值体系(刘静雅，2018)[22]。建设数字乡村、生态环境、生态智慧和智慧社会，全面实施国家大数据战略，不断推进智慧乡村营建的新时代。为了更好地体现乡村文化价值，智慧转型升级是必然趋势。

为了应对自然灾害带来的影响及边远乡村的紧急服务需求，构建智慧乡村新模式已成为极为有效的应对方式。从而突破了乡村科技落后、信息孤岛等难题，延续了乡村文化血脉、完善了乡村信息共享和智能融合等体系的建立。重点发展乡村健康安全与数字信息化技术来推动乡村环境治理和疫情防控模式的更新，进而促进了乡村振兴战略规划的实施[3]。

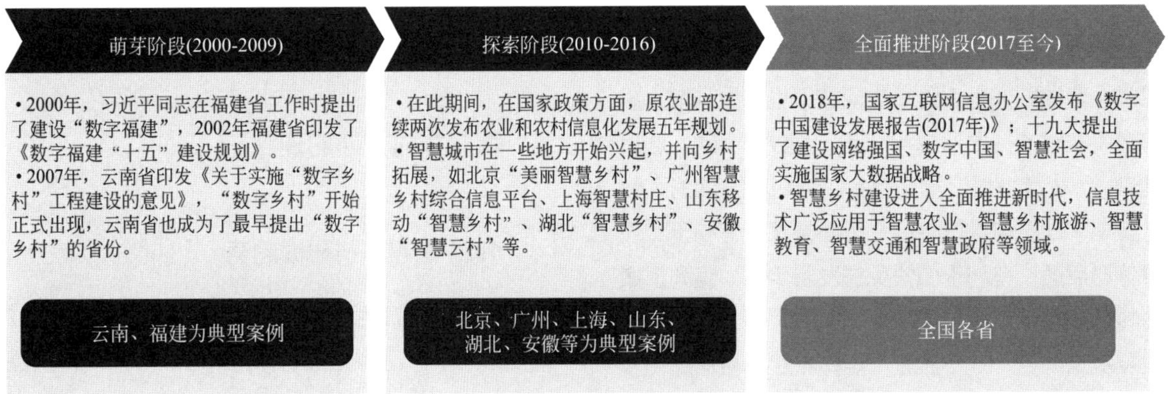

图1 智慧乡村营建阶段
（资料来源：作者根据参考文献 [1] 绘制）

智慧乡村营建，所面临的主要问题有：首先，乡村信息化技术不发达，信息孤岛严重，智慧乡村营建受到制约；其次，村民观念意识较弱，智慧乡村营建推进缓慢；再次，乡村专业人才匮乏及管理不科学，智慧乡村营建的开展受到限制；最后，乡村信息化资源及资金缺乏，智慧乡村营建进程受到阻碍。因此，如何利用大数据战略来实现乡村健康安全的人居环境是本文关注的焦点之一。智慧乡村营建机制的建立，是解决当前乡村人居环境可持续发展等科学问题的重要方案之一。

1.3　智慧乡村营建框架

智慧乡村是“智慧”理念在乡村发展中的具体应用与实践，体现了智慧乡村发展的理念内涵[21]。在欧洲，“智慧乡村”是一个乡村社区，它被定义为通过建立网络基础并利用ICT相关知识来改善地区乡村发展，并推广出了各种智慧乡村发展项目[23]。李德仁等(2011)从信息化技术的视角强调了数字化技术在智慧城市建设与管理中的理论应用与实践[24]。为了在第四次工业革命的时代实现国家长期发展战略，并且为了弥补城乡发展差距，各个国家都在大力推进智慧城市和智慧乡村项目的融合协同发展，通过大数据技术来改变智慧乡村在信息资源上的局限。党的十九大将乡村振兴战略规划提升至新的国家战略高度，乡村建设迎来新时代的新转折。在乡村振兴战略规划的指引下，对乡村建设的理论和实现目标等方面进行相应的调整[25]。因此，应深入探讨生态文明视域下智慧乡村营建路径的相关理论研究，确定好乡村与人居环境之间的协同发展关系，推进智慧乡村营建，实现乡村振兴战略规划目标。

文章主要从乡村的智慧环境、智慧规划、智慧模式等方面加以研究，探索乡村发展中传统资源与现代科技的撮合服务路径，把乡村优秀的传统技艺和当代先进的绿色科技创新结合起来。本文针对现有研究成果存在资源低效利用，地域化局限与政策对接等不够充分的问题，对人与自然和谐共存、健康人居环境的反思与应对策略加以梳理，并对其智慧环境和智慧规划协同创新的新模式、乡村环境治理体系建设、乡村的防疫应急体系构建等进行了分析研究。以绿色发展观作为指导思想，其构建科学的乡村健康人居环境体系相应地起着指导并转化为国家发展相关政策和乡村振兴战略。具体研究内容的理论框架示意如图2所示。

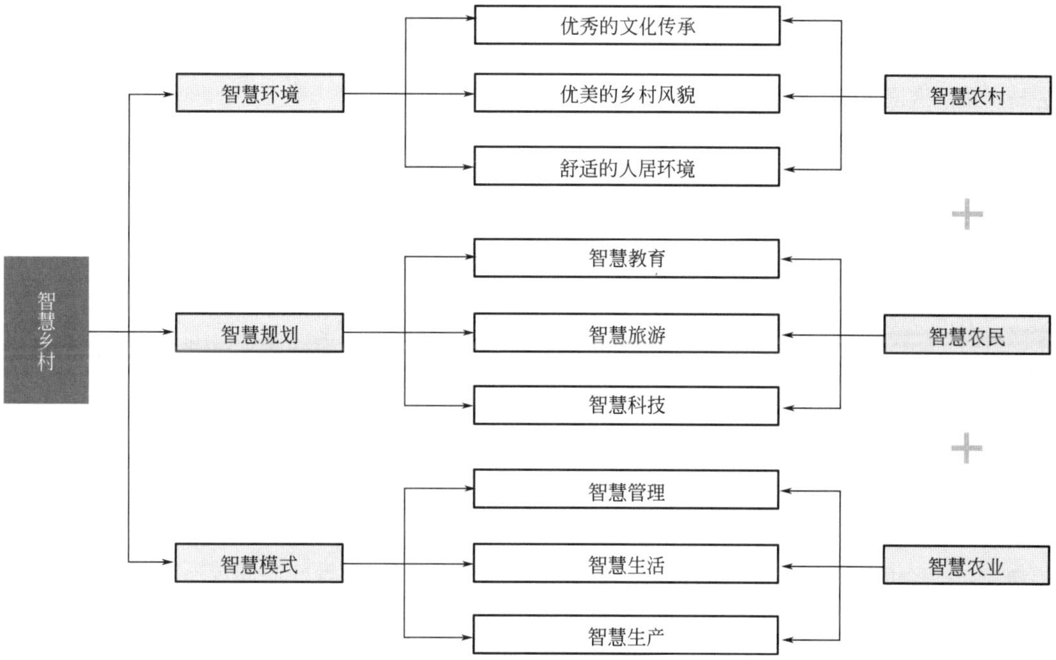

图2　智慧乡村营建框架

由于智慧乡村研究相对滞后，缺乏乡村绿色科技方面的理论指导和借鉴，因此，本文致力于建立智慧乡村营建机制的路径与方法，并提出了如何有效发挥大数据优势来振兴乡村的特色文化产业，在绿色发展观的指引下通过对乡村可持续发展突出问题的分析，发挥乡村的地域特征，建立智慧乡村评价方法，推动智慧乡村评价体系广泛应用于乡村发展和建筑规划设计中。

2 智慧乡村营建机制构建

2.1 智慧乡村营建机制的认识

乡村传统农业的更新改造是优先乡村农业发展的理论基础，有助于生态文明视域下智慧乡村营建并为其提供理论支撑。生态文明视域下智慧乡村营建最重要的路径就是智慧农业的发展，这是党的十九大提出的实施乡村振兴战略规划的目标和关键所在。智慧乡村营建的目标之一在于建设生态宜居的美丽乡村，生态环境作为其中的标准之一，对智慧乡村营建的方向提出了新的要求[18]。绿色发展理论是实现智慧乡村营建的必然选择；产业融合是智慧乡村营建的重要路径。智慧乡村营建取决于村民实质性的参与和村庄实际需求的表达，关键的治理要素在于提高乡村主体性和“共”领域的治理参与。当前的智慧乡村营建大多依靠政府投入或市场投资，而乡村“共”领域的治理资源相当匮乏，造成建设中乡村主体性严重不足。乡村“共”领域的治理资源，包括乡村内部资金、劳动力等的参与不足，很难对乡村成员形成实质性的参与动员，进一步导致建设供给和村民实际需求不匹配的情况。只有经过上述过程，才能通过公共品的供给，村级发展赋权与公共供给机制的建立，增进乡村建设的有效性和公共性[26]。

2.2 智慧乡村营建效应机制与智慧治理机制的比较分析

智慧乡村营建机制主要目标是通过扩大乡村产业规模来创造利润，并通过应用尖端大数据等技术来实现乡村发展，以及建立一种智慧乡村农业模型，该模型利用商业利润模型来实现智慧乡村产业化和基于先进技术来实现智慧乡村的有效管理，建设效应机制与智慧治理机制的比较详表1所示。

智慧乡村营建效应机制与智慧治理机制的比较分析[27] 表1

智慧乡村营建机制的类型		智慧乡村的管理机制模式
建设效应机制	生产型建设	· 生产基础设施 · 排水和进水设施 · 乡村生产机械 · 乡村综合设施
建设效应机制	有效性建设	· 环保农业建设 · 智慧农业建设 · 关键性建设控制
智慧治理机制	智慧资源	· 乡村公共资源 · 生态智慧中心
智慧治理机制	组织机制	· 乡村信息化系统 · 智慧管理系统

（资料来源：根据参考文献[27]绘制）

2.3 智慧乡村营建机制的建立

乡村振兴背景下智慧乡村营建机制研究，主要围绕三方面来展开：一是建立智慧乡村创新发展机制。主要体现在智慧乡村创新发展的动力机制、运行机制和保障机制建设。二是要推进智慧乡村的协调发展机制。从智慧乡村协同发展的产业协同机制、和谐发展机制和资源共享机制三个方面来建设。三是要实现智慧乡村的生态宜居机制。主要从智慧乡村的治理机制、生态环保机制和健康宜居机制三个方面来建设。图3为智慧乡村营建机制的路径图，以乡村的活性化发展思路，揭示了智慧乡村营建的现状，提出了智慧乡村营建机制的建立方式和三个阶段的推进方向，最后通过构建智慧平台、智慧产业和智慧生活来解决乡村发展中存在的主要问题。系统建设智慧乡村大数据共享平台，重点发展乡村健康宜居技术来推动乡村环境治理模式的更新，有效地推进乡村振兴的实施。

以乡村振兴战略规划的引领、信息共享、环境治理协同为“智慧环境和智慧规划协同创新”的五大准则，构建从智慧规划到智慧乡村，再到协同发展的乡村治理模式。通过三维可视化技术、城市信息模型搭建智慧乡村时空基础设施，实现对乡村全方位、全要素的数字化建模，为智慧环境及规划提供了资源高效科学化的支持。从搭建多源时空数据库和形成时空大数据整合标准化技术出发，以对人地互动的特殊需求为核心渐次展开，探讨乡村的智慧环境、智慧生产、智慧生活和信息化技术体系构建，并对智慧乡村营建机制相关的特殊性进行分析总结，加快乡村优秀的传统技艺和当代先进的绿色科技创新有机融合。

3　智慧乡村营建的应对策略

3.1　智慧乡村的数字化共享平台应对策略

基于智慧乡村技术分类体系的构建，通过智慧乡村营建的大数据预测。在此基础上，建立智慧乡村信息化管理系统，将乡村的智能化技术模型预测到的数据结果通过信息化管理系统进行大数据分析与共享。在大数据背景下建立数字化共享平台，由系统管理员共享不同的数据信息。并把相关信息化系统挂在云平台上，可以满足不同用户的需求，也可以降低成本和节约资源。数字化共享平台还可以为智慧乡村营建提供大量的空间数据资料，满足乡村发展的需要。

智慧乡村营建的大数据研究涉及乡村信息化指数评价问题，运用智慧乡村营建的大数据去进行量化分析具有一定的可行性。以大数据为基础，建立乡村智能感知体系，以信息互动感知为方法，形成乡村空间和环境体征的综合监测指标体系，以数字化共享平台和乡村智慧环境为目标，协同智慧规划的生态化系统设计，并以人机互动和地域适应性为手段，实现智慧乡村发展的空间大数据协同和时空联动，做到人与自然协同发展、持续优化升级（图3）。

3.2　智慧乡村营建的大数据应对策略

在进行智慧乡村营建的空间大数据研究前，首先选取具有代表性的乡村作为典型研究对象和数据收集。将乡村与其所在的城镇文化中心作为横轴，将乡村的百度搜索指数作为纵轴，通过大数据分析可以得出乡村所在地区的人口规模。

以智慧规划引领智慧乡村营建，可以促进大数据平台构建与乡村建设的空间规划之间的联通融合，系统性构建大数据分析平台、信息化基础设施与乡村建设的基础性设施相辅相成，充分体现出乡村的智慧环境、智慧规划和智慧模式等三大技术分类一级指标的特征，确定好各应用功能的构建路径和建设重点，协调智慧环境、智慧规划和智慧模式构建策略，促进智慧乡村的大数据与建设机制的优化。因而，以智慧环境、智慧规划和智慧模式来引领智慧乡村营建的创新发展模式，必将成为智慧乡村未来发展的必然趋势。

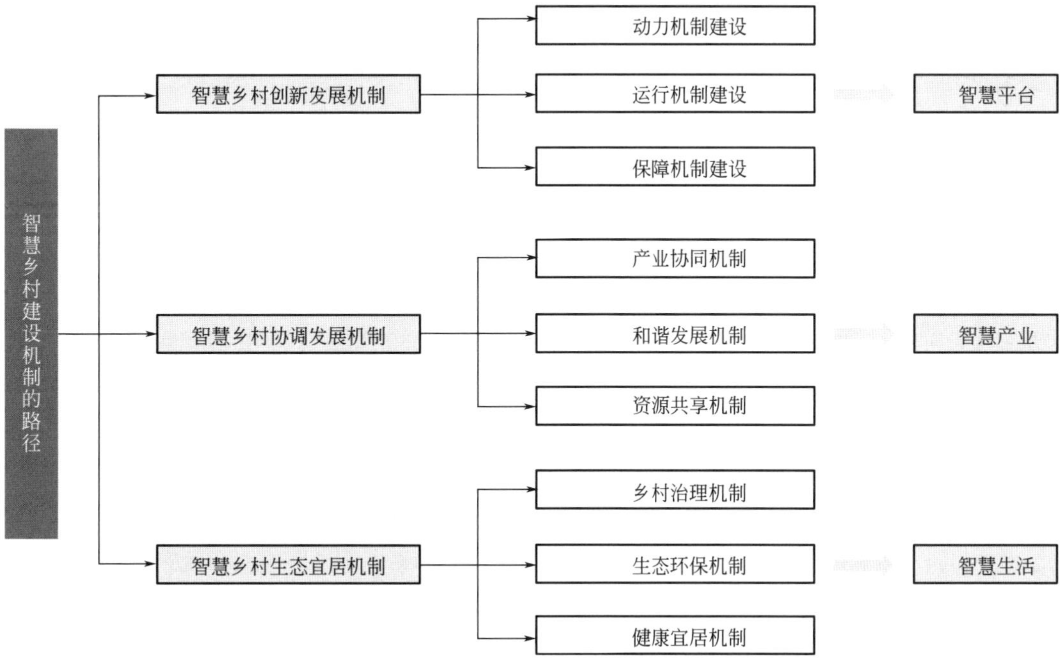

图3　智慧乡村营建机制的路径框架

3.3 智慧乡村营建的建议

在生态文明视域下智慧乡村营建机制的路径，必须符合生态文明建设的本质内涵，把握目前乡村信息化建设的方针政策。需要注重乡村的地域文化和本土的乡村战略规划，同时也需要注重乡村的可持续发展和村民生活改善等的一系列关键问题。据此，生态文明视域下智慧乡村营建应对策略对中国乡村振兴有重要借鉴意义，具体可归纳为以下几点决策性建议：

1. 政府政策支持方面

为了快速落实智慧乡村营建体系的构建，必须以改善原始乡村的村民生活困难为前提，探索智慧乡村的可持续发展新理念，确定好智慧乡村发展的科学性。扩大智慧乡村营建的范围和促进乡村可持续发展，通过政府财政支援及补偿村民政策等的措施，来完善智慧乡村大数据平台建设和智慧乡村规划的方向性制定。加大力度开发大数据共享平台和乡村信息化基础设施建设。应用政府调节职能，构建智慧乡村发展模型，推动智慧农业的发展。

2. 规划方法策略方面

在不同的乡村发展类型中，探讨智慧乡村规划新模式。加快农业信息化平台的设计与投入，培育设计创新团队。建立设计服务平台，实现信息共享。

3. 理论对策方面

疫情下智慧乡村建构的新视角与新示范,创新性地提出乡村振兴战略理论应用于智慧乡村营建机制的构筑。针对智慧乡村和生态宜居的评价体系开发与实现路径研究，利用大数据战略来实现乡村健康安全的人居环境构想。

4. 实施策略方面

实现智慧乡村营建与大数据共享。通过建立智慧环境、智慧规划和智慧模式三者的协同发展，做到智慧应用与大数据共享发展的体系建构，使其一体化发展。乡村振兴背景下健康安全环境构建的新方法与新路径,促进乡村智能发展的地域适应性理论体系的构建。探索智慧环境、智慧规划和智慧模式协同创新发展的关键技术研究成果走向应用，为打造健康安全环境提供思路。注重大数据资源的整合和信息共享，在智慧乡村营建机制及可持续发展的方法上具有前瞻性。

4 结论

随着中国式城镇化的持续演进及新时代信息技术的融合应用，乡村发展已迈入智慧化的新阶段，标志着生态文明建设取得了初步成效。在这一背景下，智慧乡村的营建不仅成为城乡融合的关键驱动力，也面临着参与者多元化和治理机制复杂化的挑战。智慧乡村营建正逐渐成为农村信息化发展的必然方向。 本研究旨在深化对乡村建设机制及其生态环境治理能力的认识，这对于精准实施乡村振兴战略、优化作用机制具有重要意义。通过关键技术的协同创新，探索智慧环境、智慧规划与智慧模式的应用实施，旨在丰富和完善智慧乡村的营建机制。构建包含创新发展、协调发展及生态宜居等要素的智慧乡村营建新机制，对于解决乡村人居环境的可持续性问题至关重要。本研究提出了在中国特色城镇化进程中智慧乡村营建的新路径与方法，旨在推进美丽乡村建设的持续发展与繁荣。

参考文献

[1] 郭俊. 推进智慧乡村建设中存在的问题及其措施分析[J]. 南方农业，2019（24）：164-165.

[2] 郑曦. 大数据驱动的人居环境提升[J]. 风景园林，2021，28（1）：6-7.

[3] 刘志宏. 苏州大运河沿线数字化村落构建思路研究[J]. 建筑与文化，2020（9）：50-53.

[4] 赵晶. 推动生态环境宣教工作守正创新[N]. 中国环境报，2021-5-20（003）：1.

[5] 王向荣. 山水与人居[J]. 风景园林，2018，25（9）：4-5.

[6] 海若. 国外乡村振兴怎么搞[J]. 农产品市场周刊，2018（27）：58-61.

[7] 邱春林. 国外乡村振兴经验及其对中国乡村振兴战略实施的启示—以亚洲的韩国、日本为例[J]. 天津行政学院学报，2019（1）：81-88.

[8] 박여현，나주몽. 농촌재생을 위한 스마트리전 정책 방향 연구：한국지역개발학회 학술대회[C]. 서울：한국지역개발학회，2018.6：526-542.

[9] 최준영，이정윤，안재성. 주민 참여와 연계한 스마트

안전 도시를 위한 공간 빅데이터 전략 연구[J]. 국토지리학회지，2018，54（2）：165-177.

[10] 王甜. 智慧乡村的规划构想[J]. 小城镇建设，2014（10）：88-89.

[11] 薛苏鹏. 发展绿色产业 引领乡村振兴[J]. 新西部，2018（9）：87-88.

[12] 罗萍嘉，刘茜. 徐州市“矿 · 城”协同生态转型规划策略研究[J]. 中国煤炭，2017，43（12）：5-10，15.

[13] 周慧. 大数据时代及乡村振兴战略背景下的乡村规划新机遇[J]. 城市规划，2019（4）：57-59.

[14] 李进，王会京，李静. 基于生态文明视域下的美丽乡村建设研究[M]. 石家庄：河北人民出版社，2019.

[15] 张文英. 转译与输出——生态智慧在乡村建设中的应用[J]. 中国园林，2020，36（1）：13-18.

[16] 张鸿辉，洪良，唐思琪. 疫情背景下城市治理模式转型思考：智慧规划与智慧城市“双智协同”建设逻辑、理念与路径探索[EB/OL]. 规划师在行动，2020-2-3.

[17] 王云才，黄俊达. 生态智慧引导下的太原市山地生态修复逻辑与策略[J]. 中国园林，2019，37（7）：56-60.

[18] 王俊. 乡村振兴战略视阈下新时代乡村建设路径与机制研究[J]. 当代经济管理，2019，41（7）：44-49.

[19] 吴文丽，金荷仙. 浙江村落八景文化资源研究[J]. 古建园林技术，2019（4）：71-74.

[20] 耿小烬. 乡村振兴战略可持续发展路径研究[J]. 学术探索，2019（1）：41-46.

[21] 张宇，朱立志. 关于乡村振兴战略中绿色发展问题的思考[J]. 新疆师范大学学报（哲学社会科学版），2019（1）：65-71.

[22] 刘静雅. 智慧乡村开启乡村发展新模式[J]. 乡村科技，2018（30）：1.

[23] 한국정보화진흥원. 유럽형 지역경제 활성화 ICT프로젝트‘스마트 Village’[J]. 한국정보화학회지，2018，39（2）：20-30.

[24] 李德仁，邵振峰，杨小敏. 从数字城市到智慧城市的理论与实践[J]. 地理空间信息，2011，9（6）：1-5.

[25] 常倩，李瑾. 乡村振兴背景下智慧乡村的实践与评价[J]. 华南农业大学学报（社会科学版），2019，18（3）：11-21.

[26] 孙莹，张尚武. 乡村建设的治理机制及其建设效应研究——基于浙江奉化四个乡村建设案例的比较[J]. 城市规划学刊，2021（1）：44-51.

[27] 이상현，김윤형，배승종，서동욱，오윤경. 융복합 농산업화 모델 유형별 잠재가능성 분석-밭작물 주산단지를 중심으로[J]. 농촌계획，2020，26（2）：25-37.

乡村聚落空间形态的量化研究初探
——以南京市高淳区为例

乌家宁[1] 张弘[1] 杨珺淇[1] 徐霄羽[2] 程岩[1]

作者单位
1. 清华大学建筑学院
2. 重庆大学建筑城规学院

摘要： 在大力开展乡村建设行动的背景下，对乡村风貌的保护和更新应该有系统的指标体系作为引导。本文通过实地走访和数理统计方法，从聚落边界、聚落内部公共空间、聚落空间单元等3个方面，对高淳区下辖的7个自然村开展了定量的描述和分析，并将分析结果与村庄生活习惯与政策实施结果等要素进行关联，尝试指出了若干普适性的形态指标，并构建了村庄类型和地理地域特征的关联对应，为乡村聚落的保护和更新提供理论支撑。

关键词： 量化研究；空间形态；乡村聚落

Abstract: Under the background of vigorously carrying out the Action Plan on Rural Construction, there should be a systematic system to guide the protection and renewal of rural landscape. In this paper, through field research and mathematical analysis, we quantitatively describe and analyze seven natural villages in Gaochun, Nanjing in terms of settlement boundaries, internal public space, and residential units of the settlements, and correlate the results of the analyses with elements such as living habits and the implementation of the policies, try to point out a number of universal morphology indexes, and construct a correlation between the types of the villages and geographic and territorial characteristics. Correspondence is constructed to provide theoretical support for the protection and renewal of village settlements.

Keywords: Quantitative Research; Morphological Characteristics; Rural Settlements

1 引言

1.1 研究背景

乡村的发展和振兴面临艰巨而繁重的任务。2022年5月，中共中央国务院印发《乡村建设行动实施方案》，党的二十大报告进一步提出建设宜居宜业和美乡村，在地域特色传承、乡村生态保护、数字乡村建设、农房建设与人居环境提升等方面提出了新要求。在这一整体背景下，自然资源部、住建部等政府部门相继发文，对聚落规划、设计下乡等工作进行了部署。

在乡村四种分类和杜绝大拆大建的政策背景下，大规模的乡村建设将逐渐减少，除搬迁撤并类村庄外，乡村建设将以传统村落保护更新与本村宅基地置换为主。然而，相关理论指导的缺位导致当前乡村建设仍呈现出相当的自发性特征，导致从建设结果来看，新建房片区和旧村之间往往在聚落结构、空间布局等方面存在较大的不同，导致二者虽然地理位置相近甚至相邻，却显现出明显的空间特征差异。同时，整体而言全国的乡村规划编制工作仍在起步阶段，需要较为系统的理论支撑；已经编制开展的乡村规划大多以单一行政村为基本单元，且彼此之间差异较大，缺少对周边地区乡村的泛化能力。近年来，在政策的引导和支持下，通过乡村工匠培训、规划师下乡等举措，上述问题已经得到一定程度的缓解，但整体而言，当前阶段乡村建设中对中微观尺度聚落形态及其对生产生活影响的认识和调控仍然相对不足，乡村建设工作的高质量开展仍然任重道远。

本研究将致力于以量化方法认知与描述特定地区的乡村聚落空间，以江苏省南京市高淳区下辖村落为研究对象，从乡村聚落空间的整体形态、空间结构、空间单元等三个角度建立指标体系并开展量化分析，在此基础上对乡村聚落进行类型划分，总结该地区乡村聚落的关键控制性指标数值，进而为该地区乡村风貌的保护与更新提供理论支撑。

1.2　相关研究概况

当前阶段，关于乡村聚落空间的量化研究一般倾向于将各要素按照尺度分为聚落边界形态、聚落内部空间形态、聚落建筑物排布等分别进行研究。浙江大学浦欣成副教授提出了在二维空间中精确描述聚落空间形态的量化方法，并被后来的研究者称为“浦氏方法”①。童磊基于cityEngine对浦氏方法的若干局限开展了优化工作，使之更具有可操作性②；董一帆使用grasshopper将聚落边界的求取转化为求凸包和Delaunay三角剖分的问题，使边界的自动求取成为可能③；罗茜等也针对更多地区进行了相关的聚落形态分析工作。

空间形态识别通常需要结合机器学习、空间分析、空间句法分析、参数化解析、基因图谱分析等，例如冯晓欢基于以上五种方法对黔东南侗族传统村落空间形态基因进行识别和分析④，而王翼飞指出乡村聚落形态基因库主要包括形态基因信息体系、数据构成和结构构成三个方面，并从自然环境和社会环境出发对黑龙江省的乡村聚落进行分析，建构黑龙江省乡村聚落形态基因信息图谱⑤。李欣分析了侗族聚居区的社会文化特征，并以数字化的方式抽象为参数指标，给出一种量化拟合估计的算法，并基于此对侗族传统乡村聚落的新建区进行了空间单元的模拟生成⑥。曾茜⑦、李敏⑧等则以空间句法为主要工具，结合自组织理论开展乡村空间结构与聚落形态方面的研究。

2　研究方法

2.1　数据采集与预处理

本研究以通过航拍图像倾斜摄影建模后导出正射影像的方式获得的村庄平面正射影像（Orthomosaic）为主要工作底图，并将工作底图导入ArcGIS平台中进行进一步的轮廓识别，提取村庄建筑分布平面图、村庄院落分布平面图与村庄非可达空间平面图。其中，非可达空间包括村庄内的坑塘水面、农田设施、宅间绿地等（图1）。

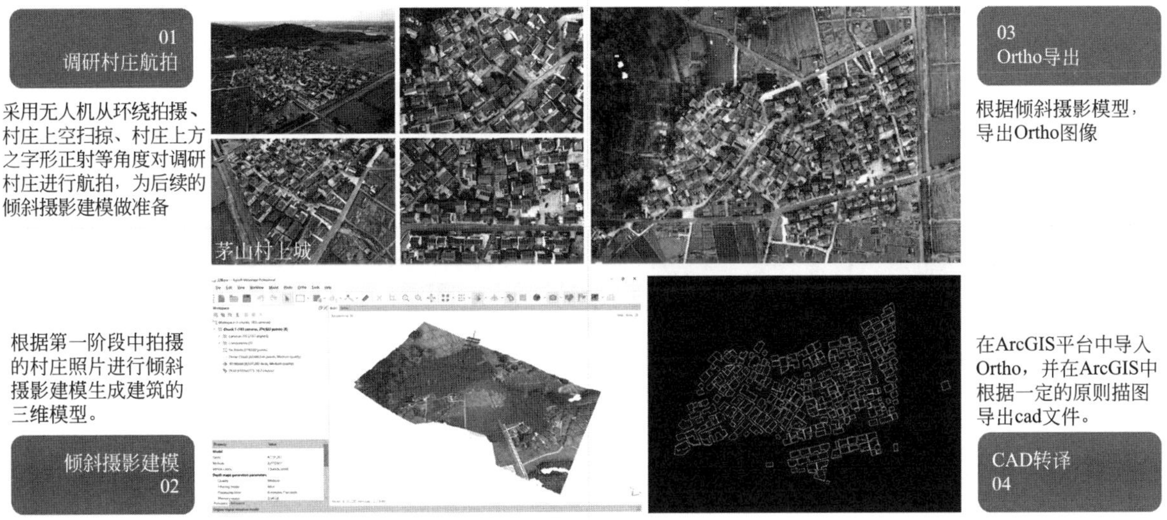

01
调研村庄航拍
采用无人机从环绕拍摄、村庄上空扫掠、村庄上方之字形正射等角度对调研村庄进行航拍，为后续的倾斜摄影建模做准备
茅山村上城
03
Ortho导出
根据倾斜摄影模型，导出Ortho图像
根据第一阶段中拍摄的村庄照片进行倾斜摄影建模生成建筑的三维模型。
倾斜摄影建模
02
在ArcGIS平台中导入Ortho，并在ArcGIS中根据一定的原则描图导出cad文件。
CAD转译
04

图1　数据处理工作流图

① 浦欣成.传统乡村聚落二维平面整体形态的量化方法研究[D].杭州：浙江大学,2012.
② 童磊.村落空间肌理的参数化解析与重构及其规划应用研究[D]. 杭州：浙江大学,2016.
③ 董一帆.传统乡村聚落平面边界形态的量化研究[D]. 杭州：浙江大学,2018.
④ 冯晓欢.黔东南侗族传统村落空间形态基因及保护传承研究[D].西安：西安建筑科技大学,2023.
⑤ 王翼飞.黑龙江省乡村聚落形态基因研究[D].哈尔滨：哈尔滨工业大学,2021.
⑥ 李欣.传统乡村聚落的人工智能生成模拟研究[D].天津：天津大学,2019.
⑦ 曾茜. 基于空间句法的乡村“自组织”空间结构研究[D]. 武汉：武汉理工大学, 2017.
⑧ 李敏. 基于空间句法的西海固地区乡村聚落空间形态特征研究[D]. 西安：西安建筑科技大学, 2023.

2.2 数据分析方法

参考城市意象中“边界、区域、道路、节点、地标”的分类①，以及当前乡村空间形态解析中常见的从整体空间格局、聚落边界图形、聚落空间单元等不同分析角度，在之前得到的三个板块数据基础上从聚落边界、聚落空间结构、聚落空间单元等方面进行分析。

1. 聚落边界的生成与定量分析方法

对村庄建筑分布平面图和村庄院落分布平面图叠加得到村庄的建成区域平面图，基于此以30米为尺度标准②建立聚落边界图形。在得到聚落边界图形后，选取边界密实度、形状面积比、形状率、长宽比、形状指数与边界分维数为关键分析指标。其中，聚落边界密实度为边界总长度与聚落边界图形周长的比值；聚落边界形状率为聚落周长的平方与聚落面积的比值；形状指数为聚落边界图形周长与同等面积、同等长宽比的标准椭圆的近似周长的比值，可以表征村庄边界的复杂程度。

2. 聚落空间的生成与定量分析方法

考虑到聚落边界的模糊性，在进行聚落空间分析时，设定分析边界为聚落边界外扩30米后的范围，同时将聚落空间区分为可达空间和非可达空间。其中，可达空间包括村庄内部的道路、广场、院落空间等，重点考察分析边界内位于建成区域以外部分的图斑。在分析聚落空间时，一方面从分形的角度出发，着重考察聚落公共空间图斑的分形维数，进而判断其空间的复杂程度；另一方面利用空间句法工具，对聚落公共空间的整合度、选择度、可理解度等指标进行分析，并提取每个聚落的“整合度核心”②，进一步总结聚落的空间结构特征。

3. 聚落空间单元的定量分析方法

在统计聚落空间单元面积的基础上，对空间单元的面积进行聚类，得出在调研的乡村聚落中较为典型的若干类建筑的建筑面积；同时将聚落空间单元分为位于院落中和位于院落外两类，对聚类得到的各类典型建筑在两个类别中的分布进行进一步分析。

3 研究数据结果

本文以高淳地区7个自然村为主要分析对象。各村的地理位置分布如图2所示。其中，对宋家、王家、胡家坝、石墙围、黄连山、垄上等村的分析主要聚焦于村庄的各项形态指标，而水碧桥村因西侧水利工程建设的需要先后进行过两次安置房建设，故本文也将对水碧桥村现存建筑中自建房片区和安置房片区的形态指标分异进行分析。

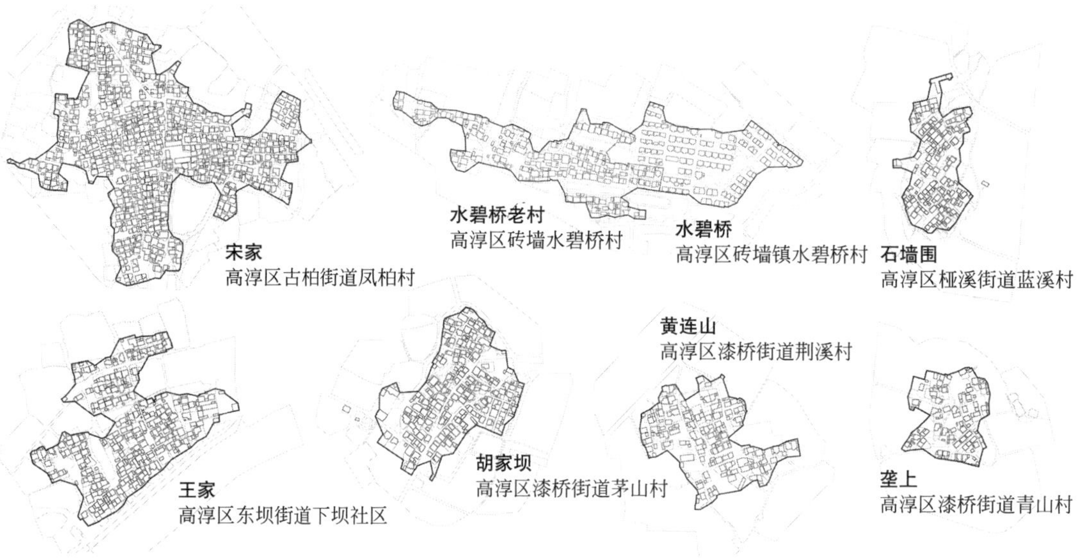

图2 调研样本村庄平面布局与边界图

① 凯文·林奇. 城市意象[M].方益萍,何晓军，译.北京：华夏出版社，2001.
② 李敏. 基于空间句法的西海固地区乡村聚落空间形态特征研究[D]. 西安：西安建筑科技大学，2023.

3.1　聚落边界相关数据

所调研村庄的边界围合面积从2公顷至12公顷余不等，基本能够涵盖高淳地区各类规模的乡村聚落。对各项关键指标的数据分析结果显示，聚落的形状率和形状指数具备较强的正相关特征，均能够反映形状的凹凸变化情况；而周长面积比虽然也能够一定程度上反映形状的凹凸变化情况，但不像前两者是无量纲数据，相比之下更容易受到聚落尺度的影响。

在其他指标方面，除水碧桥村（及不包括安置房片区的水碧桥老村）外，其余村庄的长宽比均在1.1~2之间，并不具有特别明显的各向异性特征；各村的边界分维数集中在1.1~1.2区间内，整体而言差异不大；聚落的形状指数和形状率则具备一定的正相关性（表1）。

3.2　聚落空间相关数据

根据计盒维数法计算出所调研村庄的公共空间分维数集中在1.5~1.6区间内，大多数村庄的可理解度均大于0.6，仅有石墙围村和垄上村的0.4475与0.5660取值较低。同时，根据所调研各村的“整合度核心”分析，多数村庄的整合度核心均代表村庄内部的主要道路，且多位于村委会、村食堂及其他公共服务设施附近，进一步地，超过半数村庄内有一至两条主要的交通轴线，仅有宋家村显现出明显的中心集聚特征，而垄上村在这一阶段则没有表现出明显的空间集聚模式（表2）。

3.3　聚落空间单元相关数据

对聚落空间单元的分析显示，在完成分析的8个聚落中，空间单元的平均基底面积大约在50~70平方米的范围内，其中水碧桥村的平均空间单元面积最大，达到69.58平方米，而王家村的平均基底面积最小，仅为49.57平方米。对所有空间单元进行频数分析后可以得到，有超过95%的空间单元面积在140平方米以下，且总体分布呈现一定的峰值分布特征。

对每个村庄的空间单元面积进行聚类后可以发现，在聚类数量为2的时候整体可以获得最好的聚类效果。此时，面积较大的聚类的聚类核约分布在110平方米上下，面积较小的聚类核约分布在30平方米上下。对于大多数村庄来说，两个聚类的聚类规模比值在1.5~2.3附近不等（表3）。

调研村庄边界关键指标汇总　　**表1**

自然村名称	宋家	王家	石墙围	水碧桥	水碧桥老村	胡家坝	黄连山	垄上
边界密实度	0.337	0.418	0.514	0.370	0.397	0.384	0.409	0.487
周长面积比	0.023	0.029	0.035	0.028	0.039	0.024	0.032	0.032
形状率	16.371	11.342	9.517	16.516	18.106	6.580	8.705	5.764
长宽比	1.200	1.414	1.943	3.584	2.860	1.360	1.245	1.129
形状指数	2.269	1.858	1.606	1.742	1.981	1.422	1.650	1.351
边界分维数	1.162	1.118	1.138	1.215	1.190	1.104	1.117	1.067

调研村庄空间关键指标汇总　　**表2**

自然村名称	宋家	王家	石墙围	水碧桥	水碧桥老村	胡家坝	黄连山	垄上
密度	59.3%	61.1%	59.3%	42.7%	51.8%	54.7%	54.0%	49.2%
公共空间分维数	1.699	1.625	1.553	1.530	1.638	1.666	1.558	1.561
轴线总数	450	124	74	240	124	122	53	39
可理解度	0.6558	0.8836	0.4475	0.6893	0.6748	0.7483	0.9244	0.5660

调研村庄空间单元关键指标汇总　　**表3**

自然村名称	宋家	王家	石墙围	水碧桥	水碧桥老村	胡家坝	黄连山	垄上
主房基底面积	101.74	96.50	127.76	115.93	119.85	113.72	113.58	99.16
主房数量	433	147	55	195	101	111	70	46
院外主房数量	164	20	8	141	50	19	18	13
附房基底面积	26.926	23.830	37.240	32.247	29.828	30.600	31.906	24.757

续表

自然村名称	宋家	王家	石墙围	水碧桥	水碧桥老村	胡家坝	黄连山	垄上
附房数量	558	268	128	242	186	165	120	75
院外附房数量	170	36	10	129	90	35	29	13
主房－附房数量比	0.776	0.549	0.430	0.806	0.543	0.673	0.583	0.613

4 讨论与分析

4.1 指标间相关性分析与核心指标提取

前文分析过程中共涉及32项指标，其中列举出的关键指标16项。对这32项指标进行相关性分析后发现，部分指标与其他各项指标的相关性较弱。而深入分析这些指标的数值可以发现，除水碧桥村外，其中一些指标的取值均在一个标准值上下浮动，如表4所示。

独立指标及标准取值　　表4

指标类别	指标名称	指标均值
聚落边界形态指标	边界密实度	0.421
聚落边界形态指标	周长面积比	0.031
聚落边界形态指标	长宽比	1.593
聚落空间形态指标	建成区域密度	55.63%
聚落空间形态指标	公共空间分维数	1.614
聚落空间单元指标	主房基底面积	110.329
聚落空间单元指标	附房基底面积	29.298
聚落空间单元指标	主房与附房数量比	0.600

可以初步认为这些指标的分布能够代表研究地区村庄的一些普适特征，具有被作为控制性指标予以参考的潜力。以主房基底面积、附房基底面积、主房与附房数量比为例，高淳地区同时受到北方民居和徽州民居的影响，村庄片区的典型院落一般具有两种主要模式，如图3所示。

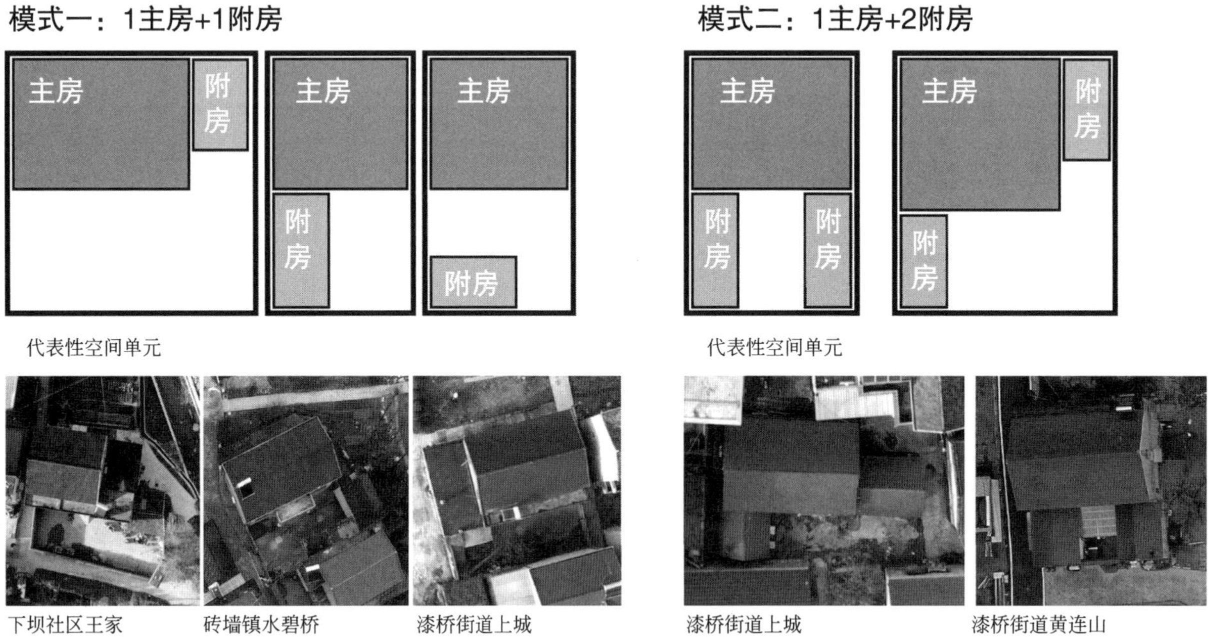

图3 院落空间单元模式图

其中，模式一为一栋主房+一栋附房的模式，模式二为一栋主房+两栋附房的模式，且两种模式均有多种不同的变体。对于不规则地块，一栋主房也可能伴随有多栋附房，但整体上模式一和模式二仍居多，能够代表高淳地区的典型院落形态；同时两个模式的主房-附房数量比为分别为0.5和1，也能够与实际统计数据的0.6相互校核。

4.2　根据边界的聚落分类与地理位置的对应

可以根据聚落边界相关参数进行聚落的简单分类为带状、团状、指状[1]，如表5所示。

聚落分类表　　表5

自然村名称	形状指数 S	长宽比 λ	聚落分类
水碧桥	1.7423	3.584	带状聚落
水碧桥老村	1.981	2.86	
石墙围	1.6064	1.943	带状倾向的团状
黄连山	1.6497	1.245	团状
胡家坝	1.4219	1.36	
王家	1.8582	1.4137	
垄上	1.3508	1.1286	
宋家	2.2687	1.1998	团状倾向的指状

可以发现，乡村聚落的形态特征与所处地理环境有较大的关联性。水碧桥处于高淳西部圩区，该地区的乡村聚落多在水网沿线发展，且村庄内部建筑多在一至两条主要道路的沿线分布，故呈现出明显的带状特征；而同处于河流沿线的王家虽也呈现出在主要道路沿线分布的特征，但由于河岸处纵深相较于圩区要更大，交通也更便利，故村庄也呈现出向纵深发展的特征，在边界形态上呈现为团状。高淳东部地区相较于中部地区有一定的地形起伏，村庄多呈点状分布，而位于中部的宋家因为相对没有地形阻隔，则呈现出一定的指状特征，村庄内部交通也呈现出中心集聚性。

4.3　从聚落空间指标看安置房建设工作

本次数据分析中，除了对7个自然村进行分析之外，还对水碧桥村的旧村和新村进行了分析尝试，从聚落空间指标出发，对安置房建设的效果进行评估。从边界情况来看，边界形状指数从旧村的1.98降低至1.74，这可能是由于新建的安置房片区边界较为整齐；另一方面，从公共空间的角度来看，建设安置房之后的水碧桥村的建成区域密度有所降低，从旧村的约52%降低至42%，表明新农村建设更加注重乡村公共空间的打造，在乡村公共环境改善方面是卓有成效的。在聚落空间单元方面，建设后的水碧桥村相比于水碧桥老村，主屋所占的比例及院外主屋比例极大增加，这是由于在水碧桥村新建设的安置房没有院子，也就没有场地搭建附房，导致安置房居民需要对应地改变其生活习惯。在实地走访过程中，村民也常反映在新建的安置房内缺少放置农具的空间，而在自建房阶段，这一功能通常由附房实现。可以认为，当前阶段高淳地区的安置房建设工作仍有提升空间。

5　结论与展望

本文以高淳地区的乡村聚落为研究对象，从聚落边界、聚落空间和聚落空间单元三个角度对乡村聚落平面图形的相关数理属性开展了分析。在计算涉及的32项指标中，有16项关键指标可通过其余指标计算得到，而其中9项指标显示出线性独立性，可以作为控制该地区乡村聚落形态的部分控制性关键指标，并进一步可以反映出村庄生活模式，并和安置房建设的结果进行横向比较。研究发现，当前乡村建设工作虽然在乡村公共空间等方面有较大的改善，也实现了居住品质的较大提升，但仍然具有忽略乡村片区原有地域条件导致的聚落形态分异，将城市化的生活模式强加于乡村而忽视乡村地区原有生活方式等问题，需要在后续实施过程中进行动态调整。本研究所得到的核心指标将为后续乡村建设工作提供一定的理论支撑。

本文对村庄形态的研究聚焦于对乡村聚落平面图形的分析，对村庄形态与自然地形要素和社会要素的关联研究仍相对欠缺，未来将针对性地开展相应的关联研究，进一步考察村庄形态的变迁、覆盖更多的村庄类型，并着重探寻数据背后的主要驱动因素。

参考文献

[1] 浦欣成.传统乡村聚落二维平面整体形态的量化方法研究[D].杭州：浙江大学，2012.

[2] 童磊.村落空间肌理的参数化解析与重构及其规划应用研究[D]. 杭州：浙江大学，2016.

[3] 董一帆.传统乡村聚落平面边界形态的量化研究[D]. 杭州：浙江大学，2018.

[4] 罗茜，黄存平，黄建云.乡村聚落形态特征量化研究：以广西柳州市少数民族乡村聚落为例 [J].规划师，2023（8）：88-94.

[5] 冯晓欢.黔东南侗族传统村落空间形态基因及保护传承研

究[D].西安：西安建筑科技大学，2023.

[6] 王翼飞.黑龙江省乡村聚落形态基因研究[D]. 哈尔滨：哈尔滨工业大学，2021.

[7] 李欣.传统乡村聚落的人工智能生成模拟研究[D].天津：天津大学，2019.

[8] 曾茜. 基于空间句法的乡村“自组织”空间结构研究[D]. 武汉：武汉理工大学，2017.

[9] 李敏. 基于空间句法的西海固地区乡村聚落空间形态特征研究[D]. 西安：西安建筑科技大学，2023.

[10] 凯文 · 林奇. 城市意象[M].方益萍，何晓军，译.北京：华夏出版社，2001.

珠海唐家湾传统村落形态与祠堂布局特征研究

汪胤祺[1]　陈以乐[2]　郑亮[2]

作者单位
1. 九州大学艺术工学府
2. 澳门科技大学人文艺术学院

摘要： 文章以珠海唐家湾传统村落为研究对象，通过文献资料梳理和田野考察，分析唐家湾镇的自然环境条件，分析唐家湾镇整体的环境，进一步得出唐家湾镇祠堂的整体朝向。其次是分析唐家湾村落的形态类型，将村落的形态进行分类，最终从村落形态特征中归纳总结祠堂的分布特点，希冀为后续岭南广府地区传统村落风貌保护规划作参考。

关键词： 岭南地区；广府村落；村落形态；布局特征；唐家湾

Abstract: This article researches the traditional village of Tangjiawan in Zhuhai. Through literature review and field investigation, it analyzes the natural environment conditions of Tangjiawan Town, analyzes the overall environment of Tangjiawan Town, and further obtains the overall orientation of the ancestral hall in Tangjiawan Town. Secondly, it analyzes the morphological types of Tangjiawan Village, classifies the village's morphology, and finally summarizes the distribution characteristics of the ancestral hall based on the village's morphology, with the aim of providing a reference for the subsequent protection planning of the traditional village style in the Lingnan Cantonese area.

Keywords: Lingnan Area; Cantonese Villages; Village Form; Layout Characteristics; Tangjiawan

早在唐代，唐家湾的一些地方出现原始村落，这些村落是唐家湾地区最早的自然村。宋朝时期，有大量居民从南雄珠玑巷移民至唐家湾，最终聚居于此。自然环境是人们聚居的重要条件，堪舆理论则是先民判断自然环境的理论方法。祠堂是村落中重要的公共建筑，祠堂的位置与朝向决定了同姓民居建筑的延伸方向。因此，祠堂的选址影响着村落的发展，祠堂与村落有着密切的联系。

1　自然条件

自然条件是村落与祠堂选址的基本物质条件。影响唐家湾村落与祠堂选址的自然条件因素主要包括气候、地形地貌、自然灾害与自然资源等。

1.1　气候条件

根据《香山县志》的记载，古代唐家湾的气候与今时的气候基本相同，属于亚热带海洋性季风气候，平均气温22.5摄氏度左右；年降水量近2200毫米；雨季多在5至10月。夏季时，海上吹来的东南风带走了酷热；冬季时，北方的冷空气被山岭隔绝，冬暖夏凉，气候宜人。唐家湾温暖潮湿的气候使祠堂建筑需考虑散热、防潮湿、防风雨的功能。

1.2　地形地貌

地形地貌是影响村落的选址以及布局形态的直接因素。唐家湾镇位于珠江的出海口，东临南海，两山环抱。整体地势大致呈现出西南高东北低的倾斜之势。镇内的地貌多变，由丘陵、海滩与冲积平原等组成。低丘台地占陆地面积53.9%,地质材料主要是燕山运动期的花岗岩。在实地考察中发现，村落多选址在临海的冲积平原之上，主要分布在唐家湾的北部、东部及东南部。唐家湾冲积平原的形成原因是由珠江的西江以及北江所带来的泥沙在海湾处淤积，呈现出地势平坦，河网密布的特点（图1）。另一方面，凤凰山及五桂山是唐家湾镇重要的两座山脉，唐家湾镇大多数村落选择凤凰山作为依靠，村内房屋背靠山岗，沿坡而建。选择靠山的原因通常有两点，首先山冈具有精神上的特殊意义，而山的环境也对村落有着重要的作用。从科学的角度来看，房屋依山而建，排水便利，同时通风便利，且可抵御北方来的寒风，同时临近山丘，也契合古人游山玩水的情趣。

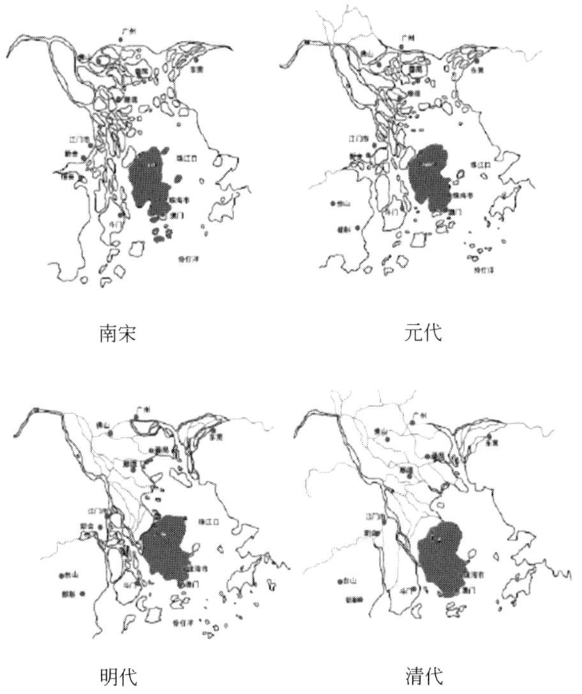

图1 香山历史地理变迁图
（来源：改绘自《近代中山城市发展研究》）

1.3 自然灾害

自乾隆时期《香山县志》则有多次记录台风是唐家湾较严重的自然灾害，每年7至9月为台风高频期，暴雨常伴着台风而来。如1964年，唐家湾镇曾遭遇八级台风侵袭，唐家戏院不幸遭到毁坏。唐家湾的祠堂作为供奉祖先的场所，不能轻易遭到损毁。因此，在营建中必须要考虑如何应对强力的风暴，祠堂的屋顶、主结构等正面抗击风暴的部件需要产生适应性的变化。

1.4 自然资源

农田是村落生存和发展的基础，由于唐家湾是冲积平原，水网密布，部分村落耕地面积较少。但唐家湾人勇于开拓，充分利用海洋资源弥补了耕地不足的缺陷。部分村民以捕鱼和煮海盐作为主要的生活来源。随着冲积的沙田逐渐扩大，后来形成了陆地，唐家湾人围海造田，形成了鱼盐农耕共存的生产体系。同时，在发展传统渔农产业时，唐家湾人还实现了从农业经济向工、商并举的经济转变，最终诞生了海洋意识和商贸文化。唐家湾人利用海洋的优势，开辟了航运事业，建立起了买办文化。到了清末时期，上栅、官塘等曾有通往香港、南洋及美国旧金山的埠头。综上所述，唐家湾的自然环境有其自身特点，对村落与祠堂的影响是长期的、稳定的、根本性的，是最为本质的底层要素。而地形地貌、气候是显性决定因素。因此，表现在村落形态与祠堂形制空间形态上的特征就更为明显了。

2 村落形态类型分析

唐家湾的先民从中原移民至唐家湾地区，依照经验选择了适宜的环境，最终定居了下来。不同村落选址在不同的地基上，有的村落选址在地势较为平缓的地区，例如：会同村、鸡山村、外沙村、北沙村、那洲村及淇澳村等；这类村落的肌理轮廓较为规整。而有的村落则建于曾经水网密布的沙田高地上：如唐家古镇、上栅村及官塘村等。这类村落形态变化较大，且肌理较为无序，形成了独特的水网形态。复杂的自然环境导致唐家湾的村落呈现出了形态各异的情形，笔者将唐家湾的村落形态类型归纳成三种主要形式：梳式布局、堡寨式布局以及水网型布局。

2.1 梳式布局

唐家湾地区长期处于炎热的状态，多雨闷湿。村内的建筑需要考虑通风、除湿与排水等问题。为了适应这种潮湿炎热气候，村落通常为背山面水、顺坡而建、前低后高。这种形态适应唐家湾地区湿热多风的环境。唐家湾为梳式布局的村落较多，如会同村、淇澳村、鸡山村、那洲村、北沙村、外沙村等村落。

梳式布局呈现出以下特点：宗祠空间位于中心或者正前方，并且前方有一块广场或者风水塘；民居形态相一致，排列规整或较规整；街巷横平竖直排置有序，表现出强烈人为规划控制的秩序感，巷道肌理较明显，纵向巷道相互平行，横向巷道同样相互平行。村落内部建筑密度均较高，街巷布置均比较紧凑，在减少太阳辐射的同时也利用冷巷作用获得空气对流等。有统一的整体朝向而缺乏核心，民居遵从祠堂排列，所有建筑朝向与祠堂方向一致（图2）。

梳式布局的轮廓多变，原因为宗族人口扩张对自然环境的适应。唐家湾梳式布局的村落呈现出多种外形。例如，鸡山村、外沙村、淇澳村等村落的外形受到了山、水等环境因素呈现出了扇形的村落形态。而北沙村，除了受到自然条件的限制，受到了不同姓氏发展的影响，呈现出“藕形”的村落形态（图3）。

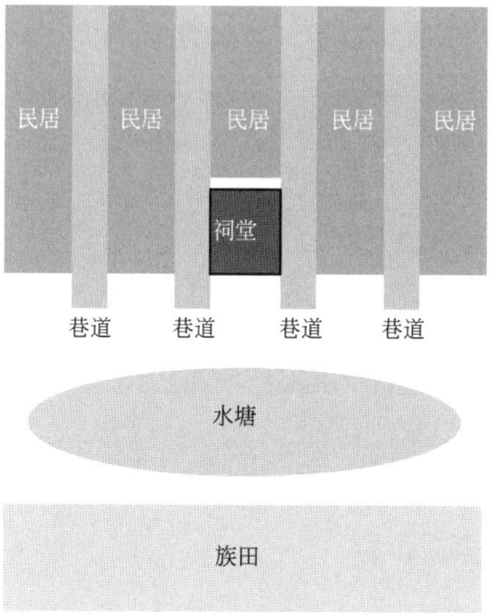

图2　梳式布局原型

图3　北沙村、鸡山村、外沙村、淇澳村村落肌理

其中，唐家湾地区最为典型的梳式布局村落为会同村，凝结了先民们崇尚自然的居住观念。会同村位于唐家村西侧约8千米，村落占地面积约9.62公顷。1732年建村，以纪念开村始祖莫会同而名，现存38座传统广府民居，代表性民居有莫氏大宅、绢庐和栖霞仙馆。会同村村落用地是在沙田（珠江口一种滩涂咸卤之地）基础上围垦开发形成，整体布局经过了统一和严谨的规划，形成了“三街八巷”的格局。其“三街”为：村内沿荷花塘由北向南的“下横街”、与之平行依山势渐高的“中横街”和“上横街”。“八巷”为八条东西向的石街小巷。“八巷”自下而上顺山势连接三条主街，“三街八巷”互相垂直交错，构成方正规矩的“棋盘式”空间组织架构。会同村的形态不仅反映了典型的梳式布局，其规整的格局还受到了西方的规划理念，统一规划，一次建成，从村落整体风貌上来看建筑布局整齐，外形色调一致，嵌填在“棋盘式”方格网形成的整齐的宅基地中。因此，会同村的布局也典型反映了唐家湾地区洋为中用的文化现象（图4）。

图4　会同村平面图
（来源：左图《国家历史文化名城研究中心历史街区调研——广东珠海唐家湾镇会同村》，右图Google 地图）

2.2 水网型布局

水网型布局的村落在唐家湾地区也较为常见，唐家湾镇的官塘村、上下栅村均为水网型形态布局。水网型的村落布局受自然环境影响较大，村落受水自然分割成多个地块，形成不规则的形态。但在有限的地块上，依旧可看出梳式布局的原型，即祠堂面朝水边，背后统帅着该姓民居建筑。水网型布局形成原因是唐家湾的涧水由山上进入沙田地区后，分支多，迂回曲折，在山下形成了湿地，随着冲积平原不断堆积泥沙，形成了大大小小的山冈，唐家湾部分先民定居在这种山冈之上。唐家湾的涧水通常将沙田划分为“Y”团块，被分割的团块呈现出自然无规则的形态，通常临水道的一边较为规整。与一般梳式布局不同的是，水网型临河面通常不是封闭的界面，而是每隔一段距离留出埠头位置（图5）。

图 5 官塘村的水道
（来源：作者团队拍摄提供）

受到自然环境尤其是水系的影响，祠堂面水而建，而民居仍然同梳式布局相同，顺应地形与祠堂朝向保持一致，因此水网型的布局可以看作是受自然环境影响较大的梳式布局。官塘村是唐家湾地区较为典型的水网型村落。据记载，官塘村的基地曾是湿地上的七个高地，分别为上埔、朱赉公、门楼仔、后门山、围仔、街市和赤企七块大小不等的山林坡地，因此官塘村在当地俗称“七星地”。早期有渔民在此捕鱼为生，最早的一位渔夫散户选择七个高地中最高的一处——朱赉公林作为捕捞活动作息的基地。随后其他渔民相继至此开垦。水网交通为商贸交通的发展创造了有利条件，因此，早期的官塘村开设有通往美国旧金山的埠头，天然的水利条件为唐家湾发展买办文化奠定了基础。尽管官塘村现在的地貌与过去相差甚远，但从居住结构仍能看出其被水网分割产生的团块。在较为平缓的地块，民居建筑保持整齐排列，而受地势影响较大，民居仍然试图将朝向与祠堂保持一致（图6）。

图 6 官塘村的村落肌理

2.3 堡寨式布局

堡寨式布局是唐家湾地区特殊的一种村落形态，这种类型是结合了梳式布局与水网型布局特征基础上进一步变化的形态，堡寨式布局除了受到自然环境的影响，更重要的是受到了宗族分房的影响，这种村落形态呈现出多祠堂的现象。堡寨式布局最大的特点是同姓氏族人口不断增加，进而不断分支，每一分支各立房派，新的房派自起祠堂。在家族发展到一定程度的时候，修建了防御性的设施，最终产生出当地俗称为“堡”的形态（图7）。根据笔者调研，仅发现唐家古镇一例。

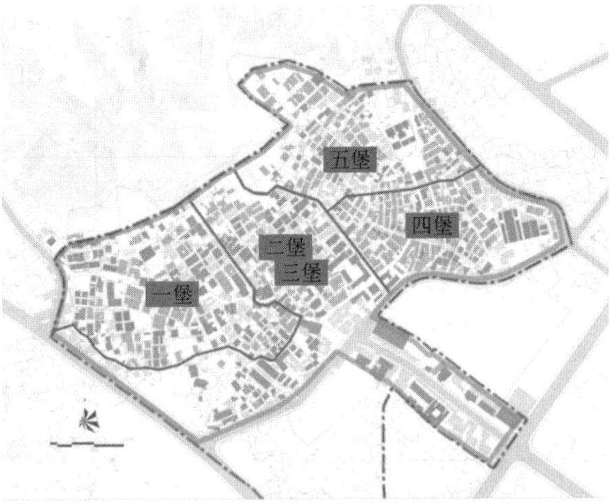

图 7 唐家湾的五堡分布
（来源：作者根据同济大学《唐家古镇保护规划》改绘）

唐家古镇一共有五“堡”，每个堡约有70~80户。其中，一堡到三堡为唐姓居住，四堡和五堡为梁姓居住。各堡之间利用街巷相隔，外部进入村落内部则筑有围墙和栅门等防御设施。这里的“堡”实质上为不同姓氏的祠堂所引领的民居自然发展而成的团块。唐家古镇讲究环境选址，且受多座山冈影响，导致祠堂的朝向不一。祠堂朝向的不同导致了五堡的朝向各有不同。一堡的朝向受广达唐公祠、菊庄唐公祠等影响，坐西向东南。二堡受瑞芝祠、翠屏唐公祠所影响，坐西南向东北，三堡受唐氏大宗祠影响，坐西北朝东南。四堡为梁氏家族，受梁氏大宗祠影响，为坐西北向东南。五堡位于三堡之后，其空间轴线基本与三堡保持一致。

3　祠堂的分布

唐家湾的村落主要呈现出三种主要的形态，除了受自然环境影响以外，其最重要的影响因素即祠堂的选址位置。根据唐家湾村落的形态来看，可将唐家湾祠堂的选址分布归为两类：①由于祠堂具有统领的作用，民居跟随在祠堂后边延伸，因此大多数的祠堂分布在村落外围处；②而随着不断分房，导致房祠增多，用地空间有限，因此部分祠堂则建立在村落内部。

3.1　村落外围式

唐家湾大多数村落的原型都为梳式布局，因此唐家湾祠堂大多分布在村落的外围。村落外围指的是位于村落的入口处或村落的前排位置。鸡山村、会同村、那洲村的祠堂位于村落主入口处。而淇澳村、北沙村、外沙村的祠堂，受到环境的影响，祠堂并非位于主入口，但依旧位于民居的前排，面朝族田。水网型的村落，受自然环境影响较大，呈现出早期修建的祠堂位于村落外围处，临水而建，而部分祠堂是在村落成型后才修建的，此时村落外围已无足够的空间，因此修建于村落内部。如上栅村的卢公祠、万福卢公祠，位于村落的东部临水处，而易初祠、积庵卢公祠、聪进梁公祠与昌远梁公祠则位于村落内部（图8）。

尽管各村落祠堂位于村落外围的不同位置，其背后修建的逻辑都是一致的。祠堂是宗族势力的象征，它起到了维护村落人伦秩序、团结宗族力量的作用。

会同村祠堂位置

鸡山村祠堂位置

淇澳村祠堂位置

北沙村祠堂位置

图8　村落外围处祠堂

外沙村祠堂位置　　那洲村祠堂位置

图 8　村落外围处祠堂（续）

因此，唐家湾的祠堂通常引领着同姓民居的朝向。在立房派之前，通常先将祠堂的位置朝向定好，其同氏族的新修建的民居都将整齐排列在该祠堂之后，祠堂在起着引领作用。同时，许多重要的家族活动都会在祠堂举行，例如祭祖、婚嫁丧礼等，位于村落外围处可获得更多的空间以及便捷的交通。

3.2　村落内部式

水网型与堡寨式的村落受自然环境影响较大，同时受到分房的原因，部分后期修建的祠堂分布在村落内部，分布在村落内部的祠堂通常位于村落的主干道两侧或散落在村落内部的某个位置。唐家古镇较多祠堂位于村落内部。唐氏祠堂主要沿山房路分布。而梁氏的公祠则多平行建于梁氏大宗祠的两侧，部分房祠如凤台梁公祠则单独修建在大同路沿线（图9）。

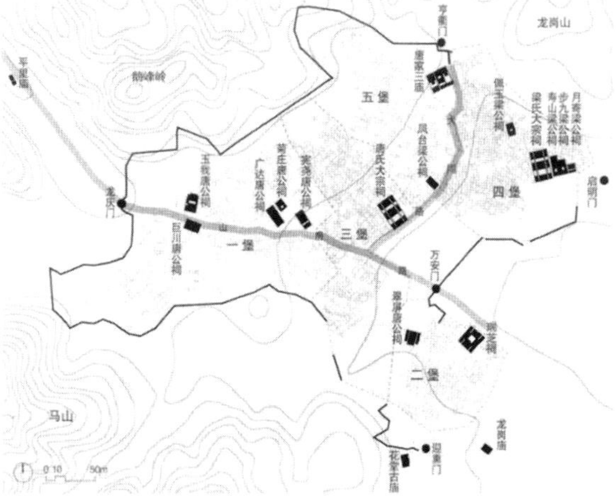

图 9　唐家古镇祠堂分布
（来源：作者根据同济大学《唐家古镇保护规划》改绘）

笔者认为，造成唐家古镇不同于一般梳式布局，许多祠堂分布在村落内部的原因与建祠时的社会环境有关。唐家古镇位于村落内部的祠堂普遍是清中后期所建。首先，清朝在清中后期（1757~1841年）实行广州一口通商政策，广府地区经济迅速发展，唐家湾隶属于广府地区，因此获利。唐家古镇诞生出了大量买办家族，这些买办家族通过海外经商积累了丰富的宗族财产。经济的繁荣与发展为祠堂的建造提供了充足的物质保障，人口也快速增长，宗族内部开始分化，各立门派，导致唐家古镇的祠堂数量的迅速增加。其次，外出经商的买办家族受到近代西方文明影响，传统观念受到冲击，部分家族对祠堂的选址不再完全遵照过去的堪舆理论，而是理性的将祠堂作为家庭的公共建筑，以通达性作为主要选址因素，因此，唐家古镇的祠堂选址更加讲究交通便捷，例如选址在主干道沿线。最后，唐家古镇的家族重视互助的思想。清中后时期，受鸦片战争与太平天国运动的影响，社会治安动荡，在这种情况下,同姓家族的自我保护意识就显得尤为重要，祠堂作为宗族的象征，沿街而建，可将宗族的力量扩展到外部空间。

4　结论

唐家湾镇自然环境优越，气候温和湿润，全镇呈现出枕山面水较为理想的环境局面。凤凰山与五桂山是唐家湾镇主要的山脉，村内的祠堂受这两座山的走势影响，祠堂朝向多为向东或朝西。唐家湾的村落呈现出三种形态：梳式布局、水网型布局及堡寨式布局。其中梳式布局是根据自然环境与宗族文化诞生的一种格局，可视作唐家湾村落的原型。梳式布局村落的轮廓受选址所处的地形地貌影响，呈现出多种形态，但村落内部房祠结构有序，肌理整齐。梳式布局形态下的祠堂往往位于村落外部，民居整齐划一地跟随着祠堂，排列在祠堂的后面。水网型布局是被山上的涧水自然分割成多个团块的一种布局，流水的作用导致其村落肌理较为无序。但部分较为平整的团块内部仍呈现出与梳式布局同样的居祠结构。水网型布局的祠堂分布较无规律，早期修建的祠堂位于村落外部，面朝族田，晚期修建的祠堂则多位于村落内部。堡寨式布局则是在水网型布局基础上，宗族文化进一步发展的结果。清中后期的政令使唐家湾的祠堂普遍化，导致较晚修建的祠堂只能选择在村落内部。由此可见，唐家湾地区的祠堂是主导村落格局的重要因素，是村落内部重要的公共节点，祠堂与村落密不可分。

参考文献

[1]《唐家湾镇志》编纂委员会. 唐家湾镇志[M]. 广州：广东人民出版社，2015.

[2] 陆元鼎，魏彦钧. 广东民居[M]. 北京：中国建筑工业出版社，1990.

[3] 肖毅强，林瀚坤，惠星宇.广府地区传统村落的气候适应性空间系统研究[J]. 南方建筑. 2018（5）.

[4] 程俊. 珠三角村落风水林调查及研究[D]. 北京：北京林业大学，2009.

[5] 程俊.乡村环境景观建设研究——以岭南村落风水林景观为例[J].现代农业科技，2009（6）：61，63.

[6] 佟欣馨. 传统村落理水的“多水源”策略[D]. 天津：天津大学，2019.

[7] 方赞山. 海南传统村落空间形态与布局[D]. 海口：海南大学，2016.

[8] 冯江，蒲泽轩.从宗族村落到田园都市：民国中山模范县的唐家湾实验[J]. 建筑学报，2014（Z1）：117-122.

[9] 吴莆田.华南古村落系列之三十二 官塘村[J]. 开放时代，2006（3）：161.

[10] 陈才杰. 岭南传统村落梳式布局气候适应性研究[J]. 山西建筑. 2017（23）.

[11] 汪胤祺，陈以乐，郑亮.岭南广府祠堂梁柱研究——以珠海唐家湾镇为例[J]. 城市建筑，2024，21（1）：205-209，229.

[12] 汪胤祺，陈以乐，郑亮.岭南传统村落祠堂建筑材料与工艺研究——以珠海市唐家湾镇为例[J]. 居业，2023（7）：4-9.

[13] 汪胤祺，陈以乐，郑亮.岭南传统村落祠堂建筑装饰题材研究——以珠海市唐家湾镇为例[J]. 中国建筑装饰装修，2023（6）：118-121.

[14] 汪胤祺，陈以乐，郑亮.珠海唐家湾祠庙庭园的起源与发展研究[J]. 未来城市设计与运营，2023（2）：75-77.

[15] 汪胤祺，陈以乐，郑亮.珠海唐家湾祠庙庭园造园特色研究[J]. 城市建筑空间，2023，30（2）：40-41.

[16] 汪胤祺，郑亮，陈以乐.珠海市唐家湾镇广府祠堂空间形制研究[J]. 山西建筑，2023，49（3）：19-25，58

[17] 汪胤祺，陈以乐，郑亮，汤强.岭南广府祠堂围护结构研究——以珠海市唐家湾镇为例[J]. 美与时代（城市版），2022（11）：1-5.

[18] 刘振环，田忠勋. 唐家湾历史文化价值初探[J]. 改革与开放. 2012（18）.

[19] 袁昊.珠海市唐家湾镇历史建筑风貌研究[D]. 广州：华南理工大学，2012.

传统村落集中连片保护利用路径探索
——以山西省平顺县为例

胡盼[1①]　薛林平[2②]　常远[2③]　王鑫[2④]

作者单位
1. 北京交大建筑勘察设计院有限公司
2. 北京交通大学建筑与艺术学院

摘要： 文章基于山西省平顺县传统村落集中连片保护利用规划实践，通过挖掘区域历史文化，梳理村落现状特征，构建时空数据关联下的组团发展－资源禀赋差异下的村落互补－全境要素统筹下的县域支撑三级传统村落集中连片保护利用体系，制定科学合理的保护利用策略，以期形成具有推广价值的传统村落集中连片保护利用技术路径。

关键词： 传统村落；集中连片；保护利用；技术路径

Abstract: Based on the planning practice of the concentrated contiguous protection and utilization of traditional villages in Pingshun County,Shanxi Province,this paper explores the regional history and culture,combs the current characteristics of villages,and constructs a three-level system of concentrated contiguous protection and utilization of traditional villages,which is composed of cluster development under the correlation of spatio-temporal data,village complementarity under the difference of resource endowment,and county support under the overall planning of the whole region.Then,the paper formulates scientific and reasonable protection and utilization strategies,in order to form a technical path of concentrated contiguous protection and utilization of traditional villages with promotion value.

Keywords: Traditional Villages; Concentrated Contiguous; Protection and Utilization; Technical Path

传统村落内拥有丰富的物质及非物质遗存，是一类重要的活态遗产。在城乡统筹、乡村振兴和文化复兴战略背景下，自2012年第一批中国传统村落公布至今，各方对其关注度及研究热度不减。经过多年的探索和实践，传统村落在保护方面取得了诸多成效，也暴露了不少问题。一方面，对于产业、人口普遍空心化的传统村落，“输血式”自上而下的“博物馆式”保护难以为继。另一方面，单一村落“无法反映出整个‘文化版块’内部高度复合的历史文化价值”[1]，对于具有相似地域文化地区的全部遗产要素，无法进行整体保护。

基于此，2017年中央一号文件提出有条件的地区实行连片保护和适度开发的要求。2020年，财政部、住房和城乡建设部共同组织实施传统村落集中连片保护利用示范工作，强调以地级市（含州、盟及直辖市下辖区县）为单位，在传统村落集中分布地区因地制宜连点串线成片确定保护利用实施区域。这表明传统村落相关工作进入新的阶段，从注重保护转向保护发展并重，从单一村落转向区域统筹。

目前，国内立足区域层面的传统村落研究成果颇丰，包括全国、省、市、县范围或某一文化地理单元内传统村落的分布特征及影响因素分析[2]~[5]，区域尺度下传统村落自然人文环境、发展演进、空间结构、村落类型等方面的研究[6]~[9]。总体来看，研究视角更加全面，研究方法更加多元。在保护利用方面，省域、流域及乡村振兴战略背景下的宏观研究成果较

① 胡盼，研究生，北京交大建筑勘察设计院有限公司高级工程师。
② 薛林平，博士，北京交通大学建筑与艺术学院教授，通讯作者，电子邮箱：Lpxue@bjtu.edu.cn。
③ 常远，北京交通大学建筑与艺术学院硕士研究生。
④ 王鑫，博士，北京交通大学建筑与艺术学院副教授。

多，中观县域层面具有指导意义的研究略显不足。

故本文基于山西省平顺县传统村落集中连片保护利用规划实践，凭借地域文化挖掘，时空数据分析，在论证传统村落集中连片保护利用可行性的前提下，通过“组团—村落—县域”三个层级，构建传统村落集中连片保护利用体系，提出科学有效的保护利用策略，以期为市县层面的传统村落集中连片保护利用实践提供借鉴与参考。

1　现状剖析

1.1　区位交通

平顺县位于山西省长治市、河北省邯郸市、河南省安阳市三市交界处，地处太行山南端上党盆地边缘。北部的浊漳河西起王曲村，东至马塔村，主要支流包括虹霓河、露水河，多条季节性河流于南北两侧汇入干流。县域内大部分人口集中分布在境内沟谷水系两岸。

由于地处太行天脊，平顺县境内沟壑纵横、往来维艰，目前有两条东西向省道S76及S324穿境而过，对沿线人口、资源、文化等要素的流动起到关键作用。

1.2　自然人文资源

县域内有全国重点文物保护单位15处（多处五代、宋、金时期的佛门寺院分布在浊漳河两岸）、省级重点文物保护单位2处、市重点文物保护单位13处、县级重点文物保护单位52处。全县巨大的海拔落差形成了独特的地形地貌，境内有3处AAAA级景区及1处省级风景名胜区。总体而言，平顺县历史文化资源丰富，自然环境优越。

1.3　传统村落

截至2022年，县域内前五批中国传统村落共计27处，处于全国范围内传统村落“四大集聚区”之一的“以山西晋东南地区为核心、中原文化为特征的晋冀豫陕交界集聚区”[10]内，且集中分布在浊漳河流域范围内（图1）。凭借丰富的历史文化资源及首屈一指的传统村落数量，2021年，平顺县入选山西省第一批传统村落集中连片保护利用示范县。

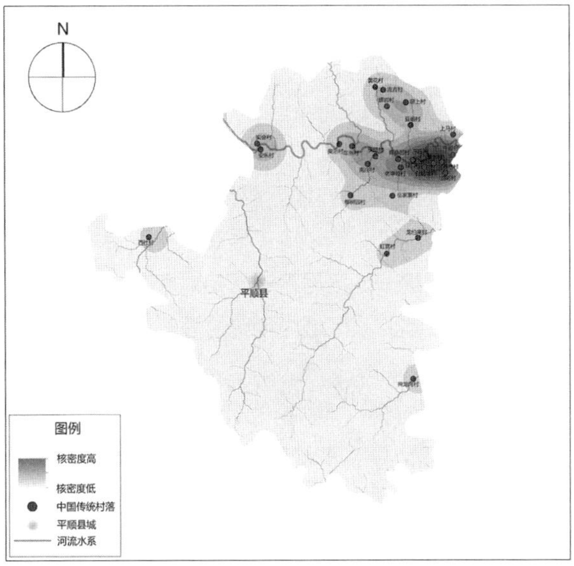

图1　传统村落分布核密度分析示意

2　文化挖掘

2.1　移民文化

传统村落的形成、发展与一定地域范围内的历史环境紧密相连。据实地访谈及相关文字记载，很多传统村落早期居民为浊漳河干流两侧村庄的大姓分支，如老申峧村、白杨坡村、遮峪村、苇水村岳姓均从东庄村迁来，牛岭村张姓由恭水村迁来。牛岭村冯姓及南庄村、虹霓村、神龙湾村早期居民则从河南林州市异地迁来①。这使得平顺县多数传统村落的形成发展受人口要素驱动，表现为同宗移民、异地移民。

2.2　关隘文化

除人口要素外，传统村落的形成还受防御兼流

① 据民国版《平顺县志》记载：“自咸同以还，因东临林县，人稠地窄，乏田可耕，一般贫民之无生业者，窥县东荒山甚夥，无人垦辟，呼朋引类乘隙而入，典买顶托大加种植。数十年间，来者愈众。南起跑马趄窟窿梯（现河南林州石板岩镇），北迄豆口里之南山（浊漳河南岸群山），西抵杜公岭之南北一带，周围二三百里间，到处均有其足迹。”

通需求的影响。县域内古道交错纵横，如北部河谷沟通磁潞二州的微子口、豆峪峡谷的晋冀古道及连通各山脉河谷的晋豫古道。依托古道分布诸多关隘，如玉峡关、虹梯关、漳义关①、马塔关②等。以关隘为结点，出现了一系列的“关村”[6]，如侯壁村、上马村、遮峪村。这类村庄因军事防守产生，又因商贸流通发展壮大。

2.3 民俗文化

在自然地理环境方面，平顺当地少雨，浊漳河属暴雨型山区河流，年径流主要集中在汛期，且含沙量较大，使得这一地区尽管河网相对密布，却依然是少水地区。[11]因此该区域内传统村落多修建龙王庙或其他人格神庙，如禹王庙、汤王庙等，如一村财力薄弱则合村修建庙宇③，秉持“共同修建，共同献祭，共求福泽”的原则，形成独特的雩祭民俗。除此之外，民国版《平顺县志·古迹考》中记载：“窦建德墓，墓及庙宇皆在窦峪村南三里许东岭上”，多村合村筑祠，形成独特的地方信仰④，村庄也多因窦王得名⑤。

2.4 红色文化

由于深处太行山腹地，抗日战争时期，八路军129师771团、八路军32团、太行第四分区司令部都曾在浊漳河干支流沿线乡镇驻扎。由各村选送兵源组成的群众武装巩固了抗日大后方，保卫了八路军驻扎于浊漳河沿岸的属部、工厂及抗日民主政府。

综上，依托相同的自然地理环境及历史环境，平顺县内的传统村落除了空间集聚度高，还呈现出形成发展因素趋同、民俗信仰统一、组织凝聚性强三个特征，对其进行集中连片保护利用具有现实意义。

3 体系构建

传统村落集中连片保护利用体系的构建以地域文化保护为基础，通过深入分析传统村落的时空数据，对各村的发展基础、遗产价值进行全面评价⑥（表1、表2），按照“组团—村落—县域”逐步落实，制定相应的保护发展策略（图2）。

发展基础评分标准与权重　　表1

特征维度		权重	评价标准
基础设施	环卫	0.050	垃圾集中收集处理（2.5）设专人日常清扫管理（2.5）
	饮水	0.050	24小时供水（5）分时供水（3）
	交通	0.050	30～60分钟（5）60～90分钟（3）≥90分钟（1）
	污水	0.050	有（5）无（0）
公共配套	卫生所	0.005	有（5）无（0）
	学校	0.150	完小（5）非完小（3）无小学（0）
社会经济	产业	0.130	1类产业1分，超过3类5分
	乡村治理	0.150	两委完善（5）共用两委（3）
	经济	0.180	人均年收入/长治地区2022年人均年收入 0～0.2（1）0.2～0.4（2）0.4～0.6（3）0.6～0.8（4）0.8~1（5）
	人口	0.140	常住人口/户籍人口 0～0.2（1）0.2～0.4（2）0.4～0.6（3）0.6～0.8（4）0.8~1（5）

① 据光绪版《山西通志》记载：“漳义隘口，在侯壁里，两山峭立，中有石壑，漳水经流，达河南，昔名漳义关。”另有乾隆版《潞安府志》载文，“漳义隘口，两山壁立，漳水通流涯浒，仅可人行，通林县，俗称漳义关。”

② 康熙版《平顺县志·关隘》记载：“马踏隘口，在豆口里，万山拱峙，中有小路，传名马踏关，通河南。”

③ 枣林村、黄花村、流吉村三村合建龙王庙。

④ 豆峪村《重修窦王庙序》记载：“自大明嘉靖十二年重修之后，又二百余载，睹其旧碑，原是石城、豆口、东庄、豆峪四村之前人所修，今因毁坏不堪，予故出单募化，各村帮资修起，业既告成，乡民求为勒石记事。自后每年六月十五日，照依原例，四庄之人，合伙献祭，定然一同获福无穷矣。”

⑤ 岳家寨原名下卸壕，据说是窦建德被李世民打败后，逃亡至此，卸下铠甲的地方；老申峧据传原名西宝庄，隋末窦建德路径此地心神不定。歇三日后，方才继续行军；青草凹，原名青草洼，据说窦建德骑马至此，见浅草青青，景色优美，遂将此地命名青草洼。据康熙三十二年本《平顺县志·卷之三》载：“隋大业七年，窦建德起兵漳南，声势渐盛，因得玄圭大鸟之锐。群臣贺曰此天所赐大禹也，乃改国号为夏。隋封建德为夏，后辈唐太宗擒之斩于市，归葬于豆峪村西山下，有墓存焉。”豆口原名窦口，豆峪原名窦峪，因音同而易名。

⑥ 指标及权重参考了王淑佳，孙九霞《中国传统村落可持续发展评价体系建构与实证》一文。

遗产价值评分标准与权重　表2

特征维度			权重	评价标准
价值特色评价	物质文化遗产	稀缺度	0.069	国保（5）省保（4）市保（3）县保（2）其余（1）
		丰富度	0.031	阁、庙、民居、碑、桥、寺院、遗址等，1类1分
		传统建筑整体质量	0.038	好（5）一般（3）差（1）
		传统建筑比例	0.032	≤20%（1）20%~40%（2）40%~60%（3）60%~80%（4）>80%（5）
		村落格局	0.170	好（5）一般（3）差（1）
	非物质文化遗产	非物质文化遗产价值	0.120	国家级（5）省级（4）市级（3）县级（2）其余（1）
		非遗传承	0.080	好（5）一般（3）差（1）
保护利用情况评价	保护措施	观念认同	0.200	价值认可（2.5）自发修缮（2.5）
		挂牌	0.040	有（5）无（0）
		档案	0.040	有（5）无（0）
		规划	0.040	有（5）无（0）
	利用情况	修缮利用	0.070	有（5）无（0）
		空置废弃	0.070	空废≤30%（5）一般30%~50%（3）空废大于50%（0）

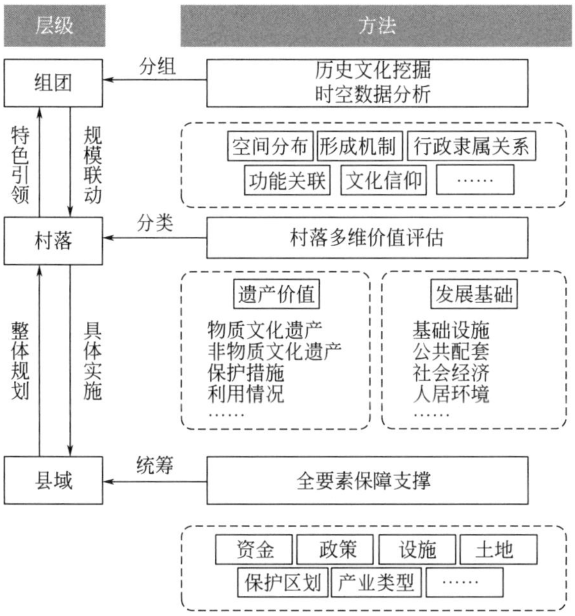

图2　传统村落集中连片保护利用技术路径

3.1　组团

1. 组团划分

据民国版《平顺县志》记载，明嘉靖八年建县时，拨潞黎壶三县地，原系三十一里。传统村落大多集中分布在浊漳河谷地自西向东的乡里内，里与里之间基本以山脊分水为界[11]，每里大体为注入浊漳河南北支流的范围。民国七年改为三区，传统村落大多分布在第三区，各区“以户口较多者为主村，较小及零星村落为联合村。”截至2021年，平顺县下辖11个乡镇，传统村落分布在北耽车乡、阳高乡、石城镇、北社乡、虹梯关乡、东寺头乡六个乡镇，乡镇之间基本以山脊为界，延续了传统区划划分方式。

除不同时期村庄的行政隶属关系外，村子的形成发展、民俗信仰使各村在长期发展过程中具有不同程度的文化协同性，并呈现出一定的圈层特征（图3）。据此，将27个传统村落划分为10个组团，联合周边其他文化资源丰富的传统村落，形成相对独立的保护利用单元。

2. 保护利用策略

根据不同组团的文化特征及资源禀赋，明确重点保护内容。将传统村落与文物保护单位、风景名胜区进行联动互促，构建“一横（浊漳河）、一纵（太行山）；一集群、四片区”的保护利用空间结构（图3）。以公共配套相对完善的石城镇-北耽车乡-阳高乡-虹梯关乡-北社乡乡镇所在地为综合服务中心，组团内由优势明显的特色村引领，重点发展生态观光游览、古道关隘探险、民俗文化体验、红色文化教育四大功能，实现组团内部服务设施共享，优势资源融合，组团之间错位发展的总体发展格局（图4、表3）。

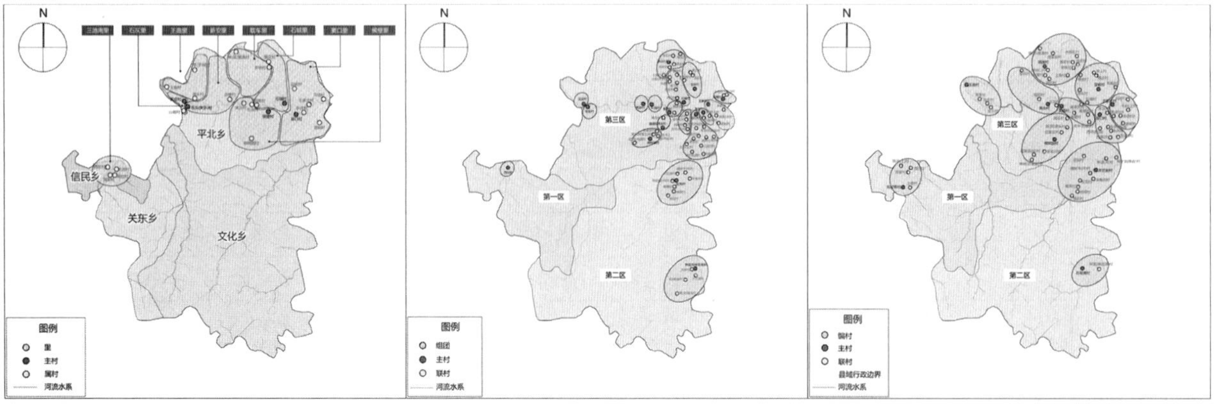

明清时期行政区划示意　　民国7年(1918)行政区划示意　　民国26年(1937)行政区划示意

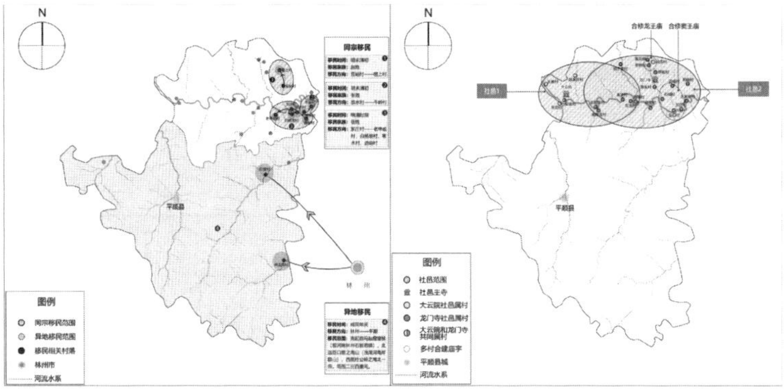

图3　传统村落不同时期行政区划及文化关联性分析

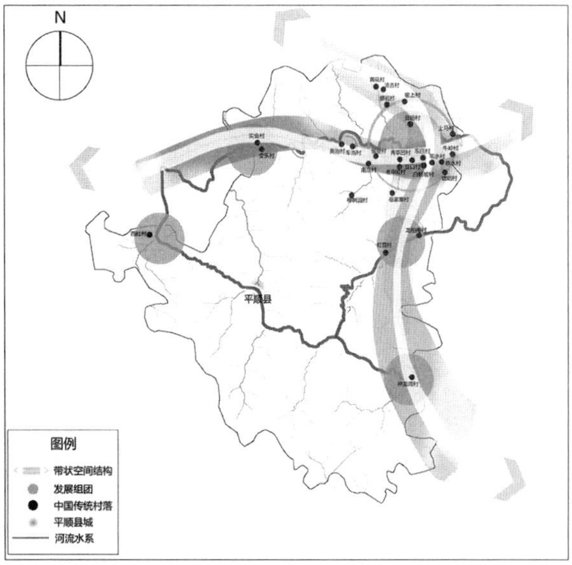

图4　传统村落集中连片保护利用空间结构

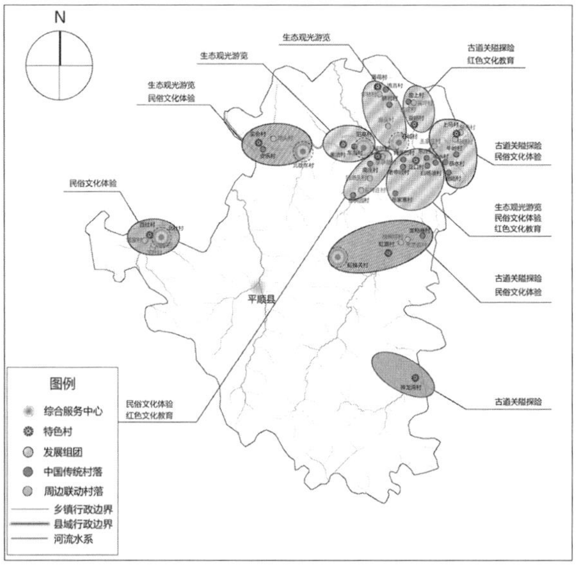

图5　组团层面传统村落集中连片保护利用策略

组团层面保护利用策略　表3

空间结构	组团（特色村）	重点保护内容	发展功能	备注
一集群	奥治组团（奥治村）	错鋆沟遗迹及“太行水乡”景区	生态观光游览	古道关隘探险：以晋豫古道、晋冀古道为依托，围绕关村打造关隘文化体验基地，组织自然景观游赏路线。 生态观光游览：与太行水乡景区联动，完善住宿、文娱等配套设施，鼓励村民扩大花椒、中药材等经济作物种植规模，做优品质、做精特色，丰富文旅产品供给。 民俗文化体验：集体验、学习、传承于一体。举办雩祭民俗文化节，创新文旅消费场景。利用闲置空间建立非遗传习所，鼓励和扶持非遗传承人进行表演、手艺等活动。 红色文化教育：对革命遗迹进行保护修缮，与青少年研学活动相结合，打造爱国主义教育基地。
	侯壁组团（侯壁村）	太行第四专员公署军需供应站旧址、平北县抗日政府办事处旧址、中共平顺（北）县第一次党代会会址及历史墓碑；回龙寺、夏禹神祠、煮祭、晋布龙王庙会	红色文化教育 民俗文化体验	
	黄花组团（黄花村）	龙门寺及周边山水环境	生态观光游览	
	豆口组团（豆口村）	卧牛山金刚顶及周边山水环境； 九曲黄河阵、二月二庙会； 赵作霖故居、老申峧烈士碑	生态观光游览 民俗文化体验 红色文化教育	
	豆峪组团（豆峪村）	晋冀古道； 刘伯承路居、烈士碑	古道关隘探险 红色文化教育	
	马塔组团（上马村）	马踏隘； 金华庙、金华传说、坠子戏	古道关隘探险 民俗文化体验	
四片区	虹霓组团（虹霓村）	虹梯关； 四股弦	古道关隘探险 民俗文化体验	
	神龙湾组团（神龙湾村）	宑梯、挂壁公路	古道关隘探险	
	西社组团（西社村）	卫公庙、四景车赛会、八音会	民俗文化体验	
	实会组团（实会村）	连环洞、大云院及周边山水环境；龙王庙庙会	生态观光游览 民俗文化体验	

3.2　村落

1. 村落分类

为了避免单个村庄在保护利用过程中出现的发展定位同质化严重、无序竞争和资源浪费等现象，对组团内村庄依据各自特征分类分级，进一步区分保护利用模式，明确保护利用主体及数量庞大的传统建筑的活化利用方向，实现组团内村庄差异化“角色扮演”。依据上述表1、表2计算两个系统的综合评分并进行离散化处理（表4），将传统村落分为综合发展类、特色保护类、宜居社区类、更新复兴类四个类型（表5）。

传统村落价值评估结果[①]　表4

村落	评价得分		阶段划分	
	发展基础	遗产价值	发展基础	遗产价值
北耽车乡安乐村	0.671	0.558	合格	较差
北耽车乡实会村	0.595	0.672	较差	合格
阳高乡奥治村	0.655	0.568	合格	较差

续表

村落	评价得分		阶段划分	
	发展基础	遗产价值	发展基础	遗产价值
阳高乡车当村	0.495	0.547	差	较差
阳高乡南庄村	0.565	0.496	较差	差
阳高乡侯壁村	0.610	0.668	合格	合格
阳高乡榔树园村	0.569	0.643	较差	合格
石城镇东庄村	0.550	0.806	较差	优秀
石城镇豆口村	0.655	0.675	合格	合格
石城镇恭水村	0.365	0.633	极差	合格
石城镇遮峪村	0.473	0.641	差	合格
石城镇牛岭村	0.455	0.516	差	较差
石城镇青草凹村	0.467	0.416	差	差
石城镇老申峧村	0.422	0.542	差	较差
石城镇岳家寨村	0.673	0.780	合格	良好
石城镇流吉村	0.440	0.534	差	较差
石城镇黄花村	0.424	0.766	差	良好
石城镇蟒岩村	0.428	0.469	差	差
石城镇上马村	0.535	0.668	较差	合格

① 评分进行归一化处理，评价标准为[0.0～0.1)极劣，[0.1～0.2)劣，[0.2～0.3)较劣，[0.3～0.4)极差，[0.4～0.5)差，[0.5～0.6)较差，[0.6～0.7)合格，[0.7～0.8)良好，[0.8～0.9)优秀，[0.9～1.0]极优。

续表

村落	评价得分		阶段划分	
	发展基础	遗产价值	发展基础	遗产价值
石城镇苇水村	0.563	0.683	较差	合格
石城镇白杨坡村	0.606	0.645	合格	合格
石城镇豆峪村	0.629	0.663	合格	合格
石城镇窑上村	0.395	0.285	极差	较劣
虹梯关乡虹霓村	0.665	0.772	合格	良好
虹梯关乡龙柏庵村	0.595	0.667	较差	合格
东寺头乡神龙湾村	0.728	0.466	良好	差
北社乡西社村	0.721	0.550	良好	较差

村落层面传统村落集中连片保护利用策略 表5

村庄类型	村落	保护利用模式	保护利用主体	传统建筑活化利用（除自住功能外）
综合发展类	安乐村、实会村、奥治村、侯壁村、椰树园村、豆口村、岳家寨村、上马村、苇水村、白杨坡村、豆峪村、虹霓村、龙柏庵村	产业牵引	村民自治组织为主 地方政府为辅 社会力量广泛参与	与产业发展配套的公共服务功能； 经营性功能，如办公、住宿、商业、餐饮等
特色保护类	东庄村、遮峪村、恭水村、黄花村	生态博物馆	地方政府为主	公共文化服务功能，如展示展览、传习研讨等； 经营性功能，如住宿、餐饮等
宜居社区类	神龙湾村、西社村	社区营造	村民自治组织为主	公共服务功能，如社区养老、文娱场所等
更新复兴类	车当村、南庄村、青草凹村、蟒岩村、老申峧村、流吉村、窑上村、牛岭村	外力介入	社会力量为主	公共服务功能，如社服服务中心、文娱场所等 经营性功能，如办公、住宿、商业、餐饮等

2. 保护利用策略

其中，综合发展类村庄，历史文化资源丰富，基础设施、公共配套完善，常住人口占比高，市场认可度高，村庄发展意愿强。这类村庄建议围绕组团重点发展功能，以空间为载体，盘活闲置房屋及场地，传统建筑活化利用与产业发展需求相结合，植入配套功能及经营性功能，如办公、住宿、商业等。保护利用主体以村民自治组织为主，鼓励村里年轻人发挥带头作用。地方政府应提供政策及技术支持，引导社会资本投入并规范市场行为，实现社会参与与村民自治有机结合。

特色保护类村庄遗产价值系统得分高，是地域文化特征的典型代表，应进行整村保护，且不受活化利用行为干扰。保护利用主体应以地方政府为主，加强监管与巡查。传统建筑的活化兼顾公共文化服务及经营性功能，维持自住的传统建筑，自主更新时应注重对其风貌进行严格管控与引导。

宜居社区类村庄交通便利，基础设施、公共配套相对完善，人口流失相对不严重，应进一步提升整体人居环境。保护利用主体以村民自治组织为主，传统建筑的活化利用应围绕完善社区服务功能展开。

更新复兴类村庄，两个系统得分均较低，人口土地产业空心化严重，村庄抑或凋敝衰落抑或借助社会力量的深度参与、城市资本的投入而实现复兴。随着户籍制度和宅基地制度的改革，城乡人口双向流动不再受限，保护利用主体会逐渐演变为原住民与“新村民”，或以“新村民”为主。传统建筑的活化利用则随新主体入驻的适应变化。

具体到各村，遵循“一村一档”的原则，明确各村保护对象、发展方向，编制传统建筑活化利用引导表，建立近中远期项目库。同时，于项目库中精选示范项目，推动落地实施。

3.3 县域

1. 全域保护

在县域层面，规划提出对反映区域历史文化价值的遗产要素进行整体保护。要素除传统村落以外，还包括将村落串联起来的水系、古道等线性文化遗产及散落在县域范围内点状分布的文物建筑、附属文物。针对各类要素划定保护范围，制定保护措施。

村落的保护范围以已批复的传统村落或历史文化名村保护规划划定的核心保护范围及建设控制地带为准，对于特色保护类村庄，划定环境协调区，对周边环境及景观视廊进行协同保护。沿传统村落集中分布的浊漳河干支流及晋豫、晋冀古道划定保护范围，并对两侧分布的历史环境要素，如泉眼、古树名木、奇峰怪石、水利设施等，进行统计，加以保护利用，以维系传统村落依附的自然及人文环境。文物建筑的保护则以文物部门公示的保护区划为准，严格执行文物保护措施。

对于县域内普遍流行的雩祭习俗及其他非物质文化遗产，应加强系统性的研究、认定、保存和延续工作，推进非物质文化遗产代表性传人名录登记制度，鼓励和扶持非遗展示及表演活动，实现非物质文化遗产在现代语境下的活态传承。

2. 设施配套

为弥补现有交通系统的缺陷，规划采纳《山西省太行板块旅游发展总体规划》太行一号旅游公路线路及《山西省长治市全域旅游规划》中的自驾游线路，增加南北向交通路网密度（图6）。对传统村落分布密集的S324省道进行慢性系统设计，分时禁止大车通行，沿线设置非机动车道及减速装置，提高慢行出行比例，保障驾乘人员安全。结合村落、农田、景区在适当路段增加沿河步行道，丰富慢行出行体验。除此之外，以组团为单元，进一步完善垃圾收集中转、公共服务、消防安防、地质灾害防治等配套设施。

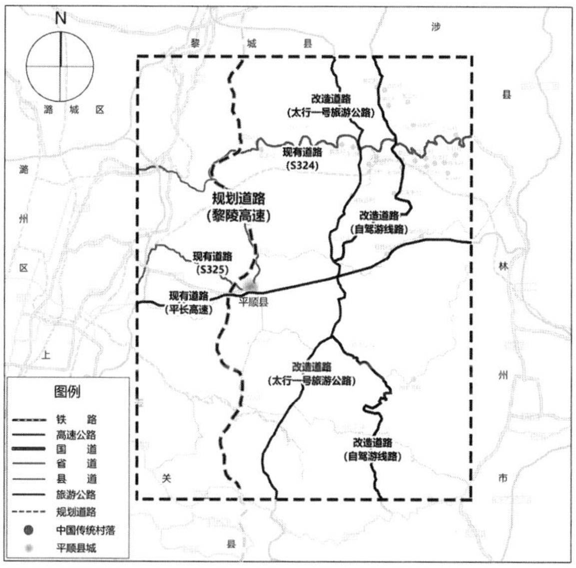

图6　县域层面道路交通统筹规划

3. 要素统筹

对资金及土地要素在县域内进行统筹：在资金方面，考虑到传统村落保护利用资金缺口大，建议通过引入社会资本、发展乡村金融、建立专项基金等方式，拓宽资金来源，明确资金分配顺序，向综合发展类及特色发展类村庄倾斜，坚持以产业为支撑，培育传统村落“自我造血”能力；在土地方面，坚持组团内协同利用，复垦整治塌毁民宅形成的新增用地指标可以入市交易亦可在组团内通过“增减挂钩”达到平衡，适当放宽传统民居宅基地使用权的流转，历史建筑所有者须按照修复、维护的要求对传统民居进行修复、保护。

4　结论

综上，本文基于平顺县传统村落集中连片保护利用规划实践，构建传统村落保护利用体系，总结技术要点如下：

（1）通过挖掘区域历史文化，分析各种时空数据、村落间的关联性，对传统村落集中连片保护利用的可行性进行论证，形成科学的传统村落保护利用决策支持系统。

（2）构建组团协同发展、一村一策、区域资源整合的保护利用路径，明确各层级保护对象，制定合理的保护利用策略。

（3）采用定性、定量相结合的分析方法，结合村庄自身特色，创新保护利用模式，重点关注传统建筑的保护利用方向和技术方法。

（4）对区域内各类遗产要素进行整体保护，完善配套设施，强化要素支撑。

参考文献

[1] 张兵.城乡历史文化聚落——文化遗产区域整体保护的新类型[J].城市规划学刊，2015，（6）：5-11.

[2] 李江苏，王晓蕊，李小建.中国传统村落空间分布特征与影响因素分析[J].经济地理，2020，40（2）：143-153.

[3] 李伯华，尹莎，刘沛林等.湖南省传统村落空间分布特征及影响因素分析[J].经济地理，2015，35（2）：189-194.

[4] 马煜，王金平，安嘉欣.流域视野下山西省传统村落空间分布及聚落特色研究[J].太原理工大学学报，2021，52（4）：638-644.

[5] 黄嘉颖，王念念.传统村落集中连片区保护体系构建方法——以青海省黄南藏族自治州传统村落集中连片保护利用示范区为例[J].规划师，2023，39（7）：123-130.

[6] 何依，邓巍，李锦生，等.山西古村镇区域类型与集群式保护策略[J].城市规划，2016，40（2）：85-93.

[7] 李昊泽，王勇，程杰.图式语言视角下的江南水乡传统村

落空间布局解构[J].规划师，2021，37（24）：74-79.

[8] 车震宇，保继刚.传统村落旅游开发与形态变化研究[J].规划师，2006，（6）：45-60.

[9] 汪涛，李弘正，王婧.乡村振兴视角下传统村落保护发展规划方法探索——以江苏省泰州市俞垛镇仓场村为例[J].规划师，2020，36（23）：90-96.

[10] 张文君，张大玉，陈丹良.区域统筹视角下传统村落保护利用路径研究——以陕西省渭南市传统村落为例[J].华中建筑，2022，40（9）：113-117.

[11] 耿昀.平顺龙门寺及浊漳河谷现存早期佛寺研究[D].天津：天津大学，2017.

巴渝传统民居气候适应性研究
——以重庆吴滩古镇为例①

赵一舟②　毕思琦③　王鑫④

作者单位
四川美术学院建筑与环境艺术学院

摘要：巴渝传统民居在应对地域气候和山地环境时，体现出独特且丰富的气候适应性营建智慧。本文选取重庆吴滩古镇为研究案例，针对巴渝山地地形及立体微气候特征，从聚落、建筑、界面三个层级提取其典型单元空间原型与组合模式，并从微气候维度、竖向维度及多样性维度解析不同空间模式气候适应性策略与调节机制，以期为今后探索巴渝山地民居地域低能耗营建提供本土化被动式设计参考。

关键词：传统民居；山地场镇；空间模式；气候适应性

Abstract: Traditional Ba-Yu vernacular architecture demonstrates unique and rich climatic adaptability wisdom in responding to regional climates and mountainous environments. This paper selects Wutan Ancient Town in Chongqing as a research case study. It focuses on the unique terrain and three-dimensional microclimate characteristics of the Ba-Yu mountainous region. From the perspectives of settlement, architecture and interface, typical spatial unit prototypes and combination patterns are extracted. The paper analyzes different spatial patterns' climate adaptation strategies and regulatory mechanisms. In order to provide local passive design reference for the exploration of low energy consumption construction in Ba-Yu vernacular architecture areas in the future.

Keywords: Traditional Vernacular Architecture;Mountain Field Town ;Spatial Patterns;Climate Adaptability

巴渝山地传统民居受地形、气候、文化等多重因素作用影响，存在独特的山地建成环境与立体微气候特征，并在空间本体上形成了绿色营建智慧与竖向空间组织变化特色[1]。因此，结合微气候维度、竖向维度、多样性维度研究巴渝传统民居[2]，针对山地传统民居进行空间原型模式提取与组合转译，明晰不同空间原型在气候适应性下的共性与特性及其中的绿色营建原理，有助于揭示山体立体微气候、空间模式与物理环境之间的耦合关系[3]，探析巴渝传统民居在适应山水格局下形成的竖向空间与多样化特征，以期为今后探索巴渝山地民居地域低能耗营建提供本土化被动式设计参考。

1　吴滩古镇概况

1.1　场镇区位概况

吴滩古镇位于重庆市江津区北部边缘，场地所处地形多为中丘兼少部低山，地势东西高、中部低，紧邻梅江河、箭梁河，古镇街巷沿梅江河平行于等高线依势布局，呈鱼骨带状展开，形成了重庆地区典型的横向沿河古镇（图1）。

1.2　地域气候特征

重庆隶属夏热冬冷气候区3B级区[4]，具有高湿、高热、静风率高等特征。年平均温度18.4 ℃，夏季7~8月为高温期，最高温度可达38 ℃以上，

① 基金项目：国家自然科学基金青年项目（52008276），重庆市英才计划项目（cstc2022ycjh-bgzxm0112），重庆市教委科学技术研究计划重大项目（KJZD-M202101001）。

② 赵一舟，通讯作者，四川美术学院建筑与环境艺术学院，副教授，401331，zhaoyz19@scfai.edu.cn。
③ 毕思琦，四川美术学院建筑与环境艺术学院，研究生，401331，2022120319@st.scfai.edu.cn。
④ 王鑫，四川美术学院建筑与环境艺术学院，研究生，401331，2022120318@st.scfai.edu.cn。

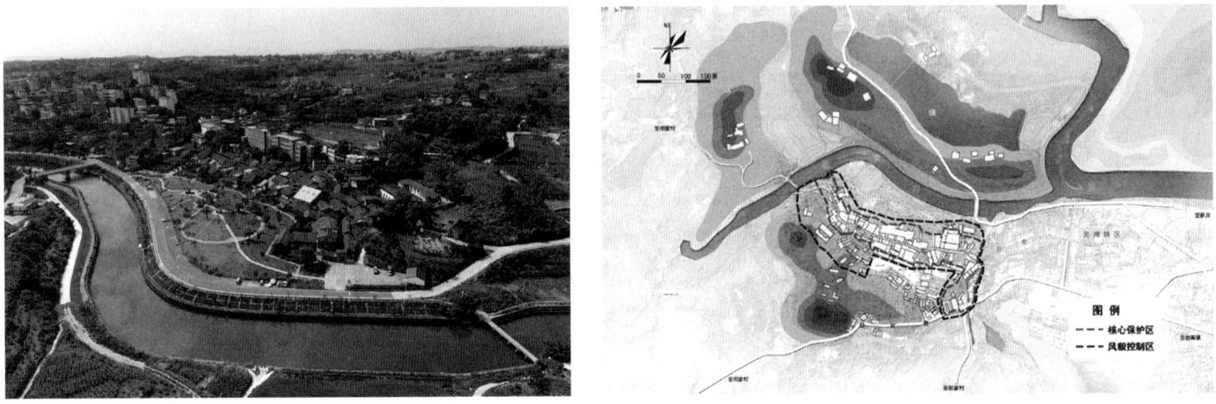

图1 吴滩古镇现状及平面图

日均温度为27 ℃左右。冬季相较于寒冷地区气温较为温和，日均温度为8~10℃，最低温度维持在3~5℃，极端低温可低至2.8℃。整体风速较低、静风率高，在冬季和过渡季雾气、湿气较为浓重，且太阳辐射总量低，日照率低，年日照率在20%左右，是我国日照最少的地区之一，并呈现夏季高、秋冬季低的明显差异（图2）。

不同于平地建成环境，山地建成环境具有明显的立体微气候特征[5]。吴滩古镇地处梅江河、箭梁河交会处，背山面水，地势起伏大，其所处的整体山水格局具有区别于宏观地域气候的地方性风场，受山谷风和水陆风的共同作用，整个场镇处于较为显著的立体风场环境中（图3）。

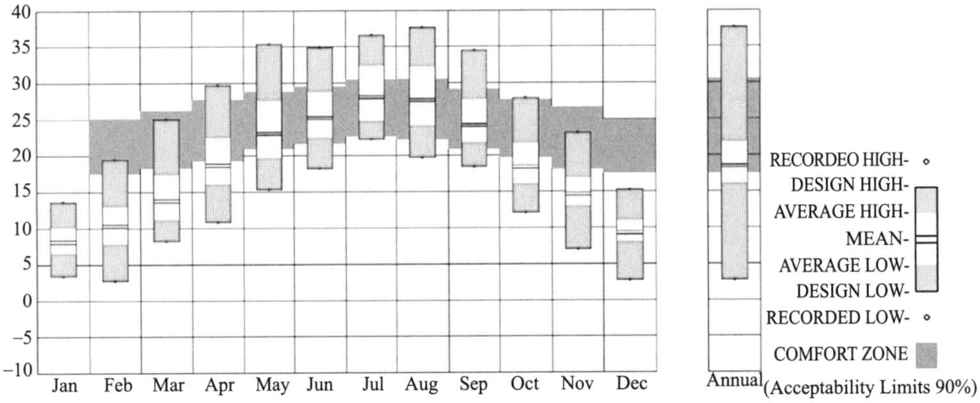

图2 重庆月均及年均温度（℃）分布（灰色部分为适应性热舒适范围）
（来源：根据Climate Consultant绘制）

图3 吴滩古镇山水格局

2　吴滩古镇气候适应性乡土空间原型

2.1　聚落层级空间原型

1. 横向聚落布局

吴滩古镇民居平行于等高线，呈东西横向布局，整体街巷呈鱼骨状，梅江河呈“L”形半围绕街巷，横向狭长主街迎向梅江河，南北向冷巷垂直于梅江河，进而形成迎纳山谷风、水陆风的融贯风路，呈现顺应立体风场主导风向的空间组织关系，营造顺应气候环境的聚落总体形态。

2. 狭长主街

吴滩古镇整体横向长街迎向梅江河，民居间南北向冷巷垂直于等高线并迎向梅江河。一方面，主街与两侧民居因传统穿斗结构共同形成互遮阳体系，在夏季起到遮阳防热的气候调节作用；另一方面，平行于等高线的狭长主街街道可以更好地引入自然风源，加速街巷间的自然通风速度，促进聚落整体的通风效能。

3. 冷巷空间

吴滩古镇建筑间冷巷与主街垂直分布，通常宽为0.5~1.2米，仅能容纳一人通过，并随山势高差错落分布，巧妙利用热压通风效应，有效引导并加速气流到达街巷深处，促进庭院与建筑内部的自然通风，并形成综合遮阳、间接采光等综合气候性能，降低夏季热辐射，改善室内外热湿环境。

2.2　建筑层级空间原型

1. 天井空间

主要包括天井、庭院、抱厅等。在重庆山地场镇民居中，通常把大小院落称为天井，空间狭小窄高。天井既是建筑布局的核心，也是结合形制、地形可灵活设置位置、面积、尺寸的空间原型。吴滩古镇民居的天井空间主要包括三种类型：第一类是面积稍大，居民多会自主进行绿化的方形空间“庭院”，四周多半围合；第二类是条形或小方形的“天井”，多位于建筑中部或侧面，多四周围合；第三类是加设屋顶的天井，称之为“抱厅”。

天井作为紧凑的内向型围合空间，其窄高尺度更有利于加速空气流通速度，在自然通风、综合遮阳、天然采光等方面具有综合的环境调节作用。

2. 竖井空间

吴滩古镇民居竖井空间以“一”字形和“L”形为主，包括梯井、窄廊、通高走廊等，通过上下不同材料组合形成竖向温度分层，窄高空间促进热压通风，同时结合屋顶气口形成拔风效果，进一步提升近人高度热环境稳定性。竖井空间通常还会结合“亮瓦”“猫儿钻”等屋顶采光措施，提高室内采光效率。

3. 坡屋顶高空间

坡屋顶冷摊瓦屋面具有热阻小、升温降温快、表面温度波动大的特征，且整体属于通风透气型屋面，因此坡屋顶高空间有助于促进热压通风，并适度提高近人高度室内环境稳定性。同时，坡屋顶高空间常与屋顶采光结合，提高民居室内的采光效率。

4. 室内通长冷巷

吴滩古镇内少数民居在室内一侧设竖向通高、横向通长的内冷巷，从主街连通至外侧空间，宽度仅0.8米左右，其窄高形制更有利于促进竖向热压通风，增强风压与热压协同作用的通风效应，从而改善室内热湿环境，并作为室内外联通交通空间。

5. 桥楼空间

吴滩古镇内水系纵横，最典型的是桥楼建筑群，结合地形地貌的微气候优化潜力，通过竖向维度空间原型的纵向叠加与穿插来顺应水体。而水体有助于调节气候变化幅度，并起到夏季吸热、冬季增湿的积极作用。

6. 敞厅

吴滩古镇内有一处供居民售卖、展演的剧场空间，有利于空气流通和增强热压通风效能，为居民提供良好的室外活动环境。

2.3　界面构造空间原型

1. 上轻薄下厚重

吴滩古镇民居建筑多采用上轻薄、下厚重的围护结构，上部采用竹篾墙等轻薄透气材料，底部采用热惰性相对稳定的砖石等材料，起到夏季隔热、冬季保温作用。上轻薄、下厚重围护结构在保证建筑结构稳定的同时，更有利于增加室内竖向温度差，促进热压通风，调节室内热湿环境。

2. 深处檐

大出檐、深出檐是吴滩古镇民居屋面构造的

主要方式，且这类形式多表现在沿江一侧民居上。多数建筑出檐类型呈现悬挑、单挑出檐，屋面构造呈现连续坡屋面，或一侧无限接近于地面的延长屋面，在遮阳防雨效果突出的同时起到一定地气候缓冲作用。

3. 多元开启元素

吴滩古镇民居立面以透光透气为主，外墙开窗面积较大，在沿街主立面和内院立面等均设置较大开门和开启扇形成水平向穿堂风，垂直向则多呈现为在山墙面及屋顶上部，设置高窗或透气格栅，以促进竖向热压通风，并增加采光率。

吴滩古镇民居屋面出现多数“猫儿钻”“老虎窗”“亮瓦”等屋顶开启构造，有利于通风、排气、透光等，也具有透气、排雨等功能，并且有利于居民根据房间布局的需要，自行增加数量或更改位置，改善室内光环境（表1）。

气候适应性单元空间原型　　表1

聚落层级			界面层级		
横向聚落布局	狭长主街	冷巷	上轻薄下厚重	深出檐	多元开启
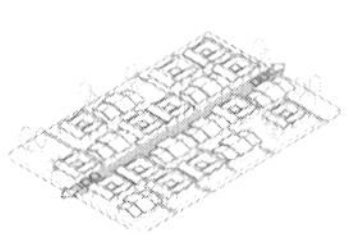	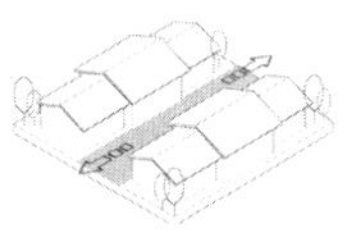	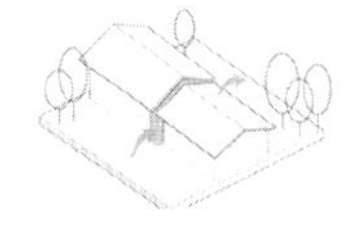	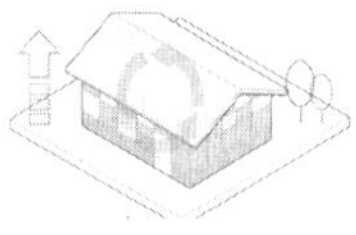	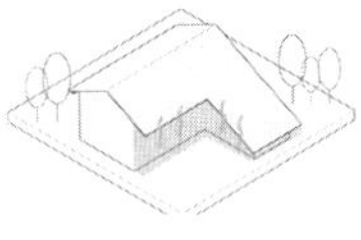	

建筑层级					
天井	竖井	坡屋顶高空间	室内冷巷	桥楼	敞厅
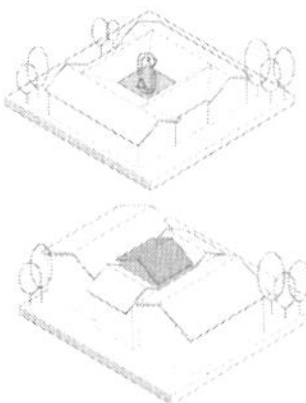	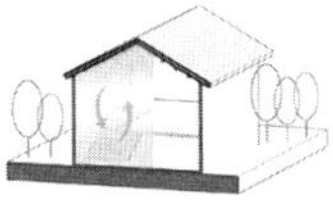	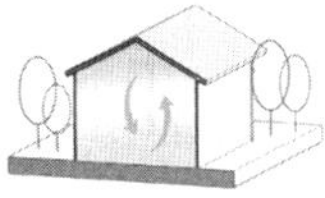	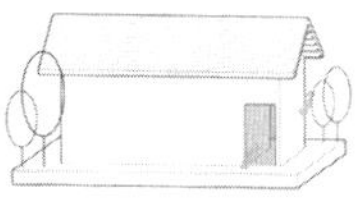	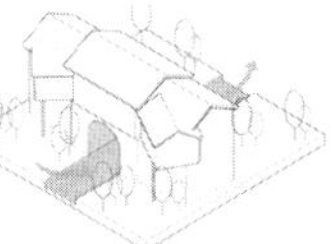	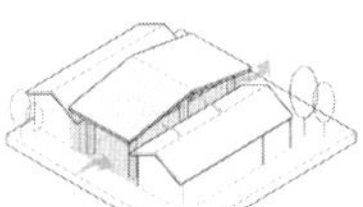

3 吴滩古镇气候适应性空间组织模式

3.1 狭长主街＋外冷巷＋天井

“狭长主街+外冷巷+天井”是聚落层级典型气候适应性空间组合模式。在山地立体微气候影响下，平行于等高线的东西向主街迎纳水陆风、山谷风，气流经过因接受太阳辐射较少而变得阴凉的狭窄冷巷进入天井院落，结合竖向拔风效力，使得空间主体室内外获得良好的自然通风，形成横向与纵向相结合的通风路径。

3.2 天井＋竖井＋坡屋顶高空间＋内冷巷

“天井+竖井+坡屋顶高空间+内冷巷”是建筑层级典型气候适应性空间组织模式。为适应山地地形，吴滩古镇民居多设置多级建筑形成院落分层，由此形成抱厅、梯井、竖井等多种竖向组合模式。首先，因穿斗形制的特殊性形成的坡屋顶高空间基于文丘里效应的通风原理，有效促进热压通风，并提高近人高度室内环境的稳定性。其次，室内冷巷在吴滩古镇中与狭长主街垂直并行不仅有利于形成室内水平与竖向融贯的风路，同时也可作为交通路径方便穿行。

3.3　围护结构 + 立面开启 + 屋面开启

在界面层面，古镇民居以“围护结构+开启元素”形成既统一又灵活的立面组合。围护结构多以木夹壁和竹篾篱墙为主，辅以“木夹壁+竹篾篱墙”“木夹壁+砖墙”“木夹壁+石墙”等混合型围护结构，在古镇临近水体一侧的民居当中，出现多种屋面“猫儿钻”“老虎窗”“亮瓦”等屋面开启元素，部分功能性空间通过屋面亮瓦与侧面开窗结合，共同促进建筑上部通风透气、增加天然采光，优化室内热湿环境及提升采光效率（表2）。

气候适应性空间组织模式归纳　　表2

	层级	聚落			建筑					界面		
乡土空间原型	典型模式与图示	纵向布局	狭长主街	冷巷	天井	抱厅	竖井	坡屋顶高空间	桥楼	上轻薄下厚重围护结构	立面开启元素	深出檐
			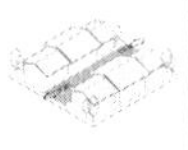									
	气候调节作用	迎纳山谷风，水陆风；形成建筑南向互遮阳	迎纳山谷风，水陆风；形成建筑东西向互遮阳	迎纳山谷风，水陆风，提高风速；形成建筑互遮阳，防热效果显著；山墙采光：建筑之间热缓冲层	促进热压通风；形成建筑自遮阳；提供天然采光；防雨、排水	提升热压通风作用；形成建筑自遮阳	促进竖向热循环；促进热压通风	形成气候缓冲层，隔热防寒；促进竖向热循环；促进热压通风	促进热压通风；利用地表全年热稳定性，冬暖夏凉	促进建筑上部通风透气，提升近人高热稳定性；提高结构稳定性和安全性	促进建筑通风透气；提高采光效率	促进建筑通风透气；提高采光效率
空间组织模式	典型模式与图示	主街 + 冷巷 + 天井			天井 + 竖井 + 坡屋顶高空间 + 内冷巷					围护结构 + 立面开启 + 屋面开启		
		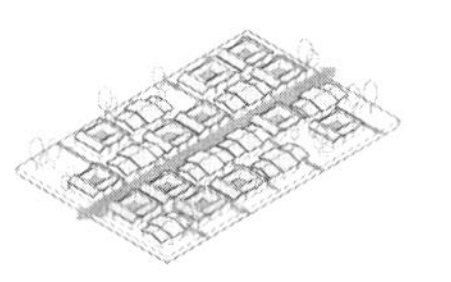			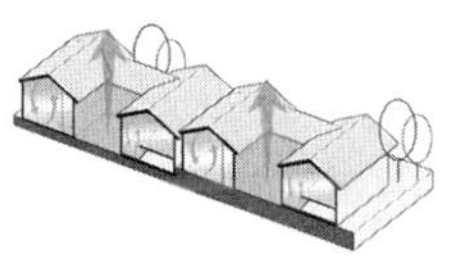							
	气候调节作用	组织融贯风路，促进自然通风；形成建筑互遮阳、自遮阳；提供天然采光			增加竖向热循高度差异，促进热压通风；提升建筑整体舒适度；利用地表热工性能热稳定性，优化室内热湿环境					利用建筑上部通风透气，提高近人高度热稳定性；提高采光效率,优化室内光环境		

4　结论

山地场镇传统民居气候适应性营建特征主要呈现为以下三方面：

其一，山水格局引导聚落总体形态布局。山地建成环境具有独特的主导风向，并具有昼夜周期性规律，为顺应局地微气候特征，吴滩古镇在聚落、建筑、街面空间营建方面积极引入、指导、调节气候要素。顺应山脊横向布局的聚落形态，结合狭长主街、冷巷、天井等空间原型，形成横向与纵向融贯风路，回应自然通风主导气候策略，并结合朝向组织有效穿堂风通路、顺应风向设置门窗位置等，更好地优化室内外人居环境[6]。

其二，竖向空间在山地环境中起多重调节作用，聚落层面迎纳主导风向顺势下跌，形成高度变化丰富的竖向布局，借助窄高形制特征促进热压拔风效能，建筑层面形成多种类型的竖向通高空间与层面开启元素相互结合，增加竖向梯度温差，适度提高近人高度室内环境稳定性，促进竖向空气流通，并提高室内空间的采光效率。

其三，不同单元原型及组合模式形成建筑空间形态的多样性和灵活性[7]，凸显了不同单元原型的环境调节作用，并通过对各层级空间原型的协同组合，综合调节室内热湿环境、光环境、风环境等。一方面，单一空间原型具备多种气候调节作用及多种空间形态，如天井空间根据空间形制、地形地貌等要素可变化为院落、围合式天井、抱厅等多种形制来顺应气候环境；冷巷划分为外冷巷和内冷巷，通过窄高形制的空间增强热压通风，优化聚落及建筑整体的自然通风效率。另一方面，同一气候策略也可通过不同的空间原型组合来强化气候调节作用，如“主街+天井+冷巷”“天井+竖井+屋面开启”“坡屋顶高空间+上轻薄下厚重+立面开启”等多种建筑与界面相结合的组织模式综合调节室内外热湿环境[8]。

综上，针对巴渝场镇民居特征，结合微气候特征与主导气候策略提取所得的不同空间单元原型、典型空间组合模式，是兼具“地域基因”和“绿色基因”的空间模式与设计智慧[9]，既具有重要的绿色营建智慧传承价值，亦是为巴渝山地民居地域低能耗营建提供本土化被动式设计的重要参考。

参考文献

[1] 刘加平，等. 绿色建筑——西部践行[M]. 北京：中国建筑工业出版社，2015.

[2] 张利. 山地建成环境的可持续性[J]. 世界建筑，2015(9): 18-19.

[3] 宋晔皓，褚英男，孙菁芬，等.建筑原型在可持续整体设计中的应用与影响[J].时代建筑，2022（4）：38-43.

[4] 中华人民共和国住房和城乡建设部，中华人民共和国国家质量监督检验检疫总局GB 50176—2016民用建筑热工设计规范[S]. 北京：中国建筑工业出版社，2016.

[5] 赵一舟，杨静黎，张丁月. 巴渝山地场镇民居气候适应性营建模式研究——以重庆蔺市场镇为例[C]//中国民族建筑研究会.中国民族建筑学术论文特辑2023.中国建材工业出版社，2023.

[6] 徐亚男. 巴渝地区轻薄型传统民居气候适应性研究[D]. 重庆：重庆大学，2018.

[7] 赵万民. 巴渝古镇聚居空间研究[M]. 南京: 东南大学出版社，2011.

[8] 李旭，马一丹，崔皓，等. 巴渝传统聚落空间形态的气候适应性研究[J].城市发展研究，2021（5）：12-17.

[9] 周若祁，赵安启. 中国传统建筑的绿色技术与人文理念[M]. 北京: 中国建筑工业出版社，2017.

马六甲葡萄牙村的振兴与文化存续研究

方嘉莹[1]　陈以乐[2]

作者单位
1. 马来西亚理科大学
2. 澳门科技大学

摘要： 本文聚焦于少数族群的文化存续所开展的村落营建研究，通过对马六甲葡萄牙村案例的分析，结合实地考察、历史文献分析的方法，探讨了葡萄牙村在空间布局、产业发展与经济振兴、外部资助与文化振兴、节庆与文化存续、发展与挑战并存五个方面的乡村营建内容，希冀为少数族群的文化存续和定居点的营建提供理论与实践参考。

关键词： 马六甲葡萄牙村；乡村营建；少数族群；文化遗产；族群文化

Abstract: The research on village construction for the cultural survival of minority ethnic groups is the main focus of this article. Using on-the-spot research and historical document analysis to look at the case of Portuguese Settlement in Malacca, this paper looks at five aspects of Portuguese Settlement: the layout of the area, the growth of industry and the revival of the economy, funding from outside sources and the revival of culture, festivals and the survival of culture, and development and challenges. It hopes to provide theoretical and practical references for minority ethnic groups' cultural survival and settlement construction.

Keywords: Portuguese Settlement in Malacca; Rural Construction; Ethnic Minorities; Cultural Heritage; Ethnic Culture

对于少数族群的文化存续而言，其生活的村落所面对的城市发展趋势，可能面临许多挑战，例如城市文化的强势影响可能导致少数族群文化逐渐被同化，特色逐渐消失；而伴随着谋生和经济上的需求，导致大量人口向城市迁移，进一步使村落人口减少，少数族群文化的传承主体也随之减少；加上城市现代生活方式的普及，可能让少数族群传统生活方式和文化受到冲击。在城市与乡村在发展上的差距进一步扩大，可能影响少数族群文化续存的资源和条件。基于此背景下，本文以马六甲葡萄牙村为案例，探讨其作为少数族群村落营建的经验。

1　马六甲葡萄牙村的独特性背景

1.1　马六甲海峡与葡萄牙航海时代：克里斯坦人的诞生

马六甲市（Melaka）位于马来半岛南部地区，面向马六甲海峡，其海港城市的枢纽性的地理位置使得欧洲人纷纷前往进行海洋贸易，其深河口也使马六甲成为依赖季节性季风贸易远航的东西方商人的天然聚会场所。在马六甲复杂的历史中，葡萄牙人对马六甲的管治从1511年持续到1641年。但在城市扩张的初期，葡萄牙妇女并未随行，葡属马六甲政府为了增加海外驻地人口，鼓励葡萄牙人与当地妇女通婚。在这种通婚政策下，葡属马六甲产生了新的欧亚混血族群——克里斯坦人（Jenti Kristang），即“信奉基督教的人”。至16世纪初，马六甲已发展成为国际性的香料贸易的商业中心，葡萄牙也在持续鼓励在当地结婚或通过自愿入籍成为“葡萄牙人”，进一步推动了岛上混血社区的发展，同时也拥有了一定数量的国际化居民。后经历了荷兰与英国的管治，尤其是在英国管治期间（1826年到1946年），大多数克里斯坦人生活在环境恶劣的海边（图1、图2）。

图1 马六甲葡萄牙村碑石上刻有该地区的地图

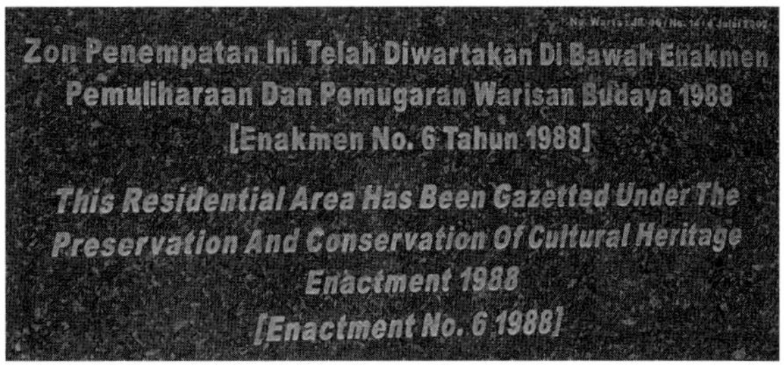

图2 葡萄牙村碑石刻字为该地区已根据《1988 年文化遗产保存和保护法》刊宪

1.2 葡萄牙村的规划背景：少数族群文化复兴

为了改善克里斯坦人的生活环境，安置这些渔民，在1926年，法国和葡萄牙的两位天主教神父（Alvaro Manuel Coroado和Jules Pierre François）提出了在马六甲郊区建立一个新社区（kampung）想法，规划购置土地并把分布在马六甲全城那些以捕鱼为生的克里斯坦人重新安置在一个集中社区，希望为他们提供一个适宜居住的环境。

这个安置克里斯坦人的新居住区选址在海岸以南1千米处的乌戎巴西（Ujong Pasir），原本是一片红树林沼泽。在当地政府的介入协助下，公共工程部门花费了数年时间才将土地清理干净，并在第一期建造了10栋木屋。约在1930年左右，该处被封为法定的葡萄牙欧亚混血族群定居点。至1933年，两位神父正式在马六甲海峡附近的11公顷土地内建立了葡萄牙村（Portuguese Settlement in Melaka），又称为“葡萄牙人的定居点”。在街道的入口处，白绿双色的双语路标指向葡萄牙村，分别为马来语书写的“Perkampongan Portugis”（葡萄牙人村庄），以及用英文书写的“Portuguese Settlement”（葡萄牙人定居点），均表示此处为葡萄牙欧亚混血族群聚居地。1934年，首批家庭搬进了由当地政府主持于此处建造的首期居屋。随后，这个地方被克里斯坦人自发地、非正式地称为“圣约翰村”（Kampung St. John），而马来西亚人也以“葡萄牙村”（Kampung Portugis）来称呼这个社区，与如今路牌上书写的“葡萄牙村”（Perkampongan Portugis）词义接近。从这个定居点的规划背景来看，名字上带有文化信仰的元素，为两位神父构建的社区实体，同时也是一个旨在使少数族群文化复兴而发起的社会慈善行动。

随着时间的推移，第二次世界大战以后，葡萄牙村开始扩大并凝聚成一个社区，除了体现在空间的扩张上，也体现在人口的数量上。在20世纪30年代初，葡萄牙村刚建成时，申请入住的家庭户主仅有207户，其中91人为渔民，其余的116人为公务员。至1991 年，葡萄牙村发展至864人，而如果加上葡萄牙村周边两个街区公寓中的葡萄牙欧亚混血人，总人数则为1013人。据1995年的人口统计，葡萄牙村的全职渔民只有几十人，但超过一百人从事兼职捕鱼的工作，他们通常两至三人一起作业。当地则发展至约有1200名有葡萄牙人血统的居民，他们日常使用“克里斯坦语”（Papia Kristang）进行交流，这是一种融合了大量葡语词汇的克里奥尔语。这些居民虽然在历史的长河中逐渐被远在欧亚大陆西端的葡萄牙所遗忘，但他们仍然顽强地保持着自己的葡萄牙传统与风俗、信仰、语言，并作为一个独立的族群生存至今。但是到了1996年，葡萄牙村所见的后裔已经不多，也由于不少葡裔外出工作谋生，村中房屋有大半已出租给华人及马来人居住。至今，从职业分布上来看，葡萄牙村的居住者包括一些现任的和许多退休的公务员、艺人、商人，退休的地方行政官、教师、工人和不少受雇于马六甲三家五星级酒店的厨师，也并不完全均为葡萄牙人的后裔居住（图3）。

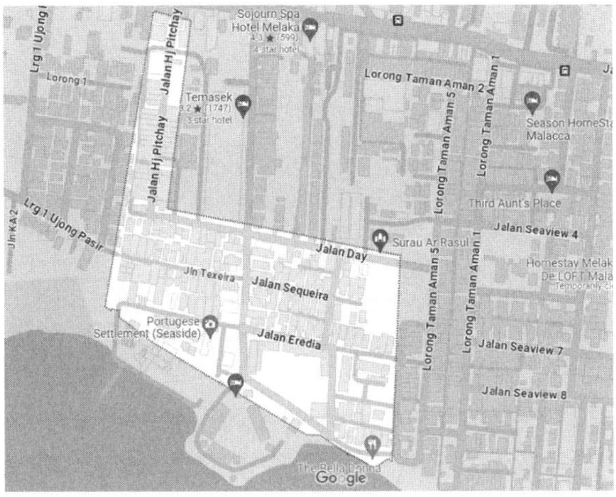

图3　葡萄牙村的范围（来源：截取自 Google Map）

2　葡萄牙村的营建

2.1　葡萄牙村的空间布局

葡萄牙村的空间布局主要划分为四个部分：嘉诺撒修道院（Canossa Convent）、葡萄牙广场（Medan Portugis）、村落教堂、七条街道及居屋、沿海的摊位市场和滨海观光平台。

如今的嘉诺撒修道院是一所女子学校，历经了多次的翻新，大约有800名学生在此就读，包括华人、马来人、印度人和克里斯坦人。它几乎是附近居民就读的唯一选择。建筑高2层，波浪形瓦面屋顶设计，立面为浅黄色的方框线条以及翻新后的浅色墙体，二层的外走廊上设计了遮阳的透气孔板。建筑的外围已有崭新的铁艺栅栏进行围合（图4），修道院内还有一尊圣母玛利亚的雕像、一口由卡洛斯特·古本江基金会（Calouste Gulbenkian Foundation）于1984年赠送给葡萄牙村的大钟。此外，在葡萄牙村的第一条街（Jalan D’Aranjo）上，还有一栋米色外观的建筑物，这是2012年由政府补助所设置的位于葡萄牙村的第一间教堂，可以说是葡萄牙村的精神堡垒，因为在这座教堂投入使用后，意味着葡萄牙后裔们就不需到村外的教堂去做弥撒，也是马来西亚联邦政府对异教徒和少数族裔的包容的体现，也进一步促进了现代族群的融合。

20世纪80年代，马六甲州政府为了发展旅游业，围绕马六甲的历史和文化遗产进行了宣传。葡萄牙村顺理成章成了当地的特色文化，因此当地政府建造了一系列公共设施作为游客观光与欣赏歌舞表演的地点。葡萄牙广场属于其中一处公共设施，距马六甲市中心以东约3公里处，建于20世纪80年代后期，于1984年12月24日隆重揭幕并投入使用，是仿造葡萄牙同类型建筑的样式而建，处于整个葡萄牙村的正中央位置，还包括一个庭院，庭院内有海鲜餐厅、酒吧和一个小型的社区式博物馆。因此，这里也是马六甲葡侨聚居地的主要活动场所。其中，表演舞台为铁皮棚屋顶搭建，舞台的背景板上有一系列绿色、湖蓝色、红色相间的葡式瓷砖（图5）。在其出入口的位置有一座白色的标志性拱形门楼，立面为横向三段式结构，以简单的白色石膏饰线作点缀，门额上写有“Medan Portugis”和“Portuguese Square”的双语字样（图6）。沿海边一带则有数个食品摊位、餐馆、杂货店、市场、观光平台，是主要的商业空间。

图4　嘉诺撒修道院（Canossa Convent）（来源：Fishagrams）

图5　葡萄牙广场的舞台

图6 葡萄牙广场的入口门楼

葡萄牙村内的七条街道及居屋是主要的居住空间。最初的房屋也是沿着这些道路建造的，并以著名的葡萄牙人例如 D´Alberquerque、Sequera、Eredia、D´Aranjo 和 Texeira的名字命名，沿用至今。例如德·阿尔布克尔克路（Jalan D´Albuquerque）是根据葡萄牙探险家阿方索·德·阿尔布克尔克（Afonso de Albuquerque）命名的。而典型的民居则建造在12米×24米的土地上，为独栋式双坡屋顶建筑，包括一个主厅、一间厨房和一个铺有贝壳地板和亚答屋顶的门廊，而有一部分民居是由马六甲博物馆公司（Malacca Museums Corporation（Perzim））进行修复的。在葡萄牙村周边有大约三处杂居的公寓街区，其中两处是多民族居住区（主要有华人、克里斯坦人、印度人），另一处均为马来人居住区。每逢星期六晚上，这里会有葡萄牙、马来人、华人及印度人等各族的舞蹈表演。还有一处为临海的南面，即一些破旧木码头的区域，为渔民捕虾、拴网和泊船提供方便（图7）。由此可见，这个葡萄牙村不管是在社会上，还是空间分布上，已经凸显出清晰的轮廓边界。

图7 马六甲葡萄牙村的渔民码头（来源：1996-05-29 华侨报，《葡人渔村仍在，正种葡人少见》）

2.2 葡萄牙村的产业发展与经济振兴

自1996年起，地方政府就开始介入，进一步推动葡萄牙村的自我经营，例如当地政府修建的葡萄牙广场，内设表演舞台、餐厅、商店，均由让葡萄牙人经营，地方政府还通过旅游局，安排一些欧美游客到葡萄牙村游览、品尝葡式美食、欣赏葡萄牙土风舞，借此作为他们营生的手段，这也是马来西亚作为多民族国家民族政策的包容性体现。此外，在葡萄牙村，一些葡萄牙后裔还会驾小艇出海捕鱼，除渔获外，还会捞到古钱、古瓷器等售卖给游客。2008年，联合国教科文组织将马六甲列入世界遗产名录，成为马来西亚国内外旅游的热门地点，葡萄牙村也因此成了一个极富吸引力的旅游点。目前仍有许多渔村和海鲜餐厅和酒吧，还打造了一尊高达30英尺（1英尺合0.3048米）的巨大耶稣圣像，希望借此吸引更多的游客。

2.3 外部资助与文化振兴

在20世纪，澳葡总督韦奇立（General Vasco Joaquim Rocha Vieira）将军曾到访葡萄牙村游览，向当地居民赠送了书籍、纪念品，以及向两个民间舞蹈团赠送了40件民族服装。同时，还向当地赠送一台卫星接收设备，以便于当地居民收看葡萄牙电视台国际台的节目。而在文化研究和工程建设方面，韦奇立将军外派了一名建筑学家前往葡萄牙村研究聚居区广场的修整工程，并帮助当地建设一个图书馆、一个阅览室及一个文化活动场所，同时也外派了编舞人员及厨师去研究当地民间舞及烹饪。另一方面，在20世纪90年代，澳门文化司署和东方基金会签订协议书，资助了一项名为“马六甲葡人遗迹”的人种学及语言学研究计划。这项计划由美国奥斯丁大学语言学家伊莎贝尔·托马士主持并作科学协调，专门研究马六甲一个基督教部族的语言和传统文化。一位马六甲新闻工作者帕德里克·施尔华则负责调查及收集文件资料，包括传统的活动，烹饪艺术，游戏，音乐及语言传统等方面。“马六甲葡人遗迹”研究计划开展一年半的研究工作，获批澳门币3435000元，研究成果包括建立一套完整的资料、发表研究报告，举行有关马六甲基督徒部族的展览以及放映有关文献纪录片。这些来自马六甲以外的资助计划，促进了当时葡萄牙村的文化振兴，也引起了学术界的兴趣和关注。

2.4　节庆与文化存续

由于居住的地理环境，葡萄牙村早期的后裔以捕鱼为生。因此除了庆祝圣诞节，该村落的村民与世界上大多数葡萄牙社区居民一样，每年举办“六月节”，即以6月23日的圣约翰节（Festa de São João）开始，6月29日的圣彼得节（Festa de São Pedro）结束，同时以此纪念圣彼得在未成为教徒前，也是靠海捕鱼的渔夫，也被视为渔民群体的守护神，体现了一种特殊的文化族群认同。节日的重要仪式之一是渔船祈福仪式，渔船经过专门装饰，以确保渔获充足。而圣诞节是另一个主要节日，葡萄牙村的村民们会用彩灯、圣诞树和耶稣诞生展装饰他们的房子（图8）。

图8　1980年披上节日盛装的葡萄牙村（来源：Leong Ka Tai摄影，刊载于葡萄牙东南亚研究中心研究员奥涅尔（Brian Juan O'Neill）的《马六甲葡人的多重特性》）

2.5　发展与挑战并存

1974~1984年开始有政府和私人合资的填海项目，由于泥沙堆积严重影响了捕鱼，渔民提出了抗议，因此当时的填海工程也在1984年停止。但是自2015年开始，葡萄牙村面临新的一项大危机——附近海域的大规模填海工程。葡萄牙村紧邻的海岸中多项的填海造陆开发案进行，将严重影响葡萄牙村现有海岸线、近海的生态环境以及葡萄牙村的文化传承。昔日从葡萄牙村看海的自然风光已不复存在，右手边的视线被Hatten Place Melaka大楼所遮挡。对马六甲人而言，葡萄牙村的海是他们的集体记忆；对葡萄牙村居民而言，海则是他们生活的全部，与他们的语言、宗教庆典等文化联系至深。也由于填海工程在没有与葡萄牙村的社区讨论的情况下进行，引起了社区的关注和不满。虽然以葡萄牙广场为中心，让葡萄牙村成为著名旅游景点，但现代的填海发展影响了葡萄牙后裔渔民的生计，例如马六甲门户项目（Melaka Gateway）的开展导致他们的渔获量大幅下降，甚至让渔民离海越来越远。

3　启示与结语

从葡萄牙村的空间布局来看，要维持当地少数族群文化则必然要与族群的生活习惯以及发源地的居住环境所紧密联系，为他们创造与发源地同类的文化场所。同时，从产业发展与经济振兴来看，不管是有无当地政府持续推动政策，也要考虑自身的自给自足能力，创造系列的营商环境。而从外部资助与文化振兴来看，对于少数族群而言，文化的研究必不可少，这也是溯源历史和传统文化得以延续的一个手段，也因此有了持续性的节日庆典与文化存续。

因此，在乡村营建过程中，我们应充分考虑少数族群的文化特点和需求，注重空间布局的合理性，推动产业发展与经济振兴，加大外部资助与文化振兴的力度。同时，要尊重少数族群的生活习惯和文化传统，让他们在乡村发展中保持自身的独特性，实现文化与经济的协同发展，为少数族群文化的续存创造良好的条件和环境。只有这样，我们才能真正实现乡村的可持续发展，让文化的瑰宝在岁月的长河中熠熠生辉。

参考文献

[1] Sarkissian M. Being Portuguese in Malacca: the politics of folk culture in Malaysia[J]. Etnográfica. Revista do Centro em Rede de Investigação em Antropologia, 2005, 9(1): 149-170.

[2] Cardon F R. Portuguese Malacca[J]. Journal of the Malayan Branch of the Royal Asiatic Society, 1934, 12(119): 1-23.

[3] Lee E L. Language maintenance and competing priorities at the Portuguese Settlement, Malacca[J]. Ritsumeikan Journal of Asia Pacific Studies, 2011, 30: 77-99.

[4] 赵文红. 试论 16 世纪葡萄牙以马六甲为支点经营的海上贸易[J]. 红河学院学报, 2011, 9(5): 50-53.

[5] 周中坚. 马六甲: 古代南海交通史上的辉煌落日[J]. 国家航海, 2013 (4): 173-179.

[6] 翁锦程, 李怡婉. 马来西亚历史文化遗产保护经验对我国的启示——以马六甲和乔治市为例[C]//. 城市时代, 协同规划——2013 中国城市规划年会论文集. 北京：中国建筑工业出版社，2013.

[7] 赵冲, 周怡东, 谭思程. 多元文化影响下的马六甲城市历史文化空间景观形成[J]. 华中建筑, 2022，40（11）：153-157.

[8] 王冠宇. 葡萄牙人东来初期的海上交通与瓷器贸易[J]. 海交史研究, 2016, 2.

基于数字技术的东阳卢宅传统风貌区空间景观再现与文旅互动设计策略研究

吕铭洁[1]　胡振宇[1①]　邵文达[2]　袁亦[2]

工作单位
1. 南京工业大学建筑学院
2. 浙江省建筑设计研究院有限公司

摘要： 浙江东阳卢宅是江南保存较完整的明清古建筑群，第三批全国重点文物保护单位。本文以卢宅传统风貌区为研究对象，分析其历史底蕴、风貌特色及现状问题；依据《东阳市历史文化名城保护规划（2020-2035年）》等相关规划，在卢宅传统风貌区保护更新规划设计中，结合四条主题游线，探讨了数字技术在空间景观再现与文旅互动中的运用，丰富了传统街巷和建筑空间的表达方式，增强了游客及市民的沉浸式体验感，为卢宅传统风貌区的活化利用提供了新的思路和方法。

关键词： 东阳卢宅；数字技术；传统风貌区；空间景观；文旅互动

Abstract: Located in Dongyang City, Zhejiang Province, Lu Manor or Luzhai is a prestigious and well-preserved ancient manor which built in the Ming Dynasty and Qing Dynasty in Jiangnan(the south area of the Yangtze River). It was one of the third batch of national key cultural relics protection units in 1988. The paper describes the historical heritage, building styles and status quo of the traditional feature area of Luzhai. According to the "Conservation Plan of Dongyang Historical and Cultural City (2020-2035)", etc,the paper implants Digital Technology (DT) into the planning and design of the protection and renewal of the traditional feature area of Luzhai, and discusses the application of DT in the virtual spatial landscape and cultural tourism interaction along the four theme tour lines. The results show that the DT enriches expression of traditional streets and alleys and architectural spaces, makes a great sense of immersive experience for the tourists and local residents, and provides a new idea and method for the activation and utilization of the traditional feature area of Luzhai.

Keywords: Luzhai; Digital Technology; Traditional Feature Area; Spatial Landscape; Cultural and Tourism Interaction

进入21世纪以来，数字技术的不断发展，为我国城镇历史街区、传统村落的保护更新提供了新的思路和技术工具。对此，业界学者进行了多领域多层次的研究。笔者通过VOSviewer软件进行文献分析得知，数字技术研究领域与历史街区、传统村落、景观设计等领域紧密相关（图1）。例如，夏健等（2003）探讨了数字时代历史街区保护的观念更新及新的应对策略[②]；朱冬冬等（2011）依托多媒体技术论述了历史风貌街区多元化的景观设计[③]；李哲等（2019）深入阐述了传统村落空间特征计算对大数据分析的潜在价值[④]；陈金留等（2024）以“数字+文创”为切入点，提出了保护更新历史街区空间和激发文旅活力的设计策略[⑤]。但总体来看，对城市传统风貌区空间景观数字化再现和文旅互动的研究相对较少。

传统风貌区作为城市的文化遗产和历史记忆，具有丰富的历史文化底蕴和独特的空间韵味。然而，在

① 通讯作者。
② 夏健，蓝刚.数字时代历史街区保护的观念更新初探[J].规划师，2003,19(6)：29-31.
③ 朱冬冬，郭惠.介入多媒体技术的景观设计研究——以历史风貌街区为例[C]//全国高等学校建筑学学科专业指导委员会，建筑数字技术教学工作委员会.建筑设计信息流——2011年全国高等学校建筑院系建筑数字技术教学研讨会论文集.重庆：重庆大学出版社，2011:235-238.
④ 李哲，孙肃，周成传奇，等.中国传统村落数字博物馆的“正确打开方式”——通过三维计算挖掘和量化传统村落智慧[J].建筑学报，2019(2)：74-80.
⑤ 陈金留,陈冰,李鹏程,等.历史文化街区“数字+文创”更新设计研究——以苏州阊胥路创业园与仓街三官弄更新为例[J].中国名城，2024，38(3)：31-38.

我国城市建设不断推进的过程中，传统风貌区面临着空间活力不足、文化传承困难和可持续发展面临挑战等问题。基于数字技术的设计，具有创新理念和丰富的表现形式，为传统风貌区的保护更新带来了观念上的变化和实践上的可能性。

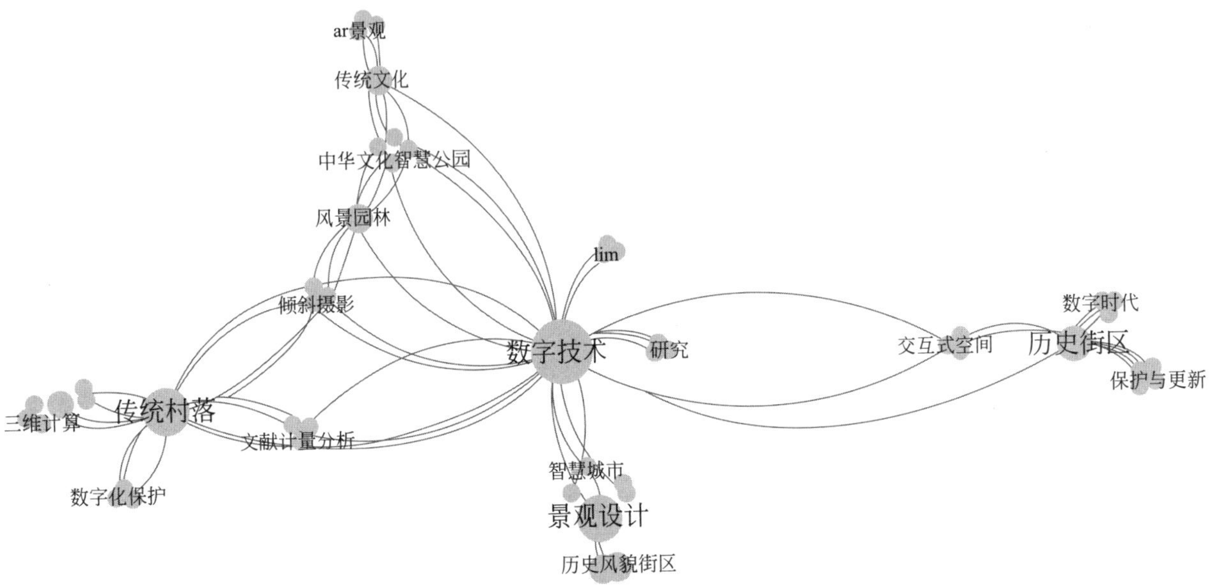

图1 基于 VOSviewer 的关键词主题聚类图

1 卢宅传统风貌区的现状与问题

1.1 现状概况

卢宅位于浙江省东阳市吴宁街道，始建于明景泰七年（1456年），是较完整保存至今的明清古建筑群，第三批全国重点文物保护单位（1988年）。占地面积约2.68公顷，建筑面积约1.7万平方米，共有40多处园林、书院、寺观和26座牌坊，其中的肃雍堂享有“北有故宫、南有肃雍”的美称[5]。卢宅传统风貌区以卢宅为核心，东至学士南路，南至吴宁东路，西至艺海北路，北至环城北路，总占地面积约38公顷（图2），风貌区内街巷格局完整，建筑白墙黛瓦，素净雅致，搭配东阳特色木雕石雕工艺，具有浓郁的历史文化氛围（图3）。近年来，卢宅传统风貌区吸引了20多位传承人或手工技艺者入驻，汇聚了30余种东阳优秀非物质文化遗产。

卢宅传统风貌区以卢宅为核心，围绕非遗文化体验轴与古官道人文轴这两大主轴展开，功能片区可细分为文娱街区、活力街区、传统街区和艺术街区等四个街区，而艺海公园、雅溪、梨园广场等是游客在游

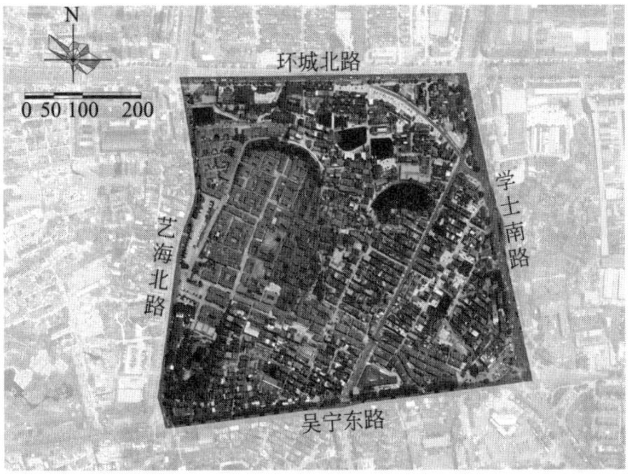

图2 卢宅传统风貌区总平面图

图3 卢宅传统风貌区鸟瞰

览过程中必经的重要节点，从而通过规划构建出一个以“一核为中心，两轴为骨架，四片为特色，多点为支撑”的文化旅游空间布局。

总体而言，卢宅传统风貌区历史文化底蕴深厚，建筑营造技艺精湛，是东阳城市格局和街巷脉络传承发展的载体，也是浙江传统民居的重要展示窗口。

1.2　存在的问题

通过现场调研，笔者梳理和分析了卢宅传统风貌区在空间景观及文化旅游方面存在的问题，主要是游线主题不够明确，游览方式较为单调，游客与当地居民互动不足；其次，还包括景点宣传信息枯燥，文化氛围不浓，特色记忆较少；商业服务业态设置相对单一，空间复合化利用不足，缺少活力亮点和趣味景观等问题。

2　卢宅传统风貌区数字化空间景观再现与文旅互动设计策略

为了更加科学合理地推动卢宅传统风貌区示范性建设，根据《东阳市历史文化名城保护规划（2020-2035年）》[①]《东阳市总体城市设计整合提升及中心城区详细城市设计》[②]《东阳市全域旅游发展总体规划（2017-2030）》[③]，笔者结合现状调研分析和参与卢宅传统风貌区建设方案设计，认为可以将数字化理念和技术植入卢宅传统风貌区保护更新规划设计中，由此确定休闲生态线、沉浸体验线、历史文化线、业态更新线等四条主题游线（图4），运用数字技术再现东阳民居的历史变迁、总体布局、建筑风貌、木雕艺术、生活场景、未来愿景等，通过数字化空间景观再现与文旅互动的设计策略（图5），营造交互式空间，为市民、游客带来沉浸式体验，提升文旅活动的频次和质量，促进东阳市可持续发展。

2.1　场景模拟展示，彰显老城魅力

卢宅传统风貌区景观场景模拟采用建模加渲染、虚拟现实（VR）、增强现实（AR）及混合

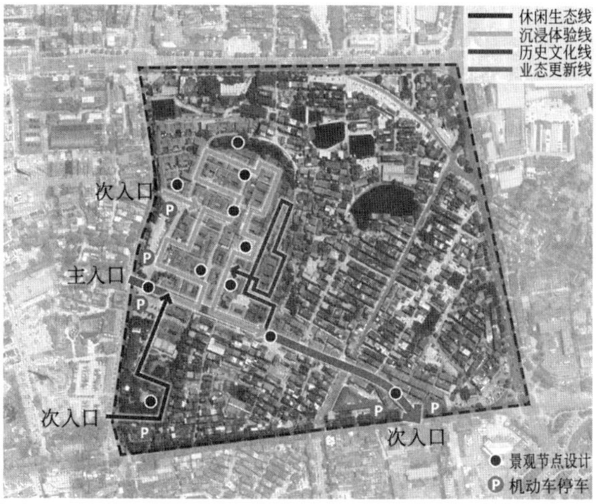

图 4　卢宅传统风貌区保护更新规划主题游线

现实（MR）等技术，采用3D Max、Sketchup、Lumion等软件进行三维空间建模，实现对卢宅传统风貌区的历史建筑、街巷格局、景观环境等细节的精确的数字化还原，采用效果图、动画、视频等多种形式进行展示，为观众打造一种身临其境的沉浸式体验，穿越时空，使人们在虚拟空间中感受到与实体空间十分相似的历史文化氛围和建筑艺术魅力。

同时，通过对建筑景观整体的数字化呈现，拓展规划设计范畴，提升规划设计深度，跟踪模拟系统及时发现问题，及时进行修正、优化、完善。以“业态更新线”游线为例，利用AI技术，可及时判断、分析人流量的大小和分布情况，对商业设施、休闲空间以及交通流线等核心要素进行合理规划，优化卢宅传统风貌区的空间布局和公共设施，提升其便捷性和舒适性。

2.2　优化街道布局，提升宜游能力

由于街道形态布局对于传统风貌区空间活力具有重要影响，因此，在保留传统街巷肌理的同时，需要增强导向性设计，以塑造游客与市民友好互动的历史文化街区空间结构。在“历史文化线”游线中，建设风貌区文化步道，提供完整的步行旅行系统，串联重

① 东阳市住房和城乡建设局，浙江省城乡规划设计研究院.东阳历史文化名城保护规划（2020-2035年）[Z].东阳：东阳市人民政府，2021.

② 东阳市自然资源和规划局，浙江省城乡规划设计研究院，上海同济城市规划设计研究院有限公司，Urbangene Inc.东阳市总体城市设计整合提升及中心城区详细城市设计[Z].东阳：东阳市人民政府，2023.

③ 成都来也旅游发展股份有限公司.东阳市全域旅游发展总体规划（2017-2030）[Z].东阳：东阳市人民政府，2017.

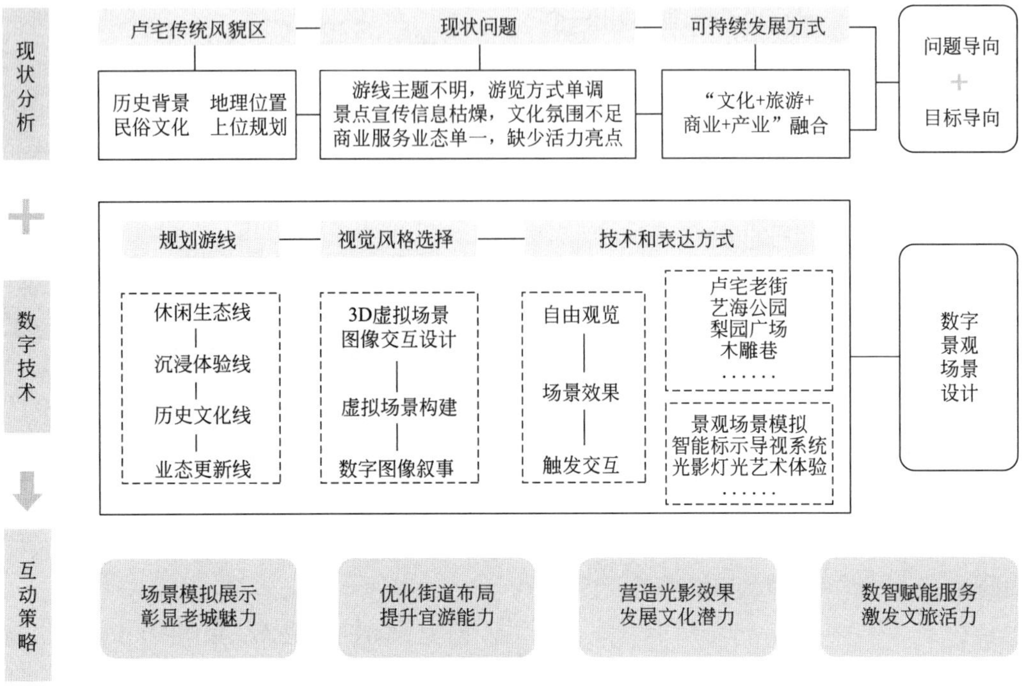

图 5 基于数字技术的卢宅传统风貌区空间景观再现与文旅互动设计策略

要历史资源，依托数字景观节点，以点带面，活化片区运营，进而提升游客的承载量及驻留时间，为历史文化注入旺盛活力。作为景观不可或缺的组成部分，标识标牌在指引游客、市民以及提升旅游景区服务质量方面扮演着重要角色（图6）。通过应用景区智能标识导视系统，智能推荐游览路线，实现社交互动智能化，有效扩大了卢宅传统风貌区的宣传范围，提升了风貌区信息化建设水平。同时，在片区内规划卢宅未来社区项目，立足城市有机更新，拆改结合，打造九大未来场景，提升片区生活品质。

图 6 智能标识导视系统设计图

2.3 营造光影效果，发掘文化潜力

在活化历史的同时，植入时尚感十足的现代化节点，统一提升卢宅风貌区夜景灯光照明质量。沿“沉浸体验线”的主要街区和节点，应用灯光秀、增强现实、全息投影、3D Mapping投影等数字景观，让历史的厚重以时尚的方式再次复活，增加游客在游览体验过程中的感官参与度，丰富空间载体与人的互动。3D裸眼大屏不仅能为游客带来全新的视觉享受，还能通过游戏使游客与同伴、与远方的亲朋好友互动。在时尚和历史的交融中，东阳的“三乡文化”（教育之乡、建筑之乡、工艺美术之乡）流动起来并传承下去。建设以“夜间游”（图7）、“非遗光影艺术体验”为核心的夜游主题亮化工程，激活卢宅风貌区夜间经济。

2.4 数智赋能服务，激发文旅活力

借助虚拟现实、增强现实和混合现实等技术手段，卢宅的历史文化故事得以更加鲜活直观地展现在市民和游客面前，帮助他们深入领略卢宅的深厚历史与文化底蕴。当市民和游客漫步在卢宅传统风貌区之中，只需开启手机上的专属应用程序或小程序，每到

图 7　夜游主题亮化效果图

一处重要景点，相关历史记忆便会以增强现实形式重现，实现跨越时空的对话。以卢宅老街为核心，延伸至梨园广场、艺海公园、木雕巷等周边区域，运用多重手段，将数字创意与历史生活场景相融合，打造一系列饱含城市文化记忆的数字互动装置。在卢宅传统风貌区实现“建筑可阅读、街道可漫游、历史可穿越”的沉浸式文化之旅，不仅极大提升了游客的参与度和体验感，而且也为卢宅传统风貌区注入了新的活力，提升了其吸引力和竞争力。

3　结语

本文针对卢宅传统风貌区目前在空间景观和文旅游线上存在的突出问题，通过巧妙结合LED屏幕、投影等数字媒体技术与传统景观元素，提出了卢宅传统风貌区空间景观再现与文旅互动设计策略，即：①场景模拟展示，彰显老城魅力；②优化街道布局，提升宜游能力；③营造光影效果，发掘文化潜力；④数智赋能服务，激发文旅活力。

依托数字技术，能够动态调整景观信息的呈现方式，实现文字、影像、声音、灯光等多种媒介的有机结合，创造出极具沉浸感和交互性的景观空间，还能即时对场地环境和人的行为活动作出反馈，赋予景观全新的叙事形态和空间体验，构建了一个可灵活调控的景观环境。

数字技术与城市历史空间的融合展现了传统与创新和谐共生的前景预期，为传统文化的传承、传播和发展提供了新的路径，为大众提供了全新的视角去理解和欣赏城市历史文化遗产，也为城市文化旅游的发展注入了新的活力。

参考文献

[1] 夏健，蓝刚.数字时代历史街区保护的观念更新初探[J].规划师，2003，19(6):29-31.

[2] 朱冬冬，郭惠.介入多媒体技术的景观设计研究——以历史风貌街区为例[C]//全国高等学校建筑学学科专业指导委员会，建筑数字技术教学工作委员会.建筑设计信息流——2011年全国高等学校建筑院系建筑数字技术教学研讨会论文集.重庆：重庆大学出版社，2011：235-238.

[3] 李哲，孙肃，周成传奇，等.中国传统村落数字博物馆的“正确打开方式”——通过三维计算挖掘和量化传统村落智慧[J].建筑学报，2019(2)：74-80.

[4] 陈金留，陈冰，李鹏程，等.历史文化街区“数字+文创”更新设计研究——以苏州阊胥路创业园与仓街三官弄更新为例[J].中国名城，2024，38(3):31-38.

[5] 卢宅历史研究会.卢宅历史文粹[M].杭州：浙江古籍出版社，2018.

[6] 浙江省城乡规划设计研究院.东阳历史文化名城保护规划（2020-2035年）[Z].东阳：东阳市人民政府，2021.

[7] 东阳市自然资源和规划局，浙江省城乡规划设计研究院，上海同济城市规划设计研究院有限公司，Urbangene Inc. 东阳市总体城市设计整合提升及中心城区详细城市设计[Z].东阳：东阳市人民政府，2023.

[8] 成都来也旅游发展股份有限公司.东阳市全域旅游发展总体规划（2017-2030）[Z].东阳：东阳市人民政府，2017.

云南禄劝备者村土掌房空间营造体系分析

黄小琬[①] 肖晶[②]

作者单位
昆明理工大学

摘要： 在当代乡土营造中的“营造”理论中，多数建筑在研究乡土营造体系中都是建立在西方建筑理论与追逐“明星设计师”的更新改建中，缺少了将空间作为能动者进行研究与分析，这导致了其具有强大理论支撑的同时抹杀了建筑所处地域本身的特色与本地人建造房子的初衷。本文将营造的思维与空间融合，以存留完好状态原始的云南禄劝备者村为分析载体，剖析传统土掌房民居建筑空间特征与建筑组构秩序，进而探寻其人、建筑、自然三者的适应关系，系统揭示传统民居浅层弹性空间建构逻辑，为当下乡土建筑保护与人居环境营造可持续更新提供建造策略。

关键词： 备者村土掌房；空间建构逻辑；类型；自适应

Abstract: In the field of contemporary vernacular construction theory, most studies on vernacular construction technology and techniques are heavily influenced by Western architectural theory and the pursuit of “star designers”, neglecting the analysis of space as a key factor. This results in research products that are constrained by Western construction paradigms, undermining the regional characteristics and original intentions of local people. This paper integrates spatial thinking with traditional residential buildings in rural areas, using the well-preserved primitive Luquan Beizhe Village in Yunnan Province as a case study to analyze their spatial characteristics and architectural fabric order. It aims to explore the adaptive relationship among people, architecture and nature, systematically revealing the construction logic of shallow elastic space in traditional residential buildings. The findings provide strategies for sustainable renewal and understanding social changes to improve spatial benefits for current protection efforts.

Keywords: Beizhe Rammed Earth House; Spatial Construction Logic; Type; Self-adaptation

1 基本形制

1.1 禄劝备者村土掌房

从建筑形制来看，备者村土掌房民居建筑以“I”形、“L”形、“凹”字形、“回”字形为其主导形制，形成稳定的单体空间基本类型，四种形式在平面排布中依循中国传统建筑规范典制，形成了具有村落特色的建筑形制化、程序化和空间通则式、位序观的固有表达[③]。

1.2 基础类型

无论是从简单的“I”形到围合的“回”字形，建筑空间中房屋、入户空间、廊下空间、庭院都是其土掌房民居不可缺少的基础组成要素，其独特性被赋予形塑空间实体的建造职能，维系着建筑类型，组织建筑空间中的虚与实、功能与层级，是建筑要素拆解后的有序组构（图1）。

1. 房屋

房屋基底为砖石，分正房和耳房。正房多呈“一正两厢”或“一正一厢”布局，一层无窗，二层有小窗朝院内，主要功能为客厅和卧室，二层可作次卧或用来储藏粮食，房间进深面宽比例规整，多为1:3或2:5（图2）。耳房为长方形，一层功能包括储藏、饲养牲畜和厨房，二层为储藏室或次卧，平屋面作晒台，用于晾晒粮食，进深面宽比例多为2:5或1:2，可根据正房比例调整（图3）。

---

① 黄小琬，昆明理工大学，650000，1071552991@qq.com。
② 肖晶，通讯作者，昆明理工大学，讲师，650000，827228059@qq.com。
③ 杨华刚,刘謦蕖,赵璇,等. 乡土聚落环境中仪式空间的形态表达与存在机制研究 [J]. 中国名城, 2020, (9): 73-78.

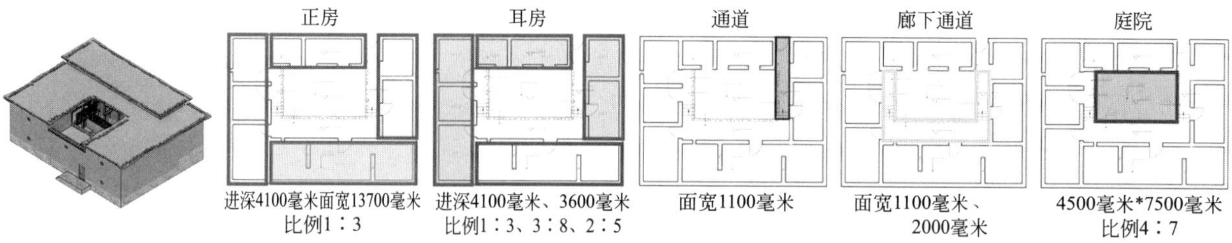

图1　备者村 17 栋民居基础部件

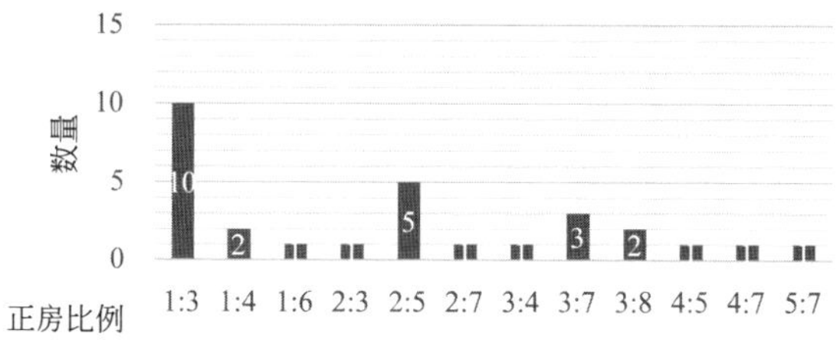

图2　备者村民居基础部件正房尺寸比例统计

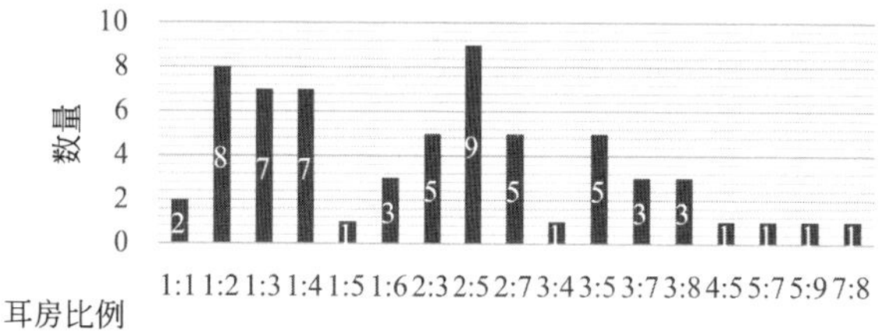

图3　备者村民居基础部件耳房尺寸比例统计

2. 入户空间

入户空间系统作为民居入口，是直接通向室内的过渡空间，面宽多为1200毫米（图4），备者村土掌房的入户通道分为三种情况：①入户通道，直接通向院墙或院落，开放或半开放，有檐廊遮雨（图5a）；②入户空间，室内通道直达房屋院落，与现代大平层户型相似，半开放，二层为廊道或晒台（图5b）；③入户房间，位于房屋内部，需通过两扇门进入庭院，属封闭空间（图5c）。

3. 廊下空间

“I”形房屋是普通民居中最小的基础构成要素，由房屋围合成的“L”形、“凹”字形、“回”字形是备者村最普遍且具有特色的围合型民居，随着天井院落的置入，使得从院落公共空间至房屋私密空间出现了灰空间地带——廊下空间，形成了“中心—四周”的中间主次，再结合备者村地形高差配合，便出现了正房—廊下空间—天井院落—廊下空间—耳房的轴向序列。

4. 庭院

庭院作为民居建筑核心要素，是合院建筑中最重要精神场域，也是中国传统空间中互相匹配、互相平衡、有虚有实的体现（图6）。中国是礼乐之邦，天井通常代表的就是中国传统空间文化中的性情空间，这个空间培养户主人的性情与能量，是“乐”的部分，而院落就属于一个自然与建筑的交汇处，凝结成强烈的“家”的精神要素（图7）。其进深与面宽比例多为2：3或1：1，较为规整（图8）。

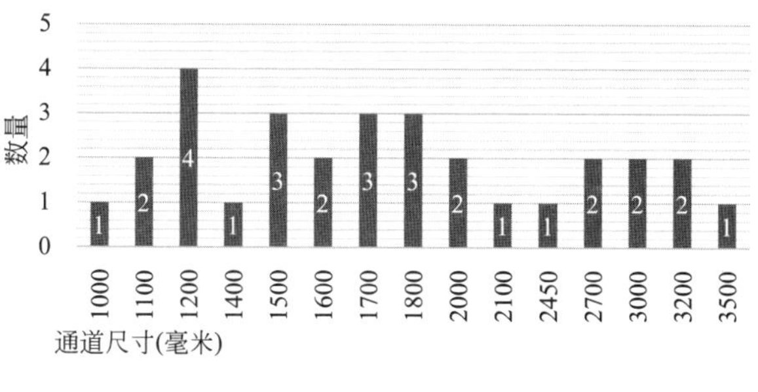

图4 入户空间尺寸统计

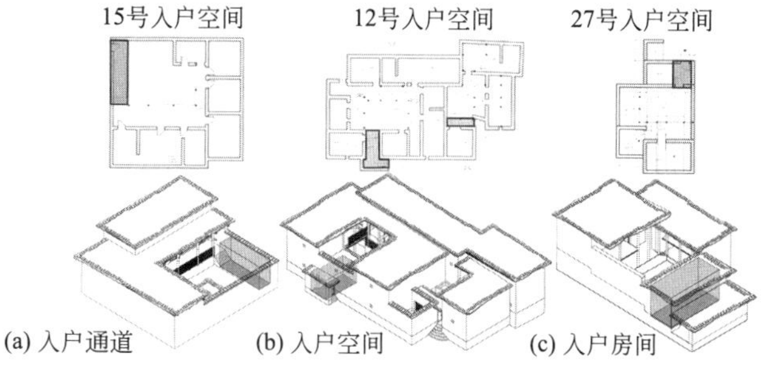

图5　入户空间组构解析

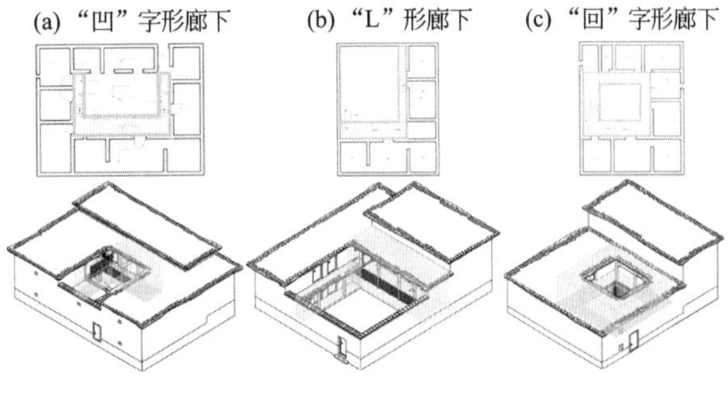

图6 廊下空间组构解析

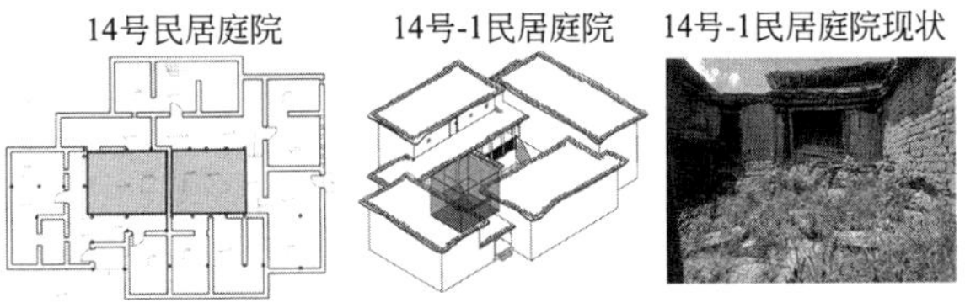

图7 民居庭院空间现状

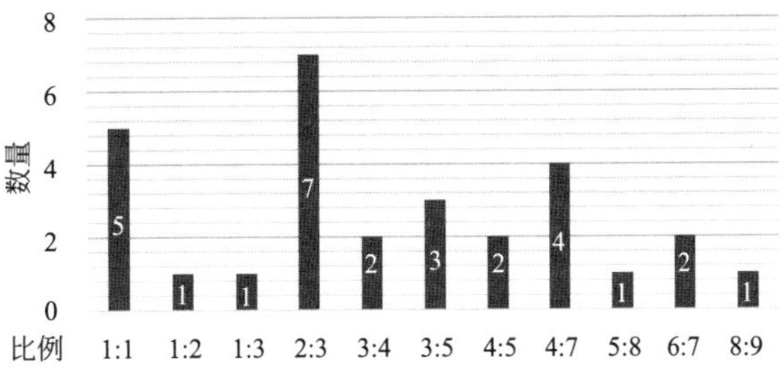

图8 庭院空间尺寸比例统计

1.3 组构秩序

民居组构秩序主要受到功能、空间形式、自然和文化因素的影响，土掌房重点关注的是平面类型和空间层次，将夯土墙视为实体，其他构建视为虚体，结合主要房屋的功能与空间布局方式，对土掌房的建筑形体进行分析和归类。

基于这种方法和原则，我将备者村的土掌房组构秩序的基础要素归纳为四种类型，这些类型也代表了土掌房平面的四种设计模式。这四种类型要素包括：“I”形、“L”形、“凹”字形、“回”字形（图9）。

1. “I”形

在备者村，“I”形土掌房（图10）有两种形式，一种是在一层都有具体的嵌套分割，在二层形成大空间或没有二层，为一坊三开间类型（图10a）。另一种是大空间没有分割，多为饲养牲畜、储物用房。这样的“I”形土掌房木框架结构简单，建造起来十分简单和经济（图10b）。

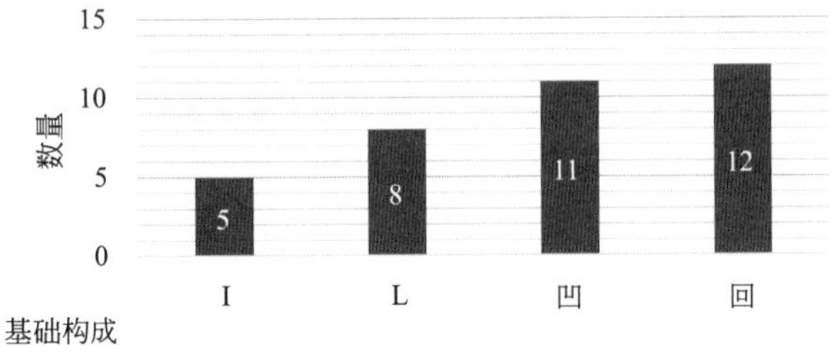

图9 备者村基础构成比例数据

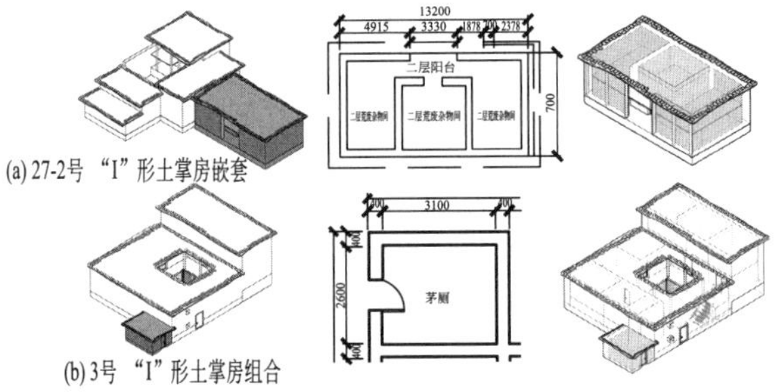

图10 备者村民居“I”形土掌房范例

2. “L”形

“L”形土掌房由两方向房屋相交形成“L”形，外墙延伸成方形（图11）。底层正房是核心，用于会客、吃饭、劳作、休息、娱乐等。耳房靠近转角处为厨房，外为储藏室和牲畜间。主入口多在外墙，正房与耳房有高差，实现人、畜、储分离。

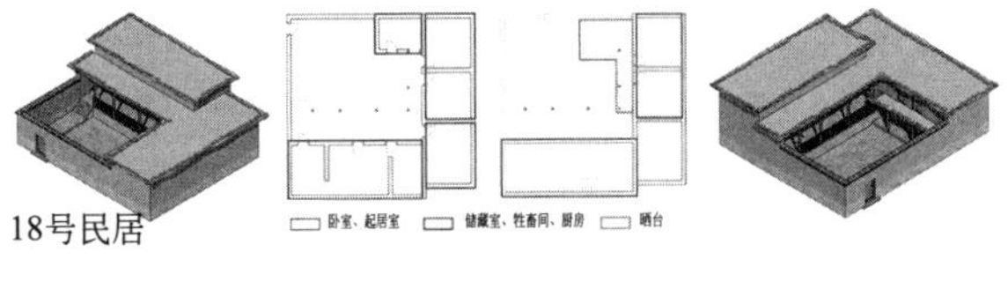

图11 备者村18号民居“L”形土掌房范例

3. “凹”字形

“凹”字形土掌房以天井为中心，三面房屋环绕，一面外墙形成方形。底层为牲畜用房，通过高差与居住层分开，有独立出入口（图12）。正房中心的起居室设有神台，是家庭核心，其他房间围绕天井。“凹”字形土掌房占地适中，比“回”字形土掌房开敞，采光好，格局自由，适应地形；与“L”形相比，采光较差，空间紧凑，隔热好。

4. “回”字形

“回”字形土掌房以天井为中心，房间环绕，四周房屋1层或2层，正房主导，两侧为厨房或储藏室，对面为牲畜间。长宽比多为1:1或3:4。1:1类为方印型，室内如九宫格，进深面宽与开间数相同，天井可偏移（图13a）；其余比例布局更灵活，可根据宅基地形状调整（图13b）。

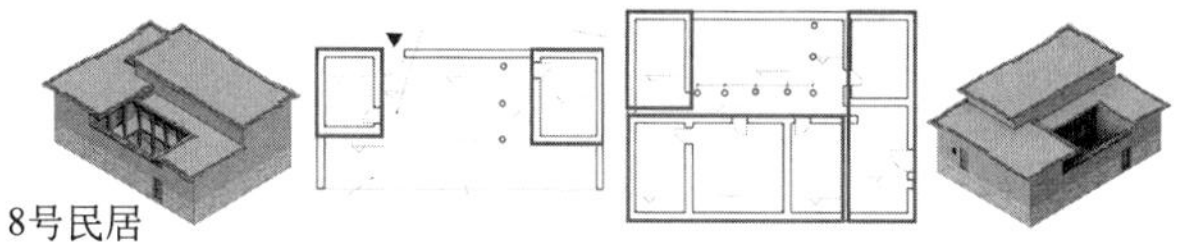

图12　备者村8号民居“凹”字形土掌房范例

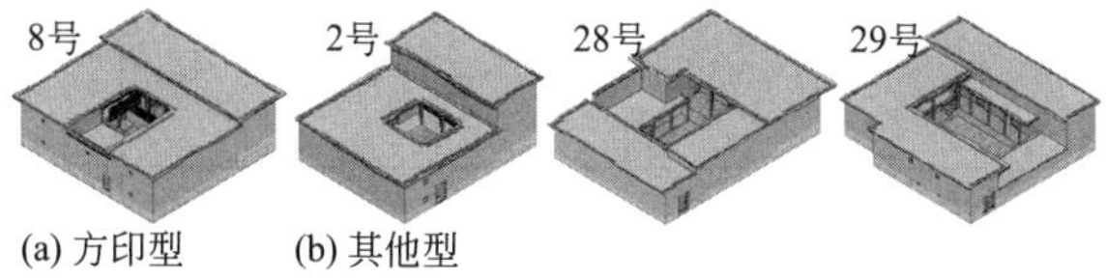

图13　备者村民居“回”字形土掌房范例

基于以上这四种基础要素，将其组合形成了“I”+“L”形、“I”+“回”字形、“凹”字形+“凹”字形、“凹”字形+“回”字形等四种组织形态，产生联动有机的组构秩序。组合方式分为共墙和分墙两种。共墙（图14a、b）是两户民居共用一堵墙建造，分为同户（整体建造后砌隔墙，主家分户）和不同户（隔墙与整体一起建造，成型后为两间）。分墙（图14c）指同一户内房屋相互独立，通过外围墙形成院子。“I”形土掌房因结构简单、大小易调，常作为牲畜房加建。

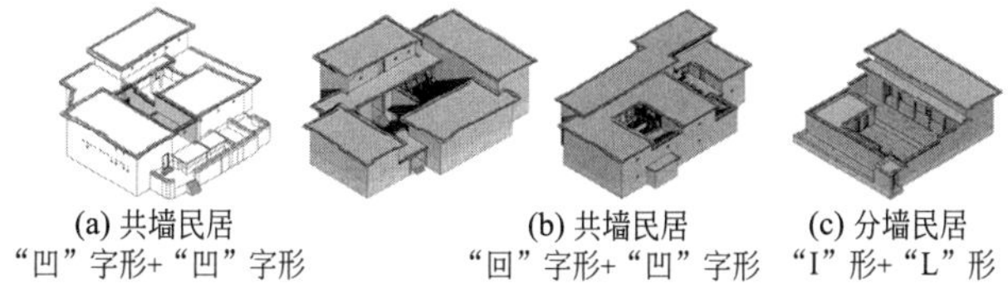

图14　备者村民居组合土掌房范例

2　建构特征

在自然环境中，民居营造通常会被地形、宅基地划分等场地因素限制，依据备者村地块的山地特征，村内宅基地多为条形、梯形、不规则等形态，建筑在保证主院落完整的情况下，根据地形、宅基地特征、生活方式、生活需求进行自适应与自拓展。这种自适应的方式有着极强的适应性与开放性，可以高效地解决地形与村民需求所带来的问题，展现出属于本村的营造体系与建构逻辑。

2.1　地块特征

1. 高差适应

备者村位于缓坡，坐南朝北，南岸峡谷在此放缓形成梯田。村落沿山势向下延伸，建筑形体完整，院落内高差在1.1～3.5米间。大高差时，通过地基、院落、牲畜间、耳房等设置2～3级台地消解地形障碍，巧妙区分主辅功能，设有牲畜和人行专用出入口（图15）。

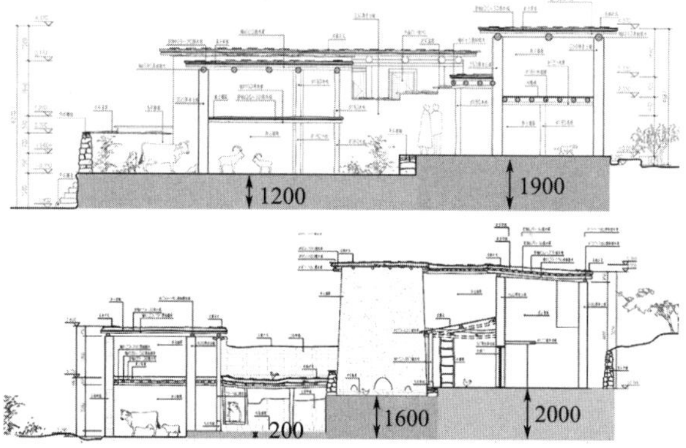

图15　备者村民居高差适应

2. 形状适应

在梯形地形时，耳房都可进行适当的形变来适应斜边，使得建筑更好地适应地形；在不规则地形时，天井和院墙也可成为调节建筑大小的活跃要素，房屋可以灵活缩减或增加转角的基本单元，或者扩大或缩小正房与耳房的面阔或进深来解决场地不规则等问题，令不规则地形应用合理。

基本单元的增多和减少、延展和收缩可调整土掌房面积，可用檐廊形式来区分正房与耳房，若正房与耳房出现相交的情况，皆以正房—邻正房的耳房—耳房的空间优先级来进行空间嵌套与穿插。庭院与院墙顺应房屋比例来进行适应，组成平衡户型结构与生活模块的微观层级协调。这种方式既可以满足居民对于面积的基本需求，也是土掌房对于基地形状弹性建构的考验（图16）。

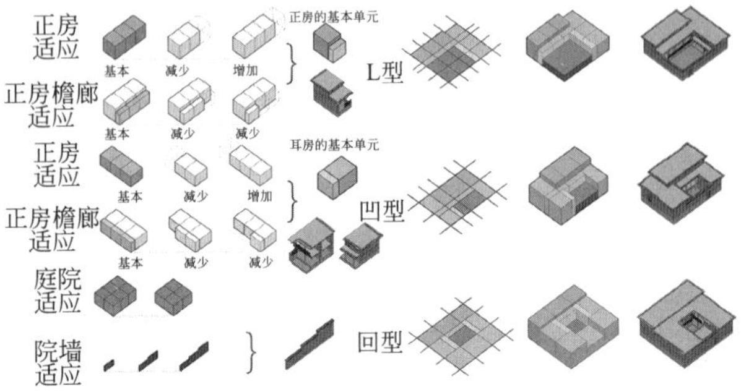

图16 基本单元适应

2.2 民居特征

空间作为能动者，其形式与空间作为有生命的个体，揭示了在社会变迁中的民居选择，这种选择记录在空间特征中，是对居民主体的生存方式、日常生活、社会关系的概括，随着时代的发展，乡村空间逐渐成为社会变迁、居民需求的显影器，以此呈现动态化的当代乡村[①]。

1. 生活方式

备者村一直保持“日出而作，日落而息”的传统生活方式，这是良性的生物链，互为循环，在天地之间与山水之间，遵循天道人伦。备者村的生活依赖于对天气、土壤的深刻理解和世代相传的农业知识。他们种植作物、饲养家禽家畜，满足家庭基本需求，减少外界依赖，形成自给自足的生活。村内人与自然和谐共处，他们尊重自然规律，用最原始的方法观察自然界的变化来指导农业生产生活，体现了一种与环境相协调的生活方式。虽简朴但充满智慧和对自然的深刻理解。

2. 生活需求

在备者村，长子或长女成婚后会离家建立自己的家庭，但家庭并未完全解体。家中的年幼子女仍与父母同住，形成长子独立、父母与年幼子女共同生活的家庭模式。这种家庭通常由4～6人组成，生活空间需求较小，因此，他们不需要太大的房屋规模，传统的三开间单体民居或几个单体民居组成的组合形式，1～4间卧室就足够满足居住需求。

在其他附属需求中，功能齐全的备者村土掌房通常需要包括以下几个基本空间，以满足日常生活的多样化需求：（1）牲畜间（图17a）。（2）储物间：村民需要每天从居住地回到备者村周边耕作，所以对于储物间有三种类别需求，即农具、肥料、粮食：①农具储物：存放农具，需干燥防潮，通常处于正房檐廊下用细绳与木杆绑扎的空间中（图17b）；②肥料储物间：存放肥料需防水防潮、防污染，通常位于牲畜间隔壁，利用院落高差区分（图17c）；③粮食储物间：备者村村民对于粮食的储藏空间需求量格外大，其空间需要干燥通风，通常位于正房的二层（图17d）。（3）晒台：晾晒衣物和农作物，需充足阳光和通风，位于屋顶向阳面，一般晒台处于土掌房屋顶（图17e）。（4）厨房：厨房是家庭烹饪和准备食物的地方，需要灶台、水槽、储物空间与排烟系统，通常位于房屋西北转角处且都为通高，考虑到操作的便利性、空间的可达性（图17f）。

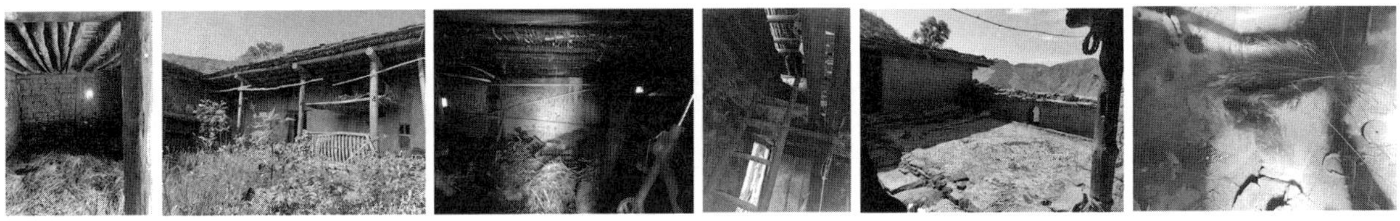

(a) 牲畜间 (b) 农具储物 (c) 肥料储物间 (d) 粮食储物间 (e) 晒台 (f) 厨房

图17 备者村土掌房实景图

① 黄华青.空间作为能动者：基于“空间志”的当代乡村变迁观察[J].建筑学报, 2020,(7): 14-19.

3 小结

长久以来，建筑学离不开其空间研究，空间作为能动者，不仅承载与记录着社会变迁、家族关系与生产生活，而且可以更加直观地展现民间工匠对于房屋营造体系的理解。备者村由于整村搬迁导致村落形态完整且原始，无较大的外力因素影响，使得其空间形态保存较为完好。逐层解析其空间建构逻辑与其弹性逻辑中所蕴涵的自适应，可以更加直观地展现备者村中建筑形态自主性的建构规律，这为作为建筑师的我们提供了一条理解社会变迁与居民需求，提升空间效益的路径。

参考文献

[1] 杨华刚，刘馨蕖，赵璇，等. 乡土聚落环境中仪式空间的形态表达与存在机制研究 [J]. 中国名城，2020（9）：73-78.

[2] 黄华青.空间作为能动者：基于“空间志”的当代乡村变迁观察 [J].建筑学报，2020（7）：14-19.

[3] 寿焘.弹性围域：图解徽州乡土建筑空间建构逻辑 [J].建筑学报，2024（2）：1-8.

[4] 刘攀.拓扑学思维下的云南彝族民居演化及更新研究[D].重庆：重庆交通大学，2021.

[5] 金鹏.云南土掌房民居的砌与筑研究[D].昆明：昆明理工大学，2013.

[6] 沈环艇.土掌房民居的建构逻辑及其模式语言[D].昆明：昆明理工大学，2012.

乡村振兴背景下江浙地区村民中心建筑更新策略研究
——以浙江省新联村村民中心为例①

李花旭② 王韬③ 欧阳文④

单位名称
北京建筑大学

摘要：村民中心是乡村公共建筑的重要组成部分，在乡村振兴中起到纲举目张的引领作用，当下村民中心所承载的角色需求愈发多样，其对功能和空间要求有了相应提高。乡村振兴背景下，江浙地区是乡村建设的先行区，本文以笔者参与设计的浙江省新联村村民中心实践项目为依托，通过对江浙地区村民中心的属性、类型、作用和现状研究，分别从功能更新和空间更新两个方面进行了策略探讨，以期能为其他地区的村民中心建设提供借鉴及指导。

关键词：江浙地区；村民中心；建筑功能更新；建筑空间更新

Abstract: As an important part of rural public buildings, village centers play a leading role in the revitalization of rural areas. The role needs of village centers are becoming more and more diverse, and their functional and spatial requirements have been improved accordingly. Under the background of rural revitalization, Jiangsu and Zhejiang regions are the leading areas of rural construction. Based on the practice project of Xinlian Village in Zhejiang Province, which the author participated in designing, this paper studies the attributes, types, functions and status quo of villagers' centers in Jiangsu and Zhejiang regions, and discusses strategies from two aspects of functional renewal and spatial renewal respectively. In order to provide reference and guidance for the construction of villagers' centers in other regions.

Keywords: Jiangsu and Zhejiang Regions; Village Center; Building Function Renewal; Architectural Space Renewal.

村民中心是村民最重要的日常活动场所，也是乡村凝聚力生动体现的空间。通过村民中心的营建来反映乡村的风土风貌，是当下乡建活动中最为浓墨重彩的一笔。但在此过程中笔者发现，一方面，建筑师是用市民中心的设计标准去要求村民中心，人为地割裂了乡村建筑与乡村环境的联系，造成了建筑与环境的二元分立；另一方面，在村民中心功能配置中，由于缺乏配置标准，大多数村民中心功能的配置延续市民中心的需求，在空间组织中，也基本延续的是城市公共建筑的空间组织方法，这些都忽略了村民中心的使用环境，即乡村自身的特性[1]。

2017年10月乡村振兴战略提出以来，我国的乡村建设活动迎来了方兴未艾的发展局面，村民中心的建设也迎来了热潮。2024年2月《中共中央、国务院关于学习运用“千村示范、万村整治”工程经验有力有效推进乡村全面振兴的意见》发布，为新时期乡村振兴工作指明了方向。江浙地区在村民中心的建设过程当中，提前进行了“文化礼堂”“家宴中心”等项目的实践探索，积累了丰富的建设经验，为村民中心的推广起到了模范带头作用。在乡村振兴的语境下去探索乡村公共建筑在乡村文化传播中的角色担当作用，这是当下江浙地区乡村建设活动的深刻目的体现。

---

① 基金项目：国家自然科学基金重点项目“中国传统村落保护发展的理论与方法研究”（项目编号：51938002）；国家自然科学基金项目“基于风貌特色传承的传统村落公共空间再造研究——以北京为例”（项目编号：51878021）。

② 李花旭，北京建筑大学建筑与城市规划学院，博士研究生，791163775@qq.com。
③ 王韬，北京建筑大学建筑与城市规划学院，副教授。
④ 欧阳文，北京建筑大学建筑与城市规划学院，教授，博士生导师。

1　概念界定

1.1　江浙地区

本文研究的江浙地区在地理区划上主要是指乡村建设起步较早的江苏省和浙江省，在文化区划上是指长江中下游地区，具有江浙地区地理风貌和文化传统的“吴越文化”片区，由于这一地区的文化具有相通性，地方习俗具有融合性，地理风貌具有相似性，所以本文的研究成果，可以被广泛地利用到与江苏省和浙江省具有相同地理状况和文化形态的省域乡村建设活动当中。

1.2　村民中心

本文的“村民中心”是相对于“市民中心”而言的，我国村民中心的发展大致经历了四个阶段，分别是传统社会时期、新中国成立初期、改革开放时期、新农村建设和乡村振兴时期。由于建筑师往往关注村民中心的单一功能，主要产生了以下建筑类型：具有行政功能的党群服务中心、具有娱乐功能的乡村活动中心、具有文化功能的乡村博览中心以及具有旅游服务功能的乡村游客中心。整体来说，这些村民中心的改变，在乡村建设的道路当上发挥了前所未有的探索作用，但这并不是村民中心设置的真实意图。而本文所指的村民中心，将具有更强的复合性。

2　江浙地区村民中心的特征研究

2.1　江浙地区村民中心的构成要素

1. 使用主体要素

村民中心的使用主体主要为不同年龄段的村民、设计工作者和游客。2000年前后，主要表现为其内向性的本村村民使用；2010年前后，新农村建设如火如荼地开展，使用主体过渡到了积极参加文化娱乐活动的老年人和小孩；2017年乡村振兴以来，建筑师、艺术家等深入乡村开展实践活动。

2. 物质构成要素

村民中心大都具备三个基本的物质构成要素：主体建筑、公共活动场地和公共服务设施。主体建筑主要是给村民提供各种公共活动的实体建筑空间；公共活动场地是相对于主体建筑的空外公共活动空间；公共服务设施主要为补充主体建筑和公共活动场地的其他功能的小品类建筑或构筑物等。

3. 非物质构成要素

村民中心的非物质要素体现为地域性、文化性和时代性。地域性是指村民中心的构成大多基于本土的建筑材料、建筑技术和建造方式等[2]；文化性体现在村民中心是当地乡村传统文化和现代文化综合竞合的结果；时代性是指村民中心是时代的产物，其所处的时期不同，展现的时代面貌不同。

2.2　江浙地区村民中心的类型

1. 基于附加功能的分类

村民中心的附加功能主要有：附加行政功能、附加商业功能、附加教育功能等。附加行政功能的村民中心不但能够满足“村两委”的行政活动需求，还能满足村民日常活动的需求。附加商业类功能的村民中心以乡村产业为依托，在江浙地区以乡村工坊为核心。附加教育功能的村民中心更多地包括了乡村文化的二次学习场所空间：乡村博物馆、乡村展览馆、村史纪念馆等。

2. 基于空间模式的分类

单体集中型的村民中心是乡村最常见的布局形式，往往不随乡村规模的变化而进行变化，在乡村格局中占据核心地位。连接组合型的村民中心是由多个不同功能分区的建筑体块进行连接组合而成，适应规模较大的乡村。分散围合型村民中心往往在大型的乡村规划布局中通过设置村民中心“副中心”的形式，将成组群、大体量的村民中心按照功能的不同分别设置在乡村主体脉络的关键环节。

3　江浙地区村民中心建筑功能更新策略

3.1　建筑功能组成复合化更新策略

建筑的功能指的是在建筑场地上可以承载的人类行为方式，以及人们行为活动的属性[3]。基础型功能满足人们日常生活需要，分别为行政管理类、公共交通类、医疗卫生类、文化体育类、基础设施类；发展型功能为提高村民的生活水平，分别为商业服务类、生产服务类、公共教育类。

1. 基础型功能组成复合化更新

基础型功能分别满足了村民日常的行政办公需

求、医疗卫生需求、文化学习和体育活动需求、基本生活保障需求和日常出行需求，对基础型功能进行复合化，复合化的类型有：“行政管理+文化体育”“行政管理+基础设施”“行政管理+医疗卫生”“医疗卫生+文化体育”（图1）。

2. 发展型功能组成复合化更新

乡村振兴关键的一环是产业振兴，未来村民中心建设很大一部分功能设置也必将是产业服务类、商业服务类，通过功能间的互补性和差异性，能够复合出适应乡村产业发展的新功能，满足更多的需求，发展型功能复合类型有“商业服务类+产业服务类”和“产业服务类+公共教育类”（图2）。

3. 综合型功能组成复合化更新

对基础型和发展型进行二次复合化功能更新，可形成第三种更加综合化、使用效率更高、受众范围更大的村民中心功能类型组成模式，新的综合型功能组成有“行政管理+文化体育+产业服务”“行政管理+商业服务+产业服务”（图3）。

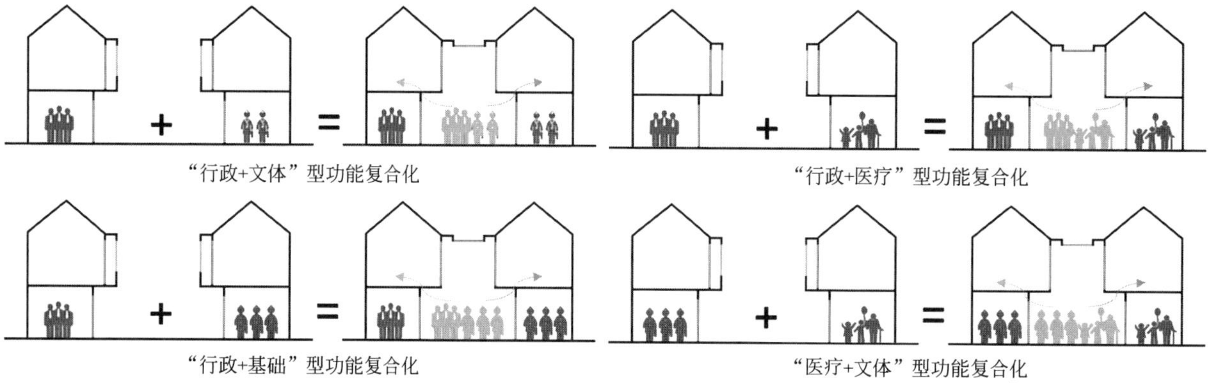

图1 基础型村民中心功能复合类型

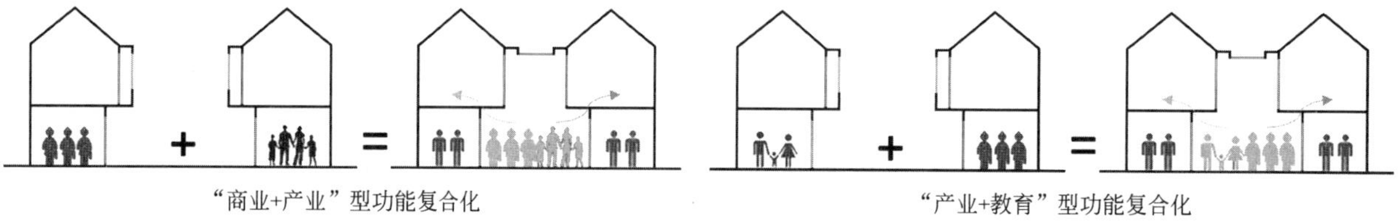

图2 发展型村民中心功能复合类型

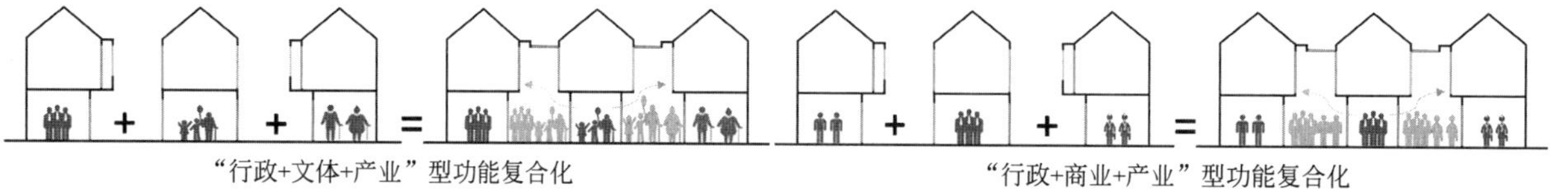

图3 综合型村民中心功能复合类型

3.2 建筑功能规模适宜化更新策略

1. 功能规模借鉴性更新

通过对江浙地区近20个村民中心的样本研究发现，村民中心是村民最直接使用的，是村民生活方式和习惯最生动的反映[4]，所以研究现行的江浙地区乡村村民中心的规模，可以为未来的村民中心功能规模更新提供一定的借鉴。

2. 功能规模适应性更新

对江浙村民中心的功能类型复合化研究，总结了15种空间类型，分别是办公、活动、会议、展陈、餐饮、医疗、康养、休憩、新媒体、阅览、广场、销售、设施、环卫、通信，对以上15种空间的功能内容、功能尺度、功能布局三方面进行分析，并结合江浙地区的调查数据，梳理出具有江浙适应性的乡村村民中心各功能规模更新指标。

3. 功能规模弹性更新

未来的江浙乡村发展是一个动态变化的过程[5]，人口数量的增加、人口结构的调整都会对村民中心的功能规模提出新的要求，因此要对其进行弹性设计。功能规模的弹性设计包括了未来人口增量下的弹性设计和特殊类型功能的规模弹性设计两类。

4 江浙地区村民中心建筑空间更新策略

4.1 建筑空间使用方式更新

1. 空间共享使用更新

共享使用的空间多由以下两种模式构成：模式一，共享使用空间为独立空间与独立空间的共享使用融合而成；模式二，共享使用空间为独立空间与公共空间的共享使用融合而成。模式一多考虑其使用主体的一致性和主体行为的持续性，模式二可以扩大复合空间的开放性（图4）。

2. 空间分时使用更新

村民中心相应空间的活力是能够影响村民的最重要因素，对村民中心的相关功能进行复合后，复合空间的活力得到了有效的提升，即复合后空间可在不同时段发生不同类型的村民行为，从而满足村民的不同需求，空间分时使用的现象在资源节约型城市或地区，其实非常普遍（图4）。

3. 空间可变使用更新

建筑空间的可变使用是指在同一使用场景下，对使用需求做不同类型的空间划分，更侧重于主体行为同一时间段的不同表达形式[6]，在同一使用空间中，通过设置适宜尺度的空间使其满足各项使用需求，这不但有效地节约了空间资源，更使同类型行为的多样性实施成为可能（图4）。

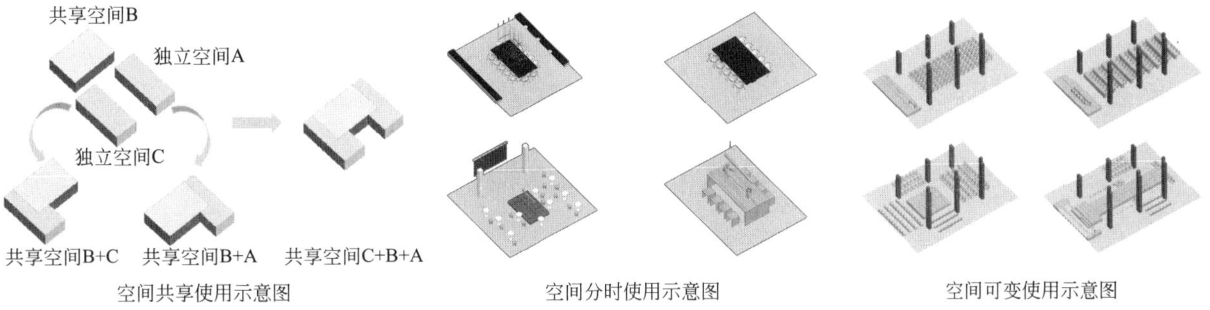

图4　村民中心空间使用方式更新

4.2 建筑空间组织类型更新

1. 单元式空间组织更新

单元式的空间组织模式，是指基于一个标准化单元，以一个标准的空间组成为单位，进而进行重复组合或叠加拼合[7]，其基本组织方式有两个类型：水平式单元组织、垂直式单元组织。水平式指基本单元块按照水平方向进行复制组合，垂直式指将基本单元块沿竖直方向复制叠加。

2. 组合式空间组织更新

组合式的空间组织根据参与组合空间的大小规模、动静类型、开放程度、需求远近等要素，可分为水平方向的组合式空间组织和垂直方向的组合式空间组织：水平方向的组合能有效解决同一平面内各功能间的联系；垂直方向的组合旨在解决立体布局中上下层间的垂直联系。

3. 围合式空间组织更新

围合式空间组织强调的是两种行为主体间的互相影响，这两种功能本没有联系，但因相互吸引，可产生第三种效果，这种组织方法可激发出村民中心空间的更多可能性[8]。围合式的空间组织强调中心空间与围合空间之间的良性互动，可分为同性质功能和不同性质功能的围合（图5）。

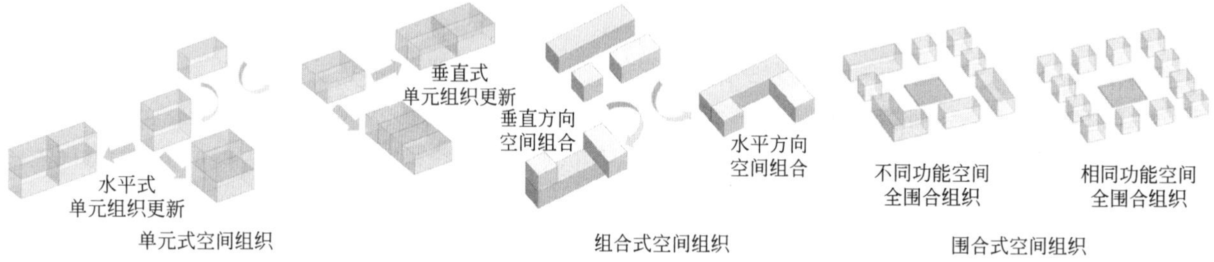

图 5 村民中心空间组织类型更新

5 设计实践——浙江省嘉兴市海盐县官堂镇新联村村民中心设计

5.1 新联村村民中心功能设计

新联村村民中心改造设计包括遗存的中小学入口广场、办公楼和教学楼。广场空间改造成为健身场地并配套村史馆的营建，教学楼因其开敞的面积，改建成家宴中心，可一次性容纳40桌酒席，被动式的空间布置，很好地响应可变式空间更新、分时性功能更新两大策略。办公楼的改造需要翻新出阶梯会议室以及文化礼堂，文化礼堂是江浙地区乡村公共建筑综合体的代表性载体，集中了村民活动、办公会议、集体联欢、展品促销等功能。同时，对于新增空间功能与原有空间功能，需要有机组织，以便更好地满足村民的需求（表1）。

新联村村民中心功能设计 表1

功能类型	功能名称	功能组成内容	规模建议值（平方米）
行政管理	党群服务中心	党支部功能、村委会功能	400
		办公室功能、会议室功能	600
	综合治理中心	警务室功能	20
		治安联防站功能	50
	便民服务中心	便民服务中心功能	80
文化体育	文化礼堂	图书室功能、阅览室功能、培训室功能	1500
		科技站功能、信息室功能、活动室功能	
	活动广场	文化广场功能	5000
		健身广场功能	3000
	村史馆	展陈区、多媒体区、活动区、接待区	200～1000
	家宴中心	家宴中心功能	1900
公共交通	公交车站	城乡公交车站功能	自定
	公共停车场	免费/自费停车场功能	自定

5.2 新联村村民中心空间设计

由于原来的建筑是一座小学，教育类的建筑空间普遍比较的单一、封闭，改造为村民中心之后，需要更多的开放性、共享性。建筑体量的设计过程当中，我们可以将三座建筑中间的一座建筑进行放大化设计，在3层的办公楼的顶层屋面上，我们可以放置遮阳架来进一步地增加建筑的高度，以此来平衡另外两座建筑。在村史馆和家宴中心的设计过程当中，我们发现其均为独立的盒子建筑，开敞的空间是其建筑外部形式表达的核心，在三座建筑的联系过程当中，中央庭院起到了很好的交接作用。中央庭院分别向三个建筑进行展开形成相对安静的氛围，庭院的中心区域由于人流的多样化，可以与办公服务中心形成整体，来展现村民中心活动的部分。通过庭院的开敞程度不同来分别与三座动静不同的建筑形成有机的联合，这也体现出了室内空间与室外空间设计的有机统一感。

5.3 新联村村民中心图纸

新联村村民中心图纸如图6～图9所示。

6 结论

村民中心是乡村公共建筑最核心的代表，本文定义了村民中心建筑的基本概念和特征，确立了江浙地区村民中心建筑的配置功能和规模标准，提出了江浙地区村民中心建筑的功能和空间更新策略。在建筑功能复合化更新部分，按照基础型、发展型和综合型功能复合化进行了论述；在建筑规模适宜化更新策略中，提出了功能规模借鉴性更新、适应性更新和弹性更新等策略。在建筑空间更新部分，在空间使用方式更新环节，提出了共享使用、分时使用和可变使用更新策略；在空间组织类型更新环节，提出了单元式、

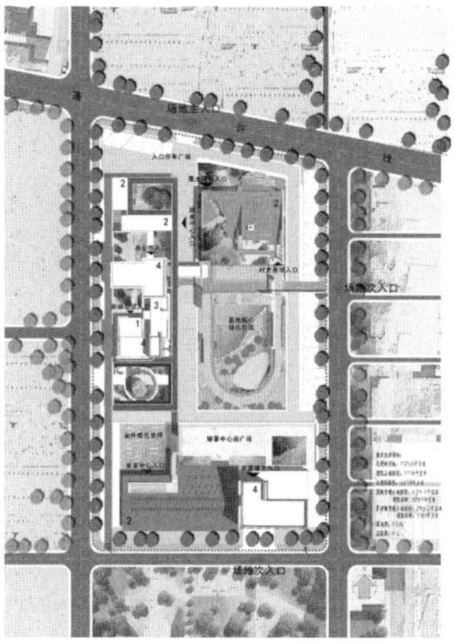

图6　村民中心总平面图

图7　村民中心设计效果图

图8　家宴中心效果图

图9　村史展览馆效果图

组合式和围合式空间组织更新策略；在空间氛围营造更新环节，提出了构造方式和材料适配更新策略。最终以浙江省嘉兴市新联村村民中心作为实证项目，对上述更新策略进行了验证。

参考文献

[1] 李花旭，王韬.功能整合视角下的乡村公共服务设施配置策略研究[J]. 艺术与设计（理论），2023，2（3）：72-75.

[2] 韩冬青.论建筑功能的动态特征[J]. 建筑学报，1996（4）：34-37.

[3] 屈录超.苏南地区村落空间分布特征及影响因素研究[D]. 东南大学，2019.

[4] 王竹，王韬.浙江乡村风貌与空间营建导则研究[J]. 华中建筑，2014，32（9）：94-98.

[5] 周凌，殷奕.桦墅村口乡村铺子设计[J]. 建筑学报，2017（1）： 84-87+88-89.

[6] 穆钧.马岔村民活动中心，甘肃，中国[J]. 世界建筑，2021（5）：94-95.

[7] 孟凡浩.乡村公共空间营造与东梓关实践再思考[J]. 新建筑，2019（4）：48-51.

[8] 裘知，王玥，章俊屾，王竹.格局分异视角下乡村公服设施功能配置比较——以安徽省固镇县禹庙村与垓下村为例[J]. 南方建筑，2022（7）：81-89.

日本高岛平团地存量再生的策略与实践研究①

蒋敏[1,2] 卢峰[1,2] 王子轶[3]

作者单位
1. 重庆大学建筑城规学院
2. 重庆大学山地城镇与新技术教育部重点实验室
3. 日本九州大学人间环境学院

摘要： 老旧社区是世界各国城市更新关注的焦点。日本团地的存量再生强调地域范围的资源整合与增效，通过城市设计与社区营造等综合手段确保了团地再生实践的长期开展，具有重要的借鉴价值。本文以东京都板桥区高岛平地区为例，从总体构建、公共空间、重点地区三个层级，详细介绍了日本团地存量再生的具体策略与实施机制，并从框架搭建、设施完善和品质提升三个方面提出对我国社区更新的启示。

关键词： 存量再生；公共空间；设计策略；社区更新；高岛平

Abstract: Old community regeneration is crucial in urban regeneration worldwide. The regeneration of residential complexes in Japan emphasises resource integration and synergy, and employs urban design and community building to ensure the sustainability of residential complex regeneration, providing valuable experience. This paper takes Takashimadaira Residential Complex in Itabashi, Tokyo as an example to elaborate strategy and implementation of residential complex regeneration from three levels, namely the construction of grand framework, public space as the precursor, and regeneration of the key area. In the end, it proposes implications to community regeneration in China in terms of framework building, facility enhancement and quality improvement.

Keywords: Stock Regeneration; Public Space; Design Strategy; Community Regeneration; Takashimadaira

中国的城市化进程在经历了几十年的快速扩张后，逐步进入了以提升城市品质、完善制度设计、推进多方落实为主的新阶段[1]。其中，社区更新成为城市更新的重点和难点。日本在20世纪50～70年代的经济高速成长期修建了大量住宅团地；自20世纪80年代逐步出现设施老旧、老龄化加剧和社区衰退等问题，推动了团地再生的研究与实践。东京都的高岛平团地是日本近年来以政府为主导、多元主体参与的典型代表[2]，其投入使用已逾40年，建筑设施老化和年龄结构失衡的问题突出，与中国当前老旧社区更新实践具有诸多相似之处，在框架搭建、机制建立和功能完善等方面能够为中国的社区更新提供有益的参考。

1 高岛平地区的发展历程回顾

高岛平地区位于东京都板桥区，距离都市中心约15千米（图1），主要指高岛平一丁目—九丁目的范围（约314公顷），其规划工作始于1966年，由当时的日本住宅公团负责开展，居住用地占比高达43.8%[3]。其中，高岛平团地位于二三丁目，占地约36公顷[4]。1972年，团地内的中央商业街开业，第一批居民入住。在大量人口涌入东京的背景下，高岛平团地容纳了大量年轻家庭，缓解了当时住宅短缺的困境。四十年来，团地的年龄结构、家庭形态和居民生活方式均发生了深刻的变化，面向可持续发展的城市转型成为重要课题[5]。

① 国家自然科学基金青年科学基金项目（52308007），国家自然科学基金面上项目（52078069）。

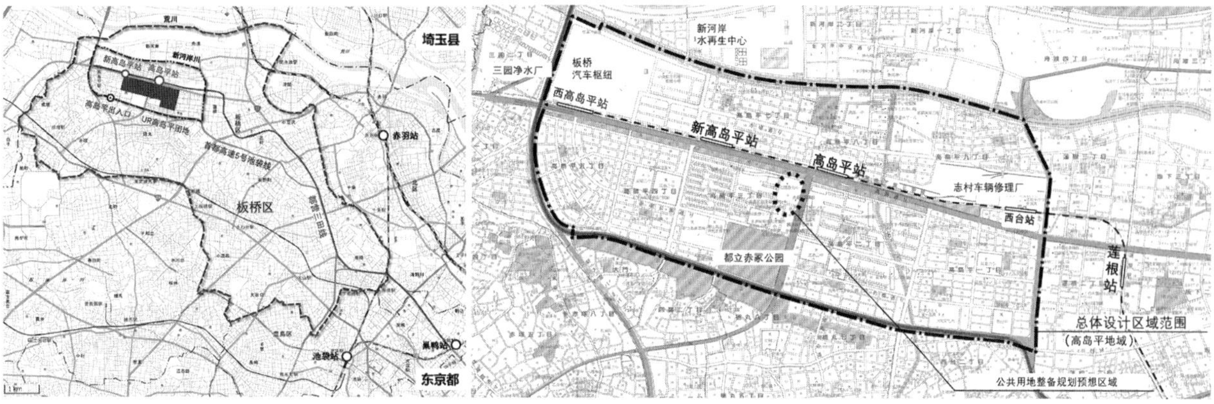

图1　高岛平地区的区位与空间范围
（来源：右图：作者根据参考文献 [9] 绘制）

2014年，板桥区政府采用国土交通省制定的《城市构造评价手册》和《健康·医疗·福祉的社区营造导则》对高岛平地区展开了综合评价，发现高岛平地区医疗福利设施充足，交通可达性良好，步行环境宜人，但主要面临以下挑战：①团地再生需求迫切。位于二三丁目的高岛平团地占据了整个地区近四成的人口，而团地自投入使用以来已有40余年，设施老旧的问题突出；②人口老龄化程度严重，高岛平地区的老龄化率为28.0%，而高岛平团地的老龄化率高达43.5%，且独居老人占比53.3%；③生活便利性不足，由于该地区人口密度较高，医疗福利和商业交通设施的需求较大，但400米步行生活圈中商业和福利设施数量不足、分布过于集中，且经济活力低下[6]。2020年开展的居民定住意向问卷调查进一步发现，由于高岛平地区既有的消极意象，如商业设施活力不足、高品质的餐饮店匮乏、老龄化程度高、新鲜感不足等，市民的定住意向有待提升[7]。

高岛平地区的团地再生实践始于2004年，早期活动主要聚焦于社会层面的更新与发展，参与主体主要为自发成立的社区组织、大东文化大学、高岛平报社等民间团体和高校机构，政府参与较少[8]。2015~2020年，板桥区政府积极联合多元主体，先后发布了《高岛平地区总体设计》《高岛平散步道基本构想》和《高岛平地区都市再生实施计划》等规划（图2），将团地再生整合于城市再生的议题之下，综合利用城市设计和社区营造等手段推动了高岛平地区的再生实践。

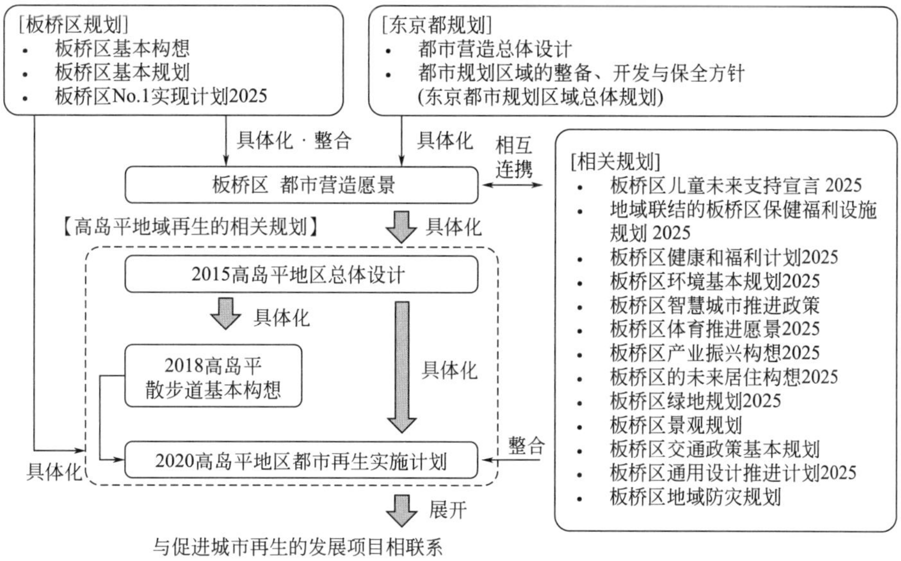

图2　高岛平地区相关规划间的关系
（来源：作者根据参考文献 [7] 翻译）

2 总体框架的搭建：高岛平地区总体设计

为回应团地居民诉求并使区域重新焕发活力，板桥区政府联合各界力量，自2014年4月开始，通过深入的实地调研和居民访谈开展了全面的研究，并于2015年10月提出了《高岛平地区总体设计》，方案以高岛平一丁目至九丁目为核心，同时包含紧邻的周边区域，为吸引中青年入住，方案围绕20～40岁年轻家庭的核心需求，打造多年龄段融合、以慢行空间为主的都市模板[9]。

2.1 四大关键词：活力、福祉、节能、防灾

板桥区政府为高岛平地区的更新提出“打造一个富有吸引力、使人们想要在此定居的街区”的总体愿景，并从“活力”“福祉”“节能”和“防灾”四个方面提出了具体的更新策略。

（1）通过完善功能服务设施和公共空间体系营造新的活力。首先，充分利用地铁站周边的商业设施，结合公共用地更新增加医疗机构、完善生活设施和休憩场所，构筑生活圈，打造“交流核”与“生活核”。其次，充分利用三田线的高架桥下空间和周边既有道路，串联散布的公共设施和荒川河岸、德丸原公园、赤塚公园等绿色空间，打造具有散步、骑行和慢跑等多用途的慢行网络。同时强化更大城市范围内铁路、道路和公交路线的连接，考虑增加三田线与其他站点的连接，提高高岛平地区的可达性。

（2）围绕少子老龄化问题，从育儿、健康、专才培育等方面提升福祉水平。首先，联合私人企业和非赢利组织提供丰富灵活的育儿服务，减轻育儿家庭的压力和负担，帮助其实现生活与工作的平衡。其次，通过改善步行和骑行环境以鼓励健康的生活习惯，组织园艺活动、打造社区花园，充分发挥绿植的疗愈功能，在老年人的步行生活圈范围完善集居住、医疗、介护、预防和生活支援于一体的照料体系。最后，通过与高校、非赢利组织合作，发掘、培育可保障社区活动的青年人才，并通过灵活的就业时间和多样的就业选择，支持年轻人、女性、老年人和残疾人的就业和创业活动。

（3）以循环利用为核心构建多层次的节能体系。在建筑、街区、地区等多个尺度推进智慧能源管理，从节约能源、创造能源、储蓄能源和管理能源四个方面采取综合的措施，灵活利用能源网络为城市发展作贡献。

（4）以灾害期间持续运行能力保障为目标构建街区防灾体系。充分利用道路、绿地和公园等开放空间构建安全避难场所和医疗救助基地，提高基础设施和建筑物的不燃率，结合轨道站点构建安全避难网络。同时提高防洪水平，保障应急道路畅通。

2.2 空间结构：一轴四核多网络

高岛平地区开发采用了“一轴四核多网络”的空间结构体系。其中，“四核”包括一个以高岛平站为中心的“交流核”和三个以沿线轨道站点为中心的“生活核”，前者侧重于利用商业设施组织多样活动以激发活力，后者侧重于完善居民步行和骑行圈范围内的生活服务设施，以满足居民的日常生活需求。“一轴”主要依托三田线高架下的线形空间和周边绿地，打造散步道，串联交流核、生活核和各类设施。“多网络”强调对不同层级交通网络的一体化建设，在满足物流、商业和住宅区多样性交通需求的基础上，结合土地利用变更和环线的修建，提升轨道交通的日常出行使用率。同时，依托绿地和绿道构建慢行网络，通过在车站、绿地和公园周边设置自行车停放点，提升骑行便利性。为充分挖掘各个地块的资源禀赋，板桥区政府为高岛平地区的不同街区构建了差异化、互补性的发展主题（图3）。

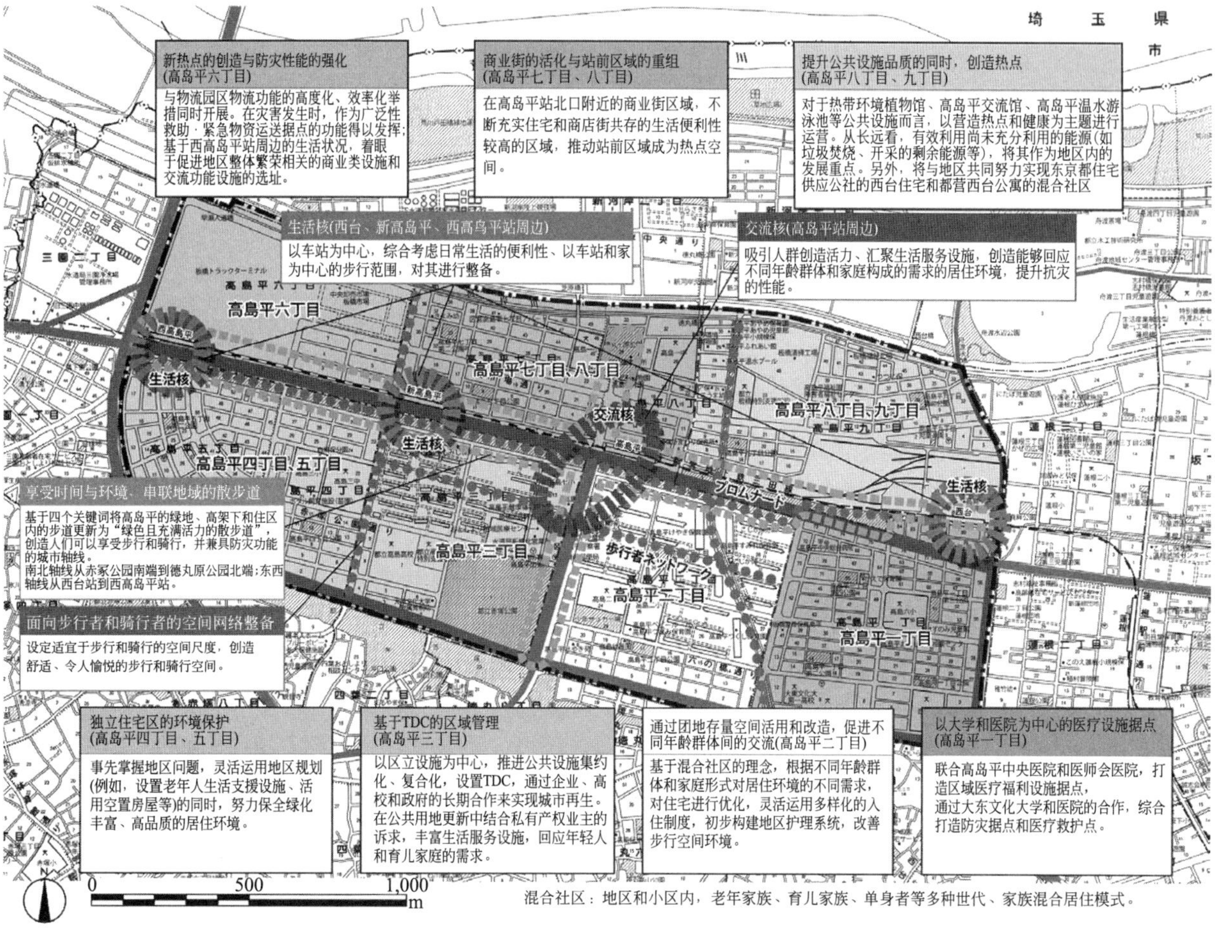

图 3　高岛平地区总体设计的空间结构规划
（来源：作者根据参考文献 [9] 翻译）

3　公共空间为先导：高岛平散步道基本构想

2018年1月，板桥区政府结合《高岛平地区总体设计》正式提出《高岛平散步道基本构想》，希望以公共空间更新为先导，引领高岛平地区的整体复兴。

高岛平散步道整体呈“十”字形，包含高岛大道及周边绿地，东西轴线约2.7千米，南北轴线约1.0千米。设计初期，东京大学的城市设计研究室和住宅·都市解析研究室分别对散步道的历史沿革、空间使用和空间特性展开了研究，发现使用者主要集中在高岛平站前广场和西台站周边，且绝大部分为通行活动，驻留活动不足，同时，散步道的连通性一般，道路网络转折较多，导致距离轨道站点的心理距离较远，并且只有少数道路利用率较高[10]。

针对上述问题，设计团队提出了优化散步道的三个基本理念。首先，强化散步道的空间氛围，提升趣味性和游戏价值，激发人们的共鸣和空间的活力；同时，散步道建设应考虑不同人群的使用需求，提升其参与性；最后，通过散步道建设提升高岛平地区的价值，推动区域管理理念的普及。在此基础上，研究设计团队从物质空间和管理运营两个层面总结了八项策略：创造人们愿意步行、骑行和休息的场所；利用散步道创造活力，组织社区活动；促进身心健康、儿童教育和社会参与；改善绿色植物的培育和管理；实现超越绿地和道路边界的空间设计；提升灾害韧性，强化犯罪预防工作；推行智慧能源，实现低碳社会；采用通用设计，提升空间包容性，并结合不同区段的空间特征和具体需求，提出了差异化的更新策略。

4 重点地区的再生：高岛平地区城市再生实施计划

《高岛平地区总体设计》后社会形势经历了复杂的变化，因此，UR都市机构于2018年年底提出对高岛平地区综合实施存量更新和局部重建的措施。2020年，板桥区政府通过《高岛平地区城市再生实施计划》，为当前城市再生发展提供了新的指导。

4.1 核心议题、再生目标与应对策略

针对高岛平地区深度老龄化、商业设施不足、住宅性能不佳等问题，结合可持续发展目标、社会5.0、智慧城市、数字化转型和地区循环共生圈等大量涌现的新概念，高岛平地区的再生愿景被确定为“回应多元诉求与实现多元共治”，具体包含三大目标：第一，吸引年轻家庭入住，促进地区的可持续发展；第二，提高交通网络的回游性和可达性，创造丰富的生活环境；第三，强化应对重大灾害的能力，打造安全安心的居住社区。为实现上述目标，需要调整土地利用规划，优化功能配置，适当调整城市开发的相关制度和日照限高控制，打造开放空间，并且需要基于项目时间节点整合不同的设计项目，确保道路网络的连续性、包容性和设计的一致性。同时，通过长期稳定的活动组织，在地区团体、居民和企业之间建立广泛的横向联系，构建相应的制度和空间体系，培育以制造业为主、新兴产业同步发展的都市型产业。

4.2 重点地区的再生策略

为有效促进整个地区的更新，板桥区政府划定了更新工作的优先区域，以期推动区域整体吸引力的提升，并对周边地区产生辐射效应。具体的再生策略主要围绕功能引入、空间塑造和生态节能三个方面展开（图4）。

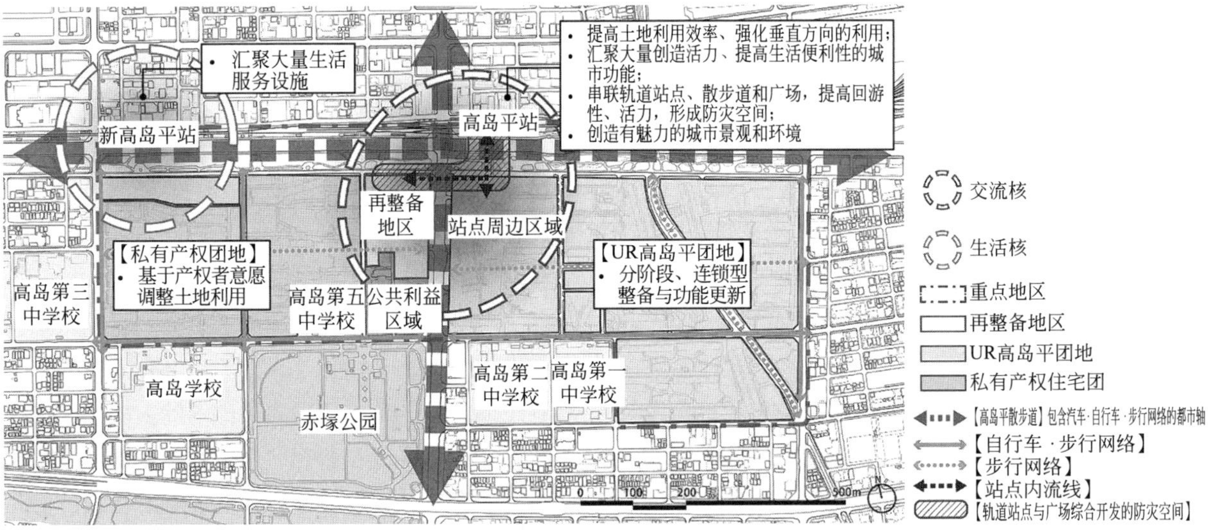

图4 重点地区再生的目标与策略
（来源：作者根据参考文献[7]翻译）

首先，通过土地利用的高度复合化，整合商业、居住、办公和医疗等服务设施，提高生活便利性，关注广场界面的功能设置，使之与广场空间互动，结合散步道增设咖啡、餐厅、园艺店等设施，提高空间的回游性和活力，提升土地价值，创造经济效益。其次，以轨道交通站点周边区域为重要节点，结合天际线设计在站前空间引入标志性要素，强化节点空间，引导视线和步行流线；同时，提高可达性并完善无障碍设计，提高站点周边的便利性和紧急时刻的疏散能力；控制建筑立面的材料、色彩和绿化，引导广告和标志的设计，结合建筑的更新改造创造富有吸引力的空间，提升地区形象。最后，充分利用现有树木、墙面和屋顶绿化打造令人愉悦的绿色空间；推广节能措施，综合打造步行、自行车、共享汽车等多种交通网

络，减少私家车使用，推进新型的节能交通方式。

5　总结与讨论

中国社区更新的相关研究自20世纪90年代兴起以来，随着城市化进程的深入逐步呈现出多元化、精细化的发展趋势。基于城市更新的城市设计作为一种整合城市存量资源、提升城市活力的重要手段，得到国内城市管理部门和城市研究学者的普遍关注。日本团地再生强调物质空间环境和社会网络关系的更新与再生，为中国的社区更新提供了有益的借鉴。

制定弹性更新框架，实施动态调整。更新实践往往具有较长的时间周期，其间将经历诸如决策者变更或政府发展计划调整等内外部因素的各种变化，由此导致的原有规划的修改、中断乃至废止将造成社会成本的浪费[11]。高岛平地区再生的总体框架，在充分回应上位规划的基础上，结合翔实的数据分析和问卷调研审慎地制定了团地再生的总体愿景，在后期工作的推进中切实地对最初构想进行贯彻和深化，同时结合新的发展需求和技术手段对具体策略进行弹性调整。

完善医疗服务设施，助力在地养老。为了提升团地再生的活力，高岛平总体设计首先是通过适老化更新来积极应对老龄化问题，包括个性化改造既有户型、完善公共空间的无障碍设施、构建集医疗、护理、预防、住房和日常生活支援等城市功能于一体的网络化资源配置，为老年人提供安全舒适的在地养老服务。

提升公共空间品质，丰富年龄结构。通过优化以城市慢行体系为核心的公共空间体系和公共服务设施，提升城市公共空间的社会、生活价值以及防灾潜力；同时，将吸纳青年人和年轻家庭作为提升老旧城区活力的主要途径，通过调整土地利用、提升城市功能复合性、强化育儿支持、创造就业机会、结合轨道公共交通站点激发商业节点活力等手段，实现多年龄段的融合共生，为老龄化社区发展提供新的动力。

参考文献

[1] 张朝辉. 日本老旧住区综合更新的发展进程与实践思路研究[J]. 国际城市规划，2022，37（2）：63-73.

[2] 東京都都市整備局. 団地活性化事例集——戸建住宅地と集合住宅団地の活性化[R]. 2020.

[3] 日本住宅公団. 板橋土地区画整理事業[R]. 1972.

[4] 日本住宅公団東京支所市街地住宅設計課，日本住宅公団東京支所市街地住宅設備課. 高島平の設計記録[J]. 日本住宅公団調査研究期報，1970，30.

[5] 飯塚裕介. 地域情報誌の広告による住民のライフスタイルの変化の分析[J/OL]. 都市計画報告集，2018，17（2）：271-276.

[6] 板橋区. 高島平地域グランドデザイン（資料集）[R]. 2020.

[7] 板橋区. 高島平地域都市再生実施計画[R]. 2020.

[8] 冉奥博，刘佳燕，沈一琛. 日本老旧小区更新经验与特色——东京都两个小区的案例借鉴[J]. 上海城市规划，2018（4）：8-14.

[9] 板橋区. 高島平地域グランドデザイン[R]. 2015.

[10] 板橋区. 高島平プロムナード基本構想[R]. 2018.

[11] 杨震，于丹阳. 从"昙花一现的未来模式"到"现代主义的更新范例"：伦敦巴比肯重建回顾及对城市更新的启示[J]. 建筑师，2020（3）：18-27.

情境理论视角下工业遗产多尺度保护更新研究
——以济南胶济铁路近代建筑群为例①

徐雅冰 仝晖 陈勐 张小涵

作者单位
山东建筑大学建筑城规学院

摘要: 在城市更新背景下，建筑由增量时代走向存量时代。近半个世纪以来，由于城市建设的加速扩张，中国城市建筑出现“趋同化”的现象，城市景色千篇一律，失去了城市原有的历史底蕴。作为众多遗产形态的一种，工业遗产是在工业发展进程中衍生、发展而来的。我国积累了丰富的工业遗产资源，如何利用好、传承好这部分文化资源，对于建设文化强国、激扬自信自强的精神力量，具有重要意义。工业遗产作为历史文化名城的重要组成部分，其保护更新策略也与城市建设息息相关。本研究落脚于济南商埠区的胶济铁路沿线，研究目标主要为20世纪山东被德国占领时期建造的中西合璧式建筑，现建筑遭到严重破坏，且街区缺乏活力，因此通过对基地现状的调研，结合济南已经完成的工业遗产改造项目所暴露出的问题，提出对该研究目标的更新改造策略，激活济南老城区街区活力，打造城市名片。

关键词: 胶济铁路建筑群；工业遗产；多尺度；保护更新；情境

Abstract: In the context of urban renewal, architecture is moving from an incremental era to a stock era. Over the past half century, due to the accelerated expansion of urban construction, there has been a phenomenon of “convergence” in Chinese urban architecture, resulting in a uniform urban landscape and a loss of the original historical heritage of the city. As one of the many forms of heritage, industrial heritage is derived and developed in the process of industrial development. China has accumulated rich industrial heritage resources. How to make good use of and inherit these cultural resources is of great significance for building a cultural power and inspiring the spirit of confidence and self-improvement. This article is located along the Jiaoji Railway in Jinan Shangbu District. The main buildings in the block are a combination of Chinese and Western styles built during the German occupation of Shandong in the 20th century. The buildings have been severely damaged and the block lacks vitality. Therefore, through research on the current situation of the base, combined with the problems exposed by the completed block renovation project in Jinan, a renewal and renovation strategy for the base is proposed to activate the vitality of the old urban block in Jinan and create a city name card.

Keywords: Jiaoji Railway Architecture Complex；Industrial Heritage；Multi Scale；Conservation and Renewal；Situational Theory

济南作为历史文化名城，高度重视工业遗产更新改造项目，现已完成如变压器老厂房、鲁丰纸业厂区、二钢老厂房等工业遗产改造。将老厂房改造成文化创意产业园区，形成网红打卡点，使得工业遗产获得了新生命，同时也带动了片区商业的发展。但是也存在业态形式单一、建筑改造不伦不类、使用过程中缺乏管理等问题。因此对于胶济铁路济南站片区的改造，提出将街区建设与历史情境结合，充分发挥工业遗产的建筑特色，通过对于街区情境节点的设计激活片区内现存历史建筑，形成情境流线的串联，用历史建筑讲述街区情境。

本研究基于文化遗产保护的角度，在梳理的胶济铁路济南站片区的历史发展脉络基础上，回顾济南老城近年来改造的成果与问题，探讨基地内现存的机遇与挑战，提出街区改造策略。结合工业遗产情境式更新特点，牢牢抓住胶济铁路初建时期的使用场景，充分与现济南站结合，营造出情境景观流线，利用街区微更新策略，激发街区活力。

① 项目名称：国家自然科学基金青年项目（52308025）；山东省自然科学基金青年项目（ZR2021QE207）；山东省重点研发计划软科学项目（2023RKY07018）。

1　研究对象概述

1.1　遗产情境阐述

"情境"是指对某一遗产在特定的时空中包括的具体情形、情景的解读再现。工业遗产作为一种活态的文化，遗产的真实性和完整性与情境息息相关，并通过情境对遗产宣传和保护，因此对于工业街区的更新可以将现状使用与历史上特殊的使用情境相结合，形成集历史、文化、场景为一体的街区（图1）。

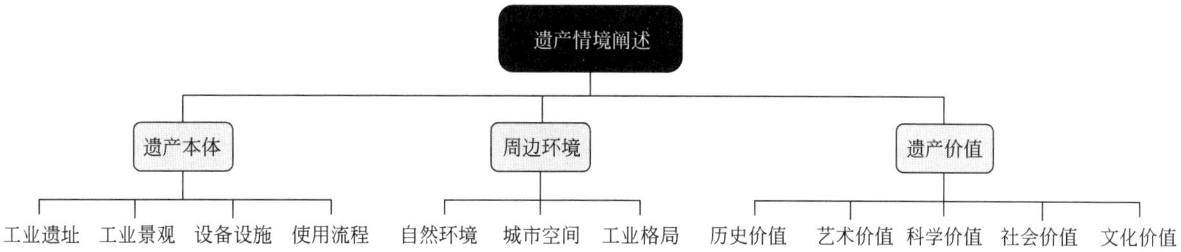

图1　遗产情境阐述

遗产情境是指与遗产相关联的若干情境因素，如历史文化、自然环境、文化场所等，在特定的时空背景下，所自发或因人为因素形成的一种历史场景，场景包含与遗产相关的社会环境、活动场景等。遗产情境阐释可以运用数字技术再现遗产的历史场景，将遗产置入其历史情境下解读，这样遗产信息和隐藏在遗产背后的故事才能更完整、更真实地呈现出来。

工业遗产的情境阐释，所体现的是对遗产建筑本体价值、相关的历史场景、周围环境所承载的记忆叙事性阐述，旨在展示工业遗产原有的使用状态，加深社会公众对工业遗产的认知与理解，丰富市民文化生活。通过对遗产概念的阐释，以及对胶济铁路现状的讨论，得到城市更新背景下，胶济铁路工业遗产情境式更新研究的结构框架。

1.2　区位选址

基地位于济南市槐荫区老火车站旧址，在胶济铁路济南站的原址附近，基地内现保留有较多德国占领山东时期所建成的历史建筑，形成了城市丰富的历史建筑遗存（图2）。1904年西方列强在济南老城区西侧建立商埠区，而胶济线是一条由德国直接控制、掠夺中国资源的铁路，记载了西方列强侵略中国的历史，而胶济铁路建筑风格突出，是中西方结合的产物，具有丰富价值。

图2　遗产情境阐述基地选址及周边环境

基地选址位于老城区商埠和济南站之间，地理位置优越：南临经二路，为双向六车道，与老济南商埠区相交接；北临济南站与长途汽车站；东侧为纬二路，西侧为无影山路，周围正在施工建设的高层建筑众多。通过分析基地周边现状，可以发现，基地周边人流量巨大，外来人口众多，人员混杂，人口构成包括日常居住人员、进出济南游客及商埠区的商贩和购物者等。因此复杂的人流构成导致该地块需重点考虑不同类型人员对片区的功能需求，也为地块更新带来机遇与挑战。

通过对基地现状的SWOT分析（图3），其中现存优势为：

① 交通便利，城市门面。基地位于紧邻济南站与长途汽车总站，为出入济南的必经之地，因此具有

展示济南城市风貌、起到城市门面的作用。

② 工业遗产丰富。基地内部包含胶济铁路济南站的原址，是济南老城区内为数不多的工业建筑遗产，而同时由于其丰富的近代历史建筑群遗址，街区内部街道保留部分20世纪初期老城区肌理，更增加了街区的遗产价值。

③ 政策支持。济南作为历史文化名城，出台多种政策支持对历史街区的保护，而该地块内现存部分“一园十二坊”规划区，工业遗产丰富，且存在近代历史建筑群，因此是济南市政府更新改造的重点项目。

基地现存劣势为：

① 基地内部活力不高，人流量小，因此需抓住济南站和长途汽车站的大量人流，实现引流的效果。

② 建筑破坏严重，街区肌理缺失（图4）。街区内历史建组丰富，有近代历史建筑群为全国文物保护单位，但是建筑利用率低，其他未列入文保单位的建筑，使用过程中私搭乱建，造成大量济南传统商业民居破坏。

③ 百年老店重视度不足。基地内原有较多百年老店，但是没有良好的宣传，使得部分店铺面临倒闭的问题，现存店铺数量较少，因此更需要加强保留与保护。

因此，通过节点设置，抓住工业遗产的情境式设计方法，以历史建筑与百年老店为节点，设置情境式体验路径，引导本地或外来人口体验胶济铁路济南站的遗址，宣传济南文化，打造城市历史街区。

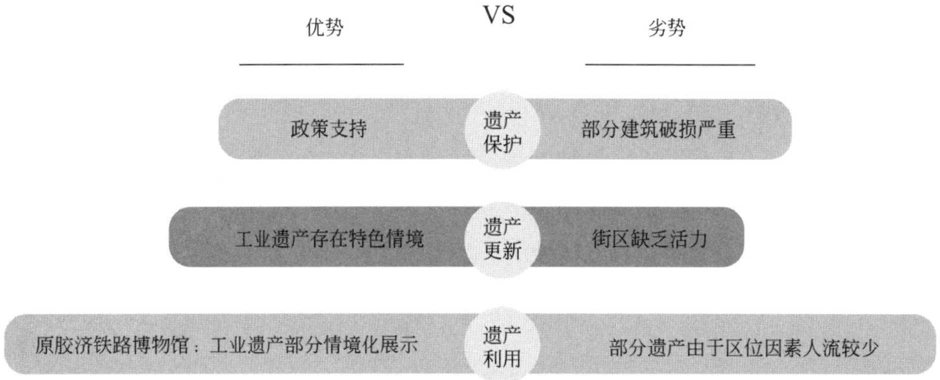

图3 基地发展优劣势分析

图4 街区肌理变迁

1.3　上位规划

1. 济南历史文化名城规划政策

济南作为历史文化名城，政府高度重视历史街区保护项目，突出保护优先，严格落实历史文化保护底线要求。基地内包含商埠区“一园十二坊”传统风貌区所划定的百年老店街区范围。因此济南政府上位规划要求片区范围内应恢复老城肌理格局及传统风貌，提升空间环境品质，改善基础设施条件，严控新建项目高度、体量及规模，探索可持续的更新实施模式。

强化“文、商、旅、服”等主导功能，疏解非核心功能，置换使用人群结构，缓解常住人口超出建筑负荷的问题。充分发挥文化资源密集优势，建设文化服务产业集聚区，引导文化创意、文化旅游、文化服务等相关产业集聚，加强对工业文化遗产的保护和更新，推进“古城—商埠”整治与复兴。

2. 工业遗产

城市重点片区城市重点片区指“东强、西兴、南美、北起、中优”城市空间发展格局中的重点打造片区。将胶济铁路原址的旧厂区整治转型，通过设置工业遗产博物馆、体验区等活动场地，为城市居民提供日常活动的场所，打造“商—旅—游—验”一体的活动场地。

3. “一园十二坊”规划公示

“一园十二坊”传统风貌区是济南商埠区的核心区域，集中体现了济南自主开埠的创新精神、近代城市规划建设的先进理念、多元文化交融的历史印记、优秀建筑遗产的风貌特色。根据功能发展意向将“一园十二坊”传统风貌区划分为老字号商业服务区、综合服务配套区、传统民俗商业区、传统院落体验区、多元文化展示区、绿化休闲游憩区等区域。基地内包含“一园十二坊”内老字号商业服务区部分。

1.4　街区历史发展脉络

胶济铁路1899年始建，1904年6月1日全线通车，至1914年一直是由山东铁路公司经营[3]。一百多年来，胶济铁路和济南铁路局先后经历了分线设局、分区设局、战时体制、按区设局等阶段（图5）。

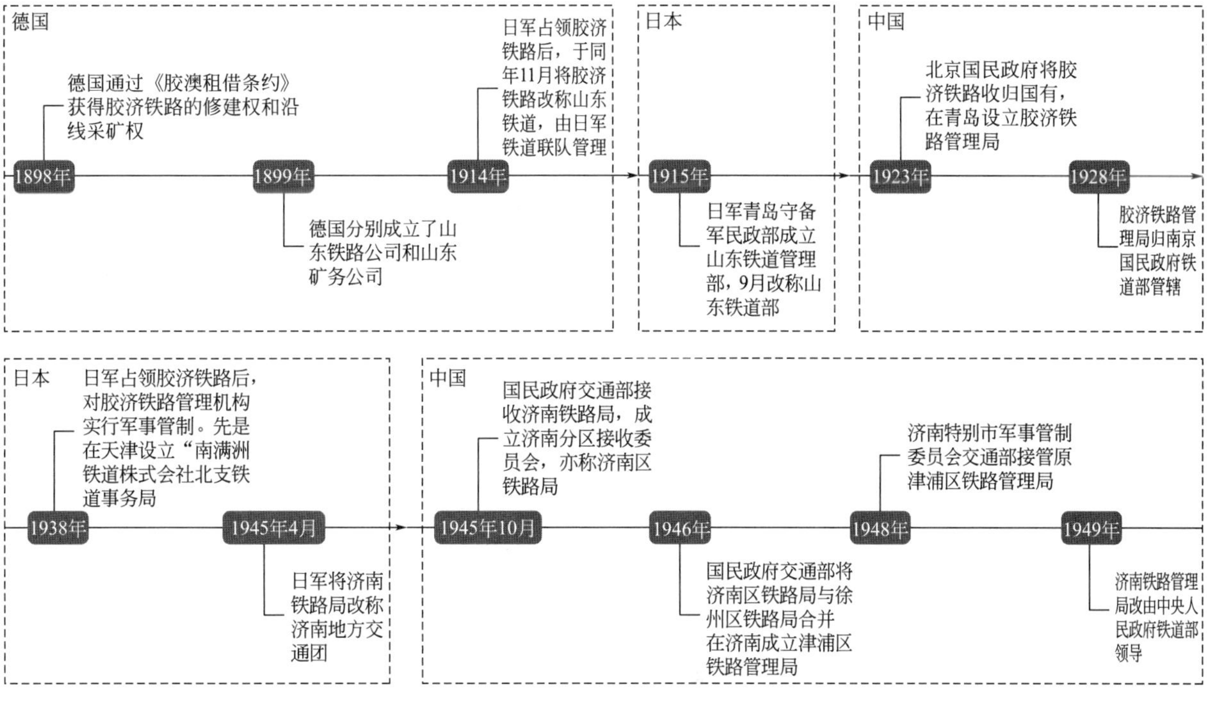

图5　基地内历史发展脉络

第一次世界大战中，日本出兵山东战胜德国，此后控制胶济铁路全线长达八年。1923年1月1日，中国北洋政府从日本手中接收胶济铁路，并进行了全面大修。抗战全面爆发后，日军于1938年初再次占领胶济铁路全线。1945年8月15日日本投降，中国南京国民政府收复胶济铁路。1949年年初，解放军通过四次战役解放胶济铁路全线。中华人民共和国成立后，胶济铁路迈入新的发展阶段。

2 研究对象分析

2.1 现状测评

1. 街道构成要素

基地北临济南火车站，南临城市次干道和支路，东西侧临城市主干道，内部被一条东西向的城市主干道分为南北两部分，其余南北向道路为城市支路或单行道（图6）。

图6 城市道路与交通——城市干道

建设初期街道尺度较小，主要为商业街区。但是后期扩建成车行道后，街区内形成了许多单行车道，造成了片区混乱的交通，不仅影响了街区内部的行车的效率，也使得街区尺度失真，导致街道上人车混杂，行人难以在街道上停留，因此导致街区内部街道活力较低问题的产生。

针对上述问题，通过数据收集与现场调研统计街区内现存道路的通达情况与街巷尺度（图7、图8）。通过调研与分析，街区内的支路多为由北向南单向通行道路，车辆经常拥堵十分不便，且需要绕行大量的距离，因此在改造过程中，将现存单行道路改为步行街区，保留基地内部被主干道分成的东西两部分街道结构，其余内部支路改为步行街区，设置情境节点，并通过商业街联系。

街区内部用地结构复杂，由居住用地、商业用地和工业遗产等组成，因此从住宅、学校及公交站三个方面探讨人群热力（图9），得到结论：人群外来人群主要集中在街区的东部，而常驻人口主要集中在西部和东南角等角部地区，街区内部缺乏活力。

2. 建筑构成要素

街区内现存近现代历史建筑群，建筑风格独具特色，为20世纪初期中西方建筑风格融合的产物。采用济南传统民居的屋顶与西式的立面及装饰元素相结合的形式。建筑多为2～3层，构图采用横三纵五的构图形式，壁柱、花窗等都展现了德式建筑风格，是济南宝贵的建筑遗产（图10）。其中胶济铁路济南站的建筑采用爱奥尼的柱式伴随着柱子的升高并不断收分，建筑立面彩色玻璃窗的德式风格，同重檐四角攒尖顶的中式建筑风格充分融合，呈现了20世纪初期在济南胶济铁路沿线所形成的建筑特色。

图 7　城市道路与交通——道路通达性

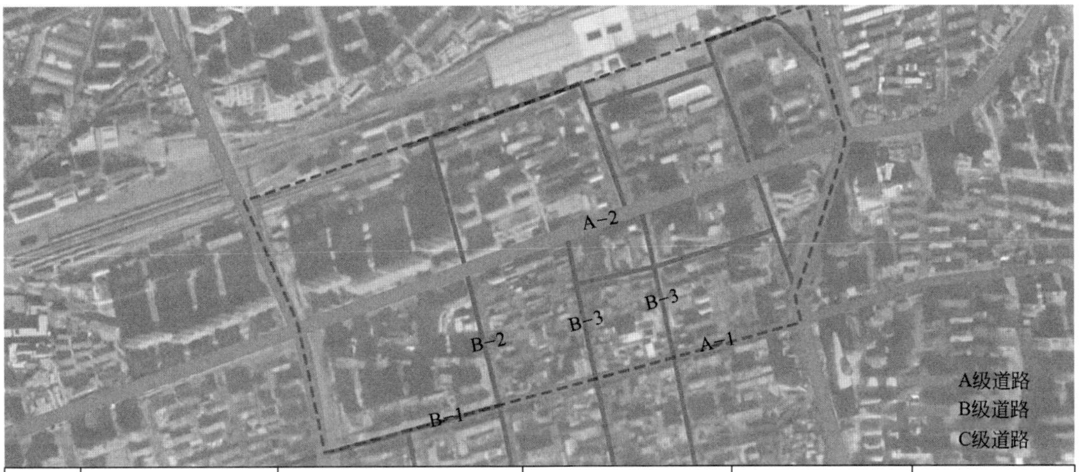

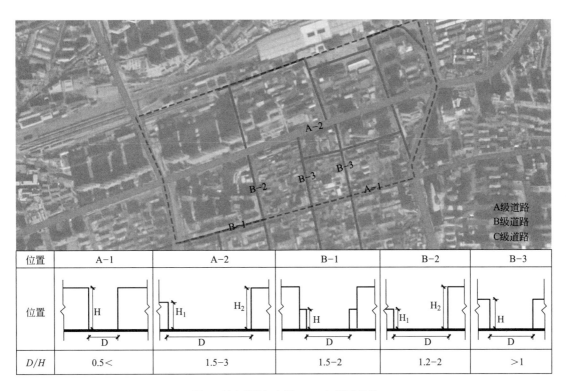

位置	A-1	A-2	B-1	B-2	B-3
位置	H, D	H_1, H_2, D	H, D	H_1, H_2, D	H, D
D/H	0.5<	1.5-3	1.5-2	1.2-2	>1

图 8　城市道路与交通——D/H 道路分级

通过查阅《山东省第三批省级文物保护单位》和《全国第七批重点文物保护单位》等政策文件，统计基地内部历史建筑的数量与保护现状（图11）。图中深灰为济南市历史建筑，浅灰为山东省历史建筑。因此，深灰和浅灰标志的建筑可以作为重要节点。

2.2　价值评估

基地内包括胶济铁路工业遗产建筑群、济南老商埠百年老店建筑等历史性建筑，见证了20世纪初期济南被侵略与在列强压迫中寻求发展的历史，而最终

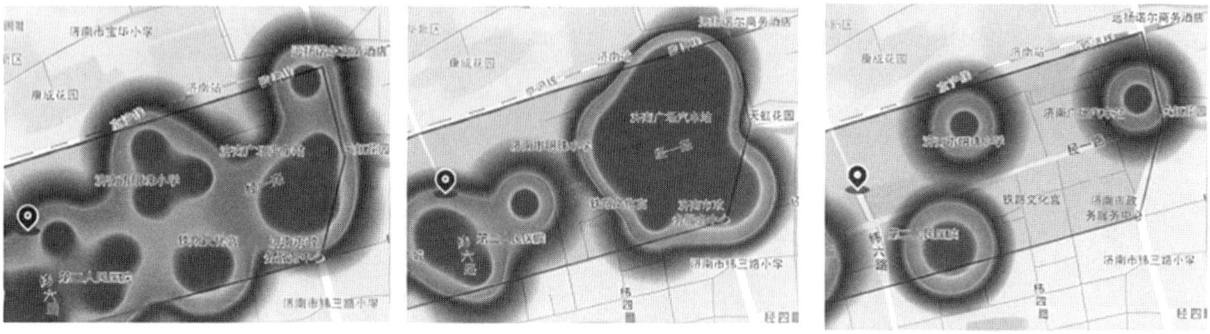

图9 公共活动集中情况

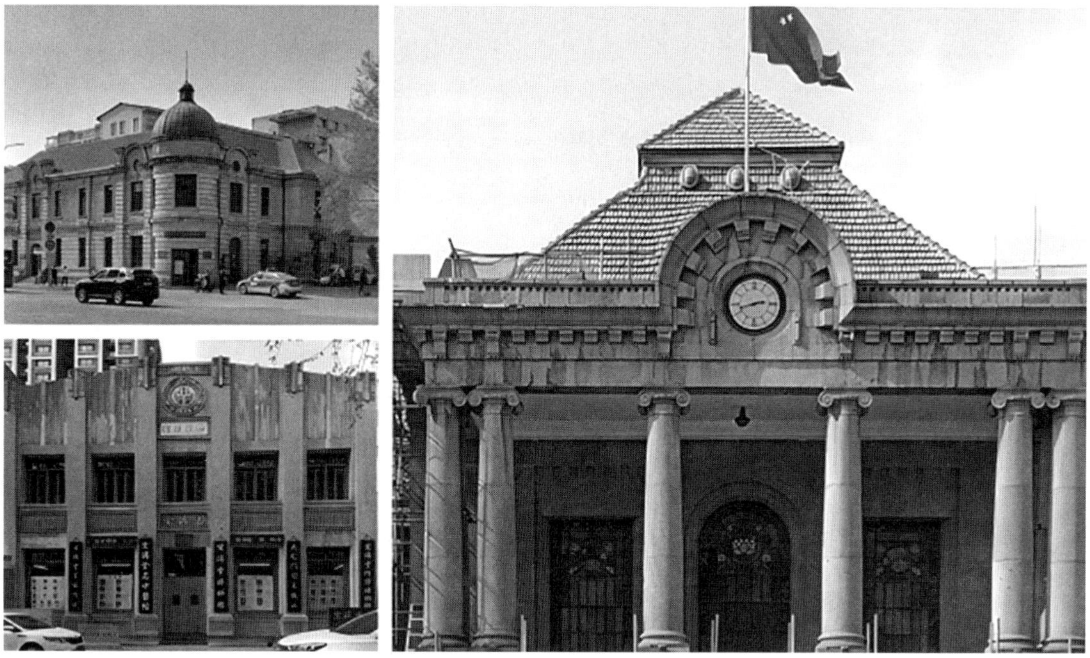

图10 街区历史建筑风格

形成了风格迥异的中西方建筑融合的建筑类型，因此该片区具有丰富的历史价值、艺术价值和社会价值。

① 历史价值：记录大量重大历史事件。原胶济铁路遗址见证了20世纪初期外国入侵济南，形成新的城市格局，商业区和工业区不断发展的济南历史城区历史。街区内有大量承载了当时德国占领山东时期在济南所形成的政治中心建筑，如山东邮务管理局旧址。

② 科学价值：区域内建筑多为中西建筑融合的形式，既采用了本土的屋顶构造形式和本土材料，也使用了西方桁架式屋面的形式。同时在一些建筑内部如悬浮的楼梯、门窗等构件的设计也展示了当时德国的技术水平（图12）。

③ 艺术价值：建筑多采用中式屋顶和西式立面的结构，而在窗花、柱式等细节处也展现了西式的建筑风格，形成了中西合璧式建筑产物，因此区域建筑艺术价值较高。

④ 文化价值：街区内有多家百年老店，承载了文化传承。其中有济南第一家百货大楼、济南泰康食品公司、老字号宏济堂西号等，不仅记录了老济南人民的生活，也是一种济南文化的传承。人们步行其中，沿着济南旧时的街道，可以感受济南城市所带来的历史底蕴。

⑤ 社会价值：街区内部现仍在营业的百年老

店，承载了老济南人日常生活活动，例如亨得利钟表店和精益眼镜店，过去济南人买表、配眼镜都喜欢到这里来，承载着老济南人民的记忆。济南精益眼镜公司成立于1917年，店名叫“精益”，就是取自以“精益求精”为企业理念追求的宗旨之意（图13）。

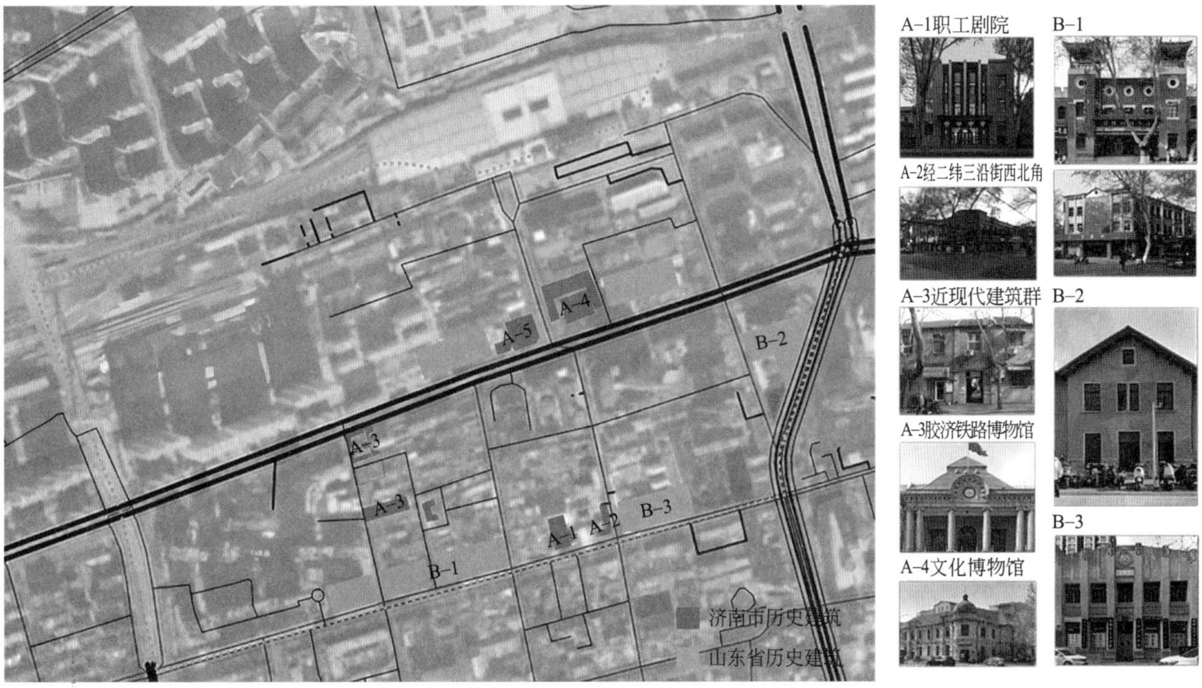

图11　街区历史建筑保护级别统计

图12　科学价值

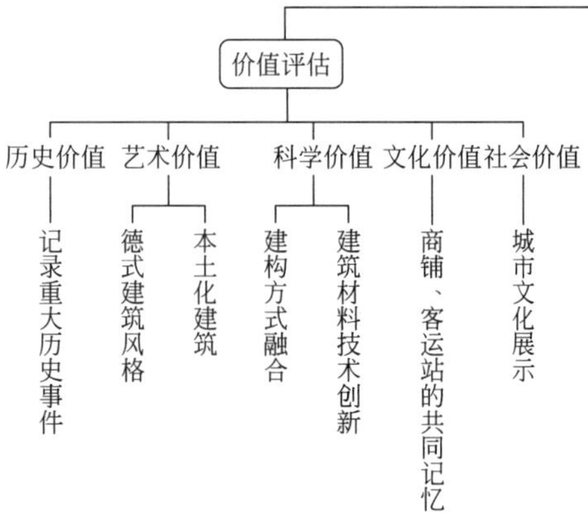

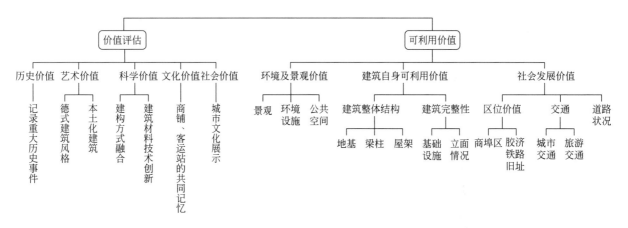

图13 价值评估与可利用价值关系框架

2.3 小结

通过对遗产价值的讨论，可知在基地内部有丰富的百年老店资源、工业遗产资源、街巷尺度记忆资源等。因此将这些资源确定为街区改善发展的入手点，对于不同的主体，最终在确定街区内部的节点后，再从环境及景观价值、建筑自身可利用价值、社会发展价值等角度进行街区节点的微更新，从而形成丰富的街巷城市公共空间。

3 遗产更新策略

3.1 工业—商埠协调发展

将基地内现存的胶济铁路济南站工业遗址与“一园十二坊”工业遗址结合，形成丰富不同主题片区，展现同一时期济南不同的生活场景，复原20世纪初期老济南的市井生活，联系片区不同主题，打造“商—旅—研”一体的区域发展模式。

3.2 主题节点设置——情境式体验

可通过问卷调查的形式，将街区内部人群主要分为来自济南站的外来旅客、小区住宅内部的居住人员以及原商埠区的商业办公人员，进而通过分析不同人群的活动范围及功能需求，形成不同的主题街区。

提出街区改造策略（图14、图15）：

① 针对外来旅客：城市文化宣传、展示和商业服务等。通过节点设置，形成从火车站到济南市民公交站的节点流线，使其成为外来游客初到济南或离开济南的必经之路，既通过流线的延长缓解了火车站出入口处人流的压力，也促进了文化宣传和城市面貌的展示。

② 针对常住居民：丰富市民生活，增强情境式体验。根据现行城市规划政策，基地西部和基地周边正新建大量高层住宅建筑，因此，该街区内部也应该为周边市民活动提供场所，同时也是对市民进行素质教育的重要学习环境。

③ 针对商埠区员工：发展百年老店，促进老店与特定情境结合。街区内有部分历史建筑仍承担着百年老店原有的店铺功能，充分展现了建筑与功能的融合状态，也是其历史时期状态的完美演绎，因此可以抓住老店特色，促进老店建筑的保留，与老店周围商业情境的再现，进而达到打造商业节点的目的。

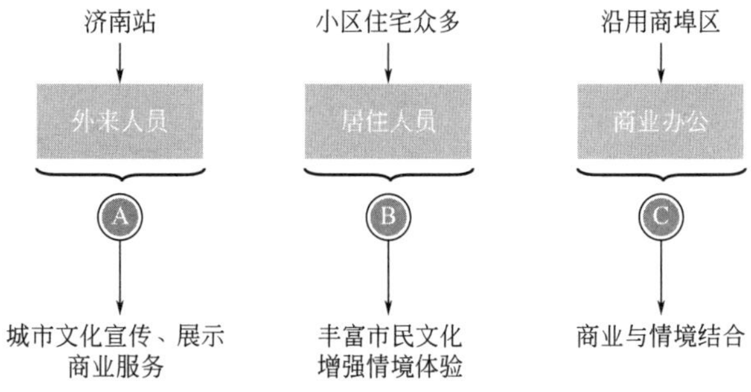

图14 服务人群及活动主题设置

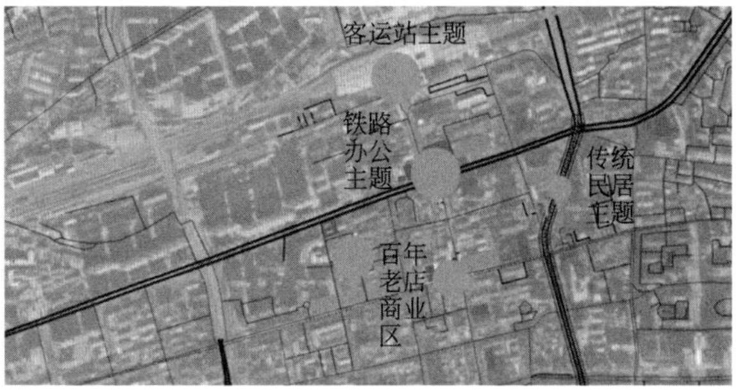

图 15　节点主题设置

3.3　空间单元分化——步行街区规划

通过重新对街区路网的划定，根据街区内空间单元尺度，结合情境节点，将单行支路改为步行商业街，形成新的空间单元，进一步梳理不同空间单元所承载的不同情境主题（图16）。

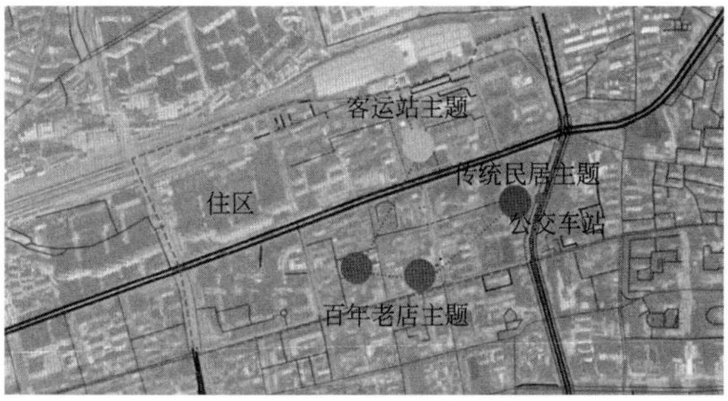

图 16　空间单元划分

4　结论与展望

本研究基于文化遗产保护的角度，在梳理胶济铁路济南站片区的历史发展脉络基础上，回顾济南老城近年来改造的成果与问题，探讨基地内现存的机遇与挑战，提出街区改造策略；对于胶济铁路济南站片区的更新改造，提出将街区建设与历史情境结合，充分发挥工业遗产的建筑特色，通过对于街区情境节点的设计激活片区内现存历史建筑，形成情境流线的串联，用历史建筑讲述街区情境。结合工业遗产情境式更新特点，牢牢抓住胶济铁路初建时期的使用场景，充分与现济南站结合，营造出情境景观流线，利用街区微更新策略，激发街区活力。在以后的研究中，可以结合视域分析、街景语义分割等方法进行更精准的点对点空间更新改造分析。

参考文献

[1] 樊亚明，李康明，孙正阳. 工业遗产游憩化更新利用空间体验感知分析——以阳朔糖舍酒店为例[J/OL]. 工业建筑，2023：1-10.

[2] 满霞. 胶济铁路与近代社会变迁研究——以1899-1937年为中心[D]. 济南：山东大学，2007.

[3] 逯百慧，边兰春，王康. 关系重构与空间变迁：一个工业遗产更新转型案例[J/OL]. 工业建筑，2023，1-14.

[4] 宋哲昊，唐芃，王笑，等. 历史地段多尺度层级结构解析模型的建构及应用——以南京荷花塘历史文化街区为例[J]. 建筑学报，2023，（10），55-61.

[5] 孙德龙，宋祎琳，张抒妍，等. 基于网络照片数据的工业遗产旅游地意象分析：以上海国际时尚中心为例[J/OL]．工业建筑，2023：1-11.

[6] 侯银丰. 芙蓉街-百花洲历史文化街区保护与发展研究[D]. 济南：山东大学，2018.

[7] 赵谦祥，陈雳，黄文哲，等. 逝去建筑遗产的复原研究——以津浦铁路济南站为例[J]. 北京建筑大学学报，2022：89-96.

[8] 于辰龙. 基于城市文脉延续的济南市老城区场所精神塑造设计研究[D]. 济南：山东建筑大学，2016.

[9] 董亦楠，韩冬青.超越地界的公共性——小西湖街区堆草巷的空间传承与动态再生[J]. 建筑学报，2022（1）：17-21.

[10] 王霖，易智康. 广州市历史地段保护传承体系及优化策略[J]. 规划师，2022：139-146.

[11] 张妍，费彦.整体性保护视角下胶济铁路遗产廊道多层次构建研究[C] //中国城市规划学会. 人民城市，规划赋能——2022中国城市规划年会论文集（09城市文化遗产保护）.

[12] 殷玥. 以转型为导向的铁路建筑遗产适应性再利用设计策略研究[D]. 南京：东南大学，2017.

[13] Xu Y，Rollo J，Esteban Y，Tong H，Yin X. Developing a Comprehensive Assessment Model of Social Value with Respect to Heritage Value for Sustainable Heritage Management[J]. Sustainability，2021；13（23）：13373.

[14] Xu Y，Rollo J，Esteban Y. Evaluating Experiential Qualities of Historical Streets in Nanxun Canal Town through a Space Syntax Approach[J]. Buildings, 2021；11（11）：544.

[15] 侯实，苏艳萍，普同妹，等.工业城市整体视野下的工业遗产价值认知与保护体系——以云南省红河州开远市为例[J]. 城乡规划，2023，（6）：1-9.

城中村现代化治理创新模式研究
——以厦门市海沧区为例

林祎红 刘静

作者单位
厦门理工学院

摘要： 中国城市发展模式已经从以增量发展为主的模式逐步转变为以存量发展为主的模式。如何实现城中村的再生，实现城市的更新，文章通过具体分析厦门市海沧区城中村案例的方式，探讨城中村治理实现机制，归纳出厦门市城中村“1+2+3”现代化治理创新模式，可以为城市现代化治理模式研究提供有价值的认识和思考。

关键词： 城中村；现代化治理；创新模式；厦门

Abstract: China's urban development mode has gradually changed from the mode dominated by incremental development to the mode dominated by stock development. How to realize the regeneration of urban villages and urban renewal, this paper discusses the governance mechanism of urban villages by analyzing the case of urban villages in the Haicang District of Xiamen , and concludes the "1+2+3" modern governance innovation model of urban villages in Xiamen can provide valuable understanding and thinking for the study of modern urban governance model.

Keywords: Urban Village; Modernized Governance; Innovation Model; Xiamen

自1978年发展至今，中国的城市化率从17.92%增长至66.16%。中国用45年的时间走过了发达国家100年的发展历程，城中村现象便是我国高速城市化进程下产生的特有现象。城中村在土地利用、区域规划、区域建设、政策管理、社会治理、居民的文化观念等方面与快速的城市化进程相脱节。城中村与城市现代化存在巨大矛盾的问题，已经成了影响城市可持续发展、构建和谐社会、提升居民幸福感的突出问题。

目前，中国城市发展已经从以增量发展为主的模式逐步转变为以存量发展为主的模式。城中村作为城市中较为集中的存量用地，承载着为城市发展提供新动能的责任。城中村改造模式也从原有的以“物”为中心逐渐转变为以“人”为中心。城中村改造不应过多聚焦土地的经济增量，应促进社会的公平发展，实现城市发展过程中社会利益的再分配。厦门市作为一个城市化率高达90.19%、常住人口超过300万的大城市，其城中村问题具有一定的代表性。因此，探索厦门市在城中村治理方面的实践经验对其他城市的发展具有实际指导意义。

1 城中村现状问题解析

1.1 城中村人口构成多元化，产业发展单一

人口多元化代表着利益主体多元化。在过去的城中村治理中，改造过后土地的增值收益分配一直是改造的核心问题。大部分城市外来人口居住在城中村中，外来人口对城市经济发展作出了巨大的贡献，但这些人在城中村改造过程中往往被排除在收益分配之外。城中村改造必须在宏观上建构多元化高品质的城市空间，承载城市现代产业发展，并同步解决非户籍常住人口市民化，为现代产业发展准备人力资本①。

① 叶裕民.特大城市包容性城中村改造理论架构与机制创新——来自北京和广州的考察与思考[J].城市规划,2015,39(08):9-23.

如果不重视城市外来人口的权益保护，将会加重城市本地人口与外来人口之间的割裂感，导致城市外来人口的流失，而失去人口的城市会面临更严重的发展问题。

在城市开发期间，外来人口大量涌入城市，房屋租赁行业的快速发展。非正规性住房满足了外来人口的住房需求，在一定程度上缓解了快速城镇化带来的社会矛盾。但城中村的非正规性住房缺乏有效监管，住房条件参差不齐，出租房运营、服务和租金等情况无法形成统一标准。以厦门市海沧区鳌冠社区为例，城中村中的住宅建设占总建设用地的86.71%，流动人口占比总人口的69.78%。社区产业基础薄弱，产业发展较为低端，村民以房屋租赁为主要收入来源。

1.2　城中村管理模式不健全

由于城中村地区同时兼有农村的社会性质以及城市的区位性质，城市或是农村的管理模式都不适用于城中村的管理。农村土地向城市用地转换的过程中，所面临转变的主体不仅包括土地，还包括土地上居住的居民、城中村中的政策管理措施。城中村在改造过程中涉及的利益主体众多，导致城中村在过去的改造治理中面临着巨大的调解难题。个人的理性偏好导致集体不理性的现象在城中村改造等问题中表现突出，面对城中村改造这类复杂问题时，基层协商机制的失效可能引发整个基层治理体系的失效[①]。同时，居民的权利意识不足，现实情况中缺乏居民合理表达意愿的渠道。

1.3　城中村公共服务设施配套不均

人口密度逐年增长对城中村的公共服务设施也造成了巨大的压力。城中村公共服务设施配套不均，市政基础设施不完善。在过去，最多采用的便是有偿置换的方式获得土地的使用权。对于土地资源紧缺、居民难以调解、村集体缺乏资金的村庄，想要改善基础服务设施布局往往受到限制。以厦门市城中村为例，村内的公共服务配套设施缺乏对社会突出问题的回应，例如对老年人就地养老问题、照料孩子的问题、基层医疗配套不完善问题。

1.4　城中村的无序建设导致人居环境质量差

因城中村缺乏合理的规划和控制，城中村的无序建设导致了城中村建筑密度高，建筑功能布局混乱。最为显著的特点是水平向功能空间分类不明显，居住功能占绝大部分，交通空间狭窄无序。城中村内的道路大部分是继承于乡村建设伊始，是满足乡村建设时期的交通需求和建筑布局状况的。村内道路并没有规划救护车、消防车车道，这会对城中村居民的生命权、健康权造成极大的威胁。其次，城中村的绿化空间严重缺乏。在城中村，由于过高的建设密度，公共空间被严重压缩，导致绿地面积减少。例如，海沧区鳌冠社区在治理前，人均绿地面积约0.41平方米，远低于我国人均公园绿地面积14.87平方米。另一方面，城中村居民的环保意识和责任感相对薄弱，绿化空间和公共空间的维护只能依靠政府。

1.5　缺乏对历史文脉的继承和保护

究其原因，首先是在过去的城市发展历程中人们对于城市原生的文化内涵认同感的缺失；其次是因为过去的人们对于文化内涵、文化精神的需求不高。而面对日益增长的文化需求，城中村现代化治理应该作出相对的回应。厦门市海沧区城中村中特色的华侨文化、渔商文化、红色文化等文化记忆，随着时间的流逝和城市的发展而逐渐消退。村庄变成千篇一律的城中村，文化遗产需要保护活化、历史文脉需要复兴。

2　海沧城中村现代化治理创新模式——“1+2+3”模式

通过具体分析厦门市海沧区城中村案例的方式，归纳出城中村“1+2+3”现代化治理创新模式。“1”是指一村一策，同时遵循城中村自身的发展规律。“2”是指打造新业态，升级旧业态。“3”是指三＋模式，分别是宜居“＋”——改善社区人居环境、智慧“＋”——智慧赋能社区服务、共建“＋”——多元主体共同建设（图1）。

① van Oostrum M, Dovey K. Urban villages in China and India: parallels and differences in the village extension process. Urban Research & Practice. 2022 Dec 31:1-22.

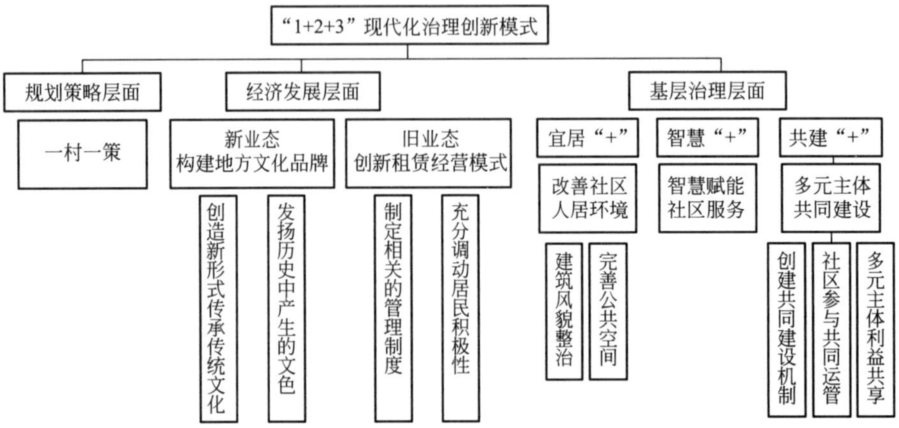

图 1　城中村现代化治理创新模式分解图

2.1 "1"个政策——一村一策

由于中国城市化区域发展水平差异较大，目前各个城市采取的改造方法都是依据当地的经济发展水平、人口、环境规划等综合因素的"一村一策"，在面对不同问题时应促进开发模式的多样化选择，因地制宜地选择操作性强的方案[1]。在制定城中村治理的方案之前需要深入研究城中村所处区域与城市整体的关系，在分析研究了城中村的总体格局、地理特质、历史文脉等基础信息之后，才能开始规划设计适合城中村实际情况、满足居民生活需求的城中村治理规划。以改善城中村居民的日常生活为目标，同时，不能破坏城中村内原有社会文化气息。为构建好城乡融合的规划体系，厦门市资源规划局坚持以"一村一策"为原则。针对城中村当前存在的问题以及对未来建设过程、建设完成后的隐患，因地制宜，探索城市更新的规划、土地的新机制、新举措、新规范。

2.2 "2"种业态

1. 新业态——构建地方文化品牌

城中村的演变过程是多种文化互相交流、冲突、融合的过程。由于城中村落后于城市化的脚步，城中村的文化反而避免了其被强势的城市文化所侵蚀。通过文化产业的开发，城中村中的传统文化可以得到更好地保护和传播，增强人们对于地方文化的自信心和认同感。在传统行业可能逐渐失去竞争力的时代，文化产业作为一种新兴的、高附加值的产业形态，有助于推动城中村经济的转型升级。

首先，创造适合时代发展的新业态传承传统文化。以海沧区鳌冠社区为例，结合城中村内传承下来的五祖拳文化、划龙舟文化和送王船文化等，作为特色产业，以此构建地方文化品牌，使传统地方民俗成为实现区域经济发展的重要手段。或者通过举办文化节的形式，设置活化社区民俗文化的产品项目，让游客多维度体验本地文化。梳理出闲置古厝，通过结合古厝风貌、渔村文化记忆、节点空间等，改造提升建筑风貌，盘活闲置房屋，植入体现地方文化的新业态。

其次，传承城中村发展中产生的特色文化。在中国城市化进程中，从农村进入城市的打工群体作出了不可磨灭的贡献，但是主流的文化历史中却很少能够看到他们的历史①。城中村可以通过打造打工文化艺术博物馆来记录当代劳动者的文化历史变迁，倡导对劳动价值的尊重与认可。或是借助地域资源优势、深挖地方特色，重新定位产业方向和业态类型，并通过"以文助产、以产兴文"的方式对现有业态进行引导和培育。

2. 旧业态——创新租赁经营管理模式

在未来的城中村治理实践中，应重视非正规性规划的积极作用，并在规划过程中更加有效地利用

① 王海侠,孟庆国.社会组织参与城中村社区治理的过程与机制研究——以北京皮村"工友之家"为例[J].城市发展研究,2015,22(11):114-119.

它。首先，非正规性规划的适应性强，能够迅速应对快速变化的社会经济环境。与正规性规划相比，它不需要烦琐的审批程序和长时间的规划周期，可以更快地满足人们的需求。其次，非正规性规划强调社区参与和居民自治，这样可以更好地了解他们的需求和期望。

针对旧业态，推动经营新模式，首先是制定安全保障相关的管理制度，建立行业自律机制，推动规范租赁行为正规化，强化租赁主体责任意识、建立租赁试点等。在维护城中村原有产权关系和保障当地村民及外来人口合法权益的基础上，提升租赁住房的品质。其次，需要充分调动居民积极性，以厦门市海沧区鳌冠社区为例，倡导居民对出租房屋进行达标改造，对存在消防安全隐患、结构安全隐患等问题的住宅进行标识，禁止其出租。对于安全达标的住房，村里提供免费中介服务，在平台上给予优先推荐。村民有了安全可靠的房客资源、外来务工人员更是有了最全面、更可靠的房源信息。经过该模式的试行后，还可以进一步细化对住宅品质优良的等级评定，从而提高居民对自建房改造的积极性（图2）。

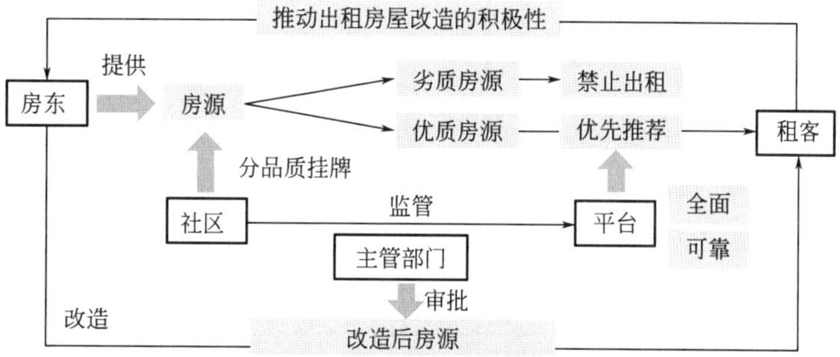

图2　租赁经营新模式示意图

2.3　“3＋”模式

1. 宜居“＋”——改善社区人居环境

改善人居环境是城中村治理中的基础，是推动城中村多元化发展的前提，集中体现“以人为本”和“可持续发展”理念。改善社区人居环境主要是指针对建筑安全、建筑样貌、建筑空间的全方面优化，创造与城市空间环境相协调，居住环境良好、生产生活安全、服务设施便利、居民归属感与认同度高的健康生态系统。

制定宏观规划不仅为社区的有序发展提供指导，优化资源配置，提升环境质量，促进经济发展，还能为增强社区的治理能力和满足居民的多元化需求奠定基础。为了提升社会空间的质量和环境的承载能力，应尽可能消除建筑物的过度拥挤和非法搭建，优化空间结构与功能分区，以形成更为宜居和有序的建筑空间布局。完善交通与基础设施，对城中村的交通系统进行全面梳理，优化道路网络布局，提高交通运行效率。鼓励社会资本参与公共服务设施建设，形成政府与社会资本的合作模式。建立长效管理机制，应该将短期的目标转变成长期的状态，将局部的更新改造融入城市整体发展中。通过建筑风貌整治，推动住宅房前屋后的环境整治，规整村中绿化，合理设置微景观，提升居住环境。通过完善公共空间，挖掘本地人文历史，梳理村庄特色公共空间，整合人文与自然资源进行公共空间重塑，打造富有文化内涵和人文气息的公共空间。为居民提供交流、运动的场所，以利居民的身心健康，满足不同年龄段的需求。

2. 智慧“＋”——智慧赋能社区服务

在《中华人民共和国国民经济和社会发展第十四个五年规划和2035年远景目标纲要》中，明确指出了推进智慧社区建设的必要性。该纲要强调了以新发展理念为引领，以技术创新为驱动，以数字转型、智能升级、融合创新等为主要内容的公共服务将成为高质量改造的重要推动力量。以厦门市海沧区新垵村为例，建设数字新垵人员管理系统，将实景三维数据与人口数据融合应用，实现村庄人员信息动态管理、人员流动智能分析，融合一标三实、房东、商铺等数据，实现村庄人口数字化管理。山边社区打造便民小程序房屋出租模块、求职用工模块，为居民提供可靠、准确的信息。新型的公共服务体系不仅可以弥补传统公共服务和基础设施的不足，也可以更好地支持科技创新、绿色发展和消费升级，形成新的发展动能。

3. 共建“+”——多元主体共同建设

随着城中村更新实践的逐步深化，单主体主导模式的固有问题逐渐暴露，多元主体协同合作成为未来城市更新的必然①。现阶段我国主要城中村治理模式应以构建多元主体共同建设机制为基础,以厦门市海沧区渐美村为例。

首先是创建共同建设机制。渐美村村委坚持共谋共商共建工作机制，让居民对村庄改造提升建言献策，充分调动党员群众的参与热情，提高居民文明意识，有效践行共治共管共享理念。建立完善应急机制，制定应急预案，共建安全体系。其次是采用大物业管理模式：社区参与共同运管，共治社区物业、租赁住房和营商环境，形成长效管护机制。渐美村通过引入国企、民企或集体经济组织等，将城中村的“市政物业”委托专业经营单位实施物业管理（图3）。最后是多元主体利益共享。多元文化利益共享包括多元文化共享、公共权力共享和经济收益共享。成立城中村“共治议事会”，制定村规民约，共享公众权利。通过探索持股分红增收机制，共享经济收益，提升居民参与积极性，也有利于多元共治体系的推进。

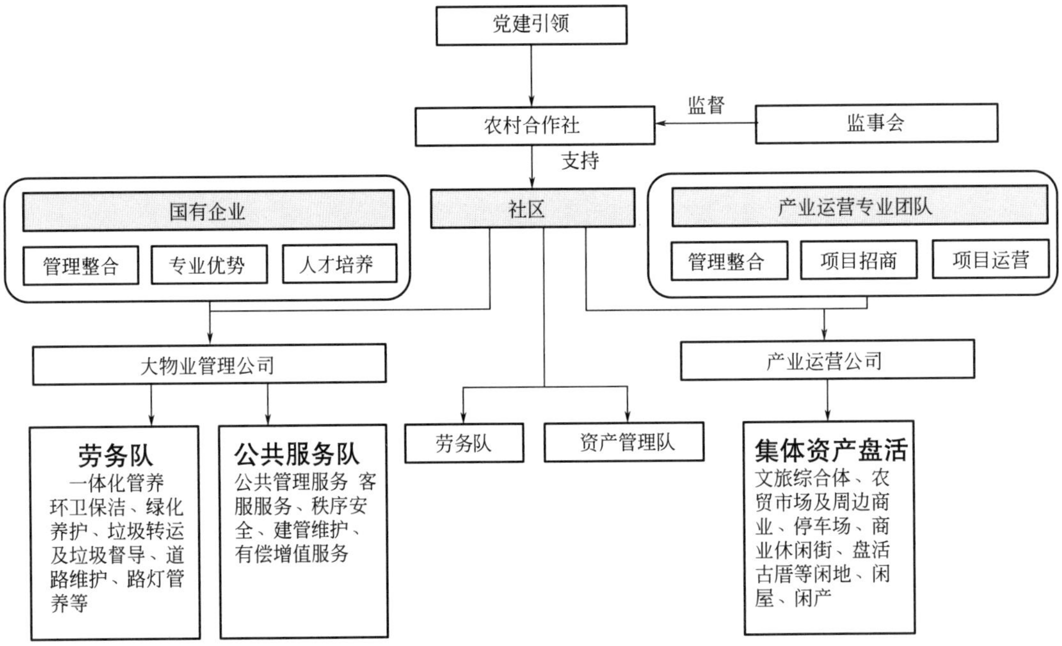

图3 厦门市海沧区某社区大物业管理模式示意图

3 总结展望

本研究对国内城中村存在的普遍问题进行总结，分析其问题出现的原因以及发展逻辑。并针对问题提出相应的城中村现代化治理创新模式（图4）。有效的城中村治理对改善民生、缓解社会矛盾和促进经济发展具有积极意义。本研究得出的城中村现代化治理模式在当前和未来的城市发展阶段具有普适性，对于推进城中村和城市高质量发展具有实际意义。

---

① 吴永兴,张耀宇,王博,等.城中村更新模式：治理逻辑与优化路径——基于原型分析法的经验考察[J].城市发展研究,2023,30(07):66-72，78.

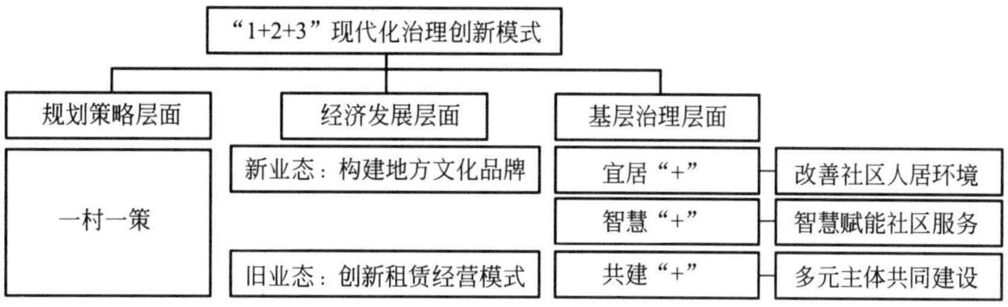

图 4　城中村现代化治理创新模式示意图

参考文献

[1] 张艺.新型城镇化导向下的杭州城中村规划策略研究[D].杭州：浙江大学，2022.

[2] Van Oostrum M, Dovey K. Urban villages in China and India: parallels and differences in the village extension process[J]. Urban Research & Practice. 2022 Dec 31: 1-22.

[3] 叶裕民.特大城市包容性城中村改造理论架构与机制创新——来自北京和广州的考察与思考[J].城市规划，2015，39（8）：9-23.

[4] 王海侠,孟庆国.社会组织参与城中村社区治理的过程与机制研究——以北京皮村“工友之家”为例[J].城市发展研究，2015，22（11）：114-119.

[5] 吴永兴，张耀宇，王博，等. 城中村更新模式：治理逻辑与优化路径——基于原型分析法的经验考察[J]. 城市发展研究，2023，30(7):66-72，78.

城市更新背景下的遗址保护与展示方法初探
——以惠州府衙遗址展示馆为例

宁昭伟

作者单位
北京清华同衡规划设计研究院有限公司

摘要： 近年来城市更新在“增量扩张”转向“存量优化”的背景下已经成为城市发展的主要方式，而存量环境中的更新建设带来的“城市考古”成为不可回避的城市更新主题之一。越来越多的考古遗址在此过程中重现世间，如何平衡遗址保护与更新建设的关系成为亟待解答的重要命题。本文以广东惠州府衙遗址展示馆为例，探讨城市考古背景下在建成历史环境中的遗址的保护与展示方法，旨在为更广泛的此类城市更新实践提供借鉴。

关键词： 城市更新；遗址保护；历史环境；展览建筑

Abstract: In recent years, urban renewal has become the main mode of urban development under the background of shifting from “incremental expansion” to “stock optimization”, and the “urban archaeology” brought by renewal construction in the stock environment has become one of the inevitable themes of urban renewal. More and more archaeological sites have been rediscovered in this process, and how to balance the relationship between site protection and renewal construction has become an important issue to be addressed urgently. Taking the Guangdong Huizhou Prefecture Administrative Office Site Exhibition Hall as an example, this article explores the protection and display methods of sites in the built historical environment under the background of urban archaeology, aiming to provide reference for more extensive urban renewal practices.

Keywords: Urban Renewal; Site Protection; Historical Environment; Exhibition Architecture

1 城市更新的新主题——城市考古与遗址保护

1.1 城市考古的兴起

新中国成立70多年来，我国社会主义建设取得了举世瞩目的成就。同时，城市发展进程已由高速扩张阶段转向高质量发展阶段，城市更新在“增量扩张”转向“存量优化”的背景下已经成为城市发展的主要方式。

存量环境中的更新建设带来的“城市考古”成为新阶段的城市更新主题之一。一方面越来越多的考古遗址在此过程中重现世间，给城市更新与历史文化展示的结合带来了更多的机遇和挑战；另一方面随着近年来文化复兴取得重大成效，从国家到地方对历史文化保护和展示在城市规划和建设中的地位日益提高，国人的文化自信也日益提高，城市考古与遗产保护的问题被提升到新的高度。

在此大背景下，如何平衡遗址保护与更新建设的关系成为亟待解答的重要命题。

1.2 建成历史环境中的城市更新

不同常规的郊区和田野的大遗址发掘，城市更新过程中进行的遗址发掘往往具有偶发性和更高的复杂性，其往往面对的是具体而复杂的建成历史环境，问题更为综合，保护和利用的挑战更大。

以惠州为例，惠州是国家历史文化名城，自古便是东江流域的政治、经济、文化中心。在漫长的历史文明进程中，千年惠州逐渐形成了璀璨多元的文化，东江流域孕育和发展起来的东江文明，是岭南文明的主要组成部分，古时即有“岭南名郡”“粤东门户”之称。

惠州府衙遗址正是位于惠州历史城区核心的府城范围内，其所在的中山公园更是惠州营城起源的城脉原点（图1）。

图1　项目区位图

中山公园对于惠州来说，是一个历史的公园，但是它的意义不止于是一个历史的公园，它是惠州国家历史文化名城的一个生发、起源的重要场所，也在中国革命的历史过程中见证了惠州在这个阶段中的重要贡献，也是千年府衙未曾移动的一个重要场地，所以中山公园对于惠州来说具有非常突出且不可替代的文化遗产价值。

就中山公园的整体环境来看，府衙遗址周边有着丰富的保存完整的展现惠州近代革命文化特色的历史遗存，如天下为公牌坊、孙中山先生像、中山纪念堂、廖仲恺纪念碑等，都是紧邻该项目用地并立的态势，场地环境极为复杂（图2）。

1.3　遗址是历史文化的真实鉴证和载体

作为有着五千年灿烂文化的泱泱大国，考古一直是我们发掘、梳理、研究历史的最重要的手段之一，遗址更是我们悠久历史文化的真实载体，是我们古代城市建设的直接鉴证。

惠州府衙遗址的发掘工作由广东省考古院完成，自2021年7月正式开始，于2022年2月底结束。发掘的重要发现以建筑基址为主，大致可分为明代、清代早中期、晚清至民国初期共三期。根据考古发掘情况，结合方志文献关于惠州府署位置及布局的记载，我们判断本次发掘揭露的明清时期建筑基址即为明清时期惠州府署建筑。府衙轴线主体建筑群并未完全发掘揭露，其中西侧探坑为主体建筑区，东侧探坑可能为生活庭院区（图3）。本次发掘是广东省内除广州外第一次对官署建筑进行考古发掘。

图2　周边环境分析

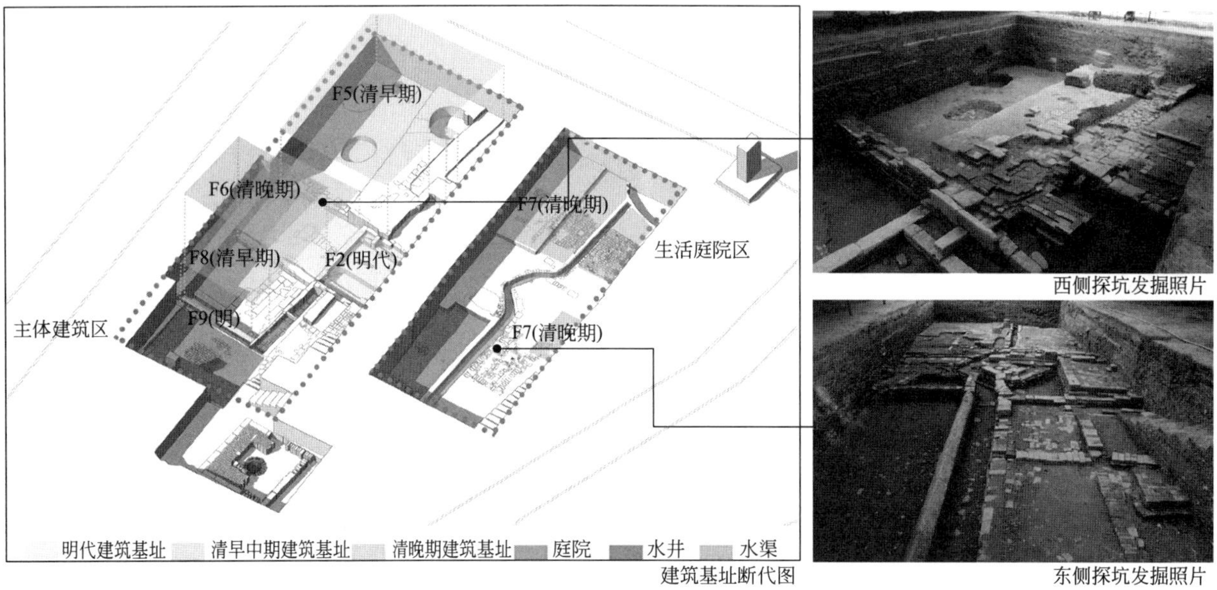

图 3　遗址分析及现状

对于中山公园乃至整个惠州府城的历史层垒来说，地下埋藏着的不同时期的府衙遗址是其文化遗产价值的重要组成部分，呈现出来的非常丰富的历史层垒，对于我们认识或者见证中山公园的历史变迁具有不可替代的见证意义和价值。此前惠州府治仅见于文献记载，本次发掘为研究惠州府治历史提供了珍贵的实物资料，对研究岭南地区明清时期官式建筑具有重要意义。同时增强了惠州的历史信度，丰富了惠州的历史内涵，活化了惠州的历史场景。

2　城市更新背景下的遗址保护工程设计实践——以惠州府衙遗址展示馆为例

2.1　面临挑战

惠州府衙遗址目前发掘的面积虽然不大，但由于其历史重要性和环境特殊性，给整个展示馆的设计带来了诸多挑战。

1. 遗址保护的挑战

一方面是地下的府衙遗址带来的挑战。对于已探明的遗址，设计充分结合考古报告分析和现场实际情况，对遗址本体的各种病害进行有针对性地有效处理，并且保证建设过程中不对遗址产生二次破坏；其次是对未探明区域的审慎考虑，根据考古报告判断，目前发掘仅为阶段性成果，现状探坑的西侧、北侧地下仍有连续的遗址存在，市、局各级领导及文保专家都多次强调，我们也是本着面对历史遗迹的审慎态度，设计尽量避免对未探明遗址造成破坏并考虑后续扩大发掘的可能性。

2. 历史环境的挑战

另一方面是地上的历史环境带来的挑战。遗址探方紧邻中山公园中轴线，轴线上“天下为公”牌坊、孙中山先生像以及中山纪念堂三个节点形成很强的仪式感，设计也是有意避免与轴线发生冲突，避免破坏整个具有礼仪感的空间氛围。从公园整体来讲，中山公园虽然整体面积不大，但历史要素极为丰富，设计也是尽量避免制造新的视觉焦点，造成公园景观要素上的混乱（图4）。

通过以上分析也可以看出，整个中山公园片区实际上是多时期历史要素叠加的成果，我们要本着尊重历史格局、尊重历史要素的态度，以谦逊和消隐的形象介入这一复杂的历史环境，在衬托历史环境景观的前提下，做好遗址的保护和展示工作。

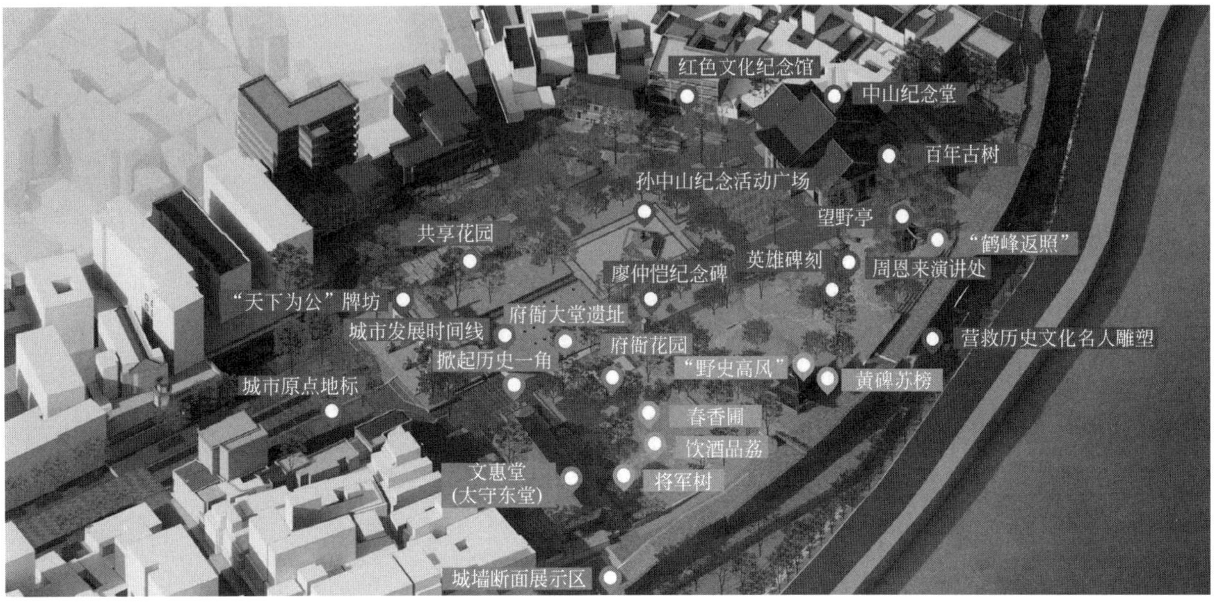

图4　场地历史要素分布图

2.2　破题思路

1. 设计概念

基于以上多方面综合考虑，我们提出了"掀起历史一角"的整体设计概念。这个概念是从规划设计阶段开始提出并一以贯之坚持至今。轻轻"掀起"的姿态表达了我们介入历史环境的谦逊态度和对待遗址保护的谨慎做法，"历史一角"既呼应了方案的外观形象，又传达了我们仅仅是展示了规模宏大的府衙遗址局部片段这一历史信息（图5）。整个建筑的整体布局、体量关系都与周边环境联系紧密（图6），并且从回应历史环境、结构解决方案、遗址保护设计、展陈与照明等方面都有着细致的思考。

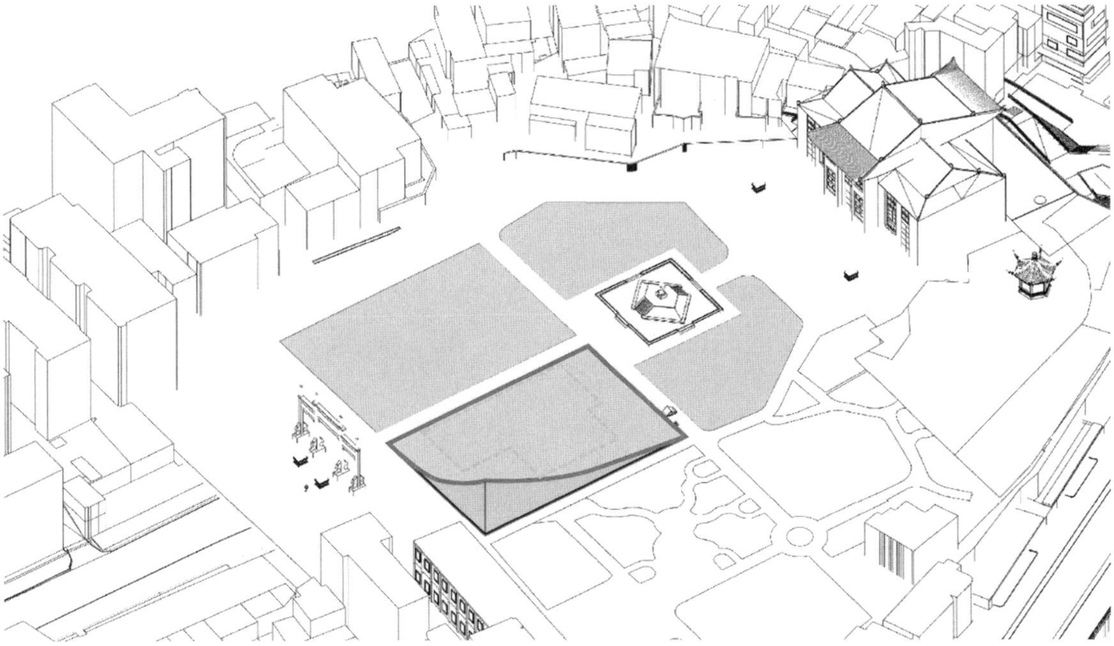

图5　设计概念图

图6　实景鸟瞰

2. 回应历史环境

设计始终都围绕回应场地环境的历史信息展开，并从几个重要的视点来控制建筑与周边历史环境的关系。在“天下为公”牌坊及中轴视点上，视觉焦点应聚焦在孙中山像和中山纪念堂，中央步道作为前导空间起烘托映衬的作用，遗址展示馆形体平缓低伏，以低调谦逊的形象呈现。在中山像及中山纪念堂视点上，也正是中国传统的建筑布局坐北朝南的主位，建筑形象也遵循了古制的相位关系，符合“青龙昂首，白虎低伏”的格局。在下沉庭院视点，遗址展示馆以及即将建设的太守东堂等共同营造出府衙文化氛围。掀起的一角对外围革命文化要素的适度遮挡和隔离起到了纯化空间氛围的作用，强化了整个空间古拙质朴的感觉。而在中轴线向东看时，可将遗址本体、展示馆、太守东堂、野吏亭等一系列空间要素纳于一景，展游相伴，古今交融，很好地丰富了空间的趣味性（图7）。

图7　重要视点实景照片

3. 结构解决方案

一个好的设计概念的最终呈现，离不开综合且细致的工程解决方案，遗址展示馆为了更好地还原“掀起历史一角”的概念，在结构设计、排水止水、控温控湿、展陈布置以及夜景照明等诸多方面都作了细致考虑和多轮优化。

首先，地下遗址和地上历史要素就对展示馆的基础形式和屋面形式都提出了很高的要求。在建筑基础的设计上，我们采取挑梁承台和多桩承台的形式，在保障结构安全性的前提下，尽最大努力减小对遗址的影响；一方面营造了展示馆内部无柱的大空间，另一方面多桩承台的设计有效地减小了桩基直径，大大降低了对遗址的影响。每个桩基点位的施工过程中，我们也是遵循了“考古发掘、价值部位避让、悬空浇筑承台、保护性回填”四个步骤，把结构基础对遗址的影响降至最低（图8）。屋面则采取了三角网格钢结构屋架，有效减小了结构层厚度，在遗址层埋深较浅，净高极度紧张的条件下，既维持了展示馆在地表的平缓形态，又保证了展馆内部的净高需求。分段式屋面的处理手法，为中轴线做出足够退让的同时，使得游客在馆外也能欣赏到遗址的精华部分。

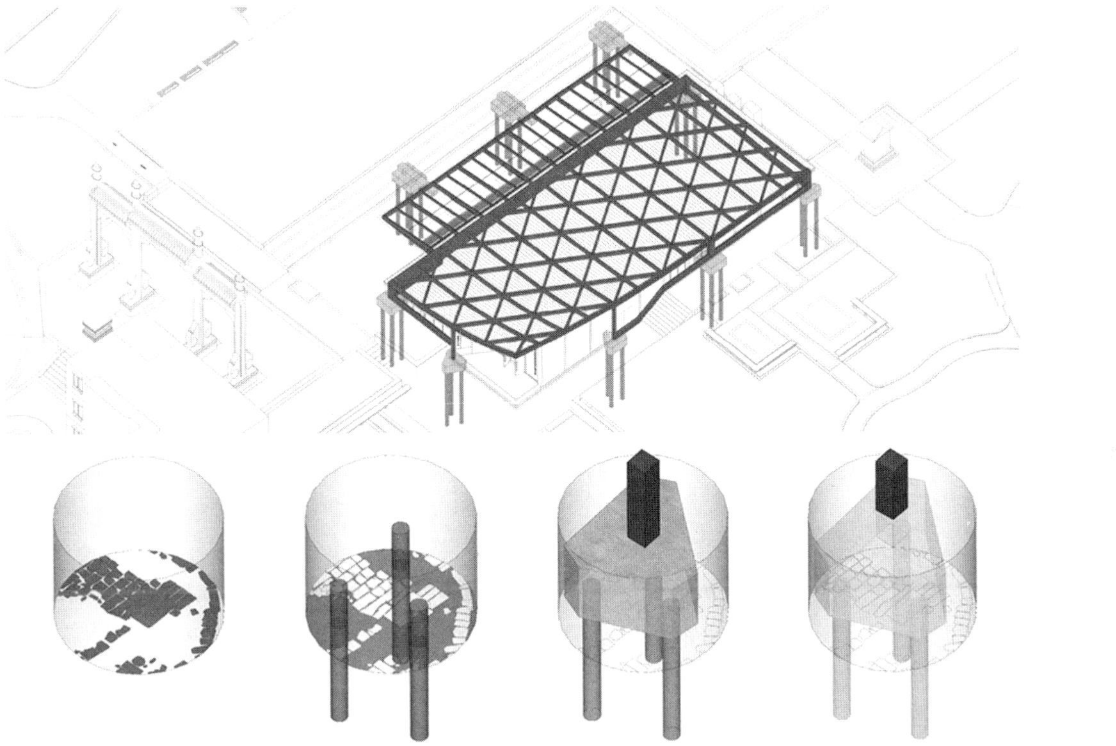

图8　结构布置及桩基施工过程图

4. 遗址保护设计

对于遗址保护设计的思考，首先是对于遗址本体的保护和展示，我们针对两个探方遗址不同的价值提出了有针对性的保护策略，对于西侧府衙主体建筑基址，属于价值较高的遗址核心部分，为充分保障遗址安全，我们设计了一个控温控湿保护罩，参观者只可远观不可接触遗址本体。空调设备按高低区分为两组：高区为下送式风口，低区为侧送式喷口，充分保障遗址的温湿度要求。而东侧探方为外围的庭院遗址，我们将其打造成为可进入参观的展馆，设置玻璃栈道供参观者近距离观赏遗址。日常状况下可利用漏斗式空间布局形成穿堂风，维持室内正常参观的舒适度，极端天气下也有空调设备辅助控制室内空间温湿度（图9）。

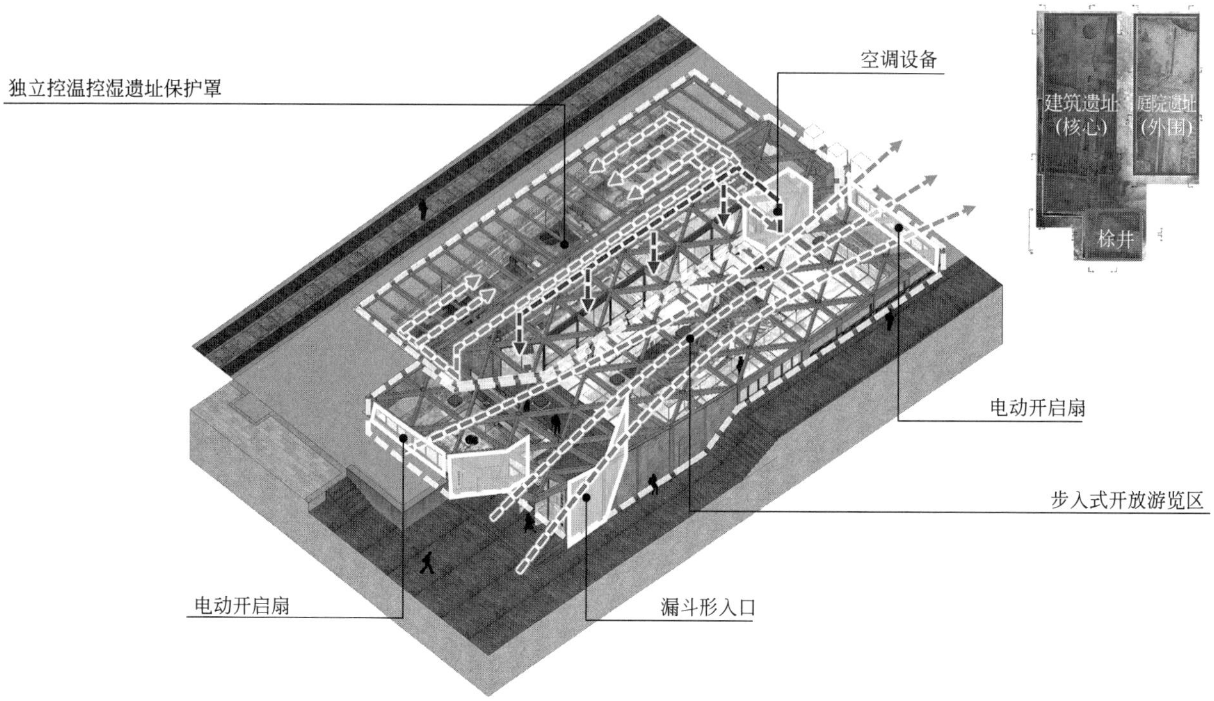

图9 遗址分区保护措施图

而对于遗址病害，不论是坍塌还是微生物或水害，其实共同指向的都是周边水环境对遗址的不利影响，所以如何解决水的问题一直是南方湿热地区土遗址保护的重中之重。

首先，在公园整体范围内，因西下沉庭院东、西、北三侧地势都较高，为防止周边区域地表水汇入，我们在下沉庭院与外围的通道接口处都做了反坡设计，保证接口处向外汇水， 避免客水汇入对遗址造成危害；其次，对于下沉庭院本身来讲，则利用地势自然高差，通过南侧入口向外侧市政道路直接排水。

而对于遗址坑周围临近区域地表水的下渗，因展厅外围地下仍为未探明的府衙遗址，为避免对未探明遗址造成破坏，这个项目其实侧壁止水无法采用常规的钢板桩直接隔绝至不透水层的做法。为防止地表水下渗对室内造成影响，我们通过防水卷材的敷设，将遗址周边地表水完全隔绝，形成了一圈“水盆”，再通过水盆底部的排水管道直接接入更远的公园排水管网系统，在保护遗址安全的前提下， 最大限度确保遗址不受水害侵扰。

5. 展陈和照明设计

展示馆虽然面积很小，但在展陈设计上仍是“螺蛳壳里做道场”，将展厅划分为入口序厅、榇井独立展示区、遗址本体展示区和出土文物展示区四大部分。

展示馆主入口朝向下沉庭院，呈“八”字形，吊顶格栅也是顺着流线方向斜向贯通延伸，将人流有效导入内部，入口打卡墙、序言墙、电子大屏共同构成了展馆的入口展示区；“榇井”是惠州府城的重要历史遗存，现状井壁及井台均保存较为完好，具有极高的历史价值和观赏性，展陈设计上将榇井划分为独立的展示区，使游客能够近距离观赏，南侧窗在采光的同时，将远景的“天下为公”牌坊纳入框中；建筑基址展示区则更多地以突出遗址本体为主，府衙基址遗址本体展示、西侧坑壁的地质层断面展示以及数幕投影展示构成了整个展馆内遗址本体展示的核心区域。出土文物展示区则用于展示府衙遗址发掘过程中出土的砖石、瓷片、陶器等，丰富展陈设置。

展陈设计一切以突出遗址本体为首要原则，栈道、栏杆、幕墙都以最轻的姿态融入遗址整体环境之中（图10）。同时，方案在室内外照明上也有着一体化的考虑，都是以强化掀起一角概念和凸显遗址本体为原则。

图10　室内展陈实景照片

2.3　实施成效

笔者认为对于建筑师而言，建筑师与建筑或者说与场地的缘分到了施工完成交付使用的那一刻就告一段落了，对项目所有的灵感、热情和专注仿佛都在那一刻戛然而止，因此真正的使用者对项目的评价才是衡量一个建筑好坏的最直接标准。

令人欣喜的是，中山公园重新开放后，府衙遗址展示馆立刻成为惠州的网红打卡地，据展馆预约统计数据显示：从2月6日开馆到5月13日，共开放参观48天（除去闭馆改造时间），展示馆共接待参观者30209人次，平均每天630人次。

但更让项目团队感动的是看到大量的惠州本地人前来参观。比如很多老年人结伴来参观，虽然听不懂他们在说什么，但从他们眉飞色舞的表情中还是能很直接地感受到他们对老城深深的眷恋和热爱；还有一些家长或者教育机构带着小朋友来参观，让他们的下一代有机会能够更好地了解家乡的历史和文化。

此外，还有一些让人意外的动人瞬间，比如正在展馆里看遗址时，抬头就看见窗外旁边小广场上有一位居民在锻炼身体；又比如正在公园的小路上走着时，低头就看见馆内一对小情侣在探讨展柜中的文物。这是一种很神奇的感觉，仿佛通过这个展馆，惠州府城千年的时间跨度一下被浓缩在了同一个空间里，这个惠州城市起源的地方，仿佛一切都变了，又仿佛一切都没变（图11）。

图 11 室内外空间互视关系

3 遗址保护与展示的“惠州经验”

3.1 经验总结

惠州府衙遗址展示馆这个项目具有一定的典型性和综合性，在此过程中总结出的关于遗址保护与展示的“惠州经验”可以为后续同类型项目提供借鉴。

1. 经验一：遗址安全是首要原则

遗址展示的前提是遗址保护，在此类设计实践中应当始终将保障遗址安全作为首要原则。在惠州府衙遗址展示馆的设计过程中，面对不完全发掘造成的复杂遗址环境，设计以保障遗址安全为出发点，从基础形式、防水治水、控温控湿等诸多方面作出的努力，具有一定的借鉴意义。

2. 经验二：对建成历史环境的回应是难点和创新点所在

周围复杂的建成历史环境是城市考古遗址区别于一般郊野遗址最显著的特点和难点所在，而也正是其创新点所在。面对周边环境，是选择“统领”还是选择“衬托”，是当“红花”还是当“绿叶”，从根本上决定了设计的理念和方向。惠州府衙遗址展示馆选择以尊重历史格局、尊重历史要素为前提，以谦逊和消隐的形象介入中山公园这一复杂的历史环境，在衬托原本革命历史景观的前提下，做好遗址的保护和展示工作，这种做法提供了面对历史环境的其中一种解题思路。

3. 经验三：能应对偶发情况的弹性设计是实施关键

建成环境中的遗址发掘一般情况下都有规模小、不完全的特点，因而与其相关的工程实践多数情况下也是“边考古边建设”的状态，这就要求在设计过程中就对施工过程中可能存在的偶发情况提前考虑，弹性设计，这是此类项目保障落地实施完成度和效果的关键。惠州府衙遗址展示馆正是在多桩承台基础的选择和自由起伏玻璃栈道的设计上充分考虑到这一点，才保障了项目较为顺利地落地实施。

3.2 未来展望

经过了两到三年非常艰苦的工作，中山公园的改造、提质、升级，以及“掀起历史的一角”千年府衙的遗址展示馆终于落成了。今年是孙中山先生逝世一百周年，正好遗址展示馆落成并对外开放。于孙中山先生逝世百年之际，掀起惠州千年府衙遗址一角，这虽是偶然，却也为其增添了一份特殊的意义。我们相信这对于惠州历史文化名城在新时代的发展来说是一个重要的起始点，但绝对不是终止点。我们也盼望着惠州名城相关的其他文化遗产、遗产环境的提升、整治、利用、活化的工作也能够依序高质量地发展起来。

而随着城市更新如火如荼地进行，城市考古成果如雨后春笋般涌现，更新建设与遗址保护的“碰撞”将成为新常态。惠州府衙遗址展示馆这个项目具有一定的典型性和综合性，在此过程中总结出的关于遗址保护与展示的“惠州经验”可以为后续同类型项目提供借鉴，相信在不久的将来，城市更新过程中的遗址保护与展示项目将越做越好。

参考文献

[1] 林超慧，程建军，谢纯.传统道教祭祀场所与惠州山水城市格局的关联[J]. 南方建筑，2018（6）：97-102.

[2] 杨彬，巨利芹.惠州近代（1840-1949）城市景观构架变迁研究[J]. 中外建筑，2018（10）：106-111.

[3]（明）李玘修，刘梧.嘉靖《惠州府志》，嘉靖二十一年（1542）蓝印本[M]. 广东省地方史志办公室辑：《广东历代方志集成 · 惠州部一》，广州：岭南美术出版社，2009.

[4]（明）姚良弼修，杨载鸣纂：嘉靖《惠州府志》，嘉靖三十五年（1556）刻本[M]. 广东省地方史志办公室辑：《广东历代方志集成 · 惠州部一》.广州：岭南美术出版社，2009.

[5]（明）林国相、程有守修，杨起元纂，龙国禄增修：万历《惠州府志》[M]. 万历四十五年（1595）增刻本，广东省地方史志办公室辑：《广东历代方志集成 · 惠州部二》[M]. 广州：岭南美术出版社，2009.

[6]（清）吕应奎等修，黄挺华等纂：康熙《惠州府志》，清康熙二十七年（1688）刻本[M]. 广东省地方史志办公室辑：《广东历代方志集成 · 惠州部三》，广州：岭南美术出版社，2009.

[7]（清）刘桂年修，邓抡斌纂：光绪《惠州府志》，清光绪七年（1881）刻本[M]. 广东省地方史志办公室辑：《广东历代方志集成 · 惠州部四》，广州：岭南美术出版社，2009.

[8] 牛淑杰. 明清时期衙署建筑制度研究[D]. 西安：西安建筑科技大学，2003.

[9] 翟紫呈. “山水城市”视野下的惠州西湖山水格局规划研究[D]. 北京：北京林业大学，2016.

[10] 张笑轩. 明清直隶地区省府衙署建筑布局与形制研究[D]. 北京：北京建筑大学，2017.

[11] 张志迎 明清惠州城市形态逐步研究（1368-1911）[D]. 广州：暨南大学，2012.

城市更新背景下的商业街空间优化策略研究
——基于 SD 法的西安飞炫 INS 街区案例分析

胡兴洁

作者单位
长安大学

摘要： 随着城市化进程的加速，城市更新成了提升城市品质、重塑城市形象的重要手段。商业街作为城市生活的重要载体，其空间品质的优化对于塑造城市形象和提升市民生活品质至关重要。本研究采用 SD 语义分析法，深入调研和分析了使用者对西安市飞炫 INS 街区空间的感知体验，系统地评估了商业街空间的现状，并针对现存问题提出了具体的空间优化策略，以期为城市更新背景下的商业街空间优化提供有价值的参考和借鉴，推动我国城市的高质量发展。

关键词： SD 语义分析法；城市更新；商业街；空间更新策略

Abstract: With the acceleration of the urbanization process, urban renewal has become an important means to improve the quality of the city and rebuild the image of the city. As an important carrier of urban life, the optimization of commercial street's spatial quality is of great importance to shaping city image and improving citizens' quality of life. In this study, SD semantic analysis method was adopted to deeply investigate and analyze users' perception and experience of the space of Xi 'an Feixuan INS district, systematically evaluate the current situation of commercial street space, and propose specific spatial optimization strategies for existing problems, hoping to provide valuable reference and reference for the spatial optimization of commercial street in the context of urban renewal. To promote the high-quality development of our cities.

Keywords: SD Semantic Analysis; Urban Renewal; The Commercial Street; Spatial Update Strategy

随着我国进入高质量发展阶段，城市大规模的建设在满足人民日益增长的美好生活需要的同时，也带来了城市中心活力衰退、缺乏人本主义等一系列的“城市病”问题。目前，城市生活品质的提升成为社会关注的焦点。

“十四五”规划和2035年远景目标纲要草案提出，实施城市更新行动，即逐步转向以提升城市品质为主的存量提质改造，让人民群众在城市生活得更方便、更舒心、更美好。财政部、住房和城乡建设部联合印发的《关于开展城市更新示范工作的通知》中提出，重点支持城市基础设施更新改造，进一步完善城市功能、提升城市品质、改善人居环境，助力城市高质量发展。

凯文·林奇（Kevin Lynch）在《城市意象》一书中提出：人对城市的印象是由一系列可识别的片段组成，城市商业街区作为城市最重要公共活动空间，是城市文化展示的具有重要媒介。同时，商业街作为承载公共活动的重要空间，尤其是已建成并正在发展变化中的商业街，迫切需要关注影响街道活动的物质因素及提升空间品质的具体方式[1]。本文从城市更新视角出发，选择西安城市中具有代表性的商业街区——飞炫INS街区，通过SD语义分析法研究影响人群对商业街空间评价的感知因素，并根据分析结果归纳出的评价因子提出对应的街区更新设计策略。

1 研究概况

随着城市发展和消费模式的变迁，商业街的功能已从单一的购物场所转变为集购物、休闲、文化体验于一体的综合性空间。因此，商业街的空间更新优化研究需综合考虑历史、文化、环境、经济及消费者需求等多个维度。随着科技的进步，智能化、绿色化等新技术也为商业街的空间更新及设计带来了新的机遇和挑战。

当前，商业街空间的优化更新主要集中在以下几方面：空间布局的优化，通过合理的规划与设计，提升商业街的空间利用效率，满足消费者的多样化需求；建筑风貌的更新，使商业街的建筑风貌既具有历史底蕴，又充满现代气息；环境品质的提升，包括改善绿化、照明、交通等环境设施，同时结合现代商业模式和消费趋势，引入新业态、新品牌，提升商业街的竞争力和吸引力。

2　研究对象

西安市飞炫INS街区位于小寨商圈（图1），西安地铁2号线和3号线直达。其紧邻大兴善寺，金沙国际，周边分布雁塔第一幼儿园、西安市育才中学、西安音乐学院、长安大学小寨校区、陕西学前师范学院等学校。因此，商业街面向的主要群体绝大多数都是学生，平均年龄 12～22岁左右，这类学生追求时尚，追求特色，因此飞炫街区装修风格较为青春，符合学生的消费观念。该街区的定位是时尚、年轻、个性、文艺等，旨在打造一个让人感受到潮流氛围、展示自我风格的地方，在吸引周边高校学生的同时，也同样吸引着来西安旅游度假的游客。

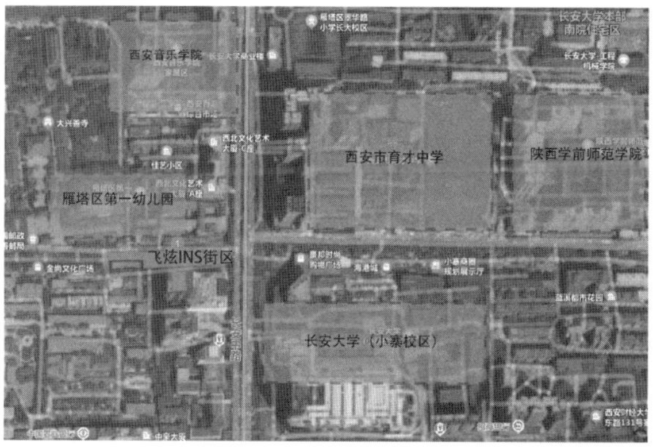

图1　飞炫 INS 街区与学校的位置关系

飞炫INS街区依照“广场—街道—广场”的平面布局，整个街区沿着兴善寺西街路布局，空间排列组织变化多样，宽窄结合，变化统一。在商业街空间的排布组合中，添加小广场并采用叠合的手法使邻近的空间变得更加紧密，空间更加灵活多变，使空间序列更富有变化，让消费者在空间的自然流动中体验空间序列的意义。兴善寺东西街各自的中心位置正是街道空间的叠合处，在此广场布置主题景观，既是整条街区的景观节点，也是在强调中心广场的空间。

商业街的业态涵盖了城市记忆体验、餐饮美食、家居产品、书籍售卖、养生禅修等，主要业态为餐饮业，其中包括甜点饮品和特色餐饮（图2）。街区首尾处均是特色餐饮业态，在其间穿插亲子活动与饰品售卖等其他复合功能，满足不同人群的消费需求。商业街业态的经营情况中，餐饮业与生活服务业的占比最高，也存在一些文创小店、咖啡馆、艺术展览、时尚品牌店等，各业态之间存在一定的差异，这与街区规划、消费者需求、竞争程度等因素有关。街区丰富的业态同时吸引着各年龄段的人群前来参观、拍照和交流，为整片地段带来了活力与生机。

飞炫INS街区的历次改造是基于场地原有的文脉内涵，结合大兴善寺重新设计建造的主题商业街。而作为历史街区，其落客空间与人群吸引力主要来源于邻校，业态结构缺少对大兴善寺的回应，飞炫INS街区曾多次举办雁塔区非遗宣传活动，但仅仅利用了兴善寺西街的部分街道空间，并未与飞炫INS街区进行很好的结合，设计缺少对于兴善寺西街历史地段的整体呼应。

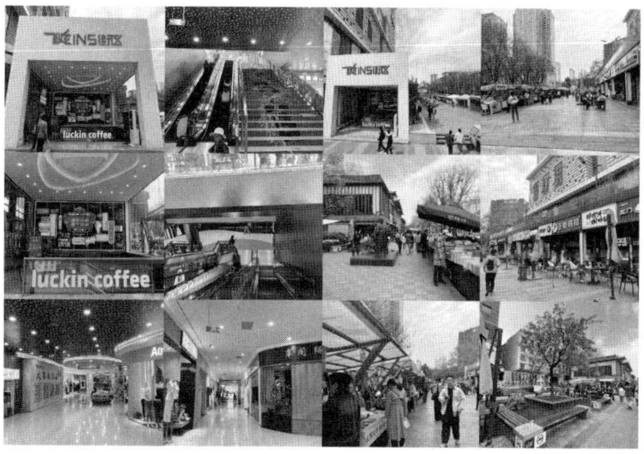

图2　飞炫 INS 街区业态分布

3　研究方法

3.1　SD 语义分析法

SD法又称语义差异法，是由奥斯顾德于1957年提出的一种心理测量方法，以语义学中的“语言”为评价范围，进行心理实验，选取与研究对象有关且词义相反的形容词对，以形容词描述客观对象的心理感知强度，从而科学把握研究对象的各个特征[2]。

首先，本文以飞炫INS街区边界空间作为研究对象，运用SD法分析使用人群对邻校商业街边界空间的心理评价情况。其次，根据SD法得出的数据对目标空间的整体环境氛围进行感知调查，明确影响目标空间感知的主导因子。再次，分析人群的空间感知特征与目标空间客体指标的关系，发掘目标空间的现存问题，探究其中存在的内在原因与相关性。最后，得出相关结论，以期得出商业街空间积极塑造的优化方法。

3.2 评价因子与尺度设定

在商业街空间相关特征描述词的选择上，参考国内外已开展的相关研究，结合研究对象的实际情况，拟定 20个评价因子，每个评价因子中都包含一组正反形容词对。针对这些因子运用李克特七级量表设置7级评价尺度，即很差、差、较差、一般、较好、好、很好，由此形成本研究的SD评价尺度：非常满意、较满意、满意、一般、不满意、很不满意、非常不满意[3]，7个等级对应的分值分别为-3、-2、-1、0、1、2、3（表1）。

SD评价因子与尺度表 表1

序号	评价因子	正	反
Q1	车辆交通	宽敞的	拥挤的
Q2	方位	清晰的	模糊的
Q3	各功能往来	便利的	不便的
Q4	步行尺度	宽广的	狭窄的
Q4	环境氛围	沉闷的	愉悦的
Q6	吃饭时间	等候久的	快速的
Q7	落客空间	宽敞的	局促的
Q8	交往空间	充足的	缺乏的
Q9	停车位	充足的	不足的
Q10	公共服务设施	充足的	缺乏的
Q11	空间感	有趣的	枯燥的
Q12	需求供应	充足的	不足的
Q13	对公众阻隔	阻隔小的	阻隔大的
Q14	环境整洁度	杂乱的	干净的
Q15	通风	流通的	不畅的
Q16	绿化配置	有生机的	乏味的
Q17	管理	有序的	混乱的
Q18	装饰	简约的	繁杂的
Q19	商业种类	丰富的	单一的
Q20	色彩活泼度	活泼的	呆板的

4 基于 SD 法的调研结果分析

该商业街人流量大，游客较多，因此选取在中午、下午就餐时间段于现场线下同时收集问卷。最终调查问卷共发出51份，最终收回51份，回收率100%，调查对象为街区内随机抽取，可以保证其对飞炫INS街区有基本的了解。

4.1 信度与效度分析

问卷数据利用SPSS软件进行分析。首先进行可靠性验证，分析α信度系数，得到数据为0.917，大于0.800，表明问卷信度非常好，该问卷设置合理，可进行后续数据分析。对数据进行降维因子分析，可得到该问卷的效度分析。结果显示，KMO 值为0.787(大于0.5)。Bartlett球形检验的显著性为小于0.001（表2），说明问卷的结构效度更好，各变量之间的关联性很强，该组数据适合进行多因子变量分析[4]。

KMO 和 Bartlett 的检验 表2

KMO 值	0.787	
Bartlett 球形度检验	近似卡方	733.418
	自由度	190
	显著性	< 0.001

4.2 评价因子分析

对评价因子得分进行分析（图3）。其中，除Q9停车位一项评分小于0，其余项得分均大于0。可见使用者对飞炫INS街区的使用感受普遍较为满意。

商业种类（1.47）、色彩活泼度（1.57）评分高，是因为飞炫INS街区的商业类型可以为使用者提供较丰富的选择。在整体的色彩氛设计上，整个街区偏向简约、时尚、年轻，可以为场地中的人群提供较好的体验感受。

交往空间（1.27）、公共服务设施（1.2）、对公众阻隔（1.25）、通风（1.2）、绿化配置（1.27）、装饰（1.24）评分较高，这与专业人员对商业街场地规划的合理设计有关。这几项都涉及人员对场地室外空间使用感知情况，主要是由商业街的入口规划合理，绿化和装饰符合其规划定位。

方位（0.98）、各功能往来（1.02）、步行尺度（0.98）、环境氛围（0.94）、落客空间（0.9）、空间感（1.14）、需求供应（1.02）、环境整洁度（1.16）、管理（0.8）评分相对尚可，说明飞炫INS街区在多个关键方面满足了使用者的基本需求。方位的设计使得人们能够方便地找到所需的商铺或设施，各功能区域之间的往来也相对顺畅，步行尺度的设计和环境氛围的营造为人们带来了愉悦的购物和休闲体验。落客空间的设置充分考虑了顾客停车的便捷性，而空间感的设计则让人们在其中感受到开阔与舒适。需求供应方面，商业街提供了各种商品和服务，满足了不同顾客的需求。环境整洁度也展示了商业街平日维护与管理的精细。

车辆交通（0.14）、吃饭时间（0.51）评分一般，这反映了飞炫INS街区在交通管理和餐饮服务方面仍有一定的提升空间。车辆交通方面评分一般，反映出商业街区的交通流线设计或交通管理存在不足之处。吃饭等候时间的评分一般意味着顾客在用餐时可能需要等待较长时间，这会影响他们的用餐体验和满意度。

停车位（-0.2）评分最低，表明飞炫INS街区在停车设施和管理方面存在亟待解决的问题，包括商业街道路旁的车辆停放问题，共享单车停放区域的规划问题。

4.3 评价维度概括

碎石图可以辅助判断因子提取个数。当折线由陡峭突然变得平稳时，由陡峭到平稳对应的因子个数即为参考提取因子个数。从图4中可以看出，当提取前5个因子时，特征根值较大，变化较明显，对解释原有变量的贡献较大；当提取5个以后的因子时，特征根值较小，变化也很小，对原有变量贡献相对较小，由此可见提取前5个因子对原变量有显著的作用[5]。

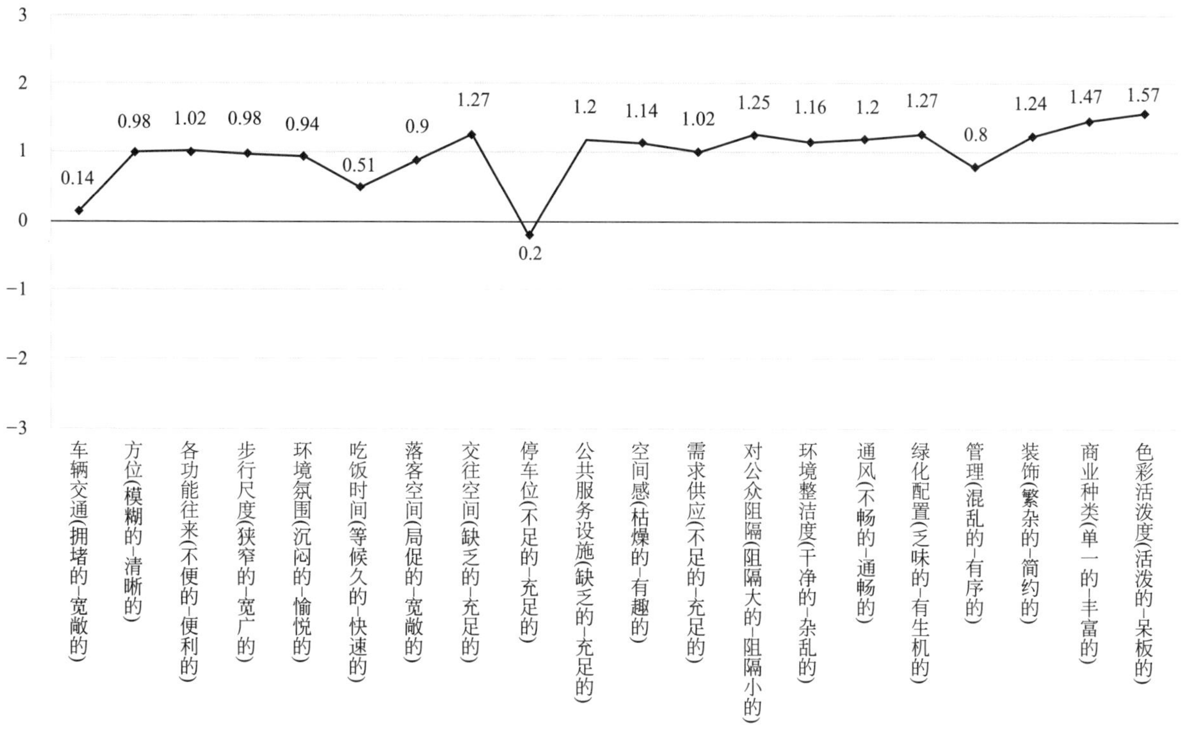

图3　评价因子折线图

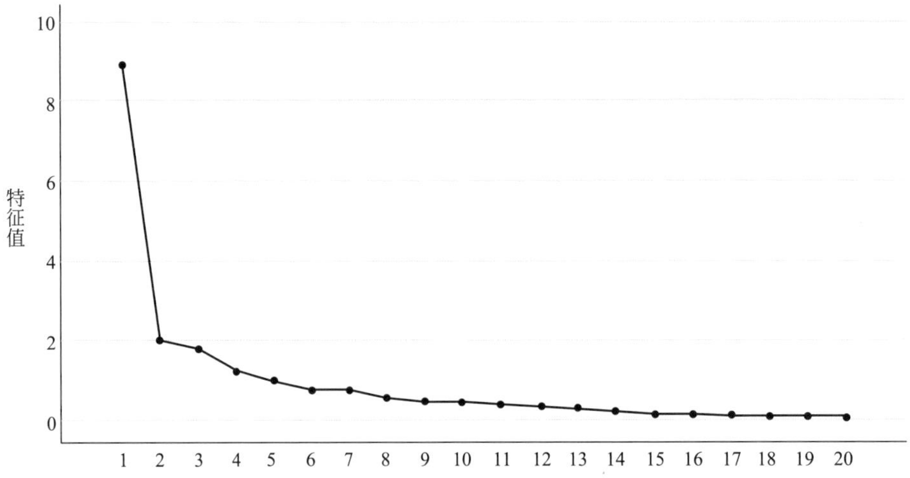

图 4 碎石图

将旋转后矩阵中的变量按因子负荷量大小顺序依次排序，得到表3。根据表中因子分布，结合碎石图可以提取5个维度。

第一维度命名为“物理环境感知”，由管理（Q17）、装饰（Q18）、绿化配置（Q16）、色彩活泼度（Q20）、环境整洁度（Q14）、通风（Q15）、商业种类（Q19）组成评价尺度，7个因子描述了商业街区的外在形象和使用感受。

第二维度命名为“人文氛围需求”，由环境氛围（Q5）、需求供应（Q12）、对公众阻隔（Q13）组成评价尺度，3个因子描述了街区的人文关怀和商业吸引力。

第三维度命名为“空间布局体验”，由步行尺度（Q4）、交往空间（Q8）、空间体验（Q11）、落客空间（Q7）组成评价尺度，4个因子描述了街区的空间特色和使用便利性。

第四维度命名为“交通与便捷性”，由吃饭时间（Q6）、停车位（Q9）、车辆交通（Q1）组成评价尺度，3个因子描述了交通的可达性与便捷性。

第五维度命名为“功能布局导向”，由各功能往来（Q3）、方位（Q2）组成评价尺度，2个因子描述了商业街区的功能区域划分和导向系统。

旋转后的成分矩阵表 表3

项目	1	2	3	4	5
Q17 管理	0.829				
Q18 装饰	0.811				
Q16 绿化配置	0.786				
Q20 色彩活泼度	0.718				
Q14 环境整洁度	0.703				
Q15 通风	0.644				
Q19 商业种类	0.582		0.580		
Q10 公共服务设施					
Q5 环境氛围		0.815			
Q12 需求供应		0.787			
Q13 对公众阻隔		0.707			
Q4 步行尺度			0.815		
Q8 交往空间			0.583		
Q11 空间体验		0.558	0.563		
Q7 落客空间			0.550		
Q6 吃饭时间			0.504	0.789	
Q9 停车位				0.781	
Q1 车辆交通				0.610	
Q3 各功能往来					0.792
Q2 方位					0.657

（续表）

4.4 现存问题分析

通过对提取的“物理环境感知”“人文氛围需求”“空间布局体验”“交通与便捷性”“功能布局导向”这5个维度进行综合分析，可以得出飞炫商业街存在的以下问题。

1. 建筑风格与周边环境的融合问题

飞炫INS街区的建筑风格多以现代简约为主，而与之相邻的大兴善寺则是传统的唐代建筑风格，这种风格的冲突使得整个街区在视觉上显得不协调。此外，街区内缺乏与大兴善寺相呼应的景观元素，如仿古建筑小品、传统装饰等，进一步加剧了不协调感。街区现有的文化氛围缺乏与大兴善寺的互动和融合，使得整个街区的文化价值无法得到充分体现。

2. 交通流线设计与功能布局不合理

街区内部的交通流线设计存在明显的问题。首先，道路规划过于狭窄，无法满足高峰时段的交通需求，导致交通拥堵现象频发。其次，停车位的设置不足、行人通道与车辆通道之间的分隔不明确导致许多车辆随意停放，不仅影响了街区的整体形象，也加剧了交通拥堵，存在人车混行的安全隐患。

街区功能布局主要围绕商业展开，缺乏与周边学校和社区相匹配的教育、文化、休闲等功能区域。这导致街区在白天时段人流稀少，缺乏活力。

3. 公共设施与绿化景观建设不足

街区的公共设施存在明显不足和老化现象。部分座椅、垃圾桶等设施损坏严重，无法正常使用。此外缺少无障碍设施的建设，给残障人士带来了诸多不便。街区内的绿化面积较小，无法形成有效的生态屏障。同时，景观节点的设计缺乏创意和特色，缺少与大兴善寺等历史建筑相呼应的景观元素，使得整个街区的文化氛围不够浓厚。

基础设施方面，街区的夜间照明和安全措施存在明显不足。部分区域的照明设施损坏或亮度不足，给市民和游客的夜间出行带来了安全隐患。同时，街区内缺乏有效的安全监控和巡逻措施，无法及时发现和处理安全问题。

5 商业街空间优化策略

5.1 协调建筑风格与周边环境

在后续规划中注重与大兴善寺等历史建筑的协调，引入仿古建筑元素和传统装饰，使街区的建筑风格与周边环境相融合。在景观设计中加入与大兴善寺相呼应的元素，如佛教文化符号、传统园林布局等，提升街区的文化氛围。同时，可以定期举办文化展览、艺术表演等活动吸引市民和游客前来参与和体验，加强与大兴善寺等历史建筑的互动和融合以丰富街区的文化内涵。

5.2 优化交通流线设计与功能布局

明确划分行人通道和车辆通道并设置隔离设施以防止人车混行。例如，在边界空间交通入口处设置隔离装置、移动隔离带或隔离护栏，融入景观浅池等，使得人群在步行街内可以更加自由、安心地活动，也进一步提升了边界空间的整体品质和吸引力。

街区也应根据周边学校和社区的需求完善功能布局，增设教育、文化、休闲等功能区域，如图书角、儿童阅读区等以丰富街区的功能类型并吸引更多人流。同时，规划足够的公共空间供市民和游客休息、交流使用。

5.3 更新和增设公共设施与景观建设

增加绿地面积并合理规划绿地布局以形成有效的生态屏障。在景观设计中加入创意和特色元素如雕塑、喷泉等以提升街区的美观度和吸引力，注重与大兴善寺等历史建筑的景观呼应以提升整个街区的文化氛围。同时，利用闲置的商铺屋顶，改善公共设施现状。通过场地设计加强无障碍设施的建设以确保所有人群都能方便地使用街区的公共设施。

5.4 融入多元场所以满足特定需求

商业街的活力受到公共交往空间的影响，不同人群在商业街中的活动需求和时间段都有所不同。通过将大型边界节点空间，如入口广场等与标识系统、地面铺装或可拆卸的城市家具进行分时段、分区域的结合使用，以实现不同时间段的功能转换。在日常时间段，该空间可以作为老人晨练场地、儿童游乐空间、社区公共集会场所等，从而形成老幼共享的复合商业街功能结构。

6 总结

在城市化与消费模式多元化背景下，商业街承载着城市文化与市民生活品质的提升。飞炫INS 街区作为西安代表性的商业街区，其空间的优化不仅有助于提升城市形象，也有助于满足市民的多元需求。通过

SD法，分析研究得出的空间优化策略旨在推动商业街空间的可持续发展的同时，也为城市更新背景下的商业街空间优化提供有价值的参考和借鉴，助力我国城市实现高质量发展。

参考文献

[1] 张奉芊成，贺佳璇，王琛.城市更新视角下商业街空间活力测度与提升策略探究——以西安市东、西大街为例[J]. 城市建筑，2022，19（7）：1-5，40.

[2] 吕小勇，汤豪，李红芳，等.基于PSPL和SD法的生活性街道空间感知调查与优化策略研究——以天津市岳湖道为例[J]. 北京建筑大学学报，2021，37（3）：9-19.

[3] 陈璐瑶，谭少华.基于SD法的洛阳市老城区街道活力研究[C]//中国城市规划学会，东莞市人民政府.持续发展理性规划——2017中国城市规划年会论文集（07城市设计）.重庆大学;2017：9.

[4] 张钰.乡村振兴背景下基于SD法的历史文化街区现状调研与评价——以孝义市贾家庄历史文化街区为例[J]. 城市建筑空间，2022，29（7）：145-147，150.

[5] 卫博，姜峰.基于SD法的商业建筑使用后评估研究——以金莎国际购物广场为例[J]. 城市建筑，2022，19（4）：106-109.

城市记忆的现代续写
——沈阳方城承德路片区城市更新中的空间基因重构

罗奕　刘衷毅

作者单位
沈阳城市学院

摘要：本研究针对沈阳方城承德路片区在现代化进程中遇到的肌理断裂和风貌趋同问题，引入空间基因概念，探讨了历史文化街区空间要素原真性的保护与活化。通过分析关键空间基因如历史建筑、街道格局和文化符号等的识别与评估，对街区活力和空间秩序的问题提出相应的基因传承策略。研究目的在于通过空间基因重构，为承德路片区提供认同感和原真性保护的发展建议，促进历史与现代的和谐共生。

关键词：空间基因；历史文化街区；原真性保护；城市更新

Abstract: Aiming at the problems of texture fracture and style convergence encountered in Chengde Road area of Shenyang Fangcheng in the process of modernization, this study introduces the concept of spatial gene, and discusses the protection and activation of the authenticity of spatial elements of historical and cultural blocks. By analyzing the identification and evaluation of key spatial genes, such as historical buildings, street patterns and cultural symbols, the paper puts forward corresponding gene inheritance strategies for the problems of neighborhood vitality and spatial order. The purpose of this study is to provide development suggestions for the protection of identity and authenticity of Chengde Road area through spatial gene reconstruction, and to promote the harmonious symbiosis between history and modernity.

Keywords: Spatial Gene; Historical and Cultural Districts; Authenticity Protection; Urban Renewal

中国城市风貌的多样性，根植于其地理与人文的丰富差异之中。历史文化街区作为城市记忆的具象化表达，不仅承载着城市发展的历史脉络，亦映射着城市的文化情感，成为城市文化传承的关键场所。然而，在21世纪快速城市化的背景下，这些街区面临着传统形态的破坏、历史建筑的损毁以及原有空间肌理的干扰等多重挑战。城市更新的使命已超越物质重建的范畴，转而成为一项融合文化传承与现代需求的复杂任务。

沈阳作为中国历史文化名城之一，其方城地区的保护与更新尤为关键。方城不仅是沈阳文化的核心区域，更是城市记忆与文化传承的重要载体。随着现代化进程的加快，方城地区遭遇了基础设施老化、建筑风格混杂、居住环境拥挤等一系列问题，这些问题不仅影响居民的生活质量，也制约历史街区的可持续发展和社会功能的完善。

本研究以沈阳方城承德路片区为研究对象，引入空间基因概念，探索一种既保护历史文化遗产，又满足现代城市发展需求的城市更新模式。承德路片区作为方城历史文化街区的典型代表，面临着历史风貌同质化、传统空间肌理断裂等问题。本文将运用空间基因的理论工具，从微观街区层面出发，对历史文化街区的空间形态进行深入解析，超越表象化的保护措施，探索深层次的历史街区空间活化策略，以期实现保护与发展的和谐统一。

1　空间基因理论及应用

1.1　空间基因概念的起源与发展

空间基因理论最初源于生物学中的基因概念，后将其应用于城市空间形态的研究中[1]。该理论认为，城市空间如同生物体，由一系列基本的空间元素和模式组成，这些元素和模式在城市的发展过程中逐渐演化并传承下来，形成城市独特的空间特征和文化身份。空间基因的概念在城市规划和设计领域得到了广泛的关注和应用。从最初的理论提出到现在，空间基因理论历经不断的丰富和发展。学者们通过案例研究和实践应用，探索出空间基因在不同文化和地理背景下的表现形式和传承机制，为城市空间的保护和更新提供了理论支持。

1.2 空间基因在城市更新中的应用

城市更新项目中，空间基因的应用有助于保护和强化城市的历史特色，满足现代城市发展的需求。在城市更新的实践中，空间基因理论主要体现在以下几个方面：

识别和评估：通过识别城市空间中的关键基因元素，如街道格局、建筑形式、公共空间等，评估它们在城市文化和空间结构中的价值和作用。

保护和传承：在城市更新过程中，注重保护那些承载城市记忆和文化的空间基因，避免在现代化改造中丧失城市的历史和文化特色。

创新和融合：在尊重传统的基础上，探索将现代设计元素和功能需求与原有的空间基因相融合，创造出既有历史感又满足现代生活需求的城市空间。

社区参与：鼓励社区居民参与到城市更新的过程中，利用他们对地方空间基因的理解和认同，共同推动城市空间的可持续发展。

2 承德路片区现状分析

2.1 区位与历史沿革

承德路片区坐落于方城故宫的西南方向，位于西顺城街东侧，沈阳路南侧，正阳街西侧，是沈阳方城历史街区的重要组成部分（图1）。这一区域由承德路、西华南巷和宗人府北巷三条背街小巷组成，形成有代表性的城市肌理（图2）。承德路片区不仅承载着丰富的历史文化，也是沈阳城市发展史的缩影。历史上，该区域作为商贸和居住的集中地，经历了从繁荣到逐渐衰败的转变。

2.2 建筑与空间特征

承德路片区的建筑与空间特征真实再现了沈阳传统与现代的融合。区域内的建筑风格多样，从传统的四合院到民国时期的商业建筑，再到现代的住宅楼，这些建筑不仅展现不同时期的建筑特色，也构成了区域独特的城市景观（图3）。片区内狭窄的胡同和密集的院落不仅是居民日常生活的场所，也是城市文化传承的重要载体（图4）。

图1 承德路片区现状鸟瞰
（来源：贝壳找房）

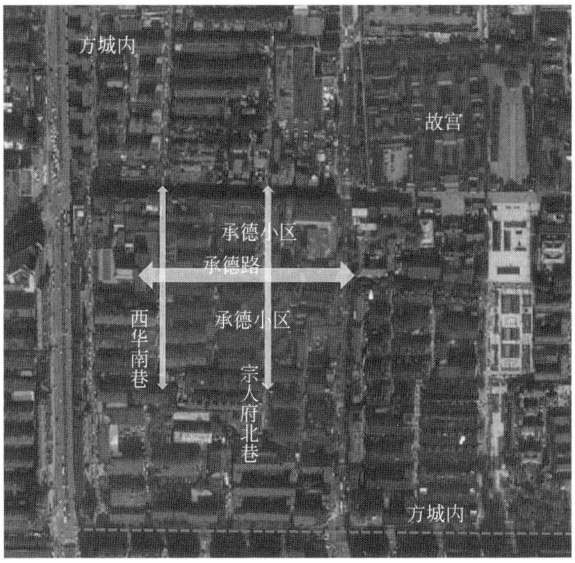

图2 承德路片区
（来源：高德地图）

图3 承德路片区建筑风格

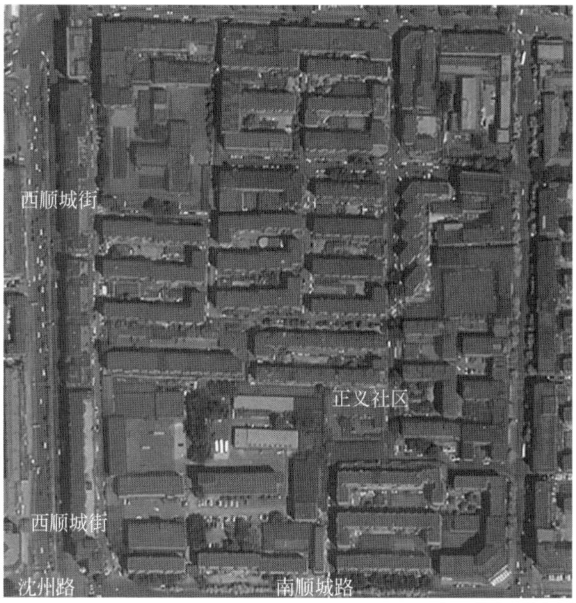

图 4　承德路片区城市肌理

2.3　面临的挑战与问题

承德路片区在城市现代化进程中面临着多重挑战（图5）。首先，人口和建筑密度的增加对基础设施造成了巨大压力，影响居民的生活质量和历史街区的特色打造。其次，历史文化资源的利用不充分，缺乏系统性整合，导致区域潜在价值未能得到充分发挥。商业发展方面，传统零售业的过度集中与休闲服务设施的不足，反映出业态发展的不平衡。此外，区域内的交通条件、生态环境资源等方面也需要进一步地改进和提升。

图 5　承德路片区现状问题

3　空间基因的识别与评估

3.1　空间基因的提取方法

在承德路片区的城市更新中，空间基因的提取采用多种方法相结合的策略。通过历史文献的深入分析、现场勘查、居民访谈以及空间形态的量化分析，全面理解街区的历史背景、建筑特色和社会文化活动，从而准确识别出街区的关键空间基因。历史文献分析帮助追溯街区的发展脉络，现场勘查和居民访谈则提供街区现状的直观信息，而空间形态分析则通过定量和定性的手段，识别出街区的空间结构和形态特征。

3.2　方城承德路片区空间基因的识别

历史建筑基因：从传统的四合院到民国时期的商业建筑，不仅是街区的标志性景观，也是街区历史和文化的重要载体。

街道格局基因：承德路片区的胡同和街巷构成具有代表性的街道格局，不仅是交通的通道，也是社区生活的场所，集中体现了街区的传统生活方式。

社区活动基因：街区内的公共空间和庭院，是社区居民日常交往和文化活动的重要场所，鲜活映射出街区的社会结构和文化特征。

故宫文化基因：承德路片区紧邻沈阳故宫，古色红墙、起脊硬山顶、屋面黄琉璃绿剪边、垂花门、小斜瓦等传统元素（图6），为街区提供丰富的文化基因和历史象征。

图 6　沈阳故宫

3.3 空间基因的价值评估与问题分析

承德路片区的空间基因不仅具有历史和文化价值，也具有深远的社会和经济价值。历史建筑基因和街道格局基因对于维护街区的历史风貌和文化传承具有重要意义，社区活动基因则对于促进社区凝聚力和文化多样性具有促进作用。

然而部分历史建筑由于保护不力而面临损坏的风险，街道格局基因在城市现代化进程中受到冲击，社区活动空间受到挤压。此外，空间基因的利用和传承也存在不足，需要更加系统和科学地规划和管理。

4 文化融合策略与空间基因重构

4.1 结构基因的重构

在承德路片区的城市更新策略中，首先关注结构基因的重构，体现在对原有街巷空间和院落结构的保护与再利用。通过保留和修复，不仅能够维护街区的历史风貌，还能够为现代城市生活提供独特的空间体验（图7）。例如，将四合院与趟院结合，补充围合院落形态，在东西向住宅的山墙处加建二层底商、停车楼等，创造出既具有传统特色又满足现代需求的复合空间；将部分院落转变为文化展览空间或创意工作室，以此激发街区的文化活力和经济潜力。

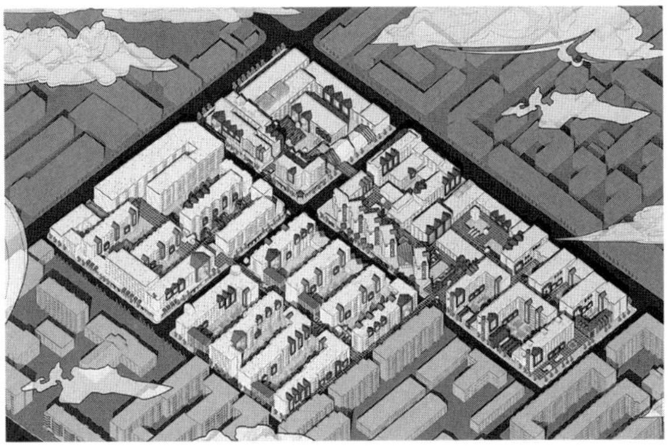

图7 承德路片区城市更新

4.2 路网基因的整合与创新

路网基因的重构是城市更新的另一关键方面（图8）。通过整合原有的街道组织，并新增步行街道，以增强街区的可达性和连通性。在保留历史街区的胡同和巷道的基础上，设计慢行交通系统，如二层空中廊道，这不仅提升行人的出行体验，也为居民和游客提供了更多与城市历史互动的机会。同时优化车行道路，如对郑亲王府巷进行拉直处理，提高通行效率，同时保持街区风貌的完整性和连续性。

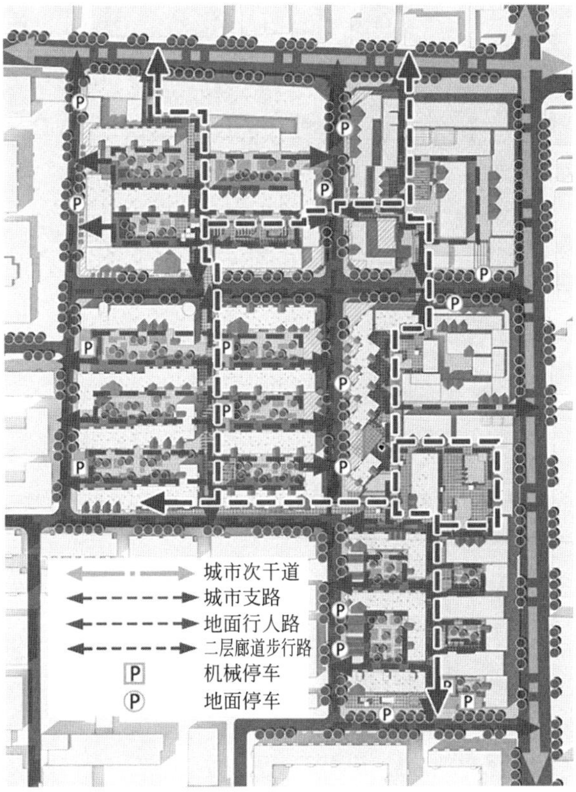

图8 交通系统分析

4.3 故宫文化基因的现代表达

故宫文化基因的重构是连接历史与现代的重要桥梁。设计中巧妙融入故宫古色红墙、黄瓦绿剪边、硬山坡屋顶等传统元素，以此为灵感设计烟火广场、休闲咖啡吧等重要节点（图9）。例如，烟火广场采用故宫古色红墙的经典色调，不仅形成强烈的视觉冲击力，而且在文化上与沈阳故宫建筑群形成和谐的呼应。休闲咖啡吧的建筑造型则借鉴故宫硬山坡屋顶形状，通过现代设计手法，使其与传统文化进行对话，为街区增添一抹温馨又活泼的视觉效果。

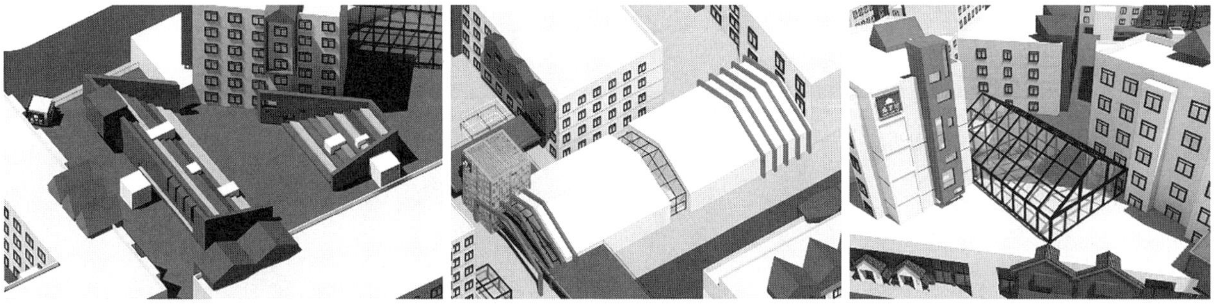

图 9　文化基因融入节点空间

4.4　功能分区与规划结构的融合

在“六区赋街，共筑烟火家园”的理念指导下，片区形成六大功能区域，包括创意产业孵化区、餐饮美食集中区、医疗服务中心区、老街遗产活化区、政务办公服务区和舒适生活居住区（图10）。使得规划不仅考虑了居民的生活质量，也预见到历史文化的传承与现代服务业的发展。通过“四廊四核，七点赋能”的规划结构，创造多元化、宜居、充满活力的城市空间，为居民创造美好的生活环境（图11）。

4.5　交通系统与景观规划的协调

在交通系统与景观规划方面，将“街巷织锦”的理念融入其中，通过优化车行道路、设置立体停车楼和空中廊道，提升交通效率，并保持街区的历史文化特色。景观规划则以“珠联璧合，共建生态家园”为设计理念，通过创造社区口袋公园和景观节点，如烟火广场，增强社区的凝聚力和文化氛围，提升城市的宜居性和归属感（图12）。

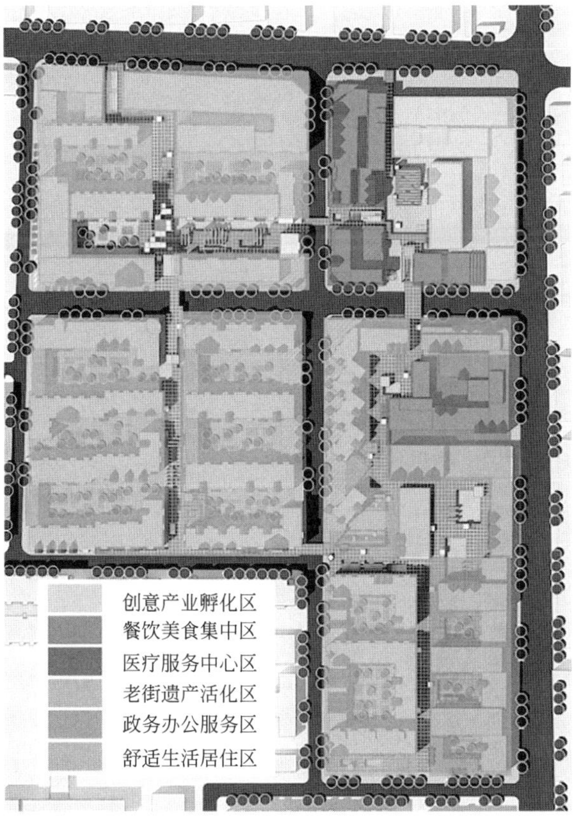

图 10　功能分区

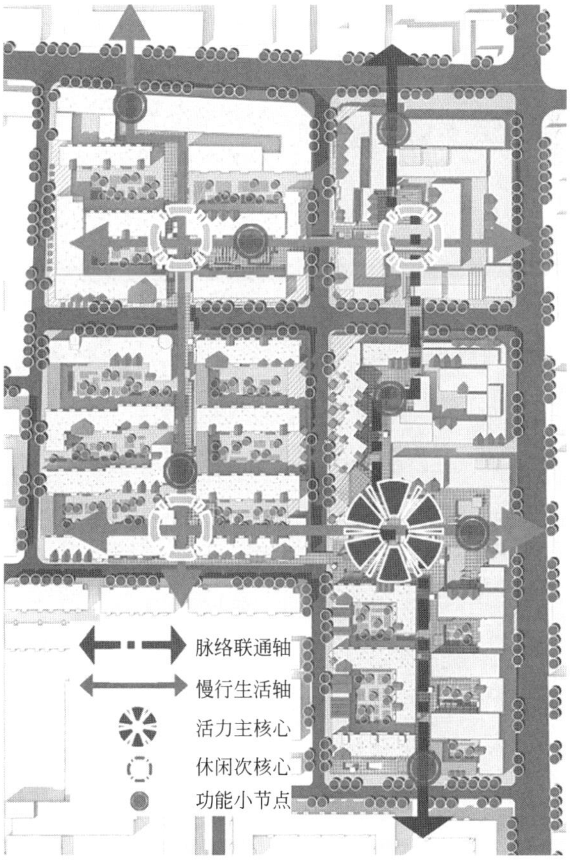

图 11　规划结构

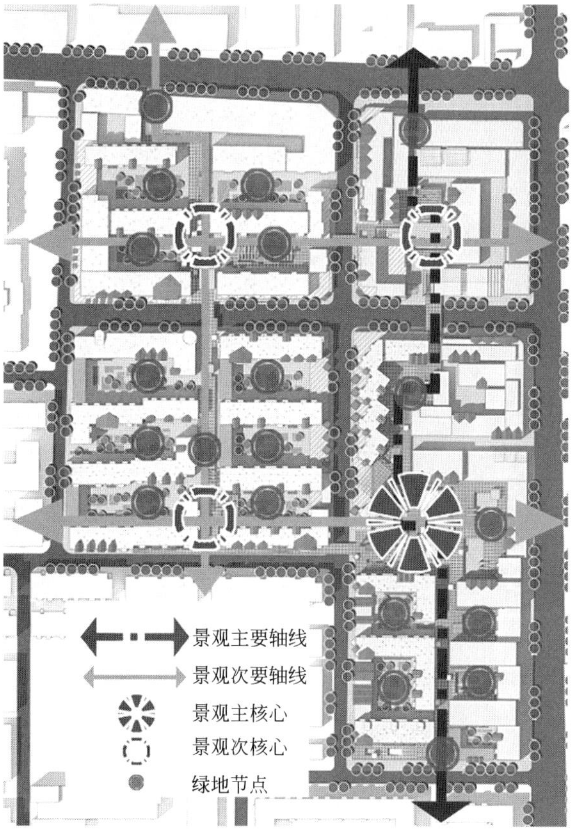

图 12 景观分析

5 城市更新导则与基因重构实践

5.1 城市更新导则的制定

保护优先原则：优先保护历史建筑和街区的原有风貌，避免大规模拆除重建，采取最小干预策略，确保历史的真实性和完整性。

功能适应性原则：对历史建筑进行功能更新，使其适应现代城市需求并保留其历史价值和文化意义。

整体性原则：考虑城市空间的整体效果，实现新旧建筑和空间的和谐统一，维护城市肌理的连续性。

文化融合原则：在城市设计中融入传统与现代元素，实现历史与现代的对话，结合地方特色与国际化设计，吸引外来游客和投资者。

可持续性原则：采用环保材料和技术，设计符合可持续发展要求的城市空间，确保城市更新项目的长期环境友好性。

5.2 更新项目的城市设计元素

创意产业孵化区：为创意人才和企业提供空间，推动产业创新与升级。

餐饮美食集中区：汇聚各类餐饮文化，满足居民和游客的饮食需求。

医疗服务中心区：提供全面专业的医疗服务，保障居民健康。

老街遗产活化区：保护和利用历史建筑，传承城市记忆。

政务办公服务区：提供高效便捷的政务服务，支撑城市治理。

舒适生活居住区：改善居民楼，创造宜居的居住环境。

5.3 文化符号植入与空间活化策略

文化符号植入：在城市设计中巧妙植入文化符号，如使用故宫红墙的色彩和图案，加上梅红、缥黄、青骊、岱赭，这些在沈阳故宫或明清建筑里才有的建筑风格、色彩和文化符号，渐次铺展在承德路两侧建筑立面改造的细节之中，默默地讲述方城独特的历史和风情。

空间活化：定期举办地方特色节日庆典，如春节庙会、旗袍文化节等，吸引游客并提升社区凝聚力。开展艺术展览和手工艺市集活动，鼓励当地艺术家和手工艺人展示和销售他们的作品。设立社区舞台或露天剧场，为居民提供表演和观看传统戏剧、音乐和舞蹈的场所。

历史建筑再利用：将废弃的建筑或设施转变为创意产业园区，吸引设计师、艺术家和初创企业入驻。利用历史建筑作为文化交流中心，举办讲座、研讨会和教育工作坊，促进知识分享和文化传承。开发虚拟现实(VR)体验项目，让游客通过高科技手段体验历史建筑的变迁和历史事件。

活力空间融入：增加屋顶绿化和二层廊道，改善城市微气候，提升城市生态品质。设计生态友好的儿童游乐场和老年活动区，提供安全、自然和富有传统意义的休闲空间。通过公共社区的开放空间如社区食堂、文艺书吧、康体棋牌等功能的植入，增强片区的凝聚力，实现居民的共享共情，并提供教育的机会。

上述措施使片区成为连接传统与现代、历史与未来的重要文化纽带（图13）。

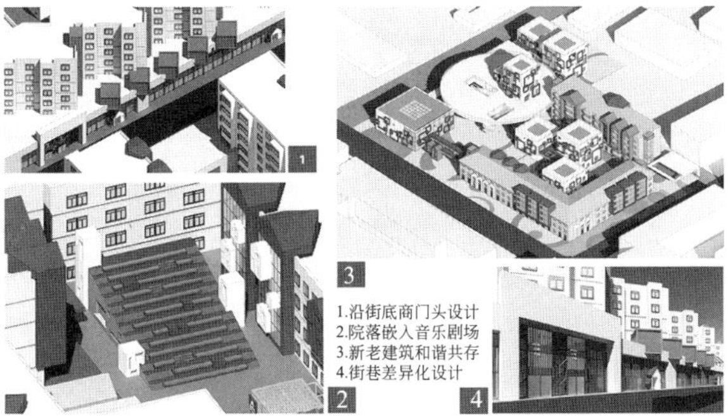

图13　符号植入与空间活化

6　结论

本研究针对沈阳方城承德路片区的城市更新，提出一系列历史记忆延续与空间基因重构的策略。通过空间基因的识别与评估，深入探讨如何保护和活化利用历史街区的空间要素原真性，并充分尊重和利用历史街区的原有空间结构和文化特征，同时注入现代功能需求，实现历史文化的传承与现代城市活力的融合。

参考文献

[1] 谢佳育，赵志庆. 基因视角下哈尔滨历史城区空间特征解析[J]. 建筑与文化，2021（2）：163-166.

[2] 李一凡，赵静好，赵鹏飞，等. 空间基因视角下历史文化街区保护与更新探析——以济南将军庙历史街区为例[J]. 城市建筑，2024，21（5）：15-19.

[3] 石璐. 沈阳方城历史街区保护与更新研究[D]. 上海：同济大学，2007.

[4] 杨晓琳. 沈阳方城通天街历史街区更新设计研究[D]. 沈阳：沈阳建筑大学，2021.

浅析地标性建筑在城市更新中的作用
——以杭州亚运会羊山攀岩中心为例

黄会明

作者单位
华汇工程设计集团股份有限公司

摘要： 本文深入探讨了地标性建筑在城市更新中的多重作用。通过梳理现有研究，文章明确了地标性建筑不仅承载着城市文化与形象，更在推动城市扩张与生态可持续发展中发挥关键作用。以羊山攀岩中心为例，从宏观和微观两个层面剖析了其作为地标性建筑如何对城市标志、城市格局和城市生活产生深远影响。羊山攀岩中心通过独特的建筑设计、与环境的和谐相融以及对城市功能的丰富，成为促进城市空间优化、生态发展和社会活力提升的重要力量。

关键词： 地标性建筑；城市更新；羊山攀岩中心；可持续发展

Abstract: This paper delves into the multifaceted roles of landmark buildings in urban renewal. Drawing from current research, it underscores that these structures not only embody urban culture and image, but also drive urban expansion and ecological sustainability. The case study of the Yangshan Sport Climbing Center, analyzed from macro and micro perspectives, illustrates this landmark building profoundly influences urban identity, urban structure, and urban life. Through its unique architectural design, harmonious integration with the environment, and enhancement of urban functions, the Yangshan Sport Climbing Center has emerged as a significant force in promoting urban spatial optimization, ecological development, and social vitality enhancement.

Keywords: Landmark Building; Urban Renewal; Yangshan Sport Climbing Center; Sustainable Development

1 背景

随着中国城市化进程的发展，数量激增的城市在规模、功能上多呈现出庞杂而交织的特征，与此同时各个城市之间的区别与界限也渐趋模糊[1]。城市的独特性与可识别性被弱化，整齐均质而可复制化的城市更新使得“千城一面”的城市病逐渐成为老生常谈。在此过程中，除了各城市间的独特性的消解外，诸多城市的发展同样存在内部肌理均质延展的问题，城市内部的街道格局与空间层级在地标性建筑的缺失或地标性建筑在尺度、空间等方面处理不当的情况下呈现出城市扩张与蔓延过程中的失序，进而对城市生态可持续造成压力。此外，地标性建筑往往占据城市中较为关键的地块且尺度较大，虽然“空间型地标”在日渐稠密的城市中对于人的吸引与交互活动的激发具有不可替代的作用，但其并未受到足够的重视，“实体型地标”作为强有力的城市宣传手段，相较于“空间型地标”处于主流地位[2]，进而导致城市空间内缺乏活力中心。因此，在中国城市更新过程中，地标性建筑的设计应对以下问题作出充分而恰当的回应：

① 对于城市独特性与可识别性的弱化，如何呼应当地文化并塑造地标性建筑的独特形象，赋予城市以清晰的定位？

② 对于城市蔓延过程中的无序与杂乱，如何通过地标性建筑的锚固，对城市的扩张与其中心的转移确立秩序，并确保对城市生态环境的提升？

③ 对于城市活力中心空间的缺失，如何通过“实体型地标”向“空间型地标”的转向，为城市空间置入积极引导交互活动产生的场所？

对于以上三个问题，本文将以杭州亚运会为契机，顺应国家全民健身的号召，思考如何将新型体育赛事的场馆塑造为城市的地标性建筑，并以此为起点，从杭州亚运会绍兴市柯桥区羊山攀岩中心的建筑设计策略出发探讨地标性建筑如何通过具体的设计策略实现与城市更新的联动作用。

2　现有研究梳理

以地标性建筑与城市更新作为关键词，将现有的典型研究及其与本文研究内容的关联梳理如下：

蓝力民2013年的《城市标志性景观、标志性建筑与地标概念辨析》将城市标志性建筑与城市标志性景观进行区分，并将标志性建筑定义为塑造城市标志性景观的核心主体，由此突出标志性建筑与城市景观的重要关联；李小蓉等2014年的《环境成就地标建筑——以重庆大剧院与悉尼歌剧院为例》从视觉层面与经济层面探讨地标建筑如何从当地自然环境以及地域文脉出发进行体量、立面、造型等的设计，从而把握与城市周边肌理的关系，提供了理解地标建筑与城市关联的一个角度，但并未从地标建筑在建成后反过来如何对于城市更新的进程产生作用进行讨论；庄宇2016年的《地标和感知——城市空间秩序的建立》将地标视为城市空间秩序建立的重要因素，从杭州、巴黎、旧金山三座重要城市的经验中总结出包括利用城市自然要素塑造地标、城市地标的层级区分等六项原则，对于本文的研究有较大的启发；薄宏涛2019年的《百年首钢的凤凰涅槃——首都城市复兴新地标的营造历程》将首钢园区的更新设计置于城市复兴背景之下，从“大事件导向”与“文化导向”两种复兴模式出发讨论这一城市地标在处理地标建筑与城市的关系中所采用的都市针灸、都市链接及都市织补的设计策略；应菊英2020年的《杭州城市地标性体育建筑的历史跃迁》以杭州近百年来的地标性体育建筑作为研究对象，对在各不相同的社会背景、经济基础及运营机制下所设计出的杭州地标性体育建筑进行汇总，关注各地标性体育建筑的规模、结构、形象塑造等，但并未触及这些地标性体育建筑对于城市更新的积极意义。

总体而言，国内对于地标性建筑的研究主要集中于地标性建筑的形象塑造手法以及对于地标性建筑作为城市宣传手段的探讨，并且对于地标性建筑与城市空间的关联有少数研究，但大多尚未对地标性建筑如何通过其本身的建筑设计策略在城市扩张的秩序确立与对城市活力空间的塑造两个方面对城市更新进程产生影响有更为深入的讨论。同时，以新型体育赛事的场馆建筑作为案例对地标性建筑在城市更新中的作用进行讨论具有强烈的时代意义，其顺应我国全民健身的发展潮流并有着较强的普适性与应用性，在这方面的研究空间仍较为广阔并有一定的研究价值。

3　与城市更新的联动：地标性建筑设计的策略导向

城市地标性建筑的设计从单纯的安全意义发展至具有空间标识、空间参照物、空间向导、空间统辖等多维度作用[3]，其与城市更新之间的联动关系也渐趋紧密。纵然地标性建筑在体量、空间、形象等方面的设计不可避免地将受到城市周边的肌理与环境等因素的综合影响[4]，但地标性建筑在建成后将成为城市或者区域的代表，对城市的后续发展举足轻重。在国际各大城市地标性建筑实践中，西班牙毕尔巴鄂古根海姆博物馆及德国汉堡易北音乐厅在其城市更新进程中的作用具有较强的参考价值。

西班牙毕尔巴鄂古根海姆博物馆在20世纪末毕尔巴鄂原有的工业、仓储等功能后撤之后以发展旅游业为导向的城市复兴计划背景下建造而成。其位于毕尔巴鄂的旧城区边缘，内维隆河的滨水景观成为建筑由钛合金板覆盖的不规则曲面体形式的重要来源，碎化体量在顺应城市旧建筑的肌理的同时创造了内部曲折丰富的展陈空间，成为服务于人的文化生活的场所[5]。德国汉堡易北音乐厅为汉堡市政府为已处于半废弃状态的旧港口所提出的“港口新城”城市更新计划的重要组成部分，在新城区规划中扮演着城市发展宏图启动点的角色。其对于旧建筑的适应性利用彰显着城市片区更新的导向原则，位于红砖仓库结构之上的如同冰山与港口波浪的体量是港口城市天际线的活跃因素，而建筑八层的公共广场层则创造了开放的城市体验空间[6]。

借鉴典型案例，进一步总结出地标性建筑在城市标志、城市格局、城市生活三个方面如何从宏观和微观层面与城市更新建立联系：

在宏观层面的建筑设计策略导向如下：①城市标志方面，地标性建筑的设计应当与当地的文化与独特自然元素等形成强烈共振，在彰显城市文化的同时为其赋予新的形象与意义；②城市格局方面，地标性建筑应当通过其设计策略与城市更新原则进行呼应并将其传导至城市整体或片区的更新中，在推动城市有序扩张的同时关注生态可持续性；③城市生活方面，地标性建筑应当为城市置入更为多元的功能，以提升市民生活的丰富性并使其产生更强的归属感。

在微观层面的建筑设计策略导向如下：①城市标志方面，地标性建筑在适应城市周边的肌理与环境的同时应以建筑形态、材料、技术等方面的突破塑造更为强烈的城市标志；②城市格局方面，地标性建筑在城市更新原则的基础上将成为城市街道及空间格局的秩序确立的重要因素，并决定其周边的建筑或其他城市要素的尺度与基调；③城市生活方面，地标性建筑将从“实体型地标”转向为“空间型地标”，通过为城市提供开放的公共空间以实现对于市民生活的深层融入。

4 羊山攀岩中心在城市更新中的地标性作用

4.1 宏观层面

1. 城市标志：文化与形象

作为地标性建筑，其形象塑造深受城市文化影响，能向外界充分展示城市形象。羊山攀岩中心镂空的“蚕茧”造型源自于对场地条件与周边环境的观察以及对地域文化与产业特色的回应：轻盈的表皮轻轻叠放在实体空间上，晶莹剔透的建筑效果将“裁剪冰绡，轻叠数重”的传统文化韵味具象化；蚕茧的造型意象和丝绸般飘逸轻盈的质感强化杭州“丝绸之府”与绍兴“国际纺都”的城市印象，突出攀岩运动刚柔并济的美学特质，寓意羊山公园重生蝶变的未来景象（图1）。

图1　作为城市符号的“蚕茧”
（来源：直译建筑）

新的地标性建筑的出现，也赋予了城市崭新的面貌。羊山攀岩中心是国内第一个采用大面积异形镂空UHPC外墙挂板的建筑（图2、图3），并且利用智慧体育、数字消防、数字管理等前沿技术打造智慧化场馆，从设计、建造到后期运维实现全过程数字化。现代科技与传统文化在这里碰撞，绍兴这座现代化城市的文化底蕴与科技实力因此而崭露锋芒。同时，室内灯光模拟吐丝化蛹、成蝶展翅，与表皮的丰富层次相得益彰，在亚运背景下，攀岩中心正如一颗耀眼的蚕茧，诠释绍兴作为协办城市编织梦想、超越自我、化茧成蝶的体育精神（图4）。

图2　镂空 UHPC 表皮
（来源：直译建筑）

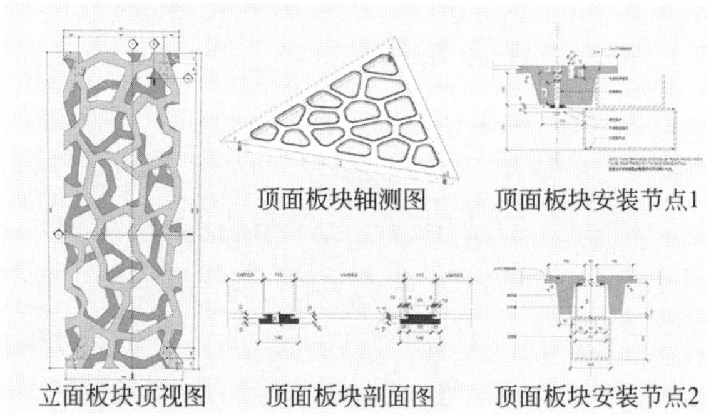

图3　UHPC 表皮图纸
（来源：王清）

图4　夜空下的羊山攀岩中心
（来源：钟宁海）

2. 城市格局：生态的蔓延

城市扩张与城市中心的转移或多或少受到标志性建筑的影响。

一方面，攀岩中心选址于绍兴西北部，且位于杭州东南方向，是两座亚运城市相互交流的关键节点。场馆所在的齐贤街道与绍兴城市中心相隔一定距离，地块开发尚未完善，周边面貌相对较弱。羊山攀岩中心正是绍兴实体化运作亚运筹备的首批项目，基地与柯桥区体育中心相距4.5公里，能有效弥补体育类公共设施服务半径的不足。随着已有的几场体育赛事的成功举办，建筑周边区域活力显著提升。如今，柯桥区已成功入选“国家乡村振兴示范县”创建名单，亚运分赛场工作也圆满完成任务。可以说，攀岩中心的建成对绍兴城市中心分散与城市副中心向西北转移的城市格局变动至关重要。

另一方面，羊山攀岩中心在设计中引入绿色建筑概念，利用自然通风与采光、纯钢结构、预制板材、干挂幕墙和土建、装修一体化施工等措施有效减少建筑能耗。另外，建筑按绿色三星级标准设计施工，整体采用三维BIM参数化设计建造；训练馆屋顶采用遮阳+智能模块化天窗系统；攀岩馆淋浴热水采用空气源热水系统；甚至整个场馆所使用的也都是来自大西北的绿电。攀岩中心的设计呈现出低碳智慧的绿色之美，对城市的可持续蔓延起到了宏观的引领作用，有效避免城市蔓延对生态与人文环境造成不可挽回的危害（图5）。

图5　生态设计
（来源：直译建筑）

3. 城市生活：功能的丰富

作为一项新型赛事的永久性场馆，羊山攀岩中心如何经受住时间的沉淀，除了在结构、材料等物质层面上提升建筑的耐久性能，更多的是在非物质层面上，通过多种城市功能在一定空间和时间范围内的兼容丰富城市生活，维持建筑乃至周边区域的长效活力。攀岩运动为新型体育赛事，其比赛场馆有区别于一般体育馆的功能布局及流线组织（图6）。羊山攀岩中心在功能设计中强化专业特点，全方位满足专业技术要求，并将运动、训练、休闲等复杂混合的功能组合在一起，成为一个内部空间组织有序、公共空间变化丰富的综合场馆。

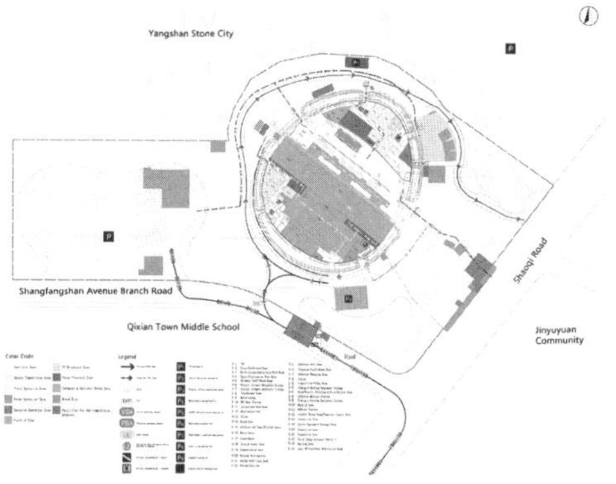

图6　流线组织
（来源：羊山攀岩中心运行团队）

建筑实体部分南北分置，训练中心、竞赛管理中心、运营中心、媒体中心、贵宾接待及休息区等各类功能用房完备合理，设备设施先进齐全。两个实体通过丝绸状表皮围合的“虚无空间”正是场馆的核心比赛区域，其岩壁坐南朝北，高16.5米、宽68.5米，面向观众席一字排开（图7）；攀岩赛道按照国际标准打造，相互独立的流线组织保障了速度道的公共性以及难度道、攀石道在正式比赛之前的保密性，满足不同时期的功能需求（图8）。

图7　从城市街道看攀岩中心
（来源：直译建筑）

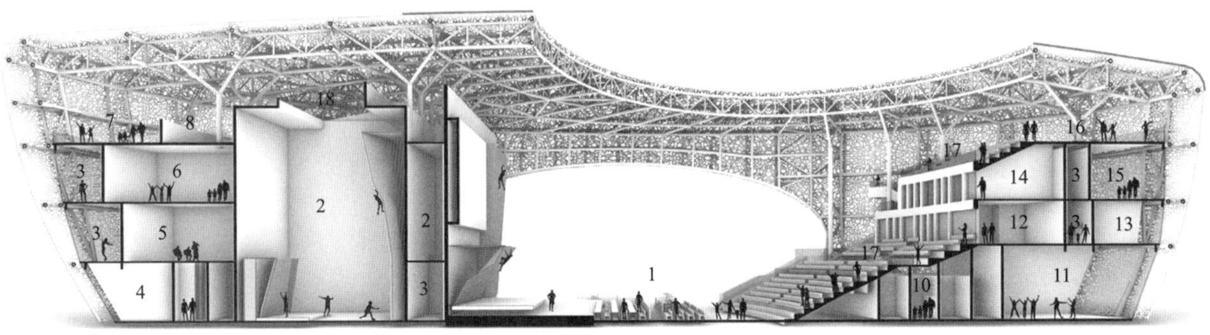

1 Competition Table	7 Roof Terrace	13 Guard Readiness
2 Indoor Training Hall	8 Equipment Platform	14 Security Room
3 Corridor	9 Eguipment Cavity	15 Office
4 Locker Room	10 Toilet	16 Viewing Platform
5 Competition Office	11 Press Conference Hall	17 Bleachers
6 Management Offic	12 VIP Lounge	18 VELUX Window

图 8 功能分布
（来源：王清）

4.2 微观层面

1. 城市标志：适应与突破

地标性建筑应尊重自然并顺应场地环境，二者呈你中有我、我中有你之态，和谐而相融（图9）。攀岩中心的设计因地制宜，充分尊重历史文化环境、延续公园原有肌理，通过“天人合一”的设计手法达到与场地自然环境的有机融合：首先，尽可能打开建筑空间，利用表皮材料的通透性在满足比赛需求的基础上缩小建筑的体量感（图10）；其次，效仿江南地区传统借景手法，如远借、临借、仰借、俯借等，将外部空间环境引入建筑；再者，挖掘并发挥以岩石为主的基地现有资源优势，打造层次丰富的自然景观；最后，将升旗台置于中部开口空间，以羊山公园最高峰为背景，成为项目的点睛之笔（图11）。

图 9 与自然环境和谐共生 1
（来源：直译建筑）

图 10 与自然环境和谐共生 2
（来源：董建成）

图 11 升旗台与山峰
（来源：直译建筑）

同时，地标性建筑更应该以“突出于背景”为前提，因为完全的“融入”意味着沦为陪衬，而突出的地标因宗教、权力、财富等因素的影响在建筑体量、形态、材料等方面有所突显[2]。羊山攀岩中心突破了建造技术、建筑材料和文化认同等因素的限制，在体量上略大于周边建筑，既能满足体育场馆的使用需求，又能在一众居住、学校等常规尺度建筑中脱颖而出（图12）；在形态上使用弧形元素，回应蜿蜒流畅的自然形态，且与周边的矩形体量产生强烈对比；在材料上使用超高性能的新型混凝土，其色彩低调，飘逸的质感与镂空的肌理又让其显得与众不同（图13）。

2. 城市格局：秩序的变更

地标建筑具有可感知性，为了让街道上的人们能更好地感知到这些独特的场所，其周边的建筑或其他城市要素的尺度和基调将作出相应调整。因此，街道格局的重新确立往往与城市各个尺度层级的地标布局及感知空间关联紧密，景观走廊、视域视景等内容及地标感知空间都将在地标建筑的影响下进行系统性布局。

建设之初，基地紧邻一处住宅区与一所中学，西侧的羊山采石遗址公园是一个自隋唐时期开采石材而遗留下来的石宕公园，其“残山剩水、悬崖孤峰”的实景奇观有待开发，且周边闲置用地较多。攀岩中心的建成带动了附近存量土地的开发及建筑群体的更新，在一定范围内做到了地块整体的统筹提升。另一方面，攀岩中心作为大型体育场馆本身就需要开敞的集散空间，而作为地标建筑也需要更加开阔的感知空间，因此基地内通过广场空间的“留白”打造出城市系统的节点，在相对密集的建筑群中形成了一个难得的呼吸孔。周边区域的密度提升与基地本身的开阔通透双管齐下，重构疏密有致的街道秩序（图14、图15）。

3. 城市生活：空间的开放

地标性建筑意味着新的城市公共空间的出现，带来新的城市生活。为了反哺城市，羊山攀岩中心模糊了室内外界限，将核心区域打造为面向社会的共享

图12　与学校、住宅的关系
（来源：直译建筑）

图13　突出于周边环境，古今对比
（来源：钟宁海）

图14　街道格局的变更（建设前）
（来源：绍兴越州都市规划设计院）

图15　街道格局的变更（建设后）
（来源：直译建筑）

开放空间；基地不设永久性围墙，未来将通过优化管理模式形成周边市民的公共活动空间。同时，城市道路——攀岩中心——羊山公园的视线通路将引导人们走入场内，进而走入羊山公园，攀岩场馆成为羊山公园的入口节点。作为体育建筑的攀岩中心从最初的竞技功能扩展到群众活动，模糊了公共与私密的界限，也模糊了建筑类型的限制（图16）。

羊山攀岩中心既具有竞技体育的大空间，又有适应多样化群众参与和体育休闲文化新生活的多尺度空间，其布局灵活、具有弹性，为音乐会、时尚产品发布会等各种活动提供便利；同时，空间的开放让攀岩运动得以深入公众生活，在周边学校当中掀起攀岩运动热潮。开放空间的设计不仅满足赛事需求，还能充分兼顾赛后利用，显著提升周边区域活力，推动区域经济的蓬勃发展。在柯桥举办的25场亚运赛事中，羊山攀岩中心凭借其一流设施，吸引了众多观众与游客，成为城市发展的重要引擎，并在文旅政策的推动下成功实现了“文旅+体育”的深度融合，为城市注入了新的活力（图17、图18）。

图16　羊山公园的入口节点
（来源：直译建筑）

图17　公众生活多样化
（来源：陶文强）

图18　攀岩比赛
（来源：黄会明）

参考文献

[1] 蓝力民. 城市标志性景观、标志性建筑与地标概念辨析[J]. 城市问题，2013（4）：7-10.

[2] 庄宇. 地标和感知——城市空间秩序的建立[J]. 城市建筑，2016（25）：18-20.

[3] 刘临安，徐洪武. 论古今城市地标建筑的作用[J]. 西安建筑科技大学学报（自然科学版），2008，40（6）：815-819+829.

[4] 李小蓉，缪剑峰，肖紫怡. 环境成就地标建筑——以重庆大剧院与悉尼歌剧院为例[J]. 华中建筑，2014，32（9）：33-38.

[5] 刘北光，王桦楠. 建筑与城市复兴：毕尔巴鄂古根海姆博物馆的价值[J]. 设计，2010（11）：110-111.

[6] 支文军，潘佳力. 城市 · 建筑 · 符号 汉堡易北爱乐音乐厅设计解析[J]. 时代建筑，2017（1）：117-129+116.

高密度城区火车站的困境与破局
——以上海火车站区域更新探索为例

金旖旎　李雅楠　查君

作者单位
华东建筑设计研究院有限公司

摘要： 随着高铁站如雨后春笋般迅速崛起，各城市位于高密度区域的“中央火车站”正面临前所未有的挑战。这些位于城市核心区的庞大建筑，本应占据城区最佳地理位置，为居民提供便捷的远程出行服务。然而，由于建设年代久远且功能活力不断衰减，它们逐渐沦为城市中的杂乱地带。本文旨在剖析城市“中央火车站”更新过程中所遇到的难题，并以上海火车站的更新项目为例，探索适用于此类问题的核心策略。

关键词： 高密度；火车站；站城一体；伴随式更新

Abstract: As high-speed train stations rapidly emerge, the ‘central train stations’ located in the high-density urban areas of various cities are facing unprecedented challenges. These massive structures, situated in the heart of the city, were originally intended to occupy the prime urban locations, providing residents with convenient long-distance travel services. However, due to their age-old construction and the continuous decline in functional vitality, they have gradually become disordered areas within the city. This article aims to analyze the difficulties encountered in the renewal process of the city’s ‘central train stations’, using the renovation project of the Shanghai Train Station as a case study to explore core strategies applicable to such issues.

Keywords: High-density; Railway Station; Station-city Integration; Adjoint Renovation

1 城区火车站普遍的困境

1.1 困境一：老旧交通综合体的挑战——车站交通要素混杂，空间品质不足

我国城市化和铁路基础设施经过几十年的高速发展，逐渐进入从线网扩张转向枢纽地区存量更新阶段[1]。大多数市区火车站在初期主要承担工业运输的职能，随后逐渐转型为客运或客货两用的城市交通枢纽。城市中心的持续扩张使得原本位于城市边缘的火车站成了“中央火车站”。这些火车站在发展过程中逐步整合了长途客运站、公交总站、出租车场站、私家车停车场、地铁（轻轨）等多种交通要素，形成了“交通综合体”。然而，这种综合体结合了高强度的老城开发和有限的区域道路资源，导致多数火车站成为城市中心的“堵点”—— 现有交通基础设施难以应对日益增长的高峰期客流量。此外，各交通要素之间的换乘流线并非一开始就设计得清晰明了，而是随着时间的推移和需求的增加而逐步形成连接，导致在设计和管理上存在局部人车混行或步行流线绕行的现象。

老城火车站与现代交通枢纽在空间建设标准上存在显著差异，常见的问题包括建筑和配套设施的老化。近期的更新工作往往仅仅是为了满足规范标准。随着越来越多的高铁商务人士的出行需求增加，进站、候车、发车的过程不再仅仅追求“到点就走”的效率，而是在等候间隙中产生了新型的消费需求。遗憾的是，老城火车站通常不具备供人休憩休闲的高品质空间。

1.2 城市中央孤岛的问题——导致市区发展不均衡，两侧发展差异显著

城市火车站区域的面积不一，小的有十几公顷，大的则超过1平方公里。铁路的布局导致站体区域两

侧发生割裂。虽然大多数车站设有两个站台广场和出入口，但对于城市的机动车交通和非机动车连通来说，它们形成了一种自然的“人造屏障”。这种连接的缺失导致两侧城市功能的巨大差异：主要客流方向的站点周边通常有较为密集的商业开发，而另一侧则相对萧条。

1.3　城市更新硬骨头——更新主体多，缺乏成熟更新机制

随着土地政策的收紧，城市更新已成为各城市发展的主要途径。无论是整体更新还是街区微更新，在近年的探索实践中，从政府到开发商再到设计方，都逐渐形成了较为成熟的操作流程和体系。然而，城区老旧火车站的更新却成了各级政府单位及平台所回避的目标，现有的更新操作多为迎合公众意见或作为形象工程进行的外观或局部设施功能改造，并未实现根本性的转变。这一现象的根本原因在于缺乏有效的更新机制——更新过程涉及多个主体，包括区政府、规划土地局、站点管理办公室、运营方、铁路局等。特别是当站点更新涉及铁路运营时，更需进行多层次的报告和评估，难以实现统一的协调。

2　上海火车站更新背景

2.1　上海火车站的历史回溯

上海火车站本身是见证上海近代历史变迁的重要载体。该站于1987年12月28日投入使用，标志着中国第一座现代化车站的诞生，其前身可追溯至清末中国首条商业运营铁路——吴淞铁路所设的上海火轮房。百余年间，上海站见证了这座城市的巨大变迁。

1909年，随着沪宁铁路全线通车，上海站正式启用，成为当时全国最大的火车站。1913年，为适应新兴的铁路经济，麦根路货运站建成，成为上海最早的货运站之一，也曾是华东最大的零担货运站。1953年，麦根路站更名为上海东站，被核定为一等货运站。1987年，新建的上海站启用，通常被称为“新客站”。2010年，为迎接上海世博会，上海站进行了大规模整修，车站南北站房呈现出现代化的主立面形象（图1）。然而，世博会的举办并未能解决车站日益增加的客流量与空间局促之间的矛盾，人行流线和空间效率低下的问题依然存在。

图1　上海火车站

2.2　上海火车站的发展机遇

如今，上海火车站又迎来了城市新一轮发展的窗口期。2014年8月，国务院办公厅发布了“关于支持铁路建设实施土地综合开发的意见”，包括“鼓励提高铁路用地节约集约利用水平，利用铁路用地进行地上、地下空间开发，在符合规划的前提下，可兼容一定比例其他功能”等一系列具体政策。而在《2035上海市城市总体规划报告》中，也确立了上海“四主多辅”的火车客运枢纽布局结构（其中“四主”为虹桥站、上海东站、上海站、上海南站，“多辅”为上海西站、松江南站、杨行站等），而上海火车站是唯一位于中央活动区的“主城门户”[2]。同时，上海火车站也是上海中心城区向北发展的重要节点，借助上海中央活动区，拥有上海枢纽最好的资源禀赋，是上海主动融入长三角区域协同发展，构建大上海都市圈的重要载体。面对上海发展目标由“国际化大都市”转变为“卓越的国际城市”，上海火车站又一次站在了伴随城市飞跃的历史节点上。

在新的发展愿景中，上海站不仅是城市重要的交通枢纽，更是核心的公共活动中心。结合配套的长途客运总站、轨道交通站点1、3、4号线的三线换乘站点，上海站被定位为“长三角都市圈的中央活力车站枢纽”。因此，上海站及其周边地区的城市更新，需要以车站的更新为契机，激活周边地块，提升城市中央核心区的区域价值，使其不仅是一个车站，而是一个城市综合枢纽。

3 上海火车站发展瓶颈

3.1 到发及换乘的流线组织：效率与人性化设计的缺失

节约时间和提高空间效率是人性化设计的体现。然而，上海火车站目前的车行和人行流线组织在一定程度上可以被认为是不符合人性化原则的。车站的设计初衷虽然已经考虑到分流分层，采用了高进低出的模式，即乘客通过地面进站、地下出站，但在实际运行中，仍存在许多流线混乱的问题。首先，车站的到发流线混乱，以南广场为例，由于火车站地下双通道行包房的限制，西南和东南出口被行包通道所阻断。尽管轨道交通站厅和出租车场设置在B1层，乘客却必须从火车站的地下出站厅到达地面的南广场，然后通过南广场上的人行通道才能到达B1层的出租车场、地铁站厅，以及B2层的社会停车场。其次，交通换乘流线不便捷。虽然火车站设有地下出口，但除了6号口因管理原因常年关闭外，其余出口均通向地面，与地铁站厅没有直接连接。此外，车站与地铁之间的换乘不便，3号和4号线与1号线之间的换乘由于上海站的地形限制而需要站外换乘，乘客需通过非付费区的约350米长的地下联络通道，步行大约7分钟。在换乘通道的中段，即1号线的6号口与3号线、4号线的2号口之间，存在两段楼梯，没有扶梯，只有较陡的斜坡，对于力量较小的乘客，特别是携带大型行李箱的乘客来说，出行相当困难（图2）。

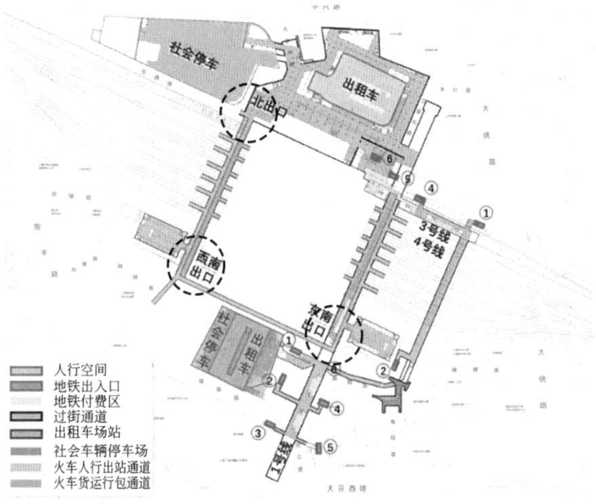

图2 上海站B1层交通设施平面示意

3.2 城市核心区的失落空间

上海火车站被视为南北静安区的分界线，宽达30米的铁路轨道使得南北两侧地块的人流穿行变得困难，形成了狭长的城市孤岛，在空间上造成了割裂。此外，枢纽交通地块周边被高架、地下通道和引桥所隔离，这直接导致了交通枢纽周边区域的连续步行空间被严重压缩，形成了一种“内外双重隔离”的交通环境。同时，南北广场仍以“集散”为主要功能，空旷而缺乏绿化景观及休憩设施，导致公共空间资源的严重浪费。加之早期以普速列车为主要车型，旅客消费层次较低，进一步导致了站内商业以零散的小型商业为主，如手机通信店铺、旅游小商品和快速食品，商业品质难以匹配上海火车站的高能级定位。

除此之外，根据TOD开发理论，车站地区应有3级功能区：核心区、拓展区、影响区[3]。站体核心区的第一界面商业，如酒店、百货等，也都逐渐衰落，品质低下且开发强度不足。由于私有产权沟通困难，造成了形象和业态都不佳的现状。与车站本体没有直接的人行通道连接，进一步加剧了周边区域的持续萧条。这与繁华的外围地段形成了鲜明对比，例如南侧的宝矿国际和北侧的上海金融街的开发，西侧的M50及天安千树的网红化运营，以及南侧苏州河沿岸的景观提升等，都进一步突显了火车站作为城市核心公共资源的不足，成了城市中心的“失落空间”（图3）。

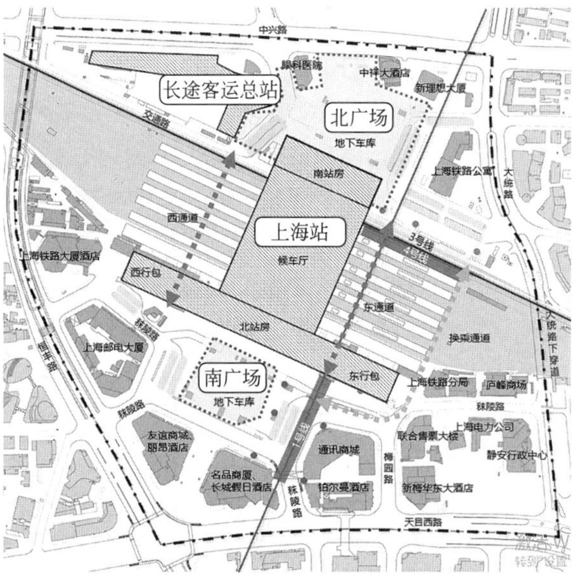

图3 上海站区域平面图

3.3　权属分散，铁路局主导

在铁路站房区域更新这件事上，尽管涉及的建设主体较多，但是最主要还是以上海铁路局为首，对于任何涉及站体更新拥有一票否决权——毕竟涉及铁路营运的稳定性和安全性，尤其是上海这个具有战略意义的重要站点，涉及主体建筑更新的报告及审批还需要取得国家铁路局的同意。因此，上海站更新此项费时费力的沟通，从更新规划到实施，在制度审批层面难免显得动力不足，因此近些年来，更新也仅限于节点式的提升整修。

4　上海火车站更新策略

4.1　策略一：车站本体系统优化，打造以人为本的高品质枢纽

1. 优化地下空间，梳理到发与换乘流线

提升步行体验相当于为火车站做一次内科手术，目前相对剥离和闲置的地下空间就是最佳的切入点，只要疏通好这部分“毛细血管”的堵点与断点，建立更多的搭接链接，便能实现“到发同层换乘”的目标。

首先，南北贯通。打破原有行包房的阻隔，打通东西2条南北向的连通道，作为城市开放通廊，原有出站通道与行李通道合并以达到出站与城市通道并流后对于疏散宽度的要求。如此一来，不仅使火车到发旅客实现了到站（出站）与出租车、轨道交通之间“点到点”的同层高效换乘路径，更是在近期以较小代价实现了火车站南北两侧的贯通（原需从地铁换乘通道向东绕行，减少绕行距离约500～800米）。同时在地下增设出站检票厅，预留人流缓冲区域；如遇高峰运量日，封闭单侧或双侧城市南北地下通道，专供出站人流使用。

其次，东西贯通。即在南广场地下增加联系出站口与出租车/地铁的东西向通道，实现了南广场地下空间东西贯通，使换乘时间减少约5～10分钟，并与两条南北通廊形成完整的“地下步行环”（图4）。

2. 优化广场空间，人车分流，活力注入

广场的优化是一场外科手术。首先，人车分流。秣陵路南广场段由动车道改为步行街（保留消防应急车道功能），使周边车行交通形成“东进东出，西进西出”的双C车行环线，不仅可减少各交叉口的交通冲突，还使南广场整体步行空间范围向南延伸至秣陵路以南商业地段，实现城市功能的整合（图5）。

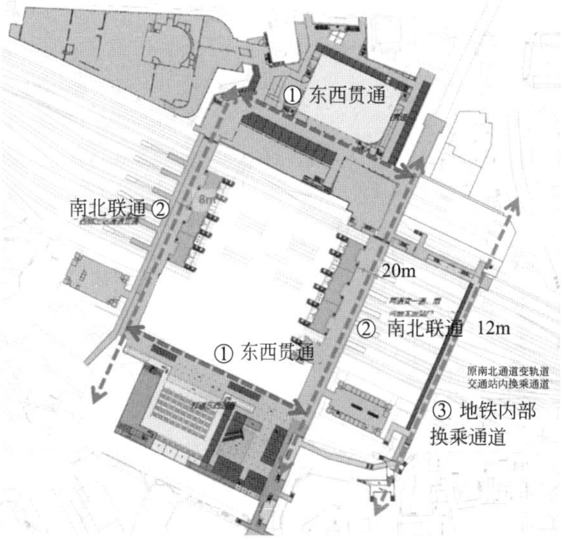

图4　地下人行通道改造设计示意图

其次，整合分散的公交场站。通过合并集中南广场公交车站点，将南广场原本分散为4处的公交站台结合车行流线合并为东西各1处，并与其他的广场配套服务设施一起，避免人流多重分散，减少人流冲突点。而南广场的2个公交车站“隐蔽”于东西两个“绿坡”之下，提升城市界面观感。

最后，增设下沉广场。在易产生人流拥堵的空间进行适当的节点放大，建立地上地下一体化联系，提高空间容量，以应对可能的高峰人流。在南广场东侧设置下沉广场，增加出租车/地铁/社会车辆的行人疏散空间，并结合下沉广场布置商业空间，使其成为南广场地下空间的核心。

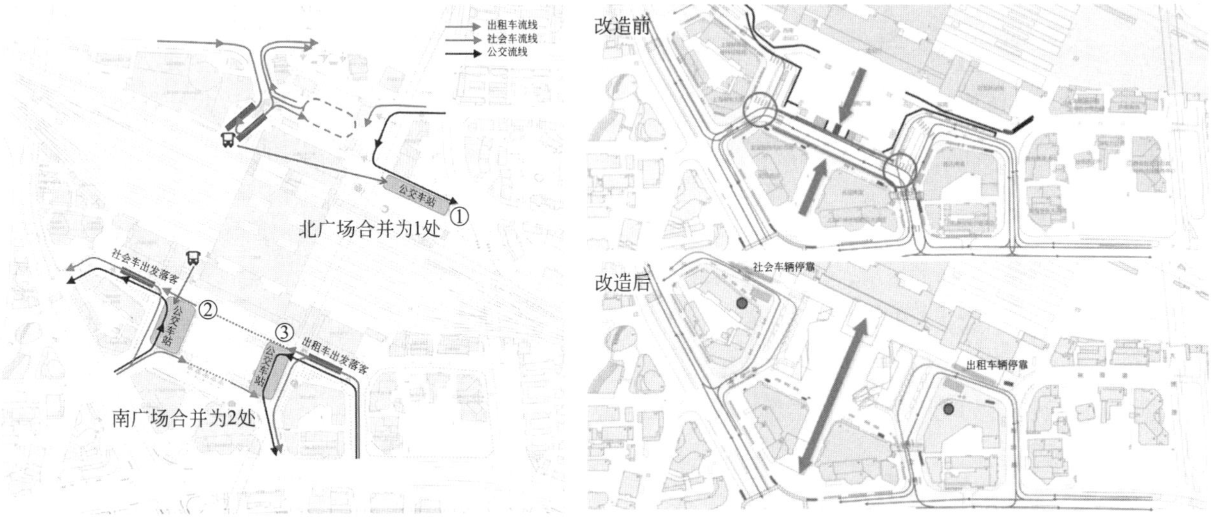

图 5 “东进东出，西近西出”的广场布局调整示意图

4.2 策略二：站城一体系统优化，发挥车站的触媒效应

1. 构建区域步行系统

针对现状站点及其周边因铁路穿越带来的城市南北割裂问题，项目规划了贯通车站南北的开放式步行系统，打通物理层面的隔离，修补了被铁路割裂的城市空间。在此项原则上提供了“内连”和“外通”两种路径。思路一是“内连”——在保留原站房结构骨架基础上，局部拆除中部通道的桁架屋顶，加建商业空间与联系东西两侧候车厅的连廊，形成具有城市性的中央通廊；同时，结合候车厅屋顶打造城市公园、置入公共文化功能体量，将中央通廊空间立体化、功能综合化，形成“南北联通、城站一体”的中央车站，为城市及区域服务（图6）。思路二是“外通”——保留轨道上盖原有候车厅不变，在站厅两侧打造贯通南北的通行道，同时通过城市平台与周边公共设施如长途客车站、M50、宝矿国际地块、不夜城地区等连接，形成完整的城市二层步行系统，实现区域内的人车分流（图7）。

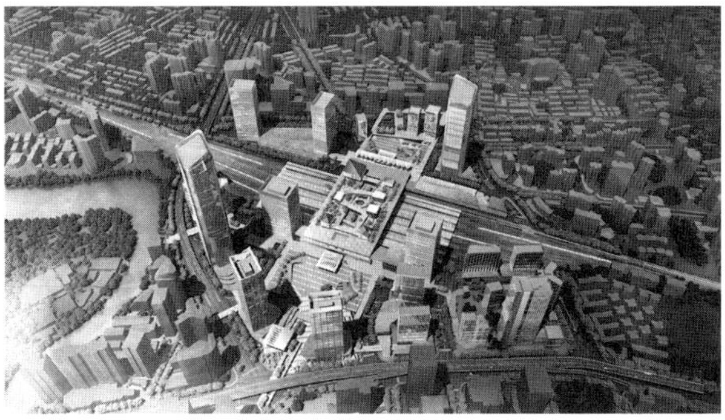

图 6 思路一“内连”示意

图 7 思路二“外通”示意

2. 打造车站中央活力区

在实现步行系统联通的基础上，进一步通过提升站区城市空间品质。提倡为站前广场赋予真正的公共空间属性，植入城市生活，以重塑车站公共空间的“中心性”“市民性”和“功能性”。在确保中央广场主导人行空间和集散要求的同时，增加广场两侧的空间层次——两个立体台阶公园不仅提供了城市核心区缺乏的生态空间，也为绿化屋顶下方提供了更多服务及消费空间的可能性。设计中，立体公园通过层层平台组织公共空间，平台以柔和的抛物线向两侧起坡，面向广场组织动态活动，成为城市的绿心。绿坡下的南侧空间结合周边商业提供新的消费场景，北

侧组织进站安检等候，发挥站前广场进站交通的核心功能。东侧中间处的“时间舞台”将市民活动的多样性与站前广场的高效性紧密融合。这些构筑物围绕火车站的中轴线形成均衡的构图，在合理安排动线的同时，成为广场中的活动节点。

4.3　策略三——大、小、微方案时空递进，伴随式动态更新

上海火车站的近期更新计划并不是一时兴起，而是自世博会这十几年以来市民和城市的发展需求逐步发生了变化，因此在达到“站城一体的城市枢纽综合体”最终目标之前，分时序分阶段成了促进实施的关键。计划提出了大、小、微三种递进式的方案，以匹配不同时期更新可调度的资源。

微更新是针对目前问题最突出的南广场，秣林路局部车行改人行，双C环线的雏形，对于广场各功能设施进行整合，优化布局，更新将广场分为9类15个节点进行深化设计，如主入口更新、增设检票通廊、增加广场综合服务亭及地标“时光塔”等，根据具体的现状问题提出切实可行的近期解决方案。

在微更新基础上实现南广场平面转立体，南广场增设下沉空间，地面地下沟通更为直接，且为幽闭的地下空间引入了水韵绿意。同时打通车站内部地下空间，实现地下贯通南北，疏通东西的“环形步行流线”，以及南广场的公共空间活力也在小方案中打造呈现。

大方案在小方案的基础上进一步缝合铁路穿越带来的城市南北的割裂，以车站本体整合改造为契机，借鉴大阪站的高强枢纽综合体开发，将车站本身打造为城市休闲文化目的地，并带动周边地块连锁式综合开发，推动区域城市更新，但此方案可能涉及部分铁路线路停运，因此需要统筹分时实施，以确保更新的顺利推进。

4.4　策略四：更新机制搭建，总控模式呼之欲出

在上海火车站的要素重叠问题中，涉及多个城市管理部门，如市（区）政府、规土局、站管办、申通地铁、公交公司等，地方平行管理也产生了更多的管理权力。该项目已初步建立了一个合理高效的管理和沟通机制，为各分管部门和利益共同体之间提供了对话平台。然而，目前这个机制仅适用于微更新和小规模方案阶段。如果进入更大规模的枢纽更新阶段，则需要一个更完善和紧凑的更新机制。

一种是总规划师制度，借鉴国内目前近期唯一的优秀实践——“嘉兴火车站”更新案例，需要确定风貌总控设计方和整体实施总控设计方。在沟通层面，建立由市（区）领导牵头的各部门协调机制，并与铁道部门达成共识，共同参与协调机制，形成包括整体决策方、甲方、各设计单位及各参建单位组成的项目共同体。

另一种是需要打破某些传统规范制度，未来的立体综合枢纽产权不再是单一的。可以参考我国香港地区和日本的TOD模式，构建立体划分的产权模式，并通过容积率奖励政策以及合适的金融激励政策，激励环车站的老旧地块进行主动更新或联合再开发，形成从车站到区域的整体良性更新模式。

5　结语

尽管高密度市区火车站的更新面临诸多挑战，但它同时也成了城市中心稀缺的“价值洼地”。我们应充分利用现有的更新机会，重新梳理枢纽功能与城市功能之间的关系，对枢纽及其周边地块之间的空间进行整合，提升枢纽的可达性、舒适性和高效性，实现站城一体化[4]。值得一提的是，随着上海东站、宝山站的持续发展，上海的枢纽格局将进一步完善，上海站也有机会被分担更多运力，届时上海站“地下地铁化”改造的大规模重建也不再是一件遥不可及的事。

参考文献

[1] 李扬. “站城一体”模式下日本铁路枢纽地区的城市更新研究[J]. 城市建筑空间，2022，29（9）：154-156.

[2] 上海市人民政府. 上海市城市总体规划（2017—2035年）[R]. 上海：上海市政府，2018.

[3] 陆丽. 城市更新背景下苏州火车站片区更新策略探析[J]. 工程建设与设计，2023，（19）：99-101.

[4] 刘劲. 我国城市中心铁路客运站改造设计研究[D]. 大连：大连理工大学，2016.

道清铁路焦作段沿线工业遗产更新改造策略研究

赵琳 冯阳[①] 胡振宇

作者单位
南京工业大学建筑学院

摘要： 随着时代发展，一些具有历史保护价值的铁路工业线路逐渐荒废，造成了铁路沿线城市区域的更新滞留，阻碍了工业型城镇建设和发展。本文以道清铁路焦作段沿线工业遗产为研究对象，依据焦作市自然资源和规划局 2022 年组织编制的《焦作市中心城区旧城更新规划》，通过分析现有的铁路工业遗产保护与更新模式，从线到面，多层次地归纳总结更新改造策略，以期对道清铁路焦作段沿线工业遗产的更新改造研究提供参考和借鉴。

关键词： 铁路工业遗产；道清铁路焦作段；保护与利用；更新改造策略

Abstract: With the development of the times, some industry railways with historical preservation value are gradually being abandoned, causing the stagnation of renewal urban areas along the railway, and hindering the construction and development of industrial cities. Aiming at the industrial heritage along the Jiaozuo section of the Daoqing Railway, and based on the 'Jiaozuo City Central Urban Renewal Plan' made by the Jiaozuo Natural Resources and Planning Bureau in 2022, the article analyzes the existing protection and renewal models of railway industrial heritage, summarizes and transforms strategies from line to surface at multiple levels, in order to provide reference and inspiration for the research on the renewal and renovation of industrial heritage along the Jiaozuo section of the Daoqing Railway.

Keywords: Railway Industrial Heritage; the Jiaozuo Section of the Daoqing Railway; Conservation and Reuse; Renovation Strategy

1 铁路工业遗产的保护与分类

我国现存大量铁路工业遗产，而相关保护研究尚处于探索阶段。从遗产保护角度看，铁路工业遗产可分为物质工业文化遗产和非物质工业文化遗产，国内学者主要从物质文化遗产保护入手研究，而对铁路工业遗产的非物质遗产保护研究较少。常江等（2021）论述了我国铁路工业遗产保护利用研究进展，提出将铁路工业遗产的物质文化遗产保护分为三个层级：点状层级、面状层级和线状层级，分别论述其特点与保护策略[②]。

19世纪70年代，英国率先意识到对铁路工业遗产的保护，引发了西方国家对铁路工业遗产保护利用的探索。美国、英国、德国、澳大利亚等国家陆续建立了大量由铁路工业遗产转变而成的慢行廊道。目前，国内外已有许多优秀保护案例，比如青岛火车站、巴黎小腰带铁路遗迹（La Petite Ceinture）、中国台北捷运淡水线、英国国王十字街区（King's Cross）、南京浦口火车站等（表1）。

国内外铁路工业遗产更新保护优秀案例 表1

选择案例	模式分类	沿线铁路	更新策略	改造措施
青岛火车站	点状保护更新	胶东铁路	保护历史原貌、提升运输效率	修缮建筑、更新设施、优化流线
巴黎小腰带铁路遗迹	线性保护更新	废弃半环状铁路、曾承载巴黎世博会客运	激活沿线区域、打造受欢迎的城市公共空间	化整为零、因地制宜

① 通讯作者。
② 常江，宋昱晨，高祥冠.我国铁路工业遗产保护利用研究进展[J].中外建筑，2021，27(10):94-99.

续表

选择案例	模式分类	沿线铁路	更新策略	改造措施
中国台北捷运淡水线	线性保护更新	台湾铁路管理局淡水线	重塑沿线景观、交通再利用	改造原有铁路和沿线节点风貌
英国国王十字街区	面状保护更新	伦敦大都会铁路	从“货的枢纽”转变为“人的枢纽”	历史建筑融入现代生活，注重区域经济发展的持续活力
南京浦口火车站	点面结合保护更新	津浦铁路	修缮历史建筑，进行环境整治	塑造滨江岸线景观、火车站历史文化区以及数字金融版块

2　道清铁路和道清里社区

2.1　道清铁路——河南省第一条铁路

焦作市位于河南省西北部，北依太行、南临黄河，呈北山、中川、南滩之势，面积4071平方公里，常住人口352万人，辖6个县（市）、4个区和1个城乡一体化示范区，是全国文明城市、国家卫生城市、中国优秀旅游城市。焦作在近代发展定位上属于工业城市，有较为雄厚的工业基础，也是河南省工业文明的重要发祥地。清光绪二十四年（1898年），英国福公司即在焦作开办煤矿。1902年，英国人主持修建从道口到清化的铁路，全线长150公里，横跨整个豫北地区，是河南省内的第一条铁路。道口连接卫河，从卫河连接南运河至天津，再连接京杭大运河至杭州，打通了南北运输线路。1905年，清政府派詹天佑主持评估，将这一段铁路收归国有，称为“道清铁路”①。

近年来，随着我国铁路事业的快速发展，道清铁路大部分线路已被新焦线（新乡——焦作）和焦枝线（焦作——枝城）所覆盖，具有百年历史的道清铁路仅剩焦作市区内的20多公里，在焦作市区内仅存5个站点，其中，焦作北站、待王站目前有货运运输；北朱村站、朱村站目前不办理运输；李封站目前完全被废弃（图1）。

道清铁路在近代焦作市的发展中，除了历史价值、经济价值和社会价值之外，还带来了高等教育启蒙价值。1909年，英国福公司在我国创办焦作路矿学堂，成为我国第一所矿业学校，学校的创立为加快掠夺中国矿产资源而培养矿业人才。中华人民共和国

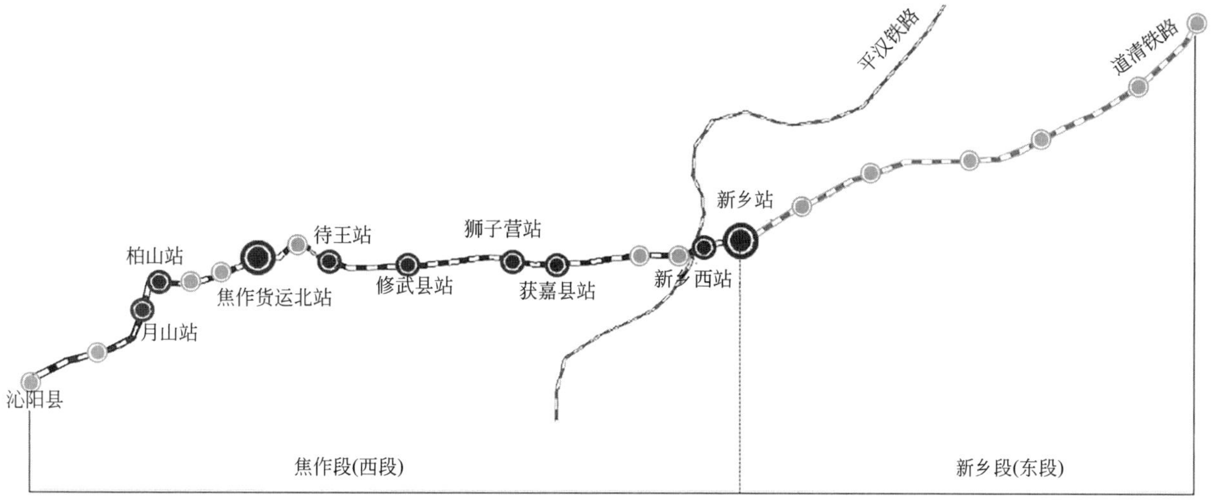

图1　道清铁路现存主要站点

① 李燕.道清铁路旅行指南[Z].焦作：道清铁路监督局，1918.

成立后，因为国家要筹建中国矿业学院，学校主体迁往天津，原址继续办学为今河南理工大学，成为中国近代矿业高等教育的开端[①]。

2.2 道清里社区——焦作现代城市文化的发源地之一

在道清铁路焦作段沿线分布的社区中，道清里社区具有典型代表性，在社区内现存有历史文物保护点、铁路家属院、道清中学、道清医院等，建造年代悠久，是焦作现代城市文化的发源地之一。其现存于焦作市道清里社区中间的道清铁路，由焦作北站牵引出东西走向的铁路线，沿线南北均为居住区。

从现状来看，沿道清里社区中现存的道清铁路线两侧分布的文保单位和老旧建筑有：①焦作市历史文物保护单位——道清铁路机车供水站台旧址，其建造于1904年，功能为蒸汽机车加水，给铁路附属地生产、生活供水，是蒸汽机车时代的标志性建筑。但目前由于铁路废弃和缺乏监管，造成了道路不通、使用功能混乱、环境脏乱差等问题。②铁路家属院小区，其中道清里小区现有住户278户，铁路一号院590户，铁路二号院228户，现有住户多为老年人。③近铁路沿线自建平房区，距铁轨有一定距离，平房大多比较破旧，大部分已废弃，少部分仍在使用，但需要修缮。部分靠近交叉口的平房已零星引入了商业、餐饮等。④道清铁路旁焦作北站牵出线目前完全处于废弃状态，铁轨杂草丛生，铁路挡土坡、铁轨枕木间等已被周边居民种植树木和农作物，很大程度上阻碍了新华街南北的连通，有待拆除或改建（图2）。

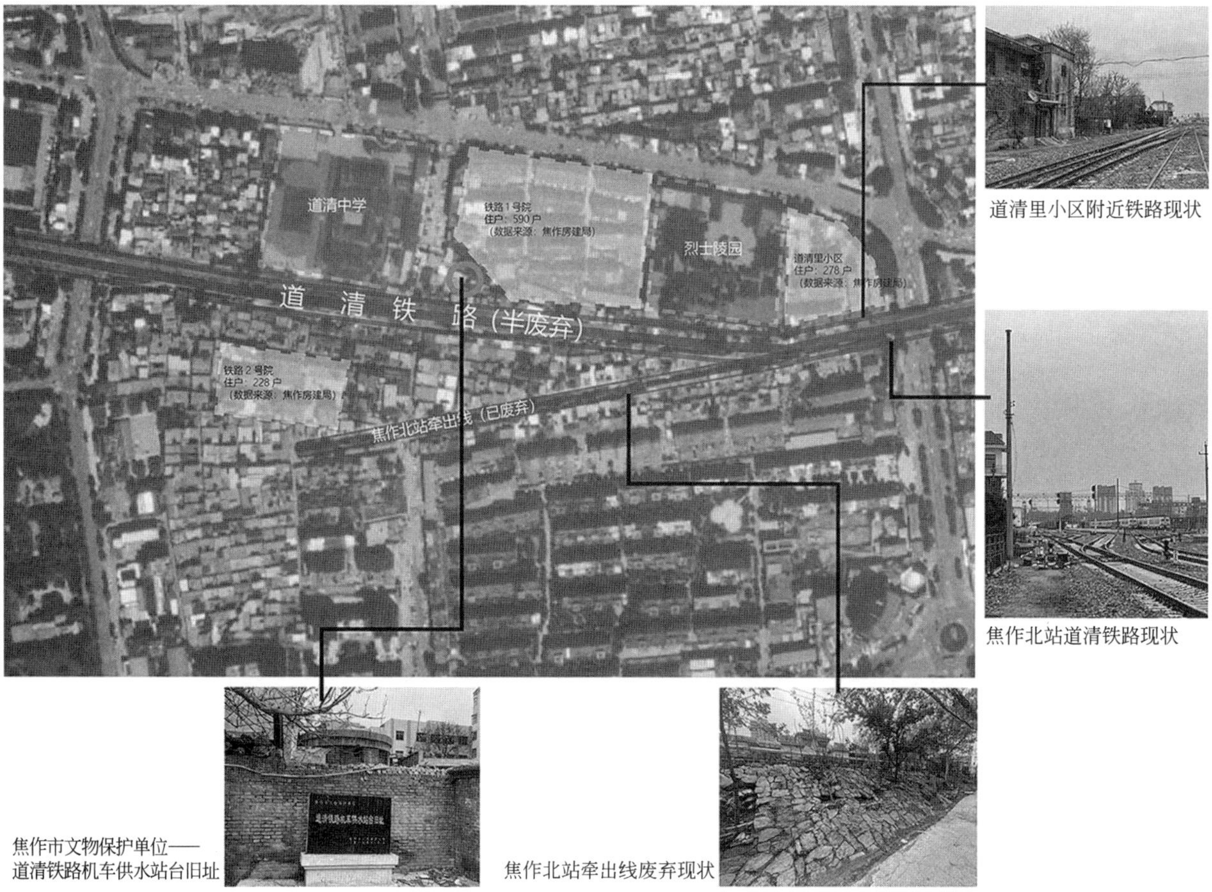

图2 道清里社区现状

① 张亚飞，赵耀洲.铁路旧址保护视角下的中小城市更新策略思考——以道清铁路焦作段为例[C]//中国城市规划学会.面向高质量发展的空间治理——2020中国城市规划年会论文集.北京：中国建筑工业出版社，2021：2112-2120.

从管理角度分析，造成社区混乱的主要原因是产权不明晰：①社区中现存废弃铁路产权尚不明晰，未归市政府。②铁路附近现存棚户区无人管辖，多为在其铁路系统工作的工人自建自修，铁路线附近的空间被私人侵占，造成使用功能混乱。

3　更新改造策略

针对道清铁路沿线工业遗产的现状与问题，依据上位规划——焦作市自然资源和规划局2022年颁布的《焦作市中心城区旧城更新规划》的要求，本文从线到面，分别从构建遗产廊道和激活旧城区更新两个角度，提出了详细的保护利用计划，以加快道清铁路原有铁路站场用地向铁路遗址公园的转变，并利用原有铁路系统加强东西向城市的公共交通联系，塑造一条城市级工业文化旅游带，充分利用老旧工业遗址既存建筑物和构筑物，发展新业态、新场景、新功能，推动文商旅全面转型升级（图3）。

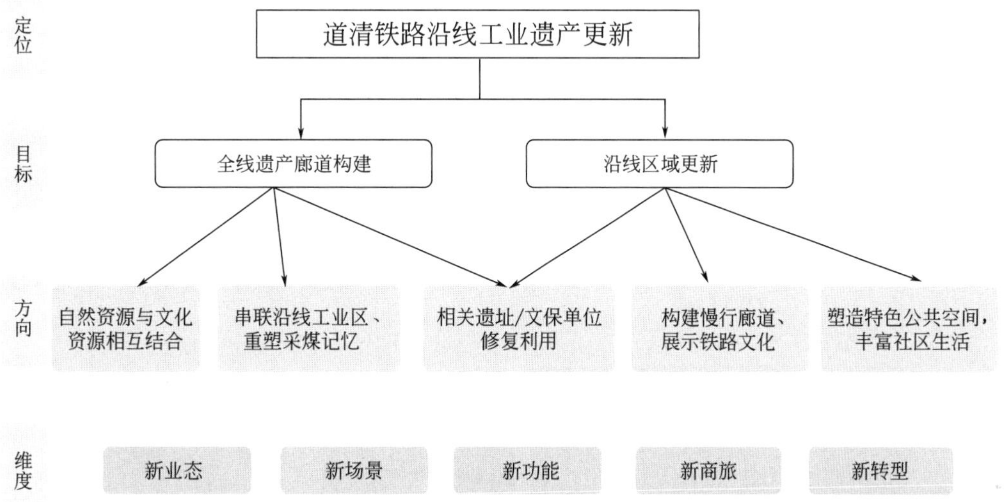

图3　道清铁路沿线工业遗产更新策略技术框图

3.1　线性保护——构建遗产廊道

目前，国内铁路工业遗产保护利用的研究多从两个视角展开，一是全线保护利用遗产廊道，二是开发文化旅游线路。前者侧重于将呈线性分布的遗产资源与廊道边界内的自然与文化资源结合进行保护，从而促进所在地的经济和社会发展，例如，津浦铁路及沿线城镇共生发展①。而后者更强调遗产所共有的非物质内涵及其所反映的历史文化活动，例如，中东铁路工业文化景观保护规划。

总长14.358公里的道清铁路焦作段，拥有完整线性空间，在建筑与景观上，串联起主要历史文物分布区，包括马村火车站站房旧址（图4）、道清铁路机车供水旧址等。在其工业发展历史中，道清铁路焦作段串联起许多工业遗产点，如王封矿厂、焦作电厂、风神轮胎厂和陶瓷三厂等，并将它们与老城区紧密联系。

在焦作市中心城区旧城更新规划中，其规划布局呈现“三线一网多片区”的总体空间结构。其中，三线是指历史线、生活线和创新线。历史线旨在复兴历史，采用静态保护、文化演绎、活化体验三大设计策略以重现道清铁路遗址价值，传承其精神文化内涵；生活线贯彻全民公园和全时公园理念，通过慢行系统编织公园与社区肌理，实现全频段共享的多元

① 邓元媛，操小晋.工业遗产廊道构建研究:津浦铁路与煤矿工业遗产之共生[J].中国矿业,2020,29(12):83-88＋115.

图4 马村火车站站房旧址

生活；创新线通过创新雨林、科创胶囊、智慧公园三大策略，将未来的科创空间向传统行业、日常生活渗透①。

从构建全线遗产廊道的角度出发，可划分片区并结合不同片区的不同资源进行规划，实现自然资源与文化资源的结合。例如，在道清铁路线路西侧段，此段有开采煤矿导致的塌陷区和原有的森林公园，生态基底完善，可配套建设服务设施，打造生态绿色旅游区。在分区构建遗产廊道的同时，需要注意各片区公共交通的可达性与贯通性，以及各片区基础设施的配套建设②。

3.2 面状保护——激活沿线区域

上节论述了道清里社区的现状与问题，以下从修复文保单位、构建慢行廊道和重塑公共绿地空间等三个方面提出改造策略和参考意向（图5）。

1. 对历史文物保护单位进行修缮

可打造铁路文化展示馆并对外开放，激活铁路沿线片区。首先，应该对文保旧址进行修复，加固结构，修复已损坏的建筑部分，尽可能保留原有建筑的历史痕迹和特色；其次，应该在旧址周围增加绿化植被，结合周边环境进行景观设计，并与周边社区形成

图5 道清里社区改造策略

---

① 焦作市自然资源与规划局.焦作市中心城区旧城更新规划[Z].焦作，2022.

② 任凯.基于点轴系统理论的工业遗产廊道空间构建策略——以道清铁路焦作段为例[D].青岛：青岛理工大学，2021.

联动；最后，还应该深挖道清铁路机车供水站台旧址的非物质文化遗产，深挖其作为机车供水点所代表的当时的工艺制度、生产模式等，营造展览空间，向公众科普近代铁路工业遗产历史知识。

2. 构建慢性廊道，展示铁路文化

针对焦作北站牵出线已废弃段的现状，可沿东西向构筑千米慢行廊道，并在南北向上充分考虑交通的便捷性和可达性，改变现有交通不便的现状。可参考北京冬奥公园中的火车公园，依照丰沙铁路双线位置设计，打造慢行休息和历史复原结合的休闲空间。在慢行廊道的设计上进行历史复原，以轨道、道岔、轨枕、机车等铁路设备设施为表现元素，机车车辆内可设置展览场所，设立线路设备专区、铁路机械设备专区等，辅以铁路管理、调度等文化宣传，让大众在游览休憩中更加了解、熟悉铁路工业遗产。

3. 重塑社区公共绿地空间

目前，在道清铁路轨道线路与房屋之间仍留有不少可供建设的空地，可利用其打造便于社区居民使用的公共绿地空间。同时，也可引入小型商业店铺，激发片区活力，营造良好的铁路社区环境。可参考巴黎小腰带铁路工业遗址改造案例，采用“化整为零，以点带线”的更新改造模式，针对不同区域，采取不同的融资模式和多主体开发模式，强化社区文化与公众参与。在构建铁路工业遗产公共空间上，应根据铁路遗址的地形和特点，进行绿地规划，划分出步行道、草坪、植物区等功能区域；在营造氛围上，可选择与铁路相关的装饰物件、创意墙绘等，贴合铁路遗产历史文化；在选择植物上，首先应考虑适应环境，生态功能好，观赏价值高的本地植物，如选择耐旱的植物以减少水资源消耗；同时，考虑到公共空间的多功能性，可以设置一些体育健身设施，满足周边社区居民的运动休闲需求，并且要注意适老性设计。也可预留活动场地，举办各种文化活动和教育活动，如车站舞台、隧道影院、城市农场、创意市集等。

4　结语

本文通过文献梳理、案例归纳和实地调研，对道清铁路焦作段沿线工业遗产的更新改造展开研究，得出以下结论：

（1）道清铁路作为河南省内第一条铁路运输线，是焦作城市近代史的一个缩影，具有重要的历史文化保护价值，但在工业遗产的保留与城市发展发生冲突时，如何实现合理再利用成为城市更新中需关注的关键问题，也是中小工业型城镇实现转型发展的重要突破口。

（2）位于城区的铁路遗产具有转为线性慢行基础设施的巨大潜力。在道清铁路沿线工业遗产保护利用上，本文建议：①从线到面，采取全线廊道构建与沿线区域更新相结合的改造方式；②在道清里社区中，以道清铁路机车供水站台旧址为激活点，重塑城市“塌陷区”，加快废弃铁路沿线空间向慢行廊道和公共绿地空间的转变，使铁路工业遗产带动周边产业发展，服务于城市居民。

（3）在推动铁路沿线工业遗产更新改造时，往往有产权模糊的问题，要避免出现产权不明晰而造成的城市更新滞留困境。此外，还应鼓励大众广泛参与，建言献策，为政府科学决策、民主决策提供依据。

参考文献

[1] 常江，宋昱晨，高祥冠.我国铁路工业遗产保护利用研究进展[J]. 中外建筑，2021，27（10）：94-99.

[2] 李燕，道清铁路旅行指南[M]. 焦作：道清铁路监督局，1918.

[3] 张亚飞，赵耀洲.铁路旧址保护视角下的中小城市更新策略思考——以道清铁路焦作段为例[C]//中国城市规划学会.面向高质量发展的空间治理——2020中国城市规划年会论文集.北京：中国建筑工业出版社，2021：2112-2120.

[4] 邓元媛，操小晋.工业遗产廊道构建研究：津浦铁路与煤矿工业遗产之共生[J]. 中国矿业，2020，29（12）：83-88，115.

[5] 焦作市自然资源与规划局.焦作市中心城区旧城更新规划[Z]. 焦作：2022.

[6] 任凯.基于点轴系统理论的工业遗产廊道空间构建策略——以道清铁路焦作段为例[D]. 青岛：青岛理工大学，2021.

[7] 张健健，克里斯托夫 · 特威德.工业文化传承视域下的工业遗产更新研究——以英国为例[J]. 建筑学报，2019，66(07):94-98.

基于使用后评估的三线建设遗留社区公共空间优化策略研究
——以成都市下涧槽社区为例

韩雨琪

作者单位
重庆大学

摘要： 三线建设作为中国工业史上特殊的建设历程，具有独特的历史文化价值，随着城市建设转为存量更新，大量三线建设的遗留社区成为城市更新的重点对象。本文以成都市下涧槽社区为例，通过行为注记法，结合调查问卷和居民访谈，对社区公共空间居民的活动进行观测、记录，对社区公共空间使用情况进行研究分析。探讨三线建设遗留社区居民的独特的空间使用需求和行为活动特征，发掘此类社区公共空间的潜在资产，以此为基础提出优化更新策略。

关键词： 三线建设遗留社区；公共空间；使用情况；优化策略

Abstract: As a distinctive phenomenon in China's industrial history, third-line construction holds significant historical and cultural value. With the shift from urban construction to stock renewal, numerous legacy communities of third-line construction have become pivotal targets for urban revitalization. Taking Xiajiancao Community in Chengdu as an illustrative case study, this paper employs behavioral observations, questionnaires, and resident interviews to examine and analyze the activities and utilization of public spaces within the community. It explores the unique spatial needs and behavioral characteristics of residents residing in these legacy communities while investigating potential assets concerning their public spaces. Furthermore, targeted optimization and renewal strategies are proposed.

Keywords: Third Line Construction Legacy Community; Public Space; Usage; Optimization Strategy

1 引言

随着信息时代的到来，由传统工业生产作为经济支撑的工业城市在市场经济的经济体制转型中逐渐寻求不同路径，在其产业转型和城市扩张的过程中，大量工业时代遗留社区留存下来[1]。近年，针对三线建设遗留社区的更新进展缓慢，主要是其形态单一，社会经济属性复杂，更新难度较大。如何实现三线建设遗留社区的更新改造是城市更新中的一项重要内容，是推动旧城改造、延续城市文脉、焕发城市活力的核心问题[2]。此外，社区的改造应该重视创建满足居民日常生产和生活需求的公共空间，并全面思考工业遗迹社区化的改造方式[3]。

“旧改”政策的支持使得工业遗产社区逐步得到改进，然而，对于这些以三线建设历史遗迹为主体的社区来说，他们的公共区域能否充分适应和满足当地居民的需求仍然是一个亟待解决的问题[4]。因此，我们选择通过对实际案例的研究来开展关于工业遗产社区居民使用后的评价，以此揭示这类社区中存在的可能问题并给出相应的解决方案，从而为未来类似社区公共空间的改造升级提供参考。

2 三线建设背景及遗留社区特征

2.1 时代背景下三线建设的发展历程

在20世纪60年代中期，中国进行了一项重要的战略决策——三线建设。成都作为一座现代化城市的出现，正是得益于“三线建设”[5]。在这个过程中，国家相继迁入成都一大批重要的工矿企业和科研单位，这极大地改善了当时的工业体系。根据“工业和农业相结合，农村与城市相融合，城市应以生产和服务为主导”的城市规划原则，我们需要考虑项目的地点选择及相关的辅助区域和公共服务的建立，这有助于推动城市的发展并扩展其范围[6]。而随着时代的变化，大部分企业由于经营等问题面临破产，这些大型企业遗留下来的退休员工及其家属后来的生活区域则渐渐形成独特的社区。如今这些老旧小区必须改变观念，向新型城市社区进行转变。

2.2　三线建设遗留社区特征

社区设施年代久远。这些社区由于是上个世纪遗留下来的老旧社区，因此大部分存在社区内部环境卫生较差，以及乱搭、乱建、乱圈的情况。建筑物产生破损，小区内一些基础设施也同样出现破损，没有新的便捷型基础设施。

社区人口老龄化严重。这些社区的居民主要是当时三线建设企业遗留下来的退休员工及其家属，如今在家养老使得这类社区人口老龄化比较严重，大部分社区60岁以上的老人占比可高达30%以上，幼儿所占比例也相对较高，有些家庭甚至是四代同堂。

社区文化底蕴浓厚。同一社区居民多为同一“三线建设”时企业的退休员工，他们曾一同参与国防企业生产，对当时企业部件生产和工厂车间的场景有着深刻的记忆。社区居民将自己毕生的精力献给了三线建设，拥有强烈的三线建设精神，社区内红色基因代代传承。

3　研究对象及研究方法

3.1　研究对象

在下涧槽社区，有一个典型的大型国有企业——成都机车厂的家属居住区。这里的主要居民是机车厂退休员工以及机车厂的工人和他们的家属，它是三线建设遗留下来的小区。

坐落于二仙桥北路31号的下涧槽社区，其东部与成都理工大学的校园相接壤，南部则毗连着机械制造工厂区域;西部和北部分别被关家堰村和东华村环绕。周边环境包括了东郊记忆工业遗产地、成都市自然历史博物馆、二仙桥公园以及圣灯公园等。该社区占地大约为0.72平方千米，拥有住宅楼116座，共计284个单位，初建于1951年，总体建筑规模达到约32万平方米（图1、图2）。

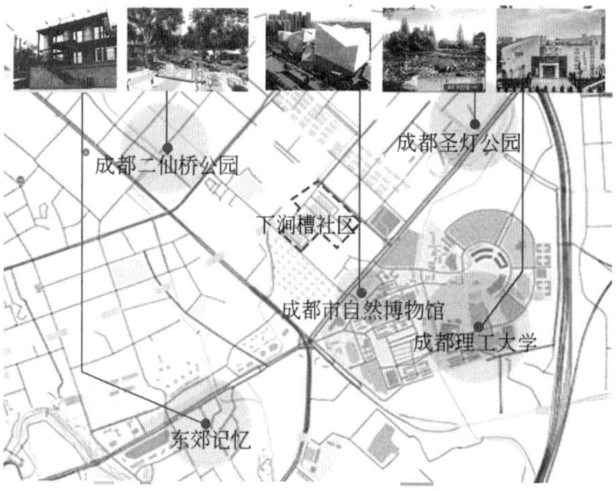

图1　下涧槽社区区位图

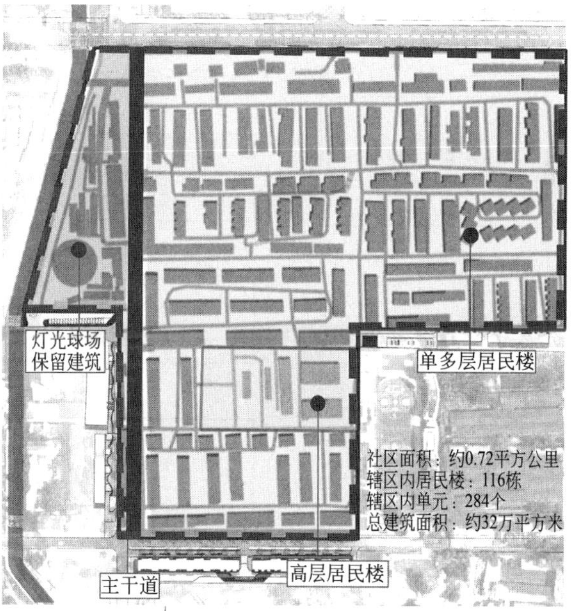

图2　下涧槽社区范围图

在下涧漕社区，总共有14782名居民，包括11438名常驻人员和3344名流动人口。该小区内目前70%居住都是50岁以上的机车工厂退休中老年人，是成都年代最悠久的老式街区之一，社区人口老龄化比较严重（图3～图5）。

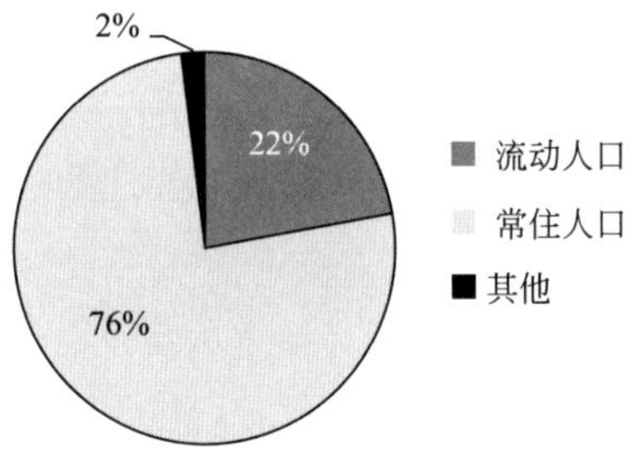

图3　社区居民流动情况

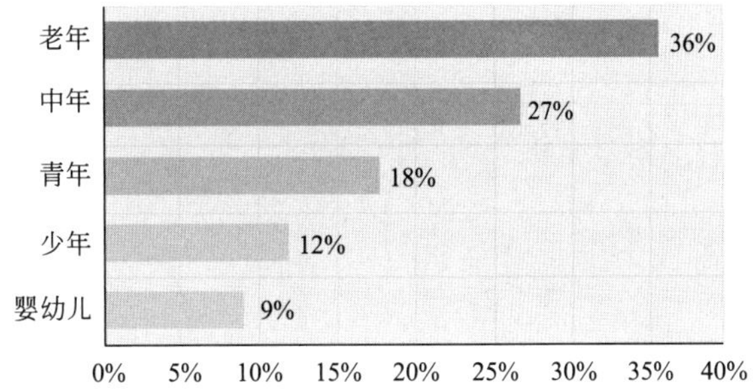

图4　社区居民年龄结构

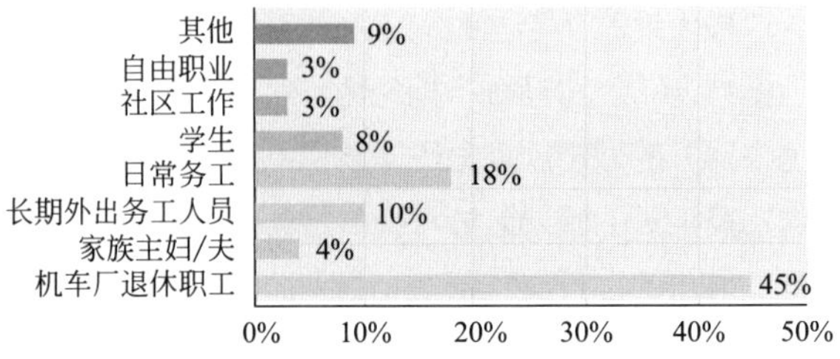

图5　社区居民职业结构

下涧槽社区始建于三线建设初期，经历蒸汽时代、内燃时代、三业并举时代。后成都机车厂经历退城入园，旧址重新规划，城市更新，塑造工业主题社区组团。2017年底，下涧槽社区开始启动改造，历时一年多时间完成。“留住机车的记忆”是下涧槽社区改建的核心主题，通过构建各种社区环境来承载过去的温暖，并用无数细微的方式连接起机车工厂的历史和现在（图6）。

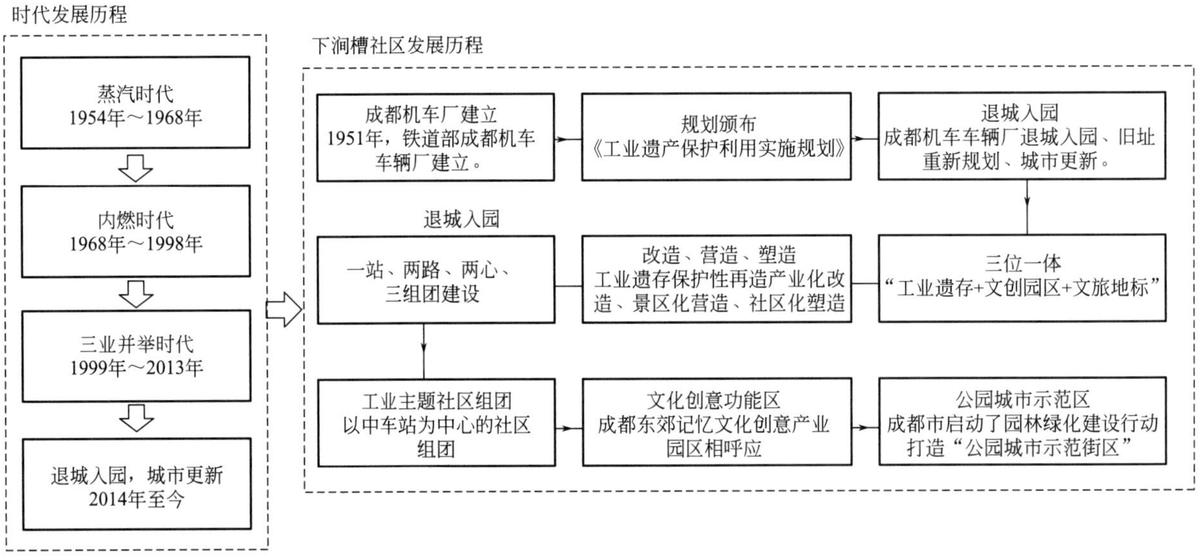

图6　下涧槽社区历史发展历程

3.2　研究方法

通过实施居民使用后的评价(POE)来考察了三个典型的社区公共场所的利用状况，其过程如下：首先是实地勘察和数据收集阶段，将社区公共场所的现况进行了梳理，并对它们按照类别做了统计;其次，运用行为标志法[7]，针对下涧槽社区各个公共场所的使用者活动模式进行了记录，并将这些信息与实际场所的数据相结合，以获得更准确的空间使用状态;最后，采用了问卷调查及结构化访谈的方式，选取部分样本进行访问，获取到他们关于当前环境满足程度、对公共场所的需求以及对社区未来的期望等方面的意见，以此作为参考依据，进一步验证观察结果。

社区居民人口老龄化水平较高，中老年人习惯于早上、下午活动，晚上归家较早。且成都市常年阴雨不断，在有阳光的天气时，更多社区居民外出活动频繁。故调研选取在5月下旬，在有阳光的日子全天进行。从早晨6：00至晚上22：00，每两小时对数据进行一次统计并标记。同时，采用快照法来记录人流量，最后取平均值。在记录的间隔期内，对使用空间的人群随机进行结构性访谈。

4　社区公共空间使用情况

4.1　空间现状整理

社区公共空间按一般功能类型可大致分为社区服务空间、交通空间、室外活动空间及景观绿化空间。下涧槽社区服务区域涵盖了社区服务中心、篮球馆和邻里平台等设施;其交通网络由街道、停车场以及自行车停放区构成;户外活动的场所则有露天公园、儿童游乐区和住宅间的闲置土地等;此外，该地区的园林绿化覆盖面还包括社区植被、住宅区的绿植园以及屋顶上的绿色空间（图7）。

4.2　居民活动行为调查

下涧槽社区的居民生活涵盖了多种类型的活动，包括社交互动(闲聊、对弈、玩扑克和品茗)、放松娱乐(健身、散步、嬉戏和晾衣)、正规事务(上班、办理业务或参与篮球场的表演)、商贸行为(街头饮食店消费、便利店购物、修理自行车、剪头发)、农业操作(种植鲜花、养殖家畜、耕作蔬菜)及临时的需求满足(购买食物、倾倒垃圾、获取饮水、回收旧衣服等)（图8）。

活动的场地固定于小区内，聚会集中在公园等地;居民间的互动往往发生在家门口及周边的空间上;商贸行为多见于住宅区内的改装楼房部分;正规的活动常会在一些公众场所或是邻居交流平台举行;农业劳动力大多是在家门前或者是房屋上进行;临时的行动常见的是围绕着绿化带及公用设备周围展开。其中使用率较高的地方包括社会团体场地、社交聚会点位和私人扩展建设用地等。

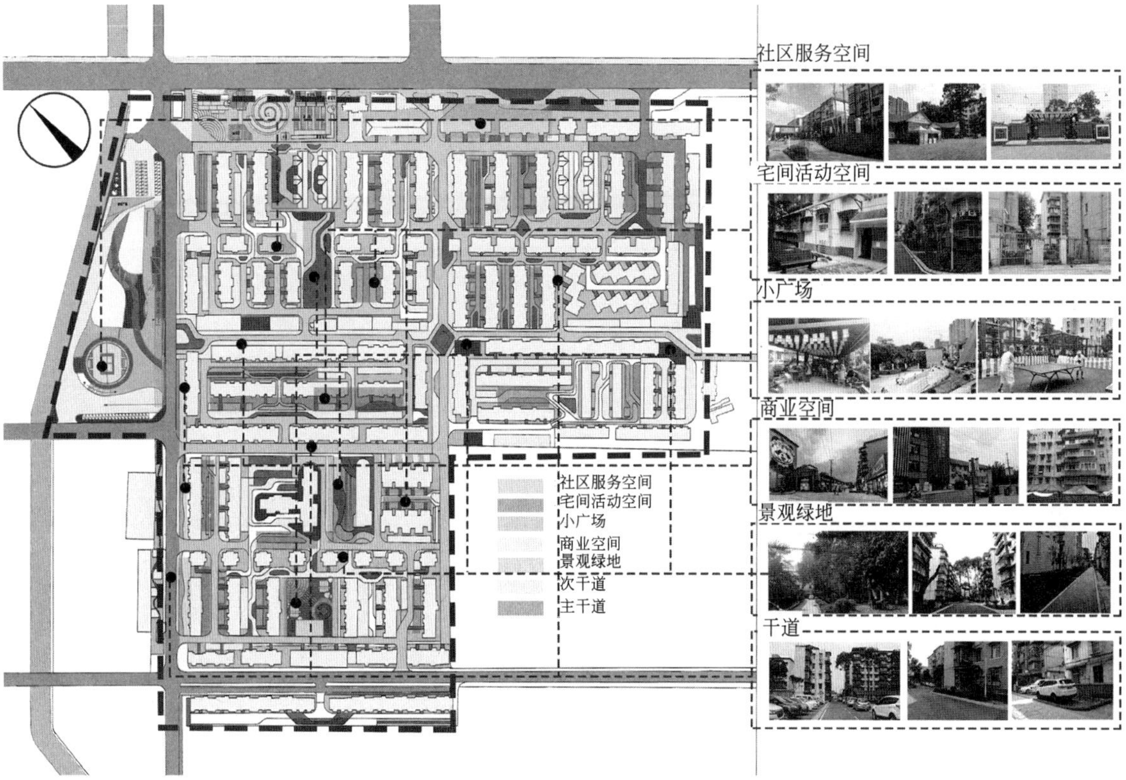

图7　下涧槽社区公共空间现状

图8 下涧槽社区居民活动类型

活动的主体主要是中年和老年人群体，占据了总数的54%，多数在早上8:00以前会在自家庭院改造的空间里喂养家畜，而在上午10:00到中午12:00这段时间内，他们在庭院或公共场所种植蔬菜并采摘它们的情况较为常见，其他时候则更倾向于在这些地方闲逛聊天或者玩棋类游戏。而年轻人们大多在外工作，对公共场所的使用率相对较少，只有在上下班的时间才会去商场区域。至于孩子们，通常是学校的学生，他们的日常生活基本上不会涉及公共场所，但到了傍晚6:30以后或是周末时分，他们偶尔参与一些户外活动。20:00之后的时段，人们的外出活动频率会有所降低（图9）。

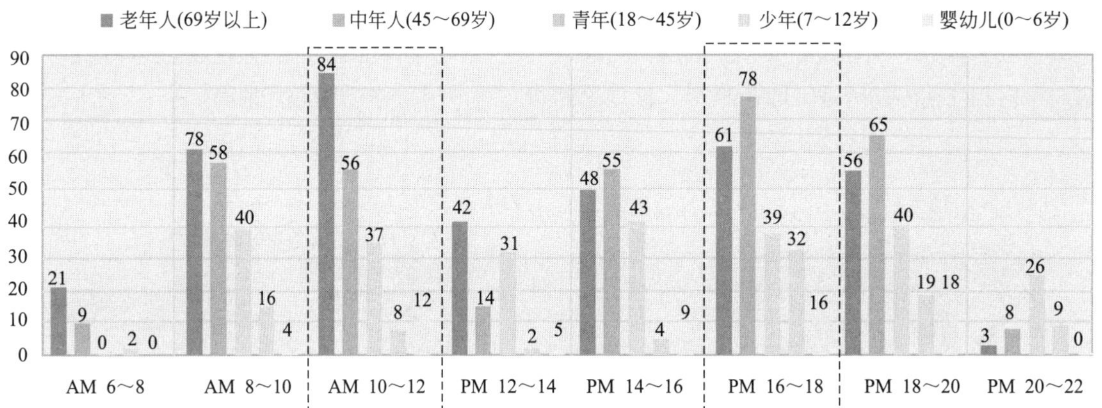

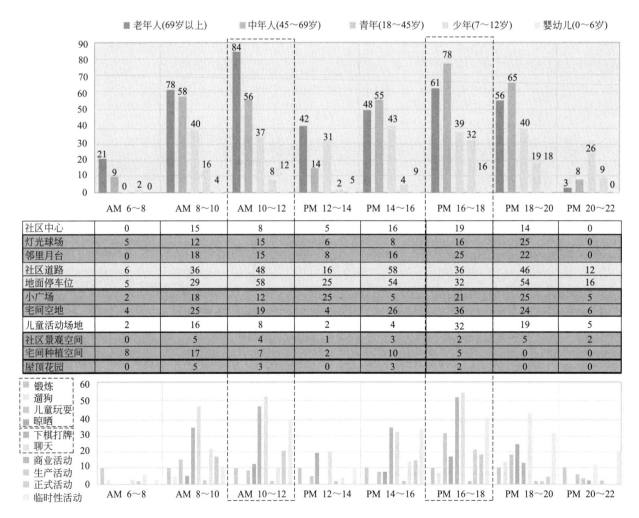

	AM 6～8	AM 8～10	AM 10～12	PM 12～14	PM 14～16	PM 16～18	PM 18～20	PM 20～22
社区中心	0	15	8	5	16	19	14	0
灯光球场	5	12	15	6	8	16	25	0
邻里月台	0	18	15	8	16	25	22	0
社区道路	6	36	48	16	58	36	46	12
地面停车位	5	29	58	25	54	32	54	16
小广场	2	18	12	25	5	21	25	5
宅间空地	4	25	19	4	26	36	24	6
儿童活动场地	2	16	8	2	4	32	19	5
社区景观空间	0	5	4	1	3	2	5	2
宅间种植空间	8	17	7	2	10	5	0	0
屋顶花园	0	5	3	0	3	2	0	0

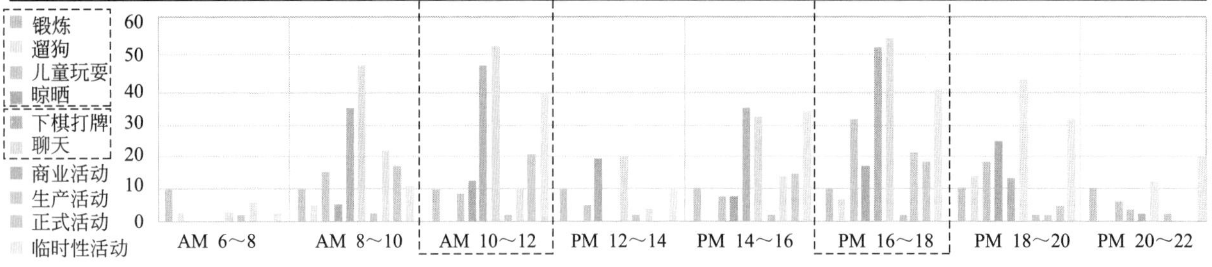

图9 下涧槽社区公共空间活动统计

4.3　公共空间使用情况调研结果分析

根据上述数据研究，发现社区成员会按照特定的模式(比如年纪、性别和兴趣)来分类他们的社交群体，并通过他们潜在的行为习惯参与到活动中去，整个过程具有很强的自主性。具体来说，年长的居民对于入口处的休息区、步行小径、邻里平台等能激发闲暇交流的空间有着较高的偏好度；年轻人更倾向于选择社区中心等商业性质的公共场所；而孩子们主要会在专门为他们设计的游乐区域或者开放式的空地上玩耍。另外，许多中年以上的居民喜欢在阳台上种植各种植物，甚至还会利用房子的屋顶绿化环境，或是把住宅周围的小块土地改造成蔬菜园、花圃或者是晾衣的地方。这一大量现象源于社区老年退休居民较多，空闲时间在社区没有足够的陪伴，自行开展了一些文化活动。

4.4　公共空间现有问题与潜在资产

通过以上调研数据可以得出该社区公共空间问题主要包括两方面，一是生态治理方面，环境条件差，水资源、土壤资源受到不同程度的污染，生态本底薄弱。并且资源循环利用率低，垃圾分类以及垃圾站处理不到位；二是文化活动方面，社区举行的文化活动较少，居民参与度较低，本地居民与外来租户缺乏交流沟通，彼此有疏离感和防备心理，这同样是阻碍社区发展的一个重要因素。

社区中原有的潜在资产应该被充分挖掘，以资产为本这种积极模式能够更好地推进社区更新。潜在物质资产主要为社区自发进行农业种植形成的良好的绿化环境及土壤条件，这为后续社区环境治理形成基础。潜在人力及社会资源主要体现在原住民有共同的历史记忆，他们之间联系紧密，形成基础价值规范并互相建立高度信任，他们共同的知识、技能和文化背景将共同促进社区文化发展。

5　社区公共空间优化提升策略

根据对社区公共空间的基础调查和使用情况，我们提出了一个设计理念，即通过可持续性景观来塑造文化农园理想社区。并提出具体公共空间生态环境策略，提出将非正式农作绿地纳入公共空间体系，以及整体优化社区公共空间管理模式，实现居民自治[8]（图10）。

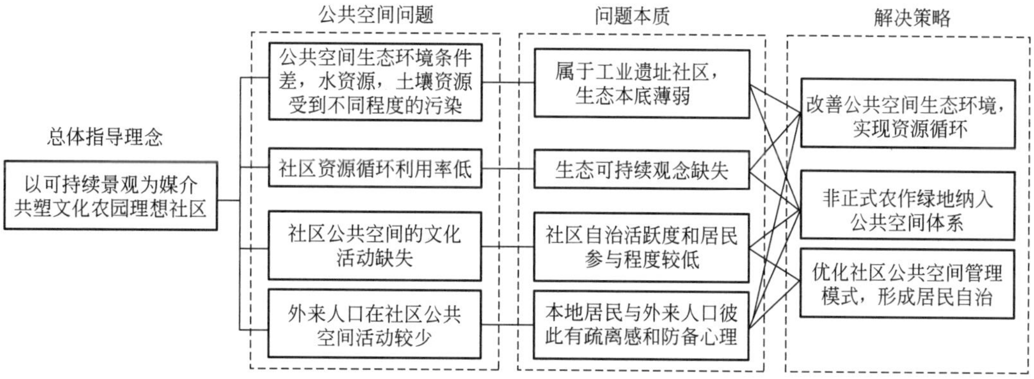

图10　下涧槽社区现状问题及提升策略

5.1　改善公共空间生态环境

对现有下涧槽社区中东风渠水污染问题提出治理，结合社区居民日常中水回收系统，设立水循环治理机制。另外对社区产生的生活垃圾进行分类处理，将餐前垃圾与落叶等经过堆肥厚土栽培，重新用于社区农园肥料，形成资源循环。

5.2　非正式农作绿地纳入公共空间体系

增加适合的植物，在社区中产生良好的公共空间环境。将社区居民自发进行的种植活动形成系统规划体系[9]。社区通过提供优质的农作物秧苗以及专业的农业知识培训，鼓励退休居民在自家阳台种植大量的绿植蔬菜[10]，提升阳台的使用率；鼓励居民在屋顶规划种植菜地，形成屋顶花园；鼓励居民在房前屋后的社区规划绿地中领取农园绿地，按照规定合理使用花园。另外，在社区宅间大面积绿地中设置农作物展示区，在社区北边的入口处设置文化农园展示基地，彰显社区特色名片[11]。

5.3 优化社区公共空间管理模式

为了活跃社区居民对公共空间的使用，社区中心形成志愿活动积分制，鼓励更多居民参与社区环境治理和社区活动中。社区居民通过参与社区活动中心举办的活动，或参与社区农园的共同治理，经过相应的考核标准，可获得相应的积分认证，领取社区福利。以此丰富社区老年人的日常生活，同时能够促进社区新旧居民之间的沟通交流，减少他们之间的边界感。

6 结语

三线建设遗址区主要是由退休老人使用的，他们构成了独特的空间用户群组。这些居民许多都是原始居住者，之间的信赖程度高。这种情况下，公共空间的使用率本应显著增加。然而，最初的设计并未考虑新旧居民的需求，只是简单复制社区规划方法，从而严重阻碍了公共空间的发展。

本研究通过对下涧槽社区居民的使用反馈结果进行了深入探讨，揭示了三线建设遗存社区公共空间所面临的主要问题，如环境质量低劣、新旧居民无法融合和现有设施无法满足居民的需求等问题。针对这些问题，我们提出了一些具体的解决方案，例如提升公共空间的环境质量、调整现有的设施布局以适应居民的功能需求，同时还提倡采用居民主导的社区自我管理的模式来解决问题。这为我们目前正在实施的三线建设遗存社区“旧改”工作提供了一个实用的指导方向。

参考文献

[1] 宋璠玙. “日常性”视角下旧城区工业遗存社区化更新研究[D]. 哈尔滨：哈尔滨工业大学. 2021.

[2] 李易繁，刘瀚熙，衡姝. 城市非生产性工业遗存的价值评估研究——以成都机车车辆厂居住社区为例 [C] //中国城市规划学会.人民城市，规划赋能——2023中国城市规划年会论文集（09城市文化遗产保护）.[出版者不详]，20 23：13.

[3] 罗雪蕾，游欣畅，李异.场景理论视角下的工业遗存社区化更新研究[J].建筑与文化，2023（4）：153- 155.

[4] 蔡双，丁素红.基于使用后评估的安置社区公共空间更新策略研究——以成都市凤凰大道同福苑社区为例[J].住区，2022（1）：21-31.

[5] 李婷婷. 川北地区三线建设工业遗存空间形态研究[D].绵阳：西南科技大学，2023.

[6] 李晗，崔一楠.略论三线建设对西南地区城市基础设施的促进作用[J].西南科技大学学报（哲学社会科学版），2022，39（3）：18-24.

[7] Perth. PSPL Survey and Urban Strategy Report[J]. Geh1 Architects，2009： 66.

[8] 李丕富. 城市社区公共空间使用后评价研究[D]. 西安：西北大学，2020.

[9] 乔睿. 基于适老性的社区农园构建策略研究[D].荆州：长江大学，2023.

[10] 许月. 基于朴门永续理念的社区适老性景观设计[D].南京：东南大学，2022.

[11] 汪海蓉.基于朴门永续理念的社区农园规划设计策略[J].城市建筑，2020，17（17）：42-43，104.

城市微更新视角下网红建筑及景观设计中的象征主义研究
——当西安晚风咖啡馆成为“广告建筑”

陈浩楠

作者单位
西安建筑科技大学艺术学院

摘要： 本文对“晚风咖啡厅”进行了田野观察及文献研究，并且分析了它所拥有的网红因素，意在说明象征主义理论在建成环境中的作用机制及意义。本文认为：设计师在实践中可以使用“象征”的手法满足人们在无意识下对传统“原型－情势”的复原需求以及利用传统“符号”为人们提供多维环境意向；商家通过网络宣传的方式建构出的“广告建筑”标志着当代建筑“原型－本体”的转变。

关键词： 网红建筑及景观；晚风咖啡厅；原型；符号；广告建筑

Abstract: This paper made field observation and literature research on “Evening Breeze Cafe”, and analyzed its Internet celebrity factors, aiming to explain the mechanism and significance of symbolism theory in the built environment.This paper holds that: In practice, designers can use “symbol” to meet people’s unconscious needs for the restoration of traditional “archetypal-situation” and use traditional “symbol” to provide people with multi-dimensional environmental feelings; The “advertising architecture” constructed by the merchants through the way of network publicity marks the transformation of the “prototype - ontology” of contemporary architecture.

Keywords: Influencer Architecture And Landscape;Evening Breeze Café; The Prototype; Symbol; Advertising Building

1 引言

近年来，中国城市建设速度已经放缓，进入到了精细化的微更新阶段[1]。历史久远的古代建筑遗产及建成年代稍早的老旧建筑急需活化和更新，城市更新的内容、尺度、速度及方式都成为了时代新的课题。城市微更新潮流下大量网红建筑及景观的形成是一个特殊现象。“高经济价值”的建筑及景观环境是传统建筑及老旧建筑改造及活化后的“高效”成果；将旧有建筑体改建地更符合当代人的使用语境，并且为经营者带来可观的经济效益，是一种文化遗产和商业资本双赢的新模式。

然而，由于网络媒介宣传具有美化夸张的特征，现实中的网红建筑及景观环境在与游客通过网络与新媒体技术宣传渠道得来的信息所形成的“认知-情感”意向往往具有较大偏差[2]。建筑及景观原有的较为“务实”的传统功能（如制作产品、休憩等）转向了较“短命”的“拍照打卡”等广告功能，导致大部分网红建筑及景观环境往往仅能红极一时就迅速衰败下来。要使得网红建筑及景观在最大幅度地吸引游客获得高额经济效益的同时还能使得建成环境良性运转，就要求设计师在满足空间所提供的基本物质功能的基础上，立足中国传统文化将游客潜意识中的“原型-情势[3]”激发出来，使其产生安全感、归属感及自豪感；并且还要关注当代潮流符号中的“能指-所指”，将当代中国文化高效、准确地融入城市微更新中。

2 当代的城市更新离不开象征主义

“设计-造物”从古至今都是象征的，建筑及景观的“本体”也部分地担负着传递信息的使命。在西方建筑史中，前现代主义建筑及后现代主义建筑一直都统领雕塑、绘画及实用艺术，并将其作为载体；即令是依照“少即是多”的精神营建起来的现代建筑自身也怀揣着一种悖论：现代建筑是表现主义的，它集中于对“功能”及“结构”这些自身的建筑要素进行表现[4]；而“高效-理性”或“机器美学”的精神正是现代建筑所象征的时代精神内核。相比于某些工艺美术品，建筑物在时间尺度上较为恒久，它们或者利用符号学的方式直接表达着某种观念，或者基于“原型”的理论间接回应着居者“无意识”状态下的内心所存的图式。

当代建筑及景观设计领域中的“象征主义”一词可以追溯到1886年的法国文学界，莫雷亚斯的《象征主义宣言》在那一年发表了，而后迅速传播到其他领域[5]。勃罗德彭特在论文集《象征与建筑》中关于“象征主义”的论述是基于符号学的“能指-所指”理论，意在鼓舞当代设计师重视建成环境的意义[6]；里克沃特则走得更远一些，他主张当代设计师应当关注设计现象背后所体现出的基于无意识的“原型-情势”[7]。

城市是承载集体记忆的容器，居民在建筑及景观环境的营建改造活动中将自己的痕迹融入城市[8]。从结构-系统的角度来看，这种融入需要借助建筑及景观环境设计的语言才能实现：基地择址、建筑平面-立面、建筑空间、建筑材料及建筑工艺等。营建系统的各要素分别以符合自身特质的“语言”推动着“事件”的形成与发展。

依上文所述，倘使要各“语言”发挥其象征功能，就要在设计实践活动中平衡处于表层的“能指-所指”逻辑及处于深层的“原型-情势”逻辑之间的关系。晚风咖啡厅是西安碑林区的一处网红打卡微更新实例，本文将通过对其设计手法的解析来解读如何将象征主义融入城市微更新之中。

3 晚风咖啡厅及其“网红因素”简介

晚风咖啡厅（全称：晚风观景茶咖酒馆）位于书院门古玩艺术城南门四楼，是被抖音平台授予“收藏9千+”的网红门店。整个咖啡厅是由两部分组成，一部分是靠近西安城墙的宽约6米、长约8米的闭合院落，是咖啡厅的“1F”（图1）；另一部分是宽约6米、长约20米的楼上屋顶空间，是咖啡厅的“2F”（图2）。“1F”空间的主要功能由“制作饮品”“网红打卡取景”及“等候-缓冲”三项职能构成；“2F”空间的主要功能为“休憩-消费饮品”“观景”及“网红-打卡”三项职能构成。

图1 “1F”院落与博雅楼

图2 “2F”屋顶空间

晚风咖啡厅能够成为“网红打卡景点”是由于其聚集了诸多“网红因素”。首先，其所拥有的优秀的区位地理因素是其成功的基础因素。其所坐落的书院门古玩艺术城属于书院门历史街区，此街区自20世纪90年代更新过后已成为西安重要的文化旅游景点之一，日客流量很大。

其次，它所拥有优秀的文化及城市景观，是其成为网红打卡景点的主要因素。“1F”南侧由瓦当平铺的坡屋顶构成，院落地面与屋檐齐平；西侧为饮品制作区：单侧坡屋顶下形成的灰色空间为半室内的饮品制作处；北侧为入口及缓冲区，连接北侧民宿；东侧设通向“2F”屋顶空间的直跑楼梯及以写有楷书风格“长安”二字的“拍照打卡景观节点”。“2F”则四面开场，由南向可远眺连绵的古建筑屋顶及城墙“博雅楼”，另东向、西向及北向可俯视西安城市建筑。

最后，晚风咖啡厅内贩卖的产品以点心及茶水、咖啡及酒水为主，糕点小吃为辅。产品设计在形式上融入书法艺术，风格符合“城市-建筑”文脉，别具匠心；并且商家敏锐地捕捉到商机，通过抖音及小红书等网络平台的数据流量推广渠道对其做出的适当的推广行为，也是使得晚风咖啡厅成为网红打卡景点的重要因素。

4 晚风咖啡厅所体现出的象征主义

晚风咖啡厅的成功之处在于正确及高效的在环境设计中使用了“象征”手法，准确地将中国传统及中国文化的“原型”及“符号语言”转化成了当代民众喜闻乐见的形式。由此，对其建成环境中所体现出的“象征”方法进行解读研究就具有了一定价值。其中择址的因素与设计的关系较远而更多地受到“经济”的影响，故不在本文的讨论范围之内。

4.1 新旧建筑屋顶的符号对比

晚风咖啡厅中的南侧坡屋顶立面自院落地面起而至屋脊止。游客坐在屋顶之前的木台阶上进行打卡拍照，颠覆了常人对空间方位——“地面-屋顶”所代表的“上-下”——的认知，使人体验“上房揭瓦”的趣味。“2F”休憩区设置在平屋顶上，四周以黑色铸铁栏杆做围护结构，木制条纹地板铺地。打卡者坐在“2F”休憩区可远观博雅楼：连绵起伏的灰瓦坡屋顶将阵列于观者视野之中。

瓦作坡屋顶是中国古典建筑最重要的一类符号，象征着古典建筑不同的等级秩序伦理及古典造作艺术精神，确证着游客对于自身民族身份的认同。即令平顶密勒屋顶在我国西北地区自古就有，但是此处的平屋顶由于离地很高、被黑色铁艺栏杆环绕而被暗示成一种高效、便捷的现代符号。

设计师因地制宜地利用基地周围的优质景观，给游客带来适当的传统文化与现代精神之间的“碰撞-割裂”感；并且，设计师不仅将铁艺栏杆变成线索对传统及现代进行串联，又巧妙地使用植物、灯带等中性元素进行中和，再给游客带来多重意向的同时，使得“冲突”不至于突破观者的承受阈值，给空间使用者带来良好的视觉体验。

4.2 围合与开放的空间格局

晚风咖啡厅中的“1F”院落空间与“2F”开敞空间由于围合方式的不同而使人产生多样的感受。“1F”院落四面围合，墙体高度与地面宽度比例设置尺度宜人；南面利用坡屋顶作为围合面，使人产生身处屋顶之上的错觉。墙体承担了游客想要“被庇护”的心理“原型”，并且暗示游客“此处的墙体可以抵御外界不可抗的自然及野兽之力”；鼓励游客身处屋顶之上实质上就是鼓励游客投身于一种游戏体验：在“躲藏”中寻求安定。游客在“游戏”中成为了真正的人，在此处这种无功利性的“游戏本身是目的[9]”。“2F”平台具地面距离较远，仅用铁艺栏杆作为围护，四面视野开阔，可以满足游客在视觉世界中快速且无死角的转换视觉焦点的需求，鼓励其在新奇的环境中自由捕捉感兴趣的视觉信息，回应的是人们无意识下“狩猎信息”的需求。

院落空间及开敞空间之间使用楼梯相连接，内与外、小与大、动与静，互为矛盾的关系产生着多样的空间体验。院落相较于建筑内部是“外”，而相较于屋顶之上的“2F”空间则又成了“内”；院落面积相对狭小，又因在院内设置了主要拍照打卡景点，驻足人数众多，更显得空间更为拥挤，与视野开阔的“2F”空间形成鲜明的对比；院内人声嘈杂反而衬得“2F”观景平台格外安静。

4.3 高效的商业化片段节点设计

晚风咖啡厅中最引人瞩目的是在空间中出现的多处为满足游客“拍照打卡”而设置的“景观节点”。首先，是位于“1F”南侧的坡屋顶，屋顶上以正负形的手法设置尺寸为宽60cm长90cm的白色长方形仿宣纸材质的楷书“长安”二字的阴纹（图1）；屋顶前设两层木纹观景台，观景台可以允许游客站立或坐卧进行拍照姿势设计。其次，咖啡厅在东侧的墙体刷成白色墙面，墙体顶部由灰色瓦当滴水收边，并设有通往“2F”的铁艺直跑楼梯。东侧墙面的右侧区域（楼梯缓冲区前）喷绘有楷书“长安”二字（图3），通过字形及大小可以判断此阴纹是使用南侧书法装置进行镂空喷绘后的成品；在墙绘左上角以红色喷漆喷印有“晚风”二字的传统中国印章图样。最后，“2F”南侧设置的木制吧台也是打卡景点。

图3 东向次打卡点

书法艺术作为显性符号可以将游客直接引入到中国传统文化的语境之中。“长安”二字的正负形纹样、仿宣纸的装饰材质及喷绘的红色篆刻印章是作为“能指”出现在环境之中，而“所指”之物正是“游客对于西安作为十三朝古都所蕴含的‘传统’‘正统’的城市印象”。由此，书法篆刻艺术激活了游客心底里的怀旧情愫。“喷绘”是极具现代性的艺术表现手法，位于南侧的仿宣纸阴纹应属喷绘东侧墙面装饰纹样结束后的残留物，却被设计师巧妙地放置在了南侧屋顶上，具有了雕塑属性，变成了一件具有现代戏剧冲突内核的装置物。

“2F”南侧的吧台承担着多层属性。首先是作为独立节点承担着室外拍照打卡的功能以满足游客的“小资”情节；其次，此处又是最好的机位放置点和观景点，可以俯瞰院落、处于院落轴线上的博雅楼及城市天际线，院中的穿行游客、服务人员及拍照打卡的人们变成了院落中最具活力的景观；最后，坐在此处的饮茶者也成为院落游客眼中的景观。咖啡厅中发生的一切行为活动都不间歇地塑造着新的“情势-原型”，丰富着场所的记忆。

4.4 符合文化语境的产品设计

商家吸引游客打卡的目标是获得盈利及使得环境的良性运转。商家所制作的饮品被纳入总体设计的一环，消费产品分为茶水、咖啡、酒水三类。其中销路最好、被游客在社交平台分享最多的是将咖啡“拉花”和汉字书法结合的拿铁系列（图4）产品。

图4 特色产品

拿铁系列产品使用口径为5cm的茶盏盛放西式的拿铁咖啡，精美的茶盏被波普商业化：第一类是五彩茶盏，器体上以二方连续的构图绘“满池娇”，以氧化钴烧制鱼戏水景，以氧化铜点缀红色的莲花；另一类青花茶盏上饰有二方连续缠枝花卉，灵活生动。茶盏内盛着以紫红色糖浆书写的“纳福”及“长安”等吉祥词汇。

拿铁系列的产品常作为游客拍照的配饰物出现在成片中。这些绘制传统主题的装饰纹样的茶盏激发着游客脑中对“古代礼仪”意向的“情势-原型”，鼓励其接纳仿古的容器与现代饮品之间冲突，这种“勇士”心理增强了打卡者的自我认同，并以此来标榜自己异于常人的时尚趣味。吉祥文字寓意美好，表达着商家及分享者对美好生活的期盼，也塑造着空间的品性和气质。

5 从“晚风咖啡厅”讨论象征表象下建筑“本体－原型”的转变

晚风咖啡厅的成功标志着当代建筑和景观的功能已经发生了转变：从“居住-消费”转变为“居住-消费-广告”，建筑的“本体-原型”发生了转变，引人深思。

5.1 二战前西方建筑的象征功能及“本体－原型”的转变

建筑的“本体-原型”会随着时间的推移而发生历时性的转变。譬如原始时期到古典时期的建筑本体就经历了从“不自觉”营建的“遮蔽物”转变为“神话-仪式原型”的外显。而在现代主义建筑的语境中，建筑是“空间”，而其“本体-原型”是“机器”。现代主义的大师们继承了“杜兰德-迪朗-琼斯-卢斯”等先驱们所持有的“理性”遗产认为建筑不必再承担象征的重担了。不无讽刺的是，当代的建筑大师们义无反顾地抛弃了旧的“装饰神话”，却又亲手创立了新的“装的神话”[4]。

5.2 作为广告的当代建筑

20世纪上半叶的西方现代主义者们所急于建立的“秩序”和“协调”已经产生了毒副作用[10]，“究竟何以为建筑？”这个问题又被当代理论家们广泛讨论。繁荣开放的文化土壤又给了建筑的“象征-表意”功能又和建筑“本体”正当结合到一起的机会。作为信息载体的绘画和雕塑以别样的面貌得以复苏，这反映出的建筑“本体-原型”已经发生了变化。

“拉斯韦加斯的智慧”被滥用的直接后果是巨大的标志牌及广告条幅开始侵蚀建筑的内外立面，甚至建筑本体也被资本席卷变成了“广告”。“雕塑”成为吸引目光的靶子，作为“公共景观”或者“标志物”与建筑本体脱离；绘画的工具从油彩颜料转变为电子晶体管，高饱和度的色彩和夸张的色彩鼓动着游客消费。

如果说某种程度上，覆盖在建筑体内外立面上的广告物一直都和西方古典建筑上的山花雕塑、中国古代建筑上的彩画鸱尾以及现代建筑上的结构和高新材质具有同等的属性——他们是象征的、教育的以及伦理的，建筑的主要功能还是传统的；那么“晚风咖啡厅”所展现出来的建成环境本体和内核就发生了革命性的转变：建筑及景观本身就是巨大的广告，推销着其中的“人-建筑-环境”。“建筑-环境”凭借流量及商家预设的“理想品性”吸引着游客，游客络绎不绝地来访拍照打卡，相片中的游客又成为新的广告元素出现在下一轮循环之中。建筑“本体-原型”的革命在悄然之间发生了，屈服于新的经济基础和消费文化。

6 作为广告的当代建筑及景观环境设计策略初探

最后，本文试图就“晚风咖啡厅”的案例研究分析为具有同样潜力的环境空间设计活动提出一些基本的原则策略。首要的原则是设计方案应当“因地制宜”。基地的固有特征、可用建筑材料、适当成本的施工工艺、允许的施工时长及环境内外的优劣景观都应当得到充分的利用和考量。“全因素”考察基地特征，取长补短。

其次，设计师应当尊重人们由“无意识”主导的深层需求，关注地域文脉发展；对人们进行人类学及社会学的考察的同时关注建成环境营造中能够反映用户内心所偏好的“情势-原型”的空间及活动轨迹。在呵护用户的高情感需求的基础上引导用户继承及发扬优秀文化，发挥建成环境的伦理功能。

最后，建成环境要试图在用户的意识中形成丰富的意向层次。设计师要在设计实践活动中立足现象学的视角，使得用户的视觉、听觉、嗅觉、触觉及味觉等多感官渠道接受到足够多的信息以形成多重环境意向[8]。人的不同感官通道接收信息的方式各不相同，应当针对性的使用表层符号语言，促进目标意向的形成。

7 结论

在经济基础发生转变的新语境下，建筑的“本体-原型”已经转变为“广告建筑”。“广告建筑及景观”成为“网红打卡景点”的现象仍将继续在城市微更新潮流中大量涌现。设计师倘若能在设计实践活动中紧抓“因地制宜”原则，同时关注用户内心的深层无意识需求，以合适的方式进行“文化符号转译”，那么建成环境将会以高效的经济收入且良性运转的成果回报我们。

参考文献

[1] 侯晓蕾,刘欣,姚莉莎.北京花园城市建设的社区微更新探索——微花园公众参与的模式、策略与机制[J]. 装饰,2023(11):28-37.

[2] 杨莹,马怡然.景观社会视角下网红景点形象感知偏差形成机制[J]. 经济地理，2024，44（2）：219-227.

[3] 卡尔 · 古斯塔夫 · 荣格著，徐德林译.《原型与集体无意识》[M]. 北京：国际文化出版公司，2011：41.

[4] 罗伯特 · 文丘里，丹妮丝 · 斯科特 · 布朗，史蒂文 · 艾泽努尔.像拉斯韦加斯学习：建筑形式领域中被遗忘的象征主义[M]. 徐怡芳，王健，译.南京：江苏凤凰科学技术出版社，2017：123.

[5] 黄晋凯，张秉真，杨恒达.象征主义 · 意象派[M]. 北京：中国人民大学出版社，1989：4-5.

[6] 杰弗里 · 勃罗德彭特，等. 符号 · 象征与建筑[M]. 乐民成，等，译.北京：中国建筑工业出版社，1991：16-19.

[7] 约瑟夫 · 里克沃特.城之理念—有关罗马、意大利及古代世界的城市形态人类学[M]. 刘东洋，译.北京：中国建筑工业出版社，2006：34.

[8]沈克宁.建筑现象学（第二版）[M]. 北京：中国建筑工业出版社，2015：135-137，57-58.

[9] Rykwert，Joseph.The dancing column: on order in architecture[M]. Cambridge, MA: Mit Press, 1996：387-388.

[10] 克洛德 · 列维-斯特劳斯. 忧郁的热带[M]. 王志明，译.北京:中国人民大学出版社，2009：31.

多感官参与式电台遗产声景设计研究

张缤月　白志慧[①]　孙玥　王嘉璇

作者单位
重庆大学建筑城规学院

摘要： 建筑遗产承载着珍贵的城市历史记忆，基于多感官交互与公众参与的建筑声景可促进遗产文化感知及传承。本研究以重庆国际村社区为例，采用问卷访谈、行为观察、视听交互实验等方法对场地遗产评估并确定无线电台声景设计最优视听方案。结果显示：无线电台遗产氛围安静愉快且事件感单调，“电波形象 × 时空交谈声”最能引起对电台联想，“声塔形象 × 场景交谈声”最差。最终提出声景方案，旨在从研究到实践为遗产保护与激活提供新思路。

关键词： 多感官交互；声景设计；建筑遗产；公众参与；保护与激活

Abstract: Architectural heritage carries precious urban historical memories, and architectural soundscapes based on multi-sensory interaction and public participation can promote the perception and inheritance of heritage culture. Taking Chongqing International Village as an example, this study used questionnaire interviews, behavioural observation and audio-visual interaction experiments to evaluate the heritage of the site and to determine the optimal audio-visual design for the radio soundscape. The results showed that the radio station's heritage atmosphere is quiet and pleasant with a monotonous sense of events, and that 'the image of the radio wave x the sound of temporal and spatial conversations' is the most evocative of the radio station, while 'the image of the sound tower x the sound of scenic conversations' is the least evocative. The final soundscape proposal aimed to provide new ideas for heritage preservation and activation from research to practice.

Keywords: Multi-sensory Interaction; Soundscape Design; Architectural Heritage; Public Participation; Preservation And Activation

1　引言

建筑遗产是人类传统文明与智慧的结晶，承载着数百年的集体记忆、身份认同与文化血脉，与历史建筑、城市环境、社会实践、传统技艺息息相关[1]。然而，全球快速城市化背景下，大规模不恰当的土地开发造成建筑遗产的破坏和消失，建筑遗产的保护与激活逐渐成为全世界范围内城市可持续更新发展的重要议题[2]。自1972年联合国教科文组织通过《保护世界文化和自然遗产公约》，各地政府和社区组织相继提出多种措施和政策，以系统、完整地保护和传承历史遗产[3]。其中，遗产展示及文化宣传是保护和发展的重要途径。然而，目前多数建筑遗产展览多为一种静态的历史标志，公众仅通过单一视觉观察进行感知与理解而易产生疏离感与疲劳感，无法与遗产建立深层次的情感链接[4]。

由于人对世界的感知是一种多感官混合行为，声、光、热环境都影响着人的听觉、视觉、嗅觉、味觉、触觉体验[5]。近年来，基于以声景、光景为主的建筑遗产保护性研究相继出现。如许晓青等[6]以武陵源世界自然遗产地为例，运用视听交互实验探讨了视听交互作用的规律，并对遗产声环境和视觉环境管理问题提出了建议；Pinar Yelmi等[7]以伊斯坦布尔为例，从声音的角度评估日常生活的文化传统，并提出非物质文化遗产保护特色声景观的分类及方法；L Flores-Villa 等[8]运用声景和光景漫步的方法，对罗马斗兽场和帝国广场进行了主观感知测评和参数实测，探讨了文化遗产声光景观的相互影

① 通讯邮箱：zhihuibaii@163.com。

响。目前针对多感官交互研究均从多元感官的角度提出遗产感知及保护的新方法，然而缺少基于前期研究到后期实践的具体设计案例，遗产感知及应用结果缺少实证。

因此，本研究以多感官交互作为切入视角，以重庆国际村社区为例，采用问卷访谈及行为观察法，从多感官环境感知、人群需求、主要问题矛盾等方面对社区建筑遗产进行综合评估，筛选出具体研究地块；通过视听交互实验，对比不同声音和视觉对人的感知影响，推导出适用于电台的视觉和声音组合；并根据结果展开研究型设计，从感知度、参与度、健康性等方面，设计多感官交互景观，从理论和实践两个层面为现代历史建筑遗产保护与激活提供新思路。

图1　国际村社区及遗址现状

2　社区感官行为与公众需求

2.1　研究区域

本次研究区域为中国重庆市渝中区国际村社区，该社区残存大量遗迹亟需保护和修复（图1）。其中无线电台保留了当时无线电通讯设备的原貌，是中国抗战期间干扰敌机的防御系统之一。在未来规划中计划原拆原建，但由于遗产隐蔽且缺乏标识已逐渐被人遗忘。根据遗产分布及人群活动的情况，研究小组自主选出A（社区小广场）、B（社区小凉亭）、C（无线电台遗产）、D（石碉堡遗迹）四个具有较强的社区和历史属性的选点，通过问卷、行为观察等方法确定选址及主要矛盾需求（图2）。

图2　调研方法及选点

2.2　问卷及访谈调研法

为了深入了解社区存在的问题及居民需求，研究采用了社区多感官主观评价问卷、公共需求问卷。针对4个选点线上及线下同步开展调研，对象包括社区居民、游客、社区工作人员、设计师。其中，多感官主观评价问卷主要通过李克特五级量表针对多感官源类型、感知量化评价、感官期待进行调查；社区公共需求问卷主要包括居民行为、居民需求、历史文化认同、整体评价几方面内容。

1. 遗产环境多感官评估

社区多感官主观评价共收取问卷92份，其中有效问卷88份，总回收有效率为95.7%，其中A点20份、B点26份、C点22份、D点20份，全部问卷量表的信度检验显示Cronbatch’s α 值为 0. 753，均大于0.7，具有良好的内部一致性。四个选点中C点(无线电台)声音舒适度(1.63)和感官均分(2.07)方面均最低，其中认为整体环境比较安静的均占75%，无事件感的占100%，比较愉快的占25%，认为自然与人工并存的占50%，整体声音与环境比较协调的占75%，声音强度为60.02dB。多数测试者提出“期待电台声音”，以重新体验社区的历史和生活。从遗产保护和激活价值上历史特色性挖掘潜力较大，但需要进行多样化感官改造设计以增强遗址的特色性（图3）。

2. 公众活动参与意愿

社区公共需求评价共收取73份问卷，其中70份为有效问卷，总回收有效率为95.9%。全部问卷量表信度检验显示Cronbatch’s α 值为 0. 784，均大于0. 7，具有良好的内部一致性。

在日常活动类型及场所方面，多数居民日常活动以聊天、运动为主，活动场所以公共活动广场、座椅为主，社区活动类型及设施类型较为单一；在现有公共空间的使用频率方面，分别有51.43%及14.29%的居民选择高频及中频使用，表明目前公共空间的利用率较高，社区居民对参与公共活动具有较强的意愿（图4）；27.14%人认为活动场所不满意，70%对公共设施持否定态度，仅有2.86%人较为满意。在遗迹认知方面，仍有27.14%的人对本地历史遗迹不太清楚；举措方面，44.29%的居民希望加强文物保护和修复工作，24.29%的居民希望通过举办文化活动加深对本地历史文化的了解，仅4.28%的居民选择不采取行动。

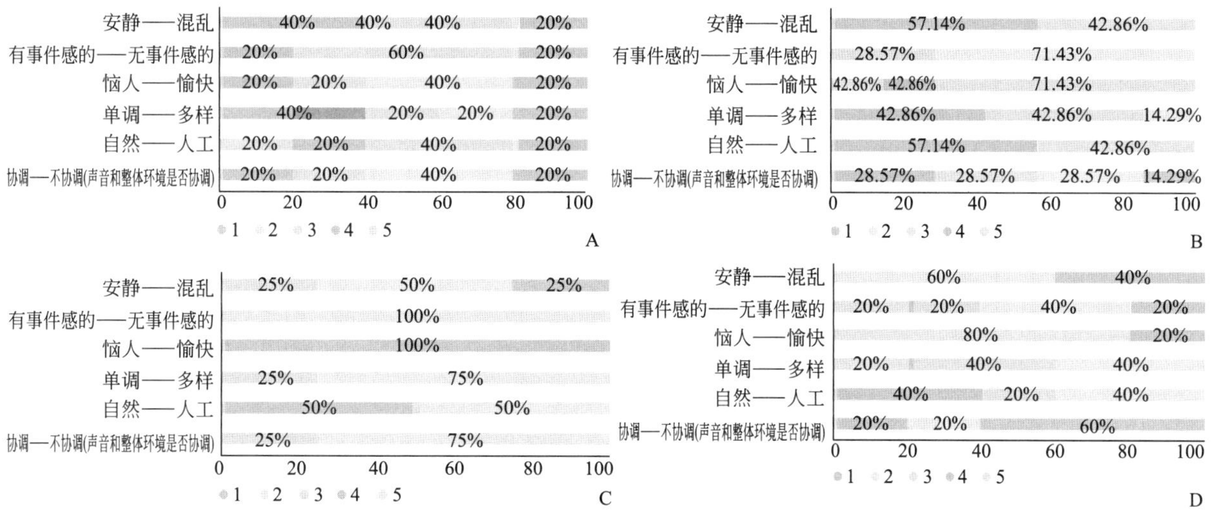

图3 遗产环境多感官评估结果

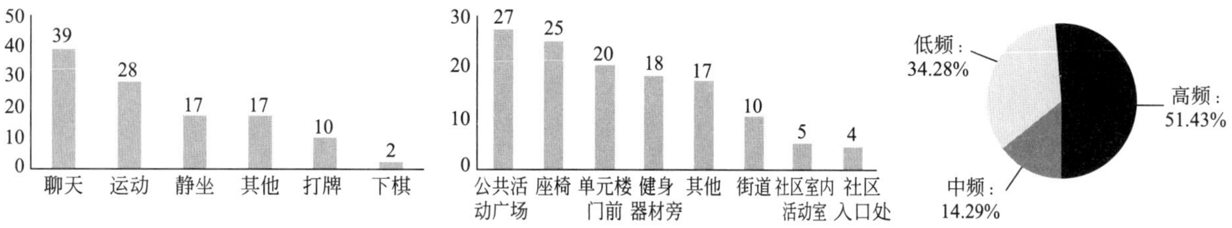

(a) 日常活动类型 (b) 社区内主要的活动地点 (c) 现存的公共空间的使用频率

图4 居民行为现状调查结果

2.3 行为观察法

对于四个选点采用行为观察法进行数据采集。每个观测点由一名观察员进行取样3次。选取2023年4月9日下午，星期日，天气晴朗，温度在18~24℃之间;观测时间段分别为：2:30~3:00、4:00~4:30、5:30~6:00。采用绘制选点平面图的方式，并通过使用符号（如蓝色“○”表示使用器械、红色“●”表示坐下交谈、“×”表示站立、“☆”表示追逐玩耍）来区分不同的活动类型。观察者根据符号分布情况，以此准确记录不同选点的人流量、活动类型和行为模式。

结果显示（图5），C点相对其他三点地势较高，人流量相对较少，游客很难找到历史遗产，停留时间较长但行为单调，与原始无线电台遗迹几乎没有任何互动；具有地形高差大、声景观贫乏、历史遗迹缺乏标志性和引导性、整体声环境相对较为安静单调、人群对电台认知度乏等劣势和威胁。但其历史特征明显，历史遗迹丰富，且位于规划核心要地，对重庆国际村社区具有重要意义，成为后期设计选址。

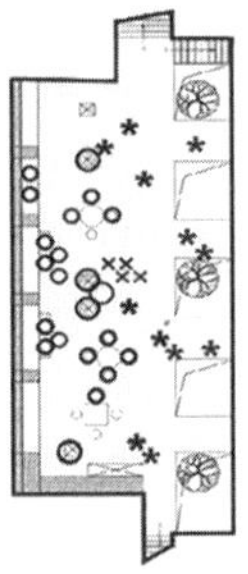

A点行为观测结果汇总表

人群类型	观测时间段(2:30–3:00、4:00–4:30、5:30–6:00)		
	人数	行为类型	场地特征总结
老年	23	闲坐、聊天、使用器械	该时间段场地人数较多，人群主要以原住居民为主，行为大多以休息闲坐、玩耍为主，总体空间氛围比较热闹，社区生活较为丰富
中年	54	遛狗、拿快递、扔垃圾路过偏多	
青年	4	路过	
少年	22	玩耍偏多	

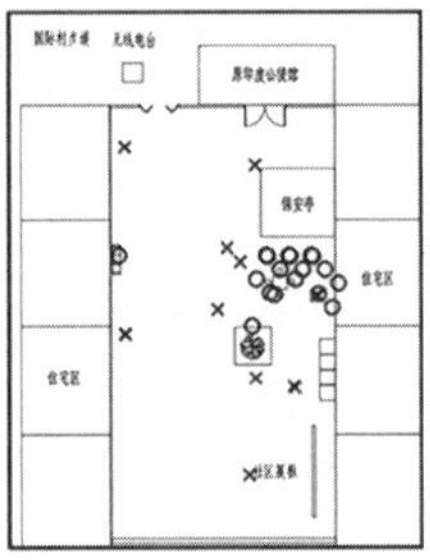

C点行为观测结果汇总表

人群类型	观测时间段(2:30–3:00、4:00–4:30、5:30–6:00)		
	人数	行为类型	场地特征总结
老年	15	闲坐、聊天	该时间段场地人最多，游客数量略有上涨，主要以当地老年人休息围坐、闲聊为主，整体氛围较为安静，与历史遗迹几乎没有任何互动。
中年	9	闲坐、行走	
青年	1	行走	
少年	0	玩耍	

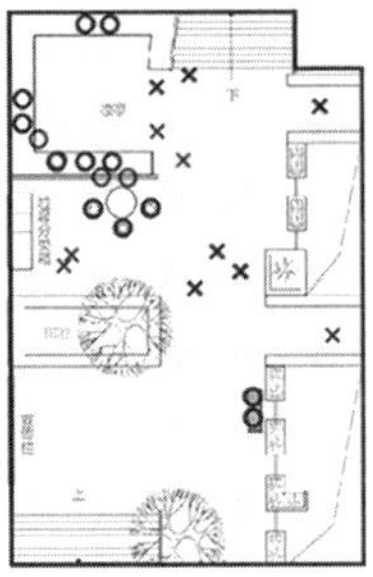

B点行为观测结果汇总表

人群类型	观测时间段(2:30–3:00、4:00–4:30、5:30–6:00)		
	人数	行为类型	场地特征总结
老年	17	闲坐、聊天	该时间段场地人数较少，人群主要以居民为主，行为以休息闲坐为主，整体氛围一般活跃，社区文化活动较单一
中年	9	闲坐、行走	
青年	9	行走	
少年	6	玩耍	

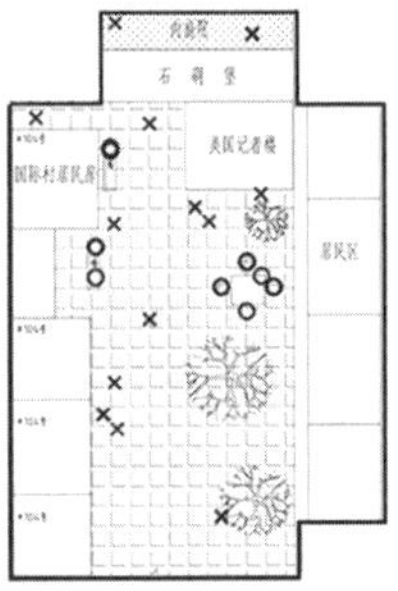

D点行为观测结果汇总表

人群类型	观测时间段(2:30–3:00、4:00–4:30、5:30–6:00)		
	人数	行为类型	场地特征总结
老年	15	闲坐、聊天	该时间段场地人相对较多，人群主要以原住居民和游客为主，行为大多以观赏遗迹为主，总体空间氛围比较安静，多为交谈声。
中年	9	闲坐、行走	
青年	1	行走	
少年	0	玩耍	

图5　各测点行为观察记录图

3　多感官电台声景视听交互实验

3.1　实验流程

针对“什么样的造型和声音搭配最能引起人们对于电台的联想”的研究问题展开视听交互实验。共招募32位志愿者，包括当地居民12名、外来游客20名，年龄分布在18～60岁内。实验素材包括视觉和听觉素材两种（图6）。志愿者在向被测试者介绍实验目的、流程之后，被试者同时听音频、看图片，随后填写感知问卷并参与实验后访谈，结束后更换实验组继续实验，直至8组实验全部完成。感知问卷内容主要包括被基本信息、实验编号、视听与电台匹配度、视听感知量表几个部分，其中视听感知量表采用5级语义差量表，主要考察的指标包括舒适度、协调度、历史性、参与度、满意度几部分。

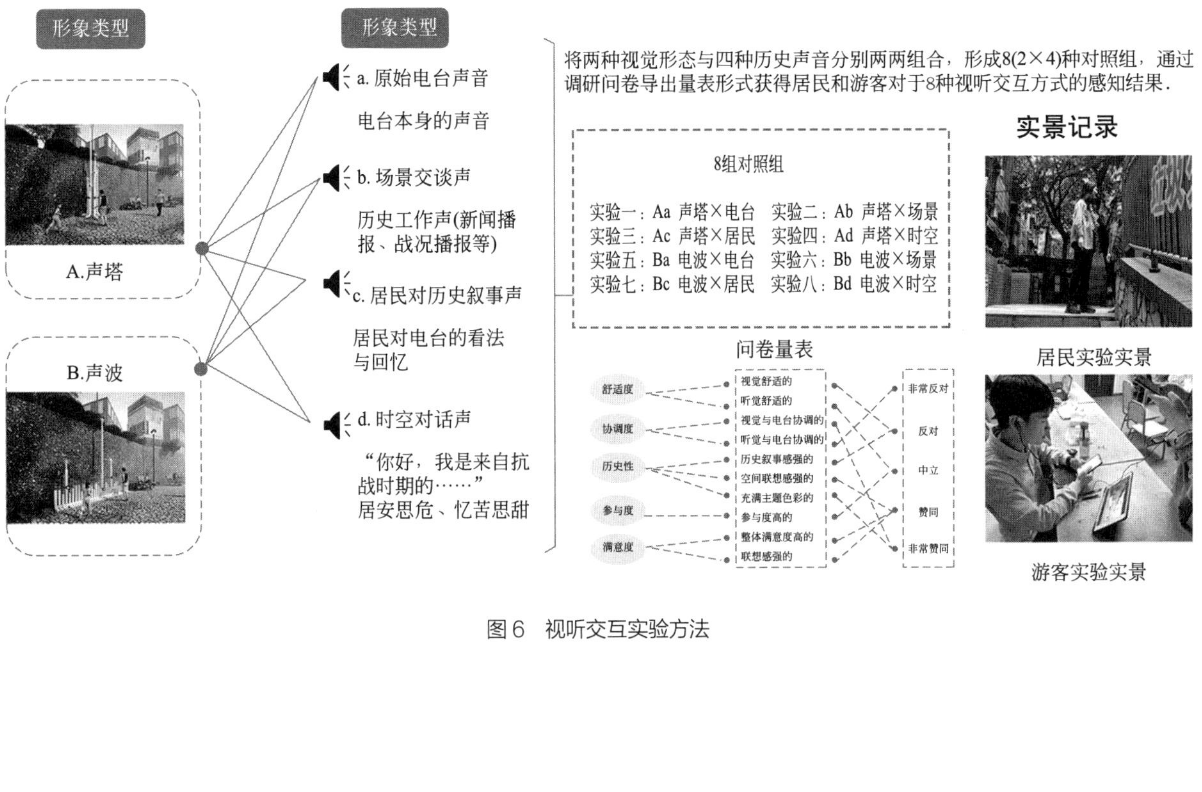

图6　视听交互实验方法

3.2　实验结果

视听交互实验共收集到199份问卷且均有效，全部问卷量表的信度检验显示Cronbatch's α 值为 0.774，均大于0.7，具有良好的内部一致性（表1）。在视听联想方面，在视觉上“电波×时空”组与电台联想度最高（63.64%），“声塔×时空”组与电台的联想度最低（28.57%），表明“电波”的形象比“声塔”更能引起人们对于无线电台的联想。在听觉上“电波×电台”组与电台联想度最高（93.75%），而“电波×场景”组与电台的匹配度最低（0.37%）。证明“电台”的声音更能引起人们对于无线电台的联想。在感官评价方面，“电波×时空”组感官均分最高为1.07，而“电波×场景”组均分最低为0.37，具有明显劣势。

综合上述三组评价指标，可以得出结论：“电波×电台”组排名最高，“电波×场景”组排名最低。电波和电台声的形象最能引起人们对于电台的联想，而声塔形象无法引发联想，选择剔除。此外，在四种声音中，场景交谈声最不能引起人们对电台形象的联想，选择剔除，另外三种声音则被保留。

视听交互实验结果汇总表　　表1

序号	实验组	视听联想				感官指标评价		综合排序	最终评价
		视觉电台比例	视觉排序	听觉电台比例	听觉排序	感官均分（2分满分）	感官排序		
1	Aa 声塔 × 电台	55.56%	4	77.78%	2	0.54	4	4	× 差 – 剔除
2	Ab 声塔 × 场景	47.06%	6	17.65%	7	0.54	4	6	× 差 – 剔除
3	Ac 声塔 × 居民	53.33%	5	20%	6	0.47	7	7	× 差 – 剔除
4	Ad 声塔 × 时空	28.57%	8	42.86%	3	0.76	3	5	× 差 – 剔除
5	Ba 电波 × 电台	62.5%	2	93.75%	1	0.54	4	1	√最优 – 保留
6	Bb 电波 × 场景	46.15%	7	7.69%	8	0.37	8	8	× 最差 – 剔除
7	Bc 电波 × 居民	63.64%	1	27.27%	5	0.86	2	2	√优 – 保留
8	Bd 电波 × 时空	61.54%	3	38.46%	4	1.07	1	2	√优 – 保留

4　多感官装置设计

4.1　通过视觉意象表达与多感官交互提高无线电台的参与性

基于视听交互实验结果，装置采用了“电波墙”的视觉意象，模拟无线电台在运行过程中“接收信号”和“发射信号”这一意象，为了呈现电波的视觉形象，装置采用了不同长度的PVC管组合以模拟天线的形状。视听交互的原理是通过触发装置上的旋转开关启动交互过程，声音开关被安插在不同高度以满足不同身高及年龄层的需求。一旦开关被触发（接收信号），“原始电台声音”“居民对历史叙事声”“时空对话声”三种声音历史相关的音频开始播放。同时，透明PVC管内的所有彩色泡沫球开始跳动，以加强电波的形式表现。太阳能灯球在音频播放期间亮起（发射信号）（图7）。

4.2　通过低碳材料应用提升社区的健康性

在材料选择上采用社区常用的PVC管作为装置的主要材料之一，具有环保性、耐用性、易加工性和低成本性等优点，以满足环境友好和可持续性的要求。顶部的太阳能灯球作为装置的能源来源的一部分，利用太阳能通过光电效应转化为电能，以供装置的照明和电力需求。此外，装置构件采用模块化的设计易于拼装和拆卸。其形态可以根据环境的不同而灵活变化。可形成直面墙、单弧墙、双弧墙等多种形式，以适应不同场景环境的需求。

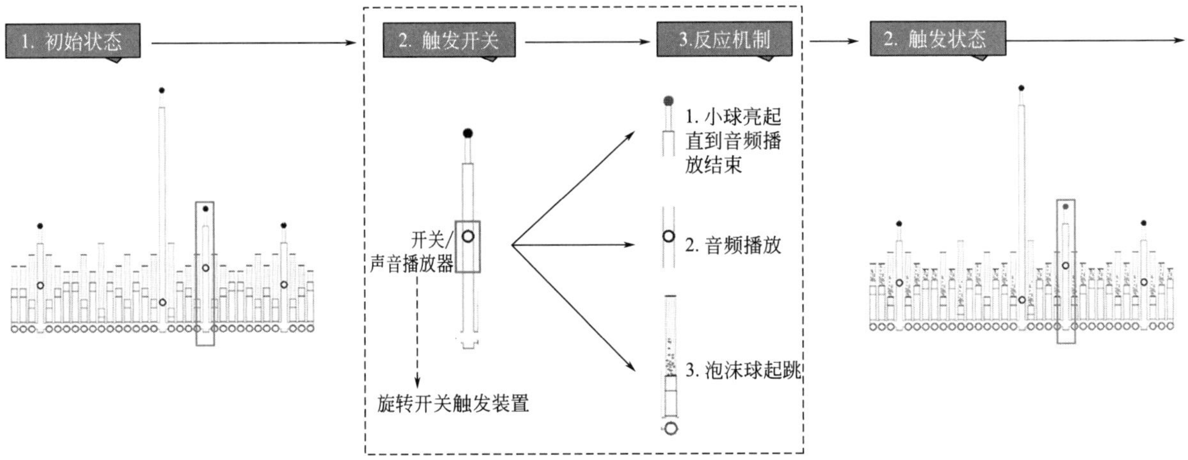

图7　多感官装置互动原理

4.3　从纪念碑到云端历史记忆的集合

为进一步推动电台历史文化的传承和共享，建立各地电台纪念碑共享平台。每个电台纪念碑都具备收集、存储和分享与电台历史文化相关的信息和资源的功能。通过手机应用程序，人们可以在电台纪念碑的云端平台浏览、搜索、分享和贡献相关的信息和回忆，以更深入参与电台历史传承（图8）。

4.4　建筑遗产保护与激活策略与建议

基于上述研究到实践的分析，可以从融合多感官交互、引入公共参与、建立保护网络、鼓励可持续发展几个方面对于未来建筑遗产的保护和激活。

（1）融合多感官交互的遗产景观设计。形成声景、光景、热景、香景结合的多元景观，将多感官融合进遗产景观设计中，充分调动人的感知，提高遗产整体的表现力、文化性、美学性、空间活力、可持续性，也是未来数智化遗产保护的发展趋势。

（2）引入公众参与的遗产激活。基于参与需求调研，可从人的角度深入增强对历史遗产的认同感和情感连接，为历史遗产的解读和传承提供多元化视角。

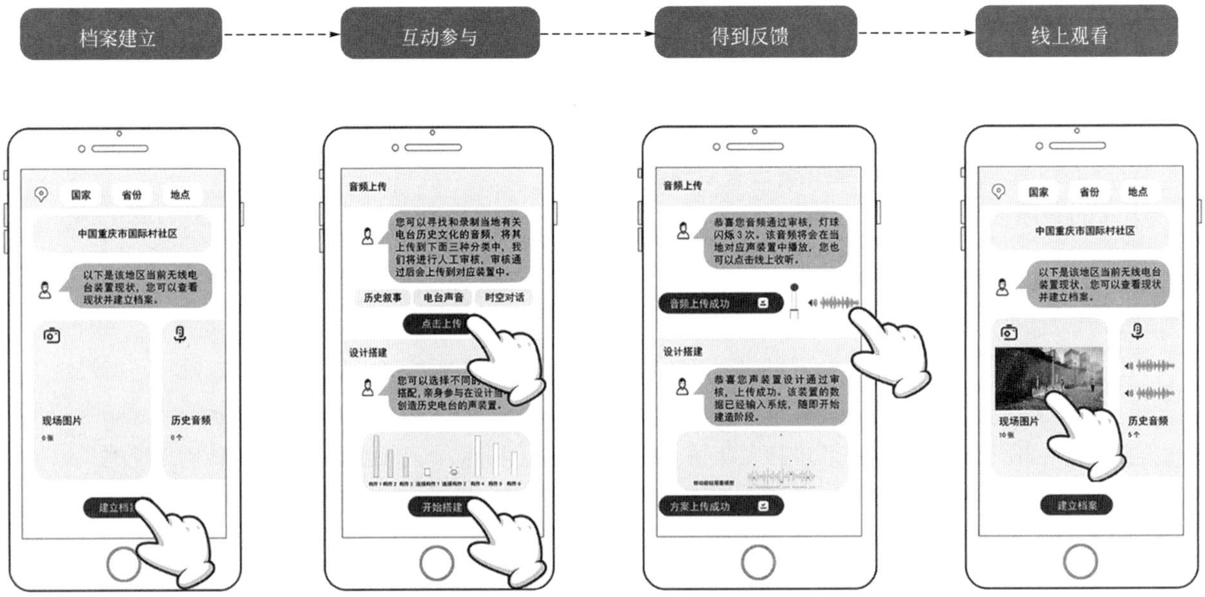

图8　多感官装置的云端平台

（3）建立历史遗产保护的网络。针对同类历史遗产保护的传播，可以依靠云端平台形成一个开放、互动、多元参与、信息集成化的平台[9]，建立起对历史遗产的长期保护和管理机制[10]。

5 结语

本研究从多感官交互和公众参与的角度，以重庆国际村社区无线电台遗址为例，采用行为观察法、问卷访谈法，对社区遗产环境进行系统性评估，从而选择无线电台点为最具研究价值的遗产设计选点。根据实验结果从意象表达、多感官与公众交互、低碳材料健康性、云端记忆几方面进行无线电台的多感官交互景观设计。最后提出融合多感官交互、引入公共参与、建立保护网络、鼓励可持续发展的策略建议，为建筑遗产的保护和激活提供新的研究和实践视角。

参考文献

[1] 张子博，李旭艳，曹如姬，等. 基于语义本体的太原市工业遗产社区建筑风貌特征研究——以太重苏联专家楼、矿机厂苏式住宅为例[J]. 华中建筑，2024，42（4）：71-76.

[2] 王祝根，李百浩. 现代城市遗产之共性规划价值识别：世界遗产考察及其启示[J]. 国际城市规划，2024：1-17.

[3] 党新元，陈学敏. 英国建成遗产保护体系与管理机制的构建与演进[J]. 国际城市规划，2024：1-13.

[4] 韩彤彤，陈雳. 城市历史景观视角下的城市遗产保护利用——以德胜门内大街区块为例[J]. 北京建筑大学学报，2024，40（2）：60-69.

[5] 吴硕贤. 三景融合与中国古典园林多元景观构成[J]. 南方建筑，2022（10）：1-4.

[6] 许晓青，吴竑，冯婧婕. 基于实验与扎根理论的保护地视听感知研究——以武陵源世界自然遗产地为例[J]. 风景园林，2021，28（8）：119-124.

[7] Yelmi P. Protecting contemporary cultural soundscapes as intangible cultural heritage：sounds of Istanbul[J]. International Journal of Heritage Studies，2016，22（4）：302-311.

[8] Flores-Villa L，Oberman T，Guattari C，等. Exploring relationships between soundscape and lightscape perception：A case study around the Colosseum and Fori Imperiali in Rome[J]. Lighting Research & Technology，2023，55（7-8）：603-620.

[9] 苑思楠，孙悦，何蓓洁，等. 信息交互理念下的建筑遗产保护与展示应用——以故宫养心殿东暖阁XR展陈项目为例[J]. 中国文化遗产，2024（2）：43-52.

[10] 刘宛钦，卢漫，党新元. 基于数字孪生的建筑遗产保护路径探讨[J]. 中国文化遗产，2024（2）：32-42.

首钢老工业区城市更新审批路径及政策创新

周婷 冯少华 张逸凌

作者单位
北京首钢建设投资有限公司

摘要：首钢老工业区已经成为世界老工业区更新经典范例。建立以城市更新为特色的规划体系是开展更新改造的前提，规划引领作用为项目审批奠定基础；冬奥大事件效应极大加速了首钢老工业区的更新进程，为高效审批提供契机和动力；工业遗存的活化利用是首钢老工业区更新的核心主线，是政策创新的核心价值。首钢老工业区城市更新审批路径及政策创新为北京城市更新的制度建设起到了积极的支撑作用，也将为其他老工业区转型提供有益借鉴。

关键词：首钢老工业区；城市更新；审批路径；政策创新

Abstract: The Shougang old industrial area has become a classic example of the regeneration of old industrial areas all over the world. The establishment of a planning system featuring urban regeneration is the premise for carrying out renovation, and the leading role of planning lays the foundation for project approval. The effect of the Winter Olympics greatly accelerates the regeneration process of Shougang old industrial area, providing opportunities and impetus for efficient approval. The activation and utilization of industrial heritage is the core and main line of the transformation, which is the core value of policy innovation. The approval path and policy innovation of the urban regeneration of Shougang old industrial area have played a positive supporting role in the institutional construction of Beijing's urban renewal, and will also provide useful references for the transformation of other old industrial areas.

Keywords: Shougang Old Industrial Area; Urban Regeneration; Approval Path; Policy Innovation

1 背景

凤凰涅槃、浴火重生，首钢老工业区华丽转身为今天的首钢园，完成了“从山到海、从火到冰、从厂到园”的蝶变，绘就了一幅城市更新的精彩画卷。因夏奥而生，为成功举办2008年北京奥运会，首钢园于2005年全面启动搬迁调整，曾经的“十里钢城”进入转型发展新阶段；因冬奥而兴，首钢园于2016年迎来北京冬奥组委正式入驻，将奥林匹克运动与老工业区复兴深度融合作为发展契机，打造城市复兴新地标，加速城市更新进程。首钢园如今已经成为世界工业遗产再利用和老工业区复兴的典范。

城市更新是存量发展背景下的必然趋势，因为涉及多方主体利益、权属界面复杂等原因，制度建设是城市更新的核心与难点①。老工业区的城市更新是其中一个特殊而重要的类型。不仅同样面临产权、用途与容量要素的平衡，还涉及环境治理、工业遗存的民用化改造等问题，是一项十分复杂的社会系统工程，需要综合协调和行之有效的实施机制作为保障，需要自上而下的制度框架与自下而上的问题反馈互动。其中，明晰审批路径是最直接的切入点，以具体目标带动老工业区城市更新制度建设。首钢园近二十年的耕耘就是遇到一个问题解决一个问题的探索创新之路，并成功打通审批全流程，完成所有项目的合规性闭环管理。今天看来，首钢经验已经在支持北京城市更新制度建设中起到了重要的支撑作用。

① 唐燕. 城市更新制度建设: 广州、深圳、上海的比较[M]. 北京: 清华大学出版社, 2019.

2 做法

2.1 规划引领：坚持区域统筹思维，以一张控规蓝图落实土地性质和规模指标，为项目审批推进奠定基础

1. 三版法定规划调整取得控规批复实施，根本性落实开发土地性质和规模指标

2005年，国务院批准“首钢实施搬迁、结构调整和环境整治”方案。自2005年起，北京市规委即开始组织编制《首钢工业区改造规划》（2007年批复，下称“07版规划”），并启动了五项专题研究，包括《国内外老工业区改造案例研究》《首钢工业区现状资源调查及其保护利用深化研究》《首钢工业区产业发展导向的深化研究》《首钢地区土壤及地下水污染调查和生态环境恢复治理方案》和《永定河流域生态环境治理、水体景观恢复和水资源配置研究》。2010年，根据新形势、新条件，首钢提出了修改07版规划的要求，并主动提前研究，开展城市设计工作，为2012年2月批复的新版《新首钢高端产业综合服务区控制性详细规划》（下称“12版控规”）奠定了基础。以12版控规为基础，在区域整体统筹思维的指导下，首钢进一步委托开展城市设计导则、绿色生态、地下空间、人防等多个专项规划的编制和城市风貌课题的研究工作。2016年，在北京疏解非首都功能、减量提质的大趋势下，首钢主动进行规划调整研究，结合北京冬奥组委入驻需求，编制北区整体建设设计方案，作为规划调整的具体支撑，切实落实控规指标的合理性（图1）。2017年10月，《新首钢高端产业综合服务区北区详细规划》（下称“17版规划”）取得正式批复，成为北区各项目推进实施的基础性法定文件。以一张控规蓝图落实土地性质和规模指标，为项目审批推进奠定基础。

图1　2016 年首钢北区整体建设设计方案鸟瞰图
（来源：北京首钢建设投资有限公司）

2. “规划-设计”互动支撑，建立多层次多维度的规划体系和多规合一管控路径，保证规划可实施性和设计方案合规性，为高效审批提供条件

17版规划融合城市设计、绿色生态等10余个专项，多规融合，形成了“图则+场地设计附则+建筑风貌附则+绿色生态附则+地下空间附则”的综合管控体系（图2），用一本规划、一张蓝图，建立了多层次多维度的规划体系（图3），探索出多规合一的管控路径。在规划体系的搭建过程中，规划与设计始终是相辅相成的。在07版规划的基础上，以城市设计为支撑，生成12版控规；以12版控规为基础，通过北区整体建设方案设计，形成17版规划；以17版规划为指导，首钢老工业区已完成北区冬奥广场、石景山公园、工业遗址公园三大片区的更新改造，建成面积76.5万平方米（图4）。“规划-设计-规划-设计-规划-设计”这一过程，不是简单的反复，规划以设计方案的推敲论证为基础，保证了规划的可实施性；设计以规划提炼的条件约束为指导，保证了设计的合规性。正因为首钢老工业区不是一块白地，需要用方案推敲哪些保留、哪些拆除，以方案推出来的条件反提给规划指标和交通路网（图5）。规划不再是图块、表格的刻板面孔，与设计发生着深入的往来互动。“规划-设计”互动支撑，是一个螺旋式上升的发展过程。

3. 深化审批综合实施方案，突破规划刚性指标要求，创新指标统筹和弹性控制原则，化解规划编制与审批脱节的矛盾，打通审批实施路径

因为有工业遗存保留利用的因素，地上地下空间使用受限，难以兼顾建筑密度、绿地率、停车、人防等相关规范控制要求，影响报批报审。在17版规划批复之后，2018年大半年间首钢北区各项目手续推进甚缓。针对首钢老工业区规划实施中存在的问题，在北京市规自委的指导下，首钢研究编制首钢北区综合实施方案，以加强区域统筹、弹性控制为总体原则，细化容积率、绿地率、建筑密度、停车位等规划指标的统筹方式。容积率，允许项目内部各地块之间统筹，以不突破总建筑规模为原则；绿地率，弹性控制地块充分考虑工业遗存保留需求，允许绿地率结合设计方案和城市设计要求确定，街区整体统筹控制；停车位，优先考虑项目内部统筹，允许周边街区范围内统

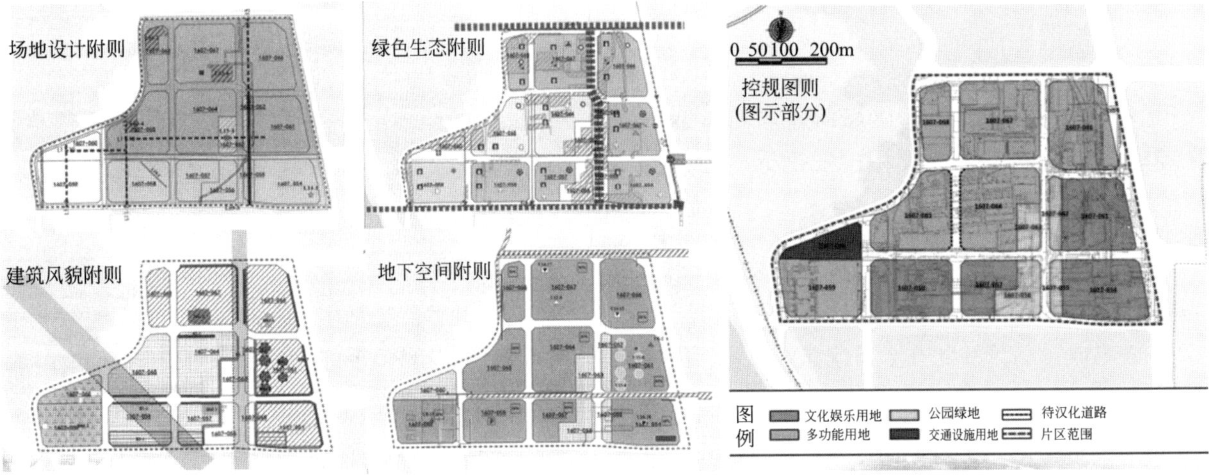

图2　首钢北区详细规划多规合一图则①
（来源：新首钢高端产业综合服务区北区详细规划）

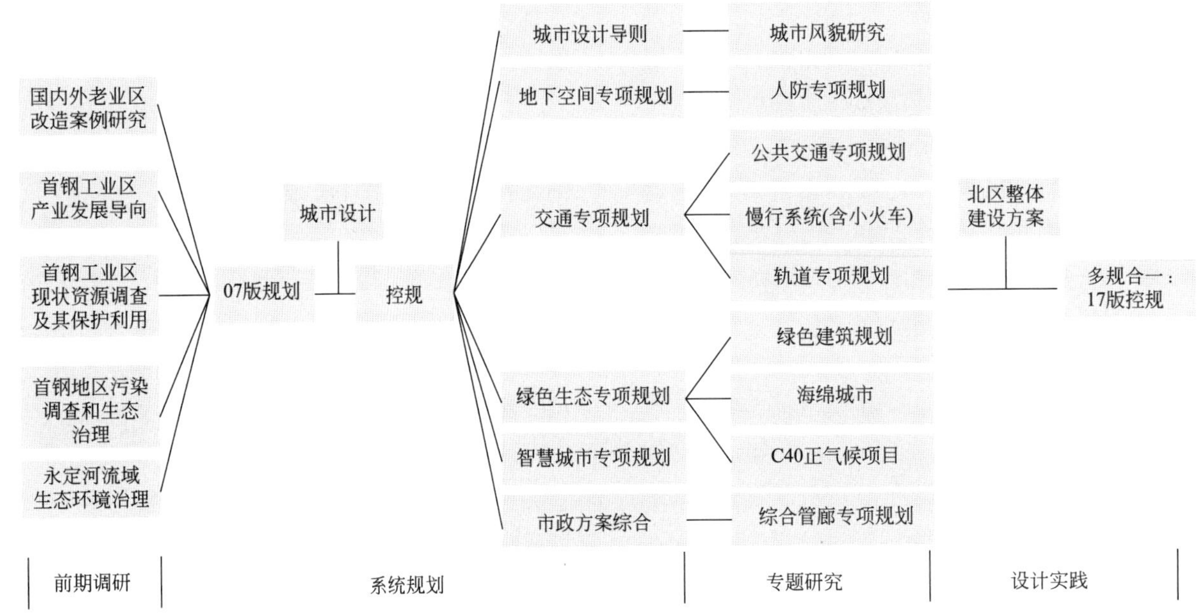

图3　多层次多维度的规划体系

筹。首钢北区综合实施方案实现了工业遗存保留要求下规划指标的统筹落实，化解了规划编制与审批脱节的矛盾，为首钢北区项目手续审批工作打开了局面。

2.2　大事件效应：把握冬奥契机，积极争取政府支持和政策创新，创造有利审批环境，打通老工业区城市更新项目审批全流程

1. 市区两级支持，建立高层高位协调机制

首钢老工业区城市更新是一项复杂系统工程，以企业作为单一开发主体，虽然具有全周期把控等多方面优势，但由于企业发展目标的制约、企业层面资源调配能力的限度等，需要协同多方资源共同支持。

2013年，北京成立新首钢高端产业综合服务区发展建设领导小组，由历任市长担任组长，领导小组办公室设在市发展改革委，建立了定期领导小组会议及日常联络沟通机制，协调推进首钢园建设发展，合力解决老工业区改造中的难点问题，搭建了协同共促转型发展的良好格局。首钢园地处石景山区，首钢与

① 北京市城市规划设计研究院. 新首钢高端产业综合服务区控制性详细规划［Z］. 2011.

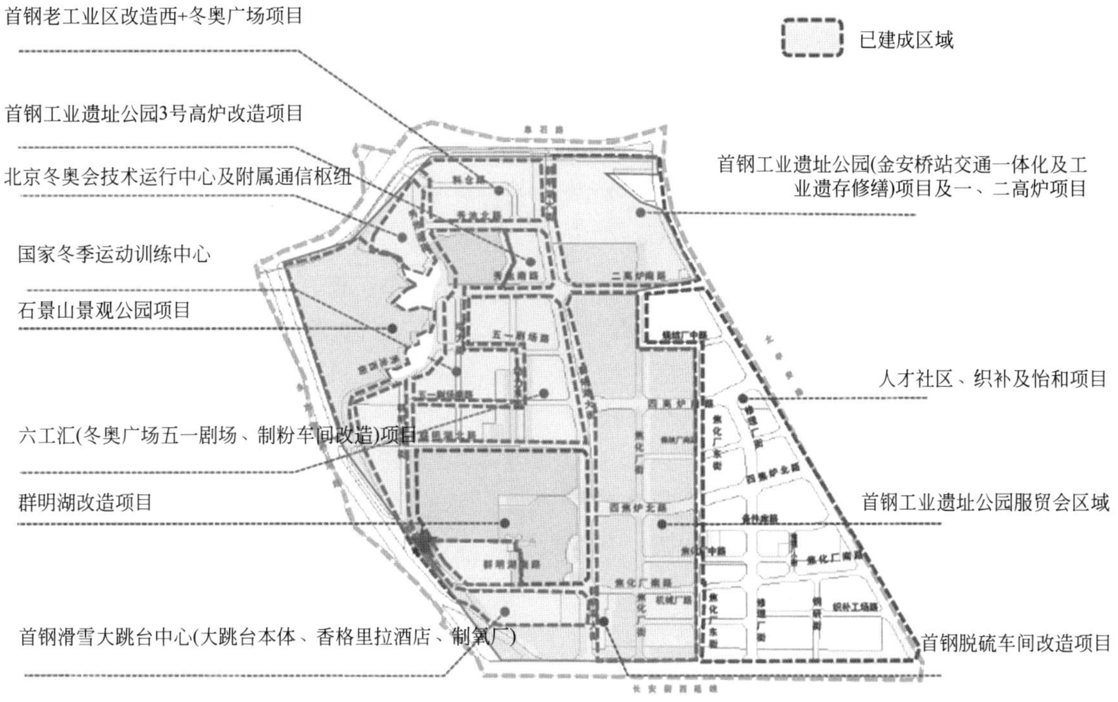

图4　首钢北区已建成区域

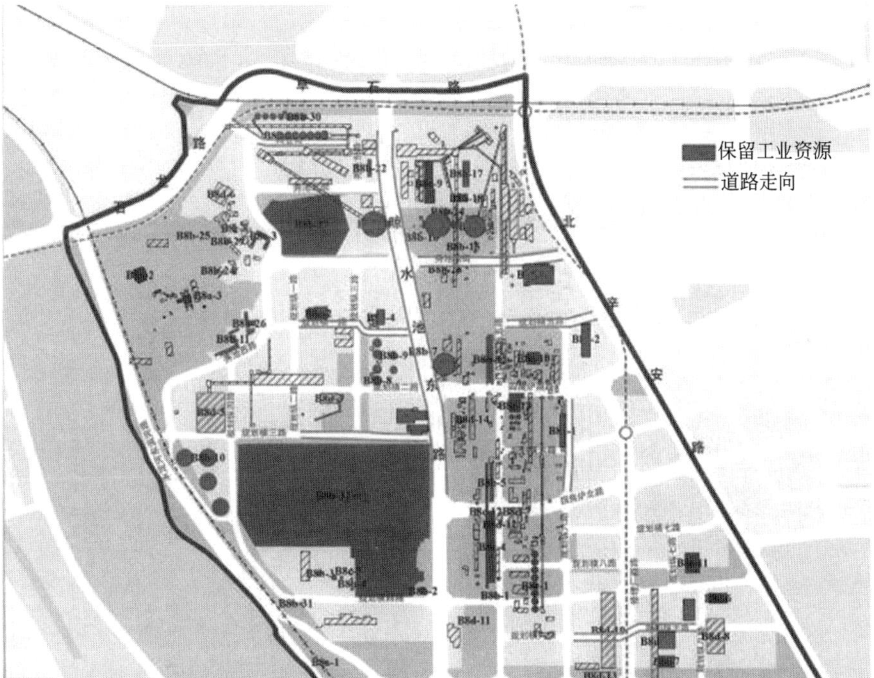

图5　保留工业资源与道路走向

石景山区政府以命运共同体的理念，建立区企高层对接会机制，由区政府带领相关部门与首钢共商共建，共同建设好首都城市西大门。市区企合作、部门联动的工作机制形成，为首钢园高效转型，尤其政策创新和项目审批提供了强有力的支撑。

2. 原汤化原食，创新土地政策实施路径

为贯彻落实《国务院办公厅关于推进城区老工业区搬迁改造的指导意见》（国办发〔2014〕9号）精神，国家发改委发布《关于做好城区老工业区搬迁改造试点工作的通知》（发改东北〔2014〕551号），首钢老工业区被列入全国城区老工业区搬迁改造试点。2014年，北京市人民政府发布《关于推进首钢老工业区改造调整和建设发展的意见（京政发〔2014〕28号）》（简称“28号文”），明确原工业用地按照新规划用途和产业类别可采取协议出让、划拨和F类多功能灵活供地方式。按照“原汤化原食”思路，首钢权属用地土地收益扣除依法依规计提的各专项资金外，专项用于老工业区市政基础设施项目红线内征地拆迁补偿、城市基础设施、地下空间公益性设施等开发建设，并明确了土地收益征收、项目审批和使用管理实施细则与程序流程。土地收益实行“收支两条线”管理，由建设主体依照基本建设程序，采取项目管理方式，就符合规划和资金使用范围的项目申请使用①。

3. 政企学联动，争取资源导入；以“冬奥”“冬训”开局，占据冰雪产业政策先机；以项目促审批，以审批助项目

2014年，首钢组织“首钢园区城市风貌课题研究”，由吴良镛、何镜堂、张锦秋、程泰宁、马国馨五位院士领衔组成专家咨询委员会，联合行业权威机构，集中资源共同开展研究。课题创新性地采用了“政府主导、专家把控、企业推进”的工作模式，政企学联动搭建工作平台，这种科学咨询的新型决策机制是我国智库建设的一次重要示范。课题形成的研究成果全面指导首钢老工业区更新的同时争取到政府部门的了解和关注，侧面推动了后期系列政策资源的导入。

2015年，北京冬奥组委选址首钢园；2016年，首钢园与国家体育总局合作，建设国家队训练基地。以“冬奥”（冬奥组委办公区）“冬训”（国家冬季运动训练中心）为首钢老工业区更新实施开局，占据冰雪体育发展政策先机，在审批机制尚不健全的前提下，为首钢园重点项目亮相争取了时间和机会，继而以项目实施的良好效果进一步促进审批手续的完善。积极争取冬奥滑雪大跳台赛事选址首钢，以唯一永久保留的大跳台比赛场地和奥运遗产理念取胜，首钢认真研究大跳台赛事标准和需求，将周边四个建设用地地块安排赛事配套功能、纳入大跳台项目范围同步审批，大大加快了大跳台周边地块的审批速度和项目进度。以冬奥为契机，北京市发布新首钢地区三年行动计划（2019-2021），首钢北区所有实施项目依法合规取得完整审批手续，有力支持了项目开工建设进度，保障了冬奥场馆周边的城市形象要求。

4. 挖掘单一主体优势，争取项目工程规划许可与土地手续并行办理，有力提速开工

首钢北区项目一二级开发联动，工程规划许可与土地出让合同签订是项目前期手续办理的关键环节。常规项目在方案批复、稳定功能指标后即需推进土地出让手续办理，在签订土地出让合同之后才能申报工程规划许可证（简称“规证”），而土地出让手续办理通常需近一年时间。结合28号文政策优势，首钢园项目在签订土地出让合同后土地使用权由首钢集团变更为首钢集团下属全资子公司，土地权属清晰，后期不存在权属纠纷，据此与相关部门沟通，以出具企业承诺函的形式，争取到工程规证与土地出让手续并行办理的政策，由首钢承诺在办理竣工备案前完成土地出让合同签订并缴纳相关费用。此举极大地压缩了审批时间，节约了项目财务成本，有力推进了项目开工建设。

2.3 活化遗存：紧抓工业遗存特色主线，争取工业遗存改造项目审批弹性，创新工业构筑物改造项目审批流程，引领工业遗存绿色改造评价新标准

1. 寻求老工业特色发挥和新功能需求植入的双赢，争取规划条件的审批弹性，形成良性激励互动

包括建筑限高可结合现状允许局部突破，如整

① 北京市石景山区人民政府. 关于创新首钢老工业区建筑物和构筑物改造利用及铸造14号楼审批模式有关事项的函（石政函〔2019〕93号），2016.

体地块限高12米，局部可参照现状工业遗存高度提至45米；工业遗存保留区域可不退用地红线；工业遗存改造利用原始层高可参照原厂房单倍计容等（图6）。工业遗存是首钢园的宝藏，园区所有工作都围绕着这一核心主线展开。而工业遗存改造最难的即是找到新功能与旧有空间的契合。空间是现状、是已知条件，需要新的功能像水一样流动在原来的空间，去突显旧有空间的特色，实现双赢效果。充分发挥工业遗存特色优势，一方面需要尽可能匹配适合现状空间特色的功能，另一方面在规划审批上给予一定的弹性空间，在一定程度上减少实现利用的代价，来支持和鼓励特色空间的利用。

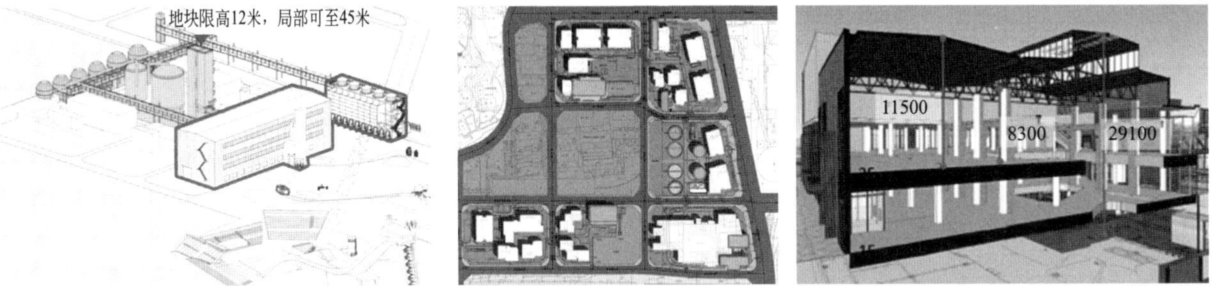

建筑限高结合现状允许局部突破　　工业遗存保留区域可不退线　　工业遗存改造利用原始层高可单倍计容

图6　工业遗存改造项目规划审批弹性

2．创新工业构筑物改造审批流程，极大释放了首钢工业遗址公园的功能活力，探索了以活化利用为核心的激励机制。

首钢老工业区中部工业遗址公园为规划公共绿地，现存大量大型工业建构筑物，如高炉、焦炉等，工业特色鲜明。由于绿地没有开发指标，绿地内工业建构筑物如何依法合规改造利用一直是一个未解难题。2019年，利用北京市大力发展科幻电竞产业的政策导向，首钢积极推动一高炉超体空间项目的洽谈。在市区相关部门的指导下，争取到工业建筑物和工业构筑物改造利用审批模式创新（图7）：在不改变容积率、建筑密度、外轮廓线的前提下，经区发改委办理项目备案，经区规划分局审核外立面、夜景照明方案和委托施工图联审后，直接办理建筑工程施工许可证；完工后由区住建委组织联合验收，即可申请办理营业执照并投入使用[①]。这一审批模式创新解决了首钢老工业区公共绿地内现存工业建构筑物的开发利用问题，实现工业构筑物改造在北京至全国范围内首次行政审批，极大地释放了首钢工业遗址公园的功能活力。

一高炉改造项目已经顺利完成竣工备案，进入装修阶段。这一政策创新解决了工业改造的痛点，核心是弱化指标和产权、重利用、控风貌。这就是典型的激励机制，从根本上促进了工业遗存的活化利用。工业遗存改造成本高、难度大，缺乏激励机制是不可持续的。借鉴首钢试点成功经验，2021年4月，北京市规自委、住建委、发改委、财政局联合发布《关于开展老旧厂房更新改造工作的意见》（京规自发〔2021〕139号），工业构筑物改造利用审批流程在北京市全市推广。

3．化被动为主动，创新工业遗存绿色改造标准，解决绿色建筑设计审查要求与工业遗存利用的矛盾冲突，促进工业遗存的活化利用

绿色生态已经成为现代城市发展的方向和要求，国家、北京市和石景山区各个层面都提出了关于发展绿色建筑的倡导和意见。2015年2月，石景山区印发发展绿色建筑推动绿色生态示范区建设实施方案（石政办发〔2015〕3号），明确要求产业项目建筑面积超过5000平方米的应当达到绿色建筑三星级标准，取得绿建标识已经成为项目竣工验收的前置条件，成为审批流程的一环。而现行北京市绿色建筑评价地方标准主要针对新建建筑、国家标准《既有建筑绿色改

① 北京市石景山区人民政府. 关于创新首钢老工业区建筑物和构筑物改造利用及铸造14号楼审批模式有关事项的函(石政函〔2019〕93号), 2016.

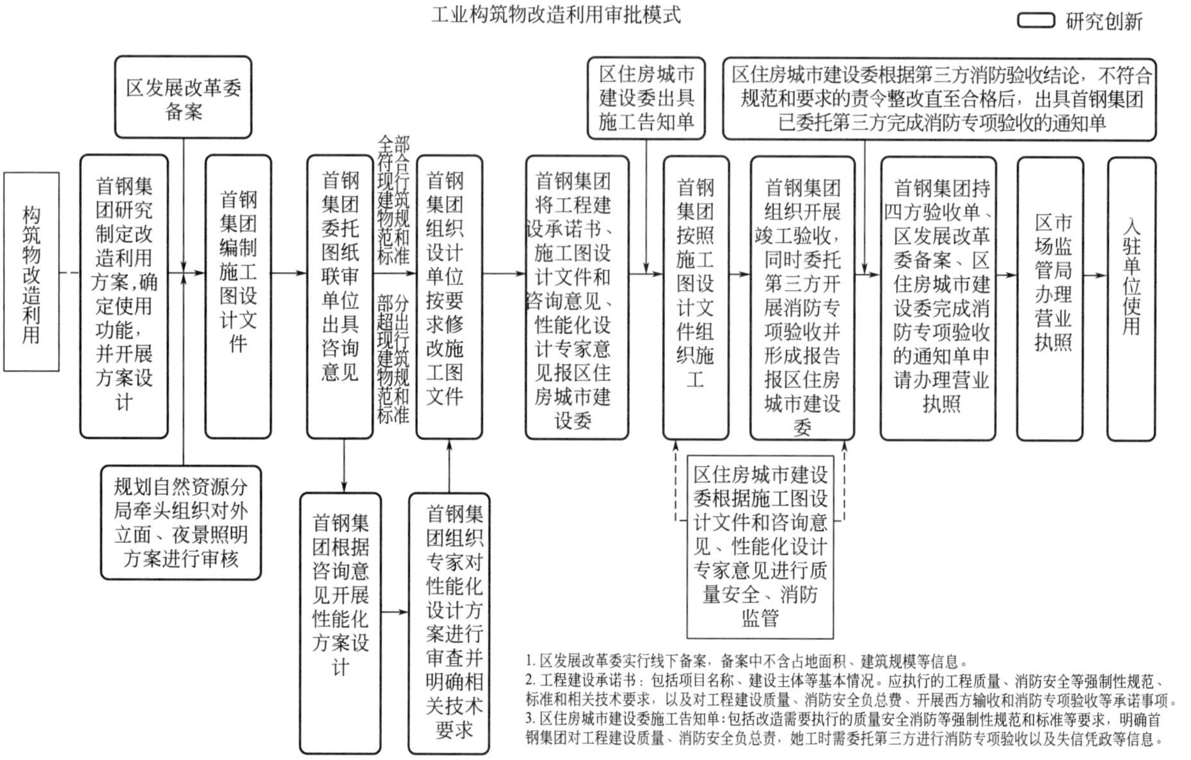

图 7 工业构筑物改造利用审批流程①

（来源：关于创新首钢老工业区建筑物和构筑物改造利用及铸造 14 号楼审批模式有关事项的函（石政函〔2019〕93 号））

造评价标准》GB/T 51141主要针对民用建筑改造，对于工业遗存因场地、设计和建设标准、建材使用等条件限制，很难满足上述标准的规定，首钢老工业区改造项目难以达到绿建评定要求。为解决这一矛盾，首钢在市区住建委的指导下组织《既有工业建筑民用化绿色改造评价标准》DB11/T 1844—2021的编制工作，切实结合工业遗存绿色化改造和保护的痛点难点问题，编制新标准指导工业遗存绿色改造的规划、设计、施工、运行等具体工作，并对首钢园现有项目进行试评价，通过试评价结果反复调整标准的适用性和科学性。标准于2021年4月1日正式发布，首钢园制氧主厂房改造项目于2022年12月首次依据新标准取得三星级绿色建筑标识证书。标准创新为工业遗存绿色改造领域的规范化做出了开创性贡献。

3 结语

3.1 特色禀赋

首钢老工业区其重要的区位和独特的自然禀赋决定了她的战略定位，区位优势是首钢园最大的优势，首钢园与北京城市副中心一起是北京城市东西两翼发展格局的重要组成部分。首钢做的是老工业区城市更新，老工业区城市更新是城市更新中典型而特殊的类型，既有城市的概念，又有产业，而工业遗存更是工业时代文明的集中体现，老工业区的更新是人类城市发展历史过程中一个具有里程碑意义的关键节点，成功的老工业区更新往往带来城市的再生，更直观呈现新旧文明更迭交替的过程。正是有此天然的特色禀赋，首钢园成为蕴藏巨大能量的地方，足以吸纳足够的资源和力量去成就创新。

① 北京市石景山区人民政府. 关于创新首钢老工业区建筑物和构筑物改造利用及铸造14号楼审批模式有关事项的函（石政函〔2019〕93号），2016.

3.2　单一主体

首钢老工业区更新是一项极其复杂的系统工程，其中首钢自身的统筹作用非常关键。统筹的核心是首钢单一主体，不仅是权属单一，首钢老工业区实施的是“规划、设计、建设、运营”全链条一体化转型，这就从机制上保证了一张蓝图的问题。城市更新项目推进难的痛点往往即关联主体甚多，权属、界面复杂，单一主体能够有效化解矛盾、推动实施。首钢园不仅有三高炉变成了首发秀场，更有轧钢工变成了制冰师、天车工变成了讲解员；不仅实现了物理空间的更新、产业的转型，还有人的转型，这个更新就演绎得特别完整。生动表达了城市更新归根到底是人的更新的宗旨。

3.3　政策新机

首钢园能走通审批全流程的基础是实现了规划调整，规划明确了区域的规模指标。以首钢老工业区的战略定位和规模体量而言确实需要详细规划予以支撑，而大部分更新项目无法承受控规调整的时间成本和审批的不确定性。2023年3月1日《北京市城市更新条例》正式实施，是北京首个将城市更新提升到立法层面的政策性文件，具有重要意义。条例明确了编制实施方案的审批流程。其实首钢规划调整“规划-设计”的互动过程也同样是实施方案的研究过程，她的复杂性决定了这一过程的时间厚度。在控规批复到项目审批依然有很长的路要走，首钢经验依然可以成为其他更新项目的有益借鉴。

参考文献

[1] 唐燕. 城市更新制度建设：广州、深圳、上海的比较[M]. 北京：清华大学出版社，2019.

[2] 刘伯英，李匡. 首钢工业遗产保护规划与改造设计[J].建筑学报，2012（1）：30-35.

[3] 首钢总公司，北京市规划委，清华大学建筑学院. 首钢工业区现状资源调查及其保护利用研究. 2006.

[4] 首钢总公司，中国工程院，北京市规划委员会，清华大学建筑学院，北京市建筑设计研究院有限公司. 首钢园区城市风貌课题报告[R]. 2015.

[5] 北京市城市规划设计研究院. 首钢工业区改造规划[Z]. 2007.

[6] 北京市城市规划设计研究院. 新首钢高端产业综合服务区控制性详细规划[Z]. 2011.

[7] 北京市城市规划设计研究院. 新首钢高端产业综合服务区北区详细规划[Z]. 2017.

[8] 唐燕，殷小勇，刘思璐. 我国城市更新制度供给与动力再造[J]. 城市与区域规划研究，2022，14（1）：1-19.

[9] 刘伯英，李匡，杨福海，孟璠磊. 工业用地更新背景下北京旧工业建筑保护利用的回顾与展望[J]. 世界建筑，2023（4）：15-20.

[10] 李晓波，袁钟楚. 新首钢地区协调联动发展问题及对策[J]. 中国工程咨询，2018（3）：32-36.

[11] 吴晨，李婧. 新首钢地区打造首都城市复兴新地标的内涵思路及路径研究[J]. 北京规划建设，2020（1）：176-180.

[12] 北京市人民政府. 关于推进首钢老工业区改造调整和建设发展的意见（京政发〔2014〕28号）[EB/OL].[2005-08-14].https：//www.beijing.gov.cn/zhengce/zfwj/zfwj/szfwj/201905/t20190523_72652.html.

[13] 北京市石景山区人民政府. 关于创新首钢老工业区建筑物和构筑物改造利用及铸造14号楼审批模式有关事项的函（石政函〔2019〕93号），2016.

[14] 北京市住房和城乡建设委员会，北京市市场监督管理局. DB11/T 1844-2021，既有工业建筑民用化绿色改造评价标准[S]. 北京：北京城建科技促进会，2021.

符义学视角下民族装饰符号在村落环境更新中的效用
——以新生乡鄂伦春民族村为例①

马辉 1② 李娜 2③ 龙燕 1④

作者单位
1. 大连理工大学建筑与艺术学院
2. 大连理工大学土木建筑设计研究院有限公司

摘要：以黑河市新生乡鄂伦春族装饰符号为研究对象，利用符号学理论下的符义学视角，展开鄂伦春族传统民族装饰符号在村落环境更新中的应用研究，通过溯源梳理鄂伦春传统民族装饰符号的类别，经过系统地归纳解析，提取出鄂伦春族典型的民族装饰符号，结合现代元素将这些传统符号拓展成为村落环境的装饰要素，应用到少数民族乡村环境更新设计实践中，总结出少数民族传统乡村环境更新设计的有效方法，为我国少数民族村落风貌保持与环境更新提供借鉴。

关键词：符义学；民族装饰符号；鄂伦春族；村落环境更新

我国对少数民族传统村落的保护已经付诸了诸多行动并一直保持高度的重视，2013年发布的《中国传统村落名录》中，鄂伦春族聚居村新生鄂伦春民族乡新生村被列入其中。鄂伦春族历史文化丰富，是我国人口较少的少数民族，因此，探寻鄂伦春民族传统装饰符号的价值是为了更好地保护和传承少数民族传统文化，促进少数民族地区经济发展，实现民族地区乡村振兴和56个民族共同富裕。

1 基于符义学视角梳理鄂伦春族传统文化符号

查尔斯·莫里斯（Charles William Morris）最先将符号学划分为符构学、符义学和符用学三个层面。符义学泛指符号的意义表达，是研究符号能指与所指的关系，探讨符号的形式与意义之间的关系的学科，基于能指和所指可以将符号分为图像性符号、指示性符号、象征性符号三类。民族符号是以民族精神为核心，以民族文化为元素，以民族风俗为依托，传递民族信息中具有一定装饰意义的符号。结合时代元素合理运用民族装饰符号，既是少数民族传统文化的传承和应用，也是实现少数民族传统文化保护与创新的具体表现。

1.1 鄂伦春族传统建筑符号

鄂伦春族建筑符号属于符义学类别中的指示性符号，通常称其为标志。指示性符号主要体现为能指符号本体与表征对象之间的一种因果关系，这种因果关系可使认知者获得表征对象，因此它是一种指引或者被索引[1]。由于鄂伦春族传统建筑的本体及其维护设施都具有指示性符号的特点，因此鄂伦春族传统建筑是具有标志性和指示意义符号的重要物质载体。

少数民族的传统建筑主要是居住建筑，是少数民族传统文化的重要组成部分。鄂伦春族的传统居住建筑主要包括斜人柱和奥伦。斜人柱是利用白桦树杆作为支撑骨架，形成了圆锥结构，外表以白桦树皮和兽

① 基金项目：国家哲学社会科学基金(民族学)一般项目“乡村振兴战略下东北少数民族传统民居的保护与传承”（19BMZ087）阶段性成果。
② 马辉，1974年5月8日出生，大连理工大学，教授，博士生导师，邮箱：HuiMa@dlut.edu.com。
③ 李娜，1983年3月31日出生，大连理工大学土木建筑设计研究院有限公司，高级工程师。
④ 龙燕，1996年9月10日出生，大连理工大学，艺术设计硕士研究生。

皮为主要维护材料，适用于鄂伦春民族的游猎生活。奥伦是用四根3米高的松树杆搭建的矩形木平台，上面采用柳条编织的拱形棚架，用于储藏食物和工具，供路过此处有需要的人使用，体现了鄂伦春民族包容和友善的民族性格。斜人柱和奥伦都是鄂伦春人民族精神的体现，是典型的标志性符号（表1）。

鄂伦春族传统民族建筑形制　　表1

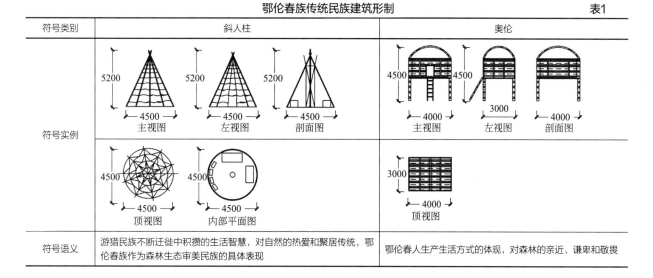

符号类别	斜人柱	奥伦
符号实例	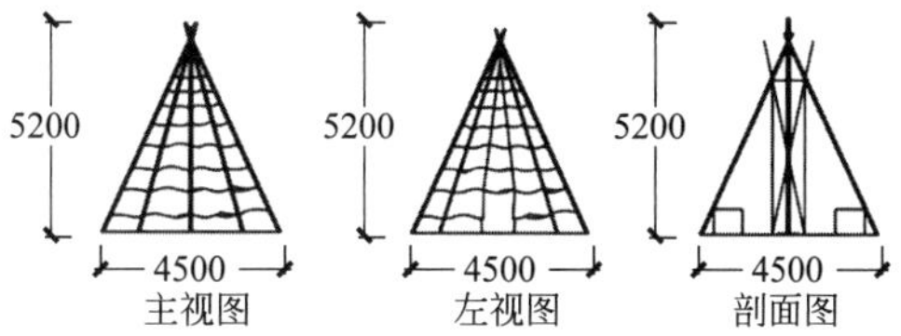	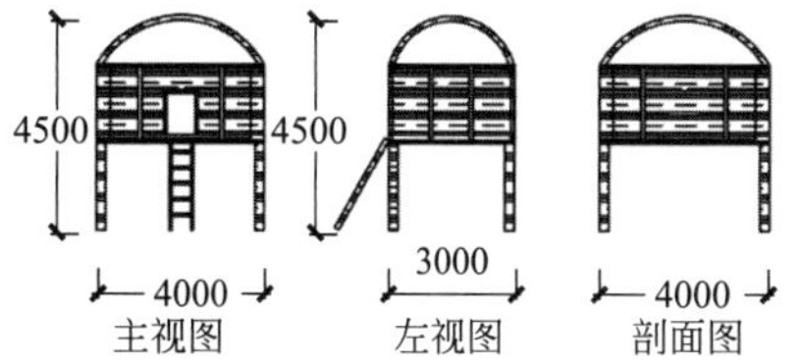
	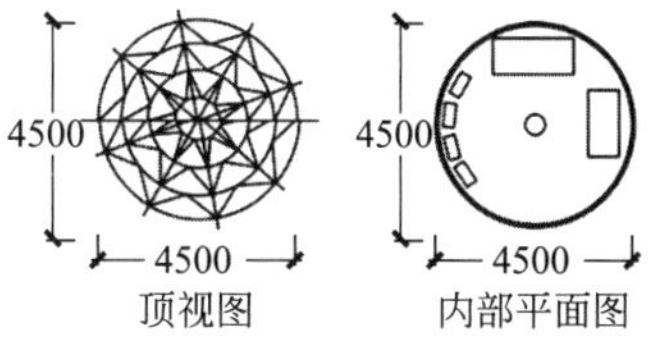	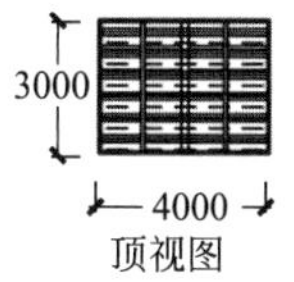
符号语义	游猎民族不断迁徙中积攒的生活智慧，对自然的热爱和聚居传统，鄂伦春族作为森林生态审美民族的具体表现	鄂伦春人生产生活方式的体现，对森林的亲近、谦卑和敬畏

1.2　鄂伦春族传统服饰符号

图像符号是能指内容和所指意义之间存在图像相似性的符号，是明确能指与所指间"标志形态"与"本体形态"的相似关系。图像符号通常是直接复制被模仿对象的原型，便于识别和理解，也容易被受众群体广泛接受。鄂伦春族的传统民族服饰装饰纹样就是一种典型的模仿自然物象的图像符号。

鄂伦春族传统服饰纹样主要分为几何纹、植物纹和动物纹三种。其中，几何纹最常见，多为圈点纹、角勾纹、水波纹等；植物纹以南绰罗花纹为主，寓意美好的爱情；动物纹样较少，驯鹿角纹样最常用，反映了鄂伦春人珍爱生命和敬畏自然的伦理观[2]。鄂伦春族服饰纹样弱化了等级划分，体现了鄂伦春人的原始社会组织形式，因此具有社会学和美学的研究价值（表2）。

鄂伦春族传统民族服饰符号　　表2

符号类别	几何纹	植物纹	动物纹
符号实例	 圆点纹	 南绰罗花纹	 鹿纹
	 角勾纹	 花瓣纹	 大雁纹
	 回字纹	 瓜果纹	 熊纹
	 云卷纹	 花形纹	 松鼠纹
	 水波纹	 花草纹	 蝴蝶纹
符号语义	自由、仁爱的民族观念;平等互助、和善、忠信等民族传统的伦理观	按需索取、与自然和谐共生的生存理念；豪放、热情、与世无争的民族品格	世间万物皆有灵，猎马、猎犬都如同自己的家人，珍爱生命、敬畏自然

1.3 鄂伦春族传统器具样式

鄂伦春族用白桦树皮制作的器具在生产和生活中无处不在，具有指示性符号特点。这些器具不仅刻有传统民族图形纹样，而且形态式样还体现了鄂伦春人顺应自然的生活智慧。白桦树皮制品种类繁多，包括嫁妆盒、杂物桶和树皮船等。其中，白桦树皮船具有造型流畅、速度快等特点，既作为交通工具，也是鄂伦春人夏季重要的渔猎工具，是保障鄂伦春族人生生不息的依靠，也是鄂伦春族人生活智慧的重要结晶。

利用白桦树皮制作的鄂伦春族传统器具的样式，主要体现了鄂伦春族狩猎生产方式的认知结果，这些器具样式既美观又实用，是崇尚自然的感知经验和典型的民族符号的重要体现，具有独特的美学价值。这些符号化的器具式样也体现了鄂伦春族人善于发现、敢于创造的民族智慧（表3）。

鄂伦春族传统民族器具样式 表3

符号类别	白桦树皮船	白桦树皮桶	白桦树皮嫁妆盒
符号实例	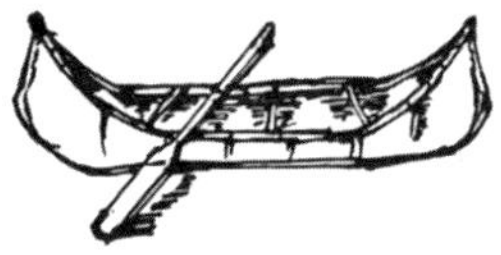	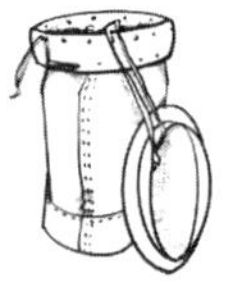	
符号语义	形态流畅简约，体现鄂伦春人民的生活智慧和质朴性格	智慧、善于创造的特性;积极的生活态度;潜在的秩序素养	体系丰富的生活内涵;对美好爱情、美好事物的追求

1.4 鄂伦春族传统文化符号

鄂伦春族传统文化符号主要来自于森林文化、图腾文化和狩猎文化等三种文化的装饰要素，这些文化符号符合符义学中的象征性符号特征，是鄂伦春人精神世界同物质环境相结合的具体体现，因此具有一定的民族象征意义，同时也包含了鄂伦春族的传统民族语义。

鄂伦春族的森林文化非常丰富，族人世代在山林中生活，按需索取，不贪婪不浪费，这是鄂伦春族重要的精神文化，符合人与自然和谐相处的朴素智慧，也是民族意识和思想的体现。鄂伦春族的图腾文化随着历史进程不断演变，地域特色鲜明，熊、虎、狐、风、火、雷、电、树、石、山、河等都是鄂伦春族的崇拜图腾。狩猎文化则体现了鄂伦春人与自然和谐共生的依存关系，遵守自然规律与季节变化，采用夏季捕鱼、冬季狩猎的习俗，按需捕猎、不过度捕杀，这正是鄂伦春族依山而居朴素的自然主义思想观念（表4）。

鄂伦春族传统文化符号 表4

符号类别	森林文化	图腾文化	狩猎文化
符号实例	 树形纹	 日	 捕鱼船
	 叶枝纹	 月	 猎哨
	 叶形纹	 龙	 猎犬
	 树干纹	 蛇	 弓箭
	 树干纹	 山	 猎马
符号语义	和谐共生的生活理念，敬畏和依赖自然环境，按需索取资源	万物皆有灵性的认知观念，敬畏自然、仁爱万物、珍爱生命	按需捕猎，平等分配和交换食物，体现平等淳朴的至善民族性格

2　符义学视角下民族装饰符号的提取方法

2.1　装饰符号的提取原则

鄂伦春族传统装饰符号反映了人们对生存环境的洞察，对生活状态的愿景和对美好未来的企盼，蕴含深厚的民族精神和文化内涵。提取民族装饰符号时应遵循以下原则，首先是敬畏自然和崇敬神灵的原则；其次是崇拜图腾和爱戴生灵的原则；最后是崇尚人文和敬重祖先原则。这些原则源于鄂伦春淳朴的民族文化和朴素的生存观念。鄂伦春族强调人要顺应自然环境，不可以过度占有自然资源，将自然界的万物生灵都视为本族的图腾，同时非常爱戴生命和敬畏本民族的祖先，提倡平均主义和互助精神，这正是鄂伦春族传统装饰符号的创造源泉和文化基础[3]。

2.2　装饰符号的提取方法

鄂伦春族传统装饰符号提取应遵循民族文化特征、生产生活方式、宗教信仰习俗，保留鄂伦春族文化的原真性、延续性和独特性。民族文化符号的归纳整理与形态的抽象概括是最有效的提取方法，将鄂伦春族典型的文化符号转化为符合时代认知的环境装饰要素。在民族村落环境更新中利用这些全新的装饰元素，可以更好地传承民族文化和保持民族村落的特色风貌，可以有效解决村落环境同质化的现象。同时，在提取装饰符号时，应融入现代图形语义并要保持较高的辨识度，是少数民族文化符号的现代演绎；在提取色彩元素时，应尊重民族传统习俗并结合时代的审美认知，是少数民族历史传统的时尚再现；在提取材质元素时，应遵循原始材料的质感并利用新材料和新技术，实现绿色环保和可持续发展[4]。

2.3　装饰符号的应用范围

鄂伦春民族装饰符号是在特定历史时期和地域环境背景下凝聚的文化载体，涵盖自然地貌、历史文化、宗教习俗和风土人情等内容，是在地性与排他性的重要体现。装饰符号在民族村落环境更新设计过程中，可以应用在村落公共空间、民居建筑外观和公共设施设备等方面，为整个乡村环境注入了文化活力，同时也呈现出独特的民族风貌与内涵[5]。

利用鄂伦春民族装饰符号体现的民族语义，在村落环境更新设计中，融入现代文化符号和构成法则，增加层次感和秩序性。村落环境的公共空间是展示民族装饰符号的主要场所，通过地面铺设、围墙装饰、墙面彩绘等来呈现，形成村落开放空间的民族文化基调；在传统民居建筑的入口造型、立面装饰、室内环境中应用民族装饰符号，可以增强民族自豪感和提升居住品质；置于村落环境中的公共设施设备等也是展现民族装饰符号的重要载体，可以更好地传播民族文化和保持民族村落的整体风貌（图1）。

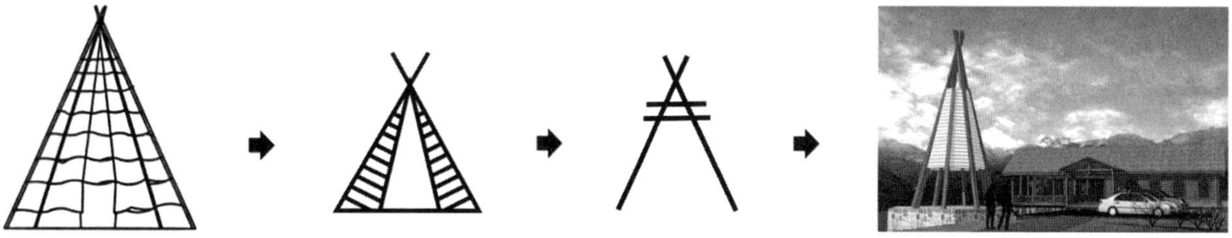

图1　斜人柱形态符号提取与应用

3　装饰符号在乡村环境更新设计中的效用

3.1　重塑民族乡村传统风貌

鄂伦春族装饰符号在乡村环境中的表意化可分为象征表意、抽象表意和再现表意三种方式。在重塑民族乡村的传统乡村风貌过程中，鄂伦春族综合三种表意方法，利用符号表意来模仿自然材料、色彩、形态进行环境装饰设计。村落环境整体风貌主要是通过传统建筑材料、色彩和形态所呈现，利用自然材料或模仿自然材料的色彩、质地、形态进行乡村环境装饰设计，既丰富了民族乡村环境中的民族文化要素，又突出了民族乡村的独特风貌（图2）。

图2 新生鄂伦春民族村落风貌

民族乡村风貌不仅承载了少数民族传统装饰符号的视觉表征，也是民族文化的主要物质载体，因此，通过符义学视角研究民族装饰符号在民族乡村环境装饰设计中的效用，可以弘扬民族文化和凸显地域特色，可以修复民族村落风貌和实现民族文化的有效传承。因此，民族装饰符号应用到乡村环境更新设计中有助于保护鄂伦春族传统文化的原真性，同时还可以更好地传播民族文化和弘扬民族精神，实现少数民族传统村落的科学保护与全面发展[6]。

3.2 改善民族村落人居环境

民族装饰符号蕴含着丰富的文化内涵，代表着本民族独特的文化特征和精神诉求。因此，在乡村环境中应用民族装饰符号可以有效地美化乡村环境，传承民族文化，改善居住质量，提高生活品质和提升村民的幸福感[7]。

民族装饰符号具有丰富的文化艺术特征，应用到乡村环境中可以改善乡村的民族文化氛围缺失和风貌特色不足的问题。同时，利用新材料、新技术、新工艺、新方法在村落环境设计中进行综合设计[8]，可以改善村落环境与居住条件，使乡村人居环境更加生态、舒适和美观（图3）。在乡村治理与服务方面，利用民族装饰符号来设计村落标识系统、公共设施等设施设备，可以完善乡村环境设施和强化民族体验与文化认知，提升乡村治理水平与服务质量，提升村民的自豪感和幸福感。

图3 新生鄂伦春民族乡斜人柱式样现代住宅

3.3 提升民族乡村生活品质

提升乡村生活品质是当前乡村振兴战略的重要目标之一，鄂伦春族已下山定居70年，选择依山傍水的自然环境作为定居村落，村落周边自然资源丰富，村落内部民居房舍保持较好，但是，随着时代进步、经济发展，传统少数民族村落长居人口逐渐流失，村落环境逐渐恶化。只有改善生活环境提高生活品质，才能重新焕发乡村活力，吸引年轻人返乡定居[9]。

通过民族装饰符号融入村落环境，在公共设施和环境装饰上以提升村落整体环境质量和村民生活品质为目的，既满足民族符号的视觉展示，又实现生活环境的品质改善。在村落公共环境改善方面，增加富有民族装饰性的公共设施以美化环境和满足村民日常生活需求，不仅可以弘扬民族传统文化，还能够增强民族自豪感（图4）。此外，通过建造民族特色的休闲广场，可供村民休憩、运动和举办民族文化活动等使用，有助于增强村民对民族文化的认同感，提升乡村生活环境的综合品质，是弘扬民族文化特色和满足村民的物质需求的具体体现，是焕发乡村活力和实现乡村振兴的重要举措。

图4　新生鄂伦春民族乡景观吊桥

3.4　弘扬少数民族传统文化

民族装饰符号在传统村落环境建设中起到民族文化的符号化作用，因此，根据民族文化符号的历史演变规律，结合符义学视角下的符号表意，诠释少数民族文化符号的现代演绎，并在民族村落环境更新中广泛应用，可赋予村落环境更多的文化内涵和民族语义，唤醒人们对民族传统文化的记忆。

通过符义学视角将传统装饰符号结合现代环境设计方法，应用到少数民族传统村落环境更新建设中，突出民族传统文化，彰显村落风貌特色，增强民族村落整体的文化体验感。同时，在传承和保护民族文化的基础上，强调民族的独特性和文化的专属性，注重主题营造和文化内涵的表现，有效避免千村一面的现象（图5）。通过民族传统装饰符号在村落环境中的置入，可以展现丰富多彩并极具特色的民族文化，还原和再现少数民族的优秀传统文化，形成直接的感官体验，增强村落环境的民族文化体验感，使得民族文化能够更好地在村落环境实体空间内得以展现和传播，使得民族文化得到更好的传承和弘扬。

图5　新生鄂伦春民族乡景观大门造型式样

4　结语

少数民族传统村落是承载民族和乡土文化的重要载体。然而，随着常住人口的不断流失，传统民族村落正面临着文化消逝的风险。因此，本文从符义学视角，探讨民族村落风貌保护与环境建设的有效策略，梳理民族符号延续的脉络，传递民族优良文化，以重拾民族文化、重建民族信仰和重塑民族形象。只有将民族文化符号融入民族村落环境中，才能实现少数民族传统村落的活化和保护，修复少数民族传统村落风貌，提升乡村生活环境的品质，增强村民的民族自豪感和幸福感，拉动乡村旅游经济的发展，实现全国各民族共同富裕和乡村全面振兴。

参考文献

[1] 刘璐.基于符号学的“苏式”公共建筑特征性研究[D]. 合肥：合肥工业大学，2016：12.

[2] 肖琳琳.鄂伦春族传统图形在现代视觉传达设计中的应用研究[D]. 哈尔滨：哈尔滨工业大学，2011：32-34.

[3] 王丙珍.鄂伦春族审美文化研究[D]. 哈尔滨：黑龙江大学，2014：20-21.

[4] 范潇潇，李婧.乡土景观符号类别及其美学价值研究[J]. 艺术与设计（理论），2021（3）：75.

[5] 马辉，邹广天，伏祥.中国鄂伦春少数民族建筑文化传承与保护[J]. 城市建筑，2017（29）：12.

[6] 马辉，邹广天，何彦汝.美丽乡村背景下黔西南布依族香车河传统村落文化传承与保护[J]. 黑龙江民族丛刊，2017（6）117-118.

[7] 张文馨.黑河市鄂伦春民俗文化主题公园设计[D]. 哈尔滨：东北农业大学，2016：28.

[8] 郭军胜.我国北方传统桦树皮工艺美术制品的发展与转化[J]. 艺术工作，2020（4）：7.

[9] 袁媛，龚本海，艾治国，雷维群.乡村旅游开发视角下的福溪村保护与更新[J]. 规划师，2016（11）：137-138.

专题四　低碳建筑与生态环境

双碳目标下严寒地区装配式农村住宅设计策略研究
——以基于调研数据的 Revit 基准模型为例

张宇[1, 2] 刘乃夫[1, 2] 刘小赫[3]

作者单位
1. 哈尔滨工业大学建筑与设计学院
寒地城乡人居环境科学与技术工业和信息化部重点实验室
3. 吉林省住房和城乡建设厅

摘要： 双碳背景下，严寒地区农村住宅节能减排性能亟需提升，而在农村推广装配式技术有望在全生命周期内降低住宅碳排，提高房屋质量。本文基于对东北严寒地区典型村落的调研，建立 Revit 基准模型，结合 Design Builder 软件进行全生命周期碳排测算分析，探讨实现减排目标的关键要素，从而在生命周期各个阶段提出优化设计策略，促进装配式技术在严寒地区农村住宅中的应用。

关键词： 严寒地区农村；装配式住宅；全生命周期；低碳设计

Abstract: In the background of carbon peaking and carbon neutrality, energy saving and emission reduction performance and built quality of rural housing in severe cold areas need to be urgently improved. And promoting the application of prefabricated housing in rural area may be a potential solution. This paper is based on the investigation of typical villages in rural areas of Northeast China, establishing a Revit standard model, and Design Builder software is used to analyze the energy consumption of the model with a full lifecycle perspective, discussing the critical factors to achieve the goal of emission reduction. Finally, Optimal design strategies are suggested to promote the application of prefabricated technology in rural housing in severe cold areas.

Keywords: Rural Areas In Severe Cold Areas; Prefabricated Residence; Full Life Cycle; Low-carbon Design Strategy

1 双碳背景下装配式技术优势分析

1.1 严寒地区农村发展现状

我国严寒地区由于气候和经济等因素影响，人口流失与老龄化较为严重，基础设施有待完善，而农村地区更甚，对其产业发展造成了不利影响。严寒地区农村住宅目前多为自建房，由于构造与材料较为落后，其房屋品质和热工性能较差，建材生产与房屋施工过程中资源浪费较多，且造成了较大的环境污染。并且由于缺少标准化设计施工流程，房屋质量参差不齐，而部分村民们的改扩建也导致了乡村风貌遭到破坏，也说明传统农村住宅的功能设计已经无法满足现有需求。而在严寒地区的气候条件下，农村地区采暖能耗及碳排较高，亟需寻求响应国家乡村振兴战略与双碳战略的可持续发展模式，提升房屋舒适性与性能。

1.2 装配式技术适宜性解析

在国家号召推进城乡建设低碳转型，推进建筑工业化的背景下[1]，因地制宜地发展农村装配式建筑意义重大，且能够满足农村住宅发展需求[2]。首先，由于装配式住宅部件部品采用标准化模数，施工简便，适用于农村住宅较为简洁且统一的形体，且可以进行定制化设计满足多样化需求；其次，其工厂预制，现场装配的标准化生产建造模式，缩短了工期，减少了环境污染与资源浪费，保证了房屋品质[3]；接着，装配式结构构造具有更好的保温性能与气密性，能够提升房屋舒适度，并降低采暖能耗与碳排放；最后，虽然既有严寒地区装配式农村住宅市场规模不大，产业链有待完善，但长期来看，装配式农村住宅全生命周期内具有更好的环境与经济效益。

2 农村住宅调研与基准模型构建

2.1 调研与问题分析

本文选取了黑龙江省大兴安岭地区塔河县依西肯乡、齐齐哈尔市克东县润津乡以及辽宁省沈阳市新民屯三处作为调研的典型农村。上述地区年平均气温从9.2℃至-11℃，地理跨度贯穿了整个东北严寒气候区且房屋建设年份有远有近，房屋质量及能耗问题较为突出，因此以调研结果为依据，提取东北严寒地区农村住宅特征并分析主要问题。

具体而言，在建筑特征方面，农村住宅多为单层矩形平面，双坡屋顶形式，南北侧开窗且南侧尺寸大于北向。外墙围护结构大部分采用黏土砖墙，且无保温材料，屋面层保温多采用将稻草铺设于屋架下的做法。而大多数农宅还会采取在南侧立面加装阳光房的方式进行保温，对于加装带窗户的塑钢阳光房，夏季还可以打开窗户进行降温。功能布局大部分为传统的“一明两暗”式布局（图1），在中间布置起居室、厨房，两侧布置卧室、储藏的平面形式。供暖形式上多采用火炕火炉等方式，热效率较差且污染环境。

能源使用方面主要采用秸秆和煤炭，柴火秸秆等燃料一般用在炊事上，而煤炭则用于室内锅炉燃烧，经询问二者在使用比例上大致为1：5。经过分析总结，东北现有农村住宅普遍存在房屋质量与热工性能较差，能源结构不合理，浪费资源以及空间功能流线交叉，缺少卫生间的问题。

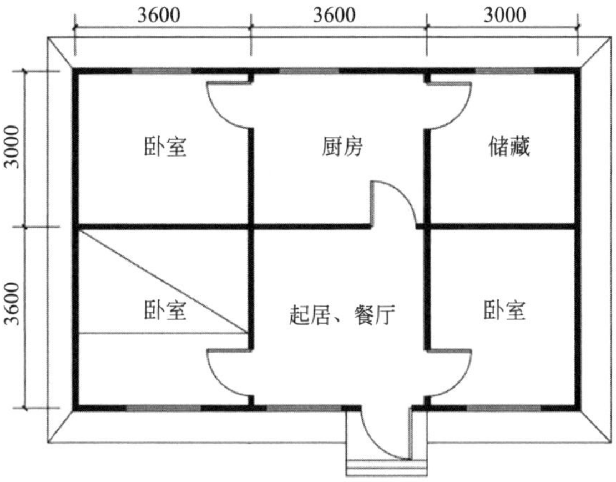

图1 沈阳市农村住宅典型布局

2.2 基准模型构建

根据调研结果，严寒地区农村住宅多为单层住宅、建筑平面一字型居多，本文结合当地居民实际住房使用功能空间需求，利用BIM信息化建模软件构建严寒地区装配式农村住宅基准模型。

首先，在基本模数方面，依据农村住宅基本尺度以及相应功能与布局需求，创建了尺寸为3600mm×3000mm的基本模块以及7200mm×3000mm与6000mm×3600mm两个拼接模块，考虑到当地农村卧室设火炕且卧室兼具一定会客功能的情况，在平面上设置了带有火炕设施且兼具会客功能的多功能空间以及一般卧室空间。其次，结构体系的选择在综合考虑了经济条件，基础设施，气候条件等因素后，决定选择成本较低，耐久度较高，施工相对简单、材料工艺相对成熟的预制混凝土（PC）结构体系[4]。最后，根据平面设计方案利用Revit软件构建了构件族库，包含了预制混凝土外墙（包含保温材料）、预制内隔墙、叠合板、叠合梁、预制屋面板等装配式建筑所需的部件及吊筋、插筋、水泥灌浆套筒、预制墙体斜撑、吊装用墙面钢片、斜撑用墙面钢片等装配式部品及装配化建造中需用到的构配件，进而搭建整体模型（图2）。

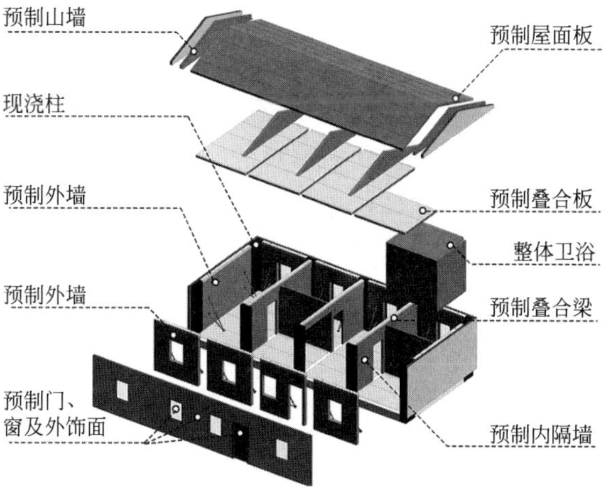

图2 Revit 基准模型爆炸图

2.3 碳排测算方法

本文将严寒地区装配式农村住宅建筑全生命周期分为物化阶段、使用维护阶段以及废弃拆除阶段[5]，采用碳排放系数法通过模拟测算的方式对严寒地区装配式农村住宅的全生命周期碳排放进行计算，在物化阶段首先统计汇总了相关碳排放因子，利用Revit软件信息化建模的特性，导出模型工程量清单等数据，根据工程量清单等数据核算材料生产、运输与装配所产生的碳排放；在使用与维护阶段使用Design Builder软件对建筑使用过程中所产生的能耗进行统计计算，并核算为碳排放[6]。

3 装配式住宅全生命周期碳排测算与分析

3.1 全生命周期碳排计算

本文采用的碳排放计算公式是通过资料查询、文献研究并结合现场调研所获得的相关数据，综合考虑本文装配式阶段划分与碳排放统计范围得到的。建筑总碳排根据物化、运维和废弃拆除三个阶段分别计算再进行汇总。

1. 物化阶段碳排计算

装配式住宅物化阶段分为工厂预制阶段（构配件生产）、运输阶段以及装配建造阶段，该阶段是装配式建筑从预制到装配建造的过程。包括建材生产及运输、构件生产及运输和现场装配五个子阶段。经文献研究通过以下公式计算（表1）：

各生命周期阶段碳排计算公式　　表1

建材生产阶段计算公式	$P_{w1}=\sum_{i=1}^{n}\left(Q_{wi}\times C_{ci}\right)$ 式中，Q_{wi}——第i种建材用量； C_{ci}——第i种建材碳排放因子，单位不一，依建材而定
建材运输阶段计算公式	$P_{w2}=\sum_{j=1}^{m}\left(\sum_{i=1}^{n}L1_{i,j}\times Q_{wi}\right)\times C_{yj}$ 式中，$L1_{i,j}$——第i种建材第j种运输方式的运输距离； C_{yj}——第j种运输方式的碳排放因子，单位 kgCO2e/（t·km）
构配件生产阶段计算公式	$P_{w3}=\sum_{i=1}^{n}N1_i\times t_i+\sum_{j=1}^{m}\left(G1_j\times C_g\right)$ 式中，$N1_i$——第i种生产机器功率（kWh）； t_i——第i生产机器工作时间（h）； $G1_j$——生产第j种构件所需天数； C_g——施工人员碳排放因子
构件运输阶段计算公式	$P_{w4}=\sum_{j=1}^{m}\left(\sum_{i=1}^{n}L2_{i,j}\times Q_{gi}\right)\times C_{yj}$ 式中，$L2_{i,j}$——第i种构件第j种运输方式的运输距离； Q_{gi}——第i种构件的质量； C_{yj}——第j种运输方式的碳排放因子
装配建造阶段计算公式	$P_{w5}=\sum_{i=1}^{n}N2_i\times t_{zi}+\sum_{j=1}^{n}G2_j\times C_g$ 式中，$N2_i$——第i种装配机器使用功率； t_{zi}——第i种装配机器使用时间； $G2_j$——装配第j种构件所需天数； C_g——施工人员碳排放因子

2. 使用与维护阶段碳排计算

装配式建筑使用与维护阶段碳排放包括了使用寿命期间的电力等能源消耗产生的碳排放以及建筑使用过程中因部分构件老化进行更新维护所产生的碳排放，而一般建筑的维护修缮次数较少，持续时间短，且更新维护过程与物化阶段有一定重叠，因此更新维护过程的碳排考虑与物化阶段合并计算。

能耗模拟使用Design Builder软件，用于模拟的模型依据Revit基准模型建立，模型地理位置设定为哈尔滨地区。气象信息采用软件中提供的气象数据源，该数据与中国标准气象数据库（CSWD）一致。考虑到东北农村现实情况，选择煤炭与生物质燃料作为供暖能量来源，制冷系统则不做设置。住宅各空间照明及制冷与供热标准参照现行标准及调研所获得数据进行居住建筑运行特征设置。其中冬季室内计算温度为18℃；照明功率密度5W/m^2。装配式建筑寿命一般为50年，且50年能够满足我国相关法律法规要求，因此使用阶段模拟建筑运行50年的使用能耗，并按照电力消耗与能源消耗折算为碳排放统计。

3. 废弃拆除阶段碳排计算

装配式建筑废弃拆除阶段由废弃建筑物的拆解、废弃建材的运输及其回收处理等环节组成。经相关文献查阅，大部分研究对该阶段的能耗及碳排放计算进行了忽略，且有研究结果显示住宅建筑的施工建造及拆除阶段施工过程的能耗在装配式住宅全生命周期碳排放中占比较低仅为0.44%。综合本文实验模拟目的，决定采用建筑施工过程的90%来统计计算建筑废弃与拆除阶段的碳排放。该阶段碳排需要用施工与运输碳排放量减去废弃建材回收减碳量计算得到（表2）。

废弃拆除阶段碳排计算公式　　表2

施工与运输碳排计算公式	$P_{f1}=90\%\times(P_{w4}+P_{w5})$ 式中，P_{w4}——构件运输阶段碳排； P_{w5}——装配建造阶段碳排
废弃建材回收减碳量计算公式	$P_{f2}=\sum_{i=1}^{n}(Q_{fi}\times H_{fi}\times C_{fi})$ 式中，P_{f2}——废弃建材回收减碳量； Q_{fi}——第i种可回收建材质量； H_{fi}——第i种可回收建材回收率； C_{fi}——第i种可回收建材单位回收减碳量

3.2 测算结果及减排要素分析

经计算，严寒地区装配式农村住宅全生命周期碳排放结果如下：物化阶段碳排放50715.63（kgCO2e），使用与维护阶段碳排放261158（kgCO2e），废弃拆除阶段碳排放724.68（kgCO2e）；分别占比15.9%、84%、0.1%（图3）。从全生命周期视角来看，该装配式典型住宅碳排放情况符合预期，使用维护阶段由于以50年为统计范围占比最大。在物化阶段中现场装配占比远小于建材生产和运输，体现了装配式建筑的施工特点。在废弃与拆除阶段由于相关建材的回收减碳，导致了该阶段碳排放较低。

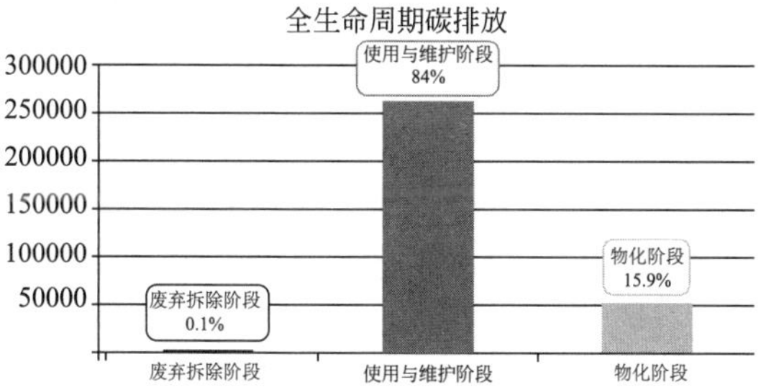

图3　全生命周期碳排组成分布图

1. 物化阶段减排要素定性分析

物化阶段三个子阶段中生产环节受工厂生产建材或构件的效率及所生产的建材碳排放因子等因素影响。运输环节受运输方式和运输距离的影响。装配环节则受作业时操作与流程的简洁性与施工效率影响，经研究施工效率一般与施工器械、施工孔位的通用性有关。而在其中最大碳排环节为建材生产其次为建材运输，故应着重考虑从这两个环节减碳。首先，生产环节应在保证安全与使用舒适（热系数）的基础上选择碳排放因子较小的混凝土型号。其次，运输环节应注意建筑材料的就近取材，避免长距离运输产生额外碳排。

2. 运维阶段减排要素定量分析

运行与维护阶段中，维护阶段占比较低，主要应考虑构件替换灵活性，这部分因素与物化阶段有所重叠。运行阶段要着重从改善能源结构，提高能源效率以及优化被动式节能设计降低建筑能耗这两方面入手。运维阶段能耗及能源碳排占比如图4所示。

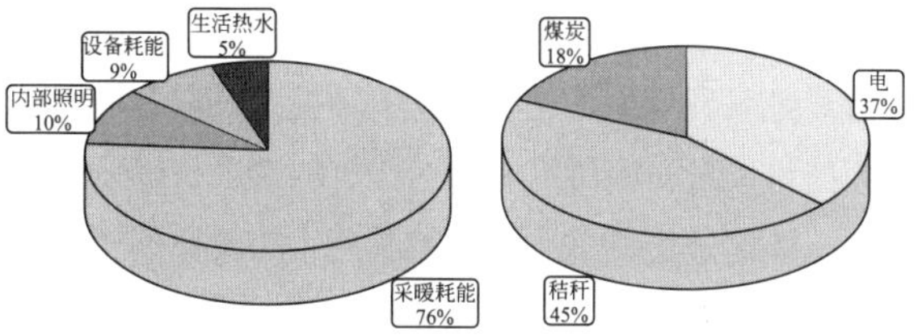

图4　运维阶段能耗及能源碳排占比饼状图

被动式设计方面，结合文献研究，建筑朝向、窗墙比和保温材料对减碳影响较大，保温材料应平衡经济因素、用量与材料性能选择，不做深入分析，对其他因素进行进一步定量分析。首先，控制单一变量，模拟了标准模型在南偏东45°至南偏西45°的11个朝向下的使用维护阶段能耗，变化趋势如图5，当朝向为南偏西10°时单位建筑面积年总能耗最低。

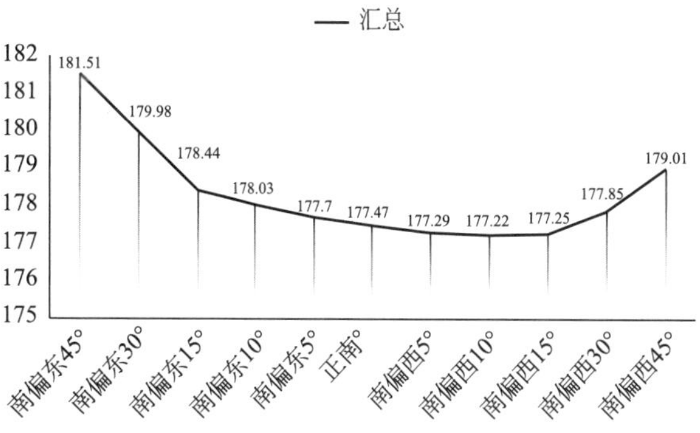

图5　不同朝向下单位建筑面积能耗趋势图

窗墙比主要考虑南侧对建筑热交换的影响，通过控制变量进行模拟，能耗随南向窗墙比增大而呈现减小趋势，如图6，综合严寒地区居住建筑节能设计标准以及控制夜间住宅的热交换损失，窗墙比建议选取0.4~0.45区间，且此时一定程度上降低了物化阶段碳排。

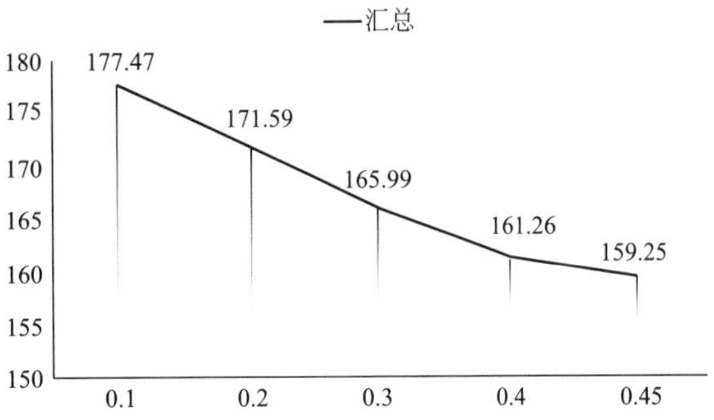

图 6　不同窗墙比下单位建筑面积能耗趋势图

能源利用方面，在不调整燃料比重的前提下，应提高秸秆利用率，进行一定的预处理，以及提高暖气系统性能及气密性，从而减少燃料浪费，降低环境污染。同时还应增加太阳能的利用，主要体现在南向阳光房的参数设计上，通过控制变量，首先模拟了高为3000mm的铝合金棚屋在不同进深下的住宅能耗（图7），发现进深为1200mm的棚屋性能最优，但彼此相差不大。并进一步在1500mm进深下模拟横向覆盖率对能耗的影响（图8）。

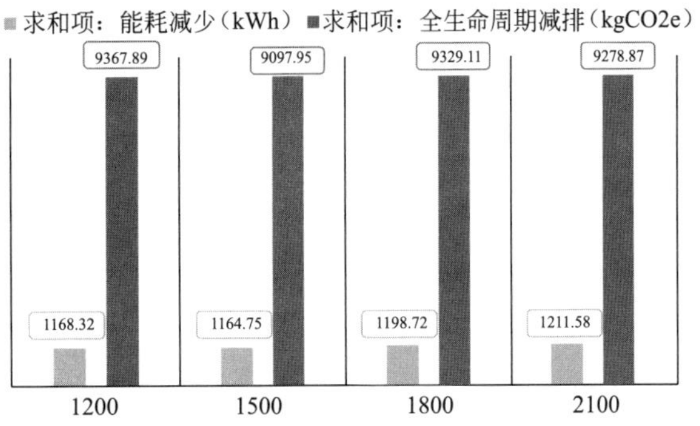

图 7　棚屋在不同进深下能耗及碳排变化趋势

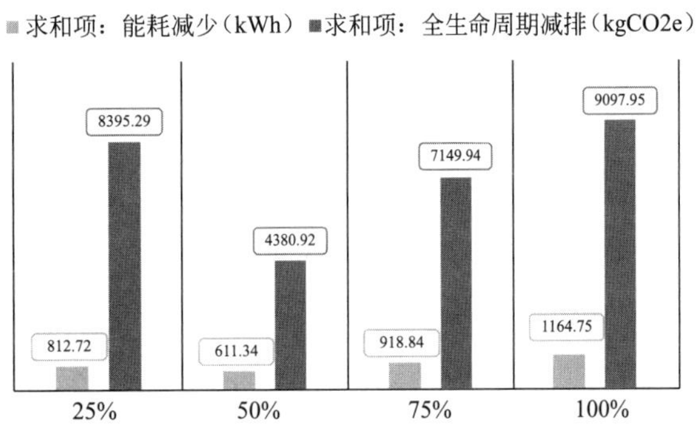

图 8　棚屋在不同面宽覆盖率下能耗及碳排变化趋势

3. 废弃拆除阶段减排要素定性分析

废弃拆除阶段由于建材及构件回收处理而使碳排占比较低。首先，对于拆除环节，应从设计角度保证构件的标准化、通用化，提高拆除环节施工效率。其次，对于回收环节，应在初期就选择适合回收的建材，考虑构件连接方式，并区分回收与不可回收的构件，构建标准化建造体系。最后，对于废材运输环节，除了考虑运输方式与距离，更多地进行就地处理，也能降低碳排。

4　装配式住宅减碳设计策略

4.1　物化阶段低碳设计策略

装配式住宅物化阶段碳排放计算中，建材生产环节的碳排放占总量的87%，该环节绝大部分碳排放在建材生产部分产生，不同于传统住宅建筑在建设过程中碳排放较高的情况，装配式农村建筑物化阶段的首要减排目标集中在建材及部品部件的生产阶段。因此，首先应尽可能选用低碳建材，提升全生命周期内可持续建材比例；根据地域特点建立因地制宜的低碳建材选择标准以充分发挥建设过程的经济、生态与社会效益；根据当地多村落区域性需求设计高通用性部件以降低开模与生产成本，从而降低碳排。其次，为减少占比第二高的运输阶段碳排，应提高部件设计简洁度与集成度使得部件占用运输空间更小，从而提高运输效率。最后，为进一步减少装配搭建碳排，要促进配件设计标准化，从而提高施工搭建效率；并通过模块化设计提高装配率，即提高预制环节占比从而降低碳排。

4.2　使用与维护阶段低碳设计策略

使用维护阶段采用Design Builder软件进行模拟测算，针对模拟结果反映出的采暖能源消耗产生的碳排放在该阶段碳排放占比较大的情况。在综合分析模拟结果与调研所得的现实情况，本阶段减碳措施将从装配式住宅被动式节能设计、供热能源及设施优化利用以及太阳能等清洁能源使用三方面展开。首先，对于被动式设计策略，东北严寒地区建筑朝向在南偏西10°时建筑能耗最低，但考虑到朝向对能耗影响较小，结合施工误差，建议取值于南偏西5°至南偏西15°范围内。窗墙比对于建筑整体能耗具有显著影响，对于本文构建的装配式农村住宅而言，南向立面窗墙比在0.45为宜。其次，对于热源利用策略，促进秸秆等生物质燃料的高效使用，可以进行粉碎预处理，并逐步过渡到清洁能源占比更高的能源结构。优化供暖设施，提升其传热效率与气密性，从而降低燃料消耗，并减少环境污染。最后，应提高对太阳能的使用，阳光房的尺寸设计应兼顾使用功能与减排效果，由于进深对减排的影响不大，更多考虑面宽与功能：故当空间用于储藏时，进深可设为1200mm，横向占比可为25%或100%。当空间做小范围活动时，进深可设1800mm，面宽占100%，除此之外，要考虑阳光房拆卸的简便性和通风的可能性，避免夏季过热。

4.3　废弃拆除阶段低碳设计策略

从装配式住宅全生命周期碳排放模拟计算结果来看，废弃拆除是碳排放最低的阶段，该阶段包含了建筑拆除、建筑废料运输以及废料回收等环节，通过各环节碳排放对比分析，废料回收环节的减碳作用较明显，是该阶段碳排放较低的主要原因之一。因此提高废旧建材及装配式建筑部件等的回收效率是该阶段的主要减碳策略目标。除去前文提到的选择可持续建材外，首先，应构建严寒地区农村装配式住宅智慧监测体系，通过监测住宅位移沉降、倾斜、振动振幅频率、加速度以及温湿度等指标，及时替换构件，延长住宅使用寿命，相当于将拆除环节前置，而当建筑需要拆除时，也能根据监测结果高效展开施工。其次，对于建材回收，应优化废旧建材分类处理，分为拆卸后经运输再加工的重新利用，机器直接处理的就地资源化利用、就地掩埋或低温焚烧，应增加就地利用的材料占比，降低运输及处理的碳排。最后，由于回收利用还受制于建材拆解后的形态，故应注重拆解手段，简洁化设计构件接口，降低拆解难度，避免拆毁。还应规范拆解流程及工具提高拆解效率，减少拆解过程损耗。

5　结论

为响应乡村振兴及双碳战略，本文聚焦东北严寒地区，通过实地调研及模拟测算方法，从全生命周期视角探讨了装配式技术应用于农村住宅的适宜性以及相应的各阶段减碳设计策略，以期为后续设计提供参考。

参考文献

[1] 顾泰昌. 国内外装配式建筑发展现状 [J]. 工程建设标准化，2014，（8）：48-51.

[2] 刘小赫，焦洋. “双碳”视域下极寒地区装配式轻钢农宅设计研究——以塔河县依西肯乡为例 [J]. 当代建筑，2023，（S1）：77-80.

[3] 旷泓亦. 新型城镇化下川西地区新农村建设中装配式住宅的探索 [J]. 四川建筑，2015，35（4）：105-106，109.

[4] 陆骁潇，胡大柱. 预制装配式混凝土建筑在农村地区的应用 [J]. 四川建筑，2015，35（5）：50-52，55.

[5] 尚春静，储成龙，张智慧. 不同结构建筑生命周期的碳排放比较 [J]. 建筑科学，2011，27（12）：6.

[6] 刘朝晖. 基于BIM技术的装配式混凝土结构设计研究 [J]. 工程抗震与加固改造，2021，43（3）：170.

Microclimate Optimization Study of Urban Public Spaces Based on Intelligent Deployable Shading Construction Device: A Case Study of Dubai

Xiao Shen Xiaotong Wang Wei Wang Yuchi Shen

Company
School of Architecture，Southeast University

Abstract: This study focuses on addressing the high temperatures caused by excessive sunlight in tropical desert climates, using Dubai as a representative case. The aim is to improve the adaptability and comfort of its public spaces. We propose an intelligent deployable shading device that utilizes Butterfly and Ladybug software to simulate the microclimate of specific urban blocks and employs the Wallacei multi-objective optimization plugin to determine the optimal improvement plan. The optimization results show that shading devices are needed in extremely hot areas, but the specific proportions need to be adjusted individually. Additionally, the deployable shading device should actively respond to different climates and consider reducing windward exposure. This study provides new insights for improving the comfort of urban public spaces in extremely hot regions.

Keywords: Urban Public Spaces;Multi-objective Optimization;Human Comfort;Microclimate Regulation;Responsive Shading Devices

1 Introduction

Microclimate analysis is becoming a crucial method for renovating urban public spaces[1]~[3]. Utilizing technologies like Ladybug and ENVI-met[4][5], this method helps optimize thermal environments and improve spatial adaptability. Studies on deployable shading structures, such as Frei Otto's tensile membrane architecture[6] and origami-related algorithms[7], highlight their adaptability and potential for enhancing microclimate comfort. These practices provide valuable tools and inspiration for future urban public space redesigns.

2 Method Research

2.1 Overview of Case Study

This study focuses on Dubai' s extreme climate, with summers over 40℃ and winters from 20~30℃. Using Butterfly and Ladybug simulation tools with EnergyPlus weather data, we optimized designs for thermal (Universal Thermal Climate Index, UTCI) and wind comfort (Figure 1).

2.2 Model Configuration

We enhanced thermal and wind comfort using deployable shading structures. Buildings are represented as blocks, and terrain as a 2D

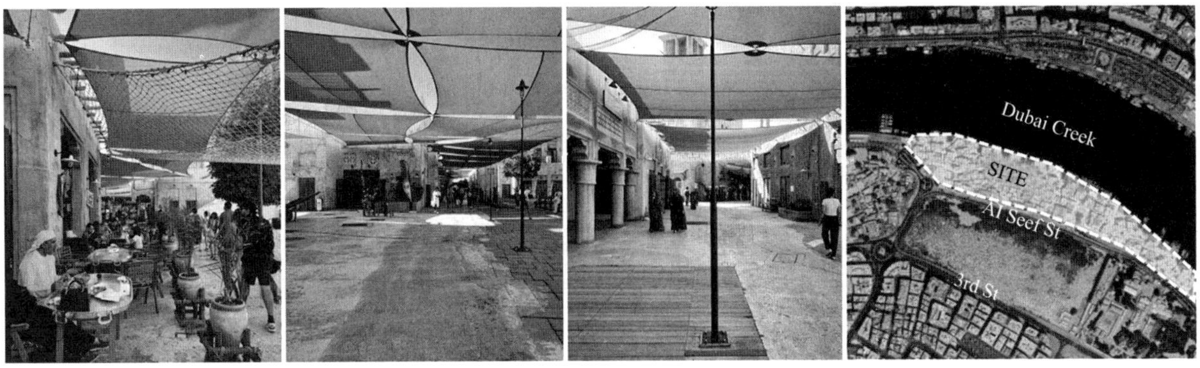

Figure 1 Streetscape of Dubai Old City (Source: Photograph by Wei Xie) and Google Satellite image of Old Dubai

plane. Outdoor areas are divided into a 10m x 10m grid with 3m high deployable shades, strategically placed to avoid interference when folded.

A case study in Dubai's Old City validates the optimized layout. The study models a hot desert climate (BWh) with 58.87% average humidity and temperatures from 13℃ to 46℃. Wind conditions follow AIJ guidelines for pedestrian comfort using CFD simulations[8].

2.3 Performance Metrics

Metrics like PMV, SET, PET, and UTCI assess thermal comfort. UTCI integrates factors such as air temperature, radiant temperature, humidity, and wind speed, with an optimal comfort zone of 9℃ to 26℃. Research shows that moderate wind speed increases significantly enhance thermal comfort[9][10]. cooling the interior to low temperatures that are comfortable for exercise. There is little existing guidance on how to do this efficiently. However it is well-known that significant energy can be saved by cooling sedentary occupants with air movement at elevated setpoint temperatures. This experiment investigated thermal comfort and air movement at elevated activity levels. Comfort votes were obtained from 20 subjects pedaling a bicycle ergometer at 2, 4, and 6 MET exercise intensities in four temperatures (20, 22, 24, 26℃, RH 50%. Higher air velocities are preferred in warm conditions, while speeds below 1m/s may cause pollutant accumulation[11]. In Dubai's extreme heat, increasing average regional wind speed and reducing speeds over 5m/s are critical performance metrics[12].

2.4 Multi-Objective Optimization Goals

This research optimizes urban block design to address extreme heat and improve thermal comfort. Goals include reducing annual outdoor UTCI, increasing pedestrian-level wind speeds, and minimizing high winds exceeding 5m/s within the Site. Aligned goals can be combined into a composite index, while conflicting objectives are balanced using multi-objective optimization methods like Pareto frontiers.

2.5 Overview of Deployable Shading Devices

This study uses waterbomb origami, characterized by mirror symmetry, to simplify simulation and optimization computations. Figure 2 demonstrate the motion process of this structure from folding to unfolding (Figure 2).

2.6 Optimization Process

In Dubai's old city, block nodes are divided into four regions for simulation. Two variables

Figure 2 3D Waterbomb Origami and Crease Pattern, Waterbomb Origami Base, and Display of Three Folding States

are defined: whether an deployable shading device is installed and the percentage of shading device deployment, ranging from zero to one hundred percent.

This study models and evaluates urban design at the city block scale using simulation-assisted automated optimization methods. The design process involves four steps: model setup, simulation analysis, multi-objective optimization, and output of optimization results.

We assessed the impact of deployable shading layouts on thermal and wind comfort using real block cases. The optimization was verified in public spaces with data from typical weeks and prevailing wind directions in Dubai. A genetic algorithm in the Grasshopper Wallacei module optimized outdoor UTCI, average wind speed, and samples with wind speeds over 5m/s. Sliders determined shading settings and coverage, automatically adjusting for optimal conditions. Various scenarios were evaluated to optimize UTCI and wind indicators, indicating shading needs and coverage percentages. Validation compared original and optimized layouts across three indicators. The study provided strategies for enhancing thermal and wind environments in urban open spaces (Figure 3).

3 Results

3.1 Prevailing Wind Direction Average Wind Speed and Summer Typical Week UTCI Results

Using the Wallacei genetic algorithm,

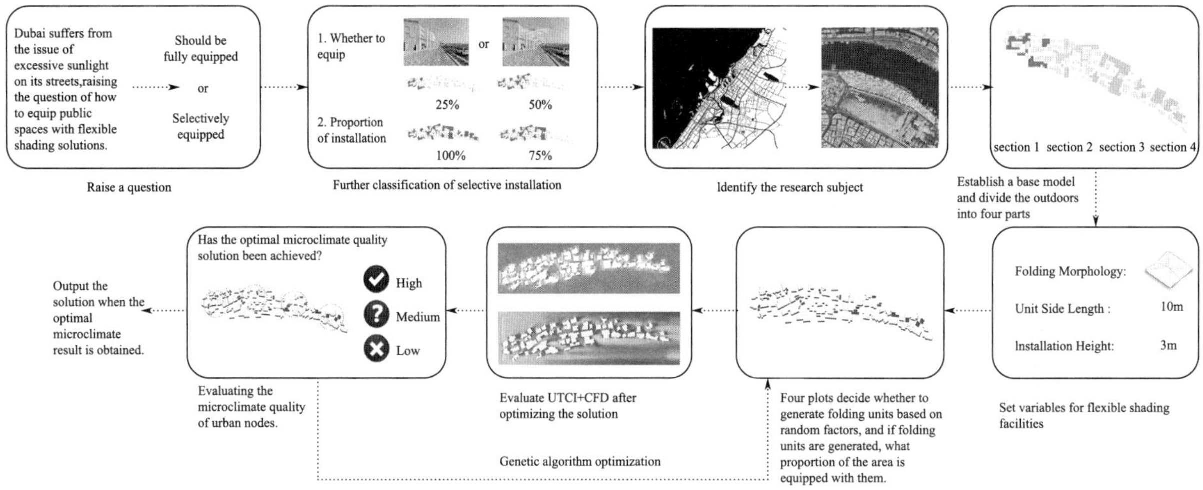

Figure 3 Research Flow (The stylized map is extracted from Snazzy Maps; Street view and other map data are from Google Maps)

we optimized deployable structure layouts in Dubai's Old City streets to minimize average UTCI, maximize average wind speed, and reduce high wind frequencies. Fifty generations with 10 individuals each were simulated, resulting in UTCI ranging from 36.626℃ to 36.252℃ and average wind speed from 2.325m/s to 2.127m/s.

After multi-objective optimization, 14 optimal solutions were identified from the Pareto frontier. The 8th individual from the 28th generation was selected for further comparison in Section 4.2 to demonstrate the optimization process's effectiveness (Figure 4).

1. Impact of Deployable Shading Deployment on Block Nodes

Initially, the optimization process showed similar probabilities for implementing deployable shading structures across four blocks. However, from the 2nd generation, the probability of adding these structures significantly increased, indicating a clear preference for their deployment as iterations progressed.

For example, in Block 1, the likelihood of adding shading rose from 0.6 in the 1st generation to 0.8 in the 2nd, and frequently reached 0.9 from generations 3 to 50. In Block 2, the probability increased from 0.5~0.6 in early generations to 0.9 from the 7th generation onwards. Block 3 consistently rose to 1 from the 6th generation onward. Block 4 increased from 0.4 in early generations to 1 from the 6th generation onwards. Overall, the increasing trends across all blocks demonstrate a strong preference for deployable shading structures to improve microclimatic conditions (Figure 5).

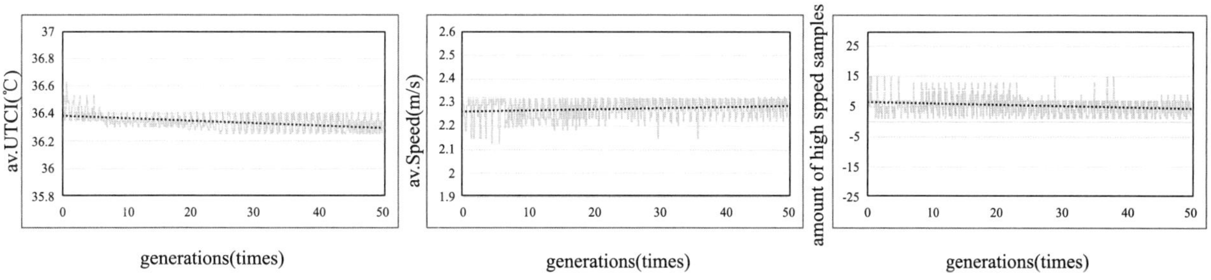

Figure 4　Average UTCI during typical weeks in summer, average wind speed influenced by prevailing wind direction, and the number of sample points with wind speeds exceeding 5m/s

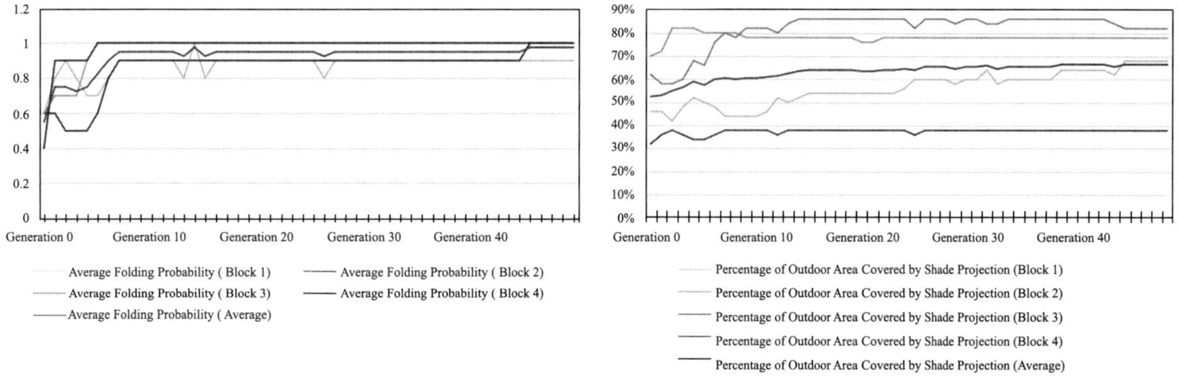

Figure 5　Generation average values of Folding Probability and Percentage of Outdoor Area Covered by Shade Projection in each block

2. Impact of Deployable Shading Deployment Proportion

Initially, the average folding percentages for the four blocks were 46%, 70%, 62%, and 32%. As optimization progressed, these percentages varied, with certain values recurring frequently. In Block 1, 60% appeared eleven times and 54% nine times. Block 2 showed a high frequency of 78% thirty-four times. Block 3' s most frequent was 86%, appearing twenty-six times, while Block 4 saw 38% thirty-seven times.The varying average folding percentages across different blocks demonstrate differences in folding preferences.

The optimization process showed an overall trend of increasing folding percentages, stabilizing towards the end. In the last five generations, the average folding percentages settled at 68%, 78%, 82%, and 38% for Blocks 1 through 4. These percentages indicate optimal folding configurations, with final selections made from individuals in these concluding generations.

3. Impact of Deployable Sunshade Units on Microclimate

We analyzed an idealized urban block (12m × 3m × 6m) with a 12m wide street and a 3m high deployable shading device, focusing on a typical summer week in Dubai. Initially, the Universal Thermal Climate Index (UTCI) averaged 38.75℃, while wind speed at pedestrian height was 1.83m/s. Over five unfolding stages, UTCI decreased from 38.29℃ to 37.44℃, enhancing thermal comfort. Wind speed impact varied, with the lowest at an intermediate stage, indicating a nuanced interaction between the device' s configuration and wind flow. The study concludes that in hot climates, careful shading deployment and orientation are crucial to optimize wind flow and reduce heat stress, particularly by limiting windward exposure during unfolding (Figure 6).

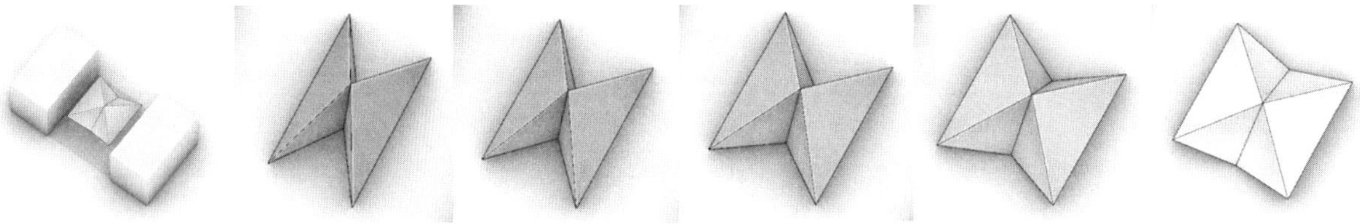

Figure 6 Ldeal Street Block Unit (Left 1), Folding States 1 to 5 (Left 2 to Right)

3.2 Verification Results

Through iterative optimization, two solutions improved the microclimate of a block' s open space while maintaining the pedestrian street' s functionality. Initially, the average summer UTCI was 36.597℃ and wind speed 2.329m/s, with five instances of wind speeds reaching 5m/s. The chosen solution, the 28th generation' s 8th individual, achieved a better average UTCI of 36.263℃ and reduced high wind occurrences to two, with a minor drop in average wind speed to 2.256m/s.

Optimization improved average UTCI and reduced extreme wind speeds during summer, despite a slight reduction in overall wind speed. This suggests that extensive shading might slightly slow wind in the area. Given the existing shaded street environment and the adaptable nature of deployable shading, this minor airflow decrease is acceptable. (Figure 7)

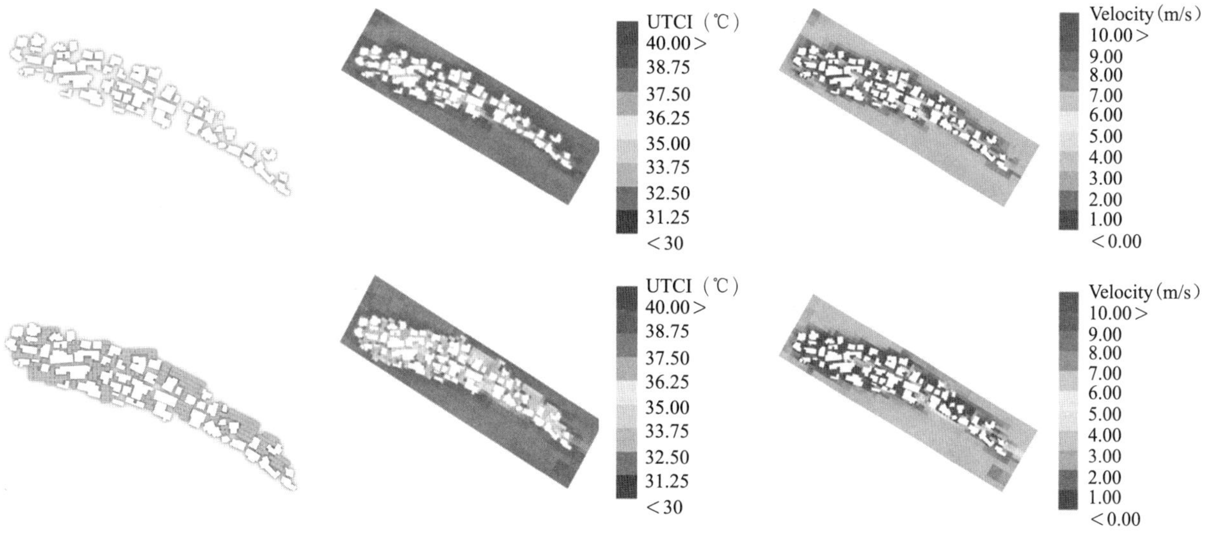

Figure 7　Lnitial Simulation Results of the Optimization Case (Top) and Optimization Simulation Result Solution (Bottom)

4 Discussion

4.1 Significance of This Study

This study integrates folding structures with microclimate simulations in urban outdoor settings through automated optimization. Using Ladybug and Butterfly plugins on Grasshopper with the Wallacei genetic algorithm, it simulates wind speed and UTCI. The study shows that deployable shading device layouts affect outdoor comfort. It addresses parametric generation analysis and the impact of UTCI and wind speed on shading layout.

Microclimate simulations guide early design for green performance and validate post-design building performance, aiding energy efficiency improvements. This study demonstrates the novelty of deployable shading structures in extremely hot urban spaces for green design or renovation. Contributions include: (a) a method for microclimate transformation using deployable shading and energy simulation; (b) offering a visualization method for the application of deployable shading units in urban public spaces; (c) insights for future use of computer-aided tools in green urban design. Basic principles for improving microclimates in hot urban spaces are derived from this study's optimization.

1. Selection Strategy and Proportion Setting of Deployable Sunshades at Block Nodes

Deployable shading structures significantly improved microclimates at urban block nodes during the optimization process. From the second generation onwards, the likelihood of installing deployable shades consistently increased, indicating a trend towards their regular use for microclimate improvement. Shade deployment percentages showed an increasing trend and stabilized in the last five generations, suggesting these final stages may represent optimal settings. In summary, deployable shades enhance microclimates in hot urban areas, but specific deployment ratios should be tailored based on optimization outcomes for the best improvement.

2. Active Response of Deployable Sunshades to Climate

Designing foldable shading structures for Dubai's Old City streets requires accommodating diverse seasonal, diurnal, and weather conditions. These shades should automatically adjust using actuators and sensors to respond to varying climates.

In summer, shades fully extend to block sunlight and reduce heat. In winter, they can be partially deployed or retracted to welcome warmth. During the day, full extension provides ample shade, while at night, retraction allows moonlight and starlight. In rainy weather, full extension protects from rain, and on clear days, adjustments balance sun protection with sunlight exposure.

This approach ensures foldable shades adapt to various conditions, offering optimal shading and creating comfortable outdoor environments (Table 1).

Deployable Shading Selection Strategy — Table 1

	Strategy	Reason
Whether to install shading in the area	Should be installed in extremely hot regions	Deployable shading structures improve microclimate in various environments within the neighborhood
Percentage of shading set for each area	Should be determined based on simulation results	Specific proportion settings for each node should be dynamically adjusted for optimal microclimate improvement
Dynamic folding response strategy for units	Climate dynamics vary by season, time, and weather conditions	Ensuring optimal shading effects in all conditions creates a comfortable outdoor environment

4.2 Limitations of This Study

This study has several limitations. Firstly, the simulation software simplified factors like building materials and ground textures, leading to potential discrepancies with actual conditions. Secondly, the old Dubai neighborhood' s morphology differs from modern areas, possibly biasing the application of folding structures in other urban spaces. Thirdly, computational constraints limited the study to typical periods and prevailing wind directions, potentially overlooking some microclimate factors. Lastly, the study considered only the water-balloon folding method, though many other methods could impact microclimates differently. Future work will explore these aspects.

5 Conclusions

This study focuses on improving thermal comfort in Dubai' s old city during summer using deployable shading to modulate microclimates. Through simulation tools, it evaluates outdoor UTCI values and wind speeds and proposes design strategies for optimizing thermal performance.

Pareto front optimization shows UTCI values ranging from 36.252℃ to 36.626℃ and average wind speeds from 2.127m/s to 2.325m/s. Detection points with wind speeds over 5m/s vary from 1 to 15, indicating the impact of different deployable structure layouts.

To optimize open spaces in hot regions, architects and planners should: install deployable shading at all urban nodes; customize shading proportions based on simulations; ensure shading units respond to climate variations; consider windward surface area post-folding to minimize airflow disruption. Future work may address sustainability and energy efficiency after optimizing outdoor climates.

References

[1] Li J, Niu J, Huang T, et al. Dynamic effects

of frequent step changes in outdoor microclimate environments on thermal sensation and dissatisfaction of pedestrian during summer [J]. Sustainable Cities and Society, 2022, 79: 103670.

[2] Yichen Y, de Dear R, Chauhan K, et al.. Impact of wind turbulence on thermal perception in the urban microclimate [J]. Journal of Wind Engineering and Industrial Aerodynamics, 2021, 216: 104714.

[3] Oke T R. City size and the urban heat island [J]. Atmospheric Environment (1967), 1973, 7 (8): 769 - 779.

[4] Bajsanski I, Stojaković V, Jovanović M. Effect of tree location on mitigating parking lot insolation [J]. Computers, Environment and Urban Systems, 2015: 56.

[5] Perini K, Chokhachian A, Dong M, et al. Modeling and simulating urban outdoor comfort: Coupling ENVI-Met and TRNSYS by grasshopper [J]. Energy and Buildings, 2017: 152.

[6] Otto F, [illegible]rukov I, Kraichkova E. Frei Otto [M]. Arterigere Varese, Italy, 1991: 2.

[7] Demaine E D, O' Rourke J. Geometric folding algorithms: linkages, origami, polyhedra [M]. Cambrige: Cambridge University Press, 2007.

[8] AIJ guidelines for practical applications of CFD to pedestrian wind environment around buildings [J]. Journal of Wind Engineering and Industrial Aerodynamics, Elsevier, 2008, 96 (10 - 11): 1749 - 1761.

[9] Zhai Y, Elsworth C, Arens E, et al.. Using air movement for comfort during moderate exercise [J]. Building and Environment, 2015, 94: 344 - 352.

[10] Huang L, Ouyang Q, Zhu Y, et al.. A study about the demand for air movement in warm environment [J]. Building and Environment, 2013, 61: 27 - 33.

[11] Yan, L., Hu, W., & Yin, M. (2020). Assessment of air quality in urban squares and guidelines for health places based on RANS [J]. Chinese Journal of Applied Ecology, 31 (11), 3786 - 3794.

[12] Netherlands Standardization Institute. NEN 8100: 2006 nl. Wind comfort and wind danger in the built environment. 2006. Available at: https: //connect. nen. nl/Standard/Detail/107592.

Map Sources:

- Snazzy Maps. (n. d.). Stylized map tiles. Retrieved from https: //snazzymaps. com

- Google. (n. d.). Google Maps. Retrieved from https: //maps. google. com

热舒适对认知能力影响的研究现状分析
——基于脑电技术和生理数据的研究

谷明锴 张浩扬 李嘉耀 康薇 王岩

作者单位
天津城建大学建筑学院

摘要： 室内环境的舒适性是影响人体健康的因素之一，对人的认知能力也有着重要影响。本文系统梳理了热环境领域基于脑电及生理数据对认知能力的研究成果，发现：92.5% 的研究在气候箱或室内中进行，还需考虑研究场景的多样化；N1-P3 波振荡活动增强与认知能力提高呈高相关性，δ、θ、α 和 β 波的振荡活动与认知能力间的关系缺乏统一共识；需要将实验过程和数据分析标准化，为脑电信号在评估室内认知能力中提供科学合理的评价标准。

关键词： 热舒适；脑电；生理数据；认知能力

Abstract: Indoor environmental comfort is one of the factors that influence human health and significantly impacts cognitive abilities. This paper systematically reviews research findings on the effects of thermal environments on cognitive abilities based on EEG and physiological data. The findings are as follows: 92.5% of the studies were conducted in climate chambers or indoor settings, indicating a need for more diverse research settings; There is a high correlation between the enhancement of N1-P3 wave oscillatory activity and improved cognitive abilities, while the relationship between the oscillatory activities of δ, θ, α, and β waves and cognitive abilities lacks consensus; Standardizing experimental procedures and data analysis is necessary to provide scientific and reasonable evaluation criteria for using EEG signals to assess cognitive abilities in indoor environments.

Keywords: Thermal Comfort; EEG; Physiological Data; Cognitive

1 引言

随着中国经济的持续增长和城市化进程的加速推进，人们对建筑环境质量和舒适性的关注日益提高。在《关于推动高质量发展的意见》中提出的“建筑环境质量是最重要的民生工程”这一重要观点，进一步凸显了国家对建筑环境质量的重视。在这样的背景下，人们对热舒适性的需求不仅停留在提高生活质量，更加关注其对认知能力、情绪波动、工作和学习效率方面的影响。因此，研究热舒适对认知能力的影响，对于优化建筑环境设计、提高人们的生活质量和工作效率具有重要的意义。

目前现有研究在一些方面仍存在不足，大多集中在热环境参数与认知能力表现之间的关系，缺乏对认知能力的标准化评估方法；多集中在室内环境下的实验，对于室外环境和其他使用空间类型上的认知能力影响的研究相对较少；各脑电波的振荡频率与认知能力间仍没有建立明确的科学关系，在认知能力评估中缺乏标准化的评价标准。本文旨在对基于脑电及生理数据的热环境对认知能力影响的相关研究进行综述，以系统地梳理当前研究的主要进展、方法和结果，为相关领域的研究提供参考和借鉴。

2 适用性分析

2.1 热舒适对人认知能力及情绪波动的影响

认知能力是指一个人处理信息、学习知识、解决问题以及做出决策的能力。相关研究表明，适宜的热舒适环境有助于提升认知能力。在适宜的温度条件下，人们通常表现出更好的注意力、记忆和执行功能。相关研究发现，在相对热舒适的环境下，人的算数能力，笔划记忆能力，视觉的反应时间有着显著提高。在过度暴露于太阳辐射的环境下，人体热感觉偏高时的状态对人的工作表现和工作意愿会产生消极的影响，而低温环境可以引起机体认知功能和作业能力的改变。将空气温度分别调节为23.5℃和25.0℃时，可确保地下场所的长期使用者和短期使用者工作效率保持在较高状态。适宜的热舒适环境有助于维持使用者情绪稳定从而提高人的学习和工作效率。不适宜的热环境可能会引起情绪波动，包括烦躁、不安甚至抑郁，热环境的改变会在一定程度上改变使用者的心理状态，这与临床神经病的发作有一定的相关性。

2.2　脑电技术和生理数据在热舒适领域的适用性

脑电技术是一种非侵入性的生理信号采集技术，通过监测大脑皮层的电活动，可以实时反映个体的认知状态和情绪变化。脑电图因其成本低、效益高、灵活性强和时间分辨率高等优势现已应用于多个领域的研究，包括心理学、医学、环境科学等。便携式脑电图设备的出现使脑电技术的应用领域进一步拓宽，研究人员可以深入了解环境变化对个体的影响，这使脑电技术近年来开始应用于人体热舒适领域的研究。

有研究发现在高温环境下，人体的认知功能会受到影响，表现为反应速度减慢、注意力不集中等现象，热环境也会影响人体的情绪状态，导致情绪波动，表现为焦虑、烦躁等情绪反应。除了对个体的影响，脑电技术还可以用于评估不同热舒适条件下的群体差异，研究发现不同年龄、性别、身体特征的人对热环境的适应能力有所不同，通过监测人体的生理指标，如皮肤温度、心率变异性、呼吸频率等，可以客观地评价热环境对人体生理功能的影响。研究表明利用热成像仪实时对室内人员检测获取人身体各部位体表温度的瞬时值，可以评价瞬态条件下的热舒适度并于室内暖通系统建立联系，实现室内热舒适的个性化调控。通过热成像技术生成的人脸图像经过算法可以进行情绪分类，并将情绪与室内热环境建立联系，优化室内热环境调控机制。佩戴动态血压检测仪和血管血流仪可以持续监测人体在室内不同热环境下的血压和心率，这对维持室内老年人热舒适从而降低心脑血管疾病风险有重要作用。通过监测生理数据，可以综合评估热环境变化对人体健康的影响。

2.3　适用性评价

现关于脑电技术及生理数据在热舒适领域中的研究综述主要集中于室内热舒适，其次为睡眠质量、情绪波动等方面，对于认知能力、学习和工作效率等方面仍缺乏较为系统性的综述。此外，先前在热舒适领域中对于认知能力应用的研究综述大部分仅围绕脑电技术进行展开，忽略了人体生理指标的参考价值。因此，有必要将脑电技术及生理数据结合起来并分类汇总进行热舒适领域中对于认知能力应用的综述，以系统总结已有研究成果，这对于制定相应的热舒适性标准和建议具有参考价值。

3　研究演进趋势分析

3.1　文献检索方法

在论文的收集工作中，本文先选用中文数据库和外文数据库进行相关检索，但由于中文数据库的相关检索较少，因此只选用了外文数据库进行出版物的检索与收集，所收集出版物的来源主要有两个数据库，分别为Web of Science和Science Direct。通过网站筛选系统和人工输入关键词进行文献检索，通过输入“Thermal”“EEG”“Cognitive”“Physiological”等关键词进行系统的文献检索，时间范围为2008～2024年，地区范围为全球，语言限定于英文，文献类型限定于会议论文和研究型论文。最终保留了40篇相关性最高的研究型文献进行综述分析。筛选流程如图1所示。

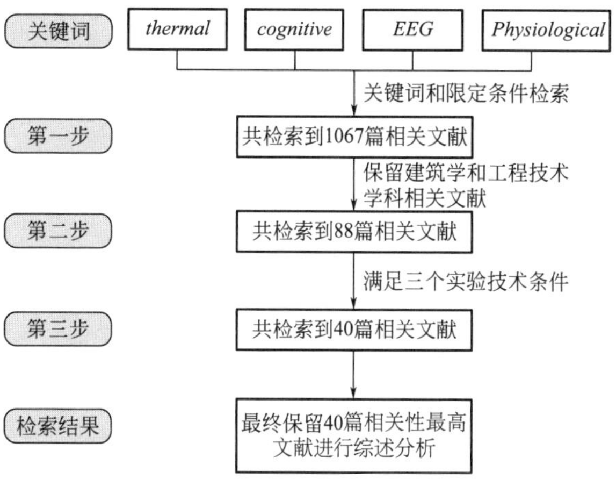

图1　文献筛选流程

3.2 文献来源概况

对40篇出版物进行初步分析，主要围绕发表年份、发表数量、发表国家和地区、发表期刊等几个方面进行分析。从图2可以看出从2018年后，在热舒适领域中将脑电应用于热环境对于人认知能力影响的研究开始显著增多并在2020年至今达到峰值。从图3可以看出2008～2024年间有关于脑电在热舒适领域应用于认知能力的研究主要集中于中国，其次为韩国和美国。

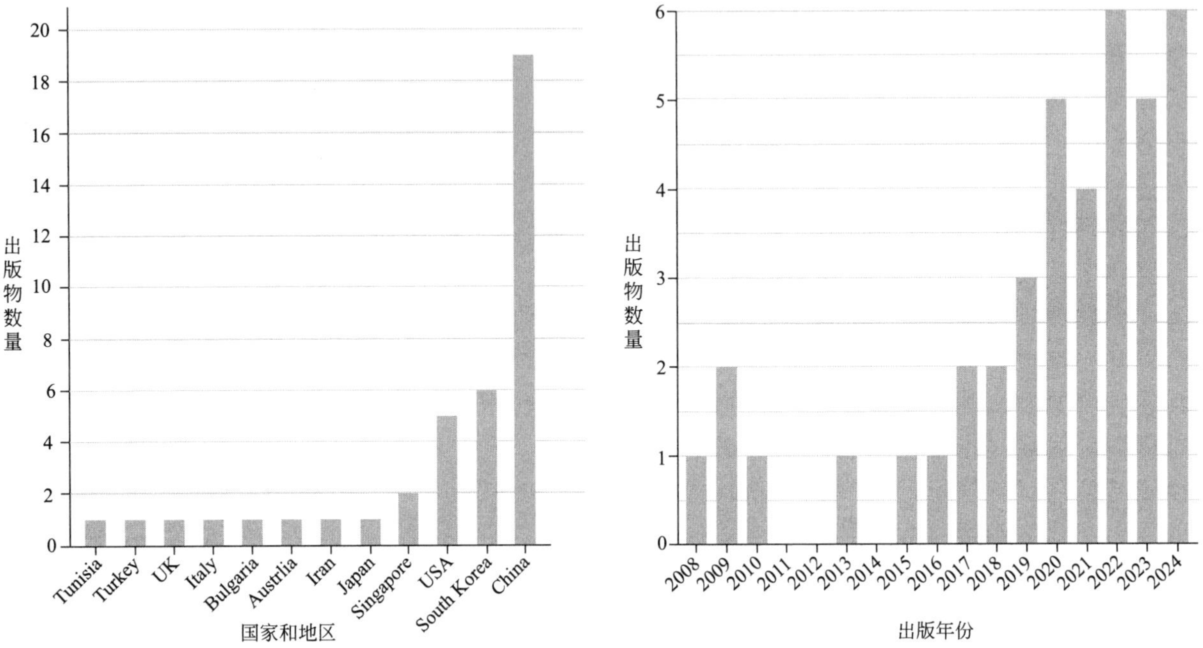

图2 出版物所在国家地区及出版年份

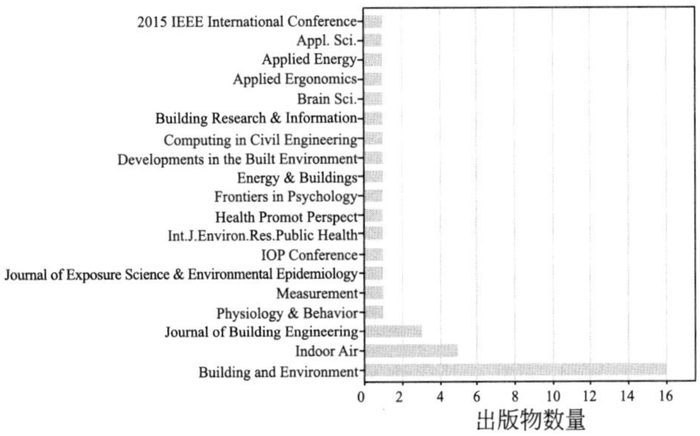

图3 出版物期刊数量

同时本文对出版物的来源期刊进行了归纳汇总，这些期刊在热舒适性、认知科学或生理学等领域有较高的学术质量和影响力。其中，数量最多的出版物来源期刊为《Building and Environment》，共计16篇文献发表于该期刊上。《Indoor Air》和《Journal of Building Engineering》排名其次。这反映了近年来学术界对热环境对认知能力影响的研究不断深入。

4 实证成果分析

4.1 实验概况

从表1列出的研究中可以看出，大部分研究都涉及热舒适性和认知能力这两个主要领域。研究者主要使用皮肤温度、心率、呼吸频率等生理数据，以及脑电图技术（EEG）等方法来评估热环境对认知能力的影响。

这些研究为本文深入了解热环境对认知能力的影响提供了重要参考。然而，由于研究范围和方法的不同，研究结果存在一定的差异性。因此，未来的研究应该更加注重实地研究，探索不同室内环境下认知能力的变化，并建立更为综合的评估系统，以便更准确地评估热环境对认知能力的影响。

综述涉及参考文献与脑电技术、热舒适、认知能力和生理数据的相关性　　表1

参考文献	研究领域	是否应用EEG技术	生理数据
KIM[1]	热舒适、认识能力	是	皮肤温度
GWAK[2]	热舒适	是	皮肤温度，呼吸频率，心率
QIAO[3]	热舒适、认识能力	是	心率，心率变异性，皮肤电导水平，皮肤电导反应幅度，SCR总频率
MA[4]	热舒适、认知能力	是	收缩压，舒张压，心率，血压，反应时间，氧合血红蛋白饱和度，耳膜温度
SHIN[5]	热舒适、注意力	是	皮肤温度，血压
SNOW[6]	热舒适、室内空气质量、认知能力	是	皮肤温度，脉搏，呼吸频率
NIU[7]	热舒适、认知能力	是	身体质量指数
HAO[8]	热舒适、认知能力	是	皮肤温度，氧合血红蛋白饱和度
LANG[9]	热舒适、认知能力	是	身体质量指数，心率，耳膜温度
ZHANG[10]	热舒适、认知能力	是	皮肤温度，心率

4.2　受试人员

本文对40项研究的受试者信息（包括受试者数量、年龄分布、性别比例及身体状况等）分析发现，从受试者数量来看，各项研究的受试者数量不尽相同，从7～185人不等。18～40岁不等的年龄范围涵盖了成年人的不同阶段，这有助于更全面地了解中青年人群热环境对其认知能力的影响。一些研究还对性别比例进行了特别关注，以探究男女在认知能力方面的差异。此外，研究还会考虑受试者的身高、体重、体脂百分比等生理指标，以探究这些因素与认知能力之间的关联。SHIN[5]的研究中发现在热环境变化中体重指数（BMI）与认知能力之间存在一定的关联。

4.3　实验方法

40项研究中，其中38项研究的是在气候箱或者室内进行的，环境参数都得到了较为严格的控制。KIM[1]将实验设置在长3.9米，宽2.8米，高2.4米的气候箱中进行，并通过设备控制室内的环境参数维持在合理区间，且空气流通系统可将排出的室内空气与室外空气交换，以减少室内空气中的污染因子。NIU[7]则使用小房间通过空调等通风设备模拟环境参数，房间长2米，宽2米，高3米，且房间内的温湿度等环境参数都可以按照实验需求及时调整。通过这些实验场所的设置本文发现，绝大部分研究都是模拟人在室内的热环境，气候箱或房间的温湿度均可根据需求进行调节，并通过气候箱来模拟实际的应用场景。

实验过程中各项研究均通过测试受试者在认知过程中佩戴脑电仪和一些非接触式生理数据仪器，研究中对于认知能力的测试主要包含算术测试、图形颜色测试和数字跨度测试这三项。通过分析认知测试过程脑电各波形频率的变化和生理数据的变化来反映热环境对受试者的影响。通过GWAK[2]、QIAO[3]、MA[4]、SNOW[6]、HAO[8]的研究中发现γ波一般在大脑执行处理任务或尝试回忆某对象时出现，易受复杂思维作业的影响。β波振幅为5～20μV，β波是大脑皮层处于兴奋状态的主要电活动。α波振幅为20～100μV，一般认为α波是大脑皮层在清醒、安静状态下的主要电活动。θ波振幅为20～150μV，在困倦状态，感到抑郁时更为明显。δ波一般振幅比较大，约20～200μV，只有在深度麻醉、深度睡眠、缺氧、极度疲劳或者大脑器质性病变出现时，δ波是大脑皮层在抑制状态下的主要电活动。这些研究均通过受试者在认知测试时这些波形的变化趋势来评估热环境变换对受试者认知能力的影响。

除应用脑电技术分析人认知能力变化外，一些非侵入式测量生理数据的仪器也被广泛应用于该领域的研究内。比如GWAK[2]在受试者身上的7个位置安装热电偶来测量皮肤温度，通过热敏采样器测量受试者的呼吸温度。QIAO[3]通过两个电极贴片安装在靠近心脏的胸部测量受试者的心率变异。MA[4]使用无线体温数据记录仪分别连接到前额、胸部、上臂、背部和大腿持续测量体表皮肤温度，通过电子血压计测量血压、心率和氧合血红蛋白饱和度。LANG[11]借助温度计、心率带连续测量皮肤温度和心率等生理参数，在特定时间内测量耳膜温度。通过测量受试者的各项生理参数并将这些生理数据与EEG数据结合进行分析能够为研究热舒适对认知能力的影响提供更为科学全面的数据支持。

值得注意的是在最新的研究进展中ERKAN[12]将虚拟现实技术引入到研究中，使用虚拟现实技术可以在室内控制各环境因素的同时，避免实验过程中不可控的声、光等因素的干扰，使受试者脑电波动尽可能得到控制从而让实验数据更具准确性，研究结论更具科学性。

4.4　实证成果评价

本文回顾了该领域相关研究，阐明了脑电图技术在该领域的应用现状、基本实验方法和关键研究成果。主要结论归纳如下：①研究表明室内温度大于26摄氏度，湿度大于70%对人认知能力有负面影响表现为δ波振荡活动增加，α和β波振荡活动减少。②通过8项研究发现N1-P3振荡活动的增强与认知能力的提高之间存在相关性。α和β波的振荡活动与认知能力呈负相关。③5项研究强调了不合格的室内空气质量对认知能力的不利影响。利用脑电信号与认知性能之间的强相关性，可以精确预测室内认知性能，准确率达到83.84%。④脑电图技术与虚拟现实技术结合为研究室内环境因素与认知表现之间的关系提供了一种更全面的方法，研究发现室内非光照视觉环境中的积极因素，如室内植物，可提高室内人员的认知能力。

5　结论

脑电技术已成为评估室内人员认知能力的重要工具，本文回顾过去16年来基于脑电图技术的室内认知能力研究，重点介绍了实验室设置、脑电及生理数据采集、波形分析方法和主要结论。本文发现现有研究仍存在某些不足：①N1-P3波振荡活动的增强与认知能力的提高密切相关，而δ、θ、α和β波的振荡活动与认知能力间的关系还缺乏统一的共识。②目前92.5%的研究都是在气候箱或室内中进行，这说明有必要增加各种室内外空间的研究，例如将实验范围扩大到地下空间、过渡空间、室外空间等场所。③考虑到研究中的个体差异以及样本量的扩大，需要将实验过程和数据分析标准化，为脑电信号在评估室内认知能力中提供更为科学的评价标准。

实验的标准化设计与数据的科学性处理对评估室内认知能力至关重要，未来的研究应进一步关注多种室内环境因素对认知能力的影响，并优化脑电图特征提取，建立全面开放的脑电图数据集。此外将增强现实和虚拟现实等新兴技术融入未来研究，扩大脑电图技术在室内认知性能研究中的应用，有助于创造绿色、舒适和健康的室内环境。

参考文献

[1] KIM H，HONG T，KIM J，et al.. A psychophysiological effect of indoor thermal condition on college students' learning performance through EEG measurement [J]. Building and Environment，2020，184：107223.

[2] GWAK J，SHINO M，UEDA K，et al.. An investigation of the effects of changes in the indoor ambient temperature on arousal level，thermal comfort，and physiological indices [J]. Applied Sciences，2019，9（5）：899.

[3] QIAO Y，GAO X，LIAO W，CHEN D，et al. Assessment of dynamic cognitive performance under different thermal conditions by multiple physiological signals [J]. Journal of Building Engineering，2024，89：109325.

[4] MA X，DU M，DENG P，et al.. Effects of green walls on thermal perception and cognitive performance：An indoor study [J]. Building and Environment，2024，250：111180.

[5] SHIN Y，HAM J，CHO H. Experimental Study of Thermal Comfort Based on Driver Physiological Signals in Cooling Mode under Summer Conditions [J]. Applied Sciences，2021，11（2）：845.

[6] SNOW S，BOYSON A S，PAAS K H W，et al. Exploring the physiological，neurophysiological and cognitive performance effects of elevated carbon dioxide concentrations indoors [J]. Building and Environment，2019，156：243-252.

[7] NIU H，ZHAI Y，HUANG Y，et al.. Investigating the short-term cognitive abilities under local strong thermal radiation through EEG measurement [J]. Building and Environment，2022，224：109567.

[8] HAO S，WANG F，GUAN J，et al. Skin temperature indexes to evaluate thermal sensation and cognitive performance in hot environments [J]. Building and Environment，2023，242：110540.

[9] LANG X，WANG Z，TIAN X，et al.. The effects of extreme high indoor temperature on EEG during a low intensity activity [J]. Building and Environment，2022，219：109225.

[10] ZHANG F，HADDAD S，NAKISA B，et al.. The effects of higher temperature setpoints during summer on office workers' cognitive load and thermal comfort [J]. Building and Environment，2017，123：176-188.

[11] LANG X，WANG Z，TIAN X，et al.. The effects of extreme high indoor temperature on EEG during a low intensity activity [J]. Building and Environment，2022，219：109225.

[12] ERKAN İ. Cognitive response and how it is affected by changes in temperature [J]. Building Research and Information/Building Research & Information，2020，49（4）：399-416.

传统民居气候适应性研究综述
——对当代地域绿色建筑发展的启示

胡峻彬　翁季

作者单位
重庆大学建筑城规学院

摘要：在地域文化影响下，传统民居历经千百年演变和实践，由当地居民汲取地方资源、气候和技术建造而成。传统民居多利用被动式策略与自然和谐相处，因此，传统民居气候适应性研究备受关注。本文基于 CNKI 数据库，以近十年我国传统民居气候适应性研究文献为研究对象，运用 CiteSpace 软件进行可视化分析，并通过梳理代表性文献，综述该领域所取得的研究成果与实践经验，最后提出传统民居气候适应性研究对我国当代地域绿色建筑发展的启示与思考。

关键词：传统民居；气候适应性；被动式设计；地域绿色建筑；研究综述

Abstract: Under the influence of regional culture, traditional houses have undergone thousands of years of evolution and practice, built by local residents drawing on local resources, climate and technology. Traditional dwellings make use of passive strategies to live in harmony with nature, so the study on climate adaptability of traditional dwellings has attracted much attention. Based on CNKI database, this paper takes research literatures on climate adaptability of traditional dwellings in China in recent ten years as the research object, uses CiteSpace software for visual analysis, and reviews the research achievements and practical experience in this field by combing through representative literatures. Finally, the author puts forward the enlightenment and thinking of the study on the climate adaptability of traditional residential buildings to the development of contemporary regional green buildings in China.

Keywords: Traditional Residence; Climate Adaptability; Passive Design; Regional Green Building; Research Review

1 引言

随着我国城镇化迅速推进，人口持续增长，导致建筑的需求大幅增加，人们对于生活品质和舒适度的要求也与日俱增，产生了许多征服自然的建筑，这些应运而生的新建筑往往忽视当地气候的影响[1]。建筑过于依赖主动式技术等机械手段来进行环境控制也带来了诸多问题，如增加经济成本，大量排放二氧化碳，对自然气候造成负面影响等[2]。传统民居建筑在普遍缺乏机械环境控制手段的情况下，积极利用被动式策略，应对地方气候因素对建筑本身和室内环境的影响，其中所体现的建筑气候适应性得到了研究者的广泛关注[3]。

2 数据来源与研究方法

以中国知网CNKI为检索数据库，采用主题检索“传统民居气候适应性”相关文献，检索时间范围限定在 2013年1月1日至2023年12月31日近10年的时间内，选择“期刊”“学位论文”“会议”3个主要数据库作为搜索对象，共检索到相关文献 329 篇。首先对相关文献年度发文量进行统计分析，明确研究热度趋势，然后运用文献分析工具CiteSpace对该领域相关文献进行外部信息的数据处理，可视化分析关键词共现情况和关键词聚落时间图谱，更加直观地显示出目前我国传统民居气候适应性研究领域的现状及发展趋势。

3 基于 CiteSpace 的相关文献整体性分析

3.1 逐年载文量分析

对知网所获取的文献进行逐年量化统计得到传统民居气候适应性研究发文量逐年统计图（图1）。由图可知，近10年发文量总体上不断增长，在2020年左右达到峰值，近两年相关研究热度有略微下降，但总体仍呈上涨的趋势。

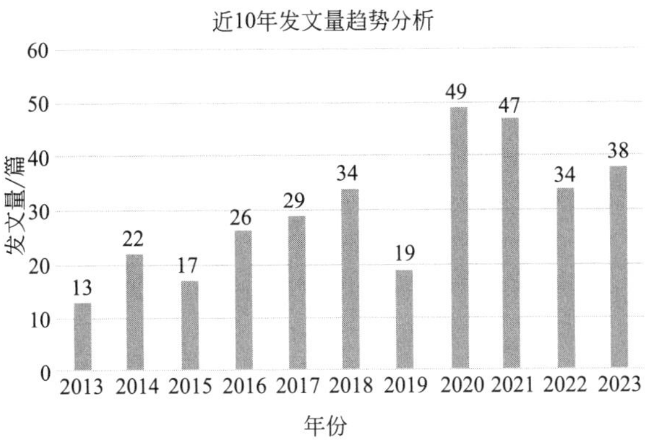

图1　国内相关文献逐年发文量

3.2　关键词共现网络分析

在CiteSpace中进行相关文献的关键词共现网络分析（图2），关键词字号越大，说明其出现的频率越高，相关性的研究也就越多。由图可知，文献研究的关键词大致可分为研究对象、研究目的、研究方法三部分。研究对象在宏观上，有“传统民居”“传统聚落”“乡村建筑”“住宅建筑”等关键词，微观上有“围护结构”“住宅空间”“天井”“冷巷”“中庭”等关键词；同时也有从地域层面来划分进行研究，比如“严寒地区”“云龙地区”等。在研究目的部分，主要有“气候适应”“低能耗”“优化设计”等关键词。在研究方法上，主要是“数值模拟”。在

图2　关键词共现分析

对自然气候回应方面，热环境和风环境的研究相对较多，而声环境和光环境则很少。从具体的设计策略上看，“天井”“冷巷”“中庭”等空间是传统民居气候研究中经常研究或采用的被动式策略。

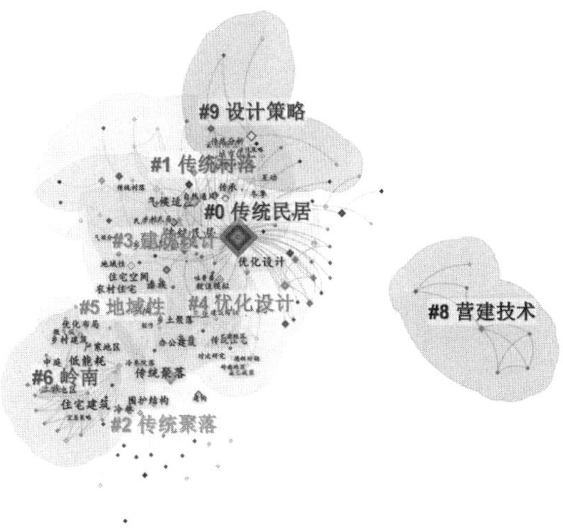

图3　高频关键词聚类分析

3.3　高频关键词聚类分析

在Citespace中利用软件聚类功能对高频出现的关键词进行聚类显示，高频聚类主题依次为#0传统民居、#1传统村落、#2传统聚落、#3建筑设计、#4优化设计、#5地域性等（图3）。将上述关键词聚类进行分类整合，总结得出三个宏观的主要聚类主题：①传统村落民居建筑本体研究、②气候适应性优化设计策略、③传统民居营建技术研究。由图3可知，对于传统民居气候适应性的研究主要集中在传统村落（聚落）及民居建筑的现状及优化设计上，且呈现出地域性的特点。营建技术方面则是相对独立的研究领域。

利用关键词影响因子计算得到高频关键词聚类时间图谱（图4），图中横轴顶部为关键词的出现时间，纵轴右侧为关键词节点所属的聚类主题。通过分析关键词聚类时间图谱，可以了解每年研究热点的变化情况，图中关键词节点的大小表示其出现的频次高低。从研究区域看，2015年之前主要集中在四川、岭南区域，2020年以后出现了安阳地区、关中地区的研究，说明范围不断扩大。在研究方法上，2017年开始出现了数值模拟。气候适应的相关研究在2014年左右就成了热点；2019年左右，绿色营建

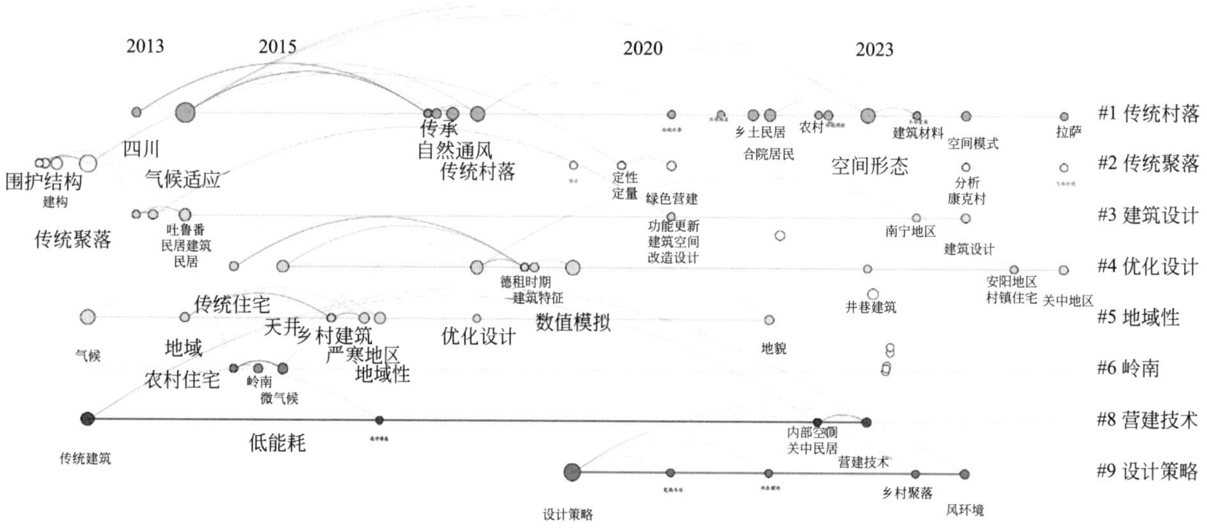

图4 高频关键词聚类时间图谱分析

成为研究热点，说明对传统民居气候适应的相关研究向绿色营建提供了一定的经验，也对当代地域绿色建筑的发展具有启示意义。

3.4 突现词分析

利用CiteSpace对检索文献进行突现词分析，突现词是某个关键词变量在短时间内发生了较大变化，常常是热点和较新的研究话题，有助于对未来研究趋势的预测。突现词分析图中蓝色区域表示该关键词研究热度一般，而红色区域表示该关键词为热点话题。可以看出当下研究的热点为“合院民居”“空间形态”和“数值模拟”。据此预测，未来的研究也必然紧密联系传统民居的空间布局、形态等，采用定性加定量结合的研究方法来研究其气候适应性（图5）。

Top 12 Keywords with the Strongest Citation Bursts

Keywords	Year	Strength	Begin	End	2013 - 2023
民居	2014	1.44	2014	2018	
低能耗	2015	1.29	2015	2018	
地域性	2016	1.21	2016	2020	
传统聚落	2013	1.59	2017	2019	
设计策略	2018	2.58	2018	2020	
传统村落	2017	1.45	2019	2020	
优化策略	2020	2.13	2020	2021	
气候适应	2014	1.35	2020	2021	
合院民居	2020	1.19	2020	2023	
气候	2013	1.15	2020	2021	
空间形态	2021	2.53	2021	2023	
数值模拟	2018	1.82	2021	2023	

图5 突现词分析

3.5 小结

通过对近10年相关文献外部信息（主要为关键词）的分析，得出该领域近10年的研究热点为传统村落民居建筑本体研究、气候适应性优化设计策略、传统民居营建技术研究几大方面。在对自然气候回应的研究上，对于热、风环境的研究远多于声、光环境的研究；在研究方法上，主要使用实地测量、数值模拟的方法。在研究发展趋势上，未来可能会更加关注传统民居的空间布局形态，并采取定性与定量结合的研究方法加以研究。

4 研究述评

软件分析结果仅具有一定的参考意义，为了更全面地了解研究现状，进一步研读分析文献，将现有研究现状归纳为两类研究方向和五类研究主题（图6）。

4.1 传统民居建筑的研究

1. 聚落建筑本体特色研究

这类研究注重对传统聚落和民居建筑本体层面的特色研究，如传统民居的形态、空间、类型、布局等。研究的核心问题通常涉及聚落、建筑要素与气候要素之间的关系。研究往往从宏观到微观多个层面来归纳地域传统民居适应气候特征的营造策略，

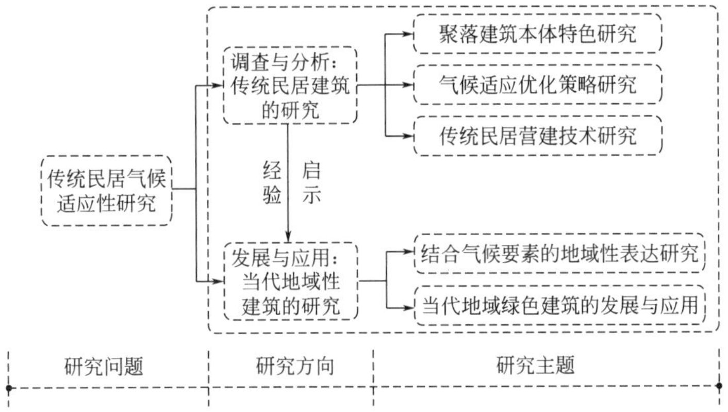

图6 研究现状文献分类梳理

并运用实测、软件模拟等方法验证其科学性[4][5]。逯海勇等以济南市东峪南崖村为例，对鲁中山区西部典型民居进行了自然适应性的研究，对其营造技艺、材料使用、气候适应性等多方面进行了分析，总结了传统夯土民居围护结构的绿色经验[6]。郝石盟等研究了渝东南典型天井式民居的气候适应性机制，并提出了适用于类似气候区的民居设计原则：利用多变空间解决冬夏矛盾，提供背景温度提高室内的空间舒适度等[7]。

2. 气候适应优化策略研究

这方面的研究主要聚焦于策略的优化。国内学者借助气候分析软件，对多年内某区域的气象数据进行分析，初步得出适应该地区自然气候的被动式策略，再和当地传统民居的气候适应策略进行比较分析，优化选定最适宜的地方气候适应性策略[8]~[11]。李涛等通过实地实测分析，总结了适用于当地传统建筑的气候适应性策略，包括遮阳措施、设置绿化、积极利用被动式太阳能资源等，并进一步评估了这些策略的效果[12]。

3. 传统民居建筑营造技术研究

该类研究主要从营建技术角度分析具有良好气候适应性的建筑构件构造，包括屋面、围护结构、建筑材料等。将气候适应性的考虑转化为设计方案及建造策略的实际应用[13]。如王天时等针对黄土高原传统民居，从营建角度对围护结构、界面等的材料构造进行了分析，总结并挖掘了传统营建经验[14]。

4.2 当代地域性建筑的研究

研究传统民居建筑不单单是为保护传统民居建筑的存在价值，更是为了深层次地认识其中蕴含的地域性思想，为当下缺乏地域特色的当代建筑创作提供有益的借鉴。

1. 结合气候要素的地域性表达研究

该类研究从传统民居气候适应性中获得启发，侧重于当代地域性建筑对于自然的回应。陆莹等以云南大理诺邓村和贵州西江千户苗寨为例，通过对二者的比对找到民居中基于气候影响的地域性的被动式策略，为当代不同气候山地民居被动节能技术的适应提供参考[15]。高培等实证了黔东南苗族传统吊脚木楼建筑空间的气候调节作用，归纳分析了其相关气候调节经验，并尝试将其运用于当地现代建筑设计[16]。

2. 当代地域绿色建筑的发展与应用

该类研究不仅限于从气候的角度入手，而是全面凝练传统民居的营建智慧，包括对自然气候、环境的回应，地域材料的应用及营建技术等，进而为当代地域绿色建筑的发展提供参考。赵辉等对巴渝地区的传统民居的“绿色”建造智慧进行了详细分析，总结得出以下主要被动式设计启示：积极利用土地、水等自然资源来回应自然环境；设计檐廊、凉厅以解决自然通风；利用建筑形式隔热等，并提出了关于巴渝传统民居绿色化发展以及建筑全面绿色化发展的建议[17]。

4.3 研究现状小结

我国地域辽阔，地形复杂，地域气候条件对当地传统民居建筑形制有着极其重要的影响[18]。研究的区域常按照气候分区来划分。现按热工气候分区，总结我国各地域主要的传统民居的气候适应性策略及相应的地域建筑设计手段，如表1所示。

我国各气候分区传统民居的气候适应性总结（来源：作者根据参考文献总结） 表1

气候分区	典型城市	传统民居类型	气候适应性策略	地域建筑设计手段
严寒气候区	哈尔滨、长春、沈阳、呼和浩特等	蒙古包、朝鲜族矮屋、东北典型民居等	以冬季防寒为主：规整体型系数、减少外表面积、加强密闭性	厚墙、木骨泥墙、低矮舒缓的坡屋顶等
寒冷气候区	北京、天津、石家庄、西安、太原、济南、郑州等	北京四合院、晋陕民居、窑洞等	冬季考虑防寒保温：规整体型系数、减少外表面积、加强密闭性；夏季考虑防热问题	靠崖式、下沉式窑洞；利用地域材料（黄土）等；节能性好的外围护结构
夏热冬冷地区	合肥、南京、杭州、福州、成都、重庆等	江浙民居、四川民居、徽州民居等	冬季考虑防寒，以夏季防热为主：良好的自然通风、避免西晒、遮阳	坐北朝南、设置天井、冷巷、水体、自然通风、遮阳措施等
夏热冬暖地区	广州、香港、南宁、汉口等	岭南传统民居、湘粤赣民居等	以夏季防热为主：良好的自然通风、避免西晒	自然通风：风压、热压措施；遮阳：灰空间、挑檐等
温和气候区	贵阳、昆明、西双版纳等	贵州石板屋、云南一颗印等	主要考虑夏季防雨，通风，防潮	底层架空、深檐屋顶等

通过对近10年相关文献的梳理，对现有研究有以下主要结论：第一，传统民居的气候适应性研究近年来备受关注，是当前地域绿色建筑研究中一个重要部分，未来也必将是建筑学发展的重要方向之一；第二，该领域研究的主要目标是挖掘和分析传统民居在气候适应方面的经验，以促进传统民居气候适应经验发展与运用，为当代地域绿色建筑的发展提供参考；第三，在研究方法上，更加注重定性与定量的结合，主要通过实测、模拟等手段来增强研究的可信性。

5 对当代地域绿色建筑发展的启示

通过综述传统民居气候适应性研究，能对当代地域绿色建筑发展提供经验启示。当前，地域与绿色相结合的建筑设计研究与实践关注点在建筑设计、建造和使用的多个方面，如表2所示。

地域建筑学偏重于定性研究，更关注建筑的材料技艺、外部形式、空间特色地域环境、社会文化等，在建筑物理性能的定量分析方面有所欠缺。绿色建筑学偏重于定量研究，更强调建筑的绿色性能和节能技术，而较少关注建筑的文化属性。地域建筑和绿色建筑只是建筑的不同发展面，是从不同视角、标准、对建筑不同属性的不同关注与解读[19]。二者的结合既是建筑学未来发展的重要趋势之一，也是对建筑综合本质属性认知的回归，在城乡建筑设计和建造中同时关注地域文化属性和绿色节能属性，是未来建筑行业发展的总体趋势。

地域绿色建筑设计策略总结（来源：作者根据参考文献总结） 表2

目标策略	地域绿色建筑具体设计手段
空间组织	布局与建筑朝向优化、体形与形态优化、结构设计优化、空间尺度与比例优化、单元模块化设计
围护结构	传统材料及营建技术、围护结构保温性能提升、外墙保温节能技术、楼地面通风防潮、屋面保温隔热优化、门窗气密性提升、多层围护结构复合化设计、墙体自保温、通风隔热架空屋面、墙体复合构造
自然通风	加强风压差、加强热压通风、调整布局有利通风、调整进风口占比等
天然采光	优化窗墙比、优化窗户形式与构造、可调节遮阳系统、增设亮瓦、天窗等
能源与资源利用	雨水利用技术、合理利用余热废热、利用地道风等

6 总结与展望

近年来地域建筑研究与实践中愈发关注其绿色性能的提升，绿色建筑的研究与实践中则日益关注其对地域传统文化的延续与创新。地域与绿色的结合已经成为建筑学理论与实践中的新兴方向，并具有持续发展的广阔前景[19]。传统民居往往融合了地域文化和适应自然气候的策略，深入研究它们的特征能更好地理解传统民居的生态智慧经验，从而为当代绿色地域建筑的设计提供更深刻的启示[20]。因此，本土传统民居中依然有大量被动式策略值得我们去深入挖掘，传承与激发其中的创造性是建造出更符合我国国情、更加绿色舒适的民居建筑的不竭动力。

参考文献

[1] BODACH S，LANG W，HAMHABER J. Climate responsive building design strategies of vernacular architecture in Nepal [J]. Energy and Buildings，2014，81（0）：227－242.

[2] VEFIK ALP A. Vernacular climate control in desert architecture [J]. Energy and Buildings，1991，16（3－4）：809－815.

[3] NGUYEN A-T，TRAN Q-B，TRAN D-Q，et al. An investigation on climate responsive design strategies of vernacular housing in Vietnam [J]. Building and Environment，2011，46（10）：2088－2106.

[4] 贾鹏. 陕南山地聚落环境空间形态的气候适应性特点初探 [D]. 西安：西安建筑科技大学，2015.

[5] 汤莉. 我国湿热地区传统聚落气候设计策略数值模拟研究 [D]. 长沙：中南大学，2013.

[6] 逯海勇，胡海燕，苗蕾等. 鲁中山区西部典型传统夯土民居自然适应性分析——以济南市东峪南崖村为例 [J]. 建筑与文化，2017（10）：239-241.

[7] 郝石盟，宋晔皓. 湿热气候下民居天井空间的气候适应机制研究 [J]. 动感（生态城市与绿色建筑），2016（4）：22-29.

[8] 蔡磊. 基于 ClimateConsultant 的甘南藏族传统民居气候适应性分析 [J]. 甘肃科学学报，2021，33（4）：145-152.

[9] 刘锦涛，塞尔江 · 哈力克. 基于 ClimateConsultant 的干旱绿洲区民居气候适应性探析——以新疆喀什地区为例 [J]. 城市建筑，2021，18（10）：112-116.

[10] 李涛，雷振东. 基于 ClimateConsultant 分析的吐鲁番民居气候适应性设计策略研究 [J]. 世界建筑，2018（9）：102-105.

[11] 周钰，李显秋，熊凯等. 景迈山地区传统民居气候适应性研究 [J]. 建筑节能，2020，48（8）：10-17.

[12] 李涛，雷振东. 喀什老城民居的气候适应措施调查分析 [J]. 干旱区资源与环境，2019，33（10）：85-90.

[13] 徐一品，傅筱，赵惠惠等. 回应气候的立面演绎——以沿海经济发达地区居住建筑围护结构研究为例 [J]. 建筑学报，2019（11）：9-17.

[14] 王天时. 黄土高原传统民居建筑绿色经验研究 [D]. 北京：北京建筑大学，2018.

[15] 陆莹，王冬，毛志睿. 不同气候山地民居被动节能技术适应探索——以云南大理诺邓村和贵州西江千户苗寨为例 [J]. 新建筑，2017（4）：96-99.

[16] 高培，肖毅强，陈蛟等. “双碳”目标下黔东南苗族传统吊脚木楼建筑空间气候调控特征研究 [J]. 林产工业，2023，60（4）：86-92.

[17] 赵辉，杨元华，陈进东. 巴渝传统民居建造智慧对当代绿色建筑发展的启示 [J]. 重庆建筑，2019，18（2）：9-12.

[18] 高欢. 传统民居的气候适应性研究 [D]. 西安：西安建筑科技大学，2014.

[19] 孙诗萌，赵奕琳，单军，等. 多元文化背景下西部地区绿色建筑发展现状与问题研究 [J]. 西部人居环境学刊，2020，35（06）：24-31.

[20] 高培，肖毅强，尹槐. 国内传统民居热环境关联气候适应性研究综述 [J]. 小城镇建设，2023，41（9）：112-119.

文化与“双碳”协同理念下乡村公共建筑的设计研究
——以2022年“台达杯”获奖作品“沐光伴生·林中关坝”为例

周可伊

作者单位
重庆大学建筑城规学院

摘要： 在乡村振兴和“双碳”目标成为国家发展战略背景下，如何开展基于乡村当地文脉、地域气候的低碳建筑实践成为亟待开展的研究方向。本研究基于上述背景，建构乡村文化与“双碳”协同理念下，并提出地域低碳建筑设计技术路线，以四川省平武县关坝村自然科学考察站设计为案例，并结合软件工具评估结果对文化与“双碳”协同理念和方法进行可推广性论证。探讨乡村建筑文脉延续与低碳发展之间的平衡，为今后该理念在乡村建筑的应用提供一定参考。

关键词： 乡村振兴；碳中和；在地更新；低碳建筑

Abstract: With rural revitalization and “dual-carbon” goal becoming the national development strategies, how to carry out low carbon architectural practice based on local culture has become an urgent research direction. This study constructs a synergistic concept of rural culture and “dual-carbon” and proposes a technical route for regional low-carbon architectural design, and then takes the design of the natural science research station in Guanba Village, Pingwu County, Sichuan Province, as a case study, and finally analyzes the evaluation results of software tools to provide an overview of the synergistic concept and methodology of culture and “dual-carbon”. This study explores the balance between the continuation of the cultural lineage and low-carbon development, and provides certain references for application of this concept in rural architecture in the future.

Keywords: Rural Revitalization; Carbon Neutrality; In-site Regeneration; Low-carbon Buildings

随着城镇化步入稳定快速发展阶段和乡村振兴战略的提出，乡村空间建设和改造成为乡村发展不可或缺的一环。但当下的乡村建设多存在忽视乡村的自然肌理和生态文明脉络、割裂生产和生活空间的问题，破坏了乡村地域文化系统价值的构建和可持续发展。在乡村公共空间的振兴语境下，文化振兴和生态振兴成为两大核心目标。这要求着乡村的建筑空间实践应充分考虑其适宜性和地域性。即以场地本身和乡村自身的历史资源为基，运用在地的营造技术和乡土材料，为乡村生活和生产提供富有活力的有机空间[1][2]。

1 文化与“双碳”协同理念的背景及意义

自2017年党的十九大提出乡村振兴战略后，各地对乡村建筑建设和改造都进行了一定探索。但在实践过程中，一些案例机械地将城市设计的方法迁移到乡村，强调技术性、忽略地域、社会性特征，加剧了“千村一面”的问题；而另一些案例则过度滥用和符号化乡村文化，缺乏对乡村的精神内涵和文化底蕴的深入探究。因此，采用适宜的方式延续建筑场所的文化精神内涵在乡村建设中显得尤为重要[3]。

绿色建筑理念最早由保罗·索勒瑞在20世纪60年代提出，他首次将生态与建筑合称为“生态建筑”；1992年“绿色建筑”概念在联合国环境与发展大会上被多次提及；经过30余年在中国本地的大量实践与技术发展，中国绿色建筑理论和标准体系建立并逐步完善[4]。但大量绿色建筑设计过于依赖主动式设备和技术，缺少对地域营造绿色经验的总结和转译。自2020年9月“双碳”成为我国重要国策以来，建筑行业已成为重点减排领域。低碳建筑是指在建筑材料与设备制造、施工建造和建筑物使用的整个生命周期内，减少化石能源的使用，提高能效，降低二氧化碳排放量的建筑[5]。我国目前针对低碳建筑设计研究主要集中于城市，针对乡村低碳建筑的理论研究和实践尚少。有学者曾基于绿色建筑设计理论提出“文绿一体”理念及技术路线，但基于该理论的实践未成系统[6][7]。且现有研究少有对低碳建筑的在地实践理论进行阐述。故讨论文化与“双碳”协同理念的技术路线和案例对当代乡村建筑创作具有重要的现实意义[8]。

2　文化与“双碳”协同理念的技术路线

景泉等学者以地域绿色建筑理论为基础，提出“在地生长”的设计思想，从“在地性”和“过程性”两个视角，总结出从理论方法、模式技术、设计工具、工程示范到检测推广的技术路线[6]。在此基础上，本研究以建筑的全生命周期为“过程性”视角，以人文社会环境影响下的地域传统营造文化、地域绿色营建经验、山水建筑境域氛围为“在地性”视角，探究地域低碳建筑的技术路线。

本技术路线将地域低碳建筑设计看作一个连续发展的、可遵循的理性主义创作过程。具体来说，该过程可以划分为设计、生产和运输、施工、运营和维修、拆除和再利用五个建筑生命阶段。其中，设计阶段对于后四个阶段的影响是具有预见性和决定性的，并根据不同工作重心分为设计前期、设计中期和设计后期（图1）。

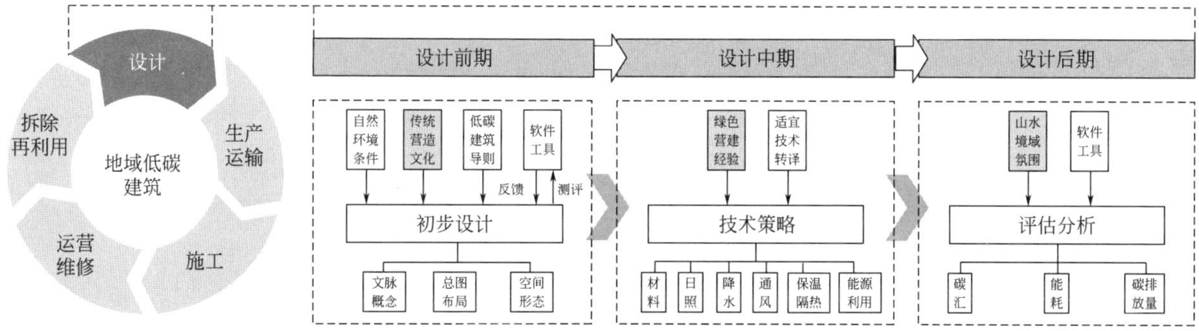

图1　文化与“双碳”协同理念的技术路线

2.1　设计前期——初步设计

对地域文化特征和村民需求进行深入调研分析，结合场地微气候和自然环境条件，形成涵盖文脉传承要素的设计概念并针对性制定设计目标。以低碳建筑设计导则指导总体布局、空间形态的初步方案，同时，利用软件工具对初步方案进行评估反馈和优化调整，辅助确定建筑的被动式设计策略。

2.2　设计中期——技术策略

在总体格局基础上，从当地传统营造技艺中提取具有文化内涵和地域气候特征下的绿色经验，结合现代绿色建筑主被动技术，对材料、日照、降水、通风、保温隔热、能源利用等方面的营建策略进行提炼、转译和创新。在材料策略方面，应尽量选取乡土材料。此举不仅能控制建材运距所带来的碳排放量，也能延续乡村建筑的自然肌理，为进一步引入乡村传统营造技艺带来可能性。此外，碳排放量因子较小的材料、耐久材料、可回收可再生材料和木材等全生命周期内几乎不产生碳排放量的材料也应受到考虑。在能源利用方面，应当充分利用场地内可再生能源，如风能、水能、太阳能、地源热泵等清洁能源来代替烧煤发电的电能[9]。总的来说，在设计中期，低碳建筑应采用以被动式技术为主、主被动相结合的技术方针，充分发挥减排的效能。值得一提的是，预制化和装配式建筑的推广也可以减少施工阶段的碳排放量[10]。

2.3　设计后期——评估分析

延续地域自然山水建筑境域氛围，以场地植被景观情况为基础，适量选取乡土植被提升场地内绿地率、保留高大乔木、配置碳汇因子较高的乔木类植被。也可以根据场地生态环境情况针对性规划雨水花园或湿地系统。最后，再次运用软件工具对设计方案在全生命周期的能源消耗量、碳排放量进行模拟评估。该评估结果可以对设计目标达成情况和理论方法可推广性提供定量反馈，从而促进设计实践的优化升级。

3 关坝村自然科考站设计案例

本研究以关坝村自然科学考察站设计方案为例，展现文化与“双碳”协同理念下乡村公共低碳建筑的设计过程，为完善地域低碳建筑设计理论提供一定参考。

项目地位于四川省绵阳市平武县木皮藏族乡关坝村，用地面积2861.85m^2，建筑面积2130.39m^2。其中，改造建筑794.13m^2，新建建筑1336.26m^2。作为大熊猫栖息地自然保护区的一部分，该项目的功能定位是集村民文化传承、自然研学展示、办公住宿休闲于一体的乡村自然科考站教育基地。

3.1 初步设计——文脉传承和形态布局

关坝村全村位于大熊猫国家公园的岷山片区大熊猫栖息地自然保护区，村庄面积总计98km^2，森林覆盖率达96.3%。村内主要为汉族和白马藏族聚居，建筑主要为穿斗木结构，乡土材料由黏土、卵石、青瓦等组成。气候分区属寒冷地区，夏季凉爽多雨，冬季寒冷多雪。年平均气温13.9℃，年平均降雨量800mm，属于湿润地区。该村太阳能使用率占所有能源三分之一及以上。场地风向以由西向东为主，风力3～6级。场地从西北到东南地势增高，谷底小溪常年有水由东向西流入（图2）。

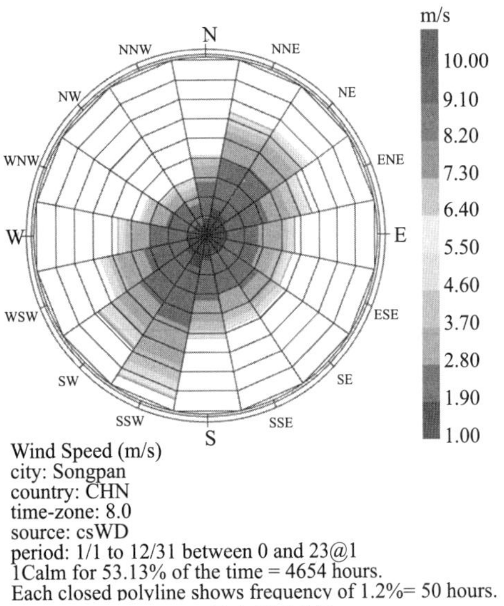

(a)风向风速分析

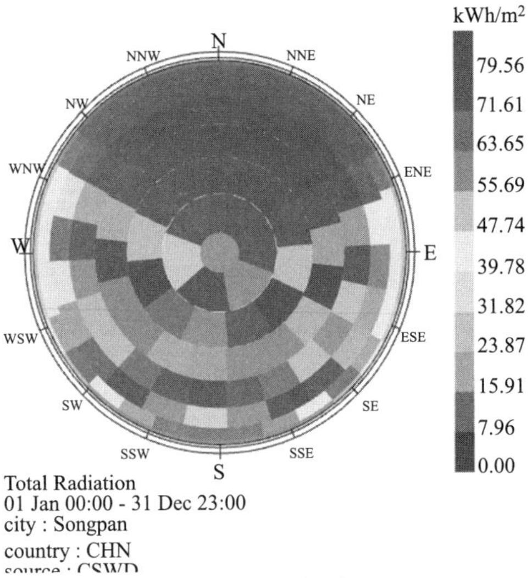

(b)日照辐射分析

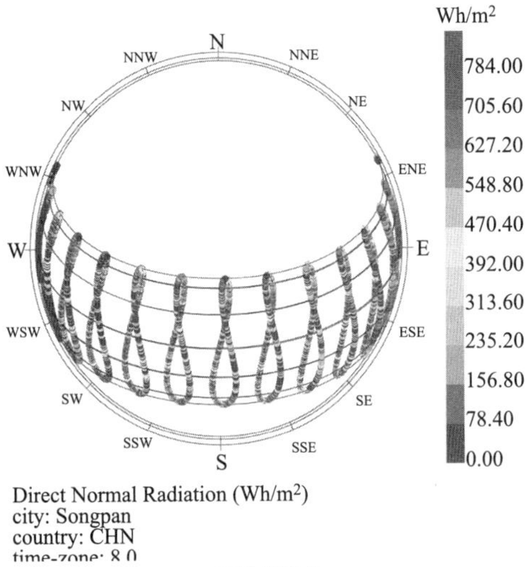

(c)焓湿分析

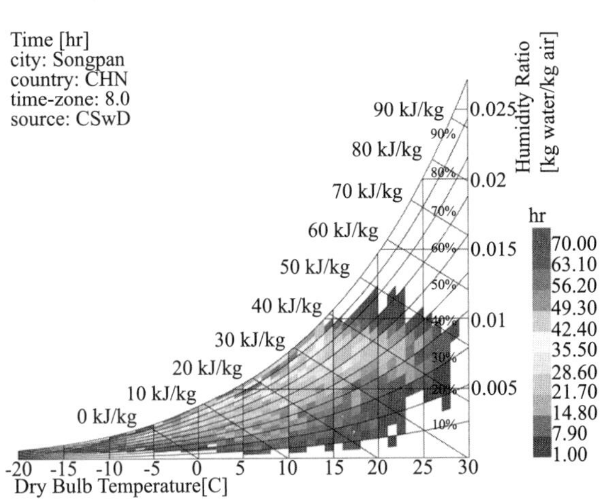

(d)太阳轨迹辐射分析

图2 场地气候分析

该方案空间布局主要参考当地民居“L”形和“一”形的建筑形式，控制日照间距，结合场地边界形状进行围合。建筑形态的设计延续川北的穿斗民居风格，营造双坡屋面。根据当地的日照条件设计屋面角度，为引入屋顶太阳能板提供条件。同时，利用软件模拟此空间布局下建筑室内外的风光热环境，为设计策略的制定提供辅助（图3）。

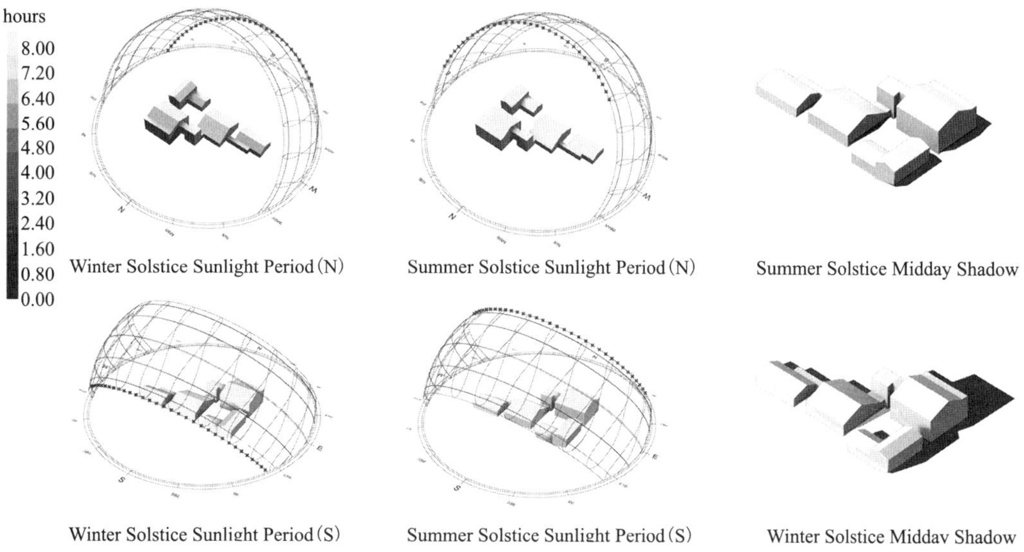

图3　建筑日照模拟情况

3.2　技术策略——绿色经验和技术转译

基于关坝村所在的寒冷地区气候特征和场地自然环境条件，该方案确立以保温通风、利用太阳能资源、构建水利用系统为主要技术目标。该方案结合当地传统营建绿色经验，从乡土材料和低碳建造、可再生能源利用、外围护保温通风构造、生态景观环境设计四大方面进行技术转译。

1. 乡土材料和低碳建造

作为对地域文化的回应，该方案利用场地填挖剩余土方进行夯土墙预制；利用当地盛产的竹材作为内墙饰面材料；填挖出的石料作为石墙墩景观墙进行景观空间分隔。同时对展览展示建筑的轻钢结构进行预制木块拆解，探索结构预制的可能性。

2. 可再生能源利用

该方案通过部分屋顶和侧窗上铺设太阳能光伏板或透明太阳能光伏板，为建筑室内照明采暖以及大部分电器提供电能。在用电量较少的冬季可将多余的电能储存到电池中备用。该方案中，光伏发电板的面积大概为11170m^2，计算可得平均年发电量为20387kWh，基本满足建筑需求（图4）。

3. 外围护保温通风构造

该方案引入特朗勃保温墙体构造、屋顶构造的中间空气层、阳光间和以夯土材料为基础的围护结构用于解决冬季保温问题。同时，选取通风式特朗勃墙、可开启的太阳能光伏板侧窗促进建筑在过渡季节的自然通风。日光通过透明太阳能光伏板天窗和玻璃天窗引入室内，同时加热屋面空气层和阳光房，一方面保温，另一方面与室内进行热交换。室内冷空气进入特朗勃墙加热，再回到室内。在冬季，屋顶空气间层与阳光房提供的热量储存在特朗勃墙的储热板中。由此形成保温通风的外围护结构系统（图5）。

4. 生态景观环境设计

场地年降雨量较大但同时地表水资源极易蒸发，场地内原有蓄水水塘。基于此，该方案结合场地北面小溪和东北向空地打造微观湿地系统和雨水花园相结合的水循环系统。水循环系统将雨水、江水、灰水净化，再利用于场地。雨水经过场地渗水砖、景观植被和土壤层过滤渗透进入过滤水蓄水池，坡屋顶收集的雨水、经过处理的建筑污水和北面溪流的水资源储存在清洁水蓄水池中。蓄水池中的水则提供建筑中水、植被浇灌水等。通过雨水花园土壤层多层次构造、复

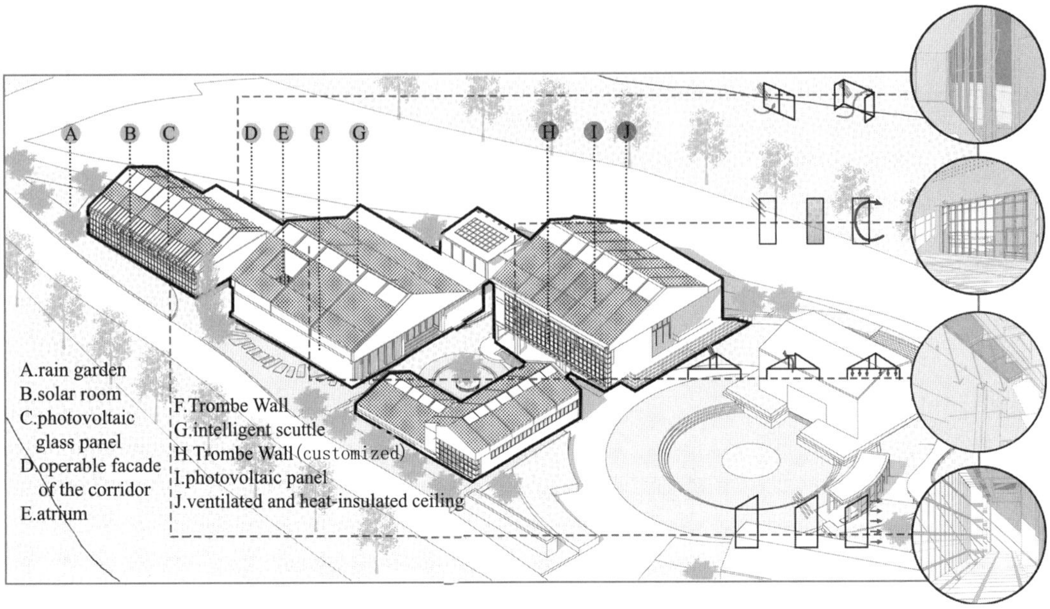

图4 建筑太阳能利用总览

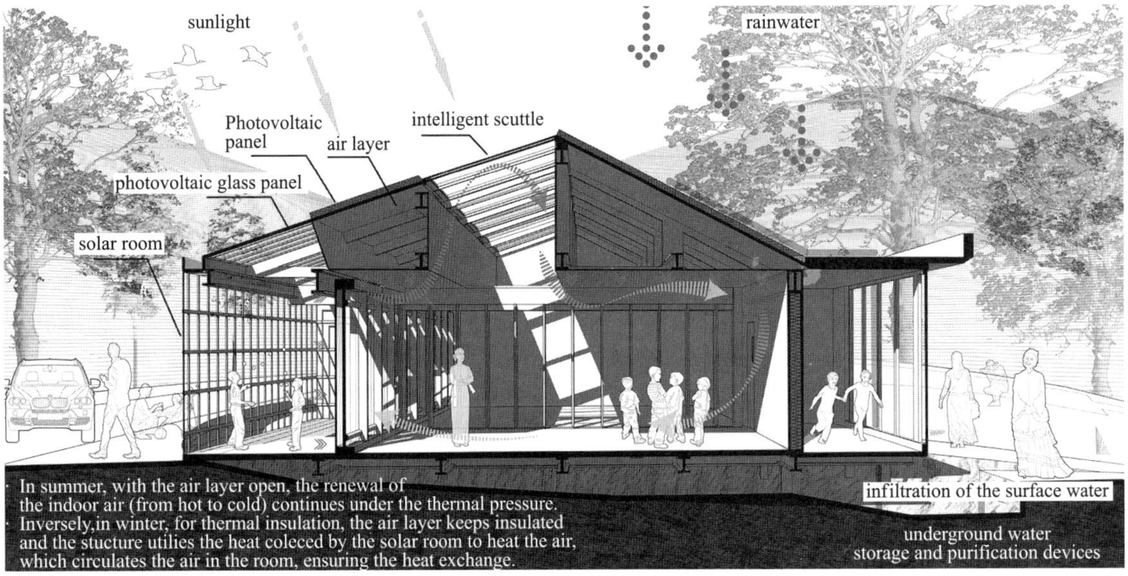

图5 外围护保温通风系统

合型植物搭配和地面材料的选择，确保场地雨水循环的可能性。同时，场地内的灌木、藤本植物、乔木植物的组合和重新规划，在改善场地水资源蒸发情况的同时提升场地的碳汇量（图6）。

3.3 评估分析——景观碳汇和定量模拟

设计方案基本完成后，应运用软件工具对设计预期生态效益进行定量评估，从而对地域低碳建筑设计理论与方法提供反馈。该方案的建筑能源消耗计算被划分为五个部分，且建筑节能技术总增量成本C计算：

$$Q=Q_c+Q_h+Q_w+Q_l+Q_e+E \qquad (1)$$

其中，Q_c、Q_h、Q_w、Q_l分别代表先进暖通空调、外围护结构、高效热水系统、照明节能技术的能耗量，E代表可再生能源利用技术的产能量。基于公式（1），通过绿建斯维尔软件对建筑全生命周期能耗量进行模拟得到结果（表1）。

建筑全生命周期的碳排放计算被划分为五个阶段

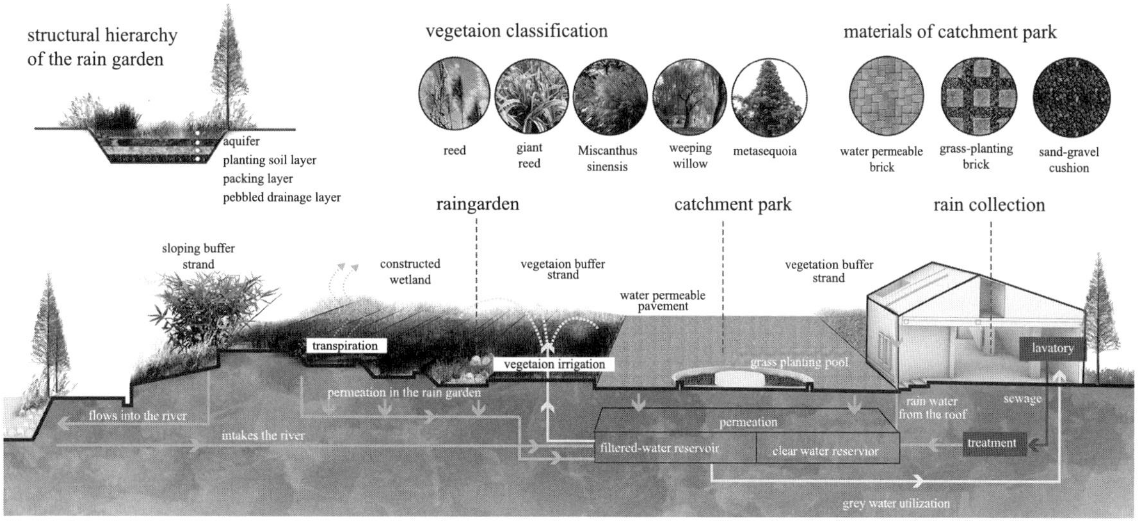

图6　场地水循环系统图

建筑全生命周期能耗量　　表1

能耗分项	需求量（kWh/m^2）	可再生能源利用	利用量（热量）（kWh/m^2）
耗冷量Q_c	0.00		
耗热量Q_h	17.02	地源/空气源热泵EPh	12.76
生活热水耗热量Q_w	1.62	太阳能/空气源热泵	1.62
照明能耗Q_1	29.00	光伏发电E_r	368.87
电梯能耗Q_e	0.00	风力发电E_w	0.00
合计	47.64		383.25

（图1），且应计算建筑景观环境的固碳作用作为抵消。故建筑全生命周期碳排放总量TCEL：

$TCEL=(C_{sc}+C_{ys}+C_{jz}+C_{yx}+C_{cc}+C_p)\cdot A\cdot y$ （2）

其中，C_{sc}，C_{ys}，C_{jz}，C_{yx}，C_{cc}分别代表表2中对应项在单位建筑面积的年碳排放量，C_p代表碳汇量，A代表建筑面积，y代表建筑全生命周期寿命50年。

基于公式（2），本方案通过绿建斯维尔软件对建筑全生命周期碳排放量进行模拟（表2）。

当下学界对建筑减碳评价指标的定义并不统一。王侃宏等学者提出“建筑全生命周期碳减排率”指标A，建筑全生命周期碳减排率A：

$$A=(1-B/C)\cdot 100\% \qquad (3)$$

其中，B为建筑全生命周期碳排放，指参评建筑二氧化碳年排放量kg/（$m^2\cdot a$）；C为建筑全生命周期碳排放基准值（$m^2\cdot a$），以我国减排承诺参照年2005年建筑面积碳排120kg/（$m^2\cdot a$）为基准值。当41.6%≤A<65.6%时，为一星级低碳建筑；当65.6%≤A<70.8%时，为二星级低碳建筑；当70.8%≤A≤100%时，为三星级低碳建筑[11]。

建筑全生命周期碳排放量　　表2

类别	年碳排放量（$kgCO_2/m^2\cdot a$）	碳排放量（$kgCO_2/m^2\cdot a$）
建筑材料生产C_{sc}	77.62	3881.39
建筑材料运输C_{ys}	0.00	0.00
建筑建造C_{jz}	0.01	0.40
建筑拆除C_{cc}	7.76	388.18
建筑运行C_{yx}	-53.60	-2680.06
碳汇C_p	-5.69	-284.71
合计	26.10	1305.20

据此评价体系，该方案建筑的碳减排率为78.3%，可以被评为三星减碳建筑。由此可见，乡土材料的选择和地域传统营造技艺的延续对于建筑材料运输和建造过程有直接的生态效益关联。可再生能源的利用和被动式技术的应用则成为建筑运营阶段减少碳排放量的主要推动力。本方案设计在此阶段所采用的文化和“双碳”协同理念下的设计方法将有较明显的减排效果。

4 结语

乡村建筑空间的特点决定其设计和建造的全过程都必然与乡土现实紧密联系在一起。本研究提出地域低碳建筑设计的理念与方法，所述案例的设计过程植根于关坝村的气候特征、自然资源、技术工艺等条件，利用现代技术和材料进行乡村公共建筑空间设计。乡村建筑改造只有在特定的地域环境中用其独特的地域语汇表达、结合可持续发展理念进行规划设计，才能在新时代乡村振兴文旅一体的路线中继续稳步前进。

注：文中设计项目为《沐光伴生 · 林中关坝》2022台达杯国际太阳能竞赛优秀奖。

团队负责人：周可伊；

团队成员：陈言、郭奕岑、赵庆卓、过翔天、毛思异、陈思妍；

指导老师：黄海静。

参考文献

[1] 王舰慧. 基于文脉保护的乡村建筑空间低碳发展设计策略——以世界文化遗产宏村景区及周边空间为例 [J]. 居舍，2022（23）：88-91.

[2] 温薇蓁，罗雯，伍慧玲，等. 基于低碳理念的乡村景观设计——以尚德村劳动教育实践基地为例 [J]. 现代园艺，2023，46（6）：82-84.

[3] 高俊楠，袁大昌. 低碳乡村规划实施路径研究——以长兴县典型乡村为例 [C]//中国城市规划学会，成都市人民政府. 面向高质量发展的空间治理——2020中国城市规划年会论文集（16乡村规划）. 中国建筑工业出版社，2021：13.

[4] 张斌，魏兵，骆雯. 中国绿色建筑评价体系的研究 [C]//中国建筑学会暖通空调分会，中国制冷学会空调热泵专业委员会. 全国暖通空调制冷2010年学术年会资料集. [出版者不详]，2010：1.

[5] 吴路阳. 我国绿色低碳建筑发展现状及展望 [J]. 建筑，2023，（7）：42-44.

[6] 景泉，贾濛，周晔. 基于“文绿一体”理念的西部典型地域特征绿色建筑设计方法与实践研究 [J]. 建筑技艺，2022，28（2）：49-53.

[7]张杰. 文旅融合的一体化更新策略 [J]. 城市建筑空间，2023，30（7）：2-9.

[8] 王竹，王静. 低碳乡村的“在地设计”策略与方法——安吉县景坞村营造实践 [J]. 城市建筑，2015（31）：32-35.

[9] 贾珍. 某绿色建筑的全生命周期碳排放研究 [J]. 建设科技，2016，（17）：78-81.

[10] 杨春虹，蒲云云. 基于低碳理念的装配式工业建筑模块设计研究 [J]. 建筑技术，2023，54（14）：1707-1710.

[11] 王侃宏，马伊利. 基于建筑碳排放分析的绿色建筑评价体系研究 [J]. 节能，2021，40（8）：75-77.

室内环境下个性化通风研究热点及趋势分析

张浩杨 谷明锴 康薇 李嘉耀 王岩

作者单位
天津城建大学建筑学院

摘要： 面对“双碳目标”以及公共卫生事件频发的双重挑战，如何减少室内感染、减少能源消耗成为关键议题。本综述针对个性化通风（PV）系统进行深入分析，探索其在室内环境中降低病毒传播风险和提升空气质量的潜力。通过系统化的文献检索和科学知识图谱分析，研究发现：PV 系统在精确控制送风和优化热舒适度方面具有显著优势；采用 PV 系统能有效降低室内污染物浓度和交叉感染概率。未来研究应关注 PV 系统的综合能效和技术创新，以适应日益严峻的公共卫生需求和环境挑战，为室内环境管理提供更全面的解决方案。

关键词： 个性化通风；室内环境；热舒适；污染物去除

Abstract: In the face of the dual challenges of the “double carbon target” and public health events, reducing indoor infections and energy consumption is a key issue. This review delves into Personalized Ventilation（PV）systems, exploring their potential to minimize viral transmission risks and enhance air quality indoors. Systematic literature retrieval and scient metric mapping reveal that PV systems excel in precise airflow control and optimizing thermal comfort. The studies indicate significant reductions in indoor pollutant concentrations and cross-infection risks with PV usage. Future research should focus on the energy efficiency and technological advancements of PV systems to meet the increasing public health demands and environmental challenges, providing comprehensive solutions for indoor environment management.

Keywords: Personalized Ventilation; Indoor Environment; Thermal Comfort; Pollutant Removal

过去几年中，呼吸道传染病频繁暴发。研究表明，在中国清零政策下，仅2022年新冠疫情便造成约占当年GDP比重3.9%的直接经济损失[1]，同时造成了大量人员伤亡。各类呼吸道传染性疾病（Respiratory infectious diseases）仍持续肆虐。2023年冬季，中国北方地区多种流感病毒呈现交替暴发态势，再次危及人们生理与心理健康。

室内空间作为人们主要的生活场所，具有空间密闭、人员密集和交流频繁等特点，使得RID传播概率较室外环境明显提高[2]。如何降低室内感染概率、优化空气品质、提升人居质量成为当前研究焦点。近年来，学者们致力于研究多种室内通风策略，包括自然通风、机械通风、混合通风和个性化通风，以减少室内污染物浓度，从而降低个体被感染的概率。研究表明，这些通风模式在不同情况下均能有效提升室内空气质量[3]。个性化通风（Personalized Ventilation）设备作为一种针对个体的送风装置，具有送风能力精准、风向可调、作用范围小、耗能低等优点[4]。2019年之前，研究主要集中在提升室内热环境质量和个体热舒适度方面，疫情暴发后学者们开始关注其在降低室内污染物浓度、防止室内交叉感染方面的潜力。

然而目前的研究还存在分散性，缺乏系统性等问题。本综述旨在系统总结个性化通风设备研究成果和不足，强调其在提升室内空气质量、改善室内热环境、增强能源节约等方面的重要性，为未来相关研究提供指导和建议。

1 资料来源与方法

1.1 资料来源

采用Web of Science检索，论文发表年限限定在2004年1月1日～2024年4月30日共20年，检索内容“论文标题-关键词-摘要”，关键词选用分别为“ventilation”或“HVAC”和“personalized”或“personlalised”或“precise”和“thermal environment”或“thermal comfort”。初步检索

989篇相关文献，经筛选后，206篇相关文献纳入本文分析中。

1.2 研究方法

文献计量是一种用于呈现特定学科知识发展进程和结构关系的可视化方法，旨在为科学研究提供有效参考。Citespace是一款专注于文献计量分析和学科发展研究的可视化软件，其特点是能够聚焦于特定知识领域的研究历程，具备多元、分时、动态等特性，被广泛应用于当前科学研究领域。本研究采用Citespace 6.3.R1版本，通过Data-WOS工具将文献数据转化为可视化信息，结合所选文献的特点，着重分析相关关键词的共现、聚类、爆发情况，并列举相关具有代表性的研究。

2 研究热点及趋势分析

2.1 发文量分析

图1展示了关于个性化通风相关文献年发文量，PV早在20世纪末期就已提出，直到21世纪初期，相关的发文量仍处于较低水平，可见当时该领域正

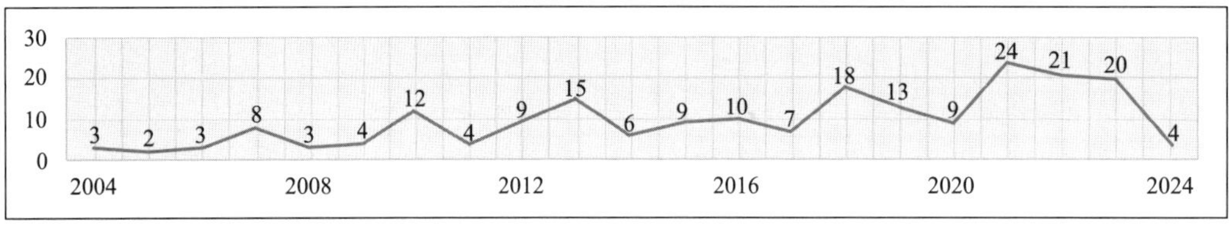

图1 个性化通风逐年发文量统计

处于理论起步期。随后PV的年发文量呈现逐年增长的态势，特别是在2010年，2019年左右相关文献的年发文量呈现爆发增长，这可能是因为当年大规模流行病的暴发。截止至今个性化通风相关文献的年发文量仍然处于较高水平，针对该领域的研究目前仍是热点研究话题。相较于21世纪初处于起步期的PV研究，现今对于PV的研究更加深入以及更加多样化。

2.2 国家机构分析

如图2所示，个性化通风（PV）研究的国际趋势表明，中国、丹麦、美国、黎巴嫩和新加坡是前五大发文国，其中中国以67篇文章领先，这反映了中国对生态环境和绿色节能的日益重视，特别是在“碳达峰、碳中和”政策的背景下。PV系统因其在减少能耗和降低室内传染性疾病传播的潜力而受到关注，在2019年新冠疫情暴发后，相关研究呈现显著增长。如图3所示，主要的研究机构包括丹麦技术大学和新加坡国立大学，其研究主要集中在2009~2017年间的对于通风理论基础的探索，如PV与其他通风系统的气流相互作用。Halvonová 等人的研究指出，PV在提供更优质空气质量方面优于置换通风系统（DV），并且人员行走对DV附近的室内空气质量（IAQ）有显著影响[5]。此外，国内研究更侧重于PV在特定环境中的应用，如密闭空间中传染性疾病的空气传播与控制，突出其实际应用的重要性。这些研究不仅揭示了PV系统在全球范围内的研究动态，也强调了不同国家在推动相关技术研究与应用方面的差异和专长。

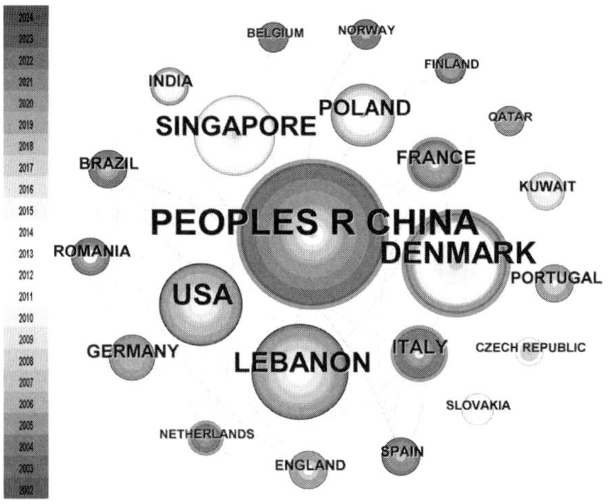

图2 主要发文国家图谱

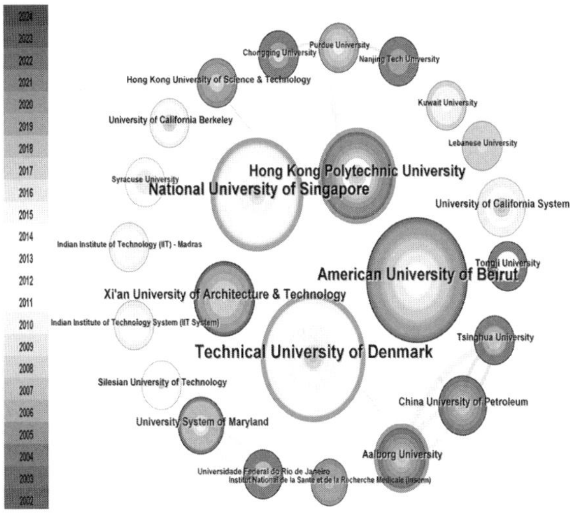

图3 主要发文机构图谱

2.3 关键词共现网络分析

如图4所示，个性化通风伴随出现的关键词前五是“热舒适（thermal comfort）”“性能（performance）”“环境（environment）”“气流（flow）”“传播（transmission）”，这些关键词出现年份都在2019年之后，表明关于这些关键词的研究正处于研究热点。PV从研究方向上进行分类，可为三个主要方向：①是以PV在提升室内个体热舒适方面上，这类在关键词的体现主要为“热舒适（thermal comfort）”“热环境（thermal environment）”“湿度（humidity）”“热度（hot）”“温度（temperature）”，Wang，LZ等人对可穿戴式的个性化设备进行热舒适有效性研究，通过使用示踪气体以及人体实验等方法证明了设备在提升穿戴个体热舒适上的有效性[6]；②是以PV在降低室内呼吸道系统疾病传染概率上，这一类关键词主要代表为“室内空气质量（indoor air quality）”“空气传播（airborne transmission）”“暴露（exposure）”“吸入空气质量（inhaled air quality）”等，Liu，X等人对高铁座椅扶手上采用个性化通风设备以减少交叉传染展开研究，通过实验室实验及CFD软件模拟，结合污染物浓度监测，验证了其有效性，当射流角度在45°时能够达到最大保护效率[7]；③是以能源节约为主要出发点，探求PV系统在能源节约上的效用，这类关键词主要有“能源节约（energy saving）”“能效（efficiency）”“能源效能（energy performance）”等，Lipczynska，A等人将PV结合天花板送风系统以探讨该混合通风系统在各种气候状况下的节能效率，通过IDA室内气候与能源软件进行多变量模拟，得出该系统大大节省了能耗，当室温在28℃时最为明显，能耗节省高达40%。[8]

2.4 关键词聚类分析

对个性化通风相关关键词进行聚类分析，图5所示，通过该分析可以得到现有相关研究形成的研究类别。根据剪影度大于0.7共得出八种相关聚类。分析可知：①目前针对PV相关的研究更加注重于对室内受试个体对空气质量的察觉感知以及降低室内交叉感染相关措施研究，这很大概率上是受到新冠疫情以及后续大规模性呼吸道传染性疾病暴发的影响，

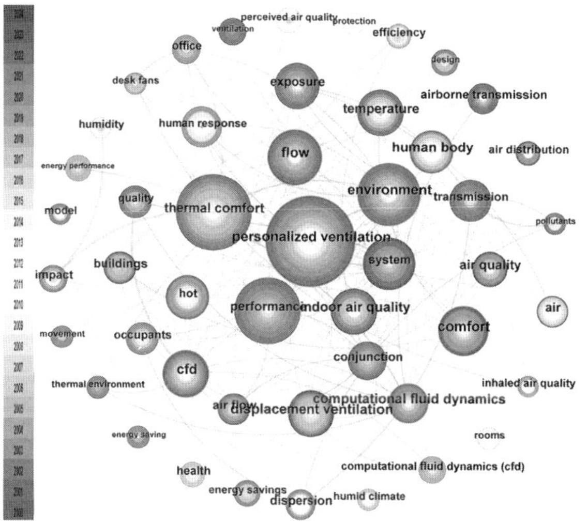

图4 关键词网络分析

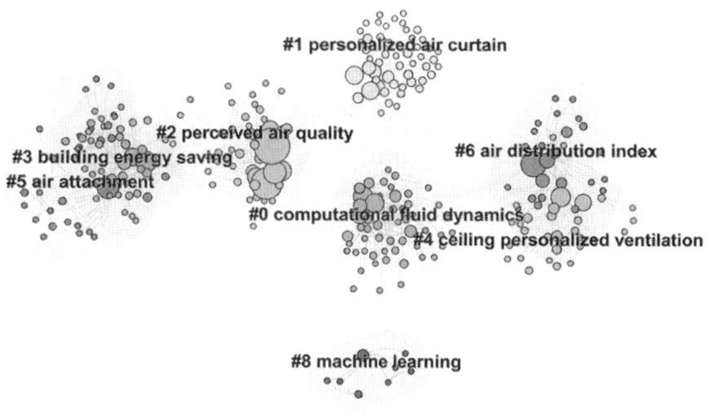

图5 关键词聚类分析

Nielsen对多种通风模式展开对比研究，研究表明PV在防止交叉感染的性能上显著优于其他通风模式[9]；②研究方法上，相关研究主要运用场地实测，CFD软件模拟以及机器学习等方式进行PV相关研究，Alsaad等人为了测试无管道个性化通风（DPV）的有效性，采用CFD模拟模型对其验证，并进一步用于热舒适研究，研究表明DPV能够显著改善环境热舒适度以及受试者整体热感觉[10]；③评价指标上，室内热舒适评价指标已具有成熟的评价体系，PV相关研究通常采用PET（physical equivalent temperature）作为衡量指标[11]，而在IAQ方面暂未形成完善的评价指标，多数学者采用污染物浓度去除率作为衡量因子。

2.5 关键词爆发性分析

选取前二十暴发率较高的关键词进行分析，“热环境”爆发率最高为3.51，由2011年开始，2015年结束。“通风性能”“疾病传播”的爆发率为3.26、2.89，由2021年开始突现，且直到现在依然处于凸现状态，表明二者在目前PV研究中正处于研究热点。除开这些，“能源效能”也出现在凸现词当中。由此可见，针对PV的研究受到当时大环境背景的影响较为明显，且在可以预见的未来，对PV的研究仍然将以室内污染物去除、人体热舒适、能源节约为主要研究方向，同时受未来政策和公共卫生事件影响而呈现交替凸现态势（图6）。

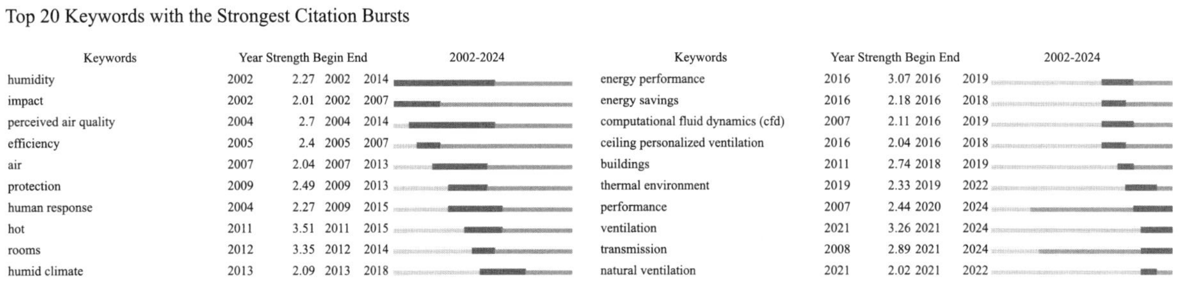
Top 20 Keywords with the Strongest Citation Bursts
Keywords
Year Strength Begin End
2002-2024
humidity 2002 2.27 2002 2014
impact 2002 2.01 2002 2007
perceived air quality 2004 2.7 2004 2014
efficiency 2005 2.4 2005 2007
air 2007 2.04 2007 2013
protection 2009 2.49 2009 2013
human response 2004 2.27 2009 2015
hot 2011 3.51 2011 2015
rooms 2012 3.35 2012 2014
humid climate 2013 2.09 2013 2018
energy performance 2016 3.07 2016 2019
energy savings 2016 2.18 2016 2018
computational fluid dynamics (cfd) 2007 2.11 2016 2019
ceiling personalized ventilation 2016 2.04 2016 2018
buildings 2011 2.74 2018 2019
thermal environment 2019 2.33 2019 2022
performance 2007 2.44 2020 2024
ventilation 2021 3.26 2021 2024
transmission 2008 2.89 2021 2024
natural ventilation 2021 2.02 2021 2022

图6 关键词爆发图谱

3 结果

面对全球突发公共卫生事件和节能降碳的双重挑战，个性化通风系统（PV）研究受到了前所未有的关注。本综述深入探讨了PV系统在室内空气管理中的应用，特别是在提升空气质量、热舒适度和节能方面的重要性。疫情大流行突显了优化室内空气环境以防控空气传播疾病的紧迫性；同时，全球对于能效的高要求也促使该技术在节能减排方面展现出显著的潜力。未来的研究需要关注技术创新和跨学科合作，以满足日益复杂的室内环境需求和响应社会发展趋势。具体结论及建议如下：

PV系统能够有效地控制空气流向和速度，进而优化室内空气分布和减少污染物浓度，特别是在密集和封闭的空间中，这对提高居住和工作环境的舒适度和安全性具有重要意义。

PV系统在节能方面表现出色，通过精确送风技术显著降低了能源消耗，对实现“双碳目标”和推动绿色建筑发展有着积极作用。

PV系统在处理公共卫生危机中显示出其减少室内污染物浓度，防止交叉感染的潜力，为控制病毒和其他呼吸道疾病的传播提供了有效的技术手段。

未来的研究中，PV系统需要结合其在热舒适、室内空气质量、能源节约领域中的综合作用及其进一步优化，同时随着技术进步，利用机器学习和人工智能技术以提升PV系统的智能调控能力，从而适应更复杂的室内环境需求。

参考文献

[1] GONG D，SHANG Z，SU Y，et al.. Economic impacts of China’s zero-COVID policies [J/OL]. China Economic Review，2024，83：102101.

[2] ROWE B R, CANOSA A, DROUFFE J M, et al. Simple quantitative assessment of the outdoor versus indoor airborne transmission of viruses and COVID-19 [J/OL]. Environmental Research, 2021, 198: 111189.

[3] WANG X, DONG B, ZHANG J. Nationwide evaluation of energy and indoor air quality predictive control and impact on infection risk for cooling season [J/OL]. Building Simulation, 2023, 16 (2): 205-223.

[4] GAO R, LI H, ZHANG H, et al.. Research on a personalized targeted air supply device based on body movement capture [J/OL]. Indoor Air, 2021, 31 (1): 206-219.

[5] HALVONOVA B, MELIKOV A K. Performance of "ductless" personalized ventilation in conjunction with displacement ventilation: Impact of disturbances due to walking person (s) [J/OL]. Building and Environment, 2010, 45 (2): 427-436.

[6] WANG L, ROMO S A, SANICO E, et al.. A wearable micro air cleaner for occupant-oriented indoor environmental controls [J/OL]. Building and Environment, 2023, 243: 110635.

[7] LIU X, LI T, WU S, et al.. Effect of Personalized Ventilation in Seat Armrest on Diffusion Characteristics of Respiratory Pollutants in Train Carriages [J/OL]. Journal of Applied Fluid Mechanics, 2023, 16 (12): 2518-2528.

[8] LIPCZYNSKA A, KACZMARCZYK J, MELIKOV A. The Energy-Saving Potential of Chilled Ceilings Combined with Personalized Ventilation [J/OL]. Energies, 2021, 14 (4): 1133.

[9] NIELSEN P V. Control of airborne infectious diseases in ventilated spaces [J/OL]. Journal of The Royal Society Interface, 2009, 6: S747-S755.

[10] ALSAAD H, VOELKER C. Performance assessment of a ductless personalized ventilation system using a validated CFD model [J/OL]. Journal of Building Performance Simulation, 2018, 11 (6): 689-704.

[11] YANG B, LIU P, LIU Y, et al.. Assessment of Thermal Comfort and Air Quality of Room Conditions by Impinging Jet Ventilation Integrated with Ductless Personalized Ventilation [J/OL]. Sustainability, 2022, 14 (19): 12526.

垂直绿墙设计反馈评价与生态效应研究①

程歆玥[1②] 代萌萌[2③] 张蕾[3④] 夏斯涵[4⑤]

作者单位

1. 北京建筑大学测绘与城市空间信息学院
2. 东华大学环境科学与工程学院
3. 合肥工业大学建筑与艺术学院
4. 哈尔滨工业大学建筑与设计学院

摘要： 全球气候变暖、热岛效应频发和极端炎热事件，都威胁城市居民健康，影响城市可持续性发展。在高密度城市中，增加绿色基础设施的做法得到了广泛的提倡，但主要关注绿地、绿色屋面和室外垂直绿化，少有关注室内绿墙。研究关注居民集中生活的室内环境，一方面，以设计美学和植物科学的视角强调室内绿墙的分类、设计和安装；另一方面，以生态环境和人居健康的视角对某室内绿墙进行实测与模拟，厘清其影响因素和关联关系。结果表明：①室内绿墙在晴天“降温增湿”效果较好，降温增湿最高可达0.32℃和0.56%；②室内绿墙在晴天生态效应优越，最高可吸附颗粒物6.73 μg/m^3。以期拓展绿墙应用空间，营造美丽、健康的室内环境。

关键词： 立体绿化；垂直绿墙；生态建筑；颗粒物；热湿环境

Abstract: Global warming, frequent heat island effects, and extreme heat events all threaten the health of urban residents and affect the sustainable development of cities. In high-density cities, the practice of adding green infrastructure has been widely advocated, but the main focus is on green spaces, green roofs, and outdoor vertical greening, with little attention paid to indoor green walls. Research focuses on the indoor environment where residents live together, emphasizing the classification, design, and installation of indoor green walls from the perspectives of design aesthetics and plant science; On the other hand, from the perspective of ecological environment and human health, a certain indoor green wall was measured and simulated to clarify its influencing factors and correlation relationships. The results show that: ① Indoor green walls have a better cooling and humidifying effect on sunny days, with the highest cooling and humidifying rates reaching 0.32℃ and 0.56%. ② Indoor green walls have superior ecological effects on sunny days, with a maximum adsorption capacity of 6.73 μg/m^3. In order to expand the application space of green walls and create a beautiful and healthy indoor environment.

Keywords: Stereoscopic Greening; Vertical Green Wall; Ecological Architecture; Landscape Design; Hot and Humid Environment

1 引言

绿化历经水平绿化到立体绿化再到垂直绿化的演变[1]。绿墙（Green Wall）又称墙面垂直绿化（Vertical Gardens），是立体绿化的一种（另外三种为屋面绿化、构筑物绿化、平台绿化），在建筑围护结构内外进行垂直绿化，以绿植作为装饰材料主体来进行空气治理和美化环境的建筑节能方式[2]。在一些发达国家和地区，绿墙被广泛地应用于室内空间或室外墙面[3]。

人类平均有80% 以上的时间都是在室内度过的[4]，因此，室内环境对人体健康的影响更加严重。作为室内装饰美化手段，室内绿墙的分类繁杂；作为一种室内被动式节能方法，室内绿墙反馈影响研究主要集中在室内环境和空气质量这两方面。针对室内绿墙不同的材料分类和研究指标，对应有不同的处理软件及评价标准，目前其实验方法主要有实测、模拟和实测+模拟这三类[5][6]。本文通过模拟仿真选点结合

① 基金项目：北京建筑大学2023年度博士研究生科研能力提升项目“多源交通大数据驱动下高密度城市规划和空间形态研究”（编号：DG2023018）。

② 程歆玥（1996—），男，湖北武汉人，博士生，主要从事城市流动感知、交通大数据可视化研究（E-mail：971290516@qq.com）。
③ 代萌萌（1996—），女，安徽界首人，博士生，主要从事垂直绿墙与光伏一体化研究（E-mail：mengmeng.dai@mail.dhu.edu.cn）。
④ 张蕾（1997—），女，安徽庐江人，博士生，主要从事绿色建筑与建成环境健康研究（E-mail：koalei@126.com）。
⑤ 夏斯涵（1995—），男，安徽滁州人，博士生，主要从事建成环境与健康研究（E-mail：xsh_25@126.com）。

实测研究，得到室内环境的分布特征和室内绿墙反馈回归方程，对室内绿墙的生态效应做了进一步量化分析。

2 文献综述

2.1 室内绿墙的分类

绿墙由于其组成植物种类繁多，绿植和墙体之间关系复杂，在国内外还没有一个明确的分类标准，本文大致总结如下三类分类方式：按支撑结构、按培植方式、按植物内容分类，如表1所示。

以上分类仅为当前阶段最基础的划分，但显然室内绿墙的分类不止于此，它可能是多种分类的组合设计，以此提高室内空间的视觉丰富度。近些年来，还出现了如苔藓、空气凤梨、鹿角蕨等新型植物[7]，这只是植物种类上的创新，但其组合分类依然可以归结到表1中。其中，苔藓类绿墙适合做成种植毯式满铺；空气凤梨生存所需的能量由叶片气孔吸收空气中的水分和养分所得，这类绿墙适合作为点缀式；寄生在宿主木头上的鹿角蕨适合作为容器挂壁式绿墙，将其宿主作为容器来依附种植和吸收养分和水分。未来，随着更丰富的植物品种和绿墙材料被发现与开发，还将出现更为新颖的分类方法。

绿墙的分类　　表1

分类标准	名称	描述	优点	缺点
按支撑结构	附壁绿墙	墙底槽种攀援垂挂植物，依附墙面覆盖之	生命周期长，维护成本低，可以适应所有气候带	生长环境有要求，难以移动和更新
	活墙	植物表皮和围护结构之间有空气间层	成本低，现场施工快	生命周期短，维护成本高，只适合于温带及热带气候
按培植方式	直接附壁式（框架牵引式）	培植基质在围护结构上下，让植物贴附围护结构生长	成本低，现场施工快	绿化覆盖率低，可选择植物种类少，图案单一
	容器挂壁式	植物装在标准种植容器中，叠摞挂起形成墙面	施工时间短，时效性最长	植物大小和挂袋尺寸相关
	种植墙毯式（水培式）	植物种于布袋固定于墙上，滴灌供营养，维持生长	方便耐久，构图能力强，营养液干净卫生	挂毯成本较高
按植物内容	满铺式	同种或相似绿植铺满墙面	安装方便	虫害情况下易全部损毁
	点缀式	绿植底色，彩植花纹	观赏性强	花期较短，维护成本高
	复合式	绿墙结合logo，配水景、喷雾；顶射灯补光	视觉效果最佳	设计成本较高

2.2 室内绿墙对室内环境的反馈

室内绿墙的多样属性决定了它与室内环境具有相关性。作为建筑材料，室内绿墙与是室内热湿环境存在反馈关系，它能调节室内微气候、促进低碳效应；作为室内植物，绿墙与室内空气质量存在反馈关系，它能提升视觉美感、净化室内空气。

1. 基于时间因素的反馈

室绿墙对室内热湿环境的反馈与时间因素有关，室内绿墙具有“降温增湿”的作用但其具体数值因实验差异稍有不同。室内绿墙对室温具有“削峰填谷”的作用，室温在白天比外温低了1.3℃，在夜间却比外温高了1.7℃[8]。在白天，室内安装有绿墙的房间与没有绿墙的房间相比，其室温低20%[9]。有研究发现室内绿墙空气温度最大差值发生在下午，而最小差值是晚上和清晨[10]；但也有研究发现采用室内绿墙后，室内在8时的空气湿度最大，为48.39%[11]。

夏季的室内绿墙降温保湿效果更好，而冬季的室内绿墙保温除湿效果更好[12]。研究发现，室内绿墙四季降温增湿效果由好到差依次为夏季＞春季＞秋季＞冬季[13]。同样也有研究结果[14]也表明，室内绿墙对气温的反馈在夏季更明显，在其他季节，其反馈在缓解热应力上，而冬季其反馈不显著。还有研究发现，对秋冬季节的上海而言，当室外气温在15~20℃

时，室内绿墙的保温性能最优[15]。因此，室内绿墙在夏季积极隔热，在冬季保温节能。

2. 基于空间因素的反馈

由于室内绿墙可以设计在不同的建筑气候分区上，因此其对热湿环境的关系与当地的气候条件相关。较多的研究关注绿墙对外墙表明降温效果，如澳大利亚阿德莱德某室内绿墙甚至可降温8~11℃[16]；而绿墙对室温的降低效果同样明显，如希腊室内绿墙可降低室内温度2℃[17]，新加坡室内绿墙可降温3.3℃[18]。

室内绿墙对热湿环境的关系与方位相关，西面降温最明显，北面降温最不明显。杨学军[19]发现室内绿墙在东面、南面、西面和北面分别降温4.21%、4.45%、3.36%和1.6%，北面最不显著；而Eumorfopoulou等[17]发现室内绿墙在东面、南面、西面和北面分别降温18.17%、7.6%、20.08%、4.65%，西面最为显著。詹意等[20]研究发现，室内绿墙节能效果由高到低依次为西面＞东面＞南面＞北面。因此，优先在室内西面采用绿墙，降温节能效果最佳。

3. 基于热湿环境的反馈

室内绿墙受到外界天气影响，如在晴天反馈温差大而多云天气反馈温差小[21]，同时也受到室内空气的热湿特性影响，如温度、湿度、室内风速等。在室外，绿墙能缓解城市热岛效应[22]；而在室内，由于绿墙植物的蒸发冷却与遮热效应，室内绿墙能明显改善建筑室内空间的温湿度[23]。

4. 基于空气质量的反馈

室内绿墙能改善室内空气质量，通过植物滞留、附着和粘贴细颗粒物，能有效降低室内可吸入颗粒物浓度[24]。每平方米的室内绿墙可以吸收1.375%的二氧化碳，净化100平方米的室内空间[16]。以室内绿墙控制室内空气质量的方法有两种：一是考虑植物种类的主动控制，二是考虑场地环境的被动控制[25]。

室内绿墙植物与室内可吸入颗粒物及空气污染物有关，红檵木更能吸附室内颗粒物[26]；铁线蕨适合判别室内甲醛污染程度，而绿萝适合吸附室内甲醛，其效果稳定、持续性长[27]。以上研究均表明，室内绿墙的植物种类对空气质量存在影响，但其内在原因尚不明确。有研究认为，是由于培植基质流动、环境通风等物理作用[28]，但也有研究认为是通过植物茎叶吸收、细胞代谢、根际微生物降解等生物作用实现[29]。室内环境相较于室外区域不易进行空气流动，易形成空气死区，造成室内空气污染[30]。在狭小室内空间中的绿墙，一方面会阻碍风速从而达到滞尘的效果，另一方面使得狭小空间内的可吸入细颗粒物浓度增加，因“爬墙效应”导致室内地板颗粒物堆积[31]。

2.3 室内绿墙的评价

国内外对于绿墙的评价标准尚不健全，但主要有两个方向：一种是质性评价，强调人对绿墙的主观感受；另一种是量化评价，强调仪器或软件的科学分析。可以采取多因子叠置的方式对其进行综合性的评价。

1. 质性评价

人体舒适度的研究采用了问卷调查和PMV-PPD指标相结合的方法，并利用MATLAB等软件计算了人体舒适热感觉PMV和预测不满意率PPD。同时，还引入了七个影响人体舒适度的参数，包括人体湿热感受、湿热期望、人体舒适度状况、环境温度、平均辐射温度、风速和相对湿度[32]。

2. 量化评价

理性的评价标准主要有风（风速、控风等效果），光（太阳辐射强度、遮阴等效果），声（吸声、隔音、降噪等效果），热（室内温度、相对湿度、保温、降温、隔热、增湿等效果），环境（固碳量、碳排放量、可吸入颗粒物浓度）等五个物理环境因素，如表2所示。

由表2可知，各主要研究者评价因子多为温湿度，少有关于负离子浓度、空气污染物、二氧化碳和空气流速方面的研究。根据当前我国最新版本的《室内空气质量标准》GB/T 188883-2002，室内污染物有物理性、化学性、生物性和放射线4类19种。其中甲醛、苯、氡、TVOC是主要污染物。此外，各类有害成分可以通过差异性的接触途径，作用于人体，从而发生相加作用或者协同作用。因此，对于室内绿墙理性的评价标准应加强对以上方面的研究。

3 实验方法与材料

3.1 研究对象

该实验所使用的室内绿墙位于中国安徽省合肥市某所高校的系馆中庭西侧，如图1所示。中庭的尺

绿墙的研究组成和评价标准　　表2

植物种类	培植基质	支撑结构	维护管理	实验组	对照组	评价因子
金边龙舌兰、金手指	土壤	玻璃盒	玻璃室	植物源发生器开启	自然状态	负离子浓度，安培指数
植物墙	—	—	西安某酒店走廊	有植物墙	无植物墙	温度、湿度、空气流速
凤尾竹、虎皮兰、绿萝、吊兰、龟背竹	土壤	钢架	测试仓	测试仓污染物初试浓度	4h和8h后污染物浓度	温度、湿度、空气污染物
—	—	钢筋，密封胶贴	模块化培养单元	有绿墙（砖与双层玻璃）	无绿墙	隔音
绿萝、吊兰、玛丽安	土壤	大塑料盆	混响室	密	疏	降噪
佛甲草	土壤	钢架	办公室	有绿墙	无绿墙	温度、湿度、热舒适度
叶兰、袖珍椰子、吉祥草、阔叶麦冬	—	—	—	有绿墙	无绿墙	日固碳量
—	—	—	—	有盆栽植物	无盆栽植物	二氧化碳
吊兰、金叶绿	—	—	密封模拟室	典型明亮光强	增加辅助照明	碳排放平衡

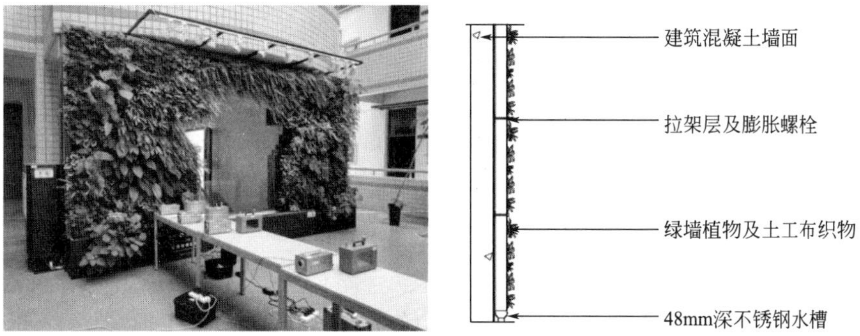

(a) 实景图　　(b) 剖面图

图1　测试垂直绿墙

寸为22.8米×10.46米×18.24米（长×宽×高），而室内绿墙的尺寸则为5.66米×3米×20毫米（长×高×厚）。叶片层的平均厚度为30毫米，垫层和拉架层的厚度也为30毫米，总厚度为60毫米，并采用不锈钢装饰收边条作为周边装饰。

室内绿墙由多种植物构成，包括13平方米的鹅掌柴、鸟巢蕨、波士顿蕨、绿萝、秋海棠和绣球花等。这些植物的根部被包裹在20毫米×20毫米的土工布织物中，并通过射钉固定在拉架层的土工布织物垫层前。再循环滴灌系统由一根5.66米橡胶材质输水管组成，与水泵箱连接并放置在绿墙的顶部。在绿墙下方，有一个5.66米×30毫米×48毫米（长×宽×深）的不锈钢水槽用于排水，下方还设有滤网。当自然光照不足时，将使用12盏射灯提供辅助人工照明，照明时间为每天的17：00至23：00，并且灌溉周期和人工照明时间均由电脑自动设置。

3.2　基于仿真模拟的测点选择

以室内绿墙为研究对象，建立简化的矩形模型。室内中庭的几何尺寸为22.67米×10.46米×18.25米（长×宽×高），而室内绿墙的几何尺寸则为0.8米×5.66米×3米（长×宽×高）。使用Gambit 2.4.6软件，建立了细颗粒物和负离子扩散的物理模型，并采用贴体性较好的四面体非结构网格单元进行网格划分，最终划分的网格数量为23778个。

运用Fluent 6.3.26软件对计算域内的流场和污

染物浓度场进行数值模拟，研究流体为不可压缩的连续流体，在模拟过程中假设流体属性不变。湍流模型选择标准k-ε模型，离散方法为有限体积法，数值模拟算法为SIMPLE算法，离散格式为二阶迎风格式，污染物扩散方程采用QUICK格式。由于研究流场属于自然对流紊流流场，主要考虑由温差引起的浮升力影响，采用Boussinesq假设[33]。以室内绿墙侧作为空气入口inlet初始化后，设置1000步开始计算，迭代118步后残差曲线全部达到设定值10-3，计算结束，结果如图2（a）所示。

整体来看，室内绿墙点距与速度成反比，然而室内绿墙两侧的风速呈现中间高、两端低的情况，这表明其沉降部分细颗粒物[34]，但距离过近可能存在植物吸附细颗粒物的情况。根据不同水平距离处的选点，确定了四组对照距离：D1=0.3米、D2=0.9米、D3=1.5米、D4=2.7米，对应的风速分别为vD1=2.66米/秒、vD2=2.80米/秒、vD3=2.95米/秒、vD4=2.51米/秒，如图2（b）所示。

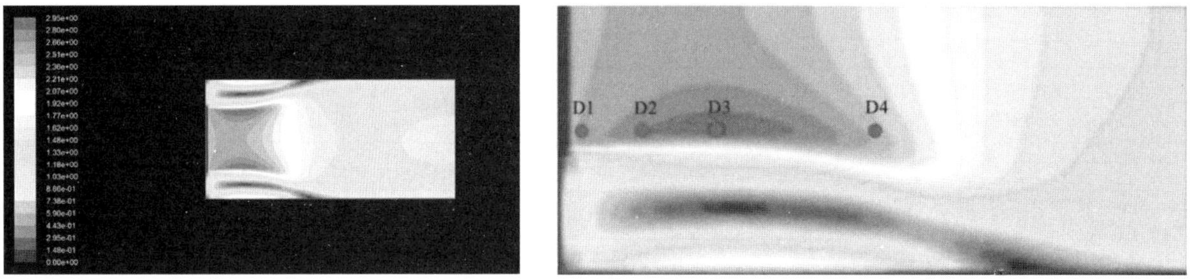

(a) 风速云图（米 / 秒）　　(b) 放大后测点

图2　基于仿真的实测点选择

3.3　实证研究

基于Fluent的模拟结果，配置4台负氧离子监测仪和4台粉尘浓度监测仪进行测试，在距离垂直绿墙不同水平距离处记录相关数值。国产ONETEST-200-D负离子记录仪测试空气负离子浓度，测量范围为0～200万ions · cm^{-3}，测量精度为1 ions · cm^{-3}。国产ONETEST-100粉尘浓度监测仪测试细颗粒物浓度及温湿度，其中$PM_{2.5}$和PM_{10}浓度的测量范围为0～1000微克/立方米，测量精度≤±10%FS，分辨率为0.1微克/立方米；温度的测量范围为-20℃～60℃，测量精度≤±0.5%，分辨率为0.1℃；相对湿度的测量范围为0～100%RH，测量精度≤±3%，分辨率为0.1%RH。测试每2秒钟记录一次数据。测试高度与一般人体呼吸高度保持一致，距离地面1.5米。

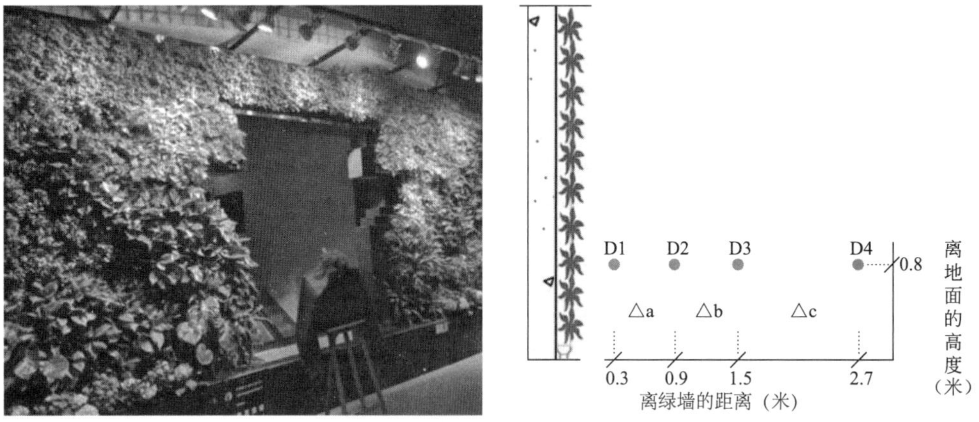

(a) 测试布点示意图　　(b) 不同距离下的测点

图3　建筑中庭风模拟结果与选点依据

实测是在室内绿墙安装3个月后进行的，以确保墙体被植被完全覆盖，且植物完全适应新环境。实测时间选取在2020年8月17日至26日连续10天0点至24点，涵盖天气种类变化丰富，除了20～22日为雨天、25日为阴天外，其余时间都为晴天。由于实验时间处于暑假，不考虑无室内冷热源及人体影响。基于Fluent模拟结果，配置4台温湿度监测仪和监测仪进行测试，在距离室内绿墙不同水平距离处（D1=0.3米、D2=0.9米、D3=1.5米、D4=2.7米）记录相关数值，记录间隔2秒/次，测试高度距离地面高度为0.8米，与室内办公人群的呼吸高度位置保持一致，如图3所示。实验观测室内绿墙反馈的温湿度和可吸入颗粒物浓度，从而分析其对室内环境的影响。仪器可实时显示，并累计存储记录432000条数据。

4 结果和讨论

4.1 室内环境分布特征

1. 室内温湿度分布特征

针对室内绿墙反馈的温湿度，按照晴天、雨天和阴天不同气象因素求平均值，结果如图4所示。

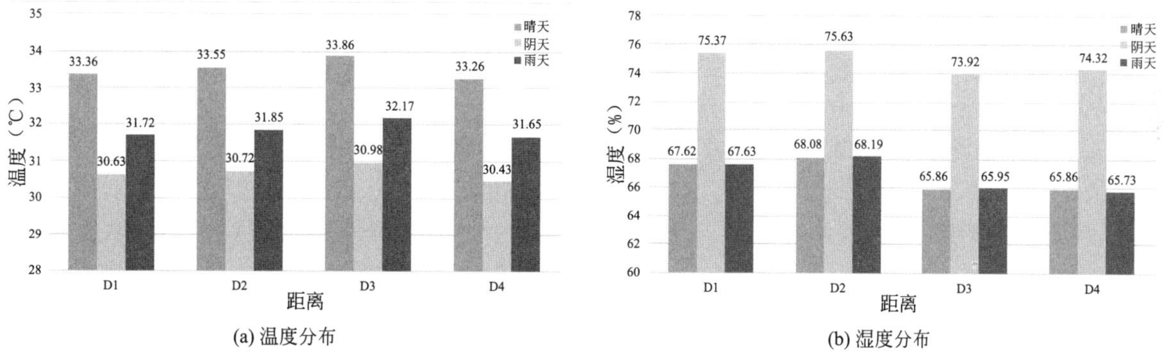

(a) 温度分布 (b) 湿度分布

图 4 室内绿墙不同点距下温湿度分布

由图4（a）可知，室内绿墙降温效果TD3>TD2>TD1>TD4，距离室内绿墙越近，室内环境的降温效果越好。不同室内距离下温差Δc>1/2Δb>Δa，距离室内绿墙过近或过远，降温效果都会减弱；当在距离室内绿墙0.9～1.5米时降温效果最好，室内降温幅度最大可达到0.32摄氏度。不同天气下室内温度晴天＞阴天＞雨天，温差最大为阴天环境下Δb的0.32摄氏度。

如图4（b）可知，室内绿墙增湿效果TD2>TD1>TD4>TD3，距离室内绿墙0.9米时相对湿度最高。其中TD1距离室内绿墙过近反而湿度小于TD2，是由于植物吸收水蒸气进行光合作用所导致的。不同室内距离下湿度差Δa>Δb>1/2Δc，距离室内绿墙越近湿度差越高；当在距离室内绿墙0.3~0.9米时增湿效果最好，增湿率最高可达0.56%。不同天气下相对湿度雨天＞阴天＞晴天，湿度差最大为雨天环境下Δa的0.56%。

2. 室内可吸入颗粒物分布特征

针对室内绿墙反馈的可吸入颗粒物浓度，同样按照晴天、雨天和阴天三类不同气象因素求平均值，结果如图5所示。

由图5可知，室内绿墙对可吸入颗粒物的降解与吸附能力TD4>TD2>TD1>TD3，距离室内绿墙0.9米时的吸附能力最强。其中距离室内绿墙最近的D1点吸附能力不佳，是由于植物叶片自身会吸附细颗粒物导致的；D4浓度低于D2，是由于距离室内绿墙过远，室内环境自然通风而导致。

不同室内距离下浓度差Δb>Δa>1/2Δc，距离室内绿墙1.5~2.7米时对细颗粒物吸附效果最好，最高可达6.73微克/立方米。不同天气下可吸入颗粒物吸附效果晴天＞雨天＞阴天，PM2.5浓度差最大值6.73微克/立方米为晴、雨天环境下D2与D3，PM10浓度差最大值6.52微克/立方米为晴天环境下D2与D3。

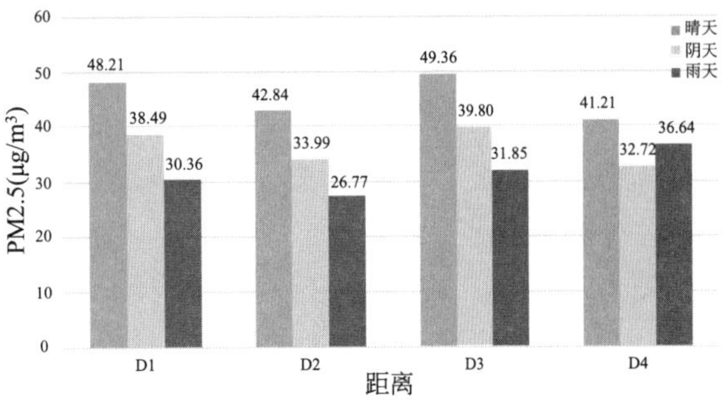

(a) PM2.5 分布

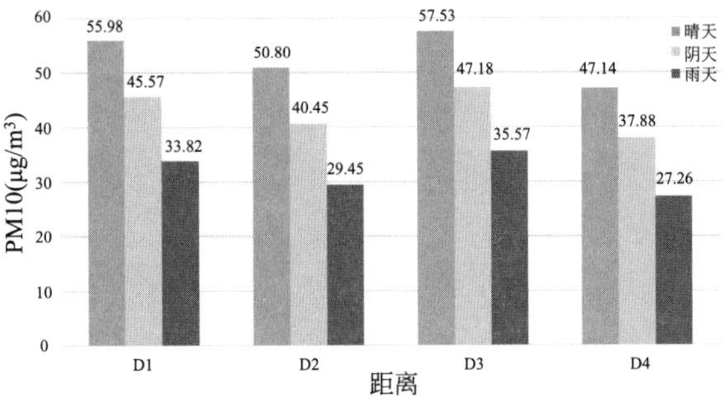

(b) PM10 分布

图 5 室内绿墙不同点距下可吸入颗粒物浓度分布

4.2 室内绿墙反馈回归分析

1. 室内绿墙反馈的温湿度回归

使用SPSS25对室内绿墙反馈的温湿度进行相关性分析，回归方程中y表示温度或湿度，单位为℃或%；x表示距离，单位为米。研究发现，室内绿墙点距和反馈的温湿度间呈现三次函数关系，点距-温度回归方程为$y=31.862-0.794x+1.163x^2-0.333x^3$，点距-湿度回归方程为$y=68.352-1.298x+0.105x^2$，其$R^2$均为1。不同天气条件下，室内绿墙点距和反馈的温湿度的相关性由强到弱依次为晴天＞雨天＞阴天。

2. 室内绿墙反馈的可吸入颗粒物回归

同样地，使用SPSS25对室内绿墙反馈的可吸入颗粒物浓度进行相关性分析，回归方程中y表示PM2.5或PM10浓度，单位为微克/立方米；x表示距离，单位为米。研究发现，室内绿墙点距和反馈的可吸入颗粒物浓度呈现三次函数关系，点距-PM2.5回归方程为$y=38.642-36.957x+33.594x^2-7.983x^3$，点距-PM10回归方程为$y=43.996-45.514x+41.647x^2-10.032x^3$，它们的$R^2$均为1。不同天气条件下，室内绿墙点距和反馈的可吸入颗粒物浓度的相关性由强到弱依次为晴天＞雨天＞阴天，点距与PM10的相关性较PM2.5更大。

5 结论

本文通过综述室内绿墙的各种形式的分类，总结基于时空间、热湿环境和空气质量的室内绿墙对室内环境的反馈影响，并做出了质性和量化的评价。以某室内绿墙为例，首先通过Fluent 模拟仿真进行实测选点，再通过不同天气、不同距离下测点温湿度、可吸入颗粒物的分布特征和回归分析，得到室内绿墙的相关生态效果，以期服务于室内环境与人居健康，结论如下：

①室内绿墙主要有三类划分方式：按支撑结构、按培植方式和按植物内容分类。室内绿墙兼具材料属性和植物属性，与室内热湿环境和空气质量存在反馈关系，对其评价有质性和量化两种评价。

②作为被动式节能措施，室内绿墙在晴天“降温增湿”效果较好。距离室内绿墙0.9~1.5米时室内降温幅度最大可达到0.32摄氏度，点距和反馈的温湿度间呈现三次函数关系；距离室内绿墙0.3~0.9米时增湿率最高可达0.56%。

③室内绿墙生态效应优越。距离室内绿墙1.5~2.7米时对可吸入颗粒物吸附最高可达6.73微克/立方米，点距和反馈的可吸入颗粒物浓度呈现三次函数关系。各类天气环境中，晴天时室内绿墙吸附效果最好。

参考文献

[1] A. B D，B. B，S. V，et al. A review on the leaf area index（LAI）in vertical greening systems [J]. Building and Environment，2023，229.

[2] Noa Z，M. I L. Thermal performance of vertical greenery systems（VGS）in a street canyon:

A real-scale long-term experiment [J]. Building and Environment，2023：244.

[3] Kanchane G，Koen S. Assessing the influence of neighbourhood-scale vertical greening application [J]. Buildings and Cities，2023，4（1）.

[4] Pluschke，P. and H. Schleibinger，Indoor air pollution. Vol. 64. 2018：Springer.

[5] Xiaona Z，Wentao H，Shuang L，et al.. Effects of vertical greenery systems on the spatiotemporal thermal environment in street canyons with different aspect ratios：A scaled experiment study. [J]. The Science of the total environment，2022，859（P2）.

[6] Shenglin B，Simin Z，Mingqiao Z，et al. Experimental Study on the Modular Vertical Greening Shading in Summer [J]. International Journal of Environmental Research and Public Health，2022，19（18）.

[7] Marie-Therese Hoelscher，Thomas Nehls，Britta Jänicke，Gerd Wessolek. Quantifying cooling effects of facade greening：Shading，transpiration and insulation [J]. Energy & Buildings，2016，114.

[8] 刘艳峰，陈迎亚，王登甲，等. 垂直绿化对室内热环境影响测试研究 [J]. 西安建筑科技大学学报（自然科学版），2015，47（3）：423-426.

[9] Olivieri F，Neila F J，Bedoya C，Energy saving and environmental benefits of metal box vgetal facades [M]，Southampton：Wit Press，2010.

[10] R. Castiglia Feitosa，S. J. Wilkinson，Attenuating heat stress through green roof and green wall retrofit Build. Environ.，140（2018）：11-22.

[11] 李辰琦，潘鑫晨. 基于数值模拟分析的生态绿墙环境效应 [J]. 沈阳建筑大学学报（自然科学版），2014，30（2）：362-368.

[12] 陈秋瑜，王立岩，刘拾尘. 植物活墙净化空气效果实测与评估 [J]. 世界建筑，2021（9）：98-101，136.

[13] 吴艳艳. 深圳市垂直绿化增湿降温效应研究 [J]. 现代农业科技，2010（13）：215-217.

[14] R. Castiglia Feitosa，S. J. Wilkinson，Attenuating heat stress through green roof and green wall retrofit Build. Environ.，140（2018）：11-22.

[15] 葛海杰，林星鑫. 秋冬季围护结构绿化对建筑保温性能的影响 [J]. 建筑节能，2011，39（8）：54-59.

[16] 格拉姆·霍普金斯，赵梦. 风景园林让生活更美好——生态建筑战略：创造舒适宜人的小气候 [J]. 中国园林，2012，28（10）：9-16.

[17] E. A. Eumorfopoulou，K. J. Kontoleon. Experimental approach to the contribution of plant-covered walls to the thermal behaviour of building envelopes [J]. Building and Environment，2008，44（5）.

[18] 黄玉贤，陈俊良，童杉姗. 利用城市绿化缓解新加坡热岛效应方面的研究 [J]. 中国园林，2018，34（2）：13-17.

[19] 杨学军，孙振元，韩蕾，等. 五叶地锦在立体绿化中的降温增湿作用 [J]. 城市环境与城市生态，2007（6）：1-4.

[20] 詹意，陈嘉琪，曾柳瑞等. 建筑外墙不同形式的垂直绿化对比研究（以广州为例）[J]. 广东土木与建筑，2019，26（7）：6-11.

[21] Nori C，Olivieri F，Grifoni R C，et al.. Testing the performance of a green wall system on an experimental building in the summer，in PLEA2013-29th Conference，Sustainable Architecture for a Renewable Future [R]. Germany：Munich，2015.

[22] Laaidi，Karine，Zeghnoun，Abdelkrim，Dousset，Bénédicte，Bretin，Philippe，Vandentorren，Stéphanie，Giraudet，Emmanuel，Beaudeau，Pascal. The Impact of Heat Islands on Mortality in Paris during the August 2003 Heat Wave [J]. Environmental Health Perspectives，2012，120（2）.

[23] 高桥达. 设计中的建筑环境学 [M]，北京：中国建筑工业出版社，2015：62-63.

[24] 王珂. 室内植物墙空气净化效果的研究 [J]. 风景园林，2014（5）：107-109.

[25] 吴涛，张华玲，刘洋伶，等. 基于污染物控制的室内空气调节技术 [J]. 制冷与空调（四川），2019，33（5）：462-465，477.

[26] 刘晋熙. 六种常用垂直绿化植物滞尘能力研究 [D]. 雅安：四川农业大学，2015.

[27] 赵颖峰，王晓. 居民住宅空气质量概况及影响因子 [J]. 地产，2019（9）：57-58.

[28] A. Mikkonen，T. Li，M. Vesala，et al..，

Biofiltration of airborne VOC s with green wall systems—Microbial and chemical dynamics [J]. Wiley journal，2018：697-707.

[29] 何勤勤，周俊辉. 盆栽植物对室内甲醛空气污染的净化研究进展 [J]. 江西农业学报，2014，26（2）：44-48.

[30] 史宝刚，尹海伟，孔繁花. 南京市新街口地区垂直绿化发展潜力评价 [J]. 应用生态学报，2018，29（5）：1576-1584.

[31] 毛敏. 垂直绿化对街道峡谷内PM2. 5的影响研究——以武汉市街道为例 [D]. 武汉：华中科技大学，2017：109-111.

[32] 闫海燕，李道一，李洪瑞，等. 焦作民居建筑冬季室内热环境测试研究 [J]. 建筑科学，2016，32（10）：21-28，72.

[33] 成霞，钟珂. 不同送风方式对室内负离子分布影响的数值模拟 [J]. 建筑热能通风空调，2011，30（1）：50-54.

[34] 王俊腾，李志生，梁锡冠，李华刚，欧耀春. 细颗粒物粒径分布对负离子净化效果影响的实测与分析 [J]. 广东工业大学学报，2020，37（5）：94-99.

专题五　绿色建筑与宜居城市

基于数据驱动与能量流动的气候适应性建筑设计
——三个沙漠居所样本研究

叶心成[1,2] 李麟学[1] William W Braham[2] 闫明[3]

作者单位
1. 同济大学建筑与城市规划学院
2. 宾夕法尼亚大学设计学院斯图尔特·韦茨曼设计学院
3. 伍斯特理工学院土木环境与建筑工程系

摘要： 气候适应性建筑作为一个非平衡开放的热力学系统，通过与气候环境之间不断地完成能量流动与交换，实现内外空间的环境性能调控。本文基于建筑中能量捕获、能量协同和能量调控三种类型的能量流动机制，对西塔里耶森极端炎热沙漠气候中三个居所的生物气候设计策略和数据驱动环境性能优化方法进行分析，旨在揭示气候适应性建筑的能量流动本质和为建筑气候适应性设计方法提供启示。

关键词： 能量流动；数据驱动；气候适应性建筑；设计方法

Abstract: Climate-adaptive architecture, as a non-equilibrium open thermodynamic system, achieves the regulation of indoor and outdoor environmental performance by continuously completing energy flow and exchange with the climate environment. Based on three types of energy flow mechanisms in buildings, namely energy capture, energy synergy, and energy regulation, this paper analyzes the bioclimatic design strategies and data-driven environmental performance optimization methods of three dwellings in the extremely hot desert climate of Taliesin West, aiming to reveal the energy flow nature of climate-adaptive architecture and provide inspiration for the design methods of climate-adaptive buildings.

Keywords: Energy Flow; Data-driven; Climate-adaptive Architecture; Design Methods

解决方案的第一步是对给定地点的气候要素进行调查。第二步，分析生物气候对人类的影响，并对人类的需求进行分类。第三步，寻求以技术解决方案满足这些需求的方法和手段。最后，找出这些解决方案如何适应和综合到建筑表达中。

—— V. Olgyay，1952，“Climate，Biology，Technology，and Architecture”

1 引言

工业革命以来，气候变化的加剧及其相关连锁反应已成为人类社会发展和全球生态圈的“灰犀牛”事件。为了应对气候变暖、环境恶化、能源短缺和温室气体排放等一系列全球性危机，2015年巴黎气候变化大会达成了《巴黎协定》，要求在21世纪中叶实现碳中和的目标。建筑业约占世界能耗的35%，毋庸置疑需要分担起其应该有的减排义务，实现由粗放、高能耗、高排放向精细化、清洁、低排放模式的转变。当前以节能和评估为主要导向的绿色建筑和超低能耗建筑，往往存在对附加式低碳技术的堆叠。一方面，这种附加技术的堆叠将建筑运营能耗转移到了技术设备生产过程的资源消耗，未能从根本上实现建筑全生命周期内的节能减排需求；另一方面，能源与建筑关系的简单化和指标化使得建筑能效成为“回溯性”的验算，导致了建筑本体设计的边缘化和建筑师在超低能耗建筑设计中的角色缺失[1]。因此，将能量作为建筑学的核心议题之一进行系统性地研究，将建筑视为能量的热力学容器和一个开放的非平衡系统去看待[2]，基于环境性能数据驱动建筑的本体设计，有利于建筑师从本质上把握节能需求与设计需求的平衡。

2 能量流动机理与数据驱动设计

“能量”一词源于希腊语的“ἐνέργεια”，最早出现于亚里士多德的《尼各马可伦理学》，意为“操作、活动”。在1807年，托马斯·杨用“energy”代替了“living force”（拉丁语：vis viva），使其表达现代意义上的“能量”含义。关于能量的系统研究成为近两个世纪以来贯穿自然科学与社会历史的经典知识线索之一。从建筑的视角来看，对能量的研究本质上是建筑内外环境的调控。在现代建筑发展进程中逐步发展出“国际主义”和 “地域主义”两条并行的模式——前者依赖封闭的建筑界面与调控设备，试图隔离建筑的内外环境，但却导致了建筑对空调系统的巨大依赖及能源消耗；后者则是利用气候作为外部能源的气候响应式建筑的雏形，注重建筑与外部环境之间的能量的流动关系。1960年，霍华德 · 奥德姆（Howard T.Odum）在《环境、能量与社会》中将热力学定律拓展到生态学领域，提出了“能值流动”（Emergy Flow）的概念，分析生态系统中的物质与能量流动规律[3]。宾夕法尼亚大学的威廉 · 布雷厄姆（William W Braham）教授将这一能量系统语言引入环境、城市与建筑领域，通过能值图解（Emergy Diagram）多尺度地分析城市与建筑的环境性能和物质与能量流动[4]（图1）。

建筑中的能量流动机理主要涵盖了能量捕获、能量协同和能量调控三个关键方面[5]。“能量捕获”意味着建筑成为风、光、热、太阳能、地热能等自然能量的捕获器。这要求建筑成为一个多层次的热动力系统，不仅具备有利于能量传输的外部形态和界面形式，如充分利用界面开口促进自然通风的流入，合理规划界面朝向达到良好的日照，采用合理的建筑体形实现辐射热能的平衡，设置合理角度的太阳能光伏以便最大化利用太阳能等；还要求充分发挥建筑材料和空间的热力学特性，如蒸发降温，利用烟囱效应促进自然通风效率等。“能量协同”旨在通过设计合理组织看似混乱建筑内部能耗。将建筑的功能空间、机械设备与使用者视为一个共生的生态系统，并依据其热力学特性分为产生能量的“热源”和吸收能量的“热库”。一方面，依据建筑内部空间的功能属性，将“热源”“热库”通过平面和立体配置的功能混合，实现能量分区协同；另一方面，建筑依托储能策略和智能化负荷管理“热源”“热库”，实现能量分时协同，最终实现建筑内部的热量平衡。“能量调控”的目标是针对特定气候环境，以最小化能耗和最大化人体热舒适度为目标，调整控制能量流动的通量与效率。随着数字化和智能化技术的突飞猛进，能量调控对高新技术并非持有片面排斥态度，而是倾向于采用“中间技术”（Intermediate Technology），弥补基于现代机械技术的“高技”和基于气候风土的“低技”的中间地带。这种“中间技术”通过利用信息物理系统依照数据收集、环境模拟、主动调整、实时反馈的工作流，以更小的能耗控制能量流动和提升建筑环境性能，取得最佳综合效益。总的来说，能量在气候环境、建筑系统和使用者之间的流动与转化，激发功能组织、空间形态、界面与材料等建筑元素的性能潜力，成为建筑适应气候环境的转译与反馈，即为气候适应性建筑（图2）。

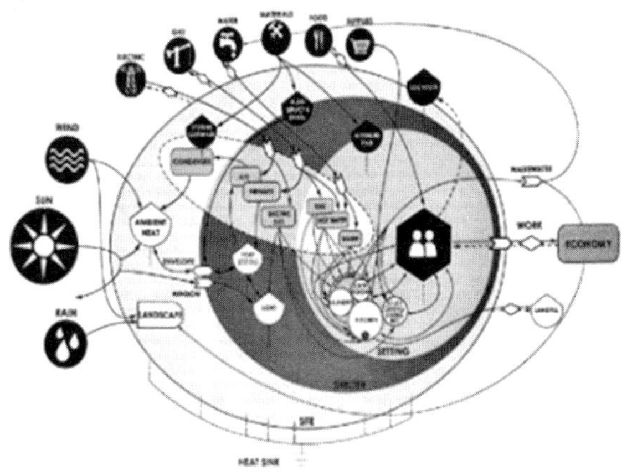

图1　能值图解
（来源：《热力学建筑原理》）

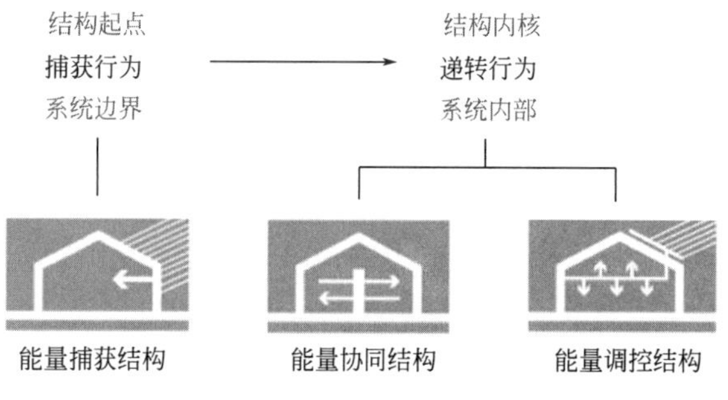

图2　三种能量流动机制
（来源：《热力学视角下的气候建筑原型方法研究》）

气候适应性建筑的本质在于以能量流动为依据，利用风、光、热等自然能量要素进行定性与定量评估，进而最大限度地利用可持续的自然资源。传统的风土建筑可以被视为气候适应性建筑的雏形。20世纪60年代，维克多 · 奥戈雅（Victor Olgyay）在其著作《设计结合气候：建筑地域主义的生物气候研究》中提出了“生物气候建筑地方主义”（Bioclimatic Approach to Architectural Regionalism）的概念。他强调了遵循气候—生物—技术—建筑的设计方法流程，通过结合气候信息研究和建筑设计技术，调和气候与人体感知及舒适度的差异，并创立了至今沿用的“生物气候图表（Bioclimatic Chart）”和“阴影遮罩（Shading Mask）”[6]。这意味着现代建筑开始注意到这一套基于能量流动观念的，定性与定量研究环境性能的设计方法。随着数字技术的发展，涌现了一批更符合建筑师工作流的环境性能数值模拟软件，如ladybug+honeybee等。不同于满足建筑物理研究及工程师需求的“回溯性”验算的高精度高准确性数值模拟软件，这些软件实现了环境数据可视化和设计数据交互反馈，更快地帮助建筑师在设计的各个阶段针对环境性能进行调整。近年来兴起的优化算法，更是帮助建筑师实现了从多个环境变量参数中通过多次迭代筛选出最优解。性能数据成为建筑师进行设计决策的重要量化参考，驱动气候适应性建筑设计（图3）。

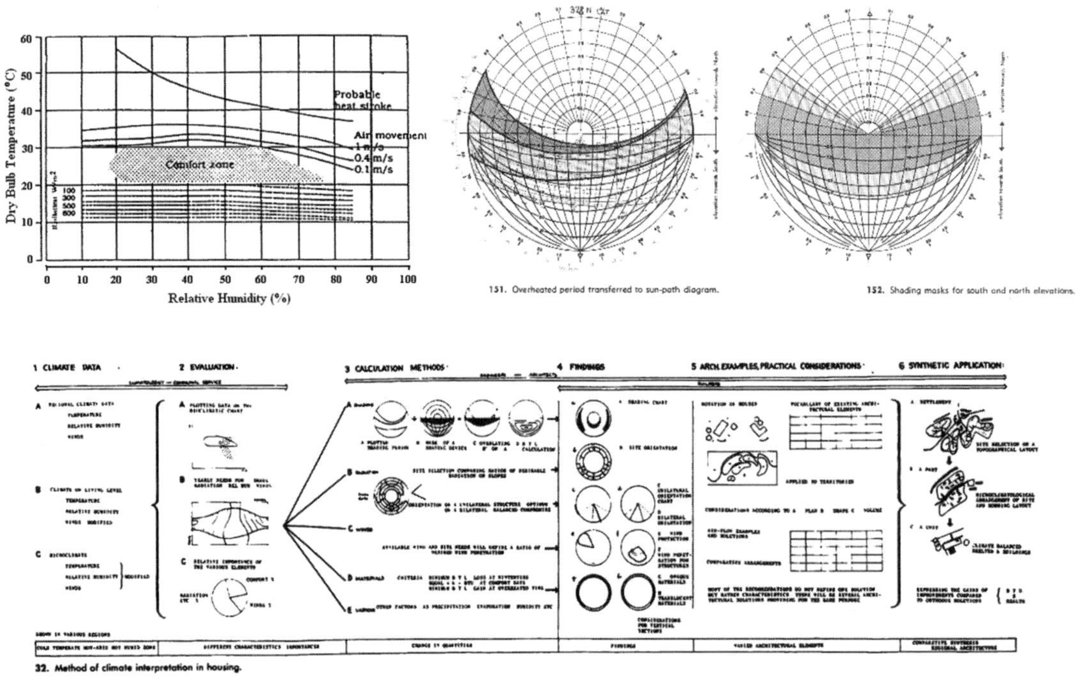

图3 维克多·奥戈雅所提出的“生物气候图表”“阴影遮罩”与“气候—生物—技术—建筑”的设计方法流程
（来源：Design with Climate：Bioclimatic Approach to Architectural Regionalism）

伊纳吉·阿巴罗斯（Inaki Abalos）、李麟学等一批国内外先锋建筑师在其建筑与城市实践中，以能量为出发点，通过数值模拟、能源利用与材料创新等方面推动了气候适应性建筑发展。陶思旻选取不同气候区的代表性案例，从能量利用的本质揭示了能量和形式之间的关系[7]。但这些建筑实践与案例面临不同地域性的气候条件和多样化的设计要求，往往采用更混合的能量策略和多变的环境调控方式，而难以辨别分析三种能量流动机制。因此，为了更清晰地分析气候适应性建筑中所采用的能量流动机理，在同等且简单的设计条件下对比其气候适应性设计策略是更直接的方法。

3 不同能量流动机理下数据驱动的建筑气候适应性设计

在2023年，威廉·布雷厄姆教授带领宾夕法尼亚大学环境建筑设计硕士生探索了在极端高温条件下的居所设计，旨在研究极端高温环境下的气候适应性建筑设计方法。该项目要求在位于亚利桑那州凤凰城附近的西塔里耶森充分利用所有可用的生物气候资源，通过数值模拟和物理原型试验的方法，设计出一个适合两人居住的气候适应性居所。由于建筑面积较小且功能需求简单，所提出的三个方案采用的生物气候策略具有强烈的特征性和差异性，并分别对应了能量捕获、能量协同和能量调控三种不同类型的能量流动机理。

3.1　场地介绍与气候分析

西塔里耶森位于亚利桑那州凤凰城的东北方，曾为弗兰克·劳埃德·赖特的冬日住所和建筑学校的主要校区。在柯本气候分区（Köppen-Geiger Climate Classification）中属于炎热沙漠（BWh：Hot Desert）气候分区。西塔里耶森的全年平均干球温度约22.8℃，但是夏季处于极端高温状态，最高气温超过42.0℃，且昼夜温差大，可达约13℃；冬季气温温和，最低气温约为5℃；该地日照资源十分丰富充足，全年累积水平太阳辐射可达2057.77 kWh/m^2；由于东侧有丘陵喷泉山的阻隔，西风对场地的影响会明显大于东风，其风速通常在3m/s到5m/s。[8]显然，如何利用温度、辐射、自然通风成为达到有效降温调节最主要的生物气候策略（图4）。

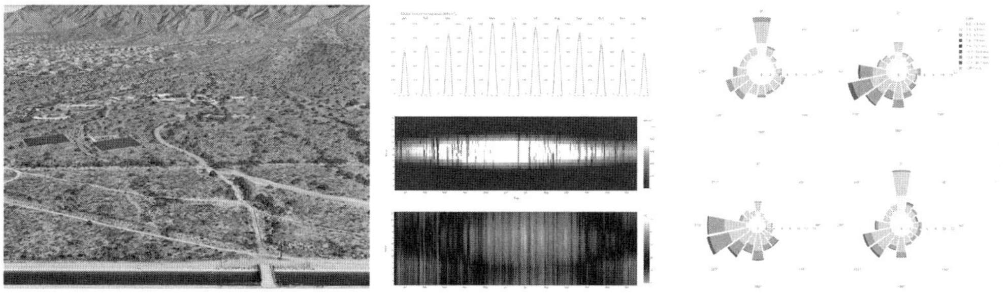

图 4　西塔里耶森场地鸟瞰与气候可视化分析
（来源：CBE Climate Tool）

3.2　基于能量捕获机制的建筑设计

1. 能量捕获机制

居所一SOL-EVA的设计借鉴了在沙漠风土建筑常见的捕风井和太阳能烟囱两种装置，通过捕获太阳热量的高塔和蒸发降温墙体两种能量捕获结构实现一套对促进室内空气流动行而有效的被动空气调节系统。建筑在正对盛行风的方向设置庭院以及具有蒸发散热功能的结构墙体，在捕获场地内盛行的西向风的同时对干燥炎热的空气进行加湿与预冷。太阳能烟囱设置在建筑东北角的玄关处，与建筑主要功能空间相分隔，在太阳能烟囱上方设置集热板和太阳能板，最大利用丰富的太阳辐射资源，对塔顶的空气进行加热，在塔顶区域形成负压后持续地将室内空气泵出室外，进而加速建筑对自然风的捕获以及室内空气的循环。为充分发挥太阳能烟囱的拔风效果，建筑屋顶在通过计算流体动力学（CFD）优化后，被设计成有利于空气流动的坡型。同时，为了减少室内空气流动的阻力，建筑平面以最少的墙体沿空气流动的方向划分被服务空间，呈现出一种自由流动的平面。在气温较低的冬季，太阳能烟囱将被关闭，转变成为单纯的热能捕获装置，通过其顶部的风扇将烟囱内部的热量通过辐射与对流导入至室内，保证室内温度的适宜。屋顶光伏将收集的太阳能辐射转化为电能，为内部用电提供能量。在该设计中，建筑界面以传导、对流、辐射等方式对外部能量进行捕获，平面、空间形态的设计也均基于诱导捕获能量，共同组成一个多层次的热动力系统（图5）。

2．数据驱动设计

为了验证此设计的合理性以及其冷却能是否足以覆盖在西塔里耶森的气候条件下产生的冷负荷，设计团队对设计进行能耗建模，通过对建筑的长宽比、房间数、房间高度、捕风墙与太阳能烟囱的宽度以及窗墙比的控制，通过Colibri进行参数化模拟与迭代优化，从而得出冷负荷最低的建筑形态方案。之后，通过使用Ironbug对蒸发散热系统进行精细化的能耗建模与模拟，该团队得出其设计的房屋在夏季设计的冷负荷峰为1.7kW。而蒸发冷却系统的应用使得设计的预期平均评价PMV（Predicted Mean Vote）的舒适百分比从36.5%上升到了98.5%，说明在蒸发散

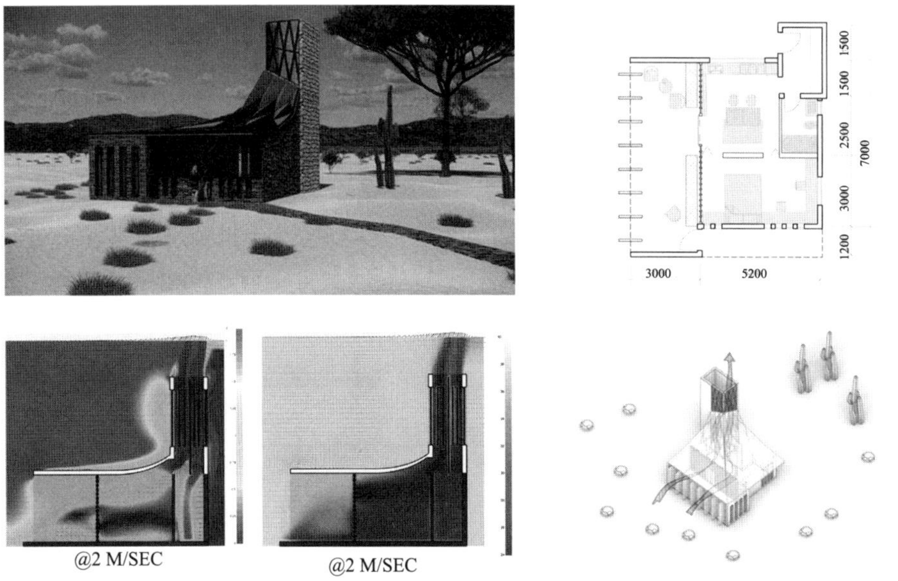

图 5　居所一（SOL-EVA）建筑设计图、太阳能烟囱 CFD 模拟及热力学原理
（来源：设计团队，Ming Yan，Hemant Diyalani）

热装置生效的前提下，房屋内部的舒适程度将会有极大的提升（图6）。

为了进一步验证设计中使用的散热装置的合理性在模拟气候室（Climate Chamber）中对设计中使用的与结构墙体相结合的蒸发散热装置原型的实验，通过模拟西塔里耶森夏季的气温、湿度和风速，测试该原型在此气候条件下向风侧与背风侧的干球温度与相对湿度，从而计算出其冷却能力为4.8kW，从而证明该原型的冷却能力足以覆盖设计的冷负荷（图7）。

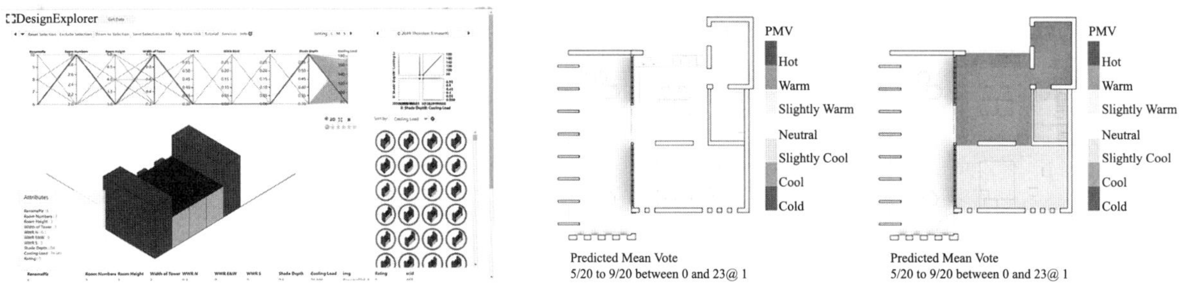

图 6　居所一 SOL-EVA 数据驱动优化迭代结果与数值模拟结果
（来源：设计团队，Ming Yan，Hemant Diyalani）

图 7　居所一 SOL-EVA 物理试验过程
（来源：设计团队，Ming Yan，Hemant Diyalani）

3.3　基于能量协同结构的建筑设计

1．能量协同机制

双层屋面系统是炎热沙漠地区常见而有效的隔热系统，居所二Desert Roof除了利用其减少屋顶太阳直接辐射的原理实现对建筑内部隔热降温外，针对沙漠地区昼夜温差大的特征，设计了一套基于能量分时协同的温度调节系统。该系统包括屋顶沙石、夯土墙体以及地下土壤中的一套导管与水构成的循环毛细血管系统。在夜间，该系统利用沙石比热容小和夜晚少云，大气逆辐射小的气候特点，通过大气辐射和蒸发降温冷却导管中的水。同时，通过夯土墙将白天从导管中吸收的热量释放到室内，为夜间提供部分热量。这两个过程的共同作用冷却了导管中的水，并将其存储于地下恒温水箱。白天，水箱中所储存的冷水通过导管进入到夯土墙内循环，并通过夯土墙辐射达到降低室内温度和改善室内舒适度的目的。这一套毛细血管系统实现了将在建筑与外部环境交换后的不同状态的能量存储在地下水箱，并在需要时进行利用，在建筑内部实现了能量分时协同的机制（图8）。

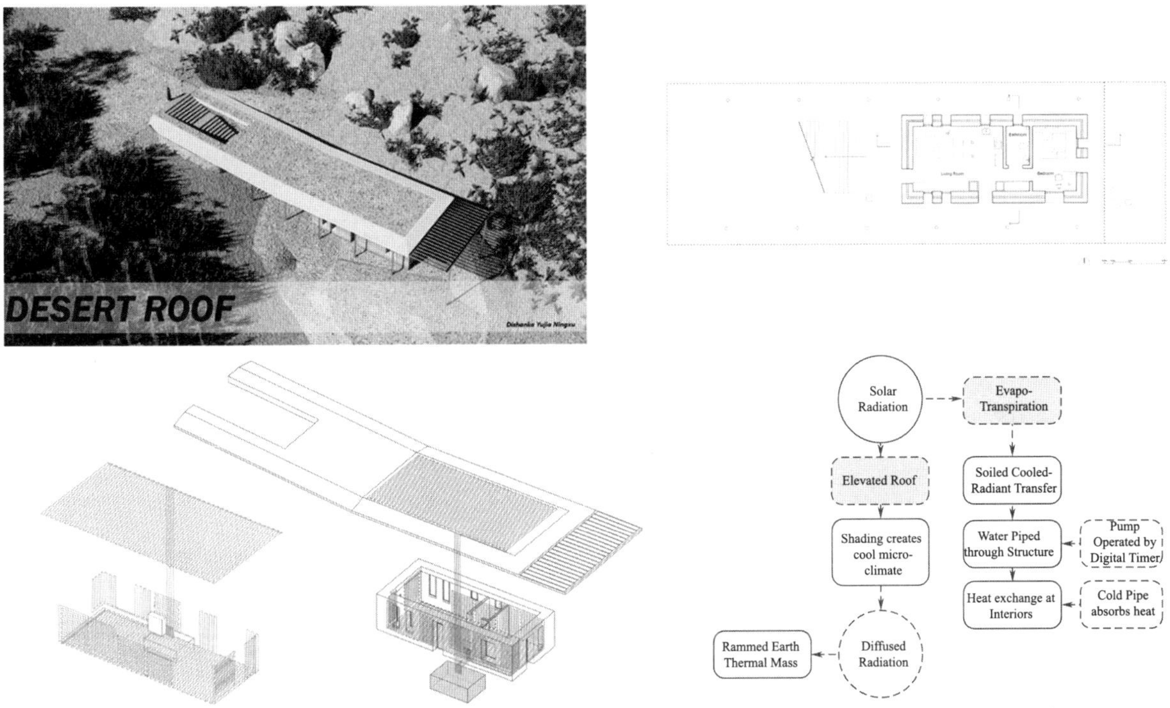

图8　居所二 Desert Roof 建筑设计图、毛细血管系统示意图及热力学原理
（来源：设计团队 Dishanka，Yujia，Ningxu）

2．数据驱动设计

由于夯土墙与外部遮阳形式都会对室内光环境与舒适度带来影响，因此团队采用了简化后的原型模型，针对不同热阻值（R值）的夯土墙、窗墙比和外部遮阳深度进行了组合与优化。通过在Rhino和Grasshopper中建立能耗模型，以冷却负荷、总负荷、预测不满意百分比 PPD（Predicated Percentage of Dissatisfied）和有效日光照度UDI（Useful Daylight Illuminance）为优化目标，利用Colibri进行迭代优化求解，最终在基于最大限度减少年冷却负荷、最低预测不满意百分比（PPD）和最高有效日光照度（UDI）的基础模型上继续设计。

通过使用外部遮阳和建立夯土墙毛细血管系统，居所二基于能量的分时协同原理，在提高建筑能源效率的同时，改善了居住者在极端高温下的热舒适性：无降温措施模型和单外部遮阳模型中用于加热和冷却能耗分别为 96.88kWh/m^{2}和80.17kWh/m^2，而同时采用外部遮阳和夯土墙毛细血管降温系统的能耗为57.33kWh/m^2，相较而言分别降低了68.99%和39.84%，能源效率提升十分显著；以20℃～28℃

区间视为人体舒适区间，无降温措施模型和单外部遮阳模型的不舒适时间百分比分别是54.7%和46.1%，而同时采用外部遮阳和夯土墙毛细血管降温系统的不满意百分比为28.9%，百分比分别降低了25.8%和17.2%，对居住者的热舒适性改善十分明显。此外，设计团队同样通过物理试验验证了夯土墙毛细血管内冷水带来的降温效果（图9、图10）。

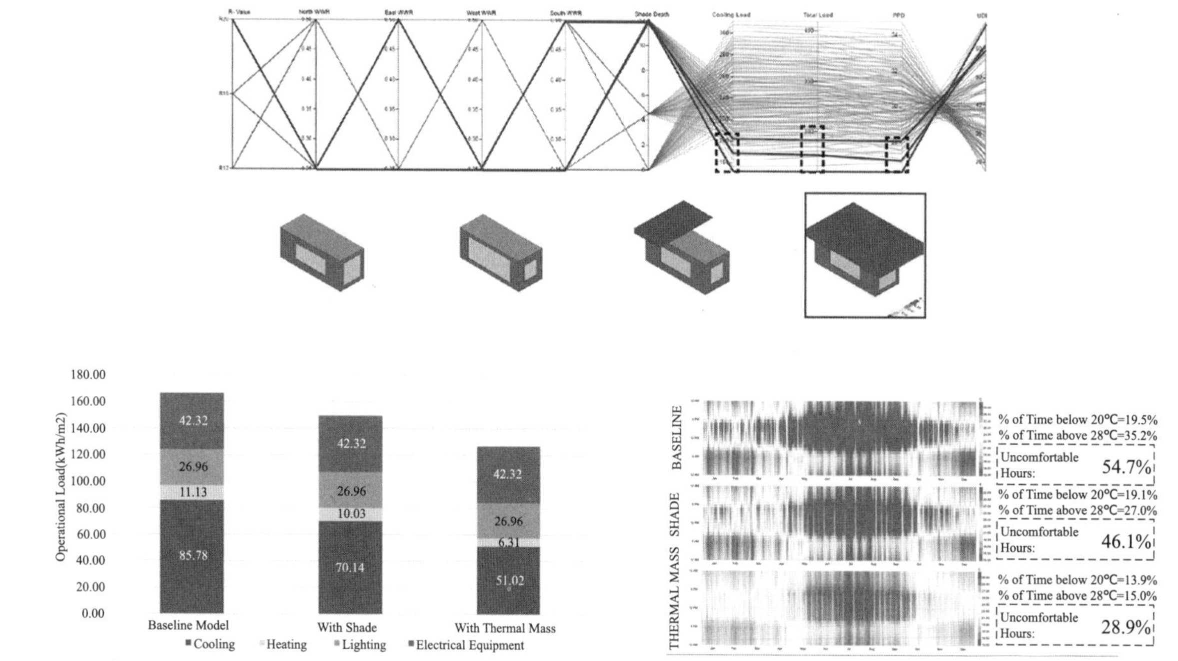

图 9　居所二 Desert Roof 数据驱动优化迭代结果与数值模拟结果
（来源：设计团队 Dishanka，Yujia，Ningxu）

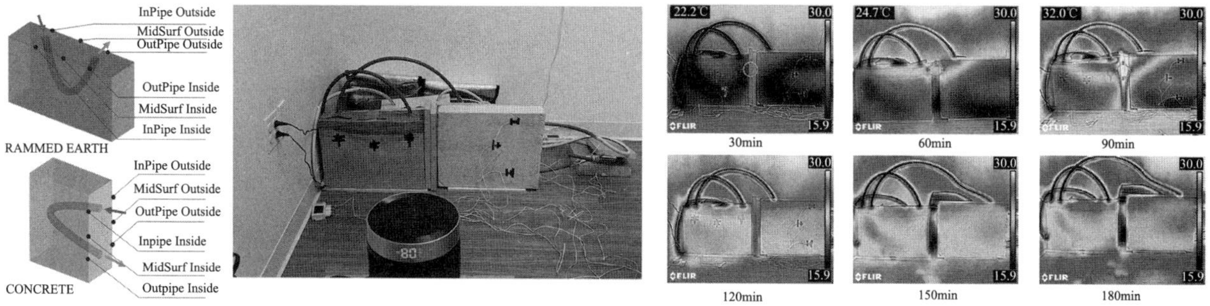

图 10　居所二 Desert Roof 物理试验及结果
（来源：设计团队 Dishanka，Yujia，Ningxu）

3.4　基于能量调控机制的建筑设计

1．能量调控机制

居所三的设计将建筑的外围护结构视为一个响应外界环境的物理信息系统，进而对建筑与外界环境之间的能量交换进行智能调控。这个物理信息系统即为由可旋转的隔热百叶窗及其控制器和固定半透明气凝胶板所组成四个建筑界面。百叶窗由具备高热工性能的真空隔热复合板组成，可围绕中轴进行旋转。不同的旋转角度对应了不同的建筑界面的开口率，进而可对建筑内部自然通风状况与日照时长进行调控。这套隔热百叶窗系统由独立电机进行控制，并嵌入了考虑太阳位置与室外干球温度为变量的控制逻辑，辅以实际测量的照度（解释阴天等异常天气）作为误差校正机制。四个建筑立面的角落由固定半透明气凝胶板所组成，其高透光率可为室内提供自然光，即使在所有百叶窗关闭时也能照亮室内。居所三依据能量调控的机制，利用现代机械技术的“高技”控制能量流动和建筑环境新能控制，最终实现了一个系统的、动态的立面形式（图11）。

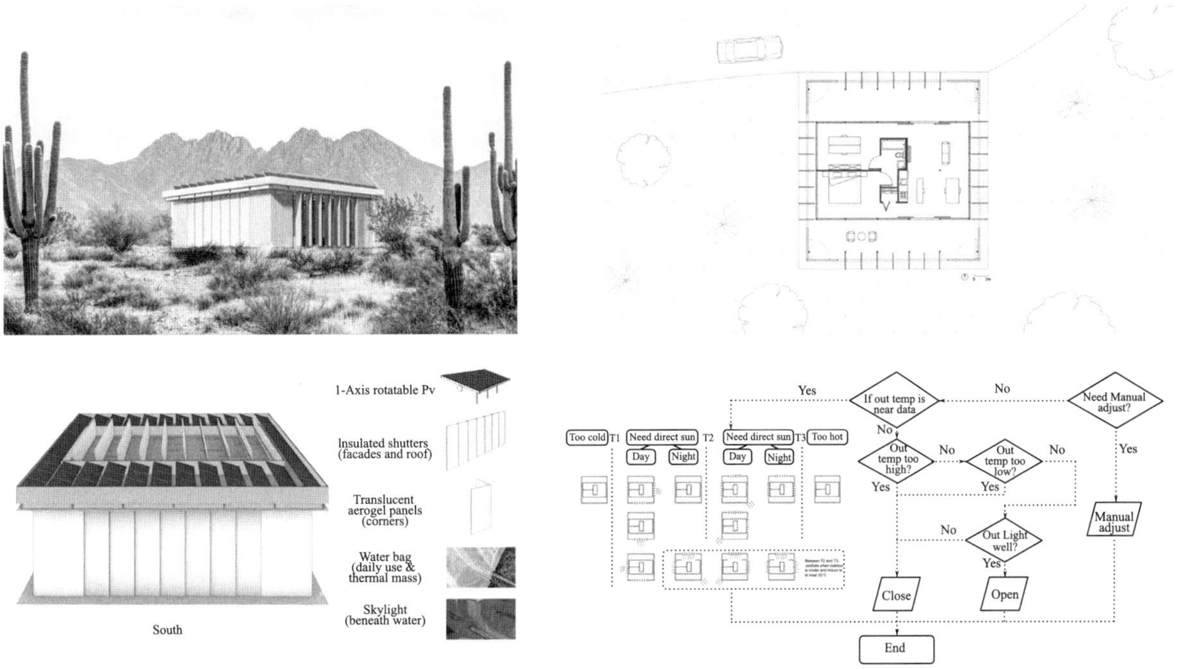

图11　居所三建筑设计图、气候响应界面及控制逻辑图
（来源：设计团队，Zhirui Bian，Li Pan）

2. 数据驱动设计

数据与控制是居所三建筑设计的出发点，设计团队在基于环境数据提出其建筑立面隔热百叶窗的旋转控制逻辑。设计团队将立面百叶窗的控制逻辑分为需要阳光直射、不需要阳光直射、全封闭进行热防护三种情况，并相应地设置其温度阈值T1、T2、T3为主要变量。主要分析指标包括了能源使用强度（EUI）、预期平均评价PMV（Predicted Mean Vote）、工作温度和有效日光照度（UDI）。此外设计团队新引入了Fitness这一指标，以便反映出前述分析指标的权重，其计算公式为：

$$Fitness = Average\ UDI^2 \times PMV\ comfort\% \times Tempcomfort\%^2 \times 1/EUI$$

设计团队通过在Rhino和Grasshopper中建立能耗模型，将环境变量与优化目标导入Colibri算法中，最终综合筛选出控制立面变化的三个温度阈值，分别为5℃，20℃，27℃。

基于最优控制温度阈值，设计团队对以下的建筑环境性能进行数值模拟，得到如下结果：当采用PMV为舒适度控制指标时，建筑内部介于微暖与微凉之间的舒适带占全年时间的72.67%；全年室内工作温度最高为31.2℃，最低为14.7℃，以适用80%范围内的适应性舒适度为指标，则全年有7640小时，87.21%时间处于舒适状态中；在不考虑无需采光的服务空间区域后，房屋在0.8m高度的年平均UDI为47.0%。这些结果证明，在极端高温的环境下，带有隔热百叶窗系统智能运营能有效对建筑与环境之间的能量流动进行调控，在减少建筑内部对空调系统的依赖的同时，提升建筑的环境性能与人体舒适度（图12）。

4　结语

雷纳·班纳姆在《可控环境的建筑》提到“在正确的情况下，一种真正的精密处理人与环境的系统方法未必要依靠复杂的机械化”[9]。气候适应性建筑

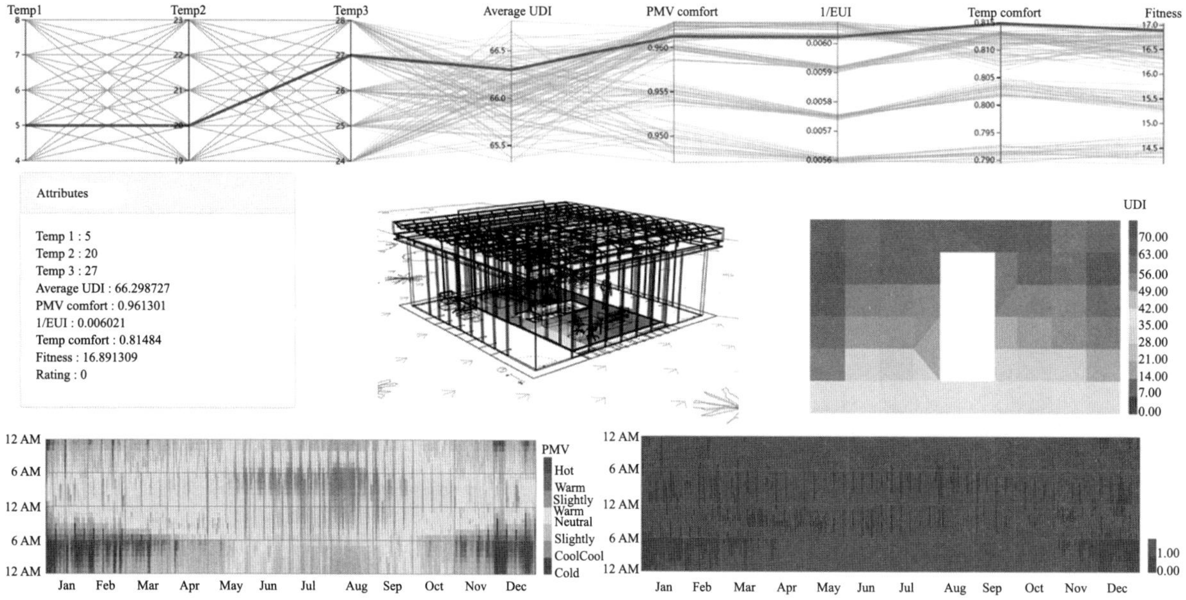

图 12　居所三数据驱动优化迭代结果与数值模拟结果
（来源：设计团队，Zhirui Bian，Li Pan）

作为一个非平衡开放的热力学系统，通过与气候环境之间不断地完成能量流动与交换，实现建筑的环境性能调控。作为一个多层次的热动力系统，建筑通过捕获风、光、热、太阳能等自然能量驱动自身系统的运转；通过对建筑内部空间能量进行分时分区协同，实现建筑内部的热量平衡；通过利用“中间技术”控制建筑内外的能量流动而实现最小化能耗提升建筑环境性能的目标。本文提供了同一气候环境下的三个居所案例，通过分析其不同的适应性设计策略及数据驱动设计方法，试图揭示气候适应性建筑的能量流动机制。值得注意的是，虽然本文侧重了对案例的生物气候策略相对应的能量流动机制进行了分析，但是三类控制着建筑与环境之间能量流动机制依旧同时作用于这三个案例。而现实中，建筑师往往要处理比案例建筑更加复杂的设计需求，但是以热力学的系统思维分析建筑、能量与环境性能的内在关系，通过环境性能数据驱动建筑设计的迭代与优化，有利于建筑师更加积极主动地在建筑本体设计中处理好人与气候之间矛盾及节能减排的需求。

参考文献

[1] 李麟学. 知识 · 话语 · 范式　能量与热力学建筑的历史图景及当代前沿 [J]. 时代建筑，2015（2）：10 - 16.

[2] 李麟学. 热力学建筑原型　环境调控的形式法则 [J]. 时代建筑，2018（3）：36-41.

[3] Odum H T. Environment，Power，and Society [M]. First Edition. New York，NY：John Wiley & Sons Inc，1971.

[4] Braham W W. Architecture and Systems Ecology：Thermodynamic Principles of Environmental Building Design，in three parts [M]. London：Routledge，2015.

[5] 陶思旻. 热力学视角下的气候建筑原型方法研究 [D]. 上海：同济大学，2020

[6] Olgyay V，Lyndon D，Reynolds J，Yeang K. Design with Climate：Bioclimatic Approach to Architectural Regionalism - New and expanded Edition [M]. Revised edition. Princeton：Princeton University Press，2015.

[7] 陶思旻，张琪，陈焕彦. 基于能量流通结构类型的建筑气候适应性设计策略研究 [J]. 住宅科技，2022，42（3）：50-58.

[8] Betti G，Tartarini F，Nguyen C，Schiavon S. CBE Clima Tool：A free and open-source web application for climate analysis tailored to sustainable building design [J]. Building Simulation，2024，17（3）：493 - 508.

[9] 李麟学. 热力学建筑原型 [M]. 上海：同济大学出版社，2019.

基于公园城市背景的成都市建筑立体绿化应用研究

杨静[1]　王磊[1]　胡希会[1]　陈绍旭[2]　高振[1]

作者单位
1. 成都市建筑设计研究院有限公司
2. 成都旭锦园林有限公司

摘要：建筑立体绿化建设能有效缓解城市生态问题，助力实现绿色建筑、低碳建筑的目标，加快推进成都市建设践行新发展理念的公园城市示范区。当前国内建筑立体绿化建设相对落后，成都市建筑立体绿化应用缺乏系统性、完整性的归纳。分析都市建筑立体绿化建设优势，重点阐述成都市建筑立体绿化场景设计、工艺应用、植物应用，思考立体绿化创新发展，为今后成都市建筑立体绿化建设提供合理的参考依据。

关键词：公园城市；建筑立体绿化；成都

Abstract: The construction of three-dimensional greening of buildings can effectively alleviate urban ecological problems, help achieve the goals of green buildings and low-carbon buildings, and accelerate the construction of Chengdu into a park city demonstration area. At present, the construction of three-dimensional greening of buildings in China is relatively backward, and the application of it in Chengdu lacks systematic and complete induction. This paper analyzes the advantages of three-dimensional greening construction of urban buildings, focuses on the scene design, process application and plant application, and thinks about the innovative development, so as to provide a reasonable reference for the construction of three-dimensional greening of buildings in Chengdu in the future.

Keyword: Park City;Three-dimensional Greening of Buildings;Chengdu

1　背景

我国步入城镇化发展的中后期，城市规模的不断扩张及人口密度的持续提高，导致绿地不足、能源消耗、环境污染、热岛效应等“城市病”成为城市发展过程中不可避免的挑战。[1]2022年2月，国务院批复同意成都建设践行新发展理念的公园城市示范区，并在《成都建设践行新发展理念的公园城市示范区总体方案》[2]中提出，要“丰富城市色彩体系，推进屋顶、墙体、道路、驳岸等绿化美化，大力发展绿色建筑，到2025年，城镇新建建筑全面执行绿色建筑标准。推进既有建筑绿色化改造，推广超低能耗和近零能耗建筑。到2035年公园城市示范区建设全面完成，园中建城、城中有园、推窗见绿、出门见园的公园城市形态充分彰显。”[3]立体绿化具有隔热降温、固碳减排、防尘降噪、美化环境、改善小气候等效用。在高密度城市建设空间中，立体绿化是缓解生态环境问题、减少建筑能耗、提高城市立体复合绿化率、改善居民生活环境的重要途径。[4]

2　成都市建筑立体绿化建设优势

2.1　气候优势

成都位于四川盆地中部，属于亚热带湿润和半湿润气候区，气候温和、四季分明、无霜期长、雨量充沛、日照较少。独特的地貌类型和显著的气候分异，造就了成都植物资源种类繁多、门类齐全，分布又相对集中，是全球36个生物多样性热点地区之一。

2.2　文化优势

作为中国历史文化名城之一，成都拥有悠久的历史和丰富的人文底蕴。它以其独特的美食文化、古老的建筑和繁华的商业区而闻名于世。如今现代城市生活的压力和环境的恶化更增加了市民的游憩需求，建筑立体绿化作为离家最近的美景，更成为成都发展建设绿色低碳城市的内在需求。

2.3 经济优势

成都作为西部地区超级大城市，在经济方面不仅有内陆最好的金融就业环境，同时高新区的互联网产业发展迅速。早在2022年，成都的上市企业就已经超过了114家。目前来看，成都的经济实力在内陆大城市稳居第一位，这为成都市立体绿化的建设提供了坚实的经济基础。

2.4 政策优势

2022年10月27日成都市会议通过了《成都市绿色建筑促进条例》。该条例提出政府重点支持建设绿色建筑、既有建筑绿色改造等，同时鼓励企业、高等院校、科研机构研究开发绿色建筑新技术、新工艺、新材料和新设备。政策的优势为成都市建设建筑立体绿化提供了有力保障。

3 成都市建筑立体绿化场景设计指引

3.1 成都市建筑立体绿化场景分类

目前，建筑立体绿化主要出现在商业场景、居住场景、文体场景、医疗场景、高层及超高层办公场景中，各场景立体绿化的功能定位不同。根据不同场景的场景特点和人群活动情况，在立体绿化的设计过程中可针对性地选择不同位置和设计形式（表1）。

成都市建筑立体绿化场景分类　　表1

场景分类	场景特点	人群活动分析	立体绿化功能定位
商业场景	由若干商场组成的建筑群，规模大、人流量大。一般为多层、高层建筑，多采用大空间的底层建筑形式，方便人群进出		满足多样化的商业功能。有限的空间中增花添彩。提升商业建筑的品质。满足展览、表 演等活动的开展
居住场景	在城市建设中比重较大，分布较广。住宅一般成片建设，住户独立、私密。年代久远的居住建筑外立面多为砖墙，较新修建居住建筑多一份古朴的气质		打造宁静安全的人居环境。满足邻里的交往需求。突出成都市风貌
文体场景	包含办公、文娱、教育等多样化城市功能，在空间复合的基础上互相影响、互为促进，是一组多功能、高效率的街区群体设施		彰显场景的文学品质。打造便利宜人的使用空间。实用优美、低碳高效
医疗场景	医疗场景建筑要求交通方便，环境安静，安全可靠的选址。医疗建筑具备专业性、多样性、复杂性、时效性等特点		保障特殊群体活动的安全私密。疗愈景观的打造。柔化建筑立面
高层超高层办公场景	超高层场景建筑是城市快速发展的产物，主要特点为建筑高度高、体量大、密度大、功能综合性强、利用率高、标志性强		修饰建筑外立面。作为超高层的修饰元素。节能低碳

3.2 各建筑场景立体绿化位置选择

建筑立体绿化位置选择应遵循整体性和经济性原则。立体绿化位置选择过程中，应主次分明，明确重点打造位置，位置朝向应选择阳光充足面，如重要打造面阳光条件有限，可选择配置对阳光要求较低的植物进行搭配。另外，还要充分考虑经济性来确定绿化工作的具体内容，选择合适的种植位置，从根本上解决立体绿化养护难度大、维护成本高的问题。[5]不同建筑场景中，立体绿化的重点打造位置不同，如商业建筑场景重点考虑展示面、公共活动空间等能吸引人流的位置，而居住场景则重点考虑阳台、露台等休闲活动空间（表2）。

各场景建筑立体绿化重点打造位置　表2

	商业场景	居住场景	文体场景	医疗场景	高层超高层办公场景
重点打造	沿街及重要展示面、露台、退台等公共活动空间、屋顶花园、阳光充足面	私家阳台、露台、屋面	对外展示立面、走廊临空侧、通高的中庭空间、架空层等灰空间、庭院、平台及屋顶花园	交流共享空间、病房区、疗愈区、屋顶花园	办公楼沿街重要展示面、公共活动空间、屋顶花园

3.3　建筑立体绿化设计形式

建筑立体绿化设计形式主要分为四种：点状式、线性分布、点线结合和整面式（表3）。

建筑立体绿化设计形式　表3

设计形式	特点	常见应用场景	案例图示
点状式	点状式也可理解成模块式。选择建筑的局部位置进行重点打造，如入口、大堂等位置，突出主体，也可以在一定程度上灵活多变形成多点开花的景观特色	商业场景、居住场景、文体场景	
线性分布	线性分布是多个点状式循环形成的一种设计形式。运用线性分布的方式对建筑阳台窗台等位置进行绿化设计，能使人产生灵动的视觉感受。线性布局需特别强调植物的整体协调性	商业场景、文体场景、医疗场景、高层及超高层办公场景	
点线结合	点面结合式布局相结合了上述两种设计手法，一般根据建筑立面特征，灵活选择绿化载体，通过水平面和垂直面的结合布局，使立面形成两种不同的绿化肌理，丰富立面表情	居住场景、文体场景、医疗场景、高层及超高层办公场景	
整面式	整面式其布局形式更大气、更美观，应用比较广泛，多用于建筑墙面，既可利用绿化景观来衬托建筑主体，也可利用绿化景观在建筑中营造出宜人的空间，形成视觉焦点	商业场景、文体场景、高层及超高层办公场景	

3.4　既有建筑立体绿化改造

既有建筑通常年份久远，改造前，应充分评估其原有空间状态、建筑承载能力等。改造中，充分考虑改造项目的实施可行性，包括施工难度、成本预算、时间安排等因素，确保改造项目能够顺利实施。同时，合理选择改造位置和设计形式，根据实际情况选择外墙、露台、阳台、屋顶等位置进行立体绿化改造设计。

4　成都市建筑立体绿化工艺应用

4.1　工艺选择

1. 工艺选择流程

工艺种类选择，要考虑到多方因素。在整个选择过程中，重要的是要确保立体绿化工艺既符合建筑和环境的实际需求，又能够在经济上可行。此外，还需要考虑到立体绿化的可持续性和生态效益。工艺选择流程一般按照以下步骤进行（表4）。

2. 常见工艺分类

建筑立体绿化工艺种类繁多，从种植工艺方式，目前市场上主要分为种植袋、种植盒、塑形基质、种植容器、辅助设施等，不同建筑部位的立体绿化在种植工艺方式上存在差异。下表罗列总结了各工艺的结构图示、适用区域和当前的相关产品介绍（表5）。

4.2　种植基质

种植基质选择因素需要考虑到植物适应性、保水与排水、肥力、透气性、稳定性、重量、环保性、成本效益、施工和养护便利性等方面因素。种植基质一

建筑立体绿化工艺选择流程 表4

第一步	项目评估	1.了解建筑的结构和承重能力，以确保绿化系统的安全性和稳定性。2.考虑建筑的外观和设计风格，选择与之协调的绿化方案。3.确定绿化是作为永久性还是临时性措施，以及是否考虑未来的改建
第二步	需求分析	1 .确定绿化面积、高度和预期的绿化效果。2.考虑建筑所在地的气候条件，选择适应当地环境的植物和工艺
第三步	成本预算	1.根据前期方案，计算立体绿化的初期投资成本和长期的维护成本。2.考虑到成本效益，正确选择施工工艺和设计方案
第四步	方案设计	1.初步设计绿化方案，包括植物配置、灌溉系统、排水系统等。2.确保方案符合当地的建筑规范和环保要求
第五步	工艺选择	1.考虑立体绿化的维护成本和养护难度，选择易于管理和维护的工艺。2.根据建筑的特点、需求及以上各方面的因素，选择合适的工艺，如种植毯、种植盒、塑形基质、种植容器等

建筑立体绿化常见工艺分类 表5

分类	结构图示	使用案例	适用区域	相关产品
种植袋	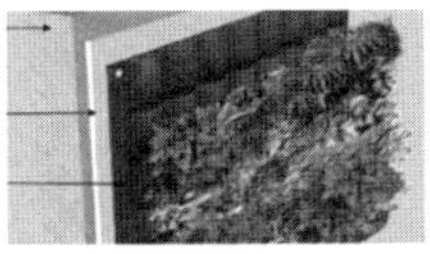		幕墙、结构墙、外立面装饰构建/构筑物、特殊形式载体（覆土建筑）	金字塔柔性种植袋、金鸿柔性种植袋
种植盒	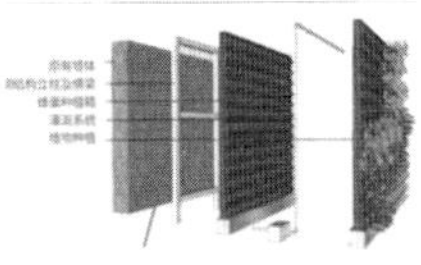	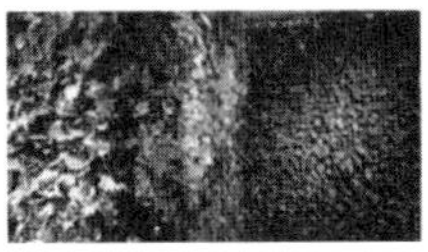	幕墙、结构墙、外立面装饰构建/构筑物、特殊形式载体（覆土建筑）	蜂巢种植盒、福罩种植盒、建恒立体绿化种植盒、森林盒子、 W18种植盒、PM模组、百变魔盒种植盒、壁森垂直绿化模块、 合生垂直绿化模块、中建装配型绿化模块、中建百利、韵绿模块
种植框	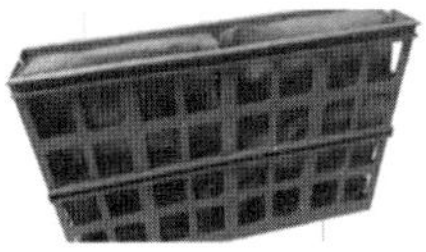		幕墙、结构墙、外立面装饰构建/构筑物、特殊形式载体（覆土建筑）	金鸿种植框、蔼美VGN绿墙系统、绿色长城PPC120种植框
塑形基质	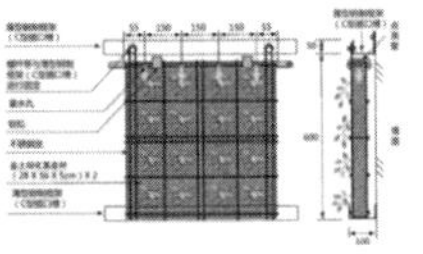		幕墙、结构墙、外立面装饰构建/构筑物、特殊形式载体（覆土建筑）	垒土、黑绵土种植砖、水弹土、魔土、生物质美植砖、宏土
种植容器一	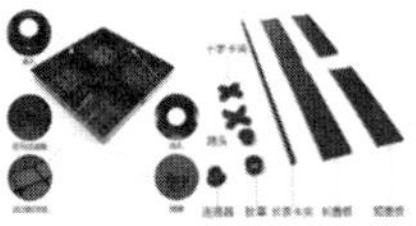		退台、特殊形式载体（覆土建筑）、屋顶、坡屋顶等	装配式屋顶绿化模块——绿色之舟、中建福器、绿皮模块、筑植草、Xeroflor预植垫、蜂巢土工格室
种植容器二	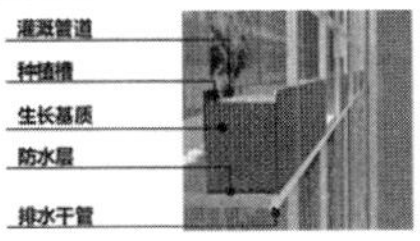		退台、阳台、窗台沿口、屋顶、坡屋顶等	UHPC超高性能混凝土种植花箱、塑料花箱、铝型材花箱、不锈钢种植花箱、GRC种植花箱、防腐木种植花箱
种植容器三			楼梯边沿	马鞍花盆、花生满路
辅助设施			攀爬类植物辅助生长	不锈钢包塑钢丝绳

般不应直接采用田园土，田园土含有较多的杂质和水分，重量大，透气性和排水性不佳，一般选用改良种植土。改良土是由田园土、轻质骨料和有机或无机肥料等混合而成的种植土，实际应用中，可以根据具体情况和需求，选择适合的基质类型，或将几种基质按一定比例混合使用，以达到最佳的绿化效果（表6、表7、图1）。

常用改良土的配制方式参考　　表6

主要配比材料	配制比例	饱和水密度（kg/m³）
田园土：轻质骨料	1：1	≤1200
腐叶土：蛭石：沙土	7：2：1	780～1000
田园土：草炭：（蛭石和肥料）	4：3：1	1100～1300
田园土：草炭：松针土：珍珠岩	1：1：1：1	780～1100
田园土：草炭：松针土	3：4：3	780～950
轻沙壤土：腐殖土：珍珠岩：蛭石	2.5：5：2：0.5	≤1100
轻沙壤土·腐殖土·蛭石	5：3：2	1100～1300

图1　改良土图示

改良种植土理化指标　　表7

性能	水饱和容重（kg/m³）	pH 值 mmol/100g	CEC 值 mmol/100g	EC 值 ρs/cm	水解性氮（mg/kg）	速效磷（mg/kg）	速效钾（mg/kg）
指标	750～1300	6.5～8.0	20～50	500～1500	200～500	10～40	100～300

4.3　灌溉系统

选择立体绿化灌溉系统时，不仅要考虑技术性能和经济效益，还要兼顾植物生长需求、环境保护和可持续发展。大致可以分为以下三个类别：第一类：手动灌溉，依靠人工进行浇灌。第二类：自动化灌溉，指定时间，定时浇灌。第三类：智能灌溉，由智能系统监测判定是否进行浇灌。为了让植物呈现更完整的景观效果，实现科学化管理，一般建议选择智能灌溉系统。

4.4　后期维护

平面绿化需要养护，立体绿化更需要精细化的养护，才能保持良好的效果，养护必须是长期、持续的过程，让项目结束时的效果长期呈现，后期的养护是必不可少的。植物的生长是一个动态的过程，后期必须要进行修剪和维护，才能维持更好的景观效果。

5　成都市建筑立体绿化植物应用

5.1　植物配置手法

植物立面设计分为微观层面及宏观层面，微观聚焦于植物本身，取决于植物品种的质感，不同的植物有不同的叶片形状及大小；宏观层面主要为植物整体的肌理层次和色彩搭配，这体现立体绿化的设计风格。美观的立体绿化设计需要三者相互协调搭配，形成观赏性强的植物立体绿化景观。

1. 质感

植物质感与叶片的形状、大小有关，其形状可分为掌状、羽状、条形状、三角状与卵圆状叶形（图2）。叶片大小能直接影响立体绿化的观赏效果，大型叶类具有秀丽、洒脱的特征，中型叶类具有朴素、适度的特征，小型叶类则具有细碎、紧实的特征。

2. 层次

建筑立体绿化植物层次主要分为三类：自然式、规则式、混合式，植物搭配过程中，不同形式的层次体现不同的立面风格。自然式不受任何外在因素干预，遵循自然生长方向，保留其原生态自然美的绿化效果；规则式是指经过人为的处理设计，达到整齐精致的绿化肌理效果；混合式则兼顾自然式和规则式，是多样化品种及种植形式的结合。

3. 色彩

建筑材料与常见植物色彩往往有区别，建筑与植

图2 常见植物叶片形状

物的色相是产生明显对比的。建筑常见的外立面色彩多为饱和度低，灰、白色调为主。常见植物色彩大概分为绿色、红色、橘黄色、红粉色、白色、蓝紫色、银色（表8）。植物与建筑外立面色彩的对比会形成鲜明的对比，植物的色彩鲜艳则越醒目。植物的色彩运用会影响整体的景观氛围，不同环境下植物色彩的运用也不同。

5.2 成都市建筑立体绿化植物推荐表

成都市常见建筑立面色彩、植物色彩 表8

成都市常见建筑立面色彩

材料	色彩
玻璃	高透超白
	蓝光玻璃
金属	白灰
	棕红色
混凝土	浅黄
	灰色
	浅蓝
石材	白色
	灰色
	浅黄色
	砖红色
木材	棕色

常见植物色彩视觉感受

色彩	视觉感受	参考图
绿色	最直观的自然颜色，通常以植物的形态与大小来产生丰富层次	
红色	红色活跃、热烈、富于朝气，又使人感觉到发达、向上	
橘黄色	色彩较为鲜艳夺目，给予人热烈、亢奋、温暖的感觉	
粉红色	粉红色为醒目，兴奋与温暖的感觉。浅粉色有少女的意向，优美且自信	
白色	白色是冷色与暖色之间的过渡色，其明度高，色彩明亮，给人以纯洁、干净、明快、简洁的感觉	
蓝紫色	蓝紫色较为深沉，令人感到清爽、娴静、肃穆且宁静，多为跳色使用	
银色	银白色的植物品种较为独特，给人耳目一新之感。一般银白色有高贵、纯洁永恒的寓意	

基于气候影响雨水因子的成都市立体绿化植物推荐表 表9

植物类型	湿生生境	旱生生境	中生生境
藤本	—	薜荔、佛甲草、扶芳藤、金银花、金叶过路黄、花叶蔓长春、木香、蔓长春、凌霄、爬山虎、牵牛花、三角梅、使君子、铁线莲、藤本月季、 五叶地锦、迎春、油麻藤、紫藤、蔷薇、日本多花紫藤	垂盆草、常春藤、络石、千叶兰、云南黄馨、飘香藤
时令花卉	—	矮牵牛、百日草、金盏菊、孔雀草、千日红、石竹、五星花、大花飞燕草、长寿花	大丽花、金鱼草、美女樱、三色堇、四季秋海棠、新几内亚凤仙花、羽衣甘蓝

续表

植物类型	湿生生境	旱生生境	中生生境
常规地被	吊竹梅、龟背竹、合果芋、红掌、花叶冷水花、虎耳草黄金葛、孔雀竹芋绿萝、鸢尾、金叶石菖蒲、沿阶草、凤尾蕨	八宝景天、白脉椒草、酢浆草、吊兰、地中海荚蒾、大叶黄杨、大叶栀子、大花六道木、大花萱草、贯众、龟甲冬青、瓜子黄杨、红继木、红叶石楠、海桐、红花酢浆草、金边吊兰、金叶女贞、金边黄杨、金森女贞、旱金莲、亮金女贞、麦冬、迷迭香、南天竹、铺地柏、雀舌黄杨、肾蕨、溲疏、天门冬、天竺葵、熊掌木、银叶菊、银姬小蜡、月季、栀子、九里香、芙蓉菊、长春花、十大功劳、紫花满天星、狐尾天门冬、 银边草、六月雪、金边六月雪、虎尾兰、粉红溲疏、矮生百慕大	变叶木、白掌、翠云草、彩叶草、茶梅、春鹃、春羽、花叶万年青、粉掌、矾根、禾叶大戟、火焰南天竹、花叶络石、黄金络石、红瑞木、金钻蔓绿绒、金边阔叶麦冬、金边胡颓子、马蹄金、鸟巢蕨、洒金桃叶珊瑚、铁线蕨、文竹、网纹草、无刺枸骨、袖珍椰子、西洋鹃、鸭脚木、一品红、紫鸭跖草、皱叶椒草、朱槿、朱蕉、花叶假连翘、一叶兰、金叶假连翘、青苹果竹芋、蝴蝶兰、百子莲、木春菊、蓝雪花、佩兰、观赏凤梨、 嫣红蔓、豆瓣绿、清香木
大灌木	—	千年木、三色千年木、木槿、百合竹、千层金、幌伞枫、菲油果、旅人蕉、亮金女贞棒棒糖、美丽针葵、蓝冰柏、银叶金合欢、黄纹万年麻、细叶合欢	鹤望兰、散尾葵、橡皮树、山茶、杜鹃红山茶、也门铁、蒲葵、 花叶榕、海芋、澳洲朱蕉、棕竹、新西兰麻、龙血树、结香
小乔木	木芙蓉	碧桃、果桃、照手桃、丛生贴梗海棠、绚丽海棠、丛生紫薇、低分枝元宝枫、丛生腊梅	美人梅、低分枝红梅、垂丝海棠、日本红枫、鸡爪槭、杨梅

6　结语

随着时代的发展，建筑立体绿化今后将呈现更加低成本、智能化、近人化的趋势。如发明超轻量型无土栽培技术，利用无人机技术进行垂直绿化植物的种植，设计多功能、可参与的功能空间，增加立体绿化与人之间的互动性。总体来说，建筑立体绿化是未来城市建设的重点发展方向。文章基于公园城市背景、成都市真实现状条件，详细阐述了在不同场景下建筑立体绿化设计重点，总结了立体绿化工艺技术应用，罗列了适宜成都气候发展的植物推荐表，对今后成都市建筑立体绿化建设具有指导意义，为我国其他城市立体绿化的发展提供参考价值。

参考文献

[1] 许恩珠，李莉，陈辉，等. 立体绿化助力高密度城市空间环境质量的提升——“上海立体绿化专项发展规划”编制研究与思考 [J]. 中国园林，2018，34（1）：67-72.

[2] 邓凡. 建设公园城市 探索超大特大城市现代化之路 [J]. 中共成都市委党校学报，2023（3）：14-24，108.

[3] 全威帆. 使城市在大自然中有机生长——战略定位“城市践行绿水青山就是金山银山理念的示范区”解读 [J]. 先锋，2022（3）：40-43.

[4] 张海滨，孙佳奇，敖茂易，等. 建筑立体绿化对微气候改善作用实测研究 [J]. 建筑节能（中英文），2024，52（1）：130-139.

[5] 冯妤含. 立体绿化在商业建筑中的应用研究 [J]. 建筑技术开发，2020，47（22）：21-22.

[6] 付勇，江涛，陈果. 探索中前行的成都屋顶绿化 [J]. 中国园林，2018，34（1）：73-78.

[7] 黄骏，刘宇峰，林燕. 新加坡大学校园建筑绿化空间设计策略研究 [J]. 南方建筑，2020（2）：112-119.

[8] 沈姗姗，黄胜孟，史琰，等. 基于景观偏好理论的城市垂直绿化设计方法研究 [J]. 风景园林，2020，27（2）：100-105.

[9] 刘瑞雪，许晓雪，袁磊. 新自然主义生态种植设计理念下的城市墙体自生植物在垂直绿化中的应用 [J]. 中国园林，2020，36（4）：111-116.

[10] 曾春霞. 立体绿化建设的新思考与新探索 [J]. 规划师，2014，30（S5）：148-152.

[11] 冯一民，胡蔚. 多维融合的园区立体绿化规划探索——以上海市北高新技术服务业园区为例 [J]. 中国园林，2019，35（S2）：56-60.

老旧社区“全民全龄”弱势群体无障碍出行满意度量化模型分析

范丽娅[1, 2] 熊映清[1] 彭亦展[1]

作者单位
1. 南昌大学建筑与设计学院
2. 沈阳建筑大学建筑与规划学院

摘要：以探讨南昌市老旧社区无障碍出行满意度影响因素为目的，基于“全民全龄”弱势群体视角，利用结构方程模型方法（SEM）构建并验证满意度模型，结合调研数据明确主要影响因素及各维度间内在影响逻辑。结果表明，通行路径、公共区域、标识导引、软件服务、社会支持对满意度均有显著正向影响。根据权重计算，选取各潜变量中权重排序较前的运营维护、高差处理、休憩设施、引导衔接等因子，提出相应的优化策略及发展建议。

关键词：老旧社区；全民全龄；弱势群体；无障碍出行满意度

Abstract: To investigate the influencing factors of satisfaction with barrier-free travel in old communities in Nanchang City, this study adopts a perspective focusing on the “whole population and all ages” vulnerable groups. Utilizing the Structural Equation Modeling（SEM）method, a satisfaction model is constructed and validated to clarify the main influencing factors and the inherent logical relationships among various dimensions based on survey data. The results indicate that pedestrian pathways, public areas, signage guidance, software services, and social support all have significant positive effects on satisfaction. Based on weight calculations, factors such as operational maintenance, elevation difference treatment, rest facilities, and guidance connections, which rank higher in terms of weight among latent variables, are selected. Corresponding optimization strategies and development suggestions are proposed accordingly.

Keywords: Old Communities; Whole Population and All Ages; Vulnerable Groups; Satisfaction with Barrier-free Travel

1 引言

20世纪30年代，欧洲国家开始进行无障碍城市规划建设，最初无障碍设施的服务对象仅针对于残障人士，70年代以来，世界老龄化人口增加，为创造条件减少老年人对社会的依赖，将无障碍服务对象拓展为老年人、儿童、孕妇等行动不便的人群[1]，而如今的无障碍环境建设更是拓展为弱势群体的“全民全龄”人群[2]，强调对所有年龄段的人群，包括儿童、青少年、成年人和老年人在内的人群出行障碍的关注和支持，无障碍规划理念逐渐从只为残障人士提供服务转向通用设计[3]。

2022年，党的二十大报告提出，“实施积极应对人口老龄化战略”“完善残疾人社会保障制度和关爱服务体系”及“保障妇女儿童合法权益”等针对社会弱势群体的一系列相关政策，体现了党和国家始终坚持以人民为中心的发展思想，注重满足人民的基本需求和权益保障。2023年，国家颁布《中华人民共和国无障碍环境建设法》，全面完善无障碍环境发展的法律保障，我国无障碍环境建设从政策引领、政府推动到社会共建形成合力，已经进入由量到质发展的新阶段[4]。

然而，现有关于无障碍的研究对象往往仅针对残障人士及老年人士，与当前先进社会理念相违背。故本文将从国内外相关研究、国家相关政策及标准等多方面综合考虑，基于弱势群体的“全民全龄”视角，构建完善的无障碍环境改造指标体系，并运用结构方程模型（SEM）方法，验证无障碍出行满意度理论模型。

2 研究方法

2.1 理论分析

大量实验研究证实，老旧社区内复杂的道路基础设施显著降低了弱势群体自身的步行速度和出行频率[5]。因此，当前关于无障碍的研究主要集中在物质层面的环境建设，包括空间层级的无障碍出行网络研究[6][7]、对公共区域无障碍设施空间配置的优化研究[8][9]，以及对无障碍标识色彩与尺度的量化研究[10][11]。显然，相关研究仅限于对无障碍建成环境的定量评估，具有一定的局限性，忽视了社会环境和软件服务对弱势群体所面临的出行障碍的影响。

随着当前无障碍设施的建设数量与实际效用之间的差距，研究重点不再局限于无障碍建成环境建设，逐步转向关注物质空间建设的外部社会环境的影响因素，如Ohnmacht等[12]认为社会文化可能对个人的生活方式、习惯和态度产生重大影响，导致不同的出行模式，从而影响无障碍出行满意度；王草[13]等通过对上海市人行道无障碍建设现状研究，揭示了无障碍监管维护薄弱问题及迫切需求；夏菁[3]等提出社会经济、行为活动因素对弱势群体使用无障碍设施的频率有一定的影响；Qiao[14]等认为社会支持、社区支持等影响弱势群体出行行为。Zhao[15]等表明主观规范、对行为的态度以及信息获取共同影响公众维护无障碍设施的意愿。

此外，随着信息技术的不断发展和普及，学者们开始关注到无障碍软件服务的建设，主张城市应该结合数字辅助技术应用扩展残障人群出行边际[16]，Ugalde[17]通过地理信息系统结合路由算法设计轮椅导航系统，协助用户找到最短无阻路径；王守芬[18]探索了无障碍设施数据体系空间化、GIS赋能城市无障碍设施管理与服务的若干方法，并对这些方法进行了应用实例的验证。

2.2 研究假设

由此可见，建成环境、社会支持及软件服务是影响无障碍出行满意度的关键因素。本文将运用结构方程模型并结合南昌市社区无障碍环境现状，探究建成环境、社会支持、软件服务和无障碍出行满意度之间复杂的逻辑关系，由于建成环境系统范围较大，将其分解为通行路径、公共空间与标识导引三个体系[19]，再纳入个人社会属性的影响，构建结构方程模型的概念模型（图1）。

结合概念模型，提出以下研究假设。H1：通行路径对满意度具有正向影响；H2：公共区域对满意度具有正向影响；H3：标识导引对满意度具有正向影响；H4：社会支持对满意度具有正向影响；H5：软件服务对满意度具有正向影响。H6：通行路径对软件服务具有正向影响；H7：通行路径对标识导引具有正向影响；H8：通行路径对公共区域具有正向影响；H9：公共区域对软件服务具有正向影响；H10：标识导引对软件服务具有正向影响；H11：社会支持对通行路径具有正向影响；H12：社会支持对公共区域具有正向影响；H13：社会支持对标识导引具有正向影响；H14：社会支持对软件服务具有正向影响。

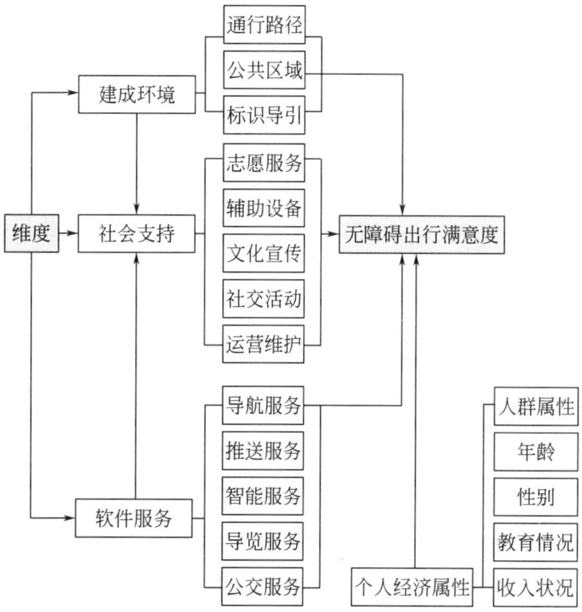

图1 无障碍出行满意度概念模型

2.3 指标体系选取

目前，我国60岁及以上人口达到2.64亿人，老龄化趋势明显加快，残疾人口多达8502万人[20]，此外，三孩政策的出台导致孕妇、儿童等群体数量规模显著提升，社会“全民全龄”无障碍需求人群规模不断攀升。

为了预防和解决弱势群体出行障碍所带来的一系列问题，政府部门积极应对，相继出台了多部相关政策、法律及行业标准，以指导社区无障碍环境高质量发展（表1）。本文在构建模型指标体系时参考了部分规范标准的相关指标，将其归纳整理转化为指标体系内容，根据上述理论研究并与实际调研和专家咨询情况相结合，本文确定了关于研究模型的通行路径、公共区域、标识导引、软件服务、社会支持5个评价维度及其27个影响因子（表2）。

相关规范、标准及法律 表1

序号	名称	编号	类型	施行时间
1	《中华人民共和国无障碍环境建设法》	—	国家法律	2023-09-01
2	《建筑与市政工程无障碍通用规范》	GB 55019-2021	国家规范	2022-04-01
3	《公共信息图形符号 第9部分：无障碍设施符号》	GB/T 10001.9-2021	国家规范	2021-10-01
4	《无障碍设计规范》	GB 50763-2012	国家规范	2012-09-01
5	《无障碍设施施工验收及维护规范》	GB 50642-2011	国家规范	2011-06-01

无障碍出行满意度相关变量及指标 表2

维度	题号	观测变量	指标
通行路径	T1	高差处理	缘石坡道、轮椅坡道、无障碍出入口
	T2	接驳功能	公交、出租车、地铁换乘处理情况
	T3	道路设计	铺装设计、通行尺度、回转空间
	T4	动线设计	便利度、通达度
公共区域	G1	卫生设备	盥洗盆、坐便器、小便器、安全抓杆、呼救设施
	G2	垂直交通	电梯、楼梯、扶梯、台阶
	G3	水平交通	无障碍通道、门洞设计、盲道设计
	G4	安全防护	楼梯扶手、防滑条、警示条、盲道警示条
	G5	低位服务	问询台、收银台、饮水机、门禁、无障碍电梯
	G6	轮椅席位	视线无遮挡、疏散便利、尺寸适宜、数量充足
	G7	停车系统	路线设计、轮椅通道、衔接设计、标识设计
	G8	休憩设施	座椅围合性、遮阳避雨设施、座椅材质、靠背及扶手
	G9	服务设施	轮椅停留位、婴儿车停留位、拐杖安放设施、置物架、盲道
标识导引	B1	引导衔接	路口交叉处中断
	B2	安装位置	位置高度、距离
	B3	图形文字	颜色、对比度、尺度、间距
	B4	标识配置	过街音响、触摸地图、无障碍设施、道路指引、安全警示线
软件服务	R1	导航服务	交通工具、道路、隧道、车站等的位置和信息查询、无障碍路线规划
	R2	推送服务	路况、车流量、交通事件等信息推送服务
	R3	智能服务	车辆预约、自动导航、安全警示
	R4	导览服务	景点介绍、旅游攻略、文化背景
	R5	公交服务	车辆时刻表、车站位置
社会支持	S1	志愿服务	陪伴服务、心理服务
	S2	辅助设备	租用轮椅、婴儿车、盲杖
	S3	文化宣传	通用设计、包容性社会概念
	S4	社交活动	邻里、朋友交往
	S5	运营维护	路况清理、铺装更新、语音设备监管、无障碍标识维护

2.4 问卷设计与数据收集

参考国内外研究及相关政策标准进行问卷设计，共包含两部分。①基本部分：样本统计学特征。②量表部分：用于测度观测变量，进而衡量影响社区无障碍出行满意度的潜变量。问卷采用李克特5级量表进行分级赋值，表征弱势群体对题项内容的满意程度。本文采取简单随机抽样的方法从南昌市典型老旧社区抽取“全民全龄”不同年龄段的弱势群体或曾体验过无障碍出行的居民进行调研，主要通过实地走访和线上及线下问卷调查的方式获取相关数据，共实际发放255份问卷，收回有效问卷237份。

问卷样本人口统计学分析如下：样本性别比例分布较均，男56.96%，女43.04%；样本人口年龄结构相对年轻化，19~45岁居多，占比69.2%；样本人口学历水平分布较均，本科及以上学历占比52.74%，高中及以下学历占比47.26%；样本人群中高达69.20%因经历短暂受伤使用无障碍设施，54.85%因携带行李使用无障碍设施，61.60%有辅助他人使用无障碍设施的经历，31.65%推婴儿车出行，3.38%因孕期行动不便使用无障碍设施，8.02%为残障人士和老年人士。值得注意的是，所有调查样本中，仅有3.38%人群从未使用过无障碍设施，表明南昌市老旧社区仅有极少数居民无无障碍使用需求，更加突显了社区无障碍优化建设的必要性。

3 数据分析与结果

3.1 信效度检验

本文采用Cronbach α信度系数判断问卷量表的可信程度，运用SPPS软件对指标进行信度分析，结果显示问卷总体信度以及各个维度的Cronbach α信度系数均在0.8~1的范围内，信度很好（表3）。

效度检验包含收敛效度检验和区分效度检验。根据表3，表4的分析结果可以看出，各维度的AVE值均达到了0.5以上，CR值均达到了0.7以上，且各个维度两两之间的标准化相关系数均小于维度所对应的AVE值的平方根，表示各个维度均具有良好的收敛效度和区别效度。

信度和收敛效度分析 表3

潜在变量	Cronbach α	CR	AVE
通行路径	0.867	0.866	0.618
公共区域	0.925	0.926	0.581
标识导引	0.867	0.868	0.623
软件服务	0.906	0.905	0.657
社会支持	0.887	0.887	0.611
满意度	0.882	0.883	0.717

区分效度表 表4

	收敛效度	区分效度					
	AVE	社会支持	通行路径	标识导引	公共区域	软件服务	满意度
社会支持	0.611	**0.782**					
通行路径	0.618	0.522	**0.786**				
标识导引	0.623	0.471	0.523	**0.789**			
公共区域	0.581	0.513	0.472	0.319	**0.762**		
软件服务	0.657	0.625	0.618	0.558	0.558	**0.811**	
满意度	0.717	0.697	0.713	0.629	0.653	0.754	**0.847**

（注：对角线粗体数字为AVE之开根号值，下三角数值为潜变量皮尔森相关系数。）

3.2 模型适配度检验

本文通过AMOS 26软件对模型各项变量进行验证性因子分析，选用多项常用指标来判断模型的适配度，根据表5的模型适配检验结果可以看出，无障碍出行满意度CFA模型具有良好的适配度，可以准确描述实际观测的变量关系。

模型拟合指标检验结果 表5

拟合指标	模型指标值	参考标准	检验结果
CMID/DF	1.250	<3优秀； <5可接受	优秀
GFI	0.885	>0.8可接受； >0.9拟合良好	可接受
AGFI	0.863	>0.8可接受； >0.9拟合良好	可接受
CFI	0.978	>0.9	优秀
TLI（NNFI）	0.976	>0.9	优秀
RMSEA	0.033	<0.08优秀； <0.1可接受	优秀
SRMR	0.050	<0.08	优秀

3.3 模型路径分析

根据前文提出的研究假设，计算各潜变量之间的标准化路径系数（表6），其中通行路径、公共区域、标识导引、社会支持、软件服务对社区无障碍出行满意度均有显著的正向影响，假设H1-H5成立，其余影响路径的情况与之类似，无需删减影响路径，最终输出结构模型路径图，见图2。

研究假设检验 表6

	假设		Std.	S.E.	C.R.	P
通行路径	<---	社会支持	0.522	0.079	6.962	***
标识导引	<---	社会支持	0.273	0.081	3.383	***
标识导引	<---	通行路径	0.380	0.079	4.535	***
公共区域	<---	社会支持	0.366	0.075	4.570	***
公共区域	<---	通行路径	0.281	0.070	3.566	***
软件服务	<---	社会支持	0.269	0.078	3.699	***
软件服务	<---	通行路径	0.251	0.075	3.372	***
软件服务	<---	标识导引	0.227	0.073	3.302	***
软件服务	<---	公共区域	0.229	0.075	3.494	***
满意度	<---	社会支持	0.211	0.067	3.347	***
满意度	<---	公共区域	0.240	0.065	4.188	***
满意度	<---	通行路径	0.247	0.065	3.816	***
满意度	<---	软件服务	0.225	0.072	3.107	**
满意度	<---	标识导引	0.198	0.063	3.335	***

（注：*表示p<0.05，**表示p<0.01，***表示p<0.001。）

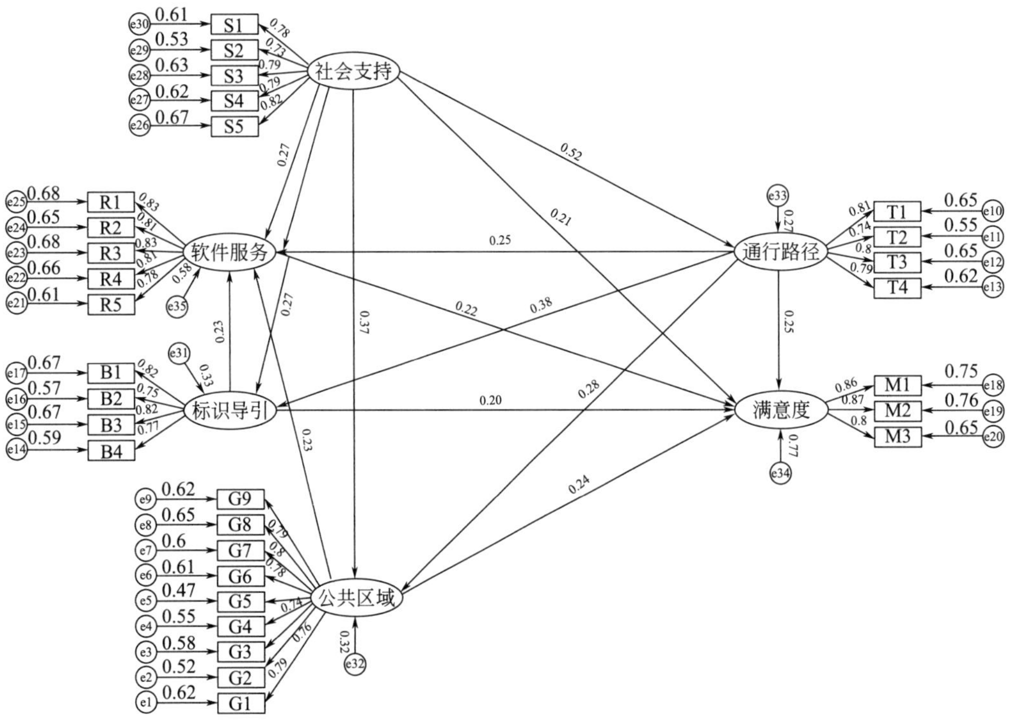

图 2 无障碍出行满意度结构模型路径图

3.4 指标权重

在获取结构模型的路径图后，应关注各潜变量的直接和间接效应。直接效应衡量原因变量对结果变量的直接影响，通常由路径系数表示；间接效应指原因变量通过中介变量对结果变量的影响。为了确定各指标在模型中的相对重要性，本文将采用因子分析法计算各指标的权重，评估其对社区无障碍出行满意度的影响。通过对潜变量整体效应和观察变量荷载系数进行归一化处理（见式1、式2），可得到无障碍出行满意度评价指标体系中各潜变量和观测变量的权重，整理结果如表7所示。

$$W_i = \frac{t_i}{\sum_{i=1}^{n} t_i} \qquad \text{式1}$$

$$W_{ij} = \frac{t_{ij}}{\sum_{i=1}^{n} t_{ij}} \qquad \text{式2}$$

式中：W_i表示第i项潜变量的权重；t_i表示第i项潜变量对无障碍出行满意度影响的标准化整体效应；W_{ij}表示第i项潜变量下第j项观测变量权重，t_{ij}表示第i项潜变量对第j项观测变量的因子荷载系数；n表示指标数量。

无障碍指标各项效应分解和指标模型权重　　表7

潜在变量	直接效应	间接效应	整体效应	一级权重	观测变量	因子荷载	二级权重
社会支持	0.211	0.486	0.697	0.359	S1	0.778	0.199
					S2	0.730	0.187
					S3	0.791	0.203
					S4	0.787	0.202
					S5	0.818	0.210
通行路径	0.247	0.233	0.480	0.247	T1	0.809	0.257
					T2	0.743	0.236
					T3	0.803	0.255
					T4	0.788	0.251
标识导引	0.198	0.051	0.249	0.128	B1	0.816	0.259
					B2	0.752	0.238
					B3	0.816	0.259
					B4	0.770	0.244
公共区域	0.240	0.051	0.291	0.150	G1	0.789	0.115
					G2	0.722	0.105
					G3	0.765	0.112
					G4	0.740	0.108
					G5	0.685	0.100
					G6	0.780	0.114
					G7	0.776	0.113
					G8	0.804	0.117
					G9	0.790	0.115
软件服务	0.225	0.000	0.225	0.116	R1	0.827	0.204
					R2	0.809	0.200
					R3	0.825	0.204
					R4	0.812	0.200
					R5	0.779	0.192

3.5　结果

通过社区无障碍出行满意度各项效应分解结果以及量化后的评价指标权重结果可以发现：各因素按整体效应的大小排序为社会支持、通行路径、公共区域、标识导引、软件服务。其中社会支持和通行路径最为重要，公共区域、标识导引和软件服务整体效应较为接近。

从对满意度模型的直接影响来看，影响因素从大到小依次为：通行路径、公共区域、软件服务、社会支持、标识导引。值得注意的是，通行路径具有最显著的直接影响，这表明改善老社区道路无障碍设计可以最大限度地提高弱势群体的出行机会和频率。

对满意度模型的间接影响因素排名如下：社会支持、通行路径、公共区域、标识导引和软件服务。这表明社会支持和通行路径对模型中的其他变量产生了较大影响，从而间接影响了无障碍出行满意度。相反，公共区域、标识导引和软件服务对模型中的其他变量影响最小，表明它们主要直接影响满意度。因此，为了提高社区内弱势群体无障碍出行的频率和效率，必须优先考虑通行路径和社会支持的无障碍因素。本文将结合南昌市老旧社区现状，针对各因素中权重排序靠前的指标提出相应的实施建议。

4 讨论与建议

4.1 通行路径优化策略

研究结果表明，通行路径对满意度模型的直接影响最为显著，而对通行路径有显著影响的子因素是高差处理和道路设计。这一结果说明了道路衔接处的缘石坡道是无障碍通行路径中的优先考虑因素。我们应在社区道路交叉口、建筑入口等地方设置符合无障碍标准，倾斜度适中、表面防滑的缘石坡道，并配备扶手以提供额外支持。另外，对于社区内机动车流量不大的街道，可采用取消路缘石高差、对路面进行全面铺装的方法，设计为共享街道，在为弱势群体消除通行障碍的同时，拓展他们的公共活动区域。

同样，源于弱势群体对自身安全需求的考虑，道路设计对通行路径也有巨大的影响。我们应避免使用鹅卵石等凹凸不平的材质做道路铺装，应以平整、防滑，不易积水的材质取而代之。同时，设计中应拓宽社区内道路的通行尺度，设置回转空间，以符合轮椅使用者需求。研究显示，丰富社区内缘石坡道的建设和合理采用坚固不易破损的路面铺装可以显著提高弱势群体对无障碍通行路径的满意度。

此外，根据问卷和访谈结果可知，居住在城市边缘的弱势群体往往存在更大的出行障碍。因此，提升弱势群体无障碍通行路径满意度，仅依靠对道路的局部优化是不充足的，应以更为宏观的视角，将城市规划的重点从关注社区对城市功能可达性转向关注社区内部城市功能的邻近性，鼓励发展多中心城市，创造人们步行或骑行不超过15分钟就能达到主要设施的城市社区[21]，以提升全民全龄弱势群体出行满意度。

4.2 公共区域优化策略

公共区域对满意度模型的直接影响十分显著，仅次于通行路径。而对公共区域有显著影响的子因素主要为休憩设施、服务设施及卫生设备。因此，增设和改造适宜绝大多数使用者需求的休憩设施及服务设施应是无障碍公共区域设计中优先考虑的因素。由于南昌市老旧社区人口结构老龄化，社区公共活动区域多聚集老年人和推婴儿车群体。因此，需增加轮椅停留位和婴儿车停留位。此外，应注重老年人与儿童活动空间的独立与衔接，在动静分区的基础上，满足老年人对儿童的照看需求。考虑到人群之间的社会交流，应避免设置单一布置的座椅，改设为带有遮阳棚及扶手的围合型座椅，并在座椅旁设置轮椅停留位。

同样，卫生设备对公共空间也有巨大的影响，这可能与社区内卫生间设备常常不符合无障碍规范要求相关，在卫生间入口处应以坡道替代台阶，在厕位内合理设计安全抓杆及紧急呼叫设备的位置，保障弱势群体安全，同时应强调将第三人卫生间独立出男女厕位，便于异性亲子同行家庭及行动不便等群体使用。

4.3 标识导引优化策略

研究显示最显著影响标识导引的子因素为引导衔接。社区内标识设施在道路交叉口和转弯处常常存在中断现象导致指示不明，无法起到有效的指引作用。我们应该对老旧社区标识进行整体性规划，在道路交叉口或主要活动空间设置连续的标识标志，并在复杂的路口或长距离行走的通道上适当间隔设置标识。此外，对于残疾人和老年人不便通过的道路，我们可以设置预警标志，避免让他们遭受重复绕路的困扰。

同样，图形文字、标识配置及安装位置对标识导引也有显著影响。因此，注重标识文字尺度问题及其与背景之间的对比度关系是有必要的，强烈的对比度可以促进部分老年人和弱视者的出行效率。另外，社区内标识多以视觉标识为主，忽略了视障群体的需求，社区应在经济条件允许的情况下，尽可能多地增设听觉及触觉设备。值得一提的是，标识的位置及高度也应慎重考量，为了使通行者能够快速捕捉标识信息，应避免将标识的安装位置远离人行道，且不宜将其位置设置过高。

4.4 软件服务发展建议

实地调研发现，南昌市无障碍软件工程未全面普及。然而，研究表明软件服务对满意度模型具有显著的直接影响，仅次于通行路径及公共区域。由此可见，弱势群体对无障碍软件工程具有较大的需求。根据数据分析结果可以看出，导航服务、智能服务、导览服务、推送服务等各项信息化技术对弱势群体出行均有较大影响。然而，建立城市社区无障碍设施数据采集库及信息系统搭建是实现城市社区无障碍出行数字化的先决条件，更是促进无障碍软件提供的必要前提。因此，在未来的社区规划中，我们应利用物联网及数据采集设备（如实景影像移动测绘系统Trimble MX7等）建立南昌市无障碍设施实时数据库。在此基础上，开发无障碍导航、导览、实时推送等应用程序，便于弱势群体顺利出行。

4.5 社会支持发展建议

研究表明，社会支持对满意度模型的间接影响最为显著，这说明社会支持对其他四个潜变量均有显著的积极影响。对社会支持有显著影响的子因素是运营维护及文化宣传。因此，我们应该建立完善的管理机制和维护体系，定期检查、维护和修缮社区无障碍设施，确保设施的正常运行和安全性能。值得一提的是，社区无障碍环境的建设仅依靠政府部门的规划和管理是不充足的。社区居民和使用者从“自下而上”的角度，积极参与社区更新改造，为无障碍环境建设提供有效的实施途径，因地制宜地解决社区无障碍规划问题[22]，居民在参与的过程中增进邻里交流，社区实现共建共治共享。同样，文化宣传对社会支持也有较大影响。社区工作人员应利用公告牌、社交媒体等渠道，开展无障碍文化宣传活动，提高社区居民对无障碍的认知和理解，促进社会对弱势群体的包容和尊重。

5 结论

综上所述，在南昌市老旧社区无障碍环境改造过程中，需综合考虑无障碍通行路径、公共区域、标识导引、软件服务与社会支持五个方面。政府应该发挥引领作用，调动社会各界力量，营造有利于优先保障社区无障碍建设的社会氛围，使社区无障碍建设从形式转变为实际效益。希望本文能够为社区无障碍设计提供理论和技术支持，以提高社区“全民全龄”弱势群体无障碍出行满意度。

参考文献

[1] 潘海啸. 无障碍环境建设整体理念发展趋势分析 [J]. 城市规划学刊，2007（2）：42-46.

[2] 傅一程. “全生活场景”理念下的无障碍城市规划体系构建与建设指引——以深圳市为例 [J]. 城市规划学刊，2022（S1）：159-166.

[3] 夏菁. 残疾人视角的无障碍设施低使用率研究——以南京市为例 [J]. 城市规划，2020，44（12）：47-56.

[4] 吕世明. 共同铺设美好生活的无障碍之路——访全国人大常委会委员、中国残联副主席吕世明 [J]. 残疾人研究，2022（S1）：3-8.

[5] Sharifi，M. S. A Large-Scale Controlled Experiment on Pedestrian Walking Behavior Involving Individuals with Disabilities [J]. Travel Behaviour and Society. 2017，（8）：14-25.

[6] 赵彬. 基于日常出行特征的下肢残障者无障碍生活圈构建研究 [D]. 哈尔滨：哈尔滨工业大学，2021.

[7] Oswald Beiler，M. Trail Network Accessibility：Analyzing Collector Pathways to Support Pedestrian and Cycling Mobility. [J]. Urban Planning and Development，2017，143，04016024.

[8] Chitrakar，R. M. How Accessible Are Neighbourhood Open Spaces? Control of Public Space and Its Management in Contemporary Cities [J]. Cities，2022，131，03948.

[9] 胡雪峰. 城市社区无障碍设施空间错配与优化策略研究——以南京市为例 [J]. 残疾人研究，2019（3）：63-70.

[10] Wan，Y. K. P. Accessibility of Tourist Signage at Heritage Sites：An Application of the Universal Design Principles [J]. Tourism Recreation Research. 2022（1）：1-15.

[11] 贾巍杨. 建筑无障碍标识色彩与尺度量化设计研究 [J]. 南方建筑，2018（1）：48-53.

[12] Ohnmacht T. Leisure mobility styles in Swiss conurbations：construction and empirical analysis [J]. Transportation，2009（36）：243-265.

[13] 王草. 基于《无障碍设计规范》的超大城市道路交通人行道无障碍建设状况评价——以上海市为例 [J]. 中国康复理论与实践，2021，27（10）：1225-1232.

[14] Qiao G. Understanding the factors influencing the leisure tourism behavior of visually impaired travelers：An empirical study in China [J]. Frontiers in Psychology，2021，12：684285.

[15] Zhao T F. Data-Driven Accessibility Public Welfare Communication and Mobile Crowdsourcing System [C]//2023 5th International Conference on Data-driven Optimization of Complex Systems（DOCS）. IEEE，2023：1-8.

[16] 张茫茫. 面向残障人群的城市公共交通出行服务研究 [J]. 包装工程，2022，43（12）：199-207.

[17] Ugalde B H. Barrier-free routes in a geographic information system for mobility impaired people [C]//2022 IEEE 13th Annual Ubiquitous Computing，Electronics & Mobile Communication Conference（UEMCON）. IEEE，2022：0119-0123.

[18] 王守芬. GIS在城市无障碍设施管理服务数字化转型中的应用 [J]. 地理空间信息，2023，21（12）：35-39.

[19] 朱燕梅. 深圳市居住区公共空间无障碍环境设计方法研究 [D]. 广州：华南理工大学，2021.

[20] 赵燕潮. 中国残联发布我国最新残疾人口数据 [J]. 残疾人研究，2012（1）：11.

[21] Allam，Z. The ‘15-Minute City’ Concept Can Shape a Net-Zero Urban Future [J]. Humanities Social Sciences Communications，2022，9，1-5.

[22] Alexander，C. A Pattern Language：Towns，Buildings，Construction [M]. Oxford：Oxford University Press，1977.

吐鲁番传统葡萄晾房被动式低碳营建智慧

丁建华[1]　迪力胡玛尔·木巴热克[1]　王浩舜[2]

作者单位
1. 东北大学江河建筑学院
2. 中国建筑西南设计研究院

摘要：文章以吐鲁番地区传统葡萄晾房的被动式低碳营建智慧总结与提炼为目标，选取该地区三个典型村落，结合在地调研、技术解构和ArcGIS等主客观分析手段，总结提炼吐鲁番地区传统葡萄晾房的气候、资源的地域性环境响应智慧，以及晾房建筑本体的选址、布局、规模、围护结构、空间、材料和细部构造等被动式低碳营建智慧，尝试揭示传统晾房的被动式低碳响应与作用的内在逻辑和机理，为当下和未来的吐鲁番地区葡萄晾房的本体设计、环境参数、晾干工艺和成干效率等内容提供优化与改良的基础参考。

关键词：吐鲁番地区；传统晾房；被动式低碳智慧；总结与提炼

Abstract: Aiming at summarizing and refining the passive low-carbon construction wisdom of traditional grape drying houses in Turpan area, this paper selected three typical villages in Turpan area, combined with subjective and objective analysis methods such as local investigation, technical deconstruction and ArcGIS, summarized and refined the regional environmental response wisdom of climate and resources of traditional grape drying houses in Turpan area. As well as the passive low-carbon construction wisdom of the location, layout, scale, envelope, space, material and detail structure of the drying room building itself, this paper tries to reveal the internal logic and mechanism of the passive low-carbon response and function of the traditional drying room. It provides a basic reference for the optimization and improvement of the current and future Turpan grape drying room design, environmental parameters, drying technology and drying efficiency.

Keywords: Turpan Area; Traditional Drying Room; Passive Low-carbon Wisdom; Summary and Refinement

中国新疆吐鲁番地区以其得天独厚的气候条件，成为世界葡萄干生产的主要区域，尤其是无核白绿色葡萄干，占国内总产量的90%。吐鲁番传统葡萄晾房不仅反映当地的风土人情和生活方式，更是体现当地人民适应地理气候变化的营建智慧。晾房通过其独特的营建方式，生产营养价值高、感官品质优的葡萄干。

晾房不仅作为主要的葡萄干生产用房，帮助当地居民提高收入水平，还可以作为民居微气候环境的重要调节工具，显著提高室内热舒适度。例如：晾房与高棚架、庭院的结合，在酷热的夏季遮阴降温，利用热压效应在庭院内形成“冷风”，营造出凉爽舒适的微气候环境（图1）；通过屋顶式布局晾房有效降低屋顶表面温度约2.46℃，从而提升室内的热舒适度[1]~[3]。

尽管现有研究从生土建筑的热环境作用、晾房建筑风格与特征、生态智慧营建、使用过程中的相关指标以及规划空间布局等多个维度探讨晾房，但针对晾房的被动式低碳技术进行系统性整理，以及其与物理环境因素之间的关联性研究尚显不足。鉴于此，本文选取吐鲁番三个典型村落作为研究案例，旨在全面梳理葡萄干燥物理环境指标与晾房选址布局、建筑本体、细部之间的相互联系，综合归纳其被动式低碳建筑策略。

1　干燥工艺与物理参数边界

1.1　成干概况与干燥工艺

吐鲁番地区的葡萄成干工艺历经数百年的沉淀与优化，已形成一套完整、朴素、经济且适于当地的晾晒流程、方法和工艺。葡萄成干一般需经历葡萄剪取，病果筛选、成果运输、晒前处理和挂串制干、晒后处理等六个主要步骤。成干通常指狭义的葡萄挂串

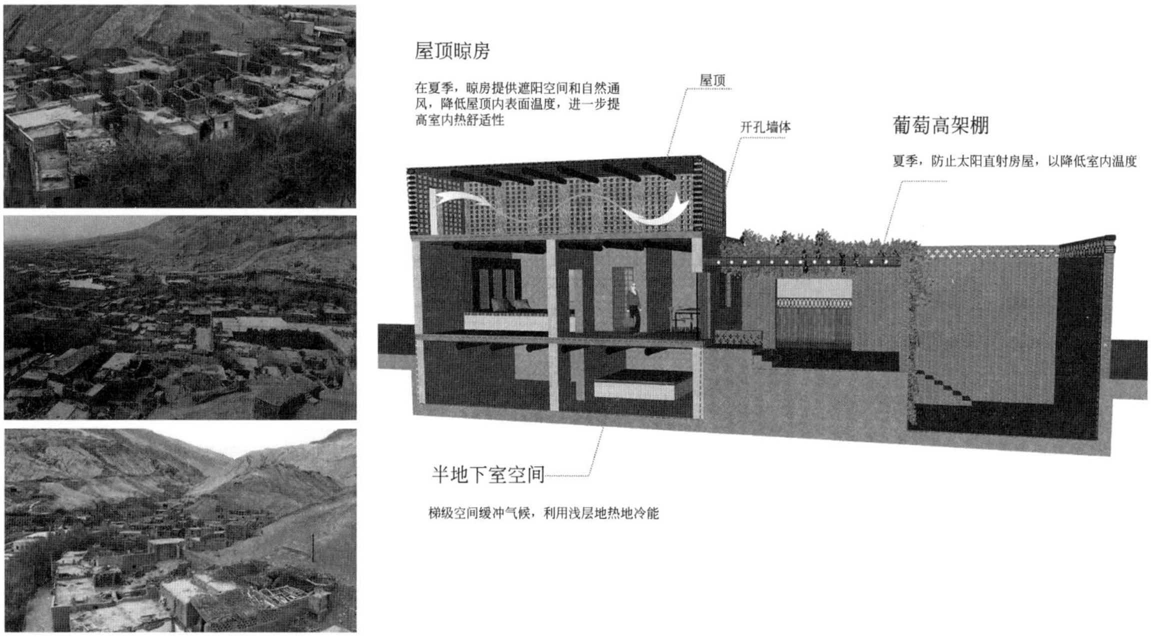

图1　吐鲁番传统农宅与晾房布局分析
（来源：照片来源于网络，其余作者自绘）

制干步骤，而晾房是葡萄挂串制干环节的空间载体之一。吐鲁番地区葡萄成干的干燥方式通常包含晾干、晒干、热风干、太阳能干、微波干和真空冷冻干等。成干阶段的干燥周期短则3～4天，长则2～3周。虽然主动式干燥手段缩短葡萄干燥时间，环境参数更易于控制，但由于其高成本、高能耗以及可能降低葡萄干营养价值的问题，被动式晾干方式仍然是主流选择。以晾房为载体的晾干为例，通常情况下，该地区葡萄由鲜果至成干需经历6周左右，一般始于每年的8月下旬，止于9月底，当然，区域内因不同地块差异而有所差异。

1.2　葡萄成干边界参数

晾房内温湿度、风速以及光环境对葡萄果实中多酚氧化酶的活性与干燥速率有着显著的影响[8][9]。葡萄干燥过程中晾房内温度变化幅度较小，昼夜温差较外环境小，晾房内湿度不易受外界影响，湿度随着葡萄脱水而逐渐降低，风速则维持在1.5～2.6米/秒的范围，光照强度及紫外线的强度极低。葡萄晾干需要的最佳温度为33～35℃，湿度为1 5.0%至35.0%，风速为1 m/s~1.251 m/s。在这种条件下，葡萄晾干周期可划分为初期、中期与后期三个阶段。在初、中期阶段，较长时间的高温累积会使得干燥速率快，基本实现葡萄脱水完成，后期因较低温度，干燥速率极其缓慢。若晾房内温度若低于30℃，干燥速率显著降低。此外，降低湿度或增加风速均能提升干燥效率[10]~[12]。

不同的干燥方式对应不同的成干工艺和载体，并影响着葡萄成干品质和成干周期（表1）。成干品质通常表现为成干颜色、香气成分、总黄酮、多酚物质、含糖量、维生素C含量、抗氧化强度和褐变率等内容。温湿度的精确控制对于维持葡萄干品质具有重大意义，晾房通过调节温湿度，缩小昼夜温差等机制，降低葡萄干褐变率，随着温度升高，葡萄干品质越低。晾房中低光照强度、稳定的温、湿度条件是利于葡萄干高品质的关键因素。

2　晾房选址与地域环境

2.1　一区一县的主种植区环境边界

吐鲁番地处群山环抱的盆地，气候为暖温带大陆性干旱荒漠型，对晾房建筑的设计与布局产生重要影响。该地区分化为一区两县，高昌区与鄯善县因应农业产业构成与地域文化传承，成为葡萄种植的集中地带。地形差异导致两区气候特征各异，晾房选址亦随

不同葡萄干燥工艺技术对比统计　　表1

干燥方式	设备分类	对葡萄干品质的影响	干燥周期	优点	缺点
晾干	独立式晾房 屋顶式晾房 庭院式晾房	适宜的温度、湿度环境有利于形成绿色葡萄干，且能较好的保存葡萄果实内的香气成分、总黄酮和多酚物质。但长时间干燥会降低葡萄干中总糖含量[4]	自然条件下，促干剂处理需要两周以上	节约能源、葡萄干营养价值高、可大量晾晒，操作较简单，调节建筑室内热舒适度	干燥所需时间长、葡萄干品质不一
晒干	无盖露天 加盖露天 自然架式	晒干方式干燥速率显著晾干方式，但由于极高的环境温度和昼夜差导致葡萄褐变，Vc含量、糖含量降低，口感差	自然条件下，促干剂处理需要一周左右	节约晾晒成本，操作简单，方便管理	受外界环境因素影响较大、产品的卫生条件难以得到保障、葡萄干品质差[7]
热风干燥	热风循环 电热恒温 鼓风	温度越高干燥速率越快，但其褐变率也会越高，随着干燥时间的增加，葡萄干的抗坏血酸保留率逐渐降低[5]	40℃设定温度条件下，需要一周左右	热风干燥葡萄产品的感官良好，有效地延长了葡萄产品的货架期	维生素含量明显降低，导致干燥产品缺失营养
太阳能干燥	直接式 间接式 强制循环 自然循环 混合式	较好的利用当地的太阳能资源，提高葡萄干燥速率，且产品中维C含量明显高于传统晾房[6]	不同方式呈现不同周期，一般一周左右	避免昆虫的叮咬和灰尘的沾染，被干燥物料的卫生条件大大改善，产品等级提高	葡萄直接受到太阳辐射，会导致品质下降，出现变色和香气损失
微波干燥	微波隧道	微波干燥使葡萄中抗坏血酸的损失更大，但微波干燥出的葡萄干果粒大小和色泽均匀一致，呈绿色，并且杂质较少[7]	干燥速率最快，一般需要3~4天时间	生产效率高，在干燥过程中能更好地保留葡萄的营养和风味物质	微波热源散热性差，干燥温度不易控制，且微波干燥设备投资大、维护成本高
真空冷冻干燥		干燥速度较快，葡萄干含糖量高、营养成分高、抗氧化能力强	干燥速率较其他方式快，大约4~5天时间	可以保持葡萄干产品的质量，产品食用价值高，感官特性好，可长期保存	成本高，不适合对葡萄干进行大规模工业生产

之呈现地域性偏差。

吐鲁番年有效积温超过5600℃，年降水量极低，但蒸发量却高达3000mm以上，形成了极端干旱、高温的气候环境。尽管如此，吐鲁番的日照时数高达3200小时，太阳辐射强，风能资源丰富，总量达5000万kW。8、9月平均气温分别为30.5℃和25℃，为葡萄干燥提供有利的高温环境。昼夜温差大，接近15℃，会对葡萄营养成分的保存造成不利影响，因此在晾房建造中应减小昼夜温差值。8月、9月的太阳日辐射均值分别为21808kJ/m²和18162kJ/m²，远高于全国平均水平，为葡萄干燥提供良好的热量来源。此外，该地区常年以北风、西北风为主，尤其是8月、9月平均风速为11.75km/h，风向以北、西和南为主。因此，在晾房建筑的朝向布局中，应使长边朝向迎风面与主风向垂直，以促进通风速度（图2～图4）。

高昌区年平均气温为29℃，夏季极端最高气温可达49.6℃，年总降水量为33mm。相比之下，鄯善县年均气温为21℃，极端高温为48℃，年总降水量为71mm。鄯善县的气候特点由北向南呈现明显差异，火焰山以北区域具有暖温带荒漠气候特征，而火

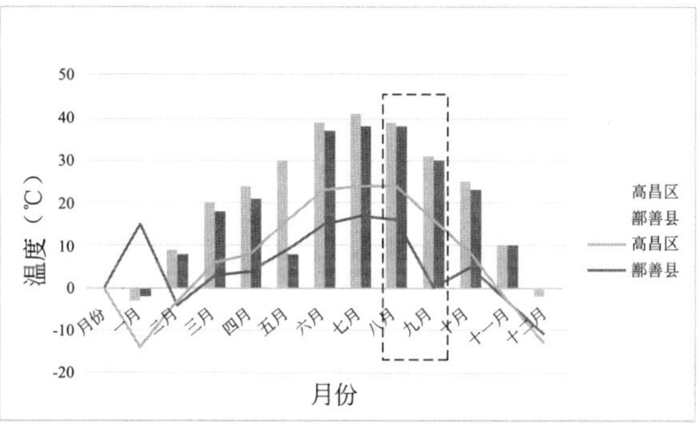

图2　高昌区与鄯善县逐月高温与低温对比图

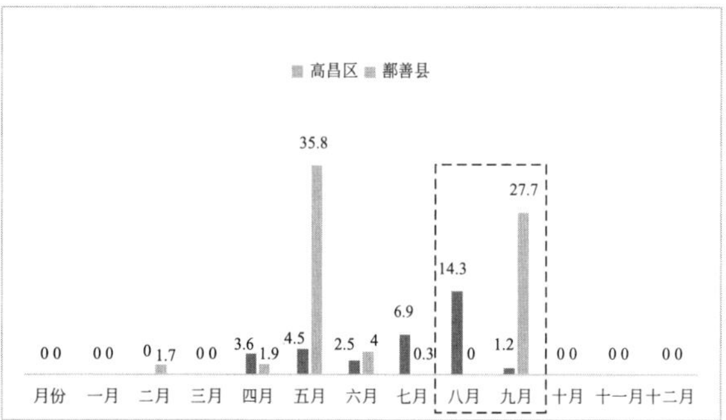

图3　高昌区与鄯善县逐月降水量对比图

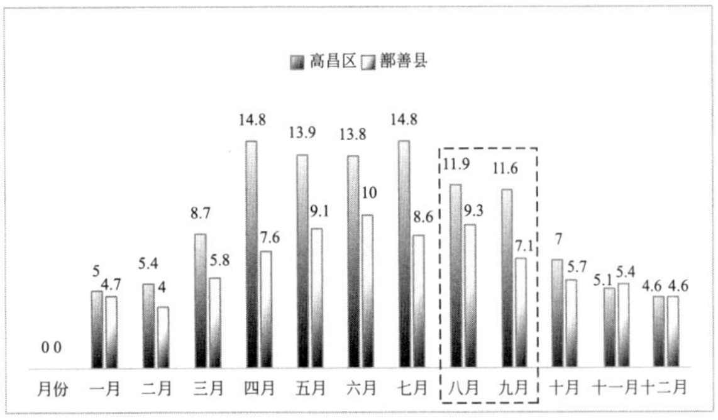

图4 高昌区与鄯善县逐月风速对比图
（数据来源：吐鲁番气象局网站2023年气候数据）

焰山以南区域则因地势低下封闭，温度比北边的高且水分蒸发量更大。以上不同特征在晾房被动式对应策略中出现差异性。本文基于这三种气候特征，选取吐峪沟乡、胜金乡和亚尔镇作为典型村落，其中吐峪沟乡位于山南，胜金乡位于山北，亚尔镇位于高昌区。三者的气候条件和晾房营建形成鲜明对比，通过对比分析总结出晾房气候响应营建策略。

2.2 基于气候、高程与坡度权衡的晾房选址

吐鲁番地区晾房的选址充分体现因地制宜的策略智慧，在生产性建筑的演变过程中，对地形地貌和气候条件的响应尤显卓越。晾房的选址过程中，温湿度、风速、海拔、坡度与坡向等自然因素起着关键的限制作用。选址时必须考虑到日照充足、温湿度适宜，以防极端气温对葡萄干品质的负面影响。地形地貌是影响建造葡萄晾房另一重要因素。晾房一般选址在地势较高之处，这不仅利于自然通风，还可减少周边绿洲水汽的干扰，从而提升葡萄干的品质。然而，地势过高可能导致交通不便，进而影响到葡萄运输、田间管理及晾房施工建设。与之相对，坡度缓和、地势平坦的区域便于晾房建设和材料输送，从而节约建设成本。晾房选址，必须综合考虑气候条件、地形高差及坡度等因素的相互作用及其影响。地表温度反演分析技术提供了研究区域温度分布的可视化工具，能直观呈现温度分布状况，并揭示地形特征对温度分布的影响。此外，地形地貌的细节特征，如高程变化和坡度信息，也可以通过可视化手段直观展现。

通过ArcGIS技术对胜金乡、亚尔镇、吐峪沟乡的地表温度、坡度、高程分析，发现胜金乡绿洲区的地表温度超过35℃，边缘地区更高；吐峪沟和亚尔镇绿洲区的地表温度约为30～35℃，而边缘地区高于35℃。胜金乡绿洲区的坡度介于0°～12°，高程范围为44～463m。吐峪沟乡绿洲区坡度为0°～24°，高程介于-24～90m。亚尔镇绿洲区的坡度为0°～27°，高程在-91～275m。胜金乡绿洲区的晾房主要分布在温度较高、坡度较低、高程较高的北部地区；吐峪沟乡的晾房分散布局在绿洲边缘地区，该区温度较高，坡度相对均匀，高程较高；亚尔镇的晾房则集中在北部和东南侧，这些区域温度较高，坡度较大，高程较高（表2）。

对比三个地区晾房选址布局，发现晾房选址倾向

晾房选址与地表温度、坡度及高程的对应关系　　表2

区域	绿洲区组团晾房（地图）	绿洲区内组团晾房（地表温度）	2022年8月至9月地表温度（全区）	地表温度范围	坡度（全区）	高程（全区）	坡度、高程范围
吐鲁番鄯善县胜金乡（火焰山北）		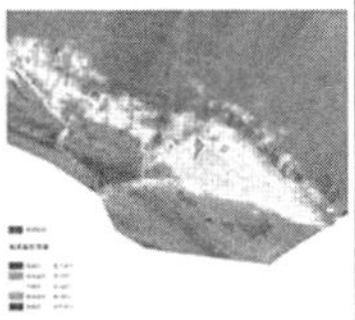	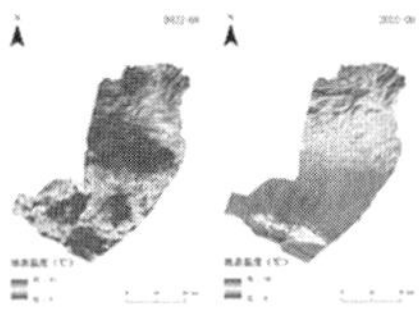	相关月地表温度范围：0～58℃ 晾房主要布局区域地表温度：40～45℃		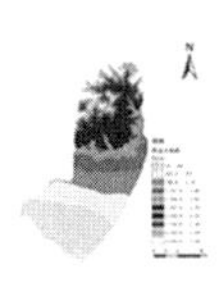	组团晾房主要分布区域 坡度：0～12° 高程：44～463m
吐鲁番鄯善县吐峪沟乡（火焰山南）	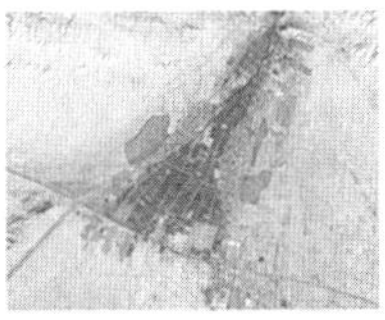	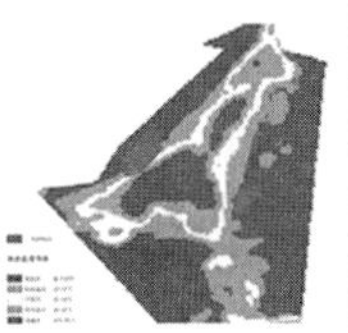	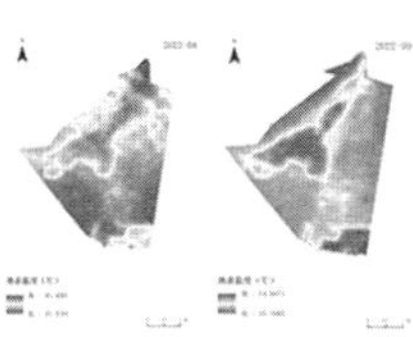	相关月地表温度范围：15～55℃ 晾房主要布局区域地表温度：40～50℃	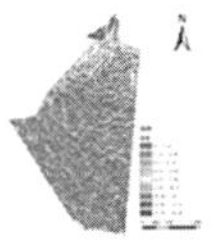		组团晾房主要分布区域 坡度：0～14° 高程：14～90m

续表

区域	绿洲区组团晾房（地图）	绿洲区内组团晾房（地表温度）	2022年8月至9月地表温度（全区）	地表温度范围	坡度（全区）	高程（全区）	坡度、高程范围
吐鲁番高昌区亚尔镇	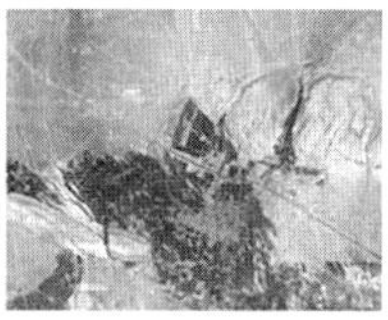	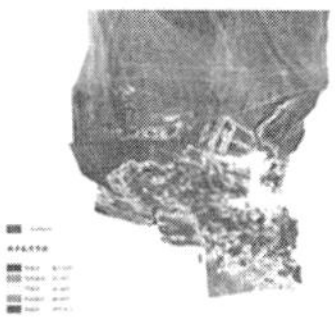	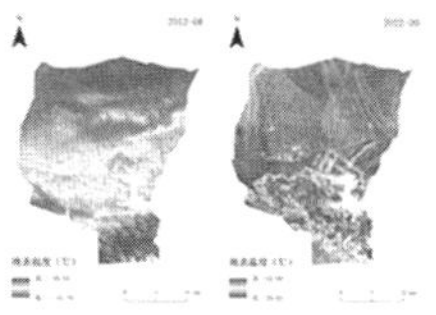	相关月地表温度范围：15～55℃ 晾房主要布局区域地表温度：40～50℃	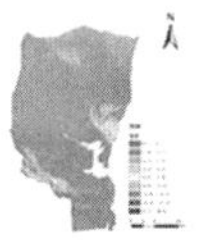		组团晾房主要分布区域坡度：0～27° 高程：6～275m

于选择绿洲边缘、高程介于5～500m的较高地势、坡度小于10°和地势平坦的高温区，以更有效地利用当地的地形和气候资源，促进葡萄的高效脱水。然而，亚尔镇的晾房大多分布在温度低于35℃、坡度大于10°的区域，这似乎未能充分利用当地的高温气候资源。吐鲁番晾房的选址布局体现被动式技术与气候适应性策略的有机结合。

3　被动晾房与低碳营建

晾房被动式技术在充分利用当地气候资源的基础上总结出的当地营建智慧。晾房通过建筑本体空间尺寸、围护结构材料选择、墙体开孔和细部构造等方面的设计，既能充分利用当地资源，又能缓解当地不利气候的影响。吐鲁番在8~9月期间的高温和强风气候特征为葡萄自然干燥提供了天然优势。在这段时间内，室外的高温和强风共同作用，形成热空气流动。通过晾房内外部的风压和热压差，加快室内热空气的流动速度，进而加速葡萄的脱水过程。晾房内部的水蒸气通过背风面的格孔墙体有效排出，进一步提高葡萄干燥的效率。

3.1　晾房本体形制

晾房平面布局通常采用“I”或“L”形设计，平面布局规整，减小建筑体型系数，旨在促进内部自然通风和增强热量对流效应，从而减少对主动式通风设备的依赖。晾房平面尺度参数，包括进深、开间与高度，是影响其节能效率和功能性的关键因素。根据实地调研，晾房的开间尺寸通常控制在4.5～40m之间，进深为2.9～3.6m，高度为2.2～3.0m。长宽高比例通常遵循3：2：2，以形成高效的基本单元空间，既满足晾房的使用需求，又优化建筑的能耗。

晾房建筑立面形式通常分为通底式开孔立面、上下分离式开孔立面和自由分离式开孔立面（表3）。

吐鲁番传统葡萄晾房立面分类及规模统计　　表3

立面类型	案例		立面样式	常见尺寸	规模占比
通底式开孔立面	多样式开孔		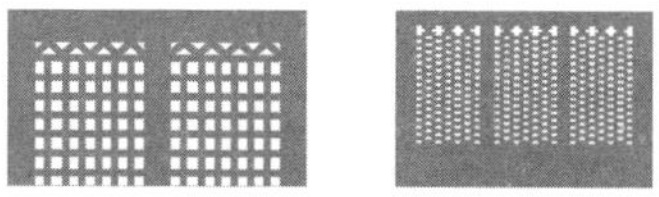	长×宽×高 4. 5mX3.2mX2. 6m	12%
	单样式开孔		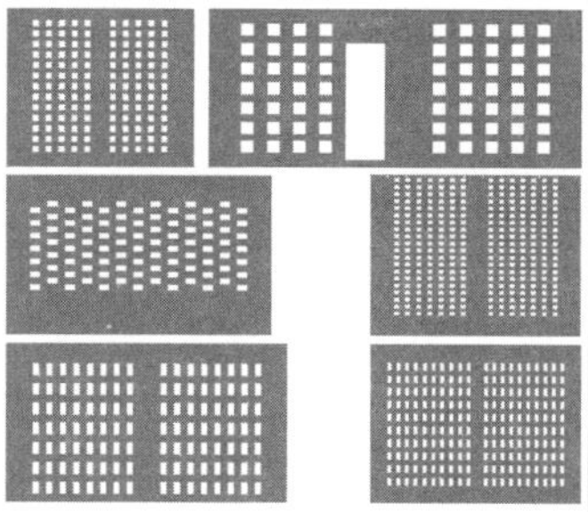	长×宽×高 10.4m×3.2m×2.6m	78%
自由分离式开孔立面			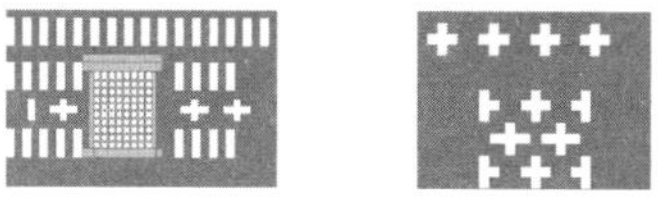	长×宽×高 2.8m×3m×2.4m	8%

续表

立面类型	案例	立面样式	常见尺寸	规模占比
上下分离式开孔立面	 	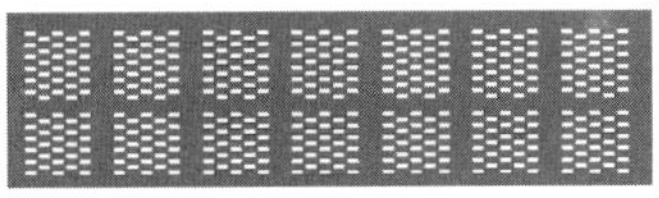	长×宽×高 15m×2.2m×2.4m	2%

通底式开孔立面由于连续通风路径和结构稳定性，成为常用立面形式。当地居民选择生土作为墙体砌筑材料，其结构和热工性能非常适宜气候干燥地区。生土材料取材方便、造价低廉、易消解于自然、环境资源消耗较低，具有可持续发展的生态智慧与理念，体现晾房建筑取之于自然、融入于自然的智慧。

晾房建筑的被动式节能设计揭示了其与地域气候适应性之间的协同效应，为绿色建筑的地域性设计提供了实证基础。晾房设计不仅需满足功能性需求，更应融入被动式节能技术，以适应地域气候特征，实现建筑的可持续性和环境友好性。

3.2 细部构造

晾房细部构造不仅需考虑美学因素，还需考虑晾晒过程中对内部物理环境的影响。屋顶与底部构造保证其稳定性的前提下，最大程度节省材料。木质椽和梁构成屋顶的基础承重结构，其低热导率特性为隔热提供初步屏障。苇席作为中间绝热层，利用纤维间空气层减缓热传导，其上覆盖的灰泥层不仅防水，其多孔结构进一步增强隔热效果，从而促进晾房内葡萄均匀受热脱水。

开孔技术作为晾房与室外热量交换的核心机制，设计需细致考量以实现最优热力学性能。白日，热量通过小空隙传递，以达到利于葡萄干燥的适宜室内温度。而到了夜晚，这些孔隙则转变为阻挡热量流失的屏障，保持晾房与外界环境间昼夜温差的稳定，有效降低葡萄褐变速率及营养成分的损失。此外，适宜的开孔率还能促进室内空气流通，加快葡萄脱水速度，同时通过自然调节减少室内湿度。

开孔技术还兼具削弱太阳直射及紫外线的功能，对生产绿色葡萄干至关重要。根据现场调研，晾房的开孔形式主要包括正方形、长方形、三角形、十字形和花瓣形等。这些形式根据具体施工技术，呈现出多样的尺寸变化，常见的例如0.2m×0.2m、0.115m×0.096m、0.2m×0.08m、0.2m×0.21m等（表4、表5）。不同的开孔尺寸会影响墙体的空隙率，晾房建筑墙体的开孔率大体在11%~35%之间，而常用开孔率则在23%~28%之间。开孔率过小或过大均可能对储热能力和通风效果产生负面影响。因此，对低于23%或高于28%的开孔率，还需进一步地实地测量，以判断其是否能保持理想的室内物理条件，这也是未来研究的重点之一。

晾房建筑的墙体开孔设计是吐鲁番地区葡农千百年来智慧的结晶，其在被动式节能技术中的应用展现地域气候适应性建筑形式的卓越性能。通过精确计算和设计，晾房可实现最佳开孔率范围，为葡萄干燥技

吐鲁番传统晾房开孔样式 表4

	正方形开孔样式	横向长方形开孔样式	竖向长方形开孔样式	其他开孔样式
开孔样式	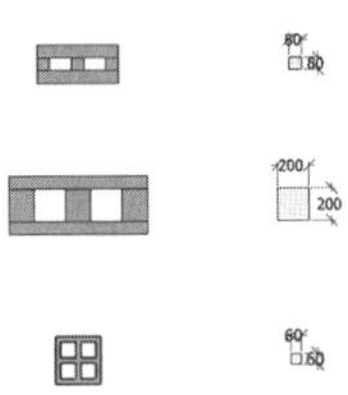	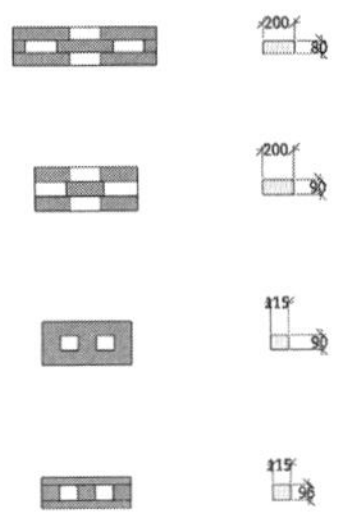	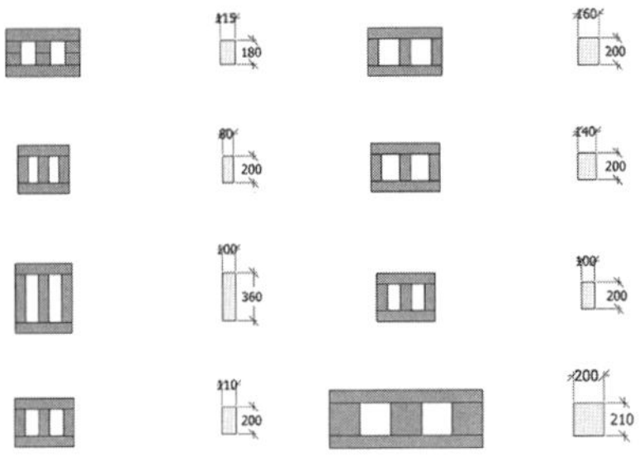	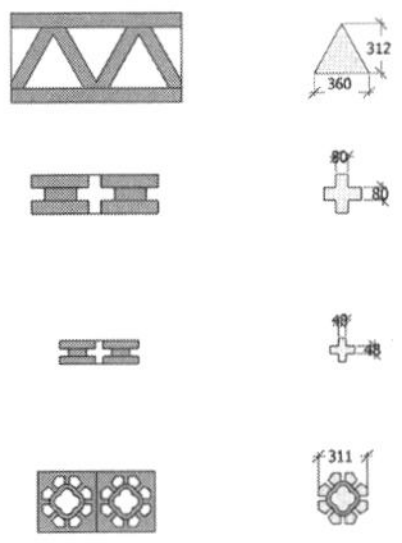
常见尺寸	200mm×200mm	115mm×96mm	200mm×80mm 200mm×210mm	运用较少

吐鲁番传统晾房细部构造 表5

开孔样式剖面构造		屋顶构造	底部构造
细部构造	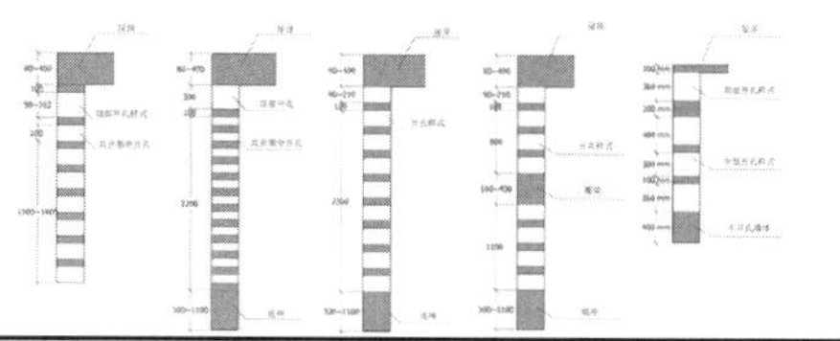	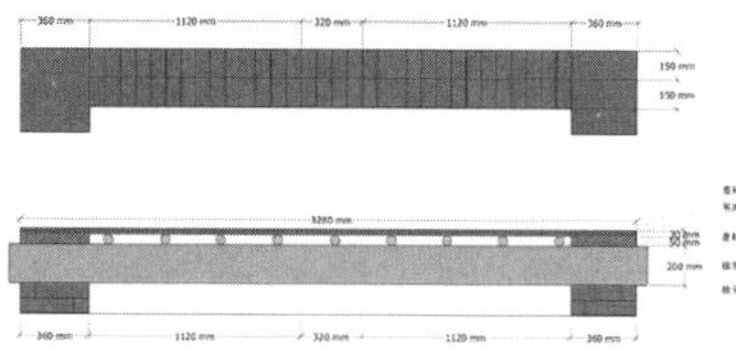	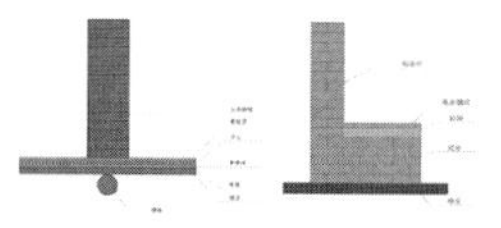

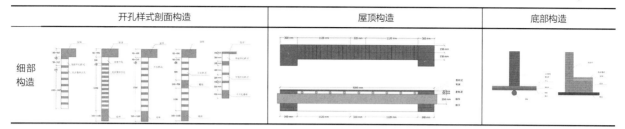

术提供更高效和可持续的解决方案。

4 结语

本研究深入探讨吐鲁番地区传统葡萄晾房的被动式低碳建造智慧，通过案例分析，展示如何将地域气候特性与农业生产需求相结合，创造持续性发展的建筑模式。晾房的设计和构造不仅彰显了对吐鲁番极端气候条件的精准把握与适应，亦反映了在资源受限的情境下，追求建筑效能最大化和环境影响最小化的策略。通过系统性分析晾房的干燥工艺、物理环境与葡萄干燥速率的相互关系，以及物理环境对葡萄干品质的影响，突显晾房在提升生产效率与产品品质方面的关键作用。研究结果表明，优化晾房的设计不仅能够提升葡萄干产业的竞争力，同时也为传统农业建筑向绿色、低碳转型提供了重要的理论支撑和实践指导。

在进行实地考察时，本文发现了一些具体问题，尤其是当地居民在专业指导不足的情况下，造成晾房开孔样式的不统一，开孔率因此受到影响，或高或低。针对这一现状，未来的研究工作可以从以下几个方面着手：第一，针对晾房开孔样式进行科学优化，以提升晾房的性能；第二，基于传统晾房的性能提升，进一步促进当地晾房建筑的发展；第三，通过提高晾房的经济效益，帮助当地农民增加收入，从而为地区的经济发展作出积极贡献。

参考文献

[1] 朱新荣，杨晓静，何文芳，等. 夏季新疆葡萄晾房对生土民居热环境的作用分析 [J]. 暖通空调，2021，51（9）：127-132，46.

[2] Zhang，Lei et al.. Thermal Regulation Mechanism of Air-Drying Shelter to Indoor Environment of Earth Buildings Located in Turpan Basin with Extremely Dry and Hot Climate Conditions [J]. Sustainable Cities and Society，91（2023）：104416.

[3] Zhang X，Yang L，Yang J，et al.. Impacts of Air-drying Shelter on Indoor Thermal Environment in Turfan [J]. Procedia Engineering，2015，121（C）：757-762.

[4] 余成. 吐鲁番无核白葡萄晾房干燥模拟分析与实验研究 [D]. 乌鲁木齐：新疆农业大学，2018.

[5] 张英丽，江英，陈计峦，等. 无核葡萄干燥特性的研究 [J]. 食品工业科技，2009，30（11）：72-73，76.

[6] Jairaj，K. S.，S. P. Singh，and K. Srikant. A Review of Solar Dryers Developed for Grape Drying [J]. Solar Energy，83. 9（2009）：1698 - 1712.

[7] 谢辉，张雯，伍新宇，等. 新疆葡萄干生产研究现状及展望 [J]. 北方园艺，2015（21）：182-184.

[8] Grncarevic，M.，and J. S. Hawker. Browning of Sultana Grape Berries during Drying [J]. Journal of the science of food and agriculture，22. 5（1971）：270 - 272.

[9] Pangavhane，D. R.，R. L. Sawhney，and P. N. Sarsavadia. Effect of Various Dipping Pretreatment on Drying Kinetics of Thompson Seedless Grapes [J]. Journal of Food Engineering，39. 2（1999）：211 - 216.

[10] 谢辉，张雯，韩守安，等. 新疆晾房环境对绿色葡萄干色泽的影响 [J]. 农业工程学报，2019，35（7）：295-302.

[11] 樊丁宇，谢辉，闫鹏，等. 葡萄干品质指标探讨及因子分析 [J]. 西北农业学报，2012，21（3）：137-141.

[12] 艾力・哈斯木，李泽平，李雪莲，等. 不同晾房晾制吐鲁番无核白葡萄的干燥特性及品质比较 [J]. 食品与机械，2020，36（8）：141-146.

[13] 马静. 新疆鄯善绿洲葡萄干加工晾房空间格局及其动态变化研究 [D]. 乌鲁木齐：新疆师范大学，2014.

宝坻农村住宅夏季热环境实测调查及优化对策①

刘欣蕊 王佳婧 陈俊 王岩

作者单位
天津城建大学建筑学院

摘要： 在“双碳”目标的背景下，我国对乡村的居住环境和住宅节能改造高度重视，本文以天津宝坻地区农村住宅为调研对象，通过实地测试和问卷调查，分析夏季室内热环境特性，对现状进行改善提升，以提高住宅居住舒适性，降低能源消耗。结果显示对住宅围护结构进行改造可以有效提高室内热环境舒适度。本研究对天津宝坻农村住宅热环境改善提升提供指导依据，为我国寒冷地区农村住宅节能舒适改造提供参考依据。

关键词： 乡村振兴；农村住宅；室内热环境；现场实测；优化对策

Abstract: Under the background of “double-carbon” target, China attaches great importance to the enhancement of the living environment in the countryside and the energy-saving renovation of the residence. This paper takes the rural residence in Baodi area of Tianjin City as the object of research, analyzes the characteristics of the indoor thermal environment in summer through the field test and questionnaire survey, and improves the status quo in order to improve the living comfort of the residence and to reduce the energy consumption. energy consumption. The results show that retrofitting the residential envelope can effectively improve the comfort of the indoor thermal environment. This study provides a guideline for the improvement and upgrading of rural residences in Baodi, Tianjin, and provides a reference basis for energy-saving and comfort retrofitting of rural residences in cold regions of China.

Keywords: Rural Revitalization ;Rural Housing; Indoor Thermal Environment; Field Measurements; Optimization Measures

1 引言

我国对乡村的居住环境与生活质量高度重视，在政策上给予高度支持。党的二十大报告指出，要“全面推进乡村振兴” “建设宜居宜业和美乡村”[1]。《加快农村能源转型发展助力乡村振兴的实施意见》中提出“清洁低碳、生态宜居；因地制宜、就近利用；经济可靠、惠民利民”农村能源转型基本原则[2]；《“十四五”节能减排综合工作方案》提出加快风能、太阳能、生物质能等可再生能源在农业生产和农村生活中的应用，有序推进农村清洁取暖，推进农房节能改造和绿色农房建设[3]。

我国农村地区在面积和人口上有重要的比例，农村经济伴随社会高速发展日益提高，农村居民对居住环境品质高要求与住宅的热工性能欠佳之间的矛盾日益突出，居民通过长时间开启用电设备等方式提高舒适性，导致住宅能耗的增加。近年来随着全球气候变暖，农村住宅夏季热环境及节能改善迫在眉睫，在“双碳”目标的大背景下，农村住宅热环境改善提升是建筑领域需要解决的重要课题。改革开放以来天津地区经济水平取得重大发展，但存在农村发展较为薄弱的问题，部分农村住宅建设年代久远，建造技术落后，对绿色建筑技术的认识不足，能源消耗较大，农宅居住舒适度欠缺，与城市住宅居住舒适性相比仍较为落后，提升农村住宅热舒适是天津缩小城乡差距的关键动力之一。

本文针对宝坻农村住宅夏季热环境特性，通过实地调研和现场测试，对住宅夏季室内热环境需求进行研究，对该地区农村住宅围护结构提出优化对策，为住宅热环境改善提升提供指导依据，为我国寒冷地区农村住宅节能舒适改造提供参考依据。

① 基金项目：天津城建大学教育教学改革与研究项目，重点项目，新工科背景下建筑学专业技术课程教学模式优化路径研究（项目编号：JG-ZD-22002）。

2　研究概况

2.1　研究对象

调研对象选取在天津宝坻区村庄，地处天津市中北部，是天津市的市辖区之一，属于华北平原北部的一部分，地处京、津、唐三角地带，邻近渤海湾，属暖温带半湿润大陆性季风气候。四季分明，春秋短，冬夏长，春季阳光充足，夏季高温多雨，秋季早晚温差大，冬季少雪多风，年平均气温11.6℃，年降水量612.5毫米。

经现场走访调研总结分析天津宝坻区农村住宅为典型北方农宅样式（表1）：住宅为合院形式，以庭院为中心，四周围合主屋、厢房、杂物房等功能用房，形成对外封闭的空间。其中主屋坐北朝南，主要用于居民日常起居，占有最好朝向位置，南向开大窗，白天吸收大量太阳能，提高室温，北向开高侧小窗，用于通风；厢房位于院内东西两侧，采光略逊于主屋，主要用来置放杂物或做客人房；屋顶为传统的瓦坡屋顶。房屋为组团形式，一般由几户或十几户房屋毗连。住宅的结构传统简单，采用砖木结构，屋顶为木架支撑，铺设茅草秸秆起到一定保温防水作用，屋顶外部老旧室内材料裸露，新建住宅为了室内美观增加吊顶，部分新建住宅会在吊顶之上增加保温材料。墙体为砖墙垒砌，大多数住宅的墙体保温采用三七墙保温，部分新建住宅增加外保温。新建住宅相较于老旧住宅，建筑结构及建筑性能均有提升。

新旧农村住宅现状分析　　表1

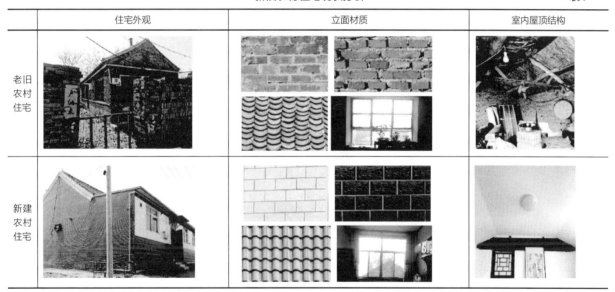

	住宅外观	立面材质	室内屋顶结构
老旧农村住宅			
新建农村住宅			

选取天津市3户典型农村住宅作为测试对象，分别为早期老旧农村住宅、过渡时期农村住宅和近期新建农村住宅，选取对象的建造年代、建筑面积、住宅面积、围护结构、采暖方式等信息（表2），对其室内热环境现状及居民需求特性进行实测比较分析。早期老旧农村住宅建造年代最为久远，建筑围护结构为简单的砖石墙、单层玻璃木窗和木门。随着保温隔热材料在农村地区的推广以及环保节能意识的增加，农村居民开始对住宅进行改造重建。过渡时期农村住宅同样为新建住宅，其建造时间较早，建造技术欠缺，外墙保温结构无改造，门窗换成了推拉式的铝合金门窗。近期新建农村住宅多数在外墙及屋面结构增加保温材料，且门窗更换为密封性更好的双层断桥铝门窗。

2.2　实测方法

在测试内容和方法的选择参考《民用建筑室内热湿环境评价标准》GB/T 50785—2012和ASHRAE基础手册，以确保测试的科学性。测试仪器摆放在住宅中坐北朝南的主要使用房间（客厅、主卧、次卧），所测试的数据包括室内温湿度、太阳辐射照度等。在布置室内仪器时，探头与围护结构之间的距离均大于0.5m，并远离了家用电器（图1）。不同地区、体质条件的人群对热环境的适应性有差异，根据单一客观的建筑实测热环境参数无法直接评判住宅室

调研对象现状总结表　　表2

住宅类型	早期老旧农村住宅	过渡时期农村住宅	近期新建农村住宅
建造时间	1968年	2010年	2018年
主体结构	砖木结构	砖木结构	砖木结构
住宅面积	56m^2	107m^2	112m^2
平面图	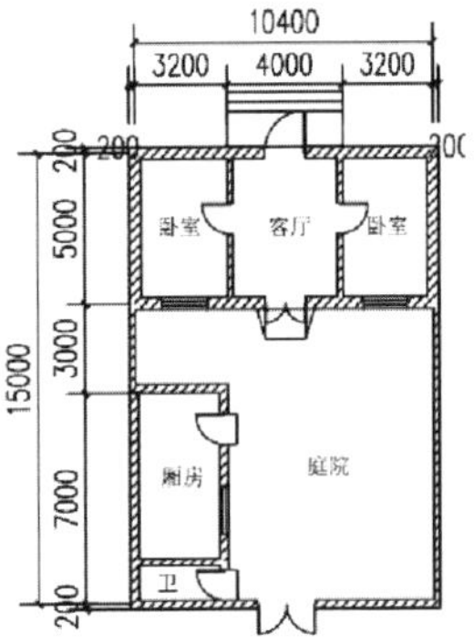	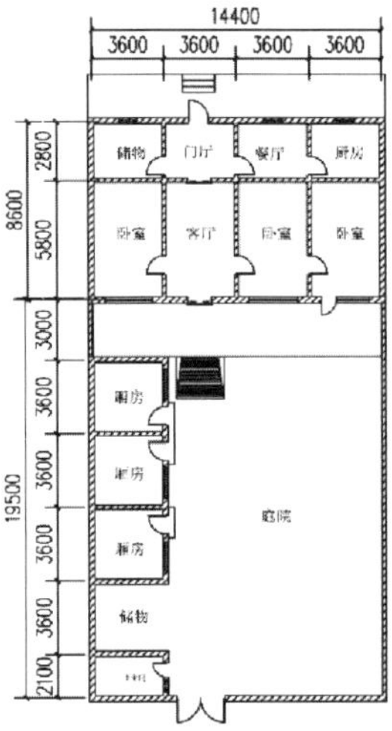	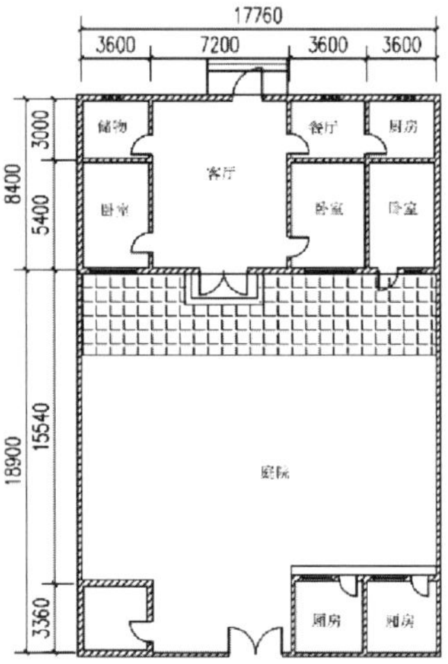
外围护结构	瓦木屋面； 砖石墙； 单层木窗； 铁皮框木门	瓦木屋面； 砖石墙； 双层铝合金框窗； 单层铝合金框玻璃门	瓦木屋面；砖石墙； 岩棉外保温； 双层塑钢框窗； 双层塑钢框玻璃门
立面外观			
常住人口	2人	3人	2人
采暖设备	煤改燃	煤改燃	煤改燃

内热环境的优劣。为确保调研的科学性，研究从主客观两方面对农村住宅室内热环境现状进行调研，在对现场客观的热环境参数进行实测的同时，结合测试住宅建筑样式和当地居民的生活习惯，设计包括受访者基本信息、行为习惯、生活形态、建筑基本信息、环境调节习惯、主观热感觉和现场即时热环境参数等信息的问卷。

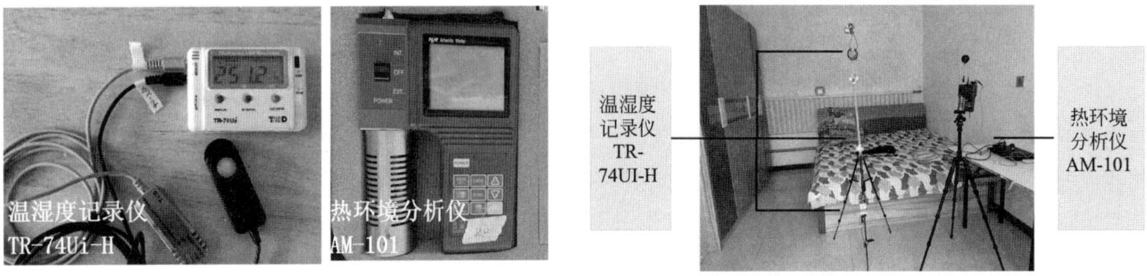

图1　测试仪器详图（左）及摆放方法（右）

3　结果分析

3.1　问卷调研分析

夏季回收有效问卷145份，其中男性61例，女性84例。老旧住宅使用者中以介于51~60岁之间和高于61岁的老年人为主，约占其调查群体的56%；新建住宅使用者中以0~30岁的年轻人为主，约占其调查群体的61%（图2）。由此可见传统住宅的使用者主要以老年人为主，而新建住宅使用者则主要以年轻人为主。传统住宅居民夏季降温方式以风扇（42%）和自然通风（31%）相结合为主，空调降温为辅，占比19%；而新建住宅居民在夏季运用空调降温比例较高，为68%，老年群体对自然通风和电扇降温需求较高（图3）。

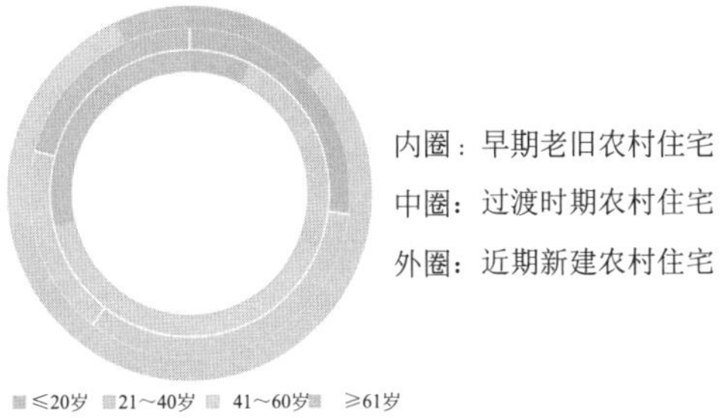

图2　居民年龄分布

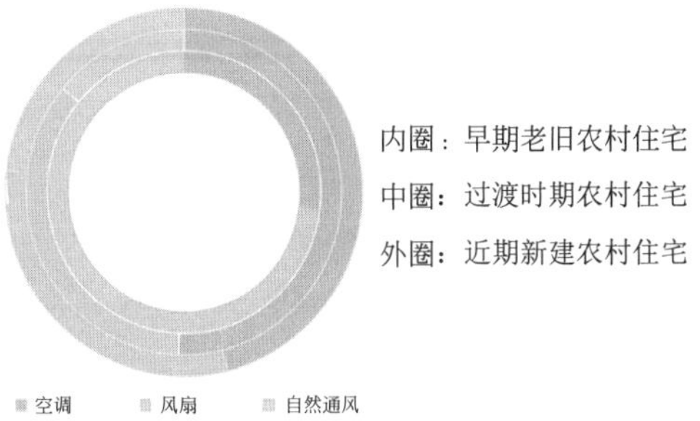

图3　不同时期住宅对通风的要求

对研究对象室内热环境评价进行分析（图4、图5），居住在老旧住宅的居民有36.21%认为室内温度感觉“中性”，居住在过渡时期住宅和近期新建住宅的居民分别有35.85%和33.9%感觉温度呈“中性”，认为温度感觉为“中性”的居民最多，认为热“可接受”最高，这是由于长期居住，人体主动调节

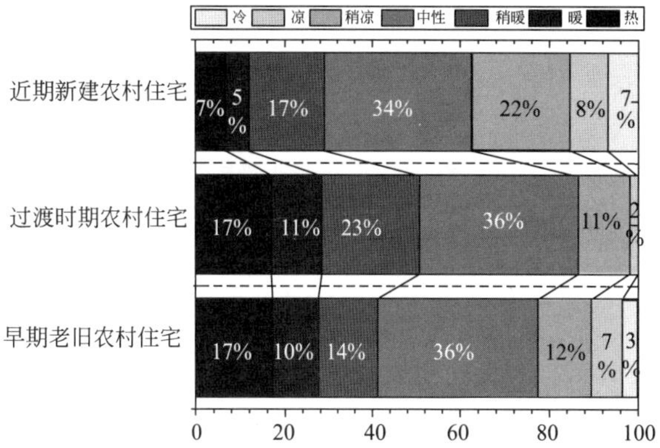

图4　主观热感觉投票分析

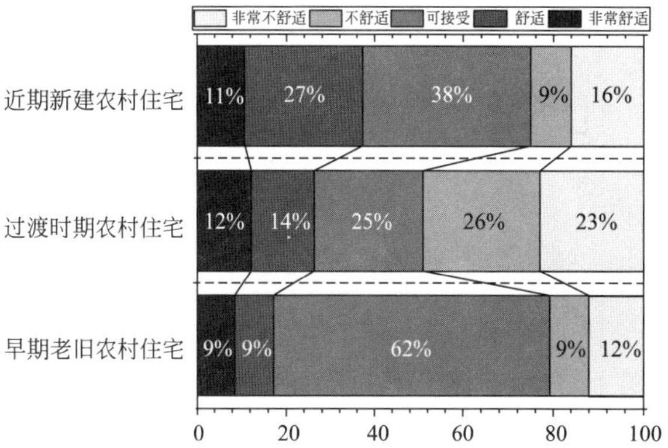

图5　主观热舒适投票分析

了对于温度的适应程度。过渡时期住宅中有53.27%的居民热感觉在“中性”以上，26%的居民感觉“不舒适”，三种不同类型住宅中占比最高，因为相关隔热技术在农村地区没有广泛推广，改造效果并不理想。近期新建住宅中热感觉在“中性”以上的居民比例明显减少，感觉舒适的比例增加，因为近几年保温隔热的基本技术在农村地区逐渐普及，人们在自建住宅时会选择隔热效果更好的外门、外窗材质，且会在外墙及屋面设置保温隔热材料，同时空调等制冷设备使用增多。

3.2　室内热环境实测分析

小提琴图显示了3个住宅各房间室内温湿度分布密度和分布区间（图6、图7），整体对比3个住宅的室内空气温度，老旧住宅温度最稳定，温度波动最小，波动范围在27.5℃~32.6℃，最高温度均低于过渡时期住宅和近期新建住宅的最高温度，这是由于老旧住宅开窗面积小，窗墙比较小，太阳辐射温度低，住宅室内通风不畅且房屋结构年代久远，夏天会出现返潮的情况，导致室内相对湿度最高。过渡时期农村住宅的空气温度波动范围在27.2℃~34.2℃，温度波动最大，其围护结构材料性能比近期新建住宅差，围护结构受损程高，导致室内空气流动活跃，自然通风的情况下室内温度波动更大。在3个住宅中，次卧室内空气温度均低于其他房间，这是由于次卧靠近西山墙，室外有遮挡，日照时间低于另外两个使用房间，室内辐射热量少，导致温度更低。新建住宅在使用与居住环境上有很大提升，然而由于农村住宅居民对于室内开阔明亮的居住环境的追求，过大开窗以及提高室内高度，导致夏天室内温度无明显改善，居民使用空调等制冷设备的频率增高，能源消耗变大。

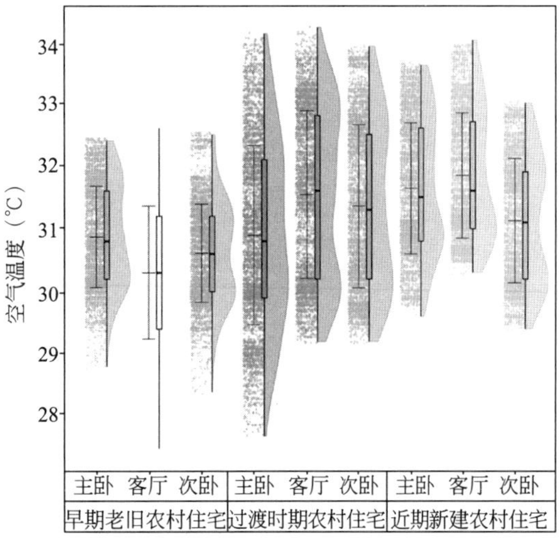

图6 不同房间空气温度

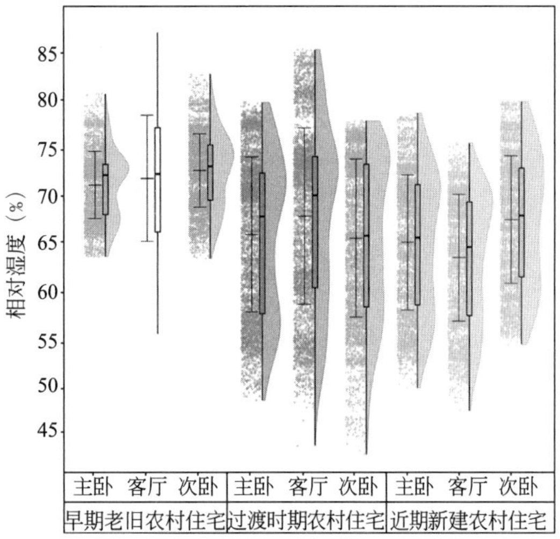

图7 不同房间相对湿度

4 室内热环境提升优化对策

采用被动式的设计手法，通过优化建筑围护结构的热工性能，控制窗墙比，优化室内自然通风和采光，控制住宅整体能耗，调节室内温湿度，以达到室内热环境舒适并达到节能优化。

4.1 外墙改造

增设墙体保温隔热构造：调研农村住宅大多临街而建，在日常生活使用中，更适合增设内保温以提高住宅保温隔热性能。在材料选择上优先选择热惰性高的材料，增加围护结构蓄热性能，减缓室内外的热量传递，降低室内升温速度[4]。经验证80毫米厚EPS（导热系数为0.03）聚苯板外墙内保温改造在经济和热工性能提升上最为合理[5]，构造做法如图8。

4.2 屋面改造

屋面作为住宅重要的外围护结构组成部分，由于建造工艺简单且常年失修，导致室内外温差热强度在夏季高于各个朝向的外墙，因此提高屋面的隔热能力可有效改善室内热环境，提高居住舒适度，同时降低能耗。首先考虑增加吊顶，在吊顶之上增加防水隔热材料。增建高分子树脂保温吊顶可以有效提高屋顶保温隔热性能[6]。

4.3 地面改造

由于技术发展滞后，农村住宅的地面直接在土壤之上建造，无特殊构造处理，导致夏季返潮现象严重，导致室内湿度过高，降低居住舒适度。因此对地面进行保温防潮改造可以有效提升室内舒适度，降低住宅能耗。经研究可采取素土夯实+混凝土+防潮层+聚苯板+混凝土+水泥砂浆[7]，达到降低地面吸水率，降低室内湿度，提高保温性能的稳定性的目的，构造做法如图9。

4.4 门窗改造

老旧农村住宅门窗使用时间较长，导致年久开裂，密封性欠缺，材质为普通单层玻璃，热工性能较差。新建住宅一味追求室内良好采光，开窗面积过大，导致夏季热辐射得热高。在改造时首先考虑调整窗墙比[8]，降低室内得热量，相关研究已证实窗墙比宜控制在 0.25~0.3，不仅利于形成穿堂风也可补充室内采光[9]。通过增加门窗玻璃的层数（单框双玻璃、多层窗等），中空处填充惰性气体。选择高透光、低辐射、热阻性强的玻璃材质，减少室内外热交换，提高门窗的保温隔热性能。

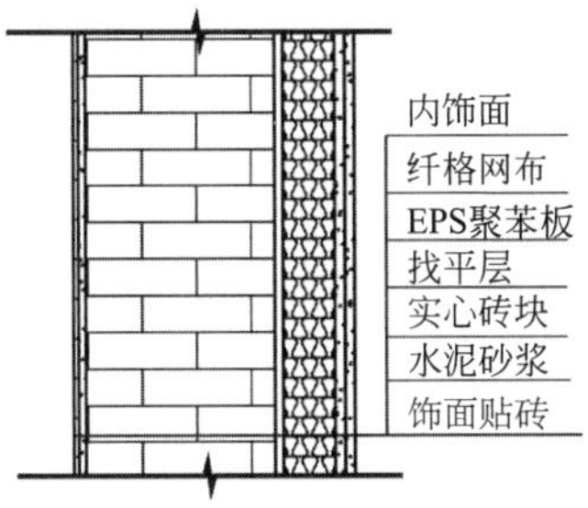

图 8　外墙改造构造图

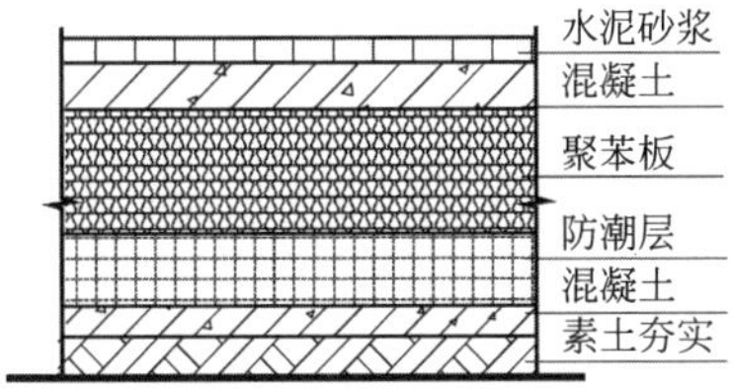

图 9　地面改造构造图

5　结论

我国农村住宅节能舒适改善一直被国家及广大学者重视，并取得一定成果。对于寒冷地区农村住宅冬季的室内热环境及采暖改善已有较多研究，对于夏季室内热环境提升还存在不足。本文针对夏季室内热环境现存问题，从问卷调研和实测数据出发，分析居民在住宅内活动的热感觉和热舒适，同时通过现场测试室内空气温度和相对湿度，得到住宅使用现状的不足：①长期居住人体主动调节使居民适应了居住环境，在空气温度较高的夏季感觉呈“热中性”；②三种不同时期住宅对比，过渡时期农村住宅的热工性能最差；③新建住宅不合理的窗墙比尺寸和过高的层高导致室内热环境没有得到有效改善。对现状问题提出优化对策，通过改造住宅围护结构（外墙、屋面、地面、门窗）能有效改善农村住宅夏季热环境，降低能耗。

参考文献

[1] 杨骞，祝辰辉. 乡村振兴的中国道路：特征、历程与展望 [J]. 农业经济问题，2024（2）：4-17.

[2] 加快农村能源转型发展助力乡村振兴 [J]. 乡村振兴，2022（1）：20.

[3] 国务院关于印发“十四五”节能减排综合工作方案的通知 [J]. 中华人民共和国国务院公报，2022（5）：46-52.

[4] 凌薇，金虹. 乡土. 宜居. 绿色：基于调研与实测的北方农村住宅人居环境改善研究 [J]. 建筑科学，2018，34（8）：147-155.

[5] 王宏伟，于晨，靳悦，等. 严寒地区农村住宅围护结构现状分析与优化研究 [J]. 建筑技术，2024，55（1）：82-87.

[6] 王公伯，罗力阳. 围护结构热工性能对住宅能耗与室内热舒适的影响研究——以秦皇岛地区既有农村住宅为例 [J]. 建筑经济，2023，44（S1）：397-406.

[7] 郭亚磊. 寒冷地区农村既有居住建筑夏季遮阳及围护结构节能改造供暖能耗分析 [D]. 西安：西安建筑科技大学，2023.

[8] 刘欢，张子平，赵士永，等. 窗墙比对华北农村住宅能耗影响规律研究 [J]. 河北工程大学学报（自然科学版），2015，32（2）：69-72，85.

[9] 付素娟，刘欢，郝雨杭. 窗墙比对农村住宅室内温度的影响分析 [J]. 建筑节能，2015，43（7）：55-58.

保定市机构养老设施能耗模拟及节能优化研究①

陈俊 王佳婧 刘欣蕊 王岩

作者单位
天津城建大学建筑学院

摘要： 随着我国社会老龄化的加剧，机构养老设施的建设和运营越来越受到重视，其中能耗问题是机构养老设施建设和运营中不可忽视的问题。本文以保定市典型机构养老设施为例，通过实测和模拟建立热感觉评价模型，利用 DesignBuilder 软件以热中性温度为目的进行能耗模拟，并提出相应的节能优化措施。通过对模拟结果的分析，验证了节能优化措施的有效性，为机构养老设施能耗管理和节能改造提供参考。

关键词： 机构养老设施；热中性温度；能耗模拟；节能优化

Abstract: With the aggravation of China's aging society, the construction and operation of institutional aged care facilities have been paid more and more attention to, among which energy consumption is a non-negligible issue in the construction and operation of institutional aged care facilities. This paper takes a typical institutional senior care facility in Baoding City as an example, establishes a thermal sensory evaluation model through actual measurement and simulation, uses DesignBuilder software to simulate energy consumption with the purpose of heat-neutral temperature, and proposes corresponding energy-saving optimization measures. Through the analysis of the simulation results, the effectiveness of the energy-saving optimization measures is verified, and reference is provided for the energy consumption management and energy-saving renovation of institutional elderly facilities.

Keywords: Elderly Facilities; Thermoneutral Temperature; Energy Consumption Simulation; Energy Optimization

1 引言

近年来，我国老龄化问题日益严重，机构养老设施的建设和运营成为社会关注的焦点，其中能耗问题是机构养老设施建设和运营中不可忽视的问题，由于经济、技术与认知水平的提升，人们在注重室内舒适性的同时，也逐渐考虑到节约建筑能耗的重要性，建筑能耗模拟的价值也日益凸显。2021年全国房屋建筑全过程能耗总量为19.1亿tce，占全国能源消耗总比重为36.3%[1]。国务院印发《“十四五”节能减排综合工作方案》提出需要进一步健全节能减排政策机制[2]。

现有能耗模拟及节能优化研究多以住宅、商业建筑及办公建筑为研究对象，基于机构养老设施的研究较少，多以建筑低能耗作为单一目标，由于不同性质的建筑适用人群及使用模式有很大不同，降低建筑能耗、提升热舒适、加强经济性等多目标研究是未来的发展趋势[3]。本文以保定市机构养老设施为例，建立了冬夏两季热感觉评价模型，确定了热中性温度，在满足老年人热舒适的基础上，利用DesignBuilder软件进行能耗模拟，分析能耗现状，并提出节能优化措施，同时进行模拟验证。

2 现状调研及热环境评价

2.1 研究对象现状

选择保定市三家具有代表性的机构养老设施作为研究对象（表1），发放问卷并进行现场实测，测试参数主要为室内外空气温度、室内外相对湿度、室内辐射温度、空气流速等。通过冬夏两季的现场实测，发现夏季西向居室的空气温度高于其他朝向居室的空气温度，冬季多数居室空气温度低于《河北省居住建筑节能设计标准》DB 13（J）185-2020中规定的冬季供暖室内计算温度，尤其是北向居室和室内靠窗位置，建筑外墙、外窗的保温性能较差。

① 基金项目：天津城建大学教育教学改革与研究项目，重点项目，新工科背景下建筑学专业技术课程教学模式优化路径研究（项目编号：JG-ZD-22002）；天津市研究生科研创新项目服务产业专项，以热舒适为目标的天津市老年人居住环境优化设计研究（项目编号：2022SKYZ228）。

测试对象一览表 表1

所在地	保定市		
设施名称	机构养老设施A	机构养老设施B	机构养老设施C
建筑年份	2000年	2014年	2005年
建筑结构	砖混结构	框架结构	砖混结构
建筑面积	2504.55m^2	14124.68 m^2	2613.17 m^2
建筑层数	2层	6层	6层

2.2 热中性温度计算

建立保定市机构养老设施夏季预测热感觉评价PMV模型，方程式为PMV＝0.4087top－10.9903，R^2＝0.9491，实测热感觉评价MTS模型，方程式为MTS=0.2903top－7.9097，R^2＝0.9717。确立了预测热中性温度为26.89℃，基于老年人生理、心理和行为习惯的实测热中性温度为27.25℃[5]。冬季预测热感觉评价PMV模型，方程式为PMV=0.2659top－6.5260，R^2＝0.9904，

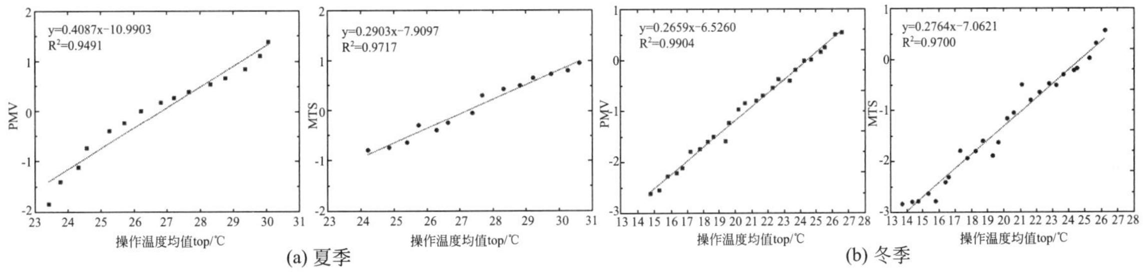

图1 冬夏两季 PMV 模型和 MTS 模型

实测热感觉评价MTS模型，一元线性回归方程式为MTS=0.2764top－7.0621，R^2＝0.9700。确立了预测热中性温度为24.54℃，实测热中性温度为25.56℃，图1为冬夏两季PMV和MTS模型。

3 能耗模拟分析

3.1 能耗模拟软件选取

目前DesignBuilder是国际上比较认可的最新建筑能耗模拟软件。DesignBuilder以Energy Plus软件为基础，弥补了界面复杂、操作不便的缺点，与其他建筑能耗模拟软件相比，DesignBuilder具有以下特点：①具有大量权威数据库。②界面人性化，操作简便。③支持PNG、JPEG、TIFF等多种格式输出[6]。因此，本文选择DesignBuilder软件进行保定市机构养老设施的建筑能耗模拟分析与节能优化对策研究。

3.2 建筑模型建立

选择机构养老设施A进行模拟，在DesignBuilder中完成墙体绘制和功能划分，根据实测的尺寸进行外窗和门的绘制，完成整栋机构养老设施的建模后进行参数设置，模型图如图2所示。

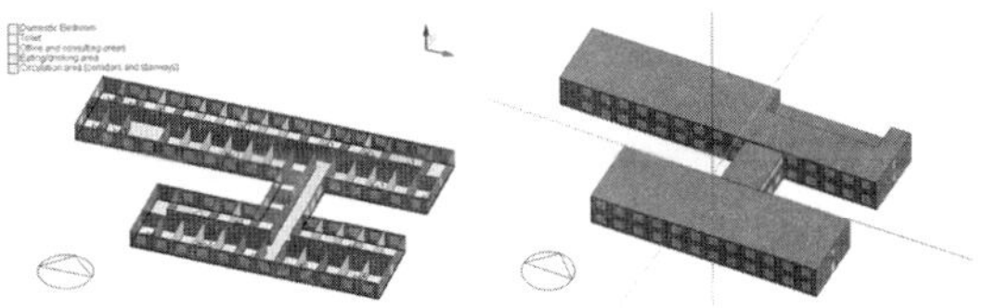

图2 机构养老设施模型

3.3 能耗模拟边界条件设定

1. 热中性温度

根据一元线性回归分析，得出了保定市机构养老设施夏季和冬季室内基于老年人生理、心理和行为习惯的实测和预测热中性温度，能耗模拟将以得到的热中性温度为边界条件进行研究。保定市机构养老设施夏季实测热中性温度为27.25℃，预测热中性温度为26.89℃。冬季实测热中性温度为25.56℃，预测热中性温度为24.54℃。为避免误差，当计算建筑达到理想温度的能耗时，将DesignBuilder中的预设温度

设定为实测热中性温度和预测热中性温度的平均值。

2. 制冷与采暖

机构养老设施A夏季制冷方式为空调制冷，调研发现，老年人基本都在室内进行活动，因此将制冷时间设定为6~9月，使用时间为全天，制冷能源为电网供电（Electricity From Grid ）。冬季采暖方式为散热器采暖，集中供暖，采暖能源设置为煤炭（Caol），将供暖时间设置为11月至次年3月，供暖时间为全天。

3. 照明

光照强度设定为平均值100Lux，照明时间设定为18：00~23：00。

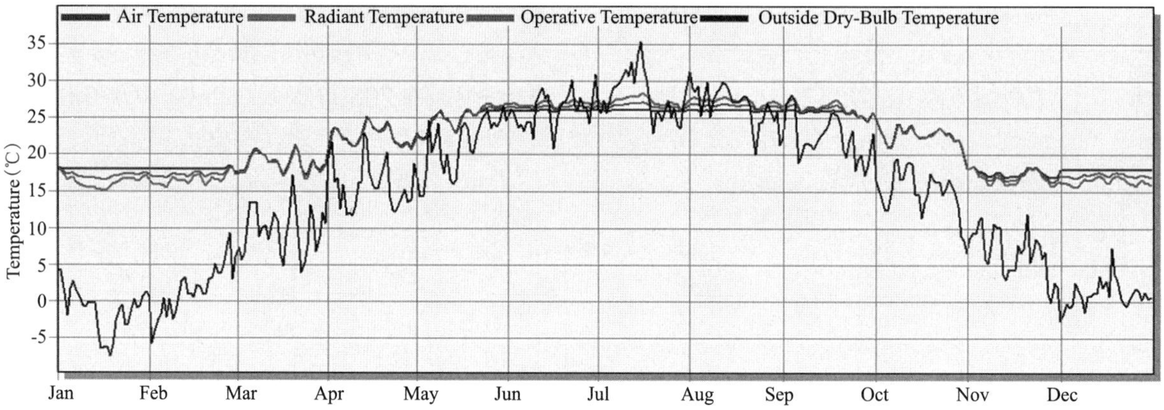

图3 机构养老设施A居室全年温度模拟结果

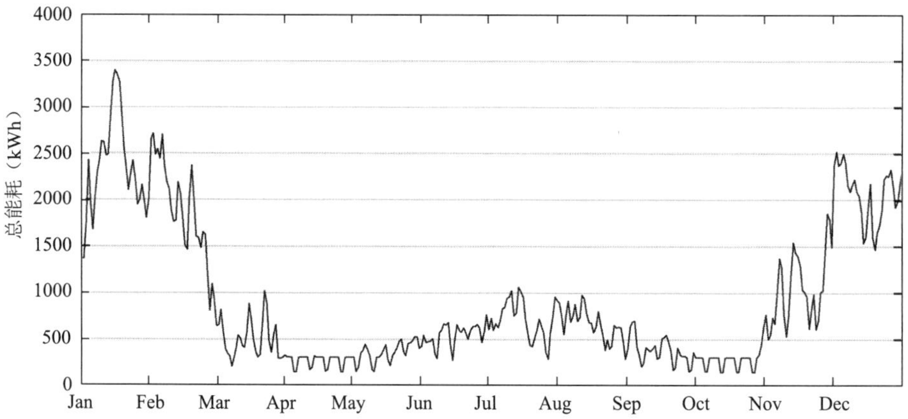

图4 机构养老设施A建筑全年总能耗模拟结果

3.4 以热中性温度为目标的建筑能耗模拟结果

模拟计算机构养老设施A在现有条件下达到实测温度时的建筑全年总能耗。由现场实测可知，夏季该建筑多数居室的空气温度为25℃~28℃，冬季空气温度为15℃~18℃，图3是在DesignBuilder中模拟的机构养老设施A居室全年温度模拟结果。达到此空气温度时，该建筑在现有条件下的建筑全年总能耗模拟结果如图4所示。可以看出机构养老设施A实际建筑全年总能耗为336131.91kWh，单位面积能耗为134.21kWh/m^2。其中，采暖能耗为200475.72kWh，约占总能耗的59.64%，制冷能耗为42028.25kWh，约占总能耗的12.50%。该建筑在冬季一月中旬能耗最高，全天能耗达到3396.30kWh，夏季7月中旬制冷能耗最高，全天能耗达到762.70kWh，过渡季能耗相对较低。

模拟计算机构养老设施A在现有条件下达到热中性温度时的建筑全年总能耗。通过模拟计算得出，养老设施A在现有条件下达到热中性温度时的建筑全年总能耗为547000.13kWh，单位面积能耗为218.40kWh/m^2，采暖能耗为426899.38kWh，约占总能耗的78.04%，制冷能耗为26472.80kWh，约占总能耗的4.83%。

综上所述，该建筑在现有条件下，达到热中性温度时的采暖能耗占比更高，在考虑建筑节能优化方案时，应该更加注重降低冬季采暖能耗，加强机构养老设施A冬季的保温效果。

4　节能优化对策与模拟验证

结合保定市机构养老设施能耗模拟结果以及现场测试结果，在保证居室温度达到热中性温度，满足老年人热舒适需求的情况下，提出三种节能优化对策：①提升外墙热工性能，选择最佳外墙传热系数。②提升外窗热工性能，选择适宜的外窗类型。前两种方案针对降低冬季采暖能耗。③选择合理遮阳方式，降低夏季制冷能耗。以下对三种节能优化对策有效性进行模拟验证。

4.1　外墙传热系数对建筑能耗的影响

模拟选用被广泛使用的模塑聚苯板（EPS Expanded Polystyrene）为外墙保温层材料，通过增加模塑聚苯板的厚度来降低外墙传热系数，探究外墙传热系数与建筑能耗的关系。

机构养老设施A共两层，根据河北省居住建筑节能设计标准，寒冷（B）区外围护结构热工性能参数限值中规定，当建筑层数≤3层时，外墙传热系数K应不大于0.40 W/（m^2·K），模塑聚苯板的厚度为80mm时，该建筑外墙传热系数为0.391 W/（m^2·K），因此，从厚度80mm开始递增进行模拟计算，模拟结果如图5所示。当模塑聚苯板厚度从80mm增加至200mm时，外墙传热系数从0.391 W/（m^2·K）降低至0.180 W/（m^2·K）时，该建筑全年采暖能耗降低18733.20kWh，降低百分比为4.10%。当模塑聚苯板厚度从200mm增加至300mm时，即外墙传热系数从0.180W/（m^2·K）降低至0.124 W/（m^2·K）时，该建筑全年采暖能耗降低7314.81kWh，降低百分比为1.67%。因此，该建筑外墙传热系数为0.180 W/（m^2·K）时，建筑外墙的保温性与经济性最佳。

4.2　外窗类型对建筑能耗的影响

外窗作为建筑能耗损失比较严重的外围护结构，提升居室窗户的热工性能显得尤为重要。根据河北省居住建筑节能设计标准，寒冷B区外围护结构热工性能参数限值中规定，当窗墙面积比≤0.35，建筑≤3层时，外窗的传热系数K应不大于1.8 W/（m^2·K）。表2为机构养老设施A不同外窗类型与建筑能耗模拟结果，机构养老设施A外窗选择双层3mm LOW-E玻璃（13mm 氩气）时，建筑全年总能耗比选择双层3mm LOW-E玻璃（13mm 空气）时节约4012.62kWh，采暖能耗降低3992.42kWh，制冷能耗降低20.20kWh，说明玻璃夹层选择氩气比空气保温效果好。外窗选择三层3mm LOW-E玻璃（13mm 氩气）时，建筑采暖能耗比选择

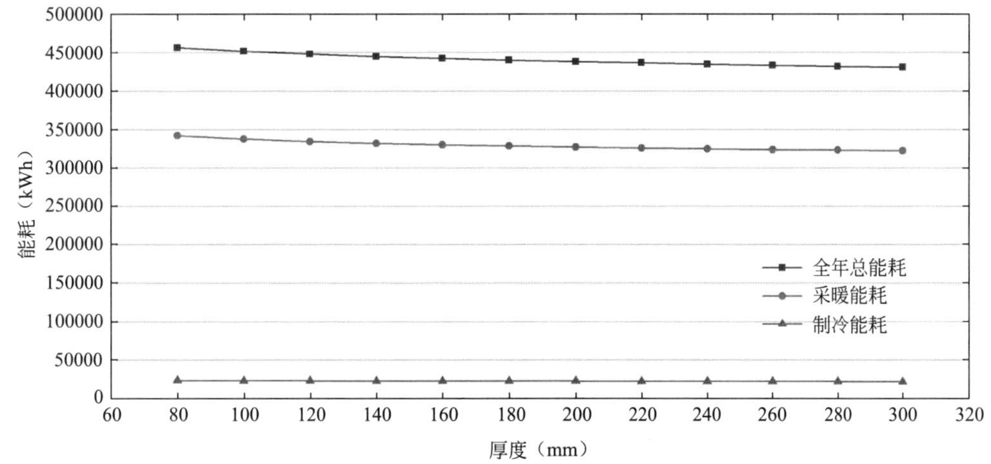

图5　机构养老设施A保温层厚度与建筑能耗模拟结果

双层3mm LOW-E玻璃（13mm 氩气）时节约3348.86kWh，制冷能耗降低926.10kWh，与该建筑外窗类型双层3mm 普通玻璃（13mm 空气）相比，建筑全年总能耗降低3.04%。结合其外窗类型与建筑能耗模拟结果可知，宜选择传热系数为0.780 W/（m^2·K）的三层3mm LOW-E玻璃（13mm 氩气）外窗类型。

4.3 遮阳方式对制冷能耗的影响

保定市在热工设计分区中属于寒冷B区，民用建筑热工设计规范中的建筑热工设计二级区划指标及设计要求中规定，应满足保温设计要求，宜满足隔热设计要求，兼顾自然通风、遮阳设计。根据对机构养老设施现场实测结果可知，西向居室的空气温度比其他朝向居室的温度高，夏季西向房间达到热中性温度时的制冷能耗就会比其他房间的制冷能耗高，因此选择合理的遮阳方式，是降低夏季制冷能耗的主要措施。表3是遮阳方式和西向单个居室制冷能耗的模拟结果。

机构养老设施A外窗类型与建筑能耗模拟结果　　表2

外窗类型	传热系数（W/（m^2·K）	全年总能耗（kWh）	采暖能耗（kWh）	制冷能耗（kWh）
双层3mm玻璃 13mm Air	2.716	547000.12	4268899.38	26472.80
双层3mm LOW-E玻璃13mm Air	1.786	538682.58	419772.01	25282.63
双层3mm LOW-E玻璃13mm Arg	1.512	534669.96	415779.59	25262.42
三层3mm LOW-E玻璃13mm Air	0.982	533494.33	415520.89	24345.50
三层3mm LOW-E玻璃13mm Arg	0.780	530394.99	412430.73	24336.32

遮阳方式与西向单个居室夏季制冷能耗模拟结果　　表3

遮阳位置	遮阳方式	太阳辐射透光率	太阳辐射反射率	西向单个居室制冷能耗（kWh）
内遮阳	密织深色窗帘	0.05	0.1	139.96
	密织浅色窗帘	0.05	0.55	132.72
	高反射率 低透光率窗帘	0.1	0.8	122.80
	低反射率 高透光率窗帘	0.7	0.2	132.66
	轻质可活动百叶	0.65	0.25	132.40
外遮阳	0.5m混凝土水平横板	0	—	120.85
	低反射率百叶	0	0.2	117.29
	高反射率百叶	0	0.8	115.80

根据表3可知，外遮阳比内遮阳节约夏季制冷能耗的效果好，高反射率的遮阳材料比低反射率的遮阳材料节能效果好。结合模拟结果，遮阳方式宜选择高反射率外遮阳百叶，经过模拟计算得出养老设施A西向单个居室制冷能耗约降低12.75%。

4.4 节能优化对策共同作用下的节能效果

当达到夏季与冬季基于老年人生理、心理和行为习惯的热中性温度时，模拟在选择传热系数0.180 W/（m^2·K）的外墙、三层3mm LOW-E玻璃（13mm 氩气）外窗以及高反射率外遮阳百叶时的节能效果，建筑全年能耗模拟结果如表4所示，机构养老设施A在三种节能优化对策共同作用下，建筑采暖能耗比优化前下降了26.39%，建筑制冷能耗比优化前下降了27.75%，全年建筑总能耗比优化前下降了22.72%，三种节能优化对策的共同作用效果显著。

机构养老设施A未采用与采用优化对策时的能耗模拟结果

表4

	全年总能耗（kWh）	采暖能耗（kWh）	制冷能耗（kWh）
未采用优化对策	547000.13	426899.38	26472.80
采用优化对策	422702.09	314258.97	19126.15

5　结论

本文在保证居室温度达到热中性温度，满足老年人热舒适需求的情况下，提出三种节能优化对策，通过DesignBuilder软件，对节能优化对策有效性进行模拟验证，结论如下：

（1）建筑外墙传热系数在0.180W/（$m^2 \cdot K$）时，既具有良好的保温性能又能满足经济性需求。

（2）外窗选择传热系数为0.780W/（$m^2 \cdot K$）的三层3mm LOW-E玻璃（13mm氩气）时，建筑采暖能耗降低3348.86kWh，建筑全年总能耗降低3.04%。

（3）外遮阳比内遮阳节约夏季制冷能耗的效果好；高反射率的遮阳材料比低反射率的遮阳材料节能效果好；遮阳方式宜选择高反射率外遮阳百叶。

（4）在三种节能优化对策综合作用下，建筑采暖能耗比优化前下降了26.39%，建筑制冷能耗比优化前下降了27.75%，全年建筑总能耗比优化前下降了22.72%。

参考文献

[1] 中国建筑能耗与碳排放研究报告（2023年）[J]. 建筑，2024，（2）：46-59.

[2] 国务院关于印发“十四五”节能减排综合工作方案的通知 [J]. 中华人民共和国国务院公报，2022，（5）：46-52.

[3] 王晶，李晓丹，赵嘉诚，等. 近20年中国建筑节能研究的进程、热点和趋势分析 [J]. 建筑科学，2024，40（2）：179-188.

[4] 河北省住房和城乡建设厅. 居住建筑节能设计标准（节能75%）DB 13（J）185-2020 [S]. 北京：中国建材工业出版社，2021.

[5] 王岩，蔡茸茸，曲凯阳，等. 保定市机构养老设施夏季室内热舒适研究 [J]. 建筑科学，2022，38（4）：51-57.

[6] 张甘霖，张群，王芳，等. 基于DesignBuilder的康定农村地区传统民居能耗影响因素研究 [J]. 建筑科学，2019，35（6）：108-115.

加强实质性基础研究助力绿色住宅与宜居城市建设
——以低碳的健康住宅交通核创新设计为例

郭军[1] 陈桥峰[2] 黄强[3] 阳凯[1]

作者单位
1. 湖南省建筑科学研究院有限责任公司
2. 广东博意建筑设计院有限公司
3. 湖南诚友绿建科技集团

摘要： 人们对住房的要求已由满足基本的居住要求转变为高品质的生活需要，发展并提升绿色建筑品质是我国实现“双碳”目标的关键一环。本文简短回顾30余年住房建设和城市人居情况，探讨绿色住宅与宜居城市发展方向。以市场中常见的户型为例，通过整合零散的公共空间、降低了公摊面积，得房率明显提高，整合后的公共空间绿色节能、流线便捷、环境舒适，有利于促进邻里交往，实现在住宅开发建设中重视经济效益的同时注重人文细节和社会效益，综合提高绿色住宅与宜居城市品质。

关键词： 宜居城市；绿色住宅；好房子；邻里交往；交通核

Abstract: The demand for housing has shifted from meeting basic living requirements to fulfilling high-quality lifestyle needs. Developing and enhancing the quality of green buildings is a crucial aspect for China to achieve its dual carbon goals. This paper briefly reviews over 30 years of housing construction and urban living conditions, and explores the development direction of green housing and livable cities. Taking commonly seen housing types in the market as an example, by integrating scattered public spaces and reducing the shared area, the usable area ratio significantly increases. The integrated public spaces are characterized by green energy efficiency, convenient flow, comfortable environment, and conducive to promoting neighborly interactions. This approach emphasizes not only economic benefits but also pays attention to humanistic details and social benefits in residential development and construction, thereby comprehensively improving the quality of green housing and livable cities.

Keywords: Livable City; Green Housings; Great House; Neighborly Interaction; Service Core Optimization

根据第七次全国人口普查统计，截至2020年，我国城镇家庭户住房人均居住面积为36.52平方米，人均住房为1.06间，住房整体短缺的状况得到了根本改善，普查统计显示：在现有住房中，2000年前建成的约占80%，这些住房与房地产市场化运作后品质持续提升的新建住宅相比，在居住体验感和舒适度各方面的差距都越来越明显，市场中换房占比持续走高。2022年，中国的城镇化率为65.22%，预计2030年将达到70%，未来城镇住宅市场刚性和改善性住房需求仍然具有一定空间，而注重绿色、健康和文化需求的高品质“好房子”会越来越成为宜居城市中市场的重要支撑。

1 城市住房建设回顾及反思

回顾总结我国房改30余年来的城市及住房建设情况，对我们以后的宜居城市和更高品质的绿色住宅建设会带来一些启示。

1.1 大拆与大建

节能环保最注重的是延长建筑的使用寿命。在我们过去各地热火朝天的房地产开发中，数量庞大的仍处于设计使用年限的房子被拆除了，建筑的短命现象在城市更新的耀眼光环下，在为GDP作出重大贡献的同时也产生了巨大的资源浪费和严重的环境污染。

城市建设和房地产开发本应实现土地资源的永续利用，我们却难以预计未来社会的进步和可能的生活方式的改变对住宅产生的影响，过早把儿孙们的房子建好了，过早开发土地，这都有违于可持续发展的理念要求。

1.2 摊大饼、大社区

过去的街坊、邻里社区多以步行距离为尺度形成居住社区，社区的规模大多控制在半径 400 米左右的范围，街巷间距以100~150米常见，其间穿插布置着很多弥漫生活气息的农贸市场、各种店铺、古井、小桥等元素，社区聚集了各个社会阶层群体，各行各业的人在一起接触交流，居民可以轻松融入多样化的市井生活。城市摊大饼式的快速扩张，道路都很宽阔，路网却很稀疏，再也找不到走街串巷的体验，很多地区动辄是封闭的千亩大盘甚至更大到“造一座城”，原来精彩而亲密无间的街区生活没有了，社区活力的缺失让不少人感到宜居性不高，让他们的城市生活并不快乐。

有的大型小区从单元楼栋到公共交通要走上1千米甚至更远的路程，这让更多的人日常选择开私家车出行，结果总是堵在路上。建设紧凑型的城市，确定居住区的合理规模，以街区为单元统筹建设公共服务设施，形成邻里和谐、配套完善、尺度适宜的生活街区，可以促进邻里关系得到改善，方便公共交通网络深入社区，有效节约资源。

1.3 高楼耸立与雷同

城市住宅清一色的百米高层，甚至在一些三四线城市也出现了超高层住宅，高耸的钢筋混凝土森林为城市地价作了贡献，也为将来带来了难以承受的负担。百米高层不仅建造、运营及消防成本高，资源消耗大，还存在着诸如电梯及各种设备的老化；供排水、燃气、电气等各种管线，保温层、防水层、外饰面等的运营和维护较传统住宅都要复杂很多；将来不适应发展变化后的居住要求时，拆迁重建的难度要比之前大很多。

以往体现着时代变迁和文化底蕴的，有着浓郁地方特色、可以随意穿行的小街小巷、小院落等在热火朝天的城市开发建设中都被拆掉了，取而代之的是大型地产公司遍布全国的、“高周转”要求下用标准化模式生产出来的，没有了地域特色的规划和建筑单体，从平面到造型到建筑的色彩，连小区的大门无论天南地北都已趋同。

1.4 居住模式的改变

房地产市场化运作后的居住小区跟传统的居住模式完全不同，新建的小区把过去传统居住模式中有利于形成健康邻里关系的因素也舍弃了，“封闭式管理”成为地产商和业主共同的基本要求，过度的封闭和对私有空间的过度强调让人也变得越来越封闭，住在里面的人形同陌路。

开放的社会系统才有利于各行各业的良性发展，开放的社区同样是人类理想的生存环境，住宅的设计与开发应该提供更多的在家门外人与人面对面交流沟通的机会。

1.5 住宅对身心健康的影响关注不够

市场化运作的房地产近乎于纯粹的商业行为，很多开发商在开发的过程中忽视人的情感，为了利润片面追求住宅的华丽、市场趋向和流行样式，对人的身心健康关注不够，这里的“健康”除了一般意义上的疾病或体弱之外，更包括在身体上、精神上和在社会上处于一种良好的状态。

不少城市居民的生活品质并没有伴随着生活水准的提高而同步得到改善，人们彼此之间的关系渐行渐远，越来越冷漠，随着社会老龄化的加剧，出现了越来越多的孤独行为。

1.6 住宅设计与建设领域实质性基础研究缺失

30多年的房地产市场化运作，无论在规划还是单体设计方面，设计思想是空前活跃的，各种概念频出，但是仔细分析的话，却会发现其实是旨在营销宣传的表面文章居多，基础性和实质性的研究偏少。

轮番炒作错层、横厅、竖厅、方厅、私家电梯厅、第N代……这些概念能够满足不同人群的需求，丰富了住宅产品的类型，是无可厚非的，但是，如果住宅的基本功能需求都没解决好，过度为人的“欲求”而不是“需求”设计，则背离了我们的设计要努力去引导和为健康的生活提供便利，为未来人类和环境的发展服务，为更多人的需求服务。很多的设计“忽视强身健体、热衷穿衣戴帽、打针吃药”，在考虑绿色技术的时候，最能节约资源的朝向和通风等问题不去认真解决，不优先采用被动式技术，而是热衷堆砌诸如电动遮阳、太阳能、光伏发电、地源热泵等各种主动式技术。

基础领域的研究有很多方面需要加强，例如外墙外保温有不少问题没有很好地解决，甚至出现建筑物外保温整体脱落的现象；内保温也有不少问题，不少住宅做了内保温，别墅里和复式住宅里自己家内部的楼板，也根据节能标准设计了保温，住户收房后把它们都铲掉了；房屋产权登记与规划部门对建筑面积的计算规则多年不一致；私密性不强且具有明显防火缺陷的连廊户型成为市场主流；几种在多地被业主投诉的、公摊面积大又不能自然采光通风的交通核沿用了几十年都没有得到改进……

这些都表明我们的基础研究和一些相关工作远没有跟上高速发展的步伐。

2 宜居住宅要注重居住伦理

人的一生中有三分之一甚至超过一半的时间是在住宅中度过的，日常生活中包含着丰富的伦理意蕴，例如应当共同遵守的公序良俗和基本行为规范，这些对每个人的价值观念、人生和人格塑造、人际交往甚至于对社会风尚等都有着直接或间接的影响。

2.1 交往是城市文明最核心的要素

和谐的社会离不开人与人的和谐相处，人们在相互交往中，各自丰富的激情感受促成了邻里关系、社区氛围的和谐融洽，因此构成了富于生气的城市生活，然而现实中，城市越来越大，高楼越来越多，朋友却越来越少，彼此的陌生程度竟然达到楼上楼下，甚至连对门邻居都互不相识，我们在小区规划和单体设计上过于强调私密和私有、过度的封闭形成了鸟笼般的居住生活，越来越加剧了邻里之间的陌生和冷漠。

2.2 “偷面积”与公共空间意识

一直以来，“偷面积”搞“赠送”是开发商的杀手锏，谁偷的面积更多谁的房子就更好卖，有的为了规避面积核算，把规规矩矩的房子隔出一个假阳台或者砌个假飘窗，业主收房后再恢复成一个完整的房间，“偷面积”的手段也是层出不穷。

公民对于公共空间的范围和权属的心理认知，是建设法治社会和法治国家不可缺少的内容，是现代社会文明的标志之一。在房地产开发建设中，“私家电梯厅”的概念受到追捧，由于公私之间缺乏有效的界定，导致业主竞相侵占公共空间作为自家的独用空间，久之在不断加剧邻里之间隔阂的同时日益强化人们对私人空间的重视，导致公共空间意识的日益缺失，影响邻里关系的和睦，增加社会的无序和混乱。

“偷面积”与公共空间意识的缺失会对人的意识和行为产生更加广泛的影响，如何处理好这些问题而不是去纵容这种现象，是需要引起多方关注的问题。

2.3 住宅内部公共空间的心理需求

在住宅公共空间的基本行为心理需求中，很多人对安全感的要求比对舒适性的要求更强一些，安全感强的空间可以帮助减少引起一些人心里不安的特征，有利于预防不良行为的发生，而那些具有隐秘性的多穿套空间、不为大多住户使用的转角走廊、私家电梯厅等，都因为具有隐秘性而给部分人群带来不安的感觉。

简化高层住宅内部的公共空间能增强居民的安全感，建立公共空间的共同领域感会促进人们日常交往活动的发生，当大家把日常共同使用的领域看成是邻里共同拥有的空间，就会对其产生共同的责任感，一起维护其良好的环境和秩序。

3 绿色宜居住宅要有好的交通核

目前市场上最主要的多、高层住宅形式还是以竖向交通为核心的套型组合，交通核的首要作用是满足日常的交通需要和发生火灾时的紧急逃生，符合相关的规程规范只是最基本的要求，在日常使用中是不是高效便捷，节不节能、有没有自然采光通风、空气是否能够保持清新、是否有助于邻里交往、空间是否集约、面积有无明显浪费等，都是需要考虑的因素。

3.1　常见高层户型类型

连廊式、塔式和单元板式是目前房地产市场中最为常见的高层住宅类型。由于中间户的隐私条件要差很多，天井在防火方面更是有明显的缺陷，连廊式住宅越来越受到普遍的质疑，塔式由于同层的户数较多，很难做到各户在朝向、通风以及私密性等方面的条件均好；单元平板式则因为其面宽大、南北通透，互相干扰少，各方面条件都比较均好，容易让住户产生更为舒适的居住体验，更容易满足改善型宜居住宅的要求，如果能让原来相对偏大的交通核面积有效减少，让相对偏低的得房率得到明显提高，则更有理由成为今后绿色宜居高层住宅建设的重点。此外，市场期待能有更多新的有助于改善人居品质的住宅形式出现。

3.2　户型变化多端 交通核等基础研究落后

住宅房地产市场化运作以来，风格多样化的建筑形式和空间布局层出不穷，但是，对于类似交通核的基础研究并不多见，一些常用的交通核摊分面积太大，没有利用绿色建筑首倡的用被动式技术解决通风采光和防排烟的要求，更没有兼顾经济性与宜居性，对关注社会，关注居住伦理，便于邻里交往，减少疾病的传播，营造全面健康关注不够。

4　对低碳、健康住宅交通核的研究

本文列举住宅市场中，更受欢迎的单元两户平板18层、单元两户平板30层、单元平板三户三种单元板式住宅的交通核做分析优化，市场可以在新的交通核上衍生出更多的绿色宜居户型。

三种常用交通核的共同特点是前室分设不利于邻里交往，都不能自然采光通风，不能自然排烟，交通核面积不集约，住户摊分面积大。

4.1　18 层单元两户平板户型

图1是18层户型面积120平方米左右的单元两户板式户型，采用了常用的没有自然采光、通风的私厅交通核，同层两户基本产生不了交集，前室需要加压送风防烟，入户没有玄关，套内找不到适合放鞋柜的位置，南向次卧室形成不了有效的通风。我们研究了一种替换图1的交通核后形成图2的户型，候梯厅合二为一直接采光、通风，自然排烟，便于邻里交往，由于有更多的人使用又宽敞明亮，安全感明显提升。电梯可以联动提高使用效率，在夜间可以设置停运与住户相邻的一台电梯。图2相较图1减少了公摊面积近10平方米，套内有效使用面积增加了5平方米，得房率提高了4%，能够设计一个宽敞的入户玄关，避免住户去占用公共前室空间摆放鞋柜，次卧室在玄关处出入，有了良好的通风，不再对客厅产生干扰。

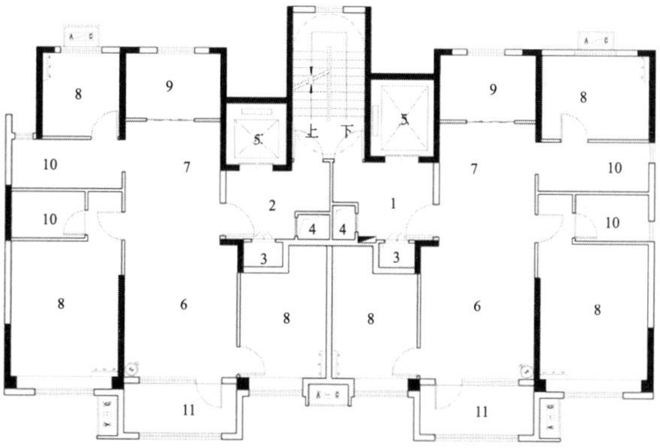

图1　常见 18 层单元两户板式户型

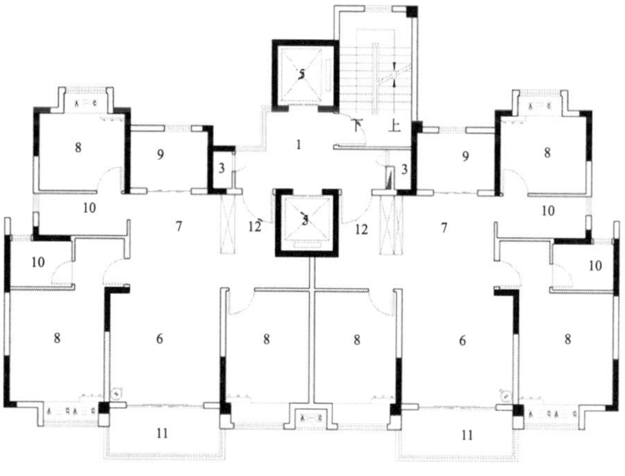

图2　替换图 1 交通核的户型

注：1. 合用前室；2. 私家电梯厅；3. 管井；4. 风井；5. 电梯；6. 客厅；7. 餐厅；8. 卧室；9. 厨房；10. 卫生间；11. 阳台；12. 玄关

4.2　19 层以上单元两户平板户型

图3为常见19层以上单元板式住宅，其交通核面积为68.82平方米，户均摊分34.41平方米，因为交

通核面积太大，在19层以上的产品中很少有图1面积段的中小户型，图3中剪刀楼梯分设两个前室，由于开窗不能够满足排烟的面积要求，在前室中进行加压送风导致窗户不宜开启，前室及前室外走道由于平时没有通风，其空气质量不佳，电梯分设在两个前室无法联动，这里的电梯私厅让同层两户人家不在一个电梯厅等电梯也不会乘坐同一台电梯，但是出了电梯厅还是可能在走廊里碰面，在走廊还是能彼此对望户内，公共走廊与套内空间没有一个玄关过渡，跟图1一样，套内也找不到一个合适的鞋柜位置。

图4把前室外的走廊与电梯的位置上下互换，形成有穿堂风的三合一前室，两台电梯的候梯厅在同一个前室中连通又能相对独立，迎合了“私厅”的需求，由于是开敞空间的设计，电梯厅的安全感比图3要强一些。图5彻底简化高层住宅内部的公共空间，将公共空间整合成一个规整空间，消灭穿套和拐角，公共空间保持更多的人员流动，安全感得到明显提升，两台电梯联动，提高使用效率，候梯空间具有更好的采光通风条件，方便邻里交往。图5与图3比较，交通核面积压缩了18.0平方米，每户可以增加套内面积9.0平方米。

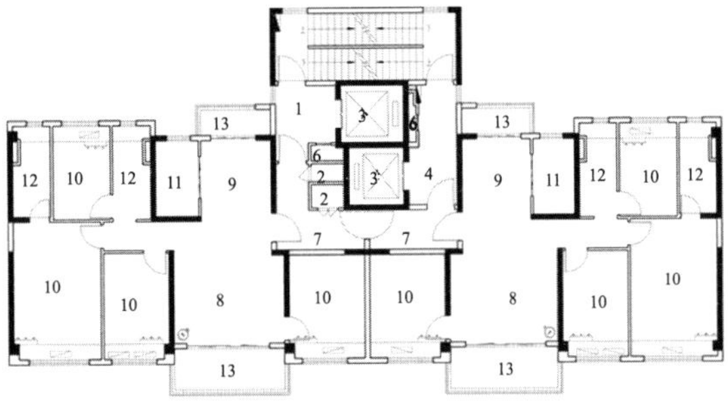

图 3　常见 54 平方米以上单元两户板式住宅

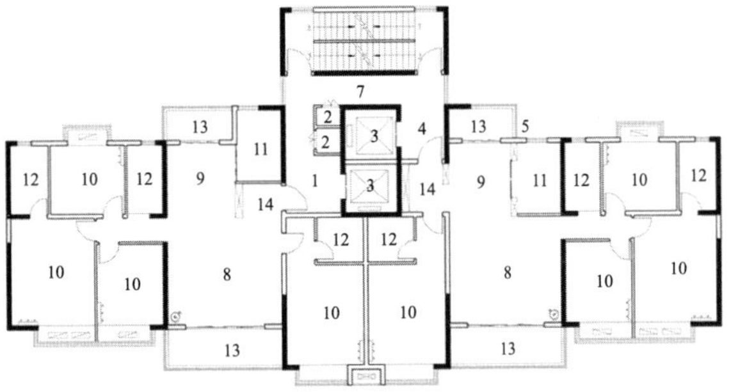

图 4　替换了图 3 交通核的户型

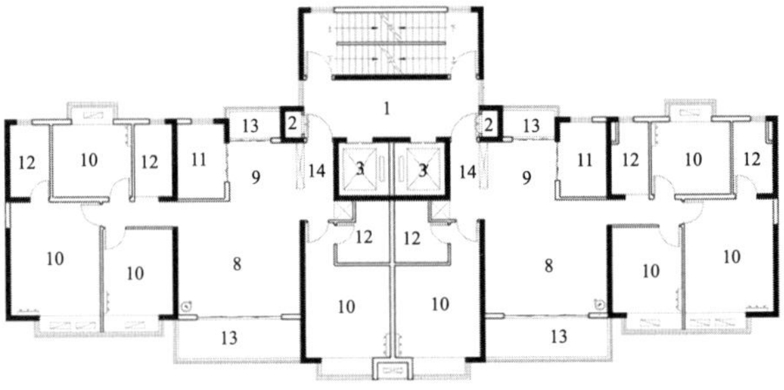

图 5　交通核减少了 18m^2 的户型

注：1. 合用前室；2. 管井；3. 电梯；4. 私家电梯厅；5. 前室；6. 风井；7. 走廊；8. 客厅；9. 餐厅；10. 卧室；11. 厨房；12. 卫生间；13. 阳台；14. 玄关

4.3　单元三户平板户型

图6的单元三户户型，在有限用地中比单元两户更容易实现较高容积率，使用的频率很高，这个户型被广泛质疑的缺陷是中间户由于单一的朝向，无法形成有效的通风，入户没有玄关，进门找不到适合放鞋柜的地方，餐厅所在区域没有自然采光。

交通核中两台电梯并联，提高了电梯运营效率，在方便邻里交往方面有所帮助，因为前室窗户的可开启面积不够，前室需要加压送风，导致窗户密闭不宜开启，入户处的公共走廊也是密闭的。为了改善中间户的条件，图7设计增设了一个凹槽，能够形成有效的通风，餐厅部分也获得了自然采光，两台电梯分开设置，形成私家电梯厅，一经推出受到市场的追捧。

从电梯厅能方便邻里交往来说，图6明显比图7要好一些，住户能够在走廊里偶遇，在电梯厅等候电梯和乘坐电梯的时候可以短暂问候交流，邻里之间不会长久陌生，图7增设天井凹槽解决了中间户的不通风问题，但是各户都没有入户玄关，鞋柜都摆在了电梯厅里，楼梯的合用前室仍然没有自然采光和通风，必须采用加压送风。我们在图8的设计中，让合用前室有了自然采光通风，各户都设置了完整的入户玄关，从图6到图8，户外公共空间变得越来越简单、规整，空间的公私界定也越来越清晰，日常使用要求都在自家套内解决，不会诱导业主去侵占公共空间。

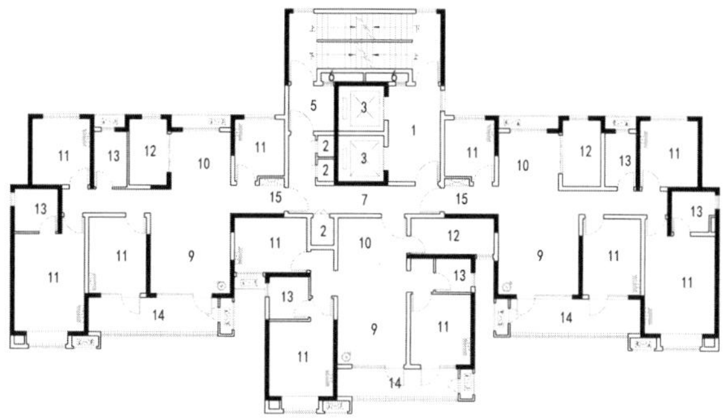

图 6　常见三户类板式户型

图 7　品质有所提升的三户类板式户型

图 8　替换绿色健康交通核的户型
注: 1. 合用前室; 2. 管井; 3. 电梯; 4. 私家电梯厅; 5. 前室; 6. 风井; 7. 走廊; 8. 天井; 9. 客厅; 10. 餐厅; 11. 卧室; 12. 厨房; 13. 卫生间; 14. 阳台; 15. 玄关

5　结语

绿色住宅与宜居城市能更好地满足人民日益增长的美好生活需要，实现“住有所居”向“住有宜居”的目标迈进。

本文列举的几种市场常用户型中，公共空间的设计不够集约，住户的摊分面积偏大，都没有利用绿色建筑优选的利用不耗能、少耗能的被动式技术来解决采光通风和排烟的要求，没有有效地节约资源，也不能为住户提供有利于健康交往的空间。我们研究改进的图2、图5、图8的交通核，都实现了自然采光、通风和自然排烟的被动式技术，不需要加压送风，也省去了长期的运营维护费用，室内空气质量得到明显改善，舒适度显著提升，为邻里交往创造了有利条件，更符合绿色住宅与宜居城市的要求。

参考文献

[1] 郭军，陈桥峰，等. 19层及以上单元两户板式住宅交通核创新探索 [J]. 住宅科技：2023：7.

[2] 窦以德. 住宅户型设计之吾见 [J]. 住宅科技：2019：1.

[3] 陈斯一. 亚里士多德论家庭与城邦 [J]. 北京大学学报（哲学社会科学版），2017，54（3）：94-99.

[4] 王伟龙. 高层住宅标准层公共空间模块化设计研究 [D]. 济南：山东建筑大学，2021.

[5] 周燕珉. 住宅精细化设计 [M]. 中国建筑工业出版社，2015.

[6] 中华人民共和国公安部. 建筑防烟排烟系统技术标准：GB 51251—2017 [S]. 北京：中国计划出版社，2017：11.

内蒙古地区装配式建筑混凝土外墙传热性能模拟研究
——以呼和浩特为例①

庄佳涵　邹德志②　何丽婷　马至宁　诺明

作者单位
内蒙古工业大学建筑学院
绿色建筑自治区高等学校重点实验室

摘要： 本文以内蒙古自治区呼和浩特市为研究区域，基于当地历史气象参数的分析，探讨装配式外墙节点的节能优化方法。采用THERM软件对内蒙古地区装配式建筑墙体不同连接节点处的热流传递和温度变化进行仿真模拟，并对各特殊节点处的传热情况进行了分析。通过改变建筑材料以及构造层之间的不同组合探讨墙体热工性能的变化，进一步分析墙体构造层之间的比例与墙体热工性能之间的关系，为内蒙古地区的装配式建筑节能和可持续发展做出贡献。

关键词： 严寒地区；装配式建筑；墙体传热；性能模拟

Abstract: In this paper, Hohhot City in Inner Mongolia Autonomous Region is taken as the study area to explore the energy-saving optimisation method of assembled facade nodes based on the analysis of local historical meteorological parameters. THERM software is used to simulate the heat flow transfer and temperature change at different connection nodes of assembled building walls in Inner Mongolia, and the heat transfer at each special node is analysed. The changes in the thermal performance of the wall are explored by changing the building materials and the different combinations between the construction layers, and the relationship between the ratio between the construction layers of the wall and the thermal performance of the wall is further analysed to contribute to the energy efficiency and sustainable development of assembled buildings in the Inner Mongolia region.

Keywords: Cold regions; Assembled Buildings; Wall Heat Transfer; Performance Modelling

1 引言

自20世纪50年代受前苏联技术影响，我国逐渐开始探索装配式建筑的建造形式并一直延续到至今，国家与地方政府出台了一系列政策推动装配式建筑发展。2016年《中共中央国务院关于进一步加强城市规划建设管理工作的若干意见》文件中提到，力争用10年时间使装配式建筑占新建建筑的30%。2022年住房和城乡建设部印发《“十四五”建筑业发展规划》，提出到2025年，装配式建筑占新建建筑的比例达30%以上。内蒙古自治区住房和城乡建设厅印发了《关于进一步推进装配式建筑发展的通知》明确指出到2025年呼和浩特、包头市装配式建筑占当年新建建筑面积的比例达到40%以上，其余盟市力争达到30%以上。

内蒙古地处严寒气候区，对建筑的防寒保温要求较高，装配式作为一种要满足高性能、低成本、低碳的建造方式可以降低建筑行业的整体能耗，并通过优化预制构件来提升建筑的整体性能和环境适应性[1]。研究通过对内蒙古地区既有装配式混凝土建筑的深入调研，对其热工性能进行模拟实验，分析其在该地域内气候特征下墙体构造、保温性能、能耗与成本之间的关系。基于上述研究发现，提出了一种新型墙体构造方案改善装配式混凝土建筑墙体的生产能耗和热工性能，为内蒙古地区装配式建筑发展提供重要的理论和实践指导。

2 内蒙古地区装配式建筑发展现状

内蒙古地区装配式建筑的发展虽然取得了一定

① 此研究得到国家自然科学基金（项目批准号:52168007）、内蒙古自治区直属高校基本科研业务费项目（项目批准号：JY20230053）资助。
② 通讯邮箱：E-mail:zdz@imut.edu.cn。

的进展，但由于其比较恶劣的环境条件在整体上仍处于相对初级的阶段。因此，根据当地气候条件的特征，应用相应的建造方法和材料优化装配式建筑性能，对于降低建筑生产的整体能耗和碳排放具有重要意义。

2.1　气候特征

鉴于内蒙古地区独特的地理位置与气候条件，该区域被划分为严寒气候区。呼和浩特位于内蒙古自治区中部，市区北纬40.48度，东经111.41度，平均海拔约1050米。年平均气温为3.5℃～8℃（图1），过渡季节和冬季的平均温度在-13℃～0℃之间[2]。

呼和浩特气候相对干燥，昼夜温差大，冬季时间较长，每年有六个月的供暖期，导致建筑的冬季采暖能耗较高。同时，气温随月份变化显著，全年在完全自然状态下的舒适状态总时数仅为693小时，占全年总时数的7.9%（图2）。

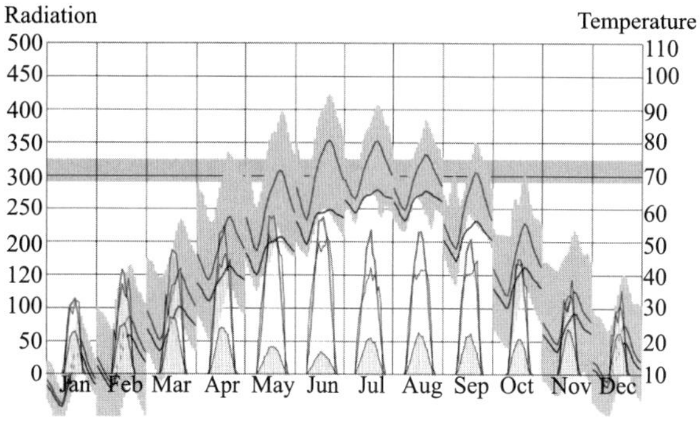

图1　呼和浩特月平均气温
（来源：由 Climate Consultant 6.0 生）

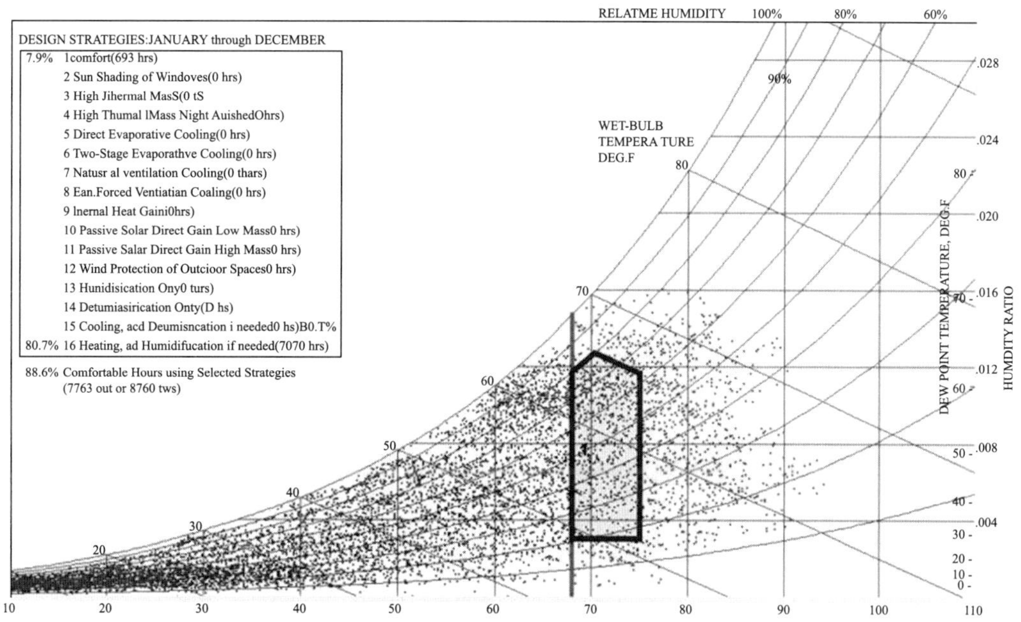

图2　焓湿图
（来源：由 Climate Consultant 6.0 生成）

2.2　调研现状

由于内蒙古地区各城市所在区域的资源属性和工业基础条件不同，在发展新型建筑工业化特别是针对装配式建筑方面基本涵盖了三个传统装配式建筑类型，同时受生产工艺和建筑性能等条件的制约，不同类别的装配式建筑在适用范围方面也有所不同（表1）。

调研中发现内蒙古地区目前正在基础条件较好的几个城市试点混凝土装配式建筑产业，其预制混凝土外墙板的设计和生产按照国家标准《预制混凝土剪力墙外墙板》15G365-1执行，内蒙古地区设计生产的建筑预制外墙多采用混凝土夹心保温墙体基础构造，大多数墙体主要由混凝土基墙、保温体系以及钢筋配料等组成墙体构造（图3）。

通过构造特征可以看出这些预制外墙内部构造层连接方式单一并伴有不规则组合形式，受生产工艺和

内蒙古地区装配式建筑调研情况 表1

结构类型	部品构件类别	集中区域（典型城市）	工程应用范围	构件装配率
混凝土结构	预制外墙、预制内墙、楼梯、整体阳台、叠合楼板等	中西部、东部城市（呼和浩特、包头、鄂尔多斯、乌兰察布、乌海、赤峰等）	城市多层住宅、公共建筑	可达到40%~50%
钢结构	结构构件	中西部城市（包头、鄂尔多斯、呼和浩特等）	中高层住宅、工业厂房、大跨度空间建筑	可达到80%以上
木结构	外墙、内墙、屋顶、地面	东部城市（满洲里等）	木质房屋	可达到80%以上

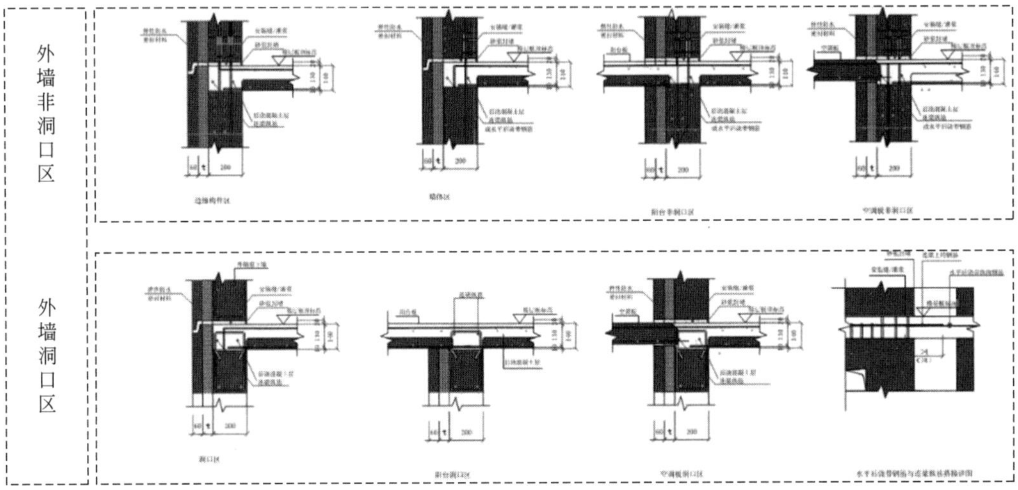

图3 部分预制外墙构造图
（来源：《国家建筑标准设计图集》《预制混凝土剪力墙外墙板》15G365-1）

材料属性之间的影响构造层之间容易产生缝隙，很多缝隙需要后期密封，很容易造成渗水或产生凝露。同时内部金属构件由于自身的导热性很容易产生热桥，导致热量损耗加快，而且墙体与墙体之间在施工现场组装时对工人施工技术要求较高。

2.3 预制外墙改进设计

针对前期调研情况，单纯满足国家标准缺乏了对本地气候条件的适应性，特别是在预生产阶段和后期维护阶段对降低能耗并无很大效果。多数生产开发企业为了平衡建筑性能和经济性，并没有关注如何降低建筑构件的生产和运行能耗。为改善装配式混凝土墙板热工性能，降低生产能耗和节约成本，对墙体构造、保温体系及材料进行改造，剖析预制构件在设计、材料选择、制造工艺及现场装配等各环节的能耗。在此基础上，创新节能策略以提升构件的互换性和生产效率，进一步探索并优化装配式建筑构件的设计与生产流程。

目前，装配式建筑墙体采用的标准是《预制混凝土剪力墙外墙板》[3]，该标准对墙体构件及节点的各种常用的细节处理方法进行了规定。根据相关规范要求，内蒙古地区预制外墙总体厚度在290mm~360mm，墙体竖向构造主要有内页墙板、保温层、砂浆层及外页墙板[4]。建筑材料主要分为混凝土、钢材、保温材料三类，在生产和施工过程中都会产生一定的碳排放。常用保温材料是聚苯板、挤塑聚苯板、岩棉，较少采用玻璃棉和珍珠岩板。在满足相应规范的基础上，更换墙体结构类型是确保保温性能的一种方式。在不同施工方法之间转换过程中，墙体保温的热传导系数是衡量保温性能的一个变量。

3 模拟实验设计

基于内蒙古地区既有装配式建筑墙体构造特征调研情况划分，通过墙体构造层的组成、厚度，保温材料的种类以及与墙体其他构造层的组合，对墙体2D单向热工性能进行模拟，分析不同保温材料下装配式建筑墙体构造的墙体传热规律和保温性能，寻找更加环保、低碳的保温材料代替既有的传统石化保温材料。

3.1　模拟软件的选择

本研究主要采用THERM软件进行墙体性能模拟实验，THERM软件是由美国劳伦斯伯克利国家实验室（Lawrence Berkeley National Laboratory）开发的一款软件，不仅具备强大的热工计算能力，能够精准输出详尽的热工数据[5]。鉴于本软件对构造复杂的门窗和幕墙节点有很好的模拟效果，为研究提供了坚实的数据支撑与科学依据。

3.2　实验对象的选择

研究选定《预制混凝土剪力墙外墙板》国家建筑标准设计图集中的部分墙体构造作为研究对象。在模拟构造的选择上主要选择有保温构造的墙体为主，同时考虑竖向结构墙体复杂程度进行区分，如垂直竖向无交叉的整体外墙板、T型交叉的阳台楼板和空调楼板、十字交叉的楼板以及L型拐角交叉的构造墙体。

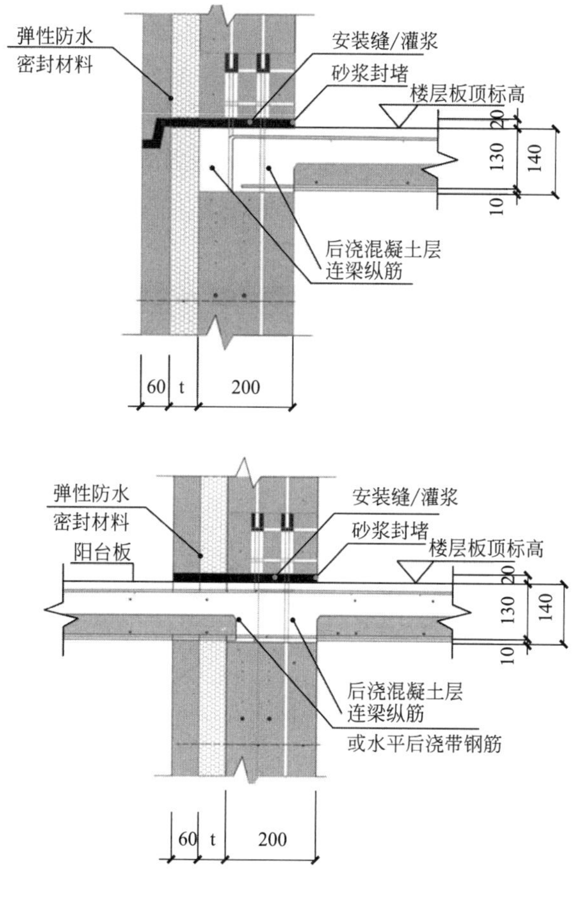

图4　墙体构造类型

3.3　模拟边界条件

本研究在模拟过程中设定了不同情况下的气候环境、温度、墙体构造层、保温材料等边界条件。按照当区气候数据以及规范中要求室内冬季温度供暖要求达到18℃±2℃，以最低气温为温度下限将墙体内外温度设定为恒值，室外为-20℃，将室内温度设定为20℃，其他边界条件均设置成常值，通过相关属性值的确定进行模拟实验，具体实验情况如下。

4　结果分析

4.1　热流分布分析

采用THERM软件对两种不同保温装配式建筑的T型交叉的阳台楼板和空调楼板、L型拐角交叉的构造墙体以及T型交叉的墙体等特殊交接结点进行温度场仿真计算，得到不同节点墙体的传热方向（表2）。

根据表2所示，对装配式墙体构造中的保温材料进行替换，在相同室内外温度差的作用下，在传热过程中替换前后墙体的热流方向基本一致，墙体热传导的总趋势依然与正常热量由热到冷的区域进行单向传递，由墙体构造层相对完整统一的平整面向构造特殊处传递量较大。由于填充砂浆的导热系数较大使得在填充连接部位出现了较大、集中的热流密度。可见，墙体与填充砂浆的交接点会破坏该部位传热的稳定性（表2g、表2h）。

从模拟结果可以看出，由于墙体的不同功能，墙体内部结构中靠近开口和阳台板的部位有大量金属构件，且在墙体内部金属构件和构造层连接缝的部位热量相对密集（表2b、表2f）。室内外冷、热空气的相互作用会使得施工层之间的接缝处在隔热层中产生凝结。由于墙体中大量使用的钢构件是热传导的最快途径，热流高度集中在这些部位后极易形成热桥，此部分区域在建造误差、设计不当或者组装方式不规范的情况下极易产生热损失，且部分连接处较为严重。分析其原因可以看出墙体容易产生热桥的部位正是墙体由于墙体构造原因产生，与墙体的材料、构造层组合以及装配方式几者之间有必然的联系。

墙体热流分布模拟结果 表2

保温材料	构造类型			
	T型交叉楼板	T型交叉楼板	L型拐角交叉墙体	T型交叉墙体
EPS材料	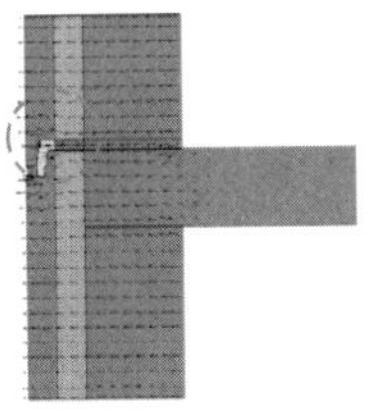 (a)	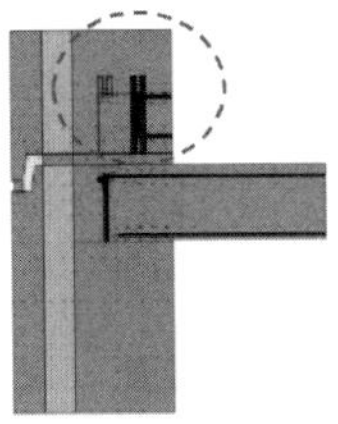 (b)	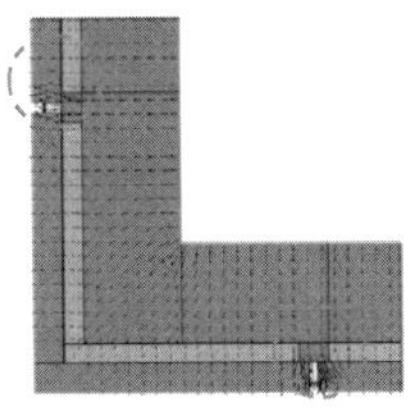 (c)	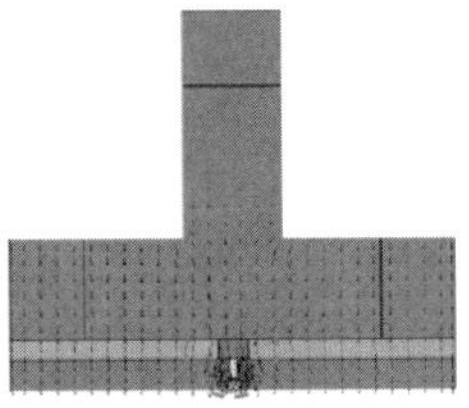 (d)
稻草板材料	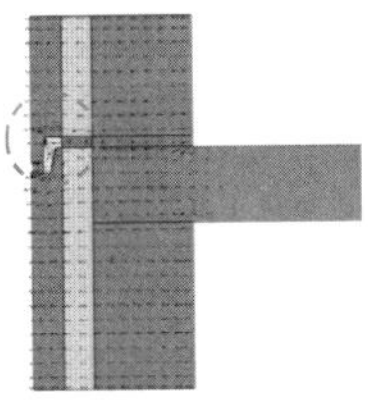 (e)	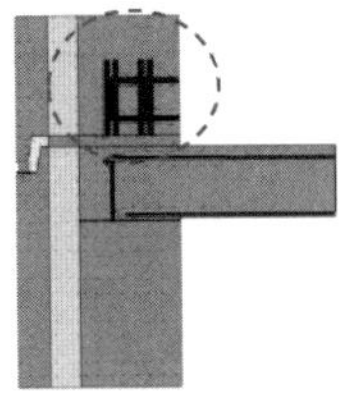 (f)	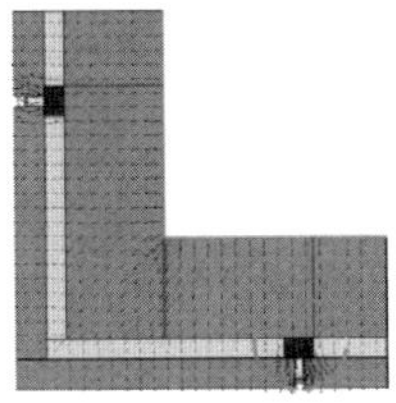 (g)	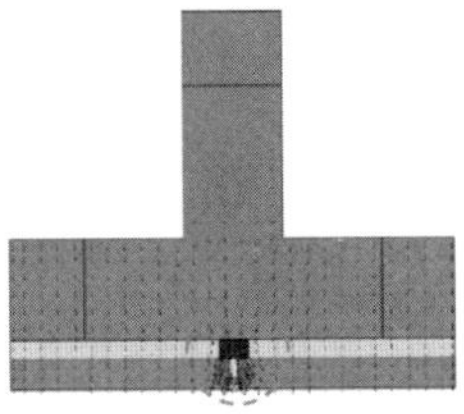 (h)

4.2 保温效果分析

使用THERM软件对装配式建筑两种不同夹心保温的不同构造的特殊结点进行温度场仿真计算，得到墙体的温度分布云图（表3）。

通过对比表3a~h发现，两种类型的装配式墙体在保温材料（传统EPS材料和稻草板两种）不同的情况下，热流传递温度变化随着墙体构造变化存在一定的波动，等温线的变化与热流走向产生的曲线变化一致，具有不恒定特征。由于外界的温度比室内的温度低得多，因此热量是由室内向室外传递的，呈现出温度云图变化明显的情况，靠近室外一侧，如表2中的室内温度并没有发生太大的变化。两种墙体在同构造类型，构造层厚度一致的情况下，整个

墙体传热模拟结果 表3

保温材料	构造类型			
	T型交叉楼板	T型交叉楼板	L型拐角交叉墙体	T型交叉墙体
EPS材料	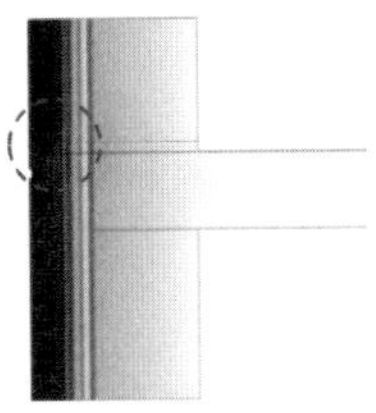 (a)	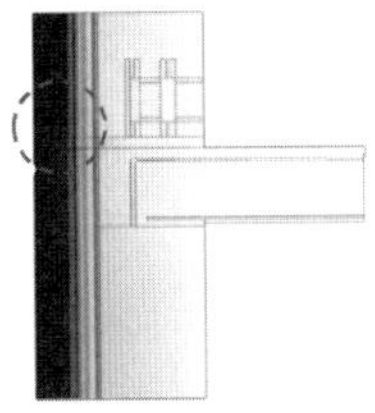 (b)	 (c)	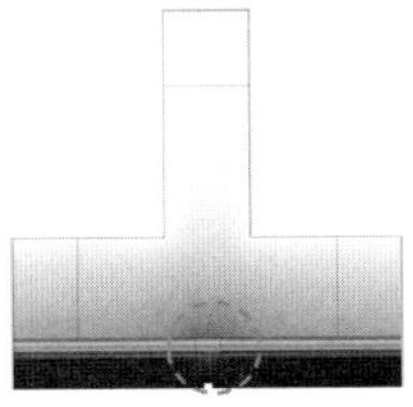 (d)
稻草板材料	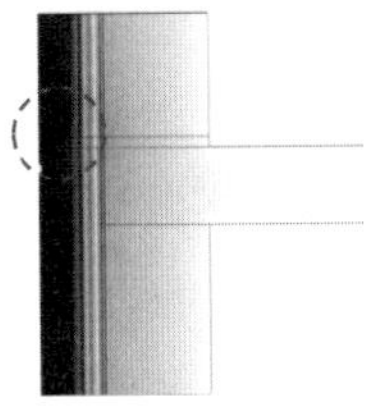 (e)	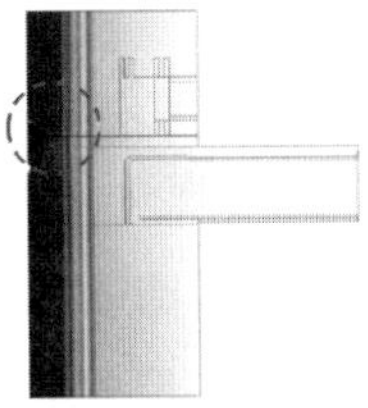 (f)	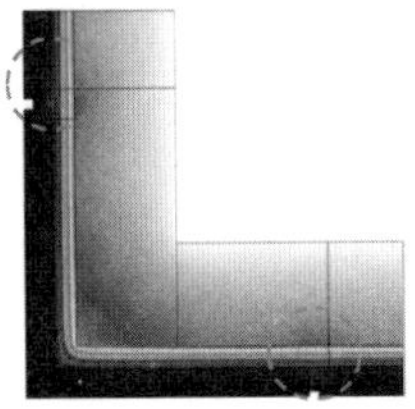 (g)	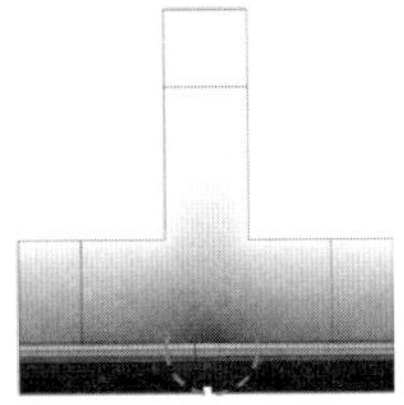 (h)

墙体导热系数根据保温材料到导热系数的变化而变化，但是保温效果相当，也就是说明通过稻草保温材料同样可以达到相应的效果，且墙体的热损值改变不明显，足以说明墙体的保温性能得到了相应的保障。

进一步通过Therm软件对装配式夹心保温十字交叉墙体的热桥节点进行模拟，得到如表4a~c墙体的热流分布方向、热流矢量图、温度分布云图。

从表4中可以看到，由于预制混凝土外立面的内部结构特征，在墙体与楼板交接处的热桥现象较为明显。特别是在内部结构金属构件的位置，其通道与金属构件的方向对齐（表4a），温度变化较大，在靠近室外部分的墙体与楼板连接处存在热流传出现象，表4b所示。而其他各部位的热流方向较为一致，并未出现如表4a所示的热流集中现象。同时，室外侧楼板与墙体的连接处有很大的温差，越靠近室外一侧的楼板，其温度也越来越低，如表4c所示。因此，预制混凝土外立面的施工还有改进空间。

十字交叉墙体传热模拟结果 表4

十字形交叉墙体		
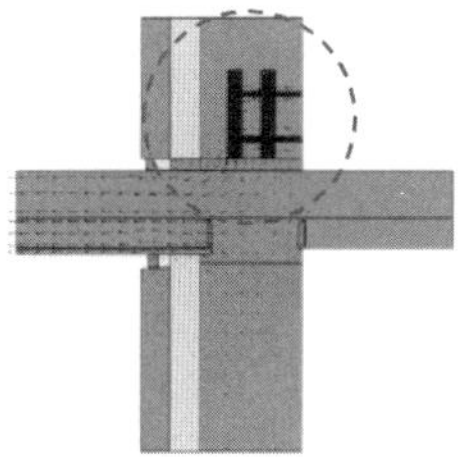 (a)	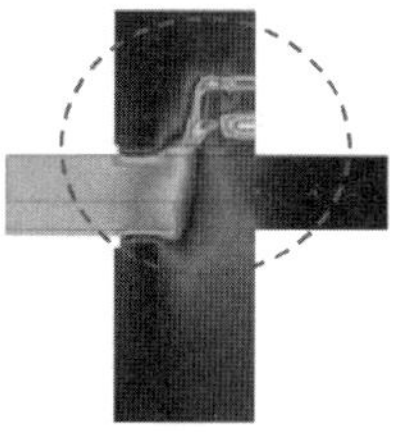 (b)	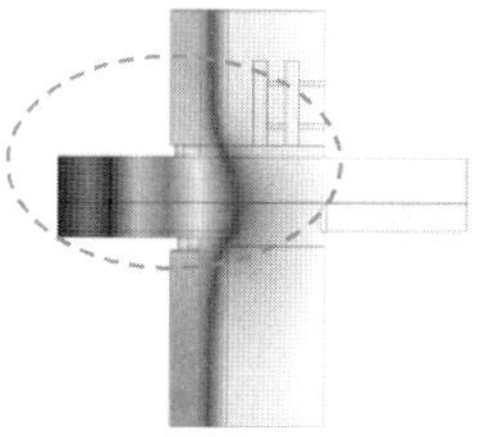 (c)

4.3 保温材料差异分析

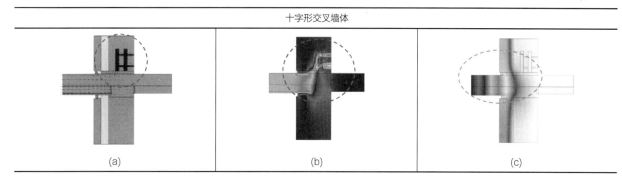

模拟将普通保温材料替换为稻草，在相同工作条件下，使用稻草保温的墙体保温效果没有降低。结合之前的模拟实验可以看出在相同墙体结构下，稻草保温材料性价比更高。使用环保低碳的生物质保温材料可以减少装配式外墙在生产阶段的能源消耗，并且在不降低墙体保温性能的前提下，显著降低生产成本。

通过以上结论可以看出，两种保温材料在同等条件下的效果，但两种材料的生产来源和属性却大相径庭，传统EPS保温材料作为一种石化产品，其生产和使用对整体环境造成的影响较大。而作为新型的稻草板在获取方面更具有环保性，是对农产品废弃物的再利用，对缓解环境污染具有积极作用。特别是在内蒙古地区农业也是一大支柱产业，农产品秸秆的获取、运输以及生产对于EPS类的石化产品而言更具有优势，地域适用性方面更强。

5 结论

本文深入研究了装配式混凝土墙体保温体系在严寒地区的墙体热工性能，通过一系列的材料更替策略与热传导仿真，剖析了在墙体热流路径与宏观保温效果层面，不同方案间展现的总体差异性相对细微，但这恰恰凸显了除却墙体基本构造特征之外，不同材料选择组合与配比优化在构建高效保温体系中尤为重要。这一发现不仅揭示了建筑材料与性能之间的复杂关系，也为装配式建筑低成本、低能耗、高性能的设计提供了新的思路与方向。

参考文献

[1] 韩广成，周红.寒冷地区混凝土装配式建筑墙体热工性能分析研究[J].绿色建筑，2021，13（3）：37-40.

[2] http：//www.huhhot.gov.cn/mlqc/qcgk/csgk/201806/t20180615_210182.html

[3] 中国建筑标准设计研究院有限公司. 预制混凝土剪力墙外墙板 15G365-1 [S] .北京：中国计划出版社，2015.

[4] 中华人民共和国住房和城乡建设部. 民用建筑热工设计规范 GB50176-2016 [S] .北京：中国建筑工业出版社，2016.

[5] 尚文勇，王贵娟，刘洋.低能耗装配式建筑外墙挂板传热性能优化仿真[J].计算机仿真，2018，35（7）：208-211.

专题六　施工建造与工程管理

基于数字化技术的海岛风敏感装配式综合体施工应用研究[①]

杨光

作者单位
上海建工五建集团有限公司

摘要： 大量的沿海建筑商业办公综合体崛地而起，给城市带来地标、给人民生活带来便利。但海岛建筑周围风环境复杂，群体干扰效应明显，也带来施工难度大等因素。本文依托三亚合联中央商务区项目，紧紧围绕基于数字化的海岛风敏感开展技术应用，包括对钢结构、混凝土预制构件、机电管线等装配式进行预制深化，同时利用 BIM 参数化模型对商业综合体进行风洞实验确定风荷载、数字化协同管理等，为项目解决了海岛建筑风敏感产生的不利影响。

关键词： 风敏感；钢结构；预制装配式；BIM 技术；风洞实验

Abstract: A large number of coastal buildings and commercial office complexes have sprung up, bringing landmarks to the city and convenience to people's lives. However, the wind environment around the island building is complicated, and the group interference effect is obvious, which also brings the construction difficulty and other factors. Based on the Sanya United Central Business District project, this paper closely focuses on the application of digitalized island wind sensitivity, including the prefabrication of steel structures, precast concrete components, electromechanical pipelines and other assembly forms. Meanwhile, the BIM parametric model is used to conduct wind tunnel experiments on the commercial complex to determine wind loads and digital collaborative management. The project solves the adverse effects of wind sensitivity of island buildings.

Keyword: Wind Sensitive; Steel Structure; Prefabricated Assembly; BIM Technology; Wind Tunnel Experiment

伴随着沿海地区的经济快速发展，越来越多装配式商业综合体建筑拔地而起。然而临海地区复杂的风环境，给其施工带来了不利的影响。本文以实际工程为背景，基于BIM、无人机等数字化技术开展项目装配式预制深化并进行数字化模拟及管理，达到降低或解决海岛风敏感对装配式商业综合体施工的影响的目的。

1 工程概况

1.1 项目概况

三亚合联中央商务区项目位于三亚市天涯区胜利路与新风街交会处，毗邻三亚湾凤凰岛，是一座城市超高层综合体。其中塔楼地上27层，地下2层，建筑高度120米。项目总建筑面积约16万平方米，地上建筑面积约9.4万平方米，地下建筑面积约6.6万平方米（图1）。

图1 三亚合联中央商务区效果图
（来源：三亚合联中央商务区项目施工组织总设计）

① 基金项目：上海建工集团股份有限公司重点科研项目课题计划，22JCSF-05。

1.2　钢结构、装配式结构概况

裙楼主体采用钢结构设计，柱采用矩形钢管混凝土柱，梁采用H型钢梁，楼板采用钢筋桁架楼承板。其中柱构件最大的截面尺寸为900毫米×900毫米，重量为14.87吨；梁构件最大尺寸为H1500毫米×700毫米，最大梁重为18.8吨。

塔楼6层至22层采用了预制叠合楼板的设计，叠合板厚度为60毫米，现浇层厚度为70毫米，混凝土强度C30。每层共铺设104块叠合板，每层圆柱周边存在异形叠合板。叠合板间采用宽拼缝施工工艺，模板采用满铺形式，板边位置粘贴海绵条避免漏浆，支模架采用承插盘扣脚架（图2）。

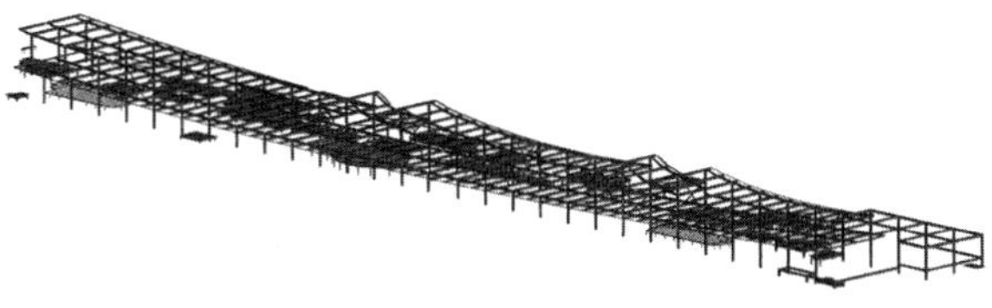

图 2　上飘波浪形钢结构屋盖结构
（来源：三亚合联中央商务区项目施工组织总设计）

2　海岛风敏感环境下的施工

2.1　近海复杂施工环境

本项目近海一侧距海岸线不足百米，由于海洋与陆地之间的存在温差，容易产生阵风。根据历年三亚的阵风气象数据，在无极端天气的影响下，三亚沿海的阵风可达7级，钢结构以及叠合板在吊装过程中，6级以上的阵风易对施工过程产生影响。

与此同时，根据《建筑结构荷载规范》GB 50009中对风敏感结构的定义：对于基频小于4Hz（>0.25s）的工程结构，如房屋、大跨屋盖及各种高耸结构，以及高度大于30米且高宽比大于1.5的高层建筑。在本项目的建筑设计中，商业写字楼高度120米，免税城长度大于300米，屋盖结构高度超过30米。按照荷载规范定义，两者均属于风敏感建筑。结构在脉动风荷载的作用下，会发生结构脉动效应。

2.2　施工重难点

高度达到120m的塔楼、超过30m的大跨度波浪形屋盖结构、设计有长度超过300m的大跨度结构的裙楼等均属于风敏感结构，施工过程易受风荷载影响。

裙房部分屋面采用海浪形屋面，造型复杂；其中部分弧形钢梁的水平跨度未超过11m；部分构件两端截面不一致，重量分布不均，阵风荷载易影响屋面结构安装精度。

裙房屋面钢桁架最大跨度18m，桁架自重较大，且安装位置较高，分段较多，桁架安装过程中需要使用数量较多的胎架；由于桁架分段数量增加，一定程度上会增大桁架结构的现场拼装工作量和拼装误差。

部分塔楼楼板采用预制叠合板的结构形式，叠合板吊装过程中易受高处风载影响，影响安装精度；支撑体系布置不合理，会对叠合板性能产生影响以及存在施工安全隐患。

3　基于数字化技术的预制装配式施工应用

本项目数字化技术主要是基于BIM技术首先完成各专业的参数化建模，通过轻量化模型的形式结合数字化协同管理平台进行多方的协调，进行深化调整。在施工过程中，以“BIM+”的模式结合无人机倾斜摄影、3D打印等技术预制装配式施工进行全过程管控。

3.1　钢结构节点深化

根据三维模型，对钢结构连接点、间距、楼梯等部位进行重点检查，利用BIM软件的施工模拟功能[1]，对施工过程进行预演，提前发现施工中可能出现的问题，优化施工方案。通过模拟施工进度，可以合理安排材料采购、劳动力配置等资源，提高施工效率。

本项目体量大，钢结构节点构造复杂，传统的施工安全管理模式难以适应大型钢结构建筑建设的新要求，钢结构施工安全管理中难点多，且在建设期间突发疫情，对安全管理提出了更高的要求。

钢结构拼装是钢结构施工的重点工作，节点连接出现问题，会给整个钢结构体系埋下安全隐患，关键节点的松动和安装错误，也会造成整个体系倒塌等危险。传统钢结构的安全管理重点集中于施工现场问题的解决与处理，而忽视钢结构施工安全问题的预防，会造成设计失误，现场无法避免等弊病。

对于关键节点安全问题的预防，需要从设计阶段开始考虑，传统各专业的模型设计由各专业专用软件完成后再进行整合，错误细节较多。BIM技术可以供多专业协同作业平台，将各专业模型进行整合，以三维方式进行编辑。

3.2 叠合楼板施工技术及其措施体系设计与施工技术

在项目Revit土建模型中提取叠合板模型作为模拟模型，利用模型进行叠合板混凝土浇筑过程分析，着重分析吊点位置、吊装速度以及瞬时风对叠合板位移、变形的影响。叠合板吊装采用四点吊设计，吊点的布置在设计阶段确定，同时在加工过程中对吊点位置进行喷漆，方便现场安装施工。在模板和叠合板上做好编号标记，通过沟通在叠合板吊至结构上方时，提前找好位置，节约施工时间，提高施工效率。

利用现以建成的数字化三维模型，对架体支撑体系进行排布，出具相关的连接节点、支撑方式以及剖、立面图进行指导施工，同时制作符合现场实际情况的三维数字施工流程模拟叠合板构件的拼装，减少安装时的冲突[2]，对施工现场做法进行一个严格把控，让现场班组安全、高效施工。项目塔楼4F结构大厅上空位置支撑体系高度达18.2米的，属于超过一定危险性的分部分项工程。项目采用钢管扣件式模板支撑体系，其中300毫米×700毫米梁纵横杆间距为600毫米×1500毫米，与周围架体连接后较为密集。在模型中调整优化至800毫米×1500毫米，并通过安全计算提高了施工的便捷性和安全性。

3.3 海浪形屋面钢结构安装控制与施工技术

本项目裙楼的大跨度波浪形屋盖结构高度超过30米，同时裙楼长度超过300米，属于大跨度结构。按照建筑结构荷载规范的规定，属于风敏感结构，易受风荷载影响。将本项目Revit裙楼钢结构模型以IFC格式文件为载体，导入至Abaqus进行有限元分析，选取部分具有特色的钢结构构件建立三维模型，采用变量控制法，模拟构件在不同阵风荷载、不同吊点下构件的吊装过程。

3.4 基于BIM模型的3D打印

为获得建筑在全向风下的结构响应，优化结构设计。项目委托广东省建筑科学研究院开展主体结构的风洞试验[3]，获得结构的等效风荷载、覆面风压分布、通风效果、风致振动等数据。

为满足广东省科学研究院开展的主体结构风洞实验，建立主体结构1：200的刚性建筑模型，使模型进度能给实际反映尺度大于0.3米建筑细节的精确形状及凹凸设计样式，并根据已规划建筑建立周边建筑模型，将项目Revit模型以STL文件格式输入到3D打印机上，对其进行切割，打印出3D节点构造的实物模型。

风洞动态测压试验数据表明：裙楼屋架、塔楼塔冠部位易受负风压影响，负风压峰值为塔楼塔冠的-7.29kPa，雨篷、塔楼飘带易受最大正风压影响，正风压峰值为塔楼飘带的6.47kPa（图3、图4）。

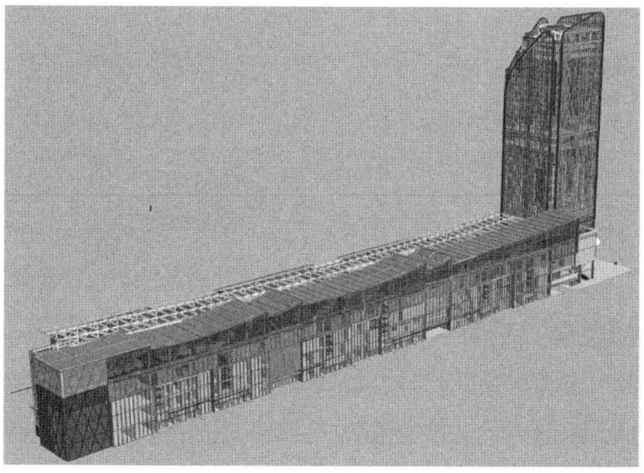

图3 项目全专业模型
（来源：三亚合联中央商务区项目模型）

图4 3D打印模型照片
（来源：风洞试验现场照片）

3.5　机电管综预制深化

裙楼机电模型与土建模型耦合后，产生的碰撞部位共计2334处，对碰撞部位进行分析汇总整理成台账登记并形成问题点报告反馈设计单位。通过三维模型的协同和碰撞检查，提前发现和解决土建构件与设备管线之间的空间冲突问题，并提前进行管线综合优化解决，避免后续返工。

以室内净高要求为控高红线，遵循“电气管道避让水管、水管避让风管、小管避让大管”的原则，调整出完整三维模型建构，避免在施工过程中边施工、边协调、边处理的模式。与此同时，BIM的介入简化施工管理工作，缩短项目工期，提高机电管线施工质量和参建各方的沟通效率。紧接着，将完成调整的机电模型通过三维可视化漫游进行局部控高检查，同时形成净高区域直观图，判断该调整方案的可实施性。

将净高分析结果提资至精装设计单位，并基于精装设计图纸建立精装模型。为满足建设单位在控高红线上尽可能提高净高的要求，将精装模型与土建模型、机电模型等进行耦合，分析出影响净高提升的关键为天花造型中与大规格的双层排烟管之间的空间有限。生成专项报告反馈至建设单位，并组织净高提升协调会探讨净高优化建议可行性。

基于的机电模型及建筑模型，对已排布的暖通、电缆桥架、大型水管及管线密集处进行孔洞预留，在Revit模型中进行孔洞精准预留，结合机电模型及施工工艺确定孔洞的具体位置及尺寸，并出图指导现场施工。最大程度上减少了孔洞后期二次开凿，影响主体结构质量的同时节约时间和人力成本。

3.6　无人机倾斜摄影

利用无人机在施工过程中对建筑物进行精确测量，通过搭载的高分辨率相机，无人机可以快速收集建筑物数据，生成高质量的三维模型，包括建筑物外观、内部结构、地形和周边环境，便于对施工过程对建筑物的动态监控、建筑物的施工进度监控，确保项目的安全和施工进度的正常进行。

无人机航测是利用装在飞行器底部的摄像机，在空中按一定高度沿预定的航线，对地面进行连续摄影。航摄成像原理是地面的中心投影，地形图则是地表在水平面上的垂直投影，两者存在差异，涉及两种技术成果的对接与转换——投影过程的几何反转、中心投影的透视变换。将中心投影的航摄相片转化为垂直投影的地形图，也正是无人机航测的主要任务（图5、图6）。

图5　无人机航拍
（来源：三亚合联中央商务区项目现场照片）

图6　航拍图生成了倾斜摄影模型
（来源：三亚合联中央商务区项目倾斜摄影模型）

3.7　模型轻量化协同管理应用

为满足施工阶段BIM模型能更好地进行施工管理及协调工作，通过将各专业模型导入到译筑云平台进行模型轻量化管理，各参建方可快速地从移动设备上加载和观看模型及产品结构信息，实现信息实时互通，并且可根据轻量化模型进行施工计划、施工协调以及质量控制等施工现场管理工作。

3.8 数字协同平台的管控

1. 多模块数据整合的大屏端系统

结合项目的管理重难点，从项目的安全、质量、进度、人员、设备、技术等维度，分析出一套适用于建筑施工总承包模式的管控指标体系，通过抽取底层各模块的数据进行整合，形成顶层管理视角的大屏端数字管控子系统。另外，在平台上项目通过定期发布工程动态，使参建各方直观了解项目的形象进度、安全和质量现状，有效提升建设项目综合管控效率和管理水平。

2. 基于云端的文件管理

通过BIM协同管理平台进行文件管理，主要的文件类型包括但不限于提资文件、变更单、问题回复、管综图审意见、工程联系单、周报、施工阶段疑问清单和模型等。根据工程项目的特点和需求，建立合理的资料分类体系。这有助于资料的整理、检索和利用。为确保BIM协同管理平台的数据安全，对不同的用户进行权限设置，采取防止数据丢失或泄露。

3. 基于物联网的物资管理

以模型为基础，提取模型中的构建信息。基于BIM模型软件系统提取出所需要的材料参数，如构建的数量、型号及尺寸信息，制订合理的采购计划，在物资生产阶段充分利用BIM模型实现模具设计规范化，提高物资生产的精确性和有效性，同时也提高建筑物资采购管理效率，促进建筑行业建筑信息化的发展，通过BIM在物联网技术的应用实现物资信息与模型的交互与集成应用，为建筑物资管理提供一种新思路。

4 结语

本项目充分利用BIM技术的可视性、协调性、模拟性、优化性和可出图性，并结合无人机、3D打印等技术，在协同管理平台的全过程管控下，实现对建筑的全面数字化管理和优化，提高施工效率、降低成本、确保项目的安全性和可靠性。

与此同时，针对海岛风敏感装配式综合体建筑施工的特点，在钢结构的深化设计施工、混凝土预制构件的安装、综合机电管线的预制深化等都开展了实践与分析，为同类型的建筑的施工提供可复制可推广的经验。

参考文献

[1] 付照祥，许子龙，胡铁厚，郭向辉，孙金超，薛涛. BIM技术在钢结构工程施工中的应用 [J]，建筑结构，2023，53（S2）.

[2] 王自博. 装配整体式结构预制叠合板施工技术探析 [J]，散装水泥，2023（3）.

[3] 林韬略. 建筑外形对屋盖角区风压分布特征影响的风洞试验和数值模拟研究 [M]. 广州：华南理工大学，2022.

[4] 中华人民共和国住房和城乡建设部. 建筑结构荷载规范 GB 50009-2012 [S]. 北京：中国建筑工业出版社，2012.

华章新筑项目
——从建造迈向智造的模块化建筑设计探索

周栋良　黎秋蕾　胡益轩　王佳美

作者单位
奥意建筑工程设计有限公司

摘要： 本文以全国首个混凝土模块化高层保障房、全国智能建造试点项目——深圳华章新筑为例，详述其在模块化设计、BIM正向设计、智能建造、平急兼顾、施工管理等多维创新实践及建筑师负责制的项目保障机制。分析模块化建筑在品质、扩展性、产业链协同和全周期管理方面的优势，并提出平急功能转换策略。在工业 4.0 及“新时代好房子”背景下，探讨模块化建筑设计与建造如何推动传统建造向智能建造转型，及该项目在转型中的标志作用及启示意义。

关键词： 模块化设计；BIM 正向设计；智能建造；平急兼顾；建筑师负责制

Abstract: This article focuses on Shen Zhen Huazhangxinzhu, China's pioneering modular high-rise affordable housing and a national smart construction pilot project. It highlights innovations in modular design, BIM-based planning, smart construction methodologies, efficient project execution, and architect-led accountability systems. The analysis emphasizes the benefits of modular construction: enhanced quality, scalability, improved supply chain synergy, and holistic lifecycle management, introducing a rapid function adaptation strategy. Amid Industry 4.0 and the quest for 'Better Homes', explore how modular design and construction accelerate the transition from conventional to intelligent building practices, underlining the project's pivotal role and broader implications for industry transformation.

Keywords: Modular Design; BIM Positive Design; Intelligent Construction; Dual Functionality for Normal and Emergency Use; Architect Responsibility System

1　引言

建筑历史是一部人类文明与技术创新交织的长卷。随着城市建设步伐由量转质，建筑业亟需改变传统落后、低效的设计及建造方式，来适应未来发展需要。数字化技术与建筑信息模型（BIM）的应用催生了“工厂化生产、现场组装”的新型建造模式，开启了“变建造为智造，像造汽车一样造房子”的行业革新。华章新筑项目作为这一转变的典范，以其全国首个混凝土模块化高层保障房示范项目、最快且体量最大高层保障性住房建设项目及首个 BIM 全生命周期数字化交付模块化建造项目的身份，展示了建筑领域迈向高效、绿色、人文新时代的坚实步伐，[1]为从传统建造时代迈向智能建造时代的建筑行业革新提供探索之路。

2　项目概述

华章新筑项目位于深圳市龙华区，总建筑面积173740平方米，由5栋100米高层住宅及三层半地下室组成。项目通过模块化设计与建造为深圳市提供了2740套租赁住房，同时具备3000套隔离公寓的快速转换能力。

项目由6028个模块单元组成，每个模块均实现了建筑、结构、机电、装饰装修等多工序的工厂化集成，显著提升了建造效率、工程质量及环保性能。该项目在工厂完成约80%的建造工序，现场仅进行模块拼装以及与主体结构连接部分的浇筑，项目仅用1年时间完成了传统方式下3年的建设任务，有效减少现场作业周期长带来的扰民问题，被院士专家评价为“达到世界一流建造水平”。

3 技术难点与解决方案

项目面临高容积率、地形复杂、航空限高等诸多挑战，同时还需考虑平急功能的转换以及快速建造需求。在国内无行业先例的情况下，创造性克服高层混凝土模块化建筑在结构体系、模块设计、集成等方面的技术瓶颈。

因此，项目团队开展了涵盖模块化建筑设计、结构抗震、监测评估、吊装方式等领域的14项重大课题研究，保证了建筑结构在安全性、抗震性与传统建造方式相同的同时，还实现了建筑物可抵抗14级强台风的能力，并通过预留接口与设施，确保了平急功能的快速转换。模块设计、平急两用、快速智造、结构创新、产品化、建筑师负责制在模块化建筑设计上的应用，创造性地解决了居住产品在平急两种使用场景下如何与新型建造模式相结合的关键性问题，同时突出了建筑师与各个行业工程师的跨界协作以及伴随式、全生命周期的专业把控去给建筑产品赋能。项目以产品化思维去适配需求，并设计建筑产品，为构建好品质、好生活、好生态的“新时代好房子”提供重要的启示与示范作用。

图1 鸟瞰图

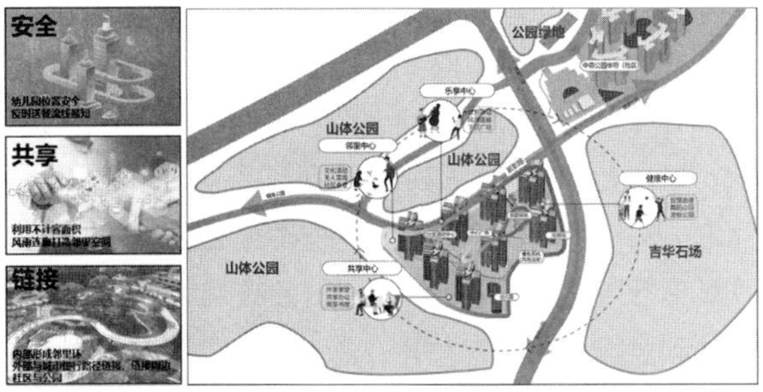

图2 完整社区

4 设计原则与实施策略

4.1 需求导向与规划原则

项目面对2740套公共住宅的供给任务，且需满足3000个隔离单元的紧急需求，再加之100米的航空限高与复杂多变的山地地形变化。需要在设计之初“化繁为简”。采取高度集约化的规划方案，用以有效调和土地使用与多元功能需求间的矛盾。项目从三个最优出发：最优占地、最优采光、最优通风，采用点式蝶形标准化建筑形态，通过错位布局实现通风采光、景观利用最大化；同时屋顶配备太阳能光伏设施，裙楼设置超充快充，实现楼上发电楼下用电的新模式，推动社区绿色能源应用。

项目充分利用地形高差设计多标高花园，大幅削减土方工程量，既降低成本又与山体自然衔接（图1）。在系统规划分期建设进程中，通过预设连通通道、统一设计风格与公共空间系统的方式，确保其与后期开发在功能对接与空间整合上的无缝衔接。实现社区建设的有序演进与整体统一（图2）。

4.2 产品化思维与建筑师负责制

项目借鉴制造业的标准化、流程化管理，将保障性住房视为完整产品，运用模块化设计、BIM正向设计、工厂打样等手段，实现设计与建造的高度协同。建筑师在产品化思维引导下全面管理项目，跨专业协调，确保设计理念的贯彻与品质的把控。在设计与施工过程中，严格执行精度要求，特别是在平急功能转换相关设施接口设计上确保精准无误。

1. 产品化思维

建筑产品化是将建筑设计与使用、生产、运营等思维方式相结合的一种理念，强调标准化、模块化和可复制性。旨在提高效率、提升质量。这种思维方式运用到建筑设计中，最重要的体现就是把建筑视为完成“产品”，从需求出发，以逆向推导的方式，将建筑产品拆解成若干功能空间，再通过组合形成类似于汽车或者手机的建筑产品。

以华章新筑单房为例，在建筑产品化思维理念引导下，将户内空间拆解为七大模块八大系统。并依据功能场景进行组合。最终再结合模块重量与拆分将厨房、卫生间、玄关归集为一个统一的混凝土模块。剩余功能空间归集为另一混凝土模块（图3）。模块与模块之间通过膜壳与背栓、螺杆、现浇竖向构建拉结。并通过家具的设置，巧妙掩饰模块处的交缝。依据这个原则，我们将华章新筑项目中的2740套保障性住房拆分为6082个混凝土模块（图4），由这些模块组合出三种产品类型（包括建筑面积35平方米的两类单房户型和一类70平方米的两房户型），其中35平方米的单房户型还可以相互拼合，在保障户型标准化的同时极大提高户型的可变性，满足后期运营多样化的需求。

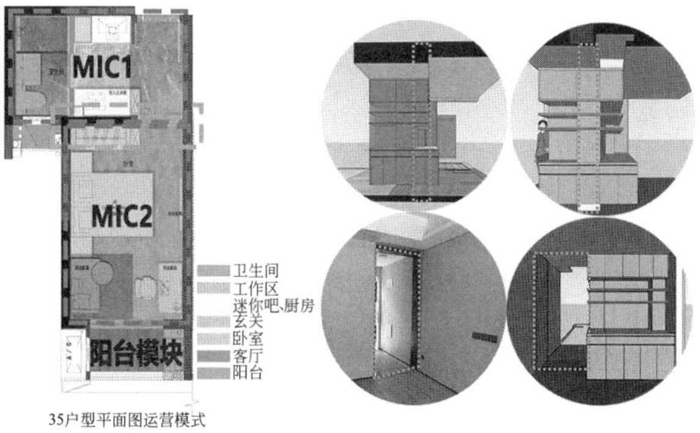

图3　模块接口示意

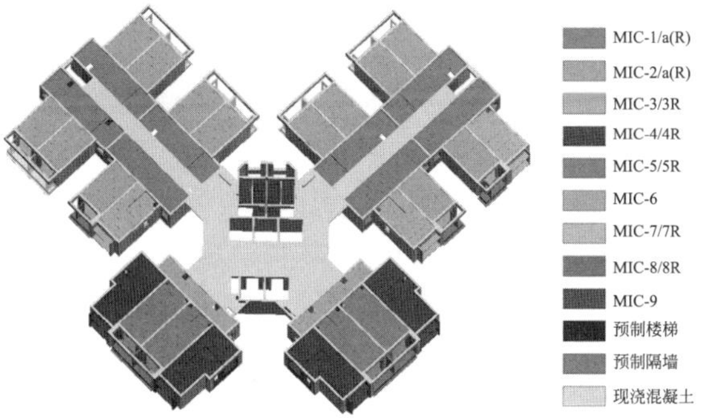

图4　模块拆分图

2. 建筑师负责制

为“推进与国际接轨的工程建设模式，同时提升工程质量、打造精品城市、培育复合型专业人才”，深圳市于2019年推出了建筑师负责制试点工作实施方案。[2]这需要建筑师在建设项目中负责并完成前期规划与策划、设计、施工监督、 指导运维、更新改造、辅助拆除等工作内容，对建筑师的综合能力有较高的要求。

在华章新筑项目中，尝试并实现了首席建筑师+项目负责人双线并轨的建筑师总负责制（图5）。推行十大设计维度三大品控方向的管理方式。即从土建、室内、景观、幕墙、泛光、标示、交通、策划、选材、BIM正向设计十大维度。经济性、细节度、落地性三大品控方向。在全过程设计与管理中融入产品思维，以客户需求为导向，结合工厂生产与现场建造反向优化设计方案，最终确保设计方案精准落位。项目通过65天高效、多专业协作的联动设计与管控，实现了所见即所得的图纸精度，以指导后续工厂生产。为后续项目高效推进奠定坚实基础。

5　模块化建筑设计与建造

5.1　三大设计方法论维度

1. 模块化建筑的需求精准落位

在设计初期，我们进行了对防疫模式和运营模式的用户区别的探讨。我们深入研究了不同用户群体的潜在使用需求，并针对其特点进行了场景化分类（图6）。我们考虑了用户在防疫模式和运营模式下可能出现的不同情境，将使用场景归纳为基本生活需求、特定场景需求以及生活拓展需求，以确保设计方案能够有效地满足用户的需求并提供舒适的使用体验。

2. 灵活性与可扩展性

模块可根据需求组合调整，应对平急时期的空间使用需求，同时适应用户个性化需求。家具组合灵活多变，满足使用场景的多样性需求。在华章新筑项目中，针对平急时期的空间使用需求的差异性，以及拆改灵活性。以35平方米户型为切入点，作为最小户型单元，结合装配式隔墙、集成卫浴、集成厨房的拆除、移动及置入进行使用功能的快速转换。同时，也可满足户型合拼，实现将两个35平方米的单房转换为70平方米两房两厅的可能性（图7）。除此之外，在两房户型设计中还引入了LDK的空间理念以及1.5卫生间配置，为未来家庭成员的增加或生活方式的转变等预留可能性。

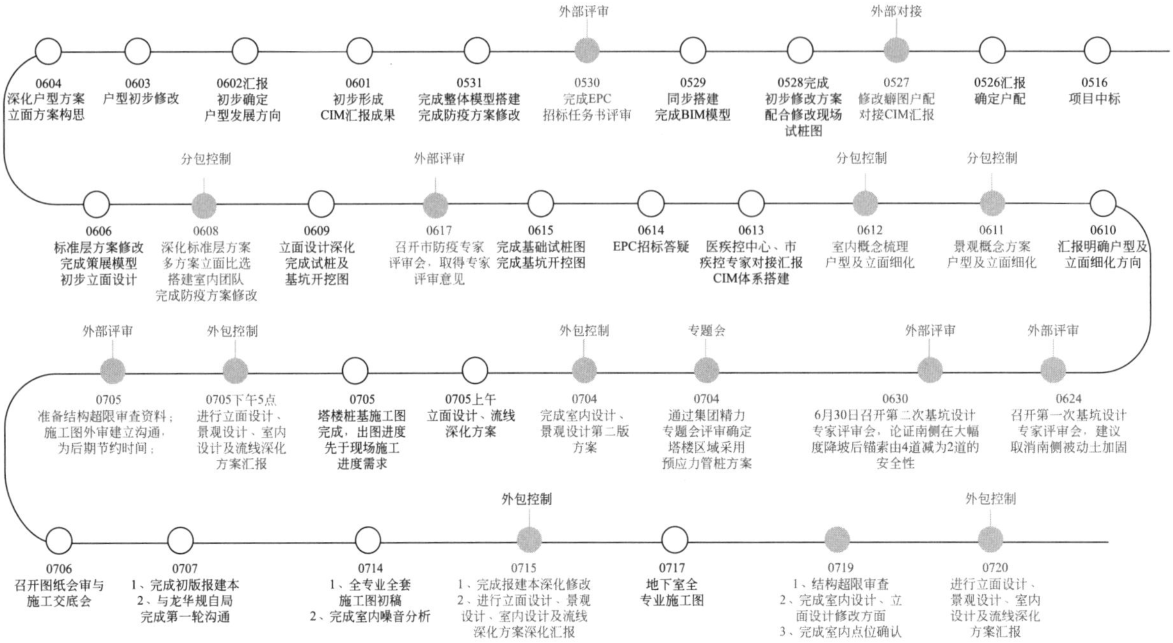

图 5　65 天全专业工作流程示意图

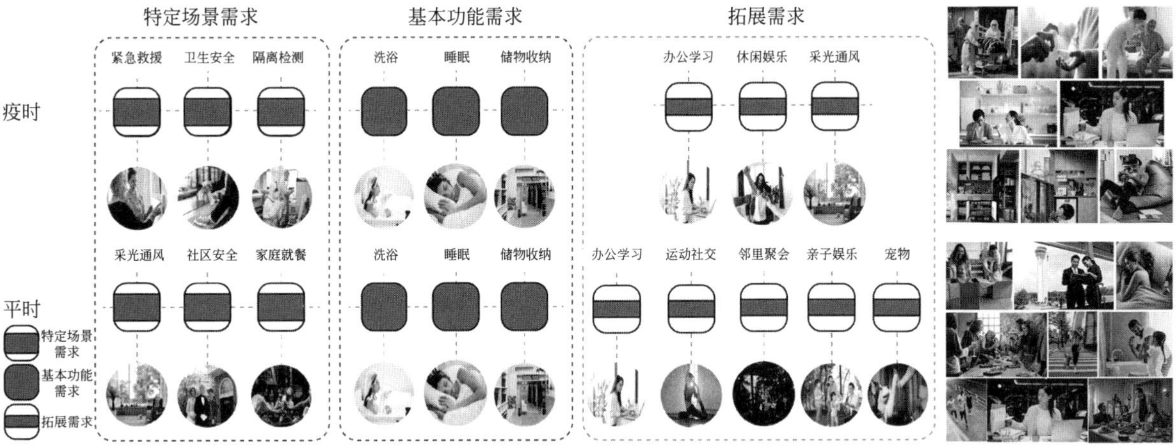

图 6　需求分析

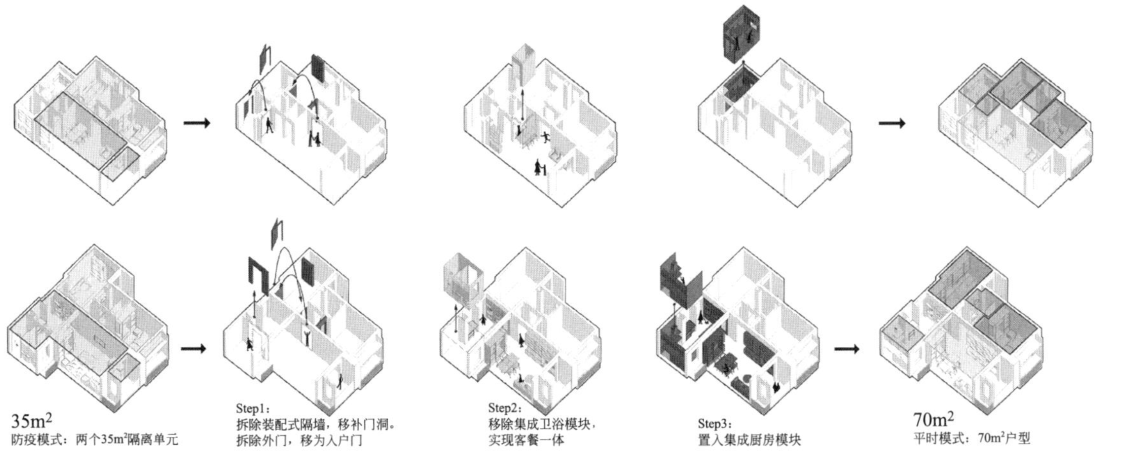

图 7　平急功能转换图

同时通过可变家具的置入，实现室内功能空间的灵活变化。既可以作为私密的卧室空间，也能变身成宽敞明亮的客厅区域；既能构建出静谧的工作书房，也能轻松转换为聚会天地。根据居住者的生活习惯、兴趣爱好以及家庭结构进行个性化定制和重新布局，让每一寸空间都发挥出最大的价值（图8）。

3. 标准化设计与生产

制定统一模块化设计导则与产品库，实现标准化生产和质量一致性。项目设计从微观至宏观，关注产品基本单元——“盒子”的构建，通过整合部件形成接口简化、重量适宜的最佳模块单元，以满足流水作业需求，同时考虑安装拼合过程中交接位置的构造、施工公差及接缝隐蔽性问题，以保证整体建设的安全性及高效性。

（1）“盒子”的集成

每个模块由单维构件（墙板、节点）逐步升级至双维模块（卫生间、厨房、起居单元），最终拼接成完整的三维空间——“盒子”单元模块。“盒子”模块则由模块结构、机电及装饰装修等系统而组成，采用建筑、结构、机电、装饰装修等全专业集成设计（图9）。集成模块内的机电管线及点位、生产施工所需预留预埋均在工厂一次性预埋，预留与现浇部位的机电管线接口，并完成模块的装饰装修、安装机电设施后打包运输到施工现场进行安装。

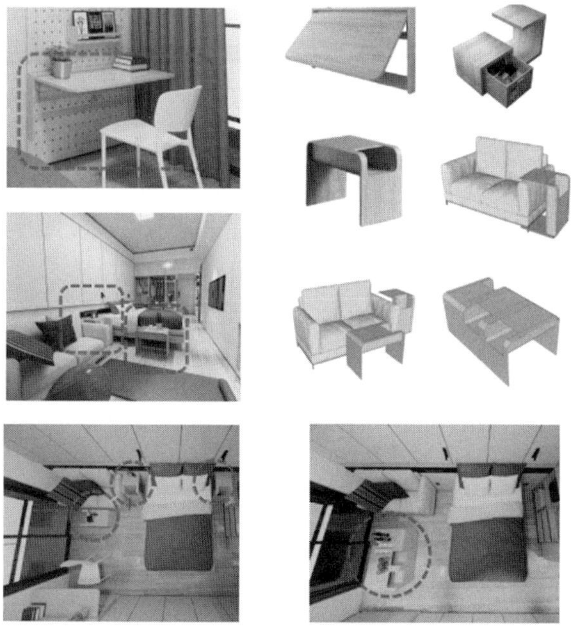

图8　可变家具图

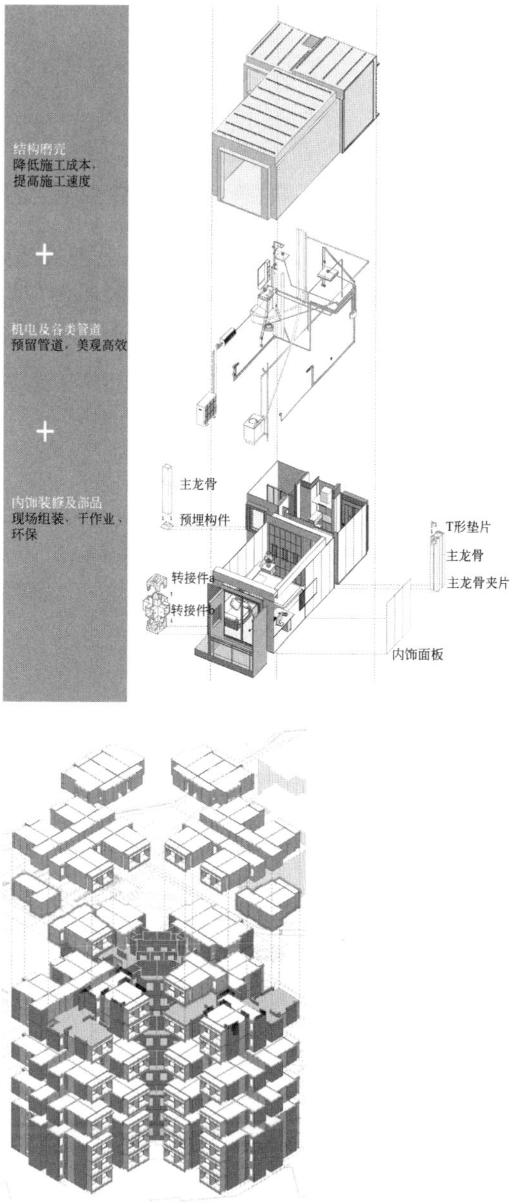

图9　“盒子”单元模块图

（2）“盒子”的组合与连接

模块与现浇剪力墙的连接构造：混凝土模块的隔墙在结构剪力墙的位置设计为内侧为30毫米厚混凝土墙模充当模板，通过设置桁架钢筋或局部加强肋的方式以满足施工阶段的刚度要求。剪力墙内的受力钢筋均为现场绑扎，混凝土为现场浇筑。在轻质隔墙与现浇剪力墙间设置柔性连接材料，减小隔墙对整体刚度的影响。模块安装就位后，现场绑扎剪力墙钢筋，剪力墙模板与模壳进行拉结并浇筑混凝土。

模块与现浇梁的连接构造：模块侧边梁模同墙模类似，仅作为现浇梁施工的模板，不参与梁受力计算。同时，为减小对结构刚度影响、保证结构传力路径清晰，现浇梁与模块下部的轻质隔墙间设置柔性连接材料。

模块与楼板的连接构造：模块顶板及叠合板预制底板作为叠合板的后浇层的模板使用，通过后浇层完成楼板面筋的锚固和底筋的搭接，浇筑完成后主体结构形成完整的传力路径（图10）。

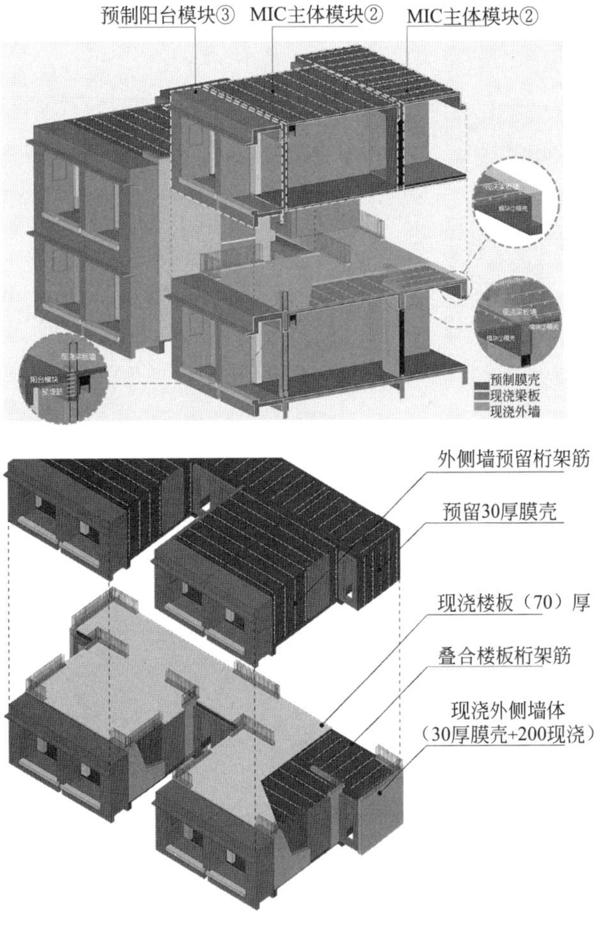

图10　模块连接构造

5.2　BIM正向设计辅助模块落地

模块化建筑设计最大特点为在工厂大批量建造前需要完成全专业设计交圈。这需要建筑信息模型与方案设计同步进行。同时将修改同步反馈至生产链条。

华章新筑是全国第一个BIM（建筑信息模型）全生命周期数字化交付模块化建筑项目。在项目中，全过程使用三维数字化建模技术，集成建筑、结构、机电等多专业信息，进行精细化设计与协同工作，提高设计效率和精度，确保各预制构件之间的准确对接（图11）。同时通过BIM及智能生产管理系统的应用，打通设计端到生产端数据，实现产品全生命周期管控。采用智能化进度校核体系+可追溯数字化管理实现混凝土集成模块工业级生产进度。

图11　BIM模型图

5.3　模块化建筑智能建造

模块化建筑最大优势在于其建造速度之快和数字化、工业化程度之高，有望帮助建筑业迈向新的时代。由于模块涵盖的土建、内装、机电均在工厂完成，使其同建设周期仅为传统建造方式1/3，固废排放减少50%，现场用工量减少50%。通过BIM平台多专业协同深化设计，使得模块在工厂内实现了多工序的流水化生产。借助标准化、一体化的生产方式，确保了工艺质量的稳定性，将模块建造精度误差控制在毫米级，相比传统建筑的精度提高了10倍以上。[3]

6　结论

华章新筑项目不仅体现了建筑行业从建造到智造的深刻变革，更以其前瞻性的设计理念、先进的技术应用、严谨的建筑师负责制，展示了模块化建筑在应对高容积率、快速建造、平急兼顾等多重挑战中的强大适应性与优势。该项目的成功实践为建筑行业的未来发展提供了宝贵的参考案例，预示着在工业4.0背景下，模块化建筑有望成为推动建筑工业化、智能化与绿色化的重要力量（图12）。

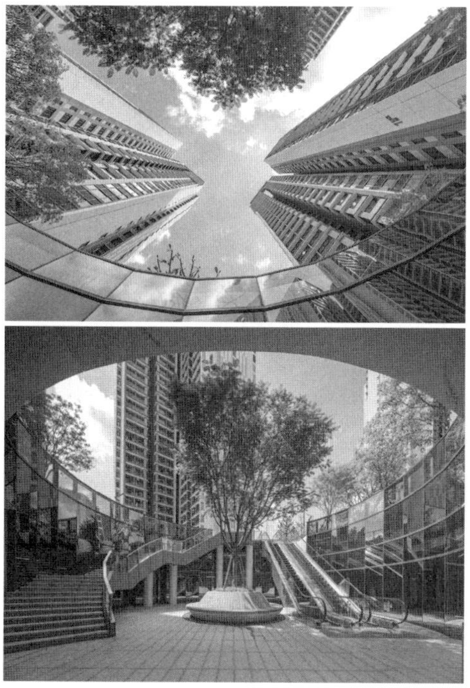

图 12　实景图

参考文献

[1] 刘东卫，周静敏. 建筑产业转型进程中新型生产建造方式发展之路 [J]. 建筑学报，2020（5）：1-5.

[2]深圳市住建局. 深圳市建筑师负责制试点工作实施方案（试行）. [EB/OL]. [2019-02-13]. https：//zjj. sz. gov. cn/gcjs/tzgg/content/post_8264364. html.

[3]中建海龙科技 新型建造方式的引领者 [J]. 建筑，2023（4）：98-100.

高性能混凝土泵送流动特性控制研究

刘长卿

作者单位
中铁北京工程局集团第五工程有限公司

摘要： 将管道系统作为研究对象，建立离散元泵送模型，对新拌混凝土在管道中的流动过程进行数值分析，研究了管道内新拌混凝土的速度与压力的分布规律以及活塞的受力特点，以及泵送速度、骨料大小、骨料形状、管壁摩擦对堵管的影响、分析混凝土泵送过程的堵管机理，为泵管优化与布置提供理论指导。

关键词： 混凝土；泵送；流动特性；堵管机理

Abstract: Taking the pipeline system as the research object,a discrete element pumping model was established to numerically analyze the flow process of freshly mixed concrete in the pipeline. The distribution law of velocity and pressure of freshly mixed concrete in the pipeline,as well as the force characteristics of the piston,as well as the influence of pumping speed,aggregate size,aggregate shape,and pipe wall friction on pipe blockage,and the mechanism of pipe blockage during the concrete pumping process were studied,Provide theoretical guidance for optimizing and arranging pump pipes.

Keywords: Concrete; Pumping; Flow Characteristics; Pipe Blockage Mechanism

1 混凝土管道模型及参数

将管道系统作为研究对象[1]，对新拌混凝土在管道中的流动过程进行数值分析，受限于计算条件和所分析的过程，仅选取某一段混凝土进行模拟。图1为混凝土泵送过程的物理模型主要管道参数示意图，模拟中采用的颗粒骨料形状为球形，颗粒直径为4.75～31.5mm，泵送速度0.4m/s。

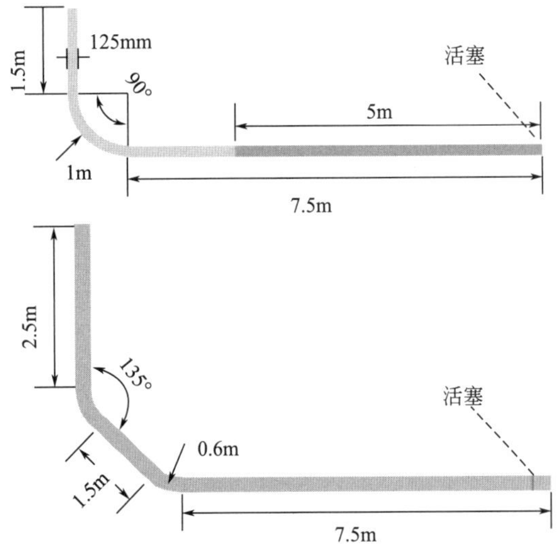

图1 混凝土管道模型

2 泵送混凝土流动特性分析

2.1 新拌混凝土速度分布规律

混凝土泵送过程中，粗骨料的存在是管道堵塞、混凝土离析、管道磨损等一系列问题的主要原因[2]。选取5s、12s、18s，建立4组模型，分析不同时刻的粗骨料速度分布。

如图2a所示，当t=5s时，混凝土生成后，随着活塞向前推进，混凝土柱后端的颗粒速度逐渐变得稳定一致，而混凝土柱前端的颗粒速度分布出现任意随机状态，颗粒的速度随着与活塞距离的增大而减小，说明在这一阶段，生成的散布混凝土颗粒在活塞的作用下逐渐被压实，从静止状态逐渐变得与活塞速度接近；当t=12s时，混凝土柱抵达弯管区域后，混凝土柱前端颗粒的速度变小，速度分布呈现随机性，说明混凝土在进入弯管区域时，受到一定的阻挡堵塞作用。

如图2b所示，当t=18s时，混凝土柱在穿过弯管后，颗粒的速度场基本达到均一稳定状态，直管区域颗粒速度沿管道轴线方向，弯管区域颗粒速度沿弯管轴线的切线方向，速度数值与活塞的推进速度接近（0.4m/s）。在弯管区域，弯管外侧的颗粒速度大于弯管内侧颗粒速度，间接说明弯管外侧位置粗骨料离析现象明显，骨料对管壁的磨损更为强烈。同时由于靠近弯管壁外侧的颗粒对管壁产生冲击作用，而靠近弯管壁内侧的颗粒运动时远离管壁，不会对弯管壁内侧产生直接的冲击作用，因此弯管外侧比内侧的磨损相对更为严重。

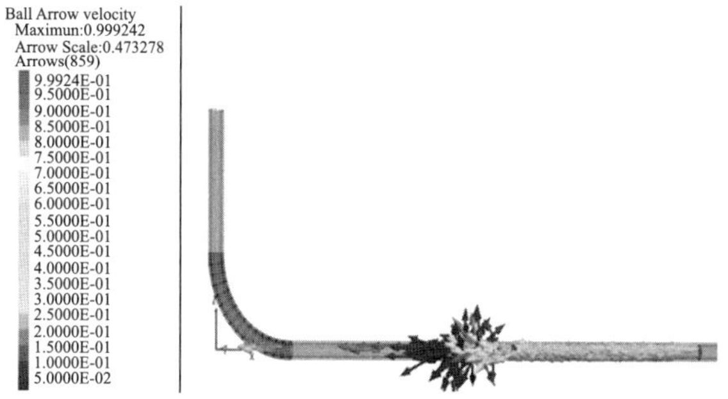

(a) t=5s

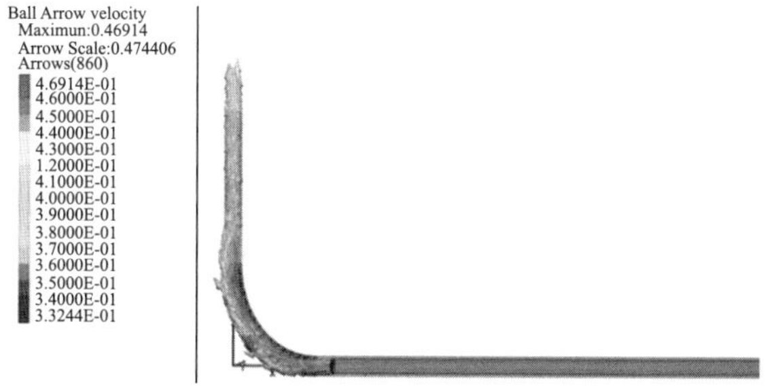

(b) t=18s

图 2　混凝土泵送过程中粗骨料的速度分布

2.2　新拌混凝土压力分布规律 [3]

在离散元数值模型中，通过骨料之间接触力近似表征混凝土泵送过程中的压力分布是合理可信的，这是因为接触力的大小间接反映了颗粒运动的阻力，而泵送过程中压力的大小与泵送阻力直接相关。从图3模拟结果可以看到，靠近活塞区域的接触力最大，距离活塞越远，接触力越小，由此可见混凝土泵送过程中，压力最大的区域位于活塞附近，距离活塞越远，混凝土压力越小，这是由于混凝土在管道中泵送时的沿程损失造成的，与实际工程实际吻合，这也间接说明了数值模型的合理性。

对比混凝土泵送并通过弯管的全过程的压力分布，发现在起始泵送阶段，压力数值较大，这是因为混凝土在活塞的作用下，从静止状态开始运动，活塞

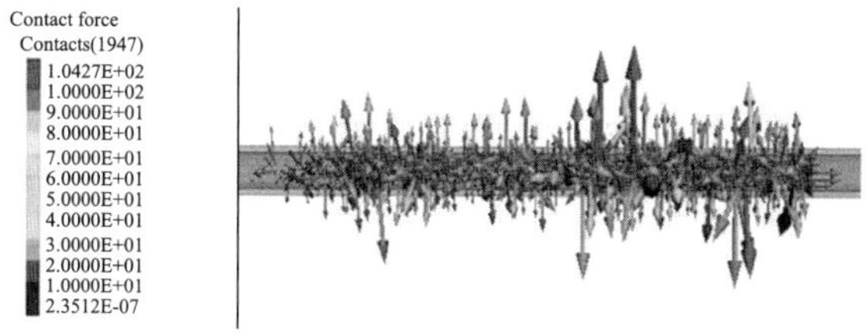

(a) t=5s

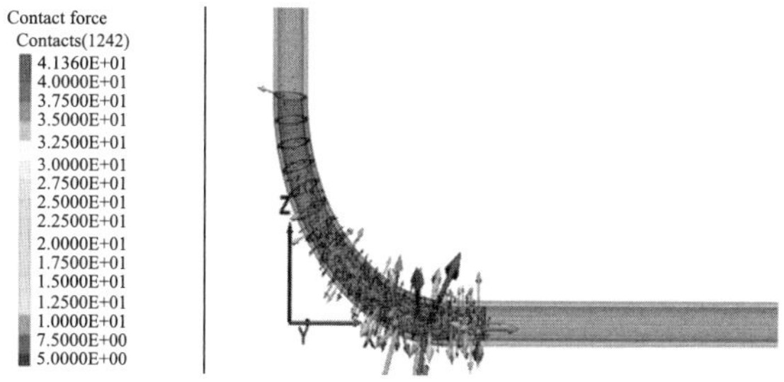

(b) t=18s

图 3　混凝土泵送过程中的压力分布

受到的阻力最大；混凝土在直管中输送的过程中，压力随着活塞的推动而逐渐减小，然后变得稳定，这是因为骨料进入稳定运动阶段，在惯性的作用下，需要提供的推力相应减小而后变得稳定；在混凝土进入弯管时，压力会有一定幅度的上升，这是因为混凝土进入弯管时，颗粒的运动因为直角转向而不可避免地受到管壁的阻挡作用。

上述离散元分析，从空间域和时间域的角度分析了混凝土在泵送通过一个弯管单元的过程中的压力分布，而对于整个混凝土泵车的复杂管路而言，其压力的分布可以类似推演分析。

2.3　泵送过程活塞受力 [4]

在离散元数值模拟中，将表征活塞的墙体所受的合力作为活塞的受力，其变化规律如图4，由模拟结果可以发现，活塞的推力总体可以分为四个阶段：活塞开始推动，因克服颗粒惯性而推力逐渐增大；颗粒整体开始运动，活塞推力减小；颗粒到达弯管处，活塞推力增大；颗粒越过弯管，推力基本恒定。上述四个阶段可与上节中关于混凝土压力的分布基本对应。

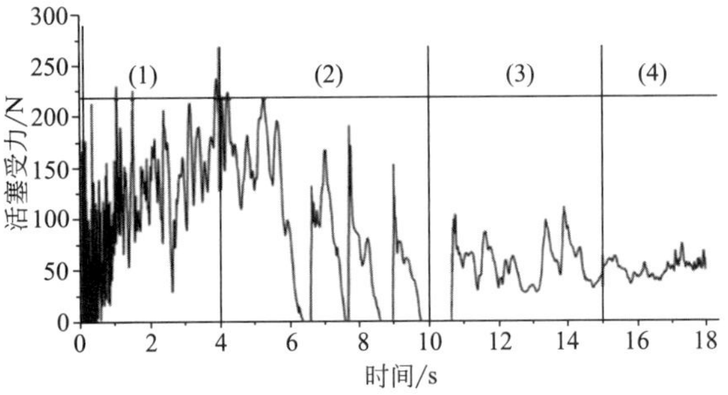

图4 混凝土泵送过程中的活塞受力变化

3 混凝土泵送堵管机理分析

建立了混凝土泵送过程的离散元模型，从活塞推力平均值和波动幅度两个角度对混凝土的泵送状态进行分析[5]：当活塞平均推力偏大，说明混凝土输送时受到的阻力偏大，输送不顺畅；当活塞力波动幅度偏大，出现突增，说明混凝土泵送时出现卡顿甚至堵管问题。

3.1 泵送速度对堵管程度的影响[6]

调整活塞泵送速度分别为0.1m/s、0.4m/s和0.7m/s，建立三组计算模型，研究泵送速度对堵管程度的影响，计算结果如图5所示。可以看到，对于不同的泵送速度，活塞推力随活塞推进的变化规律类似。活塞的平均推力随着泵送速度的增大而增大，说明泵送速度越大，混凝土受到的阻力也越大。由活塞推力随推进距离的变化曲线可知，泵送速度越大，推力的波动幅度也越大，说明泵送过程中发生卡顿乃至堵管的可能性也越大。

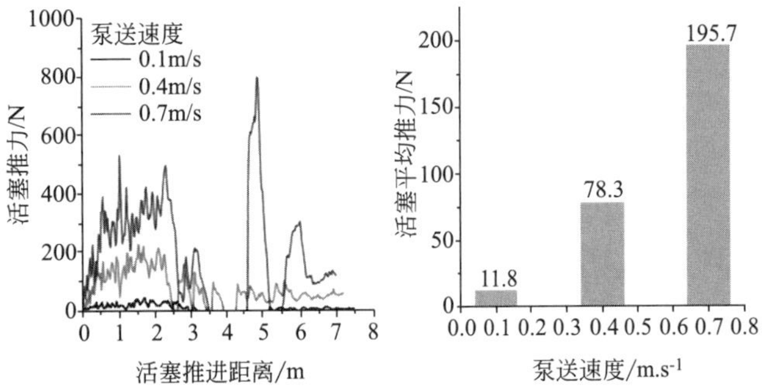

（a）活塞推力随推进距离的变化 （b）活塞平均推力与泵送速度的关系

图5 混凝土泵送速度对活塞推力的影响

3.2 骨料大小对堵管程度的影响[7]

调整骨料粒径分别为10mm、20mm和30mm，其他模型参数不变，建立三组离散元数值模型，计算结果如图6、图7所示。可以看到，活塞平均推力随骨料粒径的增大而减小，这是因为随着骨料粒径增大，相应的骨料数量减小，骨料之间的阻力减小，因而总体上活塞平均推力减小。然而另一方面，活塞推力的波动幅度随骨料粒径的增大而增大，由3.1的判断标准——“当活塞力波动幅度偏大，出现突增，说明混凝土泵送时出现卡顿甚至堵管问题”可知，骨料粒径越大，越易堵管。另一方面，骨料粒径越大，越易单独被甩出（离析），离析出来的大直径颗粒堆积是发生堵管的重要因素。因此，规范规定，骨料最大直径不宜超过管道直径的三分之一。混凝土粗骨料粒径一般为15~31.5mm之间。当泵送高度超过50m不宜采用15~31.5mm石子，宜采用连续级配的10~20mm石子。

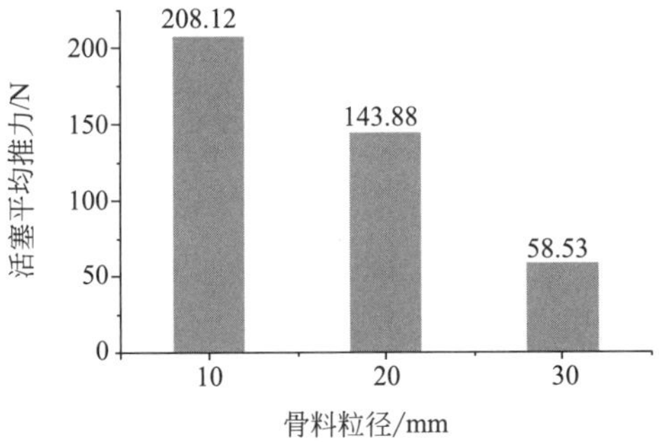

图6 活塞平均推力与骨料粒径的关系

3.3 骨料形状对堵管程度的影响[8]

建立骨料形状分别为球状、柱状和块状的三组离散元数值模型，研究骨料形状对堵管程度的影响，模型管道直径125mm，拐弯半径1m，弯管角度90°，泵送速度0.4m/s，骨料形状分别为球形、柱状、块状，混凝土柱初始长度5.4m。如图8所示，柱状和块状的骨料分别由三个小直径的球状骨料聚合组成，骨料的最大外包络尺寸与球状骨料的尺寸相等，各组计算结果如图9所示。可以看到，在进入弯管前和骨料刚进入弯管阶段，三组模型的活塞推力大小总体相近，但当骨料开始通过弯管时，柱状和块状骨料的

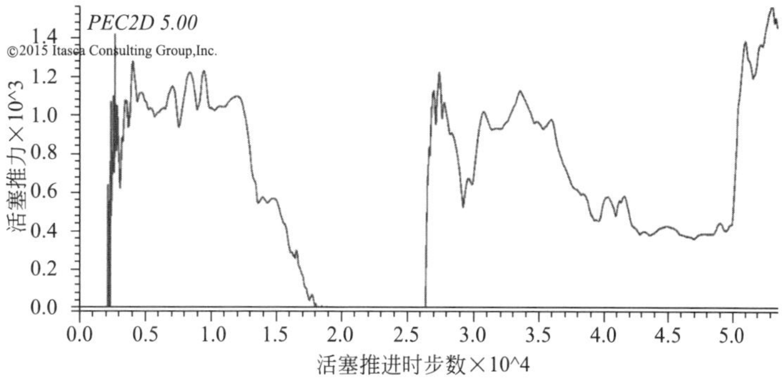

图 7　活塞推力随计算时步的变化曲线

模型的活塞推力明显增大，说明对于柱状和块状骨料，发生堵管的风险较大。球状骨料模型的活塞推力相对较为平稳，推力波动幅度小。这是因为柱状和块状等形状不规则、有棱角的骨料，其骨料之间的嵌合和抗扭转强度较大，不利于混凝土在通过弯管时的顺畅流动。上述分析说明，为减小堵管风险，混凝土骨料应尽量按规则的球状形式制备，但球状骨料的混凝土的强度可能偏低，这是因为硬固后的混凝土中的球形骨料比带棱角骨料咬合力相对更差。这正是采用机制砂和河砂的利弊所在：同等条件下，机制砂相比河砂泵送阻力相对较大，但配制的混凝土强度相对较高。

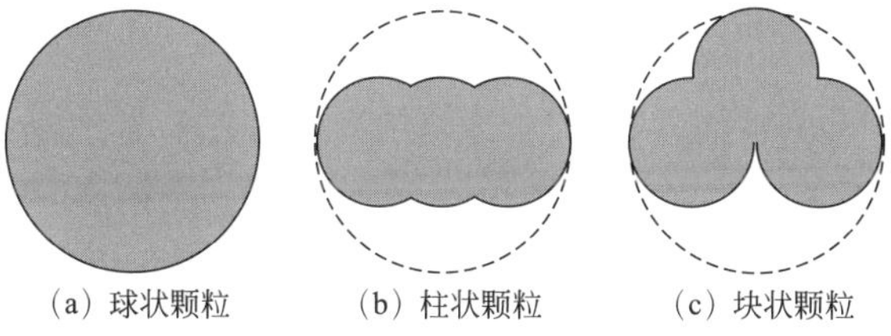

图 8　不同形状粗骨料示意图

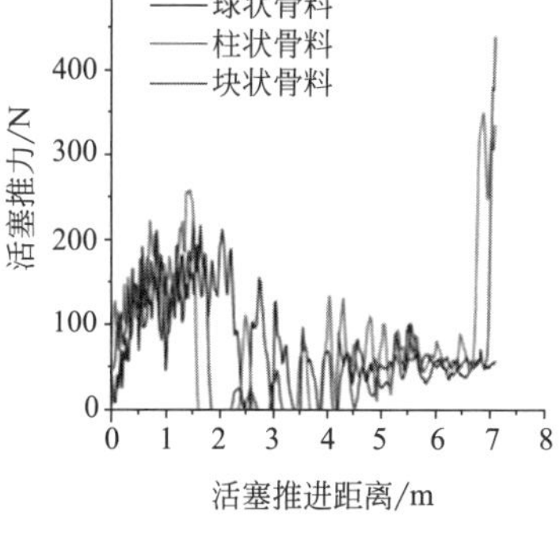

图 9　混凝土骨料形状对活塞推力的影响

3.4　管壁摩擦对堵管程度的影响

建立不同管壁摩擦系数的三组离散元数值模型[9]，模型参数选取管道直径125mm，拐弯半径1m，弯管角度90°，泵送速度0.4m/s，骨料粒径4.75～31.5m，各组模型之中，颗粒与颗粒之间的摩擦系数均设置为 0.3。各组计算结果如图10所示。可以看出，管壁和颗粒的摩擦系数越大，则活塞推力也越大，即受到的阻力也越大，越易发生堵管。而在实际情况下，除了管材不同可能带来管壁摩擦系数不一样以外，泵送混凝土的管道内壁往往会粘附薄薄一层水泥浆料，增加混凝土在管中的流动性（减阻作用），减小堵管的可能性；另一方面，如果这一粘附层较厚（已经较为明显地影响到管径尺寸时），或者由于间隔性泵送，这一粘附层已经开始凝固硬化，则不利于混凝土在管中的流动（增阻作用），增加堵管的可能性。因此，在实际工程中，管材不能更换的条件下，为了防止堵管，可采用如下方法：泵送开始前先泵送一段时间的水泥浆，使得管道内壁黏附一层水泥浆，而在阶段性泵送结束后，要对管道内壁进行清洗[10]。

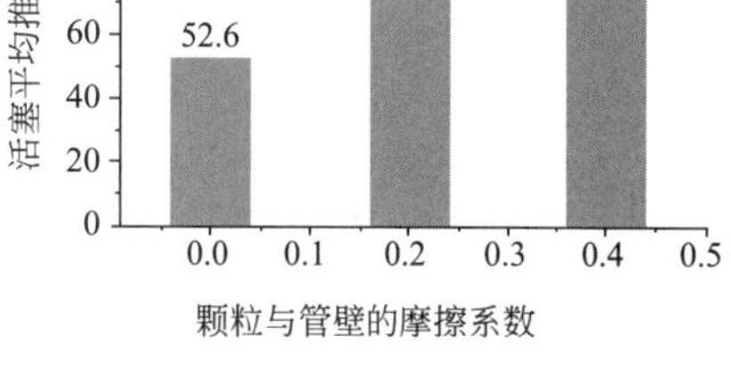

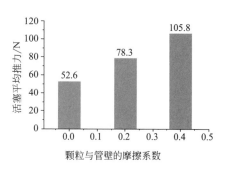

图 10　混凝土骨料与管壁摩擦系数对活塞推力的影响

4 结论

通过对新拌混凝土在管道中的流动过程进行数值分析，研究了管道内新拌混凝土的速度与压力的分布规律以及活塞的受力特点，得出以下结论：

（1）泵送速度越大，推力的波动幅度也越大，说明泵送过程中发生卡顿乃至堵管的可能性也越大。

（2）骨料粒径越大，越易单独被离析，离析出来的大直径颗粒堆积是发生堵管的重要因素。骨料最大直径不宜超过管道直径的三分之一。当泵送高度超过 50m 不宜采用 15~31.5mm 石子，宜采用连续级配的 10~20mm 石子。

（3）为减小堵管风险，混凝土骨料应尽量按规则的球状形式制备，形状不规则、有棱角的骨料，其骨料之间的嵌合和抗扭转强度较大，不利于混凝土在通过弯管时的顺畅流动，但球状骨料对混凝土的强度可能偏低。

（4）管壁和颗粒的摩擦系数越大，则活塞推力也越大，越易发生堵管。在实际工程中，管材不能更换的条件下，为了防止堵管，泵送开始前先泵送一段时间的水泥浆，使得管道内壁粘附一层水泥浆。

参考文献

[1] 戴献军，刘明松. 超高层泵送混凝土可泵性研究与应用 [J]. 施工技术，2014，43（S1）：184-185.

[2] 徐天良，王卿. 泵送高性能混凝土配合比设计和变形性能研究 [J]. 中外公路，2022，42（2）：238-241.

[3] 赵晓，黎梦圆. 超高程泵送过程对混凝土流变性质的影响 [J]. 施工技术，2018，47（3）：14-16.

[4] 杜婷，王本武. 混凝土泵送管道振动监测与分析 [J]. 中南大学学报（自然科学版），2020，51（8）：2143-2151.

[5] 冯乃谦，叶浩文. 超高性能自密实混凝土的研发与超高泵送技术 [J]. 施工技术，2018，47（6）：117-122.

[6] 刘亚，张南风，超高层泵送高强度高性能混凝土成型质量施工技术研究 [J]. 城市住宅，2021，28（12）：242-243.

[7] 杜越. 基于离散元模拟的高强度机制砂混凝土泵送性能分析 [D]. 北京：北京交通大学，2022.

[8] 王学东. 混凝土输送泵发生堵塞的因素及控制方法 [J]. 混凝土，2005（3）：67-69，84.

[9] 王本武. 混凝土泵送管道振动和应力监测及数值模拟研究 [D]. 武汉：华中科技大学，2020.

[10] 康晋宇，裴鸿斌. 超高层建筑混凝土泵送系统堵管因素分析及处理方法 [J]. 施工技术，2017，46（23）：95-97.

[11] 汪东坡. 高性能混凝土的流变性及泵送压力损失研究 [D]. 重庆：重庆大学，2015.

城市中小学校园地下空间智慧运维管理研究

康孟琪[1]　胡振宇[1①]　吴大江[2]

作者单位
1. 南京工业大学建筑学院
2. 中通服咨询设计研究院有限公司

摘要： 近年来，随着城市化和教育水平的提高，我国城市中小学校园高标准建设的要求与用地紧张之间的矛盾促使校园功能空间向地下拓展延伸，并向着数字化开发利用和智慧运维发展。本文以城市中小学校园地下空间为研究对象，结合实地调研，分析其在运维管理方面的现状与问题，提出针对中小学校园地下空间的智慧运维管理策略，构建了对应的智慧运维管理平台，为其智慧运维管理提供参考和借鉴。

关键词： 城市中小学校园；地下空间；地下车库；智慧运维

Abstract: In recent years, with the improvement of urbanization and education level, the contradiction between the requirements of high-standard construction of urban primary and secondary schools in China and the shortage of land has prompted the functional space of campuses to expand underground and develop towards digital development and utilization and intelligent operation and maintenance. This paper takes the underground space of urban primary and secondary schools as the research object, analyses its current problems in operation and management combined with investigation, proposes the intelligent operation and management strategy for the underground space of primary and secondary schools, builds the corresponding intelligent operation and management platform, and provides certain reference for its intelligent operation and management.

Keywords: Urban Primary and Secondary School Campuses; Underground Space; Underground Parking Lot; Intelligent Operation and Management

1　引言

近年来，在我国中小学校园规划建设和更新改造中，地下空间已然成为中小学校园重要的资源和功能载体，其开发利用得到了越来越多的重视。对此，业界学者进行了多领域多层次的相关研究，如，杨旭（2014）结合对中小学新建扩建工程项目的调研，从规划条件、地下空间工程设计以及功能空间三个方面论述了中小学地下空间建设的可行性[1]；孙明、徐同立（2016）分析中小学校园建设现状，探讨了中小学运动场地下空间建设停车库的可行性[2]；陈晓彤、吴大江（2019）探讨了当代城市高密度下小学建筑设计的平衡之道，在小学校园地下空间设置篮球馆、下沉庭院，以缓解校园用地紧张的问题[3]；黄晓琳（2020）运用Ecotect软件，模拟分析了校园地下空间的光环境设计，从科学理性的角度论述校园地下空间采光的影响因素[4]；王健远、季翔（2021）从中小学校园地下空间的功能角度出发，提出我国中小学校园地下空间的功能利用策略[5]。但总体而言，针对城市中小学校园地下空间智慧运维管理的研究文献很少，研究层面较窄，研究深度不足。

由于中小学校园地下空间的特殊性和复杂性，其管理和维护常常面临一系列的挑战和难题，对地下空间设备、系统和基础设施的智能化管理和维护也不完善。因此，本文旨在探讨城市中小学校园地下空间运维管理的策略，促进中小学校园地下空间的高效运

① 通讯作者。

营，为中小学学生的学习环境和教职工的工作条件提供更好的保障。

2 中小学地下空间运维管理现状

经收集国内外资料和对南京市8所中小学（南京河西外国语学校、南京外国语学校方山校区、南京汉开书院、南京田家炳高级中学、南京师范大学附属中学秦淮科技高中、南京雨花台中学岱山校区、南京北京东路小学、南京中华中学浦口雨山小学）校园地下空间的实地调研，笔者发现中小学地下空间运维管理存在着诸多问题，基于上述实例，具体分析如下。

2.1 地下车库运维管理难度大

目前，中小学地下空间的主要利用方式是地下车库，也是地下空间中各种设备、设施主要集中的区域，维护管理难度大、要求高。一方面，地下车库是一个相对封闭的空间，其排水系统、消防系统、电梯设备等相对复杂，如果运维管理不到位、安全设备不完善或未得到及时维护，无疑将增加校园地下空间的安全隐患；另一方面，中小学地下车库停车位有限，需要合理分区和组织流线，停车位管理往往还涉及车位分配、停车费用收取等一系列问题，若管理不善，可能导致停车混乱和争议。

2.2 监管和运维标准的缺失

目前，我国现行的国家技术标准《城市地下综合管廊运行维护及安全技术标准》GB 51354-2019主要涉及地下空间综合管廊的运行与维护，而在指导运行维护作业以及安全管理人员进行专业化、标准化的地下空间运维服务方面，尚缺乏一些指导性、规范性的文件。对于中小学校的管理团队人员而言，他们往往更加重视学校招生规模、办学水平等，较为忽视地下空间的运维管理。缺乏专门的监管团队机构以及规范化、标准化的运维管理程序，是导致设备故障、能源消耗过大、地下环境质量不佳等问题的直接原因。

2.3 运维管理智慧化程度低

根据调研发现，由于部分中小学建设年代较早或者造价较低等原因，这些学校尚未能适应科技发展带来的设施迭代升级后的新要求，地下空间的运维管理智慧化程度较低，缺乏智能化的设备监控和管理系统。此类学校往往只有基础的设备和系统，缺乏远程监控、自动报警、故障诊断等智能化运维技术，而传统的管理方式需要大量的人力和时间投入，运维人员需要定期进行巡检、维修和保养，无法实时监控地下空间的运行状态和环境性能参数，导致运维效率低下，给师生们在校园地下空间的使用产生了不便（图1）。

图1 南京河西外国语学校地下游泳馆前厅维护作业场景

3 中小学校园地下空间的智慧运维管理策略

中小学地下空间智慧化运维是一个综合性工程，需要从多方面入手，统筹规划，考虑各项因素。本文从中小学校园地下空间的特殊性出发，建立了一个综合化、一体化、人性化的中小学地下空间智慧运维管理平台，从而实现中小学地下空间智慧化运维，提升设施的安全性、效率和舒适度，为师生创造更智能化的学习和生活环境（图2）。

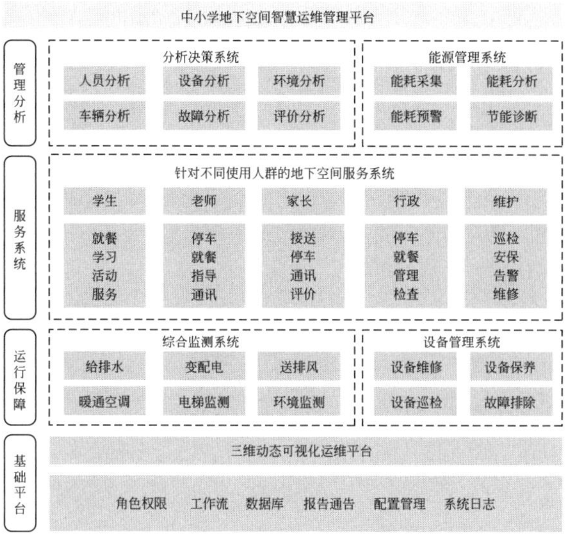

图2　中小学校园地下空间智慧运维管理平台

3.1　地下智慧交通

1. 智慧停车系统

智慧停车是指利用智能技术和数据管理系统，通过实时信息采集、分析和共享，提供更高效、便捷和智能的停车管理和服务。

中小学校园地下车库设计应融入智慧交通理念。首先，通过科学分区与系统化管理，合理布局机动车停车区域与非机动车停车区域，将机动车车库功能细化为学生家长停车区、教职工停车区、社会车辆停放区等。其次，在满足各功能区域需求的同时，运用现代科技手段实现集中管理，通过构建车位智能管理系统、车位导航系统、充电管理系统等技术手段，结合手机APP应用软件、手机短信通知和视频监控系统等多元化工具，实现对社会车辆、学校人员及车辆的出入情况的实时反馈与统一监控，确保地下停车库的高效运营与安全管理。

2. 智慧接送系统

智慧接送系统是一种利用智能技术和数据管理系统，改变传统静态接送模式，结合物联网、移动互联网等高新技术，实现对学生接送过程的实时监控、管理和优化，为中小学校提供学生接送管理的解决方案。

首先，合理的功能分区规划是提高地下接送系统便利性的核心要求。地下接送系统的区域划分主要包括接驳空间（临时落客区、接驳平台、家长等候区、学生集散区及学生休息区等），家长接送停车区、教职工停车区和社会停车区。其次，通过收集中小学地下接送系统相关的数据，包括学生信息、车辆信息、路线信息等，整合这些数据，建立一个统一的数据库，收集、分析和处理数据，提取有价值的信息，包括车辆运行状态、交通拥堵情况等。根据数据分析的结果，为管理者提供决策支持，优化接送系统的运行，如错峰接送时间、调整车辆路线、优化车辆调度等。最后，基于以上有关信息和数据，建立一个用户友好的界面，供学生、家长和管理者使用，校园管理者和家长通过智能手机应用APP或网页等方式，提供实时接送信息、车辆位置追踪功能等服务。通过构建地下智慧接送系统，为学生以及家长提供安全、高效、便捷的接送服务（图3）。

3.2　地下智慧教学及辅助空间

根据国标《中小学设计规范》GB 50099—2011的规定，在设计阶段，建筑师往往依据自然通风要求、天然采光要求、噪声控制要求和有无明确具体位置要求等来判断功能房间是否适合放置于地下空间。笔者通过梳理相关文献和实地调研，总结得出在中小学校园中适合放置于地下的功能房间有：①专业教室中的音乐教室、舞蹈教室、体育建筑设施等；

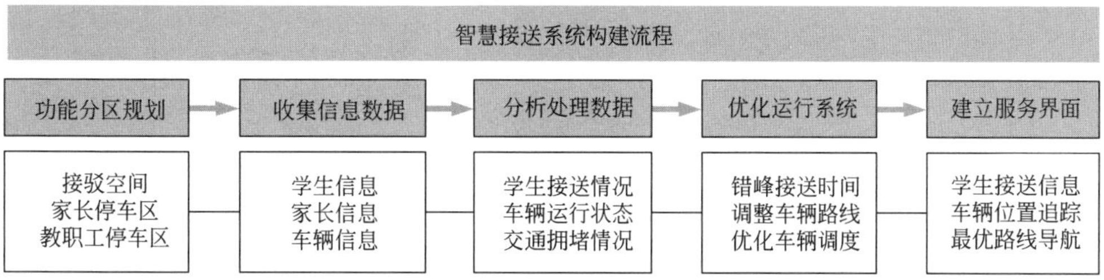

图3　城市中小学地下智慧接送系统构建流程

②公共教学用房中的合班教室、报告厅、图书阅览室等；③生活服务用房中的设备用房、食堂等；④行政办公用房中的档案室、会议室、学生社团活动室等。对于以上地下功能空间，智慧化运维可从以下几点来实施：

（1）根据不同的功能空间需求，有针对性地运用智能化技术，为学生、教师提供便利。例如，在地下专业教室中安装智能投影仪、智能白板等，设备与网络连接，实现远程控制和管理，提供更多的教学功能和便利。

（2）合理运用智能化的电气设备，实施远程控制和管理，提高能源利用效率和节约成本。例如，采用智能照明系统，自动调节室内光环境的照度、亮度和色温，使其控制在合适的范围内，满足不同的教学场景和需求（图4）。

图4　南京汉开书院地下报告厅

（3）建立智能管理平台，对使用人群以及功能空间使用数据进行集中管理和分析，优化管理方式，提供决策支持。例如，通过对中小学地下食堂就餐人群、就餐情况、就餐时间、成本核算等信息收集，了解学生就餐率、入口率、光盘率、食品安全情况及家长满意度，全面掌握食堂运营状态，及时做出宏观调控等。

3.3　地下智慧安防

智慧安防是指利用智能技术和数据管理系统，通过实时监控、数据分析和预警机制，提供更智能、高效和安全的安防管理和服务。

地下空间由于其封闭性与复杂性，往往存在诸多安全隐患。一方面，中小学生往往缺乏自主能力和安全意识，当他们所处的地下空间发生灾害时，更加容易引发恐慌和混乱，导致疏散困难；另一方面，由于地下空间较为封闭，光线和视野相对有限，很容易为校园暴力提供了隐蔽的环境，在这样的环境中，施暴者可能更容易逃脱他人的注意，从而增加了校园暴力事件的可能性。鉴于以上安全隐患，地下空间智慧安防可采取以下措施：

（1）紧急疏散系统：在地下空间设置紧急疏散标识和指示灯，配备应急疏散通道，并定期进行演练，以确保在紧急情况下学生和工作人员能够快速、有序地撤离地下空间。

（2）监控安防系统：在地下通道、停车场等关键区域安装高清摄像头，实时监控地下空间的情况，记录视频数据以供后续调查和证据收集。在地下通道的重要出入口设置门禁系统，只允许授权人员进入，并通过刷卡、指纹识别等方式进行身份验证，确保地下空间的安全（图5）。

图5　南京市田家炳高级中学地下游泳馆安防系统以及视频监控

（3）环境监测系统：安装温湿度、气体浓度等传感器，实时监测地下空间的环境指标，一旦检测到异常情况（如火灾、泄漏等），及时发出警报并采取相应的应急措施。

3.4　地下智慧管网

智慧管网是指利用数字孪生等智能技术，对城市或建筑物的各类管网进行监控、管理和优化，以提升管网运行效率、减少资源浪费和降低维护成本。

中小学的地下空间智慧管廊的建设要整合多方位、多技术、多专业的信息和技术。①在规划和设计过程中，要充分了解学校的实际情况和需求，确定合适的管廊布局和功能。②在设备采购和安装过程中，要选择高质量、具有可靠性和安全性的设备，并合理布置。同时，要建设稳定可靠的通信网络，确保数据的快速传输和共享。③在数据采集系统和数据中心的建设过程中，要根据实际需求配置合适的设备和系统，建立数据分析和应用平台，提供数据分析、可视化展示、远程监控等功能确保数据的准确性和及时性。④在运行和管理过程中，利用数据分析技术，对采集到的数据进行处理和分析，提取有价值的信息，为学校管理者提供决策支持。通过以上措施，中小学地下空间智慧管廊的实施可以有效提升校园地下空间的使用体验，进而提高学校的管理水平和运维效率，为教育教学提供支持和保障。

4　结语

本文通过阅读相关文献和实地调研，对南京市8所中小学校园的地下空间进行了多维度的研究，得出结论如下：

（1）通过对南京市8所中小学校园地下空间的调研，发现其在地下空间功能布局、地下人防工程建设等方面较好，但在空间复合利用、人车流线组织、智慧运营管理、智能安全监控等方面存在不少欠缺，有较大的提升空间。

（2）基于理论研究和实地调研，分析了目前城市中小学地下空间运维的现状与问题，明确其智慧化发展的必要性，从地下交通、地下教学与辅助空间、地下安防、地下管网等四个方面阐述了中小学校园地下空间的智慧化运维策略，为提高中小学地下空间运维效率，创造更加安全和舒适的校园环境提供了思路。

（3）南京中小学地下空间的建设取得了一定成效，但仍面临一些挑战和难题，如成本控制、技术选择等。因此，不同城市、不同条件的中小学校在未来发展中，应该充分考虑自身的实际情况和预算限制，制定合理的规划，选择适宜的技术和设备，使地下空间逐步达到智慧运维水平，实现可持续发展。

参考文献

[1] 杨旭. 中小学新建扩建地下空间建设 [J]. 城市建筑，2014，11（4）：30.

[2] 孙明，徐同立. 利用中小学运动场地下空间建设地下停车库建筑设计探索 [J]. 建筑与文化，2016，13（4）：214-215.

[3] 陈晓彤，吴大江. 当代城市小学建筑设计的平衡之道——以深圳市福田外国语小学方案为例 [J]. 住宅与房地产，2019，25（6）：242-243.

[4] 黄晓琳. 中小学校园地下空间自然光环境分析与设计 [D]. 南京：东南大学，2020.

[5] 王健远，季翔. 中小学校园地下空间的功能利用研究 [J]. 工业设计，2021，17（10）：51-53.

[6] 童林旭. 地下建筑学：第2版 [M]. 北京：中国建筑工业出版社，2012.

[7] 中华人民共和国住房和城乡建设部. 中小学校设计规范 GB 50099-2011 [S]. 北京：中国建筑工业出版社，2011.

[8] 袁红，沈中伟. 地下空间功能演变及设计理论发展过程研究 [J]. 建筑学报，2016，63（12）：77-82.

[9] 王飞，李文胜，刘勇，申艳军. 未来城市地下空间发展理念——绿色、人本、智慧、韧性、网络化 [M]. 北京：人民交通出版社，2021.

[10] 王冲，丁梦洁. 智慧交通结合校园地下空间建筑设计的研究 [J]. 城市建筑，2023，20（4）：204-206.

[11] 于长虹. 智慧校园智慧服务和运维平台构建研究 [J]. 中国电化教育，2015，36（8）：16-20+28.

[12] 吴悦明，佟庆彬，王志强，等. 数字孪生在地下空间智慧化运维管理中的应用探究 [J]. 智能建筑，2021，28（8）：18-21.

[13] 向飏，郑辑宏. 中小学共享式地下停车场的设计策略研究：以沙北实验学校地下停车场为例 [J]. 河南建材，2019，9（2）：267-269.

[14] 郑丰收，陶为翔，潘良波，等. 城市地下管线智慧化管理平台建设研究 [J]. 地下空间与工程学报，2015，11（S2）：378-382.

[15] Park Hoon. A Study on Strategy to Develop Underground Space of Campus - Focused on the Analyses of the Campuses of Main Universities Nationwide [J]. The Journal of Korean Institute of Educational Facilities，2012，19（6）：3-14.